# Excel 職場首選360技 第三版

## 一定會用到的各式報表製作超效率解答

杭琳、汪智、朱艷秋 著

# 前言 PREFACE

Excel 的功能絕不僅僅是試算表，其強大的資料處理、圖形圖表、函數運算等功能往往被讀者所忽視。坦率地說，我們對 Excel 強悍的功能瞭解太少，往往習慣於用已知的方法來解決問題，而不去考慮更新、更簡潔、更神奇的方法。Excel 中的很多功能就是被我們這樣忽略掉的。

### 你是否遇到過這種情況？

我們的日常工作離不開 Excel，哪怕只是簡單地使用其試算表功能。如果你遇到過下面的情況，那說明你的 Excel 應用水準亟待提高。

- Excel 檔案損壞卻無能為力，只能從頭重新開始。
- 辛苦製作的大型表格在分享傳閱時被人更改。
- 輸入連續的序號時一個個地輸入數字。
- 製作出來的表格看起來很不美觀，沒有任何專業化可言。
- 在進度表中費力尋找一周內到期的專案。
- 用肉眼尋找兩個表格中的重複項。

……

### 其實你可以這樣

如果您查閱本書，相信絕對不會再遇到上述情況，您可以像高手一樣，瞬間搞定繁雜的工作，也不會一味地抱怨工作辛苦、加班無度。其實您可以這樣：

- 利用修復功能迅速修復損壞的 Excel 檔案，挽救回所有內容！
- 設定閱讀與修改許可權，讓他人無權修改，或讓指定人群有權修改指定區域！
- 利用資料填充功能一鍵輸入所有序號！
- 提升審美標準，製作出專業化的表格！
- 利用日期函數與條件格式自動突顯一周內要完成的項目！
- 利用函數自動查找兩個表格中的重複項！

……

### 別容忍自己的效率低

效率低是許多辦公室的通敵，如果一忍再忍，則會陷入深淵，難以自拔！提高工作效率，不僅僅能幫我們節約時間，還會改善我們的工作情緒、工作狀態等。而提高工作效率的辦法往往在於一些細節。

不要讓無謂的繁瑣操作消耗有限的精力！書中講解的很多 Excel 技巧能夠幫我們大大減少不必要的重複工作，快速提高辦公效率。

嘗試更高效率地依需學習！筆者在編寫過程中，考慮到讀者遇到實際問題時的查找習慣，使用問答寫作方式，讓讀者從目錄索引中就可以快速檢索到所需的技巧。

相信本書能為廣大職場中人，以及即將步入職場的學生帶來一定的便利，能夠幫助您解決日常工作中常見的 Excel 操作問題。由於時間倉促，書中難免有不足之處，歡迎廣大讀者朋友批評指正。

也歡迎讀者朋友將遇到的 Excel 操作問題反映給我們，我們將盡力為您解除 Excel 操作中的煩惱。我們的 QQ 熱線：382085236。

作者 Jacky

CONTENTS

# 目錄


## 第1章 函數操作秘技

**職人技 1 Excel 入門密技 ........................ 1-2**

Q001 如何在桌面上建立 Excel 捷徑？ ........................ 1-2
Q002 如何在工作中獲得 Excel 說明？ ........................ 1-3
Q003 如何在啟動 Excel 時自動開啟指定活頁簿？ ... 1-6
Q004 如何將活頁簿儲存為 97-2003 版本？ .............. 1-7
Q005 如何檢查活頁簿是否有版本相容性問題？ ...... 1-8
Q006 如何套用 Excel 範本？ ........................ 1-9
Q007 如何自訂 Excel 範本並儲存？ ........................ 1-10
Q008 如何把自訂快速存取工具列移到其他位置？ 1-12
Q009 函數究竟為何物？ ........................ 1-13
Q010 如何刪除快速瀏覽工具列中的按鈕？ ........... 1-14
Q011 如何調整快速存取工具列中按鈕的順序？ .... 1-16
Q012 如何單獨使用鍵盤操作？ ........................ 1-17
Q013 如何隱藏 Excel 功能區？ ........................ 1-18
Q014 如何變更軟體介面的色彩配置？ ........................ 1-20
Q015 如何變更介面預設字體與字型大小？ ........... 1-21

**職人技 2 活頁簿操作秘技 ........................ 1-22**

Q016 如何變更預設 Excel 工作表個數？ ................ 1-22
Q017 如何變更顯示的近期活頁簿個數？ ................ 1-23
Q018 各種活頁簿檢視模式有何作用？ ........................ 1-24
Q019 如何設定自動儲存時間間隔？ ........................ 1-25
Q020 如何檢視最近使用的活頁簿路徑？ ................ 1-27
Q021 如何以唯讀或副本方式開啟活頁簿？ ........... 1-28
Q022 如何儲存目前工作視窗環境？ ........................ 1-30
Q023 如何在活頁簿中增加摘要資訊？ ........................ 1-31
Q024 如何排列活頁簿中多個工作表？ ........................ 1-33
Q025 如何修復受損的 Excel 文件？ ........................ 1-34
Q026 將 Excel 活頁簿儲存為 PDF 文件 ........................ 1-36
Q027 如何同步捲動並排顯示兩個活頁簿？ ........... 1-37
Q028 如何找回消失的「開發人員」活頁標籤？ .... 1-38
Q029 如何建立新增索引標籤，並增加常用指令？ 1-40
Q030 如何幫活頁簿「減肥」？ ........................ 1-41
Q031 如何在多個 Excel 活頁簿間快速切換？ ......... 1-43
Q032 如何將 Word 中的表格匯入 Excel 中？ .......... 1-44
Q033 如何為活頁簿設定統一的佈景主題？ ............ 1-45

**職人技 3 工作表操作秘技 ........................ 1-46**

Q034 如何調整工作表內容的顯示比例？ ................ 1-46
Q035 如何同時選取多個工作表？ ........................ 1-47
Q036 如何移動或複製工作表？ ........................ 1-49
Q037 如何刪除工作表？ ........................ 1-50
Q038 如何插入工作表？ ........................ 1-52
Q039 如何重新命名工作表？ ........................ 1-53
Q040 如何隱藏與顯示工作表？ ........................ 1-55
Q041 如何變更工作表標籤顏色？ ........................ 1-56
Q042 如何隱藏垂直／水平捲軸？ ........................ 1-58
Q043 如何在向下拖曳工作表時一直顯示頂端列？ 1-59
Q044 如何在向右拖曳工作表時一直顯示首欄？ .... 1-60
Q045 如何在拖曳工作表時一直顯示前幾欄與列？ 1-61
Q046 如何為工作表增加背景？ ........................ 1-62
Q047 如何隱藏工作表中格線？ ........................ 1-63
Q048 如何隱藏資料編輯列與欄列標題？ ................ 1-65
Q049 如何調整工作表高度與寬度？ ........................ 1-66
Q050 如何變更狀態列中顯示的項目？ ........................ 1-68
Q051 如何套用表格預設樣式？ ........................ 1-69
Q052 如何將工作表分割成多個窗格？ ........................ 1-70

**職人技 4 儲存格操作秘技 ........................ 1-72**

Q053 如何幫儲存格或儲存格區域命名？ ................ 1-72
Q054 幫儲存格命名的作用 ........................ 1-74
Q055 如何為儲存格增加螢幕提示訊息？ ................ 1-77
Q056 如何輕鬆選取特殊儲存格？ ........................ 1-78
Q057 如何隱藏工作表中的部分內容？ ........................ 1-79
Q058 如何插入整行或整列？ ........................ 1-81
Q059 如何同時插入多行或多列？ ........................ 1-83
Q060 如何刪除列或欄？ ........................ 1-85
Q061 如何隱藏與顯示整欄或整列？ ........................ 1-86
Q062 如何插入儲存格？ ........................ 1-88
Q063 如何設定儲存格框線效果？ ........................ 1-89
Q064 如何使儲存格中內容能夠自動換列？ ............ 1-90
Q065 如何將多個儲存格合併？ ........................ 1-92

Q066 如何為儲存格應用預設的樣式？ 1-93
Q067 如何清除儲存格樣式？ 1-94
Q068 如何自訂儲存格樣式？ 1-95
Q069 如何選取不連續的儲存格？ 1-96
Q070 如何快速選取含有註解的儲存格？ 1-97
Q071 如何快速選取含有條件格式或常數的儲存格？ 1-98
Q072 如何快速選取含有公式的儲存格？ 1-99
Q073 如何為重點儲存格填滿顏色？ 1-100
Q074 如何清除儲存格內容並保留格式？ 1-101
Q075 如何使列高欄寬自動適應內容？ 1-102
Q076 如何將儲存格格式複製到其他儲存格？ 1-103
Q077 如何移動儲存格中內容？ 1-104
Q078 如何按照儲存格格式進行尋找？ 1-106
Q079 如何取代儲存格中資料的格式？ 1-107
Q080 如何自動校正輸入的錯誤內容？ 1-108
Q081 如何為奇偶行設定不同格式？ 1-110

**職人技 5 資料輸入秘技 1-112**

Q082 如何復原多步操作？ 1-112
Q083 如何只貼上數值不貼上格式？ 1-113
Q084 如何正確輸入郵遞區號？ 1-115
Q085 如何輸入以 0 開頭的數值？ 1-116
Q086 如何輸入分數與負數？ 1-117
Q087 如何設定數值預設小數位數？ 1-118
Q088 如何自動將數位轉換為中文大寫？ 1-119
Q089 如何瞬間輸入連續的序號？ 1-120
Q090 如何輸入等差序列？ 1-121
Q091 如何輸入等比序列？ 1-124
Q092 如何自訂填滿的清單？ 1-125
Q093 如何在填滿時不複製格式？ 1-127
Q094 如何在輸入金額數值時自動增加貨幣符號？1-128
Q095 如何快速輸入目前的時間？ 1-129
Q096 如何自動將數值轉換為百分比？ 1-130
Q097 如何限定只能輸入指定範圍內的數值？ 1-131
Q098 如何限定只能輸入日期範圍內的日期？ 1-134
Q099 如何設定在規定的區域內只能輸入數字？ 1-135
Q100 如何限定只能輸入指定位數的資料？ 1-136
Q101 如何在輸入重複值時自動彈出提示？ 1-138
Q102 如何建立下拉選單？ 1-139
Q103 如何在多個儲存格中輸入相同內容？ 1-141
Q104 如何在多個工作表中同時輸入相同的表頭？1-142
Q105 如何繪製斜線表頭？ 1-143
Q106 如何輸入斜線表頭中的文字？ 1-145
Q107 如何從後向前進行日期的自動填滿？ 1-146
Q108 如何自動輸入小數點？ 1-147
Q109 如何自動幫數值加上單位？ 1-148
Q110 如何插入「√」之類的符號？ 1-149
Q111 如何清除開啟文件的歷史記錄？ 1-150

**職人技 6 資料編輯技巧 1-151**

Q112 如何轉換表格欄列？ 1-151
Q113 如何一鍵轉換繁簡字？ 1-152
Q114 如何快速將全形字元取代為半形字元？ 1-153
Q115 如何在 Excel 中進行中英翻譯？ 1-154
Q116 如何變更儲存格中內容的對齊方式？ 1-155
Q117 如何為儲存格中的文字增加注音注釋？ 1-156
Q118 如何取消 Excel 的自動完成功能？ 1-157
Q119 如何變更儲存格內文字的排列方向？ 1-158
Q120 如何用資料橫條長短來表現數值的大小？ 1-159
Q121 如何快速檢視 Excel 中相距較遠的兩欄資料？ 1-160
Q122 如何為儲存格增加註解？ 1-161
Q123 如何設定註解名稱？ 1-162
Q124 如何使資料按小數點對齊？ 1-163
Q125 如何自動為輸入的電話號碼增加「-」？ 1-164
Q126 如何強制儲存格中的內容換行？ 1-166
Q127 如何設定統一的日期格式？ 1-167
Q128 如何自訂資料格式？ 1-168
Q129 如何讓內容太多的儲存格顯示完整？ 1-169
Q130 如何為文字增加刪除線？ 1-170
Q131 如何將儲存格內容從指定位置分成兩欄？ 1-171

**第2章 資料分析處理秘技**

**職人技 7 設定格式化的條件應用秘技 2-2**

Q132 如何醒目提示指定範圍內的資料？ 2-2
Q133 如何標示包含指定內容的儲存格？ 2-3
Q134 如何標示進度表中過去七日內的日期資料？ 2-5

Q135 如何標示重複值？ 2-6
Q136 如何標示數值最大的前十項？ 2-7
Q137 如何標示數值最小的 10% ？ 2-9
Q138 如何標示高於或低於平均值的資料？ 2-10
Q139 如何標示含有公式的儲存格？ 2-12
Q140 如何使用資料橫條快速分析資料？ 2-13
Q141 如何利用色階分析資料 2-14
Q142 如何更改設定格式化的條件規則？ 2-16
Q143 如何移除設定格式化的條件規則？ 2-18
Q144 如何快速清除工作表中所有設定格式化的條件規則？ 2-19
Q145 如何調整多重設定格式化的條件的優先 次序？ 2-20

**職人技 8 資料排序與篩選秘技 2-21**

Q146 如何升冪或降冪排列儲存格中的資料？ 2-22
Q147 如何按注音進行排序？ 2-23
Q148 如何按照儲存格色彩進行排序？ 2-24
Q149 如何按多個欄位進行排序？ 2-26
Q150 如何按中文筆劃進行排序？ 2-27
Q151 如何按列排序？ 2-29
Q152 如何將排序後已儲存的表格恢復到排序前的狀態？ 2-30
Q153 如何按某一欄位進行篩選？ 2-32
Q154 如何按儲存格色彩進行篩選？ 2-33
Q155 如何按文字內容進行篩選？ 2-34
Q156 如何按日期進行篩選？ 2-36
Q157 如何篩選業績前 3 名的員工？ 2-37
Q158 如何快速篩選出高於平均值的資料？ 2-39
Q159 如何應用進階篩選？ 2-40
Q160 如何自動將篩選結果顯示在指定位置？ 2-42
Q161 如何移除表格中的重複內容？ 2-43
Q162 如何清除篩選以及重新套用篩選？ 2-44

**職人技 9 小計與合併彙算秘技 2-45**

Q163 如何按欄位進行小計？ 2-45
Q164 如何將小計後的資料按組分頁？ 2-47
Q165 如何替換或移除目前的小計？ 2-48
Q166 小計後如何分級顯示詳細資料？ 2-49
Q167 如何對小計結果進行複製？ 2-50
Q168 如何群組資料？ 2-52
Q169 如何清除分級顯示？ 2-53
Q170 如何按位置合併彙算？ 2-54
Q171 如何按類別合併彙算？ 2-56

**職人技 10 動態統計分析秘技 2-57**

Q172 如何建立樞紐分析表？ 2-57
Q173 如何移動和移除樞紐分析表？ 2-59
Q174 如何顯示或隱藏樞紐分析表中的詳細資料？ 2-60
Q175 如何更改樞紐分析表的佈局？ 2-61
Q176 如何新增交叉分析篩選器？ 2-63
Q177 如何使用交叉分析篩選器篩選資料？ 2-64
Q178 如何更改交叉分析篩選器外觀效果？ 2-65
Q179 如何調整交叉分析篩選器的大小和位置？ 2-66
Q180 如何調整交叉分析篩選器的上下次序？ 2-67
Q181 如何調整交叉分析篩選器按鈕顯示效果？ 2-68
Q182 如何在樞紐分析表中新增計算欄位？ 2-69
Q183 如何檢視樞紐分析表中的公式？ 2-70
Q184 如何取消樞紐分析表中列總計或欄總計的顯示？ 2-71
Q185 如何重新整理樞紐分析表中的資料？ 2-72
Q186 如何更改樞紐分析表中的資料來源？ 2-73
Q187 如何建立樞紐分析圖？ 2-75
Q188 如何更改樞紐分析圖類型？ 2-76
Q189 如何為樞紐分析圖新增藝術效果？ 2-77
Q190 如何調整樞紐分析圖的版面配置？ 2-79

## 第3章 函數操作秘技

**職人技 11 公式基礎操作 3-2**

Q191 公式包含哪些基本要素？ 3-2
Q192 如何填充複製公式？ 3-3
Q193 如何複製公式？ 3-4
Q194 如何隱藏公式？ 3-5
Q195 如何只顯示公式而不顯示計算結果？ 3-7
Q196 相對參照、絕對參照與混合參照有何異同？ 3-9
Q197 如何快速切換參照方式？ 3-12
Q198 如何參照其他活頁簿中資料？ 3-13
Q199 函數究竟為何物？ 3-14

Q200 如何讓 Excel 幫忙插入函數？ 3-16
Q201 如何嵌套使用函數？ 3-18
Q202 如何檢查公式錯誤？ 3-20
Q203 如何追蹤公式的參照關係？ 3-22
Q204 如何使用運算式來合併儲存格內容？ 3-24

**職人技 12 公式基礎操作秘技 3-25**

Q205 如何使用 MAX 與 MIN 函數找出最大值與最小值？ 3-25
Q206 如何使用 SUM 函數求和？ 3-28
Q207 如何使用 SUMIF 函數計算滿足指定條件的數值？ 3-29
Q208 如何使用 IF 與 AND 函數計算滿足條件的結果？ 3-30
Q209 如何使用 COUNT 函數計數？ 3-32
Q210 如何用 COUNTIF 函數統計滿足條件的資料個數？ 3-34
Q211 如何使用 AVERAGE 函數計算平均值？ 3-35
Q212 如何使用 SUBTOTAL 函數匯總篩選後數值？ 3-37
Q213 如何使用 RANK.AVG 函數對資料進行排名？ 3-39
Q214 如何使用 TREND 函數預測數值趨勢？ 3-41
Q215 如何計算並自動更新目前日期與時間？ 3-43
Q216 如何計算兩個日期間的工作日天數？ 3-44
Q217 如何利用函數轉換英文大小寫？ 3-45
Q218 如何從字串開頭或末尾截取字元？ 3-47

**職人技 13 進階函數應用秘技 3-51**

Q219 如何加總捨去小數後的數值？ 3-51
Q220 如何加總滿足複雜條件的數值？ 3-53
Q221 如何標記出高於平均值的資料？ 3-54
Q222 如何標記出業績在前 20% 的員工？ 3-56
Q223 如何利用 TEXT 函數將數值轉換為日期？ 3-57
Q224 如何利用 IF 函數將資料分成三級？ 3-59
Q225 如何利用 VLOOKUP 函數將資料分成更多級別？ 3-61
Q226 如何使用 INT 函數計算某日屬於第幾季度？ 3-62
Q227 如何使用 COUNTIF 和 IF 函數找出是否有重複項？ 3-64
Q228 如何根據生日推算出生肖？ 3-66
Q229 如何從身份證號碼中判斷性別？ 3-67
Q230 如何從中國大陸的身份證號碼中截取出生日資料？ 3-69
Q231 如何計算員工年齡與年資？ 3-70
Q232 如何單獨截取出字串中數字？ 3-72
Q233 如何使用 PMT 函數計算分期付款的每月還款額？ 3-73
Q234 如何使用 YIELD 函數計算證券收益率？ 3-75

**職人技 14 陣列公式應用秘技 3-76**

Q235 如何利用陣列公式進行多項計算？ 3-77
Q236 如何利用陣列公式計算兩個儲存格區域的乘積？ 3-78
Q237 如何利用陣列公式進行快速運算？ 3-79
Q238 如何進行陣列間的直接運算？ 3-80
Q239 如何利用 TRANSPOSE 函數轉置儲存格區域？ 3-84
Q240 如何利用陣列公式進行條件計算？ 3-85
Q241 如何使用邏輯運算式進行陣列公式的計算？ 3-86
Q242 如何利用 MINVERSE 函數計算陣列矩陣的逆矩陣？ 3-88

## 第 4 章 圖形圖表操作秘技

**職人技 15 圖案操作秘技 4-2**

Q243 如何插入各種圖案？ 4-2
Q244 如何快速繪製流程圖？ 4-3
Q245 如何繪製公司組織架構圖？ 4-5
Q246 如何使圖案中的文字居中？ 4-7
Q247 如何將多個圖案對齊？ 4-8
Q248 如何將多個圖案物件群組？ 4-9
Q249 如何取消圖案物件的群組？ 4-10
Q250 如何精確調整圖案大小？ 4-11
Q251 如何對圖案中的文字進行分欄排列？ 4-12
Q252 如何為表格內容新增文字藝術師標題？ 4-13
Q253 如何填滿圖案色彩？ 4-14
Q254 如何變更圖案外框色彩與粗細？ 4-16
Q255 如何為圖案新增立體效果？ 4-18
Q256 如何旋轉圖案物件？ 4-19

Q257 如何為圖案套用快速樣式？............................ 4-20
Q258 如何為圖案文字套用快速樣式？.................... 4-21
Q259 如何為 SmartArt 圖形中的文字套用快速樣式？
............................................................................ 4-22

**職人技 16 圖片操作秘技 ..........................4-23**

Q260 如何在 Excel 中插入圖片？.......................... 4-23
Q261 如何在 Excel 中插入螢幕截取畫面？............ 4-24
Q262 如何調整圖片大小？.................................... 4-25
Q263 如何裁剪圖片？............................................ 4-27
Q264 如何移除圖片背景？.................................... 4-29
Q265 如何調整圖片色彩？.................................... 4-30
Q266 如何調整圖片亮度與對比度？...................... 4-31
Q267 如何調整圖片銳利和柔邊效果？.................. 4-32
Q268 如何為圖片新增框線效果？.......................... 4-34
Q269 如何對 Excel 中插入的圖片進行壓縮？........ 4-35
Q270 如何快速將圖片恢復到原始狀態？.............. 4-36
Q271 如何插入美工圖案？.................................... 4-37
Q272 如何在圖片上新增文字？............................ 4-39
Q273 如何變更圖片的形狀？................................ 4-40
Q274 如何為圖片套用快速樣式？.......................... 4-41

**職人技 17 圖表操作秘技 ..........................4-42**

Q275 如何快速建立圖表？.................................... 4-42
Q276 如何選用最合適的圖表類型？...................... 4-43
Q277 如何為圖表新增標題？................................ 4-45
Q278 如何新增座標軸標題？................................ 4-46
Q279 如何為圖表新增格線？................................ 4-47
Q280 如何變更圖表格線的類型？.......................... 4-48
Q281 如何為不相鄰的資料範圍建立圖表？............ 4-49
Q282 如何設定圖表的填滿效果？.......................... 4-51
Q283 如何為圖表新增立體效果？.......................... 4-52
Q284 如何快速加入資料標籤？............................ 4-53
Q285 如何在圖表中增補資料？............................ 4-54
Q286 如何對圖表的大小進行調整？...................... 4-55
Q287 如何鎖定圖表的長寬比例？.......................... 4-56
Q288 如何讓圖表大小不受儲存格列高、欄寬影響？
............................................................................ 4-57

Q289 如何為圖表套用快速樣式？.......................... 4-59
Q290 如何為圖表新增圖片背景？.......................... 4-60
Q291 如何將圖表背景設定成半透明？.................. 4-61
Q292 如何快速將圖表轉換為圖片？...................... 4-62
Q293 如何將圖表複製或移動到其他工作表中？.... 4-63
Q294 如何快速隱藏座標軸？................................ 4-65
Q295 如何隱藏圖表中的部分資料？...................... 4-67
Q296 如何將圖表設定成唯讀狀態？...................... 4-68
Q297 如何快速切換圖表類型？............................ 4-69
Q298 如何將自訂的圖表樣式儲存為範本？........... 4-70
Q299 如何為圖表新增相關的趨勢線？.................. 4-71
Q300 如何為垂直座標軸數值新增單位？.............. 4-73
Q301 如何設定水平座標軸標籤的文字方向？........ 4-74
Q302 如何反轉垂直座標軸？................................ 4-75
Q303 如何設定圖表區的框線效果？...................... 4-76
Q304 如何建立走勢圖？........................................ 4-78
Q305 如何套用走勢圖預設樣式？.......................... 4-79
Q306 如何變更走勢圖色彩？................................ 4-80
Q307 如何清除走勢圖？........................................ 4-81
Q308 如何在走勢圖中顯示標記？.......................... 4-82
Q309 如何將隱藏的資料顯示在圖表中？.............. 4-83

## 第5章 VBA與巨集套用秘技

**職人技 18 VBA 應用秘技.......................... 5-2**

Q310 如何設定 VBA 工作的環境？........................ 5-2
Q311 如何有選擇性地批次隱藏列？........................ 5-3
Q312 如何利用自訂函數獲取工作表名稱？............ 5-5
Q313 如何利用 VBA 屬性視窗隱藏工作表？.......... 5-6
Q314 如何進行條碼的設計與製作？........................ 5-8
Q315 如何在 Excel 中播放音樂檔？...................... 5-10

**職人技 19 巨集應用秘技 ..........................5-11**

Q316 如何啟用活頁簿中的巨集？..........................5-11
Q317 如何建立巨集？.............................................. 5-13
Q318 如何將常用的操作錄製為巨集？.................. 5-15
Q319 如何將巨集新增到快速存取工具列中？........ 5-17
Q320 如何在 Excel 中編輯巨集？.......................... 5-19
Q321 如何刪除巨集？.............................................. 5-20
Q322 如何偵錯巨集？.............................................. 5-21

Q323 如何使用巨集程式碼對工作表實施保護？.... 5-23
Q324 如何在 Excel 巨集中新增數位簽名？............. 5-25
Q325 如何匯入和匯出巨集程式碼？........................ 5-26
Q326 如何避免其他對巨集程式碼進行編輯？........ 5-28

## 第6章 Excel 安全秘技

**職人技 20 Excel 安全性設定秘技.............. 6-2**

Q327 如何使用受保護檢視打開不安全文件？.......... 6-2
Q328 如何禁止顯示安全性警告資訊？...................... 6-3
Q329 如何設定外部資料安全選項？.......................... 6-4
Q330 如何設定將 Excel 文件儲存在信任區域？....... 6-5
Q331 如何對活頁簿連結進行安全性設定？............. 6-6
Q332 如何設定巨集安全性？.................................... 6-7
Q333 如何設定 ActiveX 安全選項？......................... 6-8
Q334 如何設定線上搜尋家長監護？......................... 6-9

**職人技 21 Excel 內容保護秘技................6-10**

Q335 如何為 Excel 新增安全密碼以禁止其他人打開？............................................................ 6-10
Q336 如何設定密碼避免工作表被修改？............... 6-12
Q337 如何只允許其他使用者編輯指定區域？........ 6-14
Q338 如何保護活頁簿的結構？.............................. 6-16
Q339 如何禁止變更工作表資料但允許變更儲存格格式？........................................................... 6-20

## 第7章 Excel 列印與輸出秘技

**職人技 22 Excel 列印秘技......................... 7-2**

Q340 如何一次列印多個活頁簿？........................... 7-2
Q341 如何一次列印多個工作表？........................... 7-3
Q342 如何列印出工作表的格線？........................... 7-5
Q343 如何將註解也列印出來？.............................. 7-7
Q344 如何將列與欄位標題也列印出來？................ 7-8
Q345 如何新增列印日期？....................................... 7-9
Q346 如何在報表每頁新增公司 Logo ？.................7-11
Q347 如何套用 Excel 軟體內置的頁首 / 頁尾樣式？7-13
Q348 如何將欄數較多的表格列印在一頁內？........ 7-14
Q349 如何進行縮印？............................................. 7-15
Q350 如何根據需要調整頁面邊界？....................... 7-17
Q351 如何在指定位置分頁列印？............................ 7-18
Q352 如何列印工作表中的指定範圍？.................... 7-19
Q353 如何在每頁都列印出標題列？........................ 7-20
Q354 如何列印工作表中不連續的範圍？................ 7-21
Q355 如何讓特定圖表不列印出來？........................ 7-22
Q356 如何在頁首頁尾中新增檔案儲存路徑？........ 7-24

**職人技 23 Excel 輸出秘技.........................7-26**

Q357 如何將 Excel 表格輸出至 Word 中？.............. 7-26
Q358 如何將 Excel 圖表輸出至 Word 中？.............. 7-29
Q359 如何將 Excel 表格輸出至 PowerPoint 中？.... 7-33
Q360 如何將 Excel 圖表輸出至 PowerPoint 中？.... 7-36

## 第8章 特別附錄：Excel 辦公室達人秘技

用快捷鍵完成圖表快又方便.................................... 8-2
讓圓餅圖的內容更豐富........................................... 8-3
用 Excel 分割列印圖片 .......................................... 8-4
Excel 自動輸入讓你事半功倍.................................. 8-6
讓 Excel 也能用中文數字排序便............................. 8-8
快速取出 Excel 文件中的圖片................................. 8-9
把純文字檔案快速轉成工作表................................ 8-10
超密技！不用 Excel 也能製作長條圖 ..................... 8-12
讓多人同時編輯一份 Excel 文件............................ 8-14
將儲存格內容變成圖片........................................... 8-15
新增移除樞紐分析表欄位的方法............................ 8-16
用 Excel 繪製甘特圖 .............................................. 8-17
免費下載百種 Excel 工作表範本............................ 8-18
讓黑白折線圖也能清楚看懂.................................... 8-20
讓儲存格內有文字也能加總.................................... 8-21
在工作表內快速製作商用條碼................................ 8-22
將 Excel 批次轉換成 PDF 文件............................... 8-23
將 Google 日曆與 Excel 互相轉換 .......................... 8-24
在每張工作表的固定儲存格中輸入日期................. 8-27
限制儲存格中只能輸入特定資料 ........................... 8-28
一次取出多張工作表相同儲存格的值 .................... 8-30

# 第 1 章　函數操作秘技

Excel 試算表功能強大，在操作方面，除了可以快速產生及格式化各種表格外，還可以根據表格中的數據，完成許多資料庫的功能。本章將介紹一些 Excel 中非常實用的基本操作技巧，包括對 Excel 活頁簿、工作表、儲存格的操作，以及資料輸入與編輯等，相信讀者掌握了這些技巧後，能夠極大地提高工作效率。

套用表格樣式

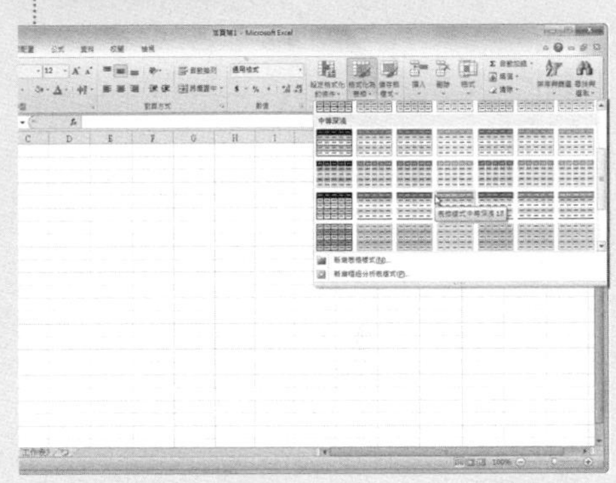

自行定義填滿儲存格

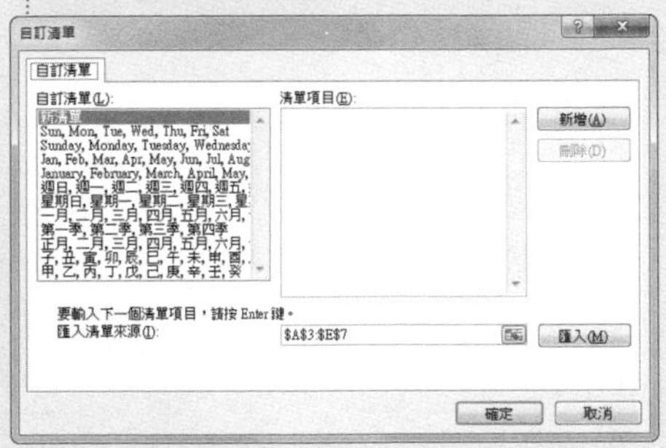


一鍵轉換繁簡字

| 销售员业绩统计表 | | | | |
|---|---|---|---|---|
| 姓名 | 1月 | 2月 | 3月 | 合计 |
| 施家齐 | 3165 | 753 | 52521 | 56439 |
| 郭琳惠 | 1354 | 135 | 1235 | 2724 |
| 游文凯 | 4532 | 1565 | 1533 | 7630 |
| 江怡萱 | | | | |
| 林思颖 | 6423 | 4553 | 5854 | 16830 |

# 職人技 1 Excel 入門密技

如果能先掌握一些使用 Excel 的入門秘技，例如遇到問題時如何取得 Excel 幫助，工具列應該如何設定等，那麼 Excel 使用起來會更加得心應手。這則職人技將介紹一些 Excel 使用過程中的實用入門技巧。

## 001 如何在桌面上建立 Excel 捷徑？

需要啟動 Excel 時，如果每次都到「開始」功能表中尋找，會比較麻煩。倘若我們能在桌面建立 Excel 捷徑，便可直接點擊 Excel 2010 圖示快速地開啟軟體。在桌面上建立 Excel 捷徑方式的步驟如下：

**Step 1** 找到 Excel 程式

點選桌面左下角的〔開始〕按鈕，選擇「所有程式」選項。接著在程式列表中選擇 Microsoft Office，展開該資料夾。

**Step 2** 建立桌面捷徑

在 Excel 2010 點擊滑鼠右鍵，在彈出的快速選單中選擇「傳送到→桌面 ( 建立捷徑 )」。

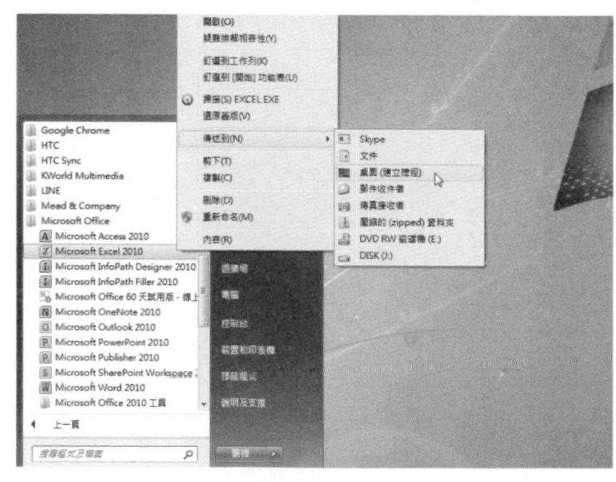

**Step 3** 檢視桌面圖示

此時，在電腦桌面上可以看到 Excel 2010 程式的捷徑圖示。按兩下圖示即可啟動 Excel 2010。

**提示**

**直接將程式功能表項目拖到桌面建立捷徑**

還可以在上述步驟 1 中，找到「開始」功能表中的 Excel 項目，直接將其拖曳到桌面上，這樣也可在桌面上建立該程式的捷徑。不過這樣會刪除「開始」功能表中原來的 Excel 項目，操作時要注意。

002

## 如何在工作中獲得 Excel 說明？

Excel 2010 提供了說明功能，在使用 Excel 過程中遇到問題時，可以透過 Excel 的說明功能來解決。Excel 所提供的 明內容都已經分類列好，使用者可以根據需要進行尋找，也可以透過搜尋關鍵字來找到解決辦法。

**Step 1** 開啟說明視窗

開啟 Excel 檔，點選功能區右上角的藍色說明按鈕（問號圖示），或者直接按下〔F1〕鍵。

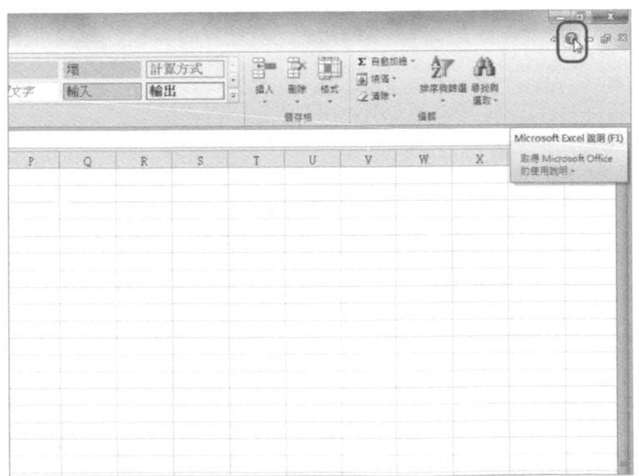


**Step 2** 檢視說明資訊

在彈出的「Excel 說明」視窗中可以看到說明內容主題目錄，點選相關主題，可以檢視相關的說明資訊。

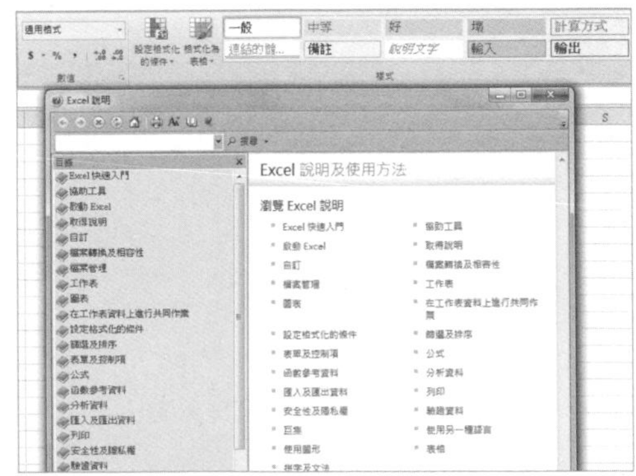

## Step 3 搜尋說明資訊

如果在視窗目錄中沒有找到想要尋找的主題，也可以在搜尋欄中輸入要查詢的關鍵字進行搜尋。

## Step 4 開啟說明目錄

在「Excel 說明」視窗中，點選工具列中的〔顯示目錄〕按鈕，可以在視窗左側開啟詳細說明主題目錄。

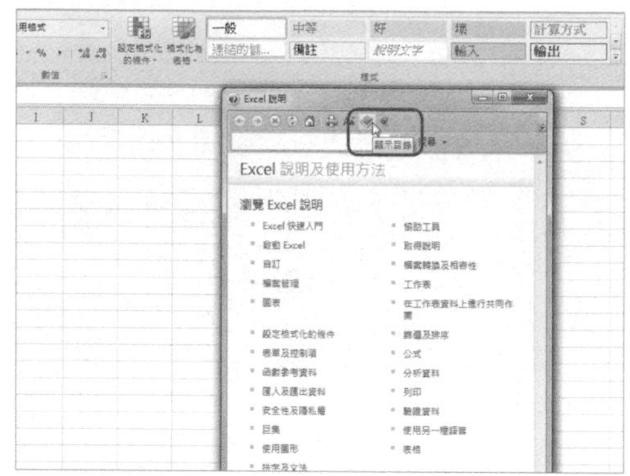


## Step 5 隱藏說明目錄

不需要使用目錄資訊時，可點選〔隱藏目錄〕按鈕將目錄隱藏。

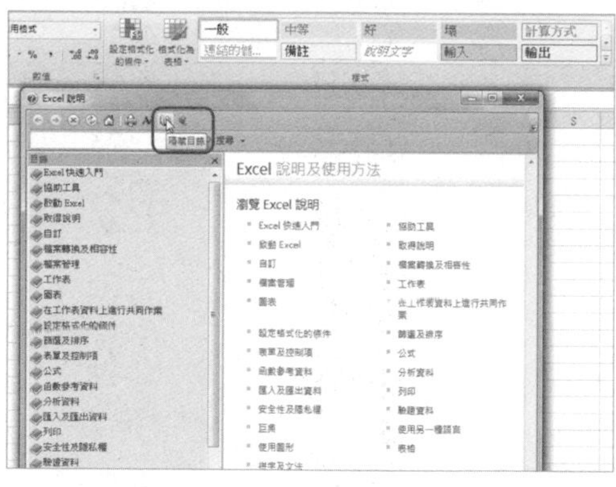


## Step 6 使「Excel 說明」視窗始終顯示在最上層。

點選「Excel 說明」視窗工具列中的〔顯示在最上層〕按鈕，可以使說明視窗始終位於所有視窗的最上方，以方便查閱。

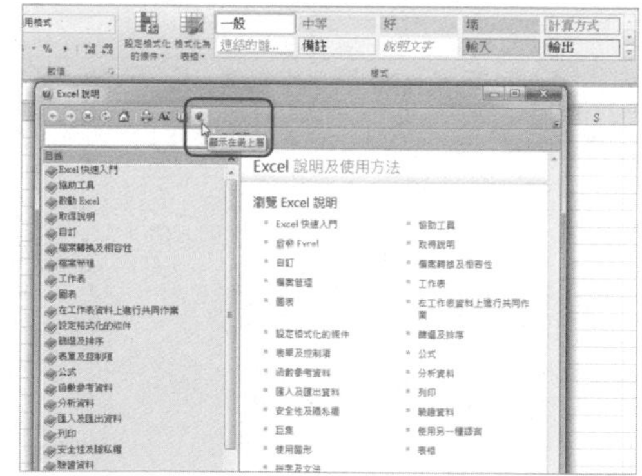

**Step 7** 變更說明視窗字型大小顯示大小。

在「Excel 說明」視窗中，點選工具列中的〔變更字型大小〕按鈕，即可變更字型大小來檢視說明內容。

**Step 8** 列印說明內容

使用者在檢視說明資訊時，如果覺得有的內容需要列印出來，可直接點選工具列中的〔列印〕按鈕，將說明內容列印出來。

**Step 9** 自訂工具列

使用者還可以自訂說明視窗工具列中的按鈕，點選〔工具欄選項〕按鈕，選擇「新增或移除按鈕」選項，在彈出的功能表中即可進行設定。

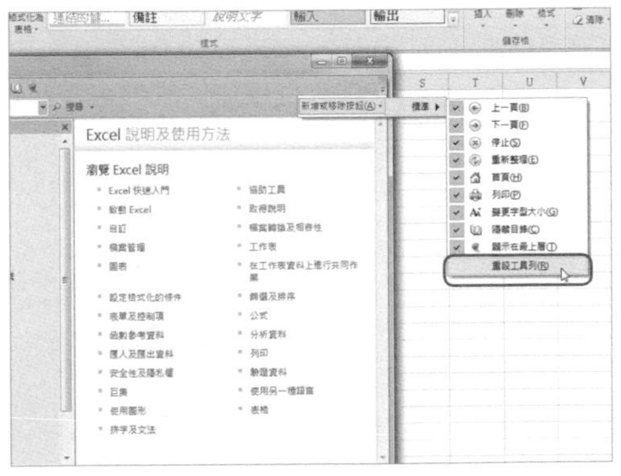

003

# 如何在啟動 Excel 時自動開啟指定活頁簿？

很多使用者每天都會處理一些同樣的 Excel 活頁簿，透過以下幾個步驟的簡單設定，我們即可在開啟 Excel 程式的同時，自動開啟需要處理的活頁簿，提高日常工作效率。

### Step 1 開啟「Excel 選項」對話框。

開啟 Excel 2010，點選〔檔案〕活頁標籤，選擇「選項」指令。

### Step 2 設定啟動時開啟檔案

在彈出的「Excel 選項」對話框中，切換至〔進階〕選項，在「一般」選項區域中找到「啟動時，開啟所有檔案於」選項。

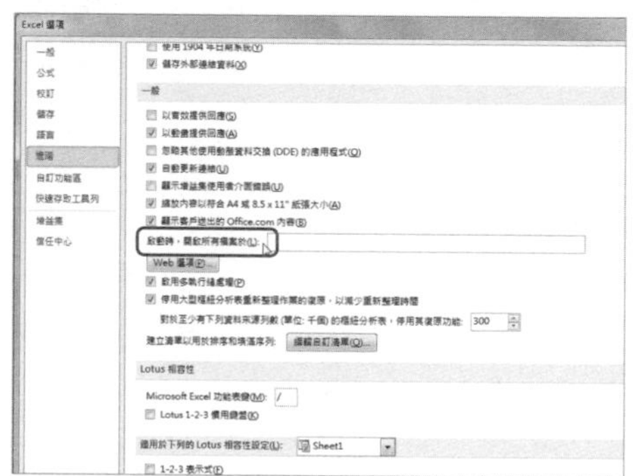

### Step 3 設定需要自動開啟的活頁簿

在此輸入需要自動開啟的活頁簿路徑，如「C:\ 第一章 \ 原始檔 \ 銷售員業績統計表 .xlsx」，點選〔確定〕按鈕。

**提 示**

**使用 XLSTART 資料夾設定開啟時自動開啟的活頁簿**

完成上述設定後，每次啟動 Excel 時，這個資料夾中的檔案都會被自動開啟。除此之外，還可以利用 Windows 搜尋功能尋找本機上名為「XLSTART」的資料夾，只要將想要自動開啟的檔案放到這個 XLSTART 資料夾裡，那麼在開啟 Excel 時，該檔就會被自動開啟了。

## 如何將活頁簿儲存為 97-2003 版本？

第 1 章 \ 原始檔 \ 銷售員業績統計表 .xlsx
第 1 章 \ 完成檔 \ 銷售員業績統計表 .xls

安裝 Excel2003 版本的無法開啟 Excel 2010 版本的檔案，而工作中並非所有人的電腦都安裝了 Excel 2010 版本。因此，為了避免分享文件時因版本不同造成的不便，我們有時需要將 Excel 2010 版本檔案儲存為 97-2003 版本。

### Step 1 開啟「另存新檔」對話框

開啟「第 1 章 \ 原始檔 \ 銷售員業績統計表 .xlsx」，編輯完成後，點選〔檔案〕標籤，選擇「另存新檔」。

### Step 2 設定儲存版本

彈出「另存為」對話框，選擇儲存的位置，設定「存檔類型」為「Excel 97-2003 活頁簿」，並輸入檔案名，點選〔儲存〕按鈕。

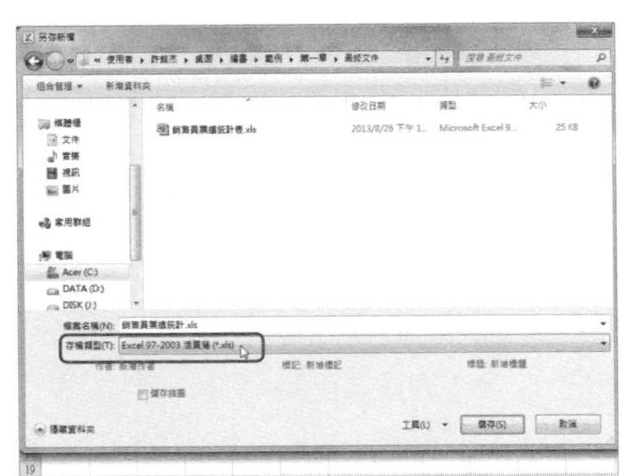

### Step 3 檢視儲存效果

開啟檔案儲存的資料夾，可以看到，剛才儲存的檔為 97-2003 版本，使用 Excel 2003 版本軟體的可正常開啟使用。

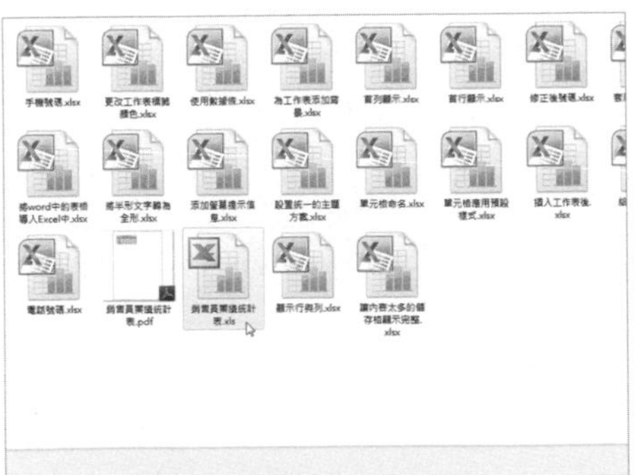

**提示**

**儲存為 97-2003 版本時提示相容性問題**

如果活頁簿中包含 Excel 97-2003 版本不相容的功能，例如某些格式、函數或樣式主題，在儲存成 97-2003 版本時會彈出 Microsoft Excel 相容性檢查器」對話框，提示不相容的項目，如果這些項目無關緊要（例如只是格式有點失真），則點選〔繼續〕按鈕即可。

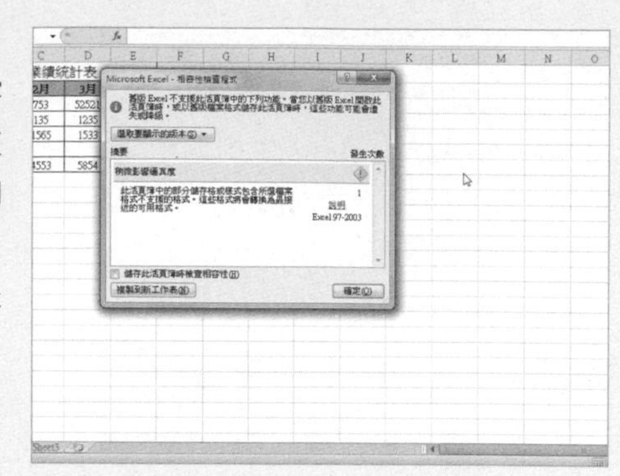

## 如何檢查活頁簿是否有版本相容性問題？

**A** 前面已經提到 Excel 的相容性檢查程式，它的主要作用是檢查活頁簿中是否存在版本相容性的問題，進而確保不同版本的 Excel 都能檢視到完全一致的活頁簿。

**Step 1 開啟「資訊」選項**

開啟「第 1 章 \ 原始檔 \ 版本相容性檢查 .xlsx」，點選〔檔案〕標籤，選擇「資訊」。

**Step 2 選擇「檢查相容性」選項**

在「資訊」選項中點選〔檢視問題〕按鈕，選擇「檢查相容性」選項。

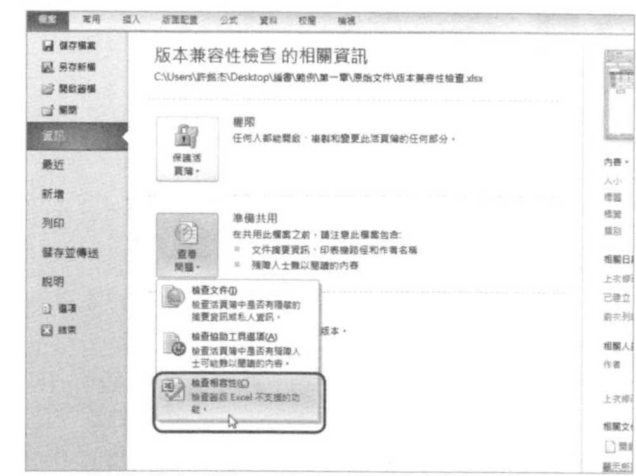

### Step 3 檢視相容問題

此時彈出「Microsoft Excel 相容性檢查器」對話框，顯示活頁簿中存在的版本相容問題。

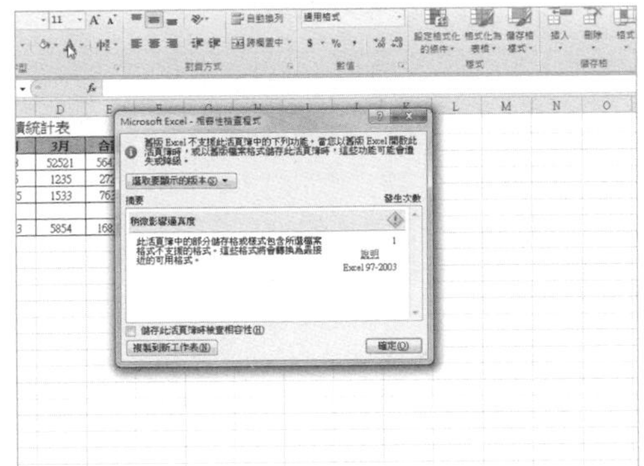

**提 示**

**設定儲存活頁簿時是否自動檢查相容性**

在相容性檢查器左下角有一個「儲存此活頁簿時檢查相容性」核取方塊，勾選該核取方塊後，每次將活頁簿儲存為不同版本時，Excel 將自動檢查相容性問題，否則不檢查相容性問題。

## 006 如何套用 Excel 範本？

建立 Excel 文件時，可以直接套用範本建立，選擇合適的範本會大大減少文件建立與設定的工作，我們可以在「新增」選項中選用可用範本與 Office.com 範本。

### Step 1 選擇「新增」

啟動 Excel 2010，點選〔檔案〕標籤，選擇「新增」，可以看到「新增」選項中包含「可用範本」與「Office.com 範本」兩部分。

### Step 2 應用範例範本

點選「可用範本」中的〔範例範本〕按鈕，選擇需要的範本，例如此處選擇「費用報表」，點選右側〔建立〕按鈕，即可開啟此範本文件。

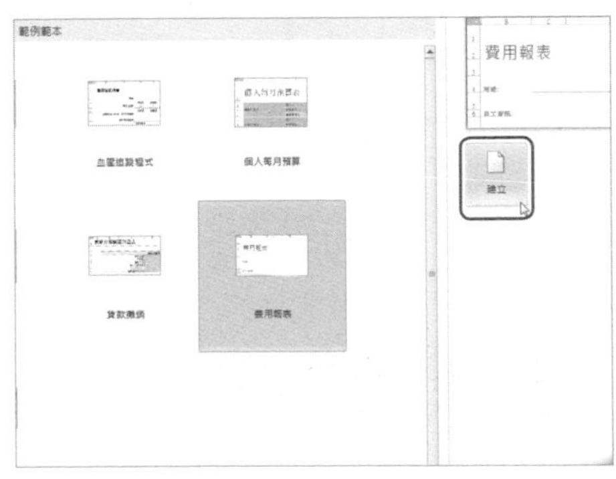

**Step 3** 應用 Office.com 範本

在 Office.com 中選擇所需範本，點選右側的〔下載〕按鈕，Excel 會自動從網路上下載該範本檔，並在下載完成後自動開啟範本。

**提示**

**充分利用 Office.com 範本**

在「新增」選項的「Office.com 範本」選項區域中包含了豐富多彩的範本，使用時選擇所需範本，點選右側〔下載〕按鈕即可。若想迅速製作出專業、美觀的 Excel 活頁簿，就可以充分利用 Office.com 範本，因為這些範本都是經過專業人士設計和美化過的活頁簿。使用者可以直接使用這些範本，也可以根據個人喜好和實際情況，在現有範本的基礎上對一些設計細節進行修改。

007

## 如何自訂 Excel 範本並儲存？

我們在工作中會經常遇到需要不斷重複建立格式相同，只是內容有所改變的活頁簿的情況，例如血壓追蹤、個人每月預算等。如果每次都重新製作，會浪費很多時間。此時，我們可以製作一個 Excel 範本，每次直接用範本建立新檔案，進而大大節省工作時間。下面以個人每月預算範本為例，介紹自行製作 Excel 範本的方法。

**Step 1** 製作範本檔。

開啟 Excel 2010，製作「個人每月預算」。如果有類似的檔案，可以修改檔案，得到自己需要的內容與格式。

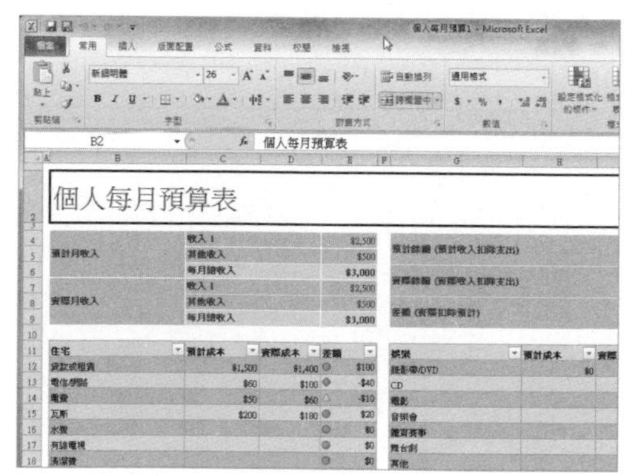

**Step 2** 開啟「另存新檔」對話框

點選〔檔案〕活頁標籤，選擇「另存新檔」指令，此時會彈出「另存新檔」對話框。

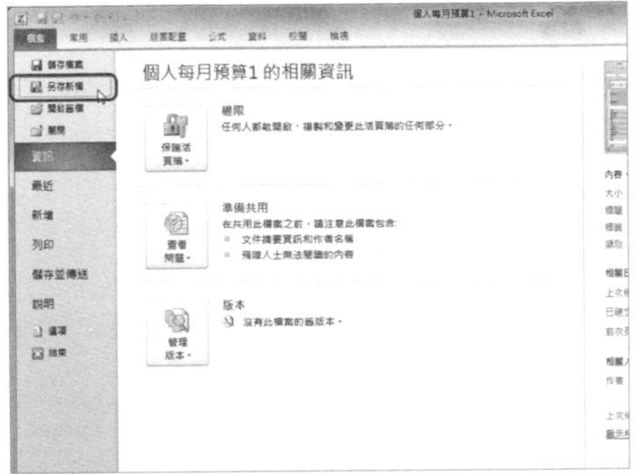

**Step 3** 儲存為範本檔

在彈出的對話框中點選「存檔類型」下拉選單，選擇【Excel 範本 (*.xltx)】選項，在「檔案名稱」文字方塊中輸入範本名稱，點選〔儲存〕按鈕。

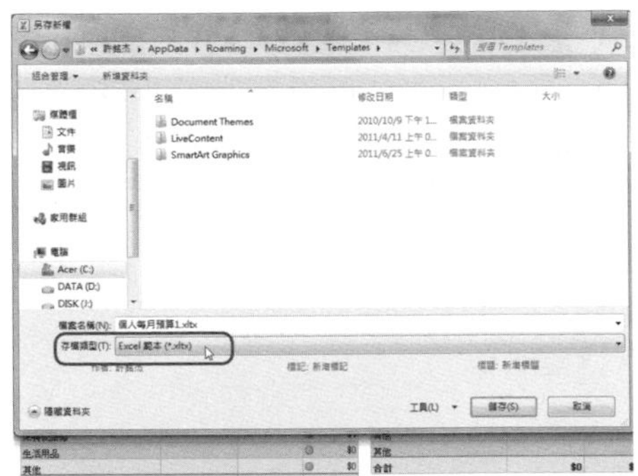

**Step 4** 檢視範本檔

完成存檔後，按下〔檔案〕活頁標籤，選擇「新增」，點選「可用範本」中〔我的範本〕按鈕。

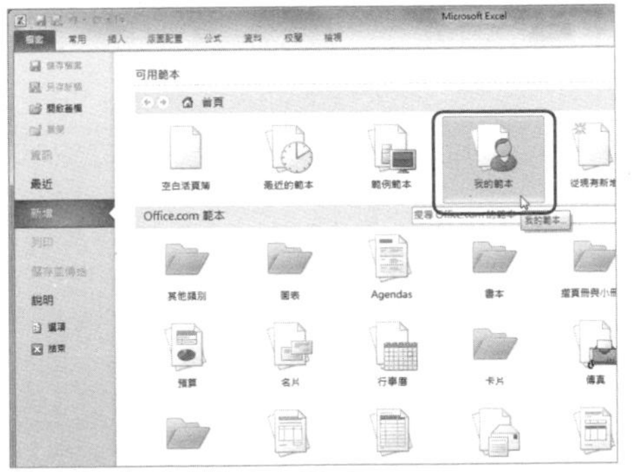

**Step 5** 應用之前自訂的範本

此時彈出「新增」對話框，對話框中顯示了自訂的範本。選擇之前建立並儲存的範本，點選〔確定〕按鈕。

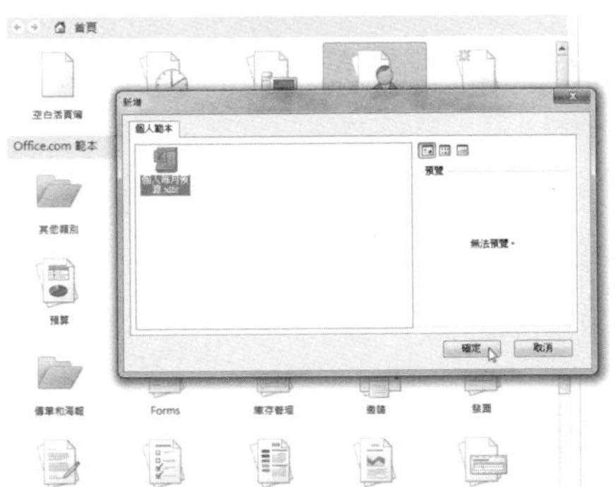

**提示**

### 範本檔的儲存位置

在「另存新檔」對話框中設定「存檔類型」為「Excel 範本」時，文件儲存位置會自動跳轉到系統中 Office2010 範本的預設儲存位置。Windows 7 系統中 Office 2010 範本預設的儲存位置為 C:\Users\ 名 \AppData\Roaming\Microsoft\Templates。

# 008 Q 如何把自訂快速存取工具列移到其他位置？

A 為了方便使用，Excel 的自訂快速存取工具列中包含了一些最常用的指令按鈕，點選存取工具列的按鈕，即可執行該功能。預設情況下，自訂快速存取工具列位於功能區上方，但我們也可以根據需要移動其位置，使其使用起來更便捷。

### Step 1 開啟「自訂快速存取工具列」選項

開啟 excel 活頁簿，點選「自訂自訂快速存取工具列」最右側的下拉選單。

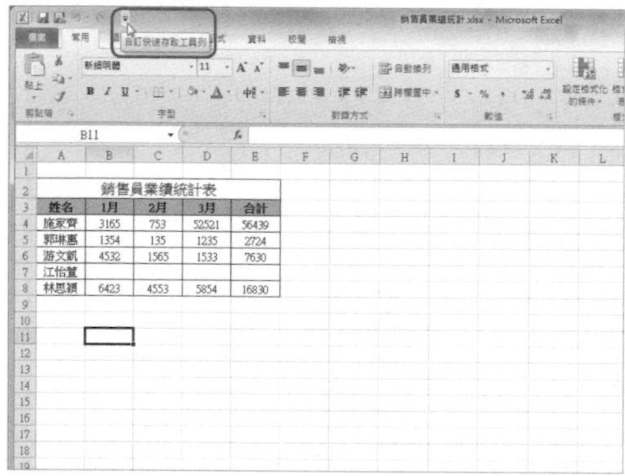


### Step 2 選擇「在功能區下方顯示」選項

在彈出「自訂快速存取工具列」選單中，選擇【在功能區下方顯示】選項。

### Step 3 檢視「自訂快速存取工具列」位置

此時可以看到「快速存取工具列」已經換到功能區的下方。

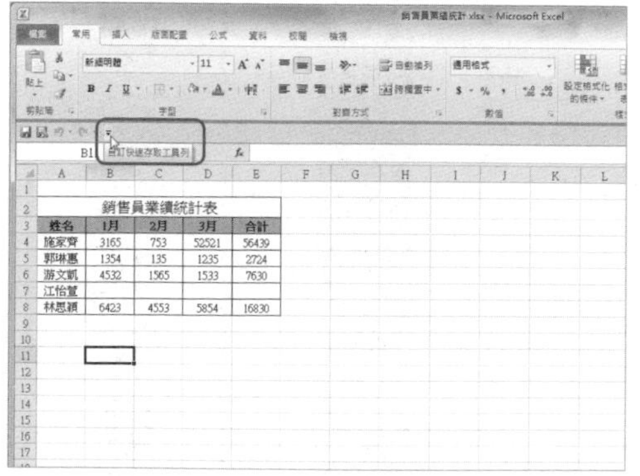

# 函數究竟為何物？

函數是 Excel 預置的公式，輸入函數和參數，Excel 將自動進行一系列的運算，並得出最終結果。在公式開頭先輸入「=」，再輸入函數名稱，在函數名稱後面的「()」中輸入相應的參數，即可進行函數運算。

我們以 SUM 函數為例，來瞭解函數的結構與功能。

**Step 1** 開啟「Excel 選項」對話框

開啟任意一個活頁簿，點選〔檔案〕活頁標籤，選擇「選項」指令。

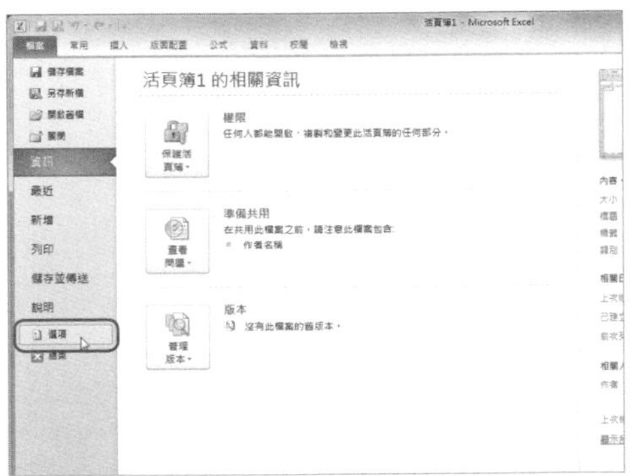

**Step 2** 進入「快速存取工具列」選項

在彈出的「Excel 選項」對話框中，切換至〔快速存取工具列〕選項。

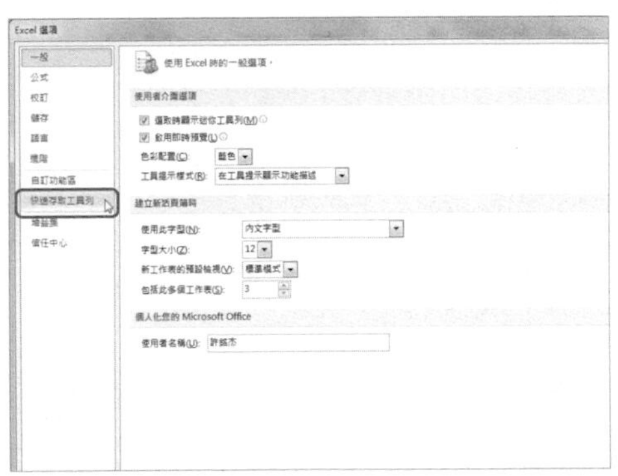

**Step 3** 增加常用指令

在左側清單方塊中選擇需要增加的功能，如選擇「複製」，接著點選〔新增〕按鈕，所選功能即出現在右側清單方塊中。

**Step 4** 檢視快速存取工具列

完成後點選〔確定〕按鈕，此時可以看到快速存取工具列中出現了剛才增加的功能按鈕。

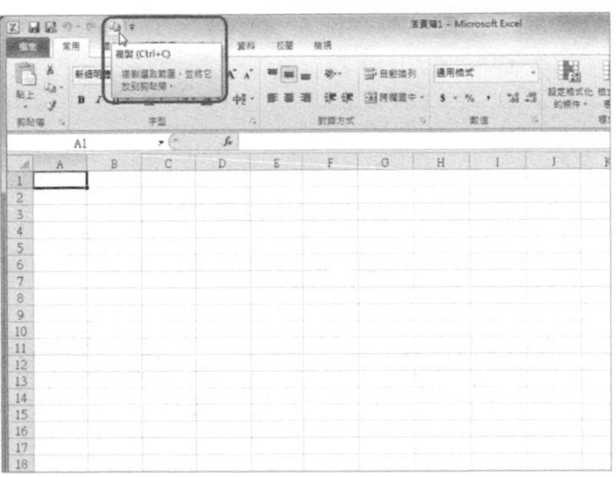

**提示**

**可一次增加多個功能**

在步驟 3 中，可一次增加多個常用功能，然後點選〔確定〕按鈕，這樣所有需要的功能即可一次增加到快速存取工具列中。

**提示**

**增加常用指令到快速存取工具列的其他方法**

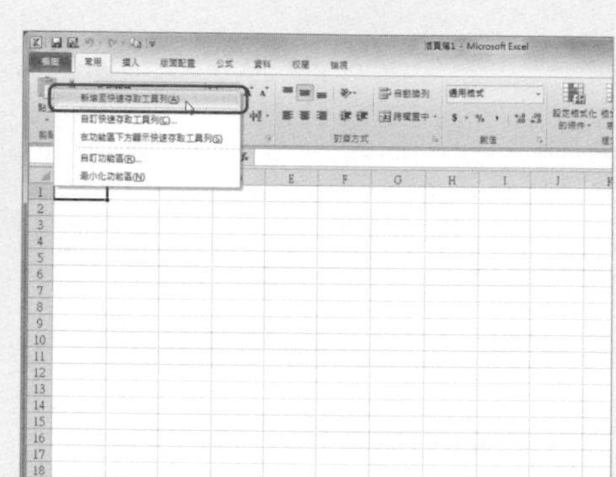

- 在功能區中點選滑鼠右鍵，在彈出的快速選單中選擇【自訂快速存取工具列】，即可直接開啟「Excel 選項」對話框，並自動切換至「快速存取工具列」選項，然後按照前述步驟進行操作即可。
- 在功能表中欲增加的功能上按滑鼠右鍵，從快速選單中點選【增加到快速存取工具列】即可快速增加。
- 如果想把某一選項群組增加到快速存取工具列，則按滑鼠右鍵該選項群組的空白區域，選擇「增加到快速存取工具列」指令。

010

## Q 如何刪除快速瀏覽工具列中的按鈕？

**A** 有時在快速瀏覽工具列中增加了很多功能之後，可能會發現有一些功能不是很常用，那麼如何刪除這些功能按鈕呢？

### Step 1 開啟「Excel 選項」對話框

開啟任意一個活頁簿，點選〔檔案〕活頁標籤，選擇「選項」指令。

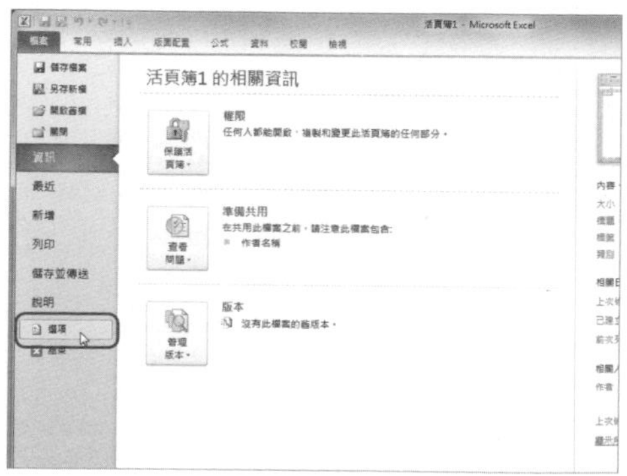

## Step 2 進入「快速瀏覽工具列」選項

在彈出的「Excel 選項」對話框中，切換至「快速瀏覽工具列」選項。

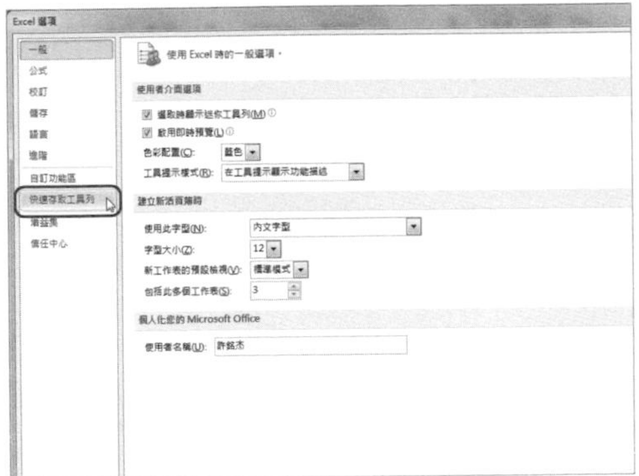

## Step 3 刪除不常用的指令按鈕

在右側清單方塊中選擇要刪除的指令，例如選擇「複製」指令，接著點選〔移除〕按鈕。

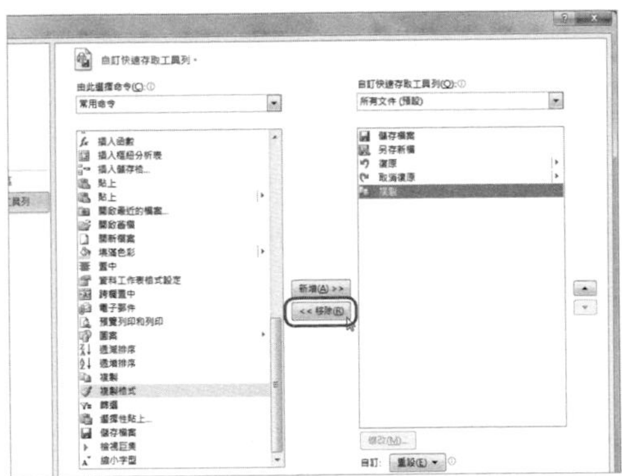

## Step 4 檢視快速瀏覽工具列

點選〔確定〕按鈕，再返回活頁簿，就可以看到快速瀏覽工具列中已經刪除〔複製〕按鈕。

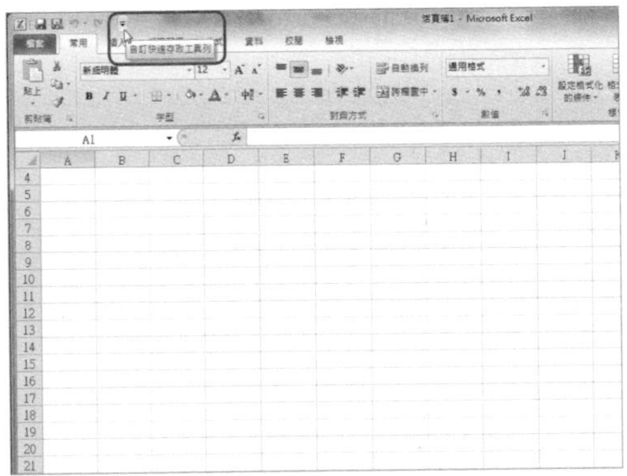

**提示**

### 從快速選單中選擇刪除指令

在快速存取工具列中要刪除的功能按鈕上按滑右鍵，接著在彈出的快速選單中選擇【從快速存取工具列移除】，即可刪除該按鈕。

# 如何調整快速存取工具列中按鈕的順序？

快速存取工具列中各功能的使用頻率不同，如果能將經常使用的按鈕放在前面，使用者操作起來也會更加方便，接著就來看看如何調整快速存取工具列中按鈕的順序。

**Step 1 開啟「Excel 選項」對話框**

開啟任意一個活頁簿，點選〔檔案〕活頁標籤，並選擇「選項」指令。

**Step 2 進入「快速存取工具列」選項**

在彈出的「Excel 選項」對話框中，切換至「快速存取工具列」選項。

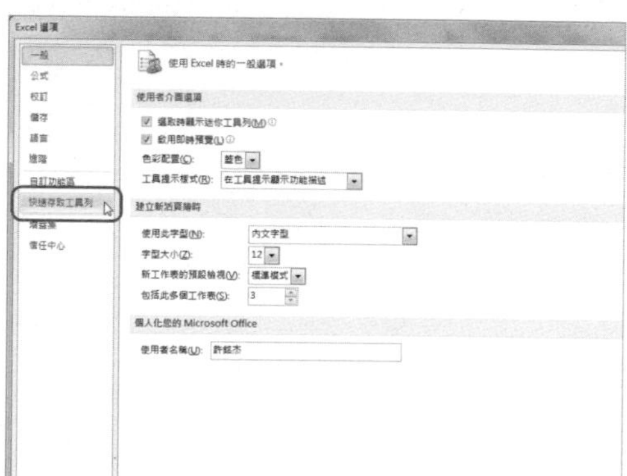


**Step 3 調整按鈕順序**

選擇右側列表框中要調整的指令，點選右側的〔上移〕或〔下移〕按鈕，完成後點選〔確定〕按鈕，即可調整按鈕的順序。

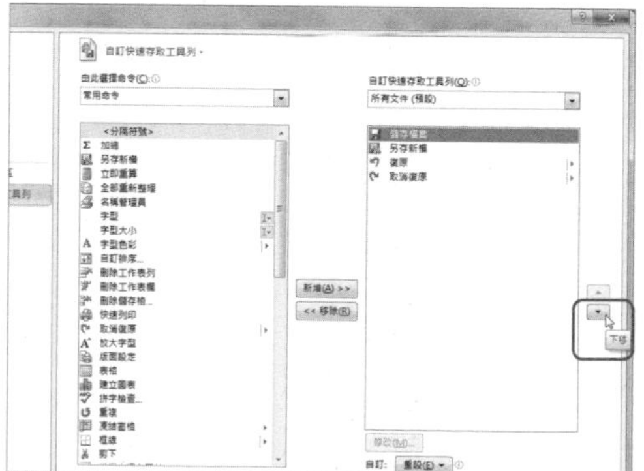

# 如何單獨使用鍵盤操作？

使用 Excel 時，用鍵盤輸入或編輯資料的過程中，需要不斷切換滑鼠與鍵盤來進行操作，這樣又要按鍵盤、又要按滑鼠的操作方式比較麻煩，很多 Excel 高手都可以單獨使用鍵盤就能操作自如，進而達到事半功倍的效果。下面我們就來舉例介紹如何僅使用鍵盤操作 Excel。

## Step 1 開啟 Excel 活頁簿

開啟任一 Excel 活頁簿。

## Step 2 切換至鍵盤操作狀態

按下〔Alt〕鍵，即可切換至鍵盤操作狀態，功能區中出現提示字母。

## Step 3 用鍵盤選擇「常用」活頁標籤

根據提示的字母，如按下〔H〕鍵切換到〔常用〕活頁標籤。

## Step 4 鍵盤選擇操作專案

繼續根據各項所顯示的提示字母進行操作。由於〔常用〕活頁標籤下「字型」選項群組中的〔填滿色彩〕按鈕下方顯示「H」，表示按下〔H〕鍵即可開啟填滿色彩列表。

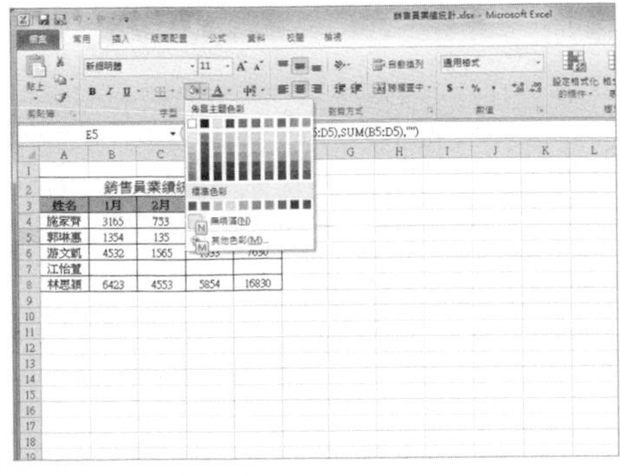

Step 5 選擇填滿顏色

利用鍵盤上的方向鍵上下左右移動，選擇需要填滿的顏色，選擇完畢後按下〔Enter〕鍵確認。

Step 6 檢視結果

返回活頁簿中，可以看到所選的儲存格已經按照鍵盤操作填上所設定對應的顏色。

提示

運用快速鍵提高工作效率

在 Excel 操作中，運用快速鍵會更方便。例如要顯示「尋找及取代」對話框時，使用快速鍵〔Shift〕+〔F5〕；要顯示「列印」選項時，使用快速鍵〔Ctrl〕+〔P〕；要回復到上一步操作時，使用快速鍵〔Ctrl〕+〔Z〕等。

## 013 Q 如何隱藏 Excel 功能區？

A Excel 2010 沿用 2007 版本中的功能區，這在帶來方便的同時，也佔據了更多的表格空間。我們可以根據實際操作需要，用下面的方法來隱藏或取消隱藏功能區。

Step 1 隱藏 Excel 功能區

開啟工作表，在功能區任意位置點選滑鼠右鍵，在彈出的快速選單中選擇【最小化功能區】指令。

**Step 2** 檢視隱藏效果

此時功能區便隱藏了，不過在點選活頁標籤後，將出現該活頁標籤下的功能群組。

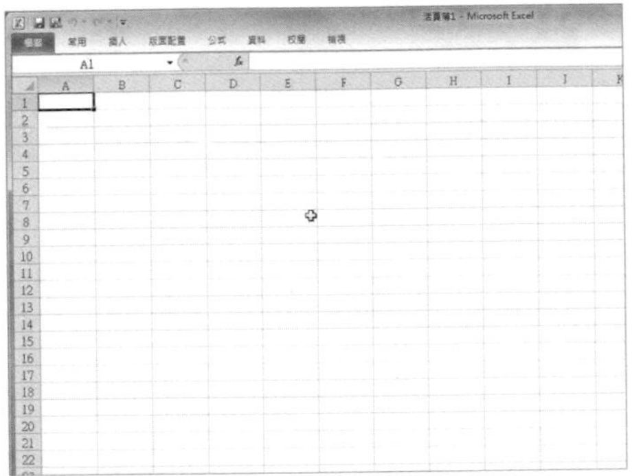

**Step 3** 取消隱藏

點選滑鼠右鍵任一活頁標籤，在彈出的快速選單中，取消對【最小化功能區】指令的選擇。

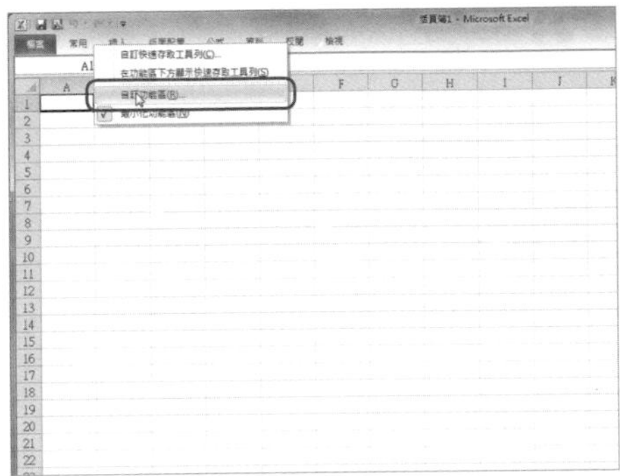

**Step 4** 檢視取消隱藏效果

完成後可以看到功能區又出現在原來位置上。

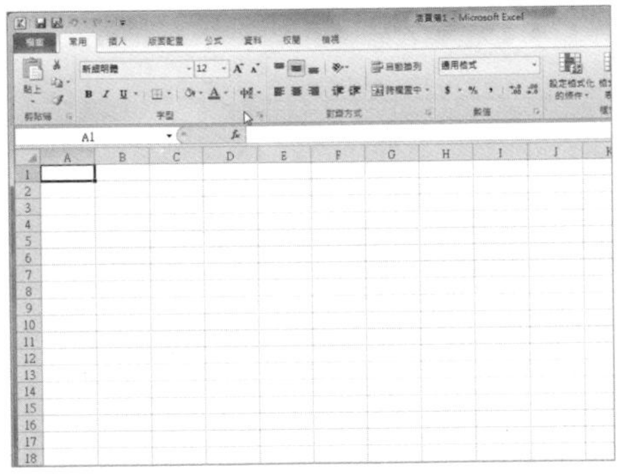

**提示**

**使用按鈕或快速鍵進行隱藏**

- 點選功能區右上方的「最小化功能區」按鈕，可直接隱藏功能區，再次點選該按鈕時取消隱藏。
- 按下快速鍵〔Ctrl〕+〔F1〕直接隱藏功能區，再次按下快速鍵〔Ctrl〕+〔F1〕時，則取消隱藏。

# 如何變更軟體介面的色彩配置？

Excel 2010 有三種適應不同作業系統的主題色彩配置，其中，預設的藍色主題，適用於 Windows XP 系統的預設主題（藍天白雲），黑色方案適用於 Windows Vista 系統的預設主題（黑色），銀波蕩漾方案適用於多種系統主題。使用者可以根據實際需要來設定 Excel 色彩配置。

**Step 1** 開啟「Excel 選項」對話框

開啟 Excel 活頁簿，可以看到視窗界面為「藍色」，點選〔檔案〕活頁標籤，選擇「選項」指令。

**Step 2** 設定「色彩配置」

在彈出的「Excel 選項」對話框中，切換至「一般」選項，在「使用者介面選項」區域點選「色彩配置」下拉選單，選擇個人喜歡的色彩配置。設定完畢後，點選〔確定〕按鈕。

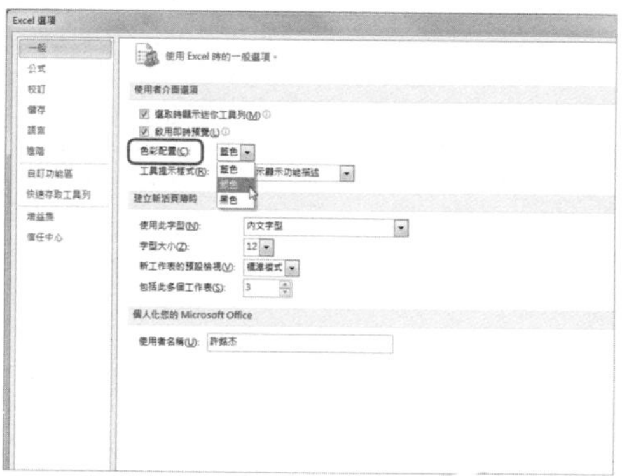

**Step 3** 檢視色彩配置效果

此時可以看到 Excel 視窗顏色由原來的「藍色」變為「銀色」。

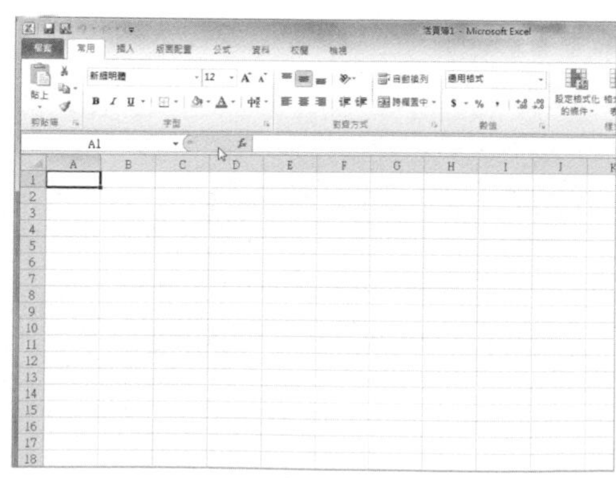

# 如何變更介面預設字體與字型大小？

Excel 預設字體為「新細明體」，預設字型大小為「12」，在編輯過程中使用者可以根據需要變更字體和字型大小，如果想變更 Excel 預設字體大小，則需要在「Excel 選項」對話框中進行變更。

## Step 1 開啟「Excel 選項」對話框

開啟 Excel 2010，點選〔檔案〕活頁標籤，選擇「選項」指令。

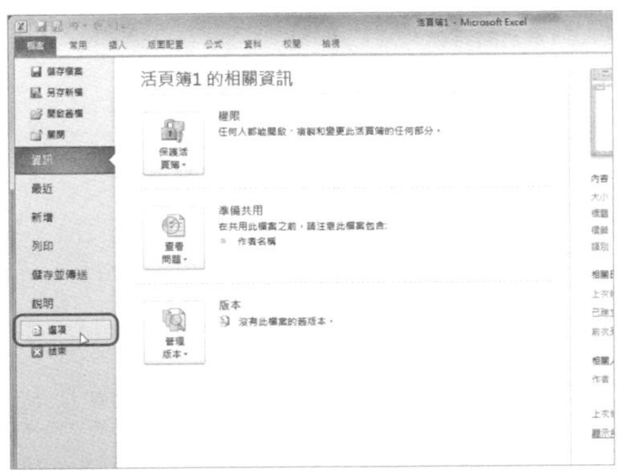


## Step 2 設定字體

在彈出的「Excel 選項」對話框中切換至「一般」選項，在「建立新活頁簿時」區域點選「使用此字型」下拉選單，選擇合適的字體。

## Step 3 設定字型大小

在「字型大小」下拉選單中選擇合適的字型大小，設定完畢後點選〔確定〕按鈕即完成。

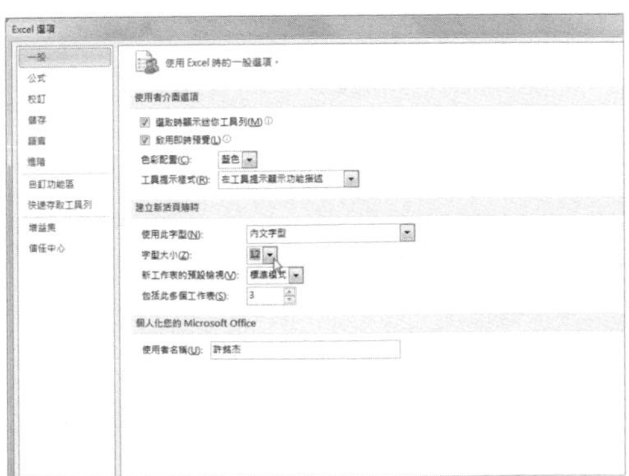


**提示**

**變更預設字體字型大小後需重啟 Excel**

在「Excel 選項」對話框中設定預設字體與字型大小後，需要重新開機 Excel，新設定的預設字體和字型大小才會生效，現有的活頁簿不會受到影響。

# 職人技 2 活頁簿操作秘技

在使用 Excel 過程中，可能會遇到一些問題，影響我們順暢地工作，如 Excel 活頁簿損壞，資料無法讀取；或者要對比檢視兩個工作表中資料，但來回切換工作表逐一儲存格對比會非常麻煩；或者 Excel 活頁簿文件太大，沒法順利上傳或分享。接下來將針對這些常見的問題進行解答，讓我們使用 Excel 更順暢。

## 016 Q 如何變更預設 Excel 工作表個數？

**A** 預設情況下，當建立新的 Excel 空白活頁簿時，該活頁簿包含三個空白工作表，但有時可能不需要三個或需要用到更多工作表，來看看如何設定預設的工作表個數。

**Step 1** 開啟「Excel 選項」對話框

開啟 Excel 2010，點選〔檔案〕活頁標籤，選擇「選項」指令。

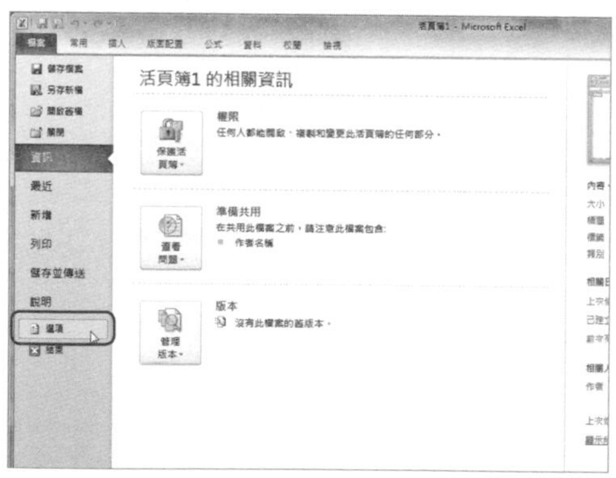


**Step 2** 設定預設工作表個數

在彈出的「Excel 選項」對話框中切換至「一般」選項，在「建立新活頁簿時」區域設定「包括此多個工作表」數值為 4，點選〔確定〕按鈕。

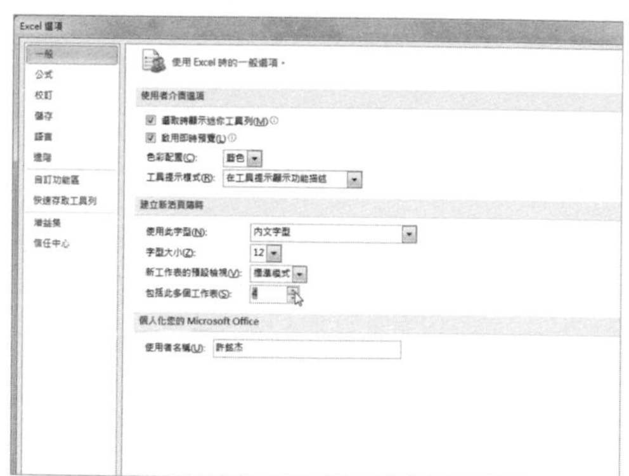

### Step 3 檢視預設工作表個數

此時新建一個空白活頁簿，可以看到介面底部顯示「工作表 1」、「工作表 2」、「工作表 3」和「工作表 4」共四個工作表。

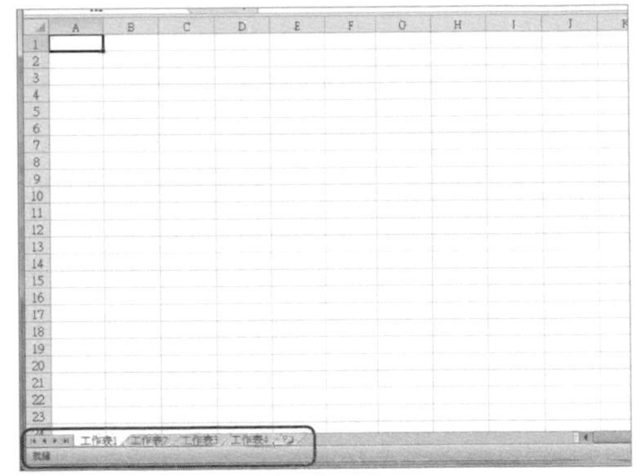

## 017 Q 如何變更顯示的近期活頁簿個數？

**A** 當使用 Excel 2010 開啟過若干活頁簿後，點選〔檔案〕活頁標籤，選擇「最近」指令就會看到右邊視窗中列出的最近使用過的文件列表。使用者可以自行設定此清單中顯示的檔案個數，詳細方法如下。

### Step 1 開啟「Excel 選項」對話框

開啟任意一個活頁簿，點選〔檔案〕活頁標籤，選擇「選項」指令。

### Step 2 變更活頁簿個數

開啟「Excel 選項」對話框，切換到「進階」選項，在「顯示」區域，將「顯示在 [ 最近的文件 ] 之文件數」設定所需個數並確認。

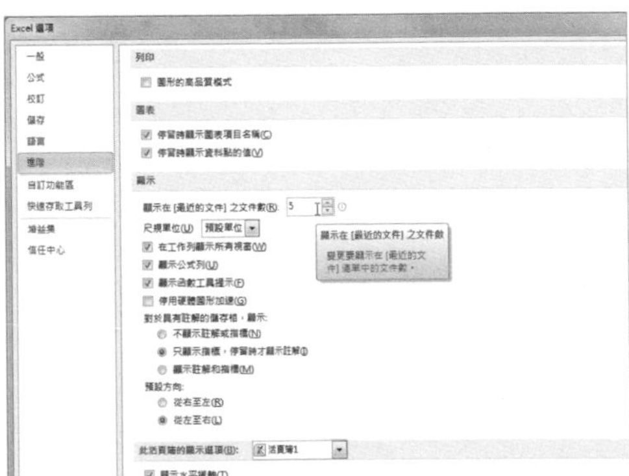

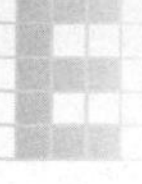



### Step 3 檢視活頁簿個數

點選〔檔案〕活頁標籤，選擇「最近」指令，即可看到列表中顯示指定個數的活頁簿。

## 018 Q 各種活頁簿檢視模式有何作用？

**A** Excel 2010 工作表包含三種檢視模式，即標準模式、整頁模式和分頁預覽，可以點選狀態列中的檢視模式切換按鈕在三種檢視模式之間進行切換。

### Step 1 選擇檢視模式

開啟任意一個活頁簿，點選〔檢視〕活頁標籤，在「活頁簿檢視」選項群組中即可選擇所需檢視模式。

### Step 2 選擇標準模式檢視

在「活頁簿檢視」選項群組中點選〔標準模式〕按鈕即可切換到標準。標準模式裡面不分頁，不顯示頁首、頁尾，是最常用的檢視模式。

銷售員業績統計表

| 姓名 | 1月 | 2月 | 3月 | 合計 |
|---|---|---|---|---|
| 施家齊 | 3165 | 753 | 52521 | 56439 |
| 郭琳惠 | 1354 | 135 | 1235 | 2724 |
| 游文凱 | 4532 | 1565 | 1533 | 7630 |
| 江怡萱 | | | | |
| 林思穎 | 6423 | 4553 | 5854 | 16830 |

**Step 3** 選擇整頁模式檢視

點選〔整頁模式〕按鈕即可切換到整頁模式檢視。在該檢視下，頁首和頁尾、頁邊距大小等都可以直接按頁顯示出來，並可直接對這些參數進行修改。

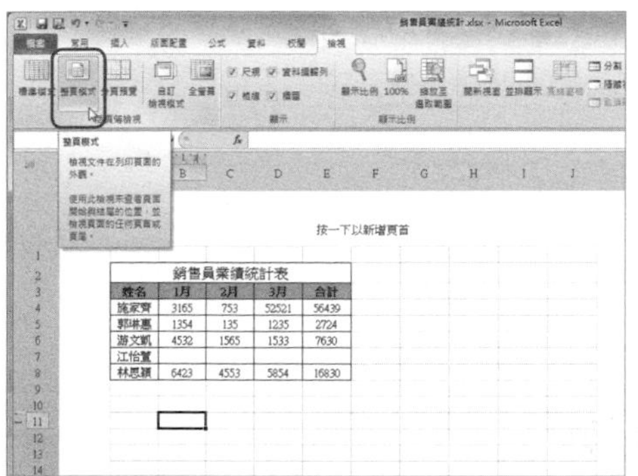


**Step 4** 選擇分頁預覽檢視

點選〔分頁預覽〕按鈕即可切換到分頁預覽檢視。在該檢視下，可以顯示頁面大小。藍色的虛線顯示預設情況下頁面的大小，藍色的實線顯示實際資料的頁面大小。可以拖曳這些線條改變頁面的大小，調整列印時的縮放比例。

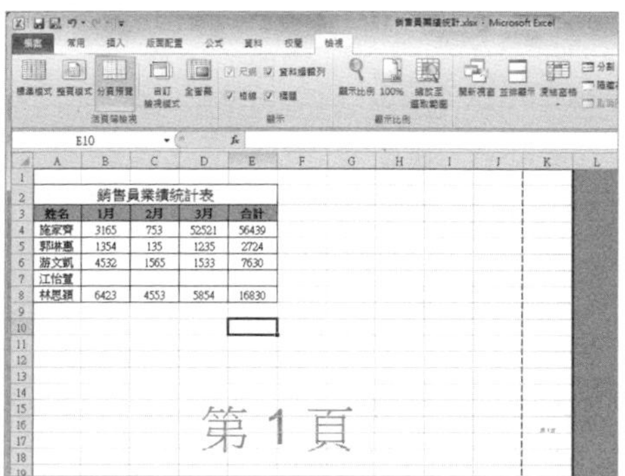


**提示**

全螢幕顯示

如果點選「活頁簿檢視」選項群組中的〔全螢幕〕按鈕，則活頁簿會以全螢幕的效果呈現。

019

## 如何設定自動儲存時間間隔？

在使用 Excel 2010 時如果遇到突發狀況沒來得及儲存檔案時，Excel 2010 的自動儲存功能會給我們非常大的幫助。來看看自動儲存時間間隔如何設定吧！

**Step 1** 開啟「Excel 選項」對話框

開啟任意一個活頁簿，點選〔檔案〕活頁標籤。選擇「選項」指令。

Step 2 啟用自動儲存功能

在「Excel 選項」對話框中，切換到「儲存」選項，在「儲存活頁簿」區域，勾選「儲存自動回復資訊時間間隔」核取方塊。

Step 3 設定時間間隔

根據需要，在「儲存自動回復資訊時間間隔」核取方塊右側，微調框內設定自動儲存的時間間隔，然後點選〔確定〕按鈕。

提示

**設定合適的自動儲存時間間隔**

自動儲存時間間隔並非越短越好。間隔時間越短，儲存次數越多，可能會影響到我們正常的 Excel 操作，一般會設定十到二十分鐘左右。

Step 4 檢視效果

點選〔檔案〕活頁標籤，選擇「資訊」指令，切換到「資訊」選項。此時，在〔管理版本〕按鈕右側，即可看到目前檔案按所設定的時間間隔，自動儲存所生成的歷史版本。

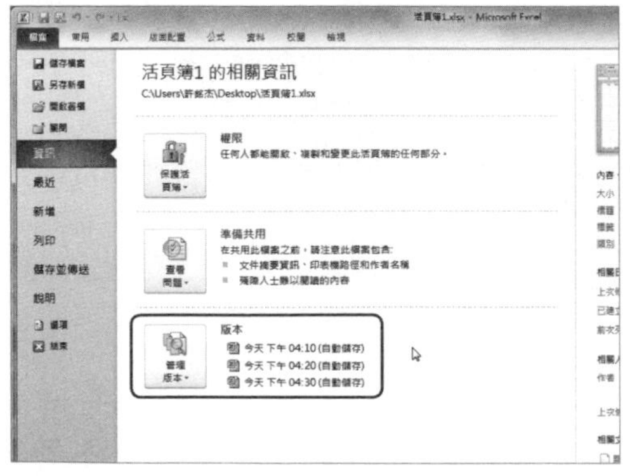

提示

**何時開始自動儲存**

只有在 Excel 程式開啟的狀態下，文件經過修改後，系統內部的計時器才開始啟動，到了指定的時間間隔後才會自動儲存。如果文件開啟後並沒有經過修改，則不會啟動計時器。

**提示**

### 設定自動恢復檔案位置

為了保險起見，還可以勾選「如果關閉而不儲存，則會保留上一個自動儲存版本」核取方塊，並在下方「自動回復檔案位置」文字方塊中輸入檔案需要儲存的位置，然後點選〔確定〕按鈕。

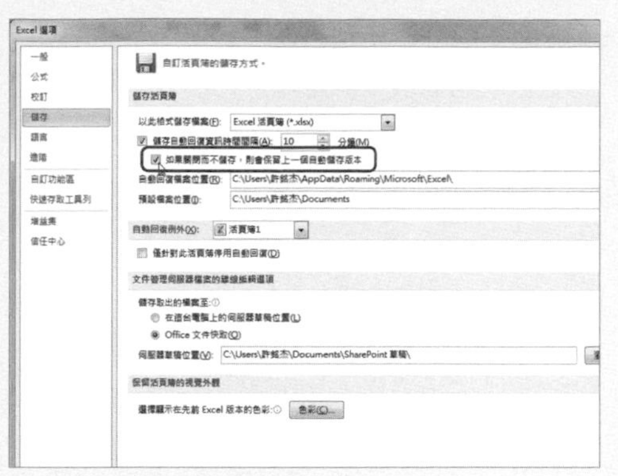

## 020 Q 如何檢視最近使用的活頁簿路徑？

開啟 Excel 後，點選〔檔案〕活頁標籤，選擇「最近」指令，會出現最近開啟的檔案列表。如果使用者需要找到該清單中的某個檔案，則從列表中可以看到該檔在電腦中的儲存路徑，使用者也可直接點選列表中的文件當其開啟。

### Step 1 進入「最近」選項

開啟 Excel 2010，點選〔檔案〕活頁標籤，選擇「最近」。

### Step 2 檢視最近使用的活頁簿

在「最近」選項的「最近使用的活頁簿」區域裡，顯示了近期使用的活頁簿名稱及路徑。

**Step 3** 在「最近地點」區域檢視

在「最近」選項的「最近地點」區域裡，可以看到最近使用過的檔的路徑。

**提示**

**如何從文件列表中刪除最近使用過的活頁簿**

如果需要將活頁簿從最近使用過的活頁簿列表中刪除，則在列表中點選滑鼠右鍵，從彈出的快速選單中選擇【從清單移除】。

## 021 Q 如何以唯讀或副本方式開啟活頁簿？

A 使用者如果只是要檢視或複製 Excel 活頁簿中的內容，為避免無意間對活頁簿進行修改，可以用唯讀方式開啟活頁簿。有時使用者需要對活頁簿作一些不需要儲存的變動，然後與原始活頁簿進行對比，在這種情況下，可以用副本方式開啟原始活頁簿，而無需將修改後的活頁簿以其他檔案名另存。以唯讀或副本方式開啟活頁簿的。

**Step 1** 啟動「開啟舊檔」對話框

點選〔檔案〕活頁標籤，選擇「開啟舊檔」指令，或者直接按下快速鍵〔Ctrl〕+〔O〕，開啟任一 Excel 文件檔。

## Step 2 以唯讀方式開啟活頁簿

在「開啟舊檔」對話框中，選擇要開啟的檔，然後點選〔開啟〕右側的下拉選單，並選擇【開啟為唯讀檔案】選項。

## Step 3 檢視以唯讀方式開啟效果

此時即以「唯讀」的方式開啟該檔案，可以檢視檔案，但無法儲存變更。同時，視窗標題列上會顯示「唯讀」字樣。

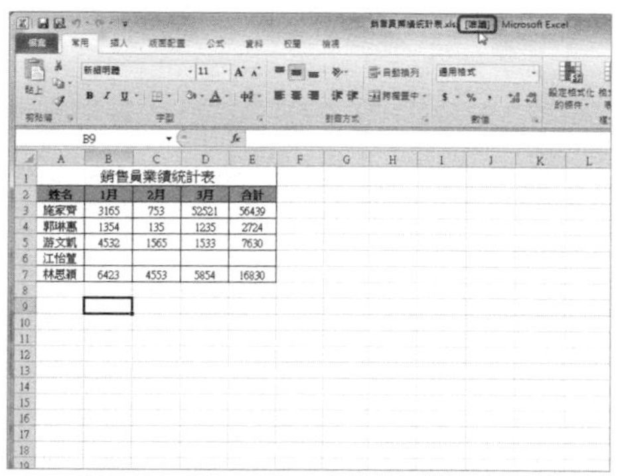

## Step 4 以複本方式開啟活頁簿

另外，若要以複本方式開啟文件，則在「開啟舊檔」下拉選單中，選擇【開啟複本】選項。

## Step 5 檢視以複本方式開啟效果

此時所看到的是檔案的複本，所做的任何變更將儲存到該複本檔中。標題列上會顯示「複本」字樣。

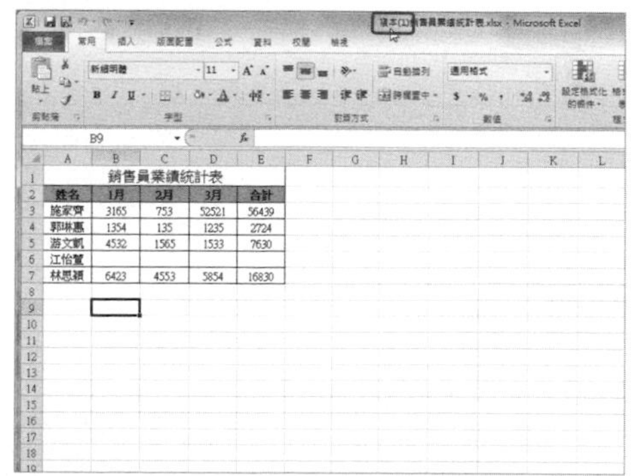

### 提示

**複本檔案路徑**

檔案以複本方式開啟後，Excel 2010 會自動在相同資料夾中建立一個在原活頁簿檔案名前加有「複本 (1)」的活頁簿，並開啟這個活頁簿。

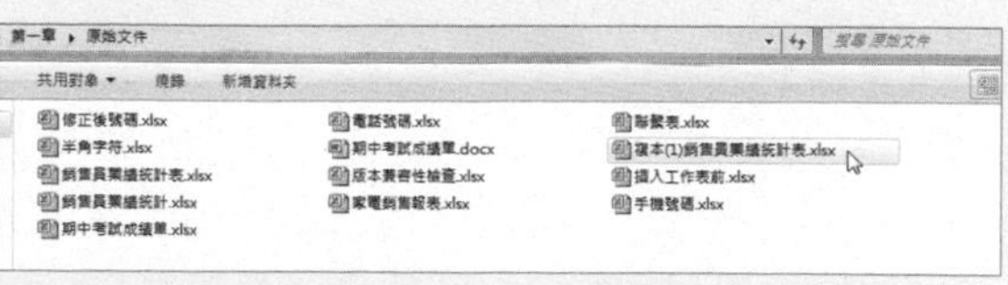

# 如何儲存目前工作視窗環境？

第 1 章 \ 原始檔 \ 電話號碼 .xlsx、銷售員業績統計表 .xlsx、銷售員業績統計 .xlsx
第 1 章 \ 完成檔 \resume.xlw

A 使用 Excel 工作時，往往會涉及到多個活頁簿，並且可能要按照一定形式來排列這些活頁簿視窗。當一次完成不了工作，需要下次接著工作時，如果重新開啟多個相關的活頁簿，再整理排列的話，會耗費很多時間。使用 Excel 的「儲存工作環境」功能，可以將目前的工作視窗儲存成一個 XLW 檔，下次開啟該檔時，即可恢復到儲存時的工作視窗環境。

## Step 1 開啟「保存工作區」對話框

開啟所有需要的相關 Excel 活頁簿，排列完成後，切換至〔檢視〕活頁標籤，點選〔儲存工作環境〕按鈕。

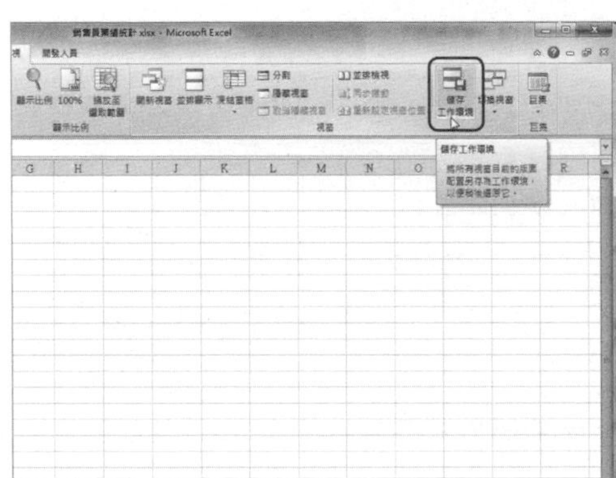

## Step 2 儲存工作環境

在彈出的「儲存工作區」對話框中，選擇檔案儲存路徑。工作區文件預設檔案名為「resume.xlw」，然後點選〔儲存〕按鈕。

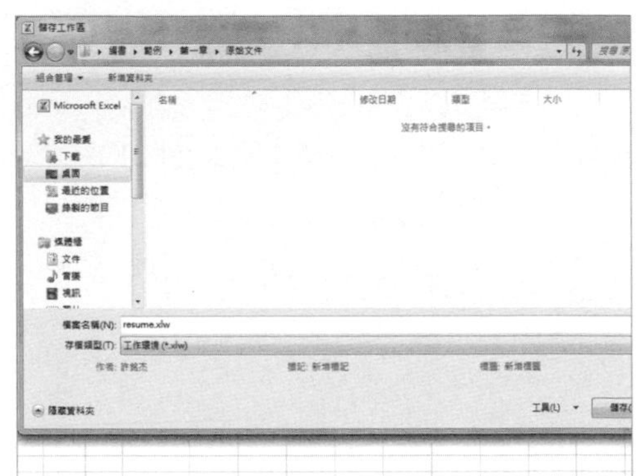

## Step 3 檢視儲存效果

此時的工作視窗環境已經儲存在所選的資料夾中。以後使用者只需開啟所儲存工作環境檔，即可以保留當時的視窗環境，同時開啟所有相關的活頁簿。

# Q 如何在活頁簿中增加摘要資訊？

**A** 在 Excel 2010 中，可以為活頁簿增加標題、類別以及作者等摘要資訊，以示區別。

## 方法一：在對話框中增加

### Step 1 進入「資訊」選項。

開啟「電話號碼 .xlsx」，點選〔檔案〕活頁標籤，選擇「資訊」選項。

### Step 2 開啟屬性對話框

點選「資訊」選項右側的〔內容〕按鈕，在下拉選單中選擇【進階屬性】。

### Step 3 輸入摘要資訊

在「摘要資訊」對話框中切換至〔摘要資訊〕活頁標籤，在「標題」、「主題」、「備註」等文字方塊中輸入相關資訊，點選〔確定〕按鈕。

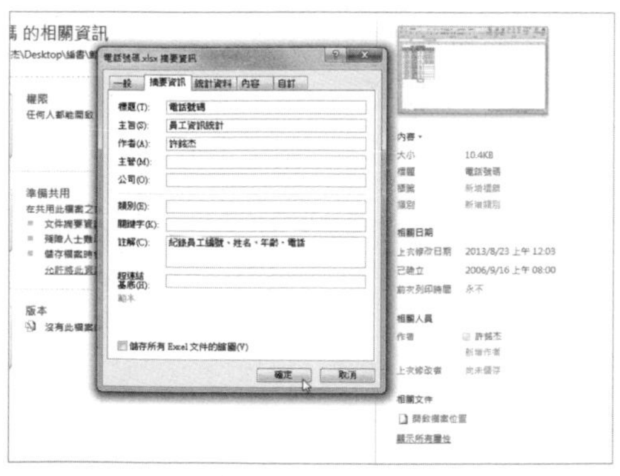

### Step 4 檢視效果

完成後，儲存並關閉活頁簿。將滑鼠指標放在該檔案的圖示上，即可顯示其對應的摘要資訊。

## 方法二：在「資訊」選項中增加

### Step 1 進入「資訊」選項

開啟「電話號碼 .xlsx」，點選〔檔案〕活頁標籤，選擇「資訊」選項。

### Step 2 增加摘要資訊

選項右側會出現關於該活頁簿的摘要資訊，如大小、標題和標記等。點選需要修改的項目，然後輸入文字。

### Step 3 檢視效果

將「標題」設定為「員工電話號碼」，將「類別」設定為「資料」，可以看到摘要資訊已修改完成。

## 如何排列活頁簿中多個工作表？

一個活頁簿中往往有多個工作表，使用者有時需要將這些工作表進行先後順序的排列，以便檢視和使用。例如想要將原始檔「銷售員業績統計表」中的 Sheet1 移動位置，可以直接拖曳來調整工作表位置。

### 方法一：移動工作表

**Step 1** 開啟「移動或複製工作表」對話框

開啟活頁簿文件，在 Sheet1 工作表標籤點選滑鼠右鍵，並在彈出的快速選單中選擇【移動或複製】。

**Step 2** 對工作表進行排列

在彈出「移動或複製」對話框的「選取工作表之前」中，選擇「移動至最後」，然後點選〔確定〕按鈕。

**Step 3** 檢視排列效果

完成後檢視工作表標簽，即可看到 Sheet1 工作表排在最後。

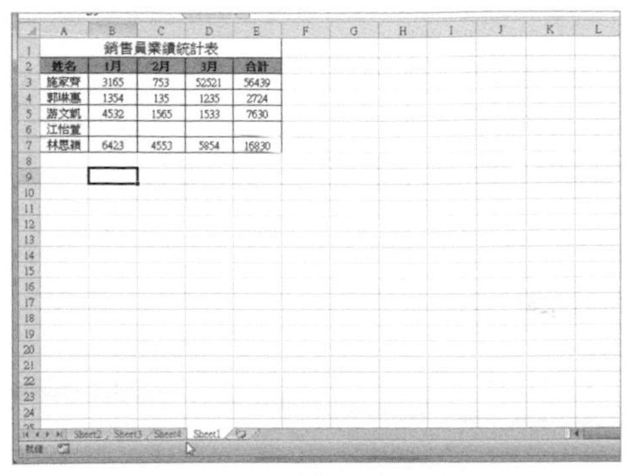


### 方法二：直接拖曳工作表標籤

**Step 1** 選取工作表標籤

開啟活頁簿，選取需要調整先後順序的工作表標籤。

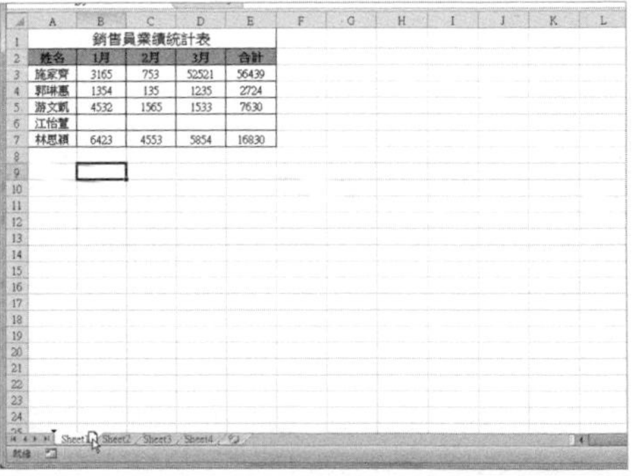

**Step 2 拖曳工作表標籤**

按住工作表標籤不放，將其拖曳至需要位置後放開滑鼠，這裡把 Sheet1 標籤拖到 Sheet2 標籤之後。

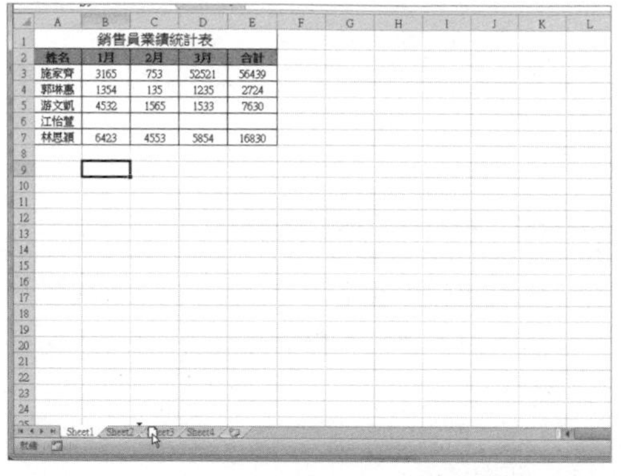

**Step 3 檢視排列效果**

此時即可看到 Sheet1 工作表已經位於 Sheet2 工作表之後。

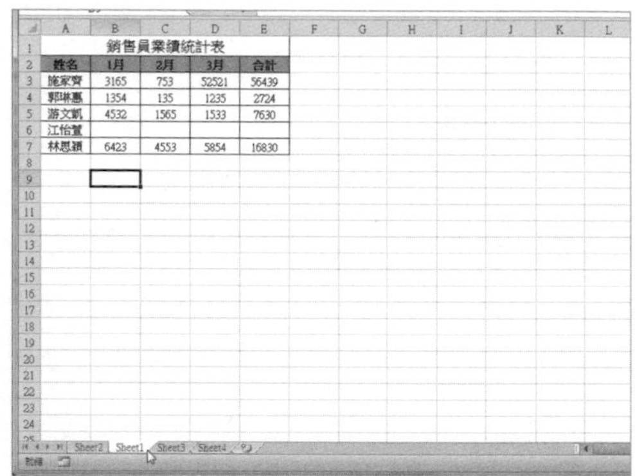

## 025 Q 如何修復受損的 Excel 文件？

**A** 很多使用者在處理 Excel 文件時會遇到無法開啟以前編輯好的 Excel 活頁簿，或者開啟之後活頁簿內容混亂的情況，出現這種情況的原因是該檔案已經損壞。此時可以使用 Excel 的「開啟並修復」功能來修復受損的 Excel 文件。

**Step 1 啟動「開啟舊檔」對話框**

開啟 Excel 2010，點選〔檔案〕活頁標籤，選擇「開啟舊檔」指令。

**Step 2 選擇損壞的檔案**

在「開啟舊檔」對話框中，進入需要修復的檔案所屬的資料夾，選擇損壞的 Excel 文件。

### Step 3 開啟並修復文件

點選右下角〔開啟〕下拉選單的【開啟並修復】選項。

### Step 4 確定進行「修復」或「抽選資料」

根據彈出的對話框提示，如果要復原盡可能多的資料，可點選〔修復〕按鈕；如果 Excel 不能修復活頁簿，則點選〔抽選資料〕按鈕以減少損失。

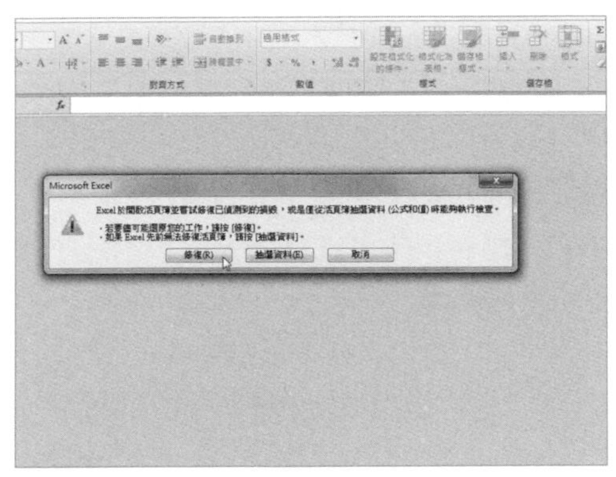

### Step 5 檢視修復情況

點選〔修復〕按鈕後，彈出提示對話框，提示修復完成情況，最後點選〔關閉〕按鈕。

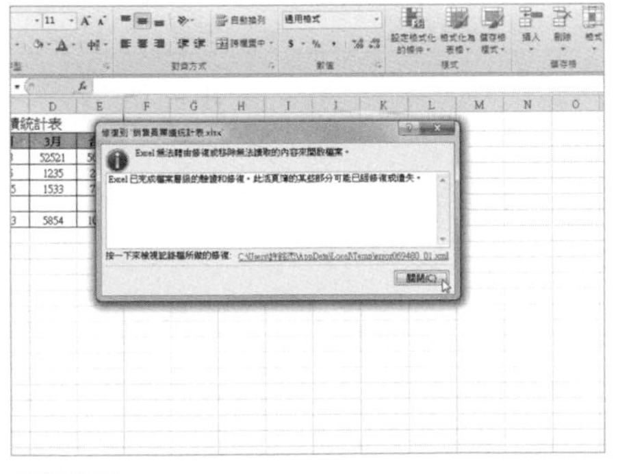

### Step 6 檢視修復文件

此時，受損的檔案已經開啟，系統會預設在檔名後加上「[ 已修復 ]」字樣。

**提 示**

#### 開啟無法修復活頁簿資料

Excel 的開啟並修復功能可用於檢查和修復活頁簿中的錯誤，並在開啟過程中修復檔。如果開啟之後還是無法恢復損壞活頁簿中的資料，那麼就需要在步驟 4 中點選〔抽選資料〕按鈕，或者要重新建立部分或整個文件了。

# 將 Excel 活頁簿儲存為 PDF 文件

第 1 章 \ 原始檔 \ 銷售員業績統計表 .xlsx
第 1 章 \ 完成檔 \ 銷售員業績統計表 .pdf

在 Excel 2010 中，如果已經製作完成表格，不再需要變更，則可以將活頁簿儲存為 PDF 格式，以避免其他人變更資料，進而便於傳閱。要將活頁簿儲存為 PDF 格式檔案，可以採用以下兩種方法。

## 方法一：利用「另存新檔」對話框進行儲存

### Step 1 開啟「另存新檔」對話框

開啟「銷售員業績統計表 .xlsx」，點選〔檔案〕活頁標籤，選擇「另存新檔」指令。

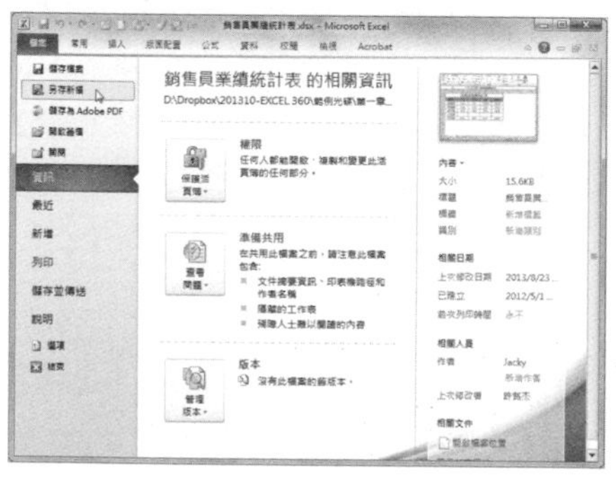


### Step 2 設定檔案儲存類型為 PDF

彈出「另存新檔」對話框。設定儲存位置與檔案名稱，然後點選「存檔類型」下拉選單，選擇【PDF】。

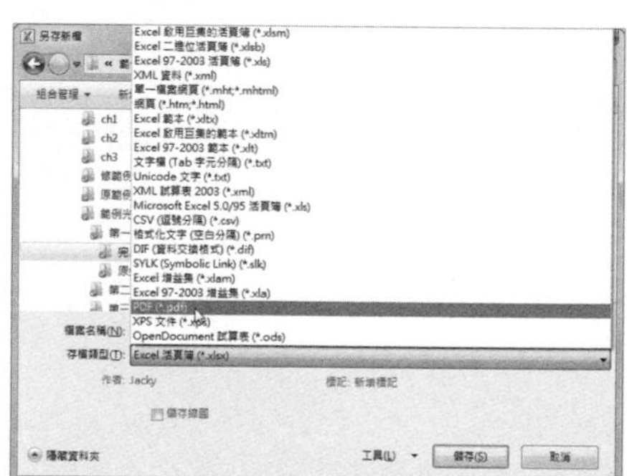

### Step 3 檢視儲存效果

點選〔儲存〕按鈕後，進入之前設定的儲存位置，可以看到儲存完成的 PDF 格式的檔案。

## 方法二：利用「儲存並傳送」選項進行保存

### Step 1 選擇「儲存並傳送」指令。

開啟「銷售員業績統計表 .xlsx」，點選〔檔案〕活頁標籤，選擇「儲存並傳送」指令。

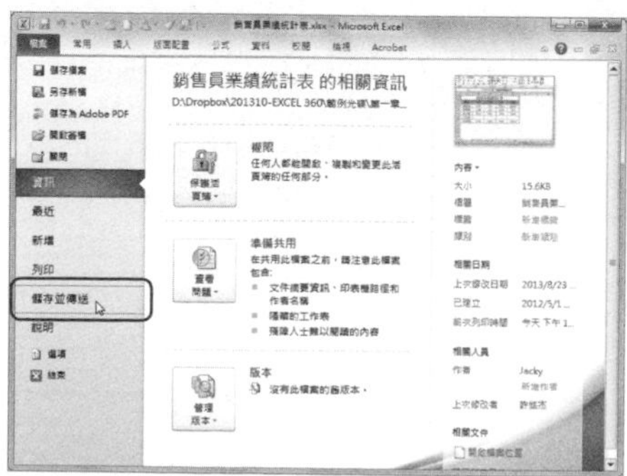

### Step 2 選擇「建立 PDF/XPS 文件」

在「儲存並傳送」選項中，選擇「建立 PDF/XPS 文件」選項，點選〔建立 PDF/XP〕按鈕。

### Step 3 設定儲存類型為 PDF

在「發佈為 PDF 或 XPS」對話框中，設定儲存位置與檔案名稱後點選〔發佈〕按鈕即完成。

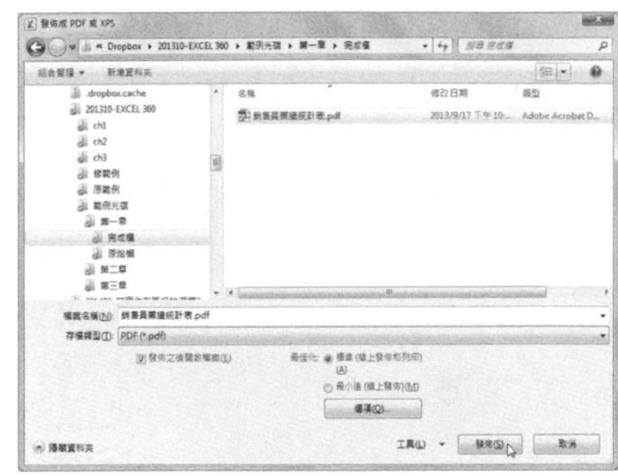

**提示**

**將整個活頁簿保存為 PDF 文件**

上述操作預設將 Excel 目前活動的工作表儲存為 PDF 文件。如果要將整個活頁簿儲存為 PDF 檔，則可以點選「發佈為 PDF 或 XPS」對話框中的「選項」按鈕，開啟「選項」對話框，在「發佈內容」區域中選擇「整個活頁簿」選項按鈕。點選「確定」按鈕後，點選「發布」按鈕。此時即可將整個活頁簿儲存為 PDF 文件。

## 027 Q 如何同步捲動並排顯示兩個活頁簿？

第 1 章 \ 原始檔 \ 銷售員業績統計表 .xlsx、複本 (1) 銷售員業績統計表 .xlsx

A 有時候，使用者可能需要比較和檢視兩個活頁簿，如果不停地來回切換，不僅麻煩而且浪費時間，這時只要使用 Excel 2010 的並排顯示功能即可。

### Step 1 開啟兩個活頁簿

開啟需要並排對比的兩個活頁簿「銷售員業績統計表 .xlsx」和「複本 (1) 銷售員業績統計表 .xlsx」。

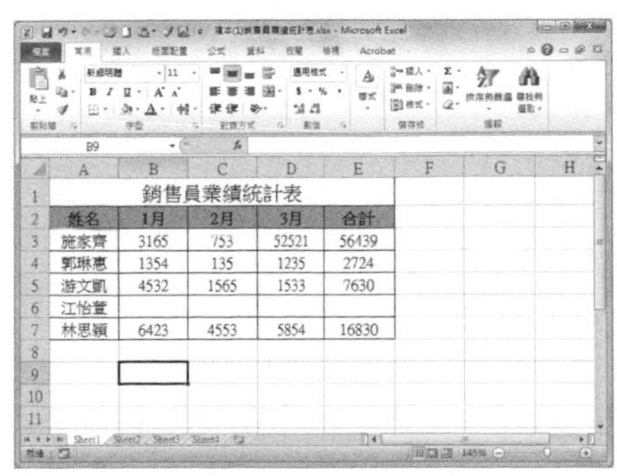

**Step 2 設定並排檢視**

在「銷售員業績統計表」中切換至〔檢視〕活頁標籤，點選〔並排檢視〕按鈕。

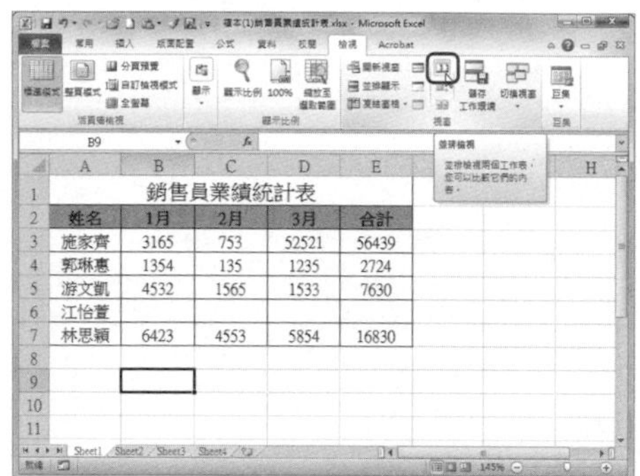


**Step 3 檢視設定效果**

此時可以看到開啟的兩個活頁簿上下排列在視窗中，並且在捲動滑鼠滾輪，或者拖曳其中一個活頁簿中的捲軸時，兩個活頁簿將同步捲動。

**提示**

**取消「並排檢視」或「同步捲動」**

工具列的「並排檢視」和「同步捲動」選項按鈕均顯示為黃色，如果使用者要取消「並排檢視」或「同步捲動」功能，則點選這兩個選項按鈕。取消之後，黃色按鈕將變為工具列原底色。

## 028 Q 如何找回消失的「開發人員」活頁標籤？

**A** Excel「開發人員」活頁標籤中有許多與程式開發相關的指令，利用「開發人員」活頁標籤，可以進行錄製巨集、開啟 VBA 編輯器、執行巨集指令、插入控制項等操作。但在預設情況下，「開發人員」活頁標籤並未顯示在 Excel 功能區中，使用者可以透過下面的步驟，讓「開發人員」活頁標籤顯示在功能區中。

## Step 1 開啟「Excel 選項」對話框

開啟任意一個活頁簿，點選〔檔案〕活頁標籤，選擇「選項」。

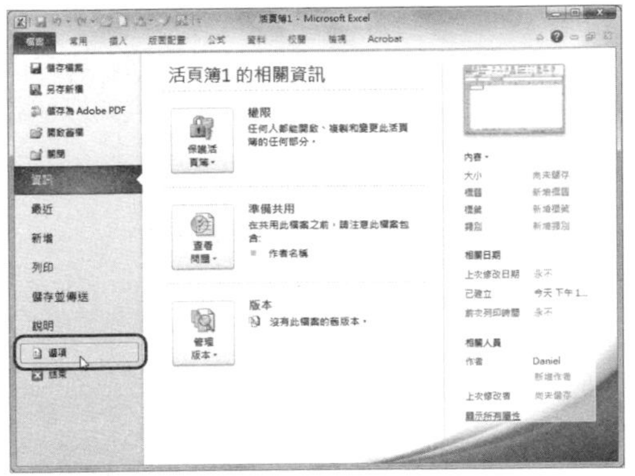

## Step 2 增加「開發人員」活頁標籤

在「Excel 選項」對話框的「自訂功能區」選項中，從下拉選單中選取【主要定位點】，並在下面的清單中勾選「開發人員」核取方塊。

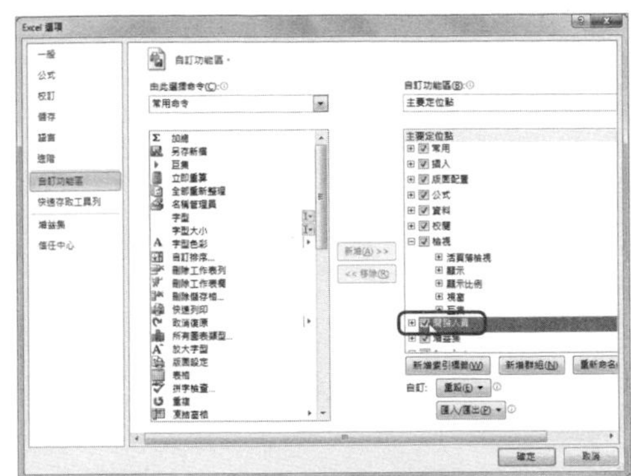

## Step 3 檢視增加效果

點選〔確定〕按鈕，返回活頁簿文件，可以看到功能區中出現了「開發人員」活頁標籤。

**提示**

「開發人員」活頁標籤的作用

在 Excel 2010 中〔開發人員〕活頁標籤在需要錄製、編輯巨集，或者增益集、控制項時都會用到，可以用來自製或加載 Office 沒有提供的功能。

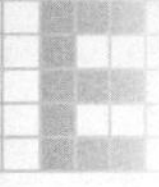

## 029 Q 如何建立新增索引標籤，並增加常用指令？

A Excel 2010 應用程式允許使用者建立功能區自訂活頁標籤。可以透過設定，把自己最常用的或者 Excel 預設沒有的功能彙集到自訂的活頁標籤裡，以方便其快速、效率地使用 Excel。

### Step 1 開啟「Excel 選項」對話框

開啟 Excel 2010，點選〔檔案〕活頁標籤，選擇「選項」。

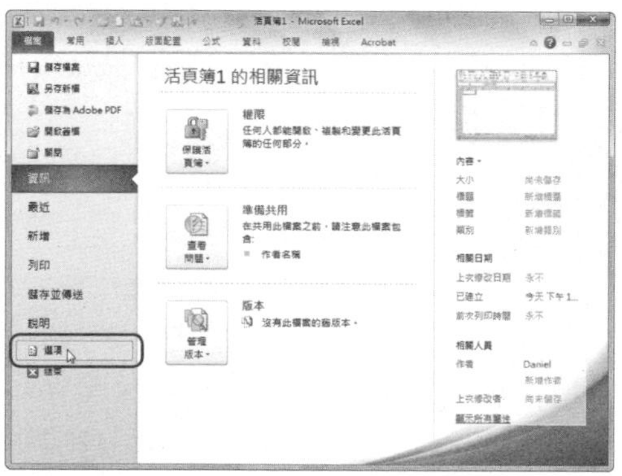

### Step 2 新增索引標籤

在彈出的「Excel 選項」對話框中，切換至「自訂功能區」選項，點選「新增索引標籤」按鈕。

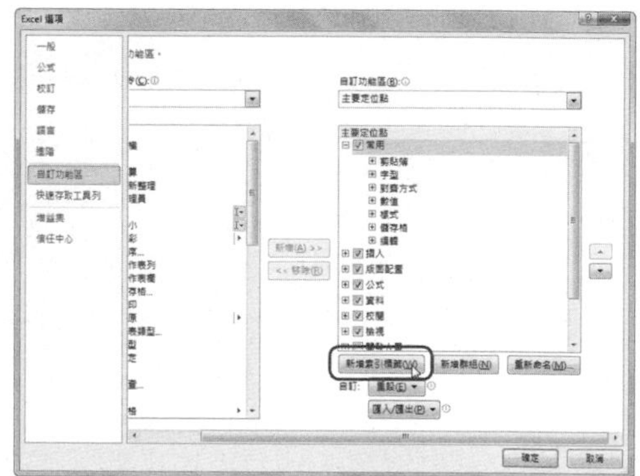

### Step 3 增加最常用指令

接著從左側常用指令清單中選擇最常用的功能，點選〔新增〕按鈕將其逐一增加到新增的索引標籤中。

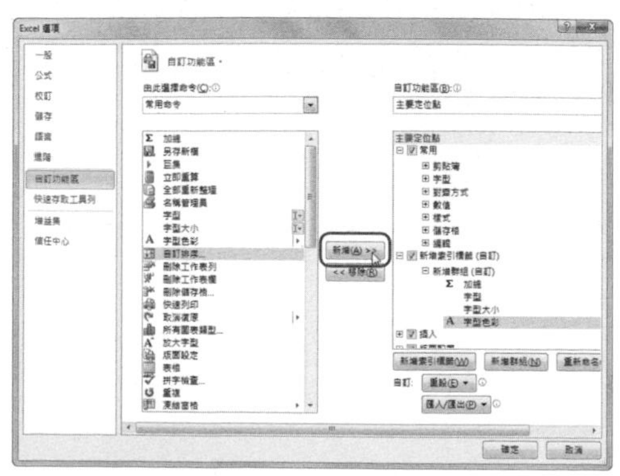

### Step 4 調整索引標籤的位置

選擇「新增索引標籤」選項，透過清單框右邊的上下箭頭按鈕可以修改索引標籤在功能區中的位置。

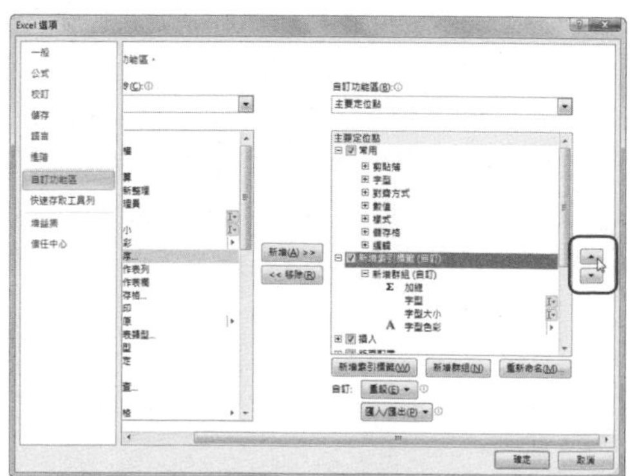

**Step 5** 重新命名新建的索引標籤

選擇「新增索引標籤」選項，點選清單框下面的〔重新命名〕按鈕，在「顯示名稱」文字方塊中輸入名稱後確認。

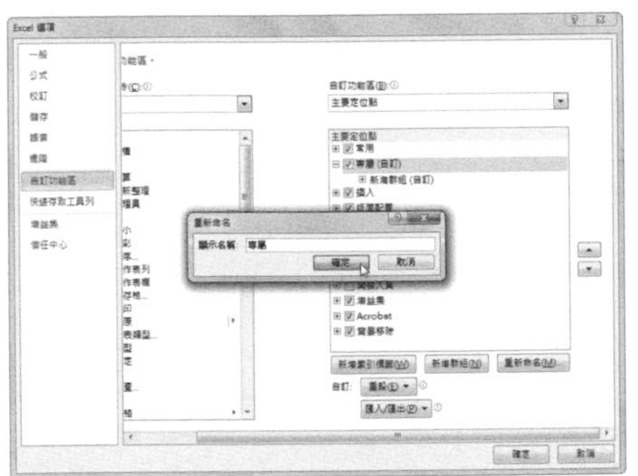

**Step 6** 檢視設定效果

點選〔確定〕按鈕確認變更，此時在功能區中可以看到新增的自訂活頁標籤。

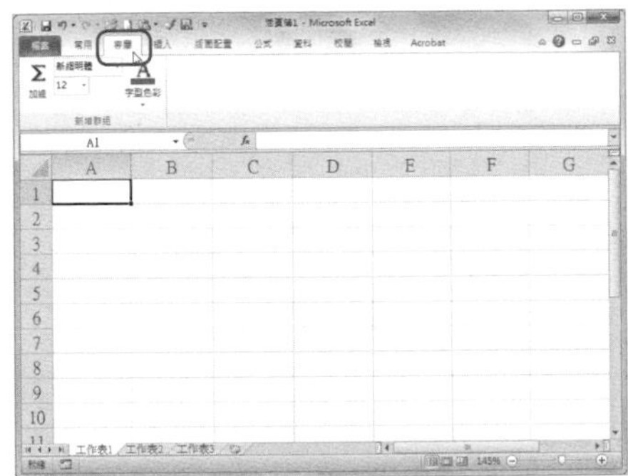

## 030 Q 如何幫活頁簿「減肥」？

**A** 有時使用者會發現 Excel 活頁簿中並沒有多少資料，但檔案卻很大，執行速度很慢。產生這種情況的原因可能是在工作表的較大區域內設定了儲存格格式、條件化格式，或者工作表中含有多餘的物件。下面的方法可以幫助為活頁簿「減肥」，去掉多餘的格式或設定。

### 方法一：清除多餘的儲存格格式

**Step 1** 選擇多餘工作表區域

開啟含有多餘儲存格格式的活頁簿，選取沒有資料的多餘區域，如多餘的行和多餘的列。

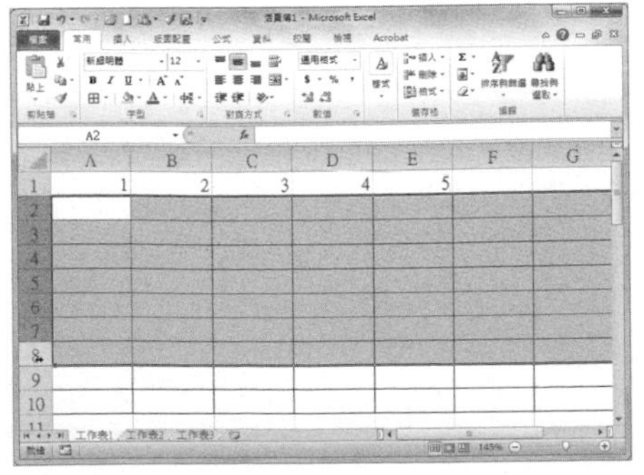

**Step 2** 清除選取區域儲存格格式

選取區域之後，點選〔常用〕活頁標籤「編輯」選項群組中的〔清除〕按鈕，在彈出的下拉選單中選擇【清除格式】。

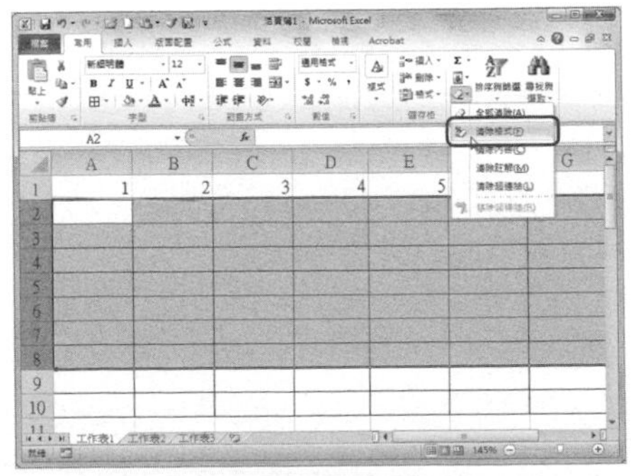

**Step 3** 檢視清除效果

將多餘的儲存格格式清除之後，會看到步驟 1 中選擇的儲存格區域顯示為空白，原有的格式已經不復存在。這樣活頁簿檔案體積就會變小，執行速度也會跟著加快。

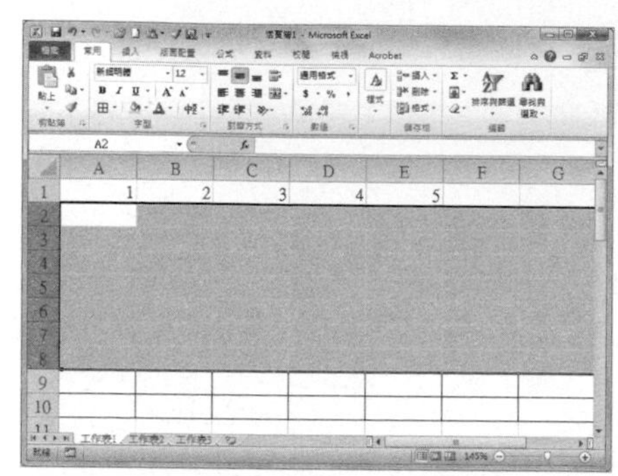

**提示**

**清除表格資料區域以外所有區域的儲存格格式**

要清除表格資料區域以外的所有儲存格區域的格式，則先全選（按下快速鍵〔Ctrl〕+〔A〕，或點選行號和列標的交會處）工作表，然後按住〔Ctrl〕鍵選擇表格資料區域，之後按照步驟 2 清除選取區域的儲存格格式即可。

## 方法二：清除多餘的物件

**Step 1** 選擇「特殊目標」選項。

開啟含有多餘物件的活頁簿，在〔常用〕活頁標籤下「編輯」選項群組中點選「尋找與選取」按鈕，在下拉選單中選擇【特殊目標】。

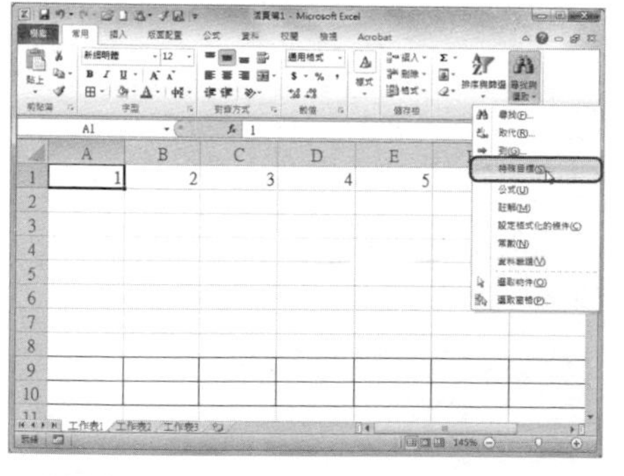

**Step 2** 刪除多餘物件

在彈出的「特殊目標」對話框，點選「物件」選項。點選〔確定〕按鈕後，檢視選取的物件，如有多餘的物件，則選取後按下〔Delete〕鍵即可。

**提示**

**為何會有大量多餘物件**

造成大量多餘物件的原因可能有以下幾個：從網頁上複製內容後直接貼到工作表中，沒有使用選擇性貼上；無意中使用繪圖工具在工作表中插入小的直線或其他圖形物件；或設定列高或欄寬為很小的值，使置入的物件不易被看到。

**提示**

**「特殊目標」對話框**

在「特殊目標」對話框中，可以透過選擇不同的選項，在工作表中迅速定位特殊的儲存格，例如選擇「註解」，則可以迅速定位含有註解資訊的儲存格。

在此對話框中，可快速定位的儲存格類型包括：含有註解資訊的儲存格（註解）、含有公式的儲存格（公式）、為空格的儲存格（空格）、應用條件化格式的儲存格（條件化格式）、應用資料驗證的儲存格（資料驗證）等等。

## 031 Q 如何在多個 Excel 活頁簿間快速切換？

**A** 切換少量的活頁簿，可以透過點選 Windows 工作列中的活頁簿視窗按鈕來完成。如果要在多個活頁簿間切換，則需要使用「視窗」選項。

**Step 1 點選「切換視窗」按鈕**

點選〔檢視〕活頁標籤，在「視窗」群組中點選〔切換視窗〕按鈕。

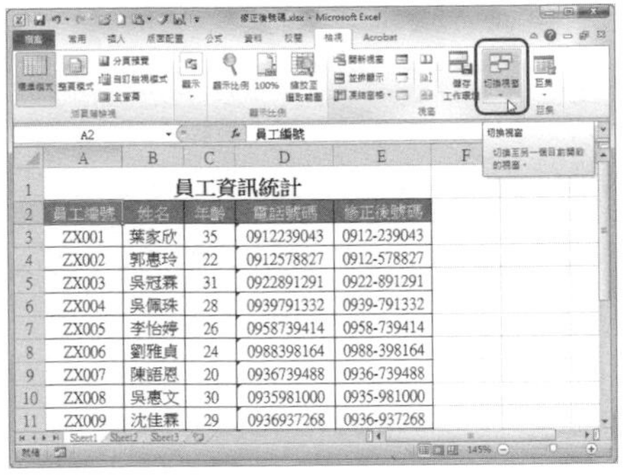

**Step 2 選擇所需活頁簿名稱**

點選「切換視窗」按鈕後，即可從下拉選單中選擇所需的活頁簿名稱即可快速切換。

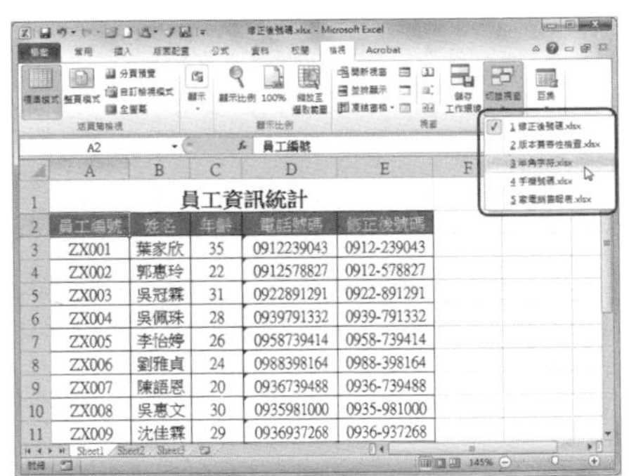

**提示**

「切換視窗」下拉選單一次最多可以列出九個活頁簿的名稱。如果一次開啟的活頁簿超過九個，則需要選擇下拉選單最下方的「其他視窗」選項，在開啟的「啟動」對話框中選擇所需切換到的活頁簿名稱。

**提示**

**使用快速鍵進行切換**

若目前操作環境下開啟的全是 Excel 活頁簿視窗，則使用者也可以使用快速鍵〔Alt〕+〔Tab〕在多個活頁簿間切換。重複按此快速鍵，將會在已經開啟的視窗間循環切換。

## 032 Q 如何將 Word 中的表格匯入 Excel 中？

在 Word 2010 中也可以製作表格。有時候使用者可能需要把 Word 表格中的資料匯入到 Excel 2010 中繼續編輯。其實，將 Word 表格資料匯入 Excel 非常方便，

### Step 1 選取 Word 表格

開啟「期中考試成績單 .docx」，然後選取表格。點選滑鼠右鍵並選擇【複製】，或者按下快速鍵〔Ctrl〕+〔C〕。

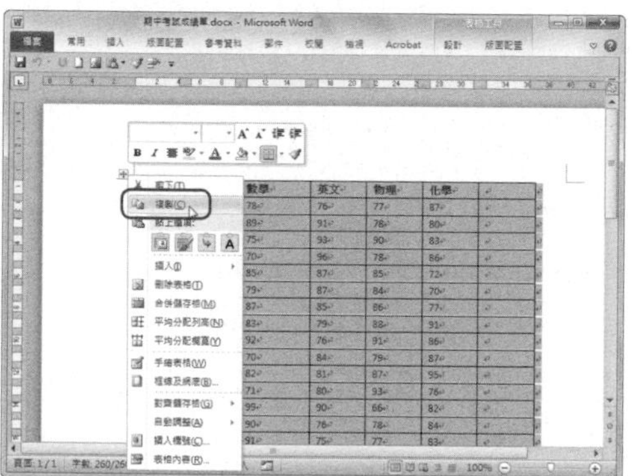

### Step 2 開啟「選擇性貼上」對話框

在 Excel 中開啟要貼上資料的儲存格區域，點選滑鼠右鍵並從快速選表中選擇【選擇性貼上】。

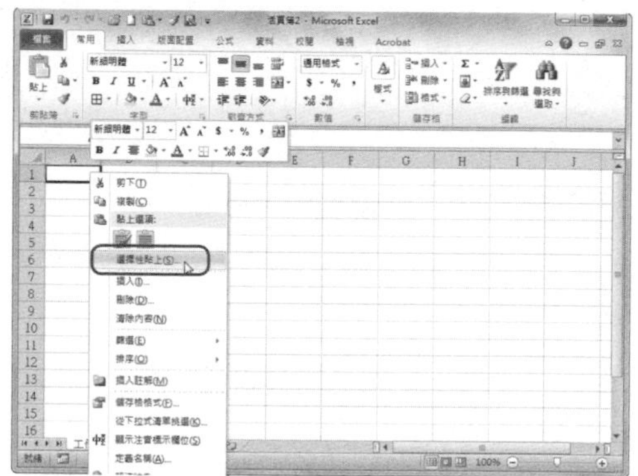

### Step 3 選擇「文字」方式貼上

在彈出的「選擇性貼上」對話框中的「貼上成為」清單方塊中，選擇「文字」後點選〔確定〕按鈕。

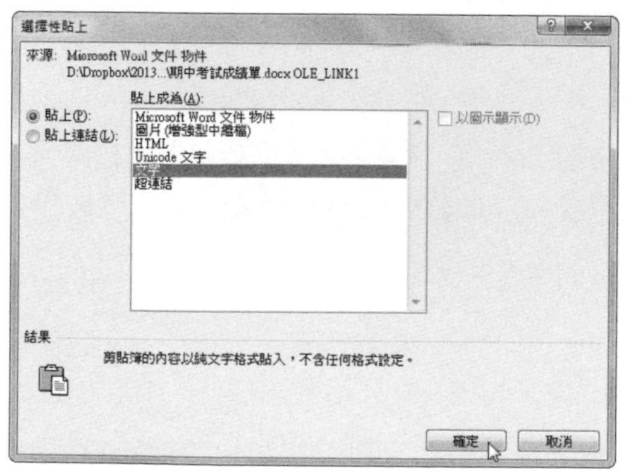


### Step 4 檢視結果

執行上述操作後，返回 Excel 活頁簿，即可看到已匯入 Word 表格與資料。

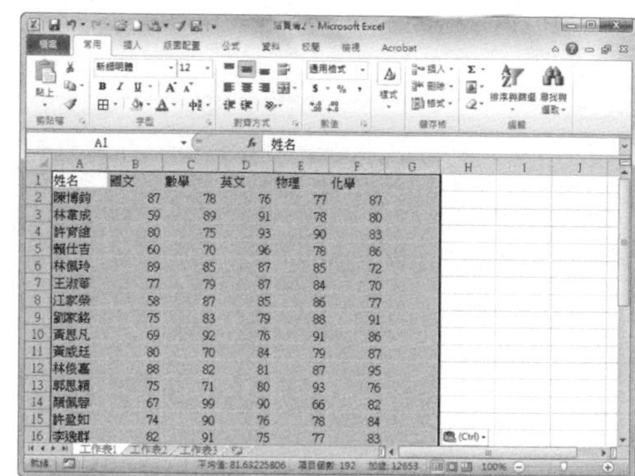

| 姓名 | 國文 | 數學 | 英文 | 物理 | 化學 |
|---|---|---|---|---|---|
| 陳博鈞 | 87 | 78 | 76 | 77 | 87 |
| 林韋成 | 59 | 89 | 91 | 78 | 80 |
| 許育維 | 80 | 75 | 93 | 90 | 83 |
| 賴仕吉 | 60 | 70 | 96 | 78 | 86 |
| 林佩玲 | 89 | 85 | 87 | 85 | 72 |
| 王淑華 | 77 | 79 | 87 | 84 | 70 |
| 江家榮 | 58 | 87 | 85 | 86 | 77 |
| 劉家銘 | 75 | 83 | 79 | 88 | 91 |
| 黃思凡 | 69 | 92 | 76 | 91 | 86 |
| 黃威廷 | 80 | 70 | 84 | 79 | 87 |
| 林俊嘉 | 88 | 82 | 81 | 87 | 95 |
| 郭思穎 | 75 | 71 | 80 | 93 | 76 |
| 顏佩蓉 | 67 | 99 | 90 | 66 | 82 |
| 許盈如 | 74 | 90 | 76 | 78 | 84 |
| 李逸群 | 82 | 91 | 75 | 77 | 83 |

**提 示**

**在 Excel 中快速插入 Word 表格**

選取 Word 表格，按住滑鼠左鍵直接將其拖入 Excel 中，再在需要的位置上釋放滑鼠鍵即可快速插入 Word 表格。

**提 示**

**保留 Word 中表格格式**

在 Word 中複製表格資料後，如果想保持原來格式設定貼到 Excel 中，則在 Excel 中點選〔常用〕活頁標籤的「剪貼簿」群組中的〔貼上〕按鈕，選擇「保持來源格式設定」選項。

## 如何為活頁簿設定統一的佈景主題？

第 1 章 \ 原始檔 \ 銷售員業績統計表 .xlsx
第 1 章 \ 完成檔 \ 設定統一的主題類型 .xlsx

**A** Excel 2010 包含有比以前版本更多的佈景主題。利用這些佈景主題，使用者可以在活頁簿中統一應用專業設計。選擇主題後，活頁簿中的文字、圖表、圖形、表格和繪圖物件均會依新的佈景主題之設定呈現，進而使所有元素在外觀上相互輝映。

### Step 1　開啟 Excel 文件

開啟「銷售員業績統計表 .xlsx」活頁簿，檢視目前的表格格式。

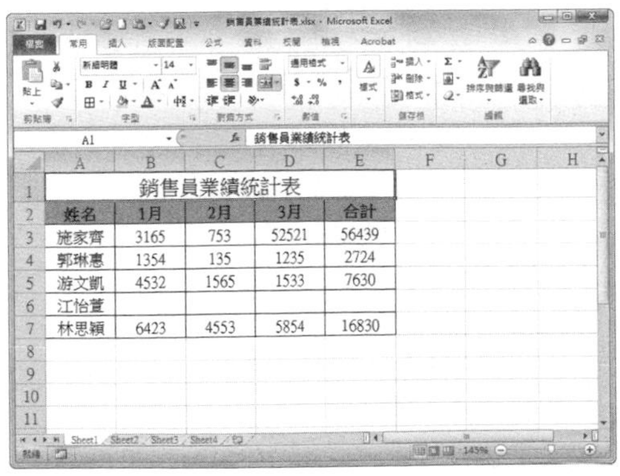


### Step 2　選擇佈景主題

切換至〔版面配置〕活頁標籤，點選「佈景主題」按鈕，選擇所需主題類型。

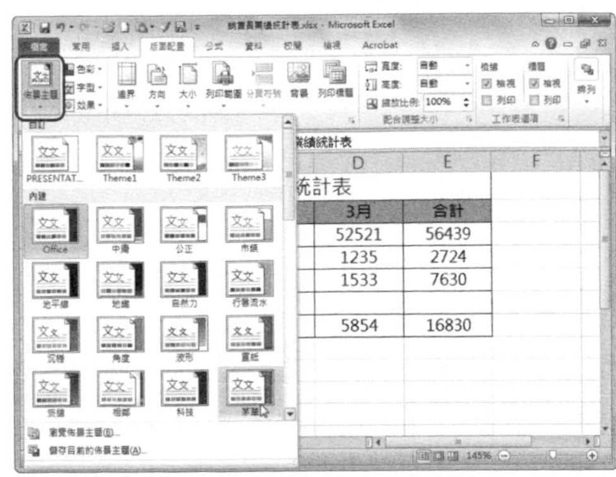

**Step 3** 檢視主題效果

此時可以看到剛才選擇的佈景主題已經應用在工作表中。

**提示**

**應用字體、顏色與效果主題**

使用者還可以只應用 Excel 預設的字體、顏色或效果主題，點選〔版面配置〕活頁標籤下「佈景主題」選項群組中的「字型」、「色彩」和「效果」按鈕，選擇所需主題即可。

# 職人技 3 工作表操作秘技

Excel 工作表的基礎操作包括對工作表的移動、複製、刪除、插入，檢視和美化等。本章將介紹日常工作中實用的工作表操作秘技，這些秘技雖然看上去簡短，但非常有用，對的工作效率提升有很大的幫助。

## 034 Q 如何調整工作表內容的顯示比例？

**A** 使用 Excel 工作中，有時使用者需要調整工作表視窗的顯示比例，以照顧不同使用習慣的。當然，顯示比例調整的效果僅僅改變的是文件的顯示大小，並不會影響實際的列印效果。

**Step 1** 開啟「顯示比例」對話框

開啟任一個 Excel 活頁簿，並切換至〔檢視〕活頁標籤，點選「顯示比例」群組的〔顯示比例〕按鈕。

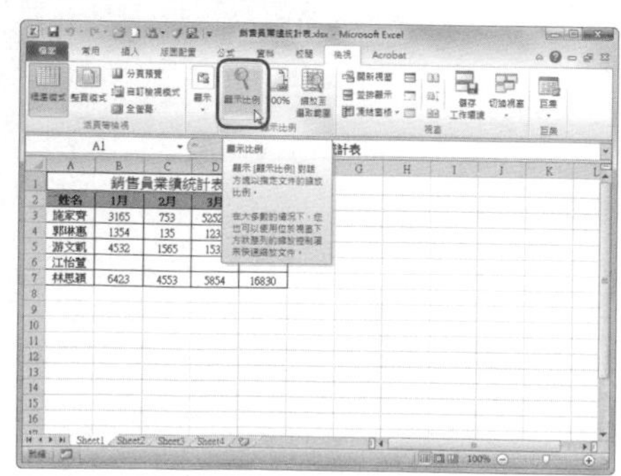

## Step 2 調整顯示比例

在彈出的「顯示比例」對話框中選擇合適的縮放比例，或是在「自訂」方框中輸入比例，然後按一下〔確定〕按鈕。

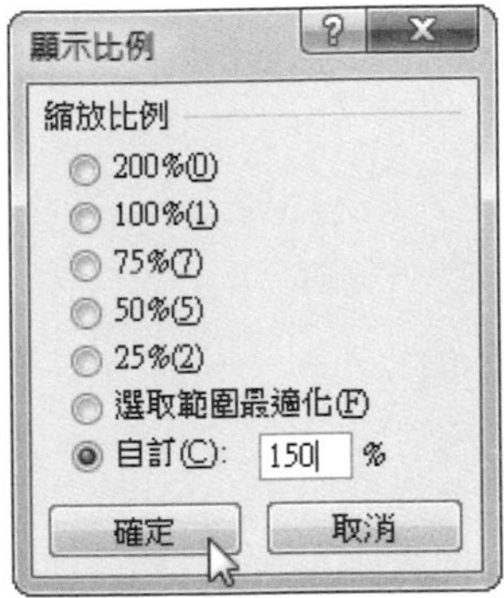


## Step 3 檢視設定結果

返回工作表中，可以看到工作表顯示比例放大至 150%，工作表中資料的字型大小均放大一倍，並且欄列標題也跟著變大。

| 銷售員業績統計表 | | | | |
|---|---|---|---|---|
| 姓名 | 1月 | 2月 | 3月 | 合計 |
| 施家齊 | 3165 | 753 | 52521 | 56439 |
| 郭琳惠 | 1354 | 135 | 1235 | 2724 |
| 游文凱 | 4532 | 1565 | 1533 | 7630 |
| 江怡萱 | | | | |
| 林思穎 | 6423 | 4553 | 5854 | 16830 |

## 035 Q 如何同時選取多個工作表？

**A** 在 Excel 中，有時使用者需要對多個工作表或全部工作表進行相同的操作，如果逐一操作會比較麻煩，這時可以同時選取多個工作表或全部工作表，對它們進行相同的操作。

## Step 1 開啟活頁簿文件

開啟需要操作的活頁簿，這裡以「銷售員業績統計表 .xlsx」為例。

| 銷售員業績統計表 | | | | |
|---|---|---|---|---|
| 姓名 | 1月 | 2月 | 3月 | 合計 |
| 施家齊 | 3165 | 753 | 52521 | 56439 |
| 郭琳惠 | 1354 | 135 | 1235 | 2724 |
| 游文凱 | 4532 | 1565 | 1533 | 7630 |
| 江怡萱 | | | | |
| 林思穎 | 6423 | 4553 | 5854 | 16830 |

## Step 2 選取相鄰的多個工作表

按一下第一個工作表標籤，按住〔Shift〕鍵，再按一下要選取的最後一個工作表標籤，即可選取相鄰的所有工作表。

| 銷售員業績統計表 | | | | |
|---|---|---|---|---|
| 姓名 | 1月 | 2月 | 3月 | 合計 |
| 施家齊 | 3165 | 753 | 52521 | 56439 |
| 郭琳惠 | 1354 | 135 | 1235 | 2724 |
| 游文凱 | 4532 | 1565 | 1533 | 7630 |
| 江怡萱 | | | | |
| 林思穎 | 6423 | 4553 | 5854 | 16830 |

**Step 3** 選取不相鄰的多個工作表

按一下第一個工作表標籤，按住〔Ctrl〕鍵，再依次按一下其他需要選取的工作表標籤即可。

**Step 4** 選取全部工作表

按滑鼠右鍵任意一個工作表標籤，在彈出的快速選單中選擇「選取全部工作表」即可。

**Step 5** 檢視選取全部工作表效果

此時活頁簿中的全部工作表都被選取。所有被選取的工作表標籤都反白顯示。

**提示**

**「工作群組」模式**

選取多個工作表進行操作時，標題欄會顯示「工作群組」字樣。若要取消選取，則按一下任一工作表標籤即可。

# 如何移動或複製工作表？

在使用 Excel 時，使用者經常需要移動或複製工作表。這時可以將選取的工作表移動或複製到同一活頁簿的不同位置，也可以移動或複製到其他活頁簿的指定位置。

## Step 1 開啟「移動或複製工作表」對話框

開啟要移動的工作表所在活頁簿，然後在要移動或複製的工作表標籤上按滑鼠右鍵，從快速選單中選擇【移動或複製】。

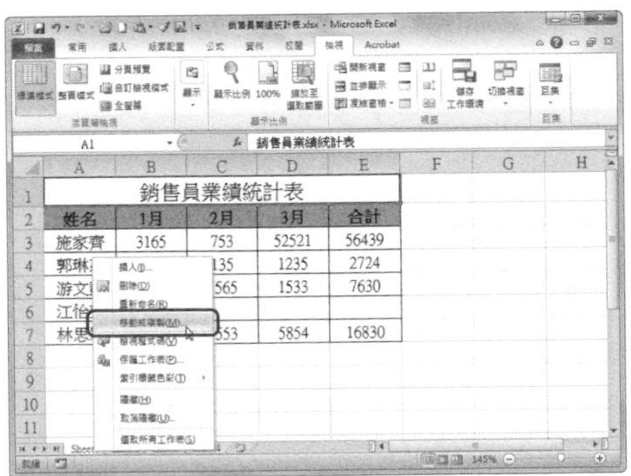

## Step 2 在同一活頁簿中移動

在彈出的「移動或複製工作表」對話框中，將「活頁簿」設為目前活頁簿，在「選取工作表之前」中選擇工作表移動位置。

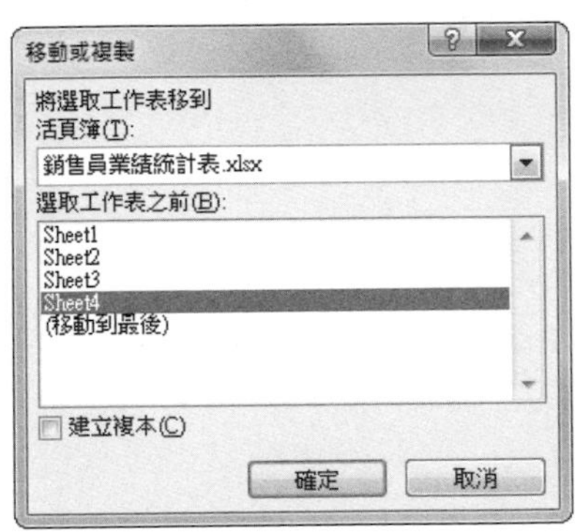


## Step 3 檢視移動效果

按一下〔確定〕按鈕返回活頁簿中，此時可以看到已經將「Sheet1」工作表移動至「Sheet4」工作表前面了。

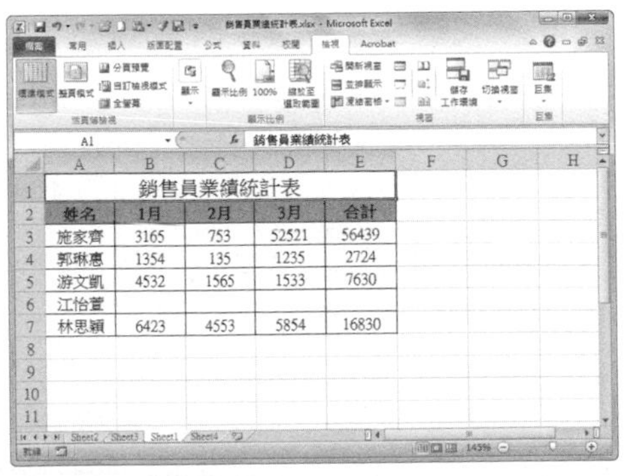

## Step 4 移至其他活頁簿

開啟另一個活頁簿，重複步驟 1，接著在彈出的「移動或複製工作表」對話框中，在「活頁簿」下拉選單選擇要移動到的活頁簿，然後設定移動到的位置。

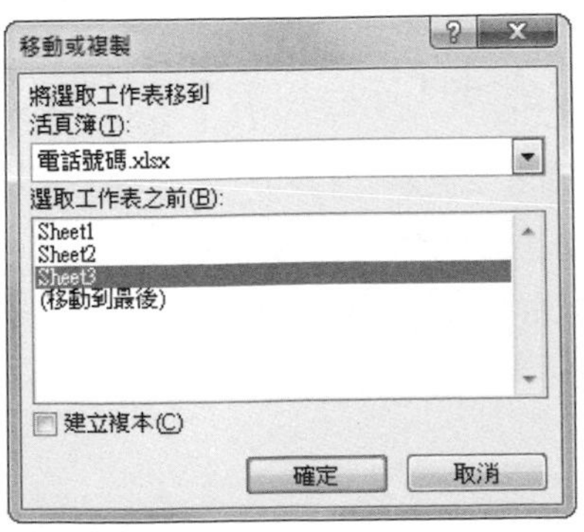

### Step 5 複製工作表

按一下〔確定〕按鈕後，若在「移動或複制工作表」對話框中勾選「建立副本」核取方塊，則按一下〔確定〕按鈕後將複製工作表到指定位置。

### Step 6 檢視複製效果

此時可以看到在另一個活頁簿的指定位置前，複製了一個相同內容的工作表，預設名字為「Sheet1(2)」

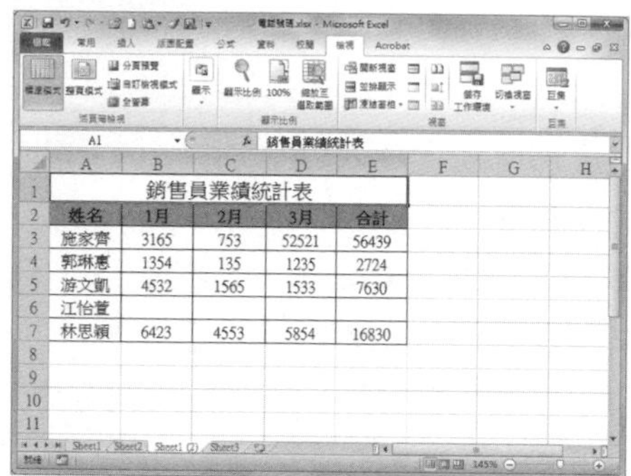

| 銷售員業績統計表 | | | | |
|---|---|---|---|---|
| 姓名 | 1月 | 2月 | 3月 | 合計 |
| 施家齊 | 3165 | 753 | 52521 | 56439 |
| 郭琳惠 | 1354 | 135 | 1235 | 2724 |
| 游文凱 | 4532 | 1565 | 1533 | 7630 |
| 江怡萱 | | | | |
| 林思穎 | 6423 | 4553 | 5854 | 16830 |

**提 示**

**拖曳複製或移動工作表**

按一下要複製的工作表，按住〔Ctrl〕鍵的同時，用滑鼠拖曳工作表標籤到另一指定位置，釋放〔Ctrl〕鍵和滑鼠左鍵，這樣可以完成同一活頁簿中工作表的複製。若只需移動工作表位置，則按一下該工作表標籤，並拖曳到同一活頁簿中的目標位置，釋放滑鼠左鍵即可。

## 037 Q 如何刪除工作表？

第 1 章 \ 原始檔 \ 銷售員業績統計表 .xlsx

A 一個活頁簿中可以包含多個工作表，分別記錄不同的資料。對於多餘的工作表，可以將其刪除。可以採用以下兩種方法。

### 方法一：使用「刪除」指令進行刪除

### Step 1 開啟活頁簿

開啟「銷售員業績統計表 .xlsx」，找到需要刪除的工作表，這裡以「Sheet4」為例。

| 銷售員業績統計表 | | | | |
|---|---|---|---|---|
| 姓名 | 1月 | 2月 | 3月 | 合計 |
| 施家齊 | 3165 | 753 | 52521 | 56439 |
| 郭琳惠 | 1354 | 135 | 1235 | 2724 |
| 游文凱 | 4532 | 1565 | 1533 | 7630 |
| 江怡萱 | | | | |
| 林思穎 | 6423 | 4553 | 5854 | 16830 |

**Step 2** 刪除不需要的工作表

在「Sheet4」工作表標籤上按滑鼠右鍵，並在彈出的快速選單中選擇【刪除】。

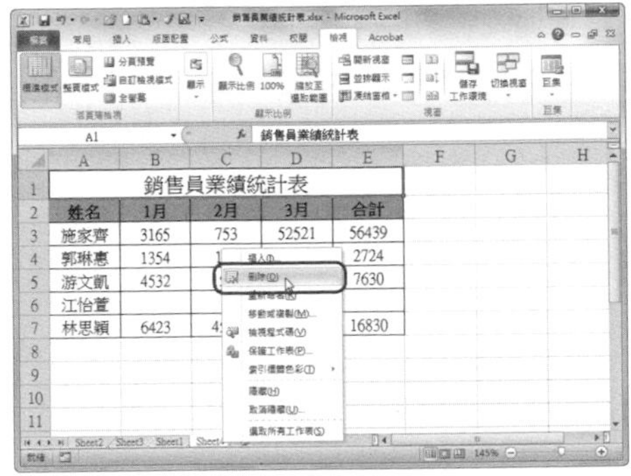

**Step 3** 檢視效果

返回活頁簿中，可以看到需要刪除的工作表已被刪除。

**提 示**

如果工作表中含有資料，在執行步驟 2 時會彈出警告對話框，提示該工作表將被刪除。確定要刪除的話，按一下〔刪除〕按鈕；否則就按一下〔取消〕按鈕。

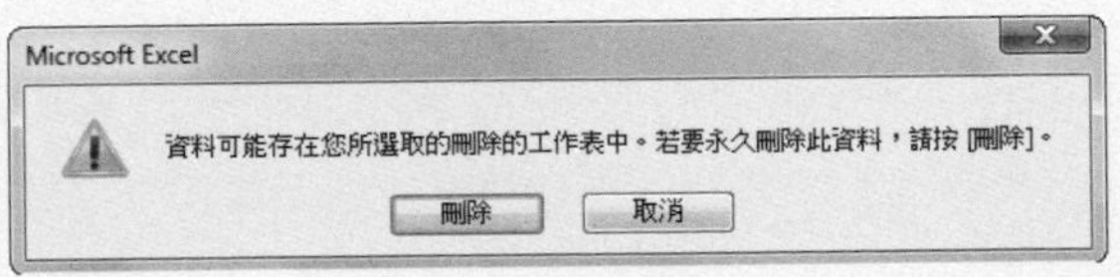


## 方法二：透過「刪除工作表」選項進行刪除

**Step 1** 開啟活頁簿

開啟「銷售員業績統計表 .xlsx」。切換至需要刪除的工作表，這裡以「Sheet4」為例。

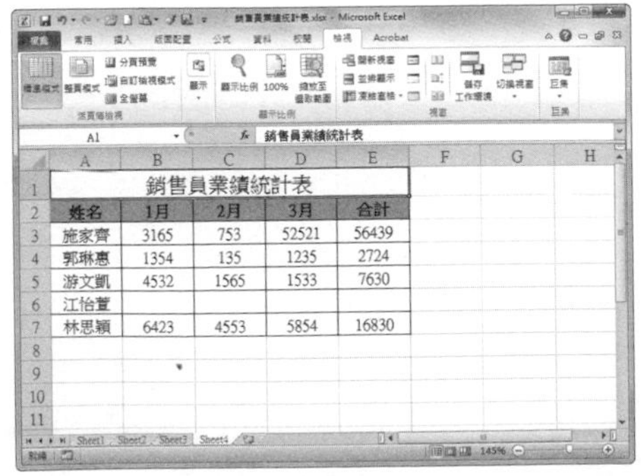

**Step 2** 刪除不需要的工作表

按一下〔常用〕活頁標籤下「儲存格」群組中的「刪除」下拉選單，選擇【刪除工作表】選項。

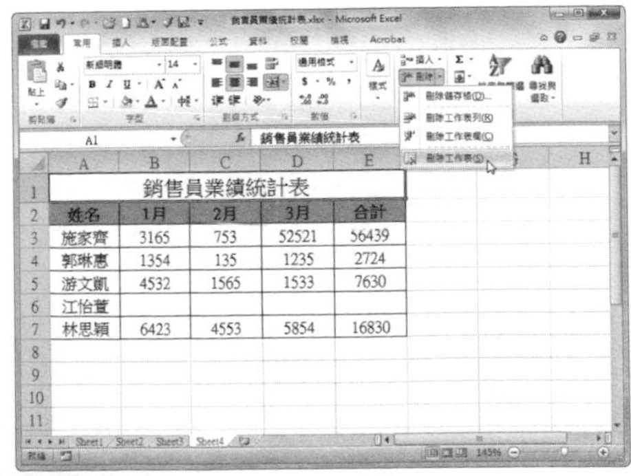

**Step 3 檢視效果**

返回活頁簿中，可以看到需要刪除的工作表「Sheet4」已被刪除。

## 038 Q 如何插入工作表？

第 1 章 \ 原始檔 \ 插入工作表前 .xlsx

**A** Excel 2010 預設包含三個工作表，如果我們需要增加一個或多個工作表的話，就需要插入新的工作表。

**Step 1 選擇插入的位置**

開啟「插入工作表前 .xlsx」，點選需要在其前面插入新工作表的工作表標籤。

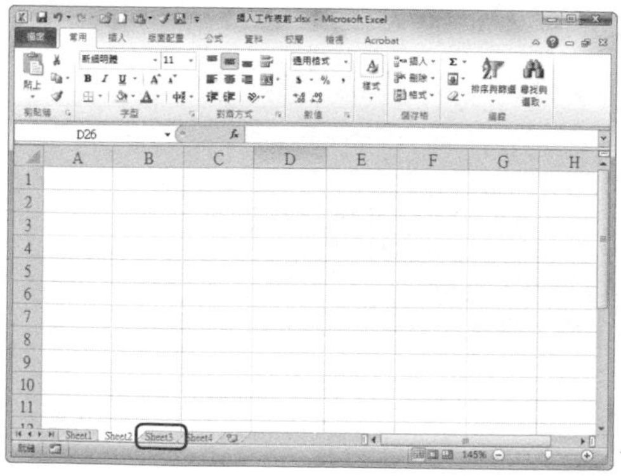

**Step 2 插入工作表**

按一下〔常用〕活頁標籤下「儲存格」群組中的「插入」下拉選單，選擇【插入工作表】選項。

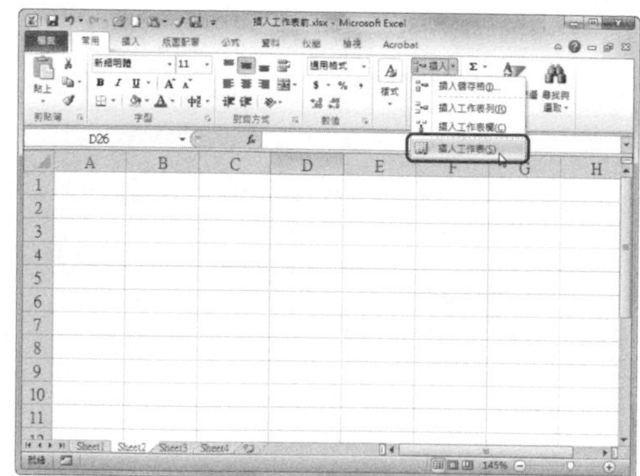

**Step 3** 檢視效果

此時可以看到之前選取的工作表前新增了一個新的工作表。

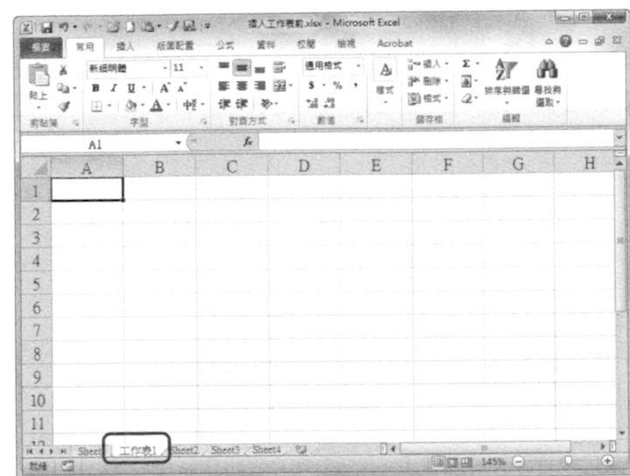

**提示**

**插入工作表的其他方法**

- 按一下工作表標籤右側的「插入工作表」按鈕，可快速插入新工作表。
- 按下快速鍵〔Shift〕+〔F11〕，亦可插入新工作表。

## Q 如何重新命名工作表？

Excel 新建的工作表名稱預設為工作表 1、工作表 2……，這樣的命名規則對使用者來說並不實用，為了更快速地操作和歸類，需要對工作表重新命名。可採用以下兩種方法進行重新命名。

### 方法一：按兩下工作表標籤進行重新命名

**Step 1** 選取需要重新命名的工作表

開啟需要重新命名的活頁簿後，選取要重新命名的工作表。

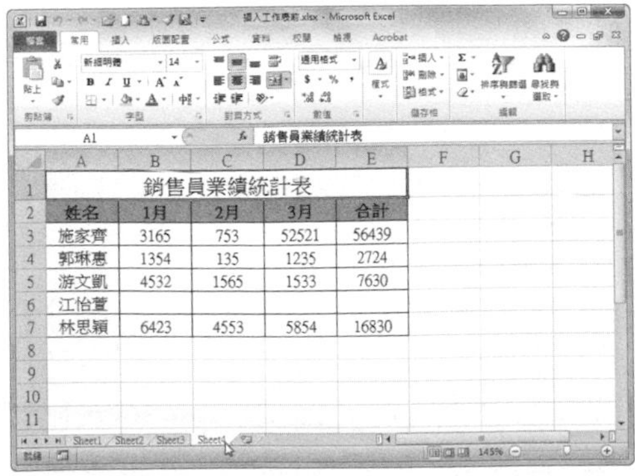

| 銷售員業績統計表 | | | | |
|---|---|---|---|---|
| 姓名 | 1月 | 2月 | 3月 | 合計 |
| 施家齊 | 3165 | 753 | 52521 | 56439 |
| 郭琳惠 | 1354 | 135 | 1235 | 2724 |
| 游文凱 | 4532 | 1565 | 1533 | 7630 |
| 江怡萱 | | | | |
| 林思穎 | 6423 | 4553 | 5854 | 16830 |

**Step 2** 重新命名選取工作表

按兩下要重新命名的工作表標籤，此時工作表標籤的名稱呈現可編輯狀態，輸入要命名的名稱。

### Step 3 檢視效果

返回活頁簿，可以看到該工作表已被重新命名。

| 銷售員業績統計表 | | | | |
|---|---|---|---|---|
| 姓名 | 1月 | 2月 | 3月 | 合計 |
| 施家齊 | 3165 | 753 | 52521 | 56439 |
| 郭琳惠 | 1354 | 135 | 1235 | 2724 |
| 游文凱 | 4532 | 1565 | 1533 | 7630 |
| 江怡萱 | | | | |
| 林思穎 | 6423 | 4553 | 5854 | 16830 |

## 方法二：選擇「重新命名」進行重新命名

### Step 1 選擇「重新命名」

在需要重新命名的工作表標籤上按滑鼠右鍵，在快速選單中選擇【重新命名】。

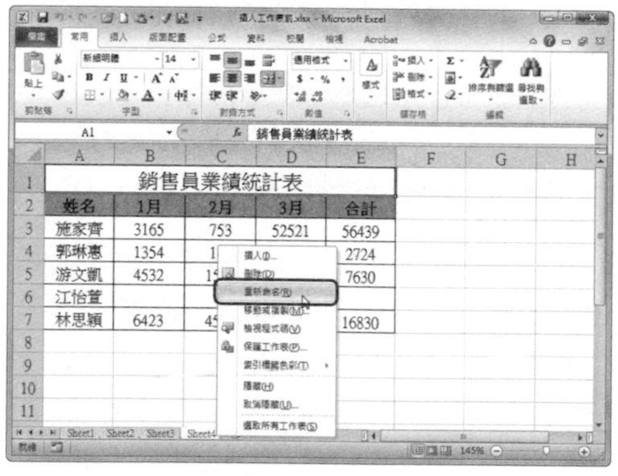



### Step 2 設定工作表名稱

此時工作表標籤的名稱處於可編輯狀態，變更名稱後按下〔Enter〕鍵即可。

| 銷售員業績統計表 | | | | |
|---|---|---|---|---|
| 姓名 | 1月 | 2月 | 3月 | 合計 |
| 施家齊 | 3165 | 753 | 52521 | 56439 |
| 郭琳惠 | 1354 | 135 | 1235 | 2724 |
| 游文凱 | 4532 | 1565 | 1533 | 7630 |
| 江怡萱 | | | | |
| 林思穎 | 6423 | 4553 | 5854 | 16830 |

**提示**

### 工作表命名規則

在命名工作表時，需要注意以下幾點規則：

- 名稱不能多於 31 個字元。
- 名稱不得包含下列任一字元：:、\、/、?、*、[、]。
- 名稱不能為空白。

# 如何隱藏與顯示工作表？

使用者使用 Excel 編輯一些資料後，在某些場合可能不希望別人看到工作表中的一些資料。這時，可以採取隱藏工作表的方法來防止其他人看到資料。

## Step 1 選取要隱藏的工作表

開啟需要隱藏工作表的活頁簿，選取需要隱藏的工作表，這裡以 Sheet1 為例。

| 銷售員業績統計表 | | | | |
|---|---|---|---|---|
| 姓名 | 1月 | 2月 | 3月 | 合計 |
| 施家齊 | 3165 | 753 | 52521 | 56439 |
| 郭琳惠 | 1354 | 135 | 1235 | 2724 |
| 游文凱 | 4532 | 1565 | 1533 | 7630 |
| 江怡萱 | | | | |
| 林思穎 | 6423 | 4553 | 5854 | 16830 |

## Step 2 隱藏工作表

在工作表標籤上按滑鼠右鍵，在快速選單中選擇【隱藏】。

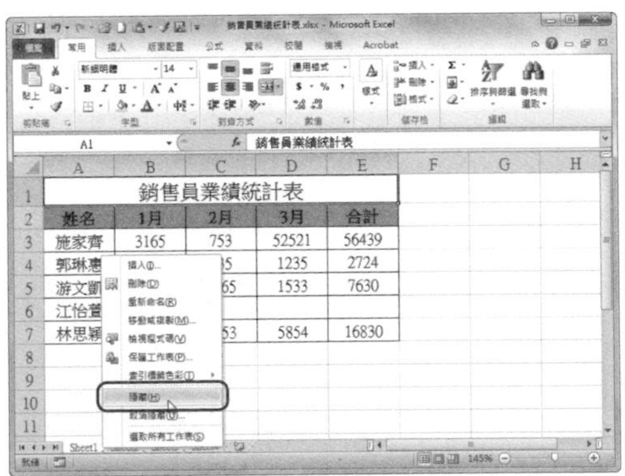


## Step 3 檢視隱藏效果

返回活頁簿中，原來的 Sheet1 工作表已經被隱藏了。

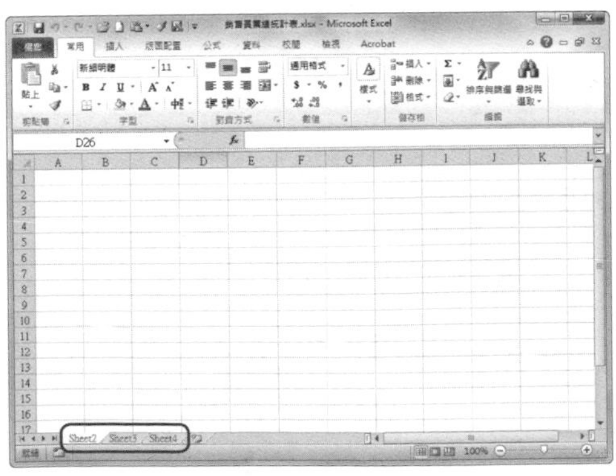


## Step 4 取消隱藏

在任一工作表標籤上按滑鼠右鍵，在彈出的快速選單中選擇【取消隱藏】。

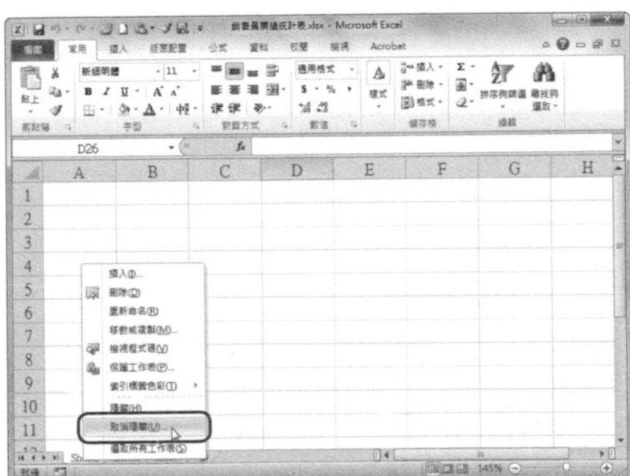

**Step 5** 顯示隱藏的工作表

此時會彈出「取消隱藏」對話框，選擇需要顯示的工作表，按一下〔確定〕按鈕。

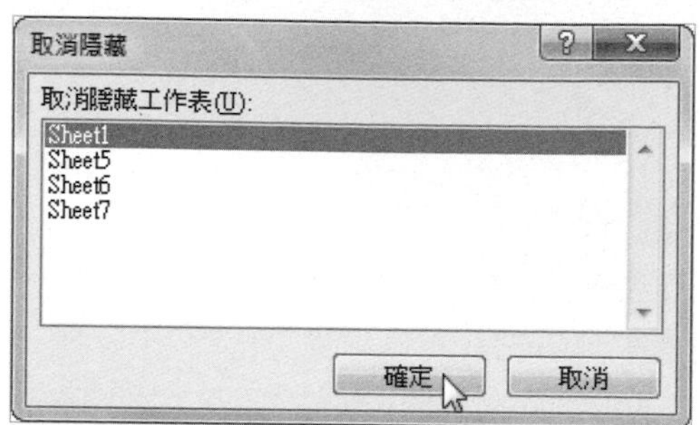


**Step 6** 檢視顯示效果

返回活頁簿，可以看到隱藏的 Sheet1 工作表重新出現在活頁簿中。

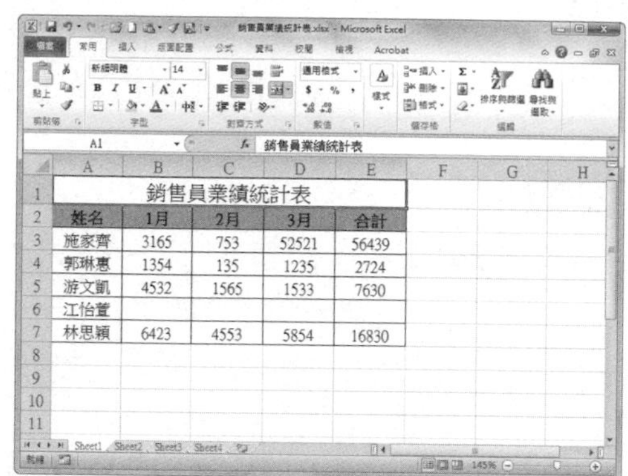


## 041 Q 如何變更工作表標籤顏色？

第 1 章 \ 原始檔 \ 銷售員業績統計表 .xlsx
第 1 章 \ 完成檔 \ 變更工作表標籤顏色 .xlsx

A 工作中為了突顯某些比較特殊的工作表，使這些工作表更醒目，可以透過改變工作表標籤顏色的方式來完成。

### 方法一：在工作表標籤快速選單進行變更

**Step 1** 選取工作表

開啟「銷售員業績統計表 .xlsx」，選取需要變更標籤顏色的工作表。

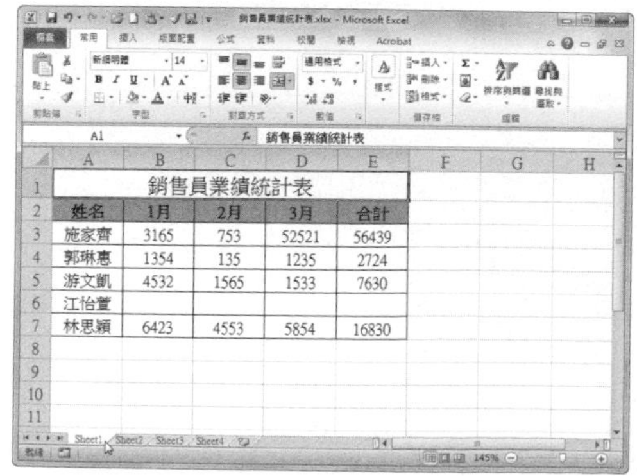


**Step 2** 選擇標籤顏色

在工作表標籤按滑鼠右鍵，並從快速選單中點選【索引標籤色彩】，選擇要使用的標籤顏色。

## Step 3 檢視應用效果

返回活頁簿中，可以看到工作表的標籤顏色已經變更。

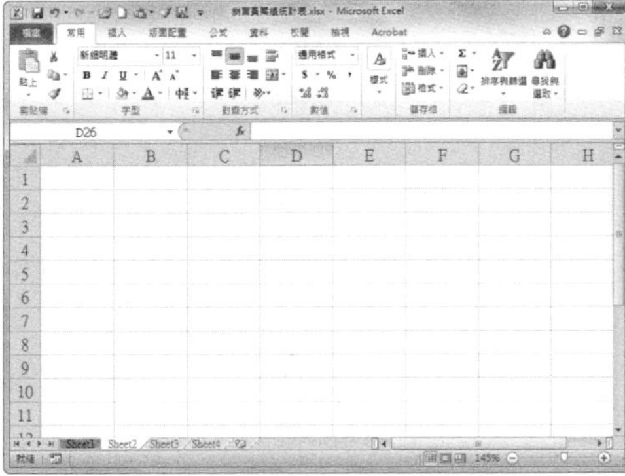

## 方法二：按一下「格式」按鈕中進行變更

## Step 1 選取工作表並按一下「格式」按鈕」

開啟「銷售員業績統計表 .xls」，選取需要變更標籤顏色的工作表，按下〔常用〕活頁標籤中「儲存格」群組的〔格式〕。

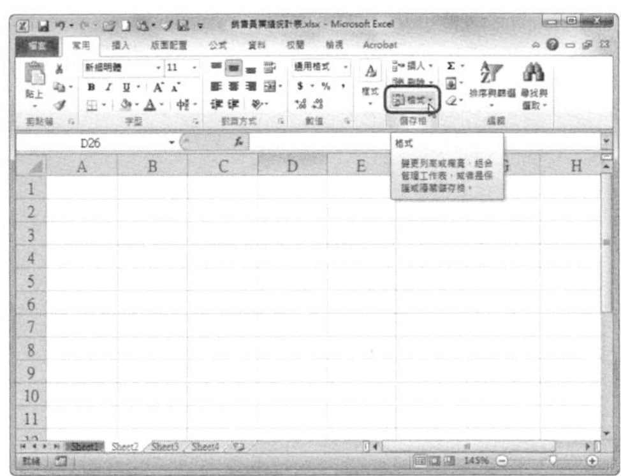

## Step 2 選擇標籤顏色

從下拉選單中選擇【索引標籤色彩】，選擇要使用的標籤顏色。

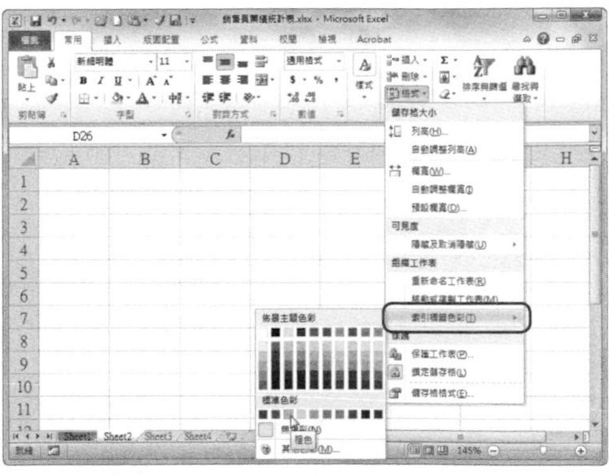

## Step 3 檢視應用效果

返回活頁簿中，可以看到工作表的標籤顏色已經變更。

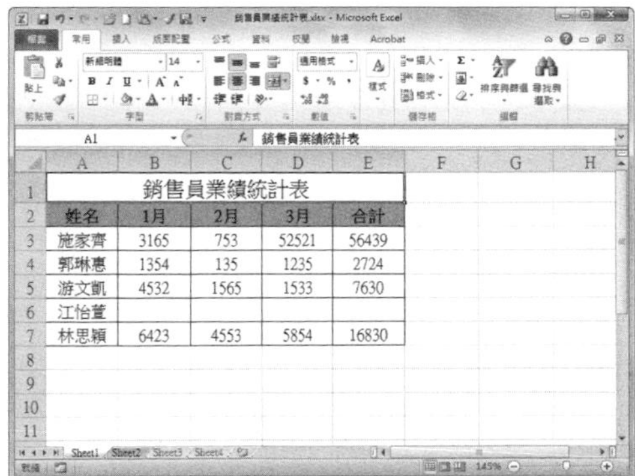

| 銷售員業績統計表 | | | | |
|---|---|---|---|---|
| 姓名 | 1月 | 2月 | 3月 | 合計 |
| 施家齊 | 3165 | 753 | 52521 | 56439 |
| 郭琳惠 | 1354 | 135 | 1235 | 2724 |
| 游文凱 | 4532 | 1565 | 1533 | 7630 |
| 江怡萱 | | | | |
| 林思穎 | 6423 | 4553 | 5854 | 16830 |

# 如何隱藏垂直／水平捲軸？

Excel 工作表在垂直／水平方向都有顯示捲軸，可以拖曳捲軸檢視內容。但有時操作過程中並不需要捲軸，此時就可以隱藏垂直／水平捲軸，讓畫面更簡潔。

### Step 1 開啟「Excel 選項」對話框

開啟要隱藏垂直 / 水平捲軸的活頁簿，按一下〔檔案〕活頁標籤，選擇「選項」。

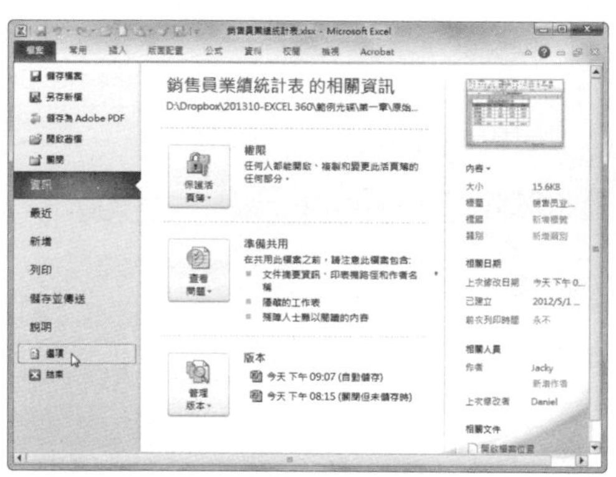


### Step 2 隱藏捲軸

切換至〔進階〕選項，在右側找到「此活頁簿的顯示選項」後，取消勾選「顯示垂直捲動條」和「顯示水平捲動條」核取方塊，按下〔確定〕按鈕。

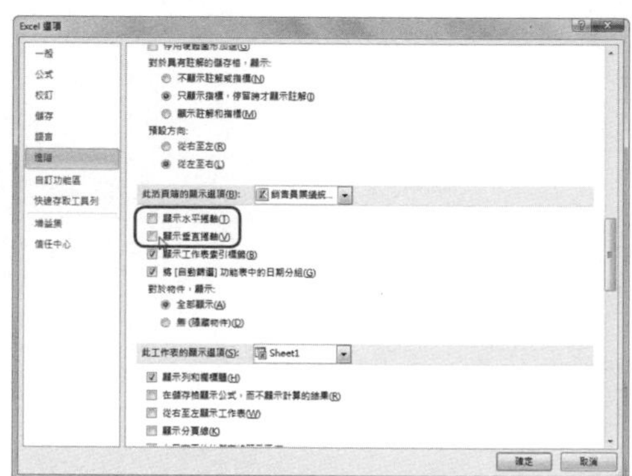


### Step 3 檢視隱藏效果

返回工作表，可以看到原來工作表右側和下方的垂直和水平方向捲軸都不見了。

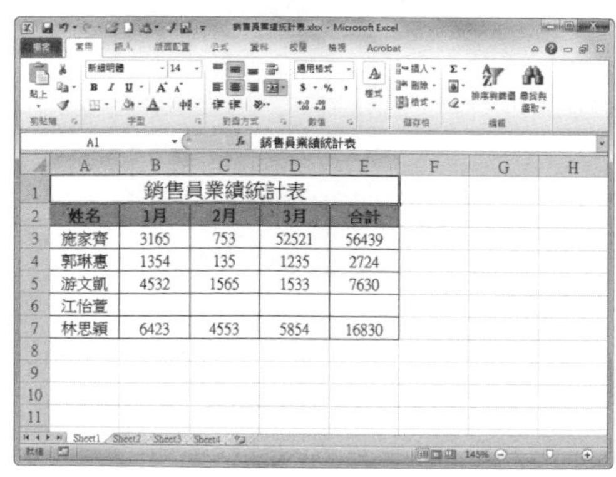


**提示**

**顯示垂直／水平捲軸**

在「Excel 選項」對話框的〔進階〕選項中，勾選「此活頁簿的顯示選項」區域中的「顯示垂直捲動條」核取方塊和「顯示水平捲軸」核取方塊，按下〔確定〕按鈕即可再度顯示垂直／水平捲軸。

# 043 Q 如何在向下拖曳工作表時一直顯示頂端列？

第 1 章 \ 原始檔 \ 期中考試成績單 .xlsx
第 1 章 \ 完成檔 \ 凍結頂端列 .xlsx

**A** 在檢視很長的工作表時，往往需要向下捲動視窗，此時可能會無法看到工作表的頂端列，引起不便。我們可以透過「凍結窗格」的方式，讓最上面一列固定不動。

## Step 1 開啟文件並檢視捲動效果

開啟「期中考試成績單 .xlsx」，向下捲動工作表，這時可以看到，頂端列標題不能一直保持顯示狀態。

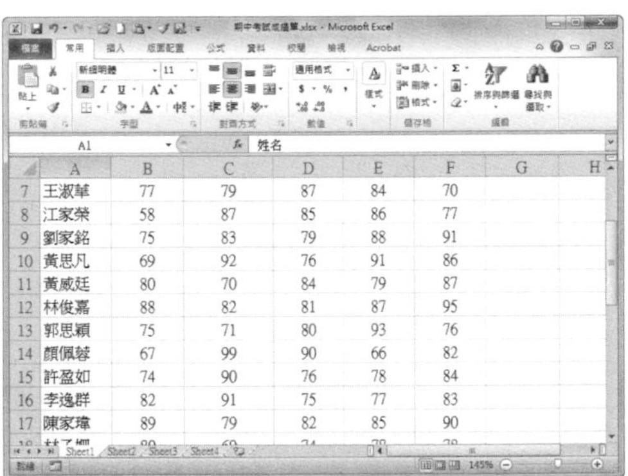

| | A | B | C | D | E | F |
|---|---|---|---|---|---|---|
| 7 | 王淑華 | 77 | 79 | 87 | 84 | 70 |
| 8 | 江家榮 | 58 | 87 | 85 | 86 | 77 |
| 9 | 劉家銘 | 75 | 83 | 79 | 88 | 91 |
| 10 | 黃思凡 | 69 | 92 | 76 | 91 | 86 |
| 11 | 黃威廷 | 80 | 70 | 84 | 79 | 87 |
| 12 | 林俊嘉 | 88 | 82 | 81 | 87 | 95 |
| 13 | 郭思穎 | 75 | 71 | 80 | 93 | 76 |
| 14 | 顏佩蓉 | 67 | 99 | 90 | 66 | 82 |
| 15 | 許盈如 | 74 | 90 | 76 | 78 | 84 |
| 16 | 李逸群 | 82 | 91 | 75 | 77 | 83 |
| 17 | 陳家瑋 | 89 | 79 | 82 | 85 | 90 |

## Step 2 凍結頂端列

在〔檢視〕活頁標籤下，按一下「視窗」選項群組的〔凍結窗格〕按鈕，在下拉選單選擇「凍結頂端列」選項。

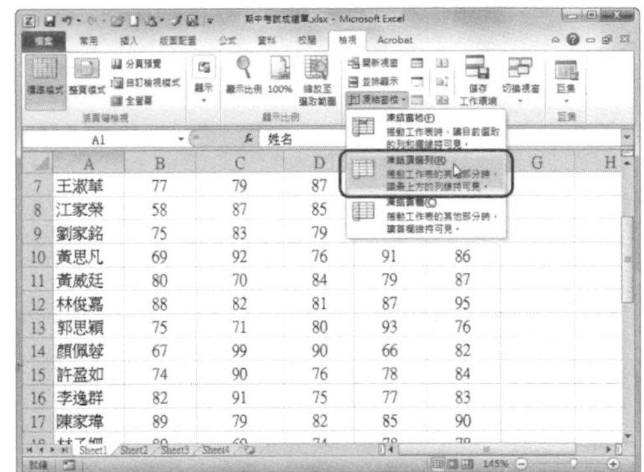


| | A | B | C | D | E | F |
|---|---|---|---|---|---|---|
| 7 | 王淑華 | 77 | 79 | 87 | | |
| 8 | 江家榮 | 58 | 87 | 85 | | |
| 9 | 劉家銘 | 75 | 83 | 79 | | |
| 10 | 黃思凡 | 69 | 92 | 76 | 91 | 86 |
| 11 | 黃威廷 | 80 | 70 | 84 | 79 | 87 |
| 12 | 林俊嘉 | 88 | 82 | 81 | 87 | 95 |
| 13 | 郭思穎 | 75 | 71 | 80 | 93 | 76 |
| 14 | 顏佩蓉 | 67 | 99 | 90 | 66 | 82 |
| 15 | 許盈如 | 74 | 90 | 76 | 78 | 84 |
| 16 | 李逸群 | 82 | 91 | 75 | 77 | 83 |
| 17 | 陳家瑋 | 89 | 79 | 82 | 85 | 90 |

## Step 3 檢視效果

返回活頁簿文件中，繼續向下捲動工作表，此時頂端列標題將一直保持顯示。

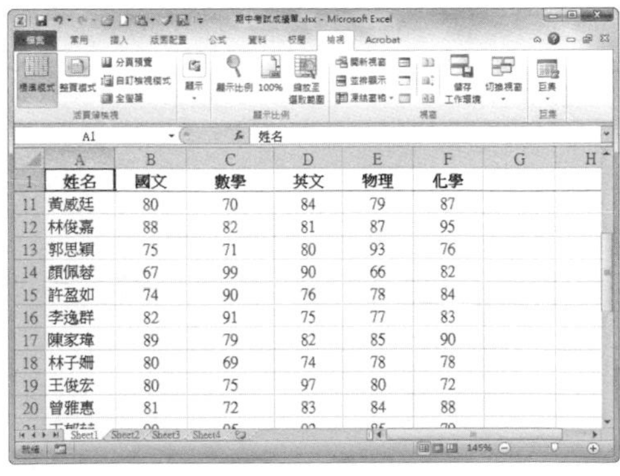

| | A | B | C | D | E | F |
|---|---|---|---|---|---|---|
| 1 | 姓名 | 國文 | 數學 | 英文 | 物理 | 化學 |
| 11 | 黃威廷 | 80 | 70 | 84 | 79 | 87 |
| 12 | 林俊嘉 | 88 | 82 | 81 | 87 | 95 |
| 13 | 郭思穎 | 75 | 71 | 80 | 93 | 76 |
| 14 | 顏佩蓉 | 67 | 99 | 90 | 66 | 82 |
| 15 | 許盈如 | 74 | 90 | 76 | 78 | 84 |
| 16 | 李逸群 | 82 | 91 | 75 | 77 | 83 |
| 17 | 陳家瑋 | 89 | 79 | 82 | 85 | 90 |
| 18 | 林子姍 | 80 | 69 | 74 | 78 | 78 |
| 19 | 王俊宏 | 80 | 75 | 97 | 80 | 72 |
| 20 | 曾雅惠 | 81 | 72 | 83 | 84 | 88 |

**提示**

**取消凍結窗格**

如需取消對頂端列的凍結，則再次按一下〔凍結窗格〕按鈕，選擇【取消凍結窗格】即可取消凍結狀態。

# 如何在向右拖曳工作表時一直顯示首欄？

第 1 章 \ 原始檔 \ 期中考試成績單 .xlsx
第 1 章 \ 完成檔 \ 凍結首欄 .xlsx

在檢視列數較多的工作表時，有時需要向右拖曳捲軸，這可能會導致工作表的首欄無法看到，引起不便。其實，可以透過凍結首欄的方法來解決這一問題。

## Step 1 開啟文件並檢視拖曳效果

開啟「期中考試成績單 .xlsx」，向右拖曳工作表，這時可以看到，首欄標題不能一直保持顯示狀態。

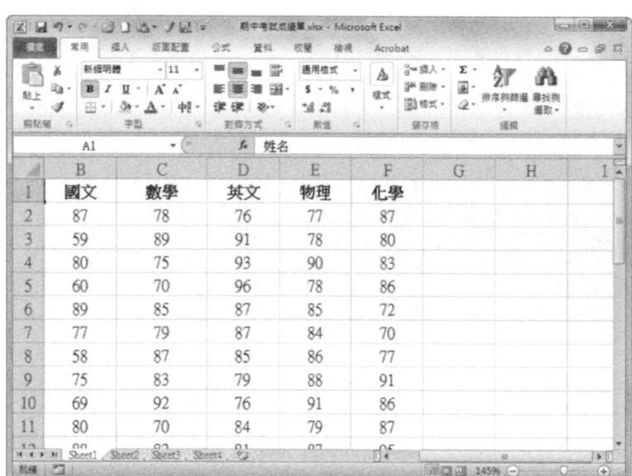

| | B | C | D | E | F |
|---|---|---|---|---|---|
| 1 | 國文 | 數學 | 英文 | 物理 | 化學 |
| 2 | 87 | 78 | 76 | 77 | 87 |
| 3 | 59 | 89 | 91 | 78 | 80 |
| 4 | 80 | 75 | 93 | 90 | 83 |
| 5 | 60 | 70 | 96 | 78 | 86 |
| 6 | 89 | 85 | 87 | 85 | 72 |
| 7 | 77 | 79 | 87 | 84 | 70 |
| 8 | 58 | 87 | 85 | 86 | 77 |
| 9 | 75 | 83 | 79 | 88 | 91 |
| 10 | 69 | 92 | 76 | 91 | 86 |
| 11 | 80 | 70 | 84 | 79 | 87 |

## Step 2 凍結首欄

在〔檢視〕活頁標籤下，按一下「視窗」群組中的〔凍結窗格〕按鈕，並從下拉選單中選擇【凍結首欄】。

| | A | B | C | D | E | F |
|---|---|---|---|---|---|---|
| 1 | 姓名 | 國文 | 數學 | 英文 | | |
| 2 | 陳博鈞 | 87 | 78 | 76 | | |
| 3 | 林韋成 | 59 | 89 | 91 | | |
| 4 | 許育維 | 80 | 75 | 93 | 90 | 83 |
| 5 | 賴仕吉 | 60 | 70 | 96 | 78 | 86 |
| 6 | 林佩玲 | 89 | 85 | 87 | 85 | 72 |
| 7 | 王淑華 | 77 | 79 | 87 | 84 | 70 |
| 8 | 江家榮 | 58 | 87 | 85 | 86 | 77 |
| 9 | 劉家銘 | 75 | 83 | 79 | 88 | 91 |
| 10 | 黃思凡 | 69 | 92 | 76 | 91 | 86 |
| 11 | 黃威廷 | 80 | 70 | 84 | 79 | 87 |

## Step 3 檢視效果

返回活頁簿文件中，繼續向右拖曳工作表，此時首欄標題將一直顯示。

| | A | C | D | E | F |
|---|---|---|---|---|---|
| 1 | 姓名 | 數學 | 英文 | 物理 | 化學 |
| 2 | 陳博鈞 | 78 | 76 | 77 | 87 |
| 3 | 林韋成 | 89 | 91 | 78 | 80 |
| 4 | 許育維 | 75 | 93 | 90 | 83 |
| 5 | 賴仕吉 | 70 | 96 | 78 | 86 |
| 6 | 林佩玲 | 85 | 87 | 85 | 72 |
| 7 | 王淑華 | 79 | 87 | 84 | 70 |
| 8 | 江家榮 | 87 | 85 | 86 | 77 |
| 9 | 劉家銘 | 83 | 79 | 88 | 91 |
| 10 | 黃思凡 | 92 | 76 | 91 | 86 |
| 11 | 黃威廷 | 70 | 84 | 79 | 87 |

# 045 Q 如何在拖曳工作表時一直顯示前幾欄與列？

第 1 章 \ 原始檔 \ 家電銷售報表 .xlsx
第 1 章 \ 完成檔 \ 凍結窗格 .xlsx

A 在檢視大型工作表時，為了方便，除了凍結頂端列和首欄標題外，還可以同時凍結左側的欄和頂部的列。這種凍結不限於一列或一欄，可以同時凍結多列與多欄。

## Step 1 開啟活頁簿並檢視效果

開啟「家電銷售報表 .xlsx」，向下捲動並向右拖曳工作表，這時前幾欄和前幾列內容不能固定顯示。

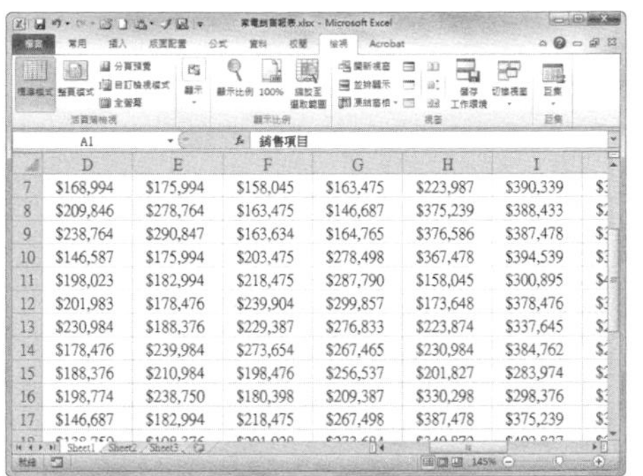

## Step 2 分割窗格

此處我們需要凍結第一列與前兩欄，按一下第一列與前兩欄的交叉處，即 C2 儲存格，在〔檢視〕活頁標籤下點選〔分割〕按鈕。

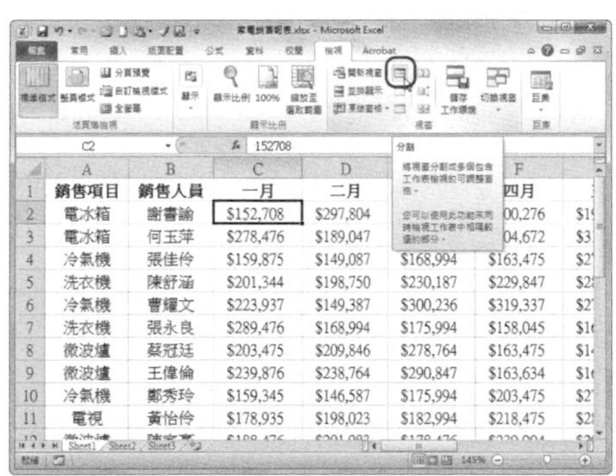

## Step 3 凍結窗格

此時工作表已經被分割為四個部分，按一下〔凍結窗格〕按鈕，並從下拉選單中選擇【凍結窗格】。

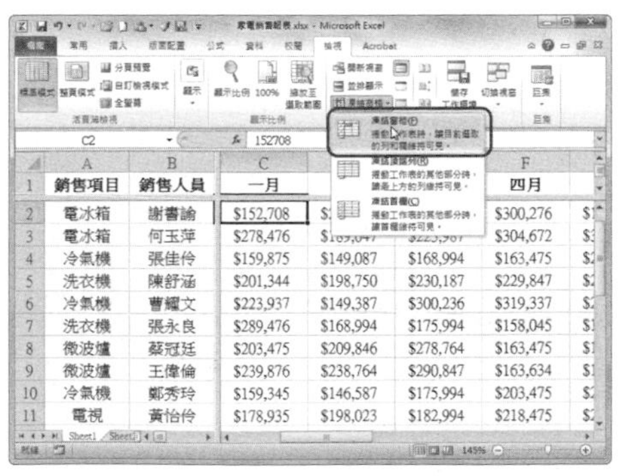

## Step 4 檢視效果

此時向右拖曳工作表，可發現前兩欄已經凍結顯示；向下捲動工作表，可發現第一列也已經凍結顯示。

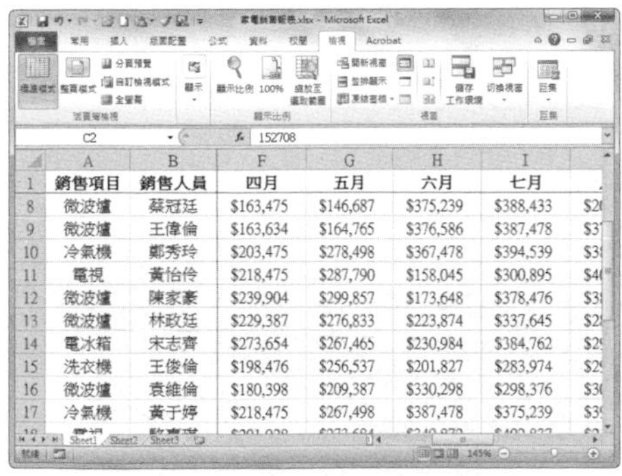

提 示

**窗格分割注意事項**

在分割窗格時要注意先選取分割位置處的儲存格，按一下〔分割〕按鈕後，將從所選儲存格的左上角分割。

第 1 章 \ 原始檔 \ 銷售員業績統計表 .xlsx
第 1 章 \ 完成檔 \ 為工作表增加背景 .xlsx

## Q 如何為工作表增加背景？

為了增加文件的美觀，使用者可以根據需要，為工作表增加背景。來看看如何為工作表增加背景吧！

### Step 1 按一下「背景」按鈕

開啟「銷售員業績統計表 .xlsx」，切換至〔版面配置〕活頁標籤，按一下「版面設定」群組中的〔背景〕按鈕。

### Step 2 選擇背景圖片

在彈出的「工作表背景」對話框中，選擇需要應用的背景圖片，然後按一下〔插入〕按鈕。

### Step 3 檢視背景效果

此時返回工作表，可以看到工作表中已經增加了背景圖片。

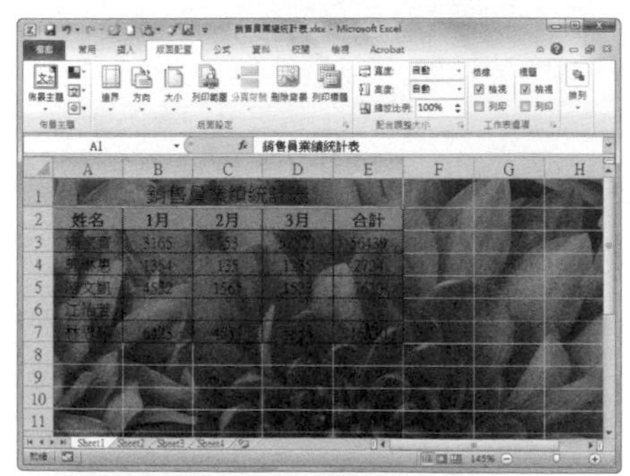

提 示

**在工作表中插入圖片與增加背景不同**

增加背景時，圖片作為背景放置在文字下方。插入圖片時，圖片作為工作表中的元素，可以被編輯和處理。例如在銷售報表活頁簿中，為了描述產品，可以將產品圖片插入相應位置，更方便區分產品。

# 如何隱藏工作表中格線？

Excel 2010 中預設顯示格線，以方便使用者確定儲存格的欄和列，使用者也可以根據需要隱藏格線。下面介紹三種隱藏格線的方法。

## 方法一：在「檢視」活頁標籤下設定隱藏格線

### Step 1 檢視格線

開啟需要隱藏格線的活頁簿，可以看到儲存格周圍有顏色較淺的格線。

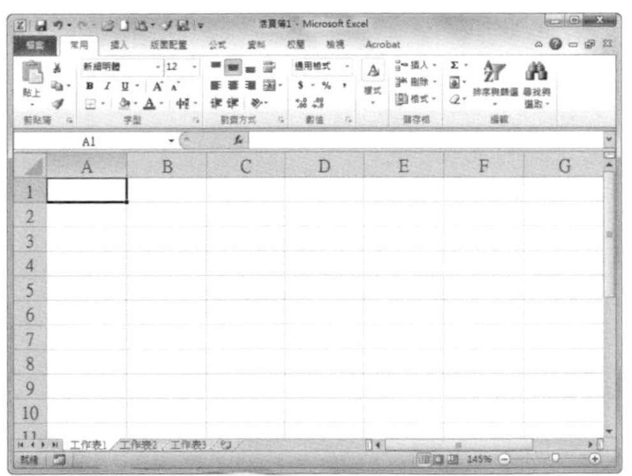

### Step 2 隱藏格線

切換至〔檢視〕活頁標籤，在「顯示」選項群組中取消勾選「格線」核取方塊。

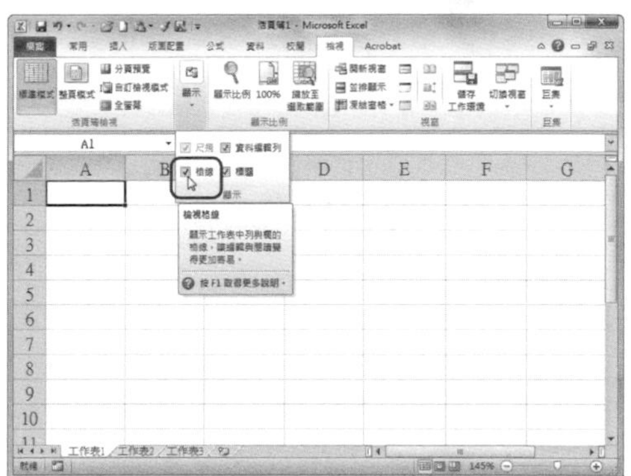

### Step 3 檢視隱藏效果

返回工作表中，可以發現此時格線已經看不到了。如需要重新顯示格線，只要再勾選「顯示」選項群組中的「格線」核取方塊即可。

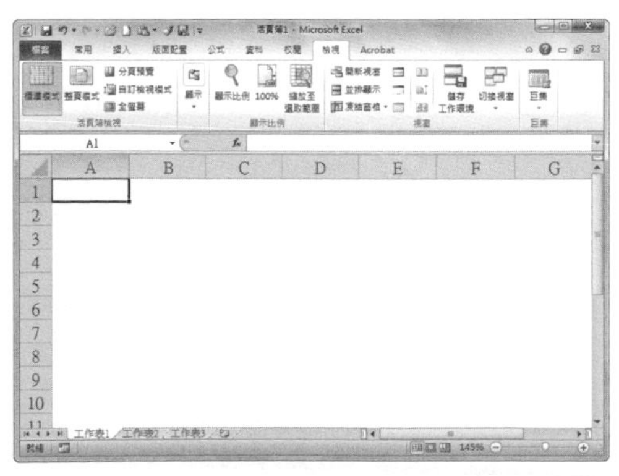

**提示**

**格線與框線線的區別**

在預設情況下，Excel 2010 中的格線在列印時不會顯示，只是用來說明使用者確定儲存格的欄與列的；而框線是可以列印出來的，是為儲存格設定的邊線效果。

## 方法二：在「Excel 選項」對話框中設定隱藏格線

**Step 1 開啟「Excel 選項」對話框**

開啟需要隱藏格線的活頁簿，按一下〔檔案〕活頁 標籤，選擇「選項」。

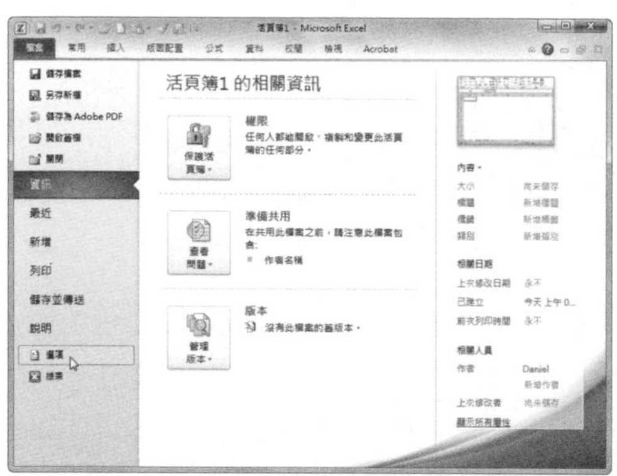

**Step 2 隱藏格線**

在「Excel 選項」對話框中，切換至〔進階〕，找到「此工作表的顯示選項」區域，取消勾選「顯示格線」核取方塊後確認。

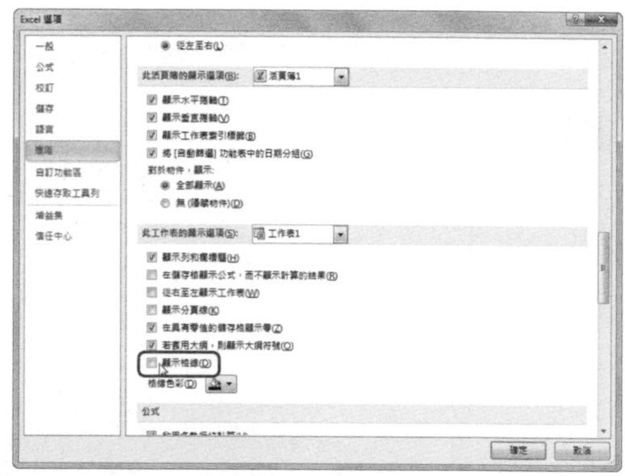

**Step 3 檢視隱藏效果**

返回工作表，此時格線已經看不到了。如需要重新顯示格線，只要再勾選「顯示格線」並按下〔確定〕按鈕即可。

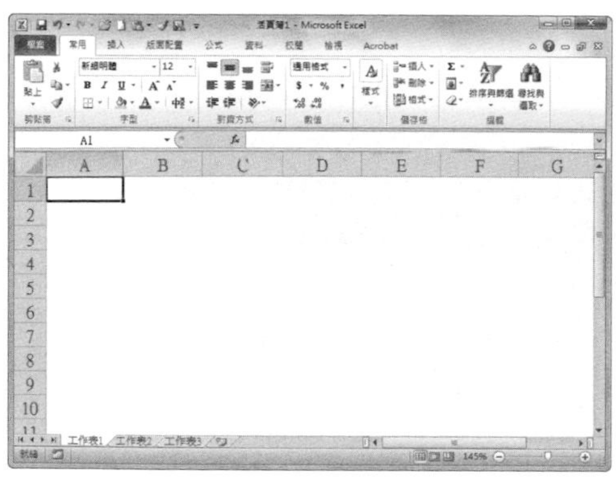

## 方法三：在〔版面配置〕活頁標籤下設定隱藏格線

**Step 1 檢視格線**

開啟需要隱藏格線的活頁簿，此時可以看到各儲存格周圍有較細且顏色較淺的格線。

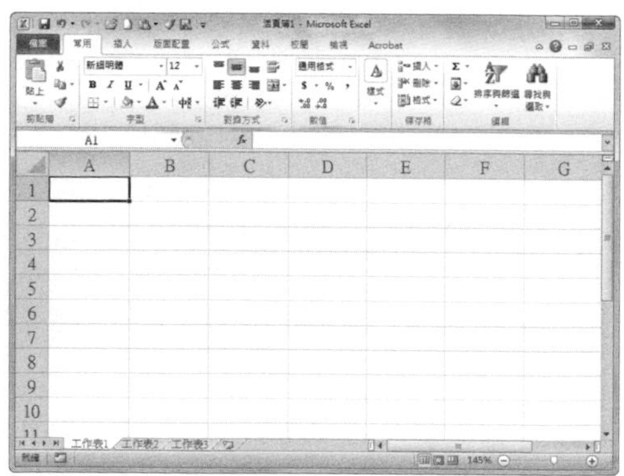

### Step 2 隱藏格線

切換至〔版面配置〕活頁標籤，在「工作表選項」選項群組中的「格線」選項下，取消勾選「檢視」核取方塊。

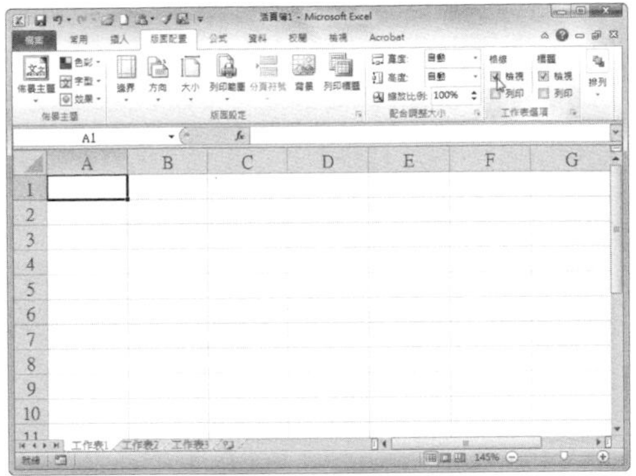

### Step 3 檢視隱藏效果

此時工作表中的格線已經看不到了，勾選「檢視」核取方塊，即可將隱藏的格線顯示出來。

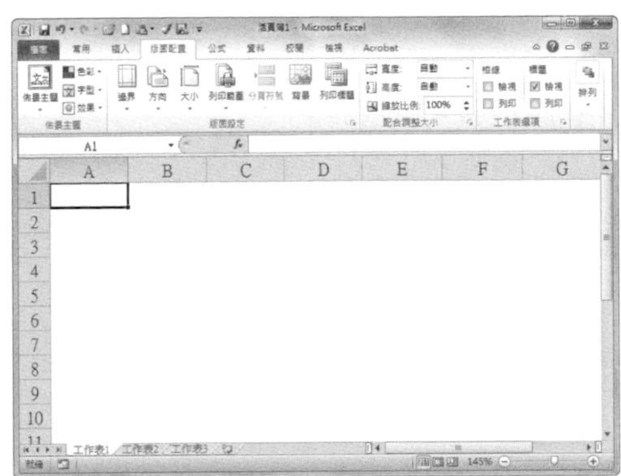

## 048 Q 如何隱藏資料編輯列與欄列標題？

**A** Excel 2010 中預設顯示資料編輯列與欄列標題，欄列標題指的就是工作表區域上方的字母序號和左側的數字序號。這裡的資料編輯列則是列標上方的名稱框和輸入欄，使用者可根據需要隱藏資料編輯列和標題。

### Step 1 隱藏資料編輯列

開啟活頁簿，切換至〔檢視〕活頁標籤，在「顯示」選項群組中，取消勾選「資料編輯列」核取方塊。

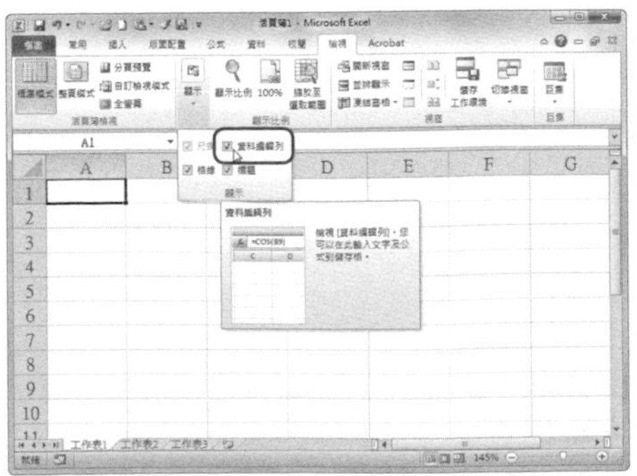

### Step 2 隱藏欄列標題

接著在同一個位置取消勾選「標題」核取方塊。

**Step 3** 檢視隱藏效果

完成後回到工作表，即可看到工作表中的資料編輯列和欄列標題已被隱藏。

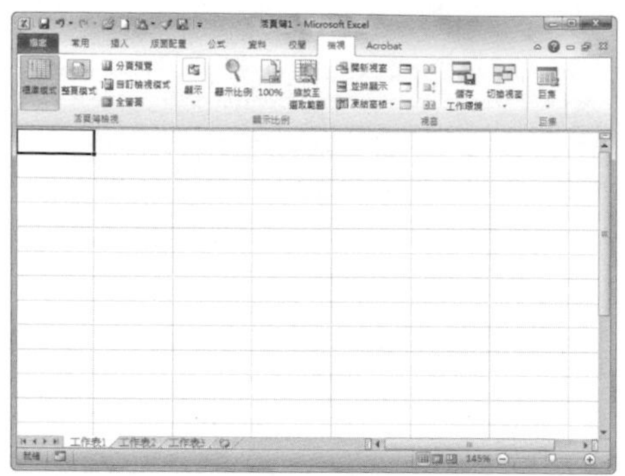

**提示**

**顯示資料編輯列和欄列標題**

如需要重新顯示資料編輯列和欄列標題，只需勾選「資料編輯列」核取方塊和「標題」核取方塊即可。

## 049 Q 如何調整工作表高度與寬度？

A 在 Excel 2010 中，可以透過拖曳和設定兩種方法來調整工作表的高度與寬度。拖曳的方法十分簡單，將滑鼠游標置於兩欄或兩列之間，待游標呈十字形後，上下或左右拖曳即可。下面介紹透過設定來調整工作表高度與寬度的方法。

**Step 1** 選擇「列高」

開啟工作表，選取某列並按滑鼠右鍵，從彈出的快速選單中選擇「列高」。

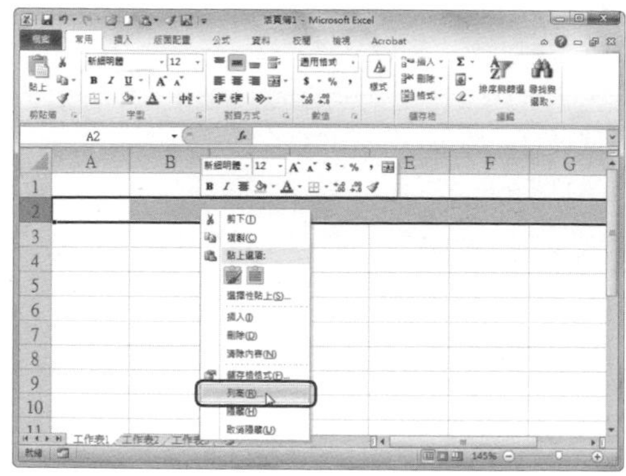

**Step 2** 自訂列高

此時會彈出「列高」對話框，輸入所需的列高值，按下〔確定〕按鈕。

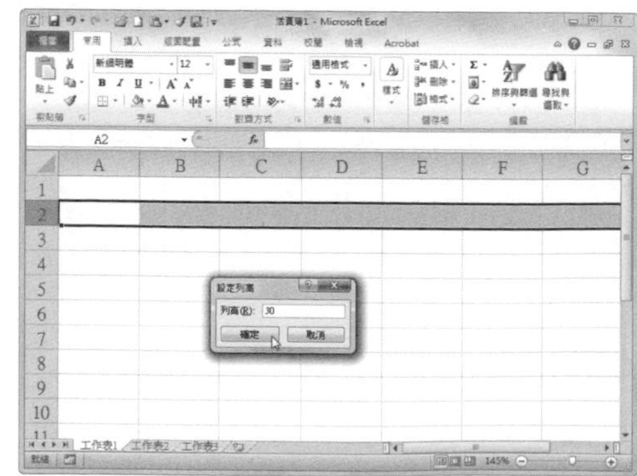

## Step 3 檢視列高設定效果

返回工作表，可以看到列高已經改變。

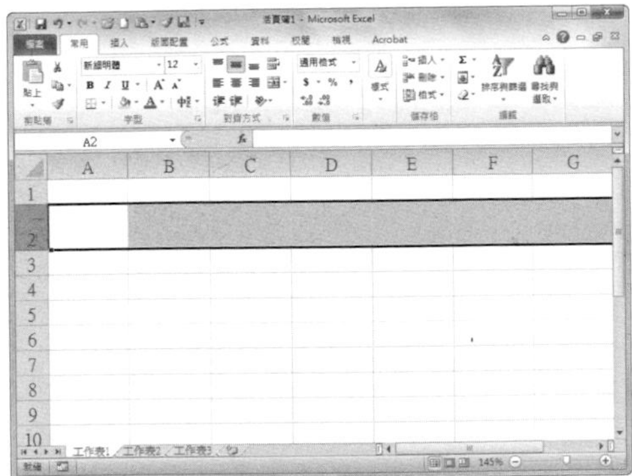

## Step 4 選擇「欄寬」

選取某欄並按滑鼠右鍵，從彈出的快速選單中選擇「欄寬」。

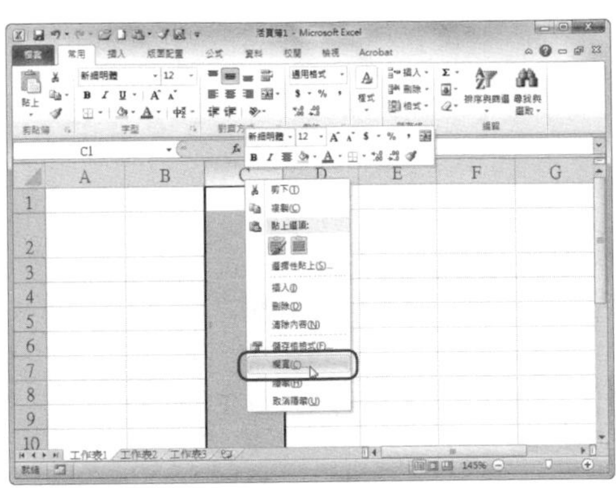

## Step 5 自訂欄寬

在彈出的「欄寬」對話框中，輸入所需的欄寬值後按下〔確定〕按鈕。

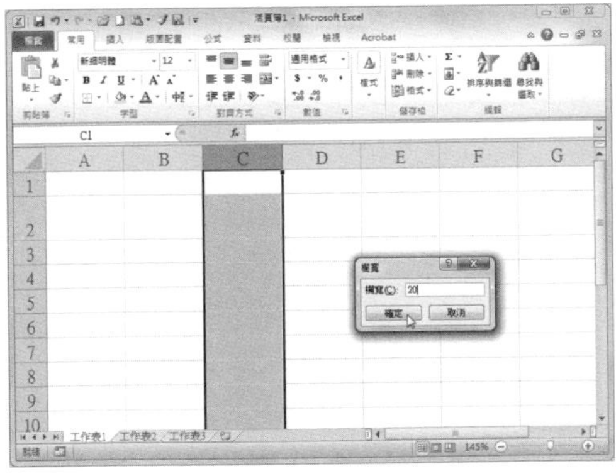

## Step 6 檢視欄寬設定效果

返回工作表，可以看到欄寬已經改變。

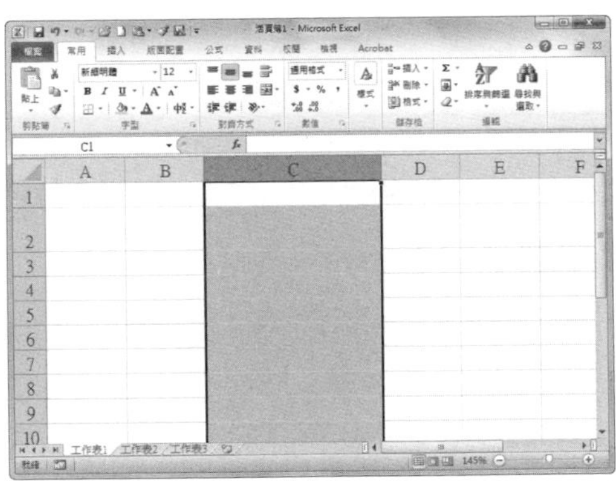

# 050 如何變更狀態列中顯示的項目？

Excel 2010 的狀態列是指 Excel 工作表視窗底部的水平區域，預設情況下會顯示諸如字數統計、加總、平均值、簽名、許可權、修訂和巨集等選項的開關狀態，使用者可以根據需要自訂狀態列中要顯示項目。

## Step 1 檢視狀態列

開啟任一 Excel 活頁簿，這裡以「銷售員業績統計表 .xlsx」為例，選取幾個儲存格，可以看到狀態列自動出

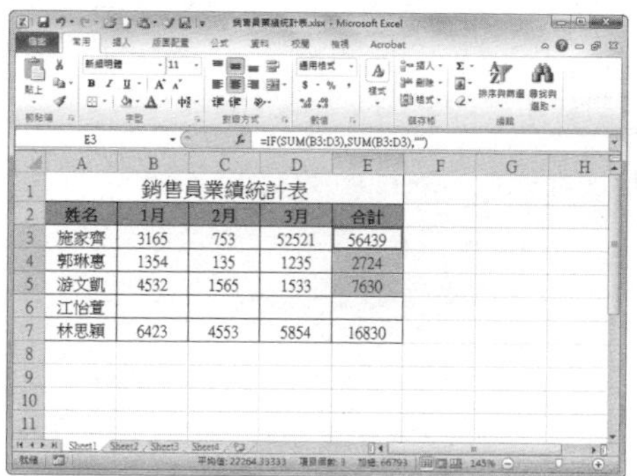

| 銷售員業績統計表 | | | | |
|---|---|---|---|---|
| 姓名 | 1月 | 2月 | 3月 | 合計 |
| 施家齊 | 3165 | 753 | 52521 | 56439 |
| 郭琳惠 | 1354 | 135 | 1235 | 2724 |
| 游文凱 | 4532 | 1565 | 1533 | 7630 |
| 江怡萱 | | | | |
| 林思穎 | 6423 | 4553 | 5854 | 16830 |

## Step 2 自訂狀態列

在狀態列上按滑鼠右鍵，並從「自訂狀態列」快速選單中勾選需要顯示的項目。

## Step 3 檢視設定效果

返回工作表中，選擇幾個儲存格之後，可以看到狀態列中不再顯示我們取消的項目了。

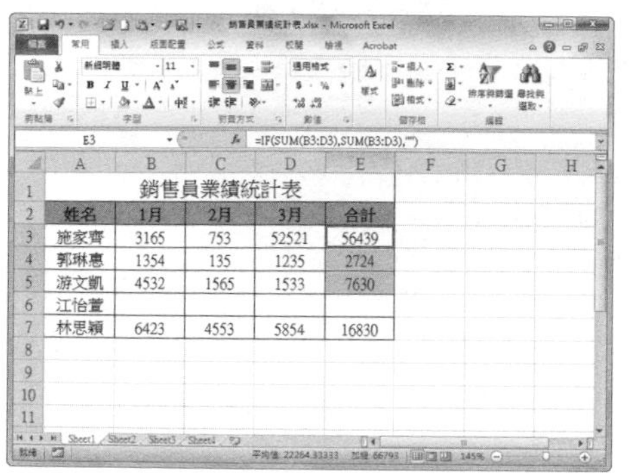

| 銷售員業績統計表 | | | | |
|---|---|---|---|---|
| 姓名 | 1月 | 2月 | 3月 | 合計 |
| 施家齊 | 3165 | 753 | 52521 | 56439 |
| 郭琳惠 | 1354 | 135 | 1235 | 2724 |
| 游文凱 | 4532 | 1565 | 1533 | 7630 |
| 江怡萱 | | | | |
| 林思穎 | 6423 | 4553 | 5854 | 16830 |

**提示**

**狀態列中可顯示的項目**

在狀態列中可以顯示很多項目，包括一些統計值、模式、某些功能的開關狀態等，其中統計值包括平均值、項目個數、數字計數、最小值、最大值和加總等項目。

第 1 章 \ 原始檔 \ 銷售員業績統計表 .xlsx
第 1 章 \ 完成檔 \ 套用表格預設樣式 .xlsx

## 如何套用表格預設樣式？

**A** Excel 2010 提供自動格式化的功能，它可以根據預設的格式，將使用者製作的報表格式化，產生美觀的報表。這種自動格式化的功能，不僅可以節省使用者將報表格式化的許多時間，也能快速美化我們的表格文件。

### Step 1 開啟文件並檢視原始效果

開啟「銷售員業績統計表 .xlsx」，此時可以看到表格格式比較簡單。

### Step 2 選擇表格樣式

選擇表格中的任一儲存格，在〔常用〕活頁標籤下，按一下「樣式」選項群組中〔格式化為表格〕按鈕，並選擇所需套用的樣式。

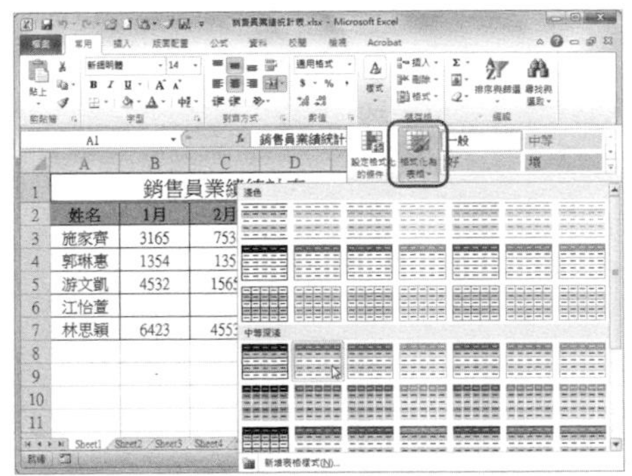

### Step 3 設定相關選項

在彈出的「格式化為表格」對話框中，顯示自動選取的表格區域。由於此表含有標題，所以勾選「有標題的表格」核取方塊。

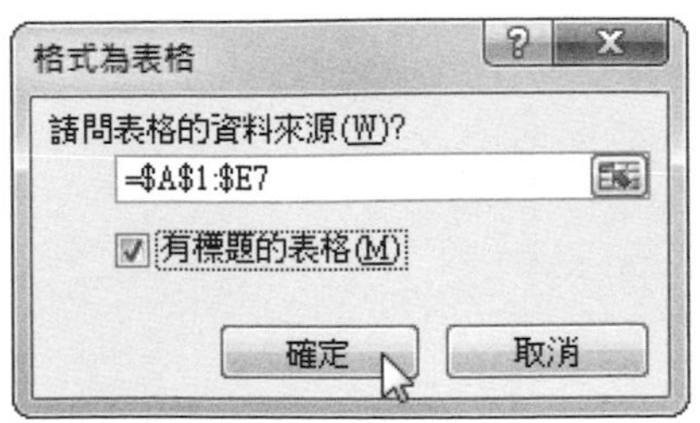


### Step 4 檢視樣式效果

按一下〔確定〕按鈕，返回活頁簿中，檢視套用樣式後的效果。

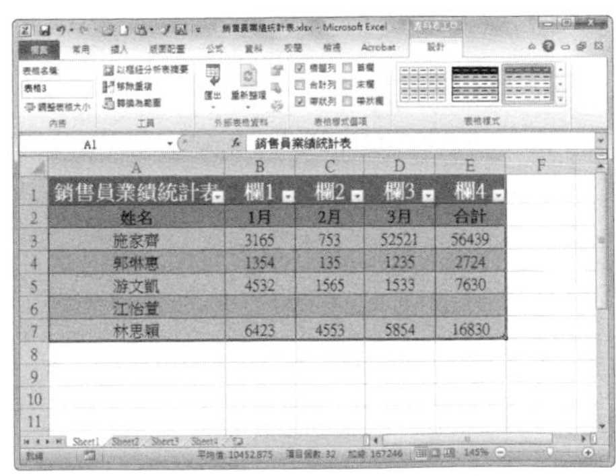

**標題行的處理**

套用表格樣式時，如果未勾選「有標題的表格」核取方塊，將自動為表格增加一列標題列。

052

##  Q 如何將工作表分割成多個窗格？

**A** 如果要單獨檢視或捲動工作表的不同部分，可以將工作表水平或垂直分割成多個單獨的窗格。透過這些窗格，可以同時檢視一個工作表中相距很遠的部分。

### Step 1 選取列儲存格

開啟工作表，選取任一列，準備將工作表水平分割成上下兩個部分，分割線將出現在選取列的上方。

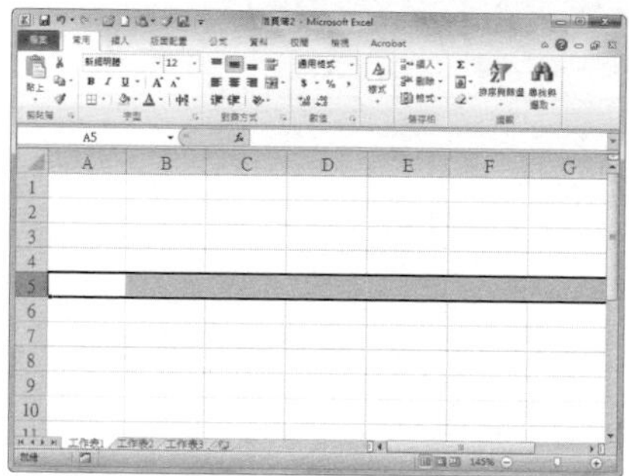

### Step 2 按一下「分割」按鈕

切換到〔檢視〕活頁標籤，在「視窗」選項群組中按一下〔分割〕按鈕。

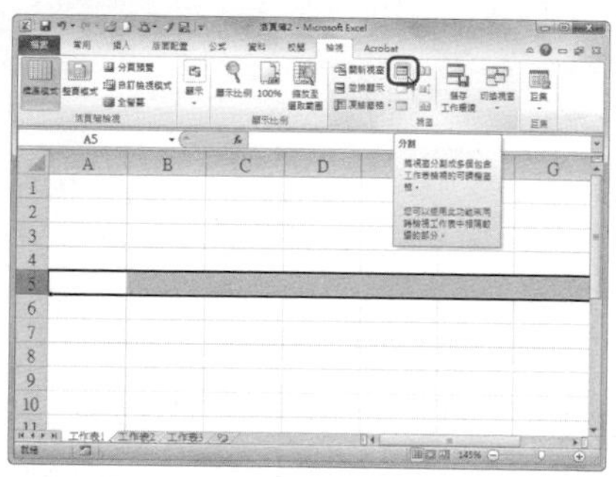

### Step 3 檢視水平分割效果

返回工作表，可以看到工作表已經被水平分割成上下兩部分。

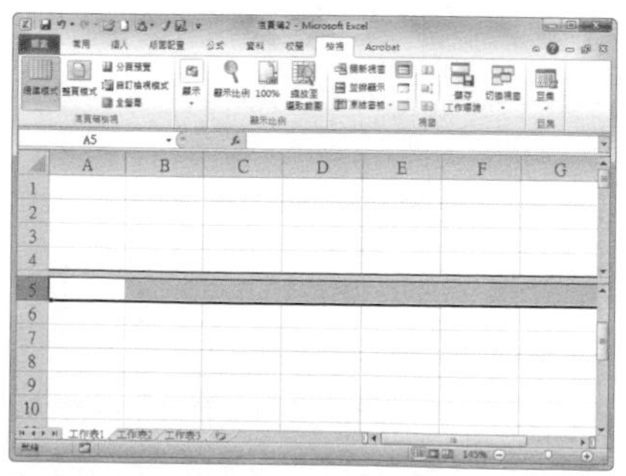

### Step 4 選取欄儲存格

取消視窗的分割，選取任一欄，準備將工作表垂直分割成左右兩個部分，分割線將出現在選取欄的左邊。

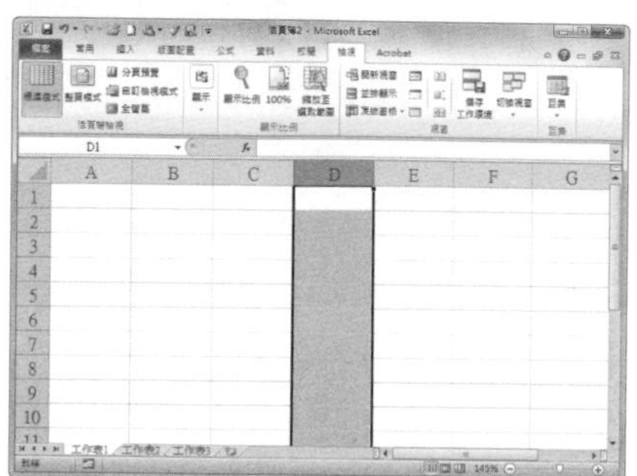

## Step 5 按一下「分割」按鈕

切換到〔檢視〕活頁標籤，在「視窗」選項群組中按一下「分割」按鈕。

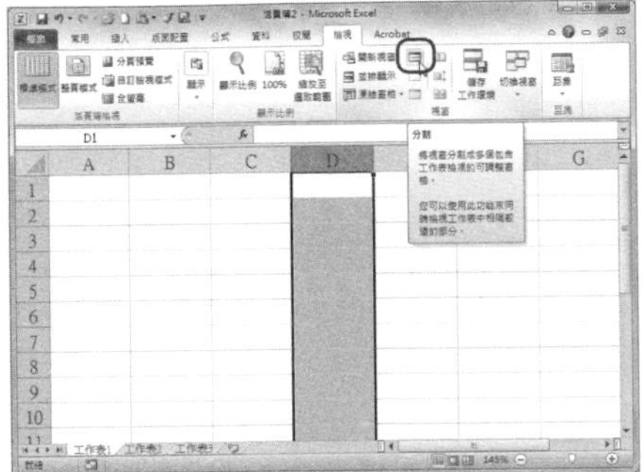

## Step 6 檢視垂直分割效果

返回工作表，可以看到工作表已經被垂直分割成左右兩部分。

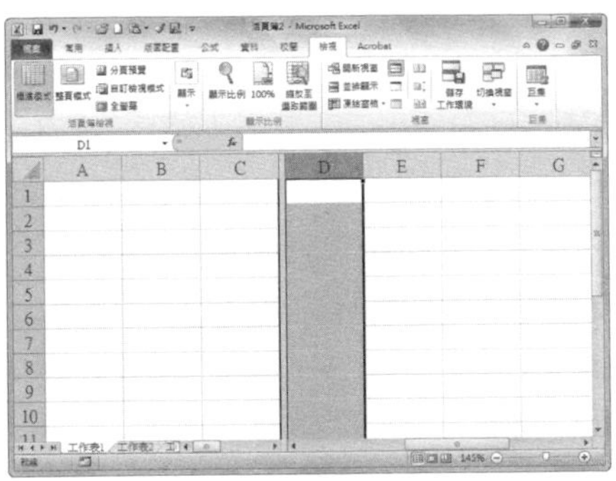

## Step 7 選取某一儲存格

取消視窗的分割，然後選取非頂端列和首欄的任一儲存格，準備將工作表一次性分割成上下左右四個部分，分割線將出現在選取儲存格的上方及左邊。

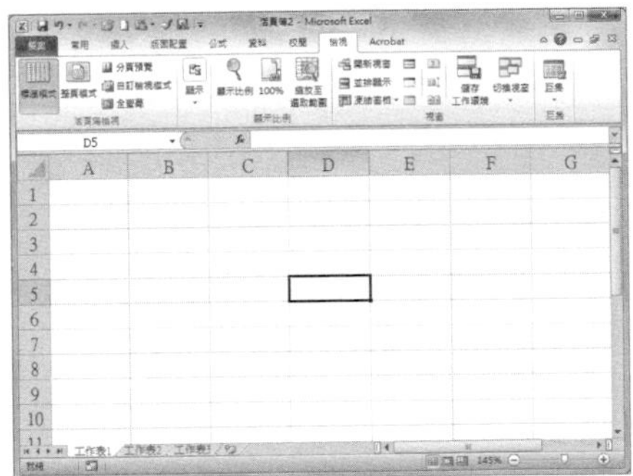

## Step 8 按一下「分割」按鈕

切換到〔檢視〕活頁標籤，在「視窗」選項群組中按一下〔分割〕按鈕。

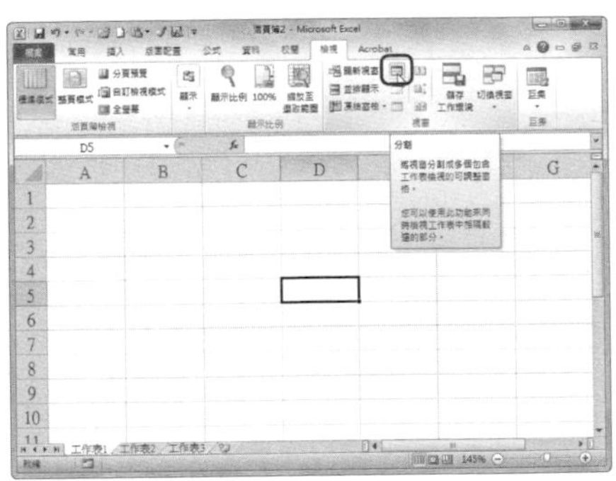

## Step 9 檢視分割效果

返回工作表，可以看到工作表已經被分割成上下左右四個部分。

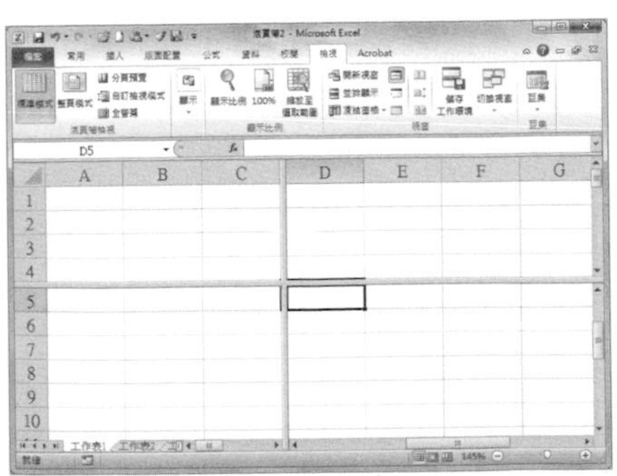

**快速分割工作表**

還可以直接拖曳橫向分割框和縱向分割框來快速分割工作表。橫向分割框位於工作表右側捲軸的上方；縱向分割框位於工作表下方捲軸的右邊。將分割框拖至需要分割處釋放即可。要取消分割框，只需將其拖至原處。

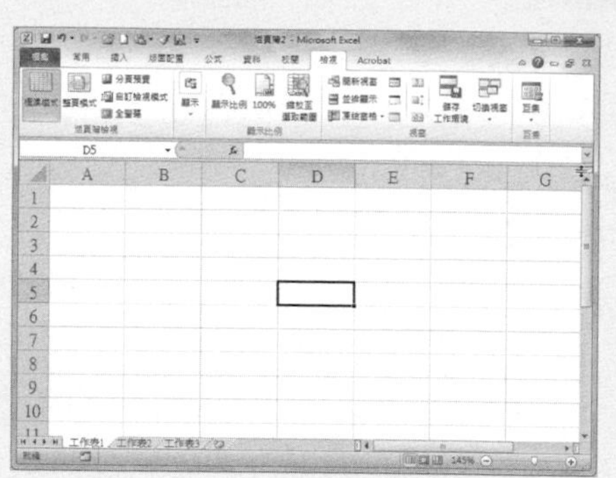

# 職人技 4　儲存格操作秘技

使用 Excel 工作表時，離不開儲存格的各種操作，例如儲存格的複製、插入與刪除，儲存格樣式的設定等，掌握這些儲存格的操作技巧，可以大大方便使用者對 Excel 表格的應用，在此介紹儲存格的操作技巧。

## 053 Q 如何幫儲存格或儲存格區域命名？

第 1 章 \ 原始檔 \ 銷售員業績統計表 .xlsx
第 1 章 \ 完成檔 \ 儲存格命名 .xlsx

Excel 給每個儲存格都設定了一個預設的名字，其命名規則是欄號加列號，例如 D3 表示第 4 欄、第 3 列的儲存格。Excel 也允許使用者按照自己的需要幫儲存格或儲存格區域重新命名。需要注意的是，幫儲存格命名時，名稱的第一個字元必須是英文字母或中文字，名稱最多可包含 255 個字元，可以包含大、小寫字母，但是不能有空格，且不能與儲存格參照相同。

**Step 1 選取需要命名的儲存格或儲存格區域**

開啟「銷售員業績統計表 .xlsx」，點選要命名的儲存格，例如 E7。

銷售員業績統計表

| 姓名 | 1月 | 2月 | 3月 | 合計 |
|---|---|---|---|---|
| 施家齊 | 3165 | 753 | 52521 | 56439 |
| 郭琳惠 | 1354 | 135 | 1235 | 2724 |
| 游文凱 | 4532 | 1565 | 1533 | 7630 |
| 江怡萱 | | | | |
| 林思穎 | 6423 | 4553 | 5854 | 16830 |

## Step 2 為儲存格定義名稱

切換至〔公式〕活頁標籤下，在「已定義之名稱」選項群組中按一下〔定義名稱〕按鈕。

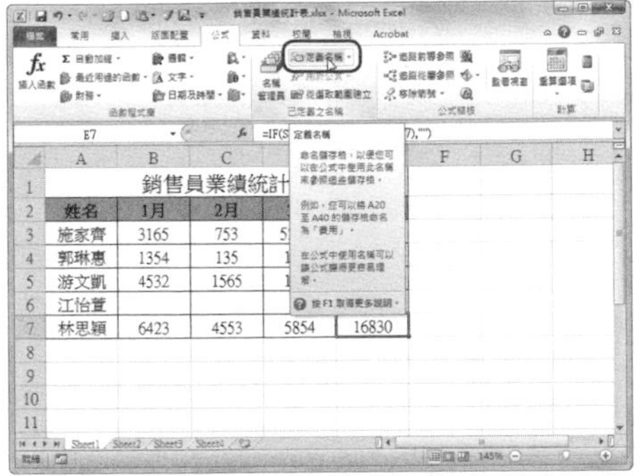

## Step 3 輸入名稱

在彈出的「新名稱」對話框的「名稱」文字方塊中輸入名稱，如「合計」，接著在「範圍」下拉選單中選擇「Sheet1」，最後按下〔確定〕按鈕。

## Step 4 檢視設定效果

返回工作表中，按一下 E7 儲存格，在表格左上角的「名稱方塊」中可以看到我們為該儲存格設定的名稱。

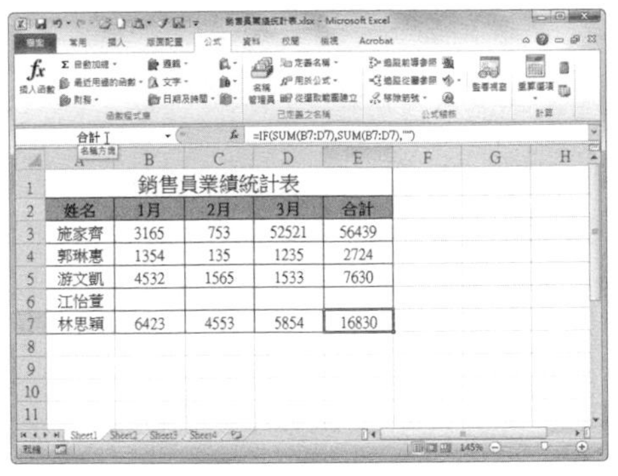


**提 示**

### 直接在表格框中命名

點選要命名的儲存格，在工作表左上角的「名稱方塊」中就會看到它目前的名字，點選「名稱方塊」，亦可直接進行儲存格名稱的編輯。

第 1 章 \ 原始檔 \ 季成本統計表 .xlsx
第 1 章 \ 完成檔 \ 幫儲存格命名 .xlsx

# 054 幫儲存格命名的作用

使用 Excel 時，給儲存格或儲存格區域進行命名不只是為了便於記憶，更重要的是可以方便很多其他運算，下面舉例來說明。

### Step 1 定義一月份成本數據區域名稱

開啟「季成本統計表 .xlsx」，選取「一月份」工作表中 E5:E8 儲存格區域，按一下〔公式〕活頁標籤下〔定義名稱〕按鈕。

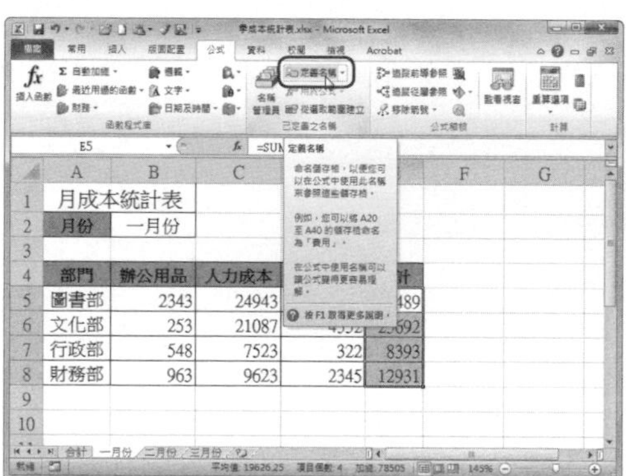


### Step 2 設定名稱為「一月份」

在彈出的「新名稱」對話框中，設定「名稱」為「一月份」，點選〔確定〕按鈕。

### Step 3 定義二月份成本數據區域名稱

採用同樣的方法，將「二月份」工作表中 E5:E8 儲存格區域的名稱定義為「二月份」。

### Step 4 定義三月份成本資料區域的名稱

採用同樣的方法，將「三月份」工作表中 E5:E8 儲存格區域的名稱定義為「三月份」。

**Step 5** 提取一月份資料

切換至「合計」工作表，在 B5 儲存格中輸入公式「=INDIRECT($B$4)」，按下〔Enter〕鍵。

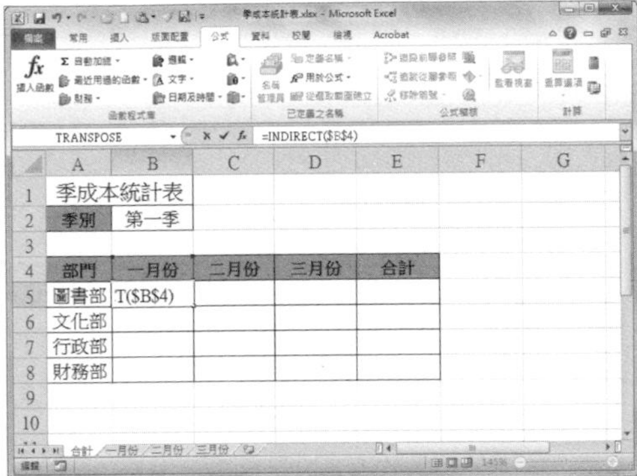

**Step 6** 複製公式

重新選取 B5 儲存格，將游標移至儲存格右下角，待游標變為十字形時按住滑鼠左鍵向下拖至 B8 儲存格。

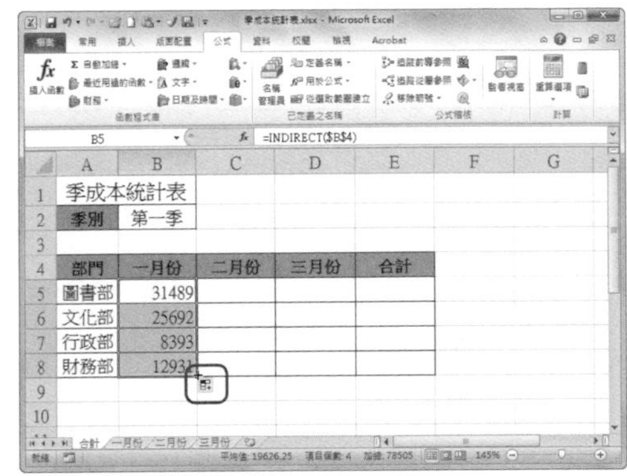

**Step 7** 提取二月份資料

在「合計」工作表的 C5 儲存格中輸入公式「=INDIRECT($C$4)」，然後按下〔Enter〕鍵。

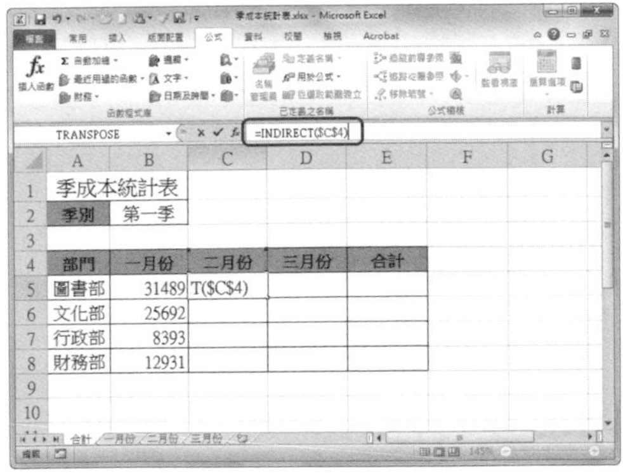

**Step 8** 複製公式

重新選取 C5 儲存格，將游標移至儲存格右下角，待游標變為十字形時按住滑鼠左鍵向下拖至 C8 儲存格。

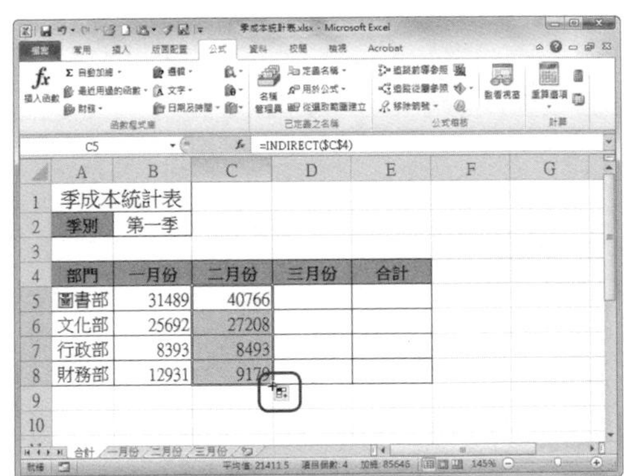

**Step 9** 提取三月份資料

在「合計」工作表的 D5 儲存格中輸入公式「=INDIRECT($D$4)」後，按下〔Enter〕鍵。

**Step10** 複製公式

重新選取 D5 儲存格，將游標移至儲存格右下角，待游標變為十字形時按住滑鼠左鍵向下拖至 D8 儲存格。

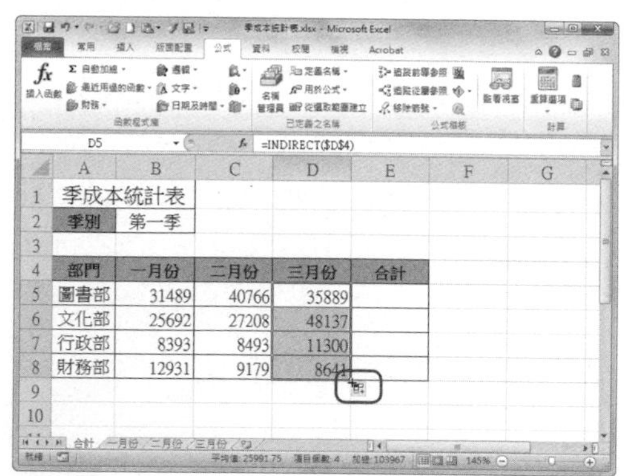

**Step11** 利用公式計算合計值

選取 E5 儲存格，輸入公式「=SUM(B5:D5)」，按下〔Enter〕鍵。

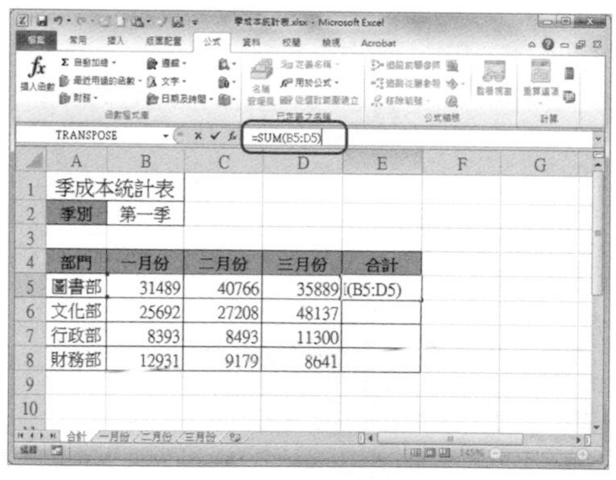

**Step12** 複製公式

重新選取 E5 儲存格，將游標移至儲存格右下角，待游標變為十字形時按住滑鼠左鍵向下拖至 E8 儲存格。

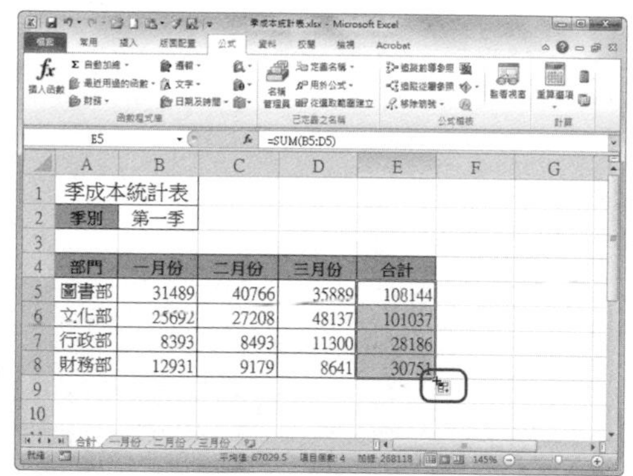

**提示**

**定義的名稱要與 B4:D4 儲存格區域內容完全相同**

由於 INDIRECT 函數將把 B4:D4 儲存格中內容識別為儲存格區域名稱，因此在定義名稱時，一定要讓名稱與該區域中的內容完全相同，否則會出現錯誤值「#REF!」。

# 如何為儲存格增加螢幕提示訊息？

第 1 章 \ 原始檔 \ 銷售員業績統計 .xlsx
第 1 章 \ 完成檔 \ 增加螢幕提示訊息 .xlsx

身份證號、員工編號等資料有統一的格式，因此，可為儲存格增加提示訊息，提醒使用者在輸入時注意格式的統一。

### Step 1 選取設定區域

開啟「銷售員業績統計 .xlsx」，選取需要增加螢幕提示訊息的儲存格區域，此處選取 E4:E8 儲存格區域。

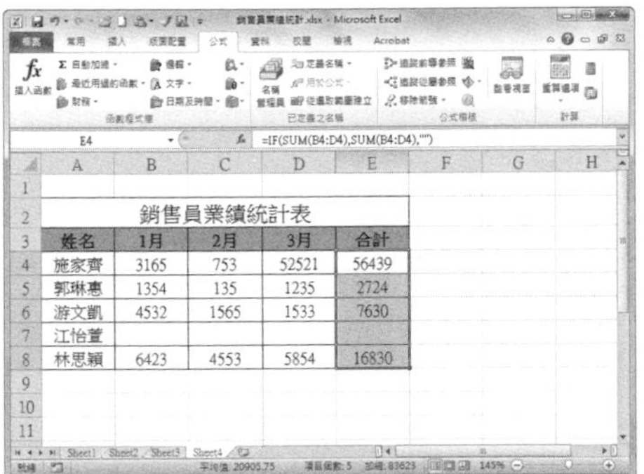


### Step 2 應用資料驗證

切換到〔資料〕活頁標籤，按一下「資料工具」選項群組中的〔資料驗證〕按鈕。

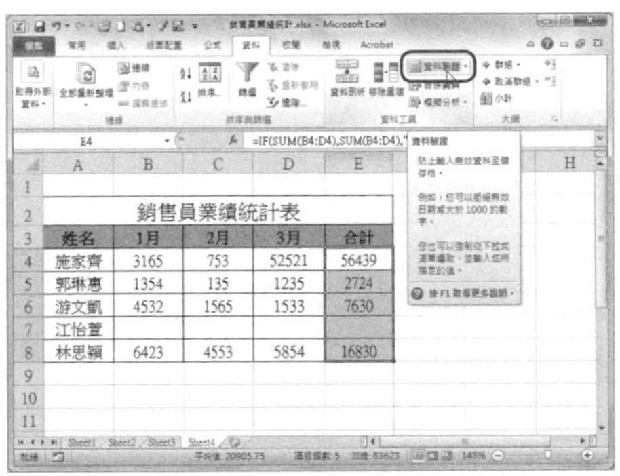


### Step 3 設定輸入時的提示訊息

在「資料驗證」對話框中〔提示訊息〕活頁標籤中，「標題」和「提示訊息」文字方塊中輸入提示訊息文字。

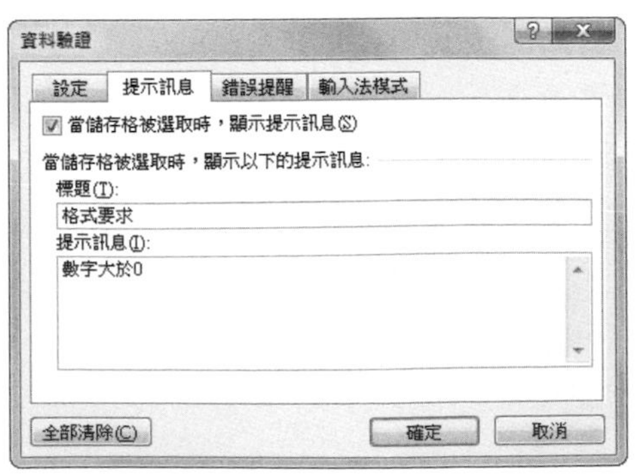


### Step 4 檢視提示效果

按一下〔確定〕按鈕，返回活頁簿，此時選取 E4:E8 儲存格區域中任一儲存格時，即顯示設定的提示訊息。

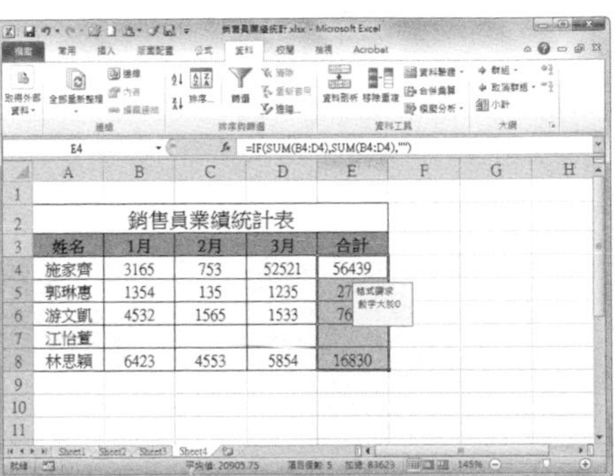

**提 示**

**關於資料驗證**

所謂資料驗證，就是由使用者設定的儲存格中資料的有效性規則。如果輸入了不符合規則的資料，則 Excel 不接受此次輸入，並彈出錯誤警告，因此資料驗證可以大大地減少輸入錯誤。

## 056 Q 如何輕鬆選取特殊儲存格？

在 Excel 2010 中，如果希望在工作表中選取具有某種特性的儲存格，例如選擇所有設定過數據有效性的儲存格，或者選擇所有包含公式的儲存格，可以利用 Excel 的「特殊目標」功能來輕鬆達成。

### Step 1 開啟「特殊目標」對話框

切換至〔常用〕活頁標籤，在「編輯」選項群組中按一下〔尋找與選取〕按鈕，並從下拉選單中選擇【特殊目標】。

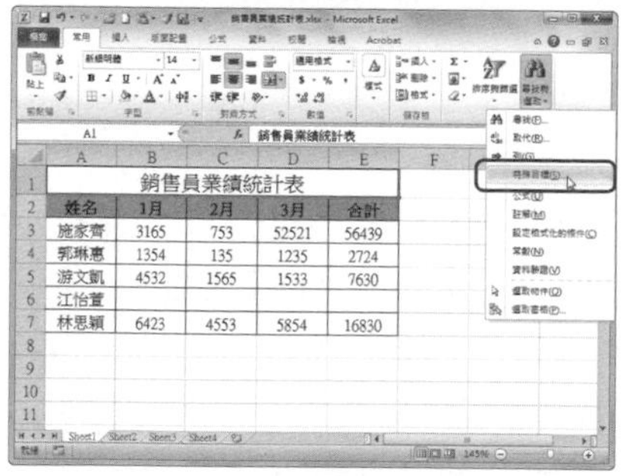


### Step 2 設定特殊目標

在「特殊目標」對話框中設定要定位的條件，選擇需要尋找的儲存格類型，這裡選取「公式」選項，然後按下〔確定〕按鈕。

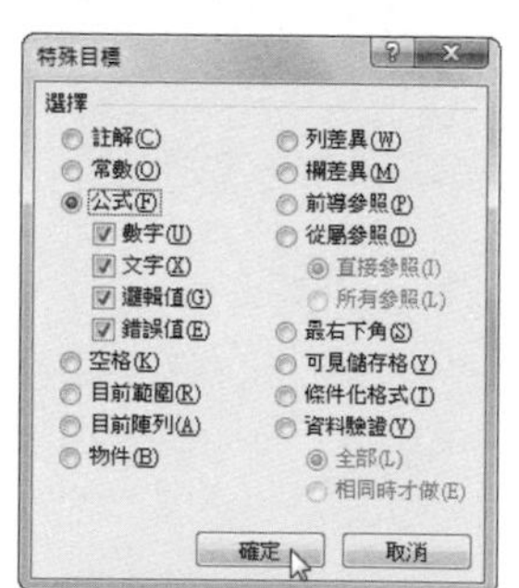


### Step 3 檢視選取效果

返回工作表中，可以看到工作表中使用公式的儲存格已全部被選取。

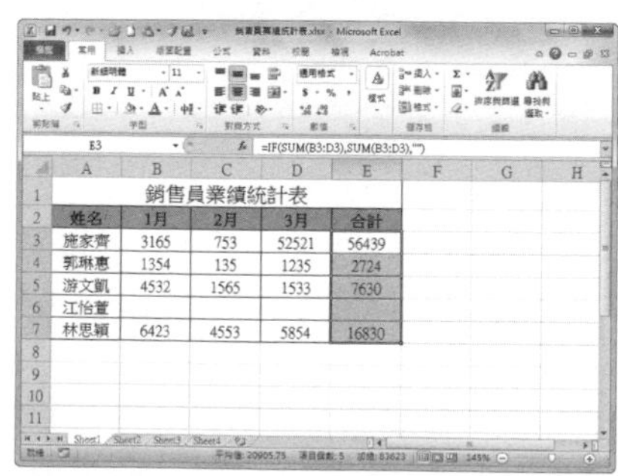


**提 示**

**未找到儲存格時會彈出提示對話框**

如果使用定位功能沒有找到符合條件的儲存格，Excel 會彈出一個對話框來提示「未找到儲存格」，按一下〔確定〕按鈕即可。

## 如何隱藏工作表中的部分內容？

如果不想讓工作表中某些儲存格資料被其他人查閱，可以將工作表中該部分內容隱藏起來。

### Step 1　開啟「儲存格格式」對話框

開啟需要隱藏資料的活頁簿，選取要隱藏的儲存格區域，然後按下快速鍵〔Ctrl〕+〔1〕。

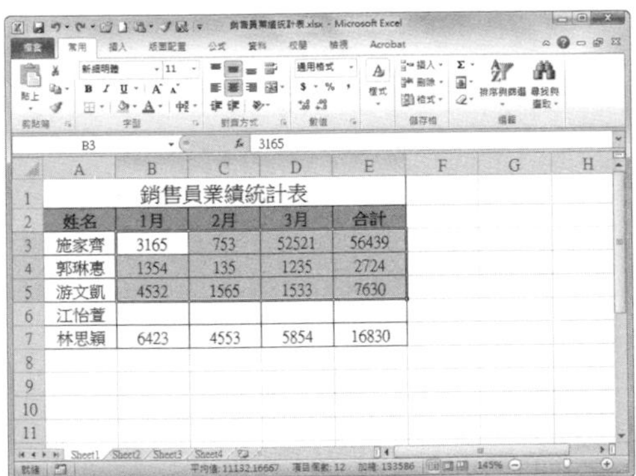


### Step 2　設定儲存格格式

在「儲存格格式」對話框〔數值〕活頁標籤的「類別」中選擇「自訂」，在右邊的「類型」文字框中輸入「;;;」（三個半形分號）。

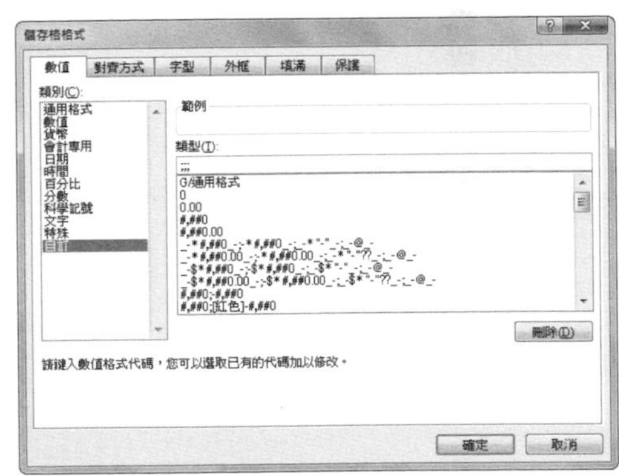


### Step 3　設定隱藏

切換至〔保護〕活頁標籤，勾選「隱藏」核取方塊，然後按一下〔確定〕按鈕。

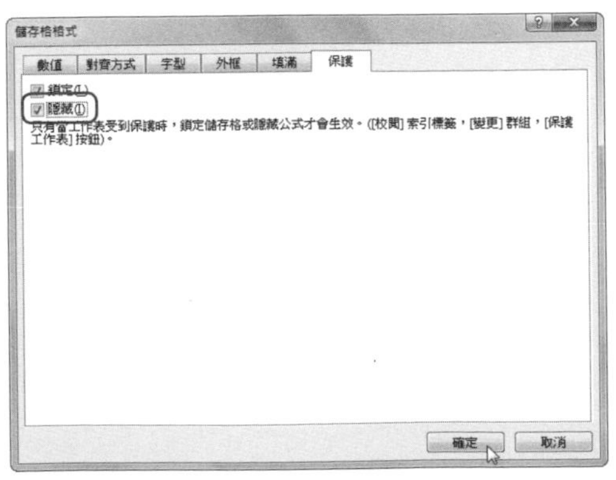


### Step 4　開啟「保護工作表」對話框

按一下〔校閱〕活頁標籤下「變更」群組中的「保護工作表」按鈕。

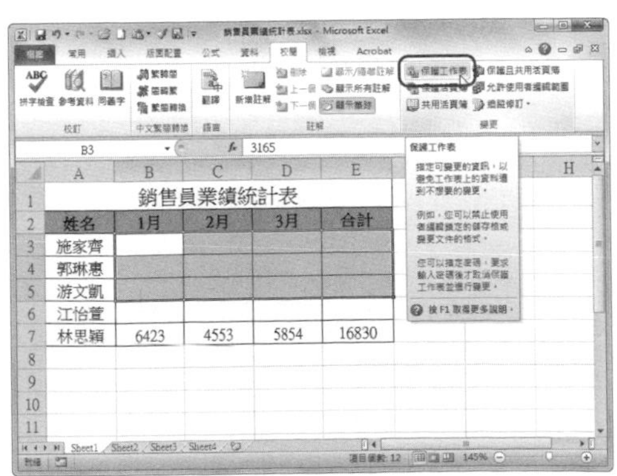

## Step 5 設定保護密碼

在「保護工作表」對話框的「要取消保護工作表的密碼」中設定保護密碼，按一下〔確定〕按鈕。

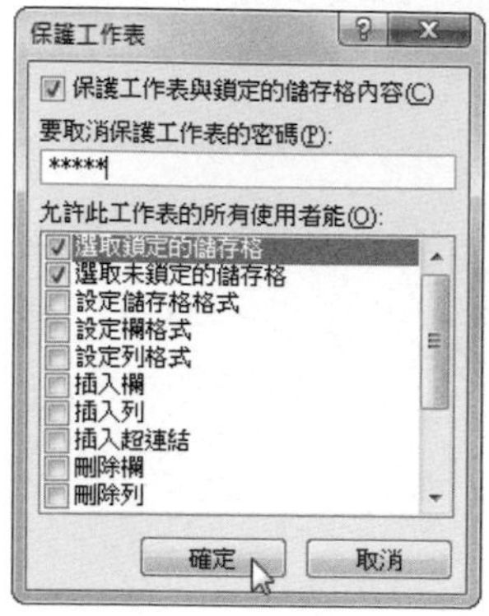


## Step 6 檢視效果

返回工作表，儲存格中的內容即已隱藏，不再顯示。

## Step 7 取消隱藏

如需要再次檢視隱藏資料時，按一下〔校閱〕活頁標籤下「變更」選項群組中的〔取消保護工作表〕按鈕即可。

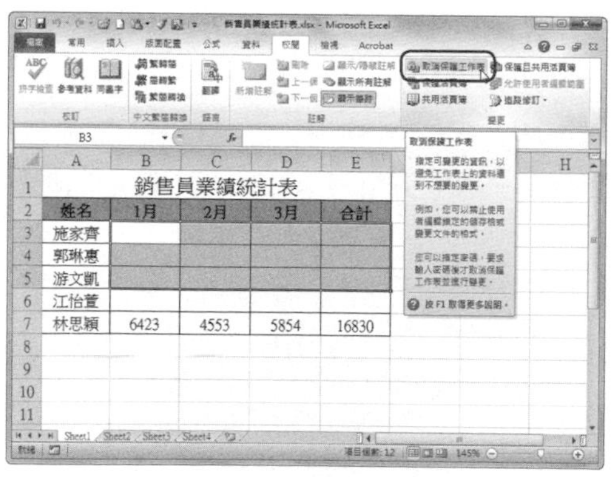


**提 示**

**防止別人刪除隱藏資料**

在「儲存格格式」對話框的〔保護〕活頁標籤下，不要取消勾選「鎖定」核取方塊，以防別人刪除已隱藏的資料。

# 如何插入整行或整列？

使用者在編輯表格時，經常需要插入欄或列來輸入新的資料，此時可以利用 Excel 的「插入」功能來進行。

## 方法一：利用「插入」對話框插入

### Step 1 開啟「插入」對話框

開啟需要編輯的 Excel 活頁簿，在需要插入整欄的儲存格上按滑鼠右鍵，從快速選單中選擇【插入】。

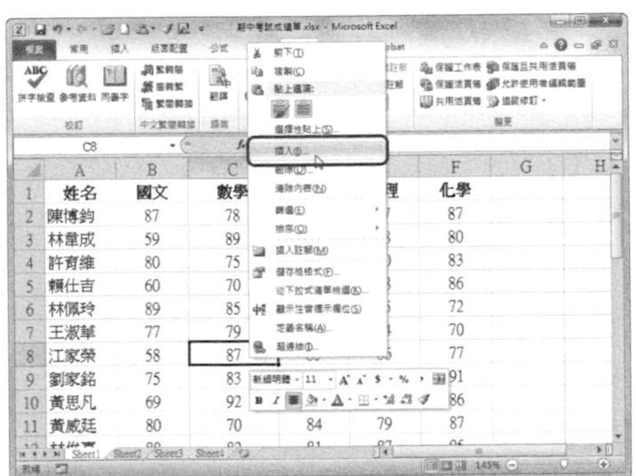

### Step 2 選擇插入整欄

在「插入」對話框中，選取「整欄」選項，然後按一下〔確定〕按鈕。

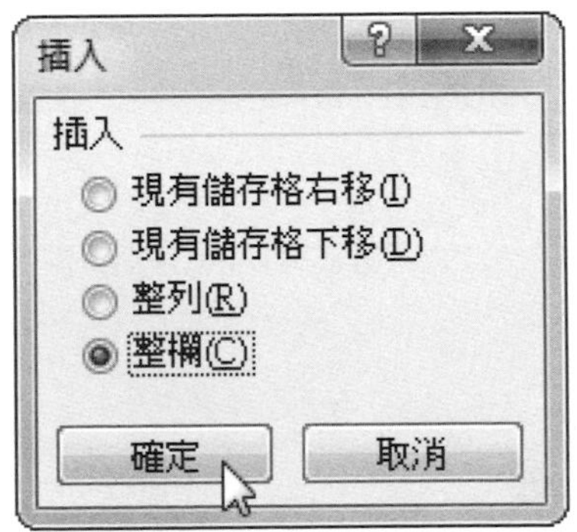


### Step 3 檢視效果

返回工作表中，可以看到在選取儲存格位置左側增加了一欄空白欄。

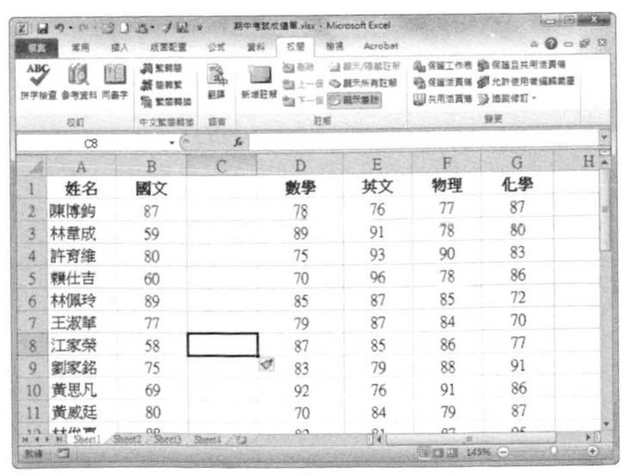

**提示**

**插入列操作與插入欄類似**

插入整列的操作與上面類似，在步驟 2 中出現的「插入」對話框中，選擇「整列」選項，按一下〔確定〕按鈕即可。

## 方法二：利用功能區中的〔插入〕按鈕插入

### Step 1 選取需要插入整欄的位置

開啟需要編輯的 Excel 活頁簿，按一下選取需要插入整欄的儲存格位置。

### Step 2 選擇「插入工作表行」選項

按一下〔常用〕活頁標籤下的「插入」下拉選單，在下拉選單中選擇【插入工作表欄】。

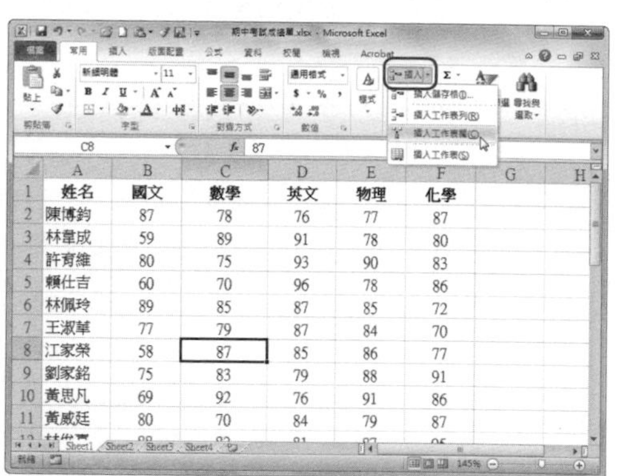


### Step 3 檢視效果

返回工作表中，可以看到在選取儲存格位置增加了一個整欄，插入整列的操作與此類似，在此就不贅述。

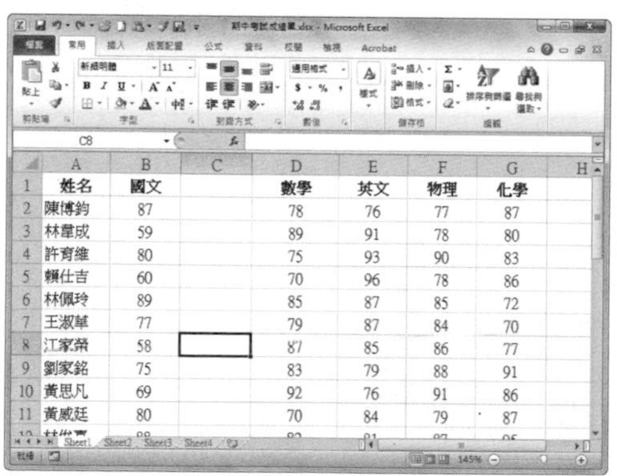

# 如何同時插入多行或多列？

**A** Excel 使用中，除了前面的插入一欄或一列外，還可以同時插入多欄或多列哦！來看看怎麼操作。

## 方法一：利用「插入」按鈕插入

### Step 1 選取位置

開啟「銷售員業績統計 .xlsx」，選取需要插入多欄或多列的位置。這裡需要在第 8 列上方插入三列，在 G 欄左側插入兩欄，因此選取 E5:F7 儲存格區域。

銷售員業績統計表

| 姓名 | 1月 | 2月 | 3月 | 合計 |
|---|---|---|---|---|
| 施家齊 | 3165 | 753 | 52521 | 56439 |
| 郭琳惠 | 1354 | 135 | 1235 | 2724 |
| 游文凱 | 4532 | 1565 | 1533 | 7630 |
| 江怡萱 | | | | |
| 林思穎 | 6423 | 4553 | 5854 | 16830 |

### Step 2 插入欄

切換到〔常用〕活頁標籤下，按一下「儲存格」選項群組中的〔插入〕按鈕，選擇【插入工作表列】。

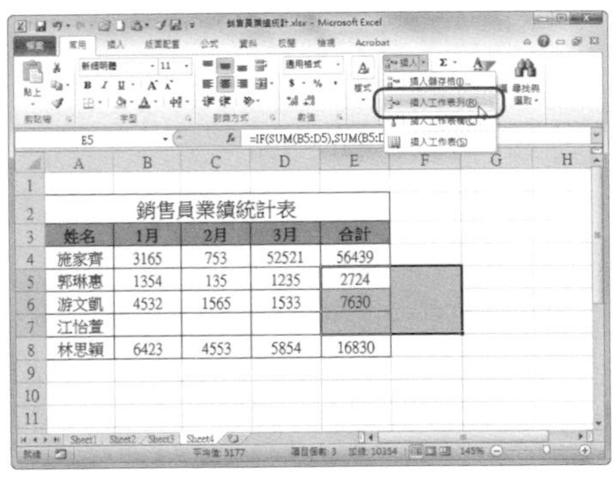

### Step 3 檢視插入後效果

此時工作表中第 8 列上方新增了三個空白列。需要注意的是，想要插入幾列，則在步驟 1 中選取幾列。

銷售員業績統計表

| 姓名 | 1月 | 2月 | 3月 | 合計 |
|---|---|---|---|---|
| 施家齊 | 3165 | 753 | 52521 | 56439 |
| | | | | |
| | | | | |
| | | | | |
| 郭琳惠 | 1354 | 135 | 1235 | 2724 |
| 游文凱 | 4532 | 1565 | 1533 | 7630 |
| 江怡萱 | | | | |
| 林思穎 | 6423 | 4553 | 5854 | 16830 |

### Step 4 在 G 列左側插入兩欄

接著按一下〔常用〕活頁標籤下「儲存格」選項群組中的〔插入〕按鈕，選擇【插入工作表欄】。

## Step 5 檢視插入後效果

此時工作表 G 列左側新增了兩個空白欄。需要注意的是，要插入幾欄，則在步驟 1 中就選取幾欄。

> **提示**
>
> **插入多欄與多列時的注意事項**
>
> 前面已經提到，需要插入幾欄或幾列，則選取幾欄或幾列，不要多選或少選。執行插入操作後，將在所選列的上方插入空白列，在所選欄的左側插入空白欄。

## 方法二：使用快速選單插入

### Step 1 選取插入列位置

開啟 Excel 活頁簿，選取需要插入列位置的下兩列。

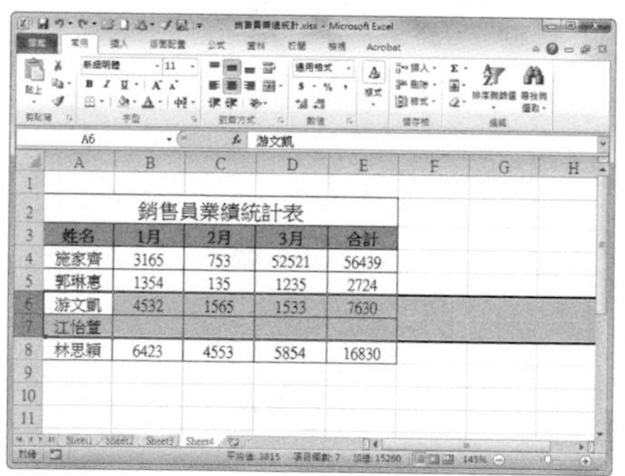


### Step 2 插入列

在選取列位置按滑鼠右鍵，在彈出的快速選單中選擇【插入】。

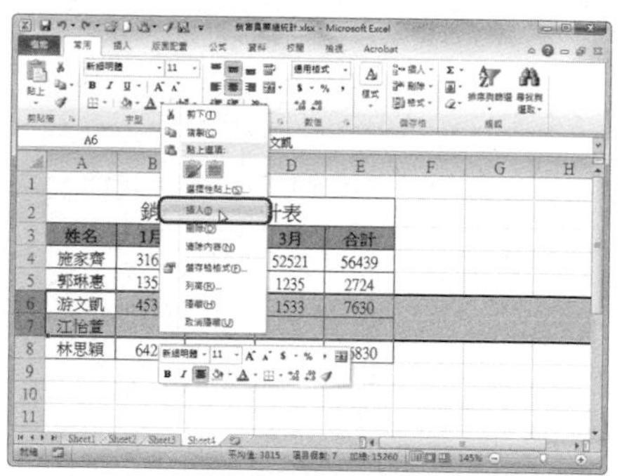

### Step 3 檢視插入效果

此時在選取列上面已插入兩列，插入欄的操作與之類似。

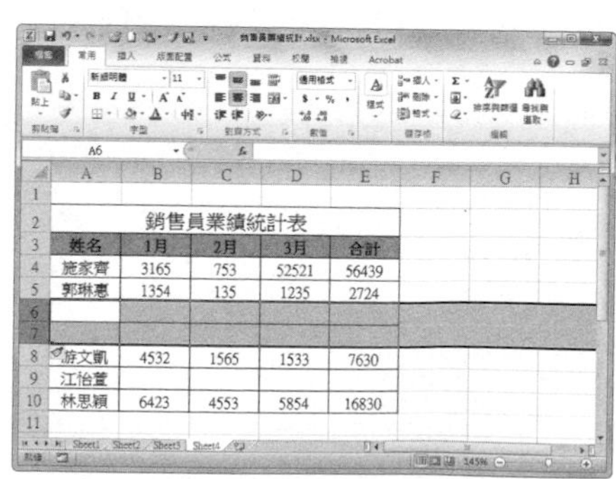

# 如何刪除列或欄？

對於 Excel 表格中多餘的列或欄，可以將其刪除，使表格看起來更完整，來看看如何刪除多餘的列或欄。

## 方法一：應用功能區中的〔刪除〕按鈕進行刪除

### Step 1 選取需要刪除列位置

開啟需要編輯的 Excel 活頁簿，選取需要刪除的列。

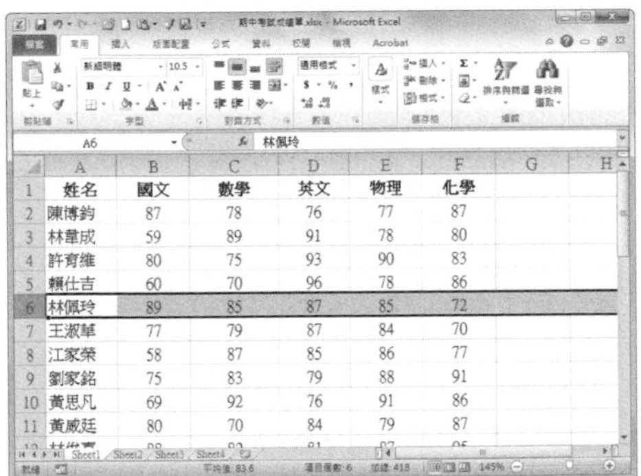

### Step 2 選擇「刪除工作表列」選項

切換到〔常用〕活頁標籤，按一下「儲存格」選項群組中的〔刪除〕，從下拉選單中選擇【刪除工作表列】。

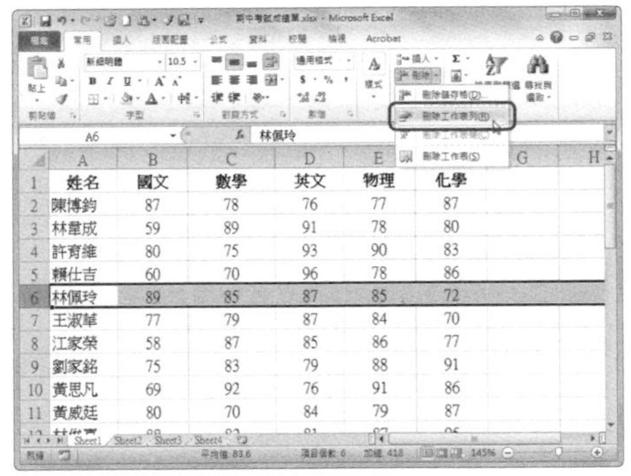

### Step 3 檢視刪除效果

返回工作表中，此時選取行已被刪除。刪除欄的操作與此類似。

|  | A | B | C | D | E | F |
|---|---|---|---|---|---|---|
| 1 | 姓名 | 國文 | 數學 | 英文 | 物理 | 化學 |
| 2 | 陳博鈞 | 87 | 78 | 76 | 77 | 87 |
| 3 | 林韋成 | 59 | 89 | 91 | 78 | 80 |
| 4 | 許育維 | 80 | 75 | 93 | 90 | 83 |
| 5 | 賴仕吉 | 60 | 70 | 96 | 78 | 86 |
| 6 | 王淑華 | 77 | 79 | 87 | 84 | 70 |
| 7 | 江家榮 | 58 | 87 | 85 | 86 | 77 |
| 8 | 劉家銘 | 75 | 83 | 79 | 88 | 91 |
| 9 | 黃思凡 | 69 | 92 | 76 | 91 | 86 |
| 10 | 黃威廷 | 80 | 70 | 84 | 79 | 87 |
| 11 | 林俊嘉 | 88 | 82 | 81 | 87 | 95 |

## 方法二：使用快速選單刪除

### Step 1 開啟「刪除」對話框

開啟需要編輯的 Excel 活頁簿，選取需要刪除的列。

|  | A | B | C | D | E | F |
|---|---|---|---|---|---|---|
| 1 | 姓名 | 國文 | 數學 | 英文 | 物理 | 化學 |
| 2 | 陳博鈞 | 87 | 78 | 76 | 77 | 87 |
| 3 | 林韋成 | 59 | 89 | 91 | 78 | 80 |
| 4 | 許育維 | 80 | 75 | 93 | 90 | 83 |
| 5 | 賴仕吉 | 60 | 70 | 96 | 78 | 86 |
| 6 | 林佩玲 | 89 | 85 | 87 | 85 | 72 |
| 7 | 王淑華 | 77 | 79 | 87 | 84 | 70 |
| 8 | 江家榮 | 58 | 87 | 85 | 86 | 77 |
| 9 | 劉家銘 | 75 | 83 | 79 | 88 | 91 |
| 10 | 黃思凡 | 69 | 92 | 76 | 91 | 86 |
| 11 | 黃威廷 | 80 | 70 | 84 | 79 | 87 |

**Step 2** 選擇「刪除」

在選取列上按滑鼠右鍵，在彈出的快速選單中選擇【刪除】。

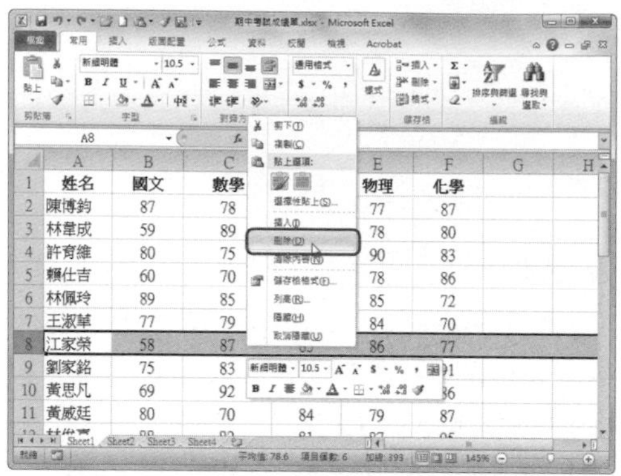

**Step 3** 檢視效果

返回工作表中，可以看到選取的儲存格所在列已被刪除。

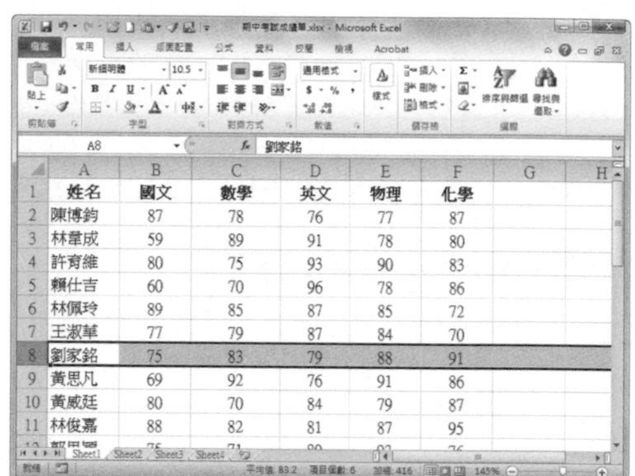

## 061 Q 如何隱藏與顯示整欄或整列？

**A** 在使用 Excel 進行工作的過程中，有時候為了檢視的方便，以及保密的要求，需要隱藏一部分列或欄。

**Step 1** 隱藏列

開啟「銷售員業績統計 .xlsx」，選取要隱藏的列，此處選取第 4 列、第 5 列和第 6 列，按滑鼠右鍵並選擇【隱藏】。

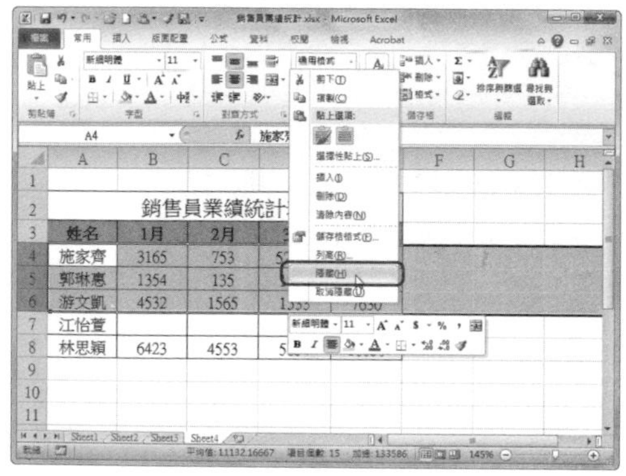

**Step 2** 檢視隱藏的效果

此時選取的列已經被隱藏，可以看到工作表中第 3 列的下一列為第 7 列。

## Step 3 隱藏欄

選取要隱藏的欄，此處選擇 B 欄，選取後按滑鼠右鍵並選擇【隱藏】。

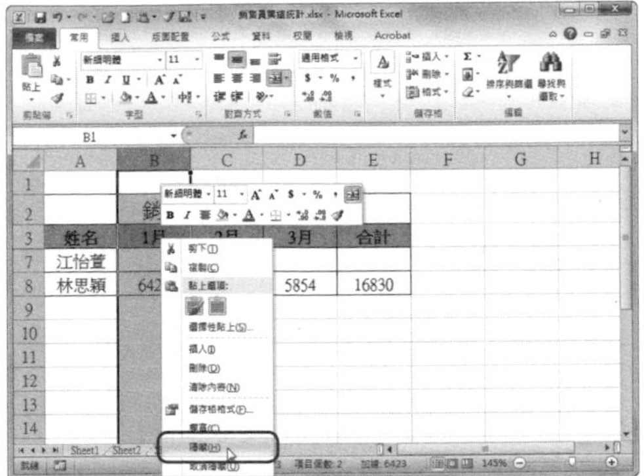


## Step 4 檢視隱藏的效果

此時 B 欄已經被隱藏，可以看到工作表中 A 欄的下一列為 C 欄。

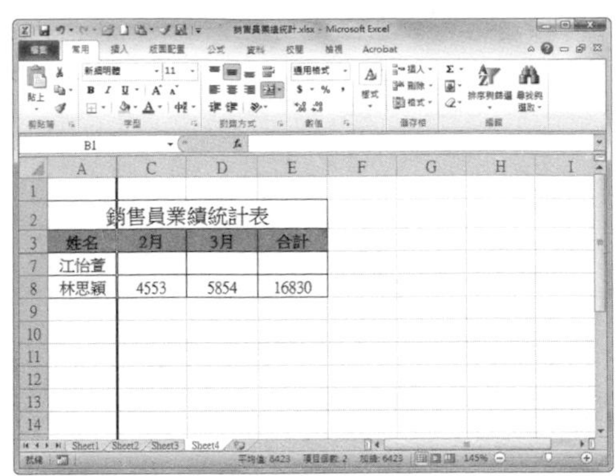


## Step 5 取消隱藏

若要取消對列或欄的隱藏，則選取隱藏處的欄標籤或列標籤，然後按滑鼠右鍵並選擇【取消隱藏】，即可取消隱藏。

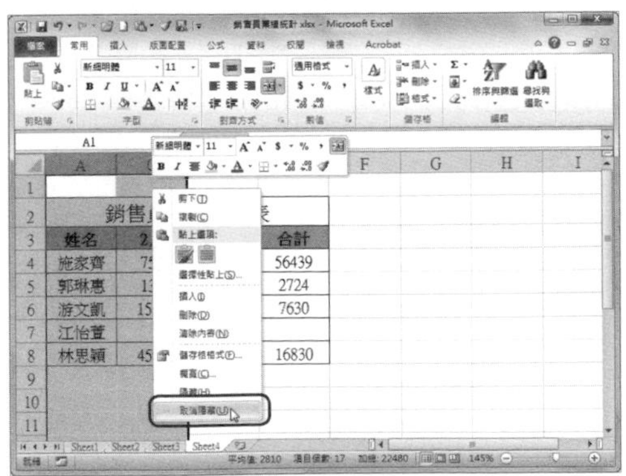


**提示**

### 取消隱藏時的注意事項

取消對列或欄的隱藏時，要先選取隱藏處的列標籤或欄標籤，例如此例中要選取第 3 列和第 7 列，或者選取 A 與 C 欄，然後按滑鼠右鍵，選擇【取消隱藏】。

# 如何插入儲存格？

**A** 在對工作表進行編輯的過程中，有時需要在某一儲存格位置插入一個儲存格進行操作，來看看如何插入儲存格。

## Step 1 開啟「插入」對話框

開啟「銷售員業績統計 .xlsx」，在欲插入儲存格的位置按滑鼠右鍵，在彈出的快速選單中選擇【插入】。

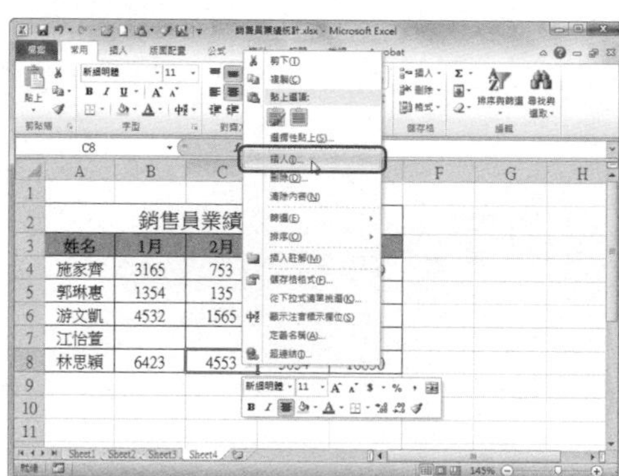


## Step 2 插入儲存格

在「插入」對話框中選擇「現有儲存格右移」或「現有儲存格下移」，按一下〔確定〕按鈕。

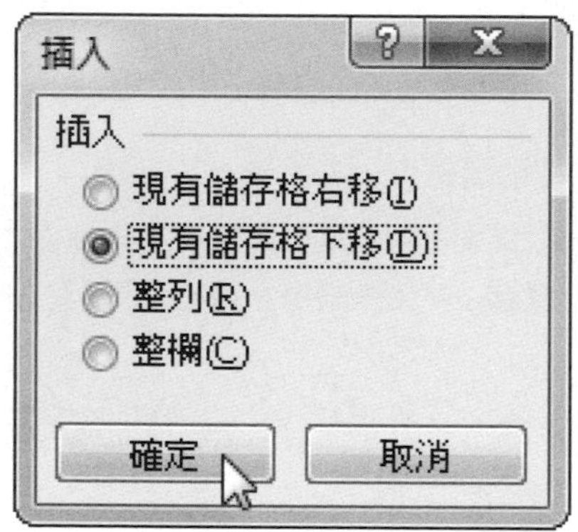


## Step 3 檢視插入效果

返回工作表中，可以看到原來的儲存格內容移到了下一個儲存格位置。

| | A | B | C | D | E |
|---|---|---|---|---|---|
| 1 | | | | | |
| 2 | 銷售員業績統計表 | | | | |
| 3 | 姓名 | 1月 | 2月 | 3月 | 合計 |
| 4 | 施家齊 | 3165 | 753 | 52521 | 56439 |
| 5 | 郭琳惠 | 1354 | 135 | 1235 | 2724 |
| 6 | 游文凱 | 4532 | 1565 | 1533 | 7630 |
| 7 | 江怡萱 | | | | |
| 8 | 林思穎 | 6423 | | 5854 | 12277 |
| 9 | | | 4553 | | |

## 如何設定儲存格框線效果？

可以變更 Excel 工作表中的框線，用以美化工作表，使其看起來更專業、列印效果更好看，下面介紹詳細方法。

### 方法一：在「儲存格格式」對話框中設定

**Step 1　開啟「儲存格格式」對話框**

開啟「銷售員業績統計 .xlsx」，在欲設定框線效果的儲存格區域按滑鼠右鍵，在彈出的快速選單中選擇【儲存格格式】。

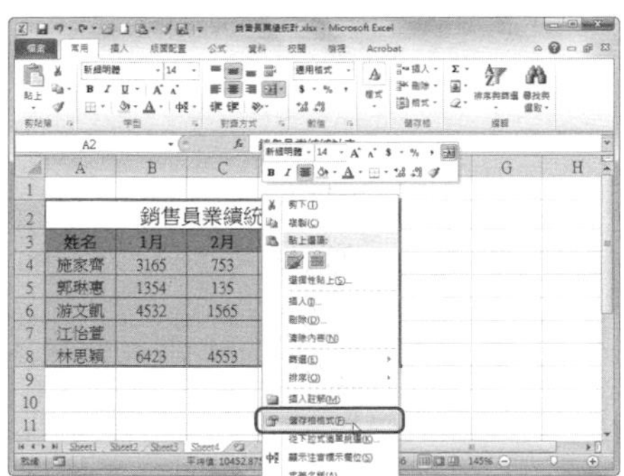

**Step 2　設定框線效果**

在「儲存格格式」對話框中，切換至〔外框〕活頁標籤，選擇合適的樣式，並在相對應的位置增加框線後按一下〔確定〕按鈕。

**Step 3　檢視框線效果**

返回工作表中，此時所選區域的儲存格均已增加框線效果，工作表中資料分隔得更加清晰明瞭。

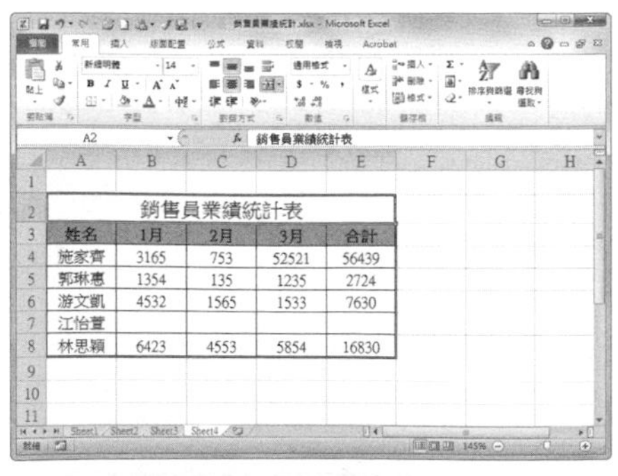

### 方法二：在「儲存格格式」對話框中設定

**Step 1　選擇儲存格區域**

開啟「銷售員業績統計 .xlsx」，選取要設定框線的儲存格區域。

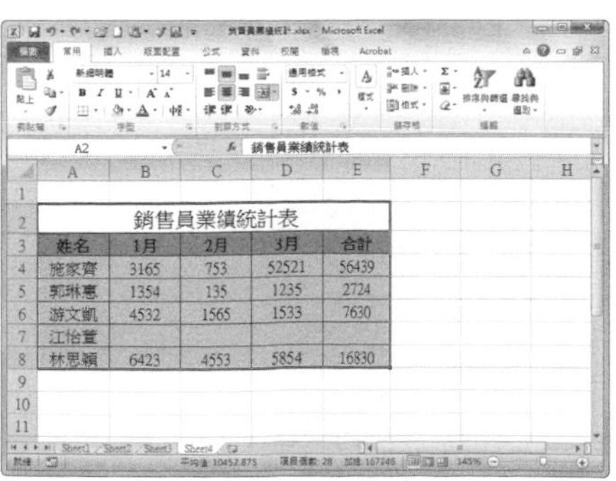

**Step 2** 設定框線效果

切換至〔常用〕活頁標籤，在「字型」選項群組中按一下框線下拉選單，即可選擇合適的框線樣式。

**Step 3** 檢視框線效果

返回工作表中，此時所選區域的儲存格均已增加所選的框線效果，工作表中資料分隔得更加清晰明瞭。

**提示**

**設定框線的顏色**

在「儲存格格式」對話框的〔外框〕活頁標籤下，可以設定框線顏色。

## 064 如何使儲存格中內容能夠自動換列？

預設情況下，當儲存格空間容納不下輸入的內容，且右側儲存格為空白時，超出的部分會顯示在右側儲存格中；如果右側儲存格不為空白時，則超出的部分會顯示不出來。此時，我們可以透過設定，使儲存格內文字能夠自動換列，使其顯示完整。

### 方法一：在功能區中設定

**Step 1** 輸入儲存格內容。

開啟活頁簿，在儲存格中輸入內容，超出儲存格的部分顯示在右側空白儲存格中。

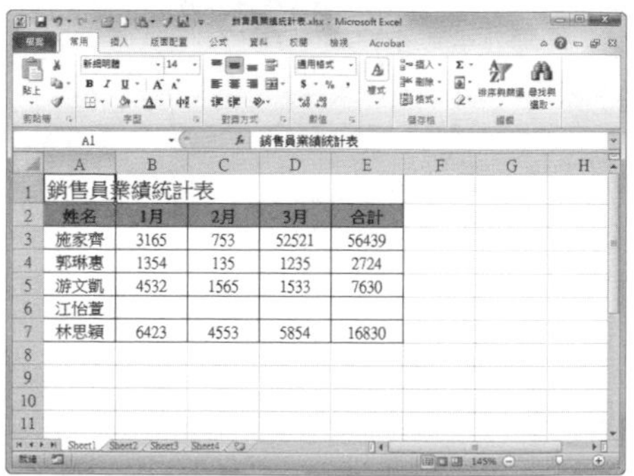

**Step 2** 設定自動換列

選取該儲存格，按一下〔常用〕活頁標籤下「對齊方式」選項群組中的〔自動換列〕按鈕。

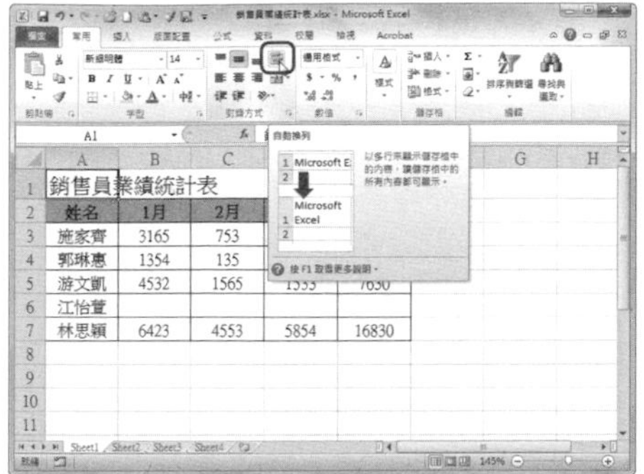

**Step 3** 檢視效果

返回活頁簿中，此時儲存格中文字已自動換列，不再顯示於右側空白儲存格中。

## 方法二：在「儲存格格式」對話框中設定

**Step 1** 開啟「儲存格格式」對話框

開啟活頁簿，選取需要換列的儲存格，按下快速鍵〔Ctrl〕+〔1〕。

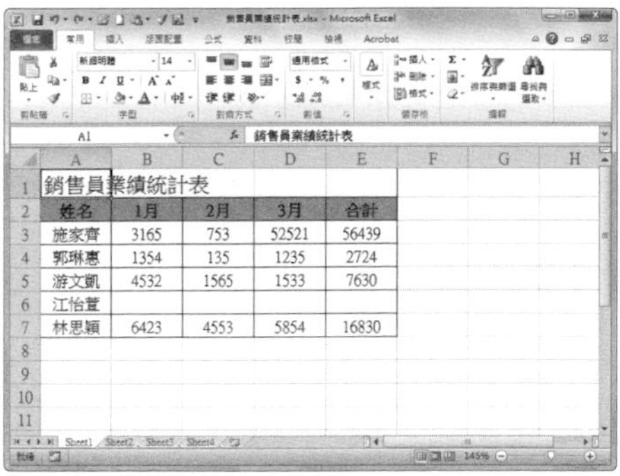

**Step 2** 設定自動換列

在彈出的「儲存格格式」對話框中，切換至〔對齊方式〕活頁標籤，勾選「文字控制」區域中的「自動換列」核取方塊。

**Step 3** 檢視效果

按一下〔確定〕按鈕返回活頁簿中，此時儲存格中文字已自動換列。

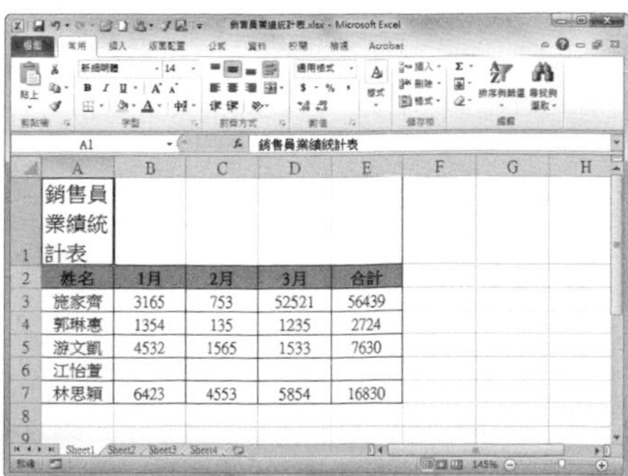

# 065 如何將多個儲存格合併？

在使用 Excel 製表的時候，使用者有時需要將幾個儲存格合併成一個大的儲存格，來看看如何合併多個儲存格。

## Step 1 選取需要合併的儲存格

開啟要合併多個儲存格的活頁簿，選取需要進行合併的儲存格。

| | A | B | C | D | E |
|---|---|---|---|---|---|
| 1 | 銷售員業績統計表 | | | | |
| 2 | 姓名 | 1月 | 2月 | 3月 | 合計 |
| 3 | 施家齊 | 3165 | 753 | 52521 | 56439 |
| 4 | 郭琳惠 | 1354 | 135 | 1235 | 2724 |
| 5 | 游文凱 | 4532 | 1565 | 1533 | 7630 |
| 6 | 江怡萱 | | | | |
| 7 | 林思穎 | 6423 | 4553 | 5854 | 16830 |

## Step 2 合併儲存格

按一下〔常用〕活頁標籤下的「跨欄置中」下拉選單，並選擇【合併儲存格】。

| | A | B | C | D | E |
|---|---|---|---|---|---|
| 1 | 銷售員業績統計表 | | | | |
| 2 | 姓名 | 1月 | 2月 | 3月 | 合計 |
| 3 | 施家齊 | 3165 | 753 | 52521 | 56439 |
| 4 | 郭琳惠 | 1354 | 135 | 1235 | 2724 |
| 5 | 游文凱 | 4532 | 1565 | 1533 | 7630 |
| 6 | 江怡萱 | | | | |
| 7 | 林思穎 | 6423 | 4553 | 5854 | 16830 |

## Step 3 檢視效果

返回工作表中，可以看到選取的儲存格合併為一個大的儲存格。

| | A | B | C | D | E |
|---|---|---|---|---|---|
| 1 | 銷售員業績統計表 | | | | |
| 2 | 姓名 | 1月 | 2月 | 3月 | 合計 |
| 3 | 施家齊 | 3165 | 753 | 52521 | 56439 |
| 4 | 郭琳惠 | 1354 | 135 | 1235 | 2724 |
| 5 | 游文凱 | 4532 | 1565 | 1533 | 7630 |
| 6 | 江怡萱 | | | | |
| 7 | 林思穎 | 6423 | 4553 | 5854 | 16830 |

### 提示

**取消儲存格合併**

若需要分割已合併的儲存格，則在活頁簿中選取需要進行分割的儲存格。按一下〔常用〕活頁標籤下的「跨欄置中」下拉選單，並選擇【取消儲存格合併】即可。

# 如何為儲存格應用預設的樣式？

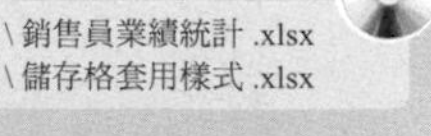

第 1 章 \ 原始檔 \ 銷售員業績統計 .xlsx
第 1 章 \ 完成檔 \ 儲存格套用樣式 .xlsx

表格中不同的組成部分有時需要設定不同的格式，例如使表格標題的字型大小、字體與其他文字有所不同，使表格列標題的填滿效果區別於其他部分。可以自行設定儲存格的格式，也可以直接套用 Excel 中的預設儲存格樣式，操作如下。

**Step 1** 選擇需要套用儲存格樣式的儲存格

開啟「銷售員業績統計 .xlsx」，此處為「合計」欄套用樣式，選取 E4:E8 儲存格區域。

**Step 2** 選擇儲存格樣式

切換至〔常用〕活頁標籤，點選「樣式」選項群組中的〔儲存格樣式〕按鈕，從下拉選單中選擇需要的儲存格樣式。

**Step 3** 檢視樣式效果

返回活頁簿中，可以看到選取的儲存格區域已經套用儲存格樣式效果，添加選定的填滿顏色。

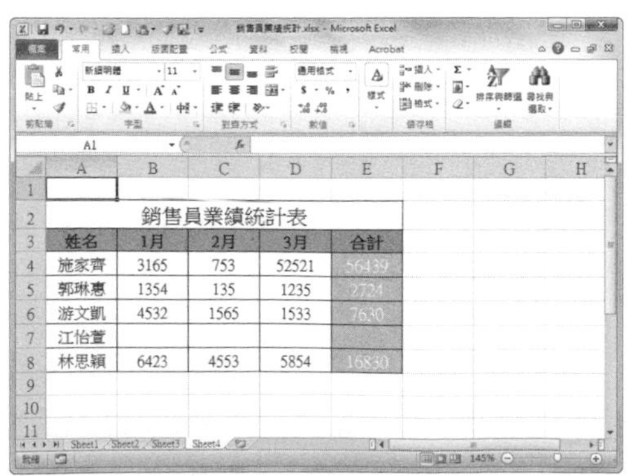

# 067 Q 如何清除儲存格樣式？

**A** 在對 Excel 進行編輯的過程中，很多時候會對儲存格進行各種樣式的設定。倘若不需要這些樣式，則可以將其清除掉。

## Step 1 選取需要清除所設定樣式的儲存格

開啟 Excel 檔，按一下選取需要清除所設定樣式的儲存格。

| 姓名 | 1月 | 2月 | 3月 | 合計 |
|---|---|---|---|---|
| 施家齊 | 3165 | 753 | 52521 | 56439 |
| 郭琳惠 | 1354 | 135 | 1235 | 2724 |
| 游文凱 | 4532 | 1565 | 1533 | 7630 |
| 江怡萱 | | | | |
| 林思穎 | 6423 | 4553 | 5854 | 16830 |

## Step 2 選擇「清除格式」選項

按一下〔常用〕活頁標籤下「編輯」群組中的〔清除〕按鈕，從下拉選單中選擇【清除格式】。

| 姓名 | 1月 | 2月 | 3月 | 合計 |
|---|---|---|---|---|
| 施家齊 | 3165 | 753 | 52521 | 56439 |
| 郭琳惠 | 1354 | 135 | 1235 | 2724 |
| 游文凱 | 4532 | 1565 | 1533 | 7630 |
| 江怡萱 | | | | |
| 林思穎 | 6423 | 4553 | 5854 | 16830 |

## Step 3 檢視清除效果

返回工作表中，可以看到選取儲存格之前設定的樣式已被清除，只留下文字的部分。

| 姓名 | 1月 | 2月 | 3月 | 合計 |
|---|---|---|---|---|
| 施家齊 | 3165 | 753 | 52521 | 56439 |
| 郭琳惠 | 1354 | 135 | 1235 | 2724 |
| 游文凱 | 4532 | 1565 | 1533 | 7630 |
| 江怡萱 | | | | |
| 林思穎 | 6423 | 4553 | 5854 | 16830 |

# 如何自訂儲存格樣式？

使用者不僅可以使用 Excel 預設的儲存格格式，還可以根據工作需要，設定和應用自訂的儲存格樣

### Step 1 開啟活頁簿

開啟 Excel 檔，按一下選取需要自訂樣式的儲存格。

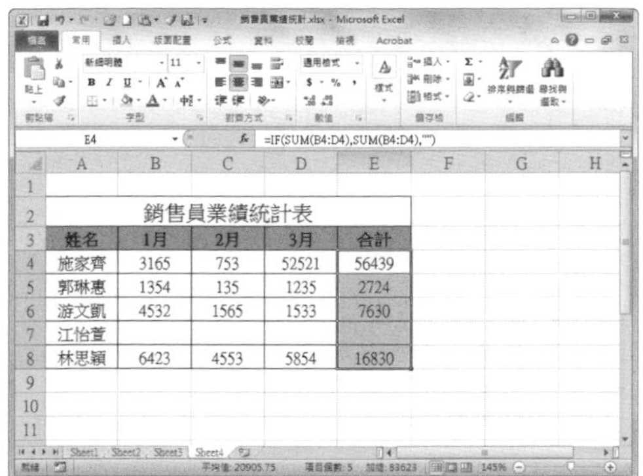

### Step 2 新建儲存格樣式

切換至〔常用〕活頁標籤，按一下「樣式」選項群組中的〔儲存格樣式〕按鈕，從下拉選單中選擇【新增儲存格樣式】。

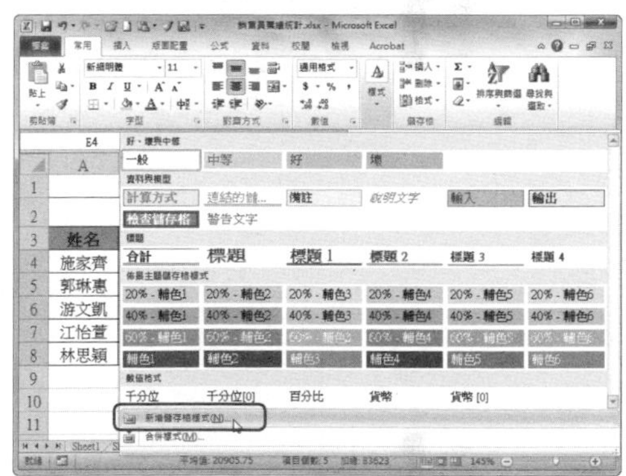

### Step 3 為自訂樣式命名

在彈出的「樣式」對話框中，在「樣式名稱」自訂命名後，點選〔格式〕按鈕。

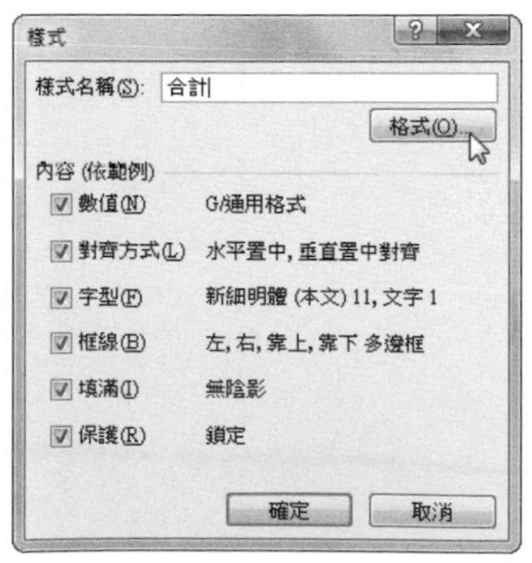

### Step 4 設定儲存格樣式

在開啟的「儲存格格式」對話框中，設定儲存格的數字、對齊、字型、框線和填滿等屬性，然後點選〔確定〕按鈕。

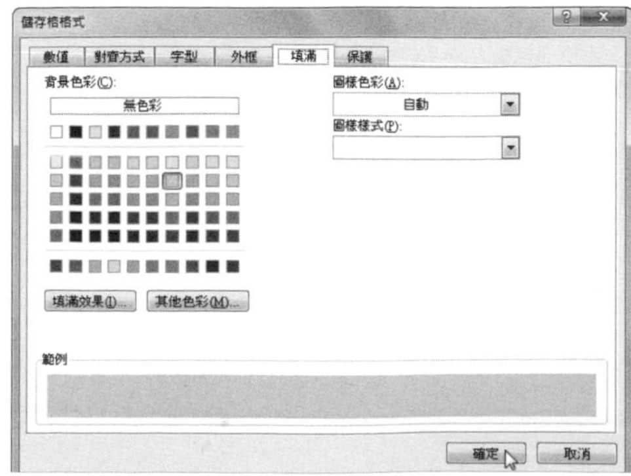

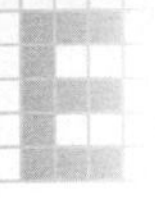



**Step 5 應用自訂樣式**

按一下「樣式」對話框中的〔確定〕按鈕，返回活頁簿，按一下「儲存格樣式」按鈕，此時「自訂」選項區中即含有剛才建立的樣式。

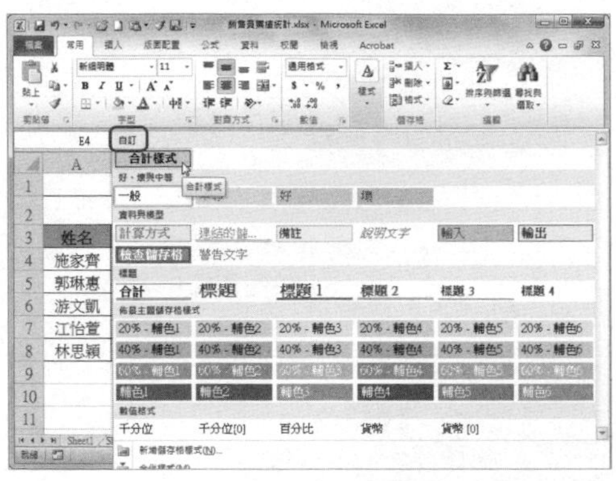


**Step 6 檢視自訂樣式效果**

按一下該樣式，返回活頁簿中，可以看到剛才選取的儲存格已經套用我們自訂的樣式了。

# 如何選取不連續的儲存格？

**A** 在 Excel 2010 中選取連續的儲存格，只要按一下一個儲存格，然後用滑鼠左鍵拖拉即可。如果要選取不連續的儲存格，則可以根據下面的步驟進行操作。

**Step 1 開啟 Excel 文件**

開啟需要選取不連續儲存格的 Excel 活頁簿。

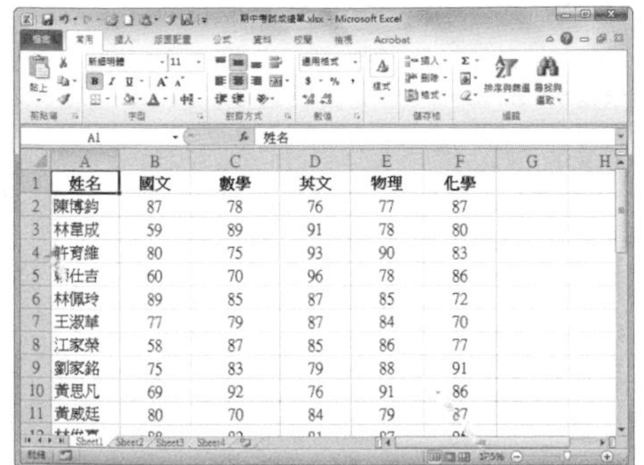


**Step 2 啟動新增至選取項目模式**

按下快速鍵〔Shift〕+〔F8〕，啟動新增至選取項目模式，此時狀態列會顯示「新增至選取項目」字樣。

**Step 3** 選擇不連續的儲存格

在新增至選取項目模式下，可以直接點選所需的不連續儲存格或儲存格區域。

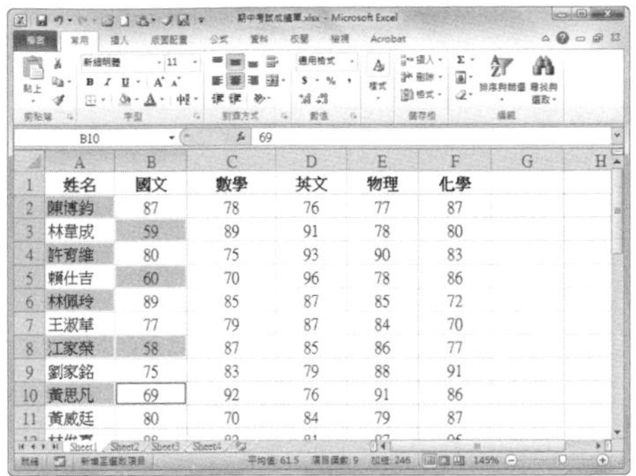

**Step 4** 退出模式

退出增加選取模式只需再次按下快速鍵〔Shift〕+〔F8〕即可。

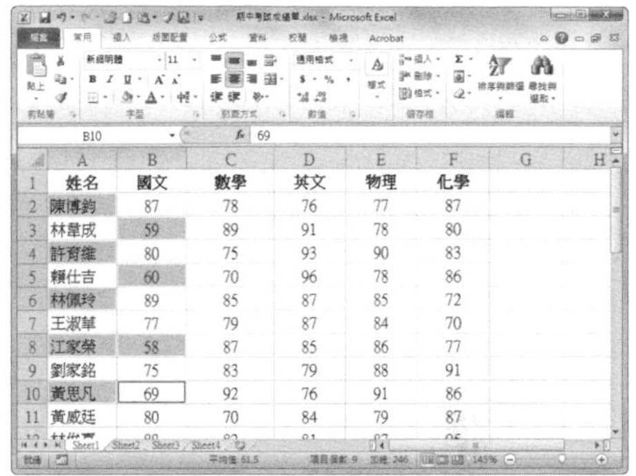

**提示**

**選取不連續儲存格的其他方法**

在選取儲存格的同時按住〔Ctrl〕鍵，亦可選擇不連續的儲存格。此方法的缺點是在選擇不連續儲存格時需要一直按住〔Ctrl〕鍵不放。

## 如何快速選取含有註解的儲存格？

**A** Excel 2010 具有強大、便捷的尋找功能，可以快速尋找到所有包含註解的儲存格，來看看如何操作。

**Step 1** 開啟包含註解的檔

開啟儲存格中，包含公式與註解的 Excel 活頁簿。

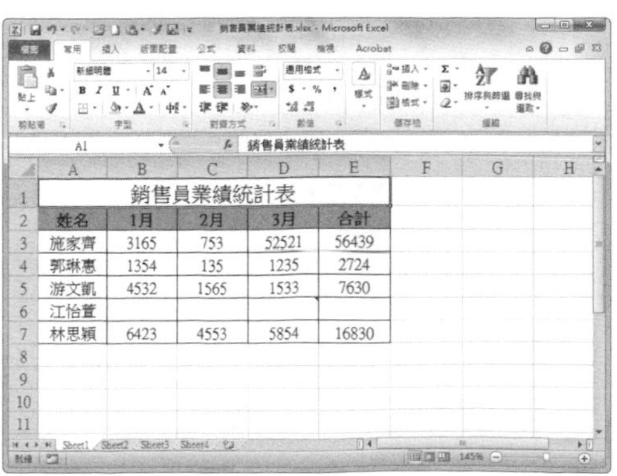

**Step 2** 尋找含註解的儲存格

在〔常用〕活頁標籤下，按一下〔尋找與選取〕按鈕，在下拉選單中選擇【註解】。

**Step 3** 檢視效果

返回工作表中，此時可以看到含有註解的儲存格已被選取。

## 071 Q 如何快速選取含有條件格式或常數的儲存格？

**A** Excel 2010 的尋找功能除了可以尋找含有註解的儲存格外，還可以快速尋找到所有包含條件格式或常數的儲存格。

**Step 1** 開啟原始檔

開啟含有常數條件格式的 Excel 活頁簿。

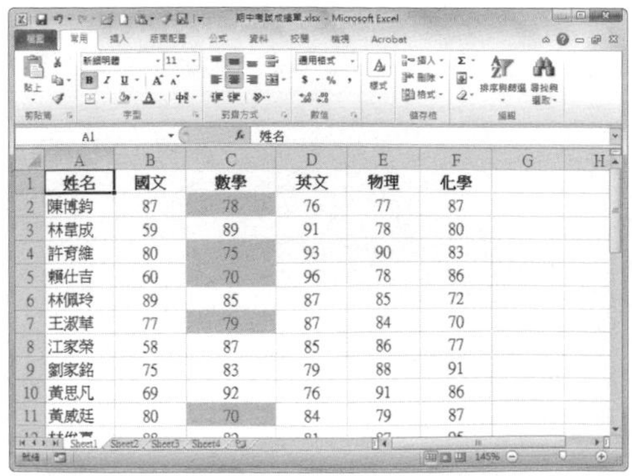


**Step 2** 尋找含有設定格式化條件的儲存格

按一下〔尋找與選取〕按鈕，從下拉選單選取【設定格式化的條件】，此時將自動選取含有設定格式化條件的儲存格。

### Step 3 尋找含有常數的儲存格

按一下〔尋找與選取〕按鈕，選擇【常數】，此時將自動選取含有常數的儲存格。

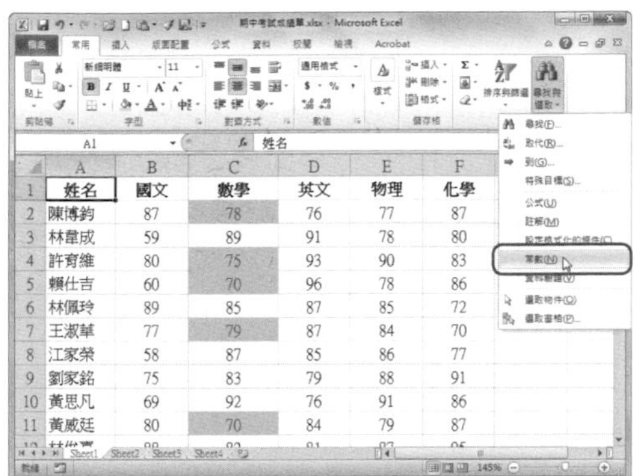

## 072 如何快速選取含有公式的儲存格？

運用 Excel 強大便捷的尋找功能，可以快速尋找到所有含有公式的儲存格。

### Step 1 開啟活頁簿

開啟含有公式的 Excel 活頁簿。

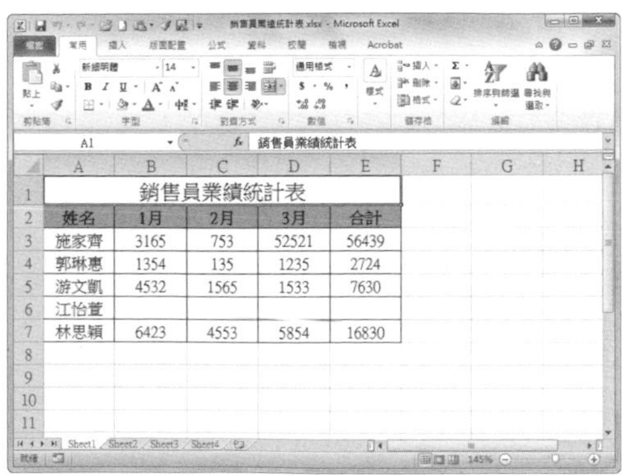

### Step 2 尋找含有公式的儲存格

按一下〔尋找與選取〕按鈕，選擇【公式】選項。

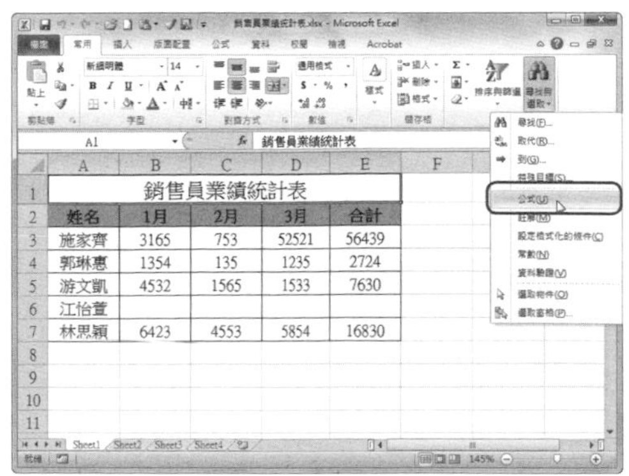

**Step 3** 檢視選取結果

返回工作表中，此時可以看到，含有「公式」的儲存格均已被選取。

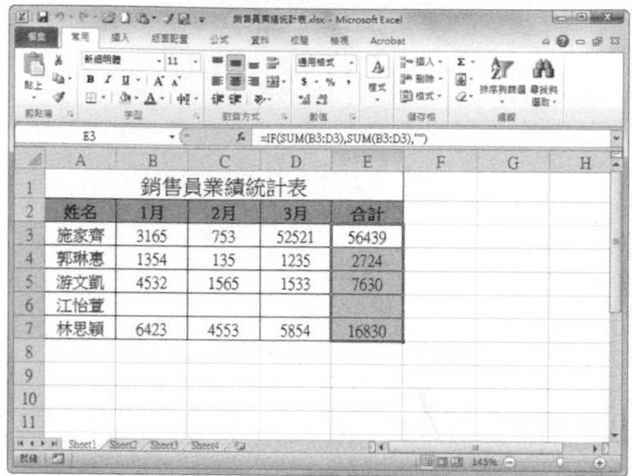


| | A | B | C | D | E |
|---|---|---|---|---|---|
| 1 | 銷售員業績統計表 | | | | |
| 2 | 姓名 | 1月 | 2月 | 3月 | 合計 |
| 3 | 施家齊 | 3165 | 753 | 52521 | 56439 |
| 4 | 郭琳惠 | 1354 | 135 | 1235 | 2724 |
| 5 | 游文凱 | 4532 | 1565 | 1533 | 7630 |
| 6 | 江怡萱 | | | | |
| 7 | 林思穎 | 6423 | 4553 | 5854 | 16830 |

## 如何為重點儲存格填滿顏色？

我們不僅可以透過變更 Excel 工作表中的框線來美化工作表，還可以透過設定儲存格的填滿效果來顯示重點資料、提高表格閱讀的舒適度。

**Step 1** 選擇儲存格區域

開啟需要為重點儲存格填滿顏色的活頁簿，選取要填色的儲存格區域。

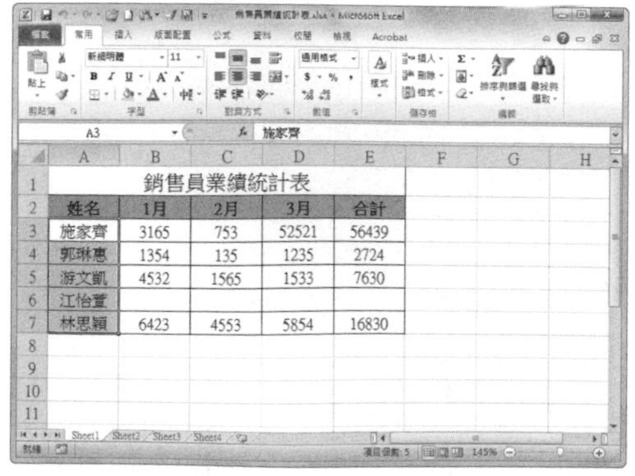


| | A | B | C | D | E |
|---|---|---|---|---|---|
| 1 | 銷售員業績統計表 | | | | |
| 2 | 姓名 | 1月 | 2月 | 3月 | 合計 |
| 3 | 施家齊 | 3165 | 753 | 52521 | 56439 |
| 4 | 郭琳惠 | 1354 | 135 | 1235 | 2724 |
| 5 | 游文凱 | 4532 | 1565 | 1533 | 7630 |
| 6 | 江怡萱 | | | | |
| 7 | 林思穎 | 6423 | 4553 | 5854 | 16830 |

**Step 2** 設定填滿顏色

按下快速鍵〔Ctrl〕+〔1〕，在「儲存格格式」對話框的〔填滿〕活頁標籤下選擇填滿顏色，按一下〔確定〕按鈕。

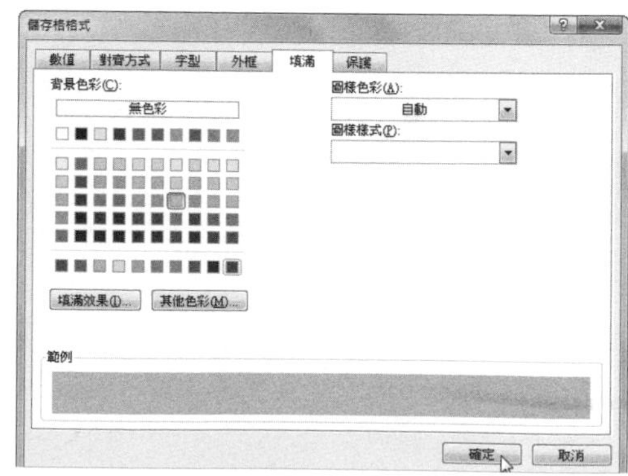

**Step 3** 檢視填滿效果

返回工作表中，此時可以看到所選區域的儲存格已填上設定的顏色。

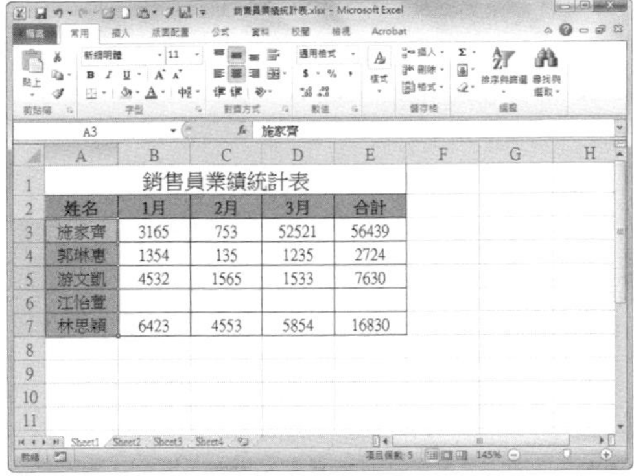

| 銷售員業績統計表 | | | | |
|---|---|---|---|---|
| 姓名 | 1月 | 2月 | 3月 | 合計 |
| 施家齊 | 3165 | 753 | 52521 | 56439 |
| 郭琳惠 | 1354 | 135 | 1235 | 2724 |
| 游文凱 | 4532 | 1565 | 1533 | 7630 |
| 江怡萱 | | | | |
| 林思穎 | 6423 | 4553 | 5854 | 16830 |

## 如何清除儲存格內容並保留格式？

對儲存格進行格式的設定之後，如果在編輯過程中，只需要清除儲存格中的內容，同時保留儲存格的格式設定，可以按照下面的步驟來進行操作。

**Step 1** 選取需要清除內容並保留格式的儲存格

開啟 Excel 活頁簿，按一下選取需要清除內容的儲存格。

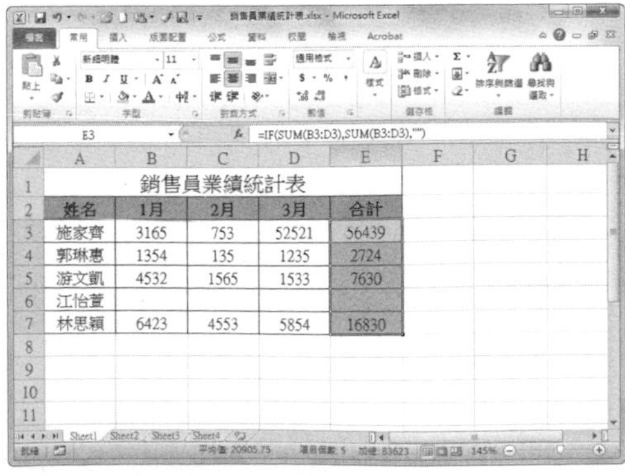

| 銷售員業績統計表 | | | | |
|---|---|---|---|---|
| 姓名 | 1月 | 2月 | 3月 | 合計 |
| 施家齊 | 3165 | 753 | 52521 | 56439 |
| 郭琳惠 | 1354 | 135 | 1235 | 2724 |
| 游文凱 | 4532 | 1565 | 1533 | 7630 |
| 江怡萱 | | | | |
| 林思穎 | 6423 | 4553 | 5854 | 16830 |

**Step 2** 選擇「清除內容」選項

按一下〔常用〕活頁標籤下「編輯」群組中的「清除」按鈕，選擇【清除內容】。

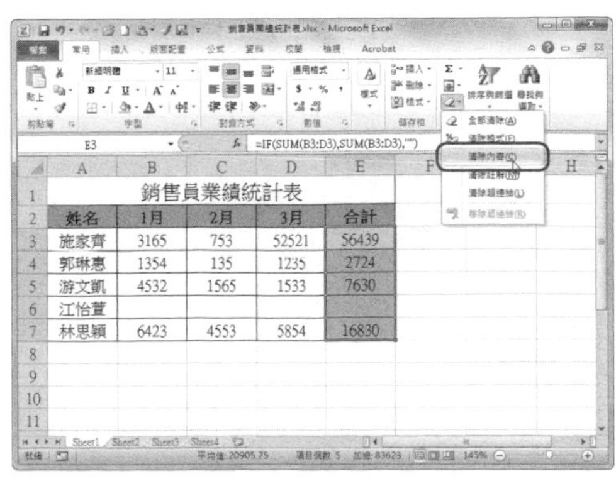

| 銷售員業績統計表 | | | | |
|---|---|---|---|---|
| 姓名 | 1月 | 2月 | 3月 | 合計 |
| 施家齊 | 3165 | 753 | 52521 | 56439 |
| 郭琳惠 | 1354 | 135 | 1235 | 2724 |
| 游文凱 | 4532 | 1565 | 1533 | 7630 |
| 江怡萱 | | | | |
| 林思穎 | 6423 | 4553 | 5854 | 16830 |

### Step 3 檢視效果

此時工作表中選取的儲存格中，內容已被清除，但格式還保留著。

## 075 Q 如何使列高欄寬自動適應內容？

**A** 在 Excel 2010 中，可以手動調整列高與欄寬，也可以使儲存格自動調整至合適的列高與欄寬以適應內容。

### Step 1 開啟活頁簿

開啟需要設定列高、欄寬自我調整功能的 Excel 活頁簿，選取需要調整的儲存格區域。

### Step 2 自動調整列高

切換到〔常用〕活頁標籤下，按一下「儲存格」群組中的〔格式〕按鈕，選擇【自動調整列高】。

### Step 3 自動調整欄寬

在〔常用〕活頁標籤下，按一下「儲存格」選項群組中的〔格式〕按鈕，選擇【自動調整欄寬】。

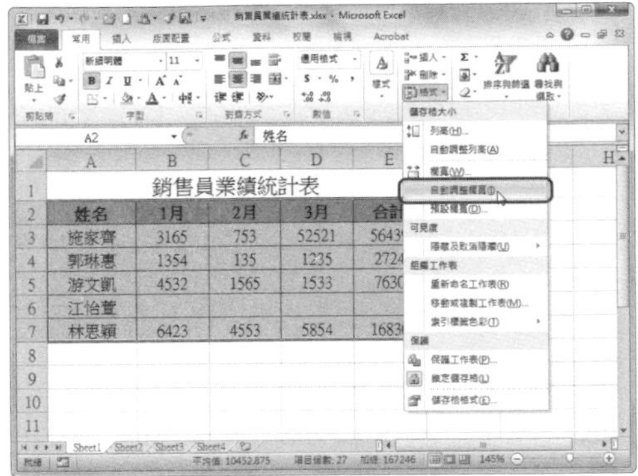

## 如何將儲存格格式複製到其他儲存格？

為某些儲存格設定好格式之後，可以使用「複製格式」功能將設定好的儲存格格式，直接複製到其他儲存格中，而無需再對其他儲存格進行設定，進而節省時間。

### Step 1 選取帶有格式的儲存格

開啟 Excel 活頁簿，按一下選取帶有格式的儲存格。

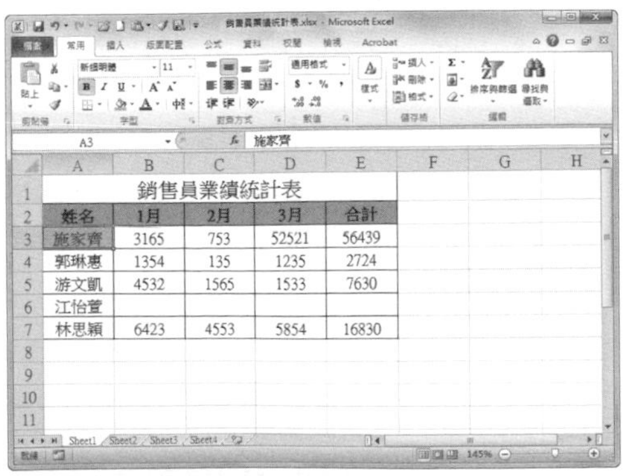


### Step 2 使用格式刷進行格式複製

按一下〔常用〕活頁標籤下的〔複製格式〕按鈕，再按一下需複製格式的儲存格。

**Step 3** 檢視格式複製效果

此時可以看到，工作表中需要複製格式的儲存格已套用了所需格式。

| 銷售員業績統計表 | | | | |
|---|---|---|---|---|
| 姓名 | 1月 | 2月 | 3月 | 合計 |
| 施家齊 | 3165 | 753 | 52521 | 56439 |
| 郭琳惠 | 1354 | 135 | 1235 | 2724 |
| 游文凱 | 4532 | 1565 | 1533 | 7630 |
| 江怡萱 | | | | |
| 林思穎 | 6423 | 4553 | 5854 | 16830 |

## 077 Q 如何移動儲存格中內容？

在 Excel 2010 中，要把一個儲存格中的內容移到另外一個儲存格時，可以利用滑鼠快速地對表格中的內容進行移動，下面介紹兩種移動儲存格內容的方法。

### 方法一：利用滑鼠拖曳

**Step 1** 選取需要移動的儲存格區域

開啟 Excel 活頁簿，選取需要移動的儲存格或儲存格區域。

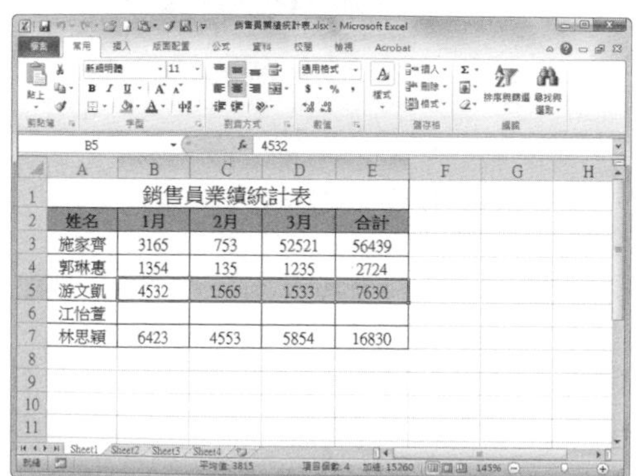

| 銷售員業績統計表 | | | | |
|---|---|---|---|---|
| 姓名 | 1月 | 2月 | 3月 | 合計 |
| 施家齊 | 3165 | 753 | 52521 | 56439 |
| 郭琳惠 | 1354 | 135 | 1235 | 2724 |
| 游文凱 | 4532 | 1565 | 1533 | 7630 |
| 江怡萱 | | | | |
| 林思穎 | 6423 | 4553 | 5854 | 16830 |

**Step 2** 移動儲存格區域

把滑鼠游標移動到選取區域邊緣，待游標變成十字箭頭時，就可以隨意地拖曳這個區域。

| 銷售員業績統計表 | | | | |
|---|---|---|---|---|
| 姓名 | 1月 | 2月 | 3月 | 合計 |
| 施家齊 | 3165 | 753 | 52521 | 56439 |
| 郭琳惠 | 1354 | 135 | 1235 | 2724 |
| 游文凱 | 4532 | 1565 | 1533 | 7630 |
| 江怡萱 | | | | |
| 林思穎 | 6423 | 4553 | 5854 | 16830 |

**Step 3** 檢視效果

此時工作表中所選區域已經移動到指定位置。

**Step 2** 剪下所選儲存格區域

切換至〔常用〕活頁標籤，按一下「剪貼簿」選項群組中的〔剪下〕按鈕。

**Step 4** 檢視效果

返回工作表中，此時所選儲存格區域已移動至新的位置。

## 方法二：利用「剪下」和「貼上」移動

**Step 1** 選取需要進行移動的儲存格區域

開啟 Excel 活頁簿，選取要移動的儲存格或儲存格區域。

**Step 3** 貼上到指定位置

選取需要貼上的位置，按一下〔常用〕活頁標籤下「剪貼簿」選項群組中的「貼上」按鈕即完成。

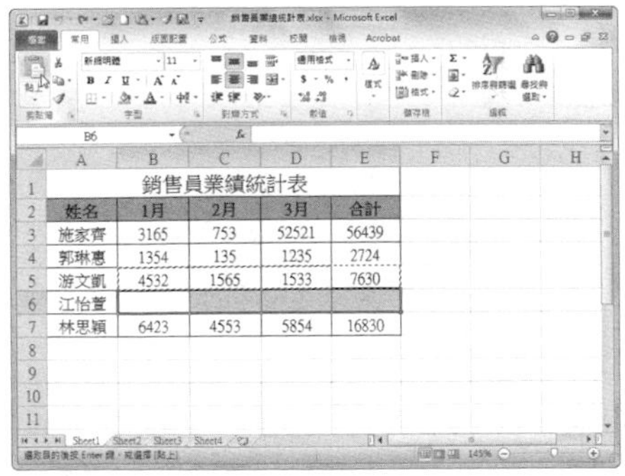

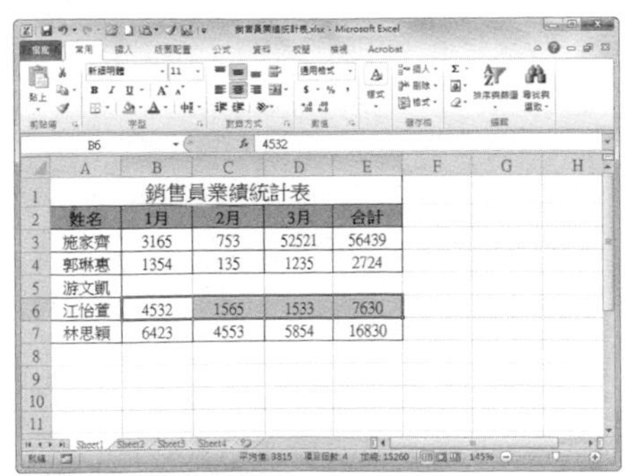

**移動位置注意事項**

需要注意的是，移動儲存格到新區域時，會覆蓋掉這個區域上原有的內容。

## 078 Q 如何按照儲存格格式進行尋找？

在 Excel 2010 中，如果使用者需要找到具有相同格式的儲存格進行修改或編輯，可以按照儲存格格式進行尋找。

### Step 1 選擇「尋找」選項

按一下〔常用〕活頁標籤下的〔尋找與選取〕按鈕，在彈出的下拉選單中選擇【尋找】。

### Step 2 開啟「格式尋找」

在開啟的「尋找及取代」對話框中，切換至「尋找」活頁標籤，按一下〔選項〕按鈕，展開更多設定選項，然後按一下〔格式〕按鈕。

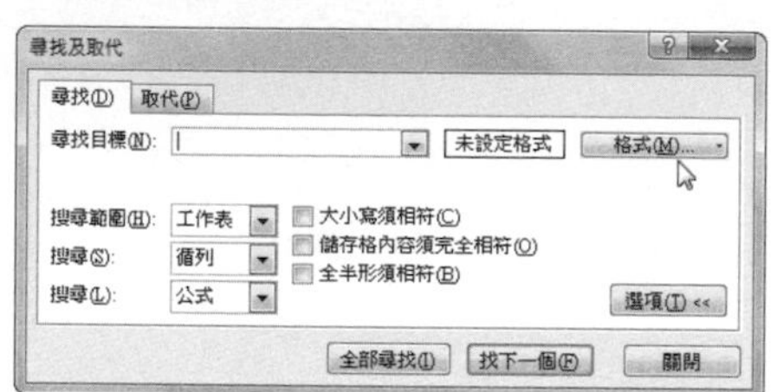


### Step 3 設定尋找格式

在開啟的「尋找格式」對話框中，從要尋找的格式所對應的格式活頁標籤中進行設定，然後按一下〔確定〕按鈕。

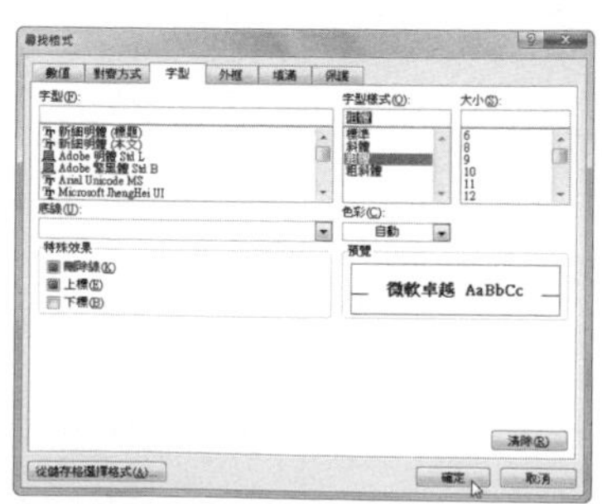

### Step 4 檢視尋找效果

按一下〔全部尋找〕按鈕，可以看到對話框下方列出了活頁簿中所有符合格式設定的儲存格。

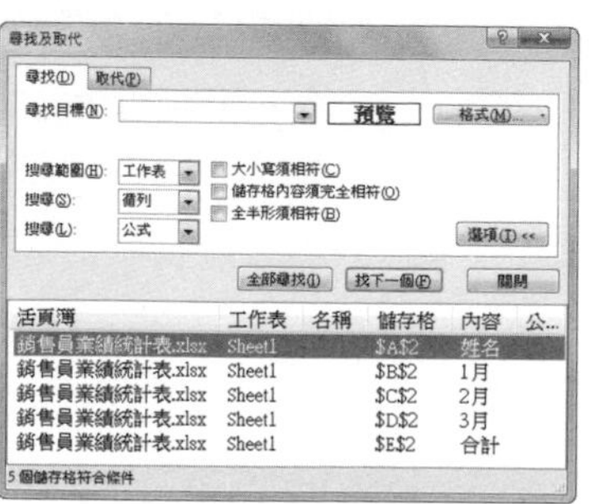

# 如何取代儲存格中資料的格式？

在 Excel 2010 中，除了可以使用便捷的尋找功能外，還可以快速取代尋找到的儲存格格式。

### Step 1 按一下「尋找與選取」按鈕

按一下〔常用〕活頁標籤下的〔尋找與選取〕按鈕，在下拉選單中選擇【取代】。

### Step 2 開啟「尋找格式」對話框

在開啟的「尋找及取代」對話框中按一下「選項」按鈕，展開對話框，然後按一下「尋找目標」文字方塊右側的〔格式〕按鈕。

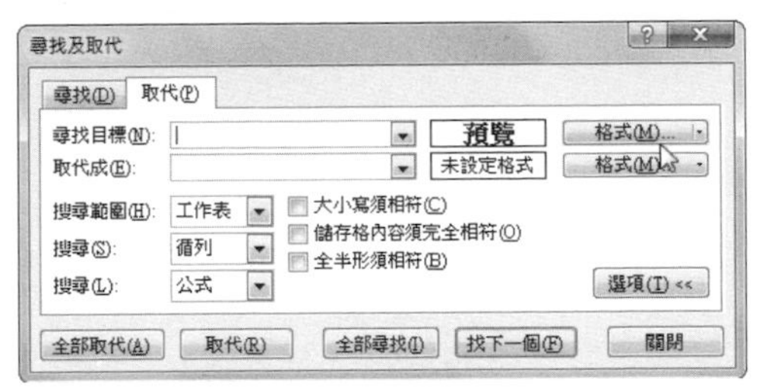

### Step 3 設定要尋找的格式

在「尋找格式」對話框中，設定相應的尋找格式後按一下〔確定〕按鈕。

### Step 4 設定要取代的格式

按一下「取代成」文字方塊右側的〔格式〕按鈕，開啟「取代格式」對話框。

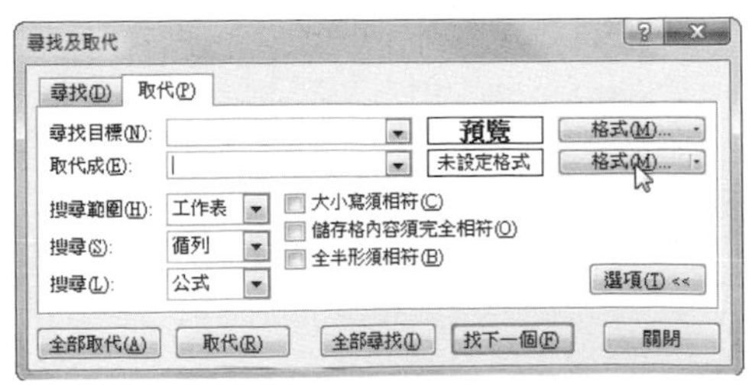

Step 5 選擇要取代的格式

在「取代格式」對話框中，設定相應的取代格式後按一下〔確定〕按鈕。

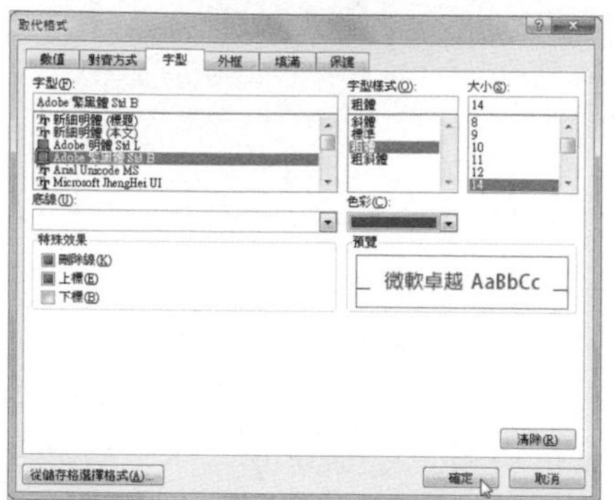

Step 6 檢視取代效果

按一下〔全部取代〕按鈕，此時工作表中原來的格式已全部被取代為新的格式。

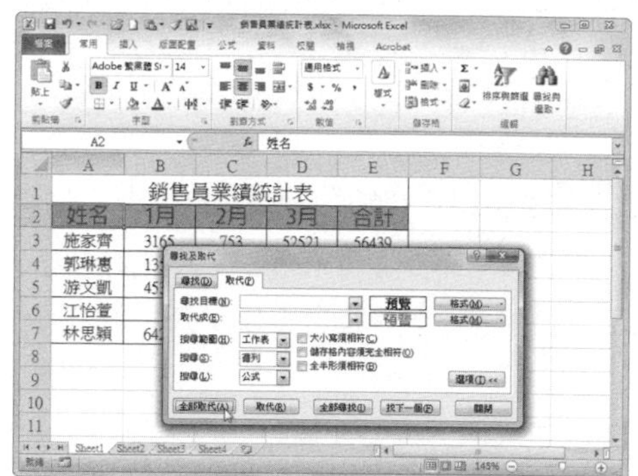

提 示

**資訊提示欄**

按一下〔全部取代〕按鈕後，會出現一個提示訊息對話框，提示 Excel 已經完成尋找並進行了幾處取代，此時按一下〔確定〕按鈕即可。

## 080 Q 如何自動校正輸入的錯誤內容？

A 自動校正功能是 Excel 2010 新增的功能。該功能是利用使用者定義的字典，來對工作表中的資料項目實現自動偵錯和修正。在錄入單據的時候經常會用到自動校正項，這時只需把所有的產品跟貨號輸入一遍，以後再輸入貨號時就會自動校正為冗長的品名，節省了很多輸入時間。

Step 1 開啟「Excel 選項」對話框

開啟 Excel 活頁簿，按一下〔檔案〕活頁 標籤，再選擇「選項」。

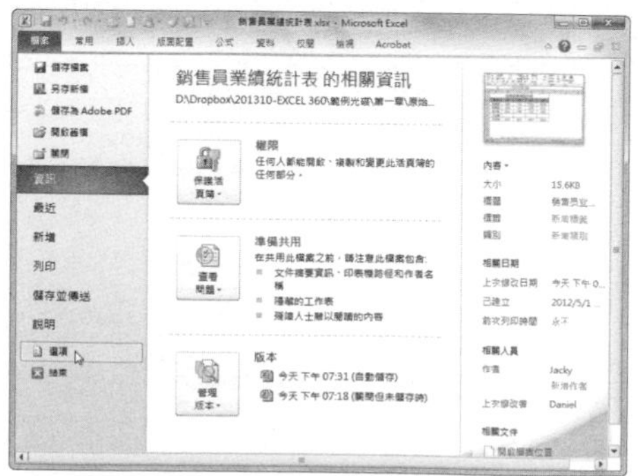

## Step 2 設定自動校正選項

按一下「Excel 選項」對話框「校訂」選項中的〔自動校正選項〕按鈕。

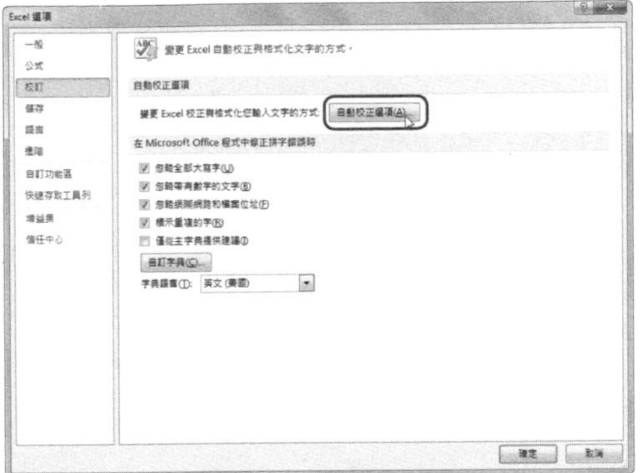

## Step 3 增加自動校正項

此時會彈出「自動校正」對話框，可以透過核取方塊或新增自訂校正內容，完成後按下〔確定〕按鈕。

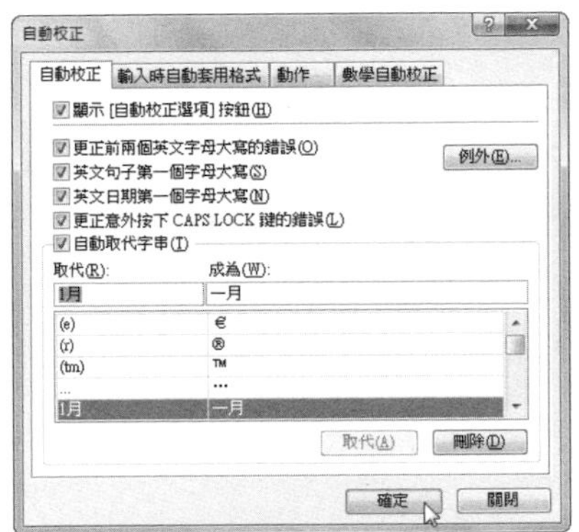


## Step 4 檢視效果

此時，只要在儲存格中輸入相符的內容，就會自動校正為我們自訂的內容了。

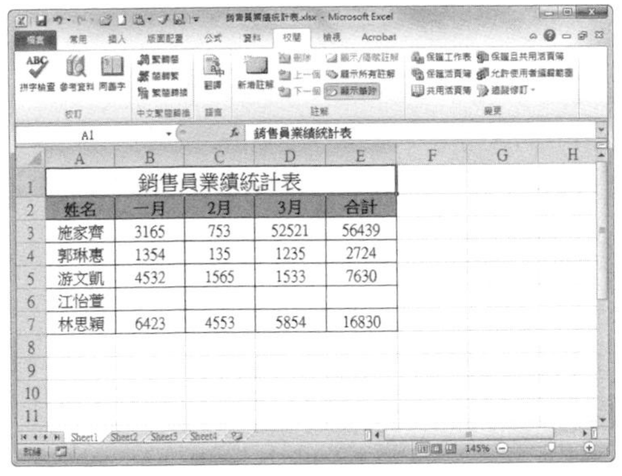


### 提示

**自動校正設定對所有 Excel 檔作用**

如果需要定義其他內容，可以重複執行定義和增加操作。當定義資料字典的內容後，不只對目前文件起作用，也會對所有的 Excel 工作文件都有作用。

# 如何為奇偶行設定不同格式？

**A** 在建立工作表時，我們都希望工作表看上去美觀大方，使閱讀起來更為舒服。在工作表中為奇偶行設定不同的格式就能做到這種效果。

## Step 1 選取儲存格區域並開啟「新建格式規則」對話框

選取工作表的某個儲存格區域，按一下〔常用〕活頁標籤下的〔設定格式化的條件〕按鈕，從下拉選單中選擇【新增規則】。

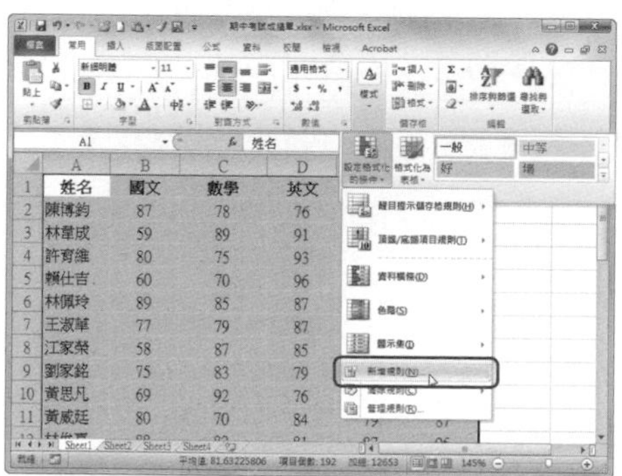

## Step 2 設定格式規則

在開啟的「新增格式化規則」對話框中，從「選擇規則類型」列表中選擇「使用公式來決定要格式化哪些儲存格」，接著在「格式化在此公式為 True 的值」文字方塊中輸入「=mod(row(),2)=1」。

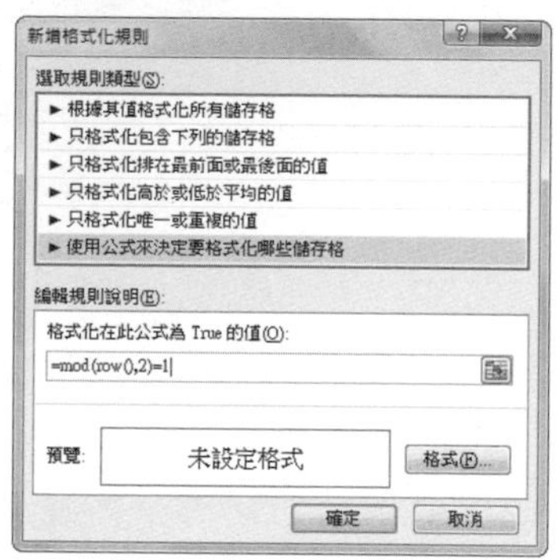


## Step 3 設定奇數行背景色

按一下〔格式〕按鈕，彈出「儲存格格式」對話框。切換到〔填滿〕活頁標籤，在背景色下選擇要顯示的顏色，然後按一下〔確定〕按鈕。

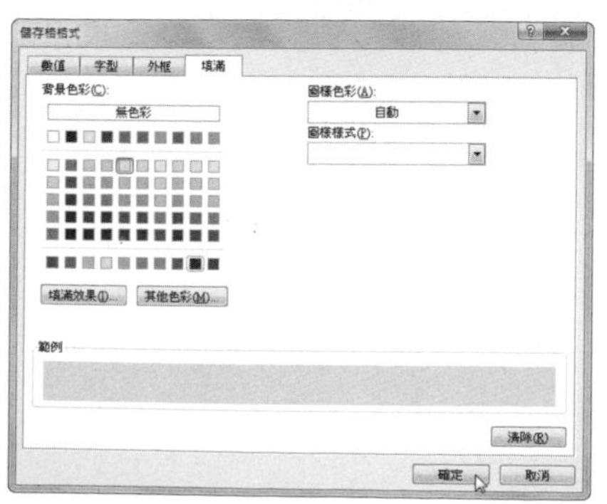


## Step 4 檢視效果

返回「新建格式規則」對話框，然後按一下〔確定〕按鈕，此時可以看到工作表中選取儲存格區域的奇數行的背景色已經改變。

| 姓名 | 國文 | 數學 | 英文 | 物理 | 化學 |
|---|---|---|---|---|---|
| 陳博鈞 | 87 | 78 | 76 | 77 | 87 |
| 林韋成 | 59 | 89 | 91 | 78 | 80 |
| 許育維 | 80 | 75 | 93 | 90 | 83 |
| 賴仕吉 | 60 | 70 | 96 | 78 | 86 |
| 林佩玲 | 89 | 85 | 87 | 85 | 72 |
| 王淑華 | 77 | 79 | 87 | 84 | 70 |
| 江家榮 | 58 | 87 | 85 | 86 | 77 |
| 劉家銘 | 75 | 83 | 79 | 88 | 91 |
| 黃思凡 | 69 | 92 | 76 | 91 | 86 |
| 黃威廷 | 80 | 70 | 84 | 79 | 87 |

## Step 5 設定偶數行的格式

接著需將「新建格式規則」對話框中文字方塊的公式換成「=mod(row(),2)=0」。

## Step 6 設定偶數行背景色

按一下〔格式〕按鈕，彈出「儲存格格式」對話框。切換到〔填滿〕活頁標籤，在背景色下選擇要顯示的顏色，然後按一下〔確定〕按鈕。

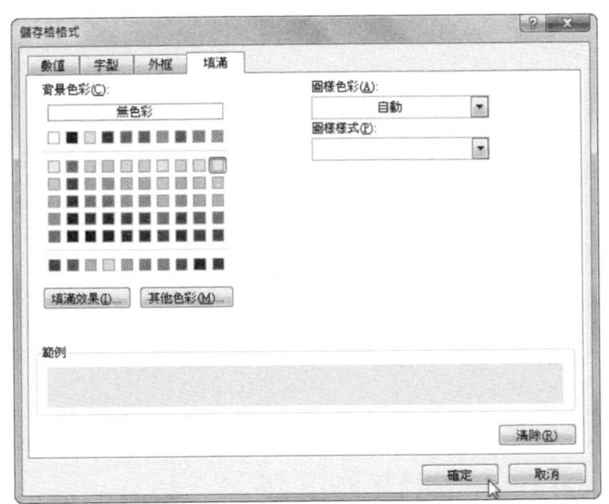


## Step 7 檢視設定效果

返回「新建格式規則」對話框，然後按一下〔確定〕按鈕，此時可以看到偶數行的背景色已經改變。

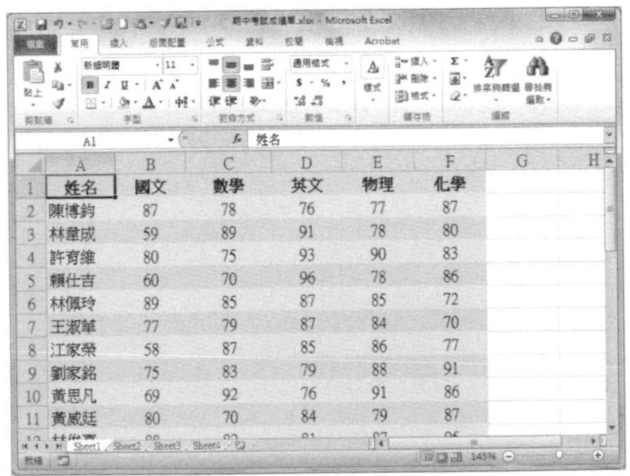

| 姓名 | 國文 | 數學 | 英文 | 物理 | 化學 |
|---|---|---|---|---|---|
| 陳博鈞 | 87 | 78 | 76 | 77 | 87 |
| 林韋成 | 59 | 89 | 91 | 78 | 80 |
| 許育維 | 80 | 75 | 93 | 90 | 83 |
| 賴仕吉 | 60 | 70 | 96 | 78 | 86 |
| 林佩玲 | 89 | 85 | 87 | 85 | 72 |
| 王淑華 | 77 | 79 | 87 | 84 | 70 |
| 江家榮 | 58 | 87 | 85 | 86 | 77 |
| 劉家銘 | 75 | 83 | 79 | 88 | 91 |
| 黃思凡 | 69 | 92 | 76 | 91 | 86 |
| 黃威廷 | 80 | 70 | 84 | 79 | 87 |

### 提示

**公式「=mod(row(),2)=1」的含義**

尋找指定區域中，行號是奇數的儲存格為要設定格式的儲存格。後面數值為「0」時為偶數行設定格式。

# 職人技 5 資料輸入秘技

資料輸入是 Excel 工作表中不可少的操作，例如輸入以 0 開頭的資料、輸入序列或者連續的序號、輸入分數或小數、輸入時間或文字等，其實都有一些小技巧，讓我們輸入更有效率；本職人技介紹資料輸入的操作技巧，讓我們在輸入資料時更加得心應手。

## 如何復原多步操作？

**A** 在 Excel 中，如果輸入或操作錯誤，可以按一下〔復原〕按鈕，取消剛才的操作，甚至還可以連續取消前面的多次操作。

**Step 1** 開啟活頁簿並進行操作

開啟 Excel 活頁簿後，任意進行操作。

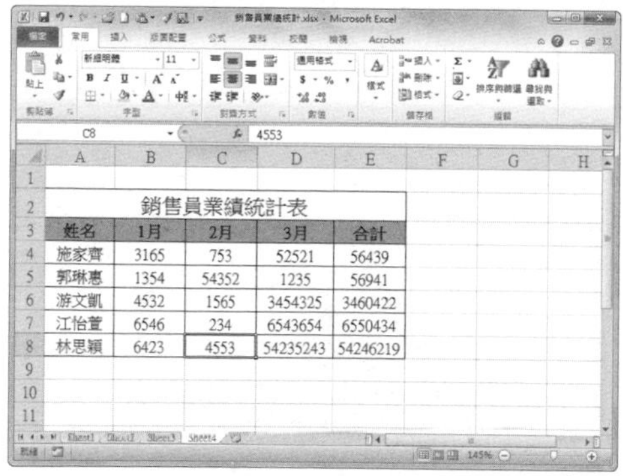


**Step 2** 復原多步操作

按一下「復原」下拉選單，在彈出的下拉選單選擇要復原的操作選項。

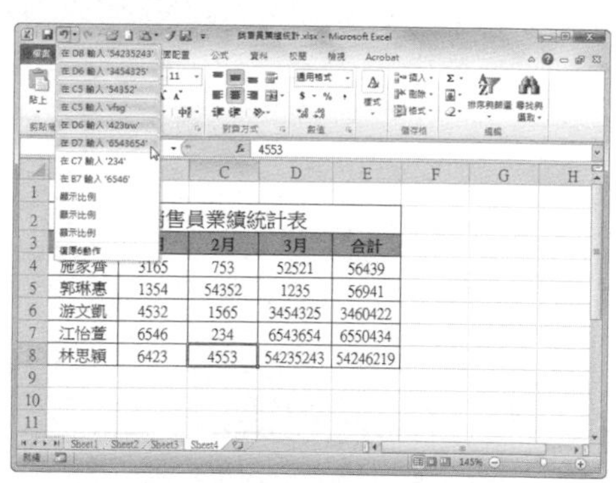


**Step 3** 檢視效果

返回工作表中，可以看到剛才的操作已經恢復操作前的樣子了。

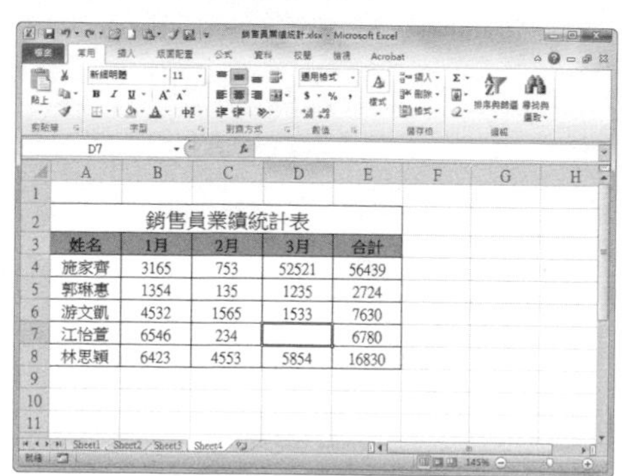

**提示**

**一次最多可復原 16 個步驟操作**

Excel 2010 預設的設定為最多可復原 16 個步驟操作，超過 16 個步驟之前的操作就無法復原囉！

## 083 Q 如何只貼上數值不貼上格式？

預設情況下，在貼上儲存格內容時，會將資料與格式一起貼上，即填滿、框線等格式屬性將一同貼上。如只想貼上數值，而不保留原始格式，則可採用以下兩種方法。

### 方法一：利用功能區按鈕操作

**Step 1** 選擇需要複製資料的儲存格區域

開啟包含要複製資料的工作表，選擇需要複製的儲存格區域。

**Step 2** 複製資料

切換至〔常用〕活頁標籤下按一下「剪貼簿」選項群組中的〔複製〕按鈕，即可複製資料。

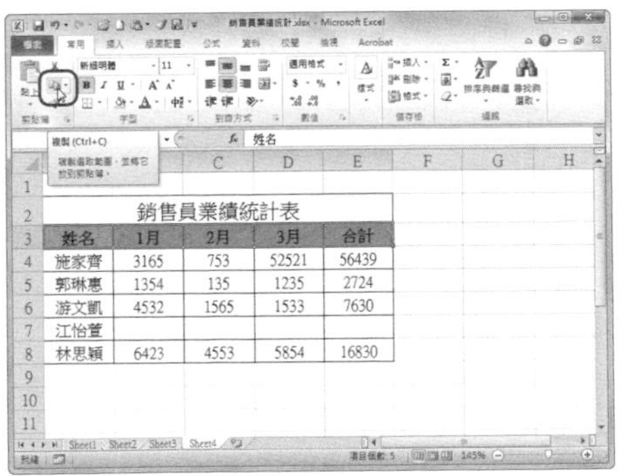


**Step 3** 只貼上數值

選取目的儲存格後，按一下〔常用〕活頁標籤下「剪貼簿」選項群組中的「貼上」下拉選單，在「貼上值」選項區中選擇【值】或【值與數字格式】即可。

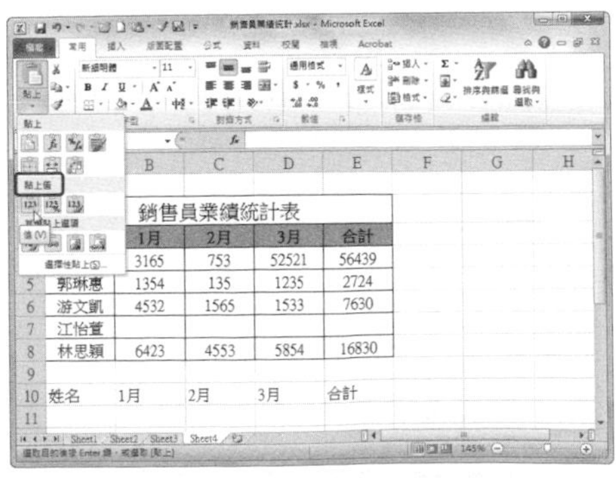

## 方法二：利用快速選單操作

**Step 1 複製資料**

開啟含有要複製的數據的工作表，選擇需要複製的資料並按滑鼠右鍵，在彈出的快速選單中選擇【複製】。

**Step 2 選擇貼上**

選擇需要貼上資料的目的儲存格並按滑鼠右鍵，在彈出的快速選單中選擇「貼上選項」下的【值】。

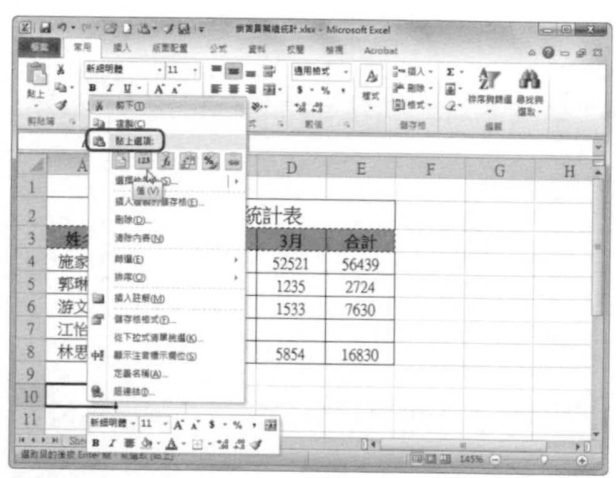


**Step 3 檢視貼上效果**

此時可以看到，在選取的目的儲存格區域中，只貼上數值，而沒有貼上格式。

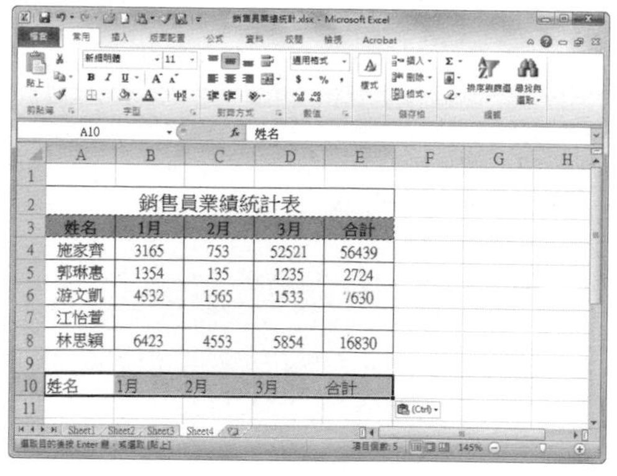


**提示**

**「貼上數值」選項區中的選項**

- 選擇「值」則只貼上來源儲存格的值，不保留任何格式。
- 選擇「值與數字格式」則貼上來源儲存格中的值，並保留來源數字格式。
- 選擇「值與來源格式設定」則貼上原始儲存格中的值，並保留所有格式，包括字型、大小、填滿顏色和框線等。

# 如何正確輸入郵遞區號？

在 Excel 中輸入郵遞區號時，經常會遇到輸入內容顯示不完整或以錯誤值顯示的情況。此時除了把儲存格格式設定為「文字」外，還有另外一種方法。

### Step 1 開啟「儲存格格式」對話框

開啟 Excel 工作表，選擇需要輸入郵政編碼的儲存格區域並按滑鼠右鍵，在彈出的快速選單中選擇【儲存格格式】。

### Step 2 設定特殊格式

在「儲存格格式」對話框中，切換至〔數值〕活頁標籤，選擇「類別」方塊中的【特殊】，在「類型」清單方塊中選擇【郵遞區號】。

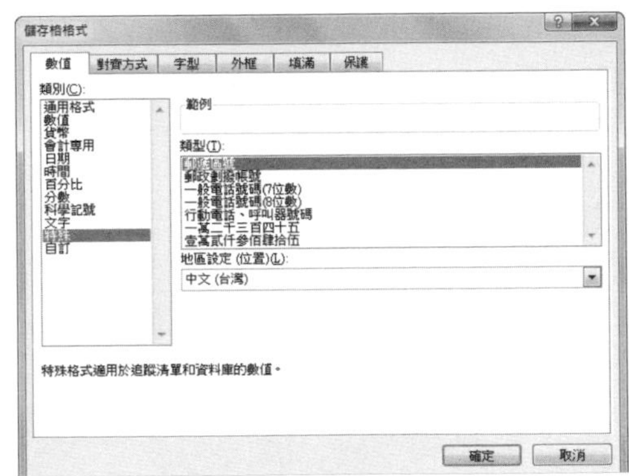


### Step 3 輸入郵遞區號

按一下〔確定〕按鈕後，返回工作表中，此時即可在儲存格中正確輸入郵遞區號。

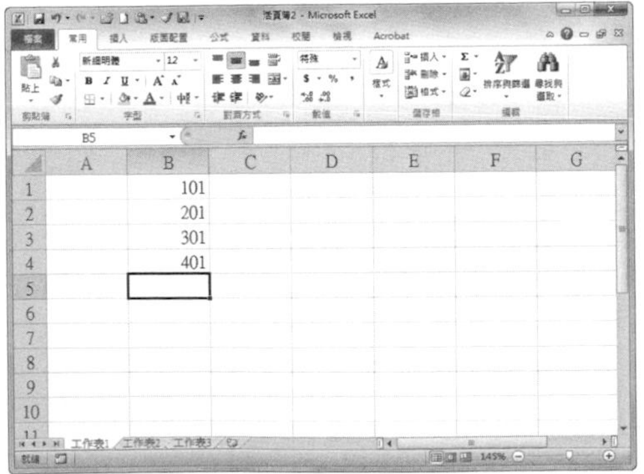

085

# 如何輸入以 0 開頭的數值？

在工作中經常需要輸入首位數為 0 的數值，但是 Excel 2010 預設將首位數的 0 忽略，例如輸入 0123，按下〔Enter〕鍵後將自動變為 123，下面介紹輸入以 0 開頭的數值的方法。

## Step 1 開啟「儲存格格式」對話框

開啟 Excel 工作表，選擇需要輸入以 0 開頭的數值的儲存格區域並按滑鼠右鍵，在彈出的快速選單中選擇「儲存格格式」。

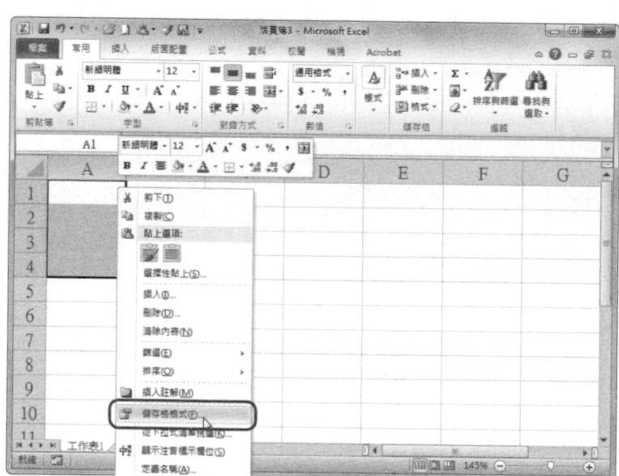

## Step 2 設定儲存格為文字格式

在彈出的「儲存格格式」對話框中，切換至〔數值〕活頁標籤，選擇「類別」方塊中的【文字】，按一下〔確定〕按鈕。

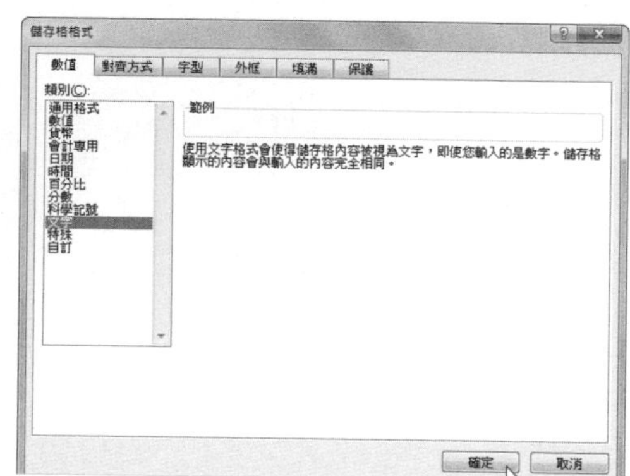


## Step 3 輸入以 0 開頭的數值

返回工作表中，在儲存格中輸入以 0 開頭的數值時，即可正確顯示。

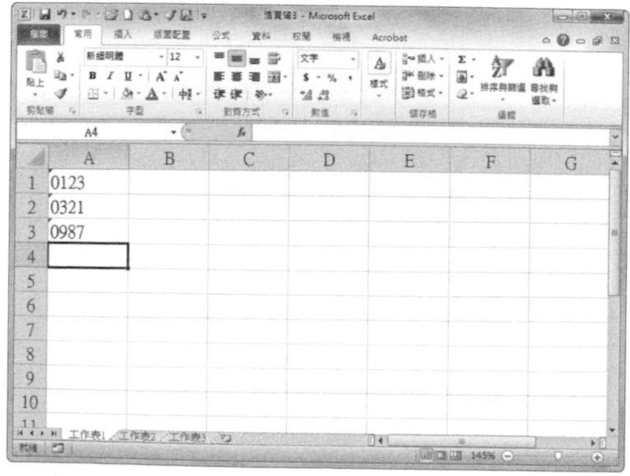

# 如何輸入分數與負數？

在使用 Excel 時，經常需要輸入分數與負數，下面介紹這兩種資料的輸入方法。

## Step 1 開啟活頁簿並選取儲存格

開啟 Excel 活頁簿，選取要輸入分數或負數的儲存格。

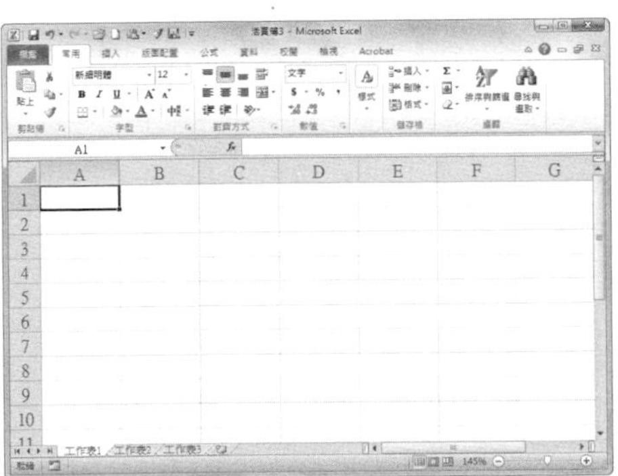

## Step 2 輸入分數

Excel 中輸入分數的規則為「分子 / 分母」，由於日期也透過「/」來區分，所以分數前要加上整數部分，無整數部分則加 0，例如輸入「0 2/3」和「8 3/4」。

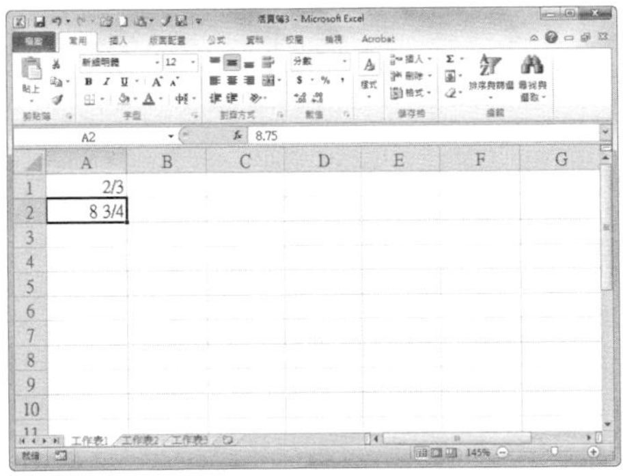

## Step 3 輸入負數

選擇需要輸入負數的儲存格，輸入圓括號與數字，按下〔Enter〕鍵，數字將自動變成負數，例如此處輸入 (66)，按下〔Enter〕鍵後即變為「-66」。

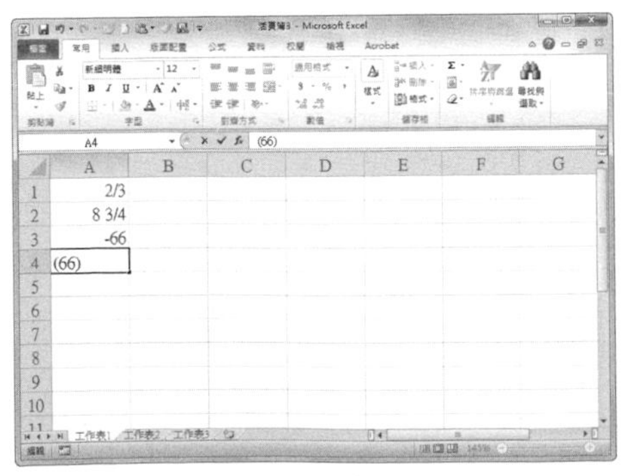

**提示**

**輸入分數時的注意事項**

輸入分數時，整數部分與後面的「分子 / 分母」中間要有一個半形空格。

# 如何設定數值預設小數位數？

**A** 在 Excel 2010 中，我們可以不用輸入小數點，而是提前設定儲存格格式為數值並設定好小數位數，這樣直接輸入數字後就會自動增加小數點。

## Step 1 開啟「儲存格格式」對話框

開啟工作表，選擇儲存格區域後，按下快速鍵〔Ctrl〕+〔1〕。

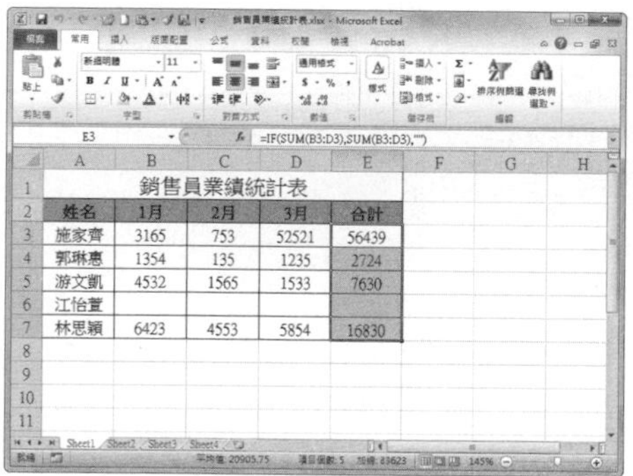

## Step 2 設定預設小數位數

在開啟的「儲存格格式」對話框中切換至〔數值〕活頁標籤，選擇「類別」方塊的「數值」選項，然後在右側「小數位數」數值框中設定所需的位數。

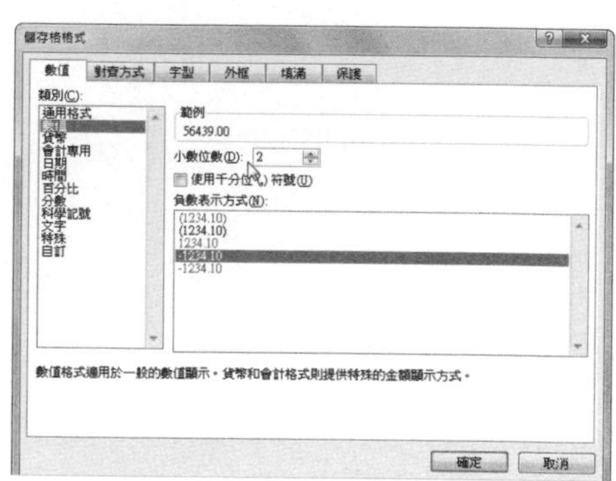

## Step 3 檢視設定效果

按一下〔確定〕按鈕，返回儲存格中，可以看到所選儲存格區域中的數字已顯示為設定的小數位數。

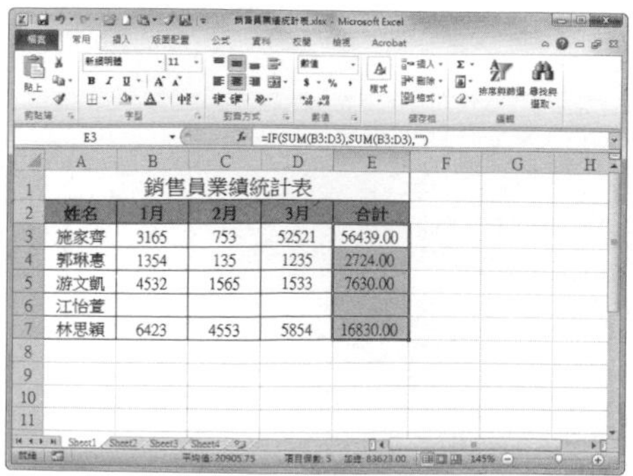

## 如何自動將數位轉換為中文大寫？

製作報表、成本表或收據等表格時，經常需要用到中文大寫數字，但輸入中文大寫數字比較麻煩，而且容易出錯。此時，我們可以透過設定儲存格格式，使得阿拉伯數字在輸入後，自動轉換為中文大寫數字，簡化我們的工作，降低出錯的可能性。下面將介紹數字轉換為中文大寫，並自動在中文大寫金額數字後增加「元整」字樣的方法。

### Step 1 開啟「儲存格格式」對話框

開啟 Excel 工作表，選取需要輸入中文大寫數字的儲存格或儲存格區域，按下快速鍵〔Ctrl〕+〔1〕。

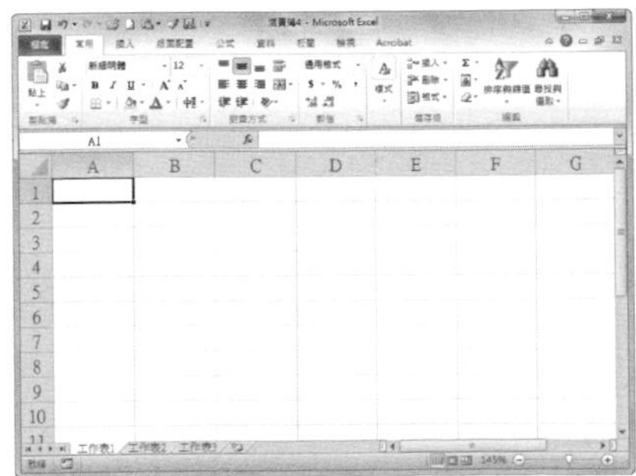

### Step 2 選擇中文大寫數位格式

在「儲存格格式」對話框的〔數值〕活頁標籤下，選擇「類別」方塊中的【特殊】選項，再在右側的「類型」清單方塊中選擇【壹萬貳仟參佰肆拾伍】。

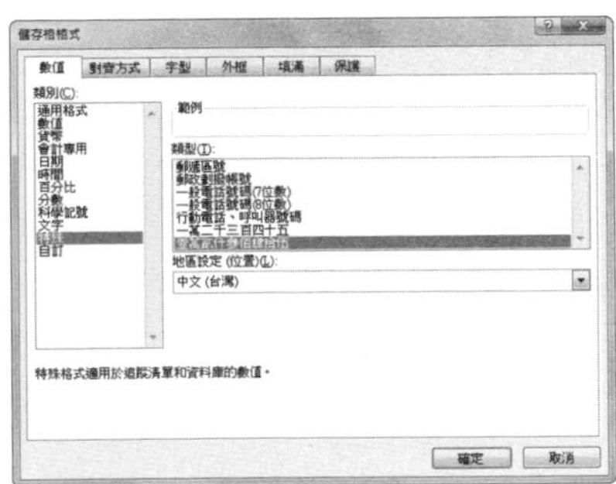

### Step 3 檢視格式效果

按一下〔確定〕按鈕，返回工作表中，此時在儲存格中輸入 1650，按下〔Enter〕鍵後將自動變換為中文大寫數字「壹仟陸佰伍拾」。

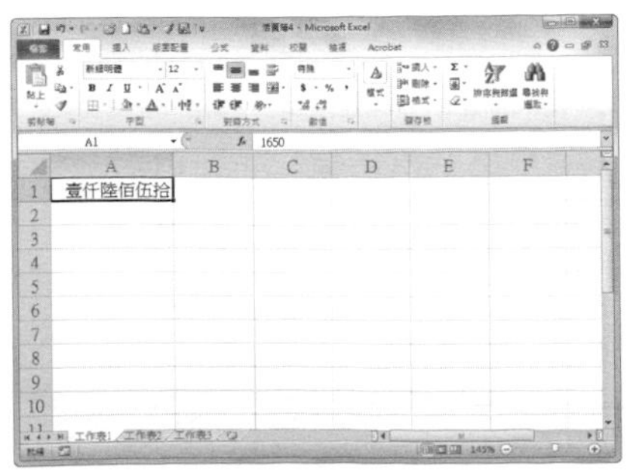


### Step 4 再次開啟「儲存格格式」對話框

選取需要輸入中文大寫數位的儲存格或儲存格區域，再次按下快速鍵〔Ctrl〕+〔1〕。

**Step 5** 選擇自訂格式

在「儲存格格式」對話框的〔數值〕活頁標籤下，選擇「類別」方塊中的的【自訂】，在右側「類型」文字框中代碼的末尾增加「" 元整 "」。

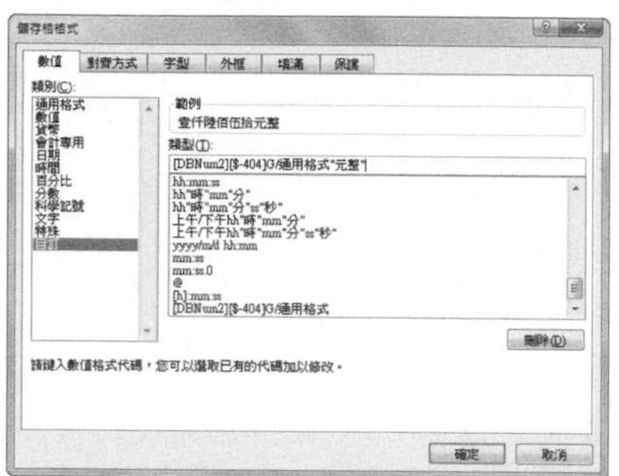


**Step 6** 檢視格式效果

按一下〔確定〕按鈕，返回工作表中，即可看到儲存格中將自動變換為「壹仟陸佰伍拾元整」。

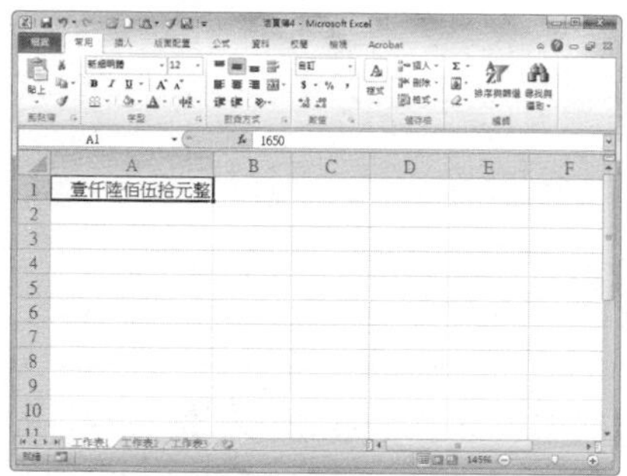

## 089 Q 如何瞬間輸入連續的序號？

**A** 在使用 Excel 時，經常需要輸入連續數字，每次逐一輸入的話會非常麻煩，下面就介紹快速輸入一些常用序號的方法。

**Step 1** 輸入前兩個序號

開啟 Excel 工作表後，分別在需要輸入序號的儲存格中，輸入序號的開頭兩個，如一月、二月。

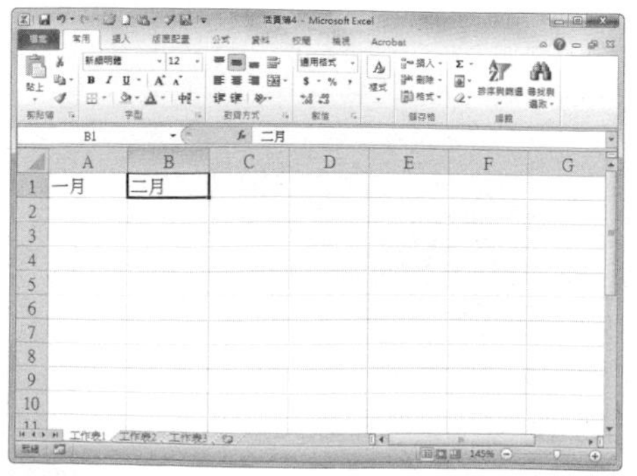


**Step 2** 拖曳填滿序號

選取這兩個序號所在的儲存格區域，將滑鼠游標移到第二個序號所在儲存格的右下角，待游標變為十字形，按住滑鼠左鍵向下拖曳到需要輸入序號的最後一個儲存格。

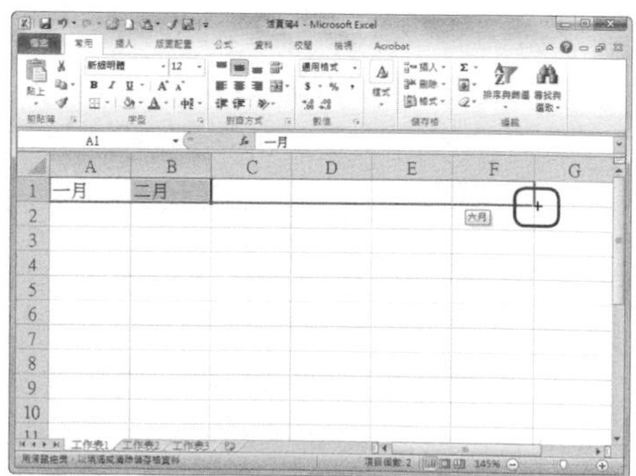

**Step 3** 檢視輸入效果

放開滑鼠左鍵，即可發現其他月份已經自動輸入到儲存格中了。

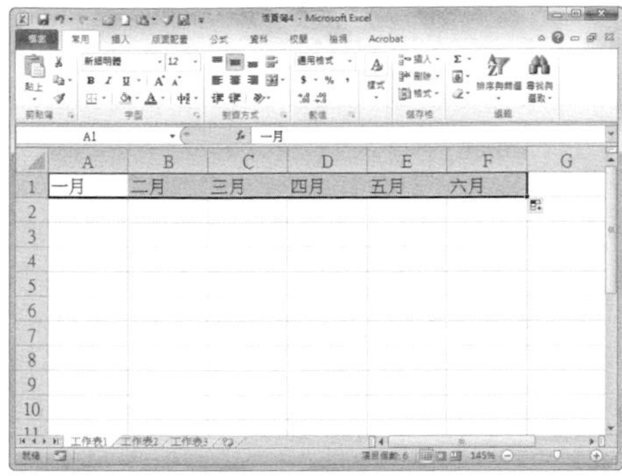

## 090 Q 如何輸入等差序列？

**A** 在製作 Excel 表格時，經常需要輸入大量的資料，有的資料是呈等差序列規律的，此時我們可以利用填滿功能快速輸入這些等差序列數值，進而節省輸入時間，減少輸入錯誤。

### 方法一：透過拖曳方式填滿輸入等差序列

**Step 1** 輸入起始儲存格中的數值

開啟 Excel 工作表，在需要輸入等差序列的起始儲存格中輸入第一個數值，此處在 A2 儲存格中輸入 1。

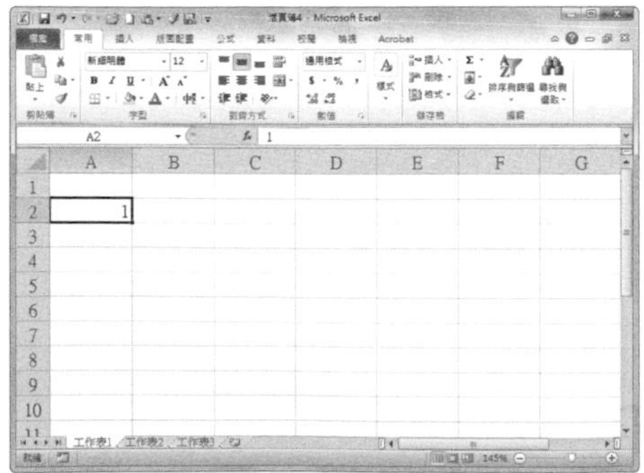

**Step 2** 填滿差值為 1 的等差序列

按下〔Enter〕鍵後將游標移至儲存格右下角，出現十字形游標時，按住〔Ctrl〕鍵的同時往下拖曳至 A10 儲存格。

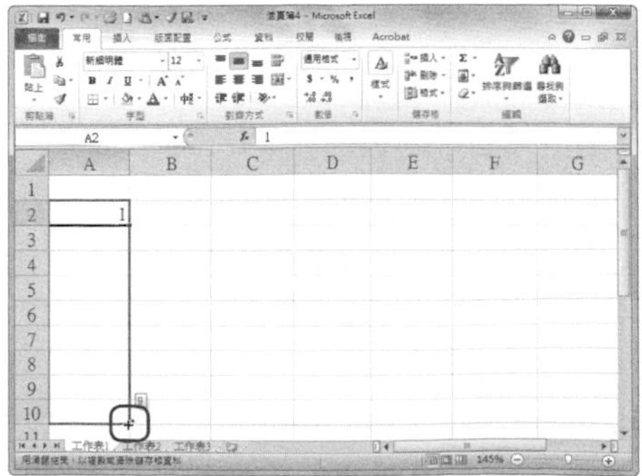

**Step 3 檢視填滿效果**

放開滑鼠左鍵與〔Ctrl〕鍵，可以看到 A3 至 A10 儲存格中填滿了差值為 1 的等差序列。

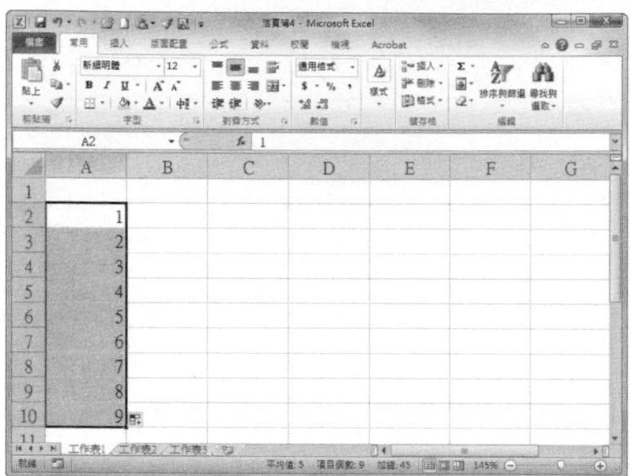

**Step 4 輸入數值**

接著介紹填滿差值為 2 的等差序列。分別在 A2 與 A3 儲存格中輸入數值 1 和 3。

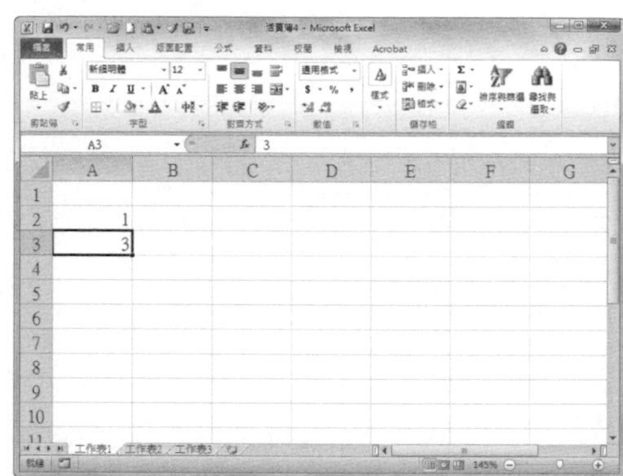

**Step 5 填滿差值為 2 的等差序列**

選取 A2:A3 儲存格區域，將游標移至右下角，當游標變為十字形時按住滑鼠左鍵往下拖曳至 A10 儲存格。

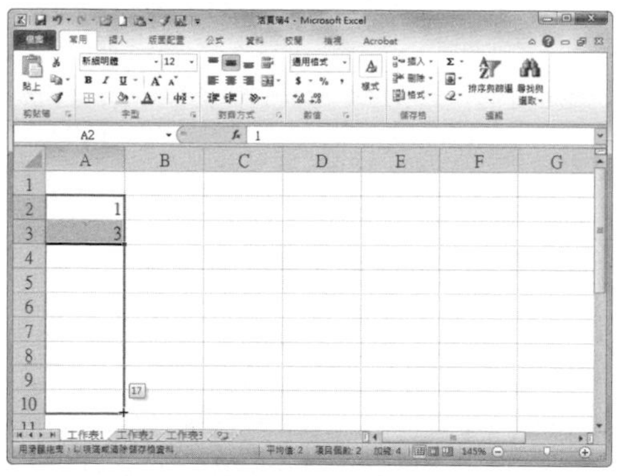

**Step 6 檢視填滿效果**

釋放滑鼠左鍵，可以看到 A4 至 A10 儲存格中填滿了差值為 2 的等差序列。

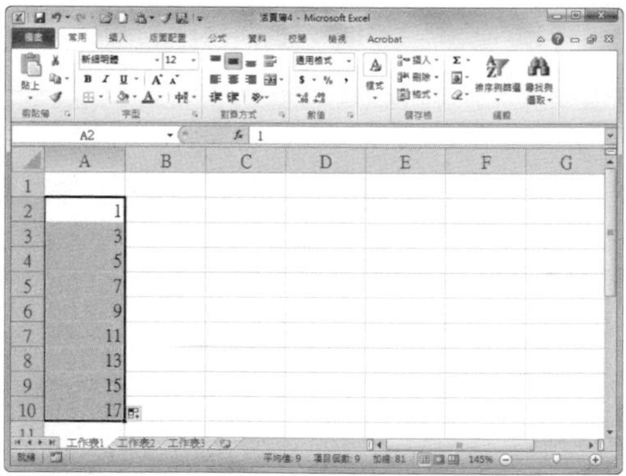

## 方法二：利用「序列」對話框填滿等差序列

### Step 1 輸入起始儲存格中的數值

開啟 Excel 文件，在需要輸入等差序列的起始儲存格中輸入 1，並選取要填滿序列的儲存格區域。

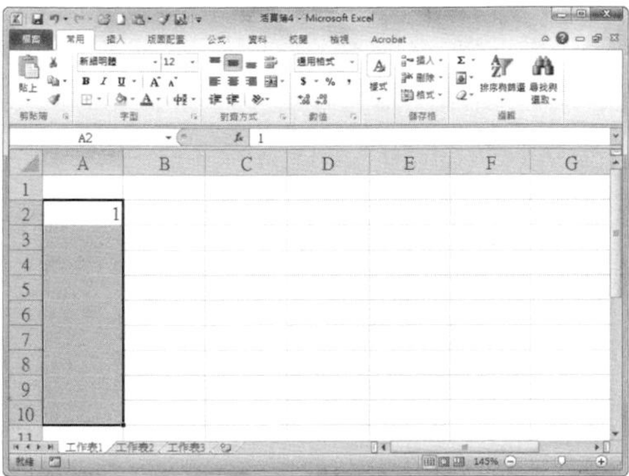

### Step 2 開啟「序列」對話框

按一下〔常用〕活頁標籤下「編輯」群組中的〔填滿〕按鈕，選擇【數列】選項。

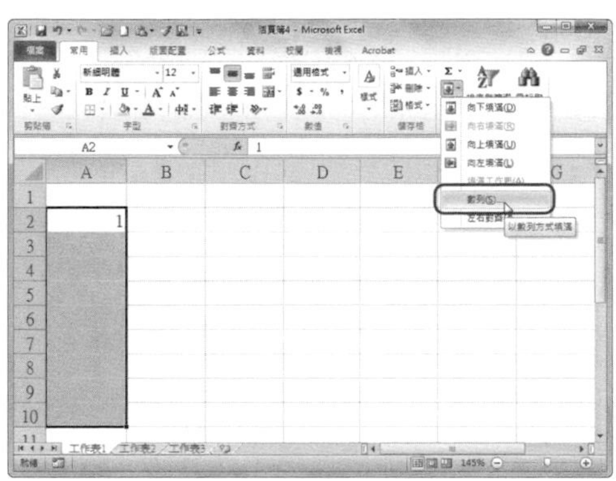

### Step 3 設定等差序列參數

在「數列」對話框的「間距值」文字框中輸入要填滿的等差數列差值，如 3，按一下〔確定〕按鈕。

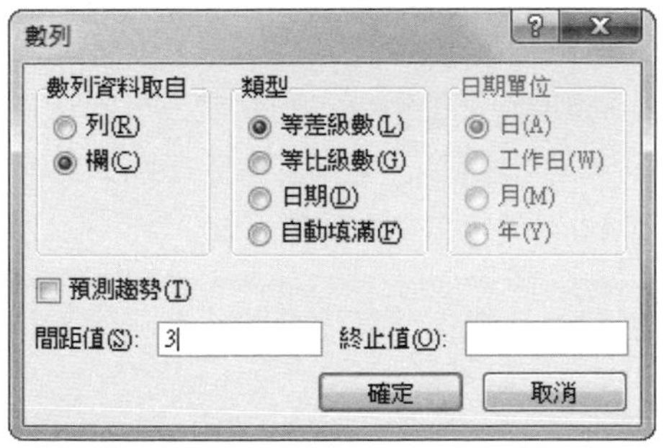


### Step 4 檢視填滿效果

返回工作表中，可以看到所選儲存格區域中已填滿了差值為 3 的等差數列。

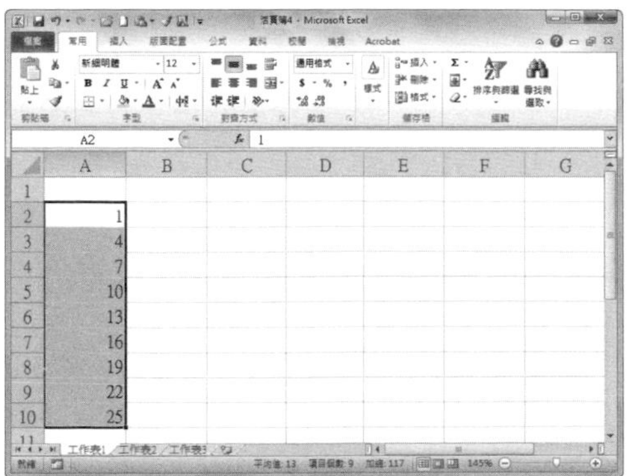

**提示**

**設定終止值**

當要輸入的序號較多時，在步驟 3 中還可以設定「終止值」，即填滿的等差序列的最後數值，這樣 Excel 就可以直接填滿所有的序號。

091

# 如何輸入等比序列？

前面我們學習等差序列的輸入方法，下面來學習等比序列的輸入方法。

## Step 1 選取要填滿的儲存格區域

在需要輸入等比序列的起始儲存格中輸入第一個數值，此處在 A2 儲存格中輸入 1，選取需填滿等比序列的儲存格區域。

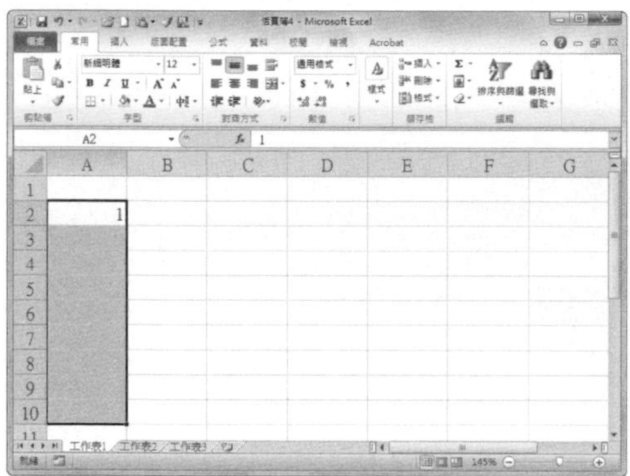


## Step 2 開啟「序列」對話框

按一下〔常用〕活頁標籤下「編輯」群組中的〔填滿〕按鈕，在下拉選單中選擇【數列】。

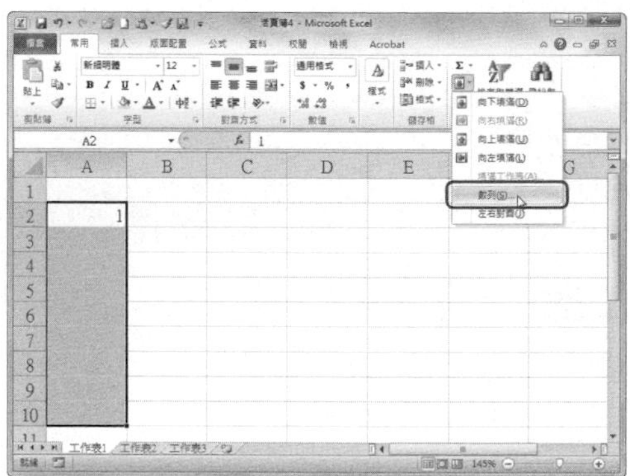

## Step 3 填滿等比序列

在「數列」對話框的「類型」選項區中選擇「等比序列」，設定「間距值」為 2，按一下〔確定〕按鈕。

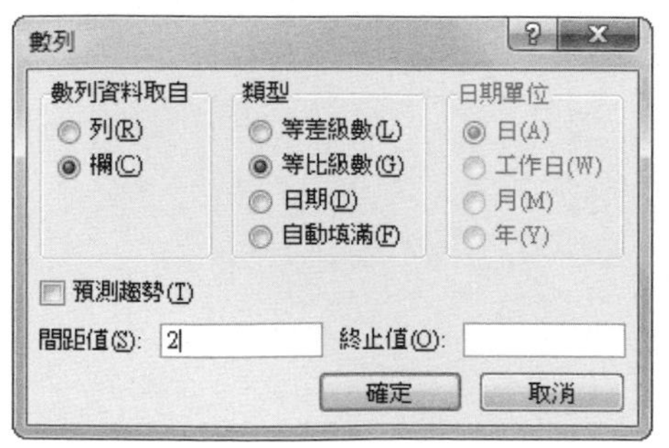


## Step 4 檢視填滿效果

按一下〔確定〕按鈕後返回文件，可以看到選取的儲存格區域已經填滿間距值為 2 的等比序列。

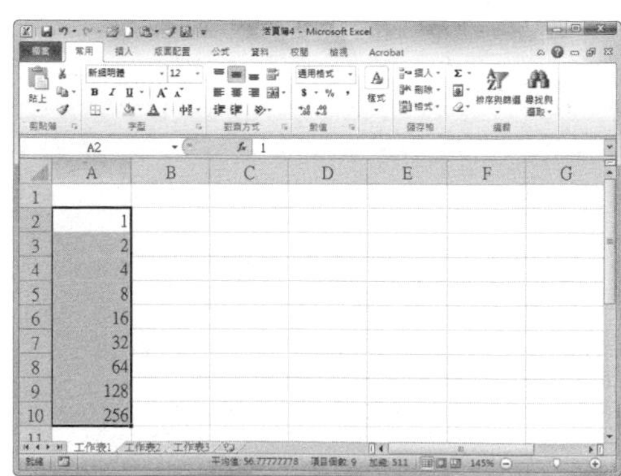

**序列的填滿方向**

在「序列」對話框中還可以設定序列的填滿方向，在「數列資料取自」選項區中選擇「列」或「欄」即可。

092

## Q 如何自訂填滿的清單？

**A** Excel 資料登錄應用中，使用者不但可以直接使用等差序列、等比序列等進行填滿輸入，還可以自訂填滿的序列，例如將平時常用的資料作為序列自訂下來，輸入時直接填滿即可。

### Step 1 開啟「Excel 選項」對話框

開啟工作表，按一下〔檔案〕標籤，選擇【選項】。

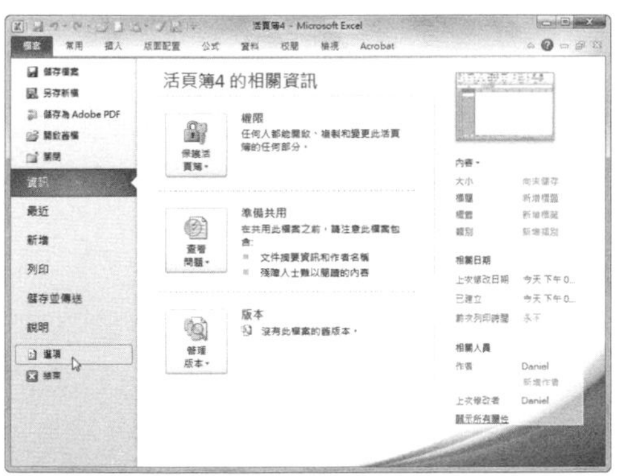


### Step 2 開啟「自訂清單」對話框

在跳出的「Excel 選項」對話框中，切換到〔進階〕，然後在「計算此活頁簿時」區域中，點選〔編輯自訂清單〕按鈕。

### Step 3 輸入新清單

選擇「自訂清單」對話框中的「新清單」選項後，在右側「清單項目」文字方塊中輸入需要的項目內容。

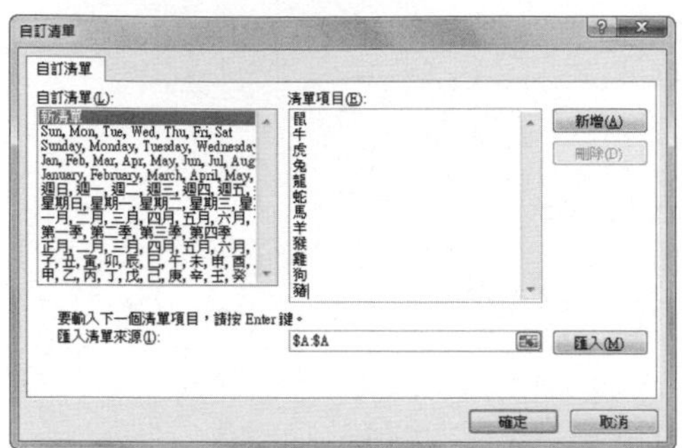


### Step 4 增加到「自訂清單」列表

輸入完成後按一下〔新增〕按鈕，剛才建立的內容即會出現在左側「自訂清單」清單方塊的最下方，選擇該清單後按一下〔確定〕按鈕。

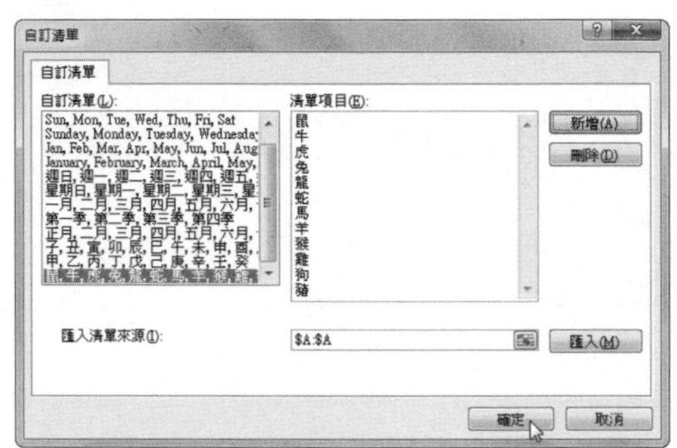


### Step 5 檢視效果

返回「Excel 選項」對話框中，按一下〔確定〕按鈕，回到工作表中，此時只要輸入「鼠」，即可用滑鼠拖曳直接填滿自訂的內容。

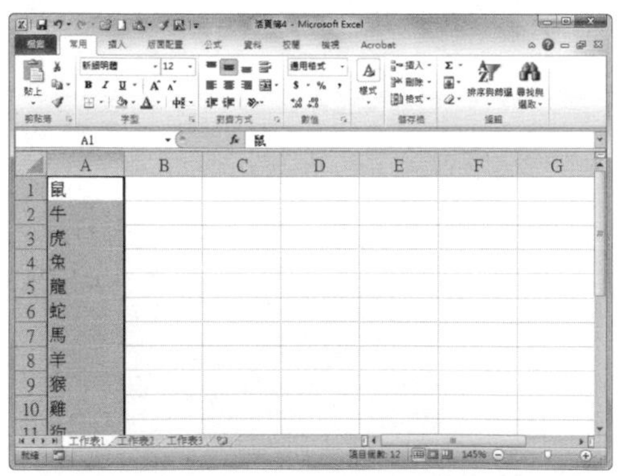

**提示**

**匯入自訂的清單**

也可以將已編輯好內容的工作表匯入到自訂清單項目中，只要按一下「自訂清單」對話框下方的〔匯入〕按鈕，在文字方塊中輸入工作表區域，再按一下〔確定〕按鈕即可。

# 如何在填滿時不複製格式？

前面介紹了填滿的操作技巧，這些操作是按照前面設立的兩個儲存格格式繼續往下進行填滿的。但如果要使下面填滿的內容不複製上面的格式，就必須進行相對應的設定。

### Step 1 填滿清單

開啟工作表，在要進行清單填滿的儲存格中輸入前兩個數值，用前面的方法拖曳滑鼠進行清單填滿。

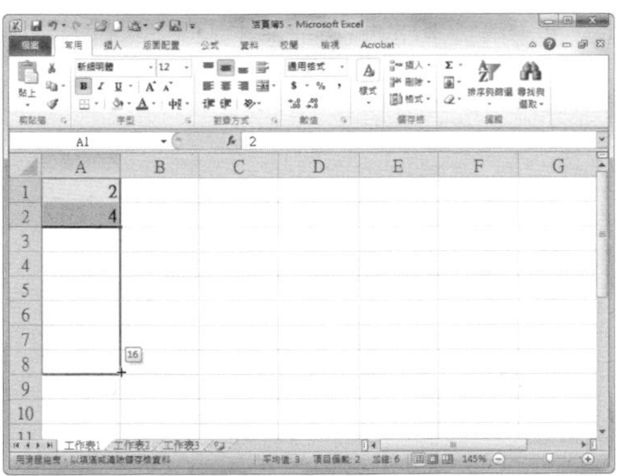

### Step 2 設定「填滿但不填入格式」

填滿到最後一個儲存格後，按一下右下角的〔自動填滿選項〕按鈕，從下拉選單中選擇【填滿但不填入格式】選項。

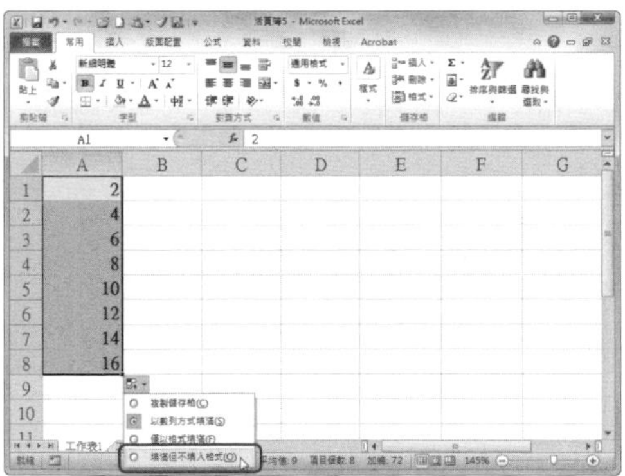

### Step 3 檢視填滿效果

返回工作表，可以看到填滿的儲存格中只有數值，沒有套用前面數字的格式。

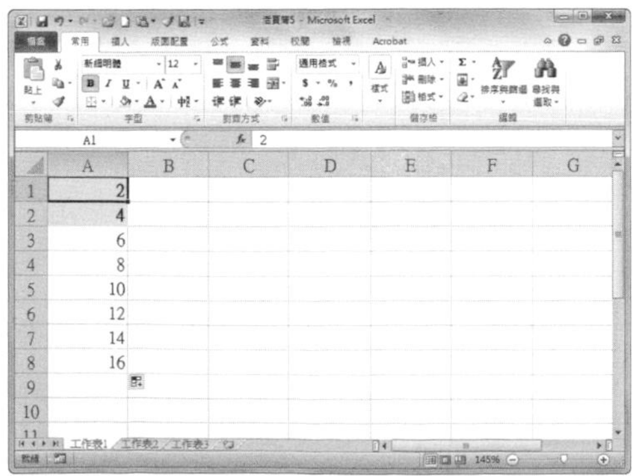

# 如何在輸入金額數值時自動增加貨幣符號？

很多與金額有關的表格在進行編輯時，經常會使用到貨幣符號，但是每次都輸入貨幣符號比較麻煩，如果在輸入金額數值時自動增加貨幣符號，使用者將會省心省力。

### Step 1 開啟「儲存格格式」對話框

開啟工作表，選擇需要輸入帶貨幣符號的儲存格區域並按滑鼠右鍵，選擇【儲存格格式】。

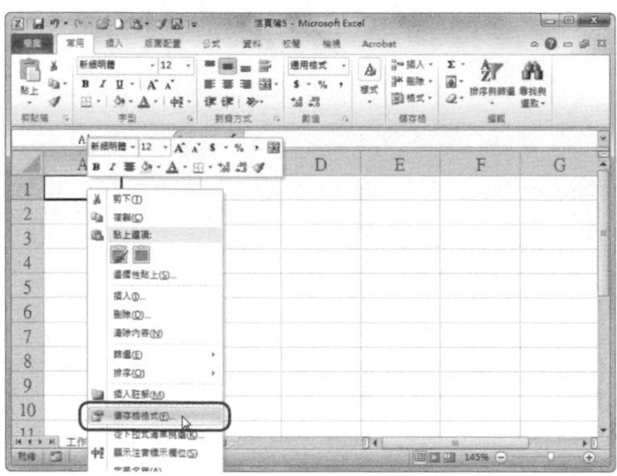

### Step 2 設定增加貨幣符號

將「儲存格格式」對話框切換至〔數值〕活頁標籤，選擇【貨幣】選項，並在右側「符號」下拉選單中選擇所需貨幣符號並確認。

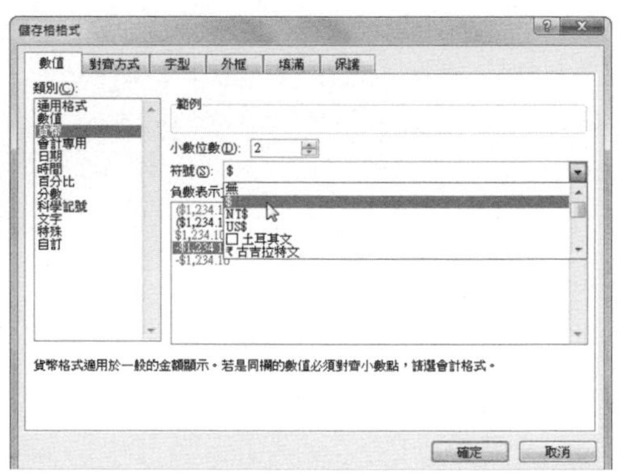


### Step 3 檢視效果

此時在選取的儲存格區域中輸入數值，按下〔Enter〕鍵後，數值前面會自動增加設定的貨幣符號。

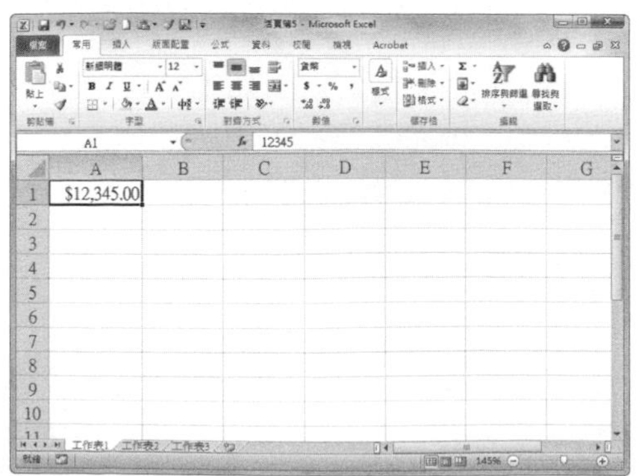

# 如何快速輸入目前的時間？

使用 Excel 製作收據、統計表時，經常需要輸入目前的時間，可以採用最快速的方法來輸入，也可以對時間格式進行設定。

## Step 1 使用快速鍵輸入目前時間

開啟工作表，選取需要輸入時間的儲存格，按下快速鍵〔Ctrl〕+〔Shift〕+〔;〕，即可自動輸入目前時間。

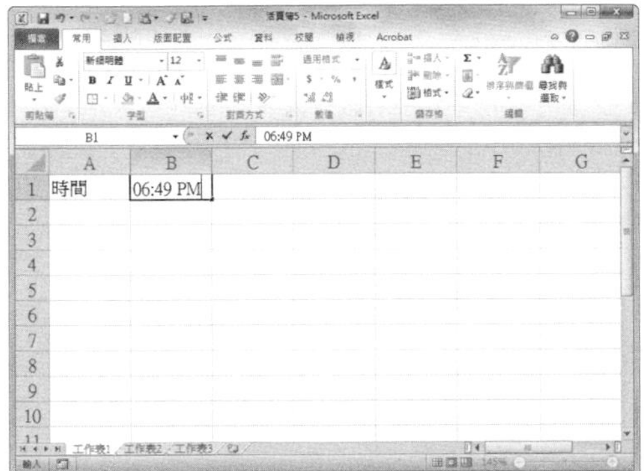

## Step 2 開啟「儲存格格式」對話框

如使用者需要應用不同的時間格式，則選取需設定格式的儲存格並按滑鼠右鍵，選擇【儲存格格式】。

## Step 3 設定時間格式

在開啟的對話框中切換至〔數值〕活頁標籤，選擇「類別」方塊中的【時間】，接著在右側「類型」清單方塊中選擇需要的格式後按下〔確定〕按鈕。

## Step 4 檢視效果

返回工作表中，可以看到原來輸入的時間已自動轉換為剛才設定的時間格式。

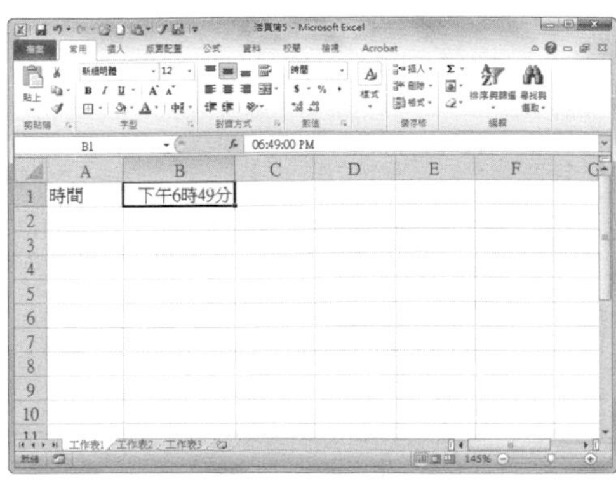

**提 示**

**使用快速鍵輸入目前日期**

選取需要輸入日期的儲存格，按下快速鍵〔Ctrl〕+〔;〕，即可自動輸入目前日期，注意此處的分號為英文狀態下的半形，而設定日期格式的方法與設定時間格式的方法類似。

## 096 Q 如何自動將數值轉換為百分比？

**A** 在 Excel 工作表的應用中經常要用到百分比，可以透過格式化設定，將某些儲存格區域的格式設定為百分比，這樣只要在這些儲存格輸入數值，就會自動轉換成百分比了。

### Step 1 開啟「儲存格格式」對話框

開啟工作表，選擇需要將數值轉換為百分比的儲存格區域並按滑鼠右鍵，從彈出的快速選單中選擇【儲存格格式】。

### Step 2 設定格式

在開啟的「儲存格格式」對話框中切換至〔數值〕活頁標籤，選擇「類別」方塊中的【百分比】選項後按下〔確定〕按鈕。

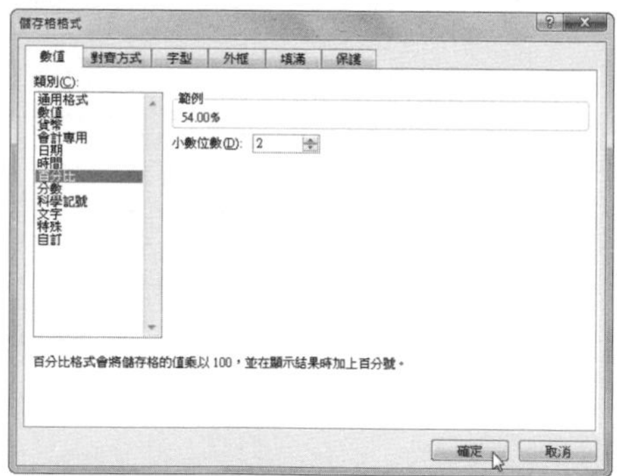


### Step 3 檢視效果

返回工作表中，此時可以看到選取的儲存格區域中的數值，已自動轉換為百分比。

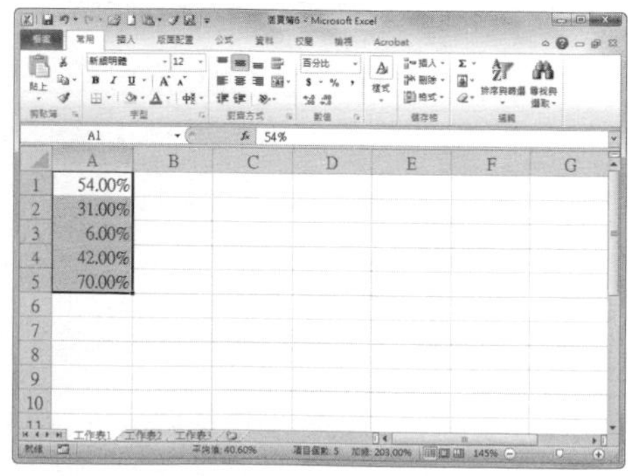

**提示**

**設定百分比格式顯示後的注意事項**

選取儲存格中數值進行百分比轉換時，百分比格式是將儲存格中數字乘以 100，並以百分比顯示。因此在百分比格式設定後的空白儲存格內輸入數值時，會自動在數值後加上百分號，例如輸入 55，按下〔Enter〕鍵後，數值會自動轉換為「55%」。

## 097 Q 如何限定只能輸入指定範圍內的數值？

製作 Excel 工作表時，需要輸入大量的資料內容，有的資料是有一定範圍的。例如員工的年齡一般為 18 至 65 之間的整數，為了避免輸入錯誤，我們可以在輸入前設定輸入的範圍為 18 至 65 之間的整數，這樣在輸入錯誤時，Excel 會自動彈出提示對話框。

### Step 1 選擇需要進行設定的儲存格區域

開啟 Excel 活頁簿，選取要限定輸入範圍的儲存格區域，此處選擇 A2:A6 儲存格區域。

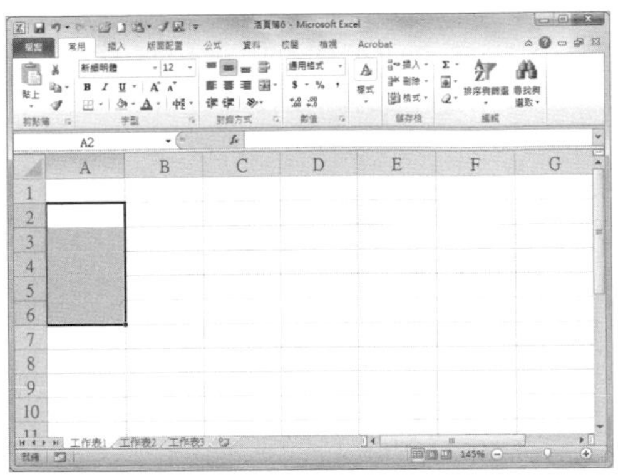

### Step 2 開啟「資料驗證」對話框

在〔資料〕活頁標籤下按一下「資料工具」選項群組中的〔資料驗證〕下拉選單，選擇【資料驗證】選項。

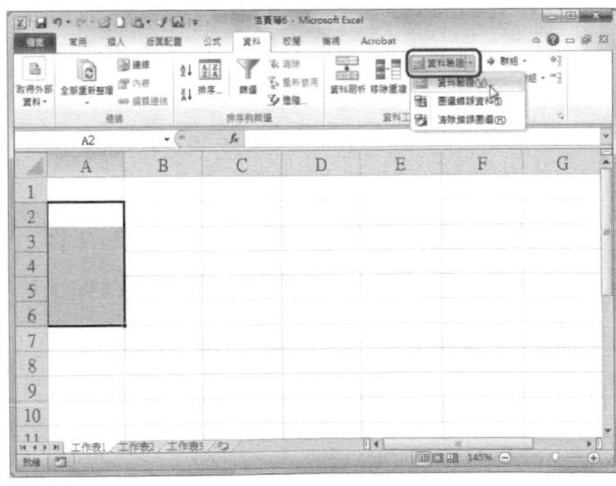

## Step 3 設定輸入資料的範圍

在「資料驗證」對話框中，切換至「設定」活頁標籤，按一下「儲存格內允許」下拉選單，選擇【整數】選項，接著設定「資料」為【介於】，在「最小值」和「最大值」框中分別輸入 18 和 65。

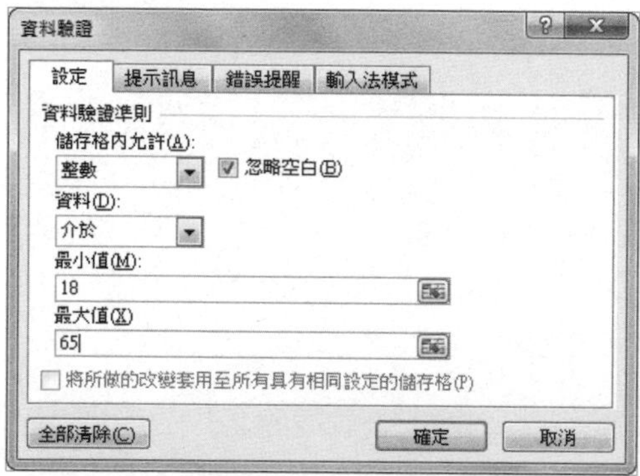


## Step 4 設定輸入時提示訊息

切換至〔提示訊息〕活頁標籤，在此設定選取儲存格準備輸入時，Excel 將給出提示訊息。

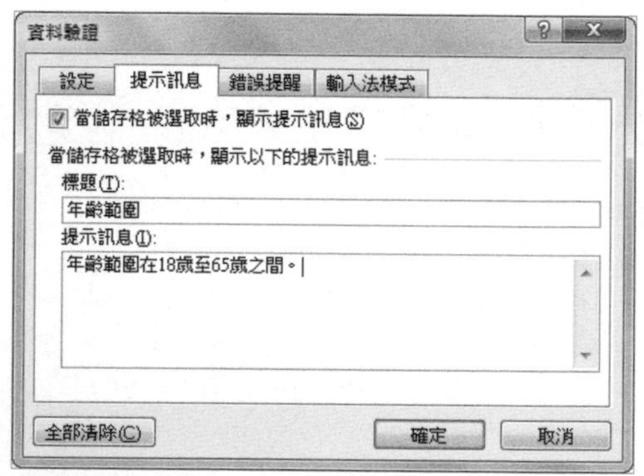


## Step 5 設定錯誤提醒

切換至〔錯誤提醒〕活頁標籤，在此活頁標籤下設定輸入錯誤時 Excel 將給出警告內容。

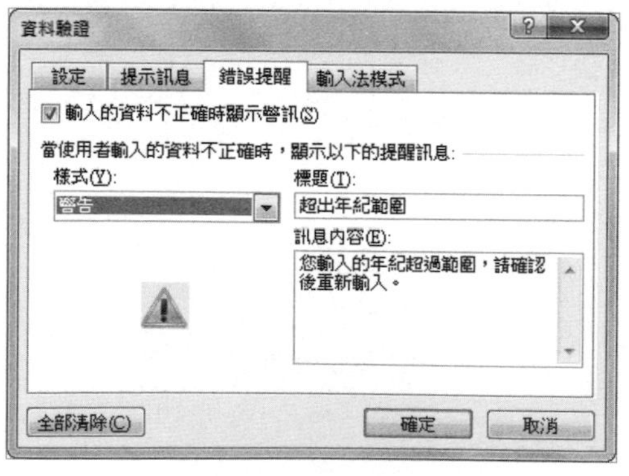


## Step 6 設定輸入法模式

切換至〔輸入法模式〕活頁標籤，在此設定輸入資料時的輸入法狀態，完成後按下〔確定〕按鈕。

### Step 7 檢視提示效果

返回 Excel 工作表中，選取設定的儲存格時，即會出現剛才設定的提示訊息。

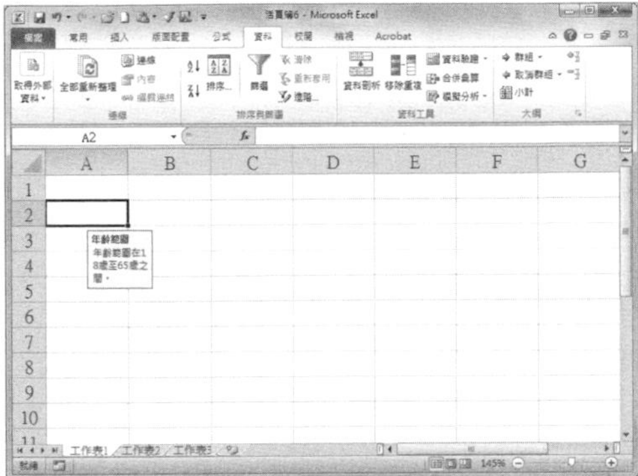

### Step 8 檢視錯誤提醒效果

在儲存格中輸入 17，然後按下〔Enter〕鍵，彈出「錯誤提醒」對話框，按一下〔取消〕按鈕。

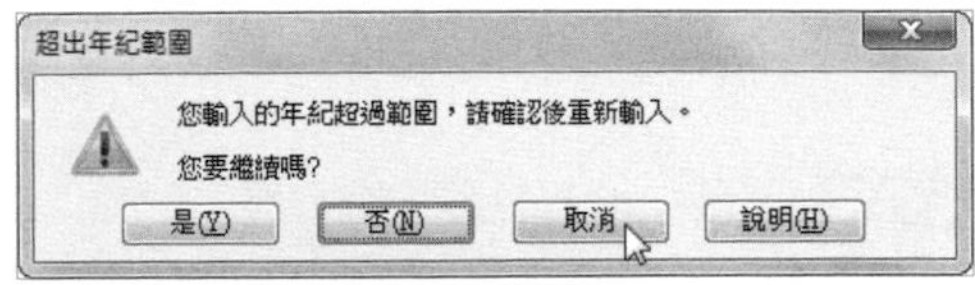


### Step 9 正常輸入資料

在儲存格中輸入 18 至 60 之間的整數。例如輸入 25，按下〔Enter〕鍵，發現數值可以正常輸入。

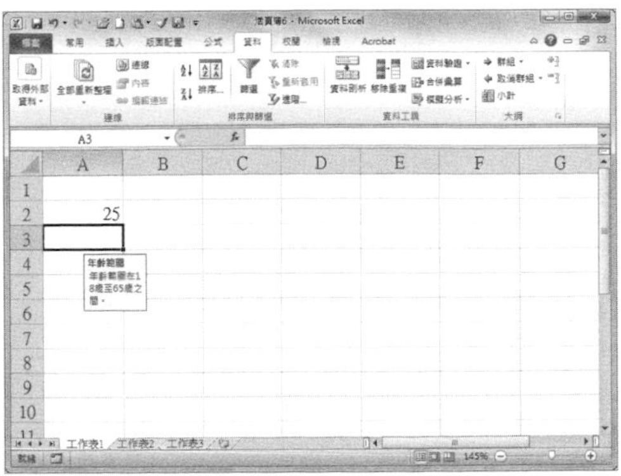

# 098 Q 如何限定只能輸入日期範圍內的日期？

在 Excel 儲存格中輸入資料時，很多時候還包括對日期的輸入，為了防止輸入錯誤，可以限定輸入日期的範圍，下面介紹如何限定只能輸入日期範圍內的日期。

## Step 1 開啟「資料驗證」對話框

開啟 Excel 工作表，選取要輸入日期的儲存格區域。在〔資料〕活頁標籤下按一下「數據工具」選項群組中的「資料驗證」下拉選單，選擇【資料驗證】選項。

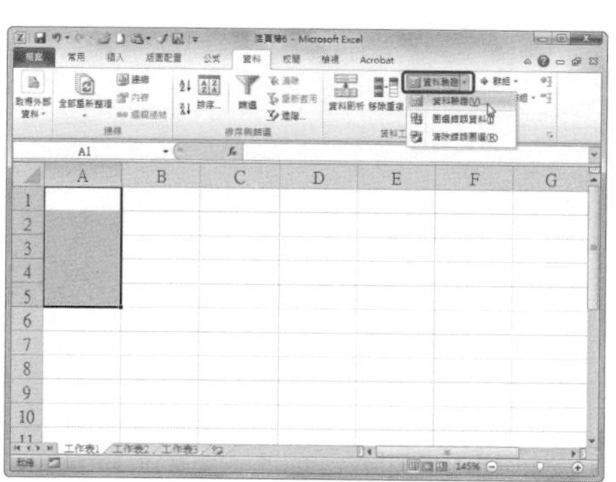

## Step 2 設定輸入日期範圍

在「資料驗證」對話框中，切換至〔設定〕活頁標籤，按一下「儲存格內允許」下拉選單，選擇【日期】選項，接著設定「資料」為【介於】，在「開始日期」和「結束日期」框中分別輸入日期區間範圍。

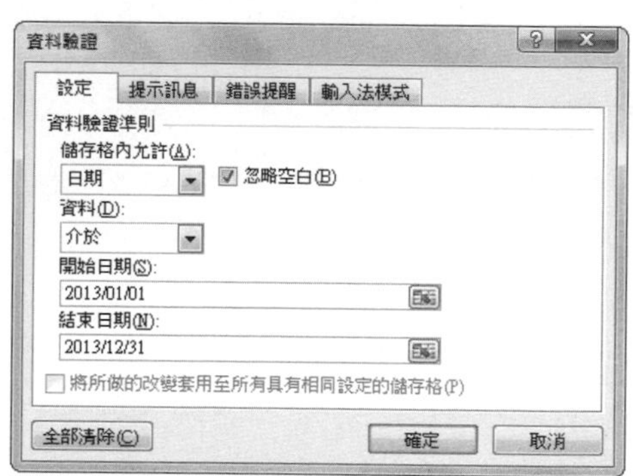


## Step 3 檢視效果

按一下〔確定〕按鈕返回工作表中，此時在選取儲存格區域中輸入日期時，如果輸入設定範圍外的日期，將提示無效訊息。

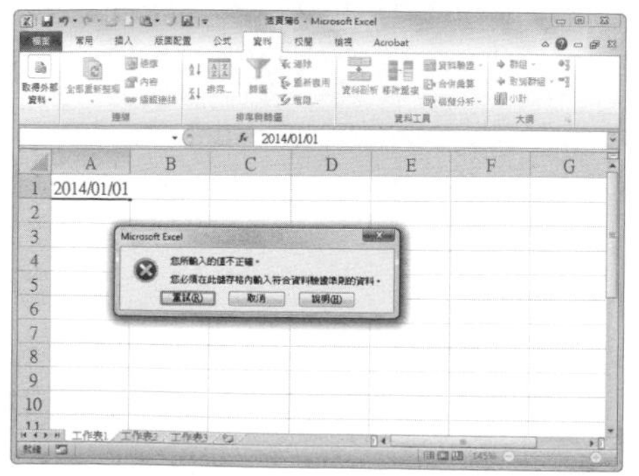

**提示**

**數據有效性其他設定**

按照步驟 2 操作後，還可以對資料驗證進行其他設定，如「輸入資訊」和「錯誤提醒」等，設定方法類似前面操作技巧中所介紹的方法。但是不進行「輸入資訊」和「錯誤提醒」設定，並不影響限定輸入資料範圍功能的使用。

# 如何設定在規定的區域內只能輸入數字？

在 Excel 中為防止資料登錄出現問題，可以在要輸入數字的區域進行設定，使該規定區域只能輸入數字，而不能輸入數字之外的其他內容。

## Step 1 開啟「資料驗證」對話框

開啟 Excel 工作表，選取要輸入日期的儲存格區域。在〔資料〕活頁標籤下按一下「數據工具」選項群組中的「資料驗證」下拉選單，選擇【資料驗證】選項。

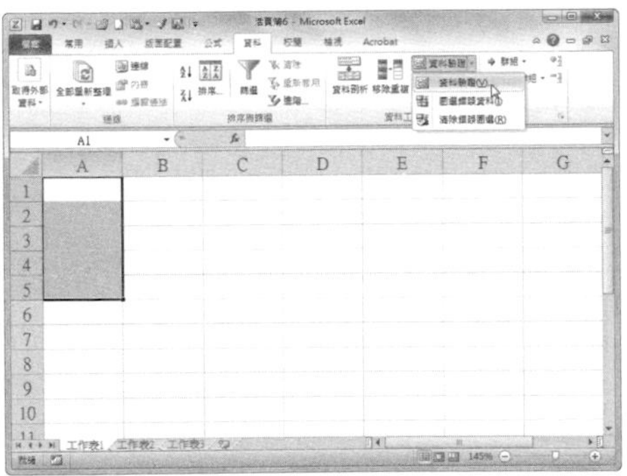

## Step 2 設定輸入資料的範圍

在「資料驗證」對話框中，切換至〔設定〕活頁標籤，按一下「儲存格內允許」下拉選單，選擇【整數】選項，接著設定「資料」為【大於】，在「最小值」框中輸入要設定的數值。

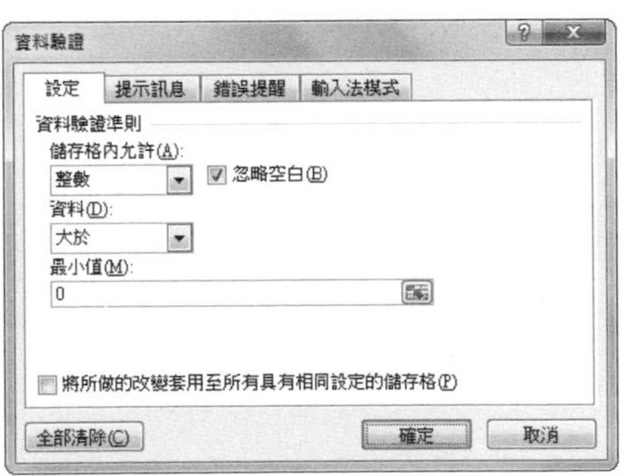


## Step 3 檢視效果

按一下〔確定〕按鈕，返回工作表中，此時在選取儲存格區域中只能輸入數字，如果輸入文字等資訊將提示錯誤，此時只要按下〔取消〕按鈕，重新輸入數字即可正常輸入。

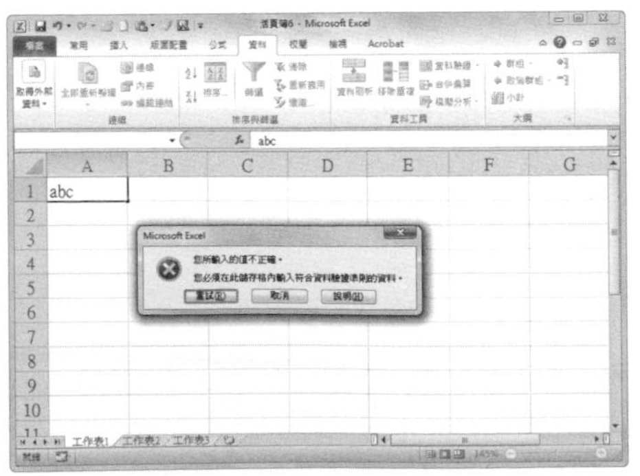

# 如何限定只能輸入指定位數的資料？

A 我們在輸入 10 位數的身份證號碼時，可以在輸入前設定輸入數字的位數，防止輸入錯誤，做法與前面類似。

**Step 1** 選取儲存格區域

開啟 Excel 文件，選取要限定數字位數的儲存格區域，此處選擇 A2:A6 儲存格區域。

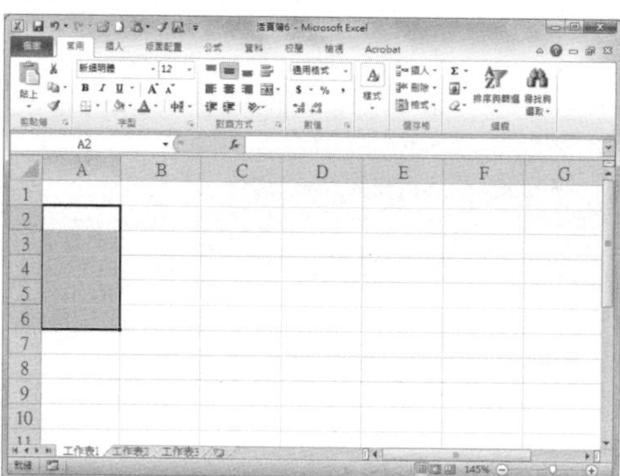

**Step 2** 開啟「資料驗證」對話框

在〔資料〕活頁標籤下按一下「數據工具」選項群組中的「資料驗證」下拉選單，選擇【資料驗證】選項。

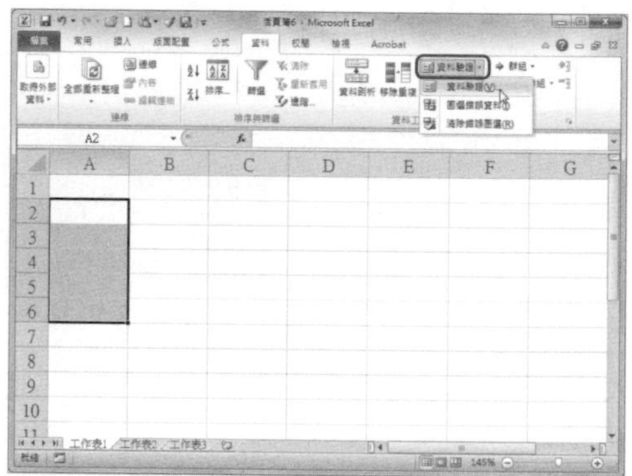

**Step 3** 設定有效性條件

在「資料驗證」對話框中，切換至〔設定〕活頁標籤，按一下「儲存格內允許」下拉選單，選擇【文字長度】選項，接著設定「資料」為【等於】，在「長度」框中輸入 10。

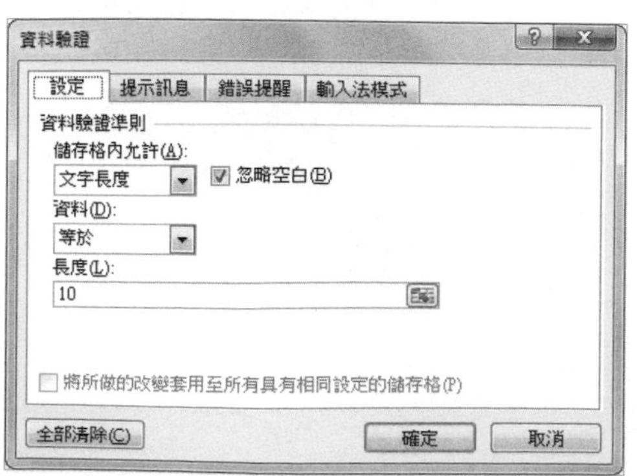


**Step 4** 設定「提示訊息」

切換至〔提示訊息〕活頁標籤，在此設定選取儲存格準備輸入時，Excel 將給出提示訊息。

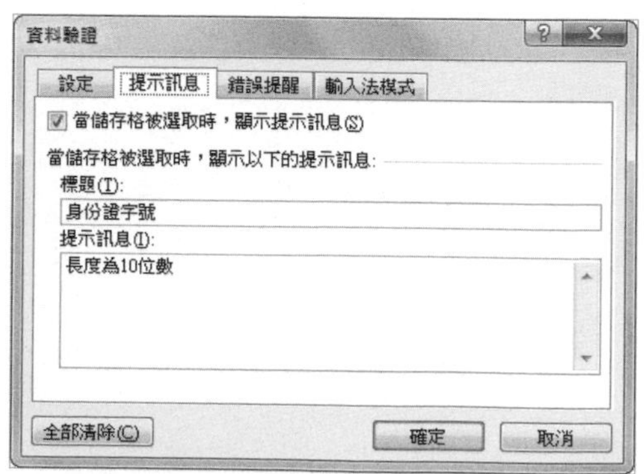

## Step 5 設定「錯誤提醒」

切換至〔錯誤提醒〕活頁標籤，在此活頁標籤下設定輸入錯誤時 Excel 將給出的警告內容。

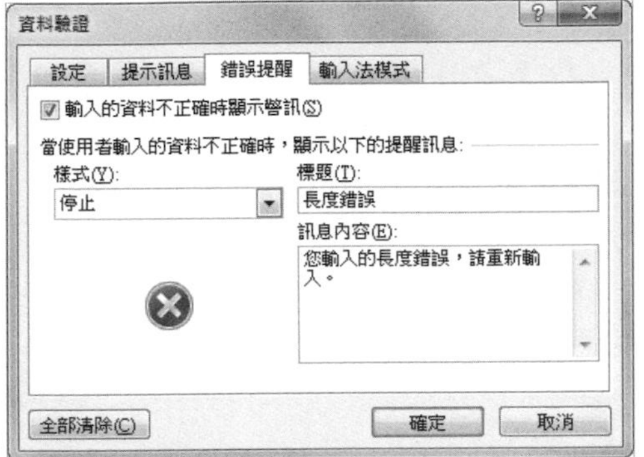


## Step 6 檢視輸入資訊提示效果

按一下〔確定〕按鈕，返回工作表中，選取 A2:A6 儲存格區域，即顯示提示信息。

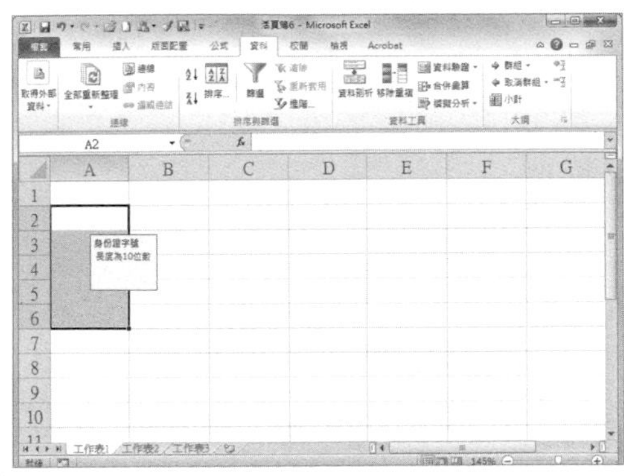

## Step 7 檢視錯誤提醒提示效果

輸入錯誤位數的數字時，將彈出警告對話框。

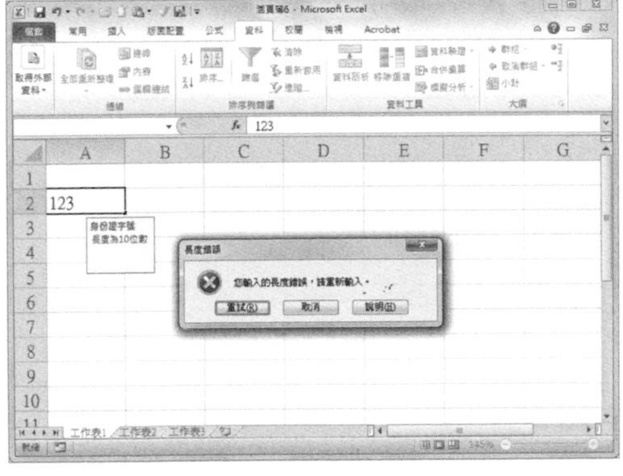

## Step 8 輸入正確資訊

按一下〔取消〕按鈕，重新輸入正確資料即可。

101

# 如何在輸入重複值時自動彈出提示？

在 Excel 表格中輸入身份證號、學號等具有惟一性的資料時，為了防止重複，可以設定在不小心重複輸入時，跳出警告訊息哦！來看看怎麼設定。

## Step 1 選取儲存格區域

開啟 Excel 活頁簿，選取需要輸入數據的儲存格區域。

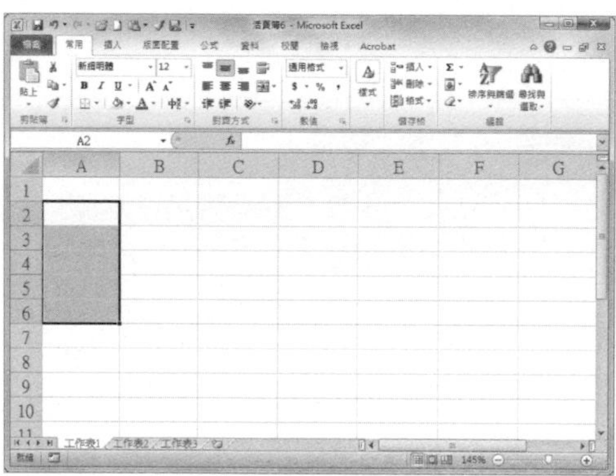

## Step 2 開啟「資料驗證」對話框

按一下〔資料〕活頁標籤下的「資料驗證」下拉選單，在下拉選單中選擇【資料驗證】選項。

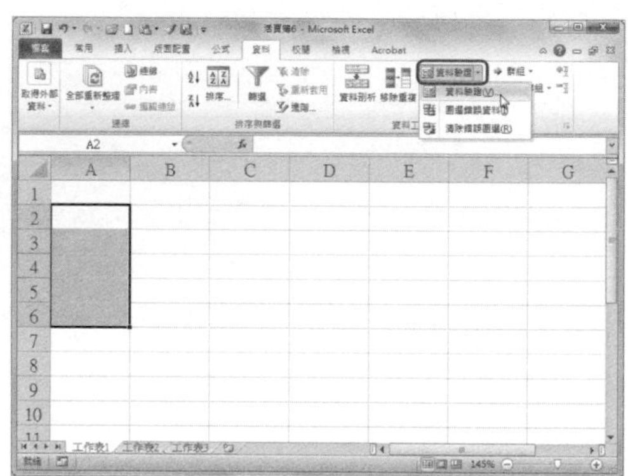

## Step 3 設定「有效性條件」

在「資料驗證」對話框中，切換至〔設定〕活頁標籤，按一下「儲存格內允許」下拉選單，選擇【自訂】選項，接著在「公式」框中輸入「=COUNTIF($A$2:$A$6,A2)=1」。

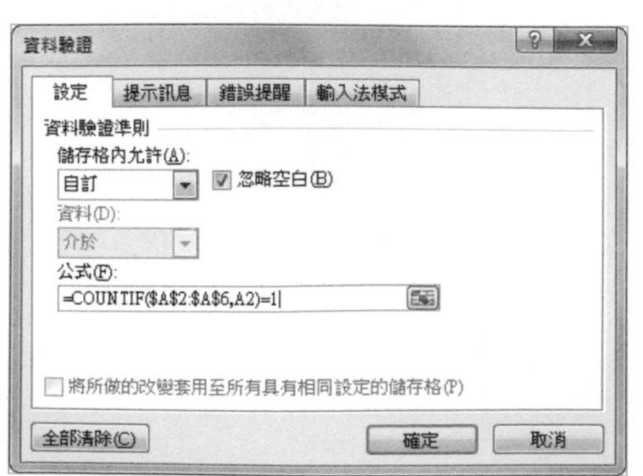


## Step 4 設定「提示訊息」

切換至〔提示訊息〕活頁標籤，在此設定選取儲存格準備輸入時，Excel 將給出的提示訊息。

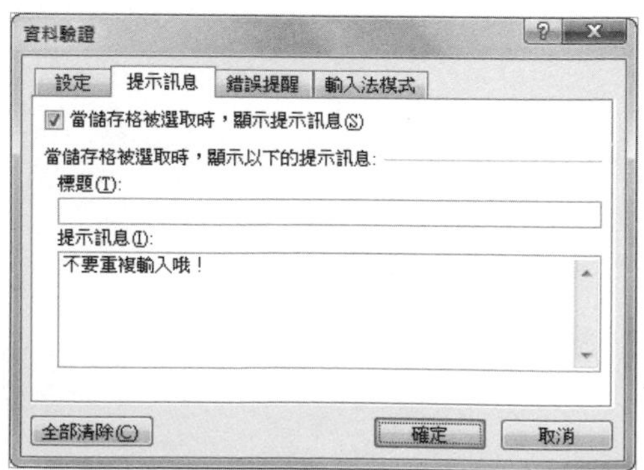

### Step 5 設定「錯誤提醒」

切換至〔錯誤提醒〕活頁標籤，在此活頁標籤下設定輸入錯誤時，Excel 將給出警告內容。

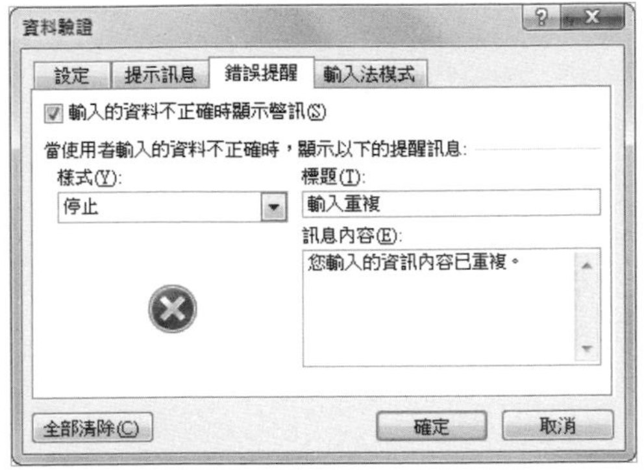


### Step 6 檢視效果

返回工作表，當輸入的資料重複時，會彈出剛才設定的錯誤提醒訊息，按一下〔取消〕按鈕即可重新輸入。

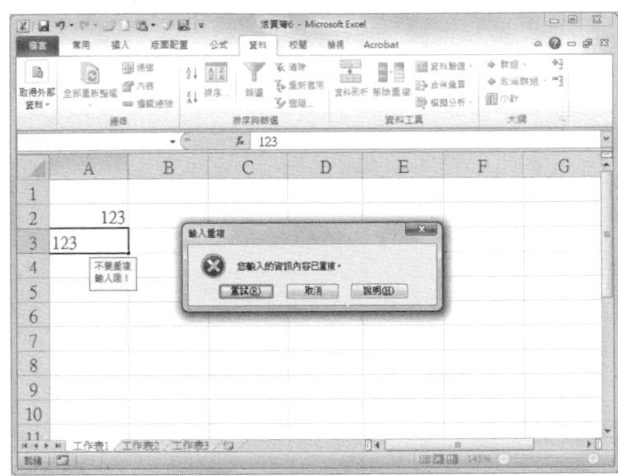

## 102 Q 如何建立下拉選單？

**A** 在製作工作表時，有時需要輸入性別、部門等只包含幾種選項的資料。例如性別只可能是「男」或「女」，此時可以設定下拉選單，進而提高輸入效率和準確率。

### Step 1 選擇儲存格區域

開啟 Excel 工作表，選擇 B2:B6 儲存格區域。

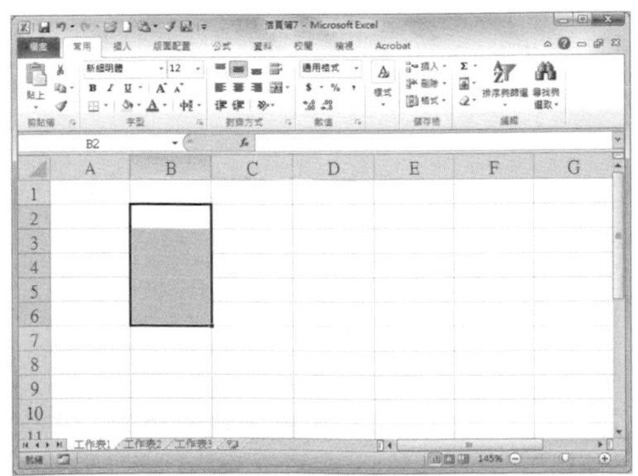

### Step 2 開啟「資料驗證」對話框

按一下〔資料〕活頁標籤下的「資料驗證」下拉選單，在下拉選單中選擇【資料驗證】選項。

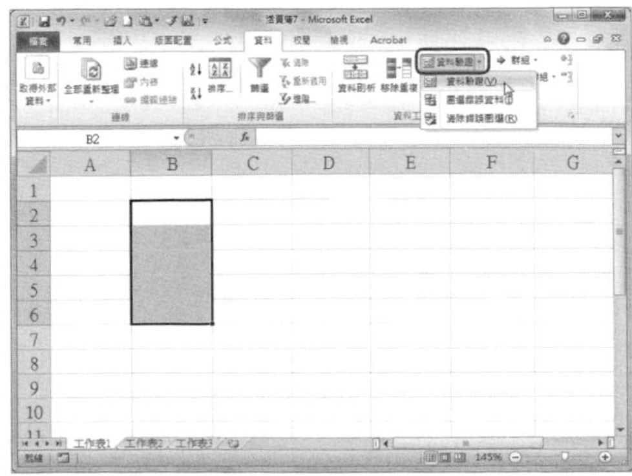

## Step 3 選擇「清單」選項

在「資料驗證」對話框中，切換至〔設定〕活頁標籤，按一下「儲存格內允許」下拉選單，選擇【清單】選項。

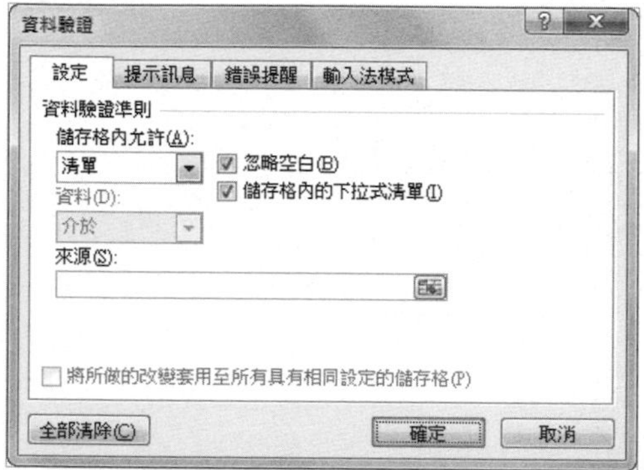


## Step 4 設定下拉選單選項內容

在「來源」文字方塊中輸入「男,女」，按一下〔確定〕按鈕，此處「男」與「女」之間應輸入英文半形狀態下的逗號。

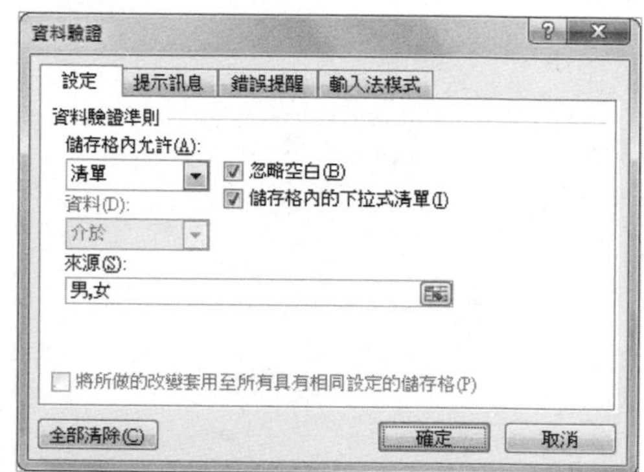


## Step 5 檢視下拉選單

選擇 B2 儲存格即會出現下拉選單，按一下下拉選單，即可看到在彈出的下拉選單中含有「男」和「女」兩個選項。

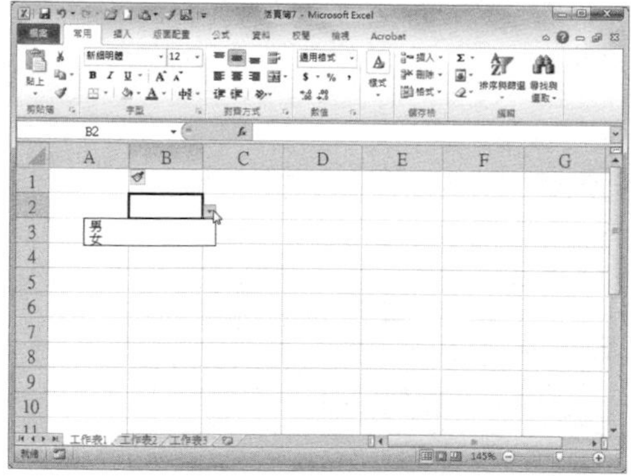


## Step 6 選擇輸入項

在下拉選單中選擇其中一個選項即可直接填滿儲存格。

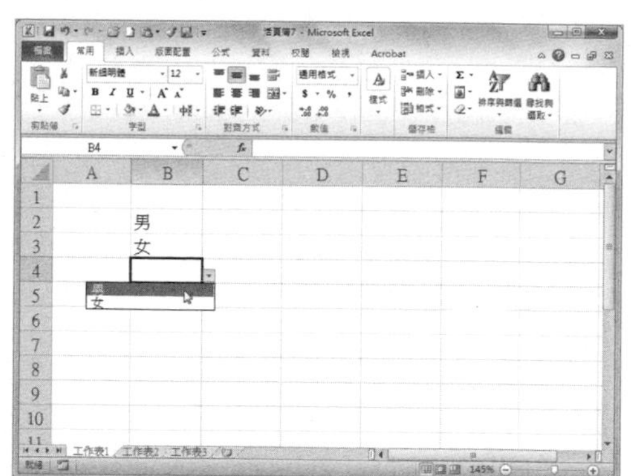

# 如何在多個儲存格中輸入相同內容？

日常工作中製作 Excel 表格時，有的儲存格內容是相同的，例如在客戶資料統計表中，有多個客戶是同一家公司的員工，此時即可利用此方法快速輸入相關資料。

### Step 1 選擇要輸入內容的儲存格

開啟 Excel 工作表，選擇要輸入相同內容的儲存格，此處選擇 A2、B3、C4 儲存格。

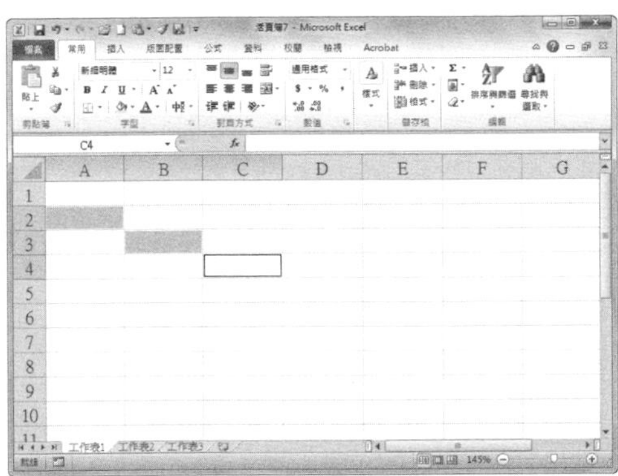

### Step 2 輸入相同內容

在目前資料編輯列中輸入文字，輸入完成後按下快速鍵〔Ctrl〕+〔Enter〕，此時可以看到，選取的儲存格中均已填入相同的內容。

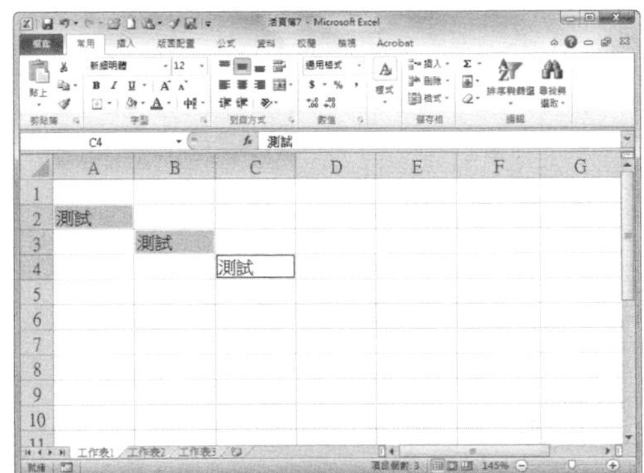


**提示**

**選取多個不相鄰儲存格的方法**

若想選取多個不相鄰的儲存格，只需在按住〔Ctrl〕鍵的同時按一下選擇儲存格即可。

# 104 Q 如何在多個工作表中同時輸入相同的表頭？

A 如果使用者需要在多個工作表中的相同位置輸入相同的表頭，可以使用下面的步驟來同時完成。

## Step 1 選取所有的工作表

開啟 Excel 活頁簿，按住〔Ctrl〕鍵的同時用滑鼠按一下選取需要輸入資料的所有工作表標籤。

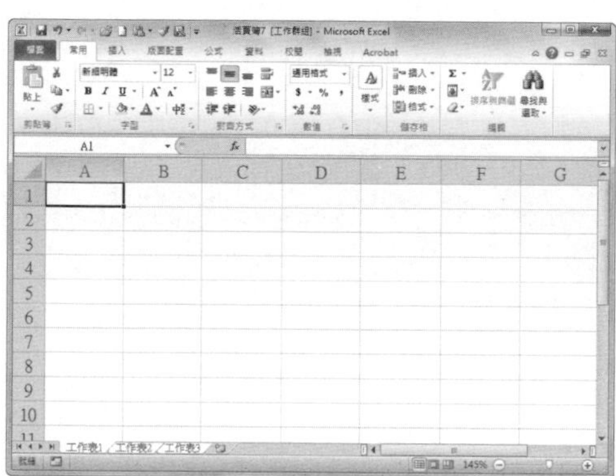

## Step 2 輸入表頭

在第一個工作表的表頭位置輸入表頭內容。

## Step 3 檢視效果

輸入完畢後，選取的工作表相同位置都會出現同樣的表頭內容。

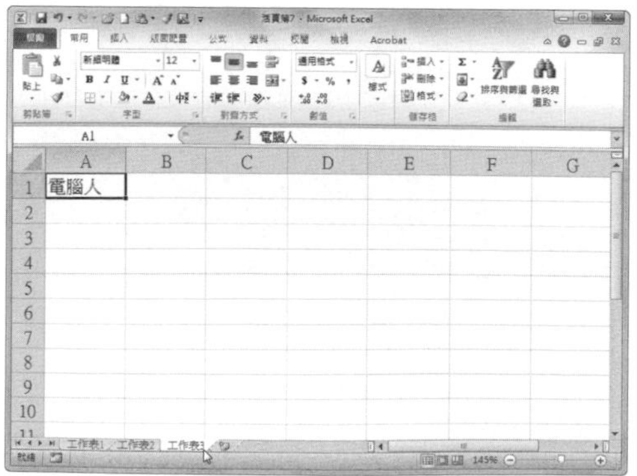

# 如何繪製斜線表頭？

有時候需要在 Excel 表格中繪製帶有斜線的表頭，表頭斜線上下均有文字，通常可採用文字方塊、上下標和中分三種方法，下面介紹利用上下標製作斜線表頭的方法。

**Step 1** 輸入文字

開啟新建的 Excel 工作表，在儲存格中輸入文字「序號　姓名」，「序號」和「名字」中間加兩個空格。

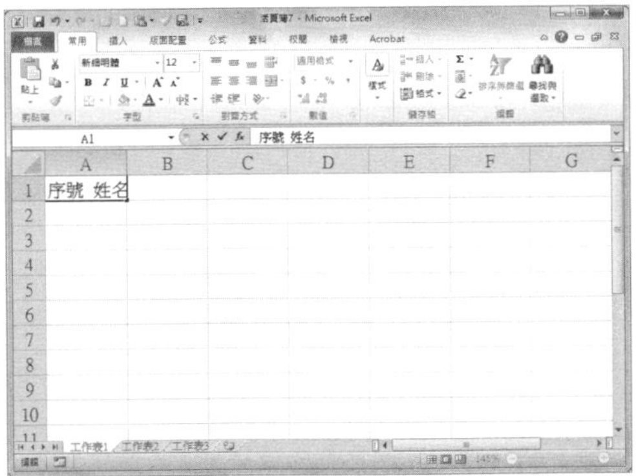


**Step 2** 開啟對話框

選取需要設定為下標的文字「序號」並按滑鼠右鍵，在彈出的快速選單中選擇【儲存格格式】。

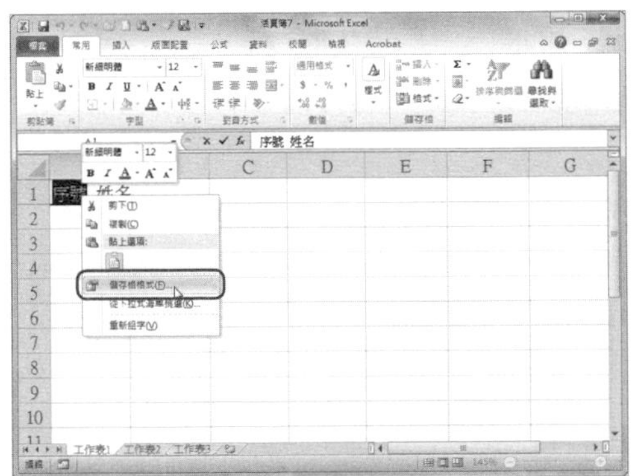


**Step 3** 設定下標

在「儲存格格式」對話框中，勾選「特殊效果」選項群組中的「卜標」核取方塊。

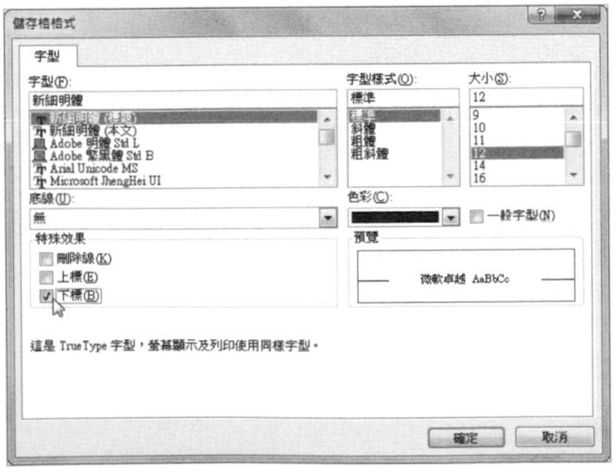


**Step 4** 設定為下標後的效果

按一下〔確定〕按鈕後，返回工作表，可看到選取的文字被設定為下標後的效果。

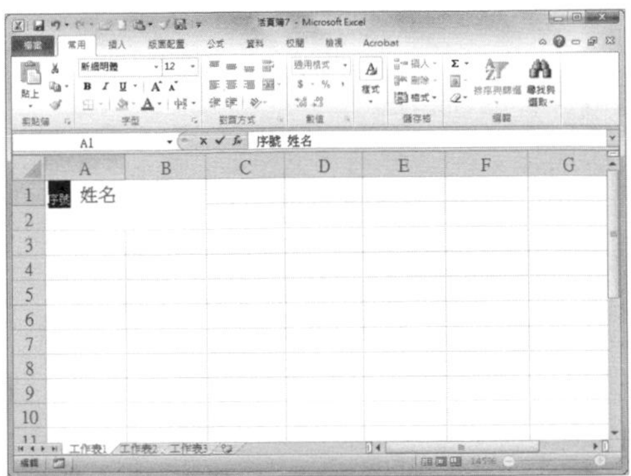

## Step 5 開啟對話框

接著選取文字「姓名」並按滑鼠右鍵，從快速選單中選擇【儲存格格式】。

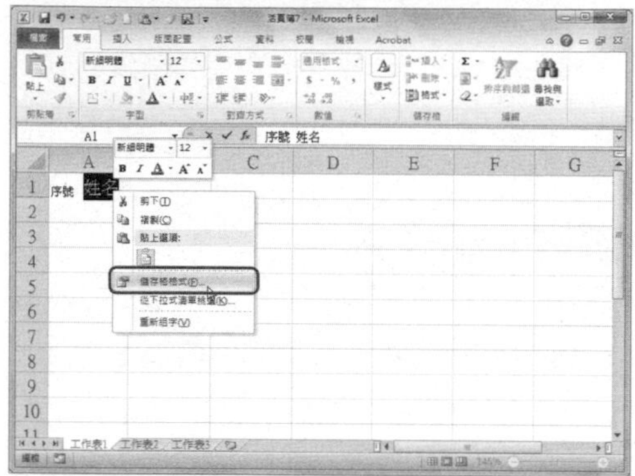

## Step 6 設定上標

在「儲存格格式」對話框中，勾選「特殊效果」選項群組中的「上標」核取方塊。

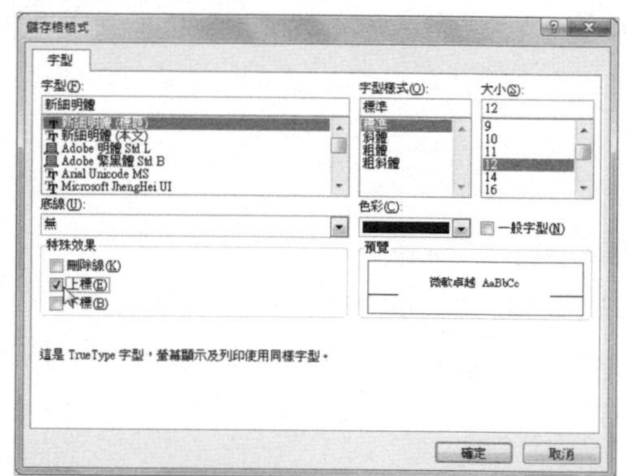

## Step 7 設定為上標後的效果

點選〔確定〕按鈕後，返回工作表，可以看到選取的文字被設定為上標。

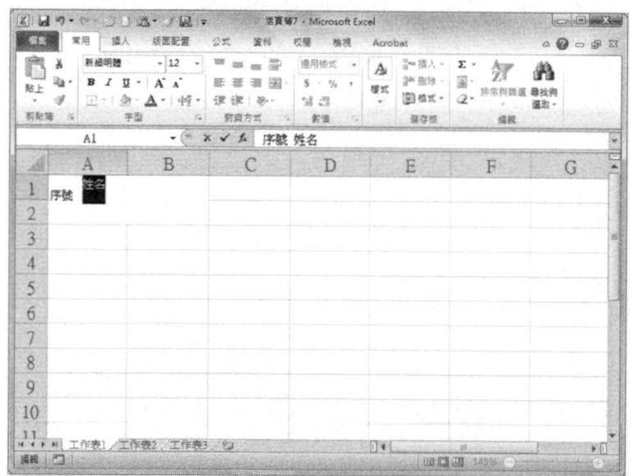

## Step 8 設定字型大小

選取文字，切換至〔常用〕活頁標籤，在「字型」選項群組中設定字型大小。

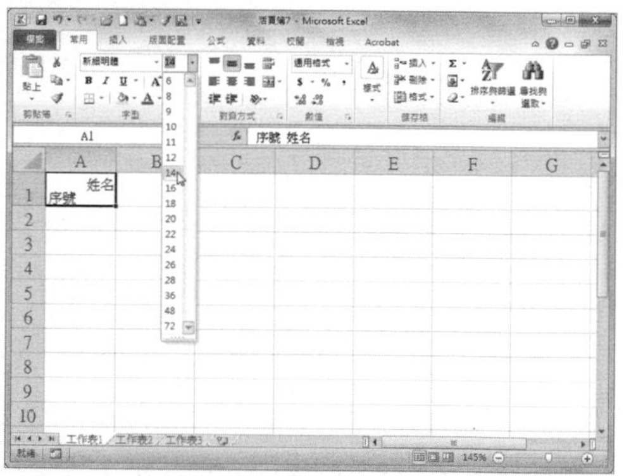

## Step 9 增加斜線

切換到〔插入〕活頁標籤按下〔圖案〕按鈕，從選單中選取【直線】後，在 A2 儲存格中繪製斜線即完成。

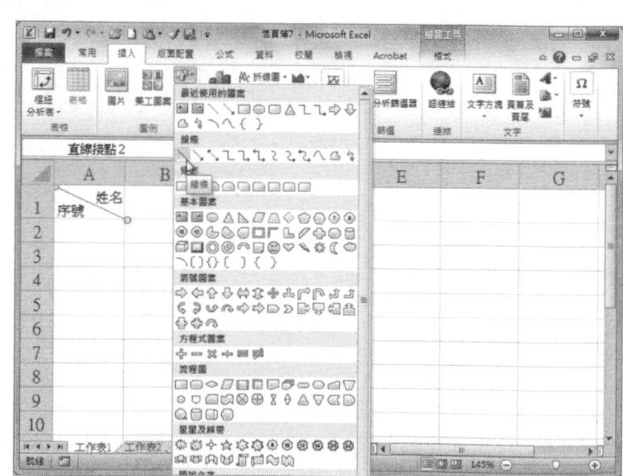

提示

**在表頭文字間增加空格的目的**

在步驟 1 中的表頭文字間加了兩個空格，可以使繪製出來的表頭文字不會離斜線太近，看起來更美觀。

106

## Q 如何輸入斜線表頭中的文字？

**A** 前面介紹了如何在儲存格中繪製斜線表頭，本技巧將介紹如何在繪製了斜線表頭的儲存格中輸入表頭文字。

**Step 1** 開啟繪制好斜線表頭的活頁簿

開啟 Excel 活頁簿後，先在表頭儲存格繪製斜線。

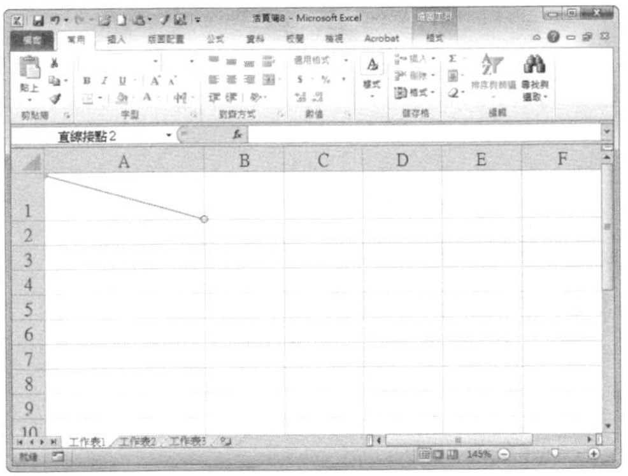

**Step 2** 輸入文字並強制換行

在儲存格中輸入「姓名」後，按下快速鍵〔Alt〕+〔Enter〕進行強制換行。

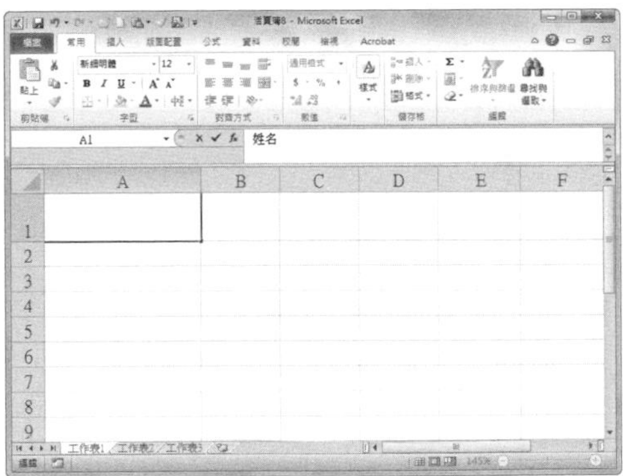

**Step 3** 檢視設定效果

接著輸入「月份」，再透過按空白鍵調整位置後，表頭文字就完成了。

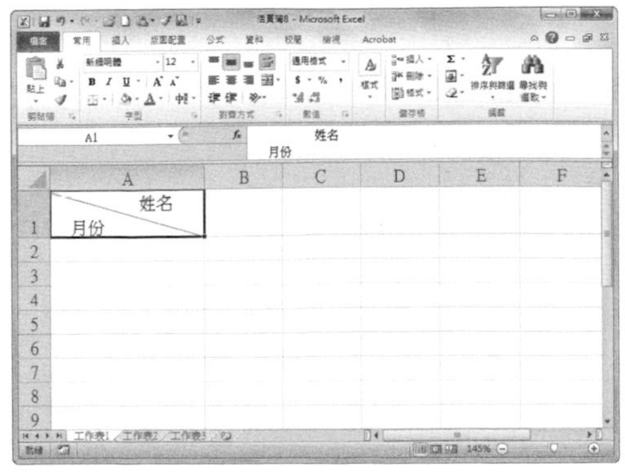

# 107 如何從後向前進行日期的自動填滿？

在製作 Excel 表格時，有時需要從後向前進行日期的自動填滿。

## Step 1 輸入起始儲存格中的日期

開啟 Excel 文件，設定要輸入日期的起始儲存格的格式為日期格式，然後輸入第一個日期，此處在 A2 儲存格中輸入「2013/12/31」。

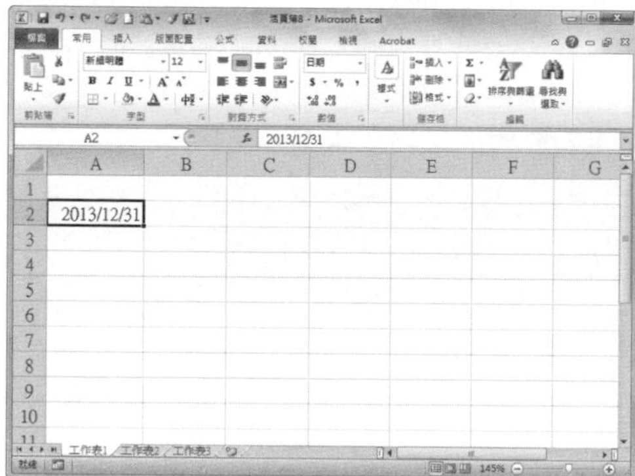


## Step 2 開啟「清單」對話框

選取包含起始儲存格在內的需要填滿日期的儲存格區域，按一下〔常用〕活頁標籤下的〔填滿〕按鈕，從下拉選單中選擇【數列】。

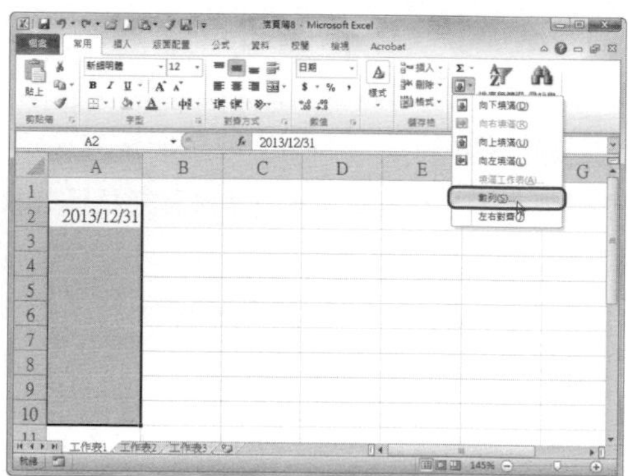


## Step 3 設定參數

在「數列」對話框的「類型」中選取「日期」選項，在「日期單位」選項區選取「日」選項，設定「間距值」為「-1」。

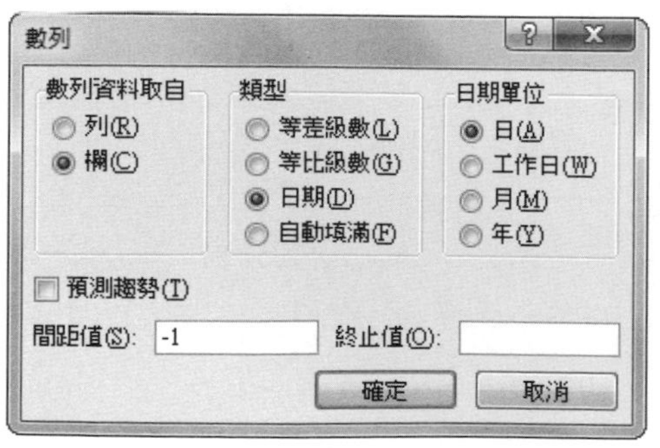


## Step 4 檢視填滿效果。

按一下〔確定〕按鈕後，返回工作表，可以看到選取的儲存格區域已經自動從後向前填滿了日期。

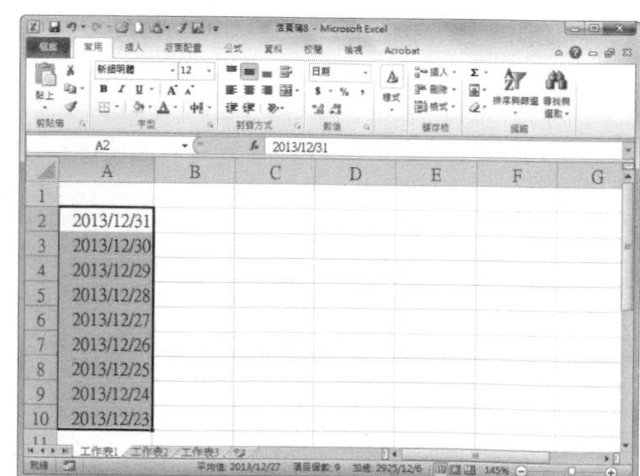

**提示**

**設定填滿間隔**

填滿時，在「數列」對話框中可以透過「間距值」指定間隔大小，上面步驟 3 中設定為 -1，即表示從後向前間隔一日進行填滿，以此類推。

## 108 Q 如何自動輸入小數點？

**A** 在日常工作中，經常需要輸入小數點，我們可以應用自動輸入小數點的功能，來提高工作效率。下面介紹設定自動輸入小數點的方法。

### Step 1 開啟「Excel 選項」對話框

新增一個 Excel 活頁簿，按一下〔檔案〕活頁標籤，選擇「選項」。

### Step 2 設定插入小數點

切換至〔進階〕選項，勾選「自動插入小數點」核取方塊，在「小數位數」框中設定位數。

### Step 3 輸入數字

按一下〔確定〕按鈕返回工作表中，輸入資料後按下〔Enter〕鍵，Excel 將自動插入小數點。

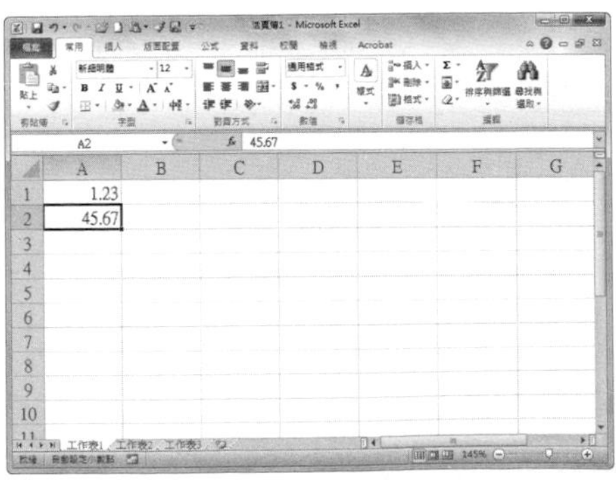

109

# Q 如何自動幫數值加上單位？

A 在 Excel 2010 中，使用者有時需要在輸入的數值後面加上單位。對於少量的單位，我們可以直接輸入，如果是大量的話，要逐一輸入就太麻煩了，下面我們就來介紹自動幫數字加上單位的方法。

## Step 1 開啟對話框

開啟 Excel 工作表，選擇需要增加相同單位的儲存格區域，按下快速鍵〔Ctrl〕+〔1〕。

## Step 2 設定單位

在彈出的「儲存格格式」對話框中切換至〔數值〕活頁標籤，選擇「類別」方塊中的【自訂】，再在「類型」方框中輸入「# 自訂單位」。

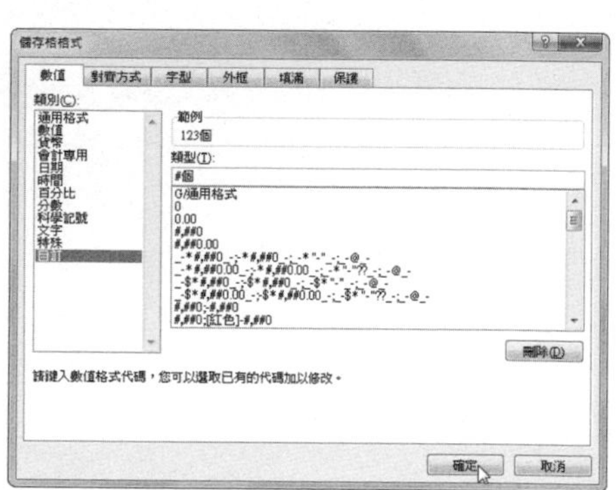

## Step 3 檢視效果

按一下〔確定〕按鈕，返回工作表中，可以看到所選儲存格區域中的資料，已經自動增加我們自訂的單位。

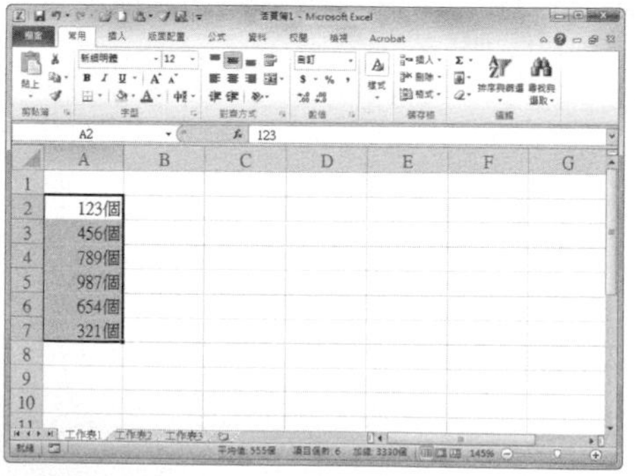

# 如何插入「√」之類的符號？

我們在使用 Excel 進行儲存格輸入時，有時候需要輸入一些特殊符號，例如根號「√」，下面就來介紹如何插入這些特殊的符號。

## Step 1 開啟「符號」對話框

開啟 Excel 工作表，選取需要插入符號的儲存格，切換至〔插入〕活頁標籤，在「符號」選項群組中按一下〔符號〕按鈕。

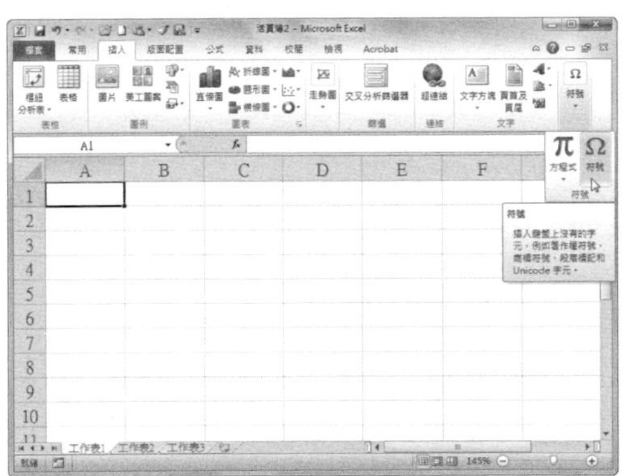

## Step 2 插入符號

在彈出的「符號」對話框中切換至〔符號〕活頁標籤，在符號清單方塊中選擇「√」，按一下〔插入〕按鈕。

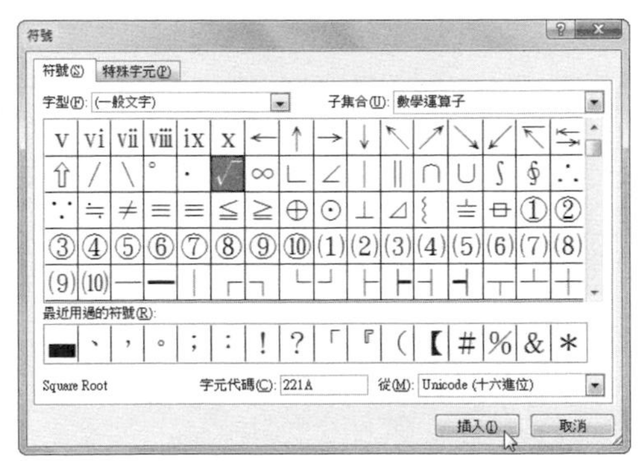

## Step 3 檢視效果

按一下「關閉」按鈕，返回工作表中，可以看到所選儲存格中已插入了「√」符號。

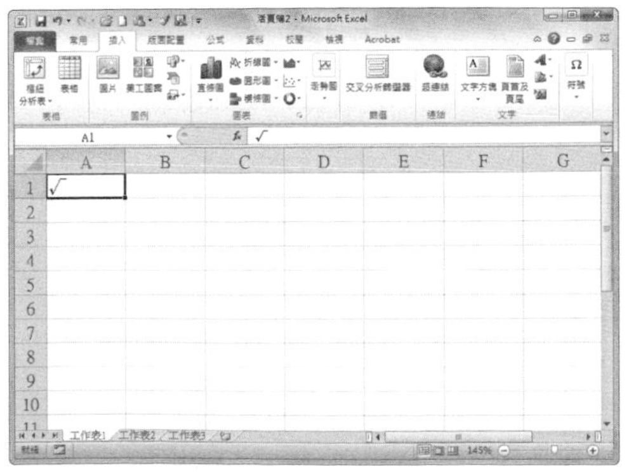

### 提示

**快速插入「√」符號**

「√」是 Excel 中常用的符號，對於這種使用頻率較高的符號，也可以使用下列方法：按住〔Alt〕鍵，然後在數字鍵盤依序輸入代碼「41420」，然後鬆開〔Alt〕鍵，就能快速插入「√」符號了。

## 111 Q 如何清除開啟文件的歷史記錄？

**A** 當使用 Excel 2010 開啟過若干活頁簿後，按一下〔檔案〕活頁標籤，選擇「最近」選項就會看到右邊窗格中會列出最近使用過的文件列表。如果想將使用記錄保密，可以自行設定不顯示開啟文件的歷史記錄。

### Step 1 開啟「Excel 選項」對話框

開啟任意一個活頁簿，按一下〔檔案〕活頁標籤，選擇「選項」。

### Step 2 設定列表中的檔個數

切換「Excel 選項」對話框至〔進階〕選項，在「顯示」區域中設定「顯示在 [ 最近的文件 ] 之文件數」為「0」。

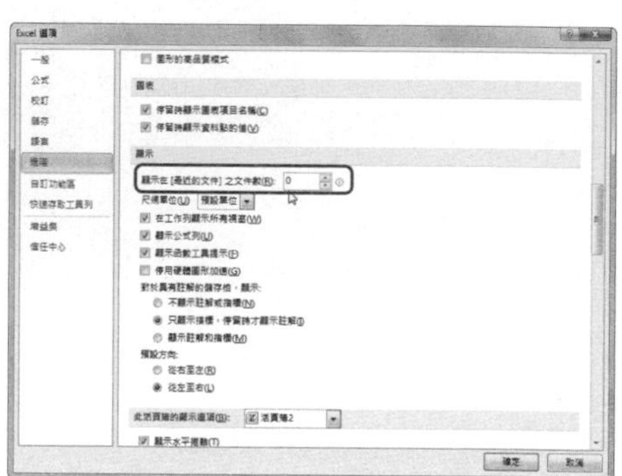

### Step 3 檢視效果

按一下〔確定〕按鈕，返回 Excel 活頁簿中，按一下〔檔案〕活頁標籤，選擇「最近」選項，可以看到清單中不再顯示開啟過的文件。

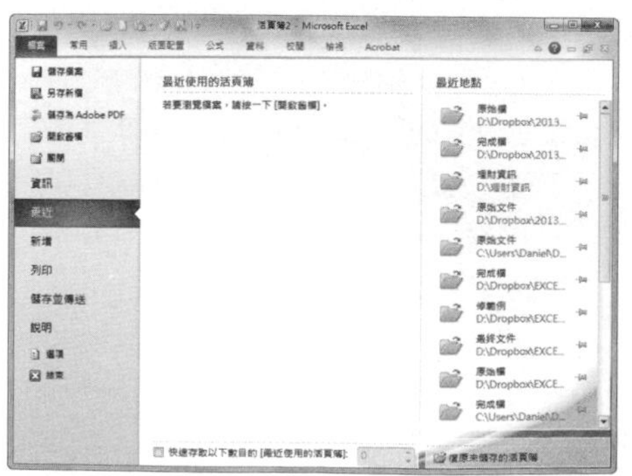

# 職人技 6　資料編輯技巧

在 Excel 2010 中輸入資料後，還需要對這些資料進行編輯，包括對齊儲存格文字、自訂資料格式、對儲存格內文字進行繁簡轉換和中英翻譯等，本職人技將詳細介紹資料編輯的操作技巧。

## 112 如何轉換表格欄列？

在 Excel 中，我們可以根據需要將表格的欄轉換為列，或者把列轉換成欄，下面介紹轉換表格欄列的方法。

**Step 1** 選擇需要轉換欄列的區域

開啟要轉換的工作表，選擇需要轉換欄列的儲存格區域。

**Step 2** 複製選取的行內容

切換至〔常用〕活頁標籤，在「剪貼簿」選項群組中按一下〔複製〕按鈕，複製選取內容。

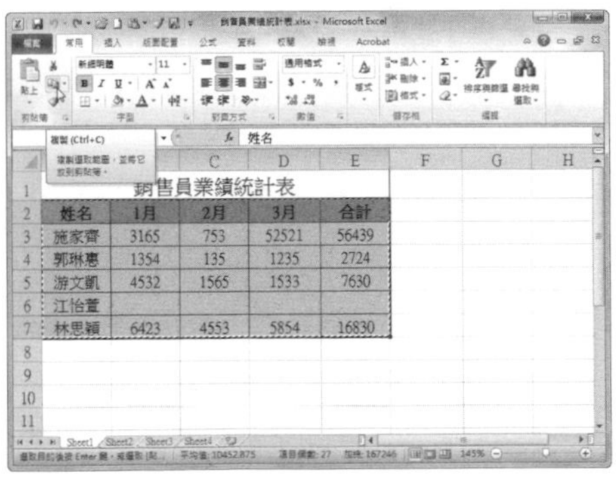

**Step 3** 開啟「選擇性貼上」對話框

按一下要轉換區域的儲存格並按滑鼠右鍵，在彈出的快速選單中選擇【選擇性貼上】。

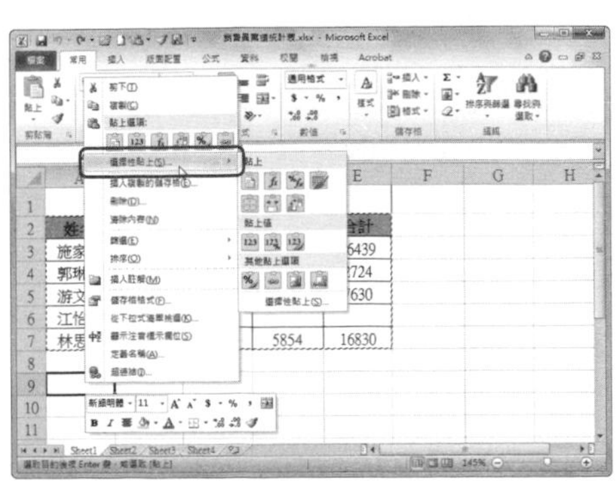

### Step 4 進行「轉置」設定

在開啟的「選擇性貼上」對話框中，勾選「轉置」核取方塊後按下〔確定〕。

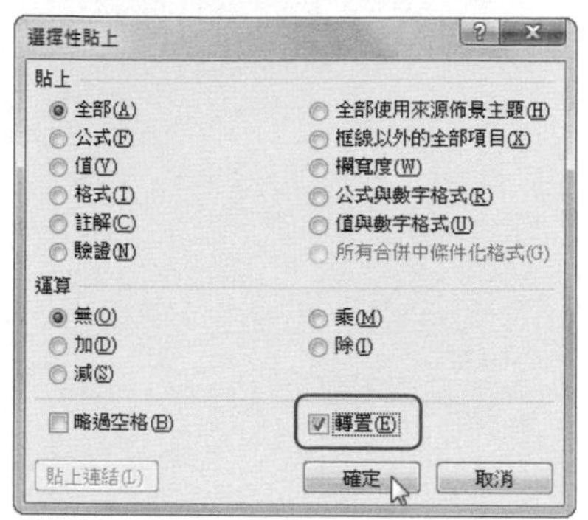


### Step 5 檢視效果

返回工作表，即可看到原來的儲存格內容，欄列位置已互相交換了。

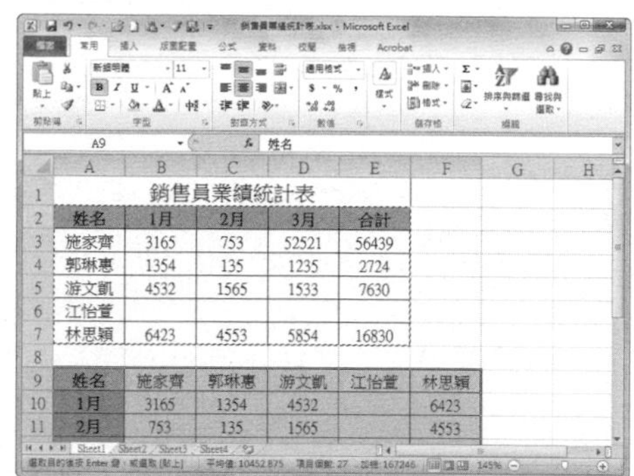

## 113 Q 如何一鍵轉換繁簡字？

**A** Excel 2010 提供了在儲存格內編輯文字時進行繁簡字轉換的功能，利用這一功能可以直接在工作表中將繁體中文轉換成簡體中文，或將簡體中文轉換成繁體中文。

### Step 1 開啟「中文繁簡轉換」對話框

選取要進行繁簡轉換的儲存格區域，切換至〔校閱〕活頁標籤，按一下「中文繁簡轉換」選項群組中的「繁簡轉換」按鈕。

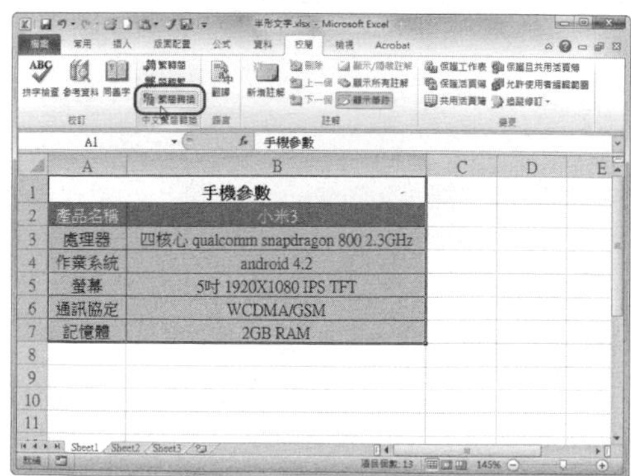


### Step 2 進行「轉換方向」設定

在彈出的「中文繁簡轉換」對話框中，在「翻譯方向」選項群組下點選要轉換的選項按鈕，然後點選〔確定〕按鈕。

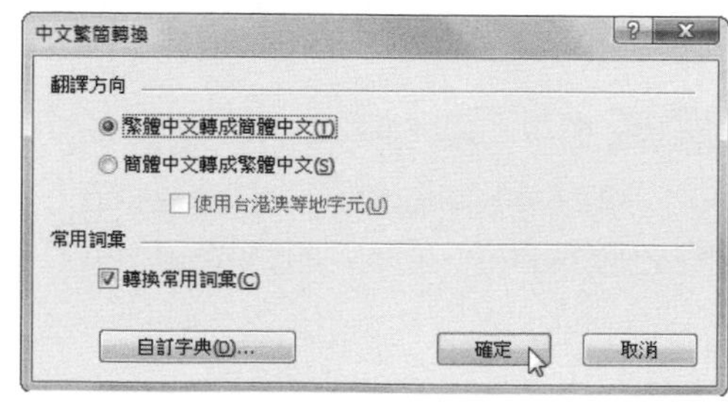

### Step 3 檢視轉換效果

返回工作表，可以看到原來的中文繁體已轉換為中文簡體，簡單的詞彙也跟著進行轉換了。

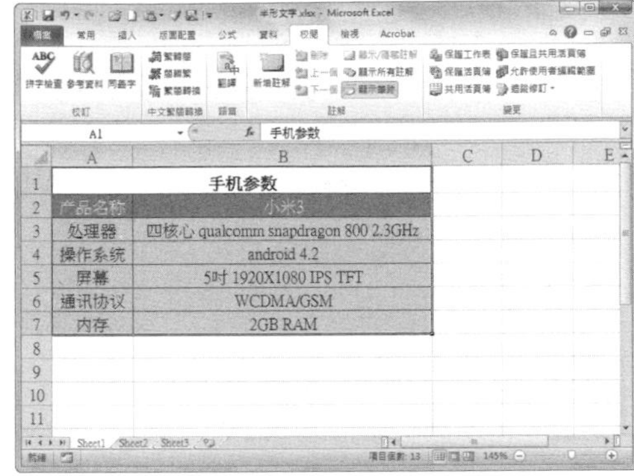


**提示**

**轉換後文件無法恢復，需先儲存文件**

完成步驟 2 的操作後，會彈出一個提示轉換後文件無法恢復，要先儲存活頁簿的訊息。如果已經儲存活頁簿，則按一下〔是〕按鈕即可。

## 114 Q 如何快速將全形字元取代為半形字元？

第 1 章 \ 原始檔 \ 全形文字 .xlsx
第 1 章 \ 完成檔 \ 全形文字轉半形文字 .xlsx

當 Excel 表格中沒有統一字元的全形、半形時，我們可以使用 ASC 函數來將全形字元統一轉換成半形字元。

### Step 1 開啟原始檔

開啟「全形文字 .xlsx」活頁簿後，選取要轉換的儲存格 C3。

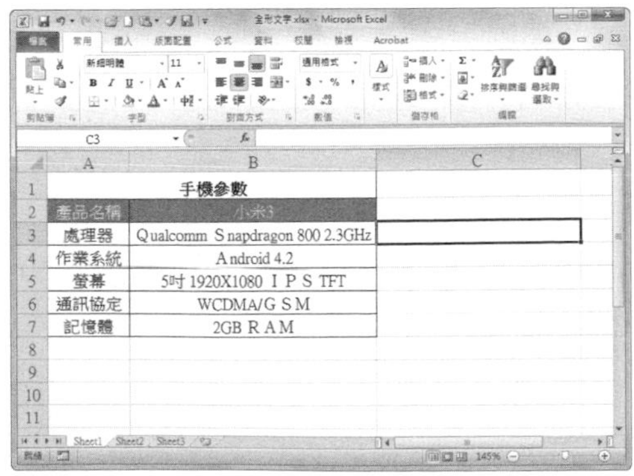


### Step 2 將半形取代為全形

在資料編輯列中輸入公式「=ASC(B3)」後，按下〔Enter〕鍵。

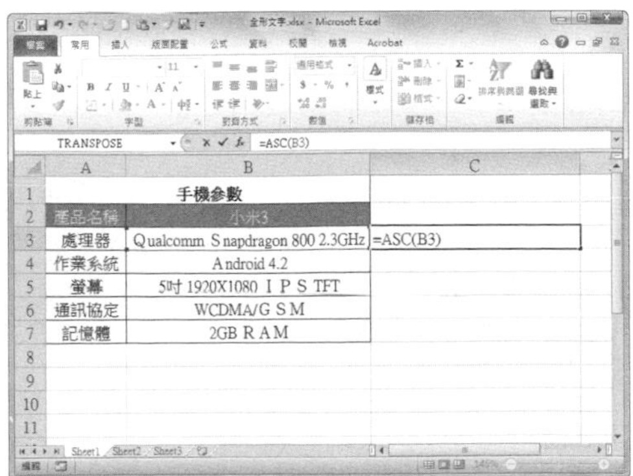

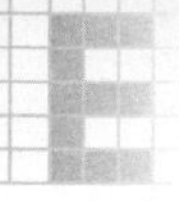



## Step 3 複製公式並檢視結果

將游標移至右下角，待出現十字游標時，按住滑鼠左鍵向下拖曳至 C7 儲存格，即可將所有全形字元轉換成半形字元。

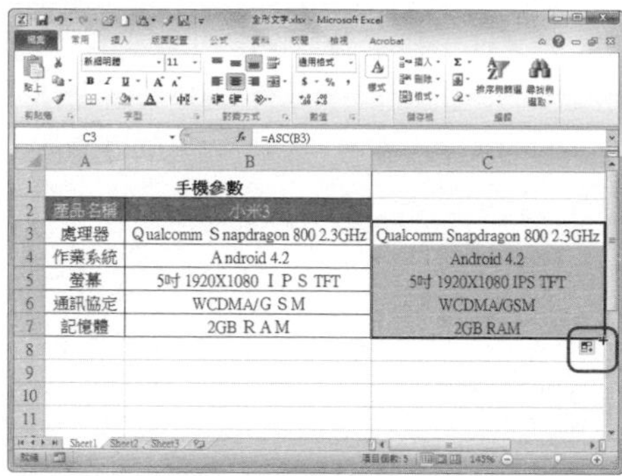


**提示**

**ASC 函數的語法結構**

ASC 函數的語法結構為 ASC (text)。

該函數用於將全形（雙位元）字元變更為半形（單位元）字元。text 為文字或對包含要變更文字的儲存格的參照。指定的文字儲存格只能有一個，不能指定為儲存格區域，否則返回錯誤值「#VALUE！」。

# 如何在 Excel 中進行中英翻譯？

Excel 2010 的參考資料中有中英翻譯的功能，可直接使用該功能來進行翻譯。

## Step 1 開啟參考資料窗格

開啟工作表，選取要翻譯的儲存格，切換至〔校閱〕活頁標籤，按一下「語言」選項群組中的〔翻譯〕按鈕。

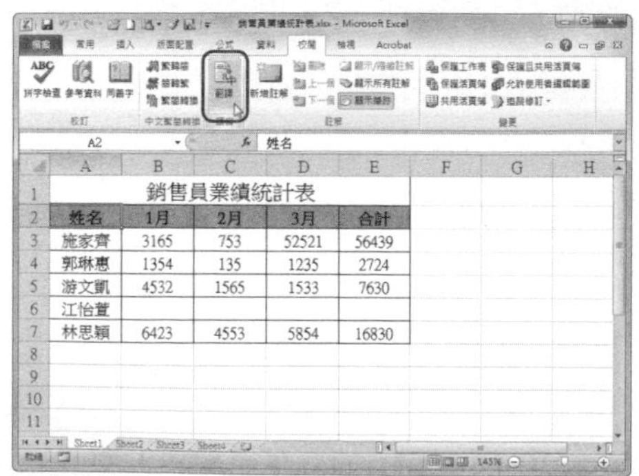


## Step 2 進行中英翻譯設定

在視窗右側出現「參考資料」窗格，在「搜尋目標」文字方塊中會自動帶出剛才的儲存格內容，按一下「翻譯」下拉選單，從中選擇【英文協助：繁體中文（台灣）】。

**Step 3** 檢視翻譯結果

此時，在「參考資料」窗格下方即會出現所選內容的翻譯訊息，英翻中的方法與此相同。

# 116 Q 如何變更儲存格中內容的對齊方式？

**A** 儲存格中的內容可以採用各種對齊方式，包括靠左對齊、靠右對齊和居中等。一般來說，表格標題多半會使用居中方式，表格中的內容對齊方式則可根據情況進行設定。

**Step 1** 輸入儲存格內容

開啟工作表後，選取要改變對齊方式的儲存格。

**Step 2** 設定置中對齊

按下快速鍵〔Ctrl〕＋〔1〕，開啟「儲存格格式」對話框，切換至〔對齊方式〕活頁標籤，點選「水平」下拉選單，並選取【置中對齊】。

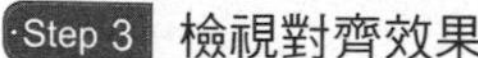

### Step 3 檢視對齊效果

按一下〔確定〕按鈕，返回活頁簿中，此時可以看到儲存格的文字已置中對齊。

| 銷售員業績統計表 | | | | |
|---|---|---|---|---|
| 姓名 | 1月 | 2月 | 3月 | 合計 |
| 施家齊 | 3165 | 753 | 52521 | 56439 |
| 郭琳惠 | 1354 | 135 | 1235 | 2724 |
| 游文凱 | 4532 | 1565 | 1533 | 7630 |
| 江怡萱 | | | | |
| 林思穎 | 6423 | 4553 | 5854 | 16830 |

**提示**

**快速設定對齊方式**

選取要設定的儲存格或儲存格區域，切換至〔常用〕活頁標籤，在「對齊方式」選項群組中選擇相應的對齊方式按鈕，可快速設定文字的對齊方式，包括「靠上對齊」、「置中對齊」「靠下對齊」、「靠左對齊」「置中」和「靠右對齊」等。

## 117 Q 如何為儲存格中的文字增加注音注釋？

**A** 在 Excel 2010 中有替文字增加注音的功能，可以為某些生冷的中文字加上注音注釋。下面我們介紹如何幫文字添加注音吧！

### Step 1 選擇「編輯注音」選項

選取要增加注音的儲存格後，切換至〔常用〕活頁標籤，按一下「字型」群組中的「顯示或隱藏注音標示欄位」下拉選單，選擇【編輯注音標示】。

### Step 2 輸入注音符號

這時將進入注音編輯狀態，手動輸入注音符號，輸入完成後按下〔Enter〕鍵確認。

| ㄒㄧㄠ 銷售員業績統計表 | | | | |
|---|---|---|---|---|
| | | | | |
| 施家齊 | 3165 | 753 | 52521 | 56439 |
| 郭琳惠 | 1354 | 135 | 1235 | 2724 |
| 游文凱 | 4532 | 1565 | 1533 | 7630 |
| 江怡萱 | | | | |
| 林思穎 | 6423 | 4553 | 5854 | 16830 |

### Step 3 設定顯示注音的欄位

切換至〔常用〕活頁標籤，按一下「字型」群組中的「顯示或隱藏注音欄位」下拉選單，並選取【顯示注音標示欄位】選項。

### Step 4 檢視效果

返回工作表中，即會在工作表中顯示剛剛輸入的注音符號了。

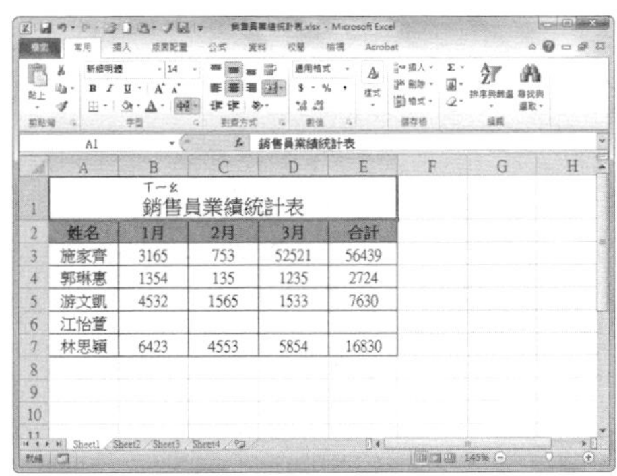


**提示**

**調整列高使文字和注音都能顯示**

如果儲存格列高較低，輸入的注音可能顯示不完全，所以設定顯示注音後，可以調整一下列高，使儲存格內文字內容和注音都能看得見。

## 118 Q 如何取消 Excel 的自動完成功能？

A 我們在儲存格中輸入某一資訊後，下次再輸入類似資訊時，Excel 會自動彈出之前的資訊。如果這不是我們想要的資訊，就可以取消 Excel 的自動完成功能。

### Step 1 檢視原效果

開啟工作表，由於開啟自動完成功能，在 B8 儲存格輸入「施」字後，Excel 自動彈出「家齊」兩個字。

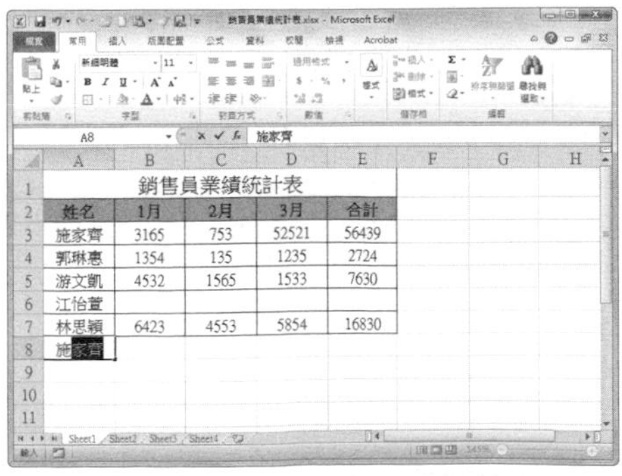

**Step 2** 取消自動完成功能

按一下〔檔案〕活頁標籤，選擇「選項」，在彈出的「Excel 選項」對話框中切換至〔進階〕選項，取消勾選「編輯選項」下的「啟用儲存格值的自動完成功能」核取方塊。

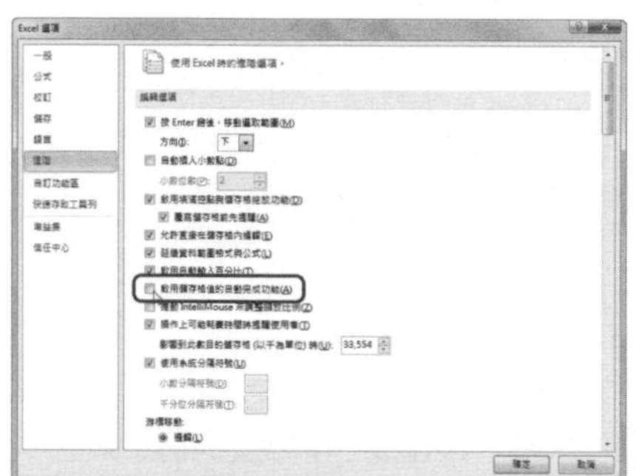

**Step 3** 檢視取消自動完成功能的效果

再次在儲存格中輸入「施」字，可以看到 Excel 已經不會自動完成了。

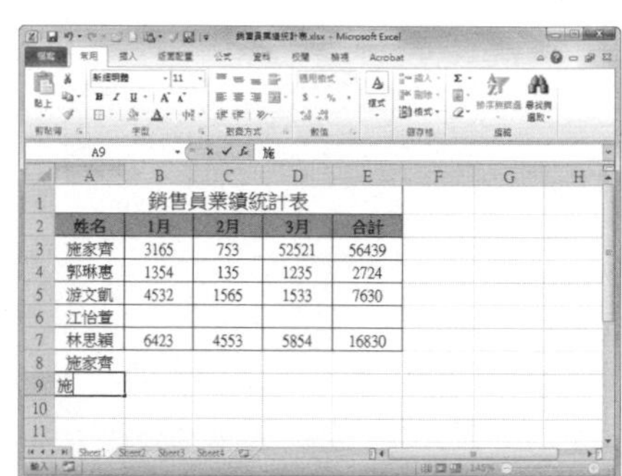

| | A | B | C | D | E |
|---|---|---|---|---|---|
| 1 | 銷售員業績統計表 | | | | |
| 2 | 姓名 | 1月 | 2月 | 3月 | 合計 |
| 3 | 施家齊 | 3165 | 753 | 52521 | 56439 |
| 4 | 郭琳惠 | 1354 | 135 | 1235 | 2724 |
| 5 | 游文凱 | 4532 | 1565 | 1533 | 7630 |
| 6 | 江怡萱 | | | | |
| 7 | 林思穎 | 6423 | 4553 | 5854 | 16830 |
| 8 | 施家齊 | | | | |
| 9 | 施 | | | | |

**提示**

### 重新啟用自動完成功能

自動完成功能在需要輸入很多重複性文字時，會給我們的工作帶來很大便利。若想重新啟用 Excel 的自動完成功能，則按一下〔檔案〕活頁標籤，選擇「選項」，開啟「Excel 選項」對話框，在〔進階〕選項中的「編輯選項」下再次勾選「啟用儲存格值的自動完成功能」核取方塊即可。

## Q 如何變更儲存格內文字的排列方向？

**A** 在 Excel 表格中輸入文字後，有時需要對儲存格內的文字進行重新排列，調整文字的方向為橫排或直排，下面介紹方法。

**Step 1** 開啟「儲存格格式」對話框

開啟活頁簿之後，選擇需要調整格式的儲存格並按滑鼠右鍵，在快速選單中選擇【儲存格格式】。

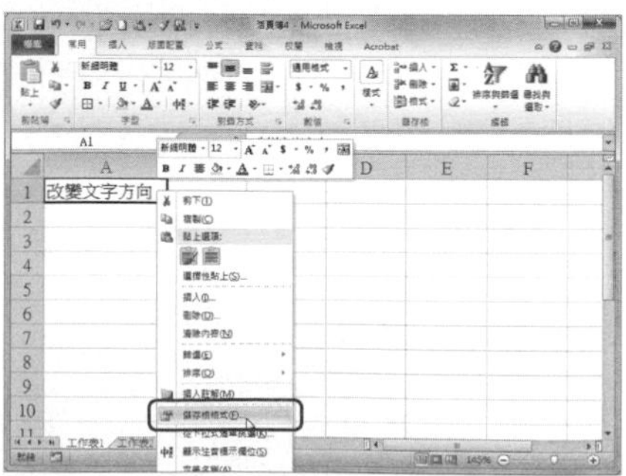

**Step 2** 設定文字方向

在開啟的「儲存格格式」對話框中，切換至〔對齊方式〕活頁標籤，在右側「方向」上選擇要調整的角度。

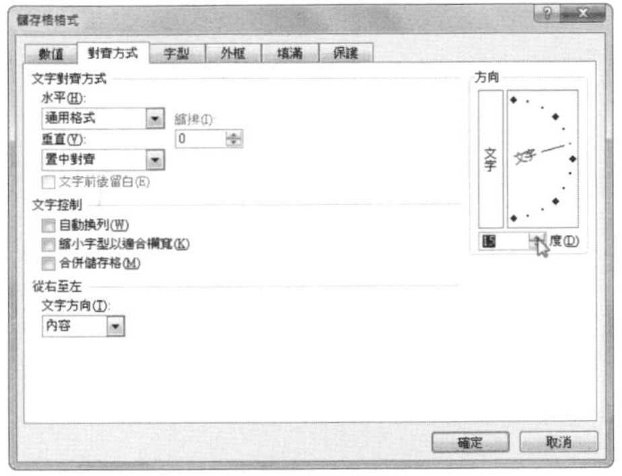

**Step 3** 檢視設定效果

按一下〔確定〕按鈕，返回工作表中，此時工作表中所選儲存格區域的文字方向已變更為剛才設定的方向。

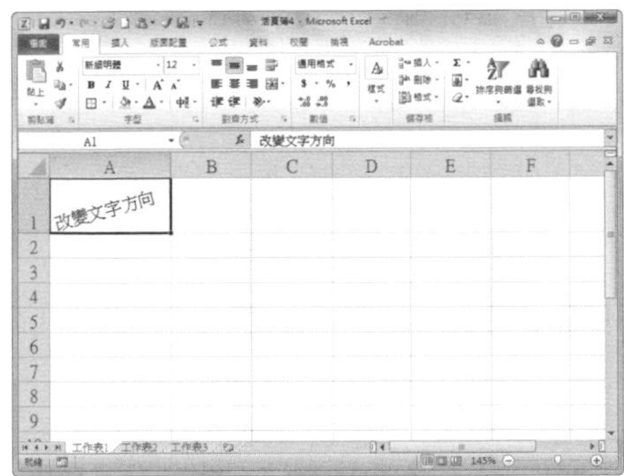

## 120 Q 如何用資料橫條長短來表現數值的大小？

第 1 章 \ 原始檔 \ 銷售員業績統計 .xlsx
第 1 章 \ 完成檔 \ 銷售員業績統計表 .xls

**A** 在 Excel 中，如果希望能夠一目瞭然地檢視每列資料的大小情況，可以幫資料套用「資料橫條」條件樣式，資料橫條的長度即表示儲存格中數值的大小，輕鬆獲悉資料中的最大值或最小值。

**Step 1** 選取要設定的儲存格區域

開啟「銷售員業績統計 .xlsx」後，選取要設定數據條格式的儲存格區域。

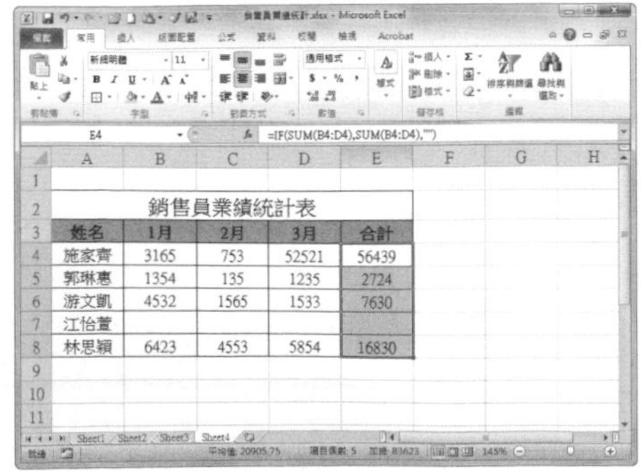

**Step 2** 設定資料橫條色彩

在〔常用〕活頁標籤中，按一下「樣式」選項群組中的〔設定格式化的條件〕按鈕，在下拉選單中選擇【資料橫條】，並在其子列表中選擇要設定的資料橫條色彩。

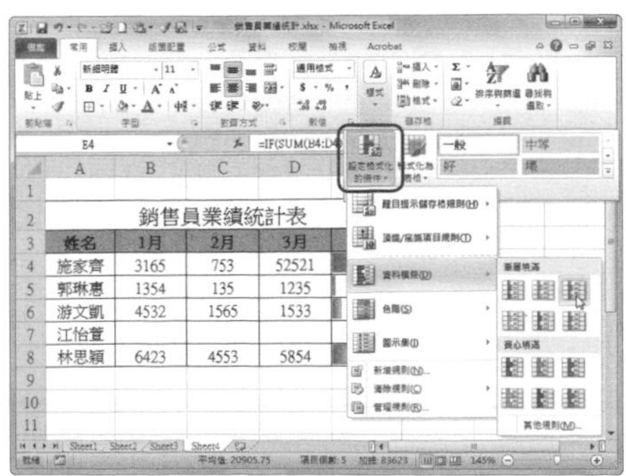

### Step 3 檢視設定效果

返回工作表，可以看到此時所選的儲存格區域已根據數值大小顯示出長短不同的資料橫條。

## Q121 如何快速檢視 Excel 中相距較遠的兩欄資料？

**A** 在 Excel 中，若要將距離較遠的兩列資料（如 A 欄與 Z 欄）進行對比，只能不停地移動表格窗內的水平捲軸來分別檢視，這樣的操作非常麻煩而且容易出錯。進行下面的操作可以將一個資料表分為兩個，讓相距較遠的資料一起顯示。

### Step 1 開啟工作表

開啟工作表，將游標移至工作表底部水平捲軸最右側，此時游標會變成雙向箭頭。

### Step 2 將工作表一分為二

按住滑鼠左鍵向左拖曳，會發現整個工作表被一分為二，出現兩個窗格。

### Step 3 檢視 A 欄和 Z 欄資料

此時，可以繼續拖曳滑鼠讓一個窗格顯示 A 欄資料，另一個窗格顯示 Z 欄資料，進而輕鬆地比對兩欄的資料。

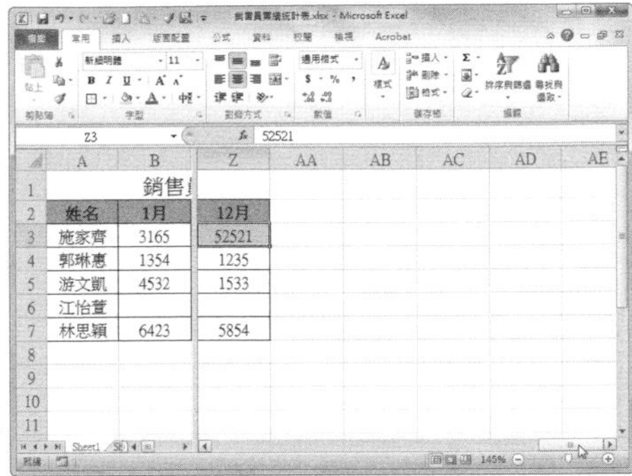

## 如何為儲存格增加註解？

在檢視工作表時，可能會對工作表中的一些資料或內容產生疑問，或者需要提出修改意見。此時可以在不影響儲存格內容的狀態下增加註解，提出修改意見或描述問題。

### Step 1 選擇要增加註解的儲存格

開啟文件並選取要增加註解的儲存格後，切換至〔校閱〕活頁標籤，按一下〔新建註解〕按鈕。

### Step 2 增加註解

在彈出的註解框內輸入要註解的內容。

### Step 3 檢視註解效果

輸入後按一下其他儲存格，此時該儲存格右上角會出現紅色小三角，將游標移至此處，即會自動顯示註解內容。

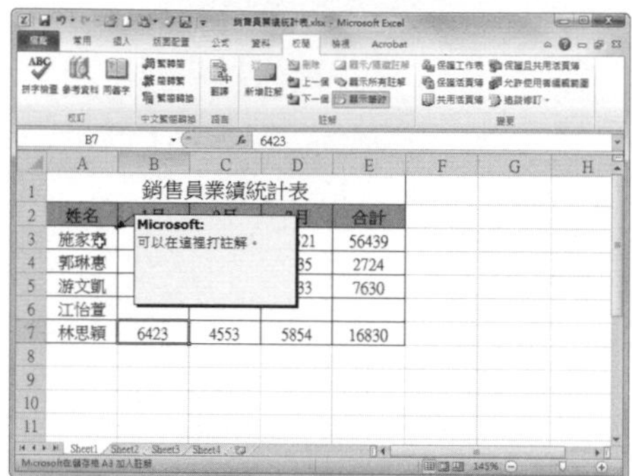


## 123 Q 如何設定註解名稱？

在給 Excel 增加註解的時候，預設情況下註解名稱為系統預設的名稱，我們可以設定自己的名字，以便其他人辨識。

### Step 1 檢視原註解

可以看到插入註解的預設名稱為「Microsoft」，按一下〔檔案〕活頁標籤，選擇「選項」。

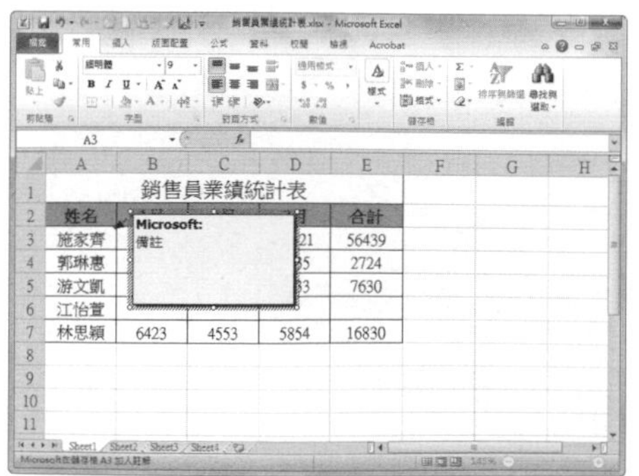


### Step 2 設定名

在彈出的對話框中，切換至〔一般〕選項，在「使用者名稱」框中輸入自訂名稱。

### Step 3 檢視新註解效果

刪除原來的註解後，再次插入註解，可以看到預設名稱已經變更為剛才設定的名稱了。

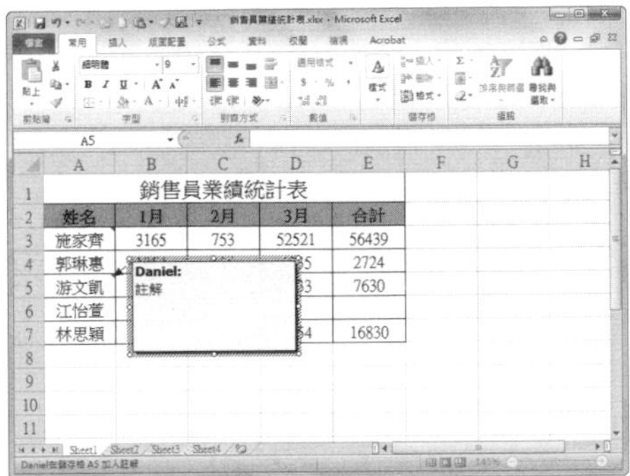

## 如何使資料按小數點對齊？

在 Excel 中編輯資料時，很多時候要處理帶有小數的資料，將同一欄帶有小數的資料按照小數點對齊，會讓我們瀏覽數字時更為清楚。

### Step 1 選取儲存格區域

開啟 Excel 工作表，選取需要對齊的資料區域，按下快速鍵〔Ctrl〕+〔1〕。

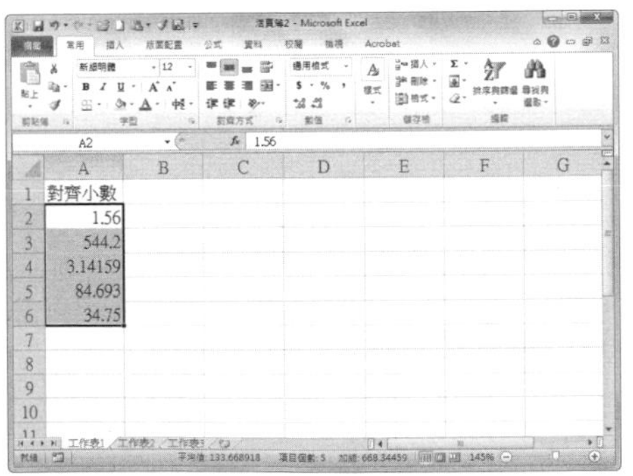


### Step 2 設定小數位數

在開啟的「儲存格格式」對話框中按一下「類別」方塊中的【數值】，設定「小數位數」為 5。

Step 3 設定對齊方式

切換至〔對齊方式〕活頁標籤，設定「水平」為【向右（縮排）】，然後點選〔確定〕按鈕。

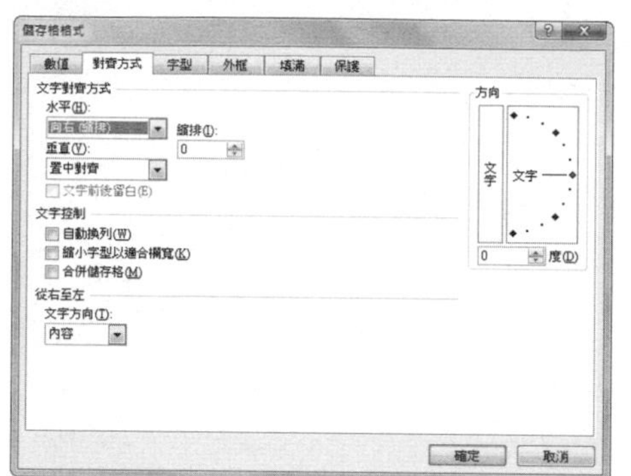

Step 4 檢視效果

返回工作表中，可以看到所選儲存格中的數據均已按照小數點對齊。

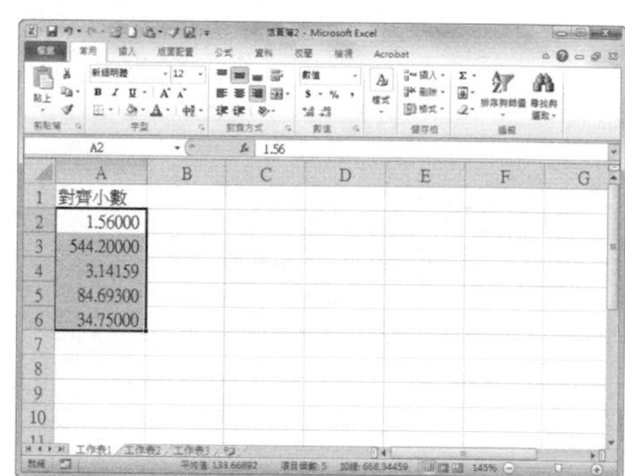

提 示

**先設小數位數再對齊**

在將儲存格中資料設為按照小數點對齊前，要先把小數位數設定一致，再設定右對齊方式。小數位數要按照所選資料中位數最多的進行設定。

## 125 Q 如何自動為輸入的電話號碼增加「-」？

第 1 章 \ 原始檔 \ 電話號碼 .xlsx、電話號碼 2.xlsx
第 1 章 \ 原始檔 \ 格式化電話號碼 .xlsx、格式化電話號碼 2.xlsx

**A** 在輸入電話號碼時，如果在每次輸入完區號後都輸入「-」，再輸入後面的數字，會比較麻煩，這時我們可以設定自動為輸入的電話號碼增加「-」以方便操作。

### 方法一：設定儲存格格式

Step 1 開啟原始檔

開啟「電話號碼 .xlsx」，選取 D3:D7 儲存格區域後，按下快速鍵〔Ctrl〕+〔1〕。

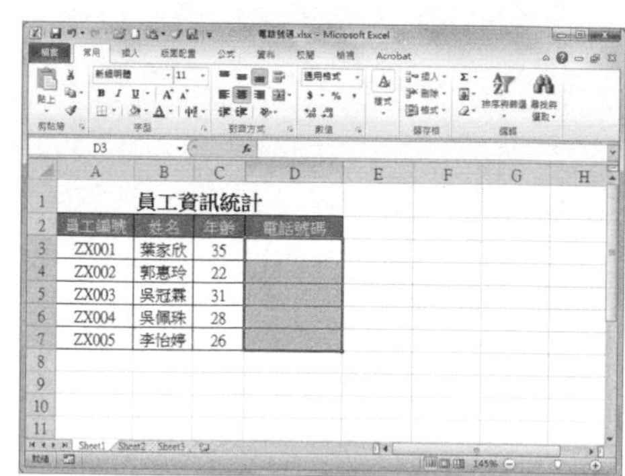

### Step 2 自訂儲存格格式

在開啟的「儲存格格式」對話框中，切換至〔數值〕活頁標籤，在「類別」列表中選擇【自訂】選項，然後在「類型」文字框中輸入「0000-0000」。

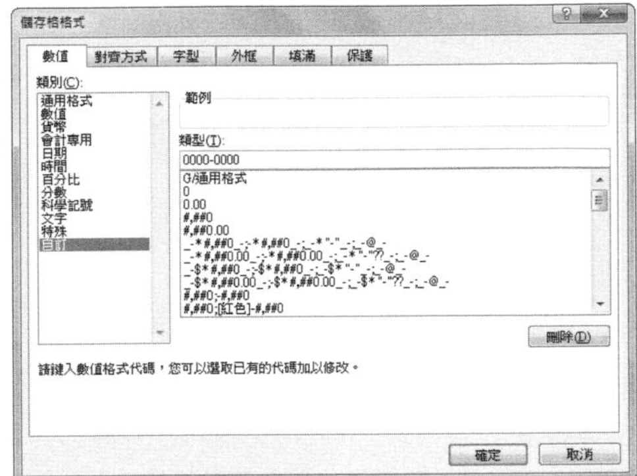

### Step 3 輸入數字顯示結果

按一下〔確定〕按鈕返回活頁簿，在 D3:D7 儲存格區域中輸入連續的電話號碼，即可看到號碼中自動增加「-」符號。

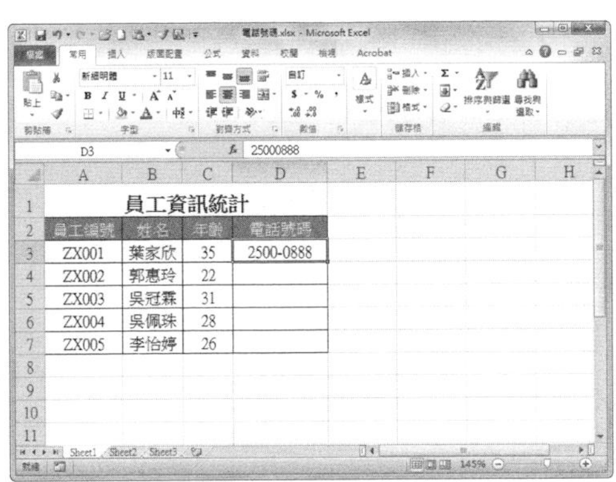

## 方法二：使用函數

### Step 1 開啟原始檔

開啟「電話號碼 2.xlsx」後，選取 E3 儲存格。

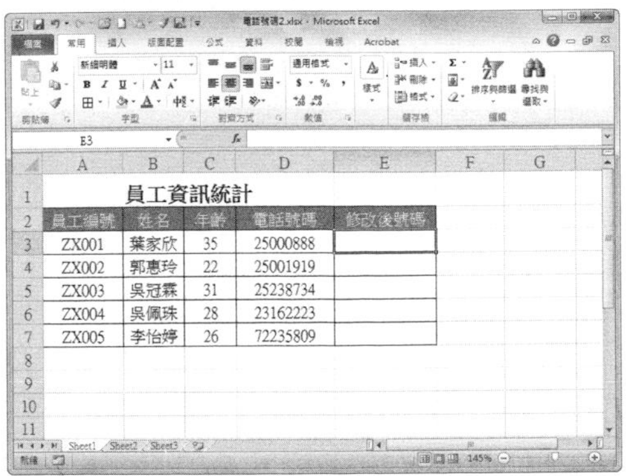

### Step 2 輸入公式

在 E3 儲存格中輸入公式「=REPLACE(D3,5,0,"-")」後，按下〔Enter〕鍵。

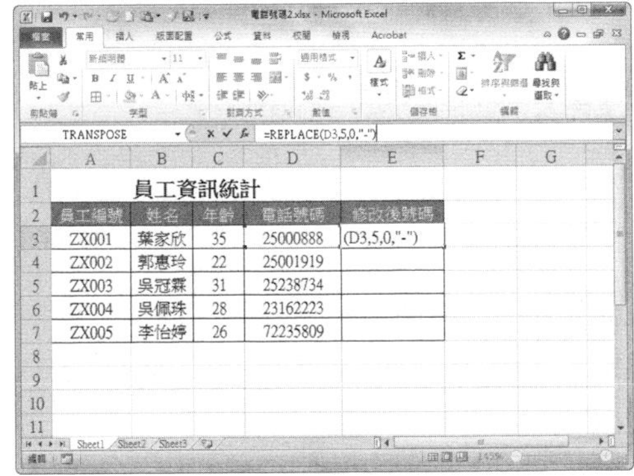

**Step 3** 複製公式檢視結果

將游標移至右下角，出現十字游標時按住滑鼠左鍵向下拖曳至 E7 儲存格，即可複製公式至其他儲存格中。

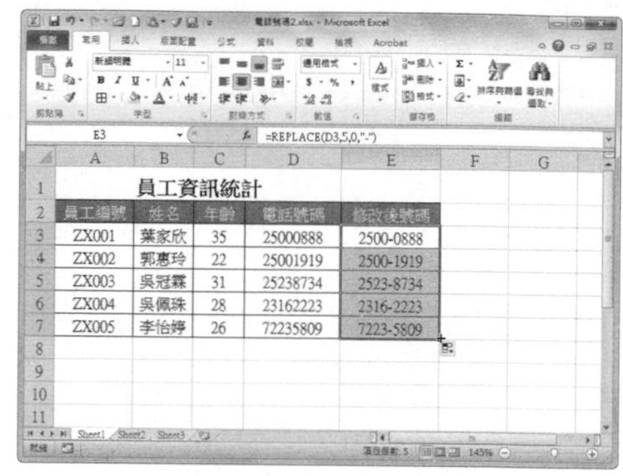


**提示**

**REPLACE 函數的語法結構**

REPLACE 函數的語法結構為 REPLACE(old_text,start_num,num_chars,new_text)。該函數用於將字串中的部分字元用另一個字串取代。old_text 為作為取代物件的文字或文字所在的儲存格。如果直接輸入文字，需要用英文半形狀態下的雙引號引起來。start_num 為用數值或數值所在的儲存格指定開始取代的字元位置。如果此參數值超過文字字串的字元數，則在字串末尾增加取代的字元。num_chars 為要使用 new_text 取代掉原始文字中多少個字元。new_text 為要取代掉舊文字的文字或文字字串所在儲存格。

## 126 Q 如何強制儲存格中的內容換行？

**A** 在同一個儲存格中，有些資料較長或條列式的內容必須強制換行才能對齊。如果使用前面介紹的自動換行功能，文字會根據儲存格的欄寬自動調整每行的字數，而使用強制換行功能就可以滿足對齊的要求。

**Step 1** 選取需要強制換行的位置

開啟 Excel 活頁簿，選擇需要強制換行的儲存格。

**Step 2** 使用快速鍵換行

按兩下選取的位置，然後按下快速鍵〔Alt〕+〔Enter〕。

**Step 3** 檢視效果

按一下其他儲存格，可以看到剛才進行操作的儲存格內容已強制換行。

## Q 如何設定統一的日期格式？

在 Excel 中輸入日期前，我們可以根據需要設定統一的日期格式。下面介紹設定統一日期資料格式的方法。

**Step 1** 開啟「儲存格格式」對話框

開啟 Excel 工作表，選取 A2:A6 區域，按下快速鍵〔Ctrl〕+〔1〕。

**Step 2** 選擇日期格式

在彈出的「儲存格格式」對話框的〔數值〕活頁標籤下，點選「類別」框中選擇【日期】選項，並在右側的「類型」清單中選擇所需格式，按一下〔確定〕按鈕。

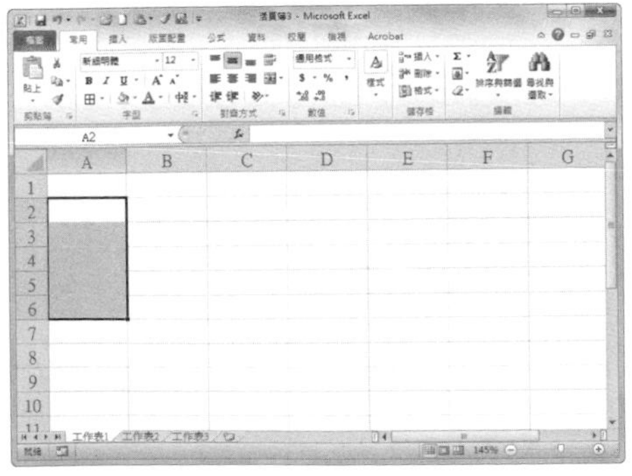

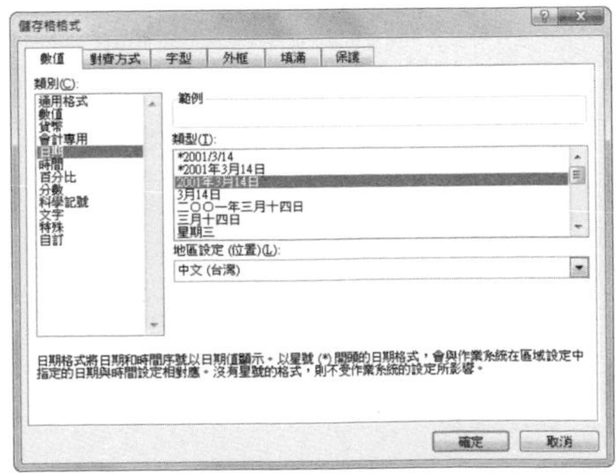

**Step 3** 檢視格式效果

返回活頁簿中，此時在儲存格區域中輸入日期資料，資料將自動變成設定的日期格式效果。

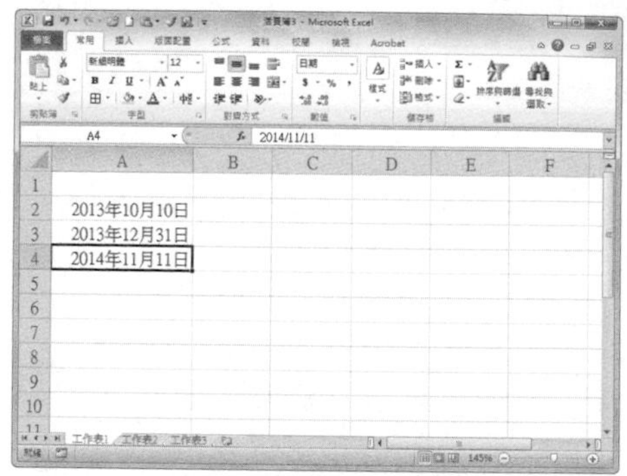

## 128 Q 如何自訂資料格式？

**A** Excel 中預設了很多有用的資料格式，能夠滿足基本的使用要求，但對一些特殊的要求，如強調顯示某些重要資料或資訊、設定顯示條件等，就要使用自訂格式功能來完成。

**Step 1** 開啟「儲存格格式」對話框

開啟 Excel 工作表，選取要設定資料格式的儲存格，按下快速鍵〔Ctrl〕+〔1〕。

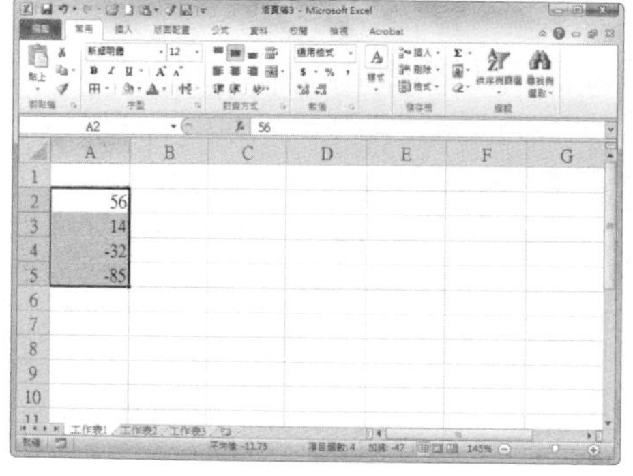

**Step 2** 選擇「自訂」選項

在彈出的「儲存格格式」對話框中，切換至〔數值〕活頁標籤，在「類別」方塊中選擇「自訂」選項，在右側的「類型」清單方塊中選擇自定義資料類型，如「#,##0;[ 紅色 ]-#,##0」。

**Step 3** 檢視效果

按一下〔確定〕按鈕，此時選取的單元格數據已應用了自定義的數據格式，所選儲存格資料中的負數已顯示為紅色。

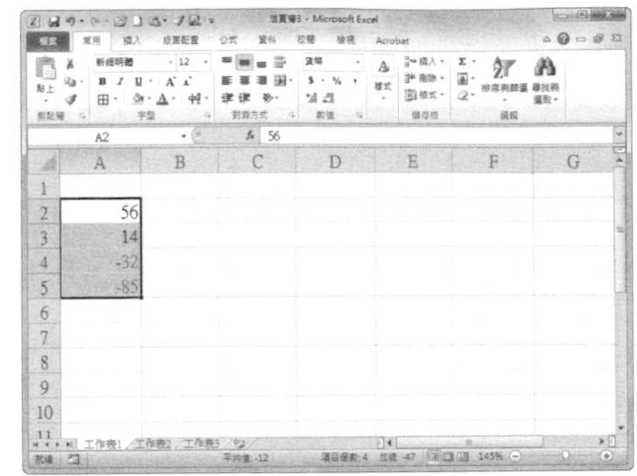

**提示**

**如果沒有自己需要的自訂資料類型，可以手動輸入代碼**

在建立自訂資料格式前，需要瞭解幾個經常使用的定義資料格式的代碼。各個代碼的含義如下：

#：只顯示有意義的數字而不顯示無意義的 0。

0：顯示數位，如果數字位數少於格式中的 0 的個數，則顯示無意義的 0。

？：為無意義的 0 在小數點兩邊增加空格，以便使小數點對齊。

,：顯示千位元分隔符號或者將數位以千倍顯示。

建立的自訂格式有四個部分，各部分用分號分隔，每部分依次定義正數、負數、0 值和文字的格式。

## 129 Q 如何讓內容太多的儲存格顯示完整？

**A** 預設情況下，當儲存格的空間容納不了輸入的內容時，如果右側儲存格為空白儲存格，則多出的部分顯示在右側的儲存格中；如果右側儲存格有內容，則多出的部分不顯示。我們可以進行相關設定，讓內容太多的儲存格顯示完整。

**Step 1** 開啟原始檔

開啟工作表後，選取 A1:A2 儲存格區域，然後按下快速鍵〔Ctrl〕+〔1〕。

**Step 2** 設定儲存格格式

在開啟的「儲存格格式」對話框中，切換至〔對齊方式〕活頁標籤，勾選「縮小字型以適合欄寬」核取方塊。

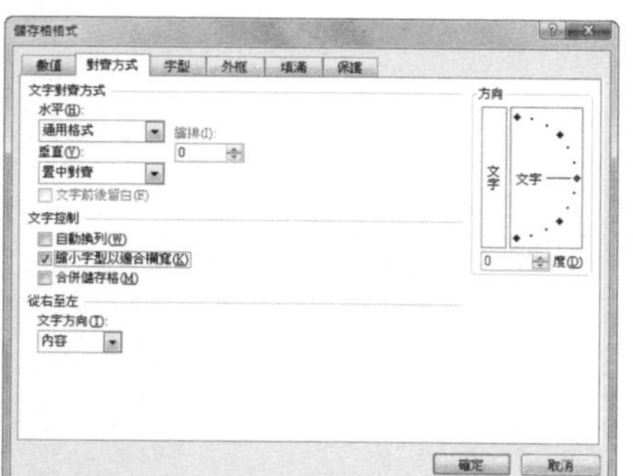


**Step 3** 檢視效果

按一下〔確定〕按鈕後，返回文件可以看到儲存格內容已經完整顯示在儲存格中了。

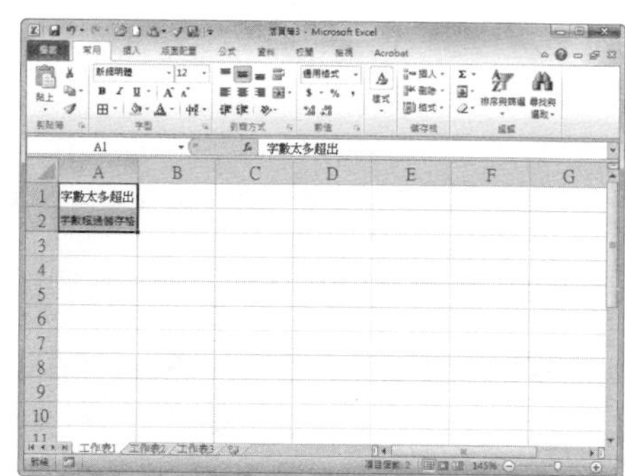


**提示**

**直接將儲存格欄寬拉寬使內容完整顯示**

我們也可以直接將游標放置在欄標上，待游標變成雙箭頭時向右拖曳，將欄寬拉寬，以完整顯示儲存格內容。

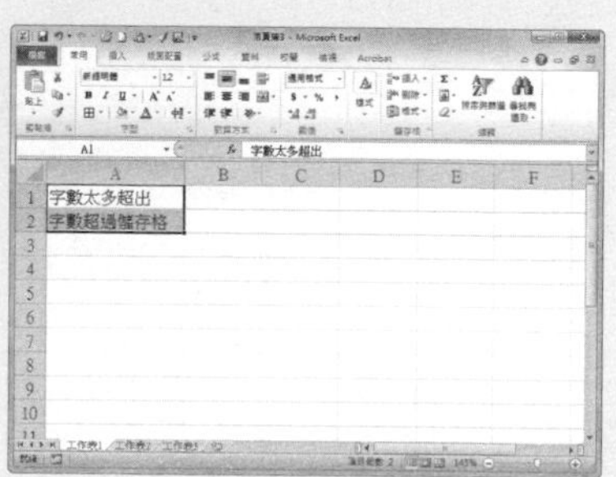


## 130 Q 如何為文字增加刪除線？

編輯 Excel 儲存格時，有時會需要幫文字增加刪除線，來看看如何對儲存格內容進行這些特殊標註。

**Step 1** 開啟「儲存格格式」對話框

開啟 Excel 工作表，選取要設定的儲存格區域，按下快速鍵〔Ctrl〕+〔1〕。

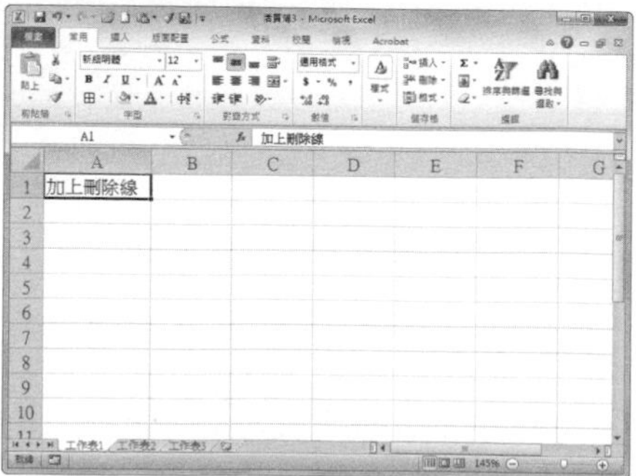

Step 2 設定刪除線

在開啟的「儲存格格式」對話框中，切換至〔字型〕活頁標籤，在「特殊效果」區塊中勾選「刪除線」核取方塊。

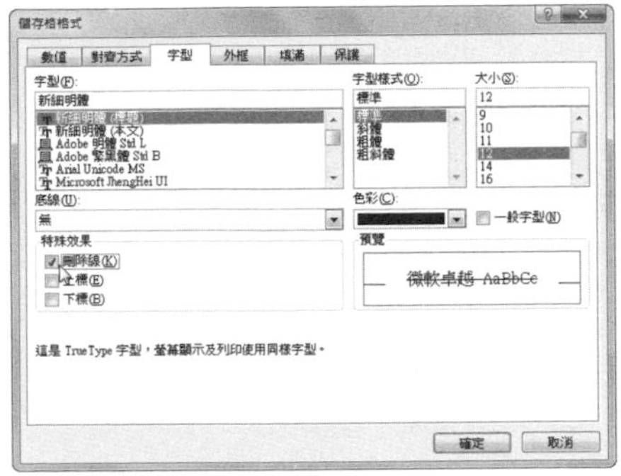

Step 3 檢視增加效果

按一下〔確定〕按鈕，返回工作表中，此時選取區域的內容已根據設定增加底線和刪除線。

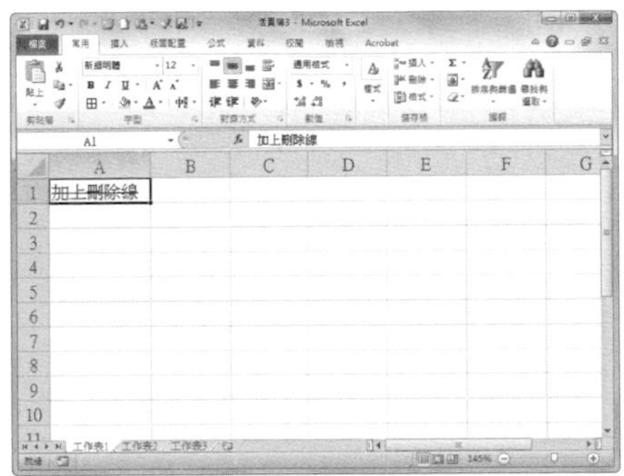

## 131 Q 如何將儲存格內容從指定位置分成兩欄？

A 如果在輸入儲存格內容後，想把一個儲存格內的內容拆成兩欄顯示，這時候我們可以使用 Excel 資料中的「資料剖析」功能來協助進行。

Step 1 選取儲存格

開啟 Excel 工作表，選取需要分成兩欄的儲存格。

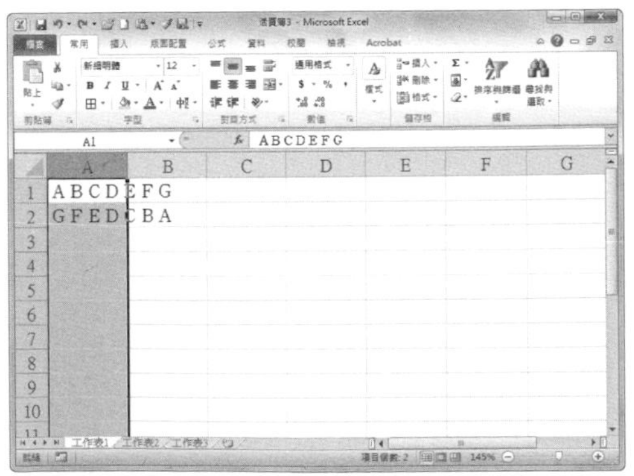

Step 2 按一下「資料剖析」按鈕

切換至〔資料〕活頁標籤，按一下「資料工具」選項群組中的〔資料剖析〕按鈕。

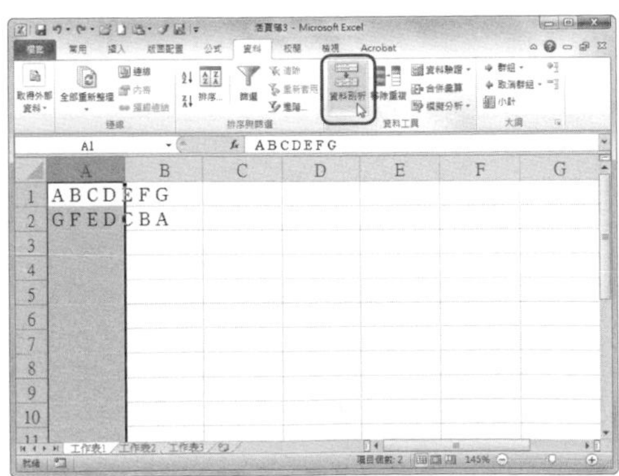

### Step 3 設定檔案類型

在「資料剖析精靈」對話框中，點選「固定寬度」選項，然後按〔下一步〕。

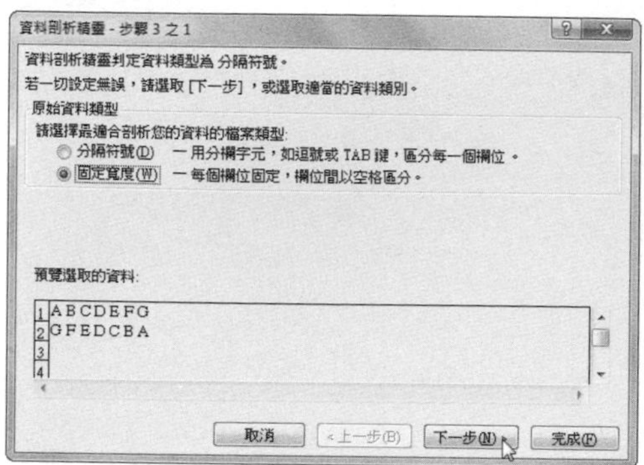

### Step 4 設定欄位寬度

接著在「預覽分欄結果」中，根據需要用滑鼠將分欄線拖至指定位置，並按〔下一步〕。

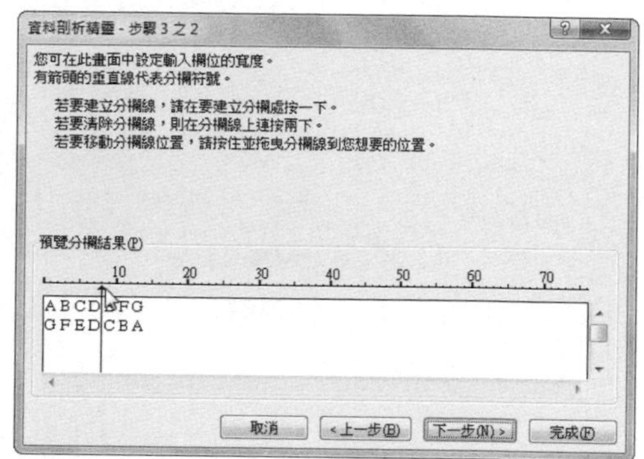

### Step 5 設定資料格式

根據儲存格內容的格式，選擇「文字」選項按鈕。

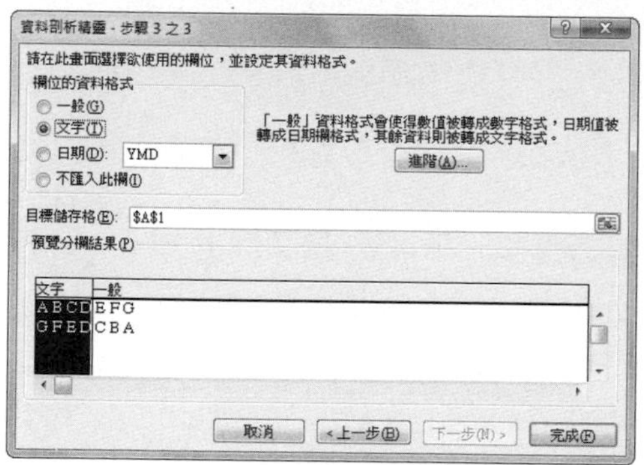

### Step 6 檢視效果

按一下〔完成〕按鈕，返回工作表，此時原儲存格內容已經在指定位置分為兩欄了。

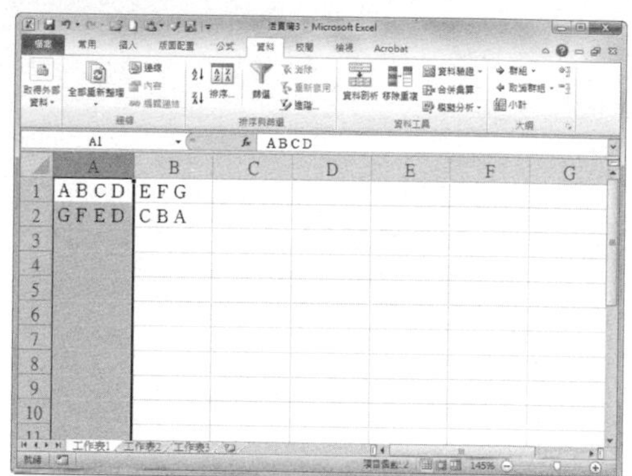

# 第2章 資料分析處理秘技

Excel 最重要的功能在於資料分析與處理，我們在工作中，經常需要接觸大量的統計資料，而在浩瀚的資料中，透過 Excel 的分析與處理，可以從資料中找到規律，或者從資料中找到存在的問題、變化的趨勢等。利用 Excel 可以快速排序與篩選資料，能夠按設定的條件標示符合條件的資料，還能夠動態分析資料。

建立樞紐分析表

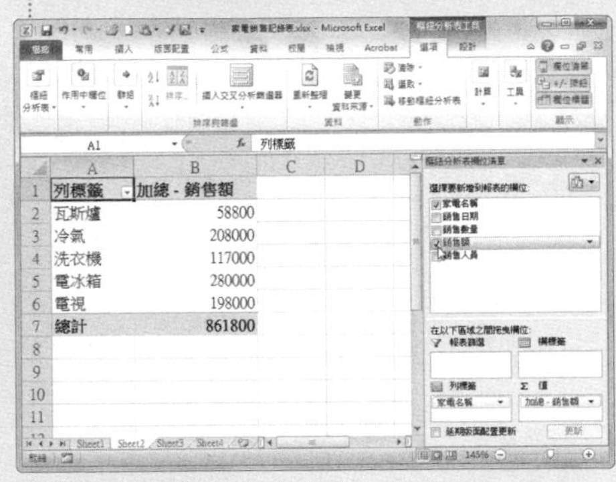


調整交叉分析篩選器樣式

美化樞紐分析圖

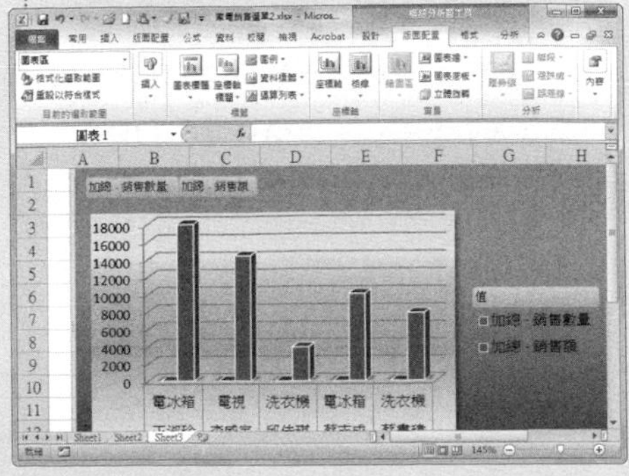

# 職人技 7 設定格式化的條件應用秘技

在 Excel 2010 中，應用設定格式化的條件，可以依多項條件來尋找並醒目提示儲存格，根據儲存格的內容自動應用預先設定的格式。例如想醒目提示數值在指定範圍內的儲存格，或標示業績前三名的員工等，可以利用設定格式化的條件來快速尋找。

## 132 Q 如何醒目提示指定範圍內的資料？

第 2 章 \ 原始檔 \ 讀者問卷調查表 .xlsx
第 2 章 \ 完成檔 \ 醒目提示儲存格規則 .xlsx

**A** 在製作 Excel 表格的時候，有時需要將某個範圍內的資料醒目提示以便觀察。透過應用「設定格式化的條件」，可以幫助我們快速標示這些內容。

### Step 1 打開活頁簿

打開「讀者問卷調查表 .xlsx」，希望能將「年齡」值處於 18 ～ 25 歲之間的儲存格標示「淺紅色填滿與深紅色文字」。

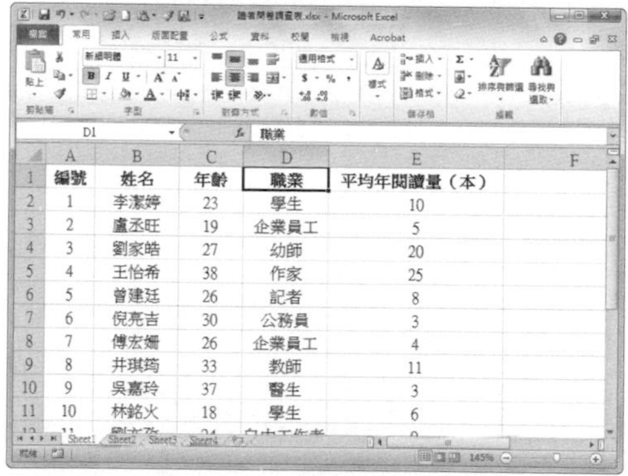

### Step 2 點選「設定格式化的條件」按鈕

選取「年齡」欄，切換至〔常用〕活頁標籤，在「樣式」選項群組中點選〔設定格式化的條件〕按鈕。

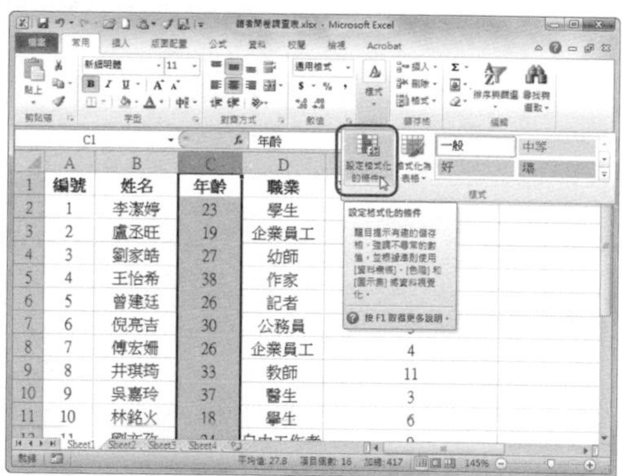

### Step 3 選擇設定格式化的條件規則

在下拉選單中點選【醒目提示儲存格規則】選項，並從子選項中，選擇【介於】。

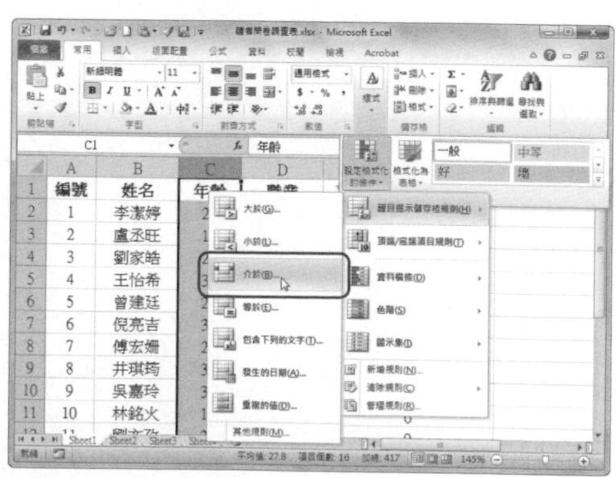

### Step 4 設定指定範圍

彈出的「介於」對話框中，在「格式化介於下列範圍之間的儲存格」下面分別輸入數值 18 和 25。

### Step 5 設定顯示格式

點選「顯示為」下拉選單，從下拉選單中選擇【淺紅色填滿與深紅色文字】選項，點選〔確定〕按鈕。

### Step 6 檢視效果

返回工作表，可以看到欄位「年齡」中介於 18 ~ 25 之間的儲存格，都顯示為淺紅色填滿與深紅色文字的格式了。

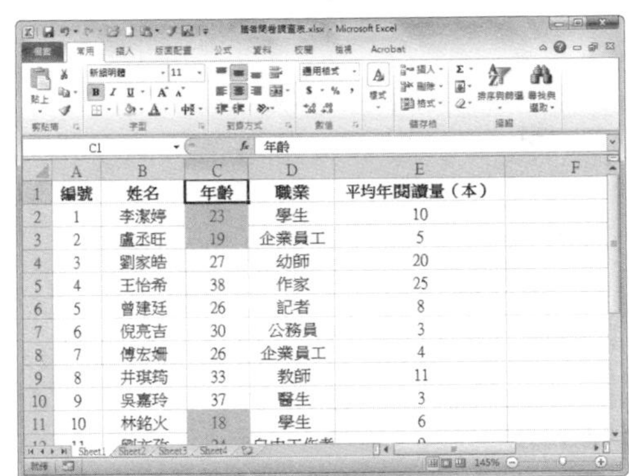

| 編號 | 姓名 | 年齡 | 職業 | 平均年閱讀量（本） |
|---|---|---|---|---|
| 1 | 李潔婷 | 23 | 學生 | 10 |
| 2 | 盧丞旺 | 19 | 企業員工 | 5 |
| 3 | 劉家晧 | 27 | 幼師 | 20 |
| 4 | 王怡希 | 38 | 作家 | 25 |
| 5 | 曾建廷 | 26 | 記者 | 8 |
| 6 | 倪亮吉 | 30 | 公務員 | 3 |
| 7 | 傅宏嫺 | 26 | 企業員工 | 4 |
| 8 | 井琪筠 | 33 | 教師 | 11 |
| 9 | 吳嘉玲 | 37 | 醫生 | 3 |
| 10 | 林銘火 | 18 | 學生 | 6 |

## 如何標示包含指定內容的儲存格？

第 2 章 \ 原始檔 \ 近期任務表 .xlsx
第 2 章 \ 完成檔 \ 醒目提示儲存格規則 - 文字 .xlsx

**A** 在 Excel 2010 中，根據實際需要可以醒目提示包含指定內容的儲存格，來看看怎麼操作吧！

### Step 1 打開活頁簿

打開「近期任務表 .xlsx」，希望將欄位「是否完成」中為「否」的儲存格設定成「淺紅色填滿與深紅色文字」格式。

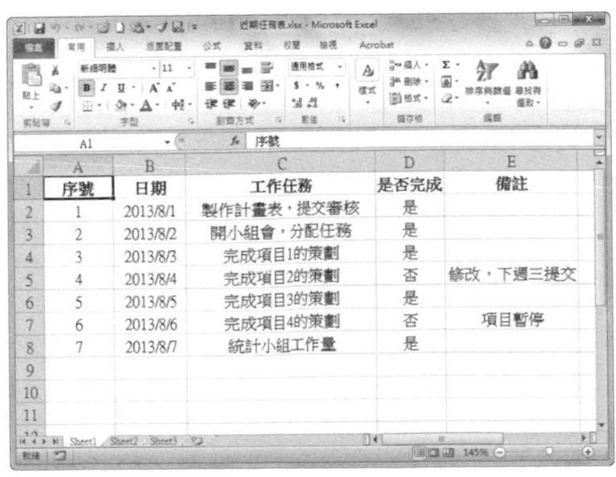

| 序號 | 日期 | 工作任務 | 是否完成 | 備註 |
|---|---|---|---|---|
| 1 | 2013/8/1 | 製作計畫表，提交審核 | 是 | |
| 2 | 2013/8/2 | 開小組會，分配任務 | 是 | |
| 3 | 2013/8/3 | 完成項目1的策劃 | 是 | |
| 4 | 2013/8/4 | 完成項目2的策劃 | 否 | 修改，下週三提交 |
| 5 | 2013/8/5 | 完成項目3的策劃 | 是 | |
| 6 | 2013/8/6 | 完成項目4的策劃 | 否 | 項目暫停 |
| 7 | 2013/8/7 | 統計小組工作量 | 是 | |

## Step 2 點選「設定格式化的條件」按鈕

選取工作表的 D2:D8，在〔常用〕活頁標籤下「樣式」選項群組中點選〔設定格式化的條件〕按鈕。

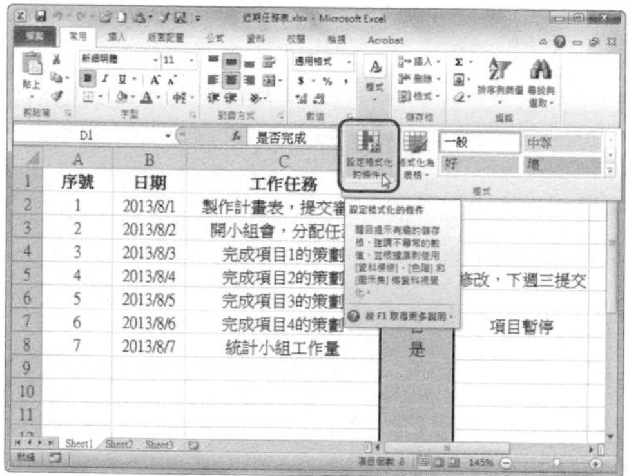

## Step 3 選擇設定格式化的條件規則

在下拉選單中點選【醒目提示儲存格規則】選項，並從子選單中選擇【包含下列的文字】。

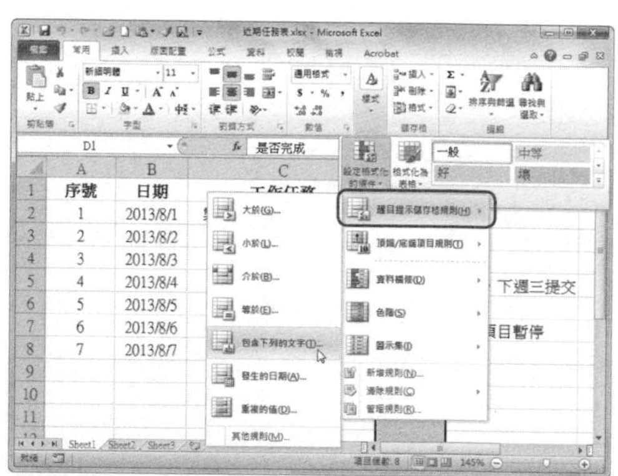

## Step 4 指定包含的內容

在彈出「包含下列的文字」對話框中，在「格式化包含下列文字的儲存格」文字方塊中輸入文字「否」。

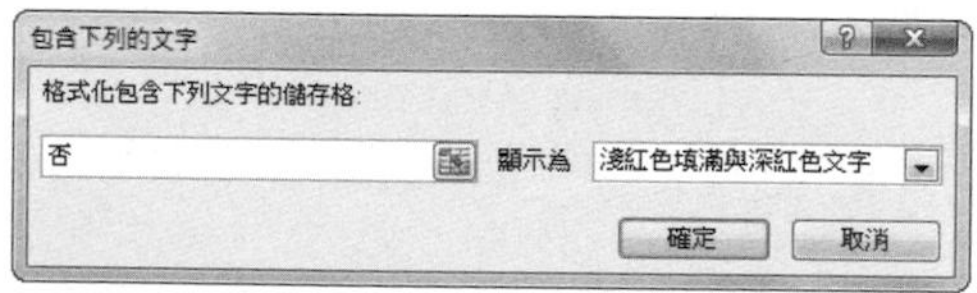


## Step 5 設定顯示格式

點選「顯示為」下拉選單，從下拉選單中選擇【淺紅色填滿與深紅色文字】，點選〔確定〕。

## Step 6 檢視效果

返回工作表中，可以看到含「否」的儲存格都顯示為淺紅色填滿與深紅色文字格式了。

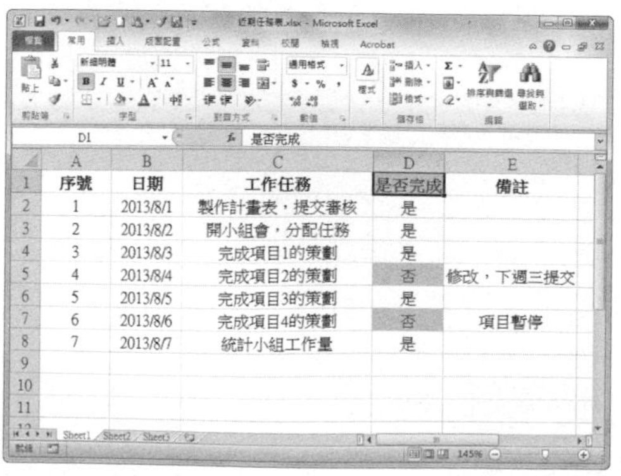

# 134 Q 如何標示進度表中過去七日內的日期資料？

第 2 章 \ 原始檔 \ 成本統計表 .xlsx
第 2 章 \ 完成檔 \ 標示進度表中過去七日內的日期資料 .xlsx

**A** 在製作 Excel 表格尤其是一些進度表的時候，可以設定格式化的條件，醒目提示進度表中過去七日內的日期，以方便掌控進度。

## Step 1 打開活頁簿

打開「成本統計表 .xlsx」，希望將「付款時間」欄中包含有過去七日內日期的儲存格設定成「淺紅色填滿與深紅色文字」格式。

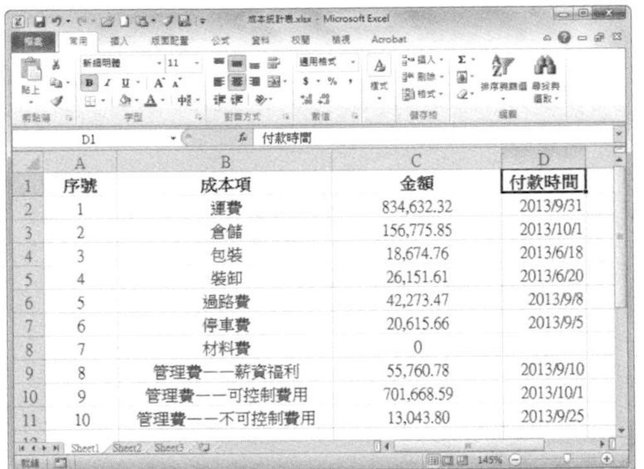

## Step 2 點選「設定格式化的條件」按鈕

選取工作表的「付款時間」欄位，切換至〔常用〕活頁標籤，在「樣式」選項群組中點選〔設定格式化的條件〕按鈕。

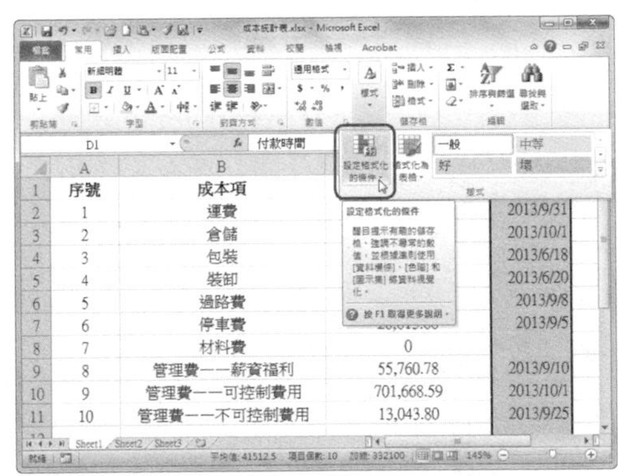

## Step 3 選擇設定格式化的條件規則

在下拉選單中，點選【醒目提示儲存格規則】選項，在子選單中選擇【發生的日期】選項。

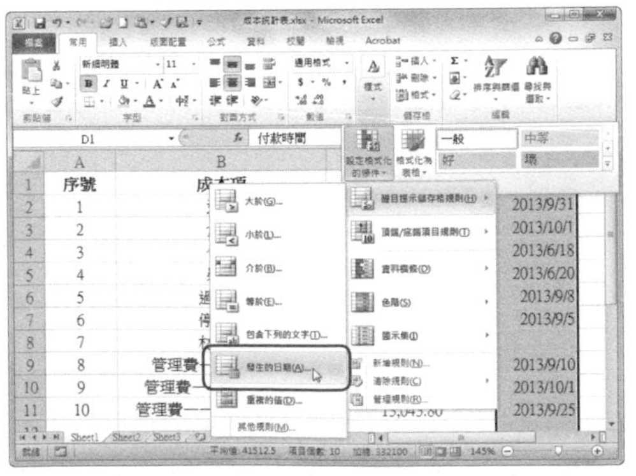

## Step 4 設定發生日期

彈出「發生的日期」對話框，在「格式化包含發生日期的儲存格」區域中，點選「昨日」下拉選單，選擇【在過去七日內】選項。

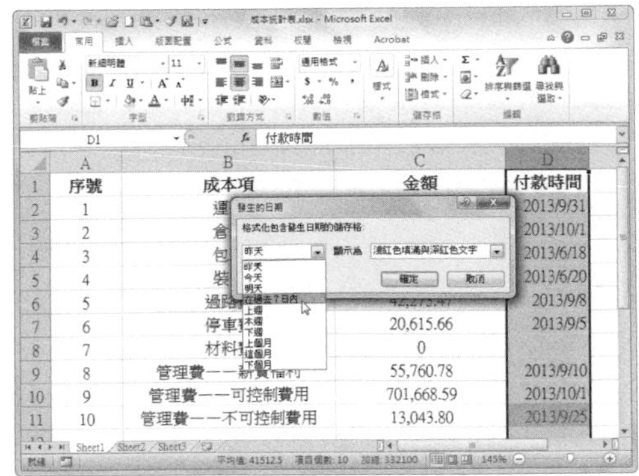

**Step 5** 設定顯示格式

點選「顯示為」下拉選單，從下拉選單中選擇【淺紅色填滿與深紅色文字】選項，然後點選〔確定〕。

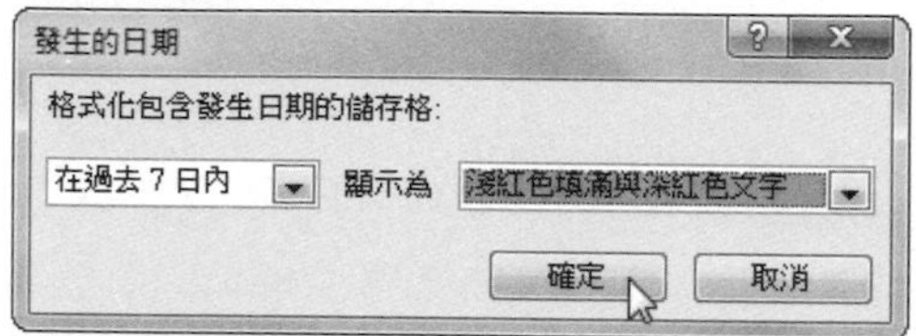


**Step 6** 檢視效果

返回工作表介面，可以看到包含在過去七日內日期資料的儲存格，都顯示為淺紅色填滿與深紅色文字格式了。

| | A | B | C | D |
|---|---|---|---|---|
| 1 | 序號 | 成本項 | 金額 | 付款時間 |
| 2 | 1 | 運費 | 834,632.32 | 2013/9/20 |
| 3 | 2 | 倉儲 | 156,775.85 | 2013/10/1 |
| 4 | 3 | 包裝 | 18,674.76 | 2013/6/18 |
| 5 | 4 | 裝卸 | 26,151.61 | 2013/6/20 |
| 6 | 5 | 過路費 | 42,273.47 | 2013/9/8 |
| 7 | 6 | 停車費 | 20,615.66 | 2013/9/22 |
| 8 | 7 | 材料費 | 0 | |
| 9 | 8 | 管理費——薪資福利 | 55,760.78 | 2013/9/10 |
| 10 | 9 | 管理費——可控制費用 | 701,668.59 | 2013/10/1 |
| 11 | 10 | 管理費——不可控制費用 | 13,043.80 | 2013/9/25 |

135 Q

# 如何標示重複值？

第 2 章 \ 原始檔 \ 員工登記表 .xlsx
第 2 章 \ 完成檔 \ 重複值 .xlsx

**A** 有時候，可能需要在 Excel 工作表中找出重複資料並將其移除。如果資料龐大，那麼這項工作將十分繁瑣。應用設定格式化的條件醒目提示重複值，可以快速地找出重複的資料，來看看怎麼操作吧！

**Step 1** 打開活頁簿

打開「員工登記表 .xlsx」，希望將「員工編號」重複的儲存格設定成「淺紅色填滿與深紅色文字」格式。

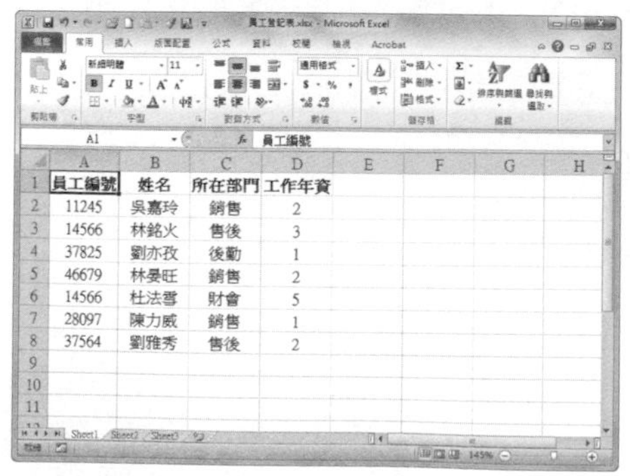

| | A | B | C | D |
|---|---|---|---|---|
| 1 | 員工編號 | 姓名 | 所在部門 | 工作年資 |
| 2 | 11245 | 吳嘉玲 | 銷售 | 2 |
| 3 | 14566 | 林銘火 | 售後 | 3 |
| 4 | 37825 | 劉亦孜 | 後勤 | 1 |
| 5 | 46679 | 林晏旺 | 銷售 | 2 |
| 6 | 14566 | 杜法雪 | 財會 | 5 |
| 7 | 28097 | 陳力威 | 銷售 | 1 |
| 8 | 37564 | 劉雅秀 | 售後 | 2 |

**Step 2** 點選「設定格式化的條件」按鈕

選取「員工編號」欄，切換至〔常用〕活頁標籤，在「樣式」選項群組中點選〔設定格式化的條件〕按鈕。

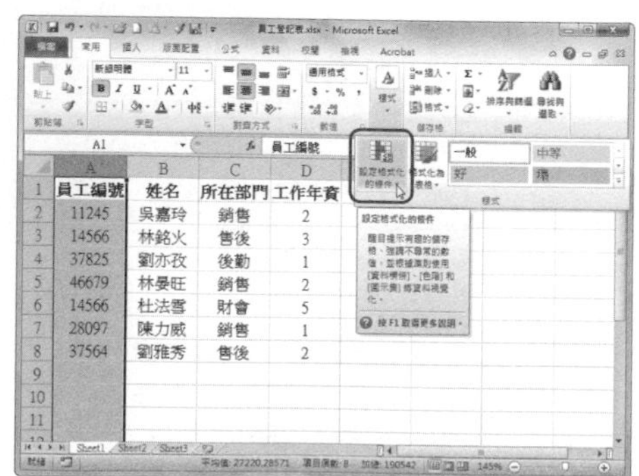

**Step 3** 選擇設定格式化的條件規則

在「設定格式化的條件」下拉選單中，點選【醒目提示儲存格規則】選項。在其子選單中，選擇【重複的值】選項。

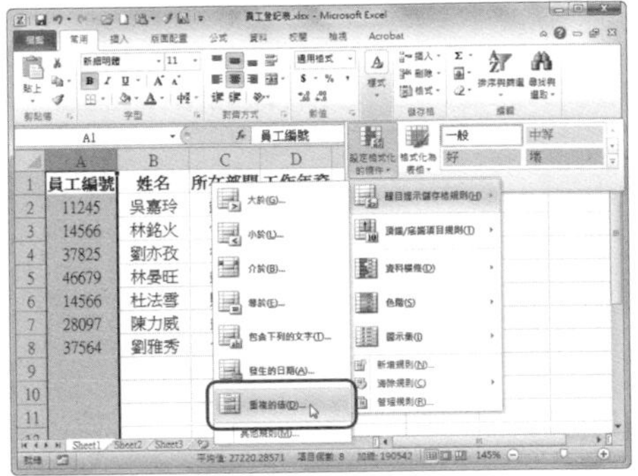

**Step 4** 設定類型和顯示格式

彈出「重複的值」對話框，在「格式化包含下列的儲存格」區域中，將類型設定成【重複】，並將顯示格式設定成「淺紅色填滿與深紅色文字」，然後點選〔確定〕按鈕。

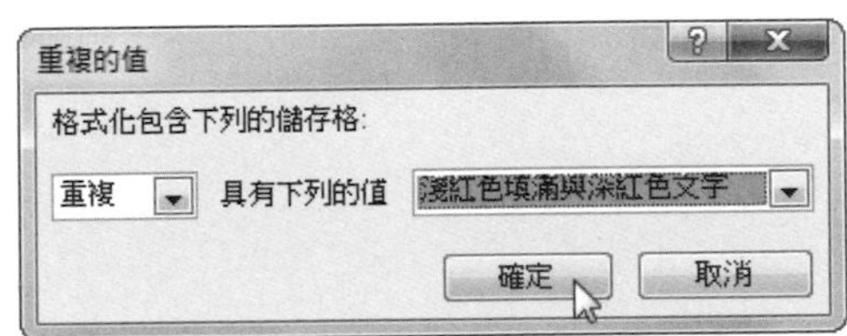


**Step 5** 檢視效果

返回工作表介面，可以看到含有重複數值的儲存格都顯示為淺紅色填滿與深紅色文字格式。

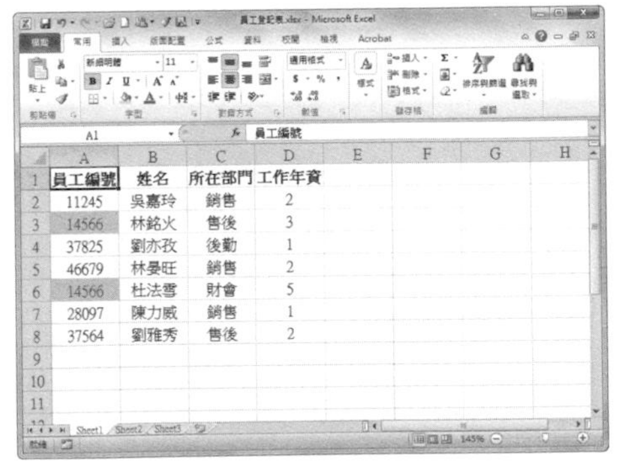


**提示**

**醒目提示唯一值**

醒目提示唯一值的方法與前面的操作過程類似，只需在「重複的值」對話框中，將類型設定成「唯一」即可。

## 136 Q 如何標示數值最大的前十項？

第 2 章 \ 原始檔 \ 期中考試成績單 .xlsx
第 2 章 \ 完成檔 \ 標示數值最大的前 10 個項目 .xlsx

A 在統計學生成績或員工業績時，可以透過設定格式化的條件，快速醒目提示成績或業績數值最大的前十名。

## Step 1 打開活頁簿

打開「期中考試成績單.xlsx」，希望將欄位「總分」列中數值最大的十個儲存格設定成「淺紅色填滿與深紅色文字」格式以醒目提示。

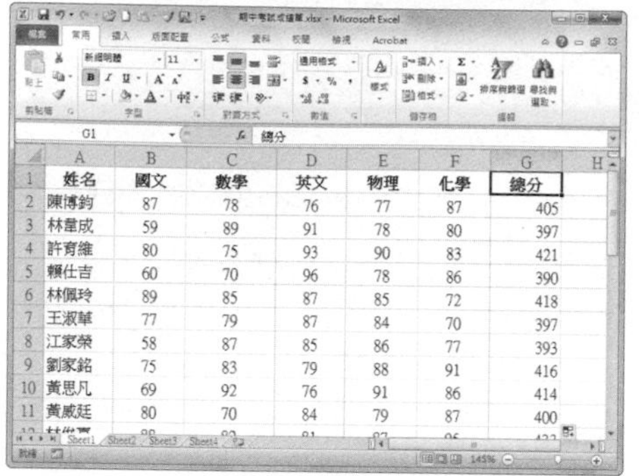

| 姓名 | 國文 | 數學 | 英文 | 物理 | 化學 | 總分 |
|---|---|---|---|---|---|---|
| 陳博鈞 | 87 | 78 | 76 | 77 | 87 | 405 |
| 林韋成 | 59 | 89 | 91 | 78 | 80 | 397 |
| 許育維 | 80 | 75 | 93 | 90 | 83 | 421 |
| 賴仕吉 | 60 | 70 | 96 | 78 | 86 | 390 |
| 林佩玲 | 89 | 85 | 87 | 85 | 72 | 418 |
| 王淑華 | 77 | 79 | 87 | 84 | 70 | 397 |
| 江家榮 | 58 | 87 | 85 | 86 | 77 | 393 |
| 劉家銘 | 75 | 83 | 79 | 88 | 91 | 416 |
| 黃思凡 | 69 | 92 | 76 | 91 | 86 | 414 |
| 黃威廷 | 80 | 70 | 84 | 79 | 87 | 400 |

## Step 2 點選「設定格式化的條件」按鈕

選取工作表中 G 欄，切換至〔常用〕活頁標籤，在「樣式」選項群組中點選〔設定格式化的條件〕按鈕。

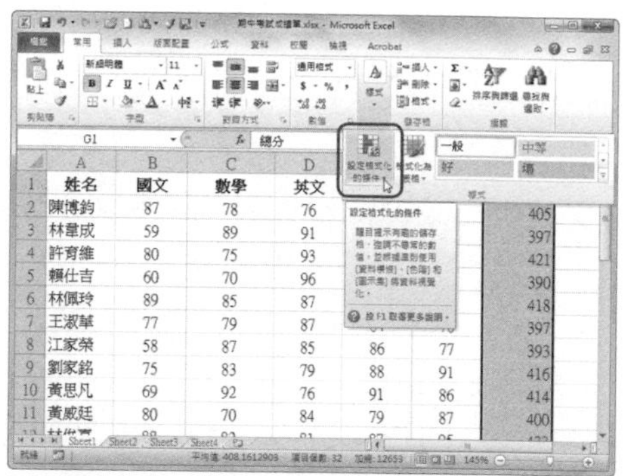

## Step 3 選擇設定格式化的條件規則

在下拉選單中，點選【頂端 / 底端項目規則】選項，並在子選單中，選擇【前 10 個項目】選項。

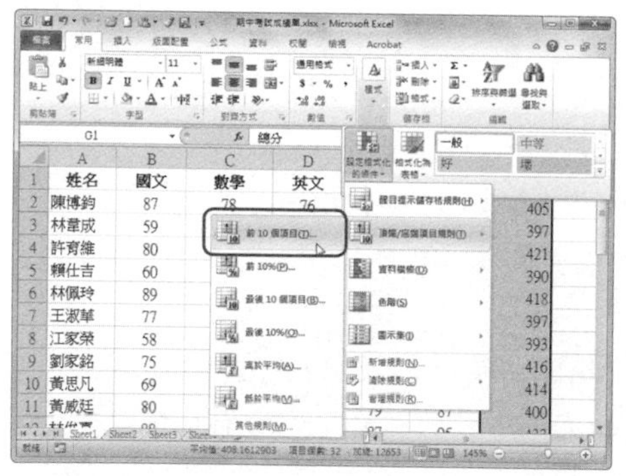

## Step 4 設定類型和顯示格式

接著會彈出「前 10 個項目」對話框，設定要標示的儲存格數為 10，並設定顯示為「淺紅色填滿與深紅色文字」，點選〔確定〕按鈕。

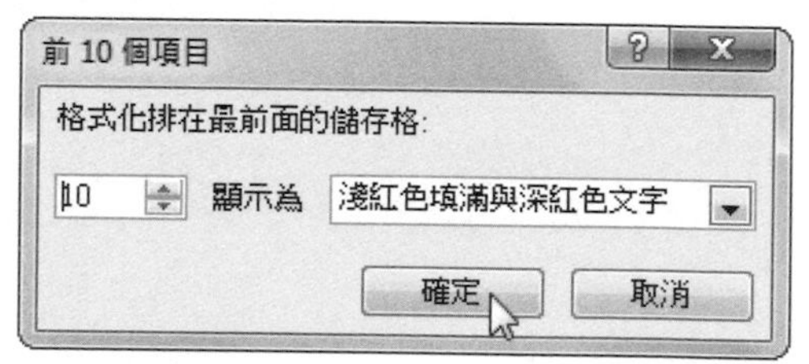


## Step 5 檢視效果

返回工作表中，可以看到 G 欄中數值最大的 10 個儲存格都顯示為淺紅色填滿與深紅色文字格式了。

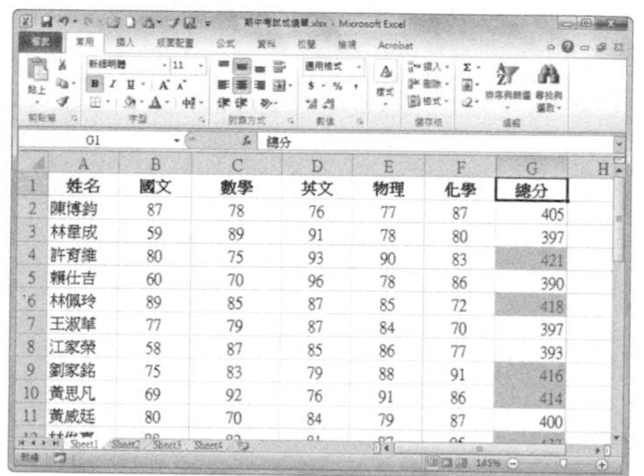

**提示**

**醒目提示排名前 X 位的資料**

醒目提示排名前 X 位的資料的方法與此類似，只是在「前 10 個項目」對話框中，將儲存格數量設定成「X」，如設定為 3 就表示顯示排名前 3 名的資料。

第 2 章 \ 原始檔 \ 期中考試成績單 .xlsx
第 2 章 \ 完成檔 \ 成績最差的百分之十 .xlsx

## 137 如何標示數值最小的 10% ？

在 Excel 2010 中，還可以利用設定格式化的條件醒目提示數值最小的 10%，例如檢視成績最差的 10% 是哪些人。

### Step 1 打開活頁簿

打開「期中考試成績單 .xlsx」，希望將欄位「總分」中數值最小的 10%，設定成「淺紅色填滿與深紅色文字」格式。

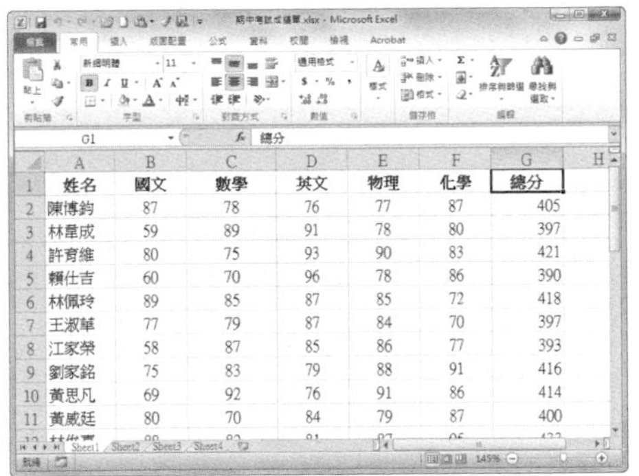

| 姓名 | 國文 | 數學 | 英文 | 物理 | 化學 | 總分 |
|---|---|---|---|---|---|---|
| 陳博鈞 | 87 | 78 | 76 | 77 | 87 | 405 |
| 林韋成 | 59 | 89 | 91 | 78 | 80 | 397 |
| 許宥維 | 80 | 75 | 93 | 90 | 83 | 421 |
| 賴仕吉 | 60 | 70 | 96 | 78 | 86 | 390 |
| 林佩玲 | 89 | 85 | 87 | 85 | 72 | 418 |
| 王淑華 | 77 | 79 | 87 | 84 | 70 | 397 |
| 江家榮 | 58 | 87 | 85 | 86 | 77 | 393 |
| 劉家銘 | 75 | 83 | 79 | 88 | 91 | 416 |
| 黃思凡 | 69 | 92 | 76 | 91 | 86 | 414 |
| 黃威廷 | 80 | 70 | 84 | 79 | 87 | 400 |

### Step 2 點選「設定格式化的條件」按鈕

選取工作表的 G 列，切換至〔常用〕活頁標籤，在「樣式」選項群組中點選〔設定格式化的條件〕按鈕。

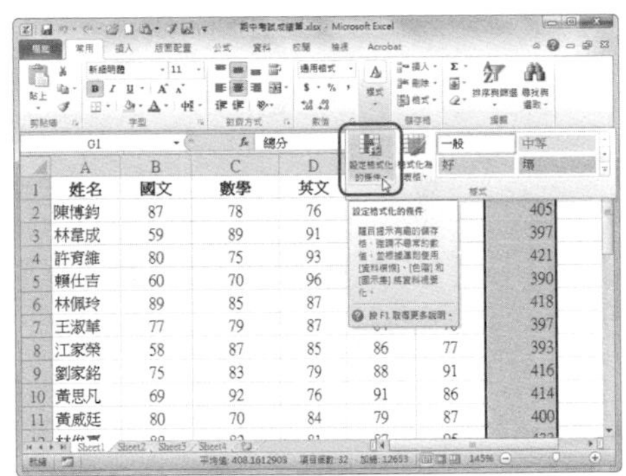

### Step 3 選擇設定格式化的條件規則

在下拉選單中，點選【頂端 / 底端項目規則】選項，並在子選單中選擇【最後 10%】選項。

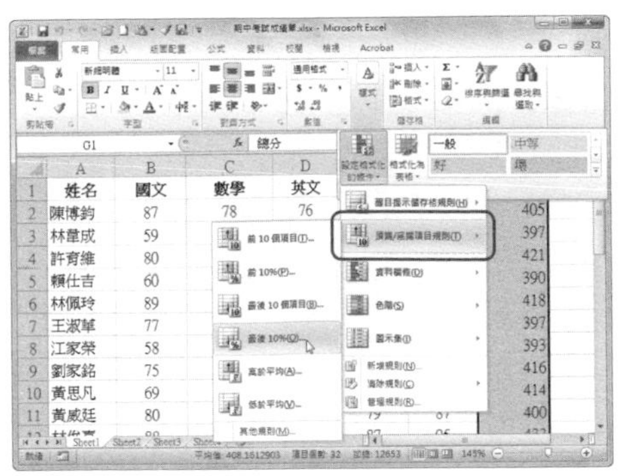

**Step 4** 設定類型和顯示格式

此時會彈出「後面 10%」對話框，在「格式化排在最後面的儲存格」區域中，將百分比設定成 10%。

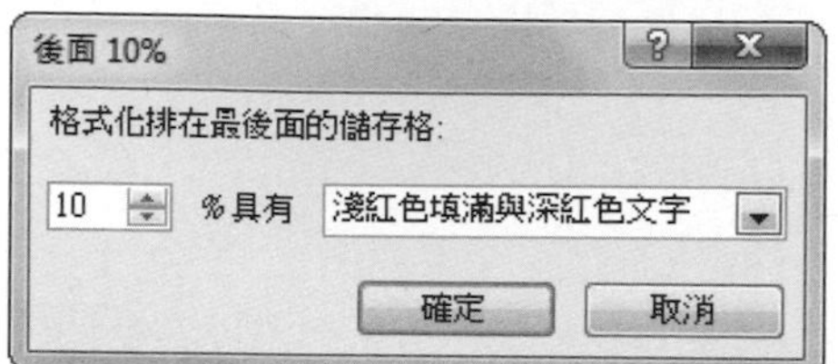


**Step 5** 設定顯示格式

點選「具有」下拉選單，從下拉選單中選擇【淺紅色填滿與深紅色文字】，然後點選〔確定〕。

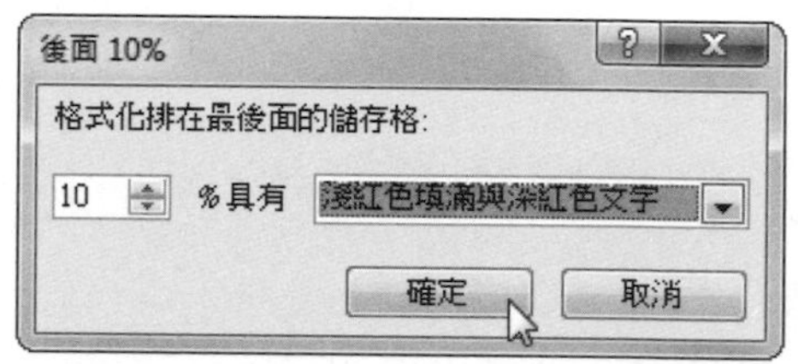


**Step 6** 檢視效果

返回工作表中，可以看到總分最後 10% 的儲存格，都顯示為「淺紅色填滿與深紅色文字」格式了。

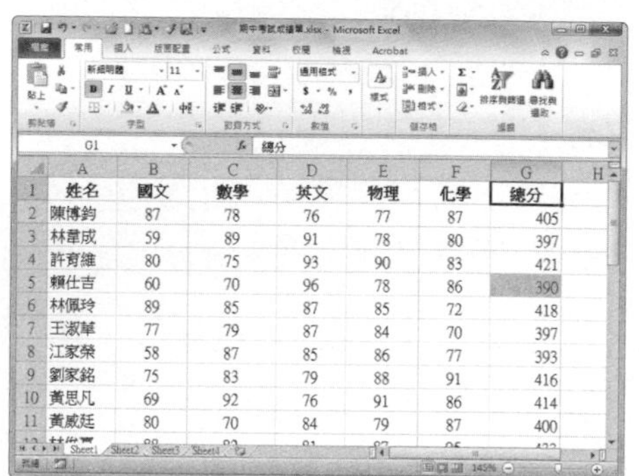

## 138 Q 如何標示高於或低於平均值的資料？

第 2 章 \ 原始檔 \ 行業月薪調查表 .xlsx
第 2 章 \ 完成檔 \ 標示高於或低於平均值的資料 .xlsx

**A** 在統計資料時，經常需要統計出平均值，並檢視哪些資料高於平均值，哪些資料低於平均值，此時可以運用「設定格式化的條件」功能幫我們快速標示。

**Step 1** 打開活頁簿

打開「行業月薪調查表 .xlsx」，希望將高於平均值的資料設定為「淺紅色填滿與深紅色文字」格式，將低於平均值的資料設定為「綠色填滿與深綠色文字」格式。

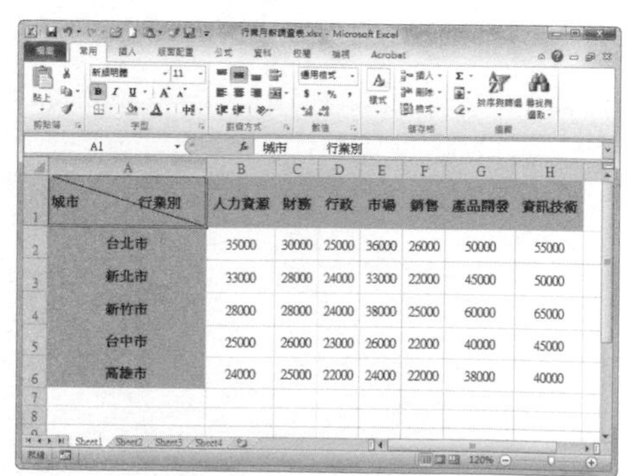

### Step 2 點選「設定格式化的條件」按鈕

選取工作表中 B2:H6 儲存格區域，在〔常用〕活頁標籤下「樣式」選項群組中點選〔設定格式化的條件〕按鈕。

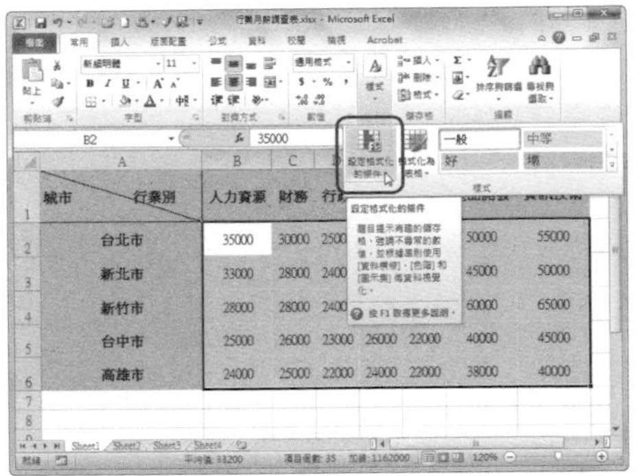

### Step 3 選擇設定格式化的條件規則

在下拉選單中，點選【頂端 / 底端項目規則】選項，並在子選單中選擇【高於平均】選項。

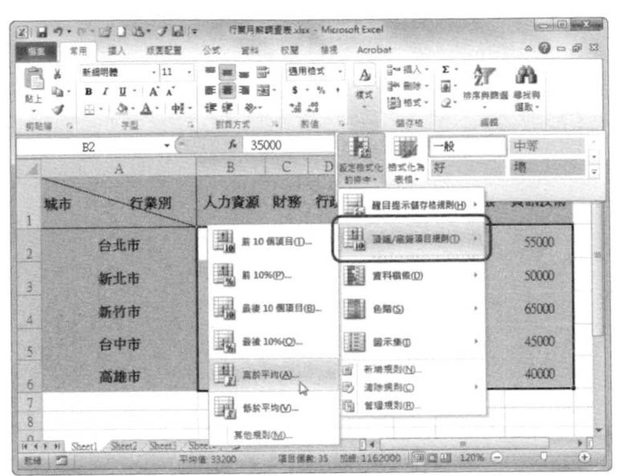

### Step 4 設定高於平均值資料的顯示格式

此時會彈出「高於平均」對話框，從下拉選單中選擇【淺紅色填滿與深紅色文字】選項，點選〔確定〕按鈕。

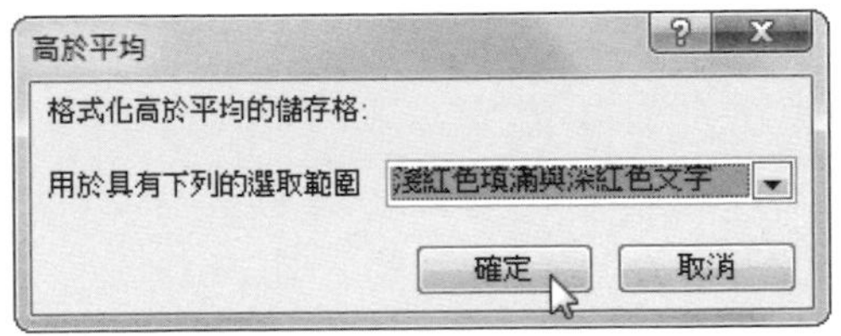


### Step 5 設定低於平均值資料的顯示格式

重複步驟 2，在【頂端 / 底端項目規則】的子選單中選擇【低於平均】選項，在「低於平均」對話框中將顯示格式設定為【綠色填滿與深綠色文字】。

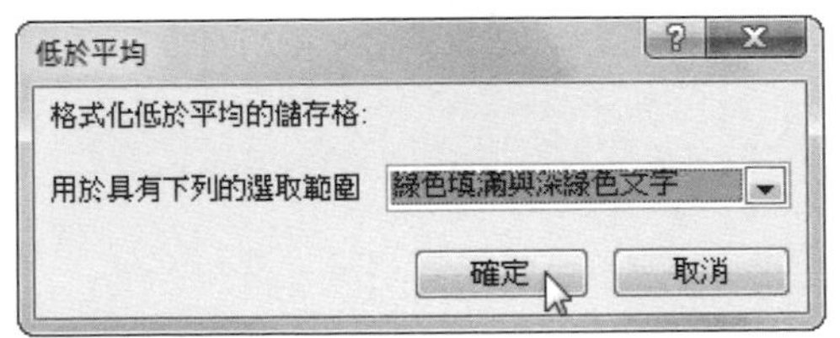


### Step 6 檢視效果

返回工作表中，可以看到高於平均值的資料醒目提示為「淺紅色填滿與深紅色文字」，低於平均值的資料醒目提示為「綠色填滿與深綠色文字」格式。

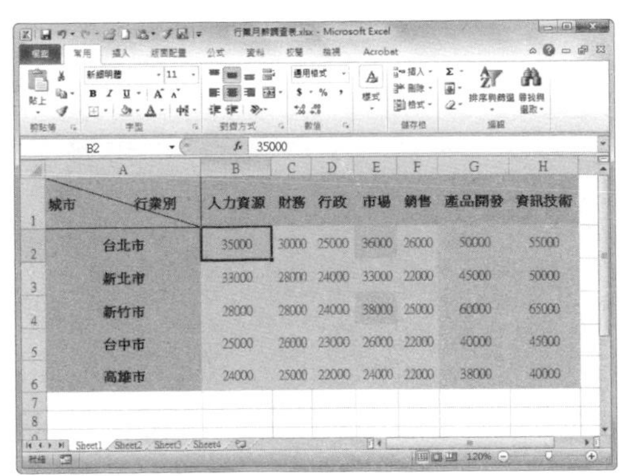

# 如何標示含有公式的儲存格？

在大型工作表中，逐一檢查公式是否正確時，我們往往難以找出包含公式的儲存格。雖然設定格式化的條件功能中沒有直接的醒目提示公式儲存格功能，但是我們可以靈活運用「尋找與選取」功能，尋找包含公式的儲存格，然後統一設定格式，進而做到與設定格式化的條件功能類似的效果。

### Step 1 打開活頁簿

打開「期中考試成績單 .xlsx」，希望將含有公式的儲存格設定為藍色填滿效果以醒目提示。

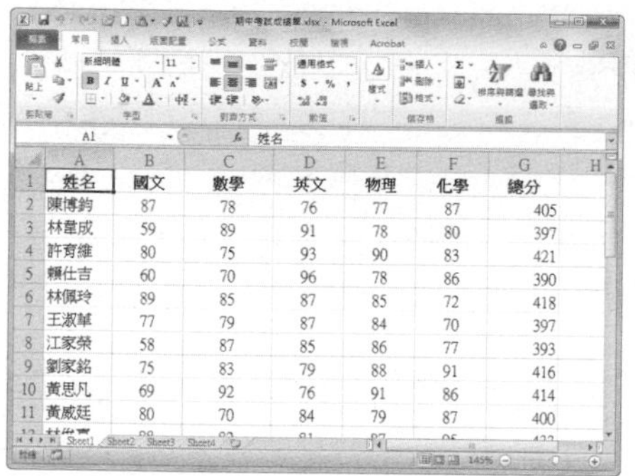

### Step 2 點選「尋找與選取」按鈕

選取 B2:G32 儲存格區域，切換至〔常用〕活頁標籤，在「編輯」選項群組中點選〔尋找與選取〕按鈕，並從下拉選單中選擇【公式】選項。

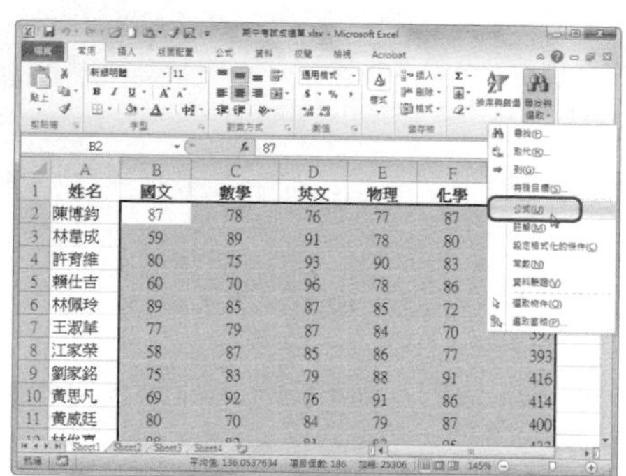

### Step 3 定位公式儲存格

執行上述操作後，含有公式的儲存格即全部被選取。

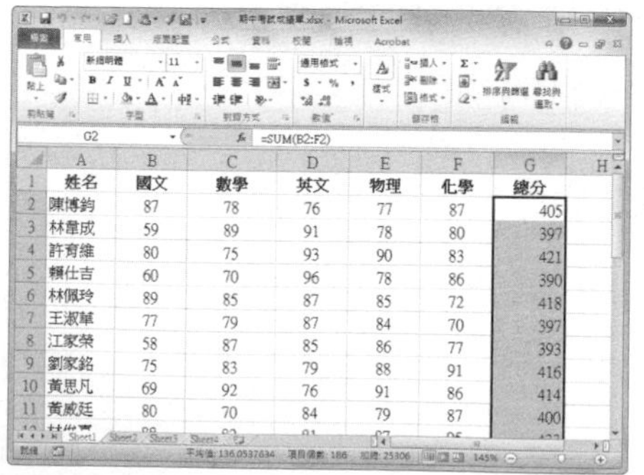

### Step 4 設定儲存格背景

切換至〔常用〕活頁標籤，在「字型」選項群組中點選〔填滿色彩〕下拉選單，並選擇藍色背景。

**Step 5** 檢視效果

返回工作表中，可以看到含有公式的儲存格都填滿了藍色背景。

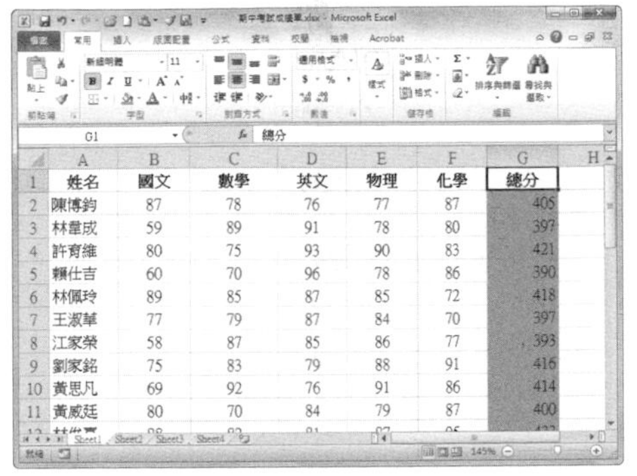

**提示**

**您也可以這樣**

切換至〔常用〕活頁標籤，在「編輯」選項群組中〔尋找與選取〕按鈕，並從下拉選單中選擇【特殊目標】選項。彈出「特殊目標」對話框後，選取「公式」選項，亦可自動選取含有公式的儲存格。

## 140 如何使用資料橫條快速分析資料？

第 2 章 \ 原始檔 \ 合歡山月平均氣溫資料表 .xlsx
第 2 章 \ 完成檔 \ 標示資料橫條 .xlsx

在 Excel 2010 中，利用設定格式化條件下的資料橫條功能，可以把不同的資料醒目地顯示出來，非常清楚地展現區域中數值的大小情況，來看看怎麼操作吧！

**Step 1** 打開活頁簿

打開「合歡山月平均氣溫資料表 .xlsx」活頁簿，希望將欄位「平均氣溫」欄中的資料透過資料橫條的形式顯示出來。

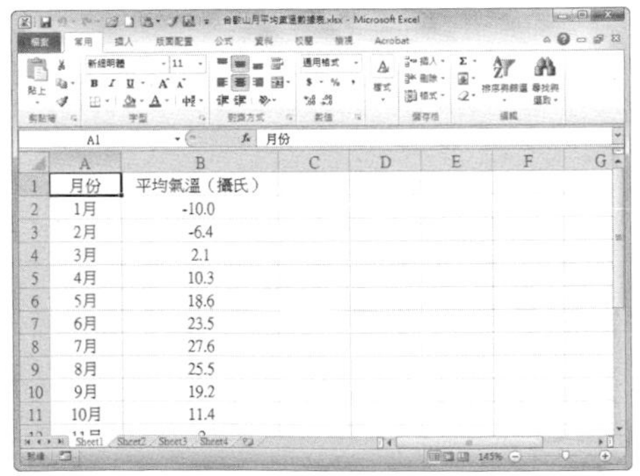

**Step 2** 點選「設定格式化的條件」按鈕

在工作表中選取 B2:B13 儲存格區域，切換至〔常用〕活頁標籤，在「樣式」選項群組中，點選〔設定格式化的條件〕按鈕。

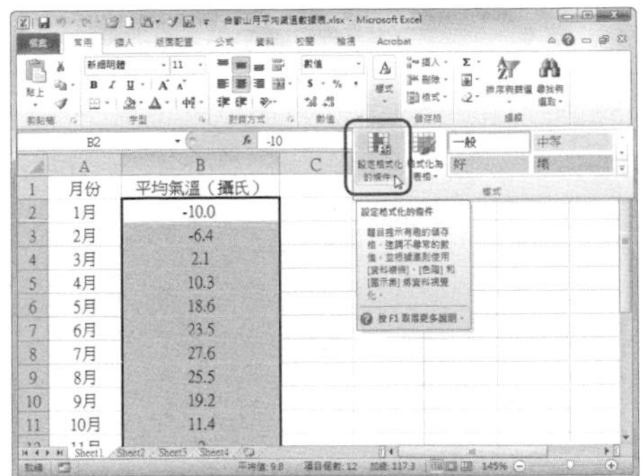

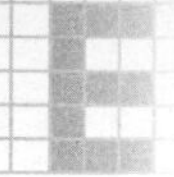

**Step 3** 選擇設定格式化的條件規則

在下拉選單中點選【資料橫條】選項，並從子選單中選擇合適的填滿樣式。

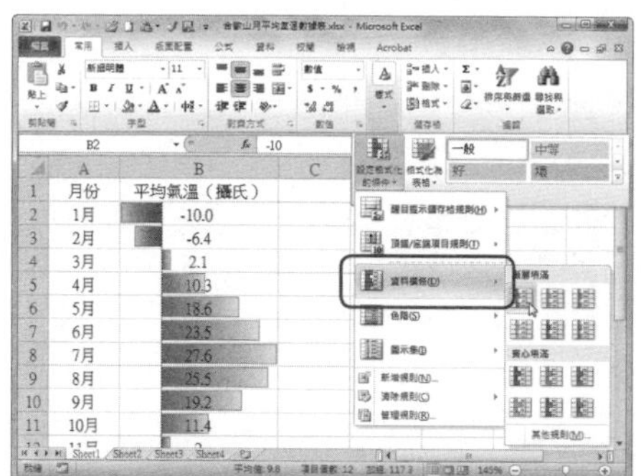

**Step 4** 檢視效果

返回工作表，可以看到儲存格數值都以資料橫條的形式顯示，較長的資料條代表較高的平均氣溫，較短的資料橫條代表較低的平均氣溫。

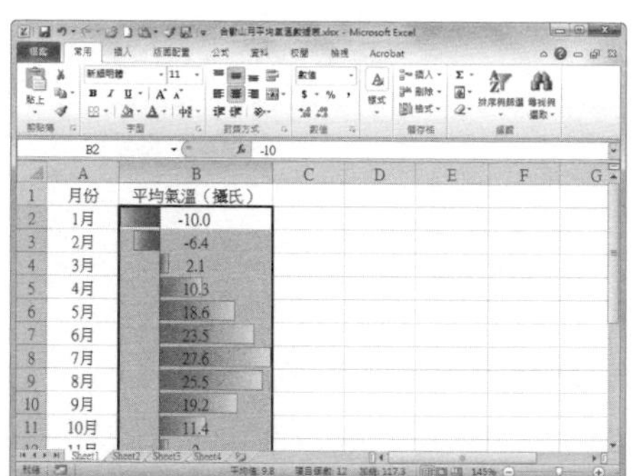

**提示**

**關於資料橫條的長短比例**

有時會發現資料橫條的長短與數值大小不成比例，這是因為 Excel 2010 預設將區域中最小值所對應的資料橫條長度設定為儲存格長度的 10%，將最大值所對應的資料橫條長度設定為儲存格長度的 90%，其他介於二者之間。

## 141 Q 如何利用色階分析資料

第 2 章 \ 原始檔 \ 合歡山月平均氣溫表 .xlsx
第 2 章 \ 完成檔 \ 設定色階 .xlsx

設定色階，就是把 Excel 2010 工作表中的儲存格資料按照大小，依次填滿不同的色彩。利用填滿色彩的深淺代表資料的大小，來看看如何操作。

**Step 1** 打開活頁簿。

打開「合歡山月平均氣溫資料表 .xlsx」，希望將平均氣溫中的資料透過色階形式顯示出來。

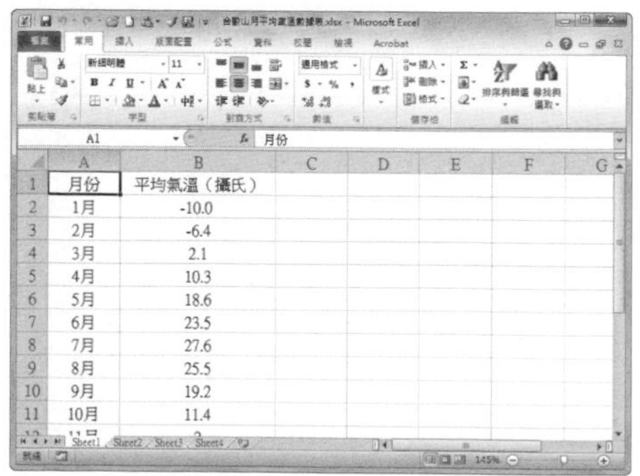

## Step 2 點選「設定格式化的條件」按鈕

在工作表中選取 B2:B13 儲存格區域，切換至〔常用〕活頁標籤。在「樣式」選項群組中，點選〔設定格式化的條件〕按鈕。

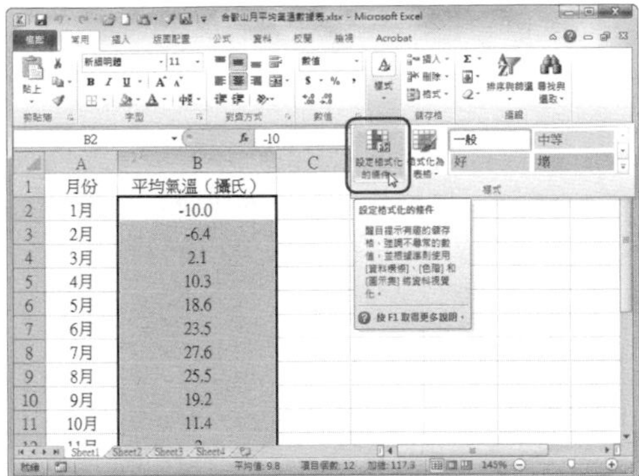

## Step 3 選擇設定格式化的條件規則

在下拉選單中，點選「色階」，在子選單中選擇合適的色階樣式。

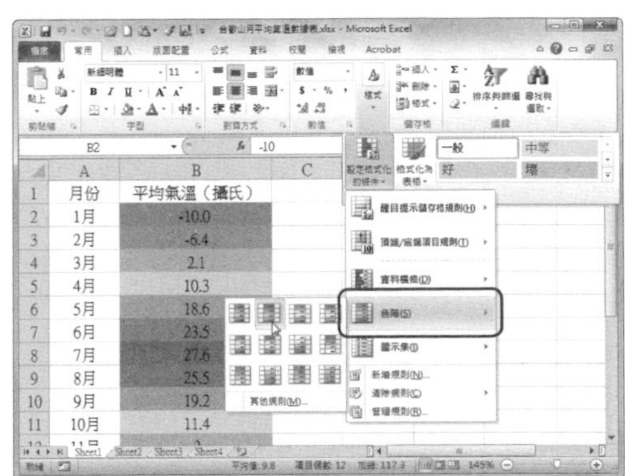

## Step 4 檢視效果

返回工作表，可以看到儲存格數值都以色階的形式顯示出來了。

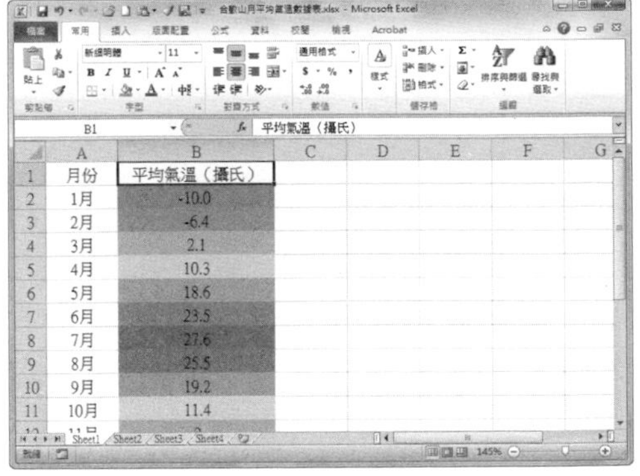

# 如何更改設定格式化的條件規則？

第 2 章 \ 原始檔 \ 期中考試成績 2.xlsx
第 2 章 \ 完成檔 \ 更改設定格式化的條件規則 .xlsx

一個工作表中可能同時應用多個設定格式化的條件規則，對於這些已經設定好的設定格式化的條件規則，也可以根據需要進行更改，來看看怎麼操作吧！

## Step 1 打開活頁簿

打開「期中考試成績 2.xlsx」，希望將欄位「國文」欄中數值「小於 60」的儲存格顯示格式由「淺紅填滿色深紅色文字」更改為「黃色填滿黑色加粗文字」。

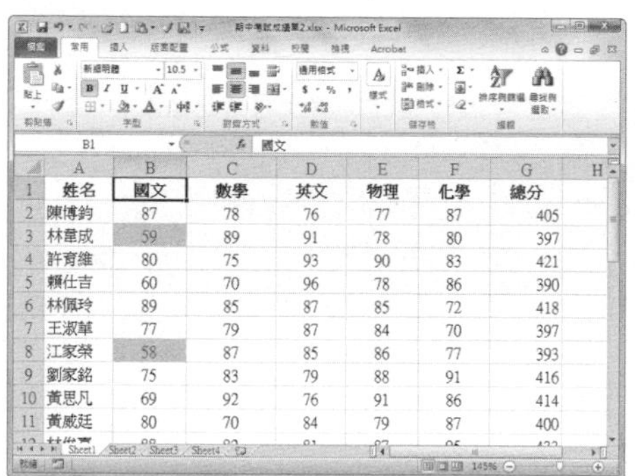

## Step 2 點選「設定格式化的條件」按鈕

選取 B2:B32 儲存格區域，切換至〔常用〕活頁標籤，在「樣式」選項群組中，點選〔設定格式化的條件〕按鈕。

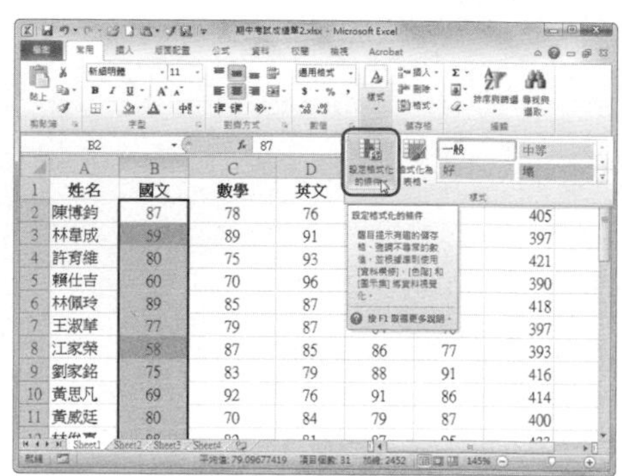

## Step 3 選擇「管理規則」選項

在其下拉選單中選擇【管理規則】選項。

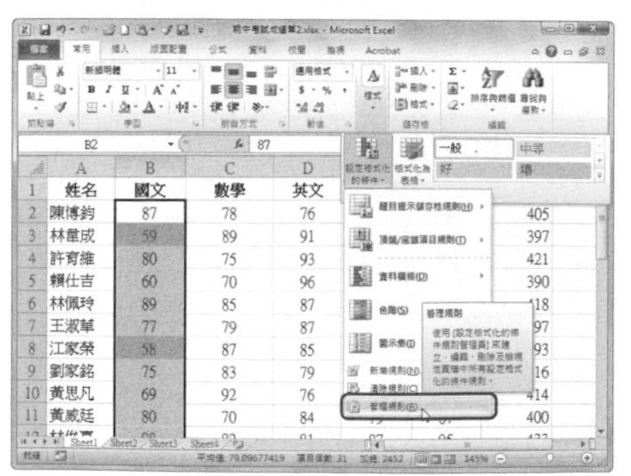

## Step 4 選擇設定格式化的條件規則所應用的範圍

彈出「設定格式化的條件規則管理員」對話框，在「顯示格式化規則」下拉選單中選擇【目前的選取】選項。

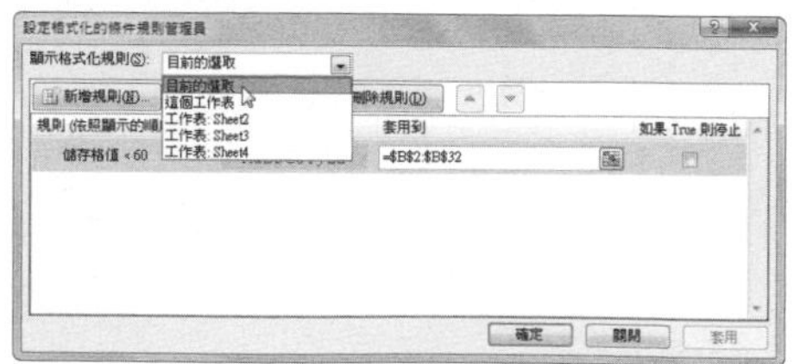

**Step 5** 點選「編輯規則」按鈕

接著選取需要更改的設定格式化的條件規則，點選〔編輯規則〕按鈕。

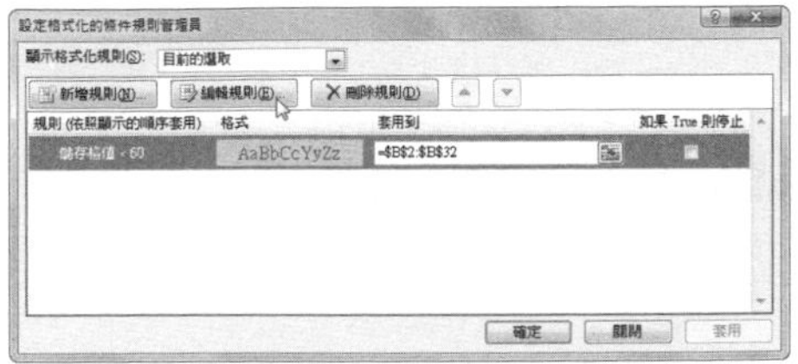


**Step 6** 更改設定格式化的條件

在彈出的「編輯格式化規則」對話框中，在「編輯規則說明」區域中點選「預覽」右側的〔格式〕按鈕，更改設定格式化的條件。

**Step 7** 設定新的設定格式化的條件的字型

在彈出的「儲存格格式」對話框中，切換至〔字型〕活頁標籤，將「字形樣式」設定為【粗體】，「色彩」設定為【黑色】。

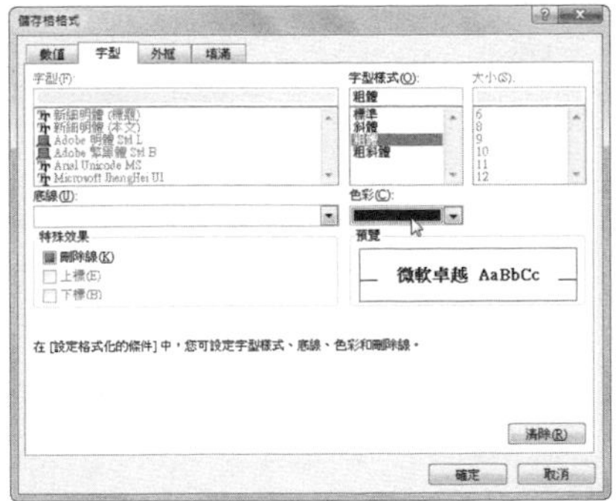


**Step 8** 設定新的設定格式化的條件的具體填充色彩

切換至〔填滿〕活頁標籤，把背景色設定為「黃色」，然後點選〔確定〕按鈕。

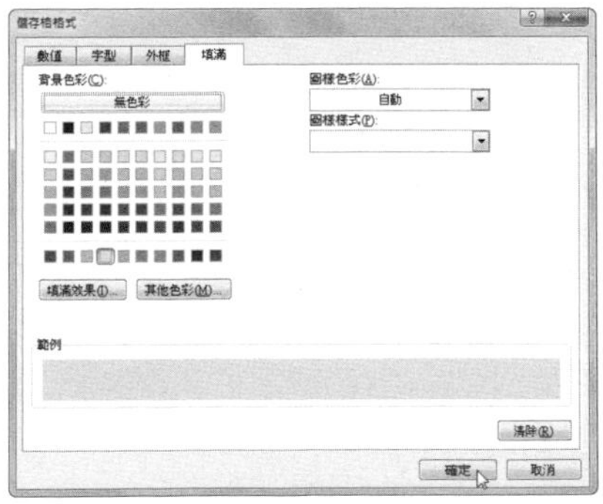


**Step 9** 檢視效果

返回工作表中，可以看到儲存格顯示格式由「淺紅色填滿與深紅色文字」變為「黃色填滿黑色粗體文字」。

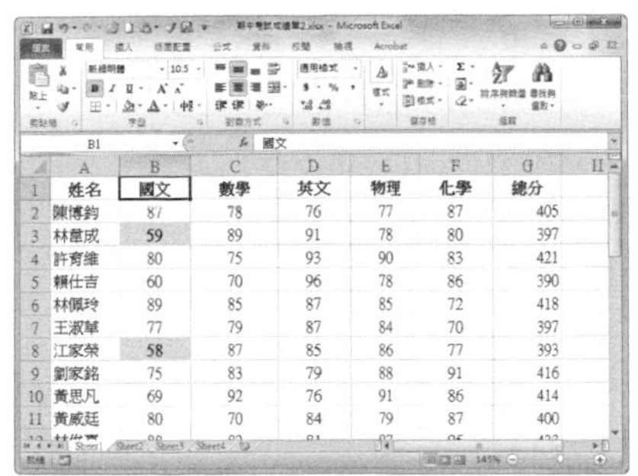

# 如何移除設定格式化的條件規則？

透過使用設定格式化的條件規則管理員，不僅可以在工作表中建立、編輯和檢視所應用的設定格式化的條件規則，還可以將多餘的條件格式規則移除。

## Step 1 點選「設定格式化的條件」按鈕

打開含有多餘設定格式化條件規則的活頁簿，然後在〔常用〕活頁標籤的「樣式」選項群組中，點選〔設定格式化的條件〕按鈕。

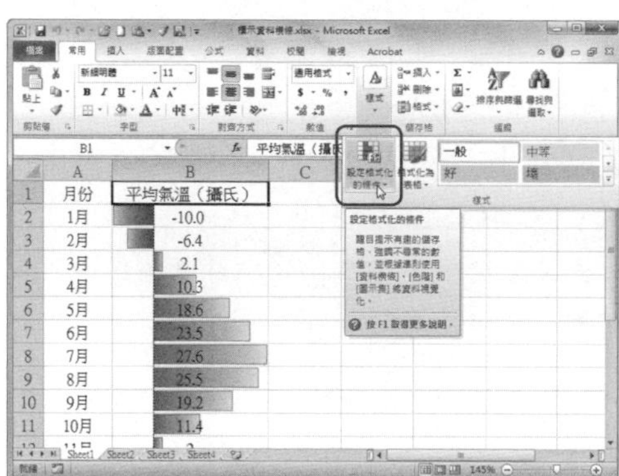

## Step 2 選擇「管理規則」選項

在其下拉選單中選擇【管理規則】選項。

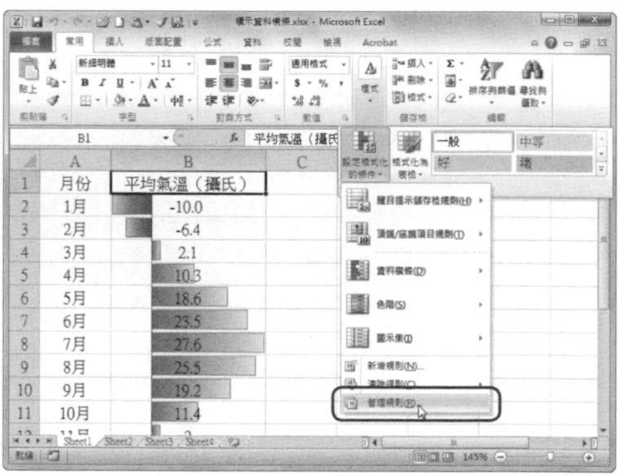

## Step 3 選擇設定格式化的條件規則的具體應用範圍

在彈出的「設定格式化的條件規則管理員」對話框中，在「顯示格式化規則」下拉選單中選擇【這個工作表】。

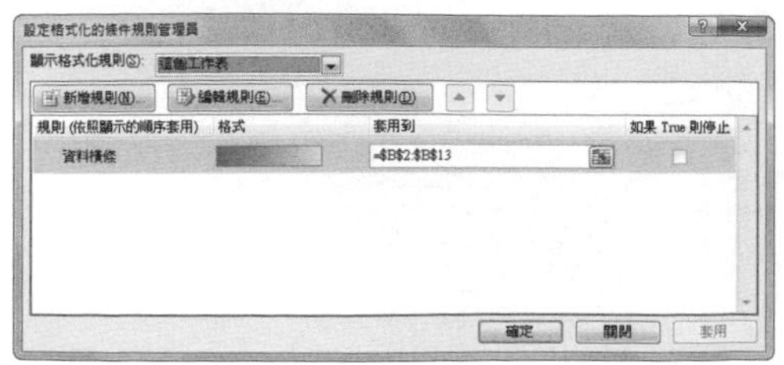

## Step 4 移除設定格式化的條件規則

此時在下方的顯示框中將列出目前選取範圍中所套用的全部條件格式規則，從中選擇需要移除的規則後，點選〔移除規則〕按鈕，然後點選〔確定〕按鈕即完成。

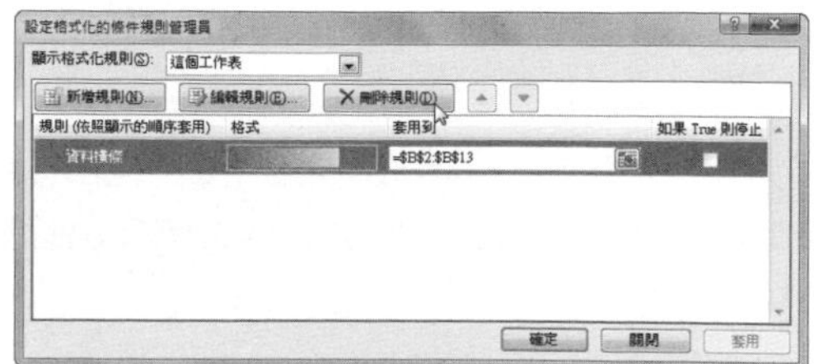

**提示**

**複製、貼上設定格式化的條件規則**

編輯工作表時，可以複製和貼上具有設定格式化條件的儲存格值，用設定格式化的條件或格式刷填滿儲存格區域。

這些操作對條件格式規則優先順序的影響是：為目標儲存格建立一個來源儲存格新設定格式化的條件規則。如果將具有設定格式化條件的儲存格值複製並貼上到 Excel 2010 另一個打開的工作表中，則不會建立設定格式化的條件規則且不複製格式。

144

## 如何快速清除工作表中所有設定格式化的條件規則？

在設定格式化的條件規則管理員中，可以逐一移除設定格式化的條件規則，但是每次移除只能移除一個設定格式化的條件規則。當工作表中的設定格式化條件規則太多時，可以選擇使用效率更高的「清除規則」功能。來看看怎麼操作吧！

**Step 1** 點選「設定格式化的條件」按鈕

打開含有多個設定格式化的條件規則的工作簿，切換至〔常用〕活頁標籤。在「樣式」選項群組中，點選〔設定格式化的條件〕按鈕。

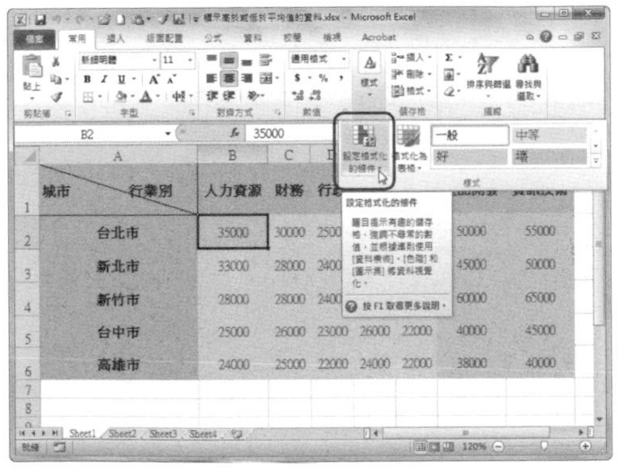

**Step 2** 選擇「清除規則」選項

在下拉選單中選擇【清除規則】，在子選單中選擇【清除整張工作表的規則】選項。

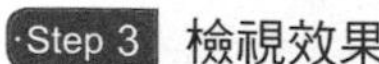

### Step 3 檢視效果

執行上述操作後返回工作表中，可以看到所有的設定格式化的條件規則都已經清除。

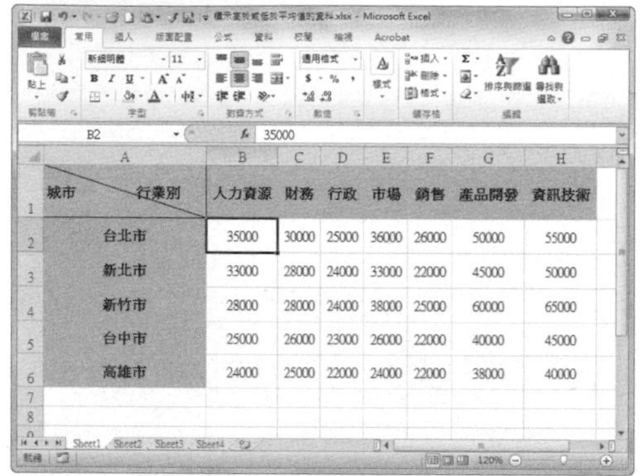


## 145 Q 如何調整多重設定格式化的條件的優先次序？

**A** 在一個 Excel 工作表中，可能同時應用兩個以上的設定格式化的條件規則。透過「設定格式化的條件規則管理員」，可以檢視所有的設定格式化條件規則，並可以調整它們之間的優先次序。

### Step 1 點選「設定格式化的條件」按鈕

打開應用兩個以上條件格式規則的活頁簿，切換至〔常用〕活頁標籤。在「樣式」選項群組中，點選〔設定格式化的條件〕按鈕。

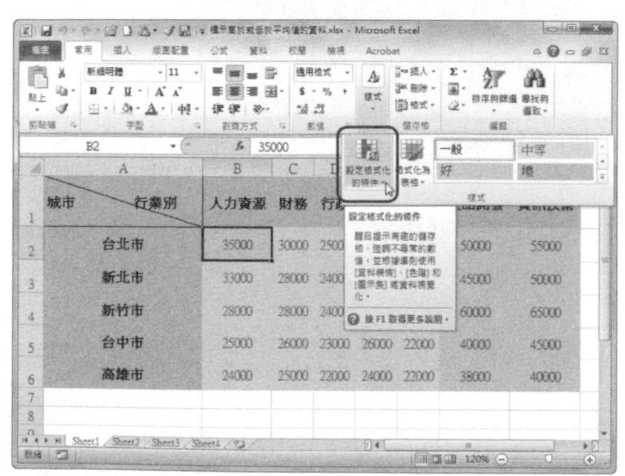

### Step 2 選擇「管理規則」選項

在其下拉選單中選擇【管理規則】選項。

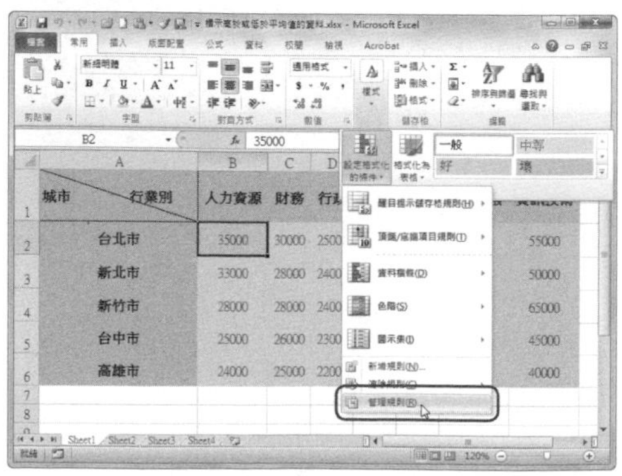

**Step 3** 選擇設定格式化的條件規則所應用的範圍

在彈出的「設定格式化的條件規則管理員」對話框中，在「顯示其格式規則」下拉選單中選擇【這個工作表】。

**Step 4** 上移或下移設定格式化的條件

此時下方的選單方塊中列出目前選取儲存格所應用的全部設定格式化的條件規則，從中選出需要調整的條件格式規則，點選〔上移〕或〔下移〕按鈕，調整其上下位置，即可改變其優先順序。

**提 示**

**了解優先順序**

「設定格式化的條件規則管理員」對話框下方的選單方塊中列出所有應用的設定格式化的條件規則，選單中位於較上方的規則優先順序高於位於選單中較下方的規則。在預設情況下，新規則會添加到選單的最上面。

設定格式化的條件規則優先順序，只有在某儲存格同時滿足不同條件規則時，才能表現出來。

# 職人技 8　資料排序與篩選秘技

在分析 Excel 工作表中的資料時，基本的操作就是資料排序與篩選。將資料按照一定規則進行排序，可以方便地檢視與比較資料；將資料進行篩選，可以快速找出符合條件的資料。在排序與篩選時，既可以按單一條件或欄位進行排序與篩選，也可以按多個條件或欄位進行篩選。

# 146 如何升冪或降冪排列儲存格中的資料？

第 2 章 \ 原始檔 \ 新進員工資訊表 .xlsx

Excel 工作表中通常包含許多資料，例如所有廠家的報價、所有員工的年齡等，透過進行下面的操作，可以快速針對相關欄位進行升冪或降冪的排序。

## Step 1 打開需要排序的文件

打開「新進員工資訊表 .xlsx」，希望將欄位「年齡」欄中的儲存格資料按照升冪排列。

| 編號 | 姓名 | 性別 | 年齡 | 部門 | 職務 |
|---|---|---|---|---|---|
| 012345 | 王建廷 | 男 | 23 | 財務 | 職員 |
| 012346 | 謝冠宏 | 男 | 19 | 財務 | 職員 |
| 012347 | 張筱涵 | 女 | 27 | 行政 | 職員 |
| 012348 | 邱佳琪 | 女 | 38 | 行政 | 主管 |
| 012349 | 蔡書瑋 | 女 | 26 | 銷售 | 職員 |
| 012350 | 李威宇 | 男 | 30 | 銷售 | 職員 |
| 012351 | 蔡志成 | 男 | 26 | 銷售 | 職員 |
| 012352 | 王淑珍 | 女 | 33 | 行政 | 副主管 |
| 012353 | 李湘婷 | 女 | 37 | 財務 | 主管 |

## Step 2 對資料進行排序

選取需要排序的列中的任一儲存格，切換至〔資料〕活頁標籤，在「排序與篩選」選項群組中點選〔從 A 到 Z 排序〕按鈕。

## Step 3 檢視效果

此時可以看到新進員工的排列順序，已經按照「年齡」從小到大的升冪進行排列了。

| 編號 | 姓名 | 性別 | 年齡 | 部門 | 職務 |
|---|---|---|---|---|---|
| 012346 | 謝冠宏 | 男 | 19 | 財務 | 職員 |
| 012345 | 王建廷 | 男 | 23 | 財務 | 職員 |
| 012349 | 蔡書瑋 | 女 | 26 | 銷售 | 職員 |
| 012351 | 蔡志成 | 男 | 26 | 銷售 | 職員 |
| 012347 | 張筱涵 | 女 | 27 | 行政 | 職員 |
| 012350 | 李威宇 | 男 | 30 | 銷售 | 職員 |
| 012352 | 王淑珍 | 女 | 33 | 行政 | 副主管 |
| 012353 | 李湘婷 | 女 | 37 | 財務 | 主管 |
| 012348 | 邱佳琪 | 女 | 38 | 行政 | 主管 |

# 如何按注音進行排序？

第 2 章 \ 原始檔 \ 客戶資訊整理表 .xlsx

**A** 在統計資訊時，經常會遇到需要按照中文進行排序的情況，除了可以用筆劃多寡排序之外，還可以使用注音符號排序哦！

## Step 1　打開活頁簿

打開「客戶資訊整理表 .xlsx」工作簿，希望將欄位「姓名」按照中文的注音進行排序。

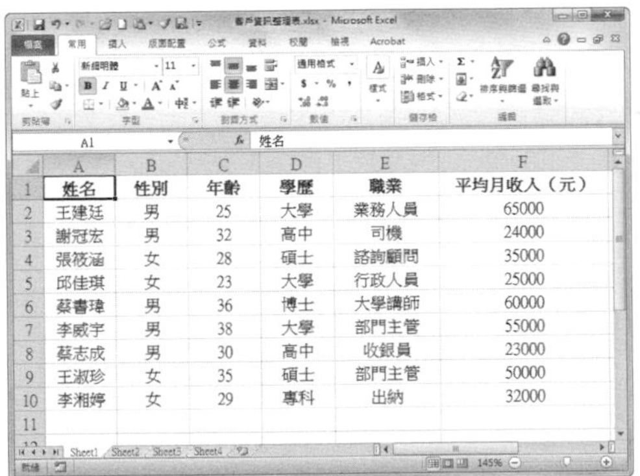

| 姓名 | 性別 | 年齡 | 學歷 | 職業 | 平均月收入（元） |
|---|---|---|---|---|---|
| 王建廷 | 男 | 25 | 大學 | 業務人員 | 65000 |
| 謝冠宏 | 男 | 32 | 高中 | 司機 | 24000 |
| 張筱涵 | 女 | 28 | 碩士 | 諮詢顧問 | 35000 |
| 邱佳琪 | 女 | 23 | 大學 | 行政人員 | 25000 |
| 蔡書瑋 | 男 | 36 | 博士 | 大學講師 | 60000 |
| 李威宇 | 男 | 38 | 大學 | 部門主管 | 55000 |
| 蔡志成 | 男 | 30 | 高中 | 收銀員 | 23000 |
| 王淑珍 | 女 | 35 | 碩士 | 部門主管 | 50000 |
| 李湘婷 | 女 | 29 | 專科 | 出納 | 32000 |

## Step 2　點選「排序」按鈕

選取需要「姓名」欄位中的任一儲存格，切換至〔資料〕活頁標籤，在「排序與篩選」選項群組中點選〔排序〕按鈕。

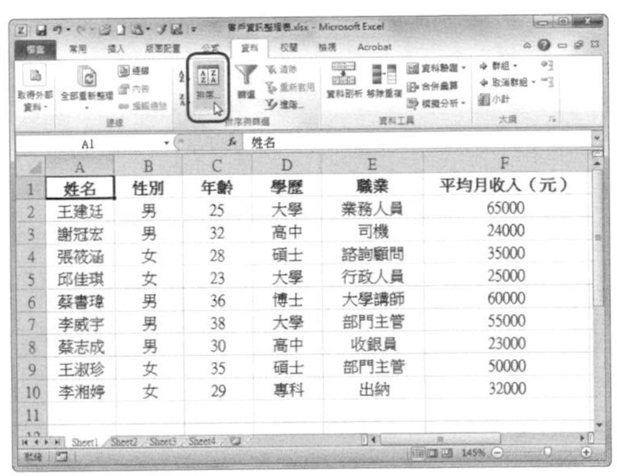

| 姓名 | 性別 | 年齡 | 學歷 | 職業 | 平均月收入（元） |
|---|---|---|---|---|---|
| 王建廷 | 男 | 25 | 大學 | 業務人員 | 65000 |
| 謝冠宏 | 男 | 32 | 高中 | 司機 | 24000 |
| 張筱涵 | 女 | 28 | 碩士 | 諮詢顧問 | 35000 |
| 邱佳琪 | 女 | 23 | 大學 | 行政人員 | 25000 |
| 蔡書瑋 | 男 | 36 | 博士 | 大學講師 | 60000 |
| 李威宇 | 男 | 38 | 大學 | 部門主管 | 55000 |
| 蔡志成 | 男 | 30 | 高中 | 收銀員 | 23000 |
| 王淑珍 | 女 | 35 | 碩士 | 部門主管 | 50000 |
| 李湘婷 | 女 | 29 | 專科 | 出納 | 32000 |

## Step 3　設定排序欄位

在彈出的「排序」對話框中將「欄」設定為「姓名」，將「順序」設定為〔A 到 Z〕，點選〔選項〕按鈕。

## Step 4　調整排序方法

彈出「排序選項」對話框，在「方法」區域中選取「依注音排序」，點選〔確定〕按鈕。

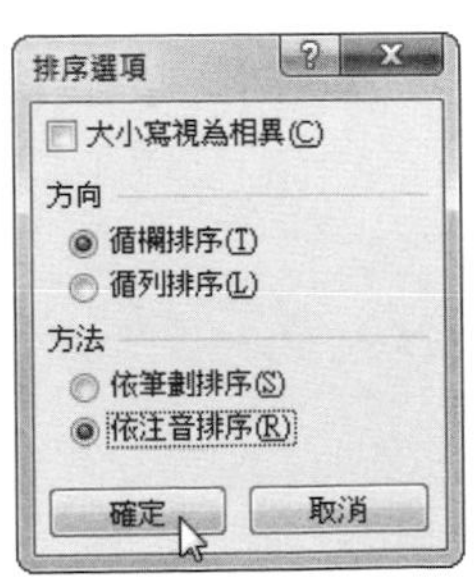

### Step 5 確認「排序方式」

返回「排序」對話框，點選〔確定〕按鈕。

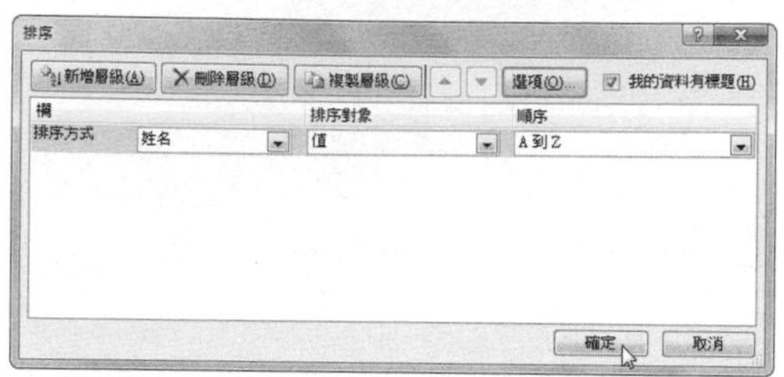


### Step 6 檢視效果

返回工作表，可以看到資料已經按照中文的注音符號進行排序了。

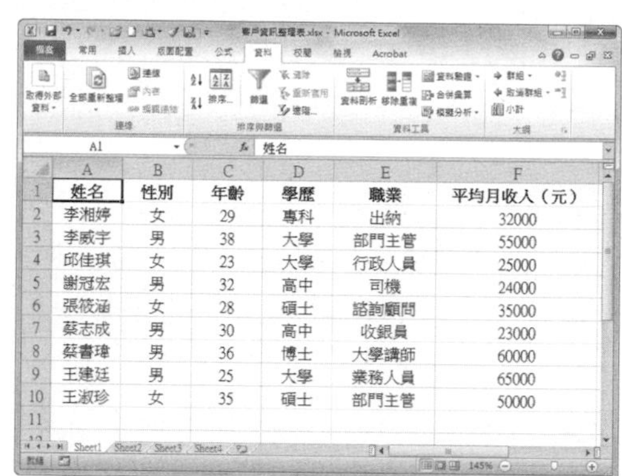

| 姓名 | 性別 | 年齡 | 學歷 | 職業 | 平均月收入（元） |
|---|---|---|---|---|---|
| 李湘婷 | 女 | 29 | 專科 | 出納 | 32000 |
| 李威宇 | 男 | 38 | 大學 | 部門主管 | 55000 |
| 邱佳琪 | 女 | 23 | 大學 | 行政人員 | 25000 |
| 謝冠宏 | 男 | 32 | 高中 | 司機 | 24000 |
| 張筱涵 | 女 | 28 | 碩士 | 諮詢顧問 | 35000 |
| 蔡志成 | 男 | 30 | 高中 | 收銀員 | 23000 |
| 蔡書瑋 | 男 | 36 | 博士 | 大學講師 | 60000 |
| 王建廷 | 男 | 25 | 大學 | 業務人員 | 65000 |
| 王淑珍 | 女 | 35 | 碩士 | 部門主管 | 50000 |

##  Q 如何按照儲存格色彩進行排序？

第 2 章\原始檔\客戶資訊整理 .xlsx

**A** 在製作 Excel 工作表的過程中，有時可能需要按照儲存格或儲存格中字型的色彩進行排序。這與按注音進行排序的操作方法類似，下面介紹按照儲存格色彩進行排序的操作步驟。

### Step 1 打開活頁簿

打開「客戶資訊整理 .xlsx」活頁簿，希望將欄位「編號」中的儲存格按照紅、黃、藍的順序排列。

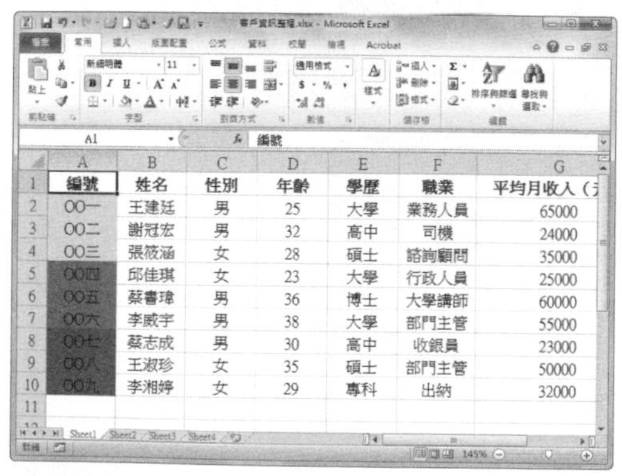

| 編號 | 姓名 | 性別 | 年齡 | 學歷 | 職業 | 平均月收入（元） |
|---|---|---|---|---|---|---|
| OO一 | 王建廷 | 男 | 25 | 大學 | 業務人員 | 65000 |
| OO二 | 謝冠宏 | 男 | 32 | 高中 | 司機 | 24000 |
| OO三 | 張筱涵 | 女 | 28 | 碩士 | 諮詢顧問 | 35000 |
| OO四 | 邱佳琪 | 女 | 23 | 大學 | 行政人員 | 25000 |
| OO五 | 蔡書瑋 | 男 | 36 | 博士 | 大學講師 | 60000 |
| OO六 | 李威宇 | 男 | 38 | 大學 | 部門主管 | 55000 |
| OO七 | 蔡志成 | 男 | 30 | 高中 | 收銀員 | 23000 |
| OO八 | 王淑珍 | 女 | 35 | 碩士 | 部門主管 | 50000 |
| OO九 | 李湘婷 | 女 | 29 | 專科 | 出納 | 32000 |

### Step 2 點選「排序」按鈕

選取「編號」中任一儲存格，切換至〔資料〕活頁標籤，在「排序與篩選」選項群組中點選〔排序〕按鈕。

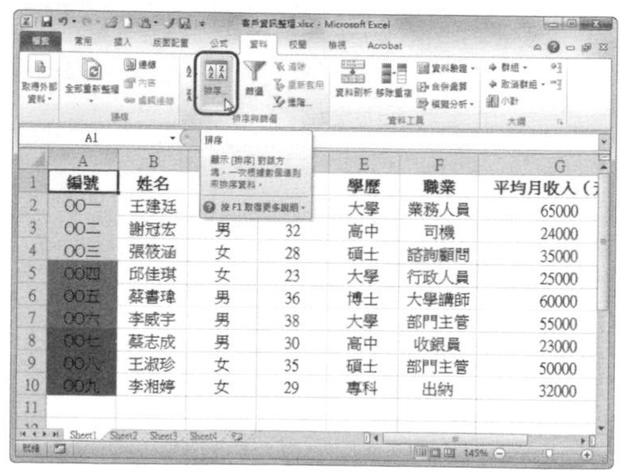

| 編號 | 姓名 | | | 學歷 | 職業 | 平均月收入（元） |
|---|---|---|---|---|---|---|
| OO一 | 王建廷 | | | 大學 | 業務人員 | 65000 |
| OO二 | 謝冠宏 | 男 | 32 | 高中 | 司機 | 24000 |
| OO三 | 張筱涵 | 女 | 28 | 碩士 | 諮詢顧問 | 35000 |
| OO四 | 邱佳琪 | 女 | 23 | 大學 | 行政人員 | 25000 |
| OO五 | 蔡書瑋 | 男 | 36 | 博士 | 大學講師 | 60000 |
| OO六 | 李威宇 | 男 | 38 | 大學 | 部門主管 | 55000 |
| OO七 | 蔡志成 | 男 | 30 | 高中 | 收銀員 | 23000 |
| OO八 | 王淑珍 | 女 | 35 | 碩士 | 部門主管 | 50000 |
| OO九 | 李湘婷 | 女 | 29 | 專科 | 出納 | 32000 |

**Step 3** 設定排序依據

彈出「排序」對話框，將「排序方式」設定為【編號】，將「排序對象」設定為【儲存格色彩】。

**Step 4** 調整色彩順序

點選「順序」下拉選單，此時列表中將列出欄位「編號」中所有儲存格的色彩，選擇紅色後，設定其位置為【最上層】。

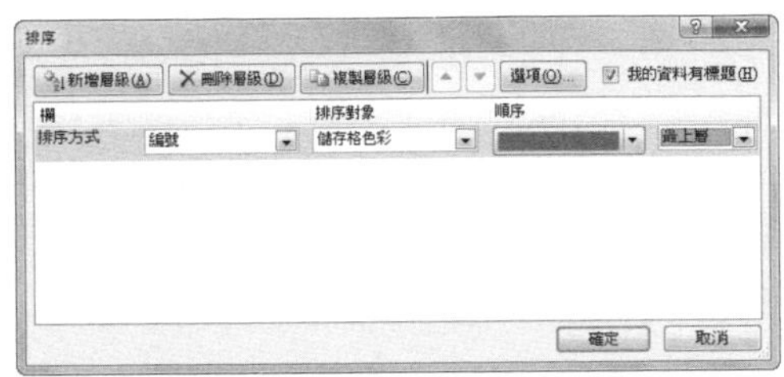


**Step 5** 檢視效果

點選〔確定〕按鈕後，返回工作表，可以看到資料已經重新排序，且按照設定的色彩順序排列。

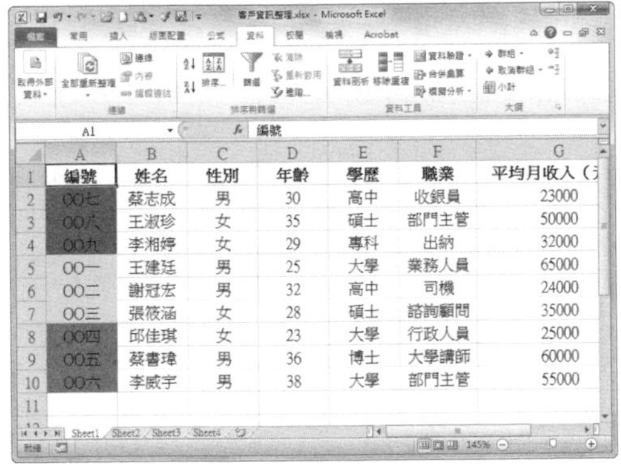


**提示**

**按儲存格圖示進行排序**

在「排序」對話框，點選「排序依據」下拉選單，選擇【儲存格圖示】選項，則可依儲存格圖示排序。

149

# Q 如何按多個欄位進行排序？

第 2 章 \ 原始檔 \ 新進員工資訊表 .xlsx

**A** Excel 2010 還提供了更加複雜的排序方式，即按多個欄位進行排序。我們可以設定多個欄位，不同的欄位擁有不同的優先順序，Excel 將自動依多個欄位進行排序。

## Step 1 打開活頁簿

打開「新進員工資訊表 .xlsx」，希望按照「年齡」和「編號」兩個欄位排序。

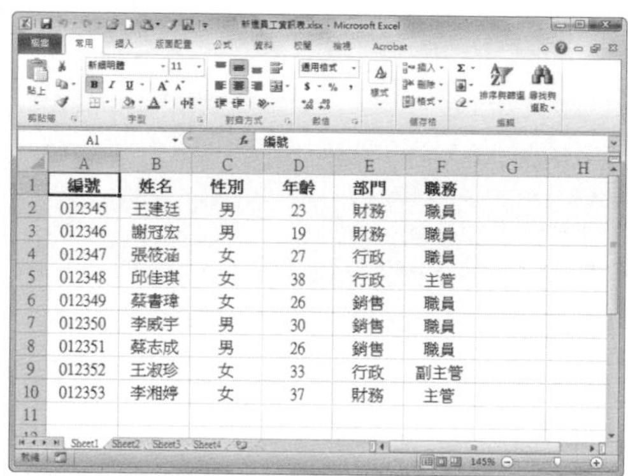

| 編號 | 姓名 | 性別 | 年齡 | 部門 | 職務 |
|---|---|---|---|---|---|
| 012345 | 王建廷 | 男 | 23 | 財務 | 職員 |
| 012346 | 謝冠宏 | 男 | 19 | 財務 | 職員 |
| 012347 | 張筱涵 | 女 | 27 | 行政 | 職員 |
| 012348 | 邱佳琪 | 女 | 38 | 行政 | 主管 |
| 012349 | 蔡書瑋 | 女 | 26 | 銷售 | 職員 |
| 012350 | 李威宇 | 男 | 30 | 銷售 | 職員 |
| 012351 | 蔡志成 | 男 | 26 | 銷售 | 職員 |
| 012352 | 王淑珍 | 女 | 33 | 行政 | 副主管 |
| 012353 | 李湘婷 | 女 | 37 | 財務 | 主管 |

## Step 2 點選「排序」按鈕

選取需要排序的儲存格區域，切換至〔資料〕活頁標籤，在「排序與篩選」選項群組中點選〔排序〕按鈕。

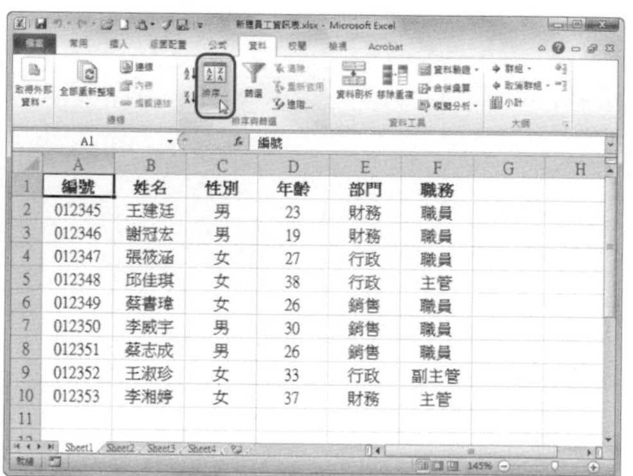

| 編號 | 姓名 | 性別 | 年齡 | 部門 | 職務 |
|---|---|---|---|---|---|
| 012345 | 王建廷 | 男 | 23 | 財務 | 職員 |
| 012346 | 謝冠宏 | 男 | 19 | 財務 | 職員 |
| 012347 | 張筱涵 | 女 | 27 | 行政 | 職員 |
| 012348 | 邱佳琪 | 女 | 38 | 行政 | 主管 |
| 012349 | 蔡書瑋 | 女 | 26 | 銷售 | 職員 |
| 012350 | 李威宇 | 男 | 30 | 銷售 | 職員 |
| 012351 | 蔡志成 | 男 | 26 | 銷售 | 職員 |
| 012352 | 王淑珍 | 女 | 33 | 行政 | 副主管 |
| 012353 | 李湘婷 | 女 | 37 | 財務 | 主管 |

## Step 3 設定排序方式

在「排序」對話框中，將「排序方式」設定為【年齡】，將「順序」設定為【最小到最大】。

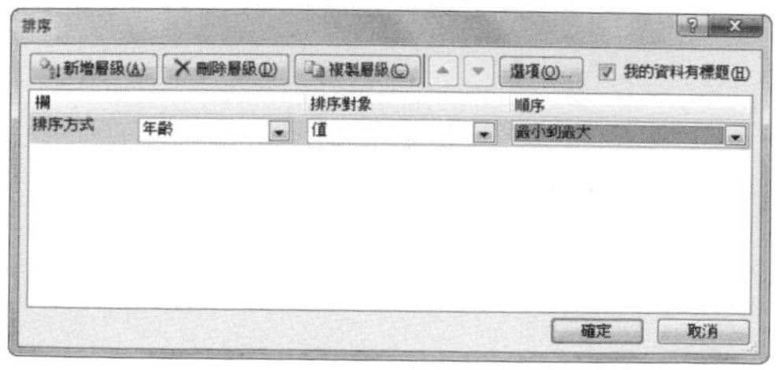


## Step 4 設定次要欄位

點選〔新增層級〕按鈕，將「次要排序方式」設定為【編號】，將「順序」設定為【最小到最大】，然後點選〔確定〕按鈕。

### Step 5 檢視效果

返回工作表，可以看到儲存格資料已經按照「年齡」和「編號」兩個欄位進行排列了。

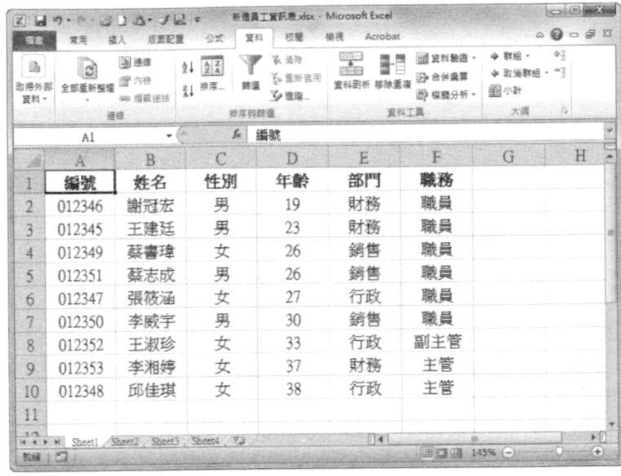

| 編號 | 姓名 | 性別 | 年齡 | 部門 | 職務 |
|---|---|---|---|---|---|
| 012346 | 謝冠宏 | 男 | 19 | 財務 | 職員 |
| 012345 | 王建廷 | 男 | 23 | 財務 | 職員 |
| 012349 | 蔡書瑋 | 女 | 26 | 銷售 | 職員 |
| 012351 | 蔡志成 | 男 | 26 | 銷售 | 職員 |
| 012347 | 張筱涵 | 女 | 27 | 行政 | 職員 |
| 012350 | 李威宇 | 男 | 30 | 銷售 | 職員 |
| 012352 | 王淑珍 | 女 | 33 | 行政 | 副主管 |
| 012353 | 李湘婷 | 女 | 37 | 財務 | 主管 |
| 012348 | 邱佳琪 | 女 | 38 | 行政 | 主管 |

**提 示**

**多個欄位排序時的先後順序**

Excel 2010 按照「排序」對話框中排序條件的上下順序來決定排序的優先順序，例如本例中，先按「年齡」進行排序，遇到年齡相同的員工，再按照「編號」進行排序。

## 如何按中文筆劃進行排序？

在製作包含姓氏內容的工作表時，Excel 2010 在預設情況下會依字母順序對姓氏進行排序，而對於中文字來說，也能依照筆劃多寡進行排序哦！

### Step 1 打開活頁簿

打開「客戶資訊整理表 .xlsx」，希望將欄位「姓名」列的儲存格按中文筆劃進行排序。

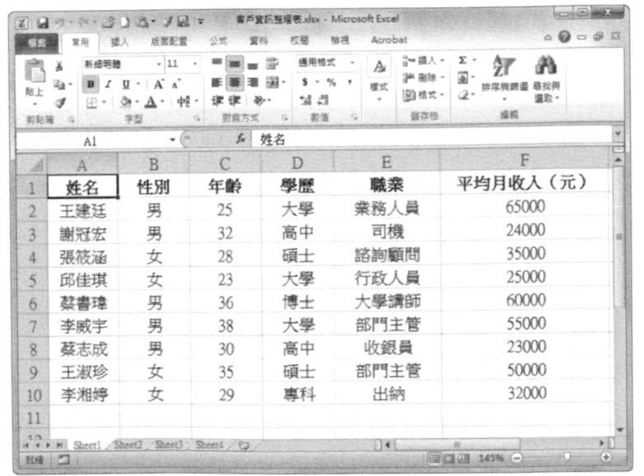

| 姓名 | 性別 | 年齡 | 學歷 | 職業 | 平均月收入（元） |
|---|---|---|---|---|---|
| 王建廷 | 男 | 25 | 大學 | 業務人員 | 65000 |
| 謝冠宏 | 男 | 32 | 高中 | 司機 | 24000 |
| 張筱涵 | 女 | 28 | 碩士 | 諮詢顧問 | 35000 |
| 邱佳琪 | 女 | 23 | 大學 | 行政人員 | 25000 |
| 蔡書瑋 | 男 | 36 | 博士 | 大學講師 | 60000 |
| 李威宇 | 男 | 38 | 大學 | 部門主管 | 55000 |
| 蔡志成 | 男 | 30 | 高中 | 收銀員 | 23000 |
| 王淑珍 | 女 | 35 | 碩士 | 部門主管 | 50000 |
| 李湘婷 | 女 | 29 | 專科 | 出納 | 32000 |

### Step 2 點選「排序」按鈕

選取需要排序的儲存格區域，切換至〔資料〕活頁標籤，在「排序與篩選」選項群組中點選〔排序〕按鈕。

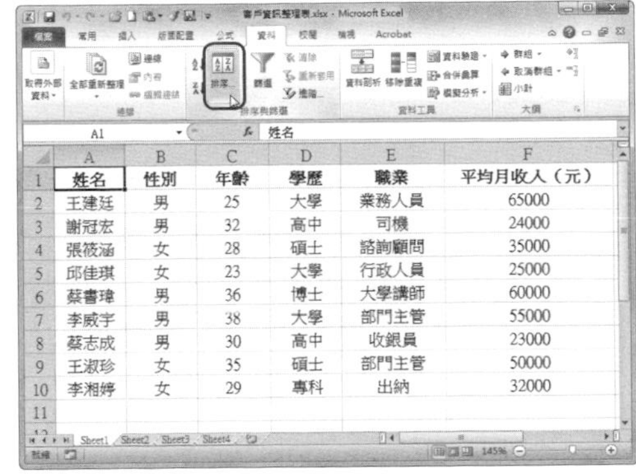

| 姓名 | 性別 | 年齡 | 學歷 | 職業 | 平均月收入（元） |
|---|---|---|---|---|---|
| 王建廷 | 男 | 25 | 大學 | 業務人員 | 65000 |
| 謝冠宏 | 男 | 32 | 高中 | 司機 | 24000 |
| 張筱涵 | 女 | 28 | 碩士 | 諮詢顧問 | 35000 |
| 邱佳琪 | 女 | 23 | 大學 | 行政人員 | 25000 |
| 蔡書瑋 | 男 | 36 | 博士 | 大學講師 | 60000 |
| 李威宇 | 男 | 38 | 大學 | 部門主管 | 55000 |
| 蔡志成 | 男 | 30 | 高中 | 收銀員 | 23000 |
| 王淑珍 | 女 | 35 | 碩士 | 部門主管 | 50000 |
| 李湘婷 | 女 | 29 | 專科 | 出納 | 32000 |

### Step 3 設定排序規則

此時會彈出「排序」對話框，將「排序方式」設定為【姓名】，「排序對象」設定為【值】，「順序」設定為【A 到 Z】。

### Step 4 點選「選項」按鈕

點選〔選項〕按鈕，打開「排序選項」對話框。

### Step 5 按筆劃排序

在「排序選項」對話框的「方法」區域中，選取【依筆劃排序】，然後點選〔確定〕按鈕。

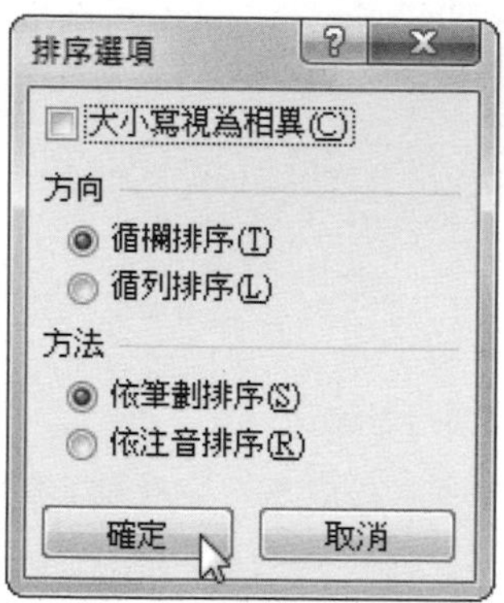


### Step 6 檢視效果

返回工作表，可以看到欄位「姓名」中的儲存格內容已經按中文筆劃進行排序了。

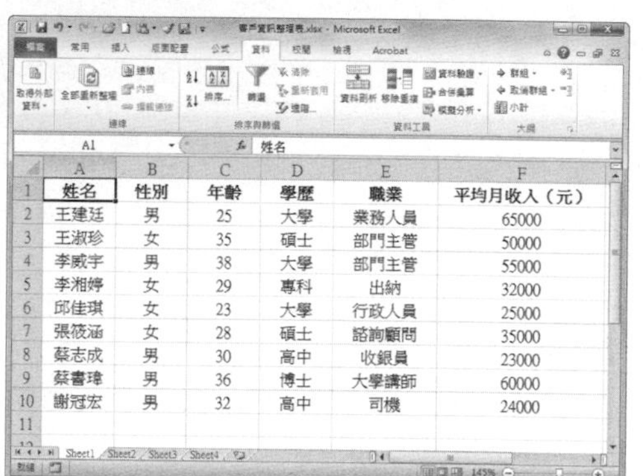

| 姓名 | 性別 | 年齡 | 學歷 | 職業 | 平均月收入（元） |
|---|---|---|---|---|---|
| 王建廷 | 男 | 25 | 大學 | 業務人員 | 65000 |
| 王淑珍 | 女 | 35 | 碩士 | 部門主管 | 50000 |
| 李威宇 | 男 | 38 | 大學 | 部門主管 | 55000 |
| 李湘婷 | 女 | 29 | 專科 | 出納 | 32000 |
| 邱佳琪 | 女 | 23 | 大學 | 行政人員 | 25000 |
| 張筱涵 | 女 | 28 | 碩士 | 諮詢顧問 | 35000 |
| 蔡志成 | 男 | 30 | 高中 | 收銀員 | 23000 |
| 蔡書瑋 | 男 | 36 | 博士 | 大學講師 | 60000 |
| 謝冠宏 | 男 | 32 | 高中 | 司機 | 24000 |

**提 示**

**按中文筆劃進行排序的規則**

- 首先按姓的筆劃數進行排序。〔從 A 到 Z 排序〕即筆劃數少的在前，筆劃數多的在後，〔從 Z 到 A 排序〕則與之相反。
- 若筆劃數相同時，則依該字的內碼排列順序來排序。
- 同姓的時候，會依姓後第一個字的筆劃數進行排序。

# 如何按列排序？

第 2 章 \ 原始檔 \ 專案進度表 .xlsx

相信大部分人都會以為 Excel 2010 只能按欄位進行排序。實際上，Excel 2010 不但能按欄排序，也能夠按列排序，來看看怎麼操作吧！

## Step 1 打開活頁簿

打開「專案進度表 .xlsx」，希望將欄位「開始日期」列中的儲存格，按日期先後進行排序。

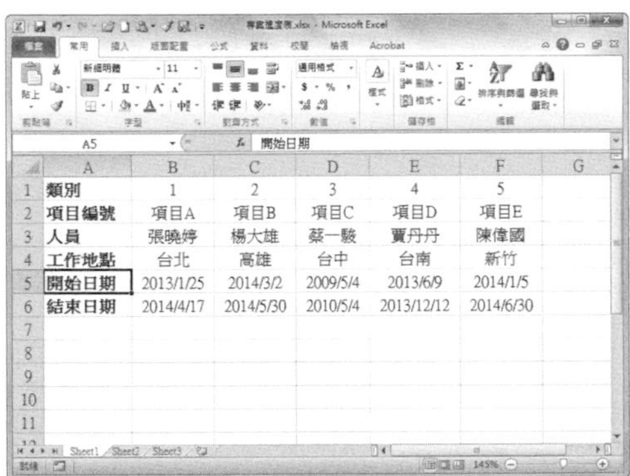


## Step 2 點選「排序」按鈕

選取需要排序列中的儲存格，切換至〔資料〕活頁標籤，在「排序與篩選」選項群組點選〔排序〕按鈕。

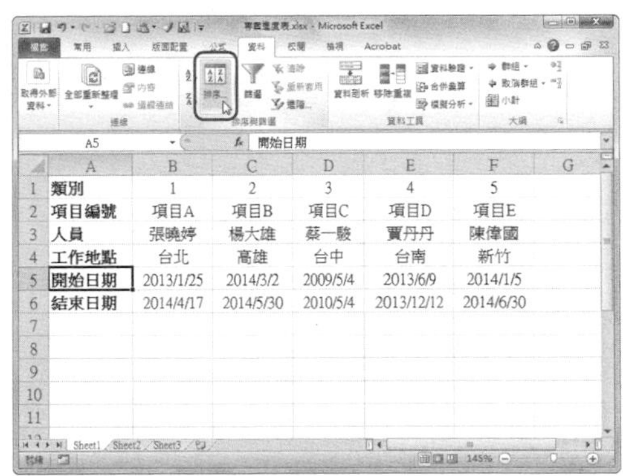


## Step 3 點選「選項」按鈕

在彈出的「排序」對話框，點選〔選項〕按鈕。

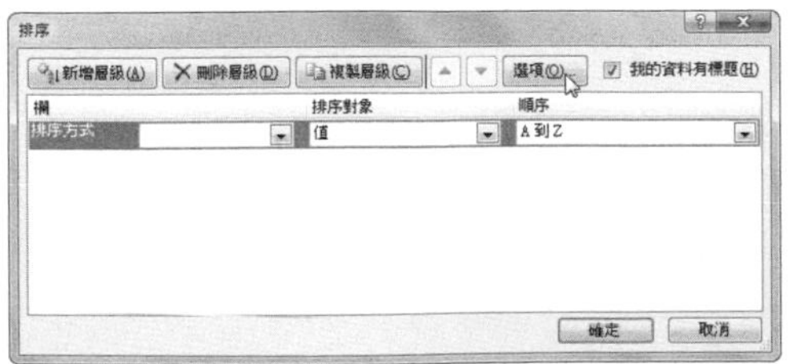


## Step 4 選擇「按行排列」

在彈出的「排序選項」對話框中，在「方向」區域中選取「循列排序」，然後點選〔確定〕按鈕。

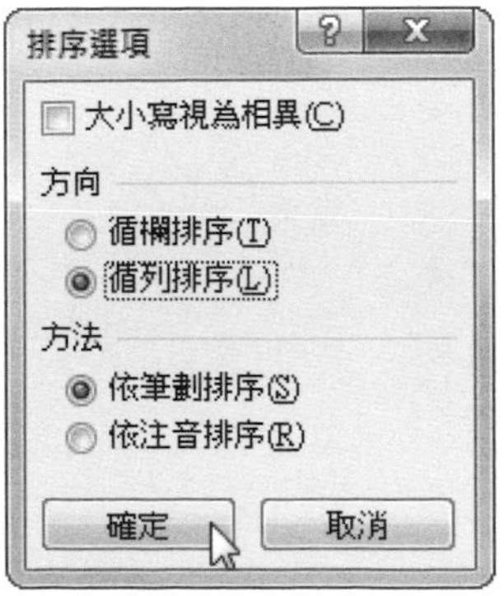

### Step 5 設定「排序方式」

在「排序」對話框中，將「排序方式」設定為【列 5】，然後點選〔確定〕按鈕。

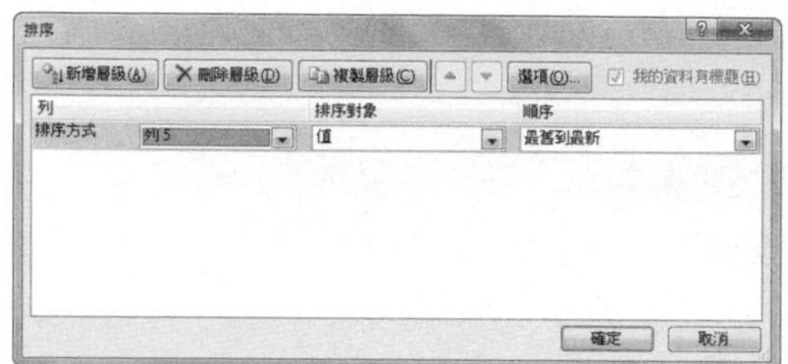


### Step 6 檢視效果

執行上述操作後返回工作表，可以看到資料已依欄位「開始日期」中的日期先後進行排序了。

## 152 Q 如何將排序後已儲存的表格恢復到排序前的狀態？

第 2 章 \ 原始檔 \ 專案進度表 2.xlsx

**A** 排序後可以透過「復原」來恢復排序前的狀態，但是工作表經過儲存後則無法復原。有時候為了便於資料的尋找，需要使工作表儲存後仍能恢復到排序前的狀態，來看看怎麼操作吧！

### Step 1 建立輔助列

打開「第 2 章 \ 原始檔 \ 專案進度表 2.xlsx」，在工作表最後一欄新增「序號」欄，並在「序號」欄中按順序輸入序號，以記錄各列原來的位置。

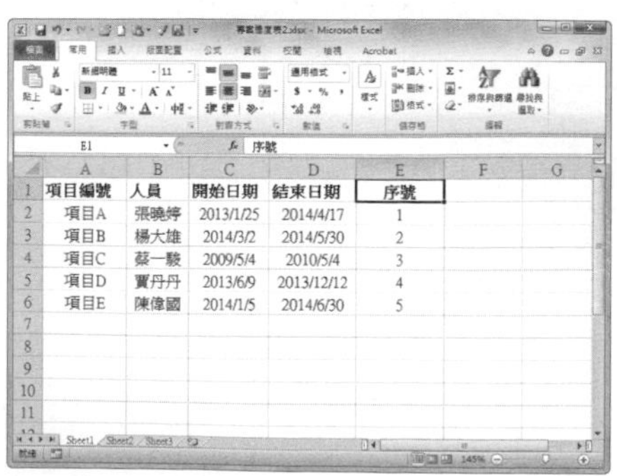


### Step 2 將工作表進行排序

接著以「開始日期」欄位升冪排序，先切換至〔資料〕活頁標籤，在「排序與篩選」選項群組點選〔從 A 到 Z 排序〕按鈕。

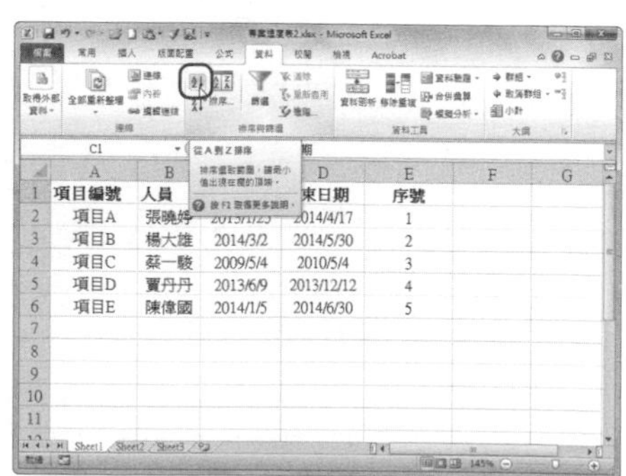

## Step 3 檢視效果

返回工作表中，可以看到工作表已依欄位「開始日期」已經升冪排序了。

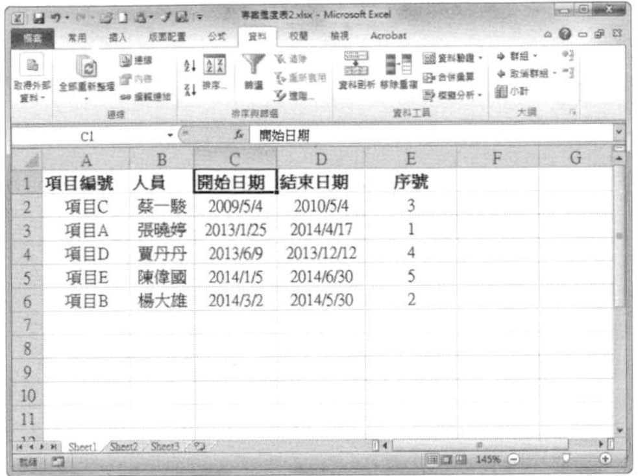


## Step 5 點選〔從 A 到 Z 排序〕按鈕

重新打開活頁簿，選取欄位「序號」，在〔資料〕活頁標籤「排序與篩選」選項群組中點選〔從 A 到 Z 排序〕按鈕。

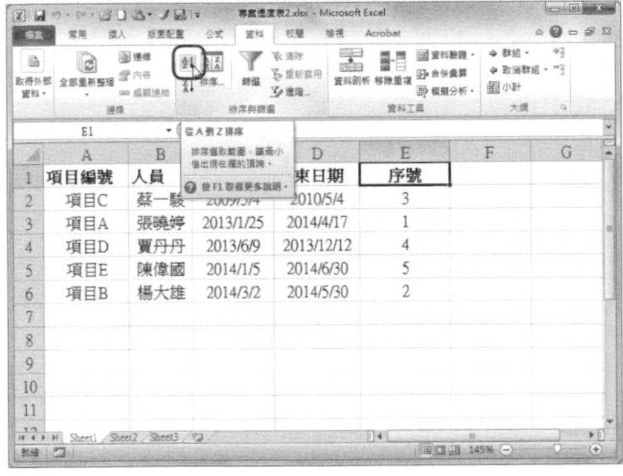


## Step 4 儲存並退出

點選〔儲存〕按鈕，儲存已經排序的工作表，並退出 Excel 2010。

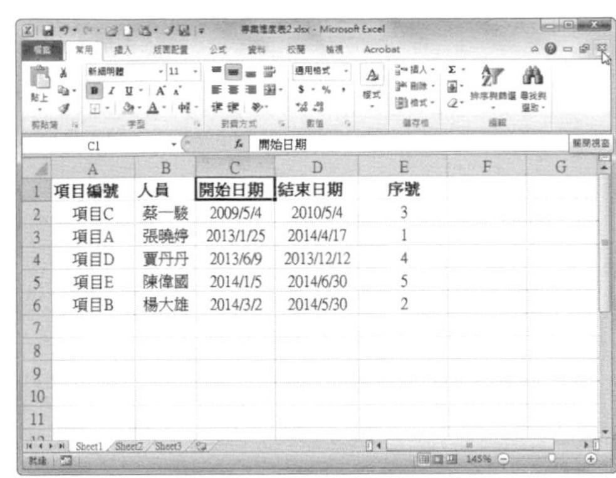


## Step 6 檢視效果

返回工作表，可以看到工作表已經恢復到排序前的狀態。

# 153 如何按某一欄位進行篩選？

第 2 章 \ 原始檔 \ 新進員工資訊表 .xlsx

在 Excel 2010 中，如果我們針對某一欄位設定篩選條件，可以快速篩選出符合條件的資料，以便針對這些資料做進一步的分析。

## Step 1 打開活頁簿

打開「新進員工資訊表 .xlsx」活頁簿，希望篩選出欄位「年齡」中年齡大於 30 的員工資料。

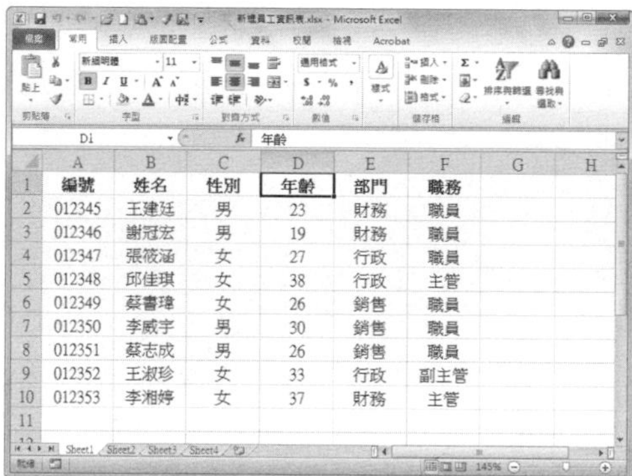


## Step 2 點選「篩選」按鈕

切換至〔資料〕活頁標籤，在「排序與篩選」選項群組中點選〔篩選〕按鈕。

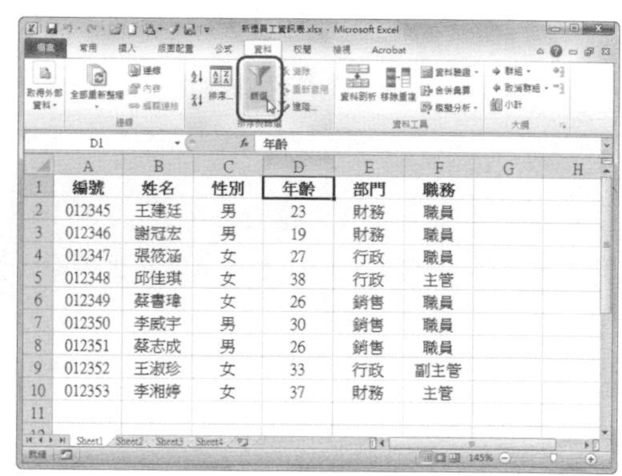


## Step 3 設定篩選條件

1 此時，各欄位右側會出現篩選按鈕，這裡點選「年齡」篩選按鈕，選擇【數字篩選】→【大於】選項。

## Step 4 繼續設定篩選條件

在彈出的「自訂自動篩選」對話框中，將「年齡」篩選條件設定為「大於 30」，然後按下〔確定〕按鈕。

**Step 5** 檢視效果

返回工作表，可以看到已經篩選出了年齡大於 30 的員工資料。

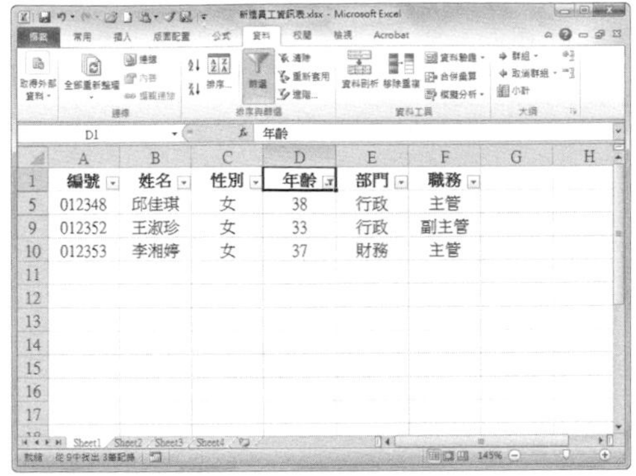

**提示**

**統計篩選出的資料個數**

篩選出資料後，工作表的列號是不連續的，此時可將篩選資料複製到新的工作表中，檢視列號即可確定資料的筆數。

154 Q

## 如何按儲存格色彩進行篩選？

第 2 章 \ 原始檔 \ 新進員工資訊表 2.xlsx

A 在 Excel 2010 中，我們除了可以按某一欄位進行篩選，還可以按儲存格色彩進行篩選，來看看怎麼操作吧！

**Step 1** 打開活頁簿

打開「新進員工資訊表 2.xlsx」，希望將紅色儲存格中的資料篩選出來。

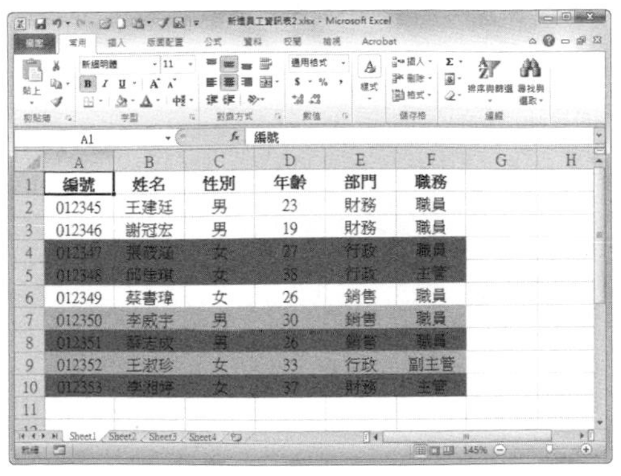

**Step 2** 點選「篩選」按鈕

切換至〔資料〕活頁標籤，在「排序與篩選」選項群組中點選〔篩選〕按鈕。

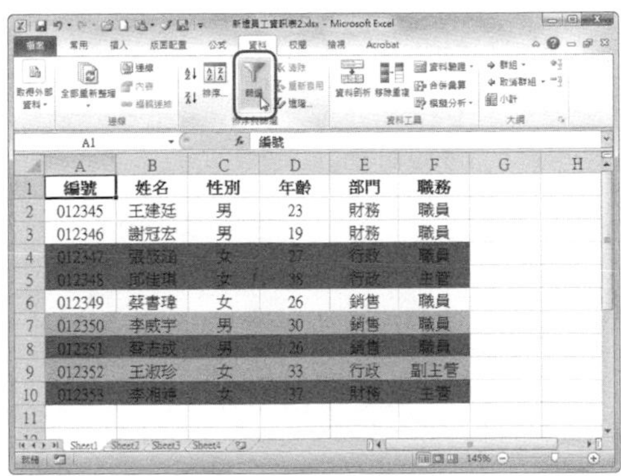

**Step 3** 設定篩選條件

此時各欄位右側出現篩選按鈕，點選任一篩選按鈕，選擇【依色彩篩選】，然後選擇紅色。

**Step 4** 檢視效果

此時，返回工作表中，可以看到已經篩選出紅色儲存格中的資料。

**提示**

**退出篩選模式**

篩選資料後，再次點選〔資料〕活頁標籤下「排序與篩選」選項群組中的〔篩選〕按鈕，即可退出篩選模式。

## 155 Q 如何按文字內容進行篩選？

第 2 章 \ 原始檔 \ 新進員工資訊表 .xlsx

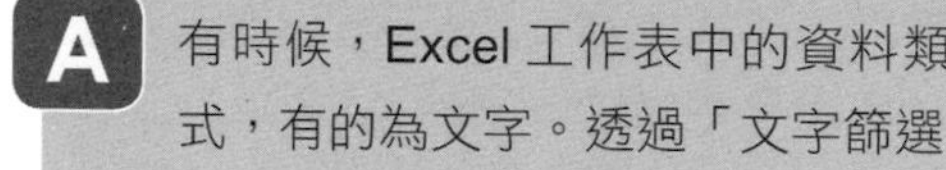

**A** 有時候，Excel 工作表中的資料類型非常多，有的儲存格內容為數字，有的為公式，有的為文字。透過「文字篩選」功能，可以按照文字內容進行篩選，來看看怎麼操作吧！

**Step 1** 打開活頁簿

打開「新進員工資訊表 .xlsx」，希望將欄位「性別」列中內容為「女」的儲存格篩選出來。

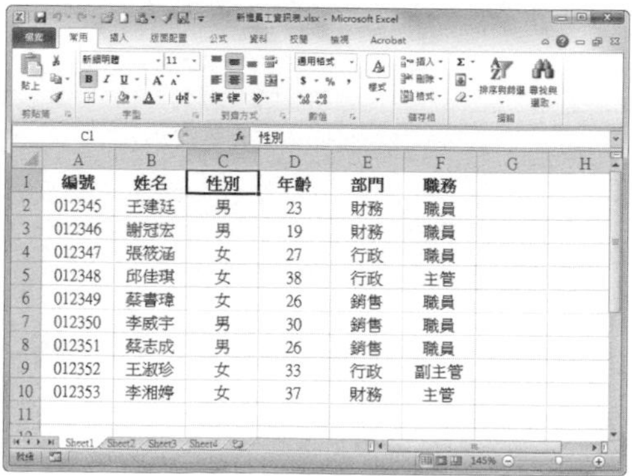

| 編號 | 姓名 | 性別 | 年齡 | 部門 | 職務 |
|---|---|---|---|---|---|
| 012345 | 王建廷 | 男 | 23 | 財務 | 職員 |
| 012346 | 謝冠宏 | 男 | 19 | 財務 | 職員 |
| 012347 | 張筱涵 | 女 | 27 | 行政 | 職員 |
| 012348 | 邱佳琪 | 女 | 38 | 行政 | 主管 |
| 012349 | 蔡書瑋 | 女 | 26 | 銷售 | 職員 |
| 012350 | 李威宇 | 男 | 30 | 銷售 | 職員 |
| 012351 | 蔡志成 | 男 | 26 | 銷售 | 職員 |
| 012352 | 王淑珍 | 女 | 33 | 行政 | 副主管 |
| 012353 | 李湘婷 | 女 | 37 | 財務 | 主管 |

### Step 2　點選「篩選」按鈕

選取需要篩選的儲存格區域，切換至〔資料〕活頁標籤，在「排序與篩選」選項群組中點選〔篩選〕按鈕。

### Step 3　設定篩選條件

工作表的各欄位右側出現篩選按鈕，點選「性別」右側的篩選按鈕，選擇【文字篩選】→【等於】選項。

### Step 4　繼續設定篩選條件

彈出「自訂自動篩選」對話框，將「性別」篩選條件設定為「等於」【女】，點選〔確定〕按鈕。

### Step 5　檢視效果

執行上述操作後返回工作表，可以看到已經篩選出「性別」為「女」的儲存格了。

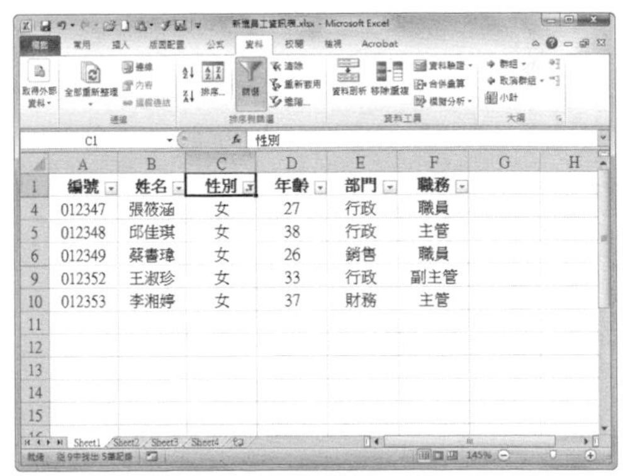

**提示**

**檢視篩選條件**

檢視工作表時，點選欄標題的篩選按鈕，這時會自動顯示出篩選條件，如果顯示為下拉選單，則表示已經啟用篩選功能，但未套用篩選條件。

# Q 如何按日期進行篩選？

第 2 章 \ 原始檔 \ 新進員工資訊表 3.xlsx

**A** 在實際工作中，可能會需要按照日期篩選資料，這時就要用到「日期篩選」功能，幫助我們快速進行日期區間的篩選。

## Step 1 打開活頁簿

打開「新進員工資訊表 3.xlsx」，希望能篩選出 1985 年出生的員工，即出生日期介於「1985-1-1」到「1985-12-31」之間。

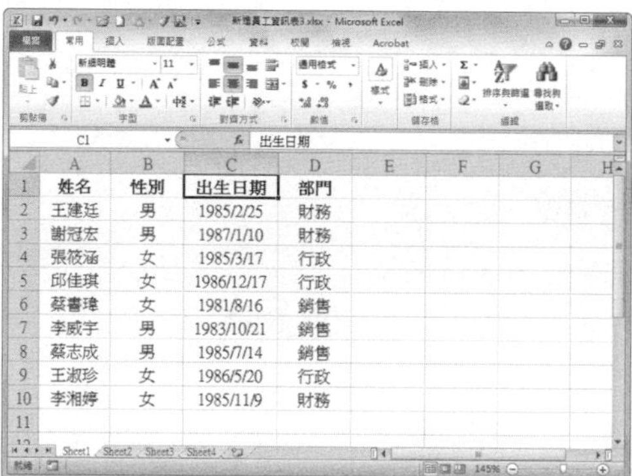

## Step 2 點選「篩選」按鈕

選取需要篩選的儲存格區域，切換至〔資料〕活頁標籤，在「排序與篩選」選項群組中點選〔篩選〕按鈕。

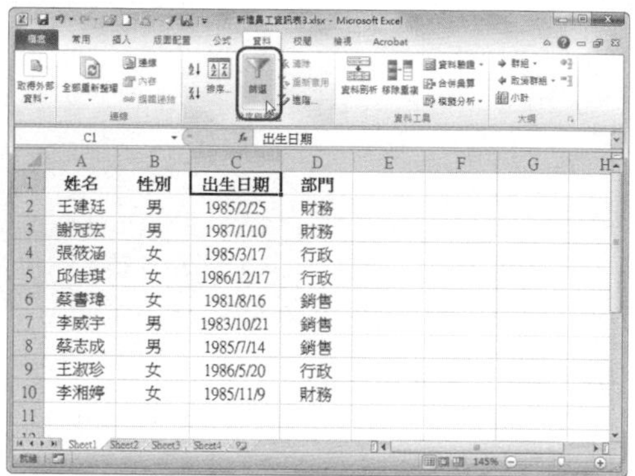

## Step 3 設定篩選條件

點選「出生日期」右側的篩選按鈕，選擇【日期篩選】→【介於】選項。

## Step 4 繼續設定篩選條件

此時會彈出「自訂自動篩選」對話框，將篩選條件設定為介於「1985-1-1」和「1985-12-31」後，點選〔確定〕按鈕。

### Step 5 檢視效果

執行上述操作後返回工作表中，可以看到 1985 年出生的員工資訊已經篩選出來了。

| | 姓名 | 性別 | 出生日期 | 部門 |
|---|---|---|---|---|
| 2 | 王建廷 | 男 | 1985/2/25 | 財務 |
| 4 | 張筱涵 | 女 | 1985/3/17 | 行政 |
| 8 | 蔡志成 | 男 | 1985/7/14 | 銷售 |
| 10 | 李湘婷 | 女 | 1985/11/9 | 財務 |

**提示**

**設定篩選日期的格式**

在運用日期篩選功能前，首先得保證日期的格式正確，如果是「某年某月某日」的格式，則要先修改格式。選取所有日期儲存格，按下〔Ctrl〕+〔1〕鍵打開「設定儲存格格式」對話框。在〔數值〕活頁標籤下，選擇選單方塊中的「日期」選項，在右側選擇合適的日期格式後確認。

## 如何篩選業績前 3 名的員工？

第 2 章 \ 原始檔 \ 家電銷售記錄表 .xlsx

**A** 透過 Excel 2010 的「數字篩選」功能，可以快速從一大堆資料中篩選出最大的幾個值。這一功能在製作成績、業績相關的工作表時會經常用到。下面以篩選業績前 3 名的員工為例，介紹具體操作步驟。

### Step 1 打開活頁簿

打開「家電銷售記錄表 .xlsx」，希望將欄位「銷售額」中位於前 3 名的資料篩選出來，即篩選出業績前 3 名的員工。

| | 家電名稱 | 銷售日期 | 銷售數量 | 銷售額 | 銷售人員 |
|---|---|---|---|---|---|
| 2 | 電冰箱 | 2012/3/15 | 5 | 100000 | 王建廷 |
| 3 | 電視 | 2013/6/18 | 8 | 144000 | 謝冠宏 |
| 4 | 電冰箱 | 2012/12/5 | 9 | 180000 | 張筱涵 |
| 5 | 洗衣機 | 2013/1/28 | 3 | 39000 | 邱佳琪 |
| 6 | 洗衣機 | 2013/3/7 | 6 | 78000 | 蔡書瑋 |
| 7 | 冷氣 | 2012/11/25 | 5 | 80000 | 李威宇 |
| 8 | 瓦斯爐 | 2013/5/7 | 6 | 58800 | 蔡志成 |
| 9 | 冷氣 | 2013/4/10 | 8 | 128000 | 王淑珍 |
| 10 | 電視 | 2013/2/26 | 3 | 54000 | 李湘婷 |

### Step 2 點選「篩選」按鈕

選取需要篩選的儲存格區域，切換至〔資料〕活頁標籤，在「排序與篩選」選項群組中點選〔篩選〕按鈕。

| | 家電名稱 | 銷售日期 | 銷售數量 | 銷售額 | 銷售人員 |
|---|---|---|---|---|---|
| 2 | 電冰箱 | 2012/3/15 | 5 | 100000 | 王建廷 |
| 3 | 電視 | 2013/6/18 | 8 | 144000 | 謝冠宏 |
| 4 | 電冰箱 | 2012/12/5 | 9 | 180000 | 張筱涵 |
| 5 | 洗衣機 | 2013/1/28 | 3 | 39000 | 邱佳琪 |
| 6 | 洗衣機 | 2013/3/7 | 6 | 78000 | 蔡書瑋 |
| 7 | 冷氣 | 2012/11/25 | 5 | 80000 | 李威宇 |
| 8 | 瓦斯爐 | 2013/5/7 | 6 | 58800 | 蔡志成 |
| 9 | 冷氣 | 2013/4/10 | 8 | 128000 | 王淑珍 |
| 10 | 電視 | 2013/2/26 | 3 | 54000 | 李湘婷 |

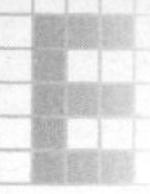



## Step 3 設定篩選條件

各欄位右側出現篩選按鈕，點選「銷售額」右側篩選按鈕，選擇【數字篩選】→【前 10 項】。

## Step 4 繼續設定篩選條件

此時會彈出「自動篩選前 10 項」對話框，在「顯示」區域將篩選條件設定為「最前 3 項」，點選〔確定〕按鈕。

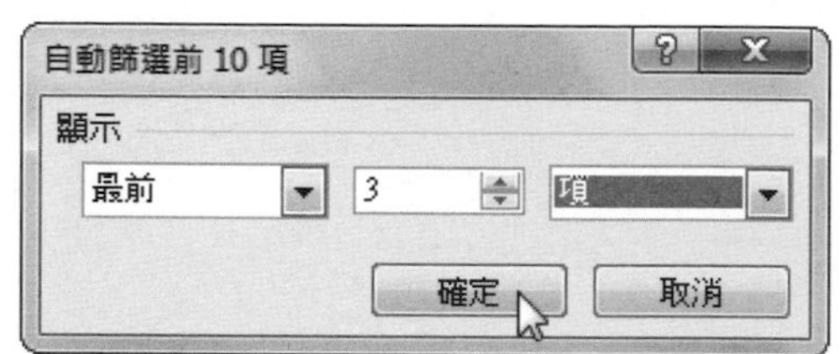


## Step 5 檢視效果

執行上述操作後返回工作表，可以看到銷售額位於前 3 名的資料已經篩選出來了。

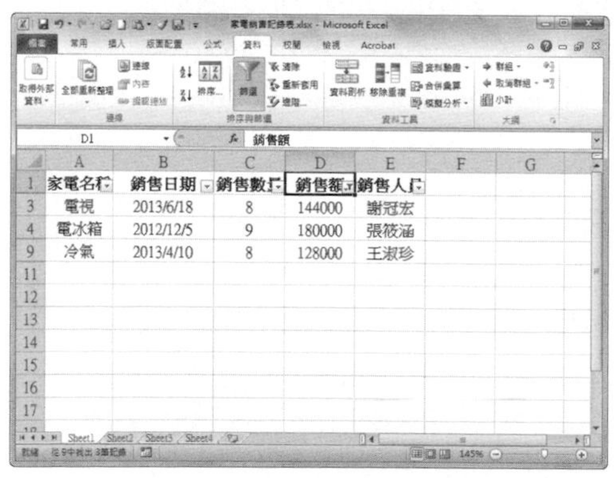


**提示**

**篩選最小 3% 的資料**

篩選最小 3% 的資料方法與此類似，只是在「自動篩選前 10 個」對話框中，把篩選條件設定為「最小」,「3」和「百分比」。

# 如何快速篩選出高於平均值的資料？

第 2 章 \ 原始檔 \ 家電銷售記錄表 .xlsx

**A** 透過 Excel 2010 的「數字篩選」功能，還可以快速篩選出高於或低於平均值的資料，來看看怎麼操作吧！

## Step 1　打開活頁簿

打開「家電銷售記錄表 .xlsx」，希望將欄位「銷售額」列中高於平均值的資料篩選出來。

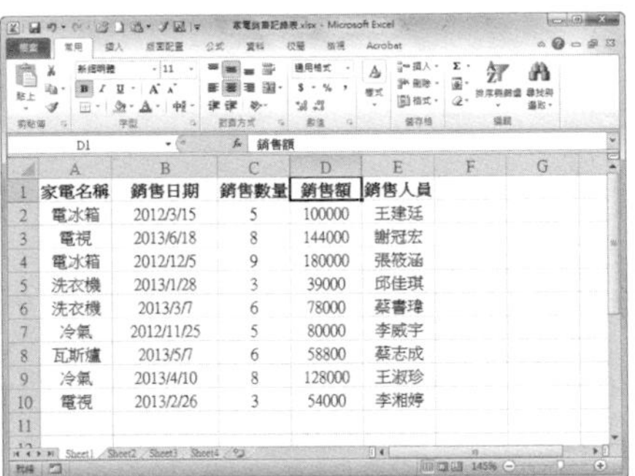

| | A | B | C | D | E |
|---|---|---|---|---|---|
| 1 | 家電名稱 | 銷售日期 | 銷售數量 | 銷售額 | 銷售人員 |
| 2 | 電冰箱 | 2012/3/15 | 5 | 100000 | 王建廷 |
| 3 | 電視 | 2013/6/18 | 8 | 144000 | 謝冠宏 |
| 4 | 電冰箱 | 2012/12/5 | 9 | 180000 | 張筱涵 |
| 5 | 洗衣機 | 2013/1/28 | 3 | 39000 | 邱佳琪 |
| 6 | 洗衣機 | 2013/3/7 | 6 | 78000 | 蔡書瑋 |
| 7 | 冷氣 | 2012/11/25 | 5 | 80000 | 李威宇 |
| 8 | 瓦斯爐 | 2013/5/7 | 6 | 58800 | 蔡志成 |
| 9 | 冷氣 | 2013/4/10 | 8 | 128000 | 王淑珍 |
| 10 | 電視 | 2013/2/26 | 3 | 54000 | 李湘婷 |

## Step 2　點選「篩選」按鈕

選取需要篩選的儲存格區域，切換至〔資料〕活頁標籤，在「排序與篩選」選項群組中點選〔篩選〕按鈕。

| | A | B | C | D | E |
|---|---|---|---|---|---|
| 1 | 家電名稱 | 銷售日期 | 銷售數量 | 銷售額 | 銷售人員 |
| 2 | 電冰箱 | 2012/3/15 | 5 | 100000 | 王建廷 |
| 3 | 電視 | 2013/6/18 | 8 | 144000 | 謝冠宏 |
| 4 | 電冰箱 | 2012/12/5 | 9 | 180000 | 張筱涵 |
| 5 | 洗衣機 | 2013/1/28 | 3 | 39000 | 邱佳琪 |
| 6 | 洗衣機 | 2013/3/7 | 6 | 78000 | 蔡書瑋 |
| 7 | 冷氣 | 2012/11/25 | 5 | 80000 | 李威宇 |
| 8 | 瓦斯爐 | 2013/5/7 | 6 | 58800 | 蔡志成 |
| 9 | 冷氣 | 2013/4/10 | 8 | 128000 | 王淑珍 |
| 10 | 電視 | 2013/2/26 | 3 | 54000 | 李湘婷 |

## Step 3　設定篩選條件

各欄位右側出現篩選按鈕，點選「銷售額」右側的篩選按鈕，選擇【數字篩選】→【高於平均】。

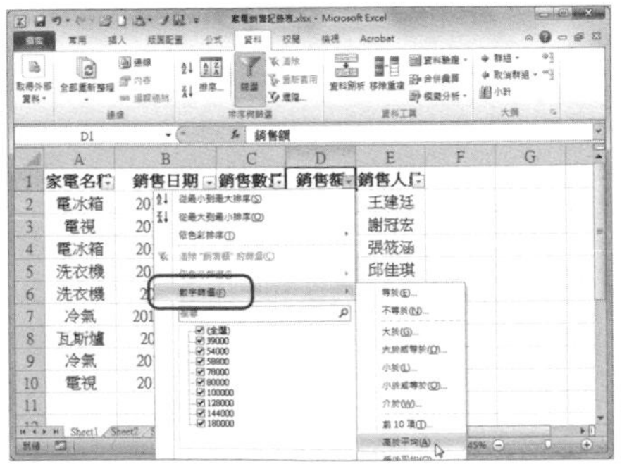

## Step 4　檢視效果

執行上述操作後返回工作表，可以看到「銷售額」列中高於平均值的資料已經篩選出來了。

| | A | B | C | D | E |
|---|---|---|---|---|---|
| 1 | 家電名稱 | 銷售日期 | 銷售數量 | 銷售額 | 銷售人員 |
| 2 | 電冰箱 | 2012/3/15 | 5 | 100000 | 王建廷 |
| 3 | 電視 | 2013/6/18 | 8 | 144000 | 謝冠宏 |
| 4 | 電冰箱 | 2012/12/5 | 9 | 180000 | 張筱涵 |
| 9 | 冷氣 | 2013/4/10 | 8 | 128000 | 王淑珍 |

**提示**

**篩選低於平均值的資料**

篩選低於平均值的資料時，只要在步驟 3 中選擇【數字篩選】→【低於平均】選項即可。

# 如何應用進階篩選？

第 2 章 \ 原始檔 \ 新進員工資訊表 .xlsx
第 2 章 \ 完成檔 \ 進階篩選 .xlsx

Excel 2010 的篩選功能非常強大，除了上面介紹的篩選方法之外，還有更加複雜的進階篩選。進階篩選作為一般篩選的補充，可以得到一般篩選無法得到的結果。

## Step 1 打開活頁簿

打開「新進員工資訊表 .xlsx」，希望篩選出「年齡＞ 25、部門為行政部、性別為女」的資料。

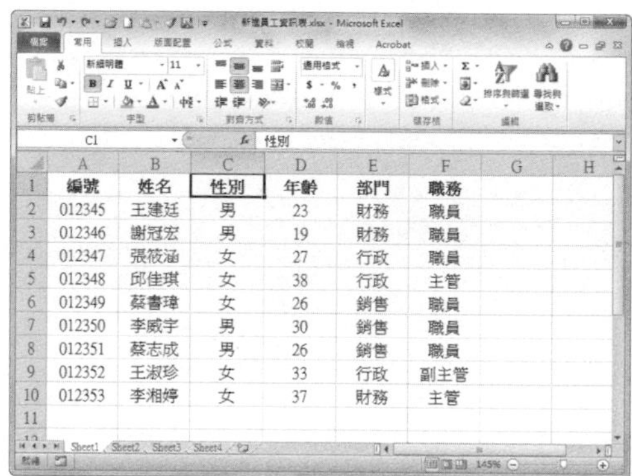


## Step 2 輸入進階篩選條件

在表格前面插入三列空白列，輸入需要篩選的條件：「年齡＞ 25、部門為行政部、性別為女」。

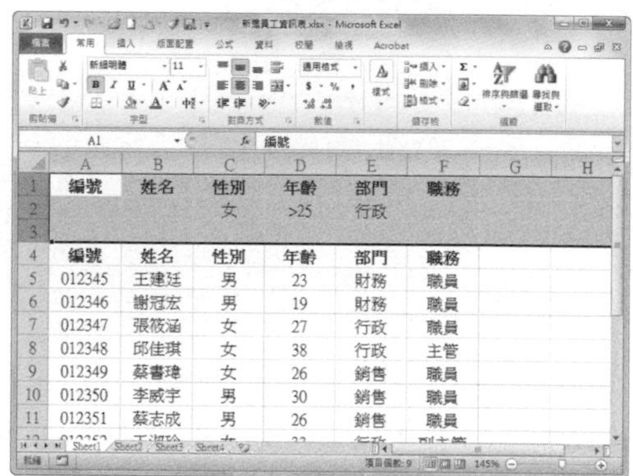


## Step 3 點選「進階」按鈕

選取下方表格區域中的儲存格，切換至〔資料〕活頁標籤，在「排序與篩選」選項群組中點選〔進階〕按鈕。

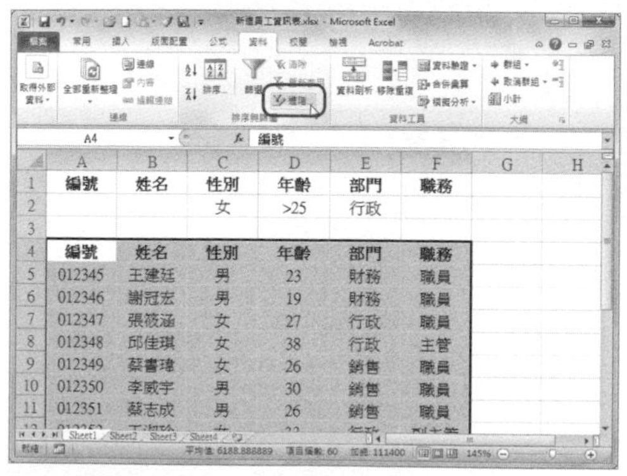

## Step 4 設定篩選條件

此時會彈出「進階篩選」對話框，此時已經預設選擇選單區域及篩選結果放置的位置，點選「準則範圍」摺疊按鈕，在工作表中選擇剛才輸入的準則範圍。

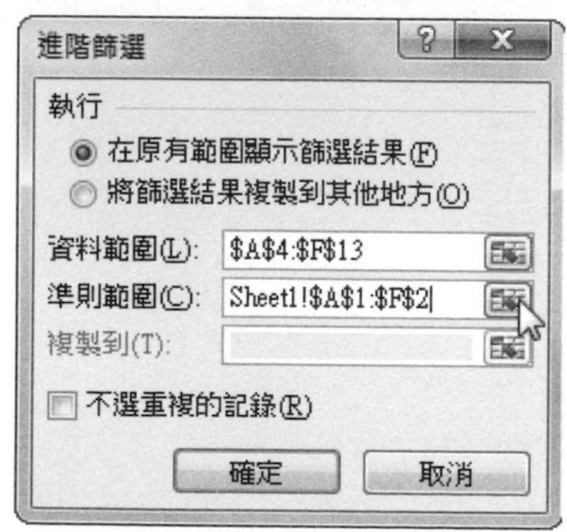

## Step 5 檢視效果

點選〔確定〕按鈕，返回工作表，可以看到已經篩選出了「年齡＞25、部門為行政部、性別為女」的儲存格資料。

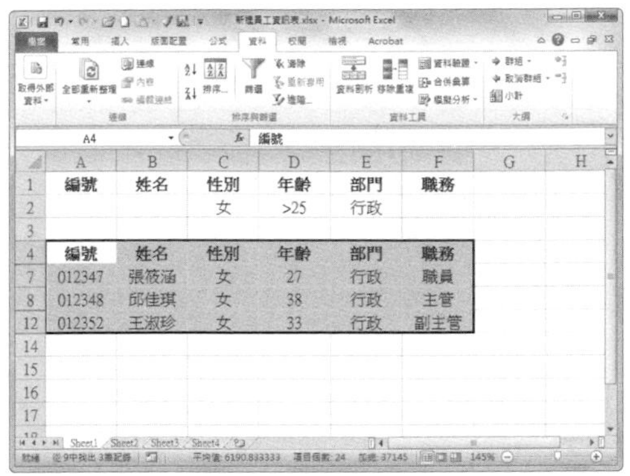


**提 示**

### 準則範圍

所謂「準則範圍」，就是輸入進階篩選條件的儲存格區域。在輸入進階篩選條件前，都要先劃出一個準則範圍。準則範圍可以位於資料表格以外的任何空白處，只要足以放下所有條件就可以。

**提 示**

### 準則範圍中的 AND 與 OR 關係

• 條件之間的 AND 關係

準則範圍中，在同一行中輸入的條件，條件之間為 AND 關係，見下表。

| 準則範圍 | 含義 |
|---|---|
| 日期 \| 日期<br>>=5/15 \| <=5/23 | 「日期」大於或等於 5 月 15 日，並且小於或等於 5 月 23 日（即 5 月 15 日至 5 月 23 日之間） |

• 條件之間的 OR 關係

準則範圍中，在不同行中輸入的條件，條件之間為 OR 關係，見下表。

| 準則範圍 | 含義 |
|---|---|
| 日期 \| 日期<br>>=5/15 \|<br>\| <5/23 | 「日期」小於或等於 5 月 15 日，或者大於或等於 5 月 23 日（即 5 月 15 日之前，以及 5 月 23 日之後） |

# 如何自動將篩選結果顯示在指定位置？

在多數情況下，會選擇將自動篩選的結果顯示在原有儲存格區域。不過有時候，我們也可以根據實際情況，將自動篩選的結果設定顯示在指定位置上，來看看怎麼操作吧！

## Step 1 打開「進階篩選」對話框

按照前述方法，輸入進階篩選條件，然後點選〔資料〕活頁標籤下「排序與篩選」選項群組中〔進階〕按鈕，打開「進階篩選」對話框。

## Step 2 設定結果的顯示方式

在「執行」區域中，選取「將篩選結果複製到其他地方」，這時「複製到」選項啟動，點選其右側的摺疊按鈕。

## Step 3 指定結果顯示位置

接著選取要顯示結果的儲存格區域，完成後按下〔確定〕，即會將篩選結果顯示在指定的儲存格區域中。

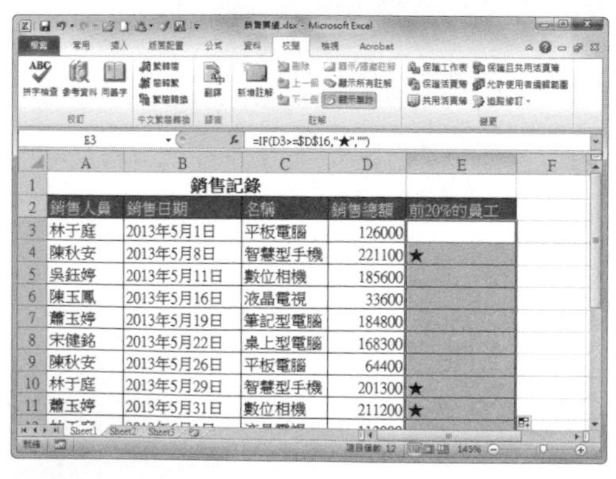

**提示**

**注意輸入正確**

如果直接輸入儲存格位置，則一定要注意輸入的正確性，特別是注意全形字符和半形字元問題。

第 2 章 \ 原始檔 \ 新進員工資訊表 4.xlsx

# 如何移除表格中的重複內容？

有時候，工作表中可能有因輸入錯誤導致的重複內容，前面曾介紹如何使用設定格式化的條件醒目提示重複內容，我們也可以透過 Excel 2010 預設的「移除重複」功能將重複資料移除。

## Step 1 打開活頁簿

打開「新進員工資訊表 4.xlsx」，希望將其中的重複內容自動移除。

## Step 2 點選「移除重複」按鈕

切換至〔資料〕活頁標籤，在「資料工具」選項群組中點選〔移除重複〕按鈕。

## Step 3 移除重複

此時會彈出「移除重複」對話框，點選〔全選〕按鈕，然後點選〔確定〕按鈕。

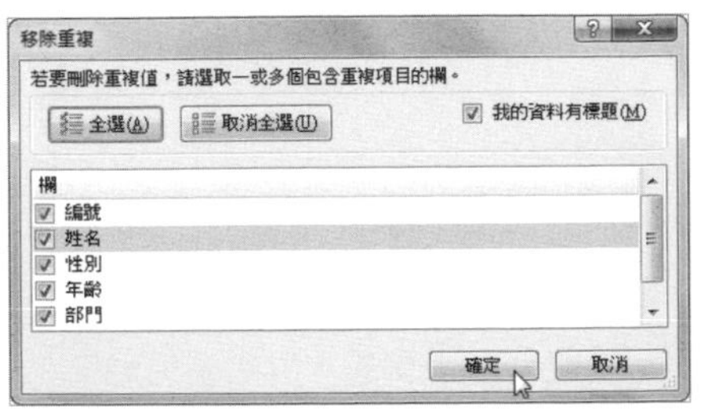


## Step 4 檢視效果

在彈出的訊息對話框中會顯示移除的筆數，點選〔確定〕後返回工作表中，可以看到重複內容已經自動移除。

**提 示**

**如何確定重複內容**

在「移除重複」對話框中，透過勾選欄標題，來確定重複內容。

# 162 Q 如何清除篩選以及重新套用篩選？

**A** 清除篩選包括兩種情況：清除單欄的篩選和清除工作表中的所用篩選，並重新顯示所有列，清除篩選之後還可以選擇重新套用篩選。

## Step 1 清除對欄的篩選

打開需清除篩選的活頁簿，點選欄標題上的〔篩選〕按鈕，這裡以清除欄位「性別」的篩選為例，在下拉選單中選擇【從"性別"的篩選】選項。

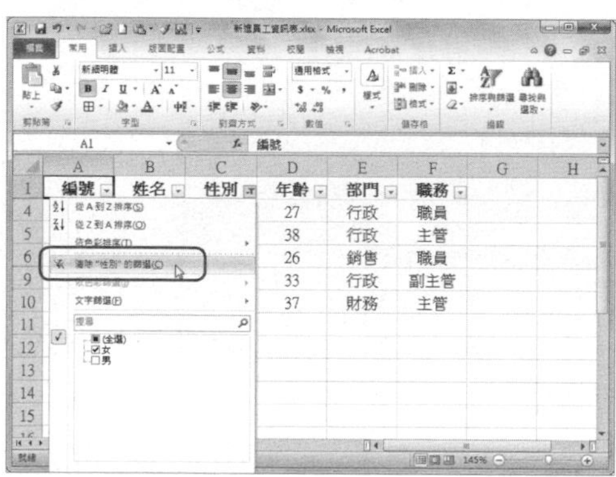

## Step 2 清除所有篩選

此外，切換至〔資料〕活頁標籤，在「排序與篩選」選項群組中點選右側的〔清除〕按鈕，即可一次清除所有篩選條件。

## Step 3 重新套用篩選

如需重新套用篩選，可切換至〔資料〕活頁標籤，在「排序與篩選」選項群組中點選「重新套用」按鈕。

# 職人技 9　小計與合併彙算秘技

Excel 2010 工作表中可能會含有大量資料，例如一些銷售記錄表中往往包含上百種產品不同時段的單價與銷售資料，在分析這些資料時，我們需要採用一些匯總、分類和合併的方法，來瞭解總體的銷售資料。

163

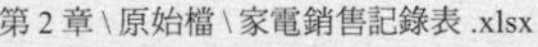

第 2 章 \ 原始檔 \ 家電銷售記錄表 .xlsx

## Q 如何按欄位進行小計？

A 在銷售記錄表中，記錄了各種產品的銷售資料，我們經常需要對某一種產品的銷售資料進行匯總分析，此時可以利用 Excel 2010 的「小計」功能，來看看怎麼操作吧！

### Step 1 打開活頁簿

打開「家電銷售記錄表 .xlsx」活頁簿，希望按欄位「家電名稱」對資料進行小計。

| 家電名稱 | 銷售日期 | 銷售數量 | 銷售額 | 銷售人員 |
|---|---|---|---|---|
| 電冰箱 | 2012/3/15 | 5 | 100000 | 王建廷 |
| 電視 | 2013/6/18 | 8 | 144000 | 謝冠宏 |
| 電冰箱 | 2012/12/5 | 9 | 180000 | 張筱涵 |
| 洗衣機 | 2013/1/28 | 3 | 39000 | 邱佳琪 |
| 洗衣機 | 2013/3/7 | 6 | 78000 | 蔡書瑋 |
| 冷氣 | 2012/11/25 | 5 | 80000 | 李威宇 |
| 瓦斯爐 | 2013/5/7 | 6 | 58800 | 蔡志成 |
| 冷氣 | 2013/4/10 | 8 | 128000 | 王淑珍 |
| 電視 | 2013/2/26 | 3 | 54000 | 李湘婷 |

### Step 2 按分類欄位進行排序

先按欄位「家電名稱」進行升冪排序，切換至〔資料〕活頁標籤，按下〔從 A 到 Z 排序〕排序。

| 家電名稱 | 銷售日期 | 銷售數量 | 銷售額 | 銷售人員 |
|---|---|---|---|---|
| 瓦斯爐 | 2013/5/7 | 6 | 58800 | 蔡志成 |
| 冷氣 | 2012/11/25 | 5 | 80000 | 李威宇 |
| 冷氣 | 2013/4/10 | 8 | 128000 | 王淑珍 |
| 洗衣機 | 2013/1/28 | 3 | 39000 | 邱佳琪 |
| 洗衣機 | 2013/3/7 | 6 | 78000 | 蔡書瑋 |
| 電冰箱 | 2012/3/15 | 5 | 100000 | 王建廷 |
| 電冰箱 | 2012/12/5 | 9 | 180000 | 張筱涵 |
| 電視 | 2013/6/18 | 8 | 144000 | 謝冠宏 |
| 電視 | 2013/2/26 | 3 | 54000 | 李湘婷 |

### Step 3 點選「小計」按鈕

接著在「大綱」選項群組中點選〔小計〕按鈕。

| 家電名稱 | 銷售日期 | 銷售數量 | 銷售額 | 銷售人員 |
|---|---|---|---|---|
| 瓦斯爐 | 2013/5/7 | 6 | 58800 | 蔡志成 |
| 冷氣 | 2012/11/25 | 5 | 80000 | 李威宇 |
| 冷氣 | 2013/4/10 | 8 | 128000 | 王淑珍 |
| 洗衣機 | 2013/1/28 | 3 | 39000 | 邱佳琪 |
| 洗衣機 | 2013/3/7 | 6 | 78000 | 蔡書瑋 |
| 電冰箱 | 2012/3/15 | 5 | 100000 | 王建廷 |
| 電冰箱 | 2012/12/5 | 9 | 180000 | 張筱涵 |
| 電視 | 2013/6/18 | 8 | 144000 | 謝冠宏 |
| 電視 | 2013/2/26 | 3 | 54000 | 李湘婷 |

## Step 4 設定分組小計欄位及使用函數

在彈出的「小計」對話框中把「分組小計欄位」設定為【家電名稱】，把「使用函數」設定為【加總】。

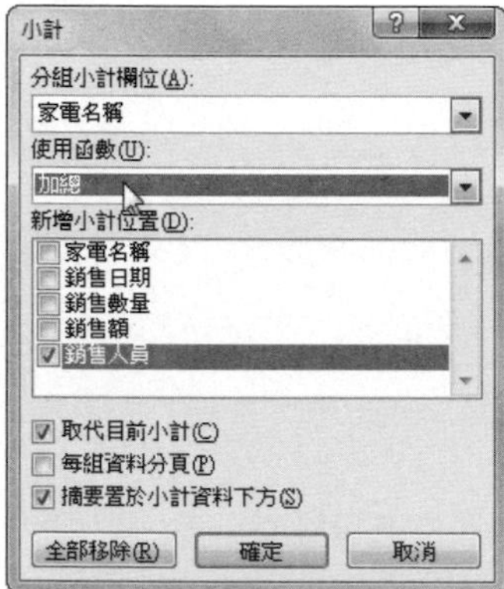


## Step 5 設定匯總欄位

在「新增小計位置」方塊中勾選「銷售額」核取方塊，點選〔確定〕按鈕。

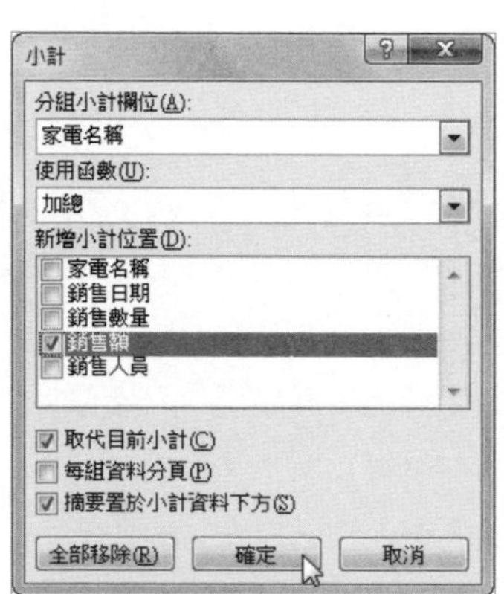


## Step 6 檢視效果

返回工作表，可以看到資料已經按照需求進行小計。

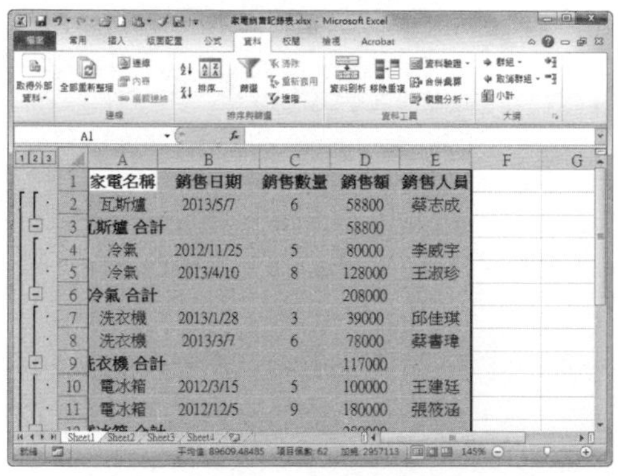

# 如何將小計後的資料按組分頁？

在進行小計後，可以透過設定將小計後的資料按組分頁，以方便檢視，來看看怎麼操作吧！

### Step 1 打開工作表

打開已進行小計的活頁簿，選取小計結果儲存格區域。

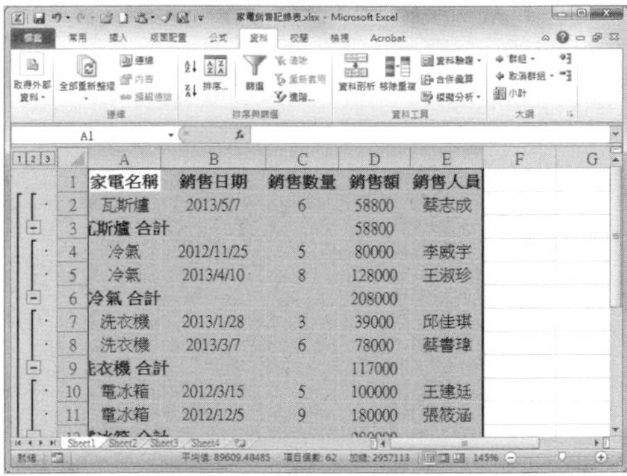


### Step 2 點選「小計」按鈕

切換至〔資料〕活頁標籤，在「大綱」選項群組中點選右側的〔小計〕按鈕。

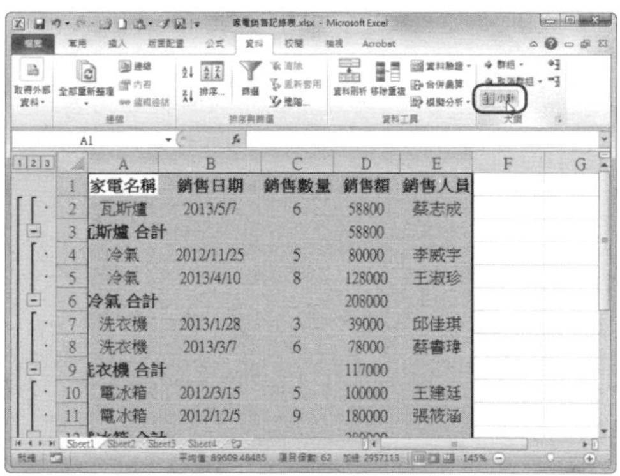


### Step 3 設定分頁

此時會彈出「小計」對話框，勾選「每組資料分頁」核取方塊，點選〔確定〕按鈕，即可依不同類型進行分頁。

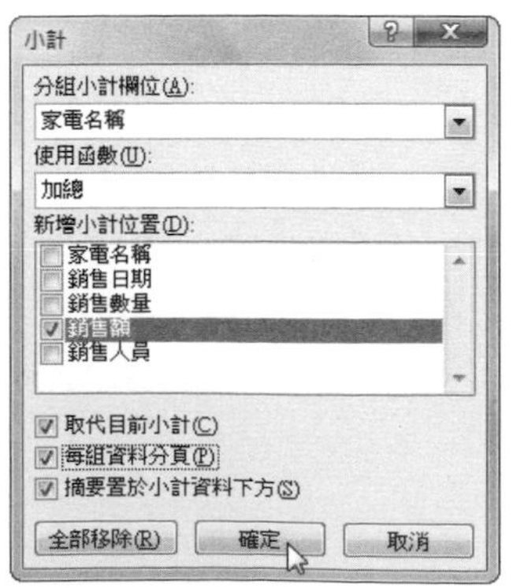

# 如何替換或移除目前的小計？

在小計後，也可以根據實際需要替換或移除目前的小計。這時需要採用以下方法，來看看怎麼操作吧！

**Step 1 打開工作表**

打開已進行小計的活頁簿，選取小計結果儲存格區域。

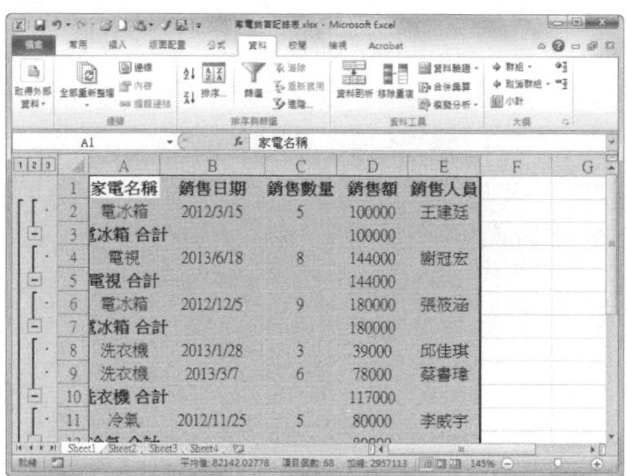


**Step 2 點選「小計」按鈕**

點選〔資料〕活頁標籤下「大綱」選項群組中〔小計〕按鈕，此時會彈出「小計」對話框。

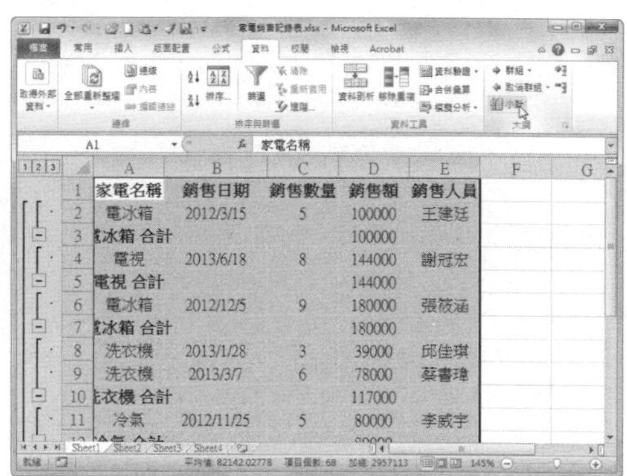


**Step 3 替換小計**

勾選「取代目前小計」選項，把使用函數由【加總】改為【平均值】點選〔確定〕按鈕。

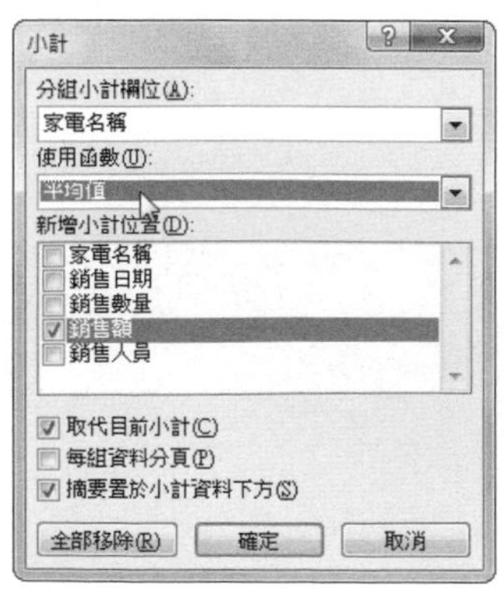


**Step 4 檢視替換效果**

執行上一步操作後返回工作表，可以看到小計的方式已經改為「平均值」。

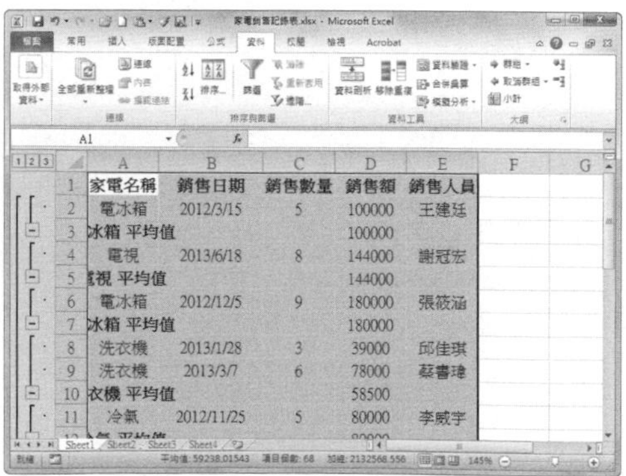

**Step 5** 移除小計

重複步驟 2，打開「小計」對話框，點選〔全部移除〕按鈕。

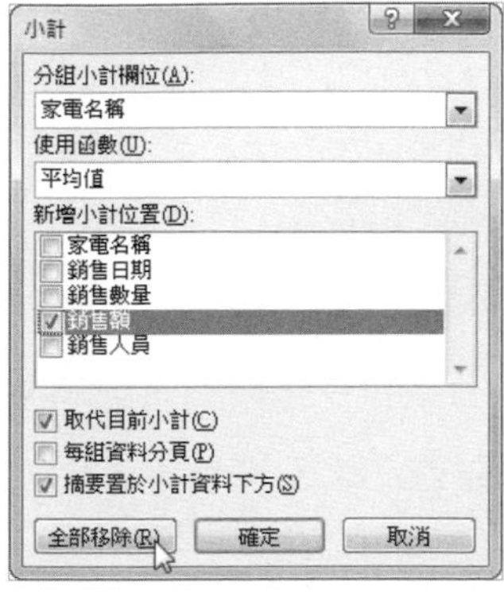


**Step 6** 檢視移除效果

返回工作表，可以看到已經恢復到小計前的狀態。

| 家電名稱 | 銷售日期 | 銷售數量 | 銷售額 | 銷售人員 |
|---|---|---|---|---|
| 電冰箱 | 2012/3/15 | 5 | 100000 | 王建廷 |
| 電視 | 2013/6/18 | 8 | 144000 | 謝冠宏 |
| 電冰箱 | 2012/12/5 | 9 | 180000 | 張筱涵 |
| 洗衣機 | 2013/1/28 | 3 | 39000 | 邱佳琪 |
| 洗衣機 | 2013/3/7 | 6 | 78000 | 蔡書瑋 |
| 冷氣 | 2012/11/25 | 5 | 80000 | 李威宇 |
| 瓦斯爐 | 2013/5/7 | 6 | 58800 | 蔡志成 |
| 冷氣 | 2013/4/10 | 8 | 128000 | 王淑珍 |
| 電視 | 2013/2/26 | 3 | 54000 | 李湘婷 |

## 小計後如何分級顯示詳細資料？

在進行小計後，工作表的左側會出現數字按鈕，透過點選這些按鈕，可以顯示或隱藏詳細資料，來看看怎麼操作吧！

**Step 1** 打開活頁簿

打開已經進行小計的活頁簿，可以看到小計結果的左側出現了數字按鈕，不同的數字代表不同的顯示群組。

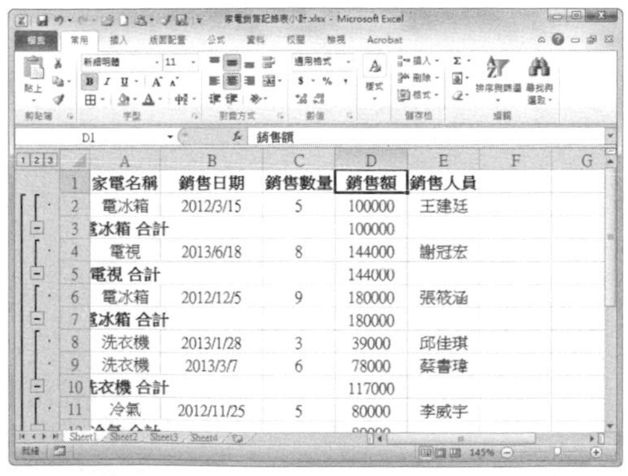

| 家電名稱 | 銷售日期 | 銷售數量 | 銷售額 | 銷售人員 |
|---|---|---|---|---|
| 電冰箱 | 2012/3/15 | 5 | 100000 | 王建廷 |
| 電冰箱 合計 | | | 100000 | |
| 電視 | 2013/6/18 | 8 | 144000 | 謝冠宏 |
| 電視 合計 | | | 144000 | |
| 電冰箱 | 2012/12/5 | 9 | 180000 | 張筱涵 |
| 電冰箱 合計 | | | 180000 | |
| 洗衣機 | 2013/1/28 | 3 | 39000 | 邱佳琪 |
| 洗衣機 | 2013/3/7 | 6 | 78000 | 蔡書瑋 |
| 洗衣機 合計 | | | 117000 | |
| 冷氣 | 2012/11/25 | 5 | 80000 | 李威宇 |

**Step 2** 點選數字按鈕

點選數字按鈕，即會顯示相應群組的資料，更低一群組的資料將會隱藏。

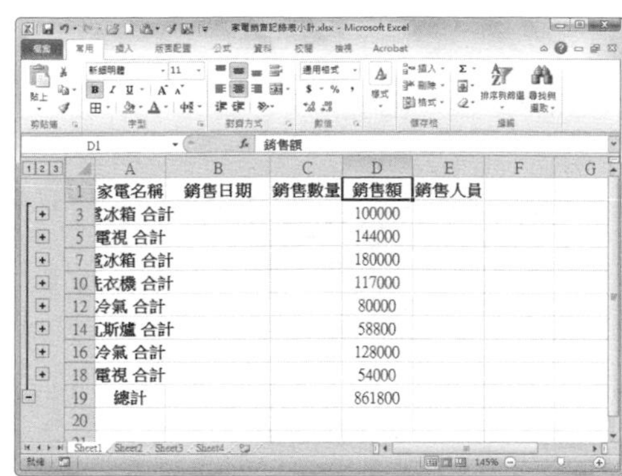

| 家電名稱 | 銷售日期 | 銷售數量 | 銷售額 | 銷售人員 |
|---|---|---|---|---|
| 電冰箱 合計 | | | 100000 | |
| 電視 合計 | | | 144000 | |
| 電冰箱 合計 | | | 180000 | |
| 洗衣機 合計 | | | 117000 | |
| 冷氣 合計 | | | 80000 | |
| 瓦斯爐 合計 | | | 58800 | |
| 冷氣 合計 | | | 128000 | |
| 電視 合計 | | | 54000 | |
| 總計 | | | 861800 | |

## Step 3 點選摺疊按鈕

分群組顯示後，資料左側出現了摺疊按鈕，點選摺疊按鈕可以顯示該群組資料的詳細專案，再次點選則隱藏資料。

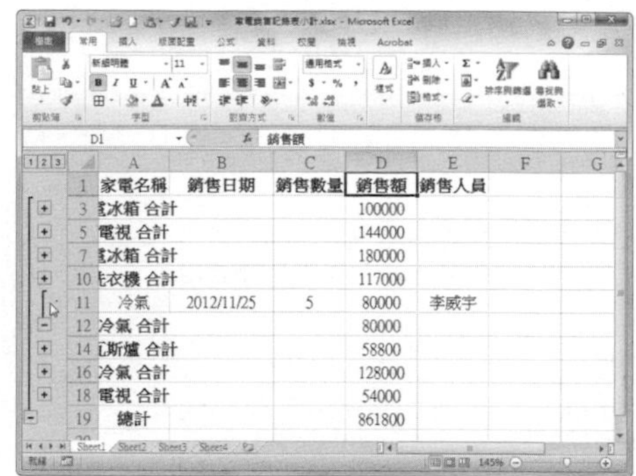

**提示**

**點選「顯示詳細資料」和「隱藏詳細資料」按鈕來顯示或隱藏詳細資料**

要顯示或隱藏詳細資料，除了上述的方法之外，還可以透過點選〔資料〕活頁標籤下「大綱」選項群組中〔顯示詳細資料〕按鈕和〔隱藏詳細資料〕按鈕來做到。

## 167 Q 如何對小計結果進行複製？

**A** 在進行小計後，可能需要複製小計的結果，這時就要採用以下面的方法。

## Step 1 打開活頁簿

打開已經進行小計的活頁簿，點選左側數字按鈕，顯示需要複製的小計資料，並選取資料區域。

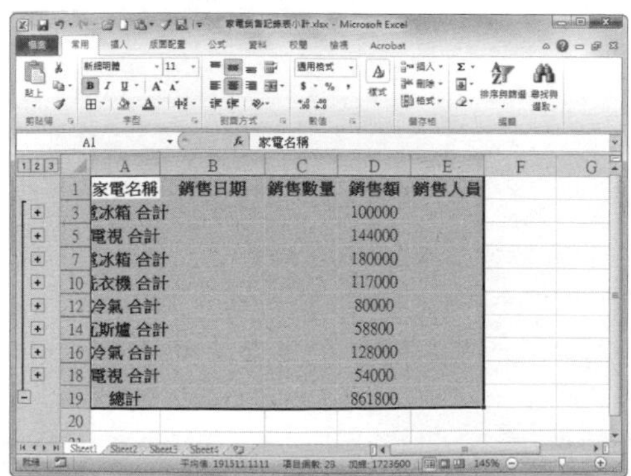

## Step 2 選擇「特殊目標」選項

切換至〔常用〕活頁標籤，在「編輯」選項群組中點選〔尋找與選取〕下拉選單，選擇【特殊目標】選項。

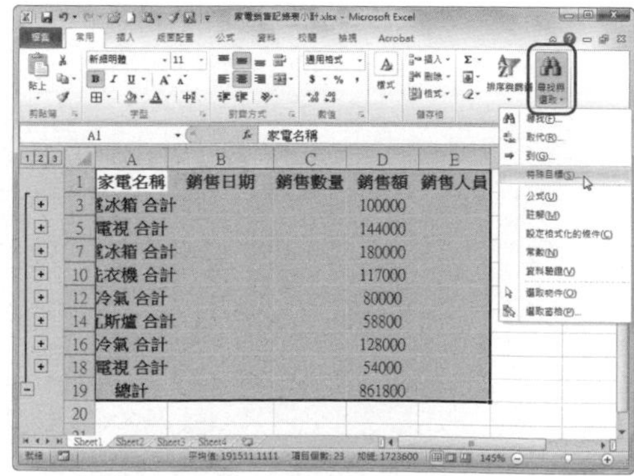

**Step 3** 選取可見儲存格

此時會彈出「特殊目標」對話框，選取「可見儲存格」選項按鈕，點選〔確定〕按鈕。

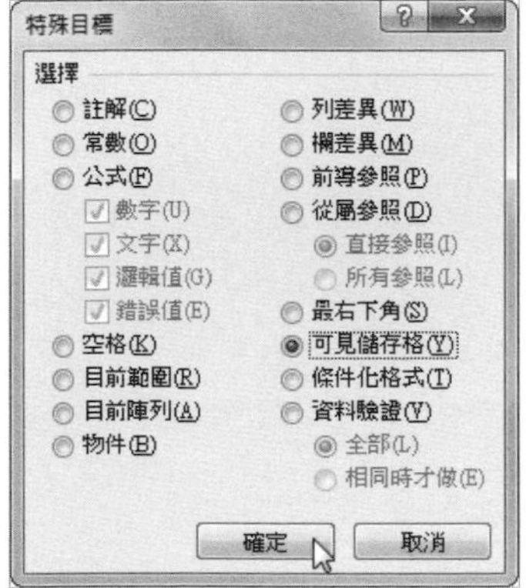


**Step 4** 複製儲存格區域

此時，之前所選儲存格區域中的各儲存格周圍出現虛線邊框，按下快速鍵〔Ctrl〕+〔C〕，複製資料內容。

**Step 5** 貼上資料。

切換至新工作表 Sheet2 中，點選任一儲存格，按下快速鍵〔Ctrl〕+〔V〕，貼上複製的資料內容。

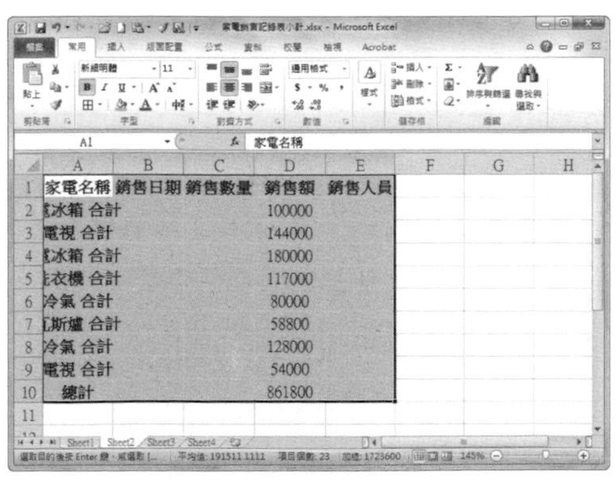


**提示**

**調整欄寬**

有時候，資料內容貼上之後會無法顯示，即出現「###」的情況，此時只要將欄與欄之間的間隔線向右拖動，加大欄寬即可。

第 2 章 \ 原始檔 \ 家電銷售記錄表 .xlsx
第 2 章 \ 完成檔 \ 分級群組資料 .xlsx

## 168 Q 如何群組資料？

A 若不想進行小計，自己也可以群組資料。設定好資料群組後，點選工作表右側的資料按鈕，檢視或隱藏詳細資料，來看看怎麼操作吧！

### Step 1 按分類欄位進行排序

打開 Excel 檔，按分類欄位進行升冪或降冪排序，這裡按照欄位「家電名稱」進行升冪排列。

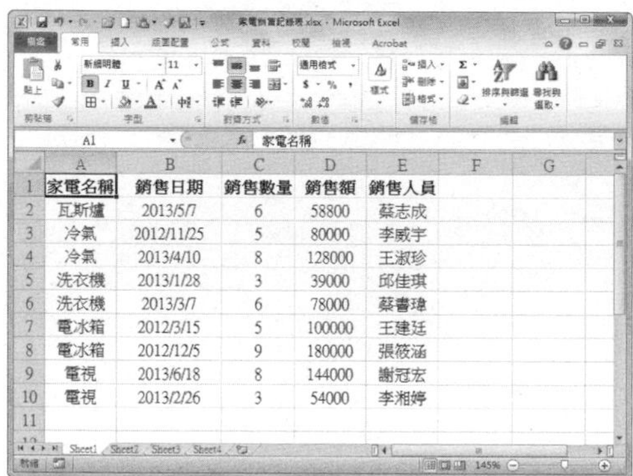

### Step 2 群組

選取 A2：E2 儲存格區域，切換至〔資料〕活頁標籤，在「大綱」選項群組中點選〔群組〕按鈕，選擇【群組】選項。

### Step 3 設定群組的方式

在彈出的「組成群組」對話框中，選擇「列」後點選〔確定〕按鈕。

### Step 4 檢視效果

執行上述操作後返回工作表，可以看到所選儲存格區域已經群組，並顯示出摺疊按鈕。

**Step 5** 建立更多的群組

採用同樣的方法，將其他區域一一群組起來。

**Step 6** 檢視資料

點選工作表左側的數字按鈕，可以檢視相應群組的資料，更低級別的詳細資料則隱藏起來。

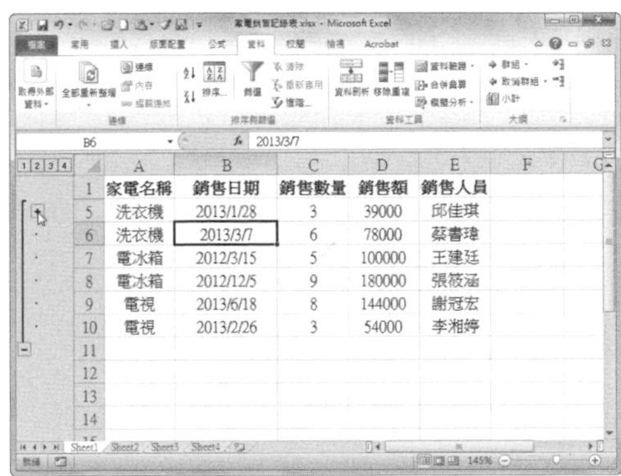

## 169 Q 如何清除分級顯示？

**A** 在 Excel 2010 中，我們可以透過點選「取消群組」按鈕來清除分級顯示，來看看怎麼操作吧！

**Step 1** 打開活頁簿

打開已經群組顯示的工作表，點選工作表中任一資料儲存格。

**Step 2** 清除大綱

切換至〔資料〕活頁標籤，在「大綱」選項群組中點選〔取消群組〕，選擇【清除大綱】選項。

## Step 3 檢視效果

執行上述操作後返回工作表，可以看到群組顯示已經取消。

| | A | B | C | D | E |
|---|---|---|---|---|---|
| 1 | 家電名稱 | 銷售日期 | 銷售數量 | 銷售額 | 銷售人員 |
| 2 | 瓦斯爐 | 2013/5/7 | 6 | 58800 | 蔡志成 |
| 3 | 冷氣 | 2012/11/25 | 5 | 80000 | 李威宇 |
| 4 | 冷氣 | 2013/4/10 | 8 | 128000 | 王淑珍 |
| 5 | 洗衣機 | 2013/1/28 | 3 | 39000 | 邱佳琪 |
| 6 | 洗衣機 | 2013/3/7 | 6 | 78000 | 蔡書瑋 |
| 7 | 電冰箱 | 2012/3/15 | 5 | 100000 | 王建廷 |
| 8 | 電冰箱 | 2012/12/5 | 9 | 180000 | 張筱涵 |
| 9 | 電視 | 2013/6/18 | 8 | 144000 | 謝冠宏 |
| 10 | 電視 | 2013/2/26 | 3 | 54000 | 李湘婷 |

**提示**

**隱藏的詳細資料**

如果在詳細資料處於隱藏狀態時清除群組顯示，詳細資料列或欄可能仍然隱藏。要將詳細資料顯示出來，需要拖動與隱藏的列和欄相鄰的可見列號或欄標。

在〔常用〕活頁標籤下的「儲存格」選項群組中，點選〔格式〕按鈕的【隱藏及取消隱藏】選項，然後選擇【取消隱藏列】或【取消隱藏欄】選項。

## Q 如何按位置合併彙算？

第 2 章 \ 原始檔 \ 公司費用支出表 .xlsx
第 2 章 \ 完成檔 \ 按位置合併彙算 .xlsx

當各工作表中相同的記錄名稱和欄位名稱位於同樣的位置上時，可以按位置合併彙算。

## Step 1 打開活頁簿

打開「公司費用支出表 .xlsx」工作簿，希望在「年終統計」工作表中統計出四季費用支出的總和。

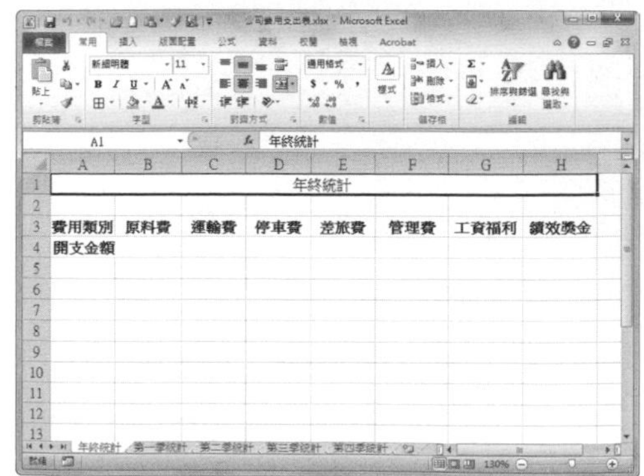


## Step 2 點選「合併彙算」按鈕

切換到〔年終統計〕工作表，點選 B4 儲存格，然後切換至〔資料〕活頁標籤，在「資料工具」選項群組中點選〔合併彙算〕按鈕。

**Step 3** 設定參照位址

在彈出的「合併彙算」對話框中把「函數」設定為【加總】，點選「參照位址」右側的摺疊按鈕，設定參照位址。

**Step 4** 選擇一季資料來源

接著切換至〔第一季統計〕工作表中，選擇B4:H4儲存格區域，再次點選摺疊按鈕。

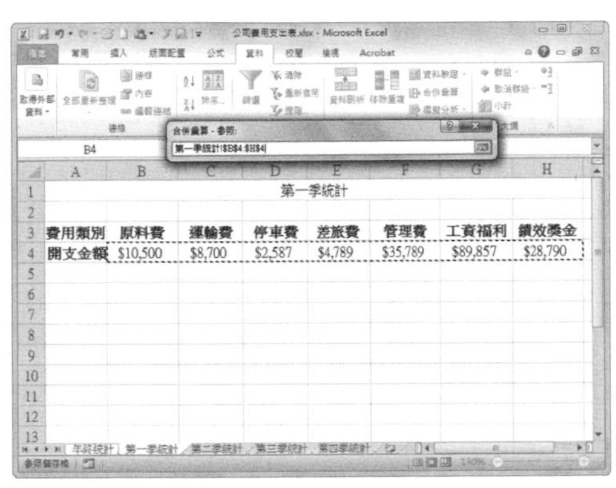


**Step 5** 新增參照位址

返回至「合併彙算」對話框中，點選〔新增〕按鈕，將選取的儲存格區域新增到「所有參照位址」選單方塊中，並以同樣方式陸續新增其他季的資料，點選〔確定〕按鈕。

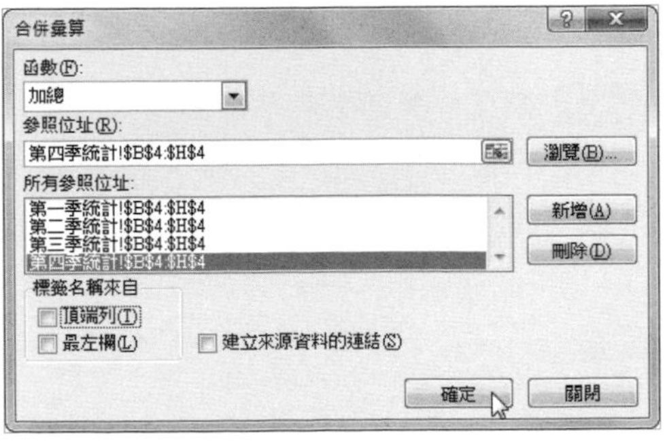


**Step 6** 檢視效果

執行上述操作後，返回〔年終統計〕工作表，可以看到在其B4:H4區域中顯示合併彙算的結果。

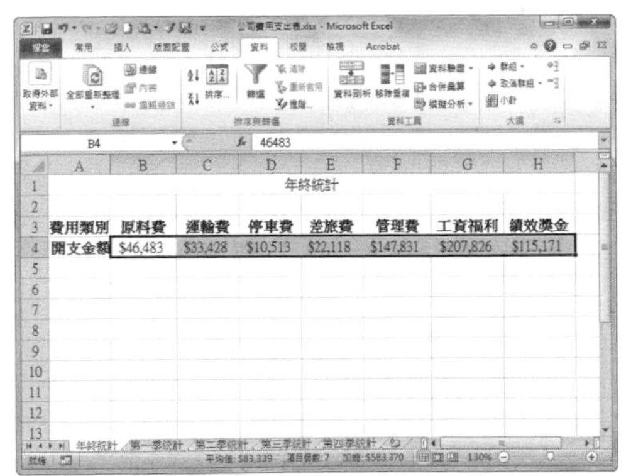


**提示**

### 移除參照位址

如果引用錯誤的位置，可以將參照位址移除，然後重新選擇參照位址。移除參照位址時，只需在「合併彙算」對話框中選擇「所有參照位址」選單方塊中要移除的參照位址，點選〔移除〕按鈕即可。

第 2 章 \ 原始檔 \ 公司費用支出表 2.xlsx
第 2 章 \ 完成檔 \ 按類別合併彙算 .xlsx

## 如何按類別合併彙算？

有時候，各工作表中同一資料欄位會出現在不同位置，此時就需要按照類別合併彙算，其具體操作步驟如下。

### Step 1 打開活頁簿

打開「公司費用支出表 2.xlsx」活頁簿，希望在〔年終統計〕工作表中統計出四季費用開支的總和。

### Step 2 點選「合併彙算」按鈕

切換到〔年終統計〕工作表，點選 B1:H2 儲存格，然後切換至〔資料〕活頁標籤，在「資料工具」選項群組中點選〔合併彙算〕按鈕。

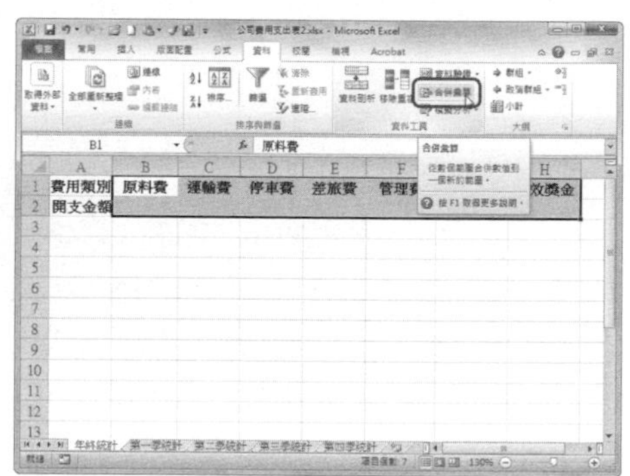


### Step 3 設定參照位址

在彈出的「合併彙算」對話框中，設定「函數」為【加總】，點選「參照位址」右側的摺疊按鈕，設定參照位址。

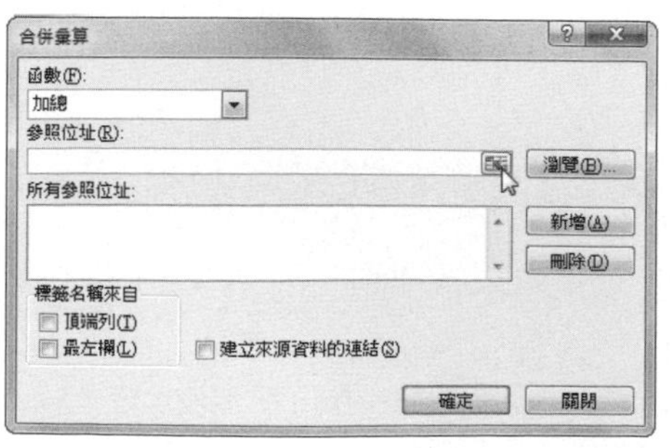


### Step 4 選擇一季資料來源

切換至〔第一季統計〕工作表中，選擇 B1:H2 區域，再次點選摺疊按鈕。

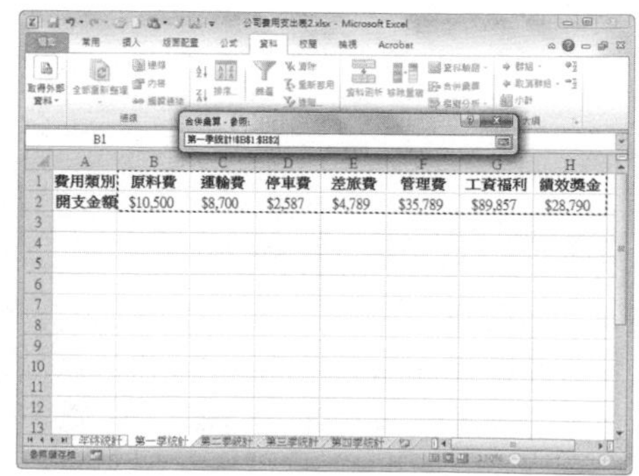

**Step 5** 新增參照位址

返回至「合併彙算」對話框中，點選〔新增〕按鈕，將選取的儲存格區域新增到「所有參照位址」選單方塊中，並以同樣方式陸續新增其他季的資料，「標籤名稱來自」勾選「頂端列」後，點選〔確定〕按鈕。

**Step 6** 繼續新增參照位址

執行上述操作後，返回〔年終統計〕工作表，可以看到在其 B4:H4 區域中依費用類別顯示合併彙算的結果。

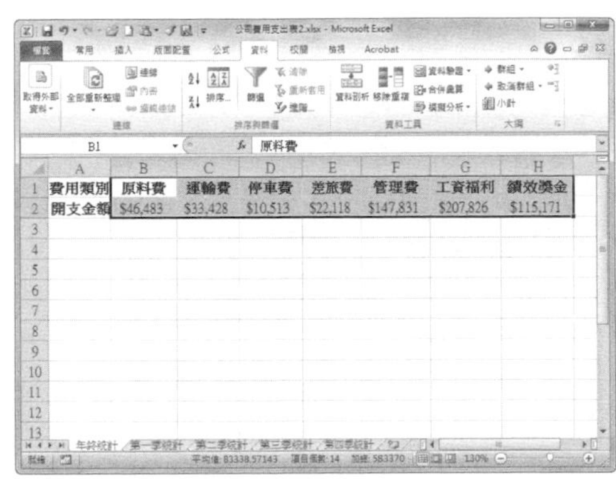


# 職人技 10　動態統計分析秘技

在 Excel 中，對資料進行動態統計分析，主要是透過樞紐分析表和樞紐分析圖來做到的。樞紐分析表是一種交互式報表，便於檢視與分析資料。樞紐分析圖也是一種資料表現方式，包含有直覺的圖形與色彩元素。

第 2 章 \ 原始檔 \ 家電銷售記錄表 .xlsx
第 2 章 \ 完成檔 \ 建立樞紐分析表 .xlsx

## 172 Q 如何建立樞紐分析表？

A 在樞紐分析表中，可以簡單完成資料的篩選、排序和小計等操作，並產生匯總表格，這些都是 Excel 2010 強大的資料處理能力，就先來看看如何建立樞紐分析表。

## Step 1 選擇「樞紐分析表」選項

打開「家電銷售記錄表 .xlsx」，切換至〔插入〕活頁標籤，在「表格」選項群組中點選〔樞紐分析表〕按鈕，選擇【樞紐分析表】選項。

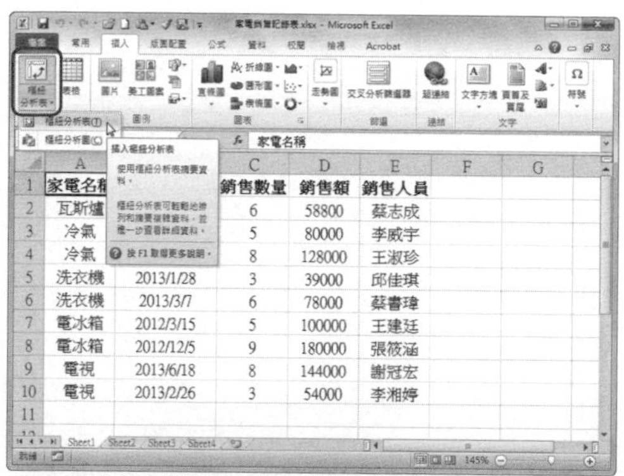


## Step 2 設定樞紐分析表位置

此時會彈出「建立樞紐分析表」對話框，其中已自動選取表格區域，選取「已經存在的工作表」後，點選「位置」摺疊按鈕，切換至 Sheet2，選取儲存格後再次點選摺疊按鈕。

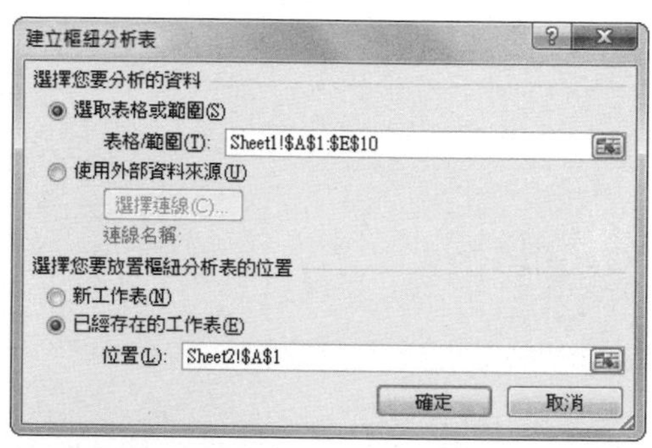


## Step 3 檢視樞紐分析表

返回 Sheet2，可以看到出現了空的樞紐分析表，且功能區中出現〔樞紐分析表工具〕活頁標籤，介面右側出現「樞紐分析表欄位選單」窗格。

## Step 4 設定欄位

在「樞紐分析表欄位選單」任務窗格中，勾選「選擇要新增到報表的欄位」選單方塊中的所有欄位，即可看到左側的樞紐分析表隨之改變。

# 如何移動和移除樞紐分析表？

建立樞紐分析表之後，也可以根據實際需要將其移動或移除，需要注意的是移動樞紐分析表時，無法使用剪貼簿進行移動，而有其專屬的移動功能。

**Step 1** 點選「移動樞紐分析表」

打開包含樞紐分析表的活頁簿，切換至〔樞紐分析表工具〕的〔選項〕活頁標籤，在「動作」選項群組中點選〔移動樞紐分析表〕按鈕。

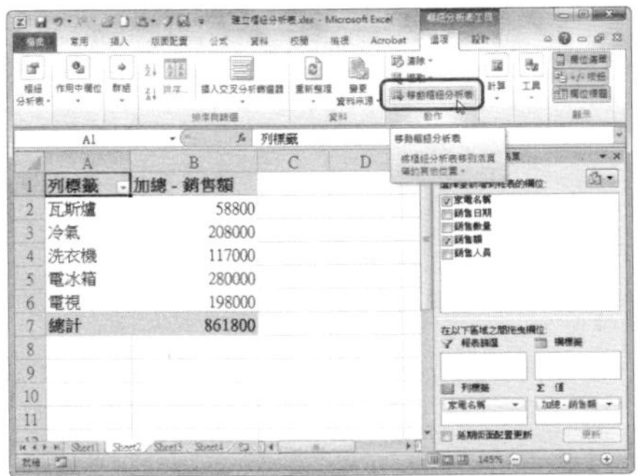

**Step 2** 設定樞紐分析表位置

此時會彈出「移動樞紐分析表」對話框，選取「已經存在的工作表」選項按鈕。點選「位置」摺疊按鈕，切換至現有工作表 Sheet3 中，選取儲存格後再次點選摺疊按鈕。

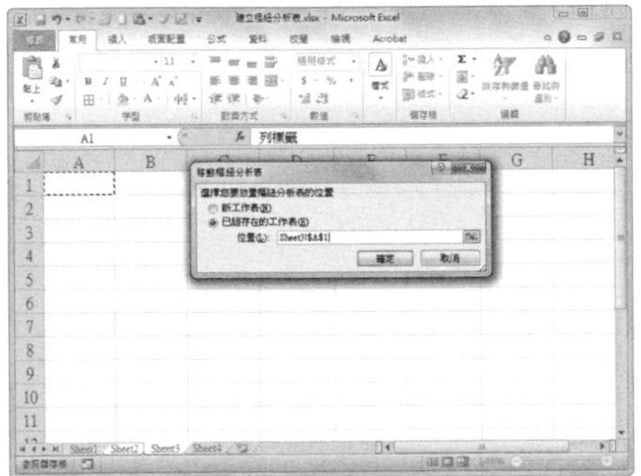

**Step 3** 檢視效果

點選〔確定〕按鈕，返回 Sheet3，可以看到樞紐分析表已經移動至此。再切換到原工作表 Sheet2，可以看到原來的樞紐分析表已經消失。

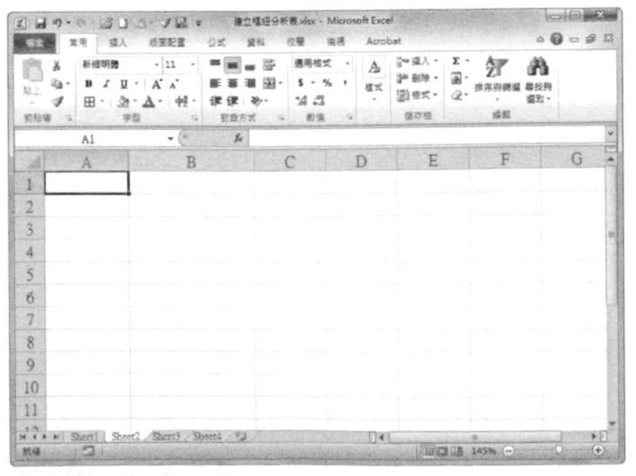

**Step 4** 移除樞紐分析表

再來看看如何移除樞紐分析表，切換至「樞紐分析表工具」的〔選項〕活頁標籤，在「動作」選項群組中點選〔選取〕按鈕，選擇【整個樞紐分析表】選項，然後按下〔Delete〕鍵即可移除。

**提示**

**移除時的注意事項**

移除與樞紐分析表相關聯的樞紐分析表會將該樞紐分析表變為標準圖表，將無法再透視或者更新該標準圖表。

174

## Q 如何顯示或隱藏樞紐分析表中的詳細資料？

**A** 透過點選「展開整個欄位」按鈕和「摺疊整個欄位」按鈕，可以自由地顯示或隱藏樞紐分析表中的詳細資料，來看看怎麼操作吧！

### Step 1 點選對應的按鈕

打開包含樞紐分析表的活頁簿，切換至〔樞紐分析表工具〕的〔選項〕活頁標籤，在「作用中欄位」選項群組中點選〔展開整個欄位〕。

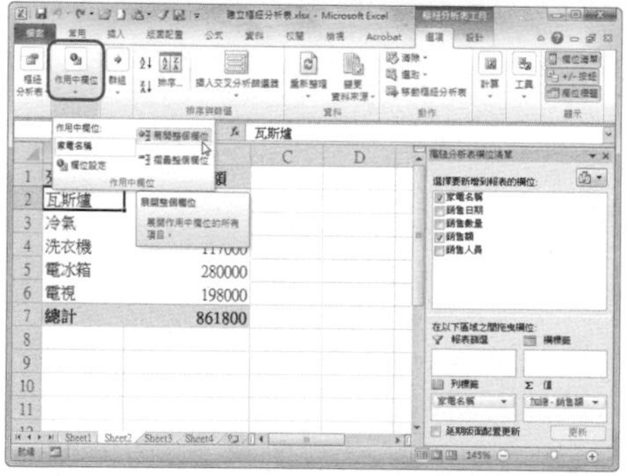

### Step 2 選擇要顯示詳細資料的欄位

此時會彈出「顯示詳細資料」對話框，選擇要顯示詳細資料的欄位後，按下〔確定〕。

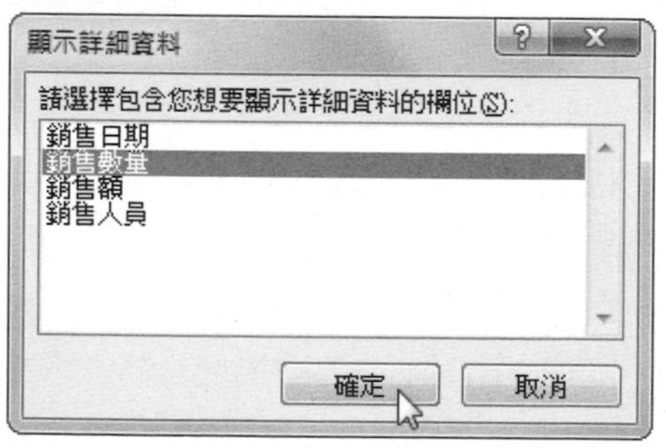


### Step 3 檢視效果

返回工作表，可以看到詳細資料已經顯示，隱藏詳細資料的操作與此類似，只需點選〔摺疊整個欄位〕按鈕即可。

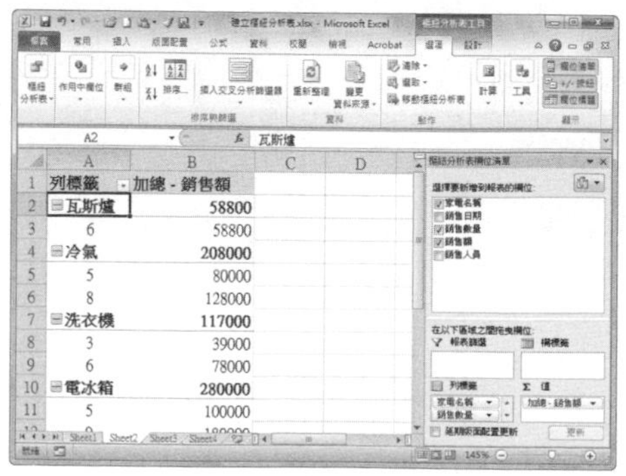

**選擇顯示或隱藏詳細資料**

選取某個欄位，點選滑鼠右鍵，在快速選單中選擇【展開 / 摺疊】，再從子選單中選取要執行的功能即可。

175

第 2 章 \ 原始檔 \ 建立樞紐分析表 .xlsx
第 2 章 \ 完成檔 \ 更改樞紐分析表 .xlsx

# Q 如何更改樞紐分析表的佈局？

A 建立樞紐分析表之後，我們可以對樞紐分析表的佈局進行調整，例如建立小計、以列表方式顯示報表、新增空白列等。

### Step 1 在組的底部顯示所有小計

打開「建立樞紐分析表 .xlsx」，切換至〔樞紐分析表工具〕的〔設計〕活頁標籤，在「佈局」選項群組中點選〔小計〕按鈕，選擇【在群組的底端顯示所有小計】。

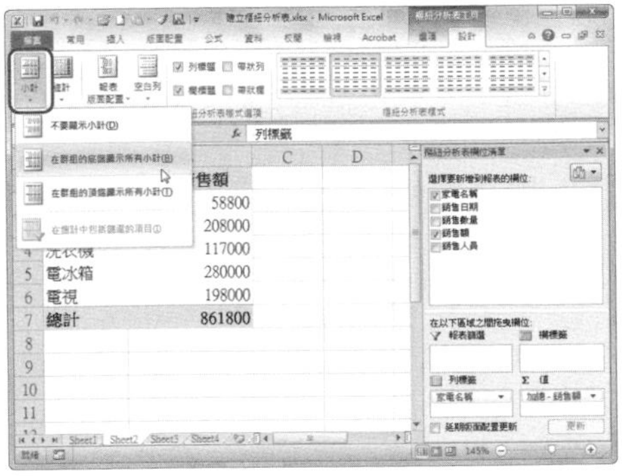

### Step 2 檢視小計資料

此時各群組資料下方都會出現小計的結果，自動計算出各種產品的銷售總額，如果點選〔小計〕按鈕，選擇【不顯示小計】選項，則可隱藏匯總資料。

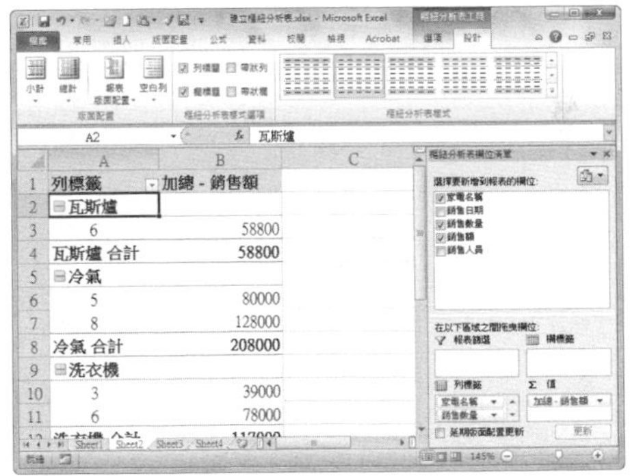

### Step 3 以列表方式顯示報表

點選〔報表版面配置〕按鈕，從下拉選單中選擇常用報表版面配置，這裡選擇【以列表方式顯示】選項。

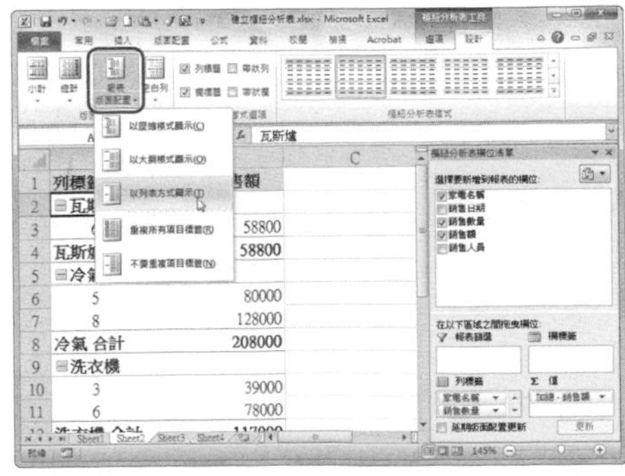

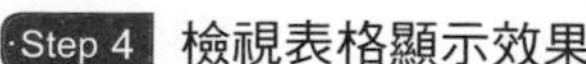

## Step 4 檢視表格顯示效果

返回工作表可以看到，樞紐分析表中的資料已經以表格的形式顯示出來了。

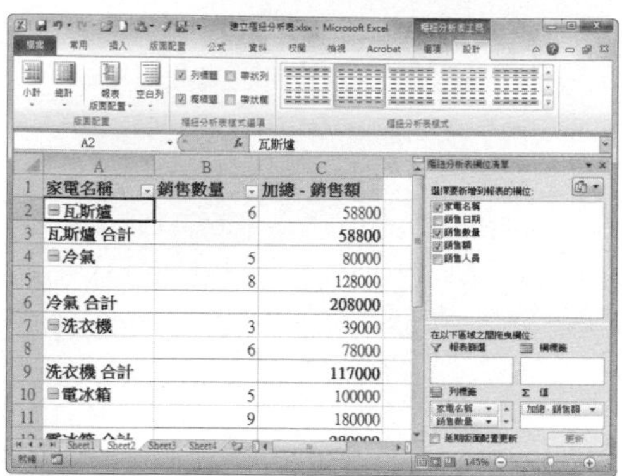


## Step 5 在各行之間新增空白列

點選〔空白列〕按鈕，從下拉選單中選擇【每一項之後插入空白行】選項。

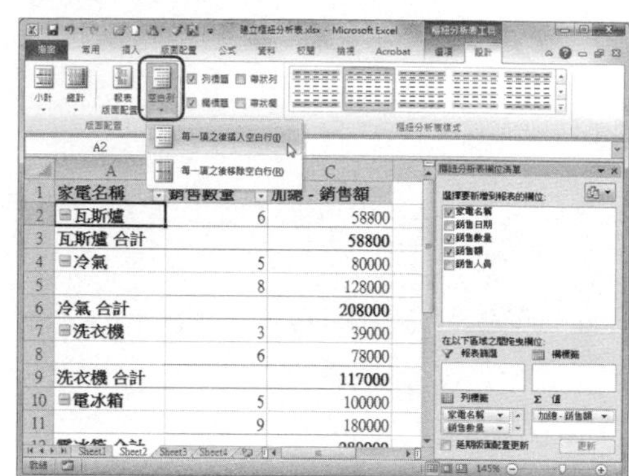


## Step 6 檢視空白列效果

返回工作表可以看到，樞紐分析表中的各匯總資料下面都插入了空白列，以方便閱讀。

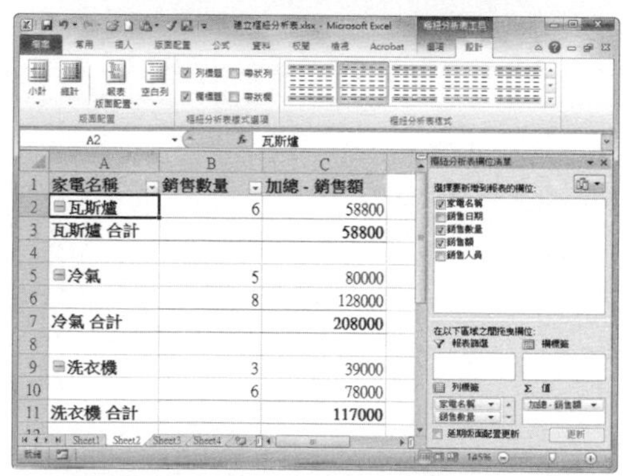


**提示**

**快速顯示或隱藏詳細資料的方法**

按兩下要顯示或隱藏詳細資料的欄位儲存格，即可顯示或隱藏詳細資料；再次點選，則隱藏或顯示。

**提示**

**移除空白列**

移除空白列時，只需要點選〔空白列〕按鈕，然後從下拉選單中選擇【每一項之後移除空白行】選項即可。

# 如何新增交叉分析篩選器？

交叉分析篩選器是一項 Excel 2010 非常實用的新功能，實際上是將樞紐分析表中的每個欄位單獨創建為一個選取器進而進行操作的功能。下面介紹新增交叉分析篩選器的具體操作步驟。

**Step 1** 點選「插入交叉分析篩選器」按鈕

打開包含樞紐分析表的活頁簿，切換至〔樞紐分析表工具〕的〔選項〕活頁標籤，在「排序與篩選」選項群組中點選〔插入交叉分析篩選器〕按鈕。

**Step 2** 選擇篩選欄位

此時會彈出「插入交叉分析篩選器」對話框，勾選用來篩選的欄位名稱，然後點選〔確定〕按鈕。

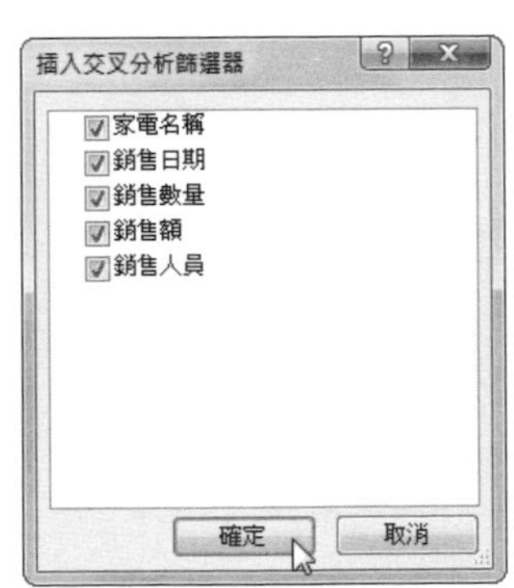


**Step 3** 檢視效果

返回工作表，可以看到已經插入交叉分析篩選器，所選每個欄位對應一個交叉分析篩選器，交叉分析篩選器中顯示該欄位中包含的資料。

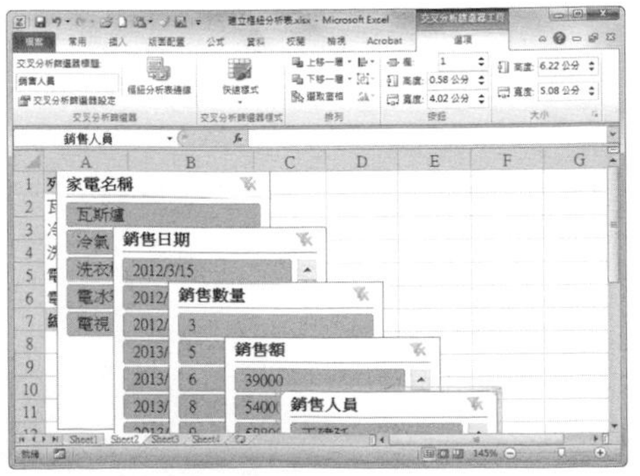

# 如何使用交叉分析篩選器篩選資料？

透過交叉分析篩選器，我們可以透過簡單的點選，對不同欄位進行篩選，完成與樞紐分析表欄位中的篩選按鈕相同的功能，進而更快速、更清楚地檢視到篩選資料，使用交叉分析篩選器篩選資料的來看看怎麼操作吧！

**Step 1** 按欄位篩選資料

選取某欄位的交叉分析篩選器，點選交叉分析篩選器中要篩選的資料，這裡選取「家電名稱」交叉分析篩選器，點選「電冰箱」。

**Step 2** 檢視篩選資料

此時樞紐分析表中已經篩選出「電冰箱」的銷售資料，將交叉分析篩選器移開即可檢視篩選出的資料。

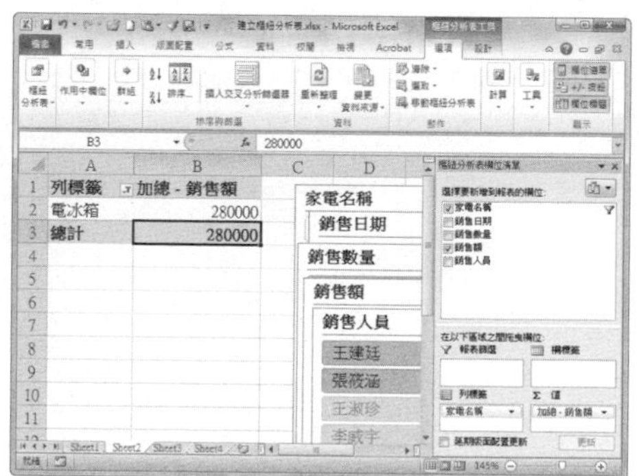

**Step 3** 取消交叉分析篩選器篩選

篩選資料後，交叉分析篩選器右上角的〔清除篩選〕按鈕會亮起，點選該按鈕即可取消篩選。

**提示**

**增加篩選條件**

增加篩選條件時，如果已經篩選「電冰箱」的銷售資料，再點選「銷售人員」欄位交叉分析篩選器中的姓名，即可以進一步篩選該銷售人員的「電冰箱」銷售資料；如果已經篩選了「電冰箱」的銷售資料，想同時顯示「洗衣機」的銷售資料，則按住〔Ctrl〕鍵，點選「家電名稱」交叉分析篩選器中的「洗衣機」即可。

# 178 Q 如何更改交叉分析篩選器外觀效果？

第 2 章 \ 原始檔 \ 新增交叉分析篩選器 .xlsx

**A** 在 Excel 2010 中，交叉分析篩選器不但功能強大、使用方便，而且有豐富的預設外觀效果可供選擇。

## Step 1 打開交叉分析篩選器樣式集

打開「新增交叉分析篩選器 .xlsx」，切換到〔交叉分析篩選器工具〕的〔選項〕活頁標籤下，在「交叉分析篩選器樣式」選項群組中點選〔快速樣式〕按鈕。

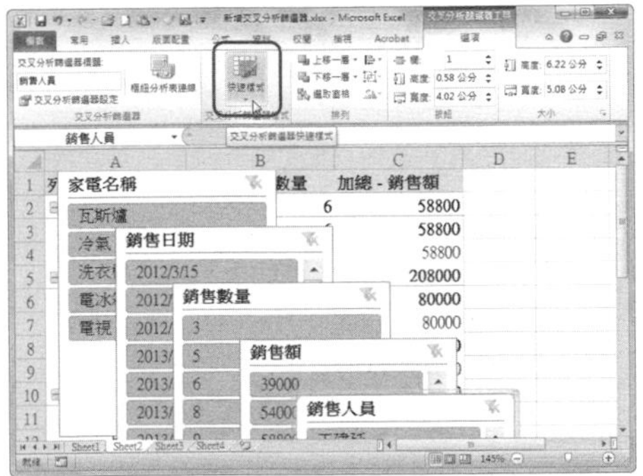

## Step 2 選擇交叉分析篩選器樣式

選取交叉分析篩選器，然後根據需要選擇交叉分析篩選器樣式。

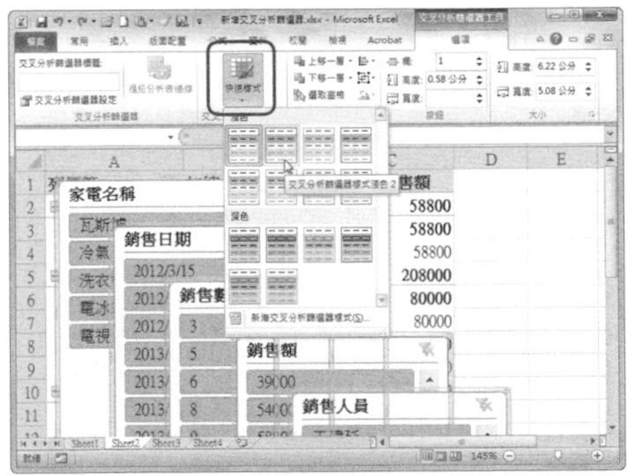

## Step 3 檢視效果

返回工作表，可以看到交叉分析篩選器的外觀樣式已經改變。

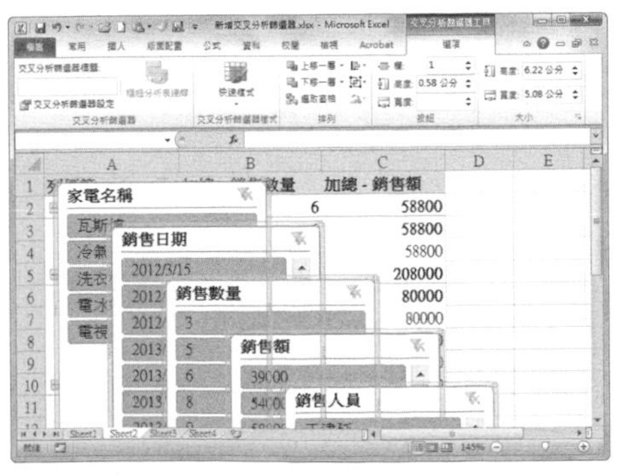

**提示**

### 新增交叉分析篩選器樣式

如果對預設的交叉分析篩選器樣式不滿意，可以在交叉分析篩選器樣式集中選擇「新建交叉分析篩選器樣式」選項，在彈出的「新建交叉分析篩選器快速樣式」對話框中，根據實際需要設定樣式屬性並命名，即可建立新的交叉分析篩選器樣式。

# 如何調整交叉分析篩選器的大小和位置？

A 交叉分析篩選器作為一個單獨的選取器，其大小和位置都可以靈活調整。調整交叉分析篩選器大小與位置的來看看怎麼操作吧！

## Step 1 精確調整大小

打開「新增交叉分析篩選器 .xlsx」，選取一個交叉分析篩選器，切換至〔交叉分析篩選器工具〕的〔選項〕活頁標籤，在「大小」選項群組中設定交叉分析篩選器的高度值與寬度值。

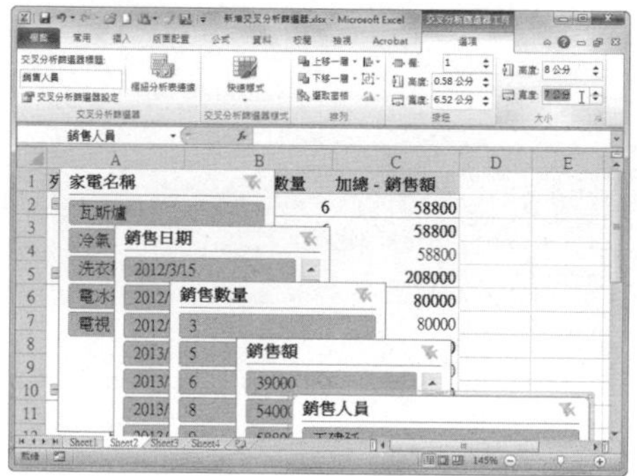

## Step 2 拖曳調整大小

如果不需要太精確，可以透過拖曳的方法來調整大小。將游標移至交叉分析篩選器的任意一角，待游標變成箭頭形狀時，按住滑鼠左鍵拖曳即可。

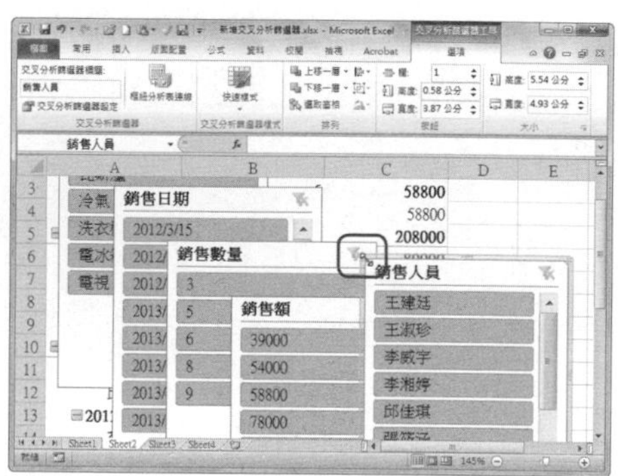

## Step 3 移動位置

選取交叉分析篩選器，點選交叉分析篩選器標籤，按住滑鼠左鍵拖曳，將交叉分析篩選器移至指定位置後放開滑鼠左鍵即可。

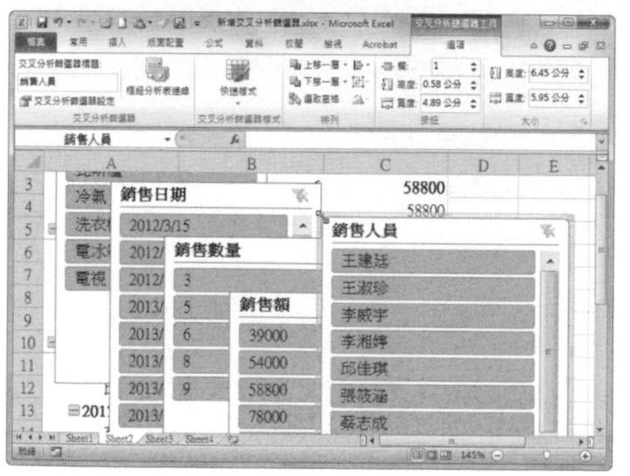

## 如何調整交叉分析篩選器的上下次序？

預設情況下，交叉分析篩選器都是按次序堆疊的，位於下層的交叉分析篩選器會因為上層的覆蓋而導致某些內容無法顯示。這時就需要調整交叉分析篩選器的上下排列次序，其來看看怎麼操作吧！

### Step 1 上移或下移交叉分析篩選器

打開含有交叉分析篩選器的活頁簿，選取最上面的交叉分析篩選器，切換至〔交叉分析篩選器工具〕的〔選項〕活頁標籤，在「排列」選項群組點選〔下移一層〕按鈕。

### Step 2 檢視效果

執行上一步操作後，返回工作表，可以看到，所選取的交叉分析篩選器已經移動，最上面的交叉分析篩選器下移了一層。

### Step 3 置於底層或頂層

如果需要把交叉分析篩選器置於底層，則點選〔下移一層〕下拉選單，選擇【移到最下層】選項即可，把交叉分析篩選器移到最上層的方法與此類似。

## 181 Q 如何調整交叉分析篩選器按鈕顯示效果？

A 交叉分析篩選器中包含多個篩選按鈕，可以自由設定這些按鈕的排列方式、大小和色彩，來看看怎麼操作吧！

### Step 1 設定按鈕雙欄排列

選取交叉分析篩選器，切換至〔交叉分析篩選器工具〕的〔選項〕活頁標籤，在「按鈕」選項群組中找到「欄」，將其設定為「2」。

### Step 2 檢視雙欄效果

執行上一步操作後，返回工作表可以看到，交叉分析篩選器中的按鈕已經變成雙欄排列。

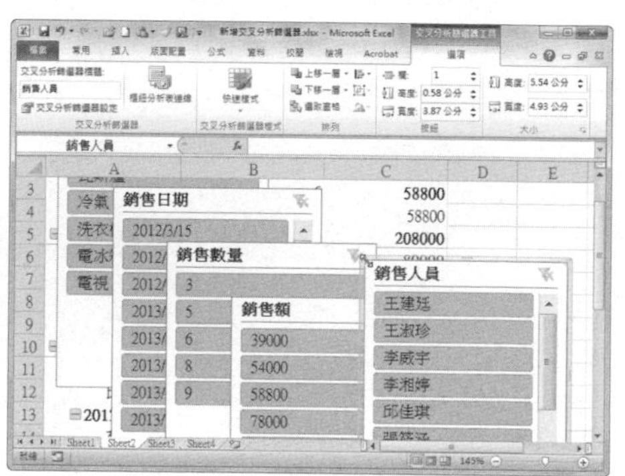


### Step 3 調整按鈕大小

在「按鈕」選項群組中設定「高度」與「寬度」的數值，可以直接輸入數值，也可以點選微調按鈕對數值進行調整。

### Step 4 檢視更改大小效果

執行上一步操作後，返回工作表可以看到，交叉分析篩選器中按鈕的大小已經改變。

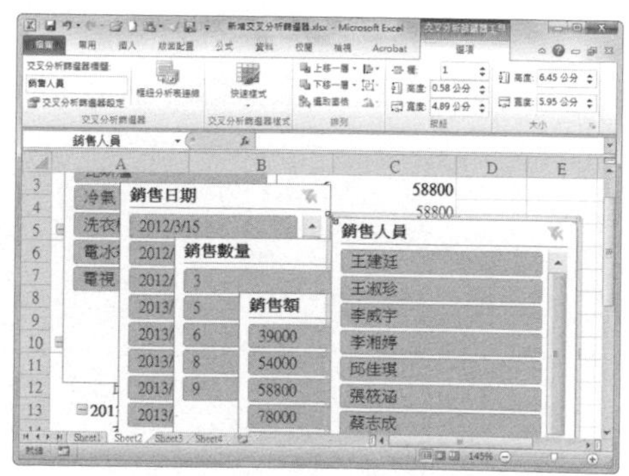

**提示**

**鎖定交叉分析篩選器的長寬比**

在交叉分析篩選器上按滑鼠右鍵，選擇【大小及內容】，在彈出的「大小與內容」對話框中，切換至〔大小〕活頁標籤，勾選「鎖定長寬比」核取方塊，即可鎖定長寬比例。

## 182 Q 如何在樞紐分析表中新增計算欄位？

第 2 章 \ 原始檔 \ 費用分析表 .xlsx
第 2 章 \ 完成檔 \ 新增計算欄位 .xlsx

在 Excel 2010 中，可以根據需要選擇「計算欄位」選項，為樞紐分析表新增計算欄位，來看看怎麼操作吧！

### Step 1 打開活頁簿

打開「費用分析表 .xlsx」，切換至 Sheet2，希望在樞紐分析表中新增「差異額」欄，以顯示「預算金額」和「實際金額」之間的差額。

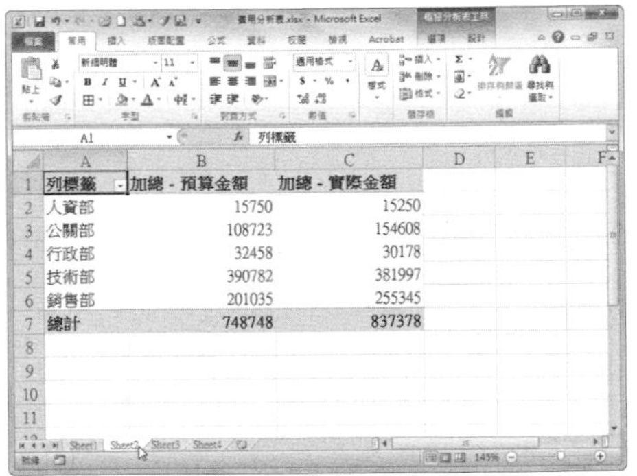

| 列標籤 | 加總 - 預算金額 | 加總 - 實際金額 |
|---|---|---|
| 人資部 | 15750 | 15250 |
| 公關部 | 108723 | 154608 |
| 行政部 | 32458 | 30178 |
| 技術部 | 390782 | 381997 |
| 銷售部 | 201035 | 255345 |
| 總計 | 748748 | 837378 |

### Step 2 點選「欄位、項目和集」按鈕

選取 B2 儲存格，切換至〔樞紐分析表工具〕的〔選項〕活頁標籤，在「計算」選項群組中點選【欄位、項目和集】下拉選單。

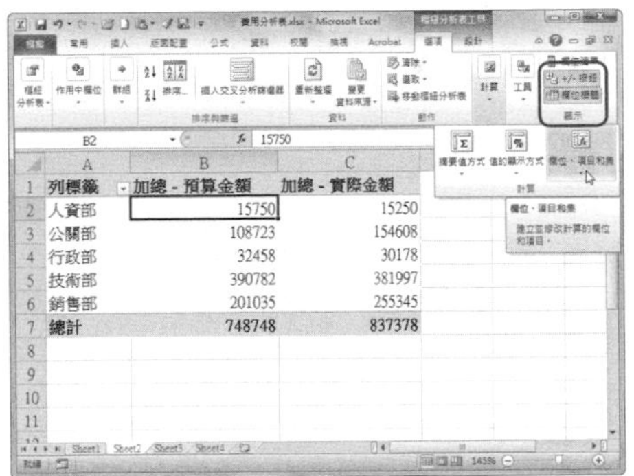

### Step 3 選擇「計算欄位」選項

在彈出的下拉選單中選擇【計算欄位】選項。

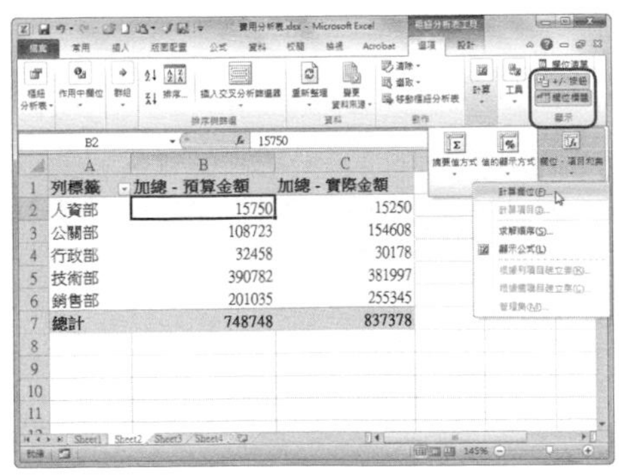

**Step 4** 插入計算欄位

在「插入計算欄位」對話框中，將「名稱」設定為「差異額」,「公式」設定為「= 預算金額 - 實際金額」，點選〔確定〕按鈕。

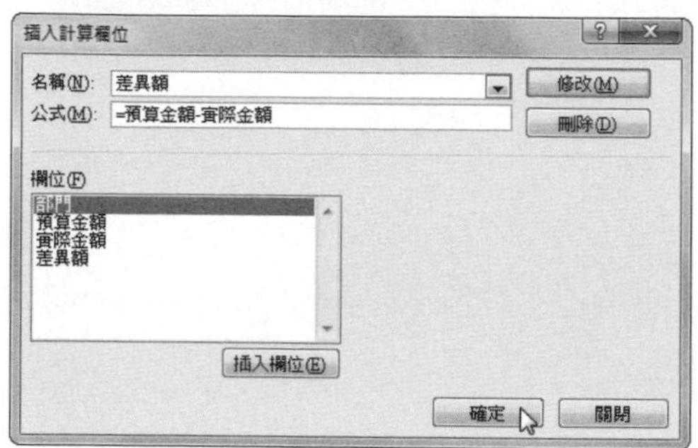


**Step 5** 檢視效果

執行上述操作後返回工作表，可以看到樞紐分析表中已經新增計算欄位「加總 - 差異額」欄。

| 列標籤 | 加總 - 預算金額 | 加總 - 實際金額 | 加總 - 差異額 |
|---|---|---|---|
| 人資部 | 15750 | 15250 | 500 |
| 公關部 | 108723 | 154608 | -45885 |
| 行政部 | 32458 | 30178 | 2280 |
| 技術部 | 390782 | 381997 | 8785 |
| 銷售部 | 201035 | 255345 | -54310 |
| 總計 | 748748 | 837378 | -88630 |

**提示**

**計算欄位與計算項目**

每一欄的標題稱為欄位，每一欄標題下面的資料是該欄位的值，稱為項目。若公式中用到了欄標題與欄標題之間的運算，則是計算欄位；若需要對不同欄標題下面的資料項目進行運算，則需要產生計算項目。

## 183 Q 如何檢視樞紐分析表中的公式？

第 2 章 \ 原始檔 \ 新增計算欄位 .xlsx
第 2 章 \ 完成檔 \ 檢視樞紐分析表中的公式 .xlsx

A 透過選擇點選「列出公式」選項，可以檢視樞紐分析表中的公式，然後對公式進行相應的操

**Step 1** 打開樞紐分析表

打開包含樞紐分析表的活頁簿「費用分析表 .xlsx」。

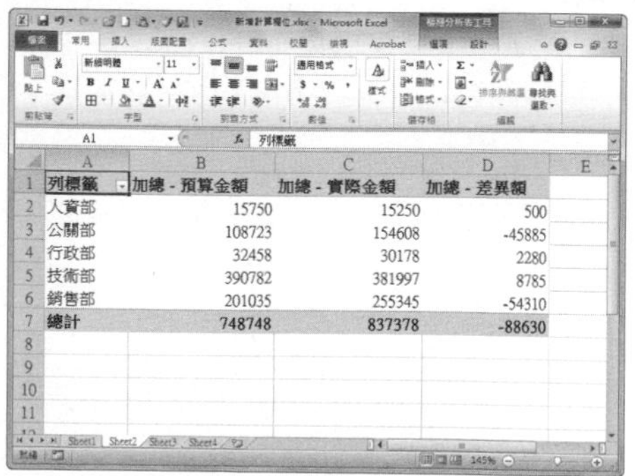

| 列標籤 | 加總 - 預算金額 | 加總 - 實際金額 | 加總 - 差異額 |
|---|---|---|---|
| 人資部 | 15750 | 15250 | 500 |
| 公關部 | 108723 | 154608 | -45885 |
| 行政部 | 32458 | 30178 | 2280 |
| 技術部 | 390782 | 381997 | 8785 |
| 銷售部 | 201035 | 255345 | -54310 |
| 總計 | 748748 | 837378 | -88630 |

**Step 2** 點選「顯示公式」按鈕

切換至〔樞紐分析表工具〕的〔選項〕活頁標籤，在「計算」選項群組中點選〔欄位、項目和集〕按鈕，選擇【顯示公式】選項。

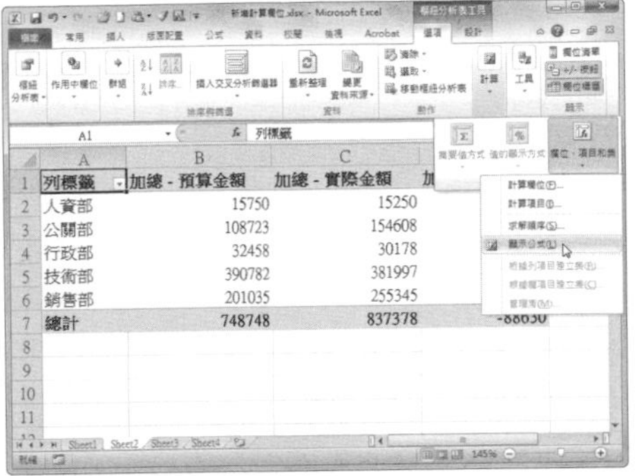


**Step 3** 檢視效果

返回工作表，可以看到樞紐分析表中已經列出了計算公式。

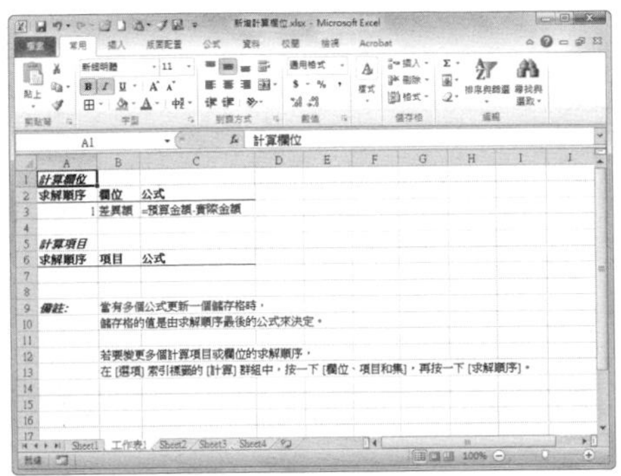


## 184 Q 如何取消樞紐分析表中列總計或欄總計的顯示？

**A** 在 Excel 2010 中，可以根據需要取消樞紐分析表中行總計和列總計的顯示，來看看怎麼操作吧！

**Step 1** 打開「樞紐分析表選項」對話框

在樞紐分析表上按滑鼠右鍵，從快速選單中選擇【樞紐分析表選項】。

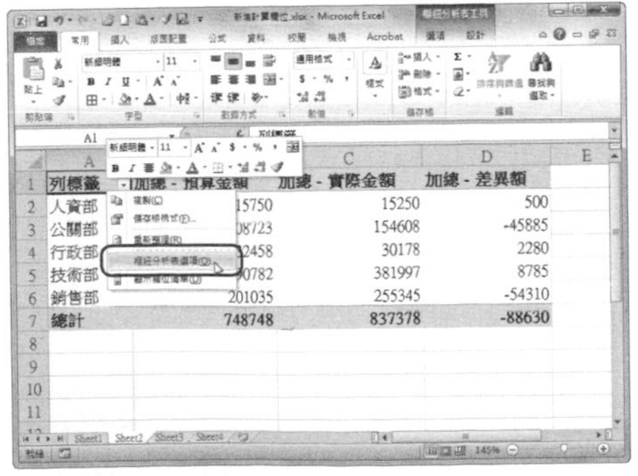


**Step 2** 取消列總計或欄總計的顯示

在彈出的「樞紐分析表選項」對話框中，切換至〔總計與篩選〕活頁標籤，在「總計」區域取消勾選「顯示列的總計」或「顯示欄的總計」。

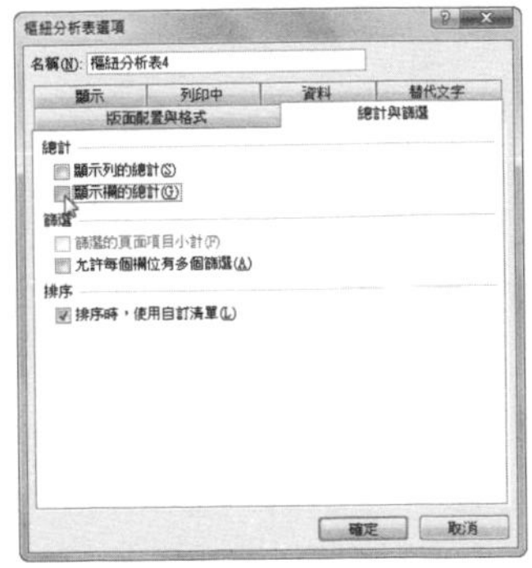

Step 3 檢視效果

點選〔確定〕按鈕後，返回工作表，可以看到列總計的顯示已經被取消了。

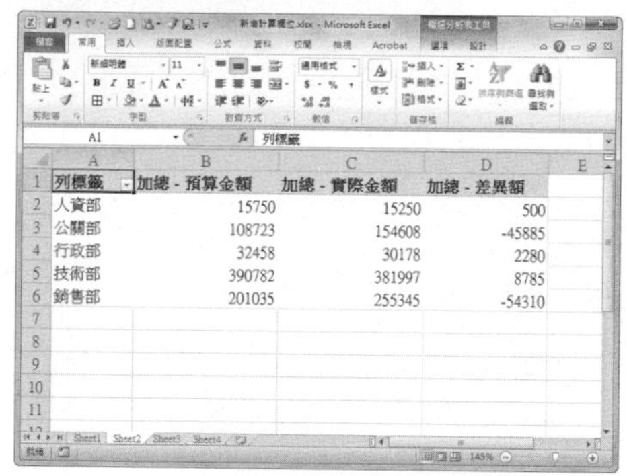

## 185 Q 如何重新整理樞紐分析表中的資料？

第 2 章 \ 原始檔 \ 員工資訊摘要 .xlsx

A 在 Excel 2010 中建立樞紐分析表後，如果發現資料來源中的資料存在錯誤，可以在資料來源中修改資料後，重新整理樞紐分析表，使修改結果反映到樞紐分析表中，來看看怎麼操作吧！

Step 1 打開活頁簿

打開「員工資訊摘要 .xlsx」，資料來源 Sheet1 中一些年齡資料出錯需要修改，需要將修改結果反映到 Sheet2 的樞紐分析表中。

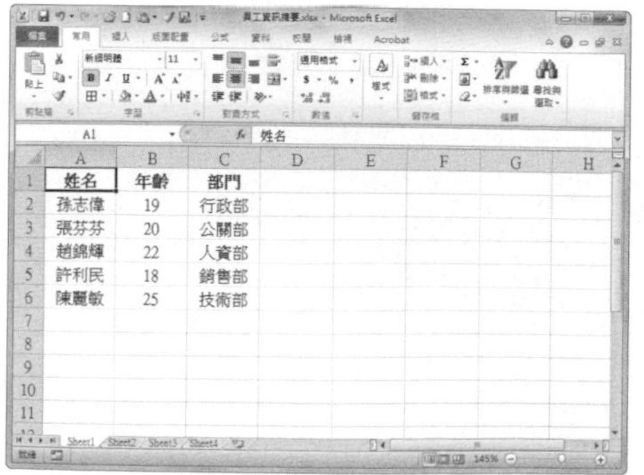


Step 2 修改資料來源資料

在 Sheet1 中，將 B2 儲存格中的年齡資料更改為「20」。

**Step 3** 點選「重新整理」按鈕

點選 Sheet2 的樞紐分析表，切換至〔樞紐分析表工具〕的〔選項〕活頁標籤，在〔資料〕選項群組中點選〔重新整理〕按鈕，選擇【重新整理】選項。

**Step 4** 檢視效果

返回樞紐分析表，可以看到 B2 儲存格中的年齡資料已經由原來的「19」重新整理為「20」。

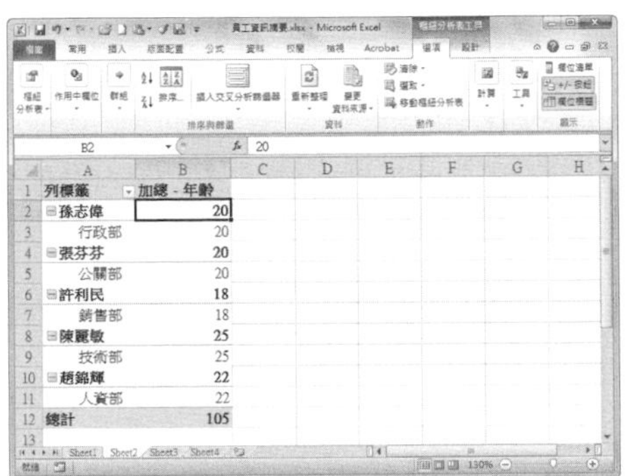


**提示**

**重新整理與全部重新整理**

若活頁簿中包含多個樞紐分析表，修改資料來源中的資料後，若要一次重新整理所有的樞紐分析表，可以點選〔重新整理〕按鈕，並選擇【全部重新整理】選項。

## 如何更改樞紐分析表中的資料來源？

第 2 章 \ 原始檔 \ 家電銷售選單 .xlsx
第 2 章 \ 完成檔 \ 更改樞紐分析表中的資料來源 .xlsx

有時候，需要不斷地向資料來源中新增資料。這時，可以透過下面的方法讓樞紐分析表自動擴展資料來範圍，而不需再重新建立樞紐分析表。

**Step 1** 打開活頁簿

打開活頁簿「家電銷售選單 .xlsx」，希望在資料來源 Sheet1 的最後一行新增銷售人員「張家豪」的相關資訊，並將新增結果反映到 Sheet2 的樞紐分析表中。

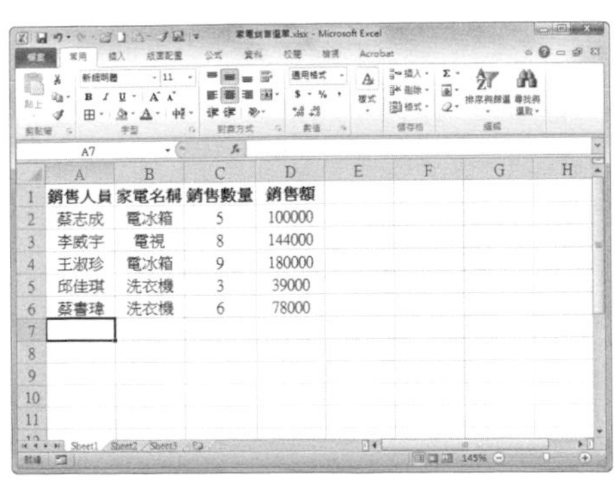

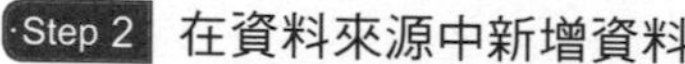

### Step 2 在資料來源中新增資料

在最後一行新增下列相關資料：銷售人員為「張家豪」，家電名稱為「洗衣機」，銷售數量為「4」，銷售額為「52000」。

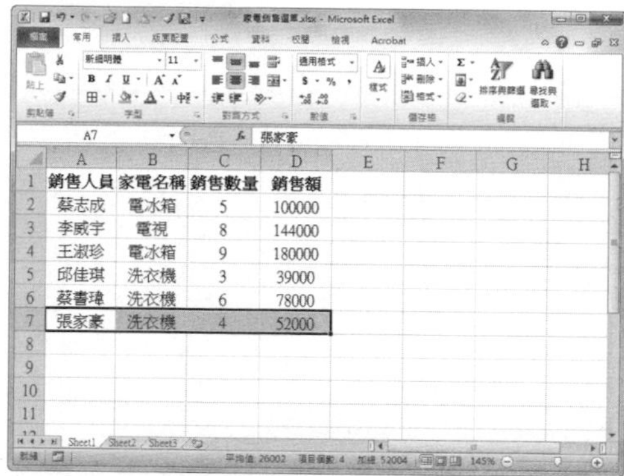

| | A | B | C | D |
|---|---|---|---|---|
| 1 | 銷售人員 | 家電名稱 | 銷售數量 | 銷售額 |
| 2 | 蔡志成 | 電冰箱 | 5 | 100000 |
| 3 | 李威宇 | 電視 | 8 | 144000 |
| 4 | 王淑珍 | 電冰箱 | 9 | 180000 |
| 5 | 邱佳琪 | 洗衣機 | 3 | 39000 |
| 6 | 蔡書瑋 | 洗衣機 | 6 | 78000 |
| 7 | 張家豪 | 洗衣機 | 4 | 52000 |

### Step 3 點選「變更資料來源」按鈕

點選 Sheet2 中樞紐分析表，切換至〔樞紐分析表工具〕的〔選項〕活頁標籤，點選「資料」選項群組中〔變更資料來源〕按鈕，選擇【變更資料來源】選項。

| | A | B | C |
|---|---|---|---|
| 1 | 列標籤 | 加總 - 銷售數量 | 加總 - 銷售額 |
| 2 | ⊟王淑珍 | 9 | 180000 |
| 3 | 電冰箱 | 9 | 180000 |
| 4 | ⊟李威宇 | 8 | 144000 |
| 5 | 電視 | 8 | 144000 |
| 6 | ⊟邱佳琪 | 3 | 39000 |
| 7 | 洗衣機 | 3 | 39000 |
| 8 | ⊟蔡志成 | 5 | 100000 |
| 9 | 電冰箱 | 5 | 100000 |
| 10 | ⊟蔡書瑋 | 6 | 78000 |
| 11 | 洗衣機 | 6 | 78000 |

### Step 4 變更資料來源

在「變更樞紐分析表資料來源」對話框中，點選「表格 / 範圍」的摺疊按鈕。

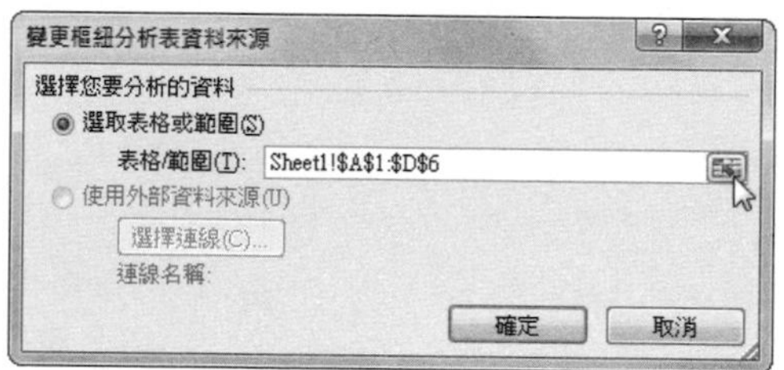


### Step 5 變更資料來源

切換至資料來源 Sheet1 中，重新選取資料來源後，再次點選摺疊按鈕。

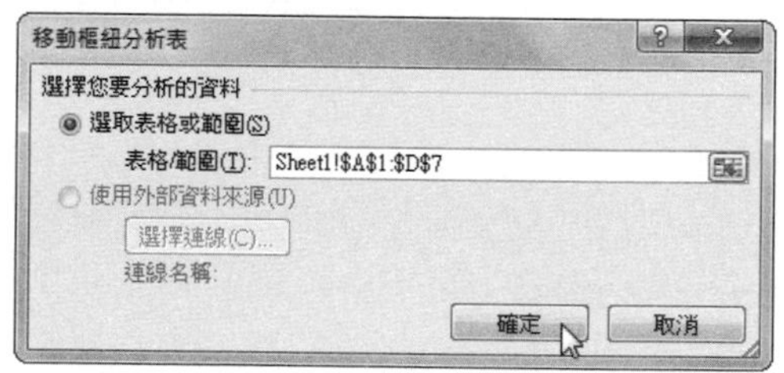


### Step 6 檢視結果

返回樞紐分析表可以看到，銷售人員「張家豪」的相關資訊已經新增。

| | A | B | C |
|---|---|---|---|
| 4 | ⊟李威宇 | 8 | 144000 |
| 5 | 電視 | 8 | 144000 |
| 6 | ⊟邱佳琪 | 3 | 39000 |
| 7 | 洗衣機 | 3 | 39000 |
| 8 | ⊟蔡志成 | 5 | 100000 |
| 9 | 電冰箱 | 5 | 100000 |
| 10 | ⊟蔡書瑋 | 6 | 78000 |
| 11 | 洗衣機 | 6 | 78000 |
| 12 | ⊟張家豪 | 4 | 52000 |
| 13 | 洗衣機 | 4 | 52000 |
| 14 | 總計 | 35 | 593000 |

# 如何建立樞紐分析圖？

在 Excel 2010 中，可以透過建立樞紐分析圖，使用圖示的方式將資料分析結果更加清楚地表現出來，來看看怎麼操作吧！

**Step 1** 點選「樞紐分析圖」按鈕

打開包含樞紐分析表的活頁簿，切換至〔樞紐分析表工具〕的〔選項〕活頁標籤，在「工具」選項群組中點選〔樞紐分析圖〕按鈕。

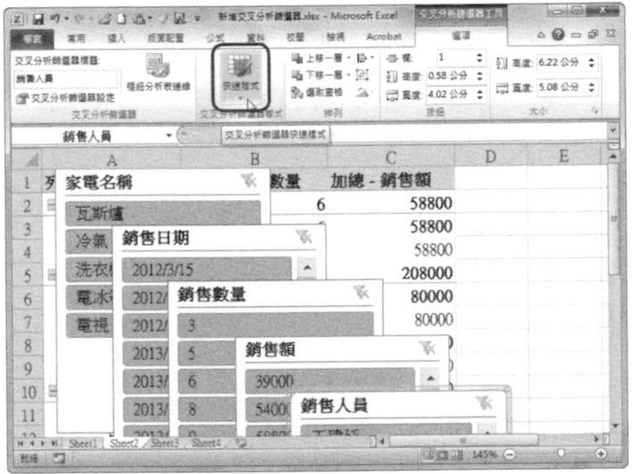

**Step 2** 選擇圖表類型

在「插入圖表」對話框的左側列表框中選擇圖表類型，在右側面板中選擇圖表樣式，點選〔確定〕按鈕。

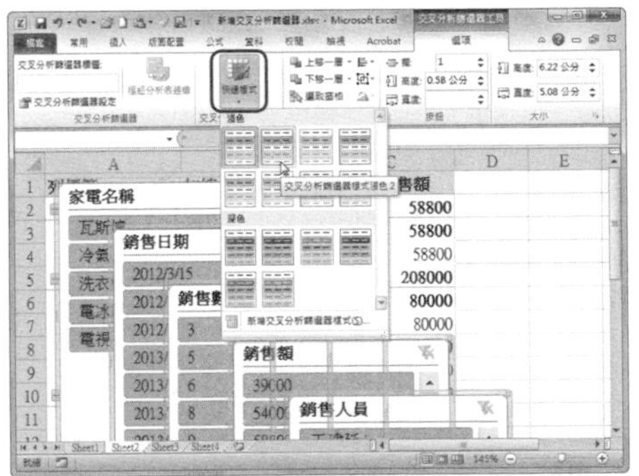

**Step 3** 檢視效果

執行上一步操作後，返回工作表可以看到，樞紐分析圖已經建立。

**提示**

**在無樞紐分析表的工作表中建立樞紐分析圖**

如果工作表中沒有現成的樞紐分析表，可以選取資料區域，然後切換至〔插入〕活頁標籤，點選「表格」選項群組中的〔樞紐分析表〕按鈕，選擇【樞紐分析圖】選項，即可建立樞紐分析圖。直接建立樞紐分析圖時，將自動同時建立樞紐分析表。

# Q 如何更改樞紐分析圖類型？

第 2 章 \ 原始檔 \ 家電銷售選單 2.xlsx

**A** Excel 2010 預設多種樞紐分析圖類型，可以根據需要更換圖表類型，使圖表類型能夠更准

### Step 1 點選「更改圖示類型」按鈕

打開活頁簿「家電銷售選單表 2.xlsx」，切換至〔樞紐分析圖工具〕的〔設計〕活頁標籤，在「類型」選項群組中點選〔變更圖表類型〕按鈕。

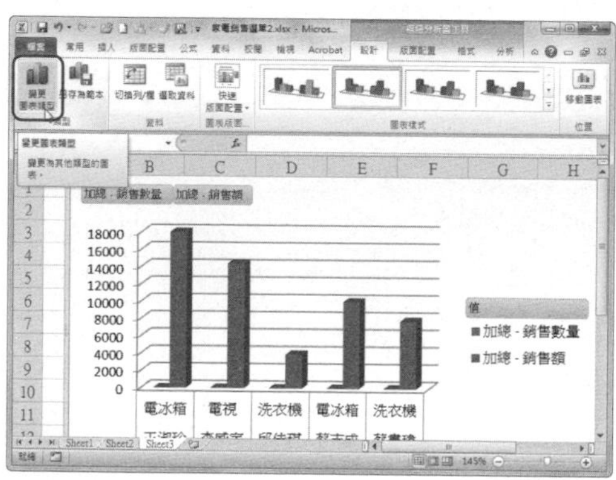

### Step 2 選擇新的圖表類型

在「變更圖表類型」對話框的左側列表框中選擇〔直線圖〕選項，在右側的選項面板中選擇「直條圖」的最後一種，點選〔確定〕按鈕。

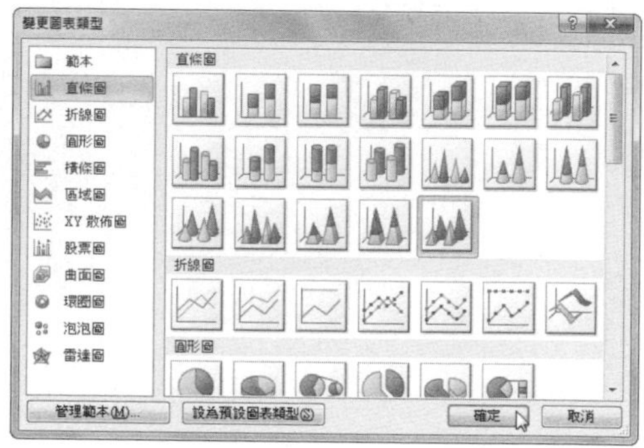


### Step 3 檢視效果

返回工作表可以看到，樞紐分析圖的類型已經更改，變成剛才所選的圖表類型。

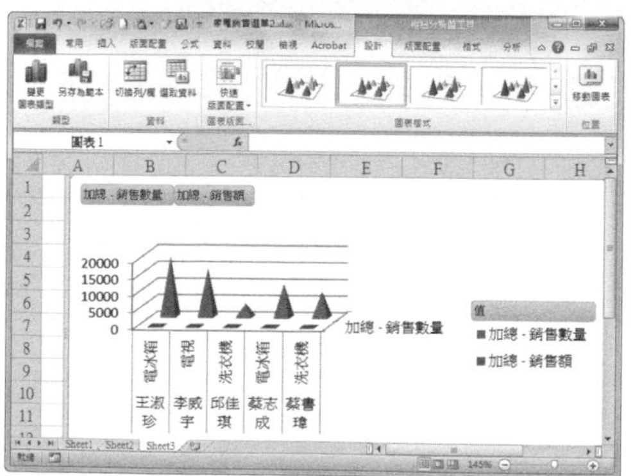

189 Q

# 如何為樞紐分析圖新增藝術效果？

第 2 章 \ 原始檔 \ 家電銷售選單 2.xlsx
第 2 章 \ 完成檔 \ 新增藝術效果 .xlsx

建立樞紐分析圖後，可以為樞紐分析圖新增各種藝術效果，如設定背景、應用各種效果等，以達到美化樞紐分析圖的目的，為樞紐分析圖新增藝術效果，來看看怎麼操作吧！

## Step 1 打開活頁簿

打開「家電銷售選單 2.xlsx」，希望為樞紐分析圖新增藝術效果。

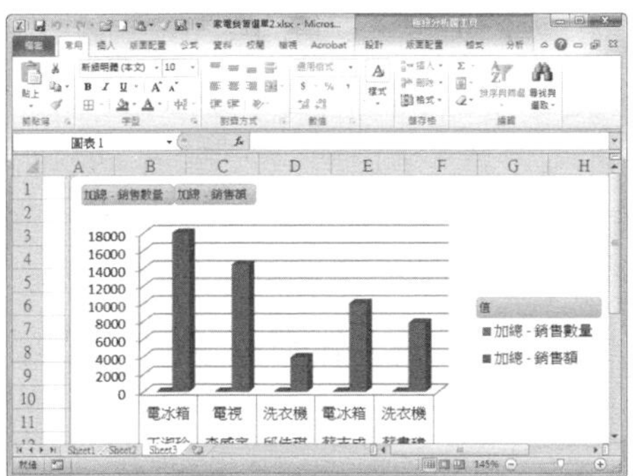


## Step 2 選擇圖表

切換至〔樞紐分析圖工具〕的〔設計〕活頁標籤，在「圖表樣式」選項群組點選下拉選單，選擇所需樣式。

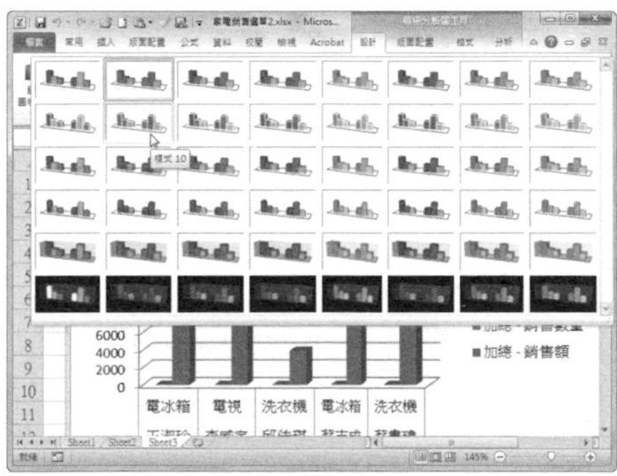


## Step 3 設定繪圖區格式

切換至〔版面配置〕活頁標籤，在「目前的選取範圍」選項群組中將「圖表項目」設定為【繪圖區】，點選〔格式化選取範圍〕按鈕。

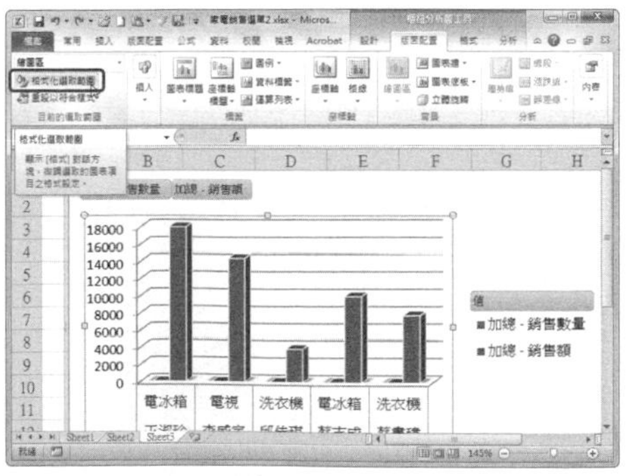


## Step 4 設定填滿效果

在彈出的「繪圖區格式」對話框，切換至〔填滿〕選項，選取「漸層填滿」，並在「預設色彩」下拉選單選擇漸層色彩。

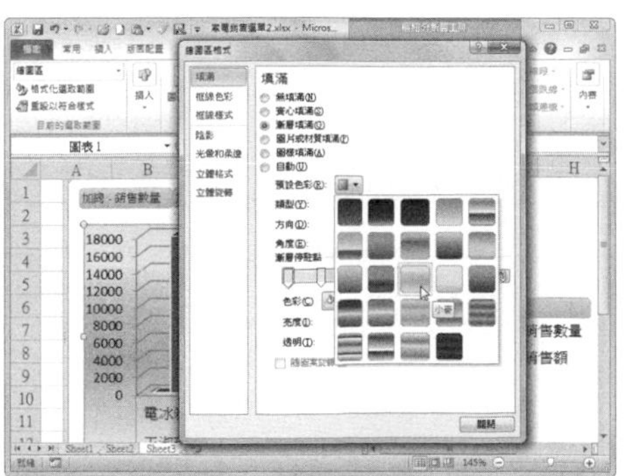

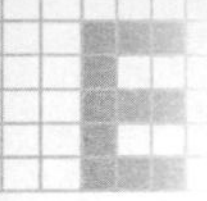

**Step 5** 設定陰影效果

接著切換至〔陰影〕選項，在「陰影」選項面板中，點選「預設」下拉選單，選擇我們喜歡的陰影效果。

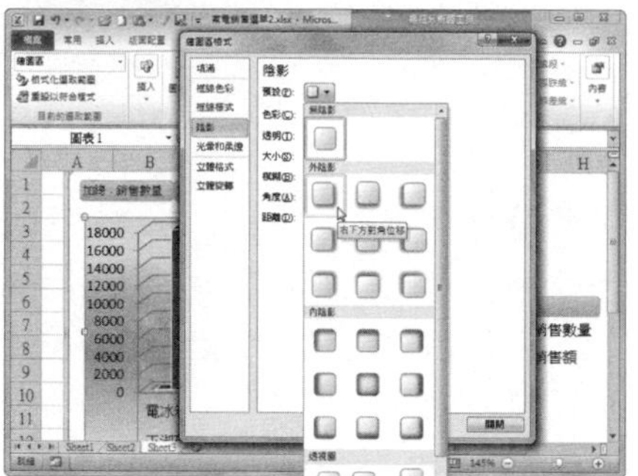

**Step 6** 檢視繪圖區效果

點選〔關閉〕按鈕後返回工作表，可以看到繪圖區已經套用剛才設定的填滿色彩和陰影效果。

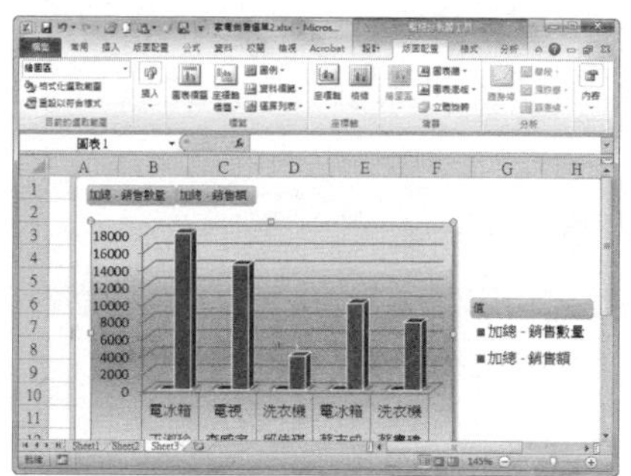

**Step 7** 設定圖表區格式

接著在「目前的選取範圍」選項群組中將「圖表項目」設定為【圖表區】，點選〔格式化選取範圍〕按鈕。

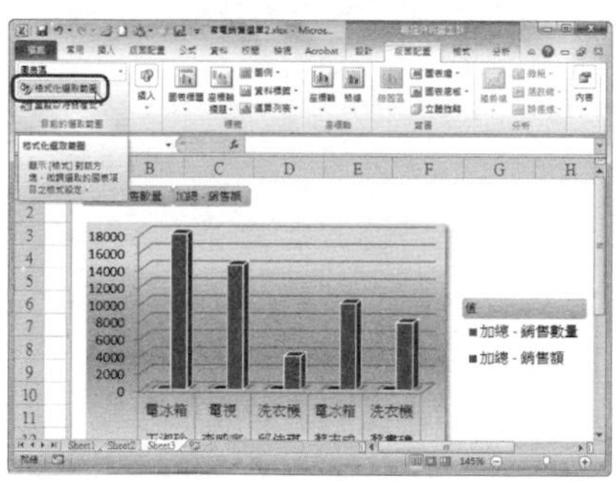

**Step 8** 設定填滿效果

在彈出的「圖表區格式」對話框中，切換至〔填滿〕選項，選取「漸層填滿」，並在「預設色彩」下拉選單選擇漸層色彩。

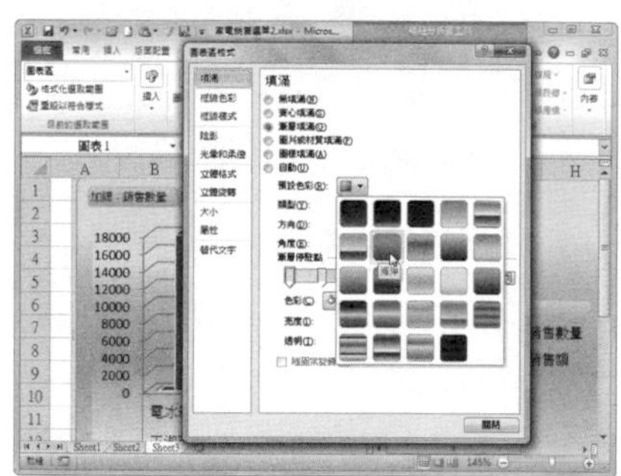

**Step 9** 檢視圖表區效果

點選〔關閉〕按鈕後返回工作表，可以看到圖表區已經套用了剛才設定的填滿效果。

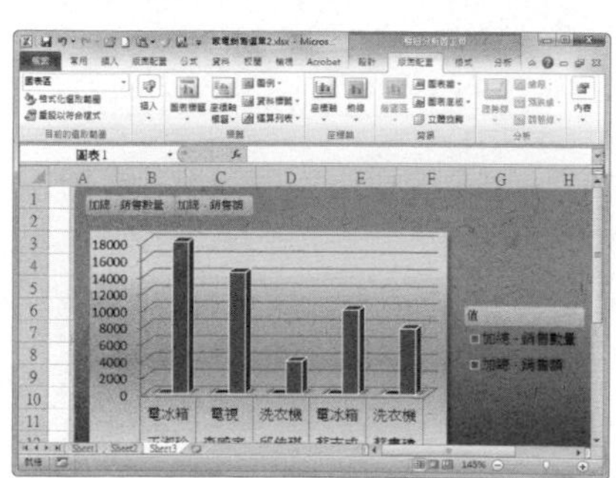

# 如何調整樞紐分析圖的版面配置？

第 2 章 \ 原始檔 \ 家電銷售選單 2.xlsx
第 2 章 \ 完成檔 \ 調整樞紐分析圖版面配置 .xlsx

樞紐分析圖的版面配置可以進行調整，主要包括新增圖表標題、移動圖例和調整座標軸等，來看看怎麼操作吧！

## Step 1 打開活頁簿

打開活頁簿「家電銷售選單 2.xlsx」，此時樞紐分析圖採用預設的版面配置樣式。

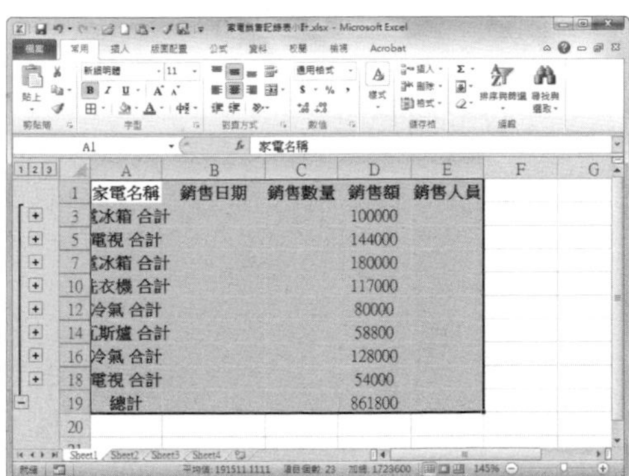


## Step 2 新增圖表標題

切換至〔樞紐分析圖工具〕的〔版面配置〕活頁標籤，在「標籤」選項群組中點選〔圖表標題〕按鈕，設定圖表標題的顯示位置，這裡選擇【圖表上方】選項。

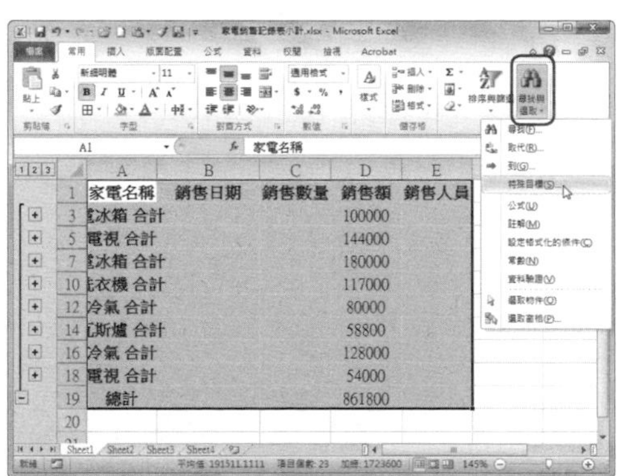


## Step 3 輸入圖表標題

此時會出現「圖表標題」文字方塊，在文字框內輸入「家電銷售選單」。

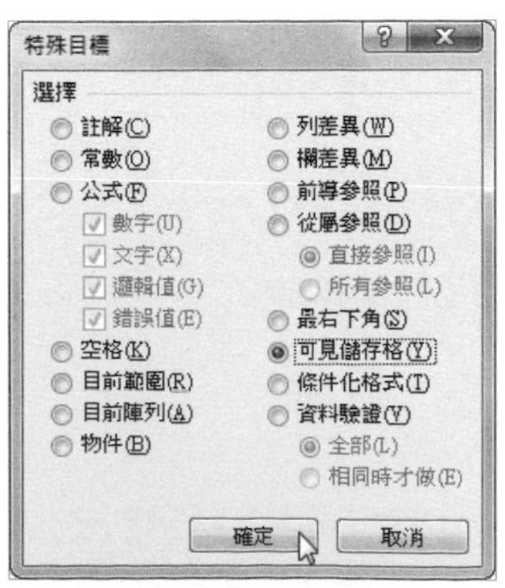


## Step 4 移動圖例位置

點選「標籤」選項群組中的〔圖例〕按鈕，從下拉選單中選擇【在左方顯示圖例】。

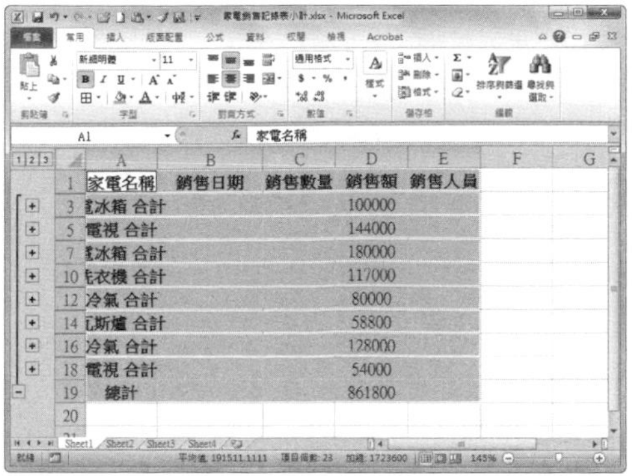

Step 5 檢視效果

返回工作表，可以看到樞紐分析圖的版面配置已經發生了改變。

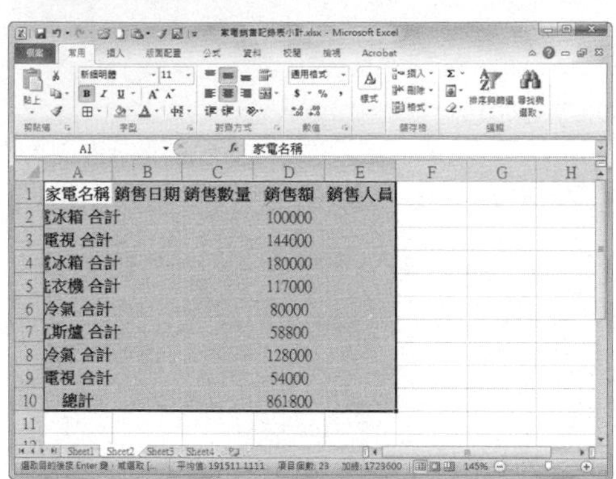

| | A | B | C | D | E |
|---|---|---|---|---|---|
| 1 | 家電名稱 | 銷售日期 | 銷售數量 | 銷售額 | 銷售人員 |
| 2 | 電冰箱 合計 | | | 100000 | |
| 3 | 電視 合計 | | | 144000 | |
| 4 | 電冰箱 合計 | | | 180000 | |
| 5 | 洗衣機 合計 | | | 117000 | |
| 6 | 冷氣 合計 | | | 80000 | |
| 7 | 瓦斯爐 合計 | | | 58800 | |
| 8 | 冷氣 合計 | | | 128000 | |
| 9 | 電視 合計 | | | 54000 | |
| 10 | 總計 | | | 861800 | |

提 示

**其他版面配置元素**

除了圖表標題、圖例之外，還有座標軸、座標軸標題、格線等其他版面配置元素。可以切換到〔樞紐分析圖工具〕的〔版面配置〕活頁標籤，對這些版面配置元素進行設定。

# 第3章 函數操作秘技

在 Excel 中應用公式與函數，可以快速地計算出需要的結果，簡化手動計算的工作，提高工作效率。Excel 提供了豐富多樣的函數，可以用於各種類型的計算，包括三角與數學函數、財務函數、統計函數和邏輯函數等。

快速填充公式

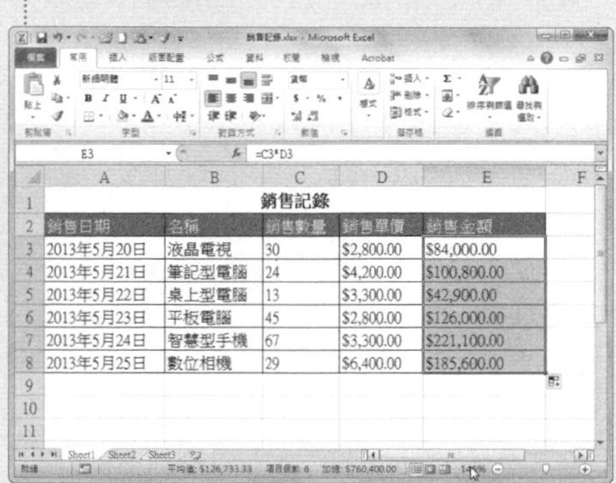


使用 SUM 函數求和

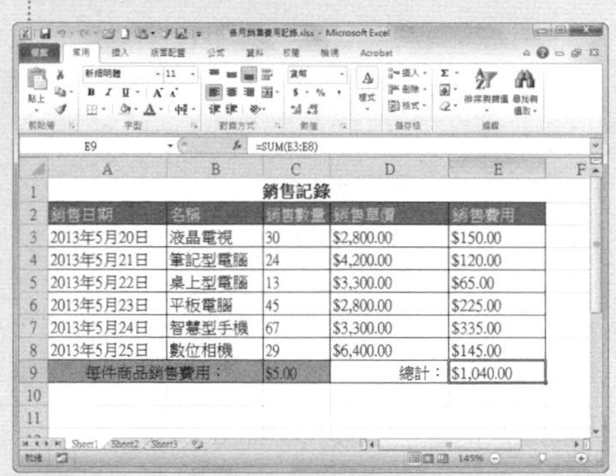


使用陣列函數計算兩個單位乘積

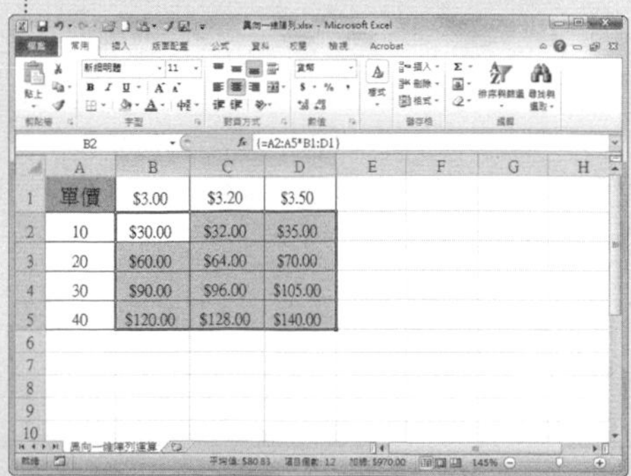

# 職人技 11 公式基礎操作

在 Excel 2010 中，公式是以等號「＝」做為引導，透過「＋」、「－」、「＊」、「／」等運算符號，按照一定的順序組合進行資料運算處理的。公式的參照可以是相關的計算數值，也可以是儲存格。本專題將介紹公式操作的基本技巧。

191

## Q 公式包含哪些基本要素？

第 3 章 \ 原始檔 \ 銷售記錄 .xlsx
第 3 章 \ 完成檔 \ 公式的包含要素 .xlsx

A 公式的組成要素為等號「＝」、運算式、常數、儲存格的參照位址、函數和名稱等。下面透過應用公式計算銷售額的實例來對公式的基本要求加以說明。

**Step 1 輸入等號「=」**

打開原始檔「銷售記錄 .xlsx」，本例中要計算各產品的銷售金額，選擇 E3 儲存格，輸入「=」。

| 銷售記錄 | | | | |
|---|---|---|---|---|
| 銷售日期 | 名稱 | 銷售數量 | 銷售單價 | 銷售金額 |
| 2013年5月20日 | 液晶電視 | 30 | $14,000.00 | = |
| 2013年5月21日 | 筆記型電腦 | 24 | $21,000.00 | |
| 2013年5月22日 | 桌上型電腦 | 13 | $16,500.00 | |
| 2013年5月23日 | 平板電腦 | 45 | $14,000.00 | |
| 2013年5月24日 | 智慧型手機 | 67 | $15,500.00 | |
| 2013年5月25日 | 數位相機 | 29 | $12,000.00 | |

**Step 2 參照儲存格**

按下 C3 儲存格，參照銷售數量，輸入「*」後，再按下 D3 儲存格，參照銷售單價。

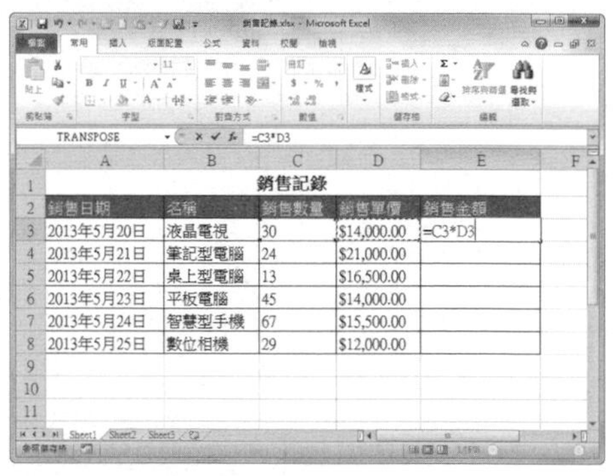

| 銷售記錄 | | | | |
|---|---|---|---|---|
| 銷售日期 | 名稱 | 銷售數量 | 銷售單價 | 銷售金額 |
| 2013年5月20日 | 液晶電視 | 30 | $14,000.00 | =C3*D3 |
| 2013年5月21日 | 筆記型電腦 | 24 | $21,000.00 | |
| 2013年5月22日 | 桌上型電腦 | 13 | $16,500.00 | |
| 2013年5月23日 | 平板電腦 | 45 | $14,000.00 | |
| 2013年5月24日 | 智慧型手機 | 67 | $15,500.00 | |
| 2013年5月25日 | 數位相機 | 29 | $12,000.00 | |

**Step 3 查看計算結果**

按下〔Enter〕鍵即可顯示計算結果。

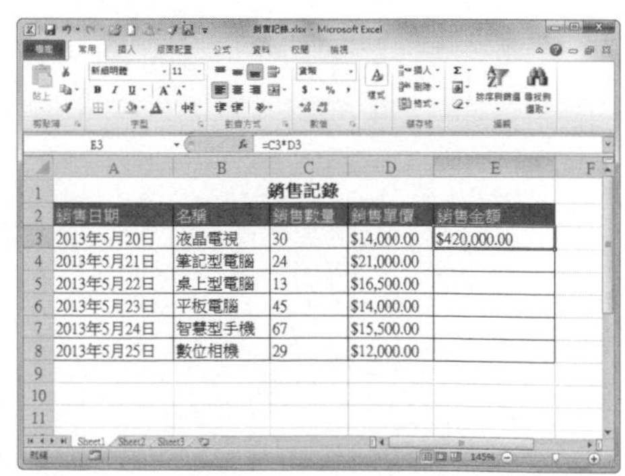

| 銷售記錄 | | | | |
|---|---|---|---|---|
| 銷售日期 | 名稱 | 銷售數量 | 銷售單價 | 銷售金額 |
| 2013年5月20日 | 液晶電視 | 30 | $14,000.00 | $420,000.00 |
| 2013年5月21日 | 筆記型電腦 | 24 | $21,000.00 | |
| 2013年5月22日 | 桌上型電腦 | 13 | $16,500.00 | |
| 2013年5月23日 | 平板電腦 | 45 | $14,000.00 | |
| 2013年5月24日 | 智慧型手機 | 67 | $15,500.00 | |
| 2013年5月25日 | 數位相機 | 29 | $12,000.00 | |

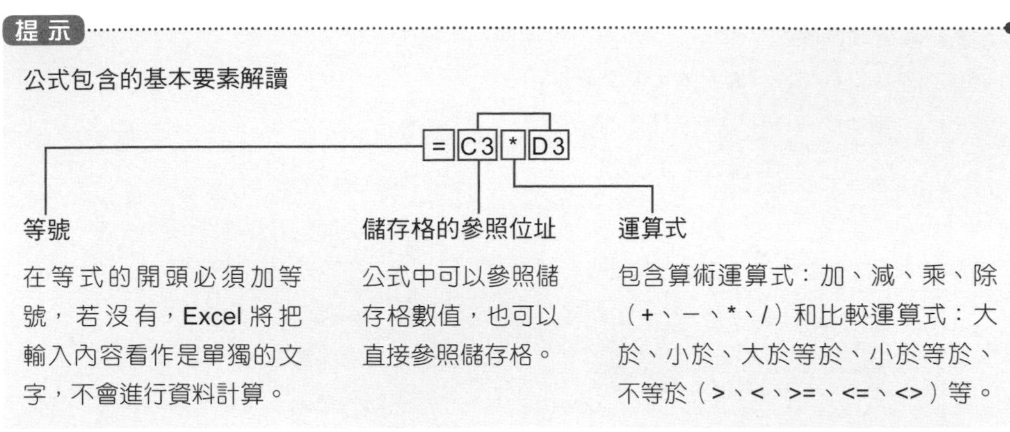

第 3 章 \ 原始檔 \ 銷售記錄 .xlsx
第 3 章 \ 完成檔 \ 填充公式 .xlsx

## Q 如何填充複製公式？

**A** 在工作表中建立公式後，如果需要在同列或同行中應用相同或類似的公式時，就不需要再逐一重複輸入，使用 Excel 的公式填充功能即可。

### Step 1 建立公式

打開原始檔「銷售記錄 .xlsx」，在 E3 儲存格中輸入公式「=C3*D3」後按下〔Enter〕鍵。

### Step 2 向下複製公式

將游標移至 E3 儲存格右下角，出現十字圖示時按住滑鼠左鍵向下拖曳至 E8 儲存格。

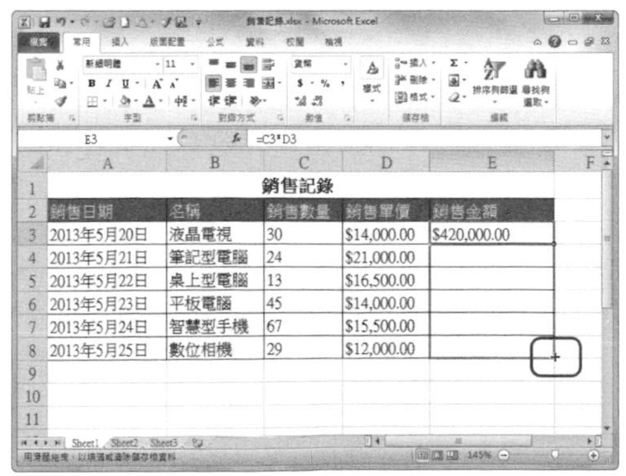

### Step 3 查看計算結果

此時儲存格中即顯示出各產品的銷售金額。

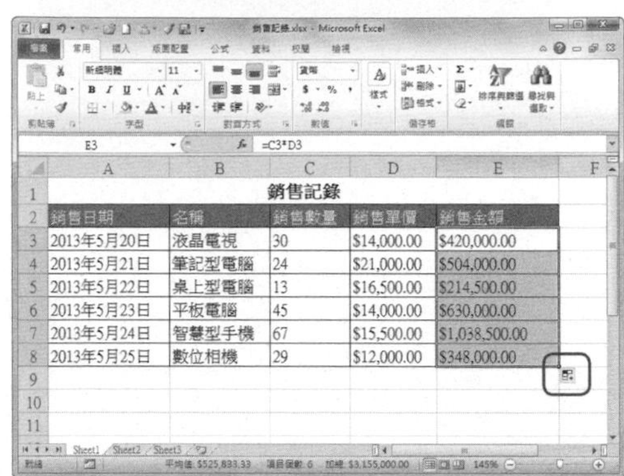

| | A | B | C | D | E |
|---|---|---|---|---|---|
| 1 | | | 銷售記錄 | | |
| 2 | 銷售日期 | 名稱 | 銷售數量 | 銷售單價 | 銷售金額 |
| 3 | 2013年5月20日 | 液晶電視 | 30 | $14,000.00 | $420,000.00 |
| 4 | 2013年5月21日 | 筆記型電腦 | 24 | $21,000.00 | $504,000.00 |
| 5 | 2013年5月22日 | 桌上型電腦 | 13 | $16,500.00 | $214,500.00 |
| 6 | 2013年5月23日 | 平板電腦 | 45 | $14,000.00 | $630,000.00 |
| 7 | 2013年5月24日 | 智慧型手機 | 67 | $15,500.00 | $1,038,500.00 |
| 8 | 2013年5月25日 | 數位相機 | 29 | $12,000.00 | $348,000.00 |

**提示**

**公式輸入的步驟**

- 選取需要顯示計算結果的儲存格。
- 在儲存格內或資料編輯列內輸入「=」。
- 輸入公式並按下〔Enter〕鍵。

**公式輸入的注意事項**

公式中如有括弧，需要使用英文全形狀態下的括弧。

第 3 章 \ 原始檔 \ 銷售記錄 .xlsx
第 3 章 \ 完成檔 \ 複製公式 .xlsx

## 193 Q 如何複製公式？

建立公式後，可以在其他儲存格中應用相同或類似的公式，此時即需要複製公式。下面透過實例來說明複製公式的操作。

### Step 1 建立公式

打開「銷售記錄 .xlsx」，選取 E3 儲存格，輸入公式「=C3*D3」後按下〔Enter〕鍵。

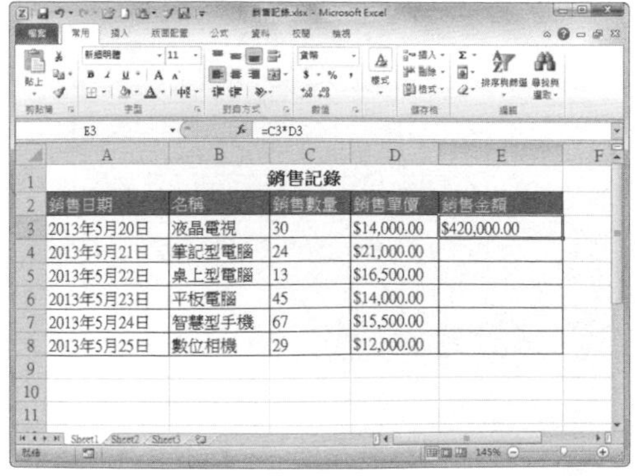

| | A | B | C | D | E |
|---|---|---|---|---|---|
| 1 | | | 銷售記錄 | | |
| 2 | 銷售日期 | 名稱 | 銷售數量 | 銷售單價 | 銷售金額 |
| 3 | 2013年5月20日 | 液晶電視 | 30 | $14,000.00 | $420,000.00 |
| 4 | 2013年5月21日 | 筆記型電腦 | 24 | $21,000.00 | |
| 5 | 2013年5月22日 | 桌上型電腦 | 13 | $16,500.00 | |
| 6 | 2013年5月23日 | 平板電腦 | 45 | $14,000.00 | |
| 7 | 2013年5月24日 | 智慧型手機 | 67 | $15,500.00 | |
| 8 | 2013年5月25日 | 數位相機 | 29 | $12,000.00 | |

### Step 2 複製公式

選取 E3 儲存格，按下〔常用〕活頁標籤下「剪貼簿」選項群組中「複製」下拉選單，選擇「複製」選項。

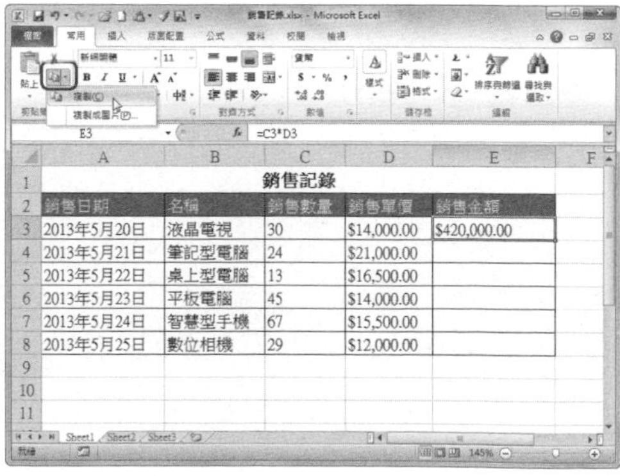

| | A | B | C | D | E |
|---|---|---|---|---|---|
| 1 | | | 銷售記錄 | | |
| 2 | 銷售日期 | 名稱 | 銷售數量 | 銷售單價 | 銷售金額 |
| 3 | 2013年5月20日 | 液晶電視 | 30 | $14,000.00 | $420,000.00 |
| 4 | 2013年5月21日 | 筆記型電腦 | 24 | $21,000.00 | |
| 5 | 2013年5月22日 | 桌上型電腦 | 13 | $16,500.00 | |
| 6 | 2013年5月23日 | 平板電腦 | 45 | $14,000.00 | |
| 7 | 2013年5月24日 | 智慧型手機 | 67 | $15,500.00 | |
| 8 | 2013年5月25日 | 數位相機 | 29 | $12,000.00 | |

### Step 3 貼上公式

選取要貼上公式的儲存格或儲存格區域，此處選擇 E4：E8 儲存格區域，按下「剪貼簿」選項群組中的「貼上」，即可將公式貼到選取區域上。

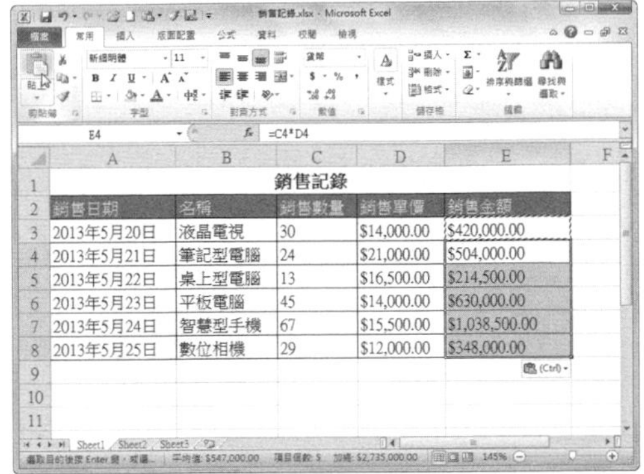

**提示**

公式的編輯方法

需要修改公式時，可採用以下兩種方法。

- 選取含有公式的儲存格，在資料編輯列中編輯公式。
- 選取含有公式的儲存格，按下〔F2〕鍵，此時公式呈編輯狀態，在儲存格中直接編輯。

第 3 章 \ 原始檔 \ 隱藏公式前 .xlsx
第 3 章 \ 完成檔 \ 隱藏公式後 .xlsx

## 194 如何隱藏公式？

建立公式後，如果不希望別人看到公式的參照位置時，可以將公式隱藏起來只顯示計算結果。這樣就可以避免參照的儲存格被更改，進而減少不必要的麻煩。

### Step 1 打開原始檔

打開「隱藏公式前 .xlsx」，可以看到 E3:E8 儲存格區域中包含公式。

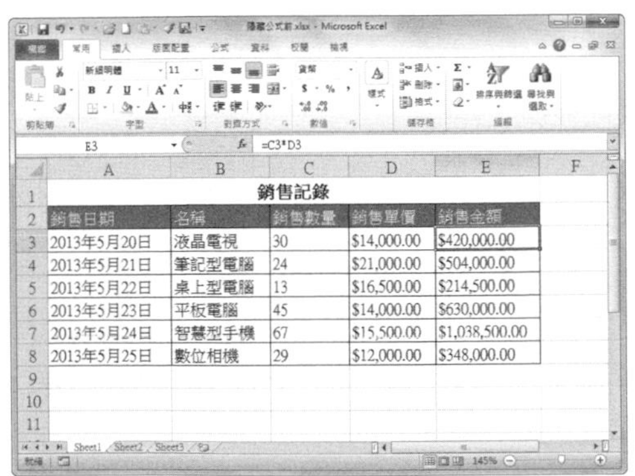

### Step 2 選取要隱藏的公式

選取 E3:E8 儲存格區域並按滑鼠右鍵，在彈出的快速選單中選擇「儲存格格式」。

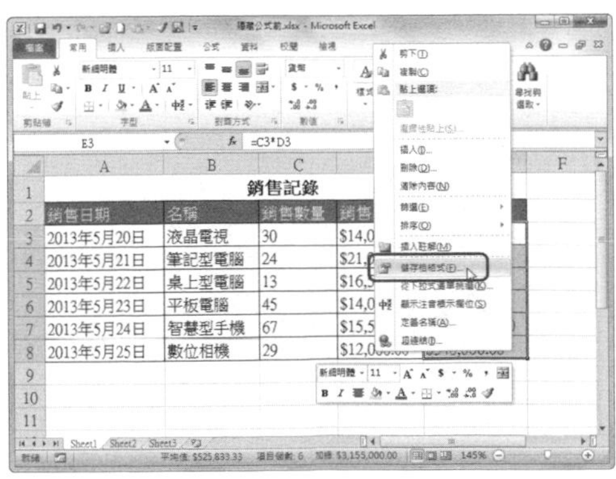

**Step 3** 設定隱藏

在「儲存格格式」對話框的〔保護〕活頁標籤下勾選「隱藏」核取方塊。

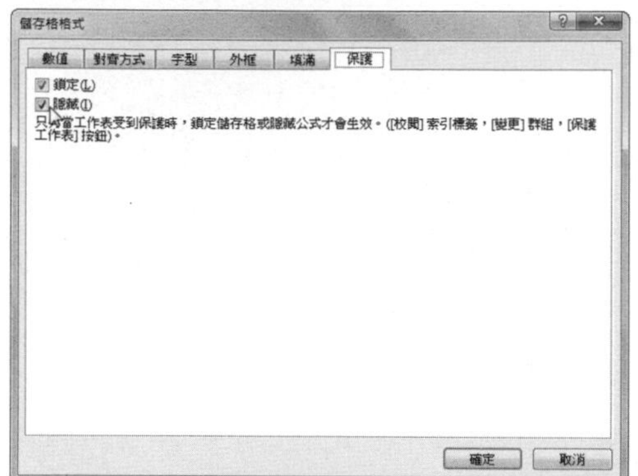


**Step 4** 保護工作表。

按下〔確定〕按鈕後，切換至〔校閱〕活頁標籤，按下「變更」選項群組中〔保護工作表〕按鈕。

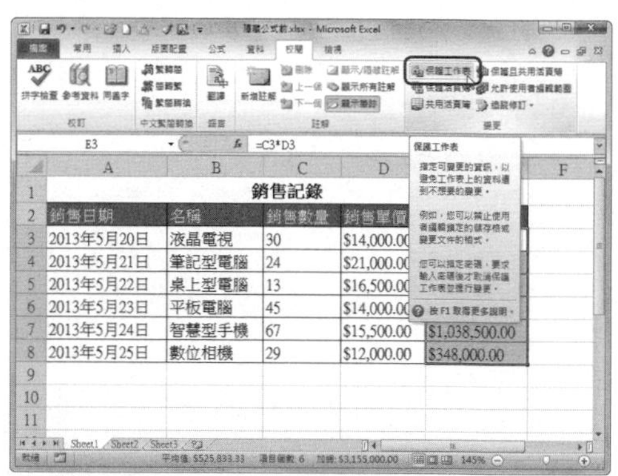


**Step 5** 設定保護選項。

在彈出的「保護工作表」對話框中，不設定密碼，按下〔確定〕按鈕。

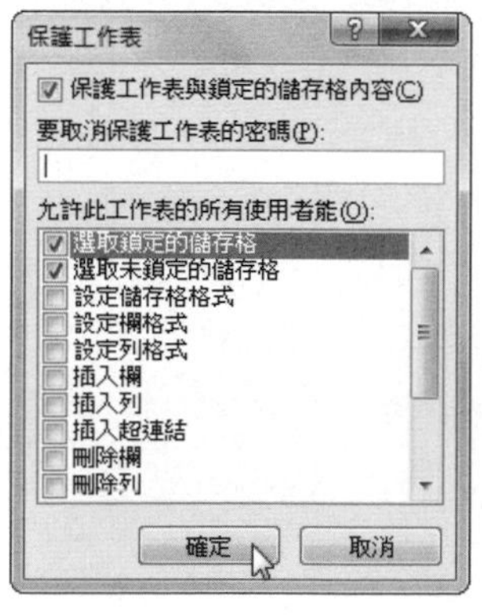


**Step 6** 查看隱藏效果。

這時再按下 E3:E8 儲存格區域，可以看到資料編輯列中將不再顯示公式。

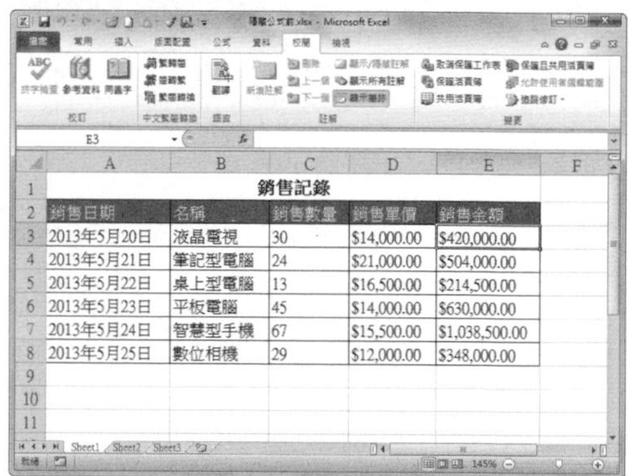

| 銷售日期 | 名稱 | 銷售數量 | 銷售單價 | 銷售金額 |
|---|---|---|---|---|
| 2013年5月20日 | 液晶電視 | 30 | $14,000.00 | $420,000.00 |
| 2013年5月21日 | 筆記型電腦 | 24 | $21,000.00 | $504,000.00 |
| 2013年5月22日 | 桌上型電腦 | 13 | $16,500.00 | $214,500.00 |
| 2013年5月23日 | 平板電腦 | 45 | $14,000.00 | $630,000.00 |
| 2013年5月24日 | 智慧型手機 | 67 | $15,500.00 | $1,038,500.00 |
| 2013年5月25日 | 數位相機 | 29 | $12,000.00 | $348,000.00 |

**提示**

取消公式隱藏

若要取消隱藏，按下〔校閱〕活頁標籤下「更改」選項群組中的〔取消保護工作表〕按鈕即可。

# 如何只顯示公式而不顯示計算結果？

第 3 章 \ 原始檔 \ 建立公式 .xlsx
第 3 章 \ 完成檔 \ 只顯示公式不顯示計算結果 .xlsx

在一個大型的工作表中，可能含有很多個公式。使用者如果想在儲存格中顯示公式，而非公式計算結果，有兩種方法可以採用。

## Step 1 打開原始檔

打開「建立公式 .xlsx」，此工作表中的 F3：F6 儲存格區域中包含公式。

店面銷售統計

| 產品 | 第一季 | 第二季 | 第三季 | 第四季 | |
|---|---|---|---|---|---|
| 運動鞋 | 5622 | 3677 | 1732 | 6987 | 18018 |
| 籃球 | 2333 | 5462 | 8591 | 11720 | 28106 |
| 短褲 | 2345 | 3218 | 15450 | 5422 | 26435 |
| 運動衫 | 2357 | 974 | 2313 | 3652 | 9296 |

## Step 2 在儲存格中顯示公式

切換至〔公式〕活頁標籤，然後按下「公式稽核」選項群組中的〔顯示公式〕按鈕。

店面銷售統計

| 產品 | 第一季 | 第二季 | 第三季 | 第四季 | |
|---|---|---|---|---|---|
| 運動鞋 | 5622 | 3677 | 1732 | 6987 | 18018 |
| 籃球 | 2333 | 5462 | 8591 | 11720 | 28106 |
| 短褲 | 2345 | 3218 | 15450 | 5422 | 26435 |
| 運動衫 | 2357 | 974 | 2313 | 3652 | 9296 |

## Step 3 查看公式顯示效果

此時工作表中的 F3：F6 儲存格區域顯示出公式而非公式計算結果。

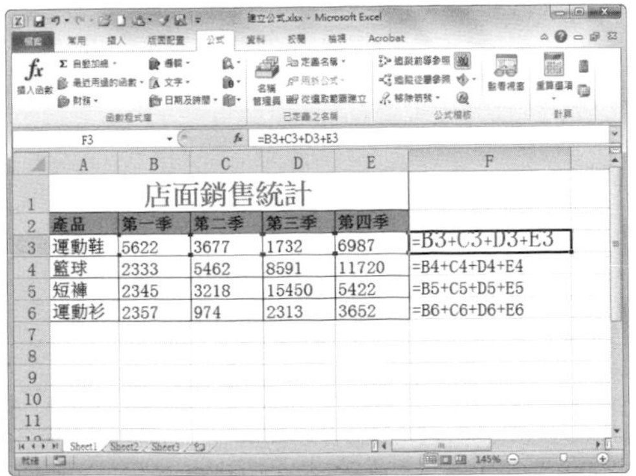

店面銷售統計

| 產品 | 第一季 | 第二季 | 第三季 | 第四季 | |
|---|---|---|---|---|---|
| 運動鞋 | 5622 | 3677 | 1732 | 6987 | =B3+C3+D3+E3 |
| 籃球 | 2333 | 5462 | 8591 | 11720 | =B4+C4+D4+E4 |
| 短褲 | 2345 | 3218 | 15450 | 5422 | =B5+C5+D5+E5 |
| 運動衫 | 2357 | 974 | 2313 | 3652 | =B6+C6+D6+E6 |

## Step 1 打開「Excel 選項」對話框

打開「建立公式 .xlsx」，按下〔檔案〕活頁標籤，並選擇「選項」。

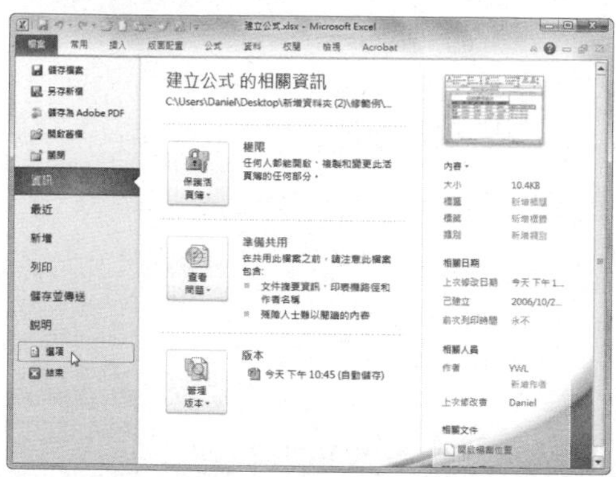


## Step 2 設定公式的顯示

在彈出的「Excel 選項」對話框中，切換至〔進階〕活頁標籤下的「此工作表的顯示選項」中，勾選「在儲存格中顯示公式，而不顯示計算的結果」。

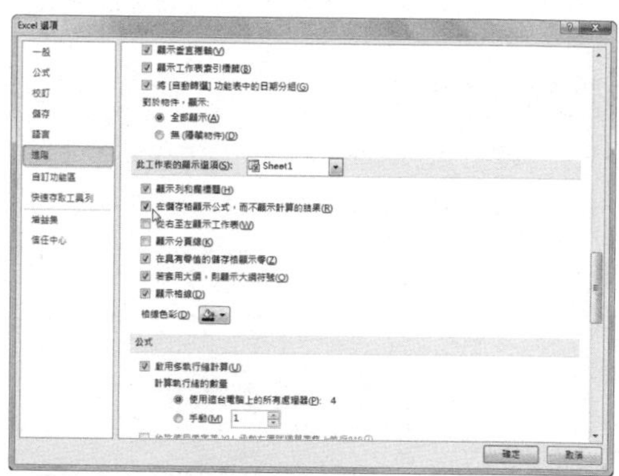

## Step 3 查看公式顯示效果

此時工作表中的 F3：F6 儲存格區域顯示出公式而非公式計算結果。

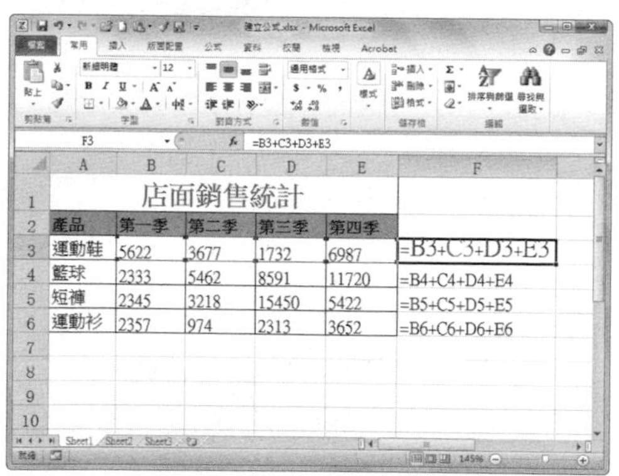

# 相對參照、絕對參照與混合參照有何異同？

第 3 章 \ 原始檔 \ 儲存格的參照位址方式一 .xlsx、儲存格的參照位址方式二 .xlsx
第 3 章 \ 完成檔 \ 儲存格的參照位址方式一 .xlsx、儲存格的參照位址方式二 .xlsx

在公式中參照儲存格時，有「相對參照」、「絕對參照」和「混合參照」三種方式，其中最常見的是「相對參照」和「絕對參照」，「混合參照」則是兩者的混合形式，下面透過實例介紹「相對參照」、「絕對參照」與「混合參照」的異同。

## 相對參照效果

### Step 1 應用相對參照

打開「儲存格的參照位址方式一 .xlsx」，選取 E3 儲存格。輸入計算銷售金額的公式「=C3*D3」，按下〔Enter〕鍵。

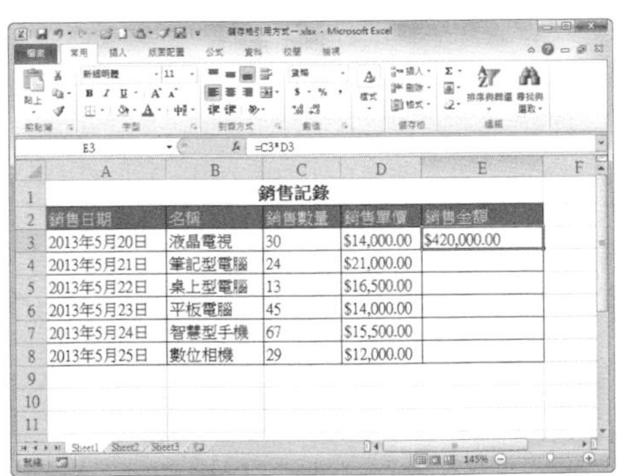

| 銷售日期 | 名稱 | 銷售數量 | 銷售單價 | 銷售金額 |
|---|---|---|---|---|
| 2013年5月20日 | 液晶電視 | 30 | $14,000.00 | $420,000.00 |
| 2013年5月21日 | 筆記型電腦 | 24 | $21,000.00 | |
| 2013年5月22日 | 桌上型電腦 | 13 | $16,500.00 | |
| 2013年5月23日 | 平板電腦 | 45 | $14,000.00 | |
| 2013年5月24日 | 智慧型手機 | 67 | $15,500.00 | |
| 2013年5月25日 | 數位相機 | 29 | $12,000.00 | |

### Step 2 向下複製公式

將游標移至 E3 儲存格右下角，出現十字游標時按住滑鼠左鍵向下拖曳至 E8 儲存格，將 E3 儲存格中公式向下複製。

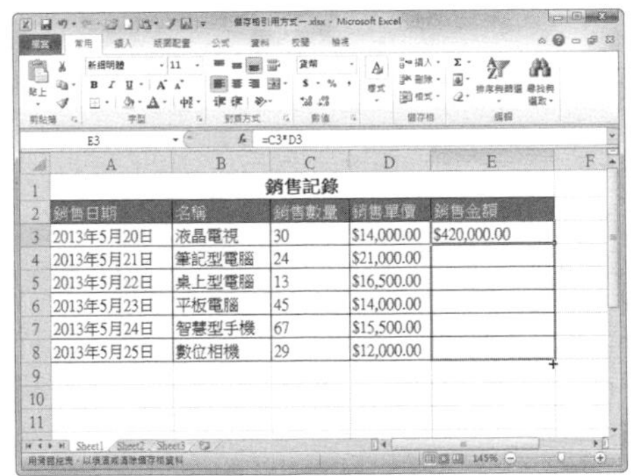

| 銷售日期 | 名稱 | 銷售數量 | 銷售單價 | 銷售金額 |
|---|---|---|---|---|
| 2013年5月20日 | 液晶電視 | 30 | $14,000.00 | $420,000.00 |
| 2013年5月21日 | 筆記型電腦 | 24 | $21,000.00 | |
| 2013年5月22日 | 桌上型電腦 | 13 | $16,500.00 | |
| 2013年5月23日 | 平板電腦 | 45 | $14,000.00 | |
| 2013年5月24日 | 智慧型手機 | 67 | $15,500.00 | |
| 2013年5月25日 | 數位相機 | 29 | $12,000.00 | |

### Step 3 查看相對參照效果

按下 E4 儲存格，可以看到公式為「=C4*D4」，即公式所在位置發生變化時，公式中相對參照的儲存格也自動發生變化。

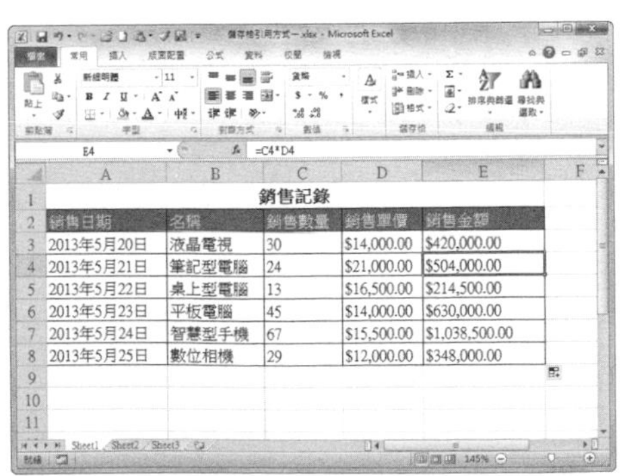

| 銷售日期 | 名稱 | 銷售數量 | 銷售單價 | 銷售金額 |
|---|---|---|---|---|
| 2013年5月20日 | 液晶電視 | 30 | $14,000.00 | $420,000.00 |
| 2013年5月21日 | 筆記型電腦 | 24 | $21,000.00 | $504,000.00 |
| 2013年5月22日 | 桌上型電腦 | 13 | $16,500.00 | $214,500.00 |
| 2013年5月23日 | 平板電腦 | 45 | $14,000.00 | $630,000.00 |
| 2013年5月24日 | 智慧型手機 | 67 | $15,500.00 | $1,038,500.00 |
| 2013年5月25日 | 數位相機 | 29 | $12,000.00 | $348,000.00 |

**提示**

**參照儲存格**

在公式中參照儲存格時，可以輸入儲存格位址（列標與行號），也可以直接按下該儲存格，公式中將自動出現該儲存格的參照地址。

## 查看絕對參照效果

**Step 1 應用絕對參照**

打開「儲存格的參照位址方式一 .xlsx」，選取 E3 儲存格。輸入公式「=$C$3*$D$3」，按下〔Enter〕鍵。

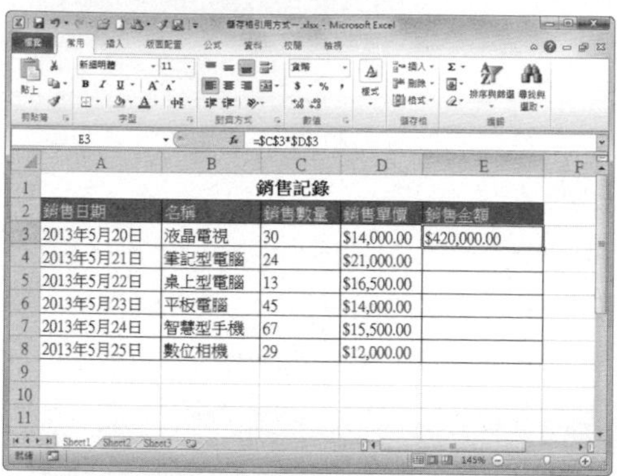

E3 =$C$3*$D$3

| | A | B | C | D | E |
|---|---|---|---|---|---|
| 1 | | | 銷售記錄 | | |
| 2 | 銷售日期 | 名稱 | 銷售數量 | 銷售單價 | 銷售金額 |
| 3 | 2013年5月20日 | 液晶電視 | 30 | $14,000.00 | $420,000.00 |
| 4 | 2013年5月21日 | 筆記型電腦 | 24 | $21,000.00 | |
| 5 | 2013年5月22日 | 桌上型電腦 | 13 | $16,500.00 | |
| 6 | 2013年5月23日 | 平板電腦 | 45 | $14,000.00 | |
| 7 | 2013年5月24日 | 智慧型手機 | 67 | $15,500.00 | |
| 8 | 2013年5月25日 | 數位相機 | 29 | $12,000.00 | |

**Step 2 向下複製公式**

將游標移至 E3 儲存格右下角，出現十字游標時按住滑鼠左鍵向下拖曳至 E8 儲存格，將 E3 儲存格中公式向下複製。

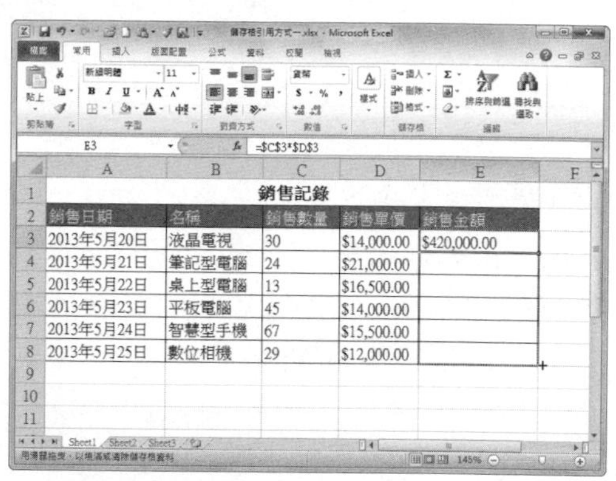

E3 =$C$3*$D$3

| | A | B | C | D | E |
|---|---|---|---|---|---|
| 1 | | | 銷售記錄 | | |
| 2 | 銷售日期 | 名稱 | 銷售數量 | 銷售單價 | 銷售金額 |
| 3 | 2013年5月20日 | 液晶電視 | 30 | $14,000.00 | $420,000.00 |
| 4 | 2013年5月21日 | 筆記型電腦 | 24 | $21,000.00 | |
| 5 | 2013年5月22日 | 桌上型電腦 | 13 | $16,500.00 | |
| 6 | 2013年5月23日 | 平板電腦 | 45 | $14,000.00 | |
| 7 | 2013年5月24日 | 智慧型手機 | 67 | $15,500.00 | |
| 8 | 2013年5月25日 | 數位相機 | 29 | $12,000.00 | |

**Step 3 查看絕對參照效果**

按下 E4 儲存格，可以看到公式仍為「=$C$3*$D$3」，公式中的儲存格的參照位址並沒有隨公式的位置變化而改變。

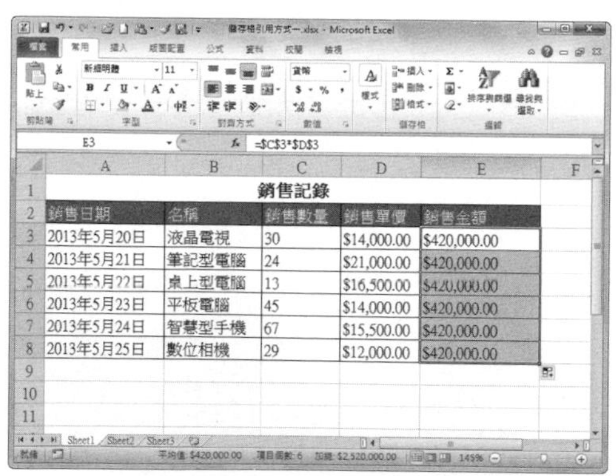

E3 =$C$3*$D$3

| | A | B | C | D | E |
|---|---|---|---|---|---|
| 1 | | | 銷售記錄 | | |
| 2 | 銷售日期 | 名稱 | 銷售數量 | 銷售單價 | 銷售金額 |
| 3 | 2013年5月20日 | 液晶電視 | 30 | $14,000.00 | $420,000.00 |
| 4 | 2013年5月21日 | 筆記型電腦 | 24 | $21,000.00 | $420,000.00 |
| 5 | 2013年5月22日 | 桌上型電腦 | 13 | $16,500.00 | $420,000.00 |
| 6 | 2013年5月23日 | 平板電腦 | 45 | $14,000.00 | $420,000.00 |
| 7 | 2013年5月24日 | 智慧型手機 | 67 | $15,500.00 | $420,000.00 |
| 8 | 2013年5月25日 | 數位相機 | 29 | $12,000.00 | $420,000.00 |

**提示**

**如何添加絕對參照符號**

在輸入絕對參照的公式時，用戶可以直接在參照的儲存格行號或列標前，輸入絕對參照符號「$」，也可以在公式中選擇參照的行號列標，然後按下〔F4〕鍵，自動切換成絕對參照。

## 查看混合參照效果

**Step 1** 計算 15% 折扣價

打開「儲存格的參照位址方式二.xlsx」活頁簿，選取 C4 儲存格，輸入公式「=B4*(1-B1)」。

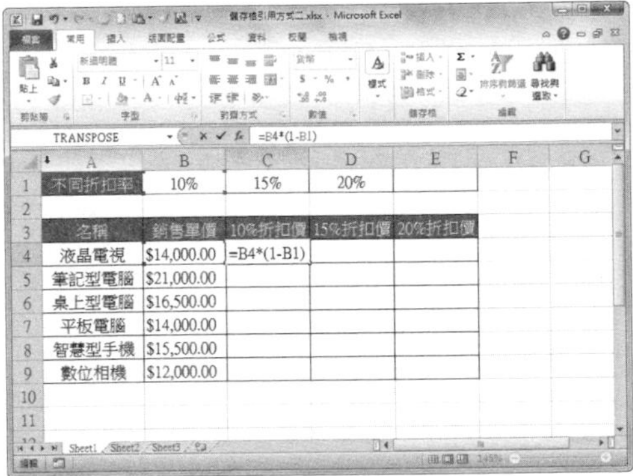

**Step 2** 轉為混合參照

按下公式中的「B4」，按三次〔F4〕鍵，變為「$B4」。按下公式中的「B1」，按兩次〔F4〕鍵，變為「B$1」，然後按下〔Enter〕鍵。

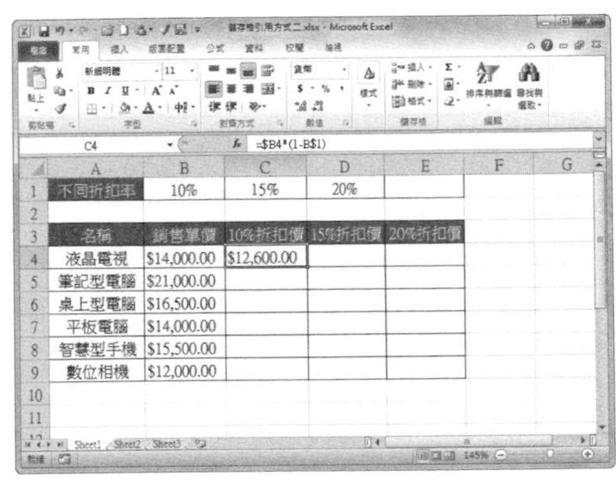

**Step 3** 複製公式

重新選取 C4 儲存格，將游標置於 C4 儲存格右下角，出現十字游標時按住滑鼠左鍵向右下方拖至 E9 儲存格，即可查看混合參照的結果。

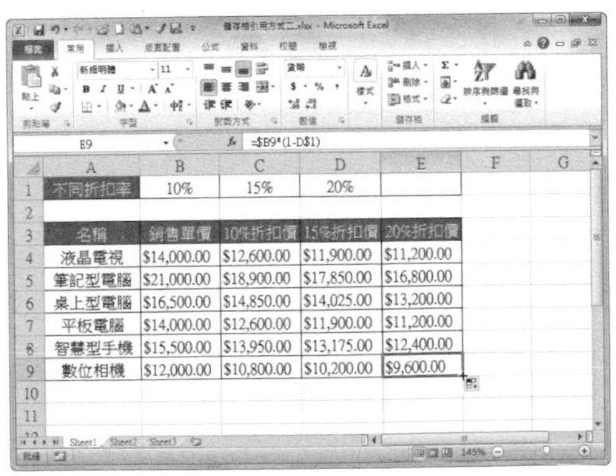

**提示**

**相對／絕對參照區別**

可以看到，相對參照的儲存格，會隨著公式位置的改變自動改變，即參照的是「相對位置」的儲存格；絕對參照的儲存格不會隨著公式位置的改變而改變，即參照的是「絕對位置」的儲存格。

# 如何快速切換參照方式？

第 3 章 \ 原始檔 \ 複本銷售記錄 .xlsx
第 3 章 \ 完成檔 \ 切換參照方式 .xlsx

在 Excel2010 中，公式中的參照方式是可以切換的，在資料編輯列中選取準備更改的參照，按下〔F4〕鍵即可進行參照的切換。

## Step 1 打開原始檔

打開「複本銷售記錄 .xlsx」，選取 E3 儲存格，可以看到公式為相對參照「=C3*D3」。

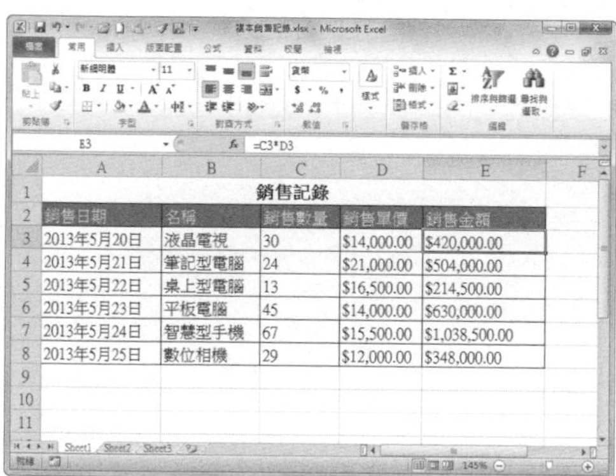


## Step 2 切換絕對參照方式

選取資料編輯列中的 C3 儲存格後，按下鍵盤上的〔F4〕鍵，可以看到 C3 儲存格變為絕對參照方式。

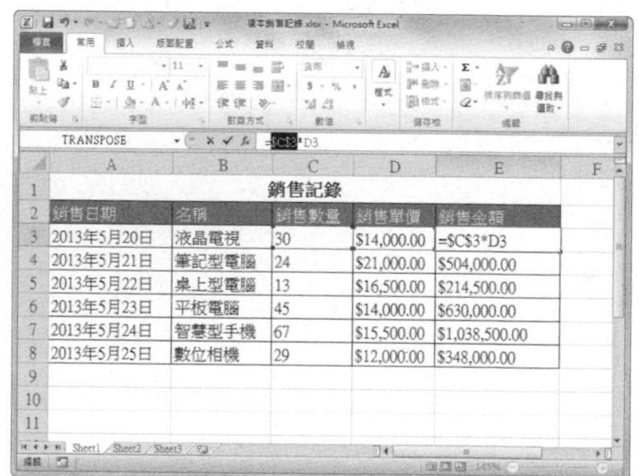


## Step 3 切換混合參照方式

再次按下鍵盤上的〔F4〕鍵，可以看到 C3 儲存格中的公式變為混合參照方式。

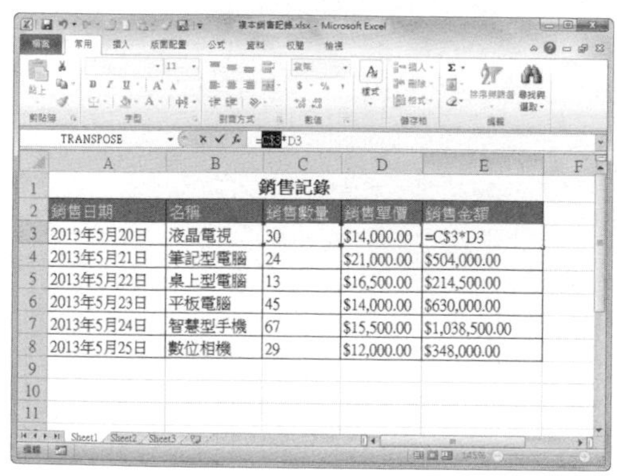


### 提示

**切換參照方式的順序**

使用〔F4〕鍵切換參照方式的順序是：絕對列與絕對行、相對列與相對行、絕對列與相對行，最後是相對行與絕對列。

# 如何參照其他活頁簿中資料？

第 3 章 \ 原始檔 \ 銷售費用總表 .xlsx、各月銷售費用記錄 .xlsx
第 3 章 \ 完成檔 \ 參照其他活頁簿中資料 .xlsx

在建立公式時，不僅需要參照本活頁簿中的資料，經常還需要參照其他活頁簿中的資料。此時需要被參照活頁簿保持開啟狀態，再進行參照。

## Step 1 打開原始檔

打開「銷售費用總表 .xlsx」和「各月銷售費用記錄 .xlsx」，選取「銷售費用總表 .xlsx」的 F3 儲存格。

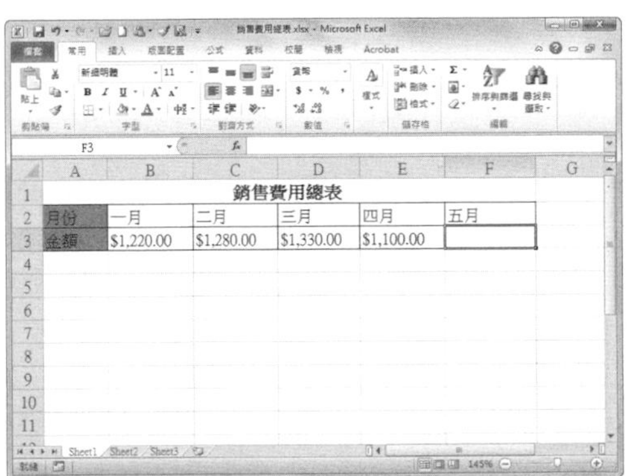

## Step 2 參照其他活頁簿資料

輸入「=」後，切換至「各月銷售費用記錄 .xlsx」窗口，選取 E9 儲存格。

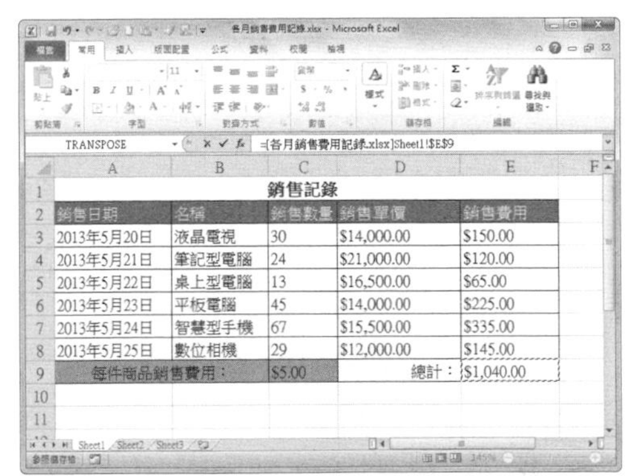

## Step 3 查看參照效果

按下〔Enter〕鍵，自動切換至「銷售費用總表 .xlsx」視窗，同時顯示計算結果。

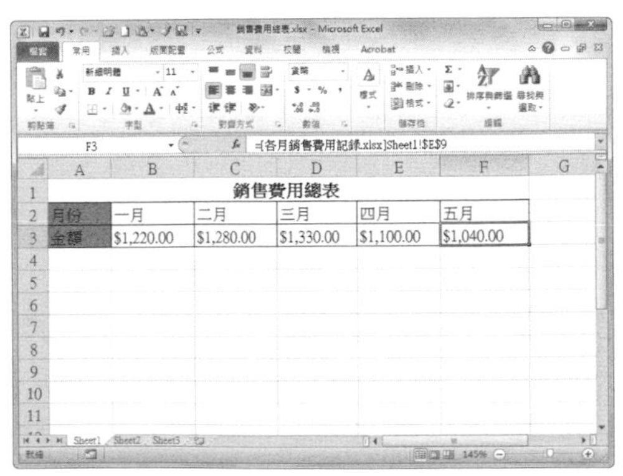

### 提示

**參照儲存格時出現的符號**

若是跨工作表參照儲存格時，儲存格地址前會出現「工作表名稱 !」字樣；若是跨活頁簿參照儲存格時，則儲存格地址前會出現「[ 活頁簿名稱 ] 工作表名稱 !」字樣。

# 199 函數究竟為何物？

函數是 Excel 預置的公式，輸入函數和參數，Excel 將自動進行一系列的運算，並得出最終結果。在公式開頭先輸入「=」，再輸入函數名稱，在函數名稱後面的「()」中輸入相應的參數，即可進行函數運算。

我們以 SUM 函數為例，來瞭解函數的結構與功能。

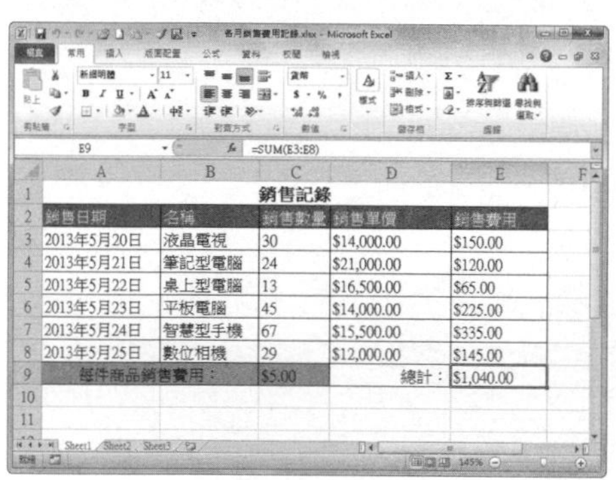


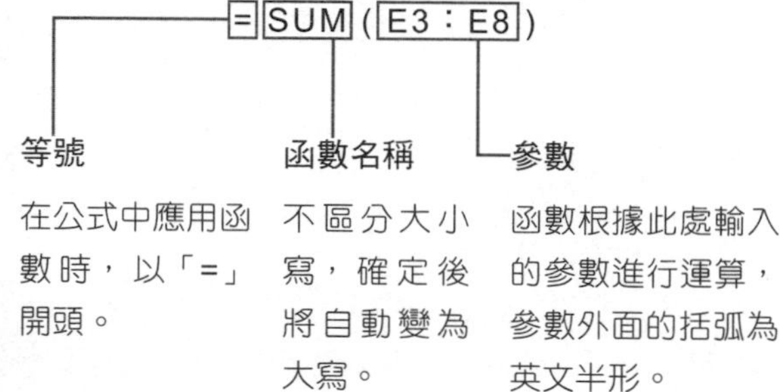


**提示**

函數的分類

Excel 內建的函數有三百多種，依據其內容及使用方式可區分為十一大類，以下簡單的介紹：

| 類型 | 主要功能 | 常用函數 |
|---|---|---|
| 數學與三角函數 | 用於各種數學計算，包括求和、乘方、四捨五入等運算。 | SUM、ROUND、ROUNDUP、INT、ROUNDDOWN、ABS 等 |
| 日期及時間函數 | 計算日期和時間資料，包括年月日的顯示格式轉換目前日期與時間的計算等等。 | DATE、TIME、TODAY、NOW、EOMONTH、EDATE 等 |
| 統計函數 | 計算數學統計，包括計算數值的平均值、中間值、眾數、標準差等。 | AVERAGE、RANK、MEDIAN、MODE、VAR 等 |
| 檢視與參照函數 | 從表格或陣列中尋找指定行或列中的數值、推斷出包含目標值的儲存格位置。 | VLOOKUP、HLOOKUP、ADDRESS、ROW 等 |

續表

| 類型 | 主要功能 | 常用函數 |
| --- | --- | --- |
| 數學與三角函數 | 用於各種數學計算，包括求和、乘方、四捨五入等運算。 | SUM、ROUND、ROUNDUP、INT、ROUNDDOWN、ABS 等 |
| 日期及時間函數 | 計算日期和時間資料，包括年月日的顯示格式轉換、目前日期與時間的計算等等。 | DATE、TIME、TODAY、NOW、EOMONTH、EDATE 等 |
| 統計函數 | 計算數學統計，包括計算數值的平均值、中間值、眾數、標準差等。 | AVERAGE、RANK、MEDIAN、MODE、VAR 等 |
| 檢視與參照函數 | 從表格或陣列中尋找指定行或列中的數值、推斷出包含目標值的儲存格位置。 | VLOOKUP、HLOOKUP、ADDRESS、ROW 等 |
| 文字函數 | 轉換字元的大小寫、全形半形，在指定位置截取字符、以各種方式操作字串。 | ASC、UPPER、LOWER、LEFT、MID、RIGHT 等 |
| 邏輯函數 | 根據是否滿足條件，進行不同的運算處理。 | IF、AND、OR、NOT、TRUE、FALSE 等 |
| 資訊函數 | 檢測儲存格的相關資訊，包括儲存格位置、格式、資料類型等。 | ISBLANK、ISTEXT、CELL、NA、INFO 等 |
| 財務函數 | 計算貸款支付額或存款到期支付額、進行其他與財務相關的運算。 | PMT、IPMT、PPMT、FV、PV、RATE、DB 等 |
| 資料庫函數 | 從資料清單或資料庫中截取符合指定條件的資料。 | DSUM、DAVERAGE、DMAX、DMIN 等 |
| 工程函數 | 進行科學、工程的專業計算，包括複數的計算、貝塞爾的計算等。 | COMPLEX、BESSELJ、IMREAL、CONVERT 等 |
| 外部函數 | 為利用外部資料庫而設定的函數。 | SQL、EQUEST 等 |

# 200 Q 如何讓 Excel 幫忙插入函數？

第 3 章 \ 原始檔 \ 銷售記錄 .xlsx
第 3 章 \ 完成檔 \ 插入函數 .xlsx

A 在 Excel 中輸入函數時，一般有使用「插入函數」對話框和直接在儲存格中輸入函數兩種方法。

## 方法一：使用「插入函數」對話框插入函數

### Step 1 按下「插入函數」按鈕

打開「銷售記錄 .xlsx」，選取 E3 儲存格，切換至〔公式〕活頁標籤，在「函數庫」選項群組中按下〔插入函數〕按鈕。

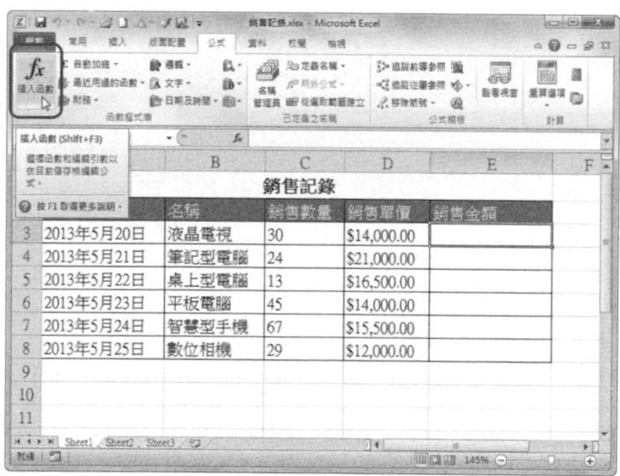

### Step 2 選擇函數

在彈出的「插入函數」對話框中「或選取類別」下拉選單中，選取【數學與三角函數】，然後在下方的「選擇函數」中選擇「PRODUCT」，完成後按下〔確定〕。

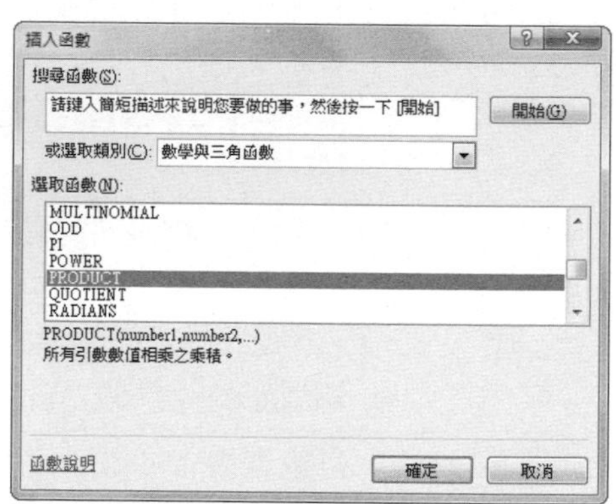

### Step 3 按下參照按鈕

在彈出的「函數引數」對話框，按下 Number1 輸入框右側的折疊按鈕。

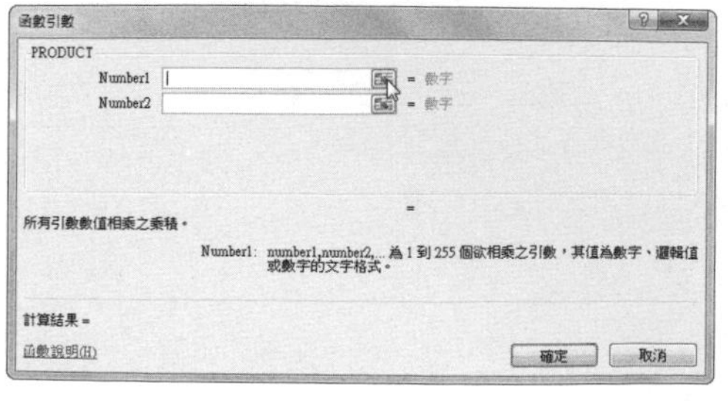

### Step 4 參照儲存格區域

傳回工作表中，選擇 C3:D3 儲存格區域，按下 Number1 文字方塊右側的折疊按鈕。

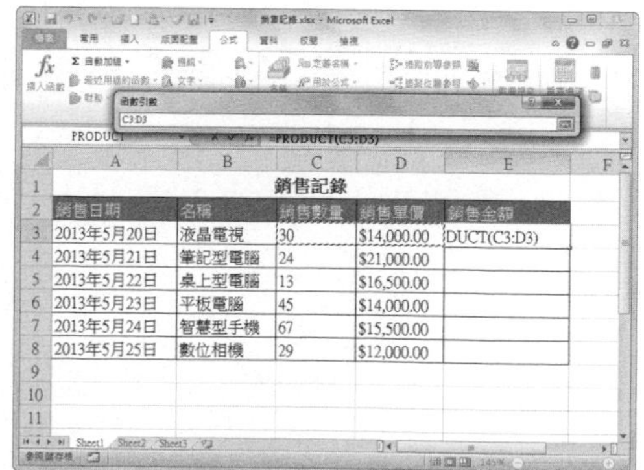

**Step 5** 按下「插入函數」按鈕

傳回「函數引數」對話框，按下〔確定〕按鈕。

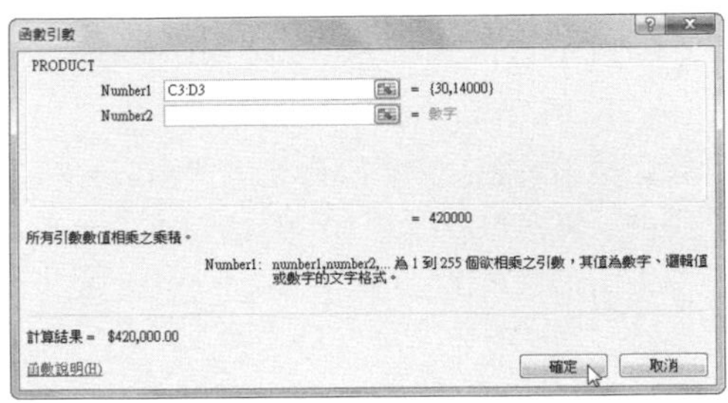

**Step 6** 選擇函數

此時可以看到 E3 儲存格顯示出計算結果。向下複製公式至 E8 儲存格即可顯示所有計算結果。

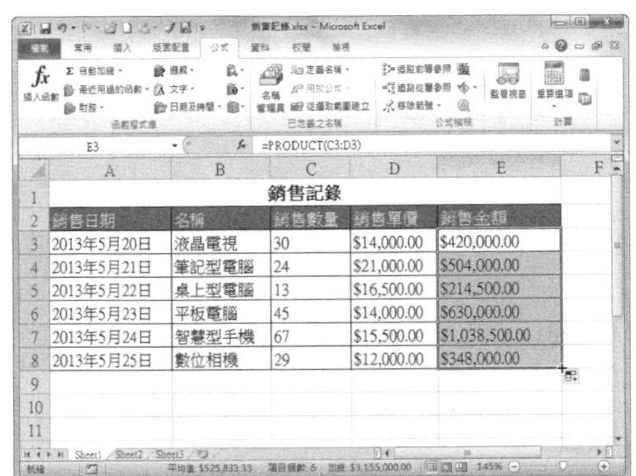

**提示**

**打開「插入函數」對話框的其他方法**

- 選取需要插入函數的儲存格後，按下資料編輯列左側的「插入函數」按鈕，即可打開「插入函數」對話框。
- 選取需插入函數的儲存格，直接按下快速鍵〔Shift〕+〔F3〕，亦可快速打開「插入函數」對話框。

## 方法二：直接在儲存格中插入函數

**Step 1** 選取插入函數的儲存格

打開「銷售記錄 .xlsx」活頁簿，選取 E3 儲存格。

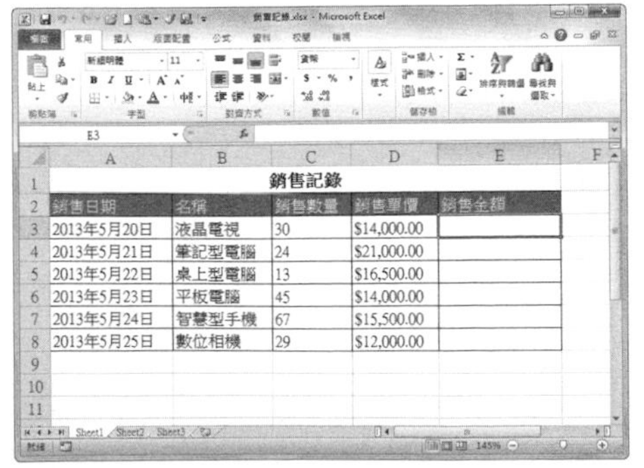

**Step 2** 輸入函數

輸入公式「=PR」，在提示的函數中選擇 PRODUCT 並輸入參數。

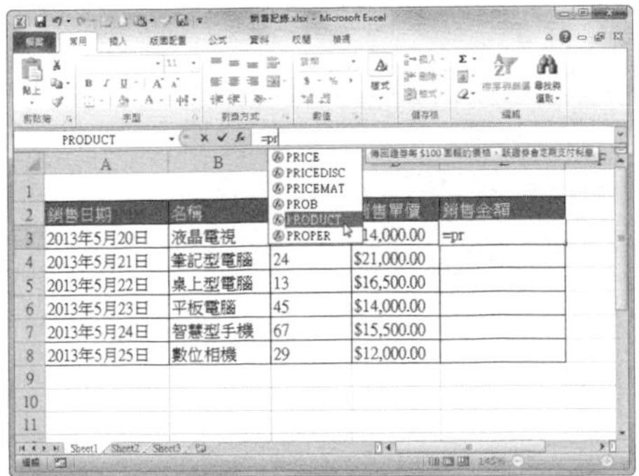

## Step 3 顯示計算結果

按下〔Enter〕鍵後，即可顯示計算的結果。

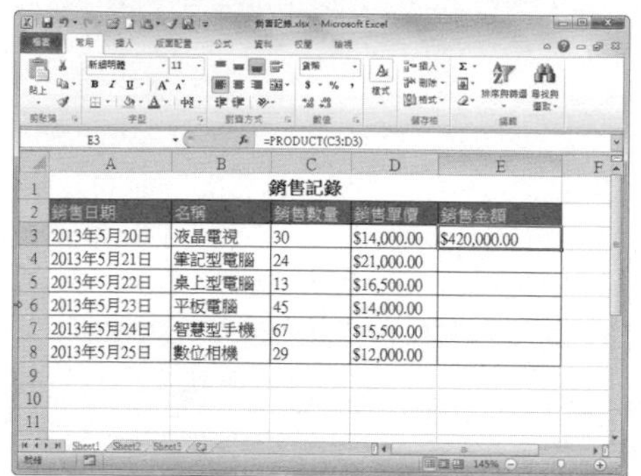

E3 =PRODUCT(C3:D3)

| | A | B | C | D | E |
|---|---|---|---|---|---|
| 1 | | | 銷售記錄 | | |
| 2 | 銷售日期 | 名稱 | 銷售數量 | 銷售單價 | 銷售金額 |
| 3 | 2013年5月20日 | 液晶電視 | 30 | $14,000.00 | $420,000.00 |
| 4 | 2013年5月21日 | 筆記型電腦 | 24 | $21,000.00 | |
| 5 | 2013年5月22日 | 桌上型電腦 | 13 | $16,500.00 | |
| 6 | 2013年5月23日 | 平板電腦 | 45 | $14,000.00 | |
| 7 | 2013年5月24日 | 智慧型手機 | 67 | $15,500.00 | |
| 8 | 2013年5月25日 | 數位相機 | 29 | $12,000.00 | |

**提示**

**PRODUCT() 函數的語法結構**

PRODUCT() 函數的語法結構為 PRODUCT(number1,number2，…)。該函數用於指定儲存格區域中所有數值的乘積，最多可以指定 30 個參數。Number 參數可以為數值，也可以為儲存格或儲存格區域的參照。

# Q 如何嵌套使用函數？

第 3 章 \ 原始檔 \ 銷售統計 .xlsx
第 3 章 \ 完成檔 \ 銷售統計最好的產品 .xlsx

**A** 函數的嵌套是指將一個函數作為另一個函數的參數來使用的一種方法，使用嵌套函數能夠進行單個函數無法進行的功能，在使用嵌套函數時，要對函數的功能、參數和格式有所瞭解，否則容易發生錯誤。

## Step 1 選取目標儲存格

打開「銷售統計 .xlsx」，選取 B10 儲存格。

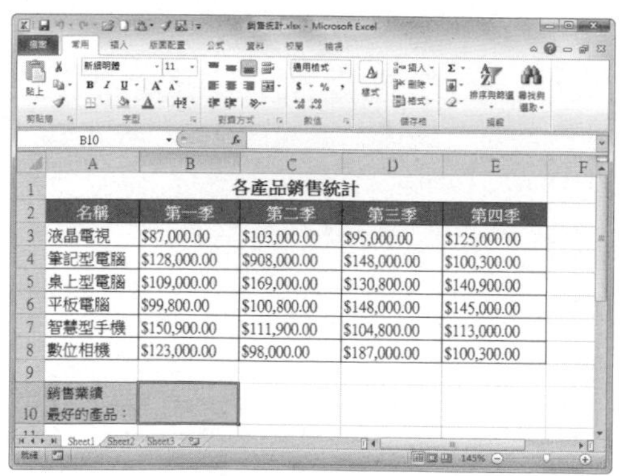

| | A | B | C | D | E |
|---|---|---|---|---|---|
| 1 | | | 各產品銷售統計 | | |
| 2 | 名稱 | 第一季 | 第二季 | 第三季 | 第四季 |
| 3 | 液晶電視 | $87,000.00 | $103,000.00 | $95,000.00 | $125,000.00 |
| 4 | 筆記型電腦 | $128,000.00 | $908,000.00 | $148,000.00 | $100,300.00 |
| 5 | 桌上型電腦 | $109,000.00 | $169,000.00 | $130,800.00 | $140,900.00 |
| 6 | 平板電腦 | $99,800.00 | $100,800.00 | $148,000.00 | $145,000.00 |
| 7 | 智慧型手機 | $150,900.00 | $111,900.00 | $104,800.00 | $113,000.00 |
| 8 | 數位相機 | $123,000.00 | $98,000.00 | $187,000.00 | $100,300.00 |
| 9 | | | | | |
| 10 | 銷售業績最好的產品： | | | | |

## Step 2 按下「插入函數」按鈕

按下〔插入函數〕按鈕。

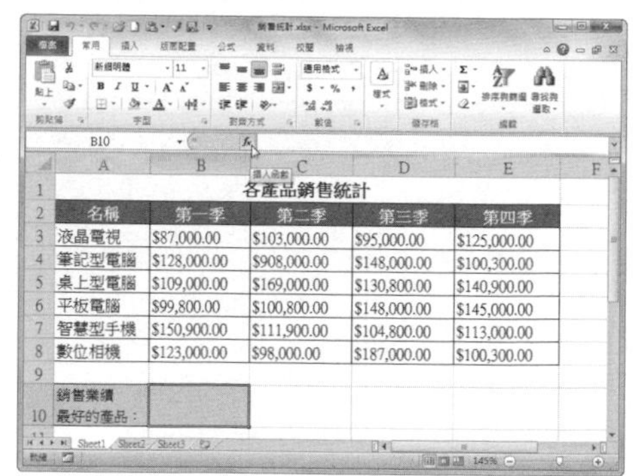

| | A | B | C | D | E |
|---|---|---|---|---|---|
| 1 | | | 各產品銷售統計 | | |
| 2 | 名稱 | 第一季 | 第二季 | 第三季 | 第四季 |
| 3 | 液晶電視 | $87,000.00 | $103,000.00 | $95,000.00 | $125,000.00 |
| 4 | 筆記型電腦 | $128,000.00 | $908,000.00 | $148,000.00 | $100,300.00 |
| 5 | 桌上型電腦 | $109,000.00 | $169,000.00 | $130,800.00 | $140,900.00 |
| 6 | 平板電腦 | $99,800.00 | $100,800.00 | $148,000.00 | $145,000.00 |
| 7 | 智慧型手機 | $150,900.00 | $111,900.00 | $104,800.00 | $113,000.00 |
| 8 | 數位相機 | $123,000.00 | $98,000.00 | $187,000.00 | $100,300.00 |
| 9 | | | | | |
| 10 | 銷售業績最好的產品： | | | | |

### Step 3 選擇函數類別

在彈出的「插入函數」對話框中，在「或選取類別」選取【統計】。

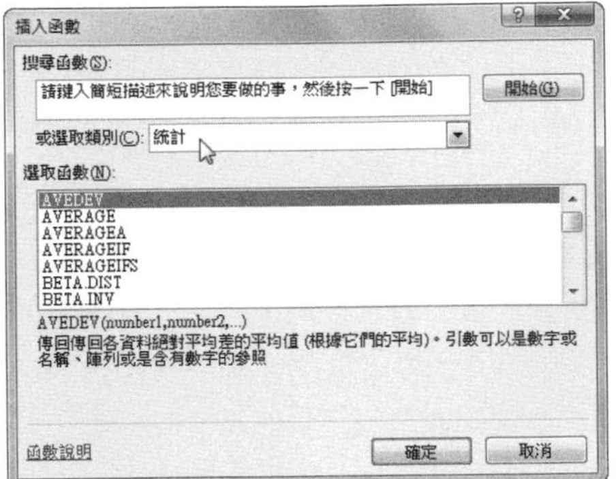

### Step 4 選擇函數

在「選擇函數」清單中選擇「MAX」，按下〔確定〕按鈕。

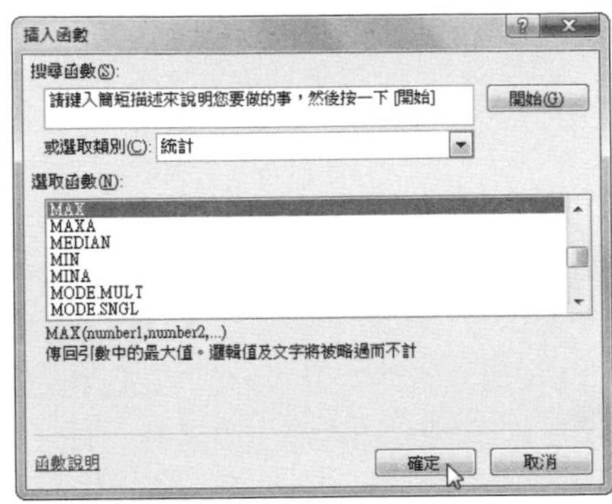

### Step 5 設定函數引數

在打開的「函數引數」對話框的 Number1 中，輸入「(SUM(B3:B8),SUM(C3:C8),SUM(D3:D8),SUM(E3:E8))」，按下〔確定〕按鈕。

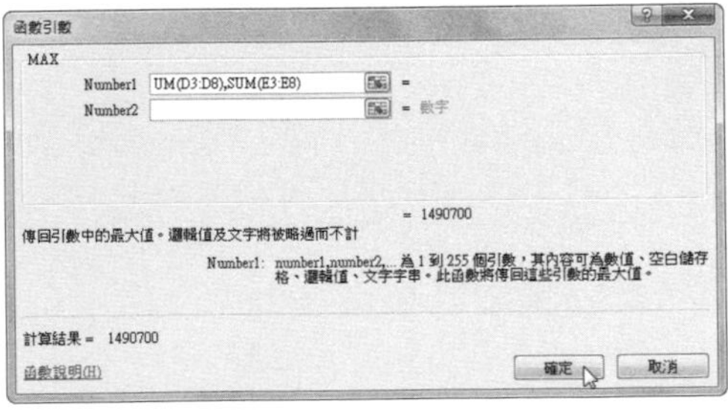

### Step 6 顯示計算結果

這時在 B10 儲存格顯示出銷售業績最好的季度的銷售額，並在資料編輯列中顯示出嵌套函數「=MAX(SUM(B3:B8),SUM(C3:C8),SUM(D3:D8),SUM(E3:E8))」。

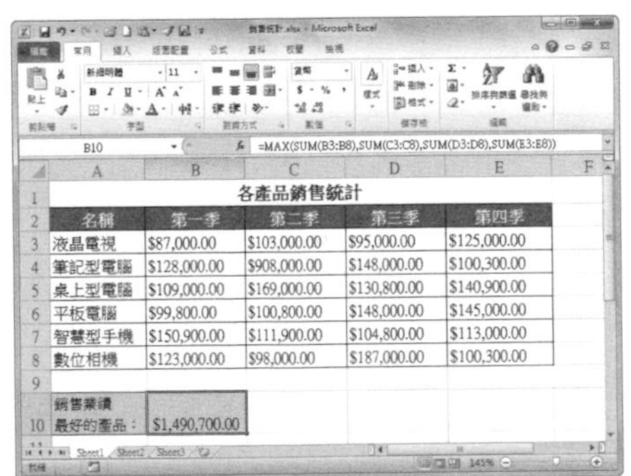

各產品銷售統計

| 名稱 | 第一季 | 第二季 | 第三季 | 第四季 |
|---|---|---|---|---|
| 液晶電視 | $87,000.00 | $103,000.00 | $95,000.00 | $125,000.00 |
| 筆記型電腦 | $128,000.00 | $908,000.00 | $148,000.00 | $100,300.00 |
| 桌上型電腦 | $109,000.00 | $169,000.00 | $130,800.00 | $140,900.00 |
| 平板電腦 | $99,800.00 | $100,800.00 | $148,000.00 | $145,000.00 |
| 智慧型手機 | $150,900.00 | $111,900.00 | $104,800.00 | $113,000.00 |
| 數位相機 | $123,000.00 | $98,000.00 | $187,000.00 | $100,300.00 |
| 銷售業績最好的產品： | $1,490,700.00 | | | |

**提 示**

#### 函數應用的錯誤提示

在輸入函數時，如果公式有誤，Excel 將彈出提示對話框，並根據輸入的內容給出修改建議，有效預防輸入性錯誤。按下〔確定〕按鈕後，Excel 將對錯誤的地方給予適當的提示。

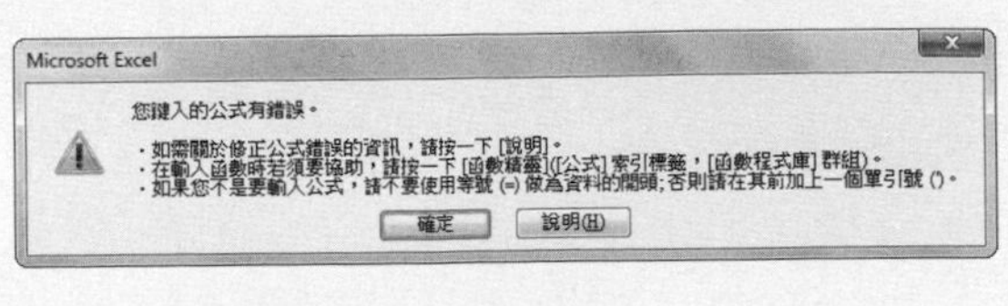

202

# Q 如何檢查公式錯誤？

第 3 章 \ 原始檔 \ 檢查公式錯誤前 .xlsx

Excel 中的應用公式，會給我們的計算帶來很多便利，但是有時輸入公式時可能會錯誤，比如參數格式不對、指定儲存格錯誤或是符號輸入錯誤等，而無法得到正確的結果。此時可以運用「檢查公式」的功能，幫助我們分析與解決公式錯誤。

## Step 1 打開公式錯誤的檔

打開「檢查公式錯誤前 .xlsx」活頁簿，Excel 在發生錯誤的儲存格左上角標記了綠色小三角，並在旁邊出現錯誤檢查選項圖示。

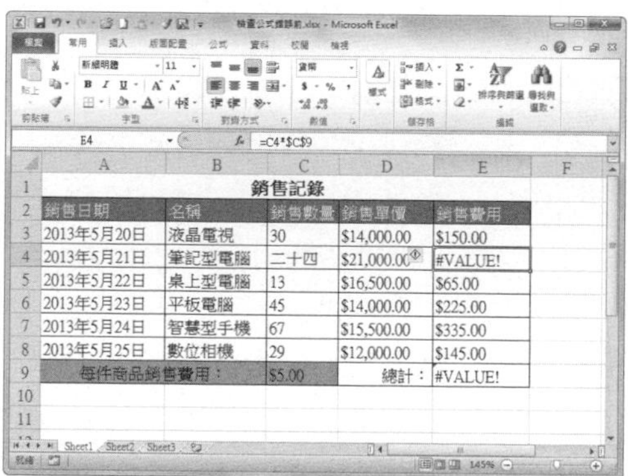


## Step 2 查看錯誤原因

將游標置於錯誤檢查選項圖示上，此時出現提示文字「公式中所用的某個值是錯誤的資料類型」，表示錯誤原因為資料類型錯誤。

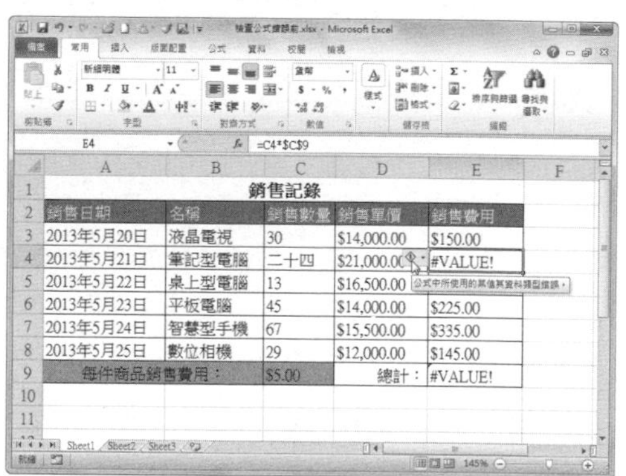


## Step 3 選擇錯誤檢查選項

按下錯誤檢查選項圖示按鈕，在打開的下拉選單中選擇需要的選項。

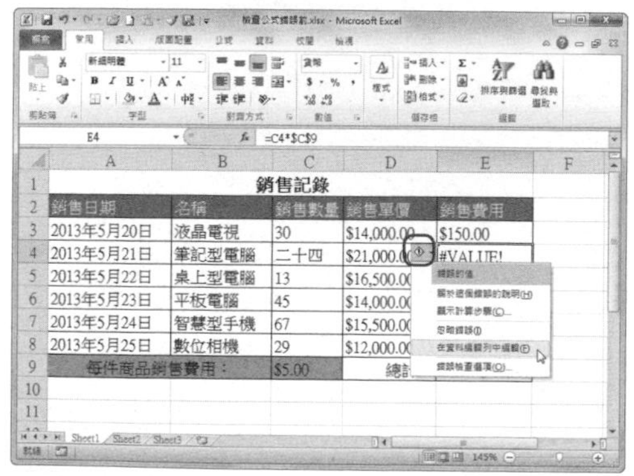

**提示**

**錯誤檢查下拉選單各項的含義**

在下拉選單中，選擇「關於此錯誤的說明」選項，將自動打開「Excel 說明」視窗，並搜尋相關的說明內容；選擇「顯示計算步驟」將逐步進行計算，以幫助確認哪一步驟中出錯；選擇「忽略錯誤」，將忽略目前的錯誤；選擇「在資料編輯列中編輯」，將進入編輯狀態，對錯誤進行修改；選擇「錯誤檢查選項」，將打開「Excel 選項」對話框，進行錯誤檢查的相關設定。

**常見錯誤值及其含義**

在使用 Excel 公式進行計算時，可能會因為某種原因而無法得到正確的結果，傳回一個錯誤值。常見錯誤值及其含義如下：

| 錯誤代碼 | 意義 | 採取措施 |
|---|---|---|
| #DIV/0! | 當公式中出現除數為 0 或是空白儲存格。 | 檢查除數的儲存格如果為 0，請更改成非 0 的數字。 |
| #REF! | 公式中所參照的儲存格位址不正確。 | 最常出現在公式複製時；直接更改複製後的公式。 |
| #VALUE! | 公式中所參照儲存格的資料不符合運算的格式。 | 檢查公式中的儲存格是否有不合公式的格式，例如不是設定為數字而是文字型式。 |
| #NUM! | 當函數的引數範圍不被接受時所出現的訊息。 | 檢查引數的使用是否符合該函數的範圍。 |
| #NAME? | 無法識別公式中的名稱。 | 最常出現在函數名稱錯誤時；請重新檢查公式中的名稱或函數名稱是否正確。 |
| ###### | 這不是錯誤訊息，只是儲存格的欄寬太小，不足以顯示出所有的數值。 | 直接加寬欄寬即可。 |

第 3 章 \ 原始檔 \ 銷售費用記錄 .xlsx

# 203 Q 如何追蹤公式的參照關係？

**A** 在進行較為複雜的計算時，公式往往會參照很多儲存格，這種複雜的參照關係，可能要花很長時間來查看和確認儲存格的參照位址位置的正確性。幸好 Excel 提供了追蹤前導參照的功能，幫助我們檢查儲存格的參照是否正確。

## Step 1 按下〔追蹤前導參照〕按鈕。

打開「銷售費用記錄 .xlsx」，選取 E9 儲存格，按下〔公式〕活頁標籤下「公式稽核」選項群組中〔追蹤前導參照〕按鈕。

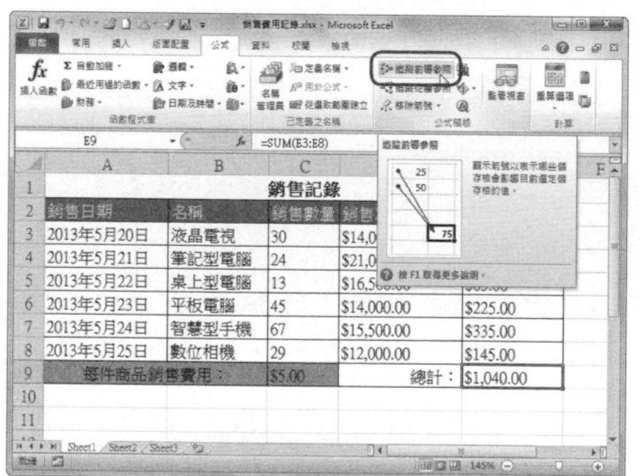

## Step 2 查看儲存格的參照位址。

這時工作表中顯示了 E9 儲存格內的公式的參照儲存格，並以箭頭表示參照關係。

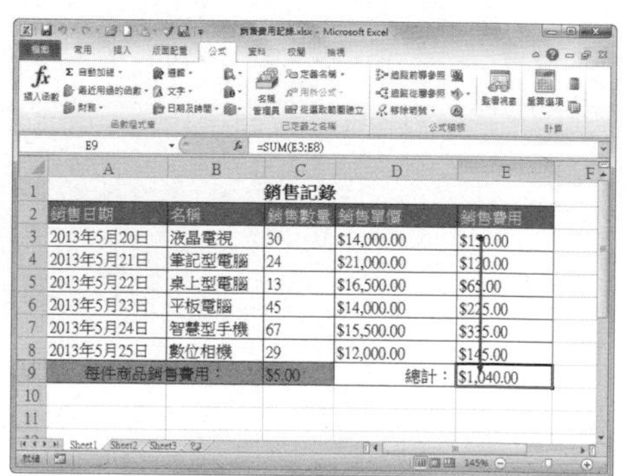

## Step 3 取消追蹤前導參照。

按下〔公式〕活頁標籤下「公式稽核」選項群組中「移除箭號」下拉選單，選擇【移除前導參照箭號】選項。

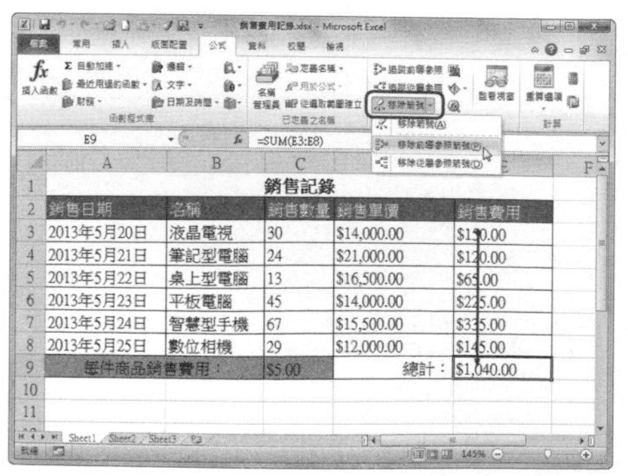

**提示**

**逐步檢查公式計算結果**

有時無法確認公式是否正確，需要逐步審核公式時，可以逐步計算，查看各步計算結果。

## Step 1 選擇目標儲存格

打開「建立公式.xlsx」，選取包含公式的 F3 儲存格。

## Step 2 按下〔評估值公式〕按鈕

按下〔公式〕活頁標籤下「公式稽核」選項群組中的〔評估值公式〕按鈕。

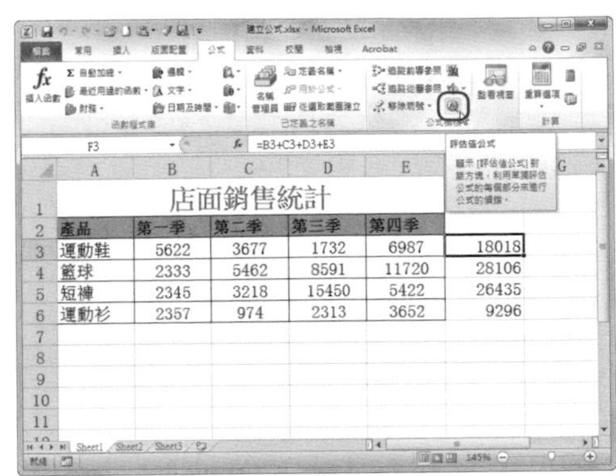


## Step 3 應用公式逐步求值

在彈出的「評估值公式」對話框中按下〔評估值〕按鈕，即可逐步查看運算結果。

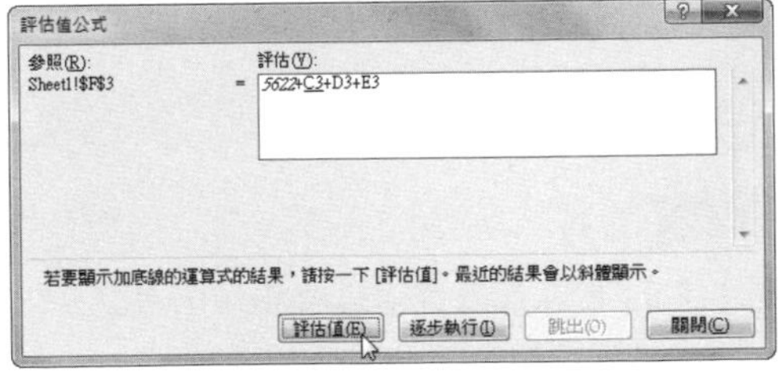

# 如何使用運算式來合併儲存格內容？

第 3 章 \ 原始檔 \ 使用運算式 .xlsx
第 3 章 \ 完成檔 \ 使用運算式合併儲存格內容 .xlsx

有時將兩個儲存格的內容合併到一個儲存格中，將更方便我們查看資料。來看看該如何使用運算。

## Step 1 選取目標儲存格

打開「使用運算符 .xlsx」工作表，選取 F3 儲存格。

| | A | B | C | D | E | F |
|---|---|---|---|---|---|---|
| 1 | | | | 員工資訊 | | |
| 2 | 部門代碼 | 部門 | 姓名 | 員工編號 | 居住地 | 居住地-姓名 |
| 3 | A07 | 財務部 | 黃志鴻 | 122312198804231325 | 新店 | |
| 4 | A07 | 財務部 | 陳竹儀 | 350358199012080066 | 三重 | |
| 5 | B02 | 商務部 | 林彥霖 | 620123198312085642 | 永和 | |
| 6 | B02 | 商務部 | 張志宏 | 561132198703092216 | 中和 | |
| 7 | D04 | 銷售部 | 吳建成 | 134221198610160523 | 士林 | |
| 8 | D04 | 銷售部 | 王怡靜 | 512346198408197861 | 天母 | |
| 9 | D04 | 銷售部 | 張淑慧 | 350151198101090064 | 板橋 | |
| 10 | D04 | 銷售部 | 許仁鑫 | 213457199102211298 | 土城 | |
| 11 | D04 | 銷售部 | 林秀城 | 129876198101091887 | 三峽 | |

## Step 2 輸入公式

在資料編輯列中輸入公式「=E3&"-"&C3」，然後按下〔Enter〕鍵。

| | A | B | C | D | E | F |
|---|---|---|---|---|---|---|
| 1 | | | | 員工資訊 | | |
| 2 | 部門代碼 | 部門 | 姓名 | 員工編號 | 居住地 | 居住地-姓名 |
| 3 | A07 | 財務部 | 黃志鴻 | 122312198804231325 | 新店 | =E3&"-"&C3 |
| 4 | A07 | 財務部 | 陳竹儀 | 350358199012080066 | 三重 | |
| 5 | B02 | 商務部 | 林彥霖 | 620123198312085642 | 永和 | |
| 6 | B02 | 商務部 | 張志宏 | 561132198703092216 | 中和 | |
| 7 | D04 | 銷售部 | 吳建成 | 134221198610160523 | 士林 | |
| 8 | D04 | 銷售部 | 王怡靜 | 512346198408197861 | 天母 | |
| 9 | D04 | 銷售部 | 張淑慧 | 350151198101090064 | 板橋 | |
| 10 | D04 | 銷售部 | 許仁鑫 | 213457199102211298 | 土城 | |
| 11 | D04 | 銷售部 | 林秀城 | 129876198101091887 | 三峽 | |

## Step 3 複製公式查看效果

選取 F3 儲存格，將游標放在 F3 右下角，出現十字游標時下拉至 F20 儲存格，即可看到公式已複製。

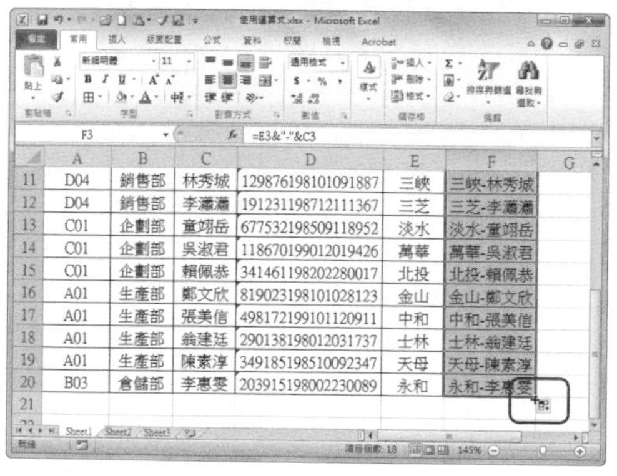


## Step 4 複製結果

選取 F3：F20 儲存格區域後按滑鼠右鍵，在彈出的快速選單中選擇【複製】。

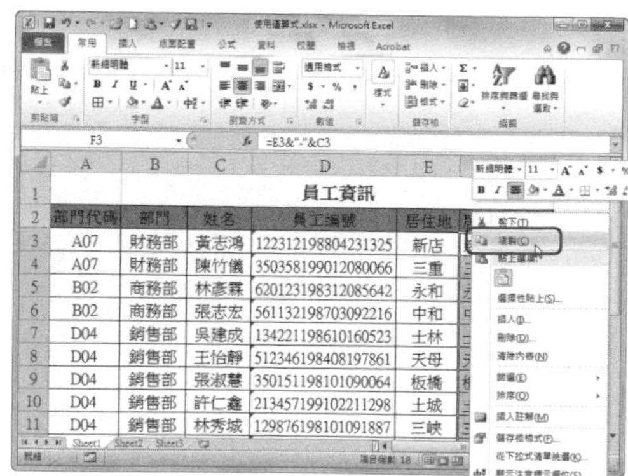

**Step 5** 貼上結果

選取 E3 儲存格後按滑鼠右鍵，在彈出的快速選單中選擇【選擇性貼上】→【值】。

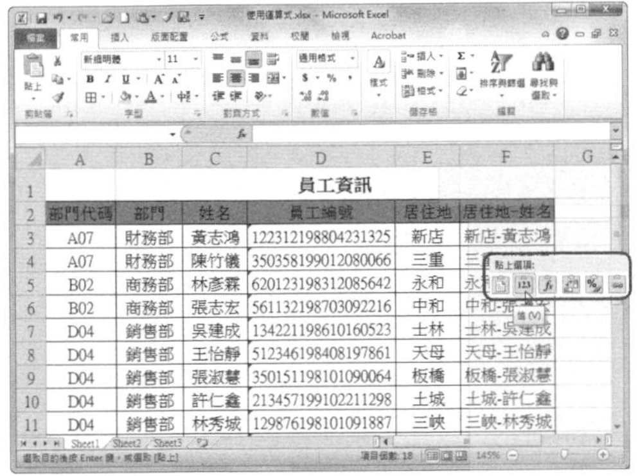

| | A | B | C | D | E | F |
|---|---|---|---|---|---|---|
| 1 | | | | 員工資訊 | | |
| 2 | 部門代碼 | 部門 | 姓名 | 員工編號 | 居住地 | 居住地-姓名 |
| 3 | A07 | 財務部 | 黃志鴻 | 122312198804231325 | 新店 | 新店-黃志鴻 |
| 4 | A07 | 財務部 | 陳竹儀 | 350358199012080066 | 三重 | 三 |
| 5 | B02 | 商務部 | 林彥霖 | 620123198312085642 | 永和 | 永 |
| 6 | B02 | 商務部 | 張志宏 | 561132198703092216 | 中和 | 中和-張 |
| 7 | D04 | 銷售部 | 吳建成 | 134221198610160523 | 士林 | 士林-吳建成 |
| 8 | D04 | 銷售部 | 王怡靜 | 512346198408197861 | 天母 | 天母-王怡靜 |
| 9 | D04 | 銷售部 | 張淑慧 | 350151198101090064 | 板橋 | 板橋-張淑慧 |
| 10 | D04 | 銷售部 | 許仁鑫 | 213457199102211298 | 土城 | 土城-許仁鑫 |
| 11 | D04 | 銷售部 | 林秀城 | 129876198101091887 | 三峽 | 三峽-林秀城 |

**Step 6** 查看結果

此時即可看到 E3:E20 儲存格區域中，原本的公式已變成文字格式了。

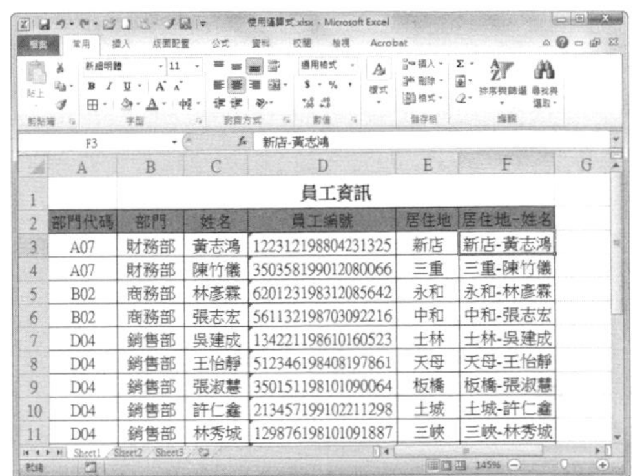

| | A | B | C | D | E | F |
|---|---|---|---|---|---|---|
| 1 | | | | 員工資訊 | | |
| 2 | 部門代碼 | 部門 | 姓名 | 員工編號 | 居住地 | 居住地-姓名 |
| 3 | A07 | 財務部 | 黃志鴻 | 122312198804231325 | 新店 | 新店-黃志鴻 |
| 4 | A07 | 財務部 | 陳竹儀 | 350358199012080066 | 三重 | 三重-陳竹儀 |
| 5 | B02 | 商務部 | 林彥霖 | 620123198312085642 | 永和 | 永和-林彥霖 |
| 6 | B02 | 商務部 | 張志宏 | 561132198703092216 | 中和 | 中和-張志宏 |
| 7 | D04 | 銷售部 | 吳建成 | 134221198610160523 | 士林 | 士林-吳建成 |
| 8 | D04 | 銷售部 | 王怡靜 | 512346198408197861 | 天母 | 天母-王怡靜 |
| 9 | D04 | 銷售部 | 張淑慧 | 350151198101090064 | 板橋 | 板橋-張淑慧 |
| 10 | D04 | 銷售部 | 許仁鑫 | 213457199102211298 | 土城 | 土城-許仁鑫 |
| 11 | D04 | 銷售部 | 林秀城 | 129876198101091887 | 三峽 | 三峽-林秀城 |

**提 示**

**其他合併儲存格內容的方式**

在合併儲存格時，若想直接合併儲存格中的文字，只需將步驟 2 的公式改為「=E3&C3」即可。

# 職人技 12　公式基礎操作秘技

Excel 函數種類繁多，熟練掌握一些常用的函數，將對我們工作有事半功倍的效果。本職人技將詳細介紹常用的統計函數、數學與三角函數和邏輯函數等使用方法。

## 205 Q 如何使用 MAX 與 MIN 函數找出最大值與最小值？

第 3 章 \ 原始檔 \ 績效考核表 .xlsx
第 3 章 \ 完成檔 \ 使用 MAX 與 MIN 函數找出最大值與最小值 .xlsx

**A** 在統計各種各樣的資料時，經常需要計算出該組資料的最大值或最小值。這時使用 MAX/MIN 函數就可以讓這些統計工作變得簡單起來。

**Step 1** 選取需要計算最高分的儲存格

打開「績效考核表 .xlsx」，選取 H3 儲存格。

**Step 3** 選擇 MAX 函數

在彈出的「插入函數」對話框中，在「或選取類別」選取【統計】，接著在「選取函數」清單中選擇 MAX 函數。

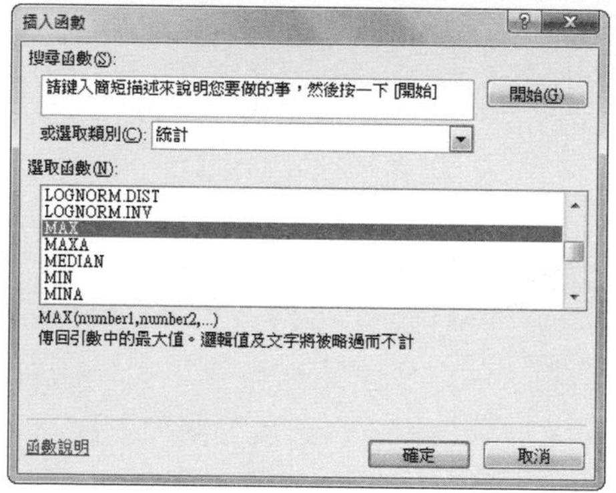


**Step 5** 選擇參數範圍

傳回工作表，選擇 E3:E20 儲存格區域後，再次按下折疊按鈕，傳回「函數引數」對話框。

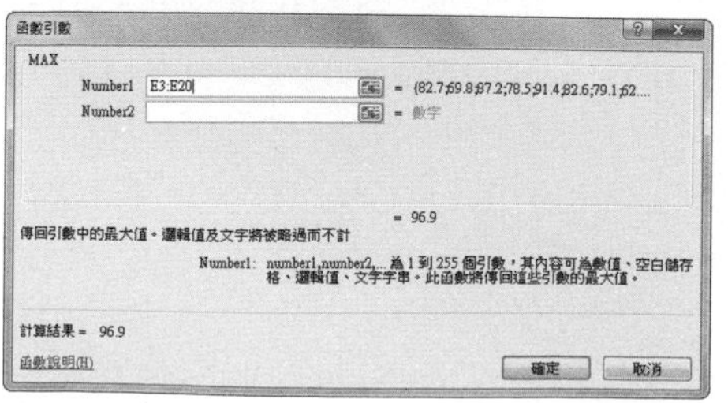


**Step 2** 打開「插入函數」對話框

按下「插入函數」按鈕。

**Step 4** 設定 Number 參數

按下〔確定〕按鈕，在彈出的「函數引數」對話框中，按下 Number1 文字框右側的折疊按鈕。

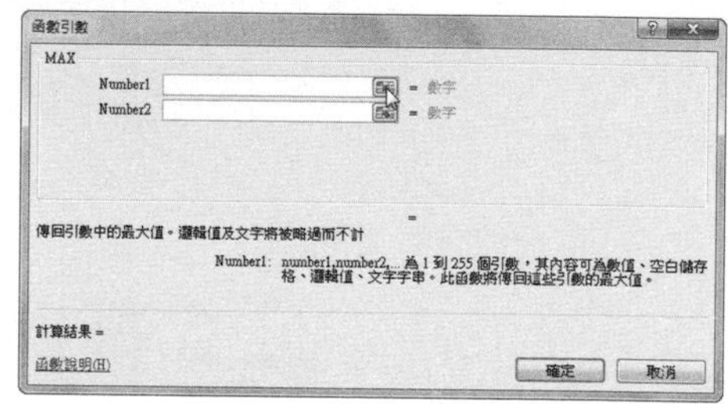


**Step 6** 查看最大值計算結果

在「函數引數」對話框中按下〔確定〕按鈕，即可看到H3儲存格顯示出績效考核的最高分。

### Step 7 插入 MIN 函數

選取 H4 儲存格，按下〔插入函數〕按鈕，打開「插入函數」對話框，選擇 MIN 函數後，按下〔確定〕按鈕。

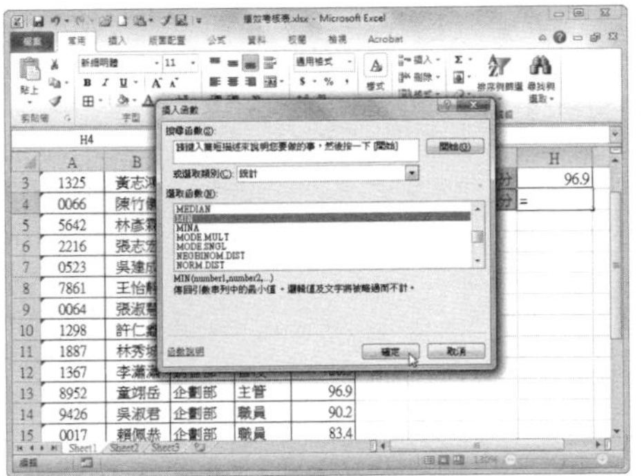

### Step 8 設定 Number 參數

在彈出的「函數引數」對話框中按下 Number1 的折疊按鈕，選擇 E3:E20 儲存格區域。

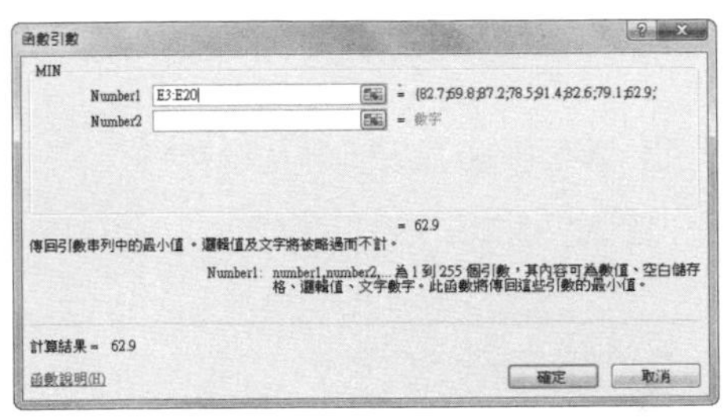

### Step 9 得出最小值計算結果

按下〔確定〕按鈕，即可看到 H4 儲存格中顯示出績效考核的最低分。

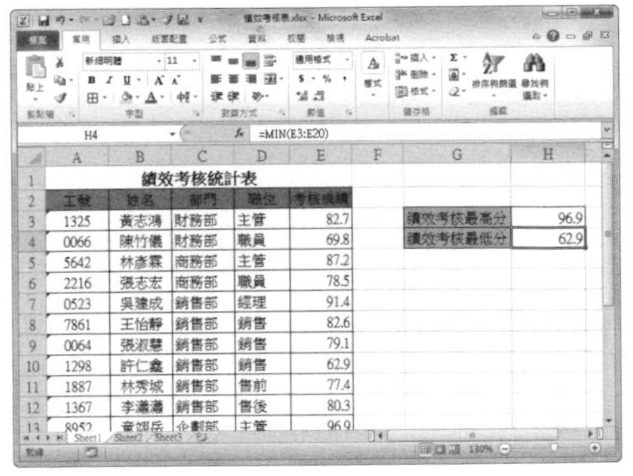

**提示**

**MAX() 與 MIN() 函數的語法結構**

MAX() 與 MIN() 函數的語法結構為 MAX(number1,number2，…) 和 MIN(number1,number2，…)。

這兩個函數用於計算一組資料中的最大值與最小值，最多可以指定 30 個參數。Number 參數為要計算最大值或最小值的數值、儲存格的參照位址或儲存格區域參照。

第 3 章 \ 原始檔 \ 績效考核表 .xlsx
第 3 章 \ 完成檔 \SUM 函數求和 .xlsx

## 如何使用 SUM 函數求和？

在日常工作中，經常需要統計工作表中的資料之總和，使用 SUM 函數進行計算是應用最廣泛的方法。

### Step 1 選擇需要插入函數的儲存格

打開「績效考核表 .xlsx」，選取 E21 儲存格。

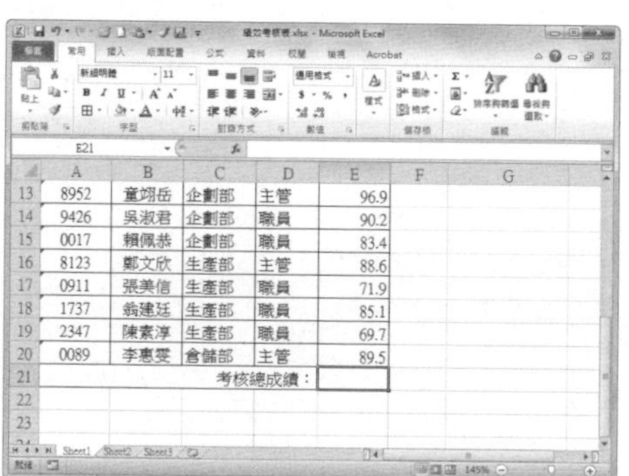


### Step 2 輸入 SUM 函數

在資料編輯列中輸入公式「=SUM(E3:E20)」後按下〔Enter〕鍵。

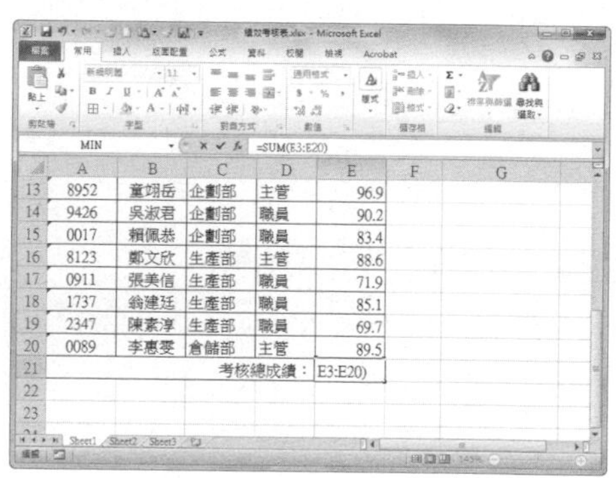


### Step 3 查看計算結果。

此時可以看到 E21 儲存格中顯示出計算結果。

**提示**

**SUM() 函數的語法結構**

SUM() 函數的語法結構為：

SUM(number1,number2，…)。

該函數用於計算所選儲存格區域中所有數值之和，最多能指定 30 個參數。Number 參數可以為數值、儲存格的參照位址或儲存格區域參照。

# 如何使用 SUMIF 函數計算滿足指定條件的數值？

第 3 章 \ 原始檔 \ 薪資發放統計 .xlsx

**A** SUMIF 函數是根據指定條件對指定的區域進行求和。下面以計算銷售部的加班費為例，介紹 SUMIF 函數的應用。

### Step 1　選擇需要插入函數的儲存格

打開「薪資發放統計 .xlsx」，選取 C22 儲存格，按下資料編輯列前的〔插入函數〕按鈕。

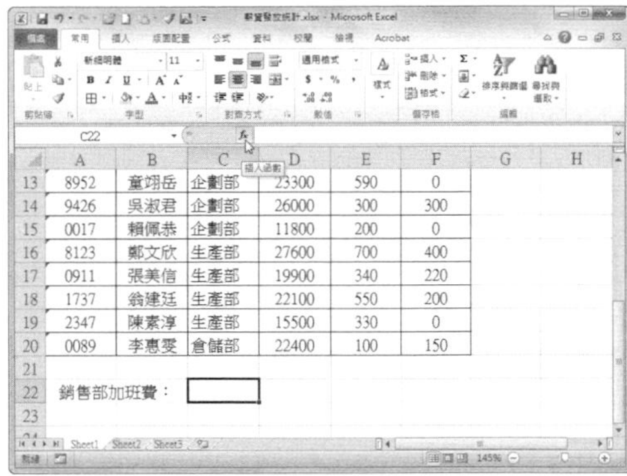


### Step 2　選擇 SUMIF 函數

在「插入函數」對話框中設定「或選取類別」為【數學與三角函數】，並在「選擇函數」中選擇「SUMIF」。

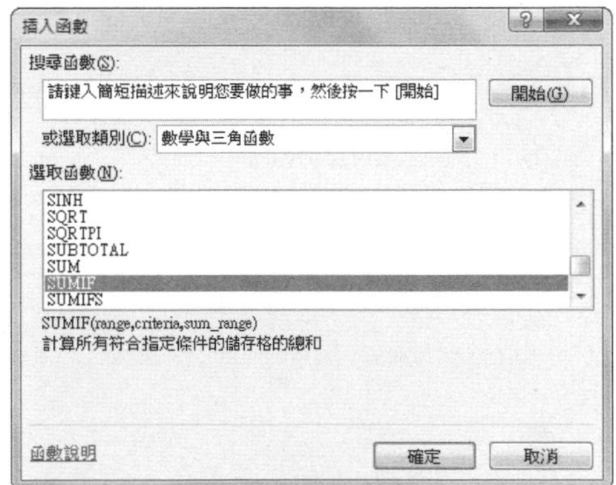


### Step 3　設定 Range 參數

在彈出的「函數引數」對話框中，設定 Range 的參數為「C3:C20」。

### Step 4　設定 Criteria 參數

因為是計算銷售部的加班費總和，所以這裡設定 Criteria 的參數為「" 銷售部 "」。

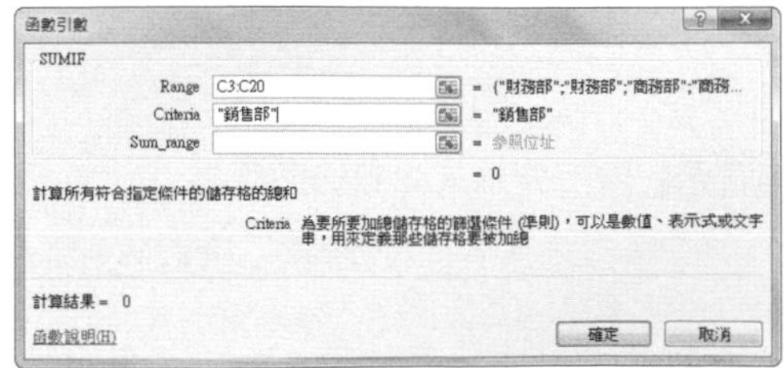

### Step 5 設定 Sum_range 參數

按下 Sum_range 文字方塊右側的折疊按鈕，把 Sum_range 的參數設定為 F3:F20。

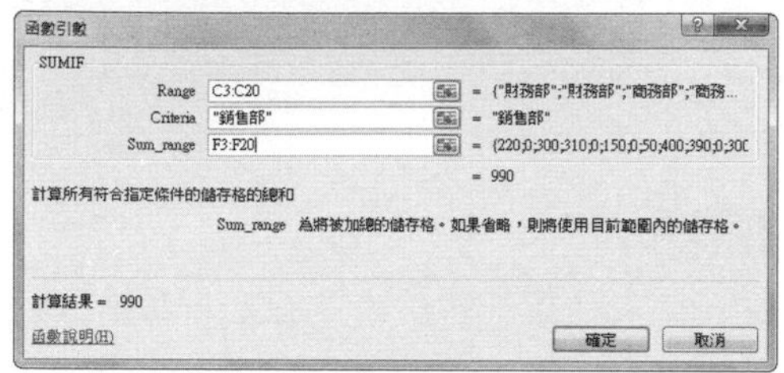

### Step 6 查看結果

按下〔確定〕按鈕後，傳回工作表中即可看到 C22 儲存格中顯示出了計算結果。

**提示**

SUMIF() 函數的語法結構

SUMIF() 函數的語法結構為：SUMIF(range,criteria,sum_range)。

該函數用於根據指定條件對若干儲存格求和。「Range」表示要進行條件判斷的儲存格區域；「Criteria」表示設定的檢索條件，只對符合條件的儲存格進行求和；「Sum_range」表示進行計算的儲存格區域，如果省略，則會計算 Range 範圍內滿足檢索條件儲存格的總和。

## 208 Q 如何使用 IF 與 AND 函數計算滿足條件的結果？

第 3 章 \ 原始檔 \ 複本績效考核表 .xlsx
第 3 章 \ 完成檔 \ 使用 IF 與 AND 函數 .xlsx

A IF 函數可根據條件判斷結果傳回不同的值，它經常與 AND 函數搭配運用，來判定多重條件。下面以判定「崗位工作」和「協調能力」同時高於 70 分為「及格」，否則為「不及格」的條件為例，介紹使用 IF 與 AND 函數計算滿足條件的結果。

### Step 1 選取要插入函數的儲存格

打開「複本績效考核表 .xlsx」，選取 G3 儲存格，按下資料編輯列前「插入函數」按鈕。

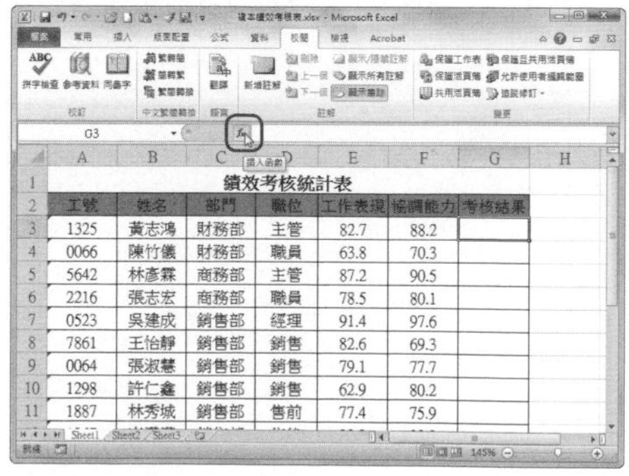

**Step 2** 選擇 IF 函數

在彈出的「插入函數」對話框中，設定「或選取類別」為【邏輯】，在「選擇函數」中選擇 IF 函數。

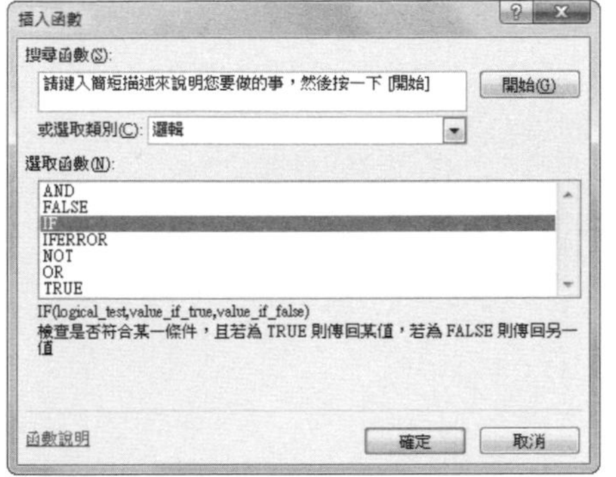


**Step 3** 設定 Logical_test 參數

在彈出的「函數引數」對話框中設定 Logical_test 參數為「AND(E3>=70,F3>=70)」。

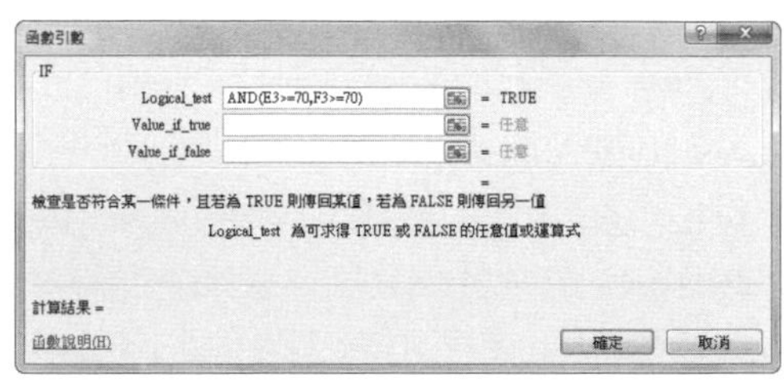


**Step 4** 設定 Valve_if_true 參數

在 Valve_if_true 參數的文字方塊中，輸入「及格」，指定條件成立時的傳回值。

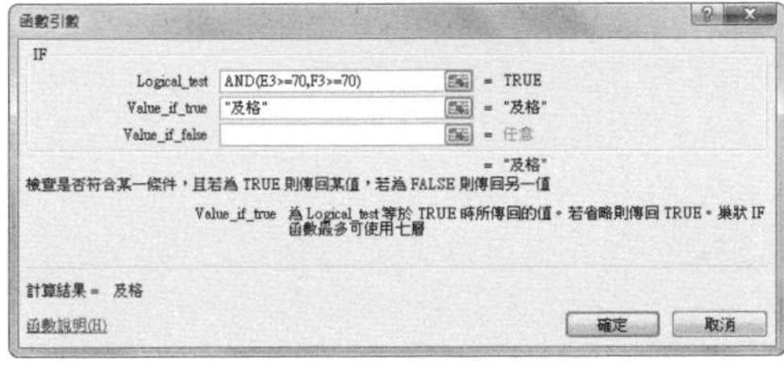


**Step 5** 設定 Value_if_false 參數

在 Value_if_false 參數的文字方塊中輸入「不及格」，指定條件不成立時的傳回值。

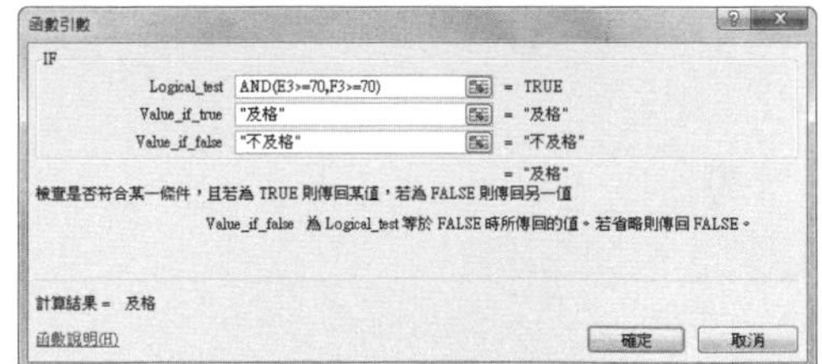


**Step 6** 查看結果

按下〔確定〕按鈕後可以看到計算結果，將游標移至 G3 右下角，出現十字游標時按住左鍵向下拖曳至 G20，即可將公式複製到下面欄位。

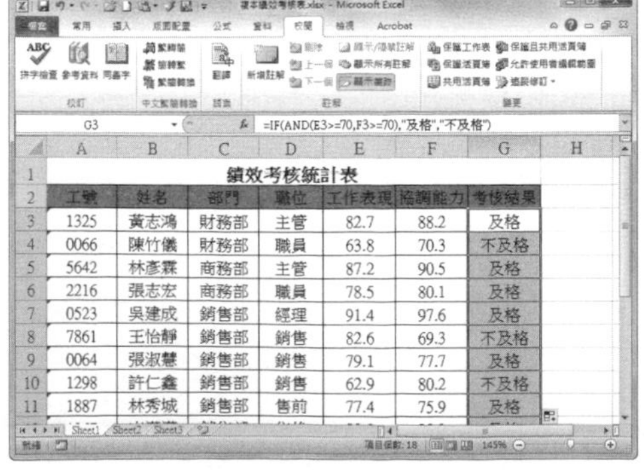


績效考核統計表

| 工號 | 姓名 | 部門 | 職位 | 工作表現 | 協調能力 | 考核結果 |
|---|---|---|---|---|---|---|
| 1325 | 黃志鴻 | 財務部 | 主管 | 82.7 | 88.2 | 及格 |
| 0066 | 陳竹儀 | 財務部 | 職員 | 63.8 | 70.3 | 不及格 |
| 5642 | 林彥霖 | 商務部 | 主管 | 87.2 | 90.5 | 及格 |
| 2216 | 張志宏 | 商務部 | 職員 | 78.5 | 80.1 | 及格 |
| 0523 | 吳建成 | 銷售部 | 經理 | 91.4 | 97.6 | 及格 |
| 7861 | 王怡靜 | 銷售部 | 銷售 | 82.6 | 69.3 | 不及格 |
| 0064 | 張淑慧 | 銷售部 | 銷售 | 79.1 | 77.7 | 及格 |
| 1298 | 許仁鑫 | 銷售部 | 銷售 | 62.9 | 80.2 | 不及格 |
| 1887 | 林秀城 | 銷售部 | 售前 | 77.4 | 75.9 | 及格 |

提示

**IF() 函數的語法結構**

IF() 函數的語法結構為：IF(logical_test,value_if_true,value_if_false)。

該函數用於執行真假判斷，根據判斷結果傳回不同的值。Logical_test 表示用帶有比較運算式的邏輯值指定條件判定公式。Value_if_true 表示指定的邏輯式成立時傳回的值。Value_if_false 表示指定的邏輯式不成立時傳回的值。

**AND() 函數的語法結構**

AND() 函數的語法結構為：AND(logical1,logical2，…)。

該函數用於判定指定的多個條件是否全部成立。Logical1,logical2,…表示除運用比較運算式的邏輯式外，還可以指定包含邏輯式的陣列或儲存格的參照位址。但如果陣列或參照的參數包含文字或空白儲存格，則這些值將被忽略。

## 209 Q 如何使用 COUNT 函數計數？

第 3 章 \ 原始檔 \ 複本薪資發放統計 .xlsx
第 3 章 \ 完成檔 \ 使用 COUNT 函數 .xlsx

COUNT 函數可以計算指定區域中滿足給定條件的儲存格數目，是最常見的統計函數。下面透過計算給多少人發放加班費實例，介紹使用 COUNT 函數統計加班人數。

**Step 1 打開原始檔**

打開「複本薪資發放統計 .xlsx」，選取 C22 儲存格。

**Step 2 按下「插入函數」按鈕**

切換至〔公式〕活頁標籤，按下「函數庫」選項群組中的〔插入函數〕按鈕。

## Step 3 選擇 COUNT 函數

在彈出的「插入函數」對話框中設定「或選取類別」為【統計】，在「選擇函數」中選擇 COUNT 函數。

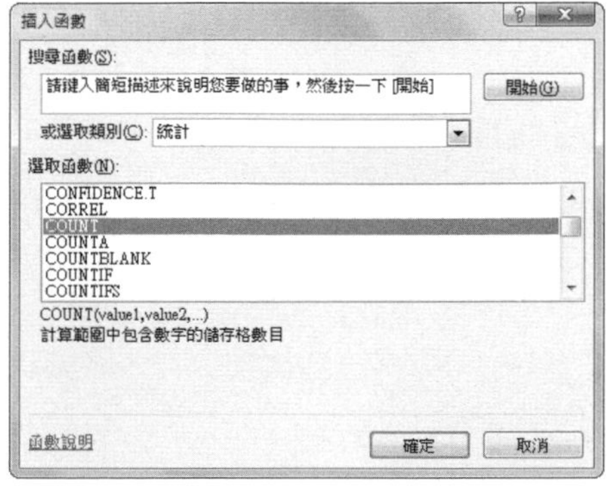


## Step 4 設定函數引數

按下〔確定〕按鈕，彈出「函數引數」對話框，按下 Value1 文字方塊右側的折疊按鈕。

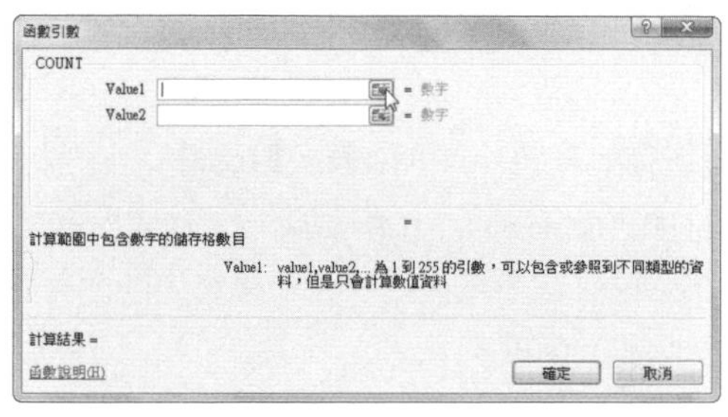


## Step 5 選擇計算的範圍

選擇 F3:F20 儲存格區域後，再次點選折疊按鈕，傳回到「函數引數」對話框。

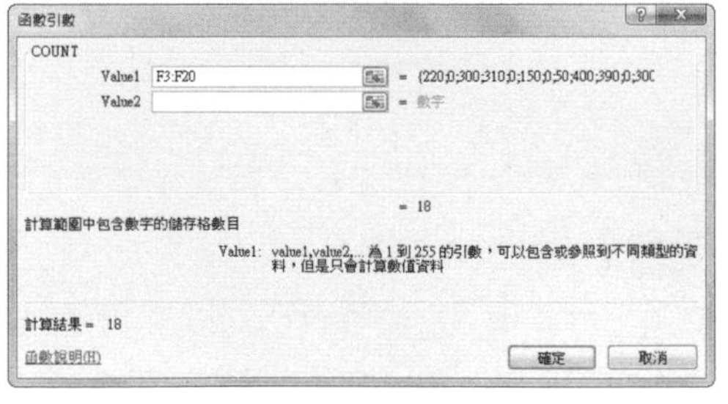


## Step 6 查看結果

按下〔確定〕按鈕，可以看到 Excel 計算出加班人數。

## 提示

### COUNT() 函數的語法結構

COUNT() 函數的語法結構為：COUNT(value1,value2,…)。

該函數用於計算數值資料的個數。Value 為包含或參照各種類型資料的參數，可指定 30 個參數，也可指定包含數位的儲存格。陣列或參照中的空儲存格、邏輯值、文字或錯誤值都將被忽略。

# 如何用 COUNTIF 函數統計滿足條件的資料個數？

第 3 章 \ 原始檔 \ COUNTIF 函數 .xlsx

COUNTIF 函數通常用來計算指定區域中符合給定條件的儲存格的個數。下面透過計算基本工資超過 20000 的人數為例，介紹使用 COUNTIF 函數進行資料統計。

## Step 1 打開「插入函數」對話框

打開「COUNTIF 函數 .xlsx」工作表，選取 D22 儲存格，然後按下資料編輯列前的〔插入函數〕按鈕。

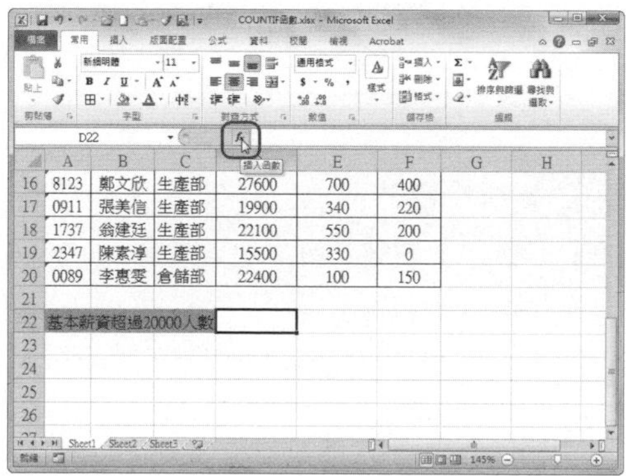


## Step 2 選擇 COUNTIF 函數

在彈出的「插入函數」對話框中設定「或選取類別」為【統計】，在「選擇函數」中選擇 COUNTIF 函數。

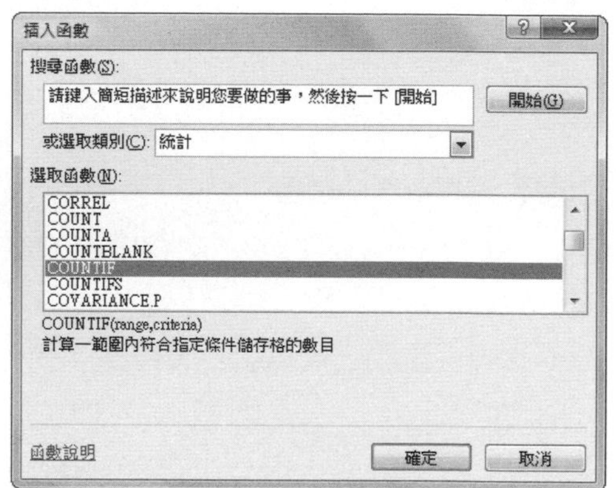


## Step 3 設定函數引數

按下〔確定〕按鈕後，即彈出「函數引數」對話框，按下 Range 文字框右側的折疊按鈕。

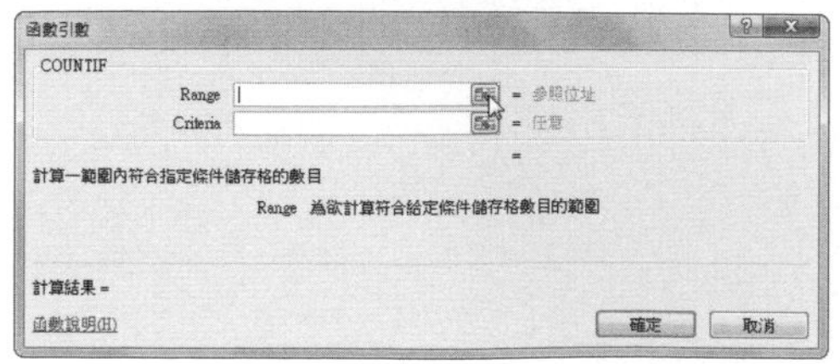


## Step 4 選擇計算範圍

傳回工作表中，選擇 D3:D20 儲存格區域後再次按下折疊按鈕，傳回「函數引數」對話框。

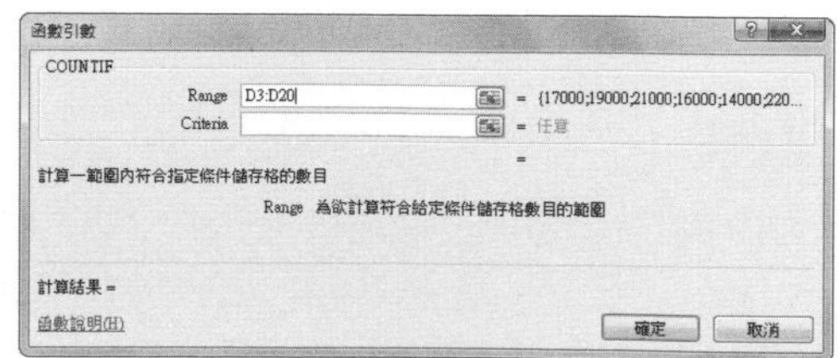

### Step 5 設定條件參數

在 Criteria 函數文字方塊中輸入統計條件「>20000」，然後按下〔確定〕按鈕。

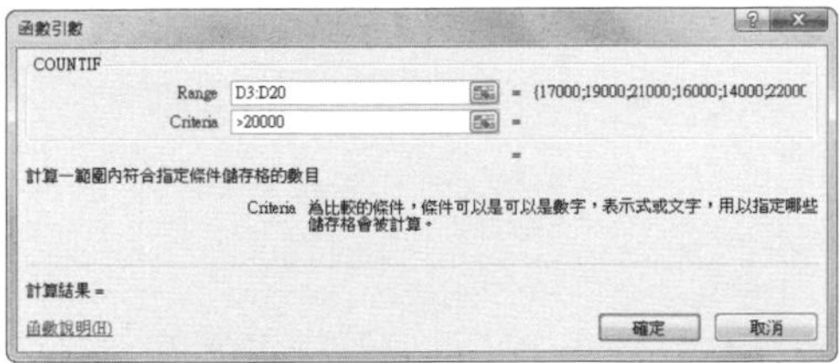


### Step 6 查看結果

這時可以看到，COUNTIF 函數已計算出符合條件的儲存格個數。

| | A | B | C | D | E | F | G | H |
|---|---|---|---|---|---|---|---|---|
| 17 | 0911 | 張美信 | 生產部 | 19900 | 340 | 220 | | |
| 18 | 1737 | 翁建廷 | 生產部 | 22100 | 550 | 200 | | |
| 19 | 2347 | 陳素淳 | 生產部 | 15500 | 330 | 0 | | |
| 20 | 0089 | 李惠雯 | 倉儲部 | 22400 | 100 | 150 | | |
| 21 | | | | | | | | |
| 22 | 基本薪資超過20000人數 | | | 8 | | | | |

**提示**

**COUNTIF() 函數的語法結構**

COUNTIF() 函數的語法結構為：COUNTIF(range，criteria)。

該函數用於計算滿足給定條件的資料個數。Range 表示需要計算滿足條件的儲存格個數的區域；Criteria 表示設定的計數條件，只對符合檢索條件的儲存格進行計數。

## 211 如何使用 AVERAGE 函數計算平均值？

第 3 章 \ 原始檔 \ AVERAGE 函數 .xlsx

使用者可以使用 AVERAGE 函數，計算指定資料或儲存格區域數值的平均值。下面透過計算公司員工

### Step 1 選取需應用函數的儲存格

打開「AVERAGE 函數 .xlsx」，選取 D22 儲存格。

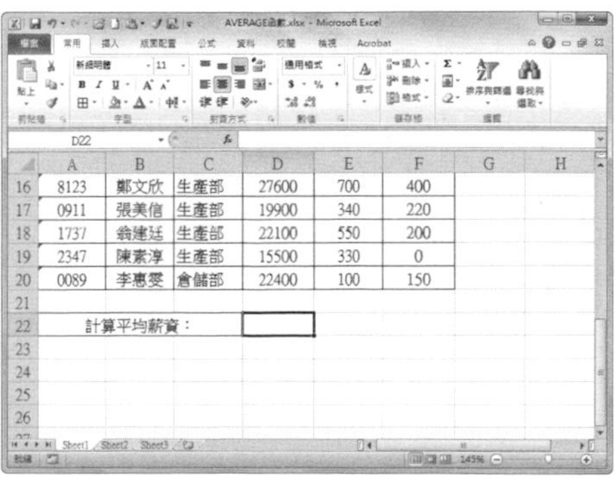

| | A | B | C | D | E | F | G | H |
|---|---|---|---|---|---|---|---|---|
| 16 | 8123 | 鄭文欣 | 生產部 | 27600 | 700 | 400 | | |
| 17 | 0911 | 張美信 | 生產部 | 19900 | 340 | 220 | | |
| 18 | 1737 | 翁建廷 | 生產部 | 22100 | 550 | 200 | | |
| 19 | 2347 | 陳素淳 | 生產部 | 15500 | 330 | 0 | | |
| 20 | 0089 | 李惠雯 | 倉儲部 | 22400 | 100 | 150 | | |
| 21 | | | | | | | | |
| 22 | | 計算平均薪資： | | | | | | |

## Step 2 打開「插入函數「對話框

切換至〔公式〕活頁標籤，在「函式程式庫」選項群組中按下〔插入函數〕按鈕。

## Step 3 選擇 AVERAGE 函數

在彈出的「插入函數」對話框中設定「或選取類別」為【統計】，在「選擇函數」中選擇 AVERAGE 函數。

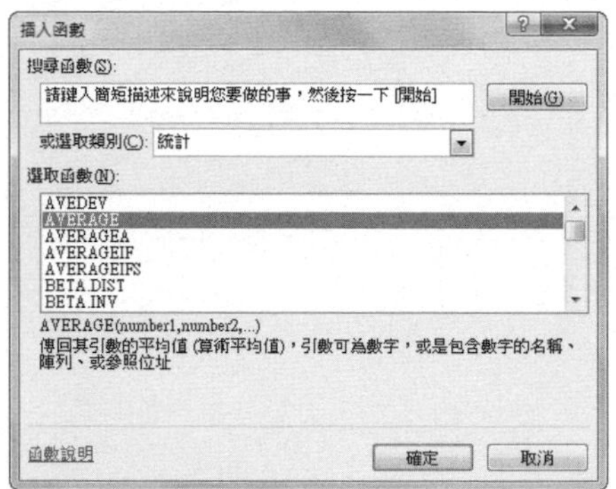


## Step 4 設定函數引數

按下〔確定〕按鈕，彈出「函數引數」對話框，按下 Number1 參數框右側的折疊按鈕。

## Step 5 選擇統計範圍

選擇 D3:D20 儲存格區域後再次按下折疊按鈕，傳回「函數引數」對話框。

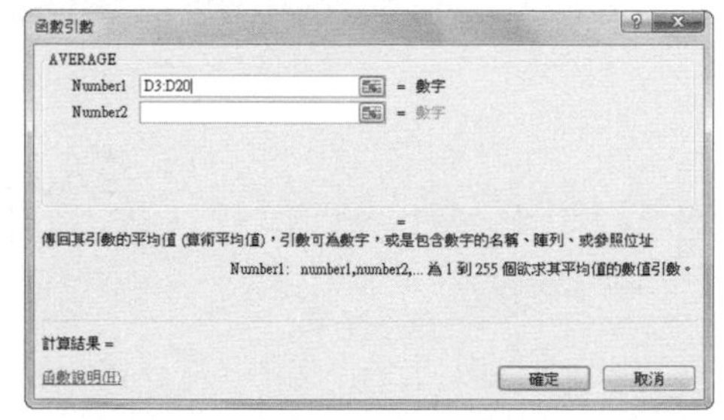


## Step 6 查看結果

按下〔確定〕按鈕，這時可以看到 AVERAGE 函數已經計算出了平均基本工資。

**提 示**

**AVERAGE() 函數的語法結構**

AVERAGE() 函數的語法結構為：AVERAGE(range，criteria)。

該函數用於計算滿足給定條件的資料個數。Range 為需要計算滿足條件的儲存格個數的區域；Criteria 表示設定的計數條件，只對符合檢索條件的儲存格進行計數。

## 如何使用 SUBTOTAL 函數匯總篩選後數值？

第 3 章 \ 原始檔 \ 使用 SUBTOTAL 函數 .xlsx
第 3 章 \ 完成檔 \ 使用 SUBTOTAL 函數匯總篩選後數值 .xlsx

SUBTOTAL 函數按照指定的求和方法，可以求出選取範圍內的合計值、平均值、最大值、最小值等 11 種數值。下面透過計算銷售員林于庭銷售總額的實例，介紹使用 SUBTOTAL 函數匯總篩選後數值。

**Step 1** 按下「插入函數」按鈕

打開「使用 SUBTOTAL 函數 .xlsx」，選取 F23 儲存格，按下資料編輯列中的〔插入函數〕按鈕。

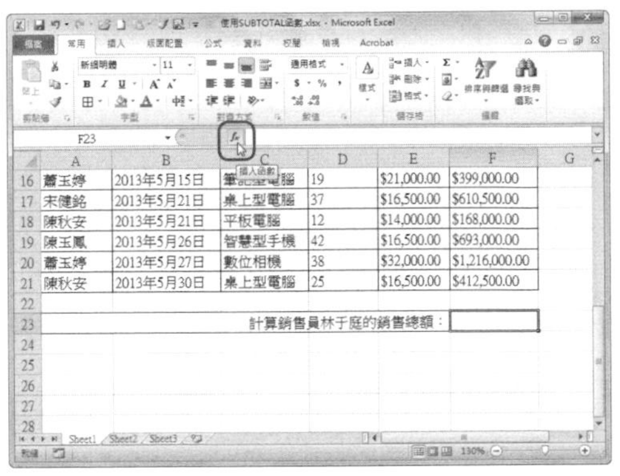


**Step 2** 選擇 SUBTOTAL 函數

在彈出的「插入函數」對話框中設定「或選取類別」為【數學與三角函數】，在「選擇函數」中選擇 SUBTOTAL 函數。

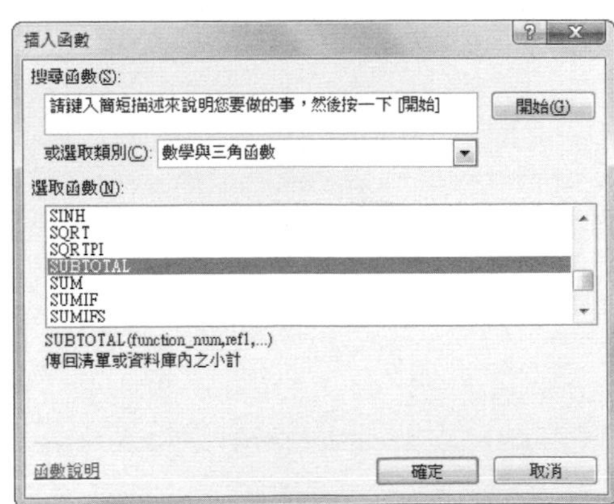

## Step 3 設定函數引數

按下〔確定〕按鈕後，即彈出「函數引數」對話框。設定 Function_num 為「9」，設定 Ref1 為「F3:F21」後，按下〔確定〕按鈕。

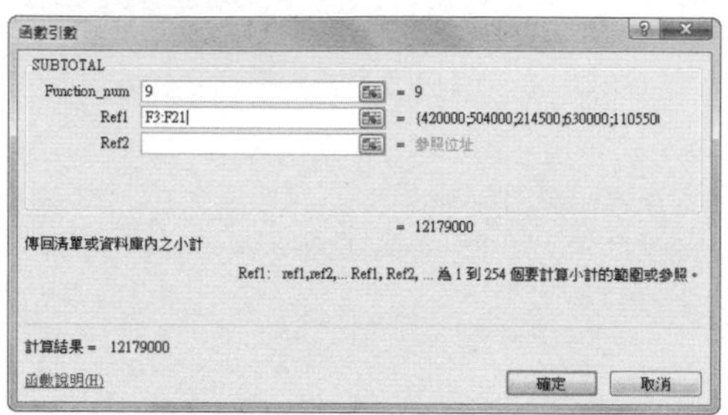


## Step 4 進入篩選狀態

切換至〔資料〕活頁標籤，按下「排序與篩選」選項群組中〔篩選〕按鈕，即進入篩選狀態。

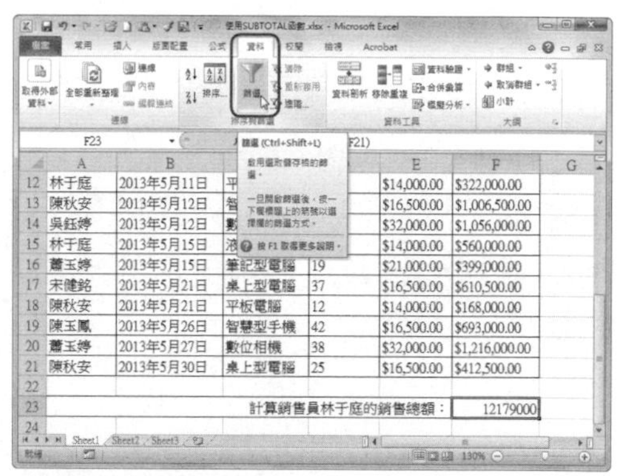


## Step 5 篩選銷售人員

按下 A2 儲存格「銷售人員」右側的篩選按鈕，僅勾選清單中的「林于庭」核取方塊，按下〔確定〕按鈕。

## Step 6 查看篩選後匯總結果

這時可以看到 F23 儲存格會自動匯總顯示的篩選後資料，並計算出銷售員林于庭的銷售總額。

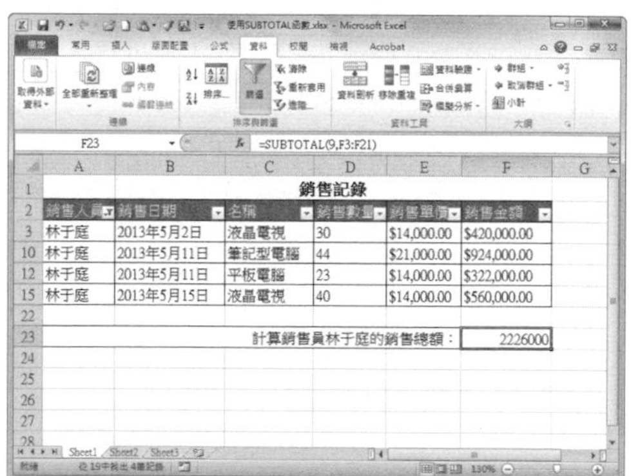

**提示**

SUBTOTAL() 函數的語法結構

SUBTOTAL() 函數的語法結構為：SUBTOTAL(function_num,ref1,ref2,…)。

該函數用於傳回資料清單或資料庫中的分類匯總數值。Function_num 表示用 1 ～ 11 的數字或者內容為 1 ～ 11 數字的儲存格指定合計資料的方法；Ref1,ref2，…表示用 1 ～ 29 個儲存格區域指定求和的資料範圍。

SUBTOTAL() 函數提供了 11 種合計方式，以數字 1 ～ 11 來表示，不同數字代表的合計方式參見下表。

| 數字 | 計算方式 | 對應函數 |
|---|---|---|
| 1 | 計算資料的平均值 | AVERAGE |
| 2 | 計算資料的數值個數 | COUNT |
| 3 | 計算資料非空值的儲存格個數 | COUNTA |
| 4 | 計算資料的最大值 | MAX |
| 5 | 計算資料的最小值 | MIN |
| 6 | 計算資料的乘積 | PRODUCT |
| 7 | 計算樣本的標準差 | STDEV.S |
| 8 | 計算樣本總體的標準差 | STDEV.P |
| 9 | 計算資料的總和 | SUM |
| 10 | 計算總體樣本抽樣的變異數 | DVAR |
| 11 | 計算總體樣本的變異數 | DVARP |

## 如何使用 RANK.AVG 函數對資料進行排名？

第 3 章 \ 原始檔 \RANK.AVG 函數 .xlsx
第 3 章 \ 完成檔 \ 使用 RANK.AVG 函數對資料進行排名 .xlsx

工作中時常需要對資料進行排名，使用 RANK.AVG 函數計算一個數值在一組數值中的排位。下面透過對考核成績進行排名的實例，介紹使用 RANK.AVG 函數對資料進行排名。

**Step 1 按下「插入函數」按鈕**

打開「RANK.AVG 函數 .xlsx」，選取 F3 儲存格，按下資料編輯列前的〔插入函數〕按鈕。

**Step 2 選擇 RANK.AVG 函數**

在彈出的「插入函數」對話框中設定「或選取類別」為【統計】，在「選擇函數」中選擇 RANK.AVG 函數。

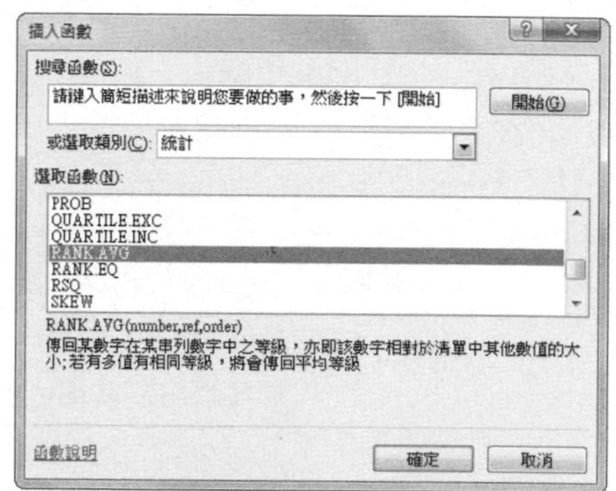

**Step 3 設定 Number 參數**

按下〔確定〕按鈕後，即彈出「函數引數」對話框。設定 Number 為 E3 儲存格。

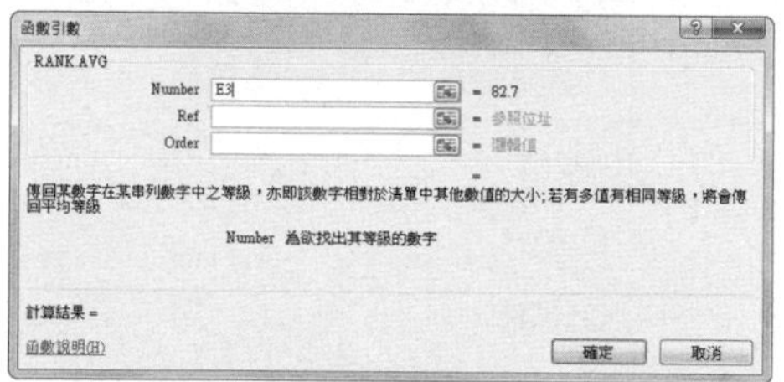

**Step 4 設定 Ref 參數**

設定 Ref 為「$E$3:$E$20」，這裡可以透過按下〔F4〕鍵將參照方式更改為絕對參照。

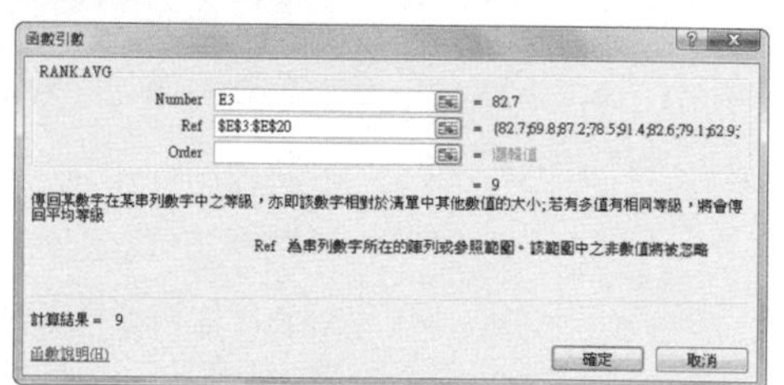

**Step 5 設定 Order 參數**

設定 Order 為 0 或忽略時，即為降冪排名；設定 Order 為非零值時，則為升冪排名。

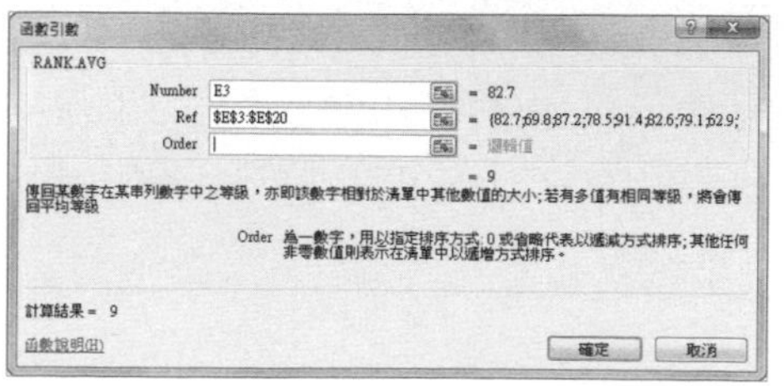

**Step 6 查看排序結果**

按下〔確定〕按鈕後，即可向下複製公式至 F20 儲存格，查看排序結果。

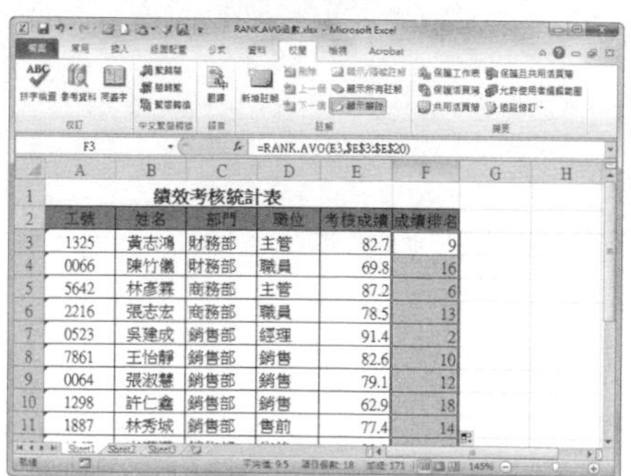

提示

**RANK.AVG() 函數的語法結構**

RANK.AVG() 函數的語法結構為 RANK.AVG(number,ref，[order])。

該函數用於計算一個數值在一組數值中的排名。Number 為需要計算排名的數值，或者數值所在的儲存格。Ref 表示將計算數值在此區域中的排名，可以為儲存格區域參照或區域名稱。Order 表示指定排名的方式，如果省略此參數，則採用降冪排名。如果指定 0 以外的數值，則採用升冪方式，如果指定數值以外的文字，則傳回錯誤值「#VALUE!」。

## 214 Q 如何使用 TREND 函數預測數值趨勢？

第 3 章 \ 原始檔 \TREND 函數 .xlsx
第 3 章 \ 完成檔 \ 使用 TREND 函數 .xlsx

如果資料呈現一定的增長或減少的規律時，可以在 Excel 中預測資料的走勢。本例中統計本年度前三季各產品銷售額，利用 TREND 函數預測第四季的銷售額趨勢。

**Step 1 按下「插入函數」按鈕**

打開「TREND 函數 .xlsx」，選取 E3 儲存格，然後按下資料編輯列前的〔插入函數〕按鈕。

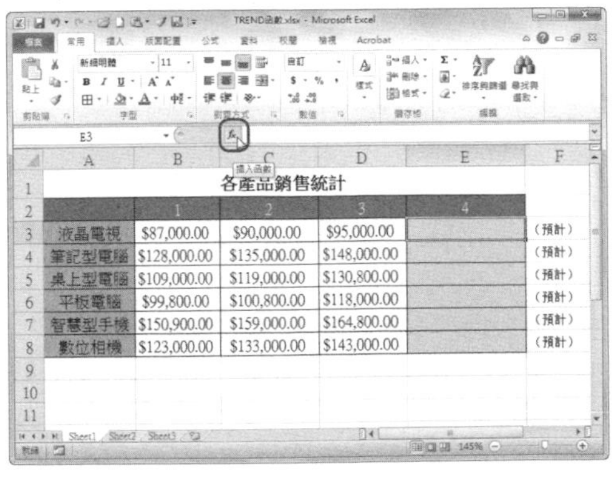


**Step 2 選擇 TREND 函數**

在彈出的「插入函數」對話框中設定「或選取類別」為【統計】，在「選擇函數」中選擇 TREND 函數。

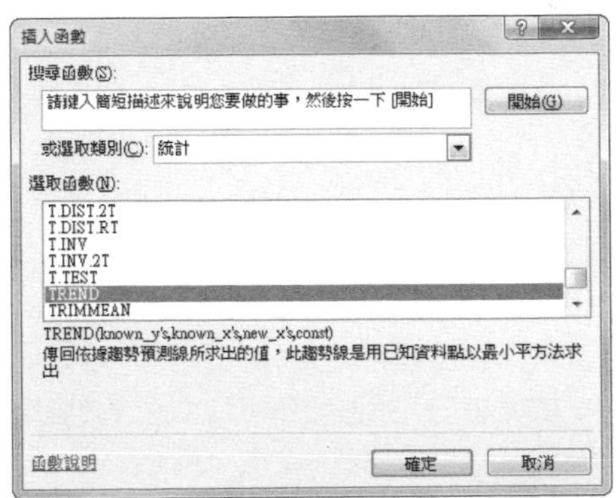

**Step 3** 設定 Known_y's 參數

按下〔確定〕按鈕後，即彈出「函數引數」對話框，設定 Known_y's 參數為 B3:D3 儲存格區域。

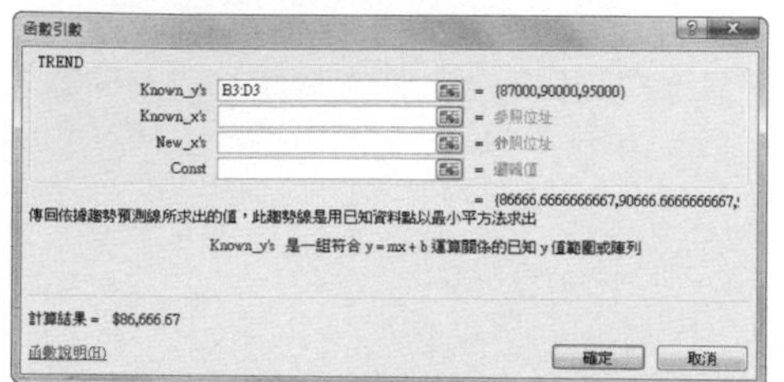


**Step 4** 設定 Known_x's 參數

設定 Known_x's 參數為 B2:D2 儲存格區域。

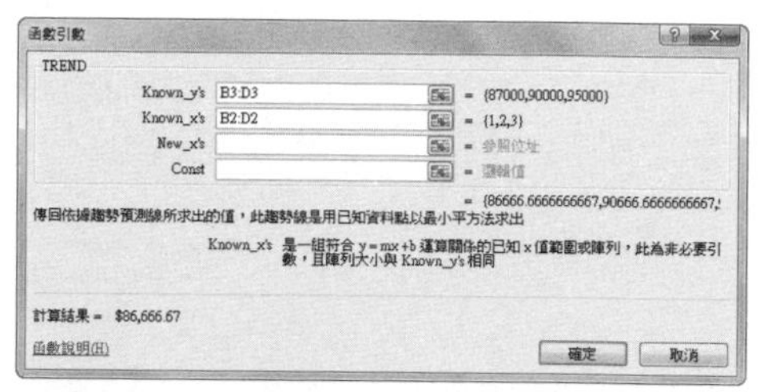


**Step 5** 設定 New_x's 參數

設定 New_x's 為 E2，省略 Const 參數設定，然後按下〔確定〕按鈕。

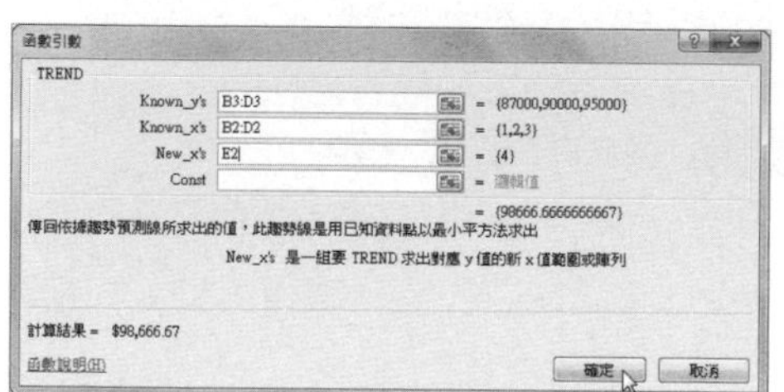


**Step 6** 查看計算結果

即可看到 第四季的預測銷售額，複製公式至 E8 儲存格。

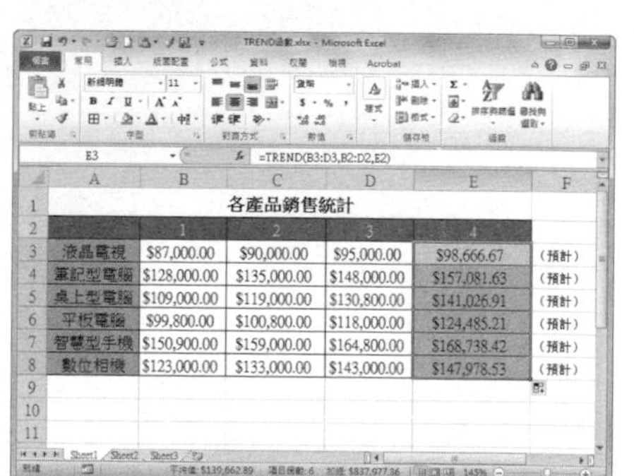


**提示**

### TREND() 函數的語法結構

TREND() 函數的語法結構為 TREND(known_y's,known_x's,new_x's,const)。

該函數用於計算回歸直線的預測值。Known_y's 表示陣列或儲存格區域指定從屬變數（因變數）的實測值，從屬變量是隨其他變數變化而變化的量。Known_x's 表示陣列或儲存格區域指定獨立變數（引數）的實測值。New_x's 表示陣列或儲存格區域指定需要 TREND 函數傳回對應 y 值的新 x 值。Const 表示如果此參數為 TRUE 或省略，b 將按正常計算；如果此參數為 FALSE，b 將被設為 0，並同時調整 m 值，使 y=mx。

### TREND() 函數的預測原理

TREND() 函數是採取線性回歸方式進行預測的，即採用 y=a+bx 公式，其中 y 為預測值，a 為回歸直線的截距，b 為斜率，x 為變數。簡單來說，即是根據已有資料的增減趨勢，來預測接下來資料的大小。

## 215 Q 如何計算並自動更新目前日期與時間？

第 3 章 \ 原始檔 \NOW 函數 .xlsx
第 3 章 \ 完成檔 \ 使用 NOW 函數 .xlsx

NOW 函數用於計算目前的日期和時間。應用該函數可以在工作表中顯示出目前日期，並且以後每次打開工作表時，日期都會自動更新。

**Step 1** 選擇要計算目前時間的儲存格

打開「NOW 函數 .xlsx」，選取 F22 儲存格。

| | A | B | C | D | E | F |
|---|---|---|---|---|---|---|
| 15 | 0017 | 賴佩恭 | 企劃部 | 1180 | 200 | 0 |
| 16 | 8123 | 鄭文欣 | 生產部 | 2760 | 700 | 400 |
| 17 | 0911 | 張美信 | 生產部 | 1990 | 340 | 220 |
| 18 | 1737 | 翁建廷 | 生產部 | 2210 | 550 | 200 |
| 19 | 2347 | 陳素淳 | 生產部 | 1550 | 330 | 0 |
| 20 | 0089 | 李惠雯 | 倉儲部 | 2240 | 100 | 150 |
| 22 | | | | | 製表日期 | |

**Step 2** 輸入 NOW 函數

在資料編輯列中輸入公式「=NOW()」後，按下〔Enter〕鍵。

**Step 3** 查看結果

這時 Excel 自動插入目前的日期和時間。若按下〔F9〕鍵或再次打開該檔時，時間將自動更新。

| | A | B | C | D | E | F |
|---|---|---|---|---|---|---|
| 15 | 0017 | 賴佩恭 | 企劃部 | 1180 | 200 | 0 |
| 16 | 8123 | 鄭文欣 | 生產部 | 2760 | 700 | 400 |
| 17 | 0911 | 張美信 | 生產部 | 1990 | 340 | 220 |
| 18 | 1737 | 翁建廷 | 生產部 | 2210 | 550 | 200 |
| 19 | 2347 | 陳素淳 | 生產部 | 1550 | 330 | 0 |
| 20 | 0089 | 李惠雯 | 倉儲部 | 2240 | 100 | 150 |
| 22 | | | | | 製表日期 | 2013/9/14 12:39 |

**提示**

NOW() 函數的語法結構

NOW() 函數的語法結構為 NOW()。

該函數用於計算目前的日期和時間。此函數無參數，但必須有 ()。

# 如何計算兩個日期間的工作日天數？

第 3 章 \ 原始檔 \NETWORKDAYS 函數 .xlsx
第 3 章 \ 完成檔 \ 使用 NETWORKDAYS 函數 .xlsx

在制定工作計畫或跟蹤專案進度時，經常需要計算兩個日期之間的工作日天數，來合理安排工作，此時利用 NETWORKDAYS 函數，即可輕鬆計算出工作日的天數。

**Step 1** 按下「插入函數「按鈕

打開「NETWORKDAYS 函數 .xlsx」，選取 D3 儲存格，按下資料編輯列前的〔插入函數〕按鈕。

| | B | C | D | E | F | G |
|---|---|---|---|---|---|---|
| 1 | 訂單跟蹤表 | | | | | |
| 2 | 接單日期 | 交貨日期 | 有效工作天數 | | 節假日列表 | 放假時間 |
| 3 | 2013年6月10日 | 2013年8月5日 | | | 端午節 | 2013年6月12日 |
| 4 | 2013年6月12日 | 2013年7月28日 | | | | |
| 5 | 2013年6月14日 | 2013年9月2日 | | | | |
| 6 | 2013年6月16日 | 2013年8月1日 | | | | |
| 7 | 2013年6月18日 | 2013年7月20日 | | | | |
| 8 | 2013年6月20日 | 2013年6月30日 | | | | |
| 9 | 2013年6月22日 | 2013年8月31日 | | | | |

**Step 2** 選擇 NETWORKDAYS 函數

在彈出的「插入函數」對話框中設定「或選取類別」為【日期與時間】，在「選擇函數」中選擇 NETWORKDAYS 函數。

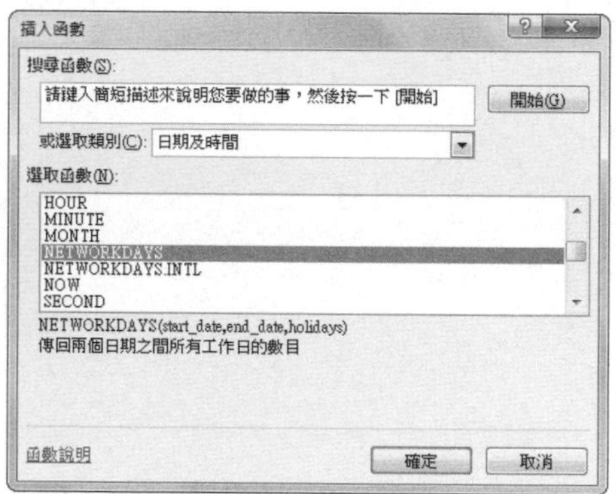


**Step 3** 設定 Start_date 參數

按下〔確定〕按鈕後，即彈出「函數引數」對話框。設定 Start_date 為 B3 儲存格。

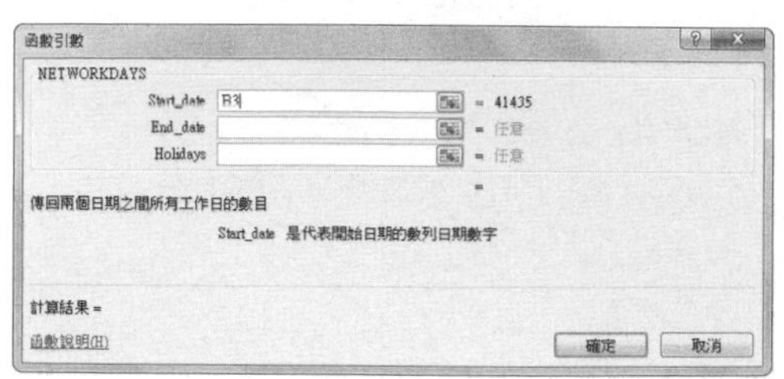


**Step 4** 設定 End_date 參數

設定 End_date 參數為 C3 儲存格。

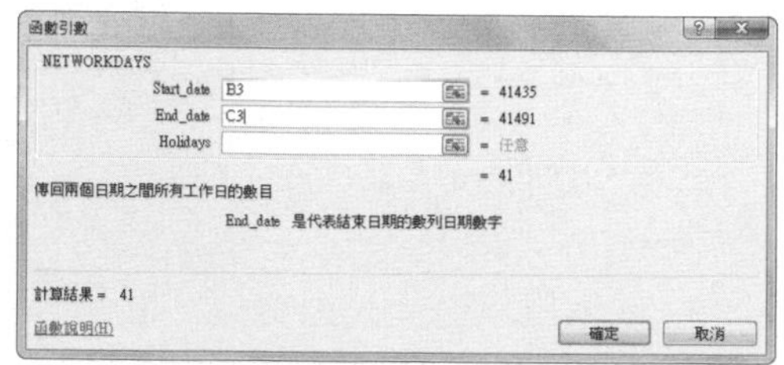

**Step 5** 設定 Holidays 參數

設定 Holidays 參數為 G3 儲存格，此函數引數也可省略，表示無假期。點選〔確定〕按鈕。

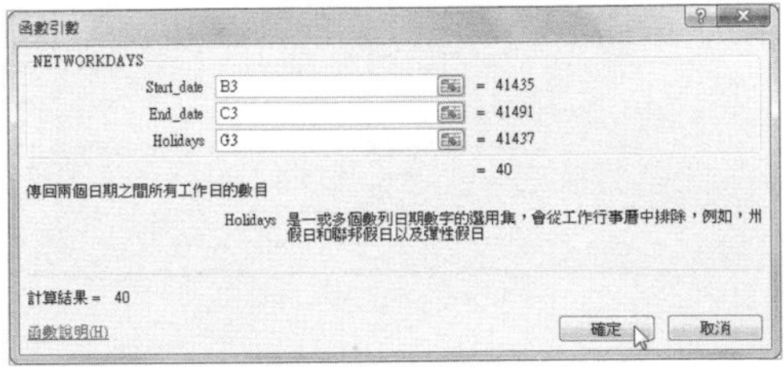


**Step 6** 查看計算結果

即可看到兩個日期之間的有效工作日天數，複製公式至 D9 儲存格。

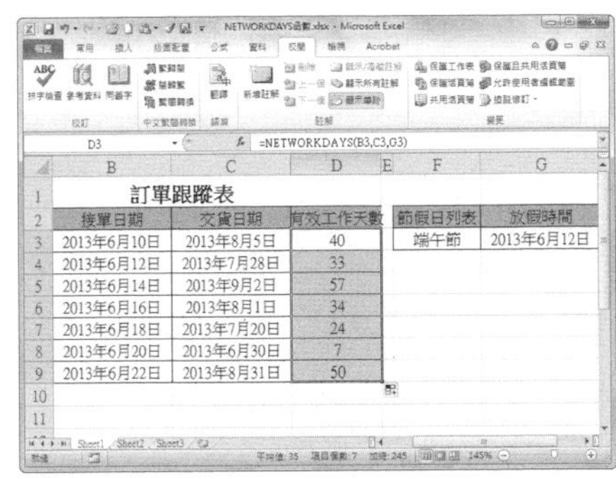


**提示**

**NETWORKDAYS() 函數的語法結構**

NETWORKDAYS() 函數的語法結構為 NETWORKDAYS(start_date,end_date,holidays)。該函數用於計算起始日期和結束日期之間的工作日天數。Start_date 為代表開始日期的日期資料。End_date 為代表結束日期的日期資料，格式與 start_date 相同。Holidays 表示需要從中排除的日期值，如國家法定假日。

## 217 Q 如何利用函數轉換英文大小寫？

第 3 章 \ 原始檔 \ 轉換大小寫 .xlsx
第 3 章 \ 完成檔 \ 利用函數轉換英文大小寫 .xlsx

**A** 運用 UPPER 函數可以將小寫英文轉換為大寫，運用 LOWER 函數可以將大寫英文轉換成小寫形式。

**Step 1** 選擇目標儲存格。

打開「轉換大小寫 .xlsx」，選取 C2 儲存格。

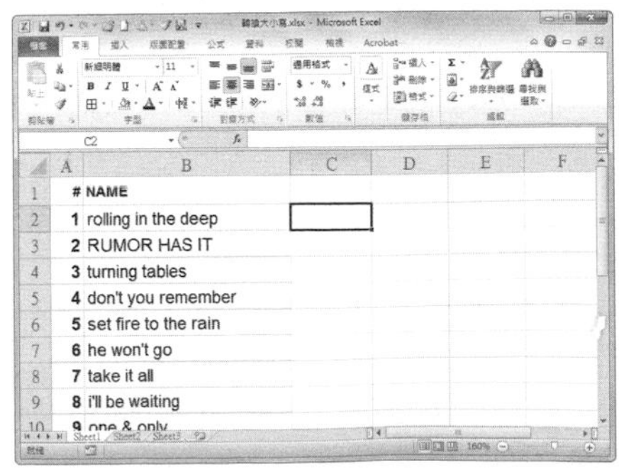

**Step 2 輸入公式。**

在資料編輯列中輸入公式「=UPPER(B2)」後，按下〔Enter〕鍵。

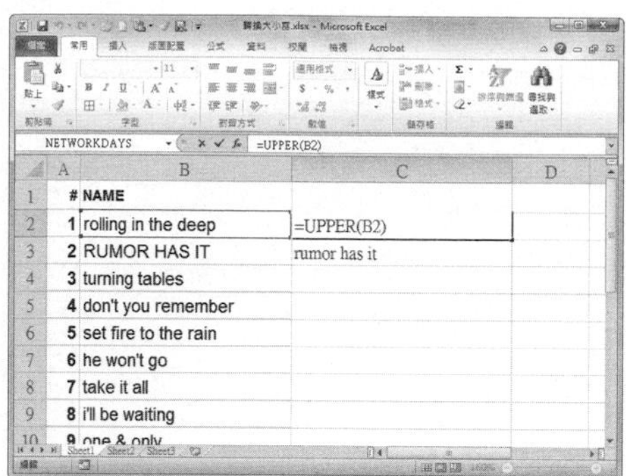


**Step 3 查看轉換效果。**

可以看到 B3 儲存格中的小寫字母都轉換成大寫了。

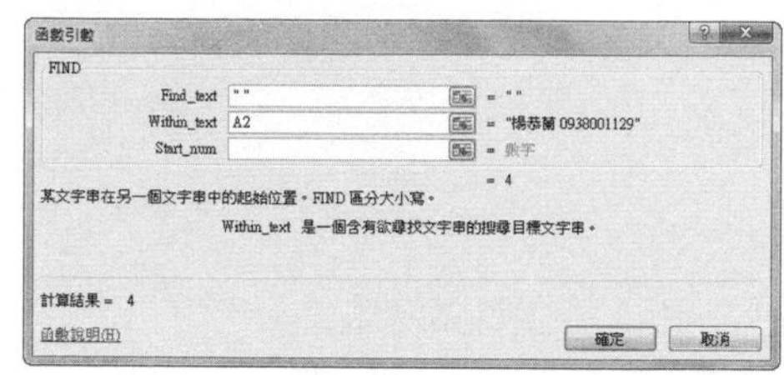


**Step 4 選取目標儲存格。**

選取 C3 儲存格，將應用 LOWER 函數使 B3 儲存格中的字母轉換為英文小寫。

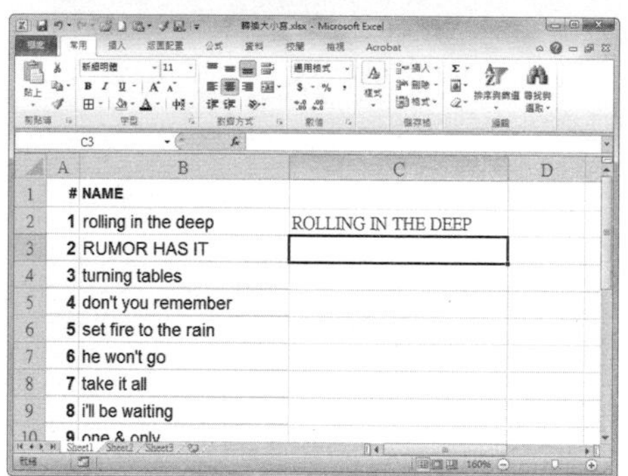


**Step 5 輸入公式。**

在資料編輯列中輸入公式「=LOWER(B3)」後，按下〔Enter〕鍵。

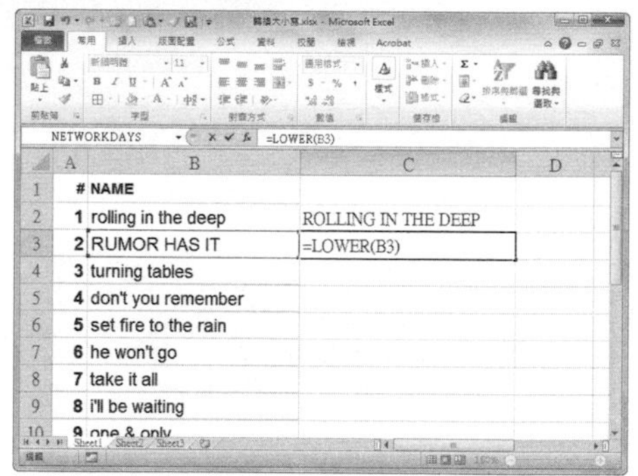


**Step 6 查看轉換效果。**

可以看到 B3 儲存格中小寫字母都轉換成英文大寫了。

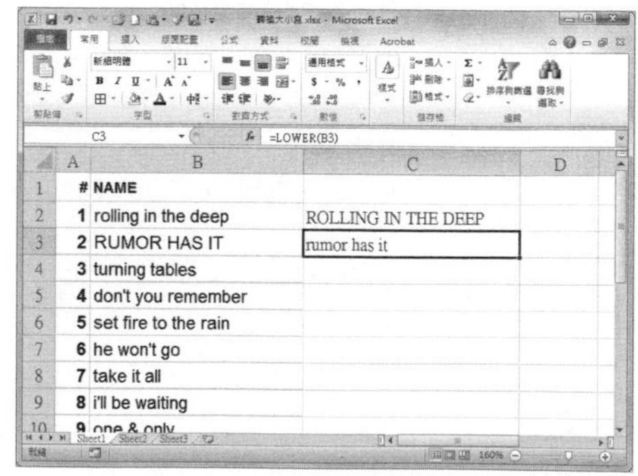

**提示**

**UPPER() 函數的語法結構**

UPPER() 函數的語法結構為 UPPER(text)。

該函數用於將文字轉換成大寫形式。Text 表示包含在一組英文半形狀態下的雙引號中的文字字串，或字串所在的儲存格，或者計算結果為文字的公式，且指定的文字儲存格只能是一個。

**LOWER() 函數的語法結構**

LOWER() 函數的語法結構為 LOWER(text)。

該函數用於將文字中的大寫字母轉換為小寫字母。Text 表示包含在一組英文半形雙引號中的文字字串，或字串所在的儲存格，或者計算結果為文字的公式。指定的文字儲存格只能有一個，而且不能指定為儲存格區域。

## 218 Q 如何從字串開頭或末尾截取字元？

第 3 章 \ 原始檔 \ 截取字元 .xlsx
第 3 章 \ 完成檔 \ 使用函數截取字元 .xlsx

在 Excel 儲存格中，若要從第一個字母開始截取指定個數的字元，可以使用 LEFT 函數；若要從最後一個字元開始截取指定個數的字元，則是用 RIGHT 函數。

**Step 1 按下「插入函數」按鈕**

打開「截取字元 .xlsx」，選取 D2 儲存格，然後按下資料編輯列前的〔插入函數〕按鈕。

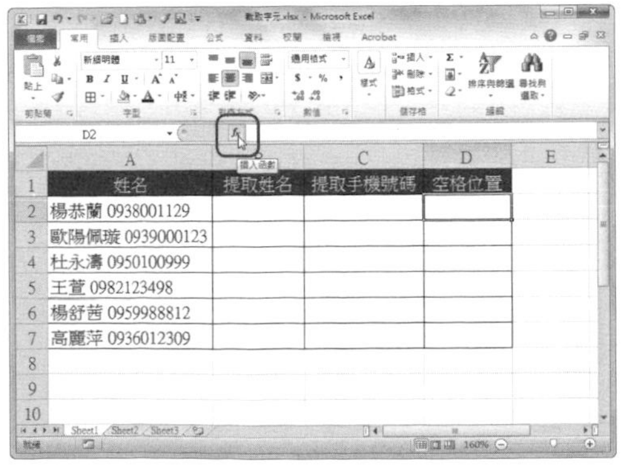


**Step 2 選擇 FIND 函數**

在彈出的「插入函數」對話框中設定「或選取類別」為【文字】，並在「選擇函數」中選擇 FIND 函數。

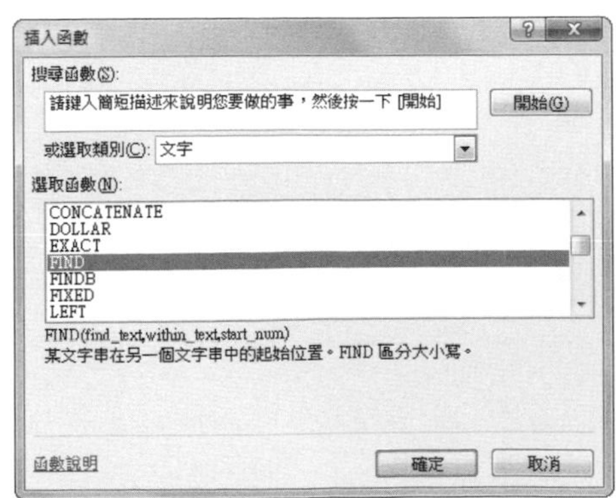

## Step 3 設定函數引數

按下〔確定〕按鈕後，即彈出「函數引數」對話框。設定 Find_text 為「" "」，設定 Within_text 為「A2」。

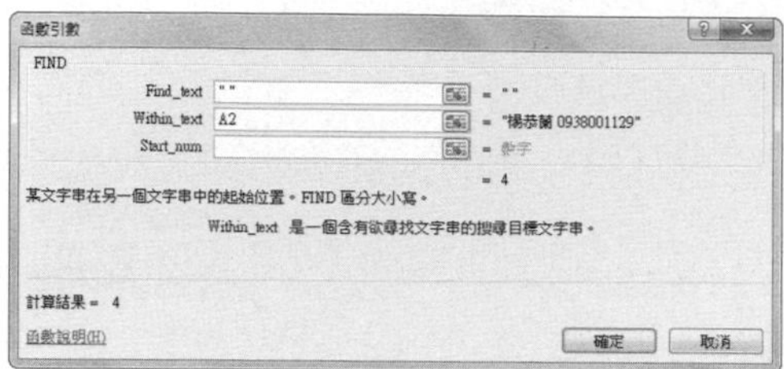


## Step 4 查看計算結果並複製公式

按下〔確定〕按鈕後，可以看到 D2 儲存格計算出空格的位置，向下複製 D2 儲存格的公式至 D7 儲存格。

## Step 5 打開「插入函數」對話框

選中 B2 儲存格，按下資料編輯列前的〔插入函數〕按鈕，即可彈出「插入函數」對話框。

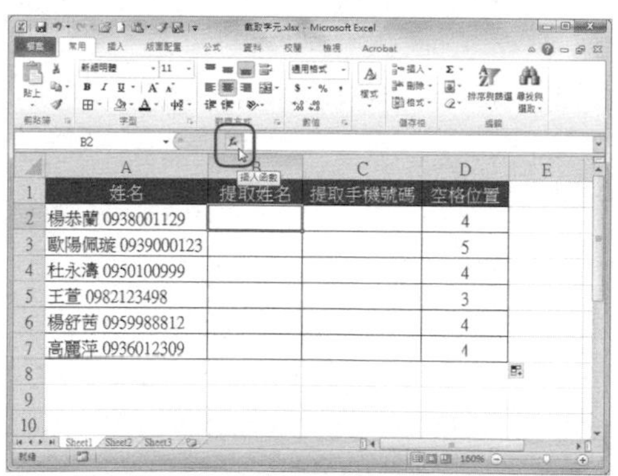


## Step 6 選擇 LEFT 函數

設定「或選取類別」為【文字】，在「選擇函數」中選擇 LEFT 函數後，按下〔確定〕按鈕。

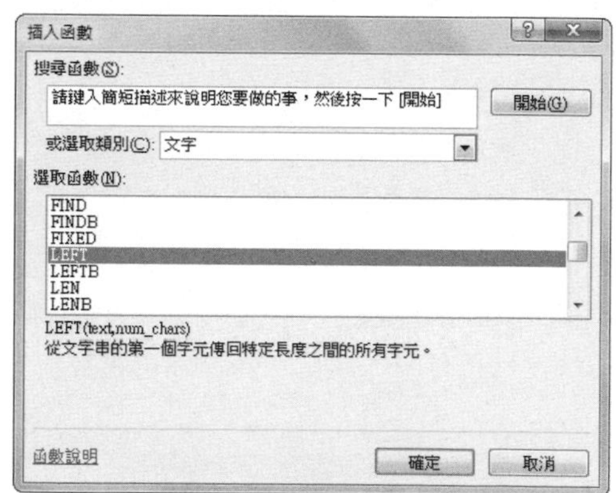

## Step 7 設定函數引數

彈出「函數引數」對話框，設定 Text 為「A2」，設定 Num_chars 為「D2」，按下〔確定〕按鈕。

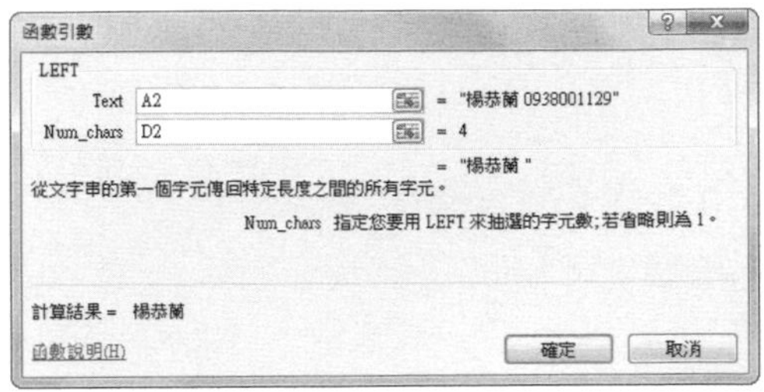


## Step 8 查看效果並複製公式

可以看到 B2 儲存格截取姓名，向下複製 B2 儲存格中公式至 B7 儲存格。

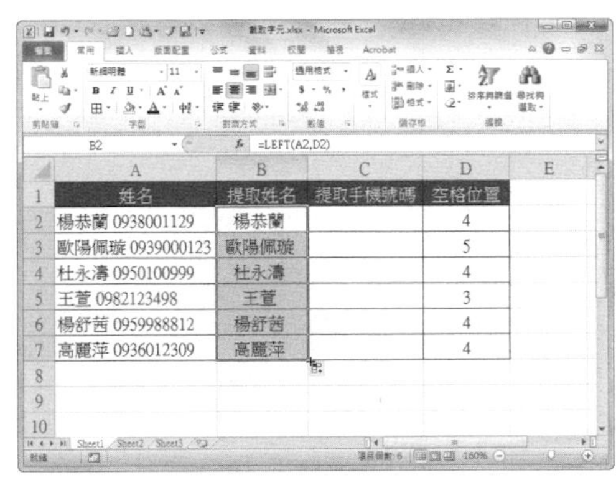


## Step 9 打開「插入函數」對話框

選取 C2 儲存格，按下資料編輯列前的〔插入函數〕按鈕。

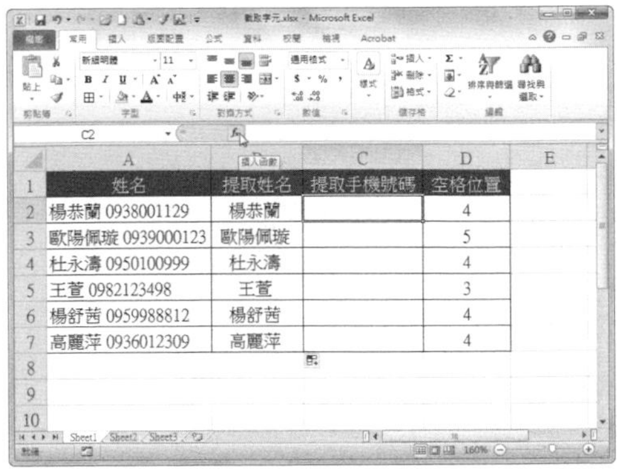


## Step10 選擇 RIGHT 函數

在彈出的「插入函數」對話框中設定「或選取類別」為【文字】，在「選擇函數」中選擇 RIGHT 函數。

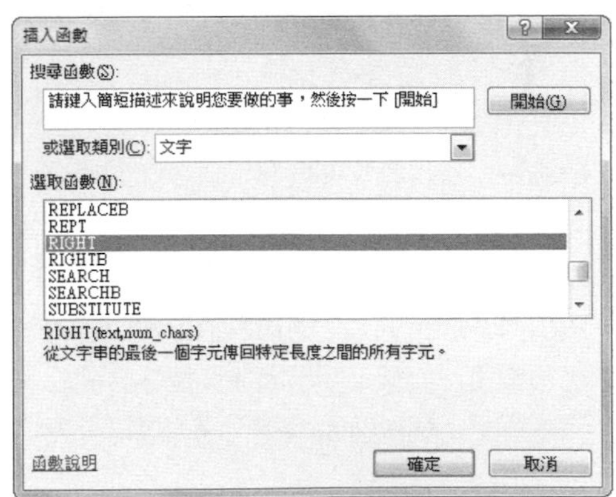

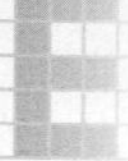

**Step11** 設定函數引數

按下〔確定〕按鈕，彈出「函數引數」對話框。設定 Text 為 A2 儲存格，設定 Num_chars 為「10」。

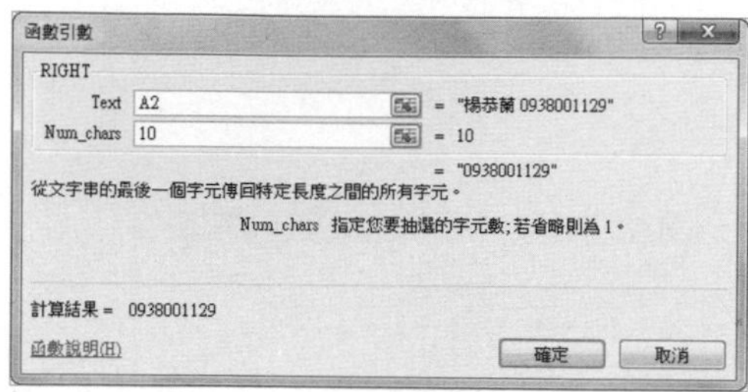


**Step12** 查看效果並複製公式

按下〔確定〕按鈕後，可以看到 C2 儲存格截取了手機號碼，複製 C2 儲存格中公式至 C7 儲存格。

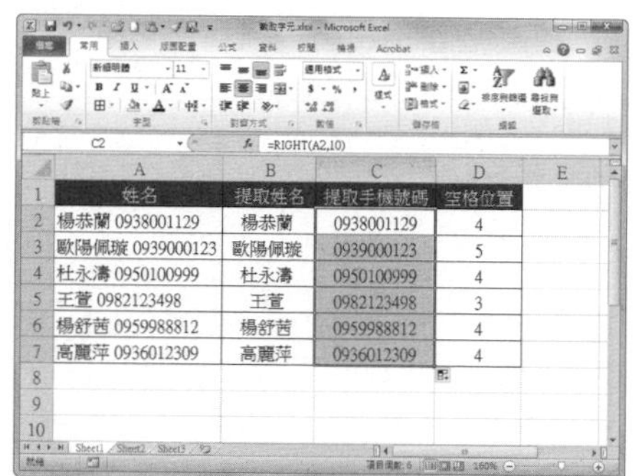

| 姓名 | 提取姓名 | 提取手機號碼 | 空格位置 |
|---|---|---|---|
| 楊恭蘭 0938001129 | 楊恭蘭 | 0938001129 | 4 |
| 歐陽佩璇 0939000123 | 歐陽佩璇 | 0939000123 | 5 |
| 杜永濤 0950100999 | 杜永濤 | 0950100999 | 4 |
| 王萱 0982123498 | 王萱 | 0982123498 | 3 |
| 楊舒茜 0959988812 | 楊舒茜 | 0959988812 | 4 |
| 高麗萍 0936012309 | 高麗萍 | 0936012309 | 4 |

**提示**

**FIND() 函數的語法結構**

FIND() 函數的語法結構為 FIND(find_text,within_text,start_num)。

該函數用於計算傳回一個字串在另一個字串中出現的起始位置。Find_text 表示需要找出的文字或文字所在的儲存格；Within_text 表示為包含要找出文字的字串或字串所在的儲存格；Start_num 表示用數值或數值所在單元格指定從何處開始找出字元。

**LEFT() 函數的語法結構**

LEFT() 函數的語法結構為 LEFT(text,num_chars)。

該函數用於計算從字串第一個字元開始傳回指定個數的字元。Text 表示包含需要截取字元的文字字串；Num_chars 表示用大於 0 的數值或數值所在儲存格指定要截取的字元數。

**RIGHT() 函數的語法結構**

RIGHT() 函數的語法結構為 RIGHT(text,num_chars)。

該函數用於計算從字串最後一個字元開始傳回指定個數的字元。Text 為包含需要截取字元的文字字串；Num_chars 表示希望截取的字元數。

# 職人技 13　進階函數應用秘技

上一個職人技介紹了一些常用函數的應用技巧，接著將對實際工作中會遇到的各種函數應用情況進行介紹。

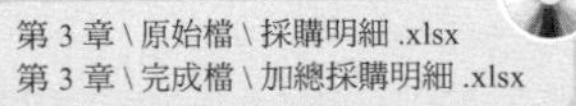


## 219 Q 如何加總捨去小數後的數值？

A 在計算資料之和，同時省略小數位數時，可以先使用 ROUNDDOWN 函數對小數位數進行捨棄，再使用 SUM 函數進行總和計算。

### Step 1 按下「插入函數」按鈕

打開「採購明細 .xlsx」，選取 E3 儲存格後，按下資料編輯列前的〔插入函數〕按鈕。

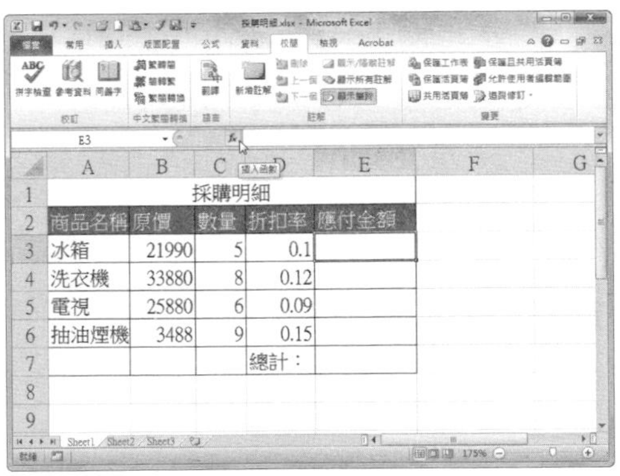


### Step 2 選擇 ROUNDDOWN 函數

在彈出的「插入函數」對話框中設定「或選取類別」為【數位與三角函數】，接著在「選擇函數」中選擇 ROUNDDOWN 函數。

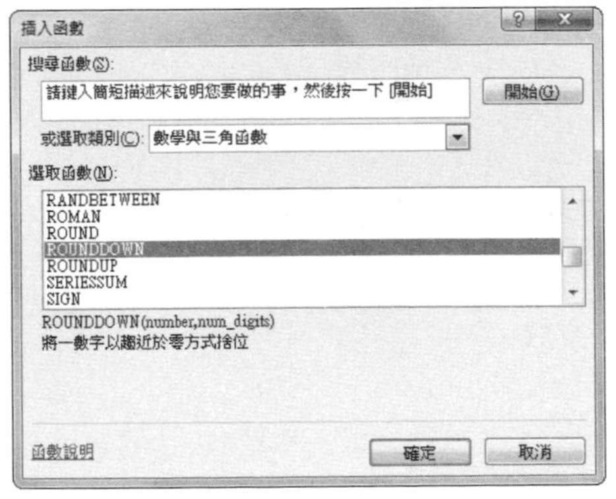


### Step 3 設定函數引數

按下〔確定〕按鈕後即彈出「函數參數」對話框，設定 Number 參數為「B3*(1-D3)*C3」，設定 Num_digits 為「0」，按下〔確定〕按鈕。

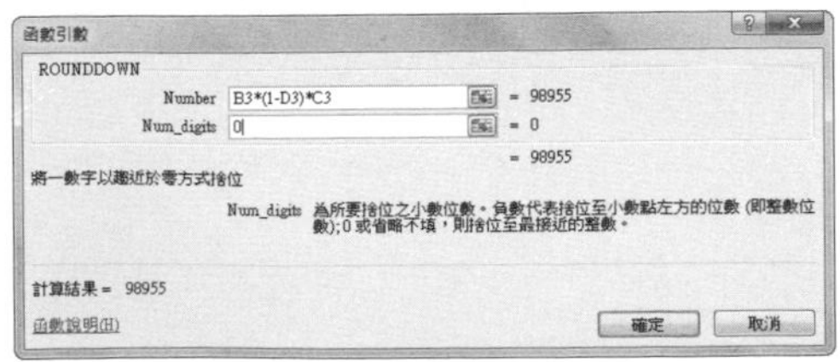

## Step 4 查看結果並複製公式

這時可以看到 E3 儲存格已經顯示出捨棄小數部分後的金額，複製 E3 儲存格的公式至 E6 儲存格。

E3 =ROUNDDOWN(B3*(1-D3)*C3,0)

| | A | B | C | D | E |
|---|---|---|---|---|---|
| 1 | 採購明細 | | | | |
| 2 | 商品名稱 | 原價 | 數量 | 折扣率 | 應付金額 |
| 3 | 冰箱 | 21990 | 5 | 0.1 | 98955 |
| 4 | 洗衣機 | 33880 | 8 | 0.12 | 238515 |
| 5 | 電視 | 25880 | 6 | 0.09 | 141304 |
| 6 | 抽油煙機 | 3488 | 9 | 0.15 | 26683 |
| 7 | | | | 總計： | |

## Step 5 計算總和

選取 E7 儲存格後，輸入公式「=SUM(E3:E6)」後，按下〔Enter〕鍵。

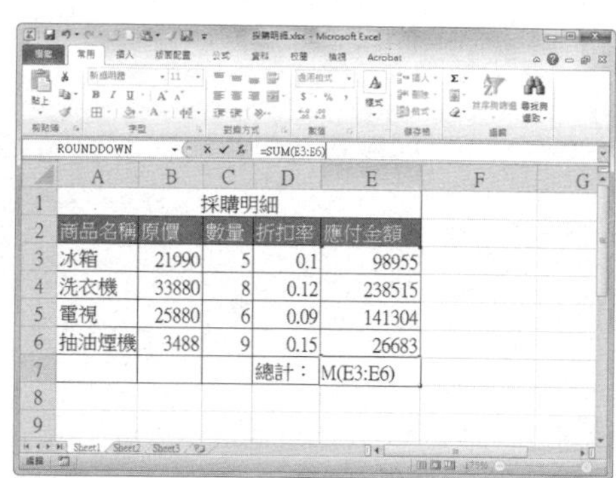

ROUNDDOWN =SUM(E3:E6)

| | A | B | C | D | E |
|---|---|---|---|---|---|
| 1 | 採購明細 | | | | |
| 2 | 商品名稱 | 原價 | 數量 | 折扣率 | 應付金額 |
| 3 | 冰箱 | 21990 | 5 | 0.1 | 98955 |
| 4 | 洗衣機 | 33880 | 8 | 0.12 | 238515 |
| 5 | 電視 | 25880 | 6 | 0.09 | 141304 |
| 6 | 抽油煙機 | 3488 | 9 | 0.15 | 26683 |
| 7 | | | | 總計： | M(E3:E6) |

## Step 6 查看計算結果

這時可以看到Excel計算出捨去小數後的總和。

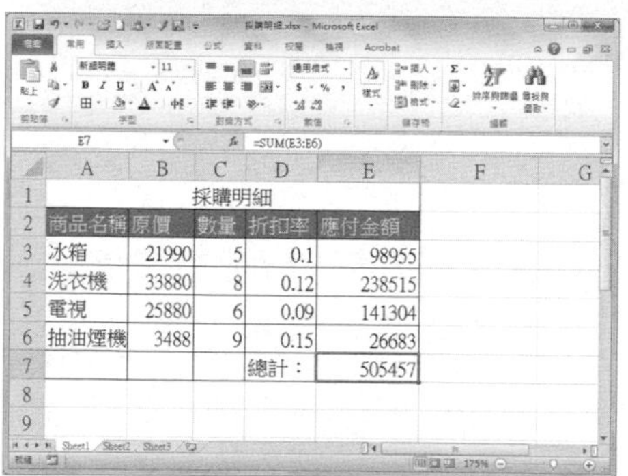

E7 =SUM(E3:E6)

| | A | B | C | D | E |
|---|---|---|---|---|---|
| 1 | 採購明細 | | | | |
| 2 | 商品名稱 | 原價 | 數量 | 折扣率 | 應付金額 |
| 3 | 冰箱 | 21990 | 5 | 0.1 | 98955 |
| 4 | 洗衣機 | 33880 | 8 | 0.12 | 238515 |
| 5 | 電視 | 25880 | 6 | 0.09 | 141304 |
| 6 | 抽油煙機 | 3488 | 9 | 0.15 | 26683 |
| 7 | | | | 總計： | 505457 |

**提示**

### ROUNDDOWN() 函數的語法結構

ROUNDDOWN() 函數的語法結構為 ROUNDDOWN(number,num_digits)。

該函數用於按照指定位元數向下捨去數值。Number 為要向下捨去數值的實數，不能為儲存格區域。Num_digits 為四捨五入後數值的小數位數。

### SUM() 函數的語法結構

SUM() 函數的語法結構為 SUM(number1,number2,…)。

該函數用於計算總和。Number 為要計算總和的數值、儲存格的參照位址或儲存格區域參照，參數之間用英文半形狀態下的逗號間隔開來，最多能指定 30 個參數。

第 3 章 \ 原始檔 \DSUM 函數 .xlsx
第 3 章 \ 完成檔 \ 使用 DSUM 函數 .xlsx

## 220 Q 如何加總滿足複雜條件的數值？

**A** DSUM 函數是常用的資料庫函數，用於傳回資料清單或資料庫的列中滿足指定條件的數位之和。下面透過計算五月份銷售額的例子，說明該函數的應用方法。

### Step 1 選擇目標儲存格

打開「DSUM 函數 .xlsx」，選取 D17 儲存格，按下資料編輯列前的〔插入函數〕按鈕。

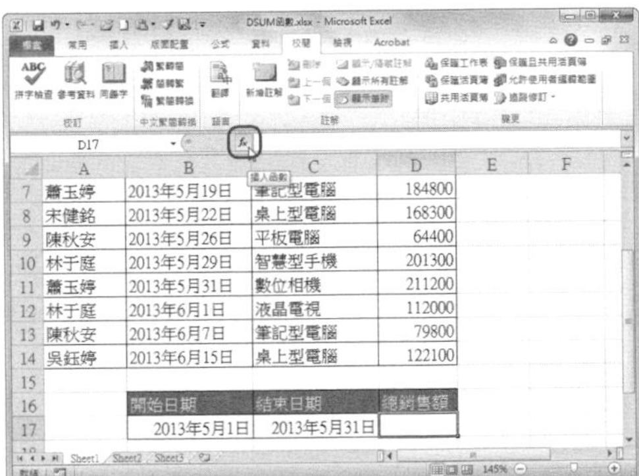

### Step 2 選擇 DSUM 函數

在彈出的「插入函數」對話框中，設定「或選取類別」為【資料庫】，在「選擇函數」中選擇 DSUM 函數。

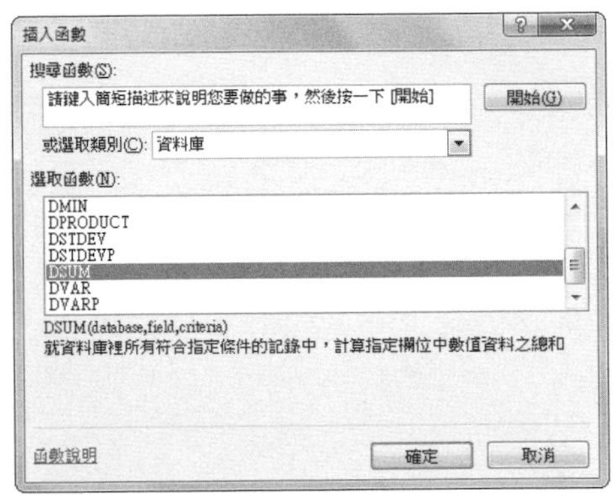

### Step 3 設定 Database 參數

按下〔確定〕按鈕，彈出的「函數參數」對話框，設定資料庫的構成區域的 Database 參數為 A2:D11 儲存格區域。

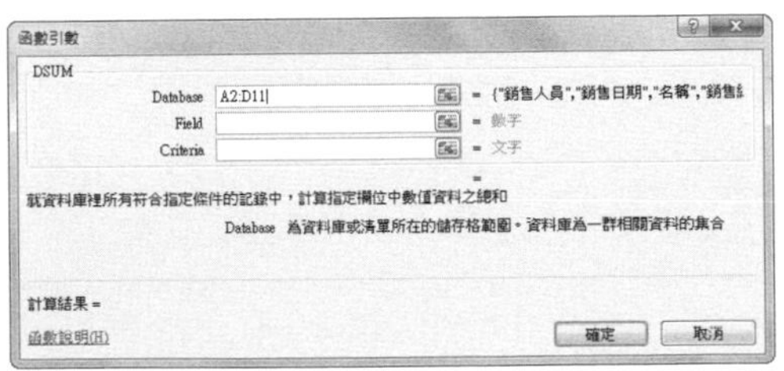

### Step 4 設定 Field 參數

設定 Field 參數為 D2 儲存格，即設定要加總「銷售總額」資料列。

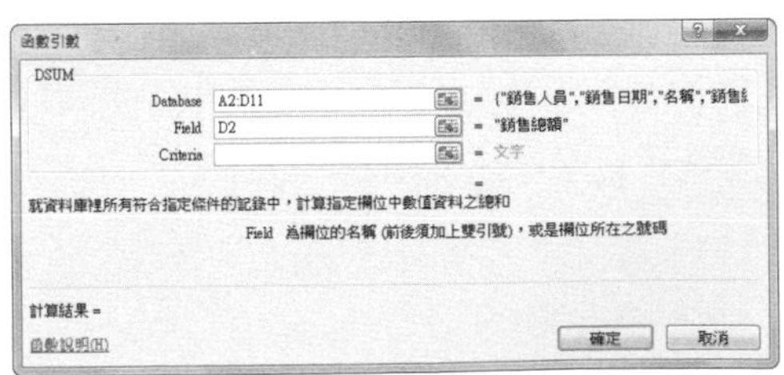

Step 5 設定 Criteria 參數

設定用於篩選資料的條件區域 Criteria 參數為 B16:C17 儲存格區域。

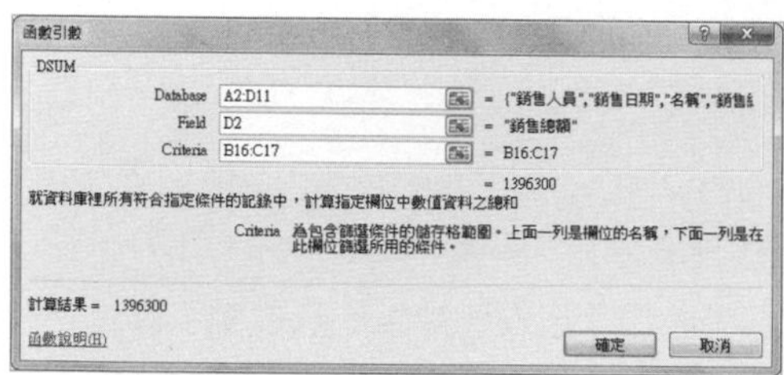

Step 6 查看計算結果

此時可以看到 D17 儲存格中加總了符合條件的資料總和。

提示

**DSUM() 函數的語法結構**

DSUM() 函數的語法結構為：DSUM(database,field,criteria)。

該函數用於傳回資料庫的列中滿足指定條件的資料之和。Database 為構成清單或資料庫的儲存格區域，也可以為儲存格區域的名稱。Field 表示指定函數要加總的資料列。Criteria 為包含指定條件的儲存格區域。

221 Q

## 如何標記出高於平均值的資料？

第 3 章 \ 原始檔 \ 高於平均值數據 .xlsx

**A** 應用 AVERAGE 函數，求一組數據的平均值，是日常應用最頻繁的統計函數之一。下面應用 AVERAGE 函數結合 IF 函數用「V」標出考核成績高於平均成績的員工分數。

Step 1 按下「插入函數」按鈕

打開「高於平均值數據 .xlsx」，選取 E22 儲存格，按下資料編輯列前的〔插入函數〕按鈕。

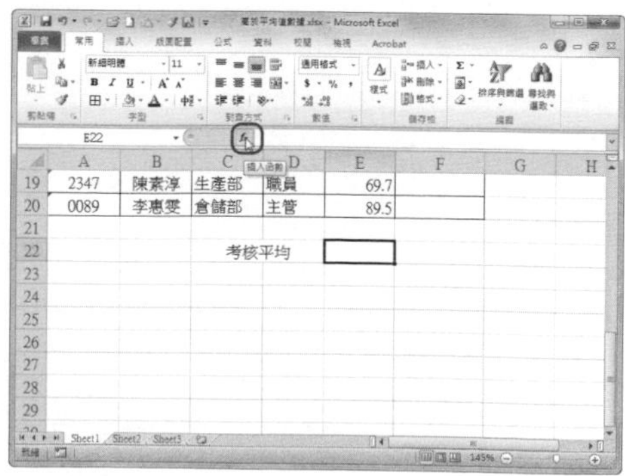

## Step 2　選擇 AVERAGE 函數

在彈出的「插入函數」對話框設定「或選取類別」為【統計】，在「選擇函數」中選擇 AVERAGE 函數。

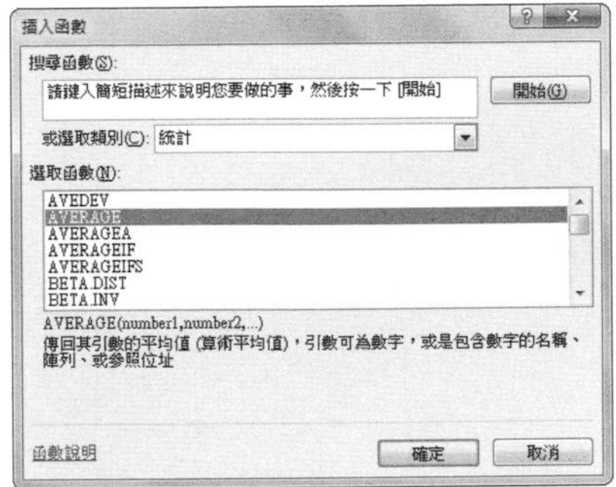


## Step 3　設定函數引數

按下〔確定〕按鈕後，在彈出的「函數參數」對話框中，設定 Number1 為 E3:E20 儲存格區域。

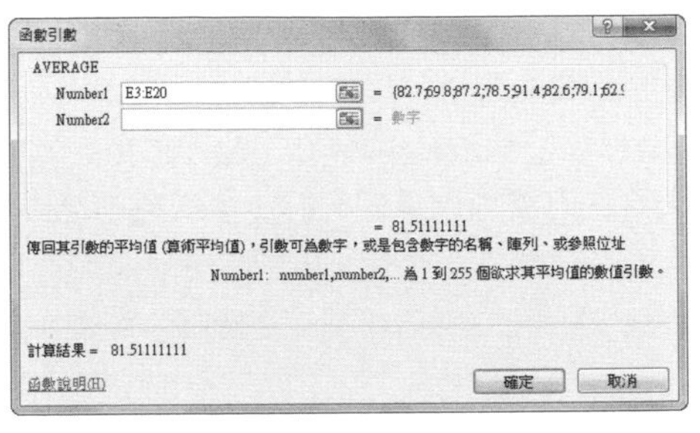


## Step 4　查看計算結果

按下〔確定〕按鈕後，即可看到 E22 單元格已計算出本次考核的平均成績。

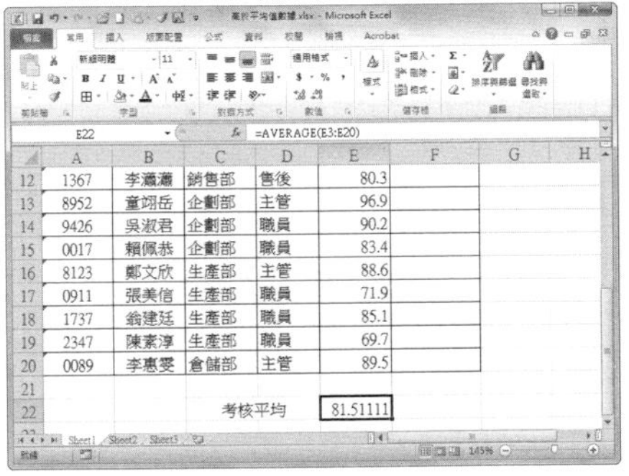


| | A | B | C | D | E |
|---|---|---|---|---|---|
| 12 | 1367 | 李瀟瀟 | 銷售部 | 售後 | 80.3 |
| 13 | 8952 | 童翊岳 | 企劃部 | 主管 | 96.9 |
| 14 | 9426 | 吳淑君 | 企劃部 | 職員 | 90.2 |
| 15 | 0017 | 賴佩恭 | 企劃部 | 職員 | 83.4 |
| 16 | 8123 | 鄭文欣 | 生產部 | 主管 | 88.6 |
| 17 | 0911 | 張美信 | 生產部 | 職員 | 71.9 |
| 18 | 1737 | 翁建廷 | 生產部 | 職員 | 85.1 |
| 19 | 2347 | 陳素淳 | 生產部 | 職員 | 69.7 |
| 20 | 0089 | 李惠雯 | 倉儲部 | 主管 | 89.5 |
| 21 | | | | | |
| 22 | | | | 考核平均 | 81.51111 |

## Step 5　用 IF 函數標記「V」

在 F3 儲存格中輸入公式「=IF(E3>$E$22,"V","")」。

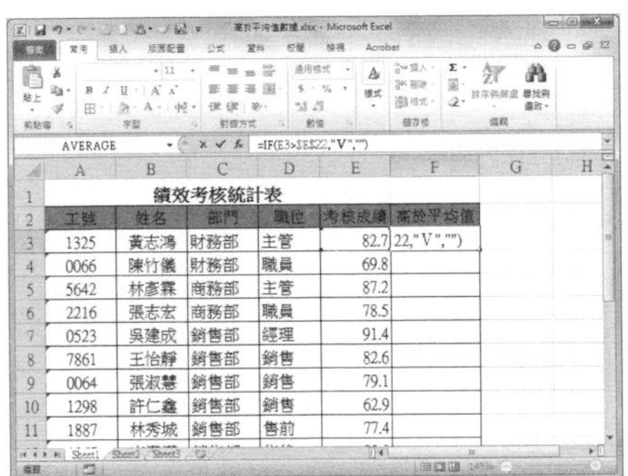


| | A | B | C | D | E | F |
|---|---|---|---|---|---|---|
| 1 | 績效考核統計表 | | | | | |
| 2 | 工號 | 姓名 | 部門 | 職位 | 考核成績 | 高於平均值 |
| 3 | 1325 | 黃志鴻 | 財務部 | 主管 | 82.7 | 22,"V","") |
| 4 | 0066 | 陳竹儀 | 財務部 | 職員 | 69.8 | |
| 5 | 5642 | 林彥霖 | 商務部 | 主管 | 87.2 | |
| 6 | 2216 | 張志宏 | 商務部 | 職員 | 78.5 | |
| 7 | 0523 | 吳建成 | 銷售部 | 經理 | 91.4 | |
| 8 | 7861 | 王怡靜 | 銷售部 | 銷售 | 82.6 | |
| 9 | 0064 | 張淑慧 | 銷售部 | 銷售 | 79.1 | |
| 10 | 1298 | 許仁鑫 | 銷售部 | 銷售 | 62.9 | |
| 11 | 1887 | 林秀城 | 銷售部 | 售前 | 77.4 | |

## Step 6　查看結果

按下〔Enter〕鍵即可查看結果。向下複製 F3 儲存格中的公式至 F20 儲存格。

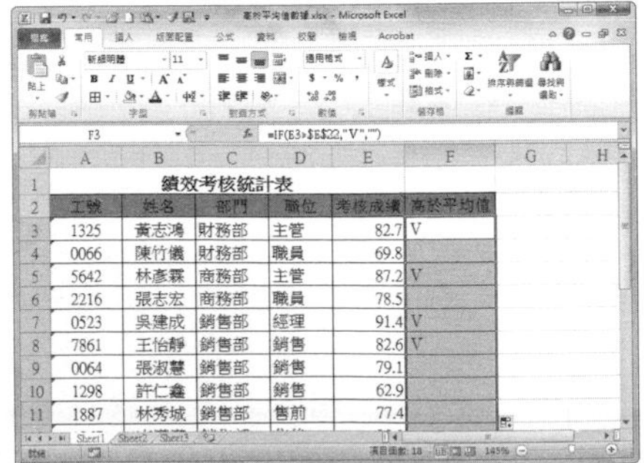


| | A | B | C | D | E | F |
|---|---|---|---|---|---|---|
| 1 | 績效考核統計表 | | | | | |
| 2 | 工號 | 姓名 | 部門 | 職位 | 考核成績 | 高於平均值 |
| 3 | 1325 | 黃志鴻 | 財務部 | 主管 | 82.7 | V |
| 4 | 0066 | 陳竹儀 | 財務部 | 職員 | 69.8 | |
| 5 | 5642 | 林彥霖 | 商務部 | 主管 | 87.2 | V |
| 6 | 2216 | 張志宏 | 商務部 | 職員 | 78.5 | |
| 7 | 0523 | 吳建成 | 銷售部 | 經理 | 91.4 | V |
| 8 | 7861 | 王怡靜 | 銷售部 | 銷售 | 82.6 | V |
| 9 | 0064 | 張淑慧 | 銷售部 | 銷售 | 79.1 | |
| 10 | 1298 | 許仁鑫 | 銷售部 | 銷售 | 62.9 | |
| 11 | 1887 | 林秀城 | 銷售部 | 售前 | 77.4 | |

**提示**

### AVERAGE() 函數的語法結構

AVERAGE() 函數的語法結構為：AVERAGE(number1,number2,…)。

該函數用於計算平均值。Number 表示要計算平均值的數值、儲存格的參照位址或儲存格區域參照，參數之間用英文半形狀態下的逗號間隔，最多能指定 30 個參數。

### IF() 函數的語法結構

IF() 函數的語法結構為：IF(logical_test,value_if_true,value_if_false)。

該函數用於執行真假判斷，根據判斷結果傳回不同的值。Logical_test 為用帶有比較運算式的邏輯值指定條件判定公式。Value_if_true 為指定的邏輯式成立時傳回的值。Value_if_false 為指定的邏輯式不成立時傳回的值。

222

第 3 章 \ 原始檔 \ 銷售業績 .xlsx

## Q 如何標記出業績在前 20% 的員工？

要找出銷售業績在前 20% 的員工，首先需要計算出前 20% 的銷售業績分界線，然後判斷各員工銷售額是否在此分界線之上。下面應用 PERCENTILE 函數結合 IF 函數計算出業績在前 20% 的員工。

### Step 1 計算 20% 銷售額分界線

打開「銷售業績 .xlsx」，在 D16 儲存格中輸入公式「=PERCENTILE(D3:D14,0.8)」後，按下〔Enter〕鍵。

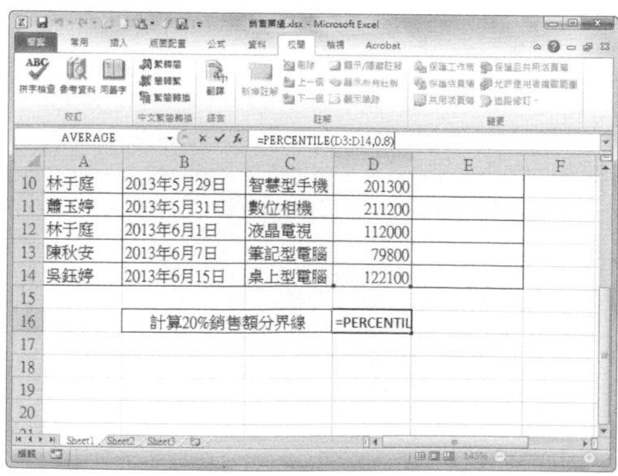

=PERCENTILE(D3:D14,0.8)

| | A | B | C | D | E | F |
|---|---|---|---|---|---|---|
| 10 | 林于庭 | 2013年5月29日 | 智慧型手機 | 201300 | | |
| 11 | 蕭玉婷 | 2013年5月31日 | 數位相機 | 211200 | | |
| 12 | 林于庭 | 2013年6月1日 | 液晶電視 | 112000 | | |
| 13 | 陳秋安 | 2013年6月7日 | 筆記型電腦 | 79800 | | |
| 14 | 吳鈺婷 | 2013年6月15日 | 桌上型電腦 | 122100 | | |
| 15 | | | | | | |
| 16 | | 計算20%銷售額分界線 | | =PERCENTIL | | |

### Step 2 找出符合條件的儲存格

在 E3 儲存格中輸入公式「=IF(D3>=$D$16,"★","")」。利用 IF 函數判斷銷售額是否屬於前 20%。

=IF(D3>=$D$16,"★","")

| | A | B | C | D | E |
|---|---|---|---|---|---|
| 1 | | 銷售記錄 | | | |
| 2 | 銷售人員 | 銷售日期 | 名稱 | 銷售總額 | 前20%的員工 |
| 3 | 林于庭 | 2013年5月1日 | 平板電腦 | 126000 | D$16,"★","") |
| 4 | 陳秋安 | 2013年5月8日 | 智慧型手機 | 221100 | |
| 5 | 吳鈺婷 | 2013年5月11日 | 數位相機 | 185600 | |
| 6 | 陳玉鳳 | 2013年5月16日 | 液晶電視 | 33600 | |
| 7 | 蕭玉婷 | 2013年5月19日 | 筆記型電腦 | 184800 | |
| 8 | 宋健銘 | 2013年5月22日 | 桌上型電腦 | 168300 | |
| 9 | 陳秋安 | 2013年5月26日 | 平板電腦 | 64400 | |
| 10 | 林于庭 | 2013年5月29日 | 智慧型手機 | 201300 | |
| 11 | 蕭玉婷 | 2013年5月31日 | 數位相機 | 211200 | |

**Step 3** 查看結果並複製公式

按下〔Enter〕鍵，即可查看結果，向下複製 E3 儲存格的公式至 E14 儲存格。

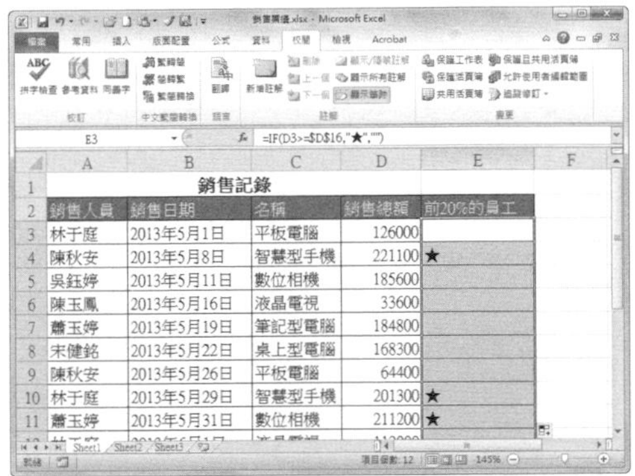


| | A | B | C | D | E |
|---|---|---|---|---|---|
| 1 | 銷售記錄 | | | | |
| 2 | 銷售人員 | 銷售日期 | 名稱 | 銷售總額 | 前20%的員工 |
| 3 | 林于庭 | 2013年5月1日 | 平板電腦 | 126000 | |
| 4 | 陳秋安 | 2013年5月8日 | 智慧型手機 | 221100 | ★ |
| 5 | 吳鈺婷 | 2013年5月11日 | 數位相機 | 185600 | |
| 6 | 陳玉鳳 | 2013年5月16日 | 液晶電視 | 33600 | |
| 7 | 蕭玉婷 | 2013年5月19日 | 筆記型電腦 | 184800 | |
| 8 | 宋健銘 | 2013年5月22日 | 桌上型電腦 | 168300 | |
| 9 | 陳秋安 | 2013年5月26日 | 平板電腦 | 64400 | |
| 10 | 林于庭 | 2013年5月29日 | 智慧型手機 | 201300 | ★ |
| 11 | 蕭玉婷 | 2013年5月31日 | 數位相機 | 211200 | ★ |

**提 示**

**PERCENTILE() 函數的語法結構**

PERCENTILE() 函數的語法結構為：PERCENTILE(array,k)。

該函數用於傳回區域中數值的第 X 個百分點的值。Array 表示指定輸入數值的儲存格，或陣列常數。K 是用 0~1 之間的實數或儲存格指定要求的數值的百分比位置。

**IF() 函數的語法結構**

IF() 函數的語法結構為：IF(logical_test,value_if_true,value_if_false)。

該函數用於執行真假判斷，根據判斷結果傳回不同的值。Logical_test 為用帶有比較運算式的邏輯值指定條件判定公式。Value_if_true：指定的邏輯式成立時傳回的值。Value_if_false 為指定的邏輯式不成立時傳回的值。

## 223 Q 如何利用 TEXT 函數將數值轉換為日期？

第 3 章 \ 原始檔 \TEXT 函數 .xlsx
第 3 章 \ 完成檔 \ 使用 TEXT 函數 .xlsx

**A** 使用 TEXT 函數可以將數值轉換為需要的文字格式。在本例中輸入員工的到職日期，若逐一按照日期格式輸入會比較麻煩，可以先輸入數值格式，再透過 TEXT 函數轉換成日期。

**Step 1** 按下「插入函數」按鈕

打開「TEXT 函數 .xlsx」，選取 F3 儲存格，按下資料編輯列前的〔插入函數〕按鈕。

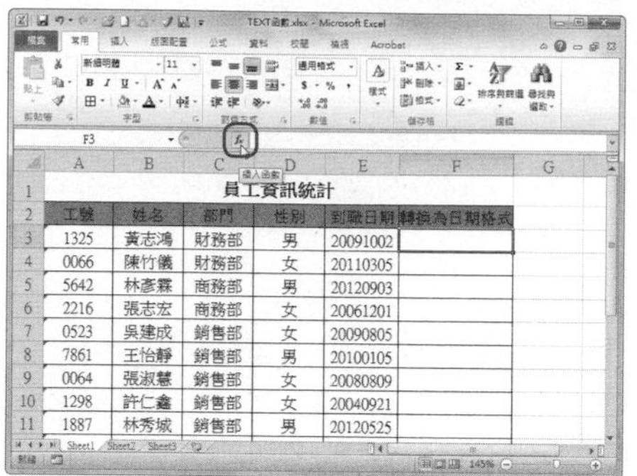

**Step 2** 選擇 TEXT 函數

在彈出的「插入函數」對話框中設定「或選取類別」為【文字】，在「選擇函數」中選擇 TEXT 函數。

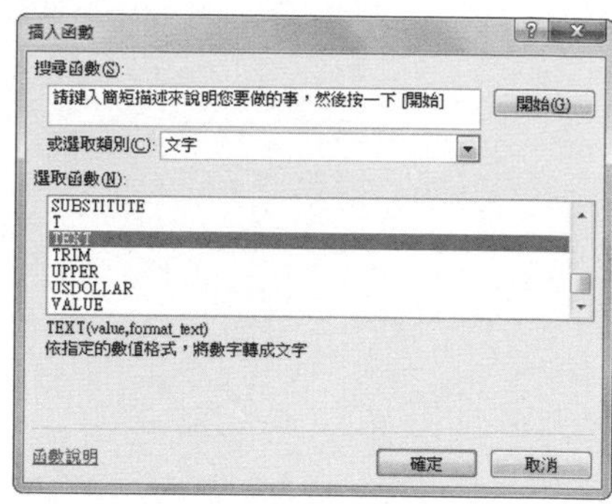

**Step 3** 設定 Value 參數

在彈出的「函數引數」對話框中，點選 Value 文字方塊右側的折疊按鈕，設定 Value 參數為 E3 儲存格。

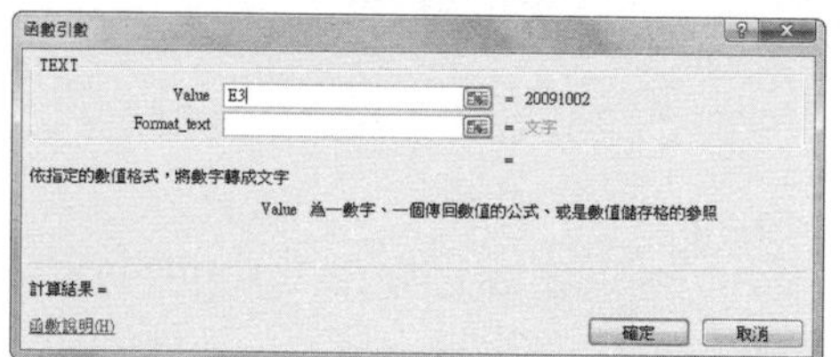

**Step 4** 設定 Format_text 參數

設定要轉換為的日期格式的樣式。即設定 Format_text 為「"#-00-00"」。

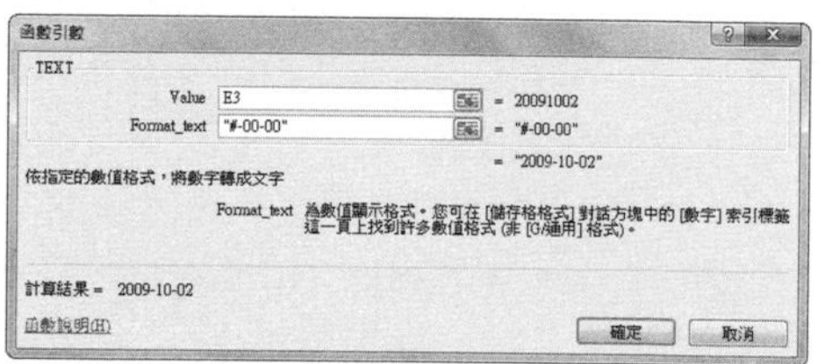

**Step 5** 查看結果

按下〔確定〕按鈕，即可看到轉換後日期格式的效果。

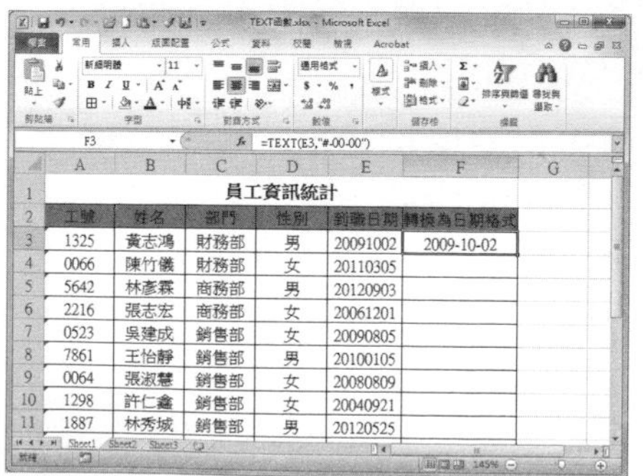

**Step 6** 複製公式

選取 F3 儲存格，將游標置於儲存格的右下角，向下複製公式至 F20 儲存格。

**提示**

### TEXT 函數的語法結構

TEXT 函數的語法結構為：TEXT(value,format_text)。

該函數用於將數值轉換為指定數值格式表示的文字。Value 表示為數值或計算結果為數值的公式，或者為包含數值的儲存格的參照。Format_text 是用於指定數值的格式。

## 224 Q 如何利用 IF 函數將資料分成三級？

第 3 章 \ 原始檔 \IF 函數 .xlsx
第 3 章 \ 完成檔 \ 使用 IF 函數將資料分級 .xlsx

**A** IF 函數是最常用的邏輯函數，根據邏輯式判斷指定條件是否成立。本例使用 IF 函數判斷每個員工的考核成績處於哪個級別中，並分別顯示不同的標記。

**Step 1** 按下「插入函數」按鈕

打開「IF 函數 .xlsx」，選取 F3 儲存格，按下資料編輯列中〔插入函數〕按鈕。

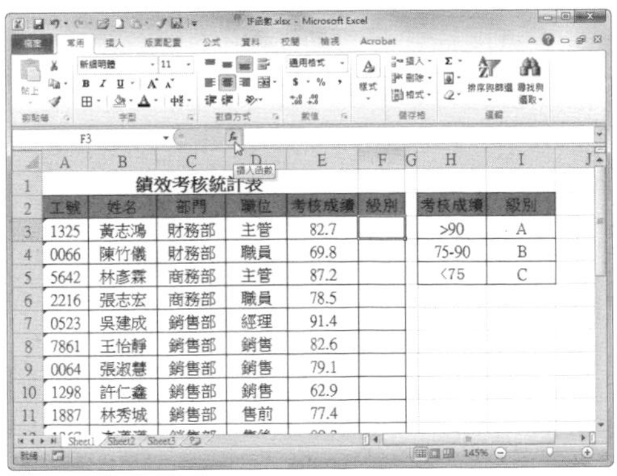


**Step 2** 選擇 IF 函數

在彈出的「插入函數」對話框中設定「或選取類別」為【邏輯】，在「選擇函數」中選擇 IF 函數。

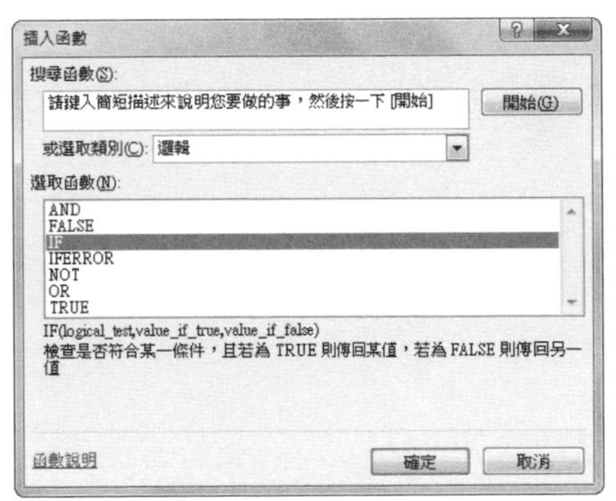


**Step 3** 設定 Logical_test 參數

點選〔確定〕按鈕，即彈出「函數參數」對話框。設定 logical_test 為「E3<75」，判斷考核成績是否小於 75。

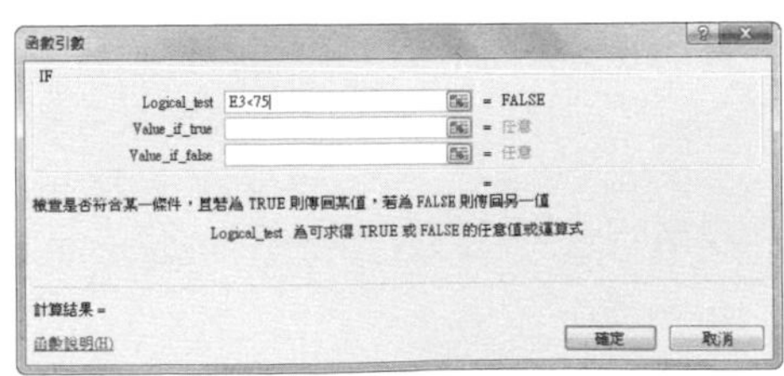

Step 4 設定 Value_if_true 參數

設定 Value_if_true 為「"C"」，若小於 75，則顯示為 C 級別。

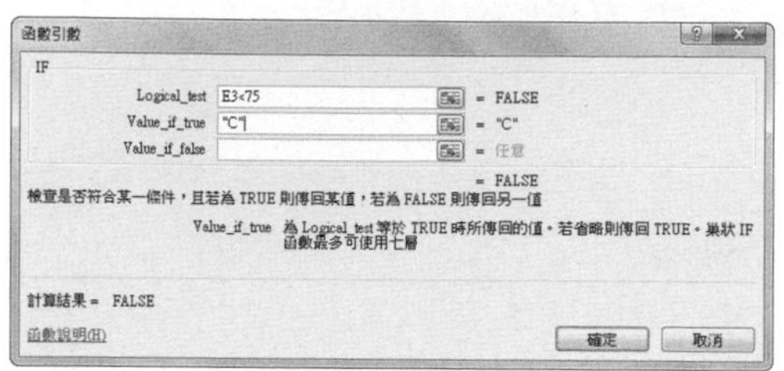

Step 5 設定 Value_if_false 參數

設定 Value_if_false 為「IF(E3>90,"A","B")」，判斷是否大於 90，若大於 90 為 A 級別，小於 90 為 B 級別。

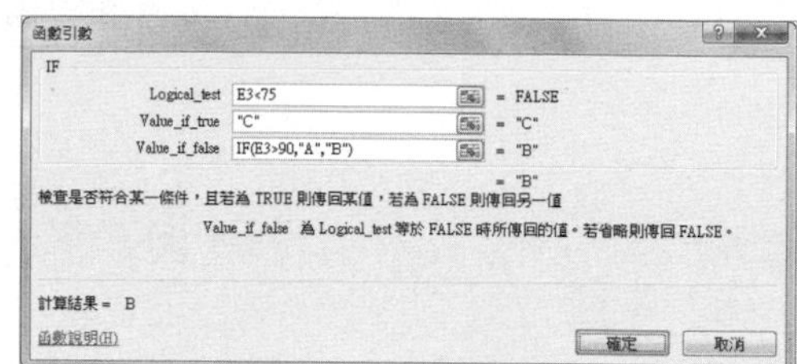

Step 6 查看結果並複製公式

按下〔確定〕按鈕，可以看到該員工的考核級別，向下複製 F3 單元格中公式至 F20 儲存格，計算其他員工的考核級別。

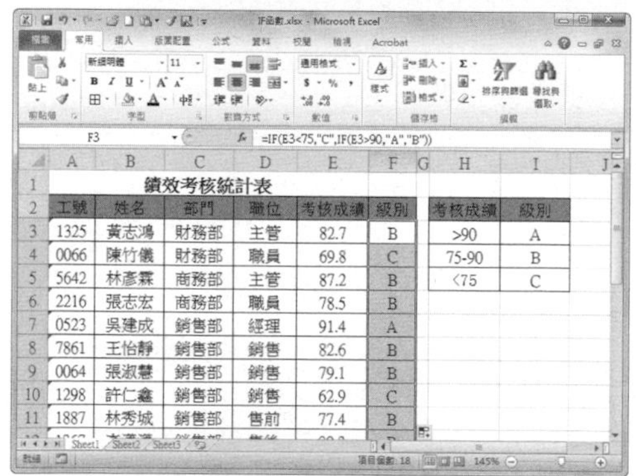

提示

IF() 函數的語法結構

IF() 函數的語法結構為：IF(logical_test,value_if_true,value_if_false)。

該函數用於執行真假判斷，根據判斷結果傳回不同的值。logical_test 為用帶有比較運算式的邏輯值指定條件判定公式。Value_if_true 表示指定的邏輯式成立時傳回的值。Value_if_false 表示指定的邏輯式不成立時傳回的值。

## 225 Q 如何利用 VLOOKUP 函數將資料分成更多級別？

第 3 章 \ 原始檔 \VLOOKUP 函數 .xlsx
第 3 章 \ 完成檔 \ 使用 VLOOKUP 函數 .xlsx

如果要將資料進行更多分級，IF 函數使用起來會比較複雜。這時可以使用 VLOOKUP 函數讓公式變得簡單，下面介紹利用 VLOOKUP 函數將資料分成更多級別的基本操作步驟。

### Step 1 按下「插入函數「按鈕

打開「VLOOKUP 函數 .xlsx」，選取 F3 儲存格，然後點選資料編輯列中的〔插入函數〕按鈕。

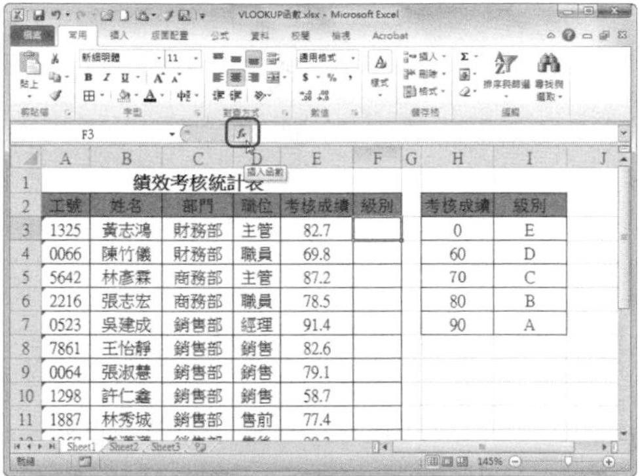


### Step 2 選擇 VLOOKUP 函數

在彈出的「插入函數」對話框中設定「或選取類別」為【檢視與參照】，在「選擇函數」中選擇 VLOOKUP 函數。

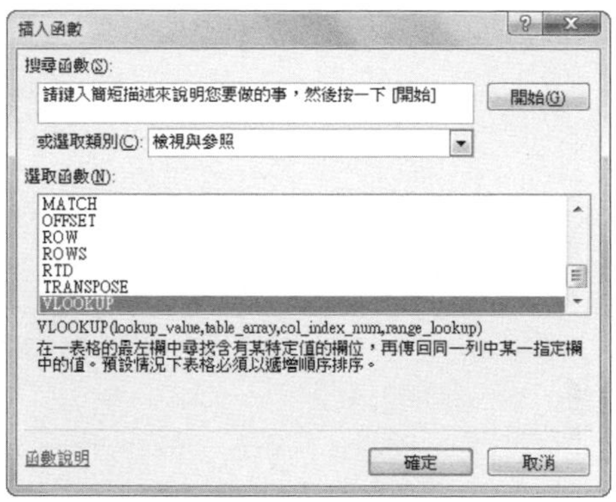


### Step 3 設定 Logical_test 參數

點選〔確定〕按鈕，彈出「函數參數」對話框，設定 Lookup_value 為「E3」，即找出 E3 儲存格對應的級別。

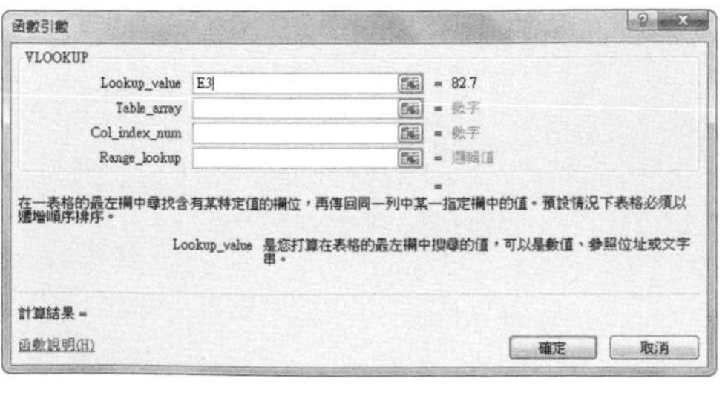


### Step 4 設定 Table_array 參數

設定 Table_array 的參數為「$H$3:$I$7」，即在此區域找出對應的級別。

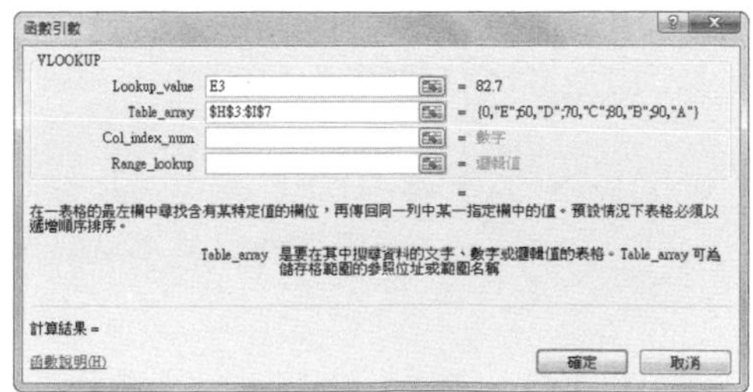

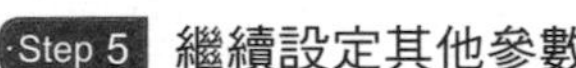

### Step 5 繼續設定其他參數

設定 Col_index_num 為「2」，即傳回區域中第 2 列內容；設定 Range_lookup 為「1」，即找出方式為模糊找出，找出小於 E3 儲存格中參數的最大值。

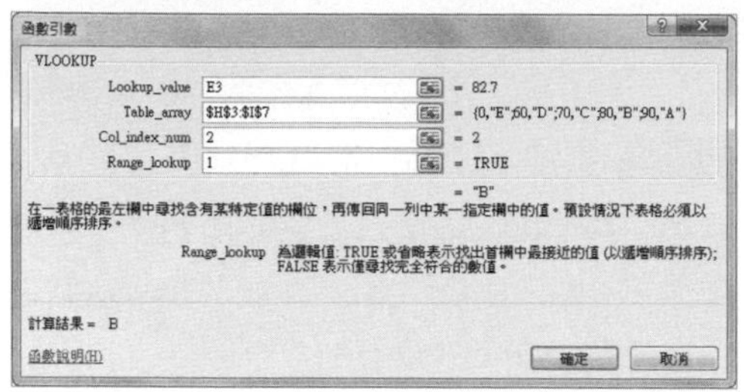


### Step 6 查看結果並複製公式

按下〔確定〕按鈕，可以看到該員工的考核級別。向下複製 F3 單元格中公式至 F20 儲存格，計算其他員工的考核級別。

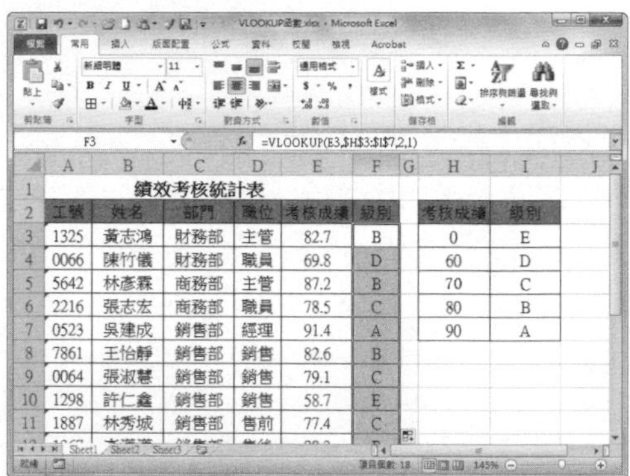


**提示**

**VLOOKUP() 函數的語法結構**

VLOOKUP() 函數的語法結構為：VLOOKUP(lookup_value,table_array,col_index_num,range_lookup)。

該函數用於找出指定的數值，傳回目前行中指定列處的內容。Lookup_value 為指定在陣列第一列中找出的數值，此參數可以為數值或數值所在的儲存格。Table_array 為指定要找出的範圍。Col_index_num 為指定函數要傳回 table_array 區域中相符值的列序號。Range_lookup 表示以 TRUE 或 FALSE 指定找出的方法，或者以 1 或 0 來指定找出方法。

226

## 如何使用 INT 函數計算某日屬於第幾季度？

第 3 章 \ 原始檔 \INT 函數 .xlsx
第 3 章 \ 完成檔 \ 使用 INT 函數 .xlsx

計算某日屬於一年中的第幾季，可以利用 INT 函數結合 MONTH 函數進行計算。下面介紹使用 INT 函數計算某日屬於第幾季。

### Step 1　選擇需插入函數的儲存格

打開「INT 函數 .xlsx」，選取 B3 儲存格。

### Step 2　輸入計算公式

在 B3 儲存格中輸入計算日期所屬季別的公式「=INT((MONTH(A3)+2)/3)」後按下〔Enter〕鍵。

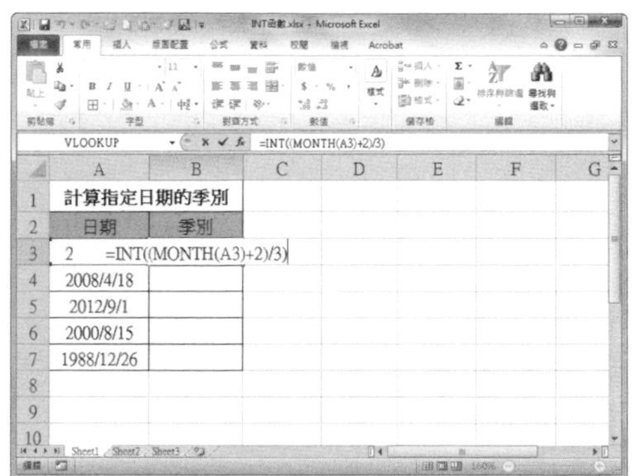


### Step 3　查看計算結果

可以看到 B3 儲存格中已計算出 A3 單元格日期所屬的季別，向下複製 B3 儲存格中公式至 B7 儲存格。

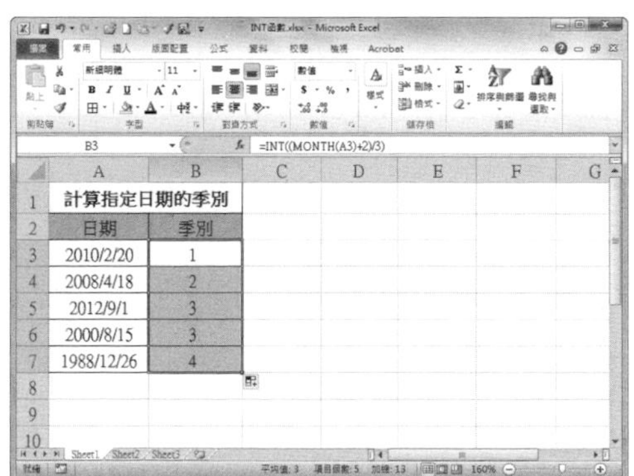


**提示**

**INT() 函數的語法結構**

INT 函數的語法結構為：INT(number)。

該函數用於將數值向下取整數。Number 為需要向下捨去取整數的實數，或數值所在的儲存格，不可以為儲存格區域。

**MONTH() 函數的語法結構**

MONTH 函數的語法結構為：MONTH(serial_number)。

該函數用於傳回某日期對應月份。Serial_number 為日期值，也可以為加雙引號的表示日期的文字。

第 3 章 \ 原始檔 \ 複本 COUNTIF 函數 .xlsx
第 3 章 \ 完成檔 \ 使用複本 COUNTIF 函數 .xlsx

# 227 Q 如何使用 COUNTIF 和 IF 函數找出是否有重複項？

A 在製作表格時，為了避免輸入重複項，可以利用 COUNTIF 函數找出資料出現次數，然後利用 IF 函數判定是否有重複輸入的情況。

## Step 1 按下「插入函數」按鈕

打開「複本 COUNTIF 函數 .xlsx」，選取 F3 儲存格，然後點選資料編輯列前的〔插入函數〕按鈕。

## Step 2 選擇 COUNTIF 函數

在彈出的「插入函數」對話框中設定「或選取類別」為【統計】，在「選擇函數」中選擇 COUNTIF 函數。

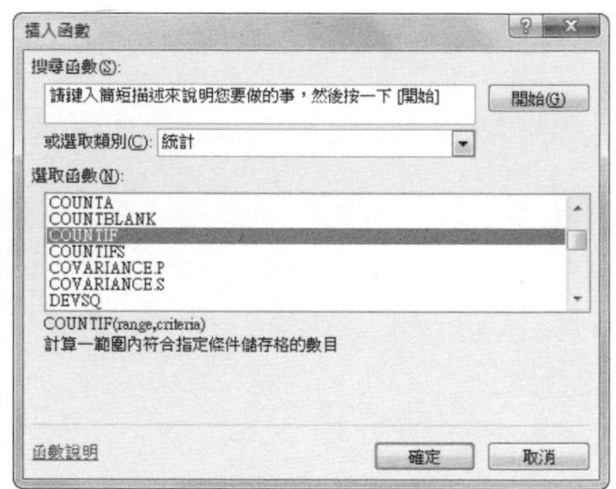

## Step 3 設定函數引數

按下〔確定〕按鈕後，即彈出「函數參數」對話框。設定 Range 參數為「$B$3:$B$20」，設定 Criteria 參數為「B3」。

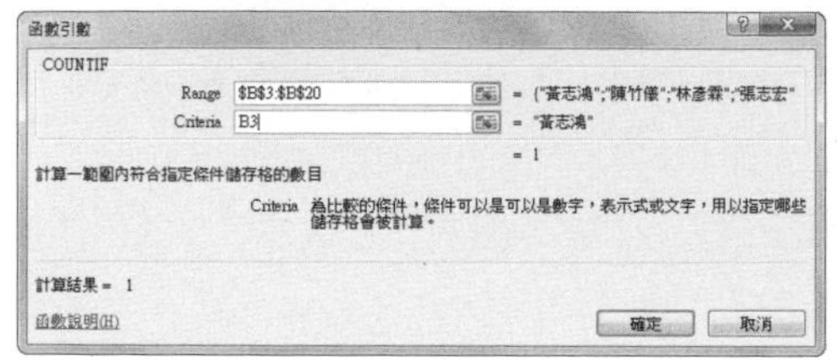

## Step 4 查看並複製公式

按下〔確定〕按鈕，可查看計算結果。複製 F3 儲存格的公式至 F20 單元格。

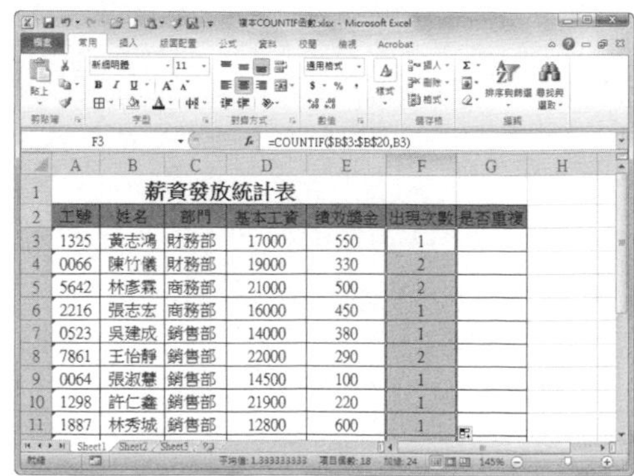

**Step 5** 檢查是否重複

選取 G3 儲存格，輸入公式「=IF(F3>1," 重複 ","")」，按下〔Enter〕鍵，檢查出姓名列是否有重複項。

=IF(F3>1,"重複","")

| | A | B | C | D | E | F | G | H |
|---|---|---|---|---|---|---|---|---|
| 1 | 薪資發放統計表 | | | | | | | |
| 2 | 工號 | 姓名 | 部門 | 基本工資 | 績效獎金 | 出現次數 | 是否重複 | |
| 3 | 1325 | 黃志鴻 | 財務部 | 17000 | 550 | 1 | 复","") | |
| 4 | 0066 | 陳竹儀 | 財務部 | 19000 | 330 | 2 | | |
| 5 | 5642 | 林彥霖 | 商務部 | 21000 | 500 | 2 | | |
| 6 | 2216 | 張志宏 | 商務部 | 16000 | 450 | 1 | | |
| 7 | 0523 | 吳建成 | 銷售部 | 14000 | 380 | 1 | | |
| 8 | 7861 | 王怡靜 | 銷售部 | 22000 | 290 | 2 | | |
| 9 | 0064 | 張淑慧 | 銷售部 | 14500 | 100 | 1 | | |
| 10 | 1298 | 許仁鑫 | 銷售部 | 21900 | 220 | 1 | | |
| 11 | 1887 | 林秀城 | 銷售部 | 12800 | 600 | 1 | | |

**Step 6** 複製公式

將游標移至 G3 儲存格右下角，出現十字游標時按住滑鼠左鍵向下拖動至 G20 儲存格，查看所有重複項。

=IF(F3>1,"重複","")

| | A | B | C | D | E | F | G | H |
|---|---|---|---|---|---|---|---|---|
| 1 | 薪資發放統計表 | | | | | | | |
| 2 | 工號 | 姓名 | 部門 | 基本工資 | 績效獎金 | 出現次數 | 是否重複 | |
| 3 | 1325 | 黃志鴻 | 財務部 | 17000 | 550 | 1 | | |
| 4 | 0066 | 陳竹儀 | 財務部 | 19000 | 330 | 2 | 重複 | |
| 5 | 5642 | 林彥霖 | 商務部 | 21000 | 500 | 2 | 重複 | |
| 6 | 2216 | 張志宏 | 商務部 | 16000 | 450 | 1 | | |
| 7 | 0523 | 吳建成 | 銷售部 | 14000 | 380 | 1 | | |
| 8 | 7861 | 王怡靜 | 銷售部 | 22000 | 290 | 2 | 重複 | |
| 9 | 0064 | 張淑慧 | 銷售部 | 14500 | 100 | 1 | | |
| 10 | 1298 | 許仁鑫 | 銷售部 | 21900 | 220 | 1 | | |
| 11 | 1887 | 林秀城 | 銷售部 | 12800 | 600 | 1 | | |

**提示**

### COUNTIF() 函數的語法結構

COUNTIF() 函數的語法結構為 COUNTIF(range,criteria)。

該函數用於計算滿足給定條件資料個數。Range 為在此儲存格區域中計算滿足條件的儲存格個數。Criteria 為確定哪些儲存格將被計算在內的條件，形式可以為數值、文字或運算式。

### IF() 函數的語法結構

IF() 函數的語法結構為：IF(logical_test,value_if_true,value_if_false)。

該函數用於執行真假判斷，根據判斷結果傳回不同的值。Logical_test 指用帶有比較運算式的邏輯值指定條件判定公式。Value_if_true 為指定的邏輯式成立時傳回的值。Value_if_false 為指定的邏輯式不成立時傳回的值。

228

# Q 如何根據生日推算出生肖？

第 3 章 \ 原始檔 \ 推算生肖 .xlsx
第 3 章 \ 完成檔 \ 根據生日推算生肖 .xlsx

如果知道生日，我們也可以使用函數計算出生肖哦！來看看怎麼做吧！

## Step 1 打開原始檔

打開「推算生肖 .xlsx」後，選取 E3 儲存格。

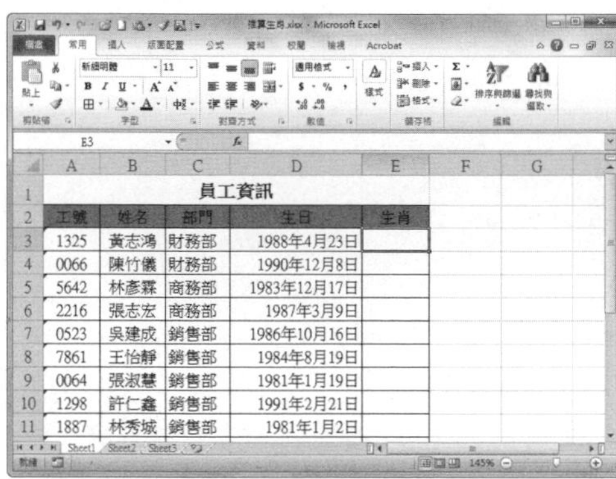

| 工號 | 姓名 | 部門 | 生日 | 生肖 |
|---|---|---|---|---|
| 1325 | 黃志鴻 | 財務部 | 1988年4月23日 | |
| 0066 | 陳竹儀 | 財務部 | 1990年12月8日 | |
| 5642 | 林彥霖 | 商務部 | 1983年12月17日 | |
| 2216 | 張志宏 | 商務部 | 1987年3月9日 | |
| 0523 | 吳建成 | 銷售部 | 1986年10月16日 | |
| 7861 | 王怡靜 | 銷售部 | 1984年8月19日 | |
| 0064 | 張淑慧 | 銷售部 | 1981年1月19日 | |
| 1298 | 許仁鑫 | 銷售部 | 1991年2月21日 | |
| 1887 | 林秀城 | 銷售部 | 1981年1月2日 | |

## Step 2 輸入計算公式

然後在資料編輯列中輸入公式「=MID("鼠牛虎兔龍蛇馬羊猴雞狗豬",MOD(YEAR(D3)-4,12)+1,1)」後，按下〔Enter〕鍵。

## Step 3 複製公式查看結果

選取 E3 儲存格，將游標置於儲存格右下角，向下複製公式，即可得出每位員工的生肖。

員工資訊

| 工號 | 姓名 | 部門 | 生日 | 生肖 |
|---|---|---|---|---|
| 1325 | 黃志鴻 | 財務部 | 1988年4月23日 | 龍 |
| 0066 | 陳竹儀 | 財務部 | 1990年12月8日 | 馬 |
| 5642 | 林彥霖 | 商務部 | 1983年12月17日 | 豬 |
| 2216 | 張志宏 | 商務部 | 1987年3月9日 | 兔 |
| 0523 | 吳建成 | 銷售部 | 1986年10月16日 | 虎 |
| 7861 | 王怡靜 | 銷售部 | 1984年8月19日 | 鼠 |
| 0064 | 張淑慧 | 銷售部 | 1981年1月19日 | 雞 |
| 1298 | 許仁鑫 | 銷售部 | 1991年2月21日 | 羊 |
| 1887 | 林秀城 | 銷售部 | 1981年1月2日 | 雞 |

**提示**

**MID() 函數的語法結構**

MID() 函數的語法結構為：MID(text,start_num,num_chars)。

該函數用於從字串指定的位置起傳回指定長度的字元。Text 是包含要截取字元的文字字串。如果直接指定為文字串，需用雙引號引起來。如果不加雙引號，則會傳回錯誤值「#VALUE!」。Start_num 是文字中要截取的第一個字元位置。以文字字元開頭作為第一個字元，並用字元單位指定數值。Num_chars 為指定希望 MID 從文字傳回字元的個數。

**常用的日期函數**

- 函數 YEAR(serial_number) 用於傳回某日期對應的年份，傳回的值為 1900~9999 之間的整數。
- 函數 MONTH(serial_number) 用於傳回以序號表示的日期中的月份，即介於 1~12 間的整數。
- 函數 DAY(serial_number) 用於傳回以序號表示的某日期前的天數，即用整數 1~31 表示。

## 229 Q 如何從身份證號碼中判斷性別？

第 3 章 \ 原始檔 \ 員工資訊 .xlsx
第 3 章 \ 完成檔 \ 判斷性別資訊 .xlsx

身份證號碼中包含了出生地及性別等資訊，其中第一個英文字為出生地，第二位則是性別，1 代表男性，2 代表女性，所以可以利用 MID 函數截取身份證號碼的第二個字元，然後利用 ISODD 函數判斷該數位的奇偶性，進而判斷其性別。

**Step 1 打開原始檔**

打開「員工資訊 .xlsx」，選取 E3 儲存格。

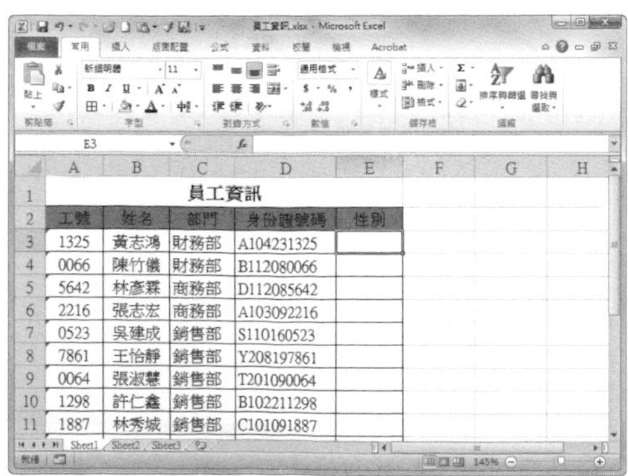

員工資訊

| 工號 | 姓名 | 部門 | 身份證號碼 | 性別 |
|---|---|---|---|---|
| 1325 | 黃志鴻 | 財務部 | A104231325 | |
| 0066 | 陳竹儀 | 財務部 | B112080066 | |
| 5642 | 林彥霖 | 商務部 | D112085642 | |
| 2216 | 張志宏 | 商務部 | A103092216 | |
| 0523 | 吳建成 | 銷售部 | S110160523 | |
| 7861 | 王怡靜 | 銷售部 | Y208197861 | |
| 0064 | 張淑慧 | 銷售部 | T201090064 | |
| 1298 | 許仁鑫 | 銷售部 | B102211298 | |
| 1887 | 林秀城 | 銷售部 | C101091887 | |

**Step 2 輸入計算公式**

在資料編輯列中輸入公式「=IF(ISODD(MID(D3,2,1)),"男","女")」。

=IF(ISODD(MID(D3,2,1)),"男","女")

員工資訊

| 工號 | 姓名 | 部門 | 身份證號碼 | 性別 |
|---|---|---|---|---|
| 1325 | 黃志鴻 | 財務部 | A104231325 | ),"女") |
| 0066 | 陳竹儀 | 財務部 | B112080066 | |
| 5642 | 林彥霖 | 商務部 | D112085642 | |
| 2216 | 張志宏 | 商務部 | A103092216 | |
| 0523 | 吳建成 | 銷售部 | S110160523 | |
| 7861 | 王怡靜 | 銷售部 | Y208197861 | |
| 0064 | 張淑慧 | 銷售部 | T201090064 | |
| 1298 | 許仁鑫 | 銷售部 | B102211298 | |
| 1887 | 林秀城 | 銷售部 | C101091887 | |

## Step 3 查看結果並複製公式

按下〔Enter〕鍵即可查看截取結果，複製 E3 儲存格公式至 E20 儲存格即可查詢每位員工的性別。

| | A | B | C | D | E |
|---|---|---|---|---|---|
| 1 | | | 員工資訊 | | |
| 2 | 工號 | 姓名 | 部門 | 身份證號碼 | 性別 |
| 3 | 1325 | 黃志鴻 | 財務部 | A104231325 | 男 |
| 4 | 0066 | 陳竹儀 | 財務部 | B112080066 | 男 |
| 5 | 5642 | 林彥霖 | 商務部 | D112085642 | 男 |
| 6 | 2216 | 張志宏 | 商務部 | A103092216 | 男 |
| 7 | 0523 | 吳建成 | 銷售部 | S110160523 | 男 |
| 8 | 7861 | 王怡靜 | 銷售部 | Y208197861 | 女 |
| 9 | 0064 | 張淑慧 | 銷售部 | T201090064 | 女 |
| 10 | 1298 | 許仁鑫 | 銷售部 | B102211298 | 男 |
| 11 | 1887 | 林秀城 | 銷售部 | C101091887 | 男 |

### 提示

**IF() 函數的語法結構**

IF() 函數的語法結構為：IF(logical_test,value_if_true,value_if_false)。

該函數用於執行真假判斷，根據判斷結果傳回不同的值。Logical_test 為用帶有比較運算式的邏輯值指定條件判定公式。Value_if_true 為指定的邏輯式成立時傳回的值。Value_if_false 為指定的邏輯式不成立時傳回的值。

**ISODD() 函數的語法結構**

ISODD() 函數的語法結構為 ISODD(number)。

該函數用於檢測數值是否為奇數。Number 表示需檢測是否為奇數的資料，忽略小數點後的數字。

**MID() 函數的語法結構**

MID() 函數的語法結構為：MID(text,start_num,num_chars)。

該函數用於從字串指定的位置起傳回指定長度的字元。Text 是包含要截取字元的文字字串。如果直接指定為文字串，需用雙引號引起來。如果不加雙引號，則會傳回錯誤值「#VALUE!」。Start_num 是文字中要截取的第一個字元位置。以文字字元開頭作為第一個字元，並用字元單位指定數值。Num_chars 為指定希望 MID 從文字傳回字元的個數。

# 如何從中國大陸的身份證號碼中截取出生日資料？

第 3 章 \ 原始檔 \ 員工資訊二 .xlsx
第 3 章 \ 完成檔 \ 截取出生日期資料 .xlsx

中國大陸的身份證字號比我們複雜許多，不但長達 18 碼，甚至出生年月日都隱藏在身份證號碼中。因此可以利用 MID 函數截取出生年月字串，再利用 TEXT 函數轉換為日期資料。

**Step 1** 打開原始檔

打開「員工資訊二 .xlsx」，選取 F3 儲存格。

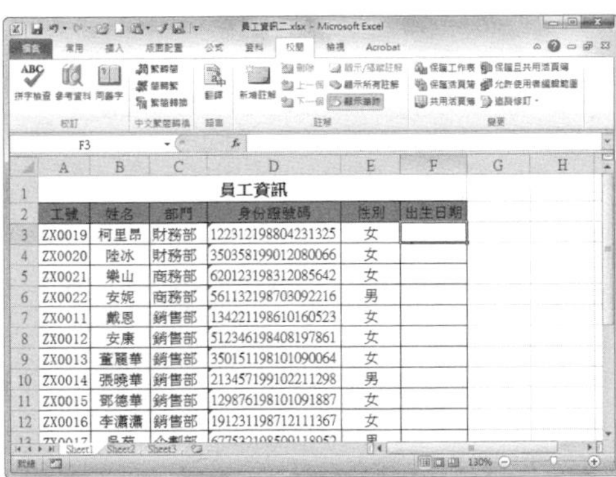


**Step 2** 輸入計算公式

在資料編輯列中輸入公式「=TEXT(MID(D3,7,8),"0000-00-00")」。

**Step 3** 查看結果並複製公式

按下〔Enter〕鍵即可查看截取結果，複製 F3 儲存格公式至 F20 儲存格。

**提示**

### TEXT() 函數的語法結構

TEXT() 函數的語法結構為：TEXT(value,format_text)。

該函數用於將數值轉換為指定數值格式表示的文字。Value 為數值或計算結果為數值的公式，或者為包含數值的儲存格的參照。Format_text 只用於指定數值的格式。

### MID() 函數的語法結構

MID() 函數的語法結構為 MID(text,start_num,num_chars)。

該函數用於從字串中指定的位置開始截取指定長度的字元。Text 為包含需要截取字元的文字字串。Start_num：為文字中需要截取的第一個字元的位置，若大於文字長度，則傳回空文字。Num_chars 為需要從文字字串中截取的字元的個數。若為 0，則傳回空文字；若省略，則假定為 1；若大於文字長度，則傳回整個文字。

第 3 章 \ 原始檔 \ 員工資訊三 .xlsx
第 3 章 \ 完成檔 \ 計算員工年齡與年資 .xlsx

## 231 Q 如何計算員工年齡與年資？

A 在進行人事檔案整理時，員工的年齡和年資都是需要登錄的，此時善加運用 YEAR 和 TODAY 函數，便可以輕鬆計算出員工的年齡和年資。

### Step 1 打開原始檔

打開「員工資訊三 .xlsx」，選取 E3 儲存格。

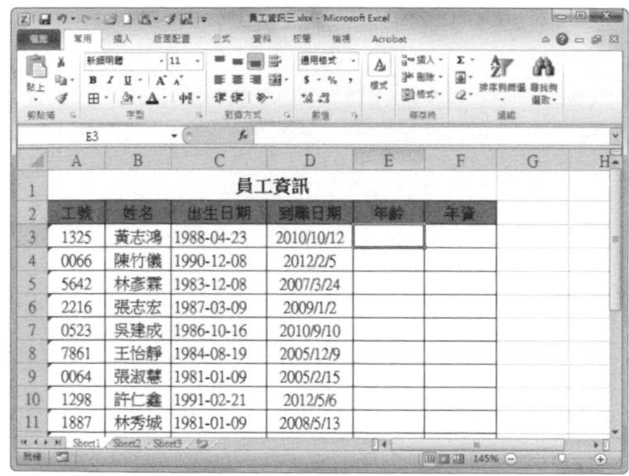

員工資訊

| 工號 | 姓名 | 出生日期 | 到職日期 | 年齡 | 年資 |
|---|---|---|---|---|---|
| 1325 | 黃志鴻 | 1988-04-23 | 2010/10/12 | | |
| 0066 | 陳竹儀 | 1990-12-08 | 2012/2/5 | | |
| 5642 | 林彥霖 | 1983-12-08 | 2007/3/24 | | |
| 2216 | 張志宏 | 1987-03-09 | 2009/1/2 | | |
| 0523 | 吳建成 | 1986-10-16 | 2010/9/10 | | |
| 7861 | 王怡靜 | 1984-08-19 | 2005/12/9 | | |
| 0064 | 張淑慧 | 1981-01-09 | 2005/2/15 | | |
| 1298 | 許仁鑫 | 1991-02-21 | 2012/5/6 | | |
| 1887 | 林秀城 | 1981-01-09 | 2008/5/13 | | |

### Step 2 輸入計算公式

在資料編輯列中輸入公式「=YEAR(TODAY())-YEAR(C3)」，然後按下〔Enter〕鍵。

=YEAR(TODAY())-YEAR(C3)

員工資訊

| 工號 | 姓名 | 出生日期 | 到職日期 | 年齡 | 年資 |
|---|---|---|---|---|---|
| 1325 | 黃志鴻 | 1988-04-23 | 2010/10/12 | AR(C3) | |
| 0066 | 陳竹儀 | 1990-12-08 | 2012/2/5 | | |
| 5642 | 林彥霖 | 1983-12-08 | 2007/3/24 | | |
| 2216 | 張志宏 | 1987-03-09 | 2009/1/2 | | |
| 0523 | 吳建成 | 1986-10-16 | 2010/9/10 | | |
| 7861 | 王怡靜 | 1984-08-19 | 2005/12/9 | | |
| 0064 | 張淑慧 | 1981-01-09 | 2005/2/15 | | |
| 1298 | 許仁鑫 | 1991-02-21 | 2012/5/6 | | |
| 1887 | 林秀城 | 1981-01-09 | 2008/5/13 | | |

## Step 3 查看結果並複製公式

可看到 E3 儲存格計算出了員工的年齡，向下複製 E3 儲存格中公式至 E20 儲存格。

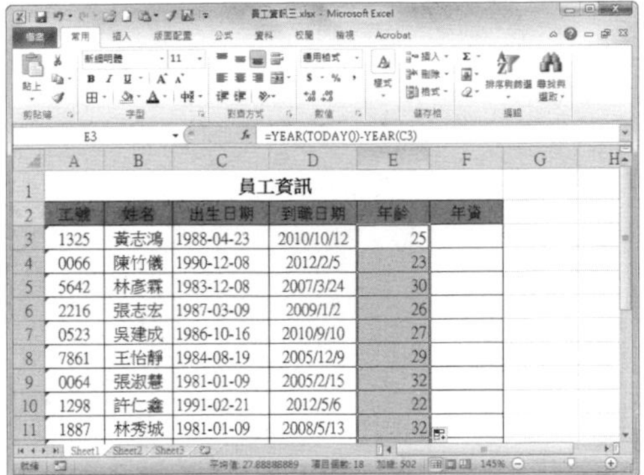


| | | 員工資訊 | | | |
|---|---|---|---|---|---|
| 工號 | 姓名 | 出生日期 | 到職日期 | 年齡 | 年資 |
| 1325 | 黃志鴻 | 1988-04-23 | 2010/10/12 | 25 | |
| 0066 | 陳竹儀 | 1990-12-08 | 2012/2/5 | 23 | |
| 5642 | 林彥霖 | 1983-12-08 | 2007/3/24 | 30 | |
| 2216 | 張志宏 | 1987-03-09 | 2009/1/2 | 26 | |
| 0523 | 吳建成 | 1986-10-16 | 2010/9/10 | 27 | |
| 7861 | 王怡靜 | 1984-08-19 | 2005/12/9 | 29 | |
| 0064 | 張淑慧 | 1981-01-09 | 2005/2/15 | 32 | |
| 1298 | 許仁鑫 | 1991-02-21 | 2012/5/6 | 22 | |
| 1887 | 林秀城 | 1981-01-09 | 2008/5/13 | 32 | |

## Step 4 選取需要計算員工年資的儲存格

選取 F3 儲存格，將在此計算員工的年資。

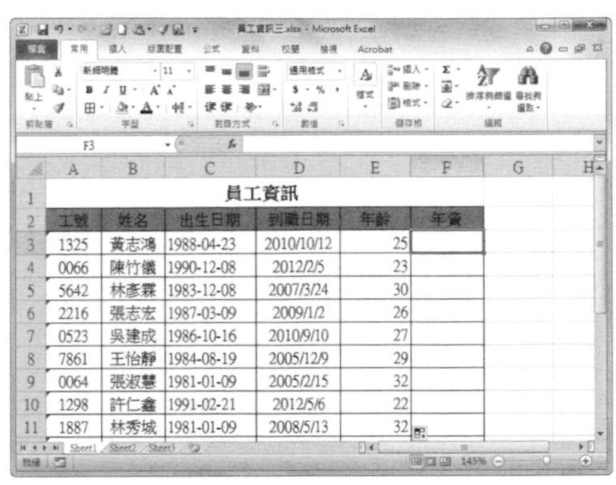


| | | 員工資訊 | | | |
|---|---|---|---|---|---|
| 工號 | 姓名 | 出生日期 | 到職日期 | 年齡 | 年資 |
| 1325 | 黃志鴻 | 1988-04-23 | 2010/10/12 | 25 | |
| 0066 | 陳竹儀 | 1990-12-08 | 2012/2/5 | 23 | |
| 5642 | 林彥霖 | 1983-12-08 | 2007/3/24 | 30 | |
| 2216 | 張志宏 | 1987-03-09 | 2009/1/2 | 26 | |
| 0523 | 吳建成 | 1986-10-16 | 2010/9/10 | 27 | |
| 7861 | 王怡靜 | 1984-08-19 | 2005/12/9 | 29 | |
| 0064 | 張淑慧 | 1981-01-09 | 2005/2/15 | 32 | |
| 1298 | 許仁鑫 | 1991-02-21 | 2012/5/6 | 22 | |
| 1887 | 林秀城 | 1981-01-09 | 2008/5/13 | 32 | |

## Step 5 輸入計算公式

在資料編輯列中輸入公式「=YEAR(TODAY())-YEAR(D3)」後，按下〔Enter〕鍵。

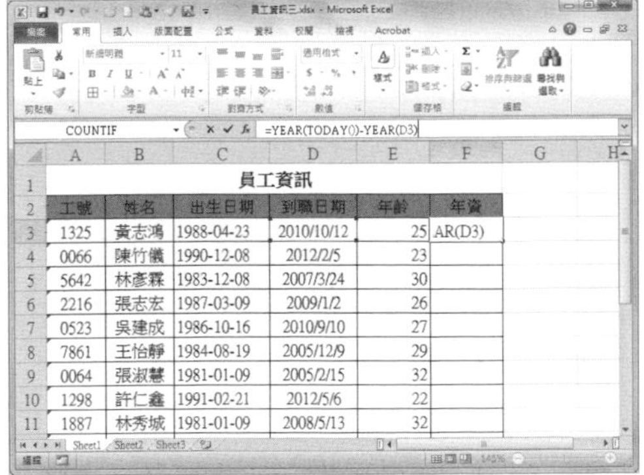


| | | 員工資訊 | | | |
|---|---|---|---|---|---|
| 工號 | 姓名 | 出生日期 | 到職日期 | 年齡 | 年資 |
| 1325 | 黃志鴻 | 1988-04-23 | 2010/10/12 | 25 | AR(D3) |
| 0066 | 陳竹儀 | 1990-12-08 | 2012/2/5 | 23 | |
| 5642 | 林彥霖 | 1983-12-08 | 2007/3/24 | 30 | |
| 2216 | 張志宏 | 1987-03-09 | 2009/1/2 | 26 | |
| 0523 | 吳建成 | 1986-10-16 | 2010/9/10 | 27 | |
| 7861 | 王怡靜 | 1984-08-19 | 2005/12/9 | 29 | |
| 0064 | 張淑慧 | 1981-01-09 | 2005/2/15 | 32 | |
| 1298 | 許仁鑫 | 1991-02-21 | 2012/5/6 | 22 | |
| 1887 | 林秀城 | 1981-01-09 | 2008/5/13 | 32 | |

## Step 6 查看結果並複製公式

可看到 F3 儲存格計算出了員工的年資，向下複製 F3 儲存格中公式至 F20 儲存格。

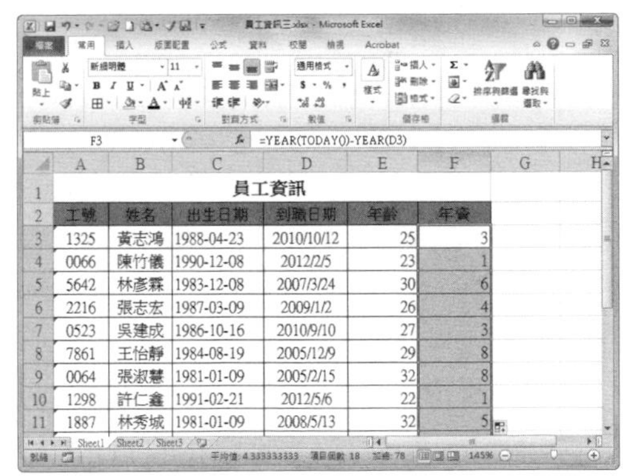


| | | 員工資訊 | | | |
|---|---|---|---|---|---|
| 工號 | 姓名 | 出生日期 | 到職日期 | 年齡 | 年資 |
| 1325 | 黃志鴻 | 1988-04-23 | 2010/10/12 | 25 | 3 |
| 0066 | 陳竹儀 | 1990-12-08 | 2012/2/5 | 23 | 1 |
| 5642 | 林彥霖 | 1983-12-08 | 2007/3/24 | 30 | 6 |
| 2216 | 張志宏 | 1987-03-09 | 2009/1/2 | 26 | 4 |
| 0523 | 吳建成 | 1986-10-16 | 2010/9/10 | 27 | 3 |
| 7861 | 王怡靜 | 1984-08-19 | 2005/12/9 | 29 | 8 |
| 0064 | 張淑慧 | 1981-01-09 | 2005/2/15 | 32 | 8 |
| 1298 | 許仁鑫 | 1991-02-21 | 2012/5/6 | 22 | 1 |
| 1887 | 林秀城 | 1981-01-09 | 2008/5/13 | 32 | 5 |

**提示**

### TODAY() 函數的語法結構

TODAY() 函數的語法結構為：TODAY()。

該函數用於傳回目前日期。此函數無參數，但必須有 ()。

### YEAR() 函數的語法結構

YEAR() 函數的語法結構為 :YEAR(serial_number)。

該函數用於傳回某日期對應的年份。Serial_number 為日期值，可以為加雙引號的表示日期的文字。

232 Q

# 如何單獨截取出字串中數字？

第 3 章 \ 原始檔 \ 截取數字 .xlsx

在儲存格單獨截取出字串中的數字時，由於文字是全形的，數字是半形的，所以可以使用 SEARCHB 函數與萬用字元「?」找出第一個半形字元的位置，然後使用 MIDB 函數截取數字。

## Step 1 打開原始檔

打開「截取數字 . Xlsx」，選取 B2 儲存格。

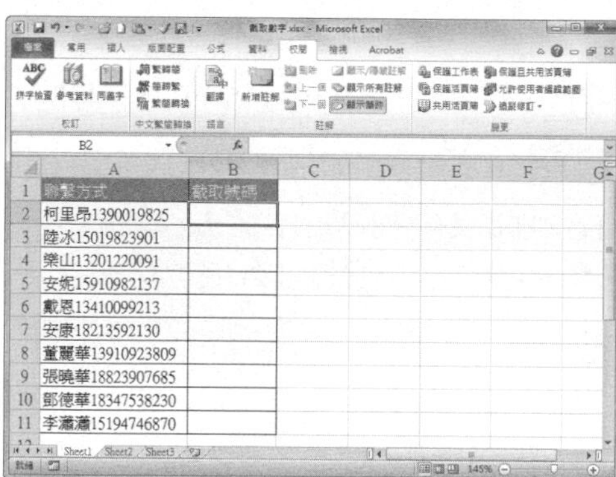


## Step 2 輸入計算公式

在資料編輯列中輸入公式「=MIDB(A2, SEARCHB("?",A2),LEN(A2))」。

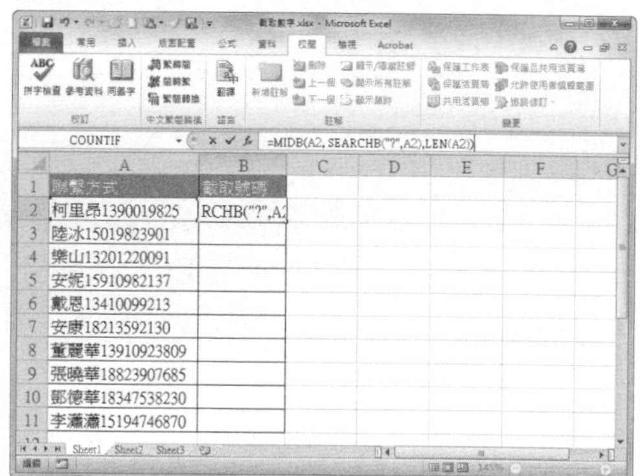


## Step 3 查看結果並複製公式

按下〔Enter〕鍵即可查看截取結果，複製 B2 儲存格公式至 B11 儲存格。

=MIDB(A2, SEARCHB("?",A2),LEN(A2))

| | A | B |
|---|---|---|
| 1 | 聯繫方式 | 截取號碼 |
| 2 | 柯里昂1390019825 | 1390019825 |
| 3 | 陸冰15019823901 | 15019823901 |
| 4 | 樂山13201220091 | 13201220091 |
| 5 | 安妮15910982137 | 15910982137 |
| 6 | 戴恩13410099213 | 13410099213 |
| 7 | 安康18213592130 | 18213592130 |
| 8 | 董麗華13910923809 | 13910923809 |
| 9 | 張曉華18823907685 | 18823907685 |
| 10 | 鄒德華18347538230 | 18347538230 |
| 11 | 李瀟瀟15194746870 | 15194746870 |

**提示**

**SEARCHB() 函數的語法結構**

SEARCHB() 函數的語法結構為：SEARCHB(find_text,within_text,start_num)。

該函數用於傳回一個字元或字串在原字串中的起始位置。Find_text 表示要找出的文字或文字所在的儲存格。

Within_text 為包含要找出文字的文字或文字所在的儲存格。Start_num 表示用數值或數值所在的儲存格指定開始查找的字元。

**MIDB() 函數的語法結構**

MIDB() 函數的語法結構為：MIDB(text,start_num,num_bytes)。

該函數用於從字串中指定的位置開始截取指定位元組數的字元。Text 為包含需要截取字元的文字字串。Start_num 為文字中需要截取的第一個字元的位置，以文字字串的開頭作為第一個位元組，並用位元組單位指定數值。Num_bytes 為需要從文字字串中截取的字元的個數。

**LEN() 函數的語法結構**

LEN() 函數的語法結構為：LEN(text)。

該函數用於計算文字字串的字元數。Text 是要計算長度的文字或文字所在的儲存格。

## 233 如何使用 PMT 函數計算分期付款的每月還款額？

第 3 章 \ 原始檔 \PMT 函數 .xlsx
第 3 章 \ 完成檔 \ 使用 PMT 函數 .xlsx

使用財務函數，能夠計算出複雜的利息或貸款的還款額等。使用 PMT 函數可以計算特定期間內償還貸款時，每月必須還款的金額。下面使用 PMT 函數計算每月的還款額。

**Step 1** 按下「插入函數」按鈕

打開「PMT 函數 .xlsx」，選取 D3 儲存格，按下資料編輯列前的〔插入函數〕按鈕。

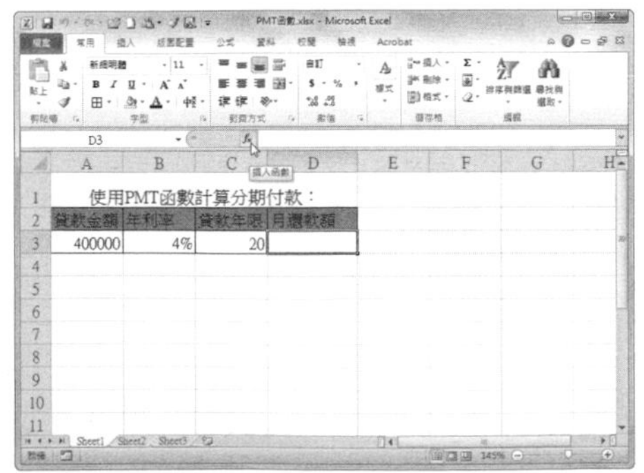

**Step 2 選擇 PMT 函數**

在彈出的「插入函數」對話框中設定「或選取類別」為【財務】，在「選擇函數」中選擇 PMT 函數。

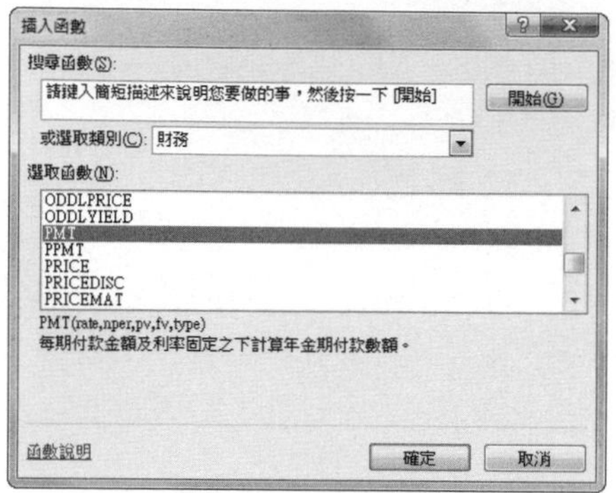


**Step 3 設定 Rate 參數**

按下〔確定〕按鈕後，即彈出「函數參數」對話框。設定 Rate 的參數為「B3/12」，即設定各期利率。

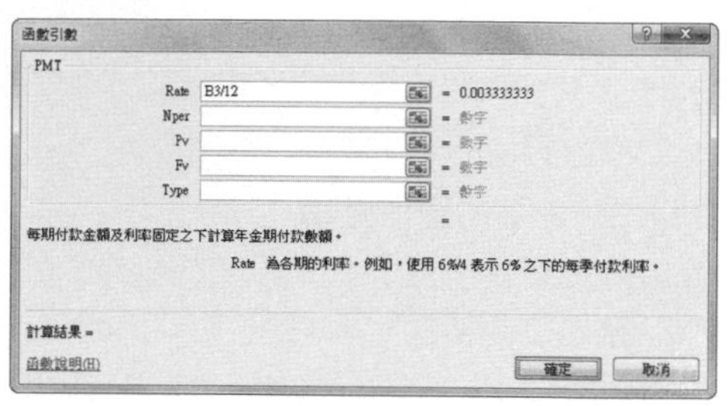


**Step 4 設定 Nper 參數**

設定 Nper 的參數為「C3*12」，即設定付款總期數。

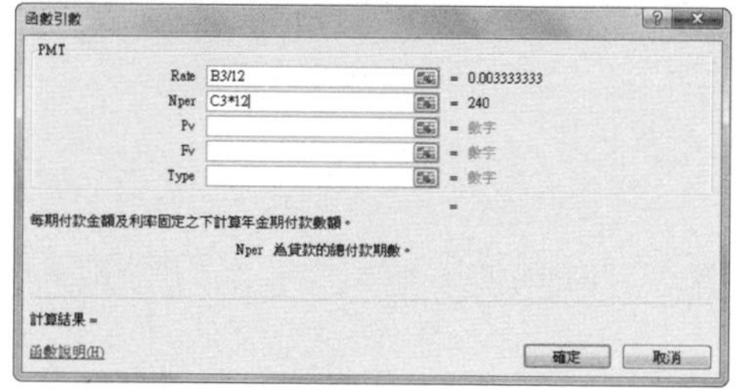


**Step 5 設定 Fv 參數**

設定 Fv 的參數為 A3 後，按下〔確定〕按鈕。

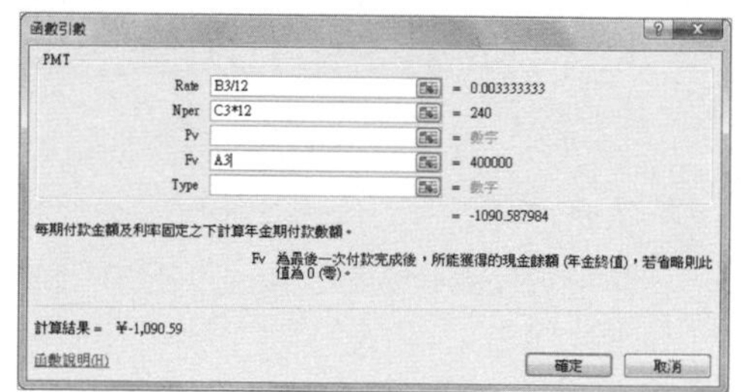


**Step 6 顯示月還款額**

由於 PMT 計算出來是負數，所以在公式前面加上「-」號後，按下〔Enter〕鍵即可得到正數。

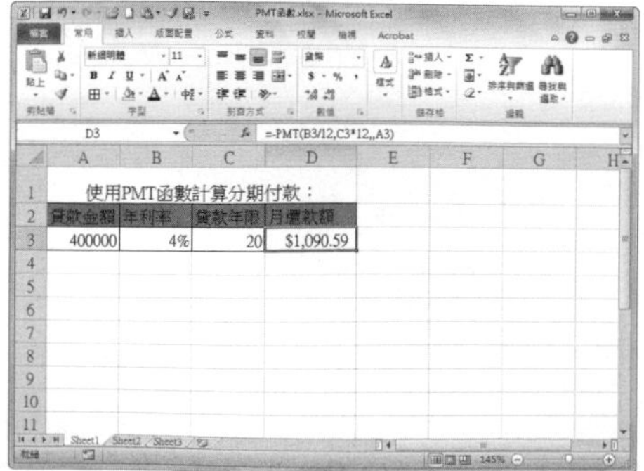

**提示**

PMT() 函數的語法結構

PMT() 函數的語法結構為 PMT(rate,nper,pv,fv,type)。

該函數是基於固定利率，傳回貸款的每期等額付款額。Rate 為指定期間內的利率；Nper 為指定付款總期數，和 Rate 的單位必須一致；Pv 為各期所應支付的金額，其數值在整個年金期間保持不變；Fv 為指定貸款的付款總數結束後的金額；Type 表示指定各期的付款時間期初指定為 1，期末指定為 0。

## 234 Q 如何使用 YIELD 函數計算證券收益率？

第 3 章 \ 原始檔 \YIELD 函數 .xlsx
第 3 章 \ 原始檔 \ 使用 YIELD 函數 .xlsx

使用 YIELD 函數，求定期支付利息的證券收益率的重點是參數 pr 和 redemption 的指定，注意這兩個參數是按面值 $100 計算，來看看如何應用 YIELD 函數計算債券的收益率。

**Step 1** 打開原始檔。

打開「YIELD 函數 .xlsx」，選取 B9 儲存格。

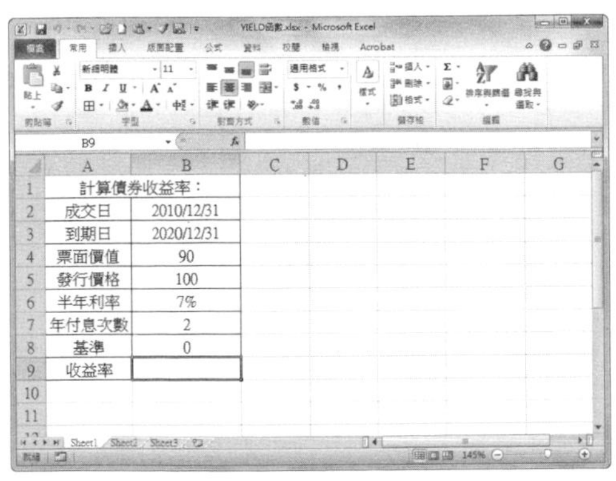

**Step 2** 輸入公式。

選取 B9 儲存格，在資料編輯列輸入公式「=YIELD(B2,B3,B6,B5,B4,B7,B8)」。

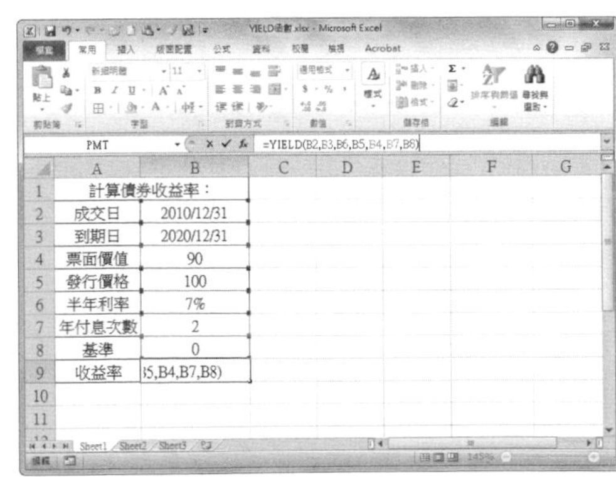

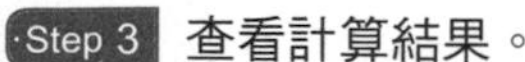
Step 3 查看計算結果。

按下〔Enter〕鍵後，即可看到 Excel 已經計算出了收益率。

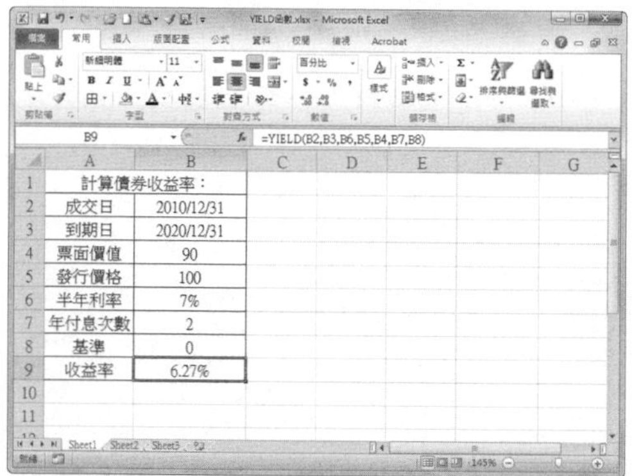


| | A | B |
|---|---|---|
| 1 | 計算債券收益率： | |
| 2 | 成交日 | 2010/12/31 |
| 3 | 到期日 | 2020/12/31 |
| 4 | 票面價值 | 90 |
| 5 | 發行價格 | 100 |
| 6 | 半年利率 | 7% |
| 7 | 年付息次數 | 2 |
| 8 | 基準 | 0 |
| 9 | 收益率 | 6.27% |

**提示**

YIELD() 函數的語法結構

YIELD() 函數的語法結構為：

YIELD(settlement,maturity,rate,pr,redemption,frequency,basis)。

該函數用於求指定支付利息證券的收益率。Settlement 為用日期、儲存格、序號或公式結果等指定證券的成交日。

Maturity 表示用日期、儲存格、序號或公式結果等指定證券的到期日。Rate 為用儲存格或數字指定證券的年息票利率。Pr 為面值 $100 的有價證券的價格。Redemption 為面值 $100 的有價證券的清償價值。Frequency 為年付息次數，按年支付，frequency=1；按半年期支付，frequency=2；按季支付，frequency=4。如果 frequency 指定為 1、2 或 4 之外的任何數位，則函數傳回「#NUM!」錯誤值。Basis 用數值指定證券日前的計算方法。

# 職人技 14 陣列公式應用秘技

在 Excel 中，利用陣列公式可以對一組或多組資料同時進行計算，並傳回一個或多個結果。在本職人技中，將詳細介紹陣列公式的各種應用方法。

# 如何利用陣列公式進行多項計算？

第 3 章 \ 原始檔 \ 多項計算 .xlsx
第 3 章 \ 完成檔 \ 利用陣列公式進行多項計算 .xlsx

應用陣列公式進行多項計算時，陣列公式包括在大括弧 {} 之中，同時按下鍵盤上的〔Ctrl〕+〔Shift〕+〔Enter〕組合鍵，即可輸入陣列公式。

## Step 1 打開原始檔

打開「多項計算 .xlsx」後 選取 F21 儲存格。

F21

| | A | B | C | D | E | F |
|---|---|---|---|---|---|---|
| 13 | 8952 | 童翊岳 | 企劃部 | 23300 | 590 | 0 |
| 14 | 9426 | 吳淑君 | 企劃部 | 26000 | 300 | 300 |
| 15 | 0017 | 賴佩恭 | 企劃部 | 11800 | 200 | 0 |
| 16 | 8123 | 鄭文欣 | 生產部 | 27600 | 700 | 400 |
| 17 | 0911 | 張美信 | 生產部 | 19900 | 340 | 220 |
| 18 | 1737 | 翁建廷 | 生產部 | 22100 | 550 | 200 |
| 19 | 2347 | 陳素淳 | 生產部 | 15500 | 330 | 0 |
| 20 | 0089 | 李惠雯 | 倉儲部 | 22400 | 100 | 150 |
| 21 | | | | 總計應發工資： | | |
| 22 | | | | | | |
| 23 | | | | | | |

## Step 2 輸入公式

在 F21 儲存格中輸入公式「=SUM(D3:D20+E3:E20+F3:F20)」，即各項工資相加，再求總和。

PMT　=SUM(D3:D20+E3:E20+F3:F20)

| | A | B | C | D | E | F |
|---|---|---|---|---|---|---|
| 13 | 8952 | 童翊岳 | 企劃部 | 23300 | 590 | 0 |
| 14 | 9426 | 吳淑君 | 企劃部 | 26000 | 300 | 300 |
| 15 | 0017 | 賴佩恭 | 企劃部 | 11800 | 200 | 0 |
| 16 | 8123 | 鄭文欣 | 生產部 | 27600 | 700 | 400 |
| 17 | 0911 | 張美信 | 生產部 | 19900 | 340 | 220 |
| 18 | 1737 | 翁建廷 | 生產部 | 22100 | 550 | 200 |
| 19 | 2347 | 陳素淳 | 生產部 | 15500 | 330 | 0 |
| 20 | 0089 | 李惠雯 | 倉儲部 | 22400 | 100 | 150 |
| 21 | | | | 總計應發工資： | | +F3:F20) |
| 22 | | | | | | |
| 23 | | | | | | |

## Step 3 查看結果

按下〔Ctrl〕+〔Shift〕+〔Enter〕組合鍵，系統會自動在公式兩側添加「{}」，並計算最終結果。

F21　{=SUM(D3:D20+E3:E20+F3:F20)}

| | A | B | C | D | E | F |
|---|---|---|---|---|---|---|
| 13 | 8952 | 童翊岳 | 企劃部 | 23300 | 590 | 0 |
| 14 | 9426 | 吳淑君 | 企劃部 | 26000 | 300 | 300 |
| 15 | 0017 | 賴佩恭 | 企劃部 | 11800 | 200 | 0 |
| 16 | 8123 | 鄭文欣 | 生產部 | 27600 | 700 | 400 |
| 17 | 0911 | 張美信 | 生產部 | 19900 | 340 | 220 |
| 18 | 1737 | 翁建廷 | 生產部 | 22100 | 550 | 200 |
| 19 | 2347 | 陳素淳 | 生產部 | 15500 | 330 | 0 |
| 20 | 0089 | 李惠雯 | 倉儲部 | 22400 | 100 | 150 |
| 21 | | | | 總計應發工資： | | 354830 |
| 22 | | | | | | |
| 23 | | | | | | |

**提示**

**使用陣列公式的注意事項**

使用陣列公式時，不能再合併儲存格中輸入的陣列公式，否則系統會提示對應的數組公式無效。

# 如何利用陣列公式計算兩個儲存格區域的乘積？

第 3 章 \ 原始檔 \ 銷售記錄 .xlsx
第 3 章 \ 完成檔 \ 計算兩個儲存格的乘積 .xlsx

下面介紹如何利用陣列公式計算兩個儲存格區域的乘積，本例包含「銷售數量」和「銷售單價」兩列，利用陣列公式計算兩個儲存格區域的乘積。

## Step 1 選擇保存計算結果的儲存格區域

打開「銷售記錄 .xlsx」後，選擇 E3:E8 儲存格區域用來儲存計算結果。

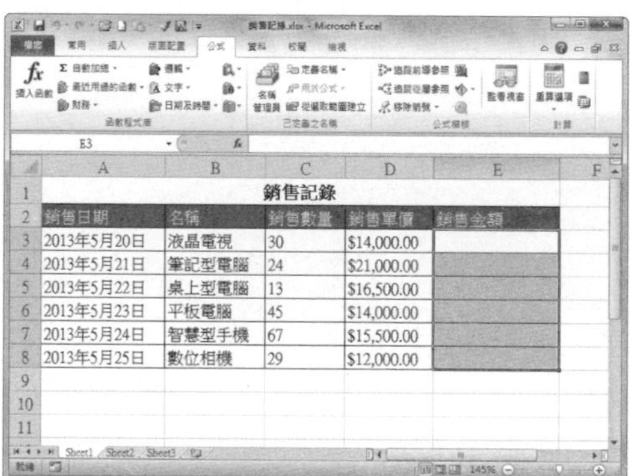


## Step 2 輸入公式

然後在資料編輯列中輸入公式「=C3:C8*D3:D8」，該公式的含義是分別計算各產品的銷售金額。

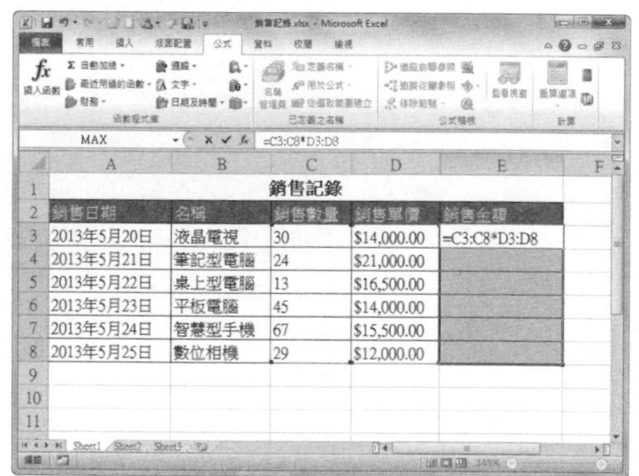


## Step 3 查看結果

在資料編輯列中按下〔Ctrl〕+〔Shift〕+〔Enter〕組合鍵，系統自動在公式上插入「{}」，即可計算出所有產品的銷售金額。

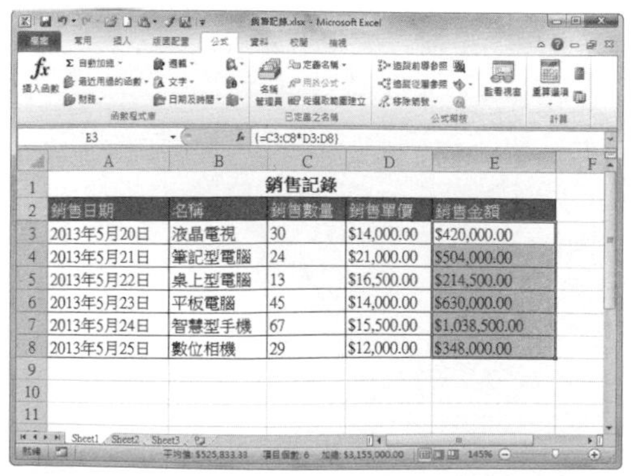


### 提示

**陣列公式的使用原則**

- 輸入陣列公式時，首先要選擇用來保存計算結果的儲存格區域。
- 陣列公式輸入後，按下組合鍵〔Ctrl〕+〔Shift〕+〔Enter〕，系統會自動在輸入的公式兩端加上大括弧 {}，表示該公式是陣列公式。
- 在陣列公式所涉及的區域中，不能插入、編輯、清除或參照單個儲存格，也不能插入或刪除其中任何一個儲存格。

# 237 Q 如何利用陣列公式進行快速運算？

第 3 章 \ 原始檔 \ 快速運算 .xlsx
第 3 章 \ 完成檔 \ 利用陣列公式進行快速運算 .xlsx

A 運用陣列公式可以計算各列不同的折扣額，並計算總價。工作表中包含採購的數量、原價和折扣率，來看看如何利用陣列公式計算各項商品的總價。

## Step 1 選擇保存計算結果的儲存格區域

打開「快速運算 .xlsx」，選擇 E3:E7 儲存格區域。

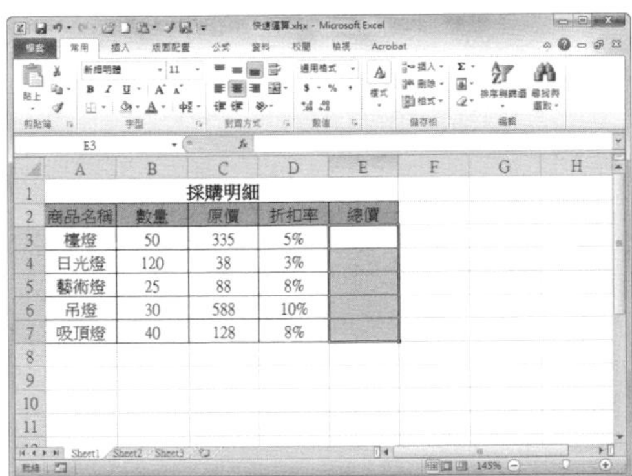

| 採購明細 | | | | |
|---|---|---|---|---|
| 商品名稱 | 數量 | 原價 | 折扣率 | 總價 |
| 檯燈 | 50 | 335 | 5% | |
| 日光燈 | 120 | 38 | 3% | |
| 藝術燈 | 25 | 88 | 8% | |
| 吊燈 | 30 | 588 | 10% | |
| 吸頂燈 | 40 | 128 | 8% | |

## Step 2 輸入公式

然後在資料編輯列中輸入公式「=C3:C7*(1-D3:D7)*B3:B7」，該公式的含義是分別計算各產品的銷售金額。

=C3:C7*(1-D3:D7)*B3:B7

| 採購明細 | | | | |
|---|---|---|---|---|
| 商品名稱 | 數量 | 原價 | 折扣率 | 總價 |
| 檯燈 | 50 | 335 | 5% | C7*(1-D3:I |
| 日光燈 | 120 | 38 | 3% | |
| 藝術燈 | 25 | 88 | 8% | |
| 吊燈 | 30 | 588 | 10% | |
| 吸頂燈 | 40 | 128 | 8% | |

## Step 3 查看結果

在資料編輯列中按下組合鍵〔Ctrl〕+〔Shift〕+〔Enter〕，系統自動在公式兩端插入「{}」，即可計算出所有產品的銷售金額。

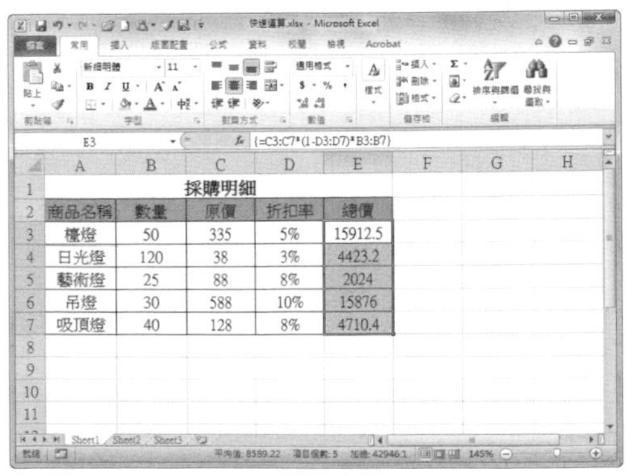

{=C3:C7*(1-D3:D7)*B3:B7}

| 採購明細 | | | | |
|---|---|---|---|---|
| 商品名稱 | 數量 | 原價 | 折扣率 | 總價 |
| 檯燈 | 50 | 335 | 5% | 15912.5 |
| 日光燈 | 120 | 38 | 3% | 4423.2 |
| 藝術燈 | 25 | 88 | 8% | 2024 |
| 吊燈 | 30 | 588 | 10% | 15876 |
| 吸頂燈 | 40 | 128 | 8% | 4710.4 |

**提示**

**如何編輯陣列公式**

若要編輯或清除陣列公式，首先應選擇整個陣列公式，然後在公式欄中修改，或刪除陣列公式，再按下〔Ctrl〕+〔Shift〕+〔Enter〕組合鍵。若只選擇其中一個儲存格的公式進行編輯，Excel 將會彈出提示對話框，提示不能更改。

# 如何進行陣列間的直接運算？

第 3 章 \ 原始檔 \ 陣列間運算 .xlsx、同向一維陣列 .xlsx、異向一維陣列 .xlsx、一維陣列和二維陣列 .xlsx、二維陣列 .xlsx
第 3 章 \ 完成檔 \ 進行陣列間的直接運算 .xlsx、同向一維陣列運算 .xlsx、異向一維陣列運算 .xlsx、一維陣列與二維陣列運算 .xlsx、二維陣列運算 .xlsx

陣列就是元素的集合，按行、列進行排列。單行或單列的陣列是一維陣列，多行多列（含兩行兩列）的陣列是二維陣列。需要注意的是，陣列公式，僅僅是對應用公式後按下〔Ctrl〕+〔Shift〕+〔Enter〕組合鍵結束公式的編輯的方式，與陣列完全是兩碼事。下面介紹陣列間直接運算。

## 單值與陣列直接運算

### Step 1 選擇保存結果的儲存格區域

打開「陣列間運算 .xlsx」，選擇 B2:D2 儲存格區域。

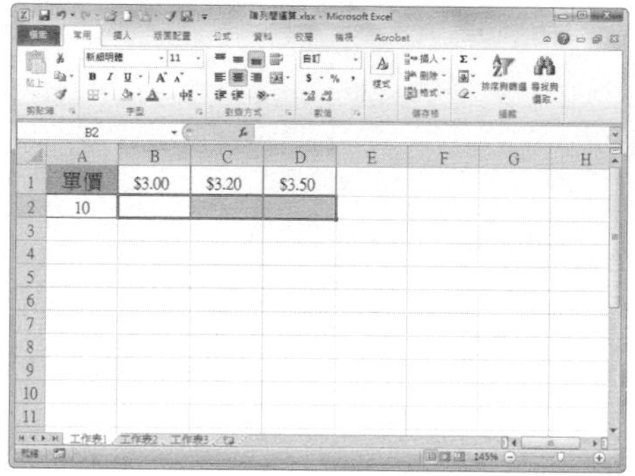


### Step 2 輸入公式

在資料編輯列中輸入公式「=A2*B1:D1」，即單值與陣列直接運算的計算結果。

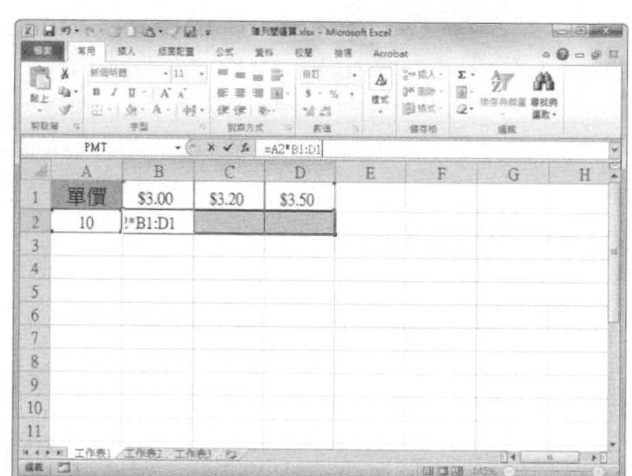


### Step 3 得到計算結果

在資料編輯列中按下〔Ctrl〕+〔Shift〕+〔Enter〕組合鍵，即可計算出結果。

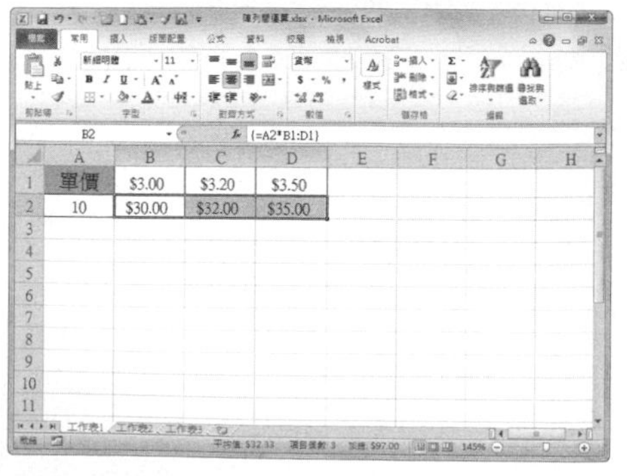


## 同向一維陣列的運算

### Step 1 選擇保存結果的儲存格區域

打開「同向一維陣列 .xlsx」，選擇 C2:C5 儲存格區域。

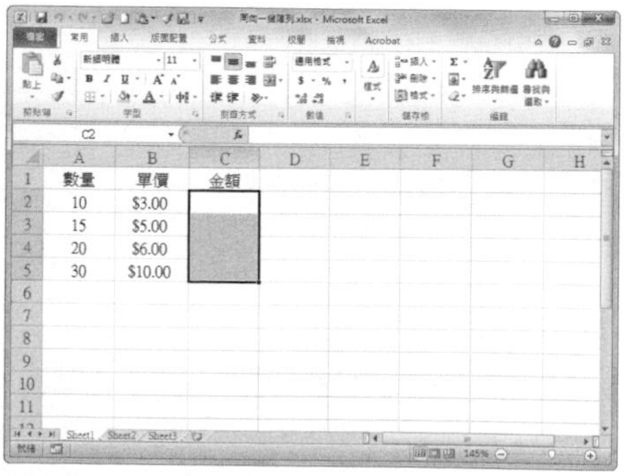

**Step 2** 輸入公式

在資料編輯列中輸入公式「=A2:A5*B2:B5」。即兩個同方向的一維陣列相對應元素的運算。

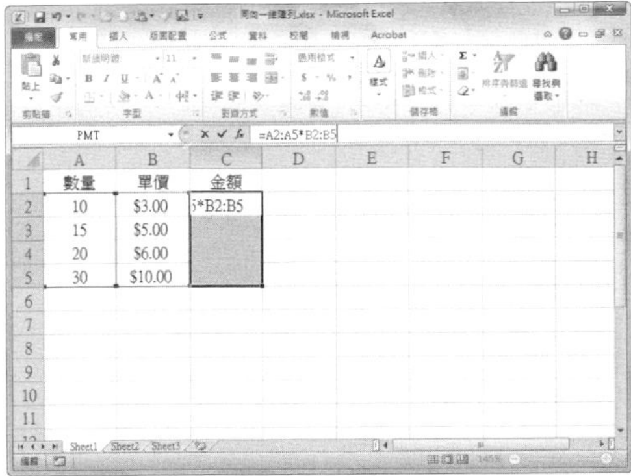

**Step 3** 得到計算結果

在資料編輯列中按下〔Ctrl〕+〔Shift〕+〔Enter〕組合鍵，即可計算出結果。此運算要求兩個陣列具有相同大小的尺寸。

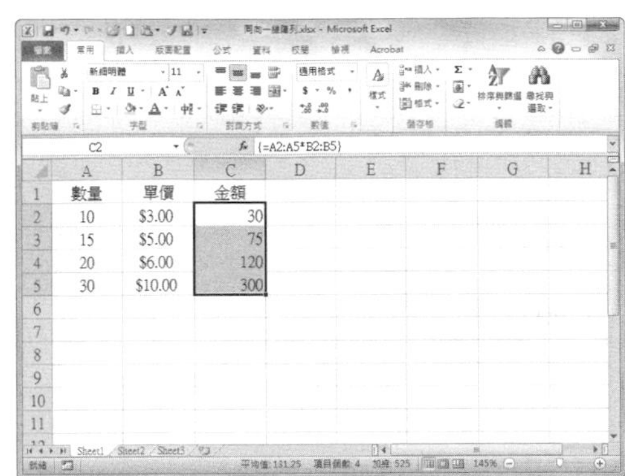

## 異向一維陣列運算

**Step 1** 選擇保存結果的儲存格區域

打開「異向一維陣列.xlsx」，選擇 B2:D5 儲存格區域，用於保存兩個不同方向一維陣列的計算結果。

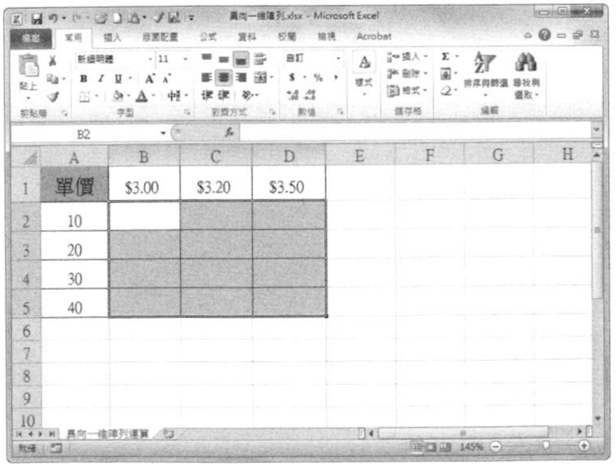

**Step 2** 輸入公式

在資料編輯列中輸入公式「=A2:A5*B1:D1」。即兩個不同方向的一維陣列運算，其中一個陣列中的元素分別與另一個陣列中的元素進行計算。

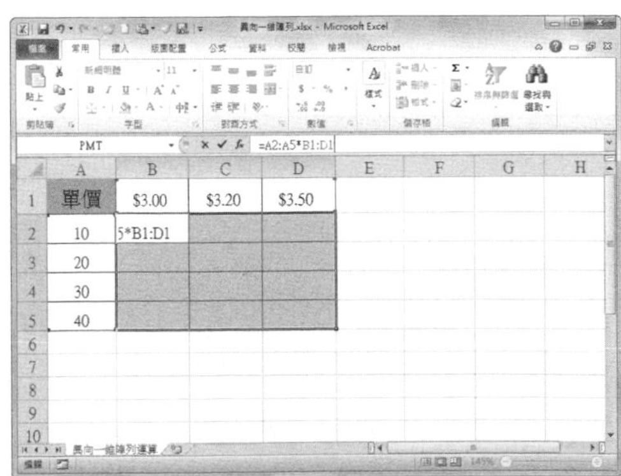

### Step 3 得到計算結果

在資料編輯列中按下〔Ctrl〕+〔Shift〕+〔Enter〕組合鍵，即可計算出結果。此運算不要求兩個陣列具有相同大小的尺寸。

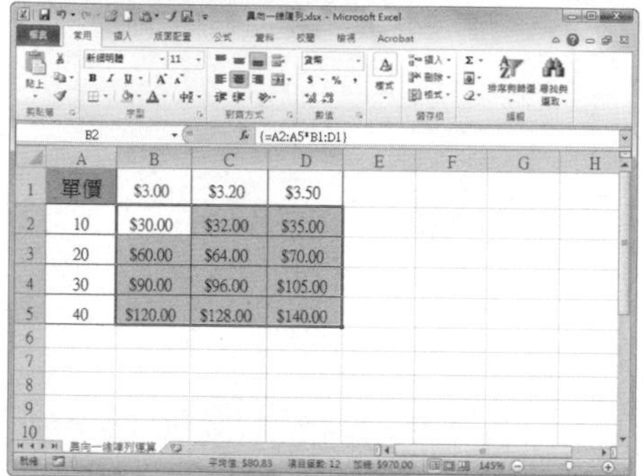


## 一維陣列和二維陣列運算

### Step 1 選擇保存結果的儲存格區域

打開「一維陣列和二維陣列.xlsx」，選擇D2:E6儲存格區域，用於保存一維陣列與二維陣列運算的計算結果。

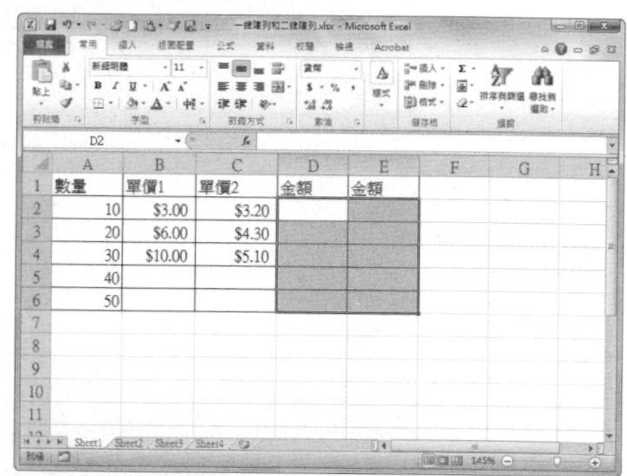


### Step 2 輸入公式

在資料編輯列中輸入計算公式「=A2:A6*B2:C4」。

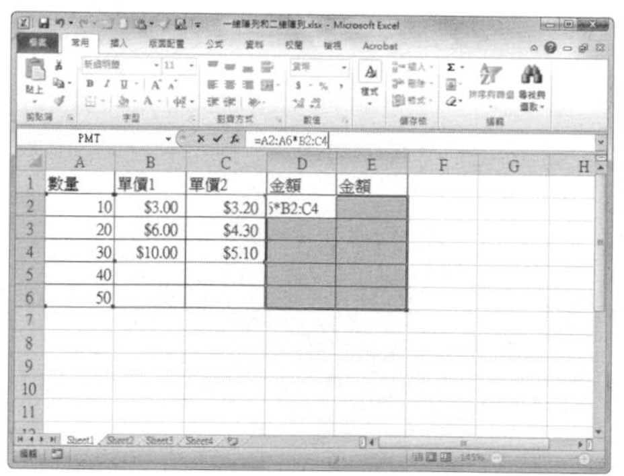


### Step 3 得到計算結果

在資料編輯列中按下〔Ctrl〕+〔Shift〕+〔Enter〕組合鍵，即可計算出結果。此運算要求兩個陣列具有相同大小的尺寸。

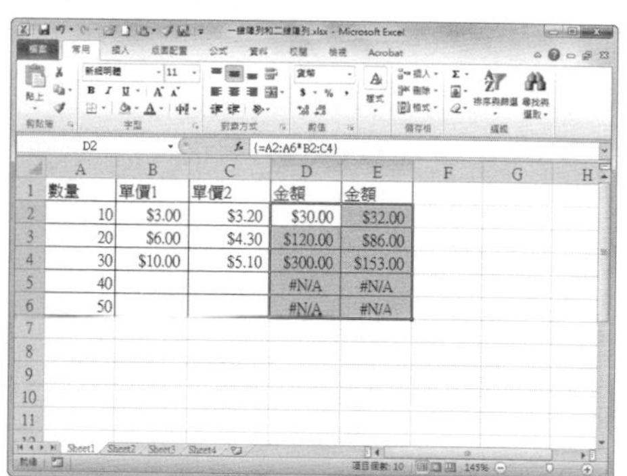


**提示**

**陣列尺寸不一致的結果**

在一維陣列與二維陣列運算時，當M行或N列的陣列與M*N二維陣列間進行運算時，同向運算類似同向一維陣列間相對位置的運算，異向運算類似單值與陣列直接的運算。當陣列具有相同大小的尺寸時，可傳回正確的二維陣列；否則，陣列間差異部分的整行或整列傳回錯誤值「#N/A」。

## 二維陣列的運算

**Step 1** 選擇保存結果的儲存格區域。

打開「二維陣列 .xlsx」，選擇 C7:D9 儲存格區域，用於保存計算結果。

**Step 2** 輸入公式。

在資料編輯列中輸入公式「=A2:B4*C2:D4」。即讓 Excel 執行相同位置元素一一對應的運算。

**Step 3** 得到計算結果。

在資料編輯列中按下〔Ctrl〕+〔Shift〕+〔Enter〕組合鍵，即可計算出結果。此運算要求兩個陣列具有相同大小的尺寸。

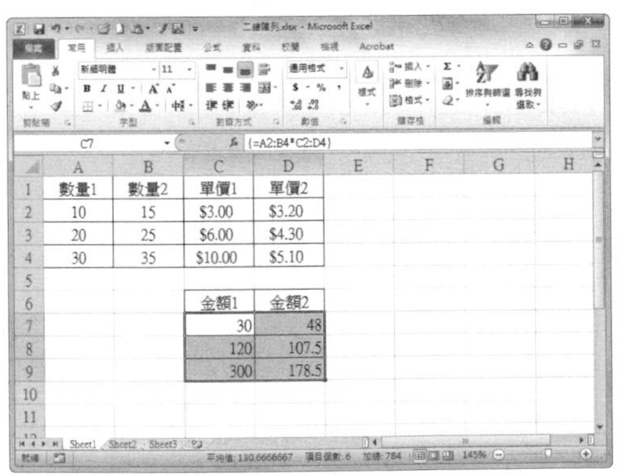

# 如何利用 TRANSPOSE 函數轉置儲存格區域？

第 3 章 \ 原始檔 \TRANSPOSE 函數 .xlsx
第 3 章 \ 完成檔 \ 利用 TRANSPOSE 函數轉置儲存格區域 .xlsx

使用 TRANSPOSE 函數可以將陣列的橫向轉置為縱向、縱向轉置為橫向，進而完成行列間的轉置。

## Step 1 按下「插入函數」按鈕

打開「TRANSPOSE 函數 .xlsx」，選擇表示函數結果的 A7:E10 儲存格區域，然後按下資料編輯列前的〔插入函數〕按鈕。

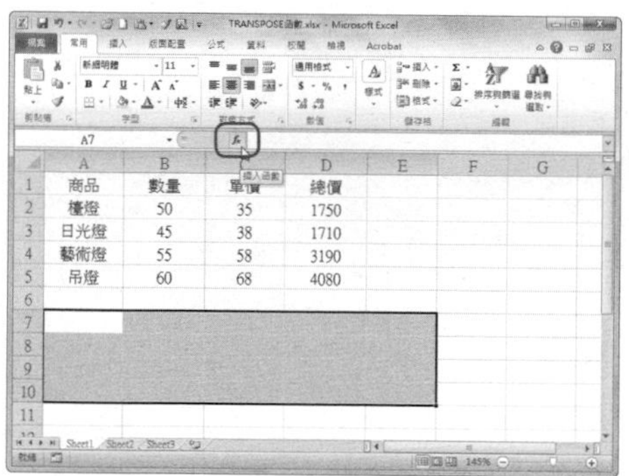

## Step 2 選擇 TRANSPOSE 函數

在彈出的「插入函數」對話框中設定「或選取類別」為【檢視與參照】，在「選擇函數」選擇 TRANSPOSE 函數，最後按下〔確定〕按鈕。

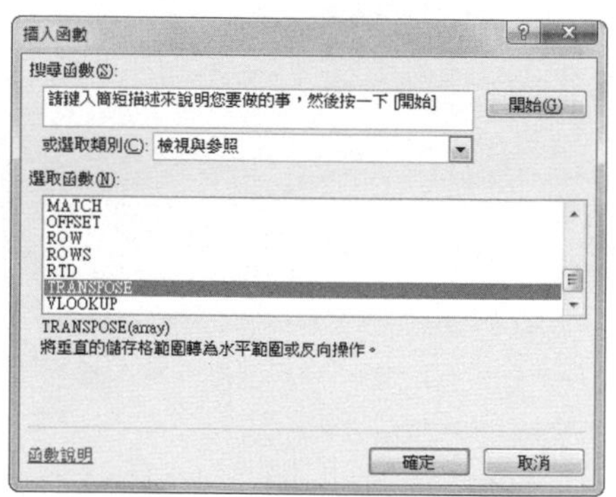


## Step 3 設定函數引數

在彈出的「函數引數」對話框中，設定 Array 的參數。按下 Array 文字方塊右側的折疊按鈕。

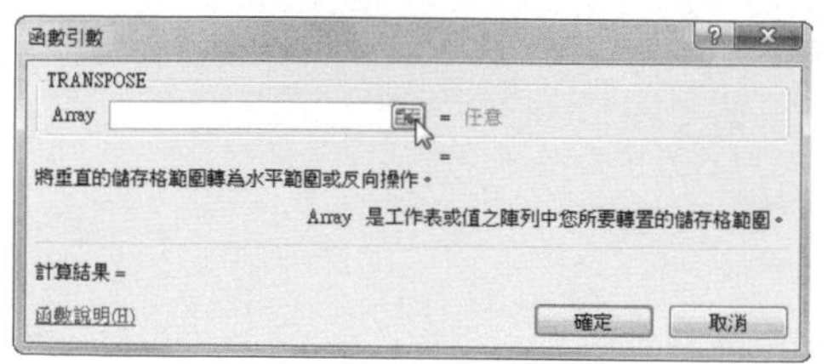


## Step 4 選擇參數範圍

回到工作表，選擇 A1:D5 儲存格區域後，再次按下折疊按鈕，傳回「函數參數」對話框。

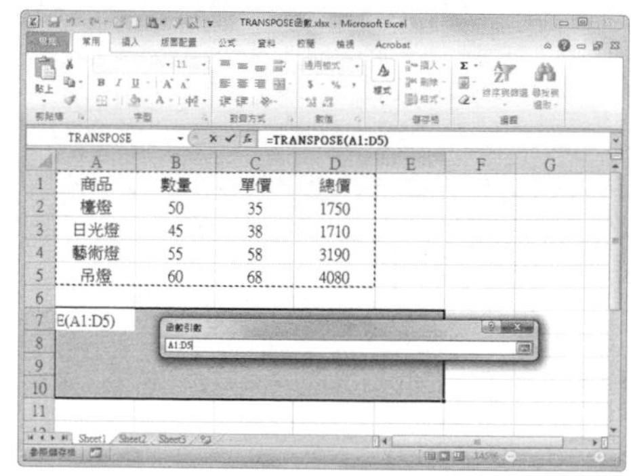

### Step 5 按下「確定」按鈕

這時在按下〔Ctrl〕+〔Shift〕組合鍵的同時，按下〔確定〕按鈕。

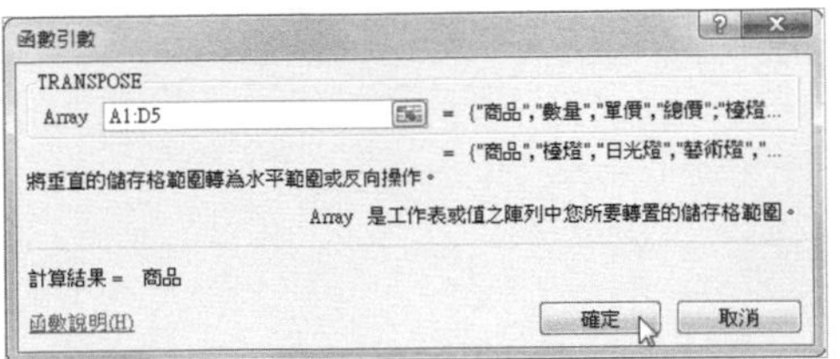


### Step 6 查看轉置效果

此時傳回工作表中即可查看轉置效果。在步驟 5 中若未按下〔Ctrl〕+〔Shift〕組合鍵，將會傳回錯誤值「#VALUE!」。

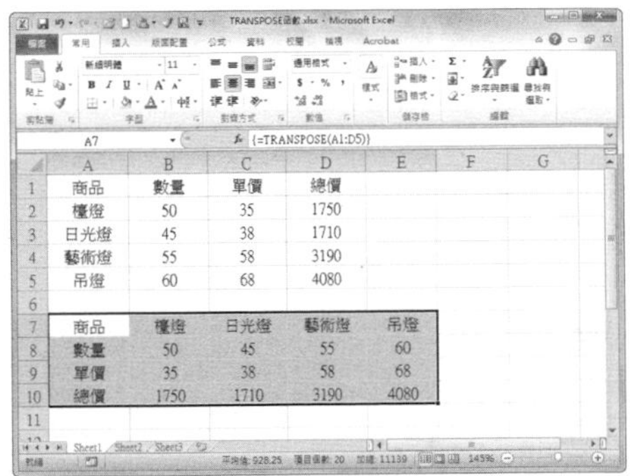


**提示**

**TRANSPOSE() 函數的語法結構**

TRANSPOSE() 函數的語法結構為：TRANSPOSE(array)。

該函數用於轉置儲存格區域。Array 表示指定需要轉置的儲存格區域或陣列。

## 240 Q 如何利用陣列公式進行條件計算？

第 3 章 \ 原始檔 \ 條件計算 .xlsx
第 3 章 \ 完成檔 \ 利用陣列公式進行條件計算 .xlsx

A 在 Excel 中，可以使用陣列公式進行複雜條件的運算，下面利用陣列公式快速計算出表格中所有小於 60 的正數之和。

### Step 1 打開原始檔

打開「條件計算 .xlsx」，選取需要顯示計算結果的儲存格，這裡選擇 C9 儲存格。

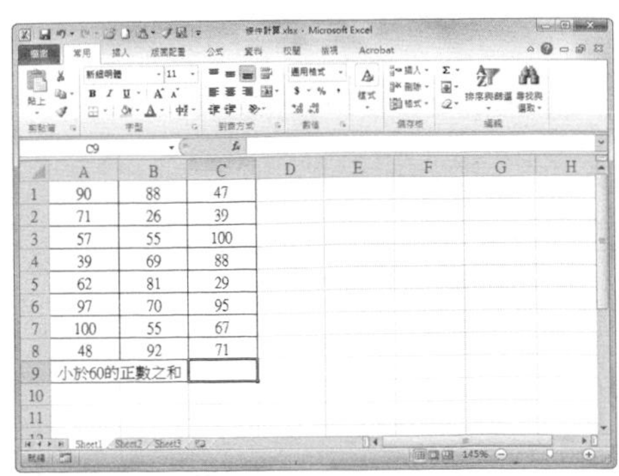

**Step 2** 輸入公式

在資料編輯列中輸入公式「=SUM((A1:C8<60)*A1:C8)」，計算中所有小於 60 的正數之和。

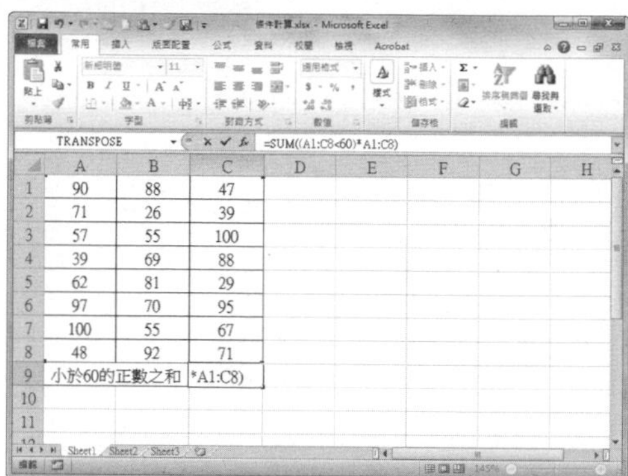


**Step 3** 得到計算結果

在資料編輯列中按下〔Ctrl〕+〔Shift〕+〔Enter〕組合鍵，即可查看計算出的結果。

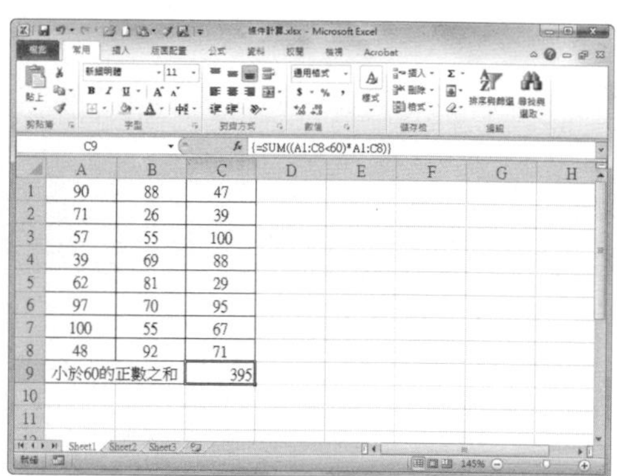


**提示**

SUM() 函數的語法結構

SUM() 函數的語法結構為：SUM(number1,number2，…)。

該函數用於所選儲存格區域中所有數值之和，最多能指定 30 個參數。Number 參數可以為數值或儲存格的參照位址區域。上述操作中用到的公式的含義為判斷出符合條件的數值，然後代入，最後進行求和運算。

## 241 Q 如何使用邏輯運算式進行陣列公式的計算？

第 3 章 \ 原始檔 \ 使用邏輯運算式 .xlsx
第 3 章 \ 完成檔 \ 使用邏輯運算式進行陣列公式的計算 .xlsx

**A** 在利用陣列公式進行「邏輯與」和「邏輯或」關係運算時，可以使用邏輯運算式相乘（*）與相加（+）來進行。下面透過邏輯運算式來快速計算 60 ～ 100 之間所有數值之和。

## Step 1　打開原始檔

打開「使用邏輯表達式 .xlsx」，選取需要顯示計算結果的儲存格，這裡選擇 C9 儲存格。

| | A | B | C |
|---|---|---|---|
| 1 | 90 | 88 | 47 |
| 2 | 71 | 26 | 39 |
| 3 | 57 | 55 | 100 |
| 4 | 39 | 69 | 88 |
| 5 | 62 | 81 | 29 |
| 6 | 97 | 70 | 95 |
| 7 | 100 | 55 | 67 |
| 8 | 48 | 92 | 71 |
| 9 | 計算60~100之間所有數值之和： | | |

## Step 3　得到計算結果

在資料編輯列中按下〔Ctrl〕+〔Shift〕+〔Enter〕組合鍵，即可查看計算出的結果。

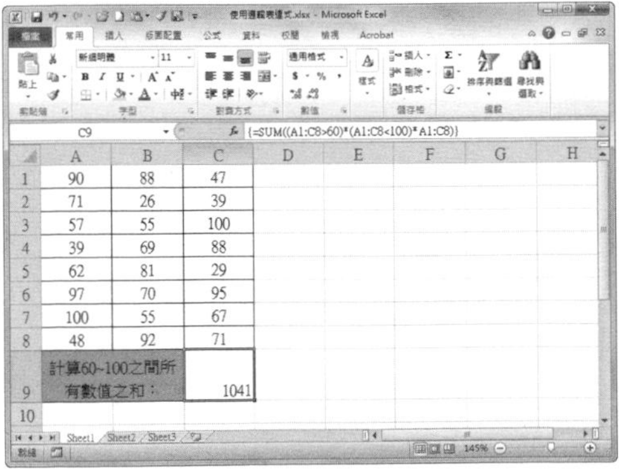


| | A | B | C |
|---|---|---|---|
| 1 | 90 | 88 | 47 |
| 2 | 71 | 26 | 39 |
| 3 | 57 | 55 | 100 |
| 4 | 39 | 69 | 88 |
| 5 | 62 | 81 | 29 |
| 6 | 97 | 70 | 95 |
| 7 | 100 | 55 | 67 |
| 8 | 48 | 92 | 71 |
| 9 | 計算60~100之間所有數值之和： | | 1041 |

## Step 2　輸入公式

在資料編輯列中輸入公式「=SUM((A1:C8>60)*(A1:C8<100)*A1:C8)」計算 60 ～ 100 之間所有數值之和。

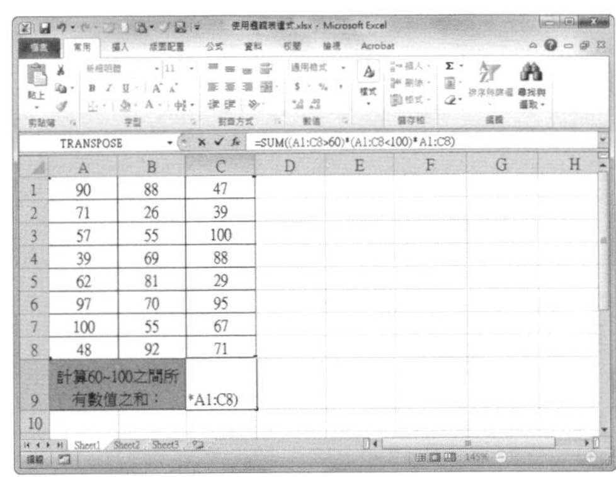


| | A | B | C |
|---|---|---|---|
| 1 | 90 | 88 | 47 |
| 2 | 71 | 26 | 39 |
| 3 | 57 | 55 | 100 |
| 4 | 39 | 69 | 88 |
| 5 | 62 | 81 | 29 |
| 6 | 97 | 70 | 95 |
| 7 | 100 | 55 | 67 |
| 8 | 48 | 92 | 71 |
| 9 | 計算60~100之間所有數值之和： | | *A1:C8) |

# 242 Q 如何利用 MINVERSE 函數計算陣列矩陣的逆矩陣？

第 3 章 \ 原始檔 \MINVERSE 函數 .xlsx
第 3 章 \ 完成檔 \ 利用 MINVERSE 函數計算陣列矩陣的逆矩陣 .xlsx

使用 MINVERSE 函數計算行數和列數相等的陣列矩陣的逆矩陣。在使用此函數時，應保持行數和列數相等，若不相等，則傳回錯誤值「#VALUE!」。下面介紹利用 MINVERSE 函數計算陣列矩陣的逆矩陣。

### Step 1 打開原始檔

打開「MINVERSE 函數 .xlsx」，選取需要輸入函數的單元格區域，這裡選擇 A5：B6 儲存格區域。

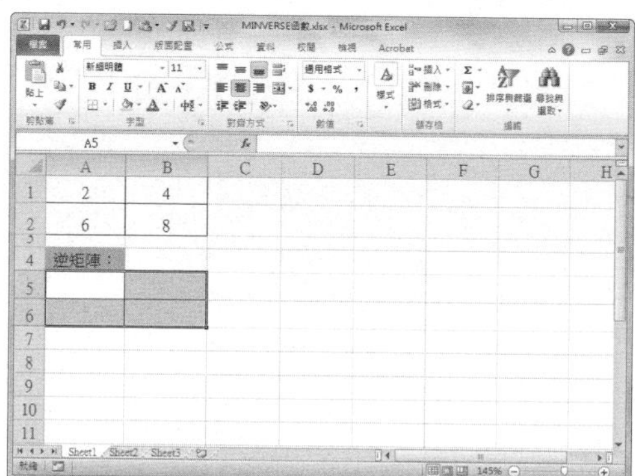

### Step 2 輸入公式

在資料編輯列中輸入公式「=MINVERSE(A1:B2)」。

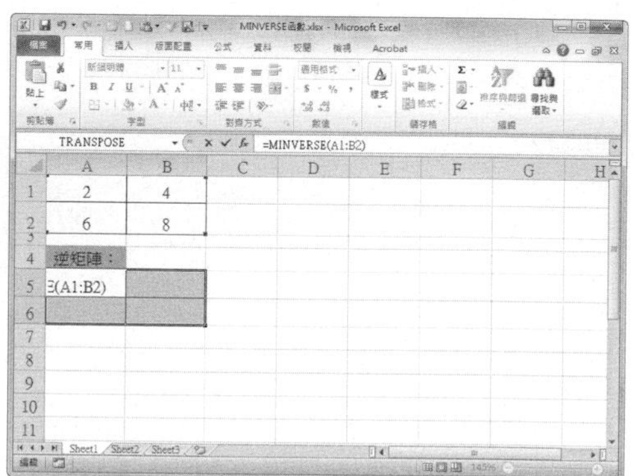

### Step 3 得到計算結果

按下〔Ctrl〕+〔Shift〕+〔Enter〕組合鍵，即可查看計算出的結果。

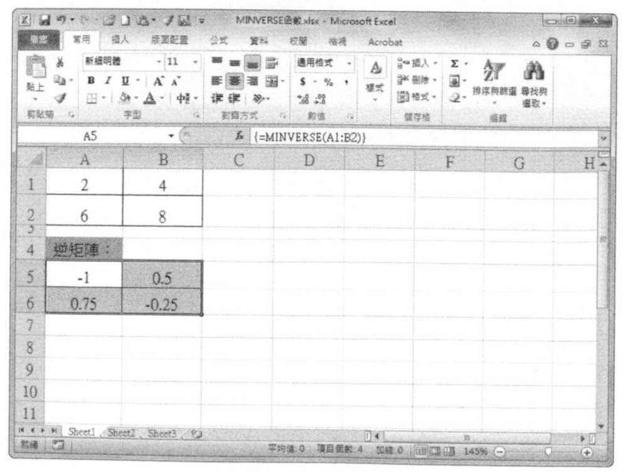

**提示**

**MINVERSE() 函數的語法結構**

MINVERSE() 函數的語法結構為：MINVERSE(array)。

該函數用於計算陣列矩陣的逆矩陣。Array 參數是具有相等行數和列數的數值陣列，可以是儲存格區域、陣列常數或儲存格區域和陣列常數的名稱。如果行列數不相等，或 array 中儲存格是空白儲存格或包含文字，則傳回錯誤值「#VALUE!」。

# 第 4 章 圖形圖表操作秘技

在 Excel 2010 中新增許多視覺結果強大的各種圖形圖表，可以讓枯燥的報表變得更生動悅目。Excel 2010 提供類型眾多的圖形圖表，若能善加運用這些現成的素材，就能快速呈現出精彩的資料，吸引觀眾的目光。

此外，我們還可以根據需要對圖形圖表進行編輯和美化，使之更符合主題的需要。

建立組織架構圖

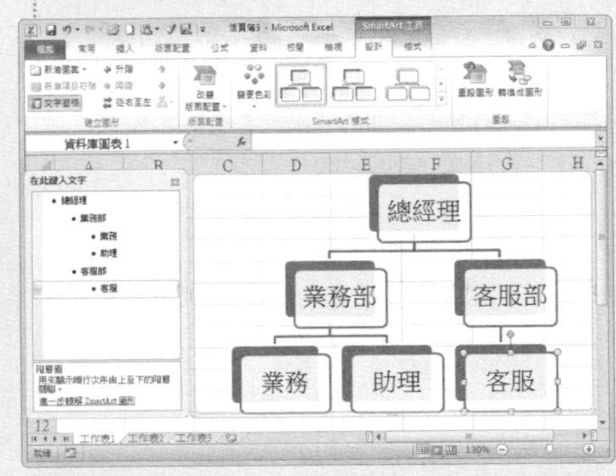


變更圖片形狀

為圖表套用快速樣式

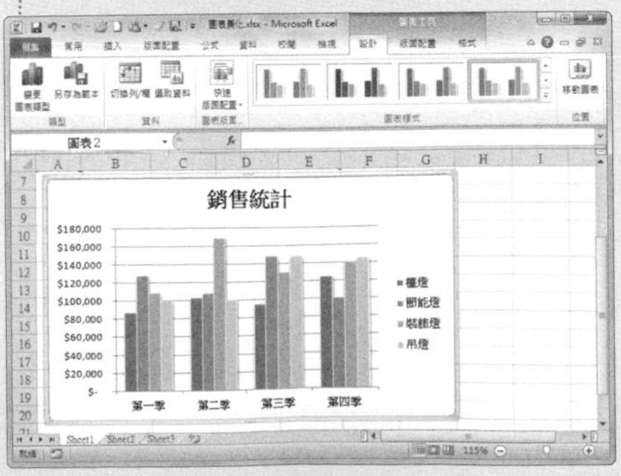

# 職人技 15 圖案操作秘技

在表格中新增一些漂亮的圖案，不但可以美化表格，對表格做更清楚明瞭的說明，還可以增加豐富性。本職人技將介紹如何插入各種圖案，並對圖案進行編輯。

## 243 Q 如何插入各種圖案？

第 4 章 \ 原始檔 \ 採購明細 .xlsx

**A** 在 Excel 中，我們可以根據實際需要新增一些圖案，以便表達表格中的內容，來看看怎麼操作吧！

### Step 1 切換至「插入」活頁標籤

打開「採購明細 .xlsx」，切換至〔插入〕活頁標籤。

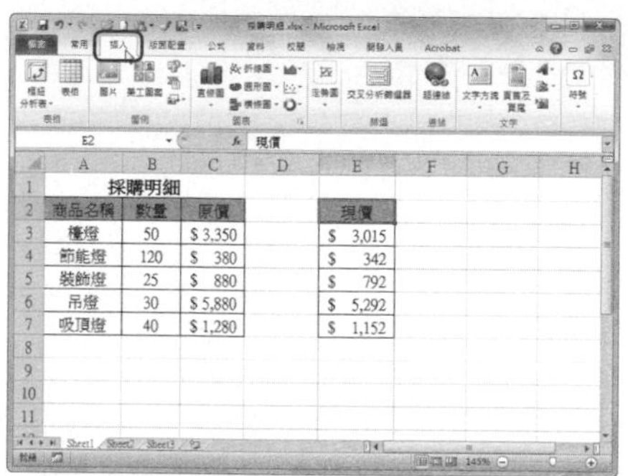

### Step 2 選擇圖案

點選「圖例」選項群組中的〔圖案〕按鈕，在下拉選單中選擇需要的圖案樣式。

### Step 3 繪製圖案

此時游標會變成十字符號，在表格合適的位置按住滑鼠左鍵不放，拖曳滑鼠繪製圖案，繪製完成後放開滑鼠左鍵。

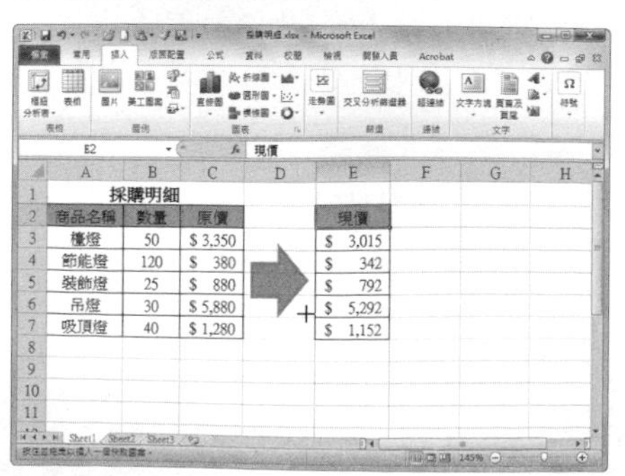

### Step 4 編輯圖案

在繪製的圖案上按滑鼠右鍵，並從彈出的快速選單中選擇【編輯文字】。

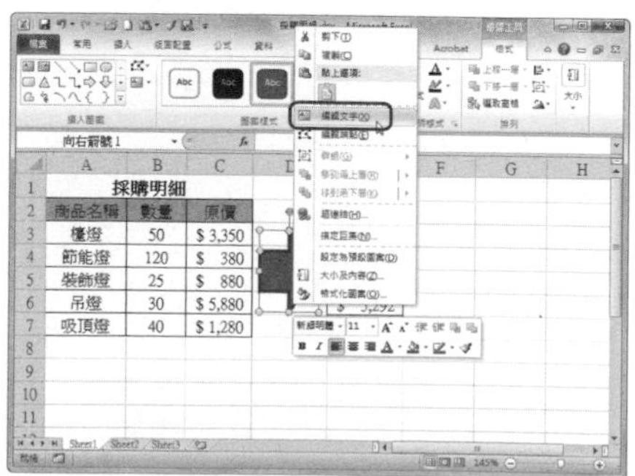

**Step 5** 輸入文字

此時圖案中出現文字編輯符號，可輸入相關的文字說明。

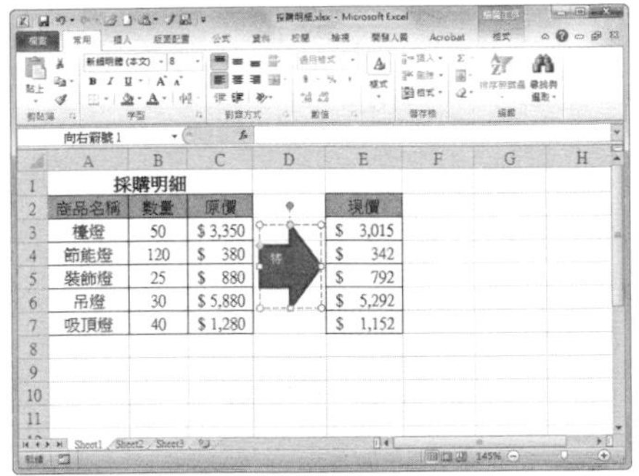

**Step 6** 檢視結果

輸入完成後，點選圖案外的儲存格即可退出編輯狀態。

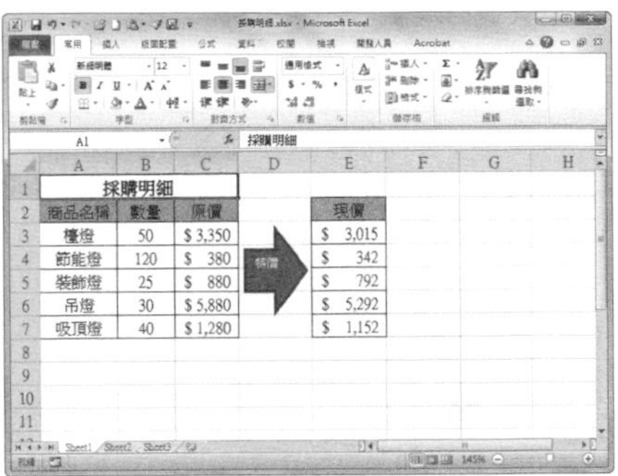


**提示**

**繪製圓形或正方形**

若想繪製圓形或正方形，則在〔圖案〕下拉選單中選擇【橢圓】或【矩形】，然後按住〔Shift〕鍵不放，拖曳滑鼠進行繪製即可。

## 如何快速繪製流程圖？

用流程圖來呈現資料的來龍去脈和產品的實際流程是非常方便的，在 Excel 中經常利用「SmartArt 圖形」來繪製相關圖表，來看看如何操作吧！

**Step 1** 點選「SmartArt」按鈕

打開 Excel，切換至〔插入〕活頁標籤下，在「圖例」選項群組中點選〔SmartArt〕按鈕。

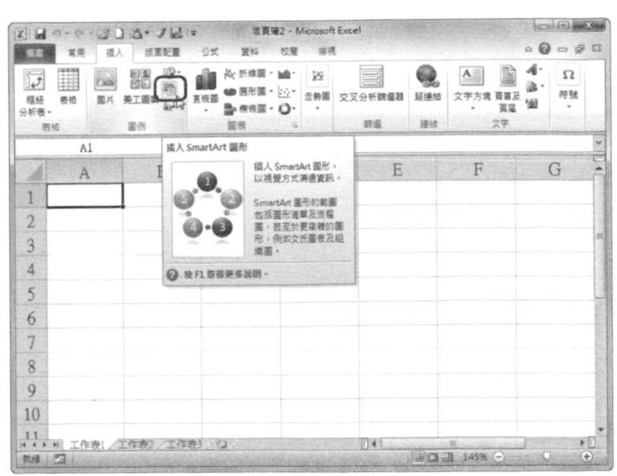

### Step 2 選擇 SmartArt 圖形

在打開的「選擇 SmartArt 圖形」對話框中，在左側點選〔流程圖〕，然後選擇【連續區塊流程圖】選項。

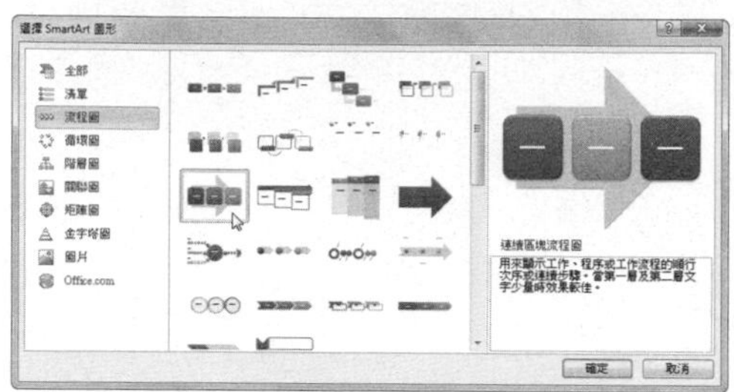

### Step 3 檢視插入的 SmartArt 圖形

點選〔確定〕按鈕，返回工作表中，即可看到插入的 SmartArt 圖形。

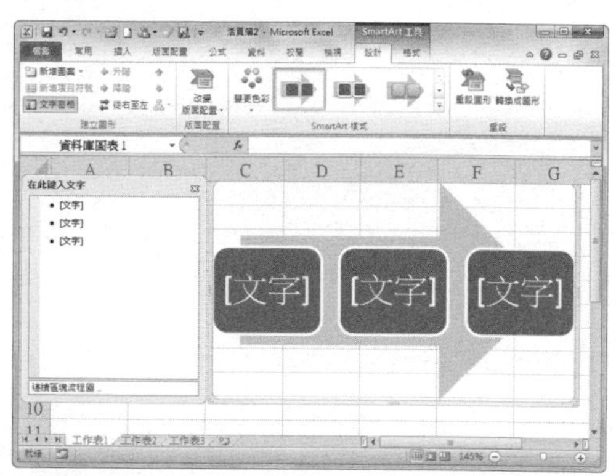

### Step 4 新增區塊

若插入的區塊不夠，還可繼續新增區塊。切換至〔SmartArt 工具〕的〔設計〕活頁標籤，點選〔新增圖案〕下拉選單，選擇新增圖案的位置。

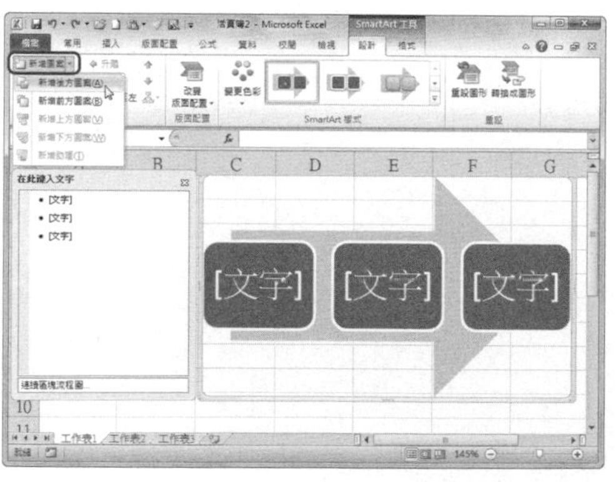

### Step 5 輸入文字

點選流程圖中的「文字」即可輸入內容，新增的圖案上沒有「文字」時，則選取圖案並按滑鼠右鍵，即可從彈出的快速選單中選擇【編輯文字】。

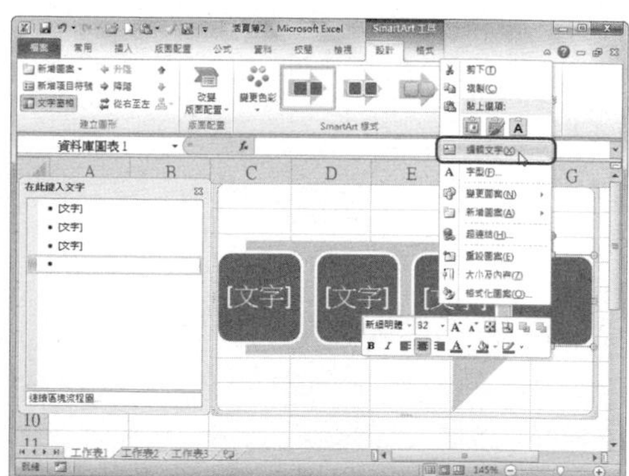

### Step 6 檢視結果

此時已經製作完成簡單的流程圖。

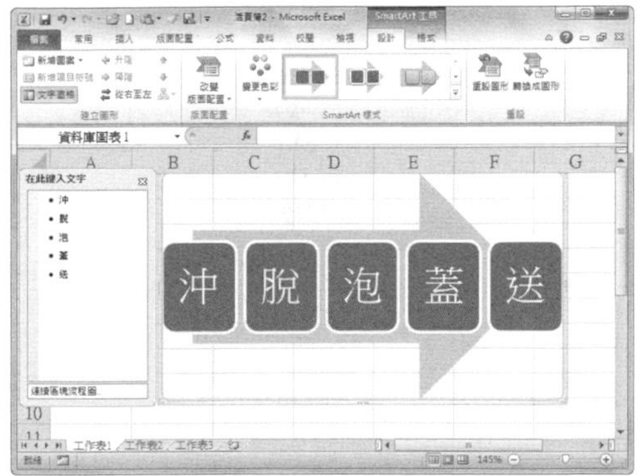


**提示**

美化 SmartArt 圖形

建立 SmartArt 圖形後，如果覺得不夠美觀，我們還可以美化 SmartArt 圖形。

在〔SmartArt 工具〕的〔設計〕活頁標籤下，點選「SmartArt 樣式」選項群組中的下拉選單，在下拉選單中即可對 SmartArt 樣式進行套用，另外也可點選〔變更色彩〕按鈕變更圖案色彩。

## 如何繪製公司組織架構圖？

利用 Excel 中的 SmartArt 圖形功能，不僅可以輕鬆建立流程圖，還可以建立相對比較複雜的公司組織圖。

### Step 1 點選 SmartArt 按鈕

打開 Excel，切換至〔插入〕活頁標籤，點選「圖例」選項群組中的〔SmartArt〕按鈕。

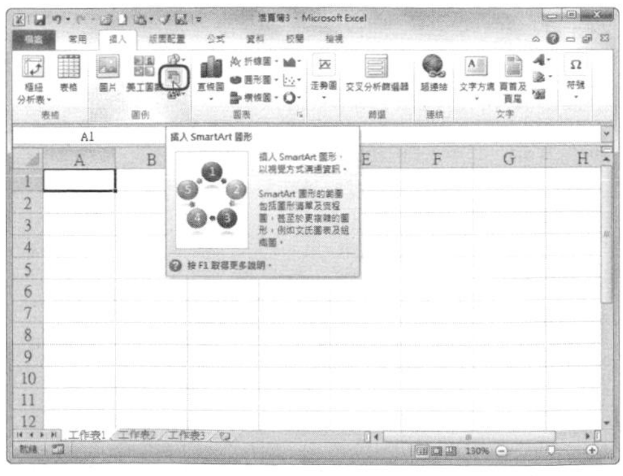

### Step 2 選擇 SmartArt 圖形

在打開的「選擇 SmartArt 圖形」對話框中，從左側點選〔階層圖〕，然後選擇合適的 SmartArt 圖形，點選〔確定〕按鈕。

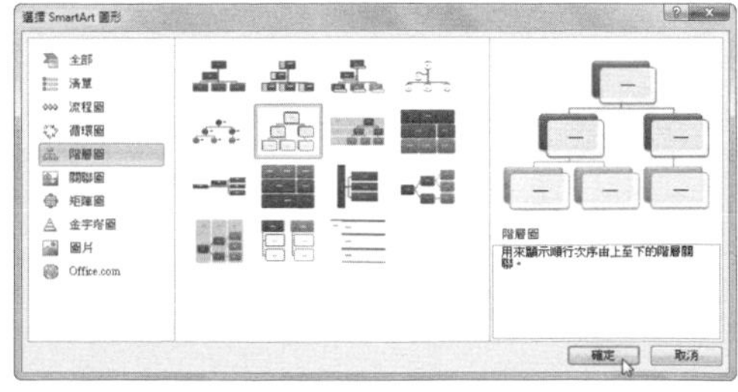

**Step 3** 新增形狀

若插入的形狀不夠，還可切換至〔SmartArt 工具〕的〔設計〕活頁標籤，點選〔新增圖案〕下拉選單，選擇新增形狀的位置。

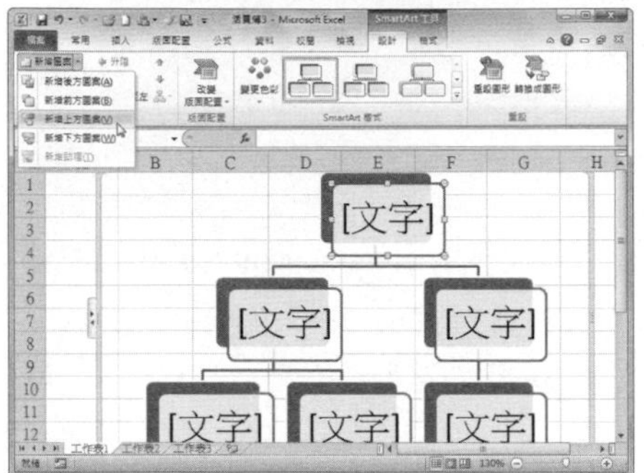

**Step 4** 輸入文字

接著點選 SmartArt 圖形左側的三角按鈕，打開文字編輯方塊並輸入文字，此時右側的圖表上則會顯示相關的文字內容。

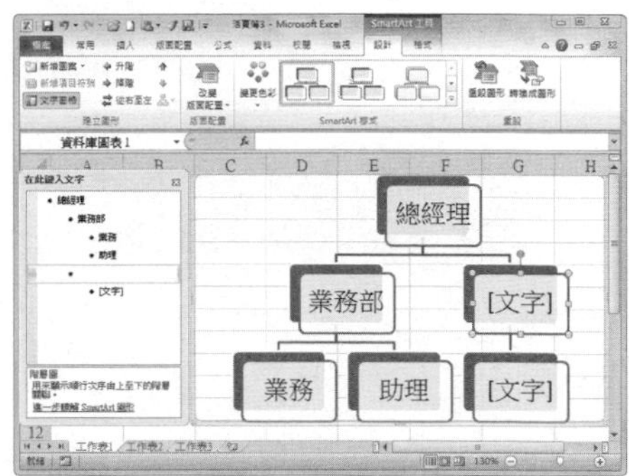


**Step 5** 完成文字輸入

在左側的文字編輯方塊繼續輸入公司組織的相關內容，完成公司組織圖的建立。

**Step 6** 關閉文字編輯方塊

點選文字編輯框右上角的關閉按鈕，關閉文字編輯方塊。

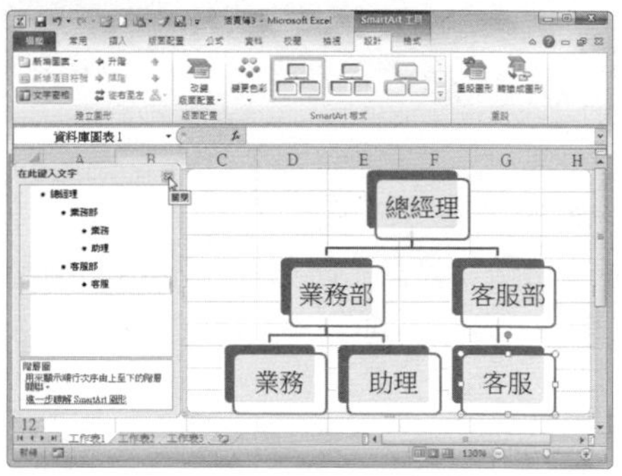


**Step 7** 美化組織組織圖

選取組織圖，切換至〔SmartArt 工具〕的〔設計〕活頁標籤，點選「SmartArt 樣式」選項群組中的下拉選單，選擇合適的樣式。

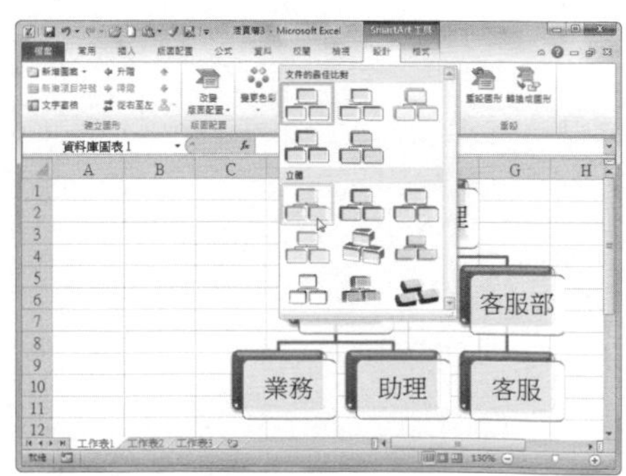

**Step 8** 設定填滿色彩

點選〔變更色彩〕按鈕，幫組織圖設定合適的色彩。

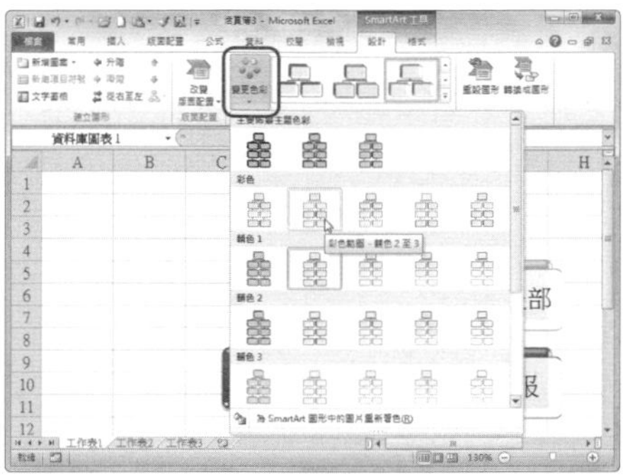

**Step 9** 設定字型並檢視結果

點選〔格式〕活頁標籤下「文字藝術師樣式」選項群組的下拉選單，在選單中選擇合適的樣式，然後檢視最後結果。

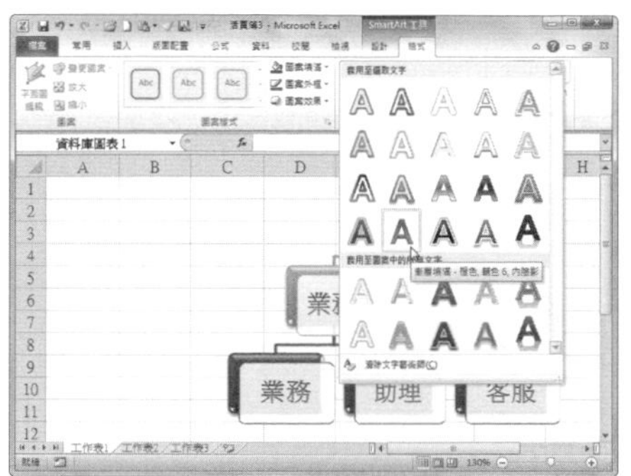

## 246 Q 如何使圖案中的文字居中？

第 4 章 \ 原始檔 \ 插入圖案 .xlsx
第 4 章 \ 完成檔 \ 將圖案中的文字居中 .xlsx

**A** 在新增的圖案中輸入文字後，要對文字的格式進行相關的設定，本技巧將介紹如何將圖案中的文字進行居中對齊。

**Step 1** 打開「格式化圖案」對話框

打開「插入圖案 .xlsx」，在插入的圖案上按滑鼠右鍵，在彈出的快速選單中選擇【格式化圖案】。

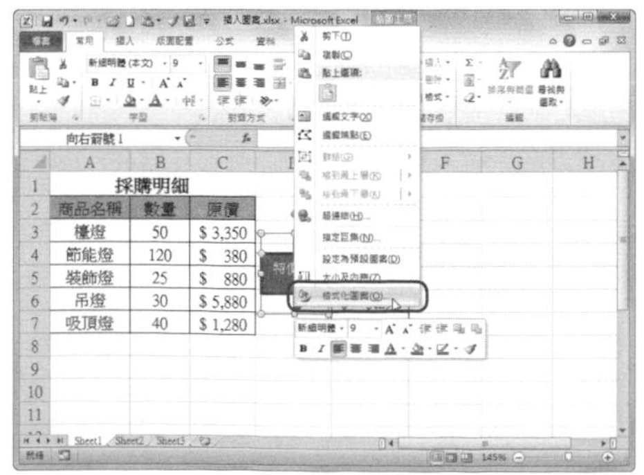

**Step 2** 設定對齊方式

在打開的「格式化圖案」對話框中，切換至〔文字方塊〕選項，點選「垂直對齊」下拉選單，選擇【中間置中】選項，點選〔關閉〕按鈕即完成。

**提示**

**使用「置中對齊」按鈕使文字居中對齊**

選取圖案，切換至〔常用〕活頁標籤，點選「對齊方式」選項群組中的〔置中對齊〕按鈕，亦可將圖案中的文字居中對齊。

247

# Q 如何將多個圖案對齊？

第 4 章 \ 原始檔 \ 多個圖案 .xlsx
第 4 章 \ 完成檔 \ 將多個圖案對齊 .xlsx

**A** 當在 Excel 中插入多張圖案形狀時，若不將圖案對齊的話就會顯得雜亂無章。想將多個圖案對齊，並不需要自己手動處理，在 Excel 2010 中有好用的對齊功能，不管想怎麼對齊都很方便。

**Step 1 選取需要對齊的圖案**

打開「多個圖案 .xlsx」，按住〔Ctrl〕鍵的同時選取所有需要對齊的圖案。

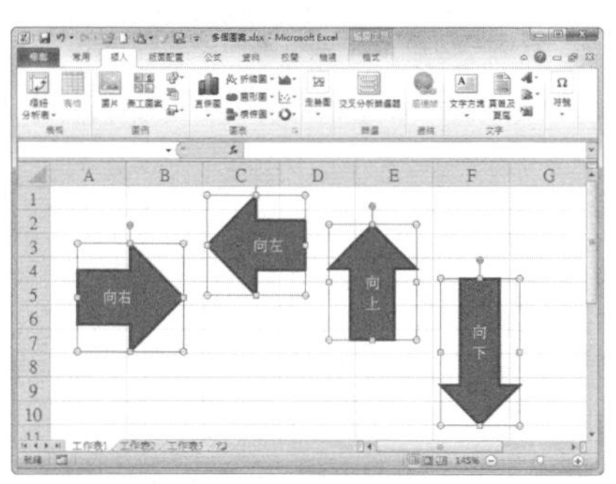


**Step 2 選擇對齊方式**

切換至〔繪圖工具〕的〔格式〕活頁標籤，點選「排列」選項群組中的〔對齊〕按鈕，從下拉選單中選擇【垂直置中】。

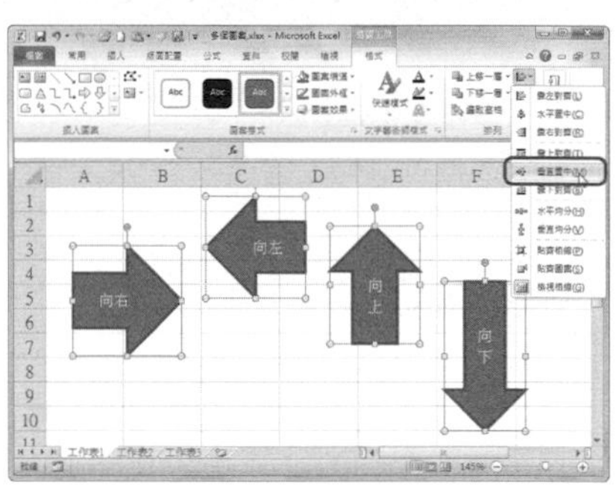


**Step 3 檢視結果**

返回工作表中，可以看到所選的所有圖案在垂直線上已經置中對齊。

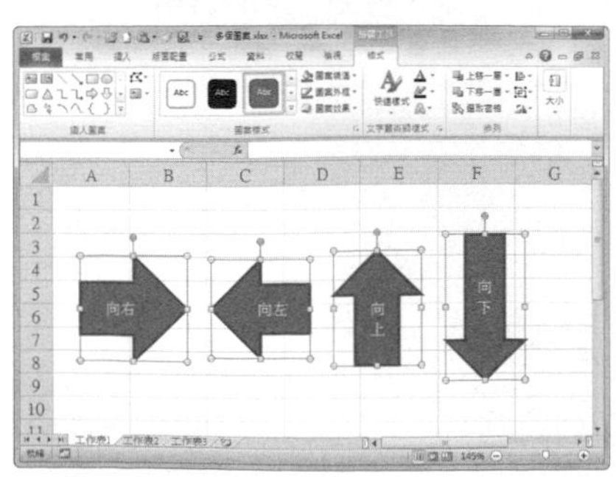


**提示**

**圖案排列與對齊的技巧**

通常在排列圖案時，選擇一種對齊方式難以達到想要的結果，這時需要設定不同的對齊方式，所以在排列圖案時，若一次達不到想要的結果，可以試著多對齊幾次。

# 如何將多個圖案物件群組？

第 4 章 \ 原始檔 \ 群組圖案 .xlsx
第 4 章 \ 完成檔 \ 圖案群組後 .xlsx

A 將多個圖案物件進行群組，可以使圖案的編輯和移動更簡便。群組後的圖案可以一起移動，但仍保留各自的屬性。

## Step 1 選取需要群組的圖案

打開「群組圖 .xlsx」，按住〔Ctrl〕鍵的同時，選取所有要群組的圖案。

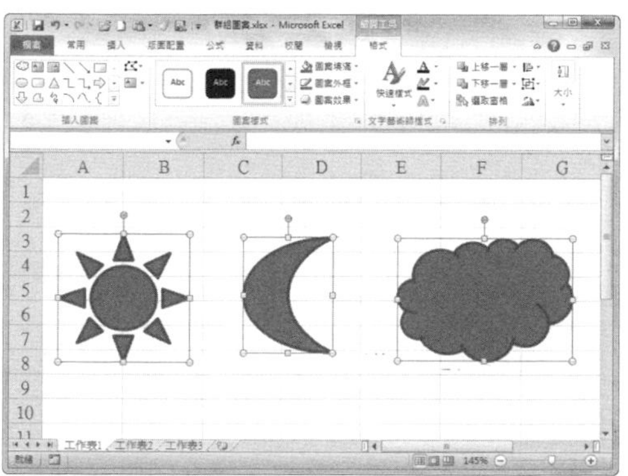

## Step 2 群組圖案物件

切換至〔繪圖工具〔的〔格式〕活頁標籤下，點選「排列」選項群組中的〔群組〕按鈕，在下拉選單中選擇【群組】選項。

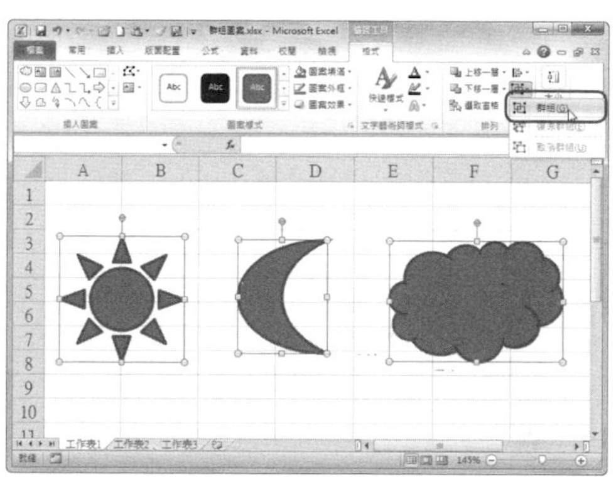

## Step 3 檢視群組結果

這時所選的所有圖案已經進行了群組，若移動其中一個圖案，則所有圖案都會跟著移動。

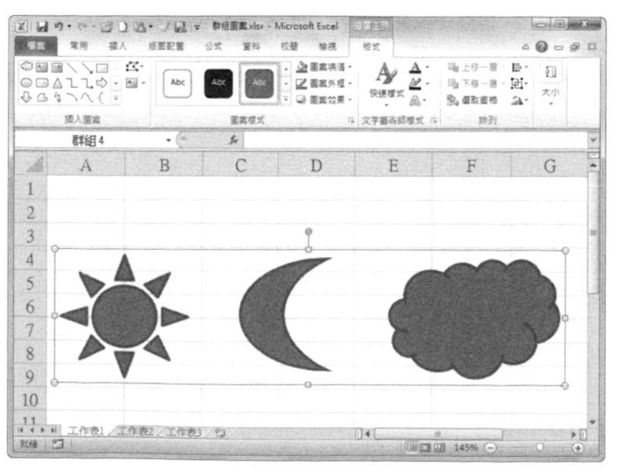

**提示**

### 透過快速選單群組圖案物件

除了透過功能區對圖案進行群組外，我們還可以在選取圖案後按滑鼠右鍵，從彈出的快速選單中選擇【群組】→【群組】即可。

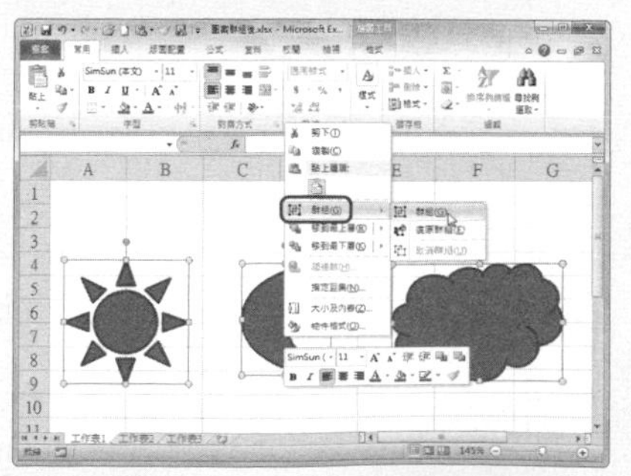

第 4 章 \ 原始檔 \ 圖案群組後 .xlsx

## 249 Q 如何取消圖案物件的群組？

**A** 當我們需要對多個圖案物件進行編輯的時候，可以將圖案物件進行群組。群組過的圖案物件，當然也可以取消群組，讓它們恢復獨立操作。

### Step 1 打開原始檔

打開「圖案群組後 .xlsx」，選取已群組的圖案。

### Step 2 群組圖案物件

切換至〔繪圖工具〕的〔格式〕活頁標籤，點選「排列」選項群組中的〔群組〕按鈕，在下拉選單中選擇【取消群組】選項。

### Step 3 檢視取消群組結果

返回工作表中，即可看到所選的圖案已經取消群組，這時若移動其中一個圖案，其他圖案將不會跟著移動。

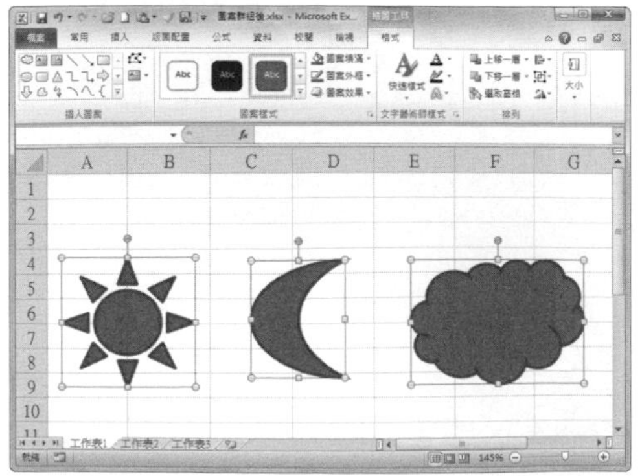

# 如何精確調整圖案大小？

第 4 章 \ 原始檔 \ 調整圖案大小 .xlsx

**A** 在 Excel 中繪製圖案後，可以拖曳圖案四週的控制點來改變大小，如果需要精確調整圖案大小，我們可以對相關的設定進行調整。

## Step 1 打開對話框

打開「調整圖案大小 .xlsx」，選取圖案後，切換至〔繪圖工具〕的〔格式〕活頁標籤，點選「大小」選項群組的對話框。

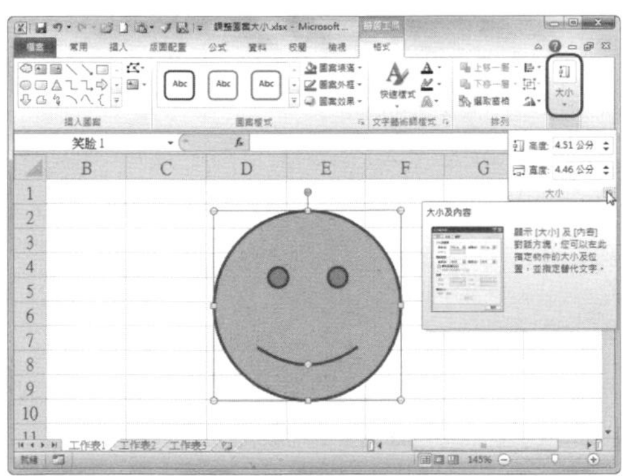

## Step 2 精確設定圖案大小

在彈出的「格式化圖案」對話框中，切換至〔大小〕選項，即可在「大小及旋轉」選項區域中設定「高度」和「寬度」的數值。

## Step 3 檢視結果

點選〔關閉〕按鈕後，返回工作表中，即可看到所選的圖案大小已變為設定的大小。

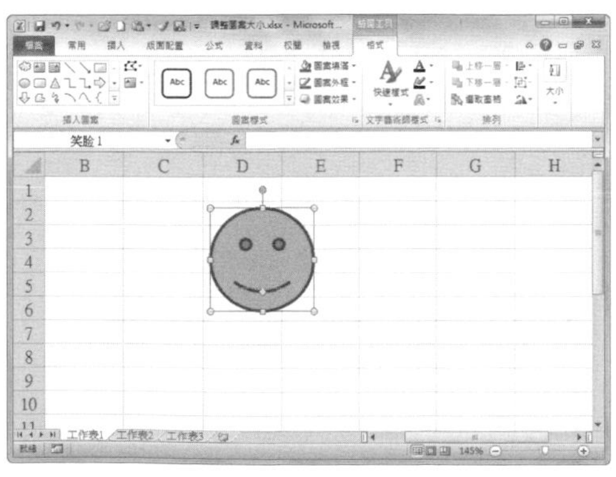

**提示**

**直接點選「大小」選項群組中的微調按鈕設定大小**

選取圖案後，切換至〔繪圖工具〕的〔格式〕活頁標籤，分別點選「大小」選項群組中的「高度」和「寬度」的微調按鈕，或直接輸入數值，亦可精確調整圖案大小。

# 如何對圖案中的文字進行分欄排列？

第 4 章 \ 原始檔 \ 分欄排列 .xlsx
第 4 章 \ 完成檔 \ 分欄排列後 .xlsx

在對圖案進行編輯時，可以對圖案中的文字進行分欄排列，來看看怎麼操作。

## Step 1 選擇「格式化圖案」

打開「分欄排列 .xlsx」，選取圖案後按滑鼠右鍵，在快速選單中選擇【格式化圖案】。

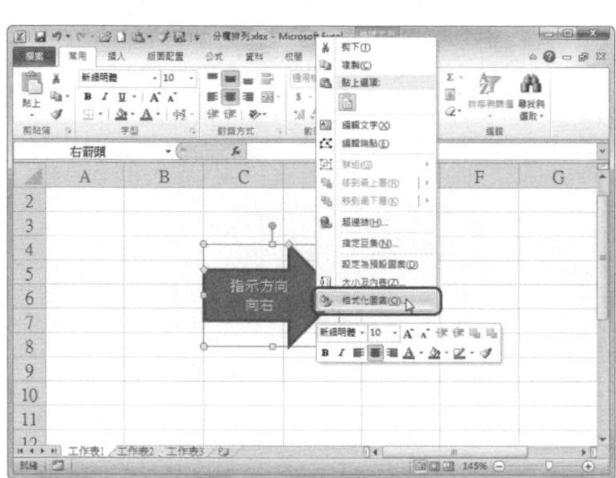


## Step 2 設定分欄排列

此時會彈出「格式化圖案」對話框，切換至〔文字方塊〕選項，點選〔欄〕按鈕，設定「數值」和「間距」的數值。

## Step 3 檢視分欄結果

點選〔確定〕按鈕後，再點選〔關閉〕按鈕，即可返回工作表中檢視分欄結果。

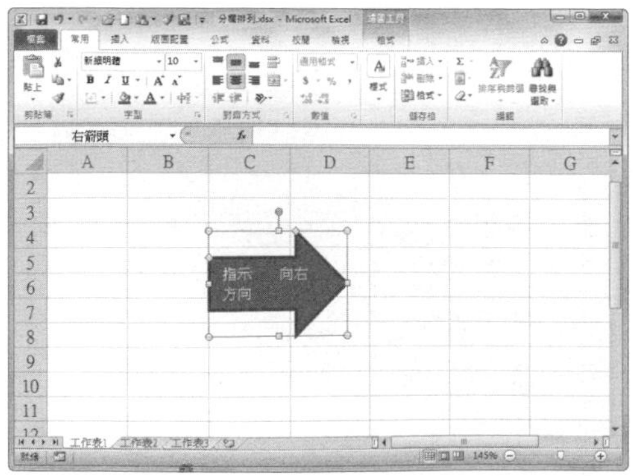

# 如何為表格內容新增文字藝術師標題？

在表格中新增文字藝術師效果，會使整個表格看上去生動有趣。文字藝術師是 Excel 中具有特殊結果的文字，來看看如何設定。

**Step 1** 打開文字藝術師下拉選單

開啟 Excel 後，切換至〔插入〕活頁標籤，點選「文字」選項群組中的〔文字藝術師〕按鈕，並從在下拉選單中選擇需要的樣式。

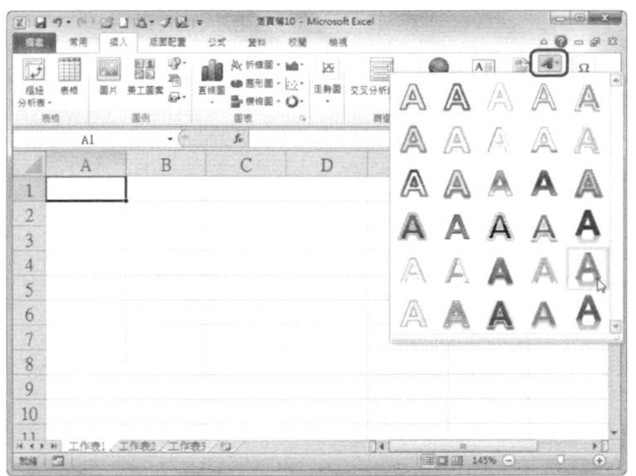

**Step 2** 選擇文字藝術師樣式

此時工作表中將顯示「在這裡加入您的文字」文字方塊，點選該文字方塊並輸入所需內容。

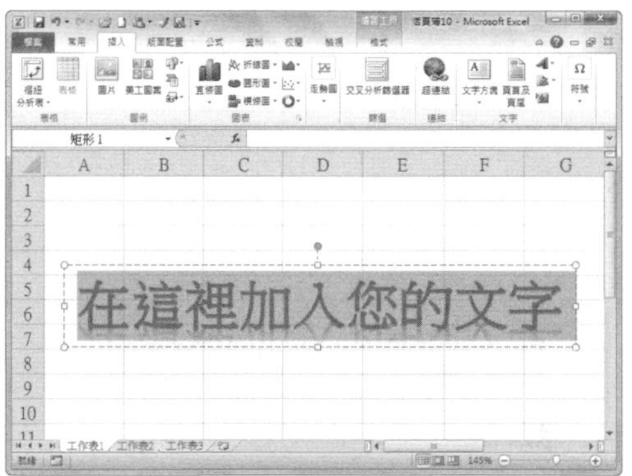


**Step 3** 檢視新增文字藝術師效果

這時可以看到表格中已經新增了所選的文字藝術師效果，切換至〔常用〕活頁標籤，在「字型」選項群組中可對文字進行調整。

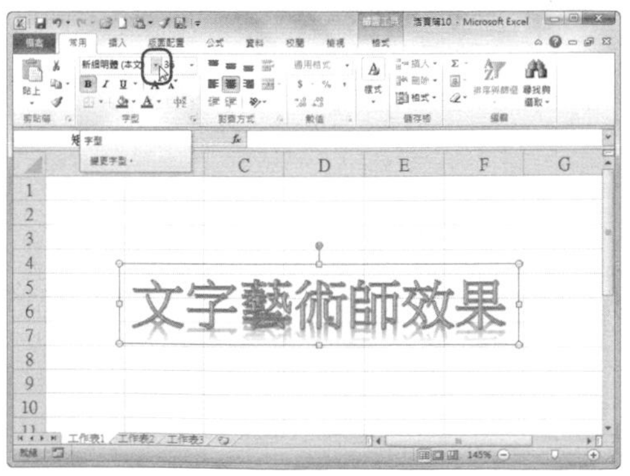


**Step 4** 設定字型結果

點選「字型」下拉選單，選擇合適的字型結果。

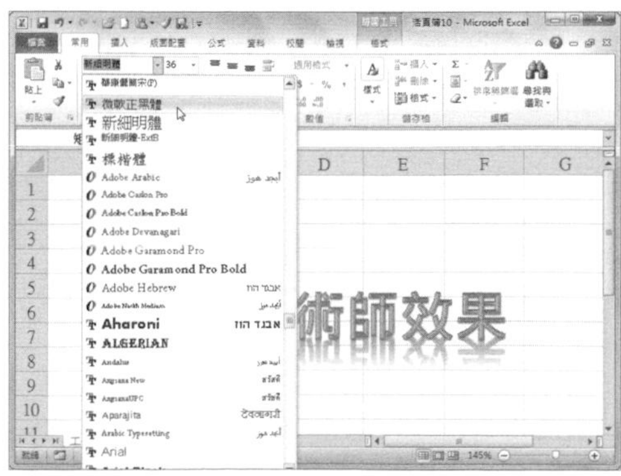

**Step 5** 設定字型大小

點選「字型大小」下拉選單，設定合適的字型大小。

**Step 6** 檢視最後結果

切換至〔檢視〕活頁標籤，取消勾選「顯示」選項群組中的「格線」，即可檢視最後的結果。

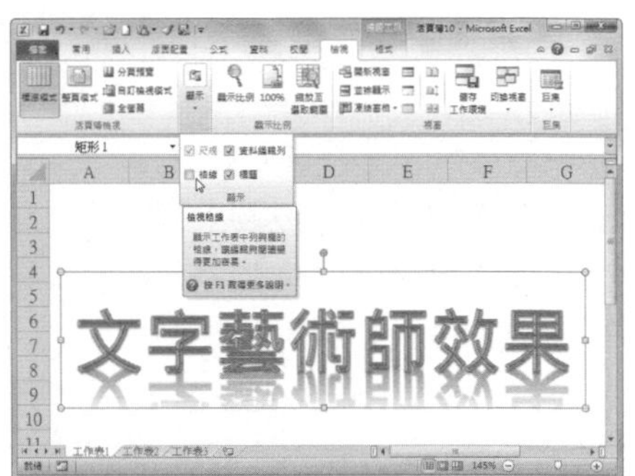

**提示**

**在「繪圖工具」的「格式」活頁標籤中對文字藝術師進行設定**

選取文字藝術師文字方塊後，功能區將出現〔繪圖工具〕的〔格式〕活頁標籤，在此可以對文字藝術師樣式和結果進行相關設定。

## 253 Q 如何填滿圖案色彩？

第 4 章 \ 原始檔 \ 群組圖案 .xlsx
第 4 章 \ 完成檔 \ 填滿圖案色彩 .xlsx

**A** 在表格中插入圖案後，我們可以為圖案填滿合適的色彩，讓圖案更活潑生動，快來看看怎麼設定吧！

**Step 1** 選擇需填滿色彩的圖案

打開「群組圖案 .xlsx」，選取需要填滿色彩的圖案，切換至〔繪圖工具〕的〔格式〕活頁標籤。

## Step 2 選擇填滿色彩

點選「圖案樣式」選項群組中的〔圖案填滿〕按鈕，並從下拉選單中選擇需要的填滿色彩。

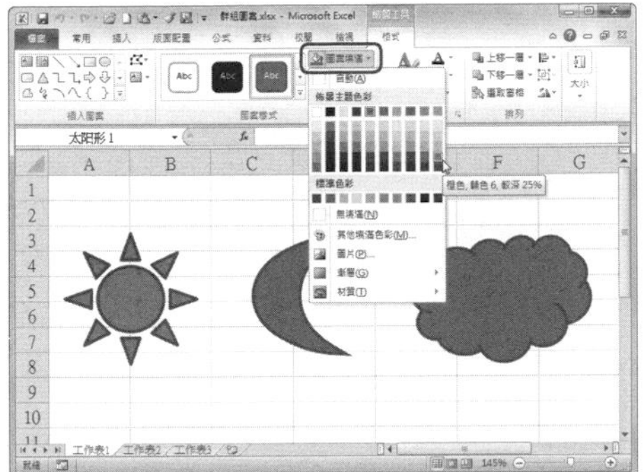

## Step 3 檢視填滿效果

返回工作表，即可看到圖案套用所選色彩。

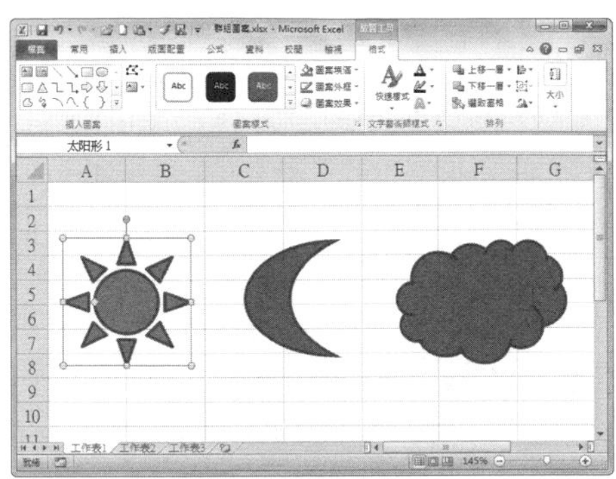

## Step 4 套用圖片填滿

切換至〔繪圖工具〕的〔格式〕活頁標籤，點選「圖案樣式」選項群組的〔圖案填滿〕按鈕，選擇【圖片】選項。

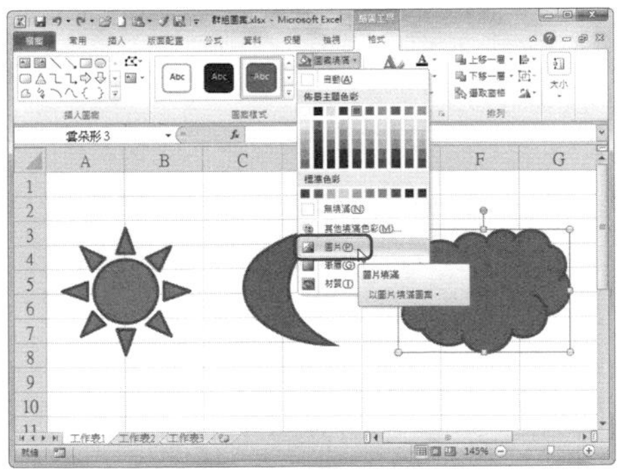

## Step 5 選擇需要的圖片

在彈出的「插入圖片」對話框中選擇需要的圖片後，點選〔插入〕按鈕，插入圖片。

## Step 6 檢視填滿效果

返回工作表，即可看到圖案中已填充所選圖片。

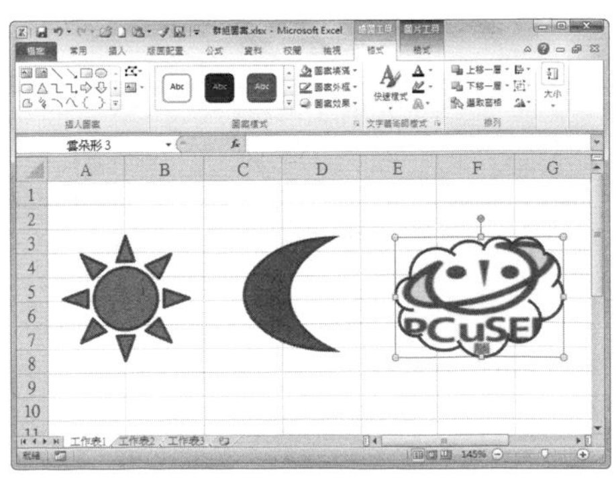

**為圖案套用漸層填滿和材質填滿**

- 套用漸層填滿：選取圖案後，切換至〔繪圖工具〕的〔格式〕活頁標籤，點選「圖案樣式」選項群組中的〔圖案填滿〕按鈕，選擇【漸層】選項，即可從子選單中選擇喜愛的漸層樣式。
- 套用材質填滿：選取圖案後，切換至〔繪圖工具〕的〔格式〕活頁標籤，點選「圖案樣式」選項群組中的〔圖案填滿〕按鈕，選擇【材質】選項，即可從子選單中選擇喜愛的材質樣式。

254

## Q 如何變更圖案外框色彩與粗細？

第 4 章 \ 原始檔 \ 圖案外框 .xlsx
第 4 章 \ 完成檔 \ 變更圖案外框 .xlsx

在 Excel 中新增圖案後，除了可以改變圖案色彩外，還可以對圖案的外框色彩和粗細進行調整哦！

### Step 1 選擇圖案

打開「圖案外框 .xlsx」，選取需要修改外框線色彩和粗細的圖案，切換至〔繪圖工具〕的〔格式〕活頁標籤。

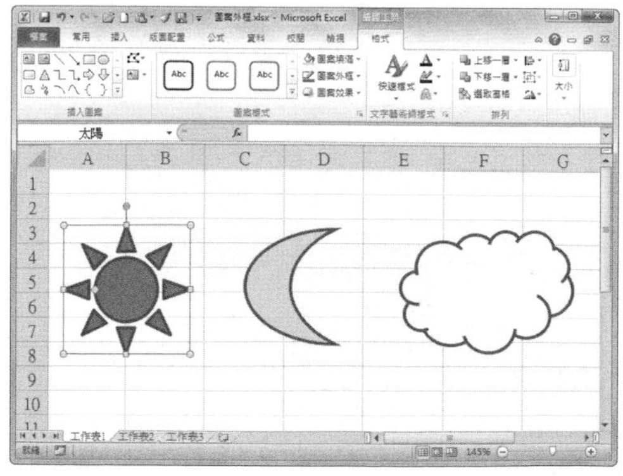

### Step 2 設定外框色彩

點選「圖案樣式」選項群組中的〔圖案外框〕按鈕。此時若選擇「無外框」選項，可以移除外框，在此我們點選【其他外框色彩】。

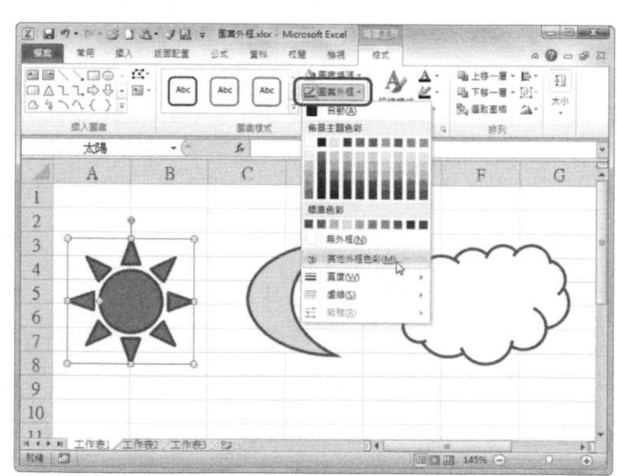

## Step 3 選擇外框色彩

在打開的「色彩」對話框中選擇色彩，然後點選〔確定〕按鈕。

## Step 4 選擇外框粗細

切換至〔繪圖工具〕的〔格式〕活頁標籤，點選〔圖案外框〕按鈕並從下拉選單中選擇【寬度】，然後從子選單中選擇所需的外框線粗細。

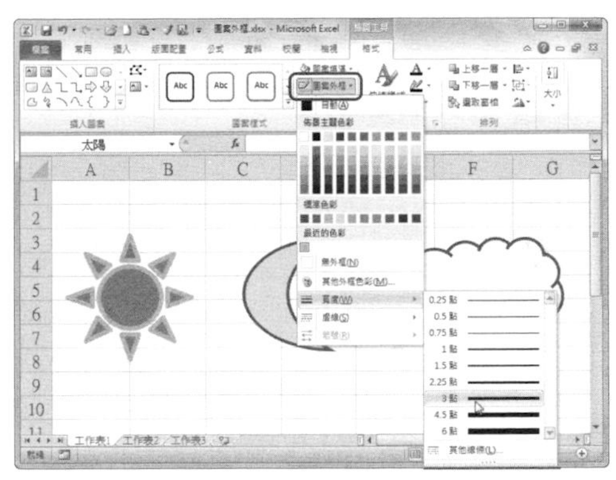


## Step 5 檢視結果

返回工作表即可看到圖案的外框色彩和粗細都依我們的設定而改變。

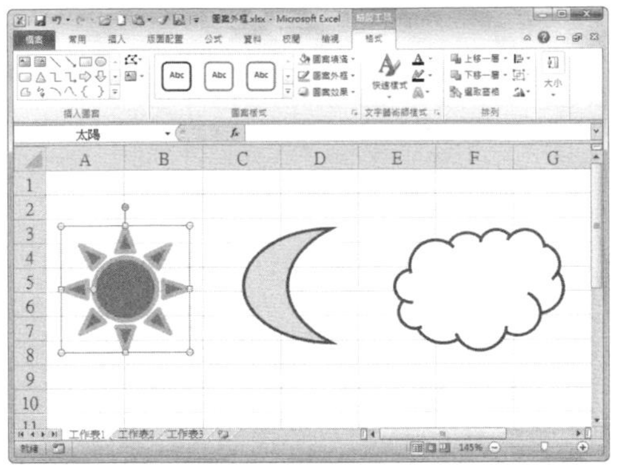


### 提示

**透過快速選單變更圖案外框色彩和粗細**

選取需要修改外框線色彩的圖案並按滑鼠右鍵，在彈出的快速選單中選擇【格式化圖案】，在打開的「格式化圖案」對話框中，選擇〔線條色彩〕和〔線條樣式〕選項，亦可進行相關的設定。

# 如何為圖案新增立體效果？

第 4 章 \ 原始檔 \ 立體效果 .xlsx
第 4 章 \ 完成檔 \ 新增立體效果 .xlsx

A 在工作表中新增圖案後，還可以為圖案設定立體效果。在 Excel 2010 中，系統預設多種立體效果，直接套用就很好看哦！

### Step 1 選擇「格式化圖案」

打開「立體效果 .xlsx」，選取需要新增立體效果的圖案，按滑鼠右鍵並選擇【格式化圖案】。

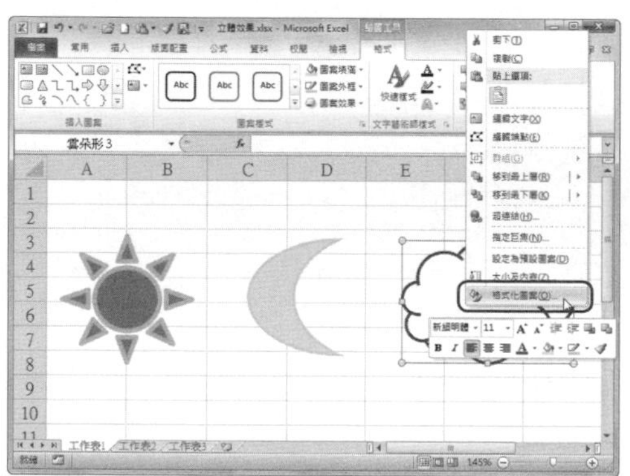

### Step 2 設定圖案立體效果

在打開的「格式化圖案」對話框中，切換至〔立體格式〕選項，分別對「浮凸」、「深度」、「輪線線」和「表面」等項目進行設定。

### Step 3 檢視立體效果

點選〔關閉〕按鈕，返回工作表中，即可看到所選圖案的立體效果。

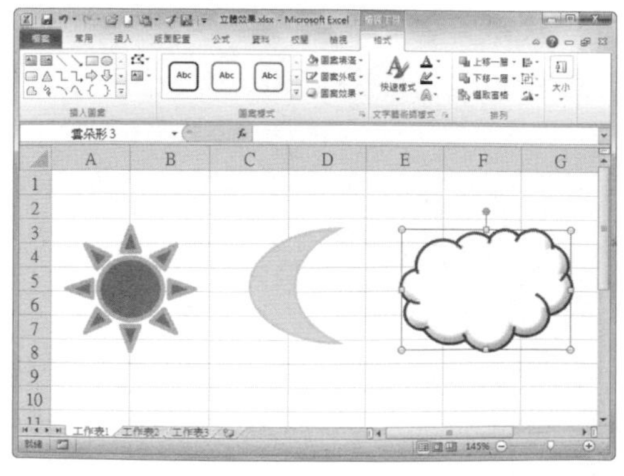

**提示**

**在功能區設定圖案的結果**

切換至〔繪圖工具〕的〔格式〕活頁標籤，點選「圖案樣式」選項群組中的〔圖案效果〕按鈕，在下拉選單中可以對圖案進行相關的設定。

# 如何旋轉圖案物件？

第 4 章 \ 原始檔 \ 旋轉圖案 .xlsx

**A** 在 Excel 中，可以透過滑鼠對圖案進行旋轉，也可以利用功能區中的「旋轉」按鈕對圖案進行旋轉，下面說明這兩種方法的操作的方法。

## 方法一：直接用滑鼠進行旋轉

### Step 1 選取圖案

打開「旋轉圖案 .xlsx」，選取圖案後，可以看到圖案上方顯示出綠色的控制點。

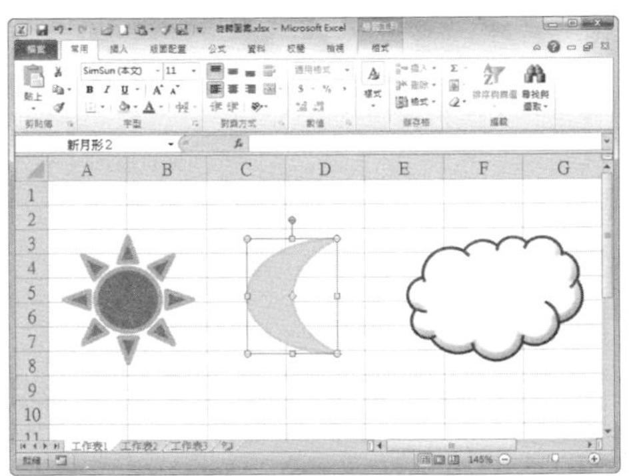

### Step 2 旋轉圖案

將游標移至綠色控制點上，待游標顯示為旋轉圖示時按住滑鼠左鍵不放，移動滑鼠時，圖案便跟著一起旋轉。

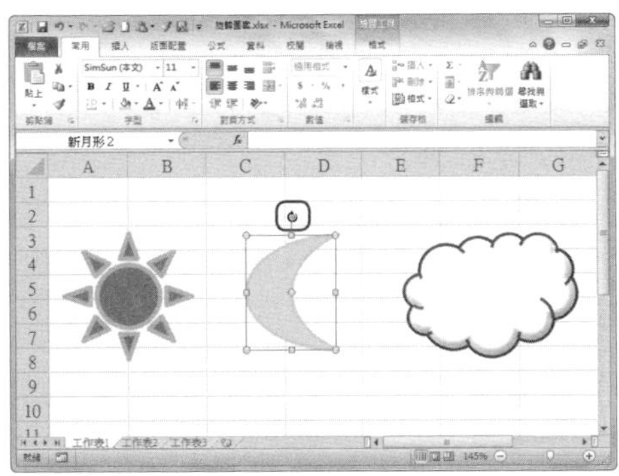

### Step 3 檢視旋轉結果

轉到我們要的角度後放開滑鼠左鍵，即可對圖案進行旋轉。

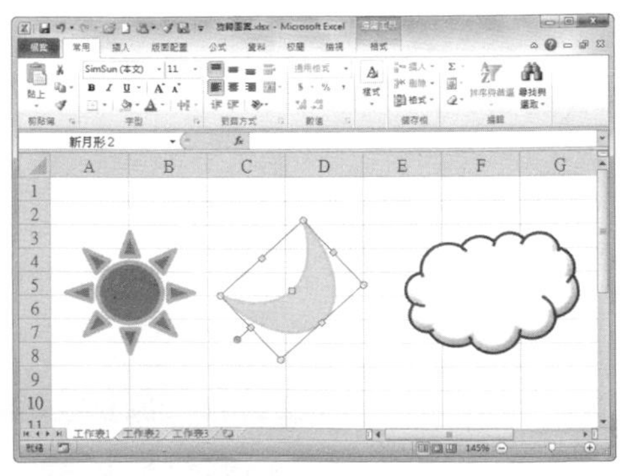

## 方法二：使用「旋轉」按鈕進行旋轉

### Step 1 切換至「格式」活頁標籤

選取圖案後，切換至〔繪圖工具〕的〔格式〕活頁標籤。

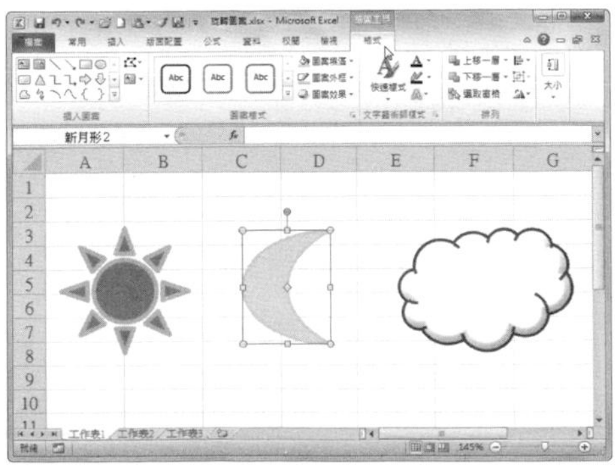

**Step 2** 選擇旋轉方式

點選「排列」選項群組的〔旋轉〕按鈕，從下拉選單中選擇需要的旋轉方式。

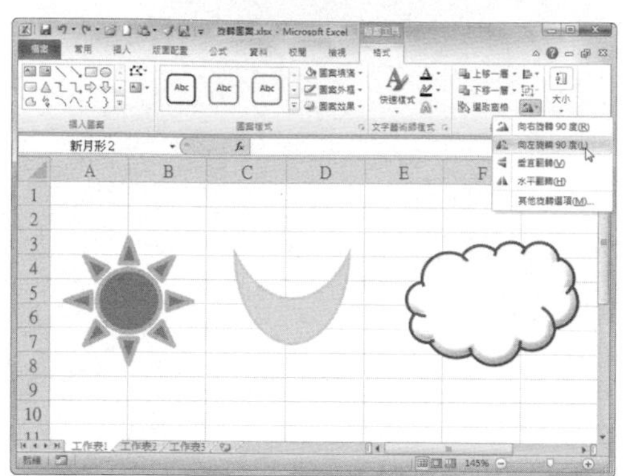

**Step 3** 檢視旋轉結果

這時可以看到圖案已經進行了旋轉。

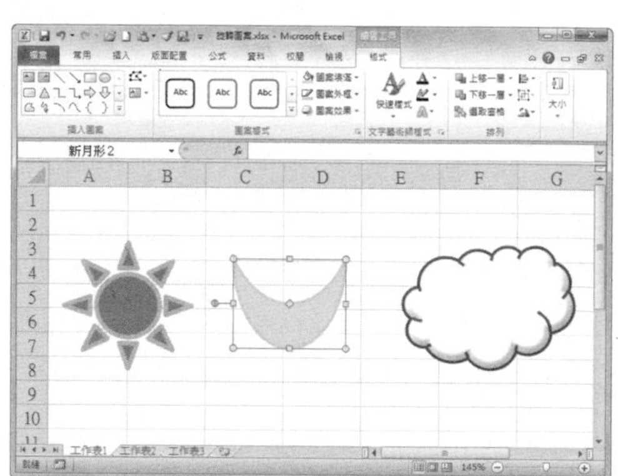

**提示**

**其他圖案旋轉方式**

若對圖案進行 20°、30° 或 60° 等指定角度進行旋轉的操作，則選取圖案後按滑鼠右鍵，選擇【格式化圖案】。在「格式化圖案」對話框中切換至〔大小〕選項，亦可設定「旋轉」的角度。

## 257 Q 如何為圖案套用快速樣式？

第 4 章 \ 原始檔 \ 多個圖案 .xlsx

**A** 當我們需要為圖案設定圖案填滿、外框線等各種屬性時，可以套用圖案樣式進行快速設定，下面就來看看如何套用「圖案樣式」設定圖案的樣式吧！

**Step 1** 切換至「格式」活頁標籤

打開「多個圖案 .xlsx」，選取要設定樣式的圖案後，切換至〔繪圖工具〕的〔格式〕活頁標籤。

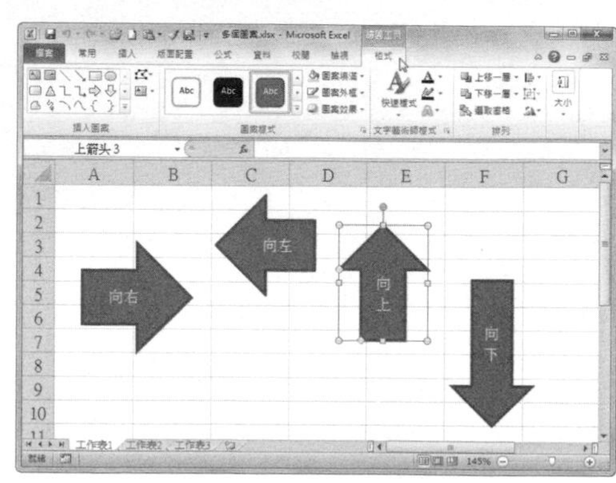

**Step 2** 選擇圖案樣式

點選「圖案樣式」選項群組的下拉選單，並選擇所需樣式。

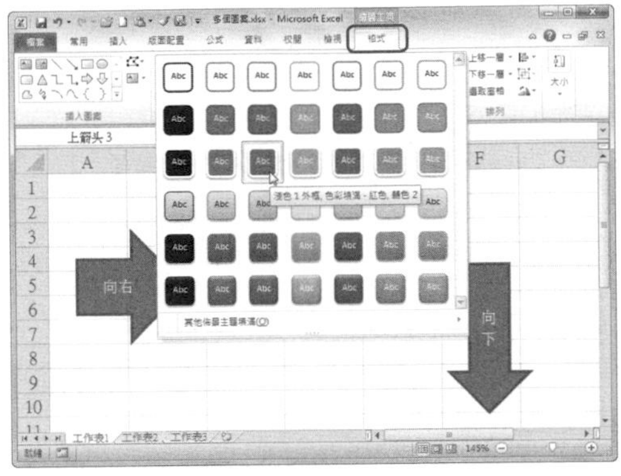


**Step 3** 檢視套用樣式的結果

返回工作表後即可檢視套用樣式後的結果。

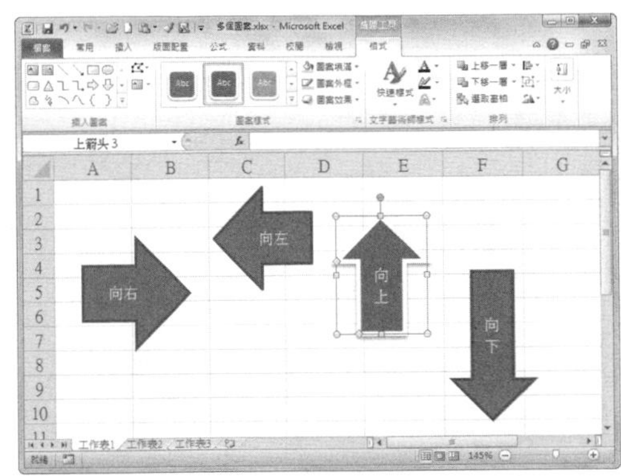

## 258 Q 如何為圖案文字套用快速樣式？

第 4 章 \ 原始檔 \ 多個圖案 .xlsx

**A** 當我們需要為圖案文字變更各種屬性，如文字填滿、外框和結果時，可以為圖案文字套用快速樣式。

**Step 1** 選取需要套用樣式的圖案

打開「多個圖案 .xlsx」，選取需要套用樣式的圖案之後，切換至〔繪圖工具〕的〔格式〕活頁標籤。

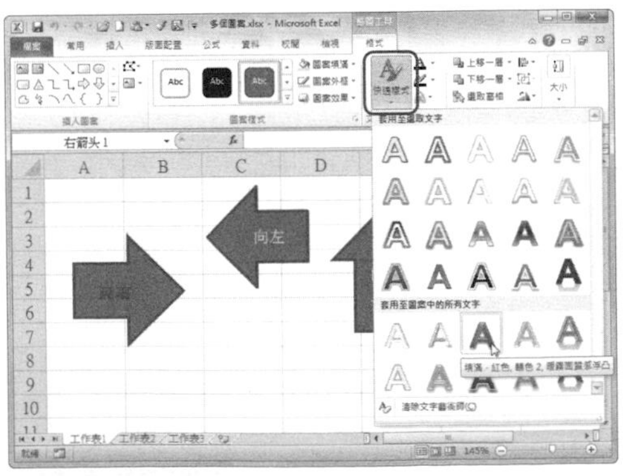


**Step 2** 選擇字型樣式

點選「文字藝術師樣式」下拉選單，選擇合適的樣式。

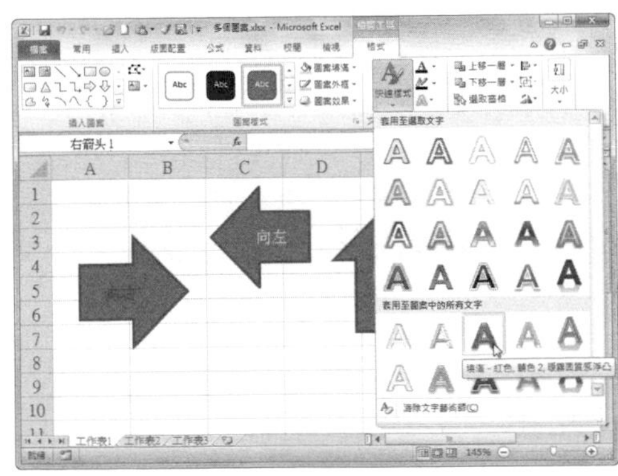

**Step 3** 檢視套用樣式的結果

完成後即可將該字型樣式套用在所選圖案上。

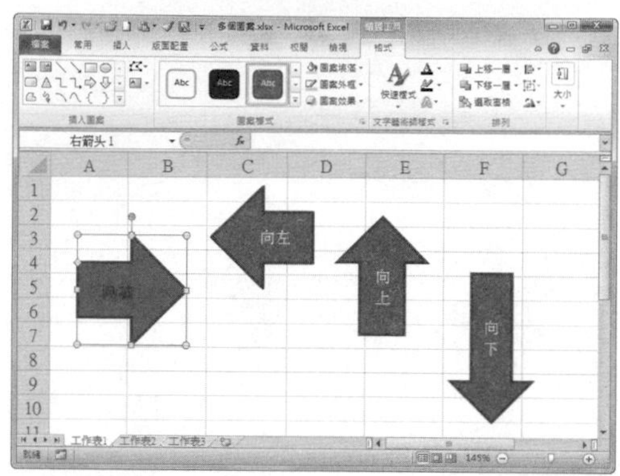

## 259 Q 如何為 SmartArt 圖形中的文字套用快速樣式？

第 4 章 \ 原始檔 \SmartArt 圖形 .xlsx

**A** 我們不僅可以為圖案中的文字套用快速樣式，還可以為建立的 SmartArt 圖形中的文字套用快速樣式。

**Step 1** 選取 SmartArt 圖形

打開「SmartArt 圖形 .xlsx」，選取 SmartArt 圖形後，切換至〔SmartArt 工具〕的〔格式〕活頁標籤。

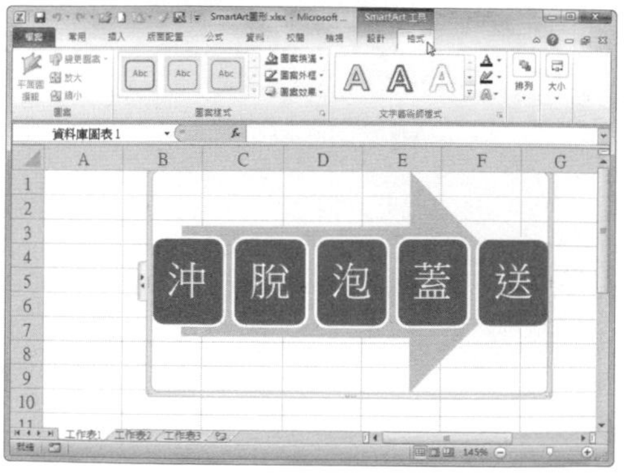

**Step 2** 選擇字型樣式

點選「文字藝術師樣式」下拉選單，在下拉選單中選擇合適的樣式。

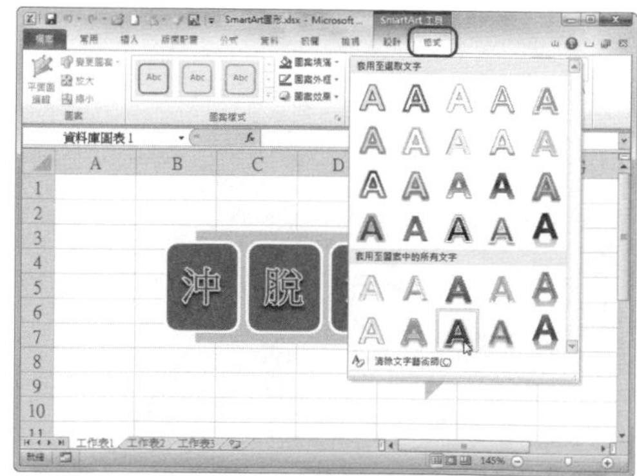

**Step 3** 檢視套用樣式的結果

完成後即可將該字型樣式套用在 SmartArt 圖形的文字上。

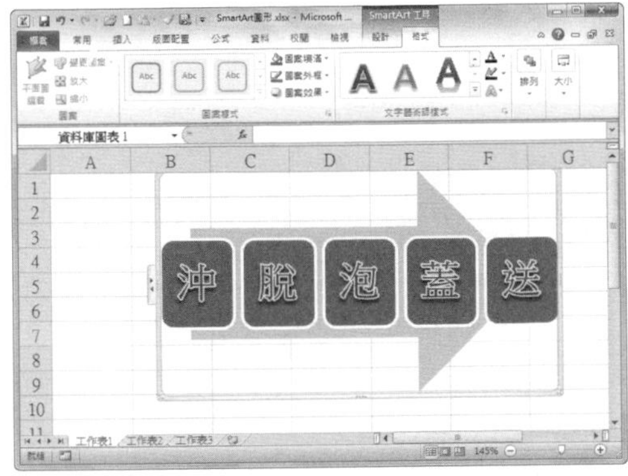


# 職人技 16　圖片操作秘技

在 Excel 2010 中，可以在表格中插入圖片、文字藝術師、圖案和圖表並套用主題樣式，進而使表格更加美觀。本職人技將詳細介紹如何在表格中新增圖片、螢幕截取畫面、美工圖案，以及如何對圖像進行編輯。

第 4 章 \ 原始檔 \ 插入圖片 .xlsx、檯燈 jpg
第 4 章 \ 完成檔 \ 在 Excel 中插入圖片 .xlsx

## 260 Q 如何在 Excel 中插入圖片？

A 在 Excel 中，可以根據需要插入一些圖片來 明表格中的資料，同時美化表格，來看看如何在 Excel 中插入圖片吧！

**Step 1** 打開「插入圖片」對話框

打開「插入圖片 .xlsx」，切換至〔插入〕活頁標籤，點選「圖例」選項群組中的〔圖片〕按鈕。

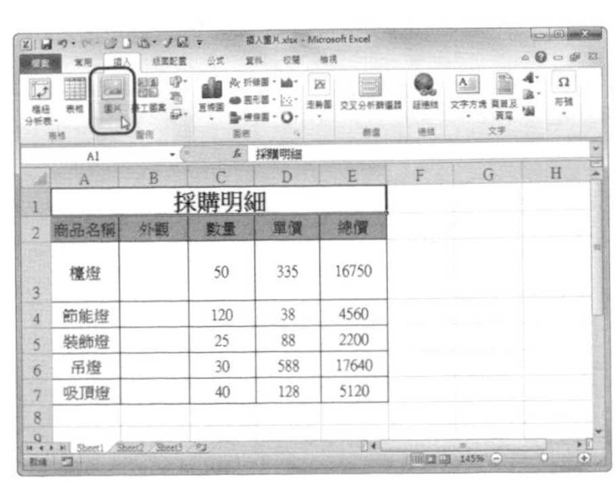

**Step 2 選擇圖片**

在打開的「插入圖片」對話框中，選擇需要的圖片，點選〔插入〕按鈕。

**Step 3 檢視插入的圖片**

返回工作表中，將插入的圖片移至合適的位置，並調整圖片四週的控制點即可變更圖片大小。

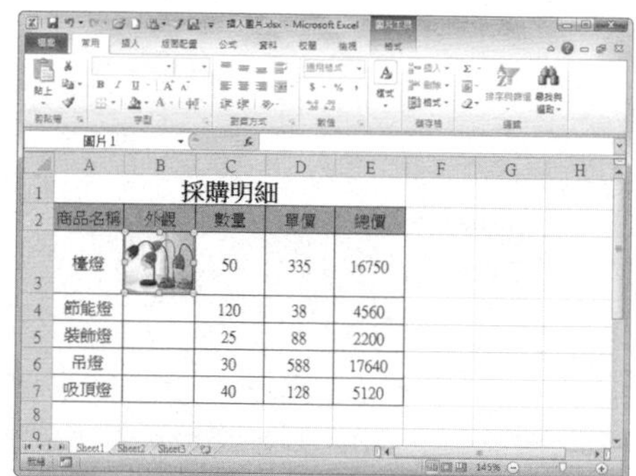

**提 示**

**在 Excel 中可同時插入多張圖片**

當需要在工作表中插入多張圖片時，可以在打開的「插入圖片」對話框中，按住〔Ctrl〕鍵選擇多張圖片後，點選〔插入〕按鈕，即可同時插入多張圖片。

## 261 Q 如何在 Excel 中插入螢幕截取畫面？

**A** 如果需要將螢幕內容插入 Excel 中，那麼使用 Excel 2010 新增的「螢幕截取畫面」功能，可以輕鬆插入目前打開視窗的截圖，來看看怎麼操作吧！

**Step 1 螢幕截取畫面**

打開 Excel，切換至〔插入〕活頁標籤下，點選「圖例」選項群組中的〔螢幕截取畫面〕按鈕。

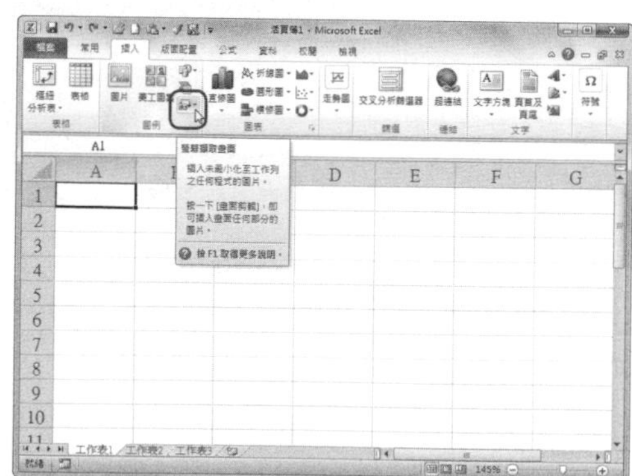

**Step 2** 點選想要截圖的視窗

這時會顯示目前開啟的視窗，點選想要截圖的視窗。

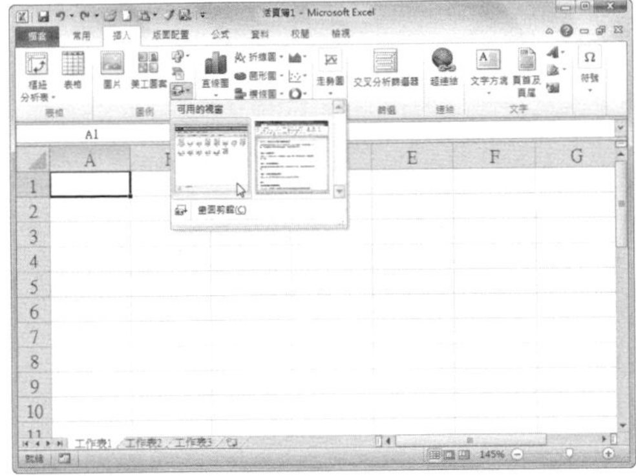

**Step 3** 檢視螢幕截取畫面結果

返回工作表，即可看到表格中已經自動插入剛剛截取的螢幕畫面。

**提示**

**截取螢幕部分畫面**

如果想要截取的不是整個視窗畫面，那麼可以在〔螢幕截取畫面〕按鈕的下拉選單中，點選【畫面剪輯】，即可針對畫面的部分進行截取。

第 4 章 \ 原始檔 \ 圖片大小 .xlsx

## 262 Q 如何調整圖片大小？

**A** 在 Excel 中插入圖片後，可以根據需要調整圖片的大小，我們可以使用控制點快速設定圖片的尺寸，也可以在功能表中精確設定圖片的大小。

**Step 1** 選取圖片

打開「圖片大小 .xlsx」，點選選取需要調整大小的圖片，將出現控制點。

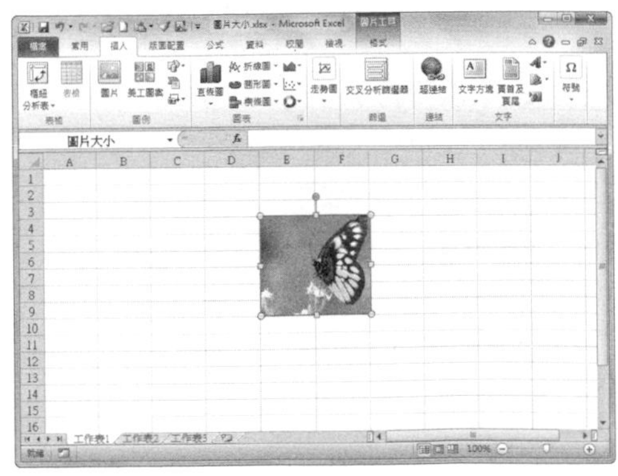

### Step 2 拖曳控制點調整大小

若拖曳圖片邊線上的控制點，則會將圖片向上、下、左、右縮放。

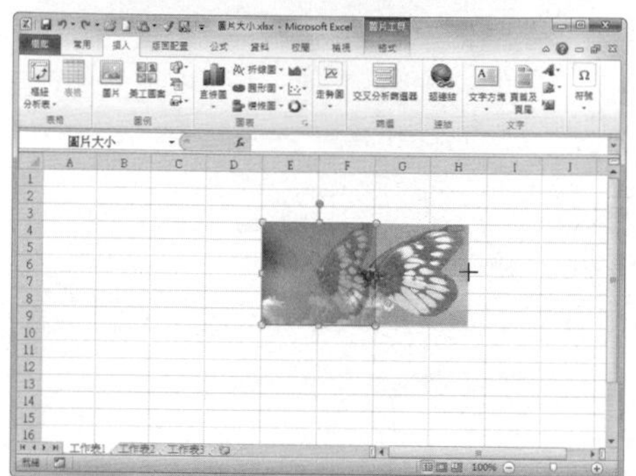

### Step 3 檢視調整結果

若拖曳圖片四角的控制點，則會按比例調整圖片大小。

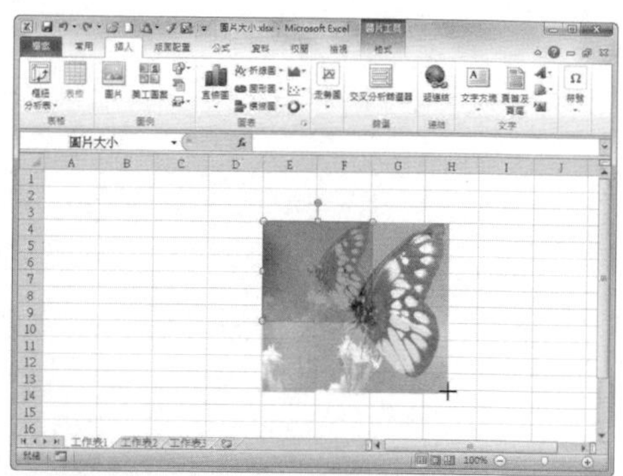

### Step 4 精確調整圖片大小

選取圖片後，切換至〔圖片工具〕的〔格式〕活頁標籤，點選「大小」選項群組的對話框。

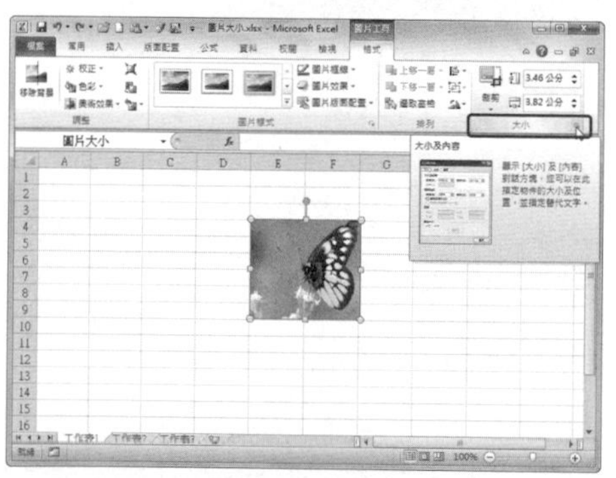

### Step 5 設定圖片尺寸

在彈出的「設定圖片格式」對話框中，切換至〔大小〕選項，在「大小及旋轉」選項範圍中設定「高度」和「寬度」的數值。

### Step 6 檢視結果

點選〔關閉〕按鈕後返回工作表中，即可看到圖片大小已變為設定的大小。

**點選「大小」選項群組中的微調按鈕設定大小**

選取圖片後，切換至〔圖片工具〕的〔格式〕活頁標籤，分別調整「大小」選項群組中的「高度」和「寬度」微調按鈕，或直接在「高度」和「寬度」數值框中輸入數值，亦可更改圖片大小。

263

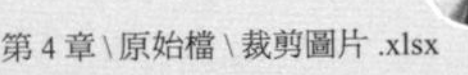

## 如何裁剪圖片？

**A** 在 Excel 中插入圖片後，可以對圖片中不滿意的地方進行裁剪。下面介紹手動裁剪圖片和在「設定圖片格式」對話框中裁剪圖片的兩種方法。來看看怎麼操作吧！

### 方法一：手動裁剪圖片

**Step 1 進入裁剪模式**

打開「裁剪圖片 .xlsx」，選取圖片後切換至〔圖片工具〕的〔格式〕活頁標籤，點選「大小」選項群組中的〔裁剪〕按鈕。

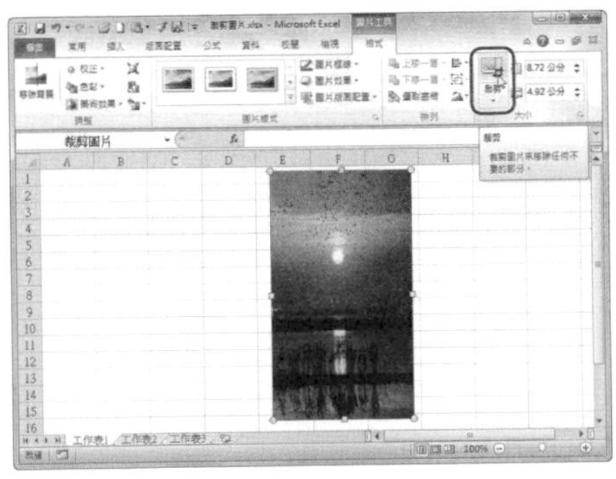

**Step 2 裁剪圖片**

此時圖片四周將顯示黑色虛線框線，將游標放在虛線上，按住左鍵並拖曳滑鼠至滿意的位置。

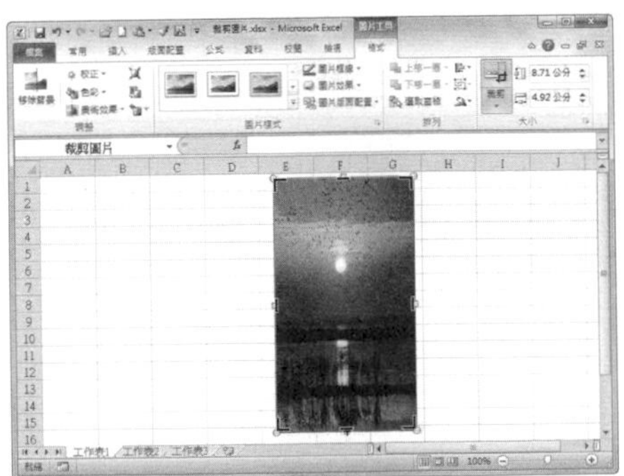

**Step 3 檢視裁剪結果**

再按一次〔裁剪〕按鈕，即可完成對圖片的裁剪。

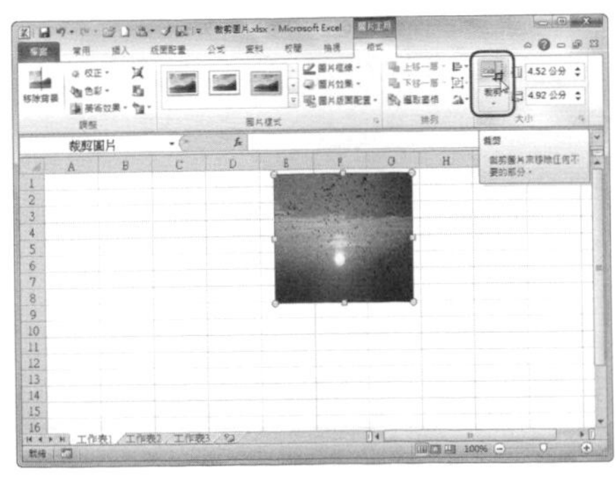

## 方法二：手動裁剪圖片

### Step 1 選擇「設定圖片格式」

選取圖片後按滑鼠右鍵，在彈出的快速選單中選擇【設定圖片格式】。

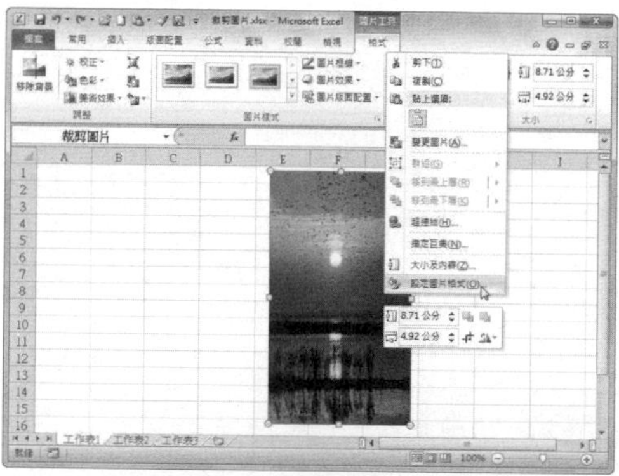

### Step 2 設定裁剪選項

在彈出的「設定圖片格式」對話框中，切換至〔裁剪〕選項，並對其中的選項進行相關的設定。

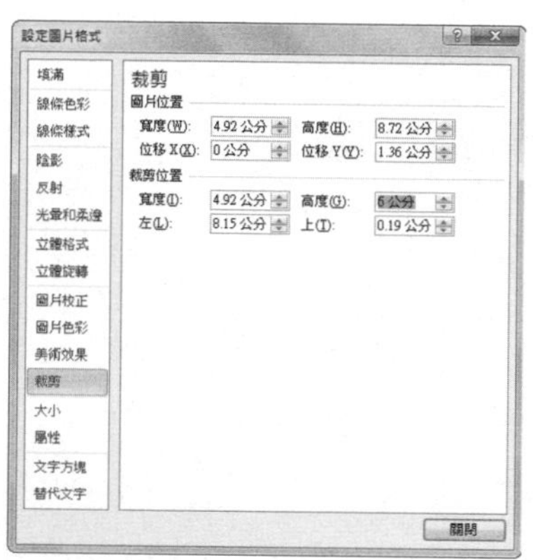


### Step 3 檢視裁剪結果

點選〔關閉〕按鈕返回工作表，即可看到圖片已經進行相關的裁剪。

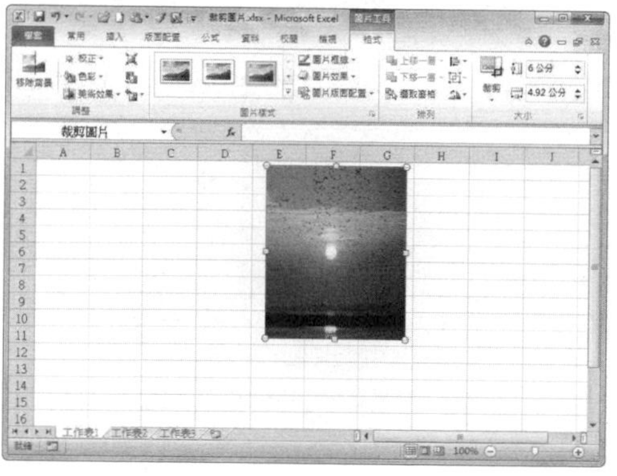

# 如何移除圖片背景？

第 4 章 \ 原始檔 \ 移除背景 .xlsx

當需要讓圖片的主體更為明顯時，可以利用「移除背景」的技巧來處理，而在 Excel 中，竟然也能一鍵移除圖片背景哦，來看看怎麼操作吧！

## Step 1　點選「移除背景」按鈕

打開「移除背景 .xlsx」，選取需要移除背景的圖片，點選〔圖片工具〕的〔格式〕活頁標籤下「調整」選項群組中的〔移除背景〕按鈕。

## Step 2　選擇要保留的範圍

拖曳遮罩線上的控制點，指定要保留的範圍。點選〔背景移除〕活頁標籤下的〔保留變更〕按鈕，則保留遮罩線以內的範圍。

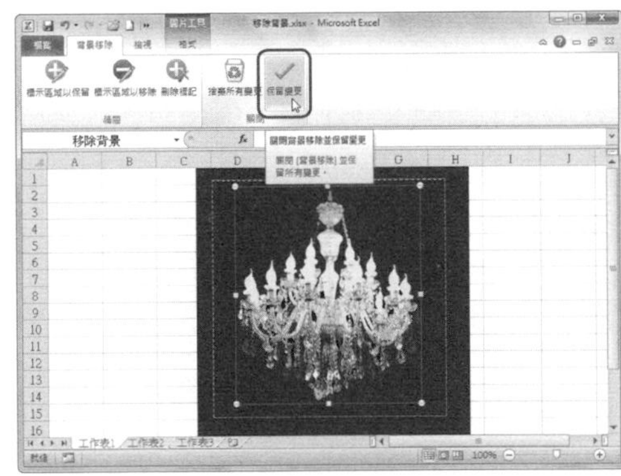

## Step 3　檢視結果

返回工作表中，可以看到所選圖片的背景已被移除。

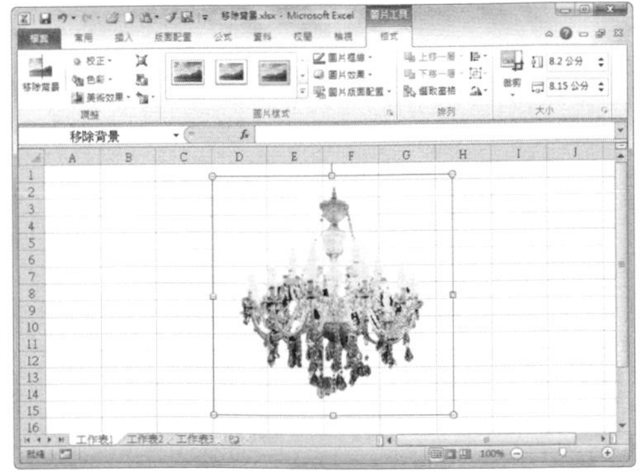

# Q 如何調整圖片色彩？

第 4 章 \ 原始檔 \ 圖片色彩 .xlsx

**A** 在 Excel 中插入圖片後，可以對圖片的色彩進行調整，使圖片更加貼合主題。Excel 2010 提供了大量的色彩格式，我們可以根據需要進行選擇。

## Step 1 切換至〔格式〕活頁標籤

打開「圖片色彩 .xlsx」，選擇圖片後，切換至〔圖片工具〕的〔格式〕活頁標籤。

## Step 2 群組圖案物件

點選「調整」選項群組中的〔色彩〕按鈕，即可從下拉選單中分別設定圖片的「色彩飽和度」、「色調」和「重新著色」。

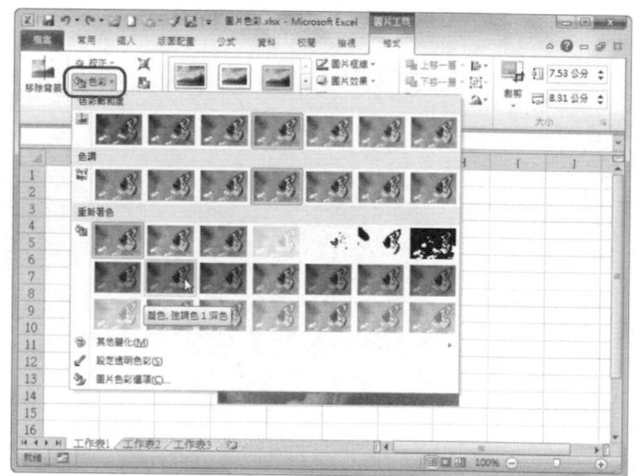

## Step 3 檢視色彩變更結果

返回工作表，即可看到所選圖片已經套用設定的結果。

**提示**

**「色彩」下拉選單中的其他選項功能**

在點選〔色彩〕按鈕後，下拉選單中除了「色彩飽和度」、「色調」和「重新著色」選項外，還有「其他變化」、「設定透明色」和「圖片色彩選項」選項。

「其他變化」選項用於指定色彩；「設定透明色」選項用於設定透明的圖片背景，跟前面介紹的移除背景有異曲同工之妙；「圖片色彩選項」則是用於自訂重新著色的百分比。

第 4 章 \ 原始檔 \ 圖片色彩 .xlsx

# 266 Q 如何調整圖片亮度與對比度？

**A** 插入圖片後，可以利用「圖片工具」活頁標籤來調整圖片的亮度與對比度，也可以在「設定圖片格式」對話框中簡單調整圖片的色調範圍，變亮或加深圖片色彩。

## 方法一：利用「圖片工具」活頁標籤來調整

### Step 1 打開原始檔

打開「圖片色彩 .xlsx」後，選取需要調整亮度和對比度的圖片，並切換至〔圖片工具〕的〔格式〕活頁標籤。

### Step 2 調整明亮度和對比度

點選「調整」選項群組中的〔校正〕按鈕，在下拉選單中選擇合適的亮度和對比度選項。

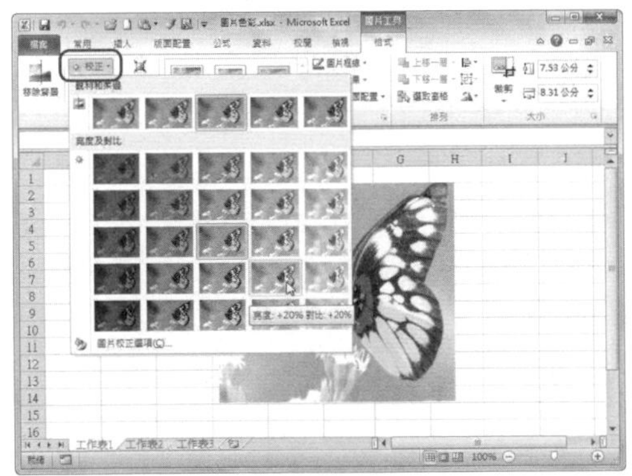

### Step 3 檢視結果

返回工作表中，即可看到所選的圖案已套用設定的亮度和對比度結果。

## 方法二：在「設定圖片格式」對話框中設定

**Step 1 選擇「圖片校正選項」**

在〔圖片工具〕的〔格式〕活頁標籤中，點選「調整」選項群組中的〔校正〕按鈕，在下拉選單中選擇【圖片校正選項】。

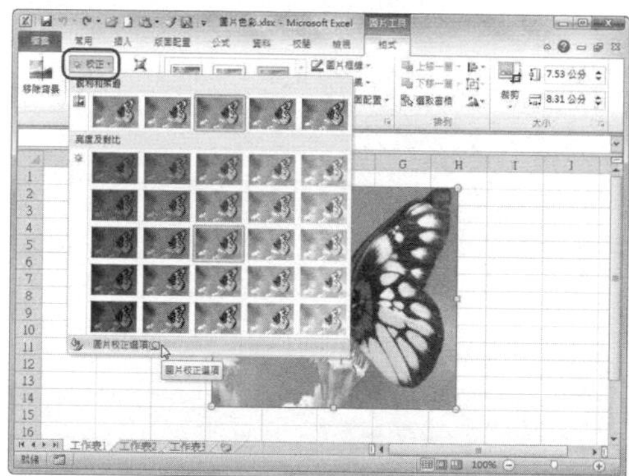

**Step 2 設定亮度和對比度百分比**

在打開的「設定圖片格式」對話框中，選擇〔圖片校正〕選項，根據需要對亮度和對比度進行相關的設定。

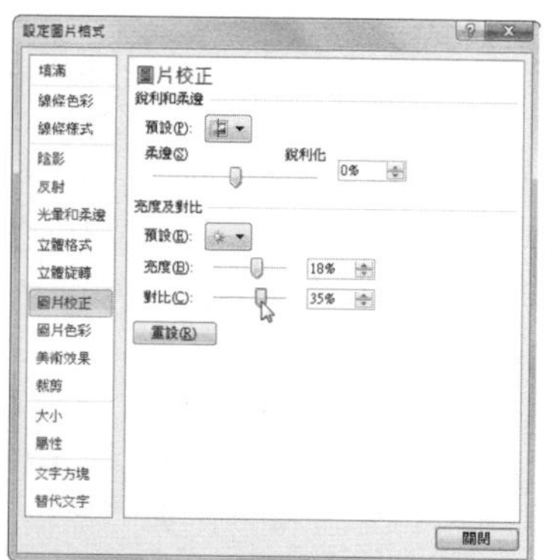


**Step 3 檢視結果**

點選〔關閉〕按鈕返回工作表，即可看到所選的圖案已套用所設定的亮度和對比度。

# 267 Q 如何調整圖片銳利和柔邊效果？

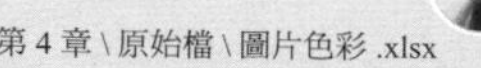
第 4 章 \ 原始檔 \ 圖片色彩 .xlsx

A 插入圖片後，我們不僅可以設定圖片的亮度和對比度，還可以設定圖片的銳利和柔邊效果，讓圖片呈現更符合需求。

## Step 1　切換至〔格式〕活頁標籤

打開「圖片色彩 .xlsx」，選擇要調整的圖片後，切換至〔圖片工具〕的〔格式〕活頁標籤。

## Step 2　選擇「圖片校正選項」選項

點選「調整」選項群組中〔校正〕按鈕，在下拉選單中選擇【圖片校正選項】。

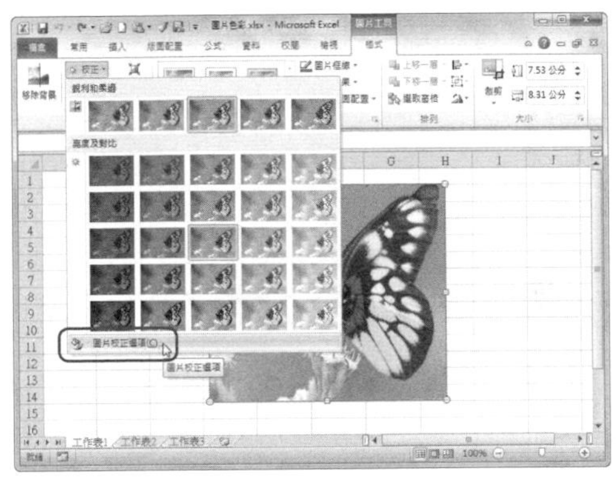

## Step 3　設定銳利和柔邊值

在打開的對話框中，選擇〔圖片校正〕選項，移動「銳利和柔邊」選項範圍中的滑桿設定銳利程度。

## Step 4　檢視結果

點選〔關閉〕按鈕返回工作表中，即可看到所選的圖案已經套用了相關的銳化結果。

**提 示**

### 設定圖片的銳利和柔邊

在〔圖片工具〕的〔格式〕活頁標籤下點選「調整」選項群組中的〔校正〕按鈕，在下拉選單中的【銳利和柔邊】選項中也可以快速選擇固定的銳利和柔邊。

268

第 4 章 \ 原始檔 \ 圖片色彩 .xlsx

# Q 如何為圖片新增框線效果？

**A** 插入圖片後，利用「圖片框線」按鈕，可以單獨變更圖片的外框線格式，為圖片新增或修改框線。

## Step 1 切換至〔格式〕活頁標籤

打開「圖片色彩 .xlsx」，選取圖片，切換至〔圖片工具〕的〔格式〕活頁標籤。

## Step 2 設定框線色彩

點選「圖片樣式」選項群組的〔圖片框線〕按鈕，從下拉選單中選擇需要的色彩。

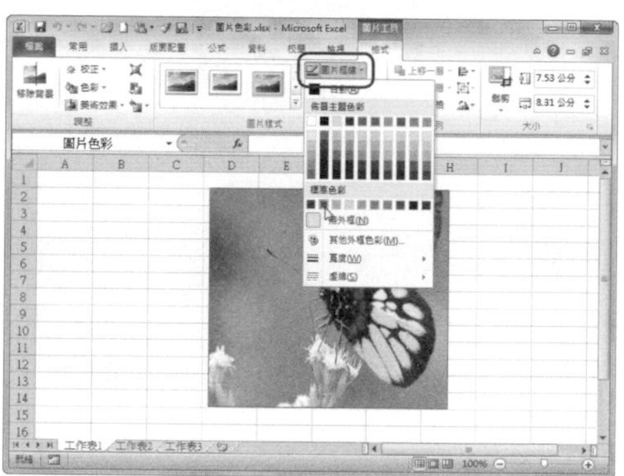

## Step 3 檢視框線色彩結果

返回工作表，即可看到所選圖片已經套用設定的圖片框線色彩。

## Step 4 設定圖片線條樣式

切換至〔圖片工具〕的〔格式〕活頁標籤，點選「圖片樣式」選項群組的〔圖片框線〕按鈕，在【寬度】子選單中選擇需要的線條寬度。

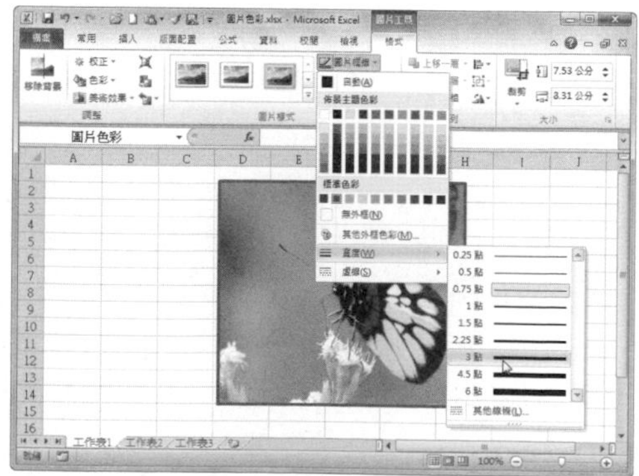

### Step 5 檢視框線寬度

返回工作表中，即可看到所選的框線已經套用到圖片上。

### Step 6 取消框線效果

若要取消框線效果，則再次切換至〔圖片工具〕的〔格式〕活頁標籤，點選「圖片樣式」選項群組的〔圖片框線〕按鈕，選擇【無外框】選項即可。

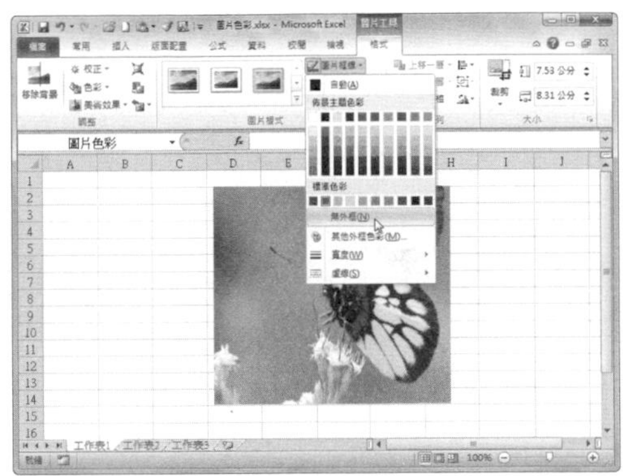

## 269 Q 如何對 Excel 中插入的圖片進行壓縮？

第 4 章\原始檔\圖片色彩 .xlsx

**A** 在 Excel 中插入圖片會使檔案變大，這時我們可以使用壓縮圖片功能，來減小檔案的大小。

### Step 1 選擇需要壓縮的圖片

打開「圖片色彩 .xlsx」，選取需要壓縮的圖片，切換至〔圖片工具〕的〔格式〕活頁標籤。

### Step 2 點選「壓縮圖片」按鈕

點選「調整」選項群組中的〔壓縮圖片〕按鈕。

### Step 3 設定壓縮圖片選項

在彈出的「壓縮圖片」對話框中進行相關的設定，點選〔確定〕按鈕後，即可壓縮圖片並返回工作表中。

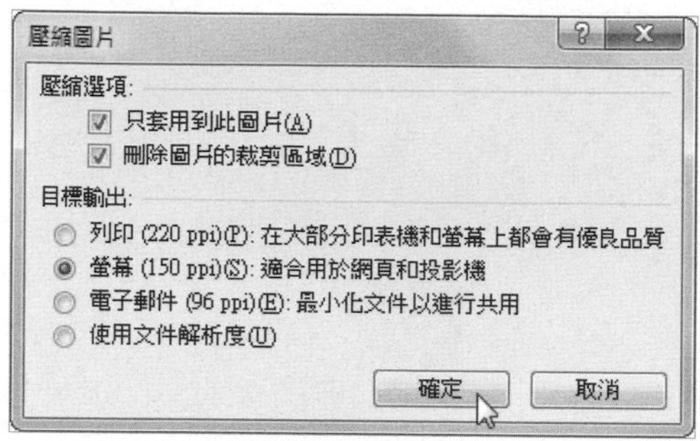


**提 示**

**設定插入的圖片不壓縮**

為了保證插入圖片的品質，我們還可以進行相關的設定，使圖片不被壓縮。

點選〔檔案〕活頁標籤並選擇〔選項〕，在彈出的「Excel 選項」對話框切換到〔進階〕，勾選「影像大小和品質」中的「不要壓縮檔案中的影像」，再點選〔確定〕按鈕即可。

## 270 Q 如何快速將圖片恢復到原始狀態？

第 4 章 \ 原始檔 \ 恢復圖片 .xlsx

當我們對插入的圖片進行多次編輯後，如果想在不改變工作表資料的情況下讓圖片恢復到最初狀態，來看看怎麼操作吧！

### Step 1 切換至〔格式〕活頁標籤

打開「恢復圖片 .xlsx」，選擇需要恢復到原始狀態的圖片，切換至〔圖片工具〕的〔格式〕活頁標籤。

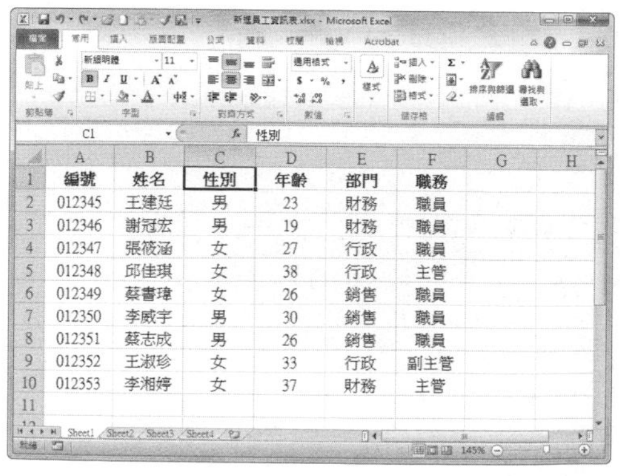

| | A | B | C | D | E | F |
|---|---|---|---|---|---|---|
| 1 | 編號 | 姓名 | 性別 | 年齡 | 部門 | 職務 |
| 2 | 012345 | 王建廷 | 男 | 23 | 財務 | 職員 |
| 3 | 012346 | 謝冠宏 | 男 | 19 | 財務 | 職員 |
| 4 | 012347 | 張筱涵 | 女 | 27 | 行政 | 職員 |
| 5 | 012348 | 邱佳琪 | 女 | 38 | 行政 | 主管 |
| 6 | 012349 | 蔡書瑋 | 女 | 26 | 銷售 | 職員 |
| 7 | 012350 | 李威宇 | 男 | 30 | 銷售 | 職員 |
| 8 | 012351 | 蔡志成 | 男 | 26 | 銷售 | 職員 |
| 9 | 012352 | 王淑珍 | 女 | 33 | 行政 | 副主管 |
| 10 | 012353 | 李湘婷 | 女 | 37 | 財務 | 主管 |

### Step 2 重設圖片與大小

點選「調整」選項群組中的〔重設圖片〕下拉選單，然後選擇【重設圖片與大小】選項。

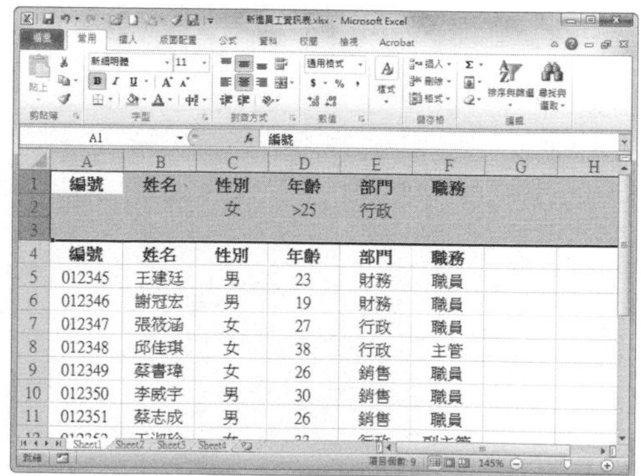

| | A | B | C | D | E | F |
|---|---|---|---|---|---|---|
| 1 | 編號 | 姓名 | 性別 | 年齡 | 部門 | 職務 |
| 2 | | | 女 | >25 | 行政 | |
| 3 | | | | | | |
| 4 | 編號 | 姓名 | 性別 | 年齡 | 部門 | 職務 |
| 5 | 012345 | 王建廷 | 男 | 23 | 財務 | 職員 |
| 6 | 012346 | 謝冠宏 | 男 | 19 | 財務 | 職員 |
| 7 | 012347 | 張筱涵 | 女 | 27 | 行政 | 職員 |
| 8 | 012348 | 邱佳琪 | 女 | 38 | 行政 | 主管 |
| 9 | 012349 | 蔡書瑋 | 女 | 26 | 銷售 | 職員 |
| 10 | 012350 | 李威宇 | 男 | 30 | 銷售 | 職員 |
| 11 | 012351 | 蔡志成 | 男 | 26 | 銷售 | 職員 |

### Step 3 檢視恢復結果

這時可以看到表格中的圖片已經恢復到原始的狀態。

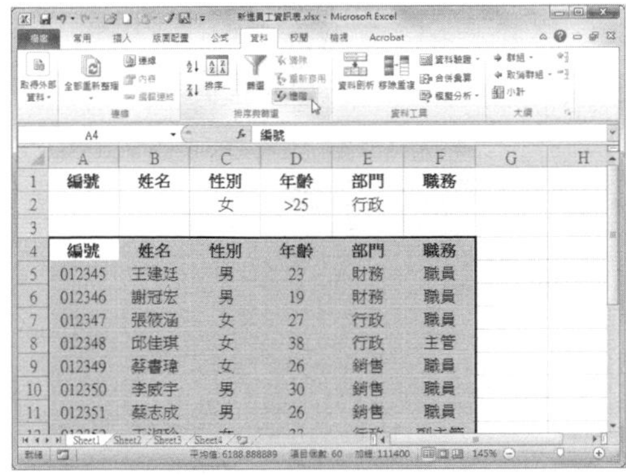


**提示**

**恢復損壞的 Excel 檔**

打開 Excel 檔後，若發現內容損壞，可以點選〔檔案〕活頁標籤，選擇〔另存新檔〕，在「儲存類型」下拉選單中選擇「SYLK」選項後，點選〔儲存〕按鈕。關閉檔案後，打開另存的 SYLK 檔案，就有機會救回損壞的檔案。

## 271 Q 如何插入美工圖案？

A 根據文件的需要，還可以插入美工圖案。在「美工圖案」窗格中，我們可以根據關鍵字尋找想要的美工圖案加以運用。

### Step 1 點選「美工圖案」按鈕

打開 Excel 後，切換至〔插入〕活頁標籤，點選「圖例」選項群組中的「美工圖案」按鈕。

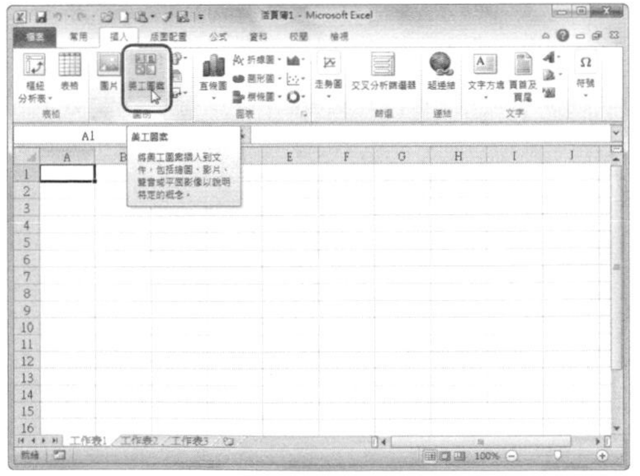

### Step 2 設定搜尋範圍

在打開的「美工圖案」任務窗格中，在「搜尋」中輸入要搜尋的圖片關鍵字。

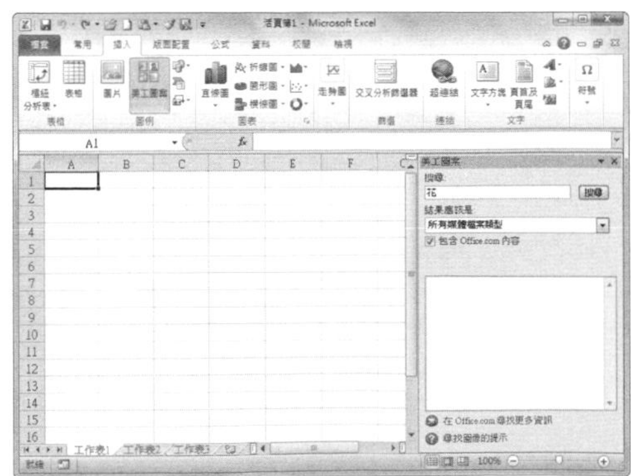

### Step 3 設定搜尋類型

接著「結果應該是」下拉選單，選擇所需的檔案類型後按下〔搜尋〕按鈕。

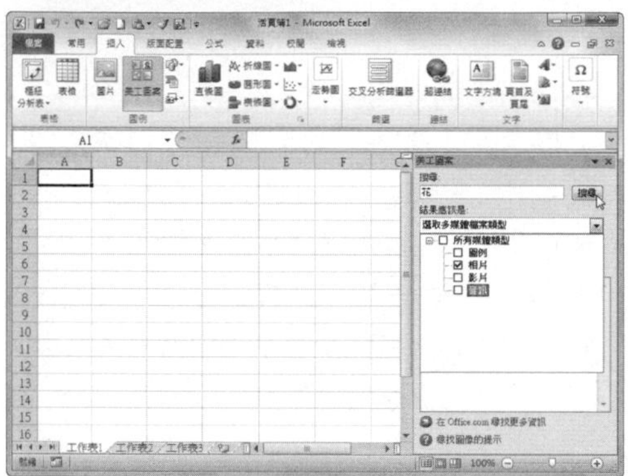

### Step 4 選擇需要的美工圖案

在搜尋的結果中選擇需要的美工圖案，點選即可將美工圖案插入到表格中。

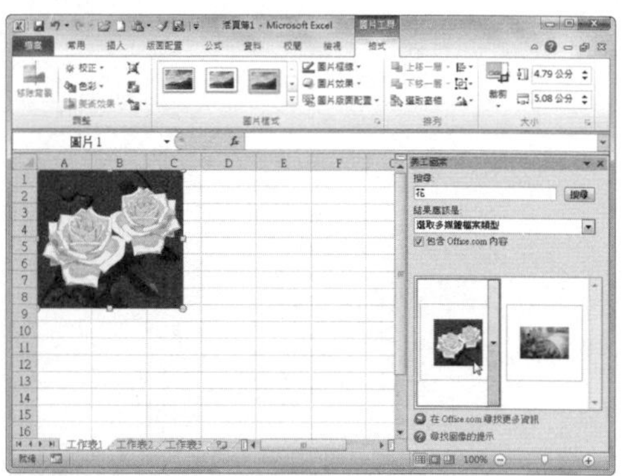

### Step 5 關閉「美工圖案」任務窗格

點選「美工圖案」任務窗格右上角的〔關閉〕按鈕，即可關閉窗格。

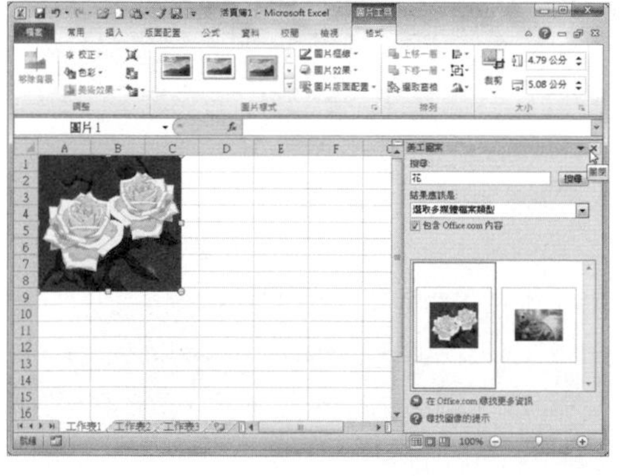

### Step 6 檢視插入的美工圖案

此時即可看到所選的美工圖案已經套用到表格中了。

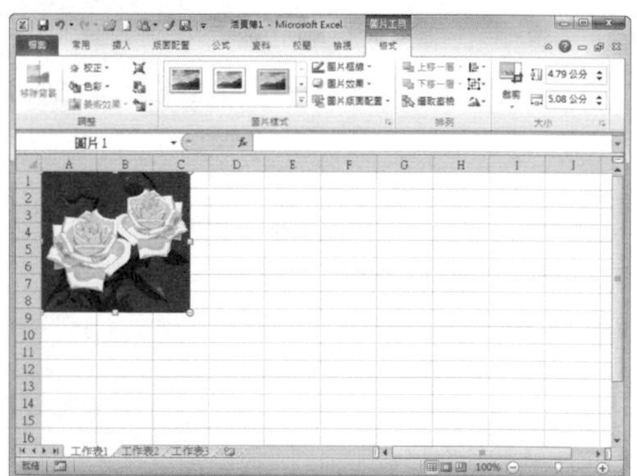

**提示**

**關於美工圖案**

美工圖案物件（圖片或者動畫）是由直線、曲線、圓等幾何形狀組成的圖像，這些圖像又被稱為向量圖，所以很容易改變大小和形狀。

# 272 Q 如何在圖片上新增文字？

第 4 章 \ 原始檔 \ 圖片色彩 .xlsx

**A** 在 Excel 中插入圖片後，還可以在圖片上新增文字，增加圖片的說明，接下來看看如何在圖片上新增文字吧！

**Step 1** 插入文字方塊

打開「圖片色彩 .xlsx」，切換至〔插入〕活頁標籤，點選〔文字方塊〕下拉選單，選擇【水平文字方塊】選項。

**Step 2** 繪製文字方塊

接著在圖片中選取要輸入文字的範圍，按住滑鼠左鍵繪製文字方塊，此時文字框以黑色線表示。

**Step 3** 輸入文字

選取好位置後，即可在文字方塊中輸入文字，並將文字方塊移至合適的位置。

**Step 4** 設定文字方塊格式

切換至〔繪圖工具〕的〔格式〕活頁標籤，設定〔圖案填滿〕和〔圖案外框〕分別為【無填滿色】和【無外框】。

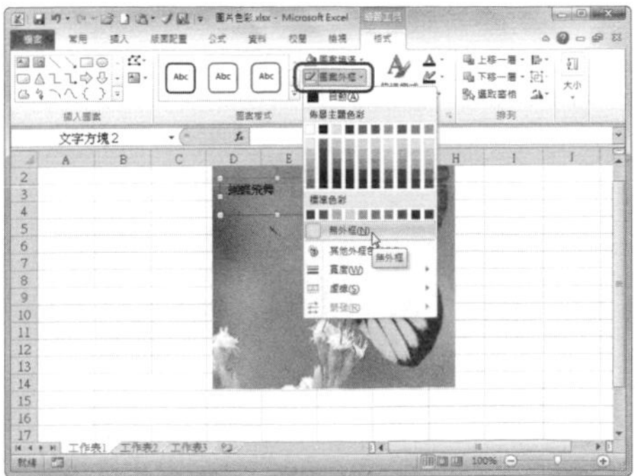

**Step 5 設定文字格式**

切換至〔常用〕活頁標籤，在「字型」選項群組中設定文字的字型格式。

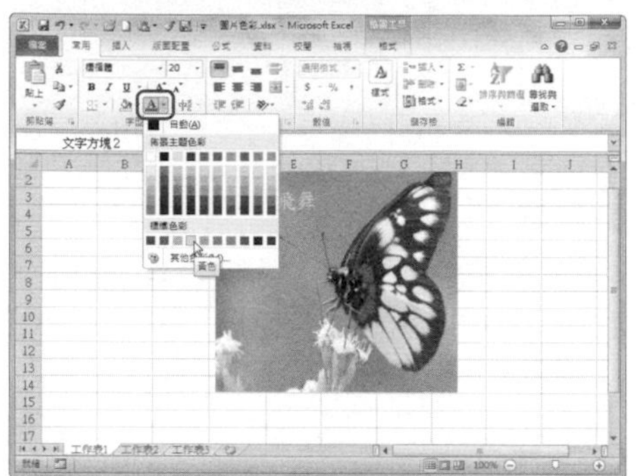

**Step 6 檢視最後結果**

返回工作表中，可以看到在圖片上新增文字後的結果。

## 273 Q 如何變更圖片的形狀？

第 4 章 \ 原始檔 \ 圖片色彩 .xlsx

**A** 在工作表中，除了可以變更圖片本身的效果外，還可以為圖片的形狀設定成其他形狀哦！

**Step 1 切換至〔格式〕活頁標籤**

打開「圖片色彩 .xlsx」，選取需要變更形狀的圖片，切換至〔圖片工具〕的〔格式〕活頁標籤。

**Step 2 選擇圖片形狀**

在「大小」選項群組中點選〔裁剪〕下拉選單，選擇【裁剪成圖形】，並在子選單中選擇所需形狀。

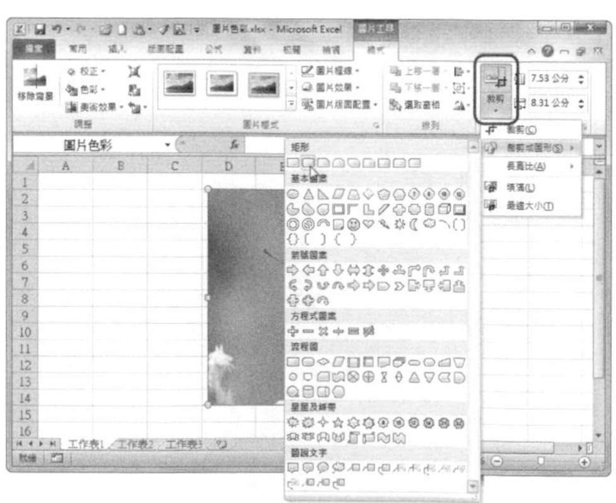

**Step 3** 檢視結果

返回工作表中，即可看到變更形狀後的圖片結果。

## 如何為圖片套用快速樣式？

第 4 章 \ 原始檔 \ 圖片色彩 .xlsx

在為圖片設定各種樣式時，也可以為圖片套用快速樣式，使圖片更加符合需求，下面介紹為圖片套用樣式的方法。

**Step 1** 切換至〔格式〕活頁標籤

打開「圖片色彩 .xlsx」，選取需要套用樣式的圖片，切換至〔圖片工具〕的〔格式〕活頁標籤。

**Step 2** 選擇圖片樣式

在「圖片樣式」選項群組中點選下拉選單，並選擇需要的樣式。

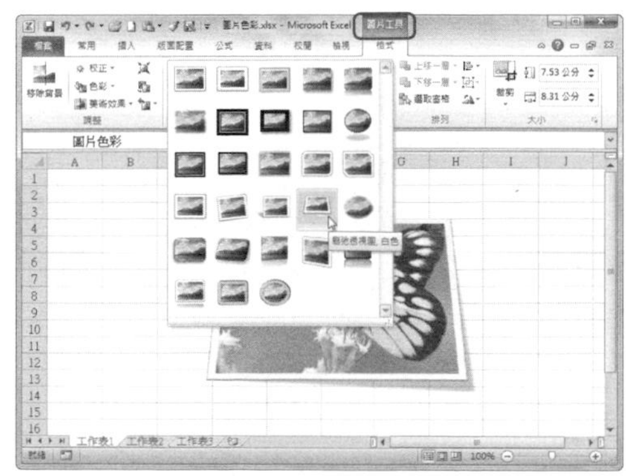

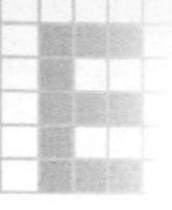

**Step 3** 檢視結果

返回工作表中，即可看到套用快速樣式後的圖片結果。

# 職人技 17 圖表操作秘技

Excel 提供豐富的圖表類型，在報表中套用圖表可以清楚呈現資料，容易掌握並分析資料的分布走向和變化趨勢。本職人技將介紹圖表的操作秘技，幫助大家建立更專業、美觀的圖表。

## 275 Q 如何快速建立圖表？

第 4 章 \ 原始檔 \ 燈具銷售統計 .xlsx

**A** 若想讓表格資料呈現更清楚，最好的方法就是運用圖表。Excel 2010 提供豐富的圖表類型，可以根據實際需要進行選擇，下面介紹快速建立圖表的操作方法。

**Step 1** 切換至「插入」活頁標籤

打開「燈具銷售統計 .xlsx」，選取 A2：E6 儲存格範圍。

**Step 2** 選擇圖表類型

切換至〔插入〕活頁標籤，點選「圖表」選項群組的〔直條圖〕按鈕，選擇所需圖表類型。

**Step 3** 檢視圖表結果

返回工作表中，移動圖表至合適的位置，即可檢視插入的圖表結果。

| 燈具銷售統計 | | | | |
|---|---|---|---|---|
| 名稱 | 第一季 | 第二季 | 第三季 | 第四季 |
| 檯燈 | $ 87,000 | $ 103,000 | $ 95,000 | $ 125,000 |
| 節能燈 | $ 128,000 | $ 108,000 | $ 148,000 | $ 100,300 |
| 裝飾燈 | $ 109,000 | $ 169,000 | $ 130,800 | $ 140,900 |
| 吊燈 | $ 99,800 | $ 100,800 | $ 148,000 | $ 145,000 |

276

## Q 如何選用最合適的圖表類型？

Excel 2010 提供豐富的圖表類型，也給了我們更多的選擇空間。但是很多時候我們在建立圖表時不知道該用哪種類型的圖表來表現資料，下面介紹幾種常用圖表的適用範圍。

### 直條圖

直條圖一般用於顯示一段時間內的資料變化或說明各項之間的比較情況，在直條圖中，橫向座標軸多半為類別，縱向座標軸為數值。

### 折線圖

折線圖一般用於顯示隨著時間變化的連續資料，用來反應在相等時間間隔下資料的趨勢。通常橫向座標軸為類別，縱向座標為數值。

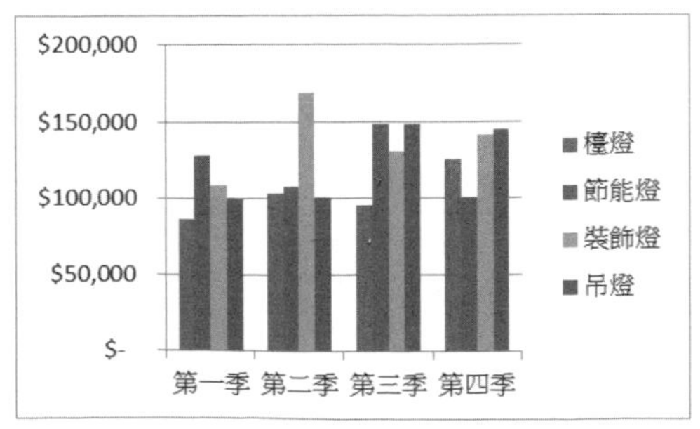


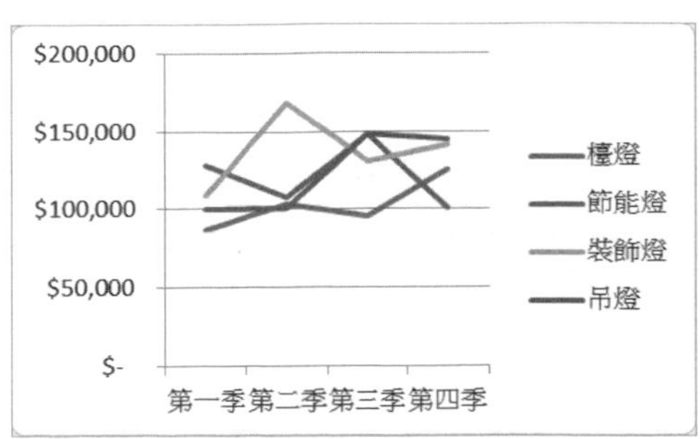

## 圓形圖

圓形圖用於顯示單一資料中各項目的大小，以及各項目在總和所佔的比例。

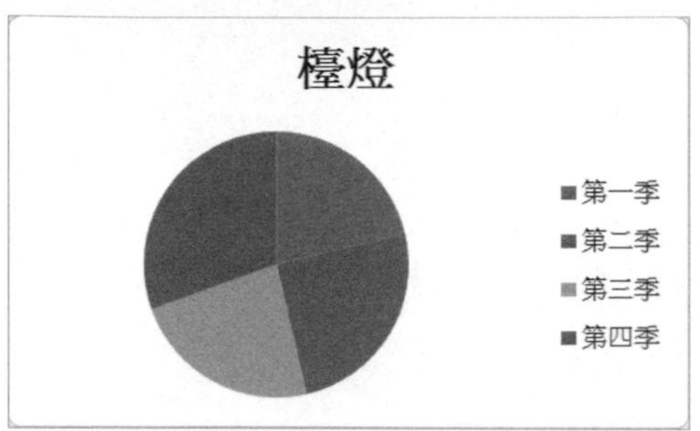


## 橫條圖

橫條圖用於比較多個類別的數值，通常縱向座標軸為類別，橫向座標軸為數值。

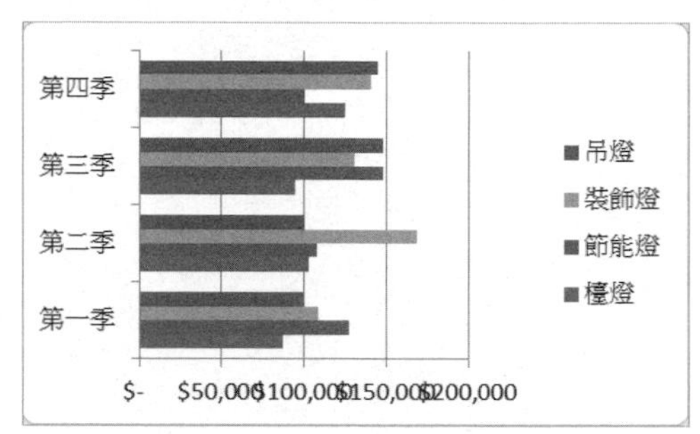


## 區域圖

區域圖強調數值隨時間變化的程度，可強化對總值趨勢的注意。通常顯示所繪值的總和或顯示整體與部分間的關係。

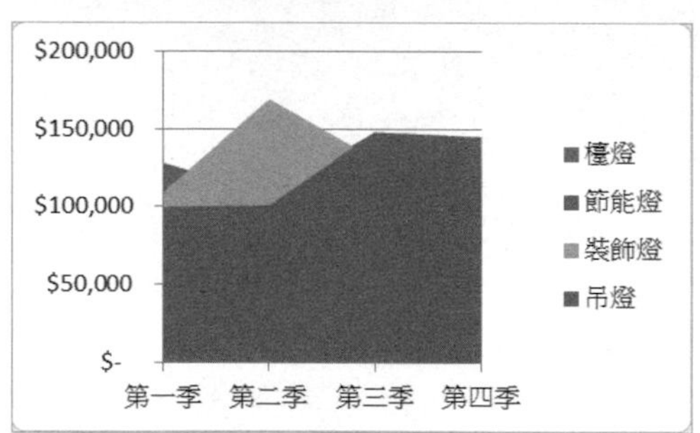


## XY 散佈圖

XY 散佈圖用於顯示若干資料類別中各個數值之間的關係，通常用於顯示與比較數值。

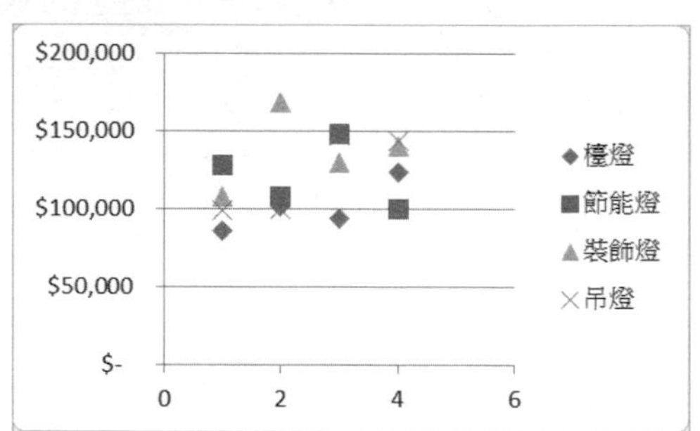


## 環圈圖

像圓形圖一樣，環圈圖顯示各個部分與整體之間的關係，但是它可以包含多個資料類別。環圈圖的每個圓環分別代表一個資料類別。

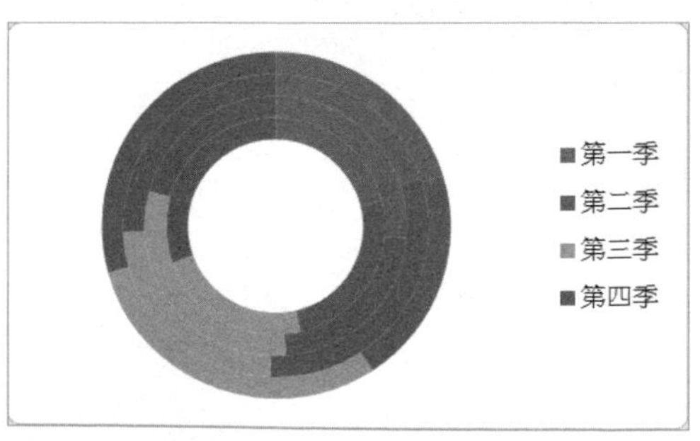


## 泡泡圖

泡泡圖是 XY 散佈圖的變形，能夠表示三個變數（x，y，z）之間的關係，利用資料標記的氣泡大小來顯示第三個變數的大小。

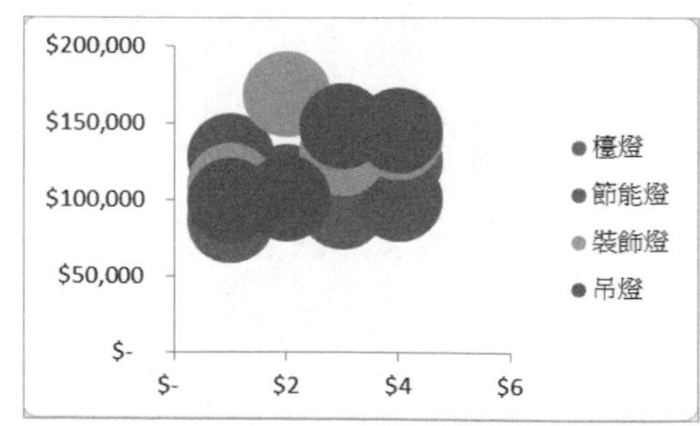

### 雷達圖

雷達圖顯示各數值相關於中心點的變化。在填滿雷達圖時，由一個資料系列覆蓋的範圍用同一種色彩來填滿。

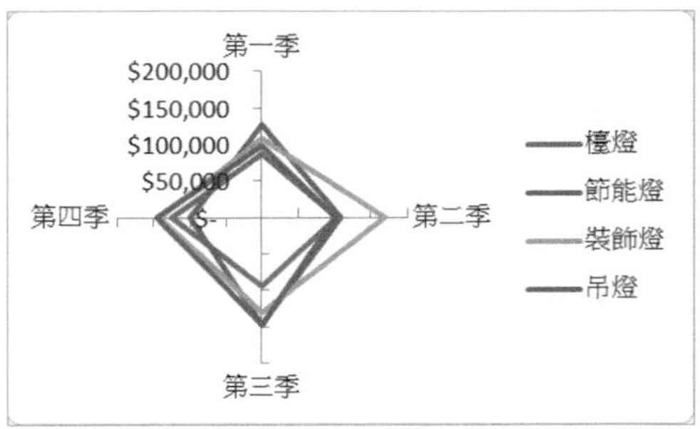

第 4 章 \ 原始檔 \ 銷售統計圖 .xlsx

## 277 Q 如何為圖表新增標題？

**A** 在 Excel 中插入圖表後，我們通常要幫圖表新增標題，讓圖表顯示更完整，來看看怎麼幫圖表新增標題吧！

### Step 1 打開原始檔

打開「銷售統計圖 .xlsx」，選取沒有標題的圖表。

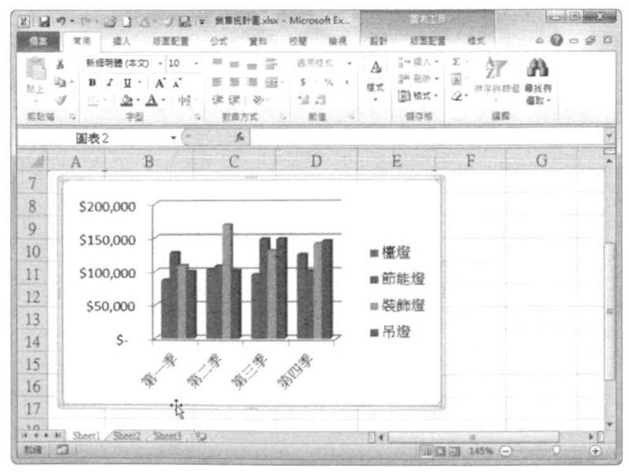

### Step 2 新增圖表標題

切換至〔圖表工具〕的〔版面配置〕活頁標籤，點選「標籤」選項群組的〔圖表標題〕按鈕，選擇【圖表上方】選項。

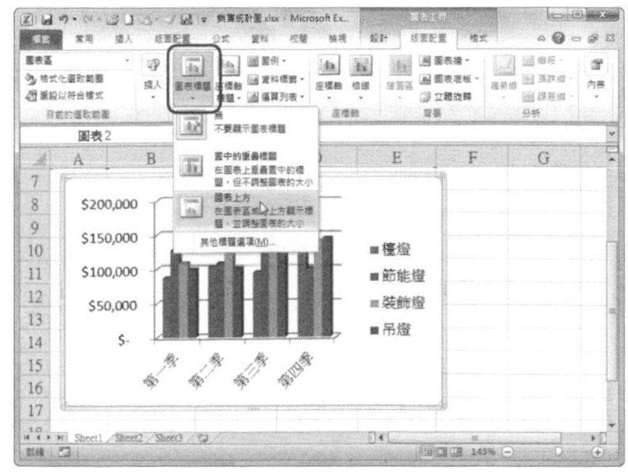

**Step 3 輸入標題**

此時圖表上方將出現輸入標題的文字框，在文字方塊中點選，輸入需要的標題，點選表格中的其他範圍即可檢視結果。

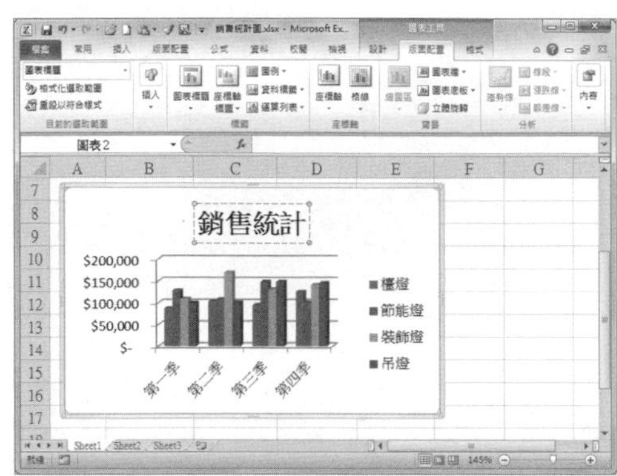

**提示**

**參照儲存格內容作為標題**

我們還可以參照儲存格的內容作為圖表標題，點選圖表標題文字方塊，然後在編輯欄中輸入「=」，再點選需要參照的儲存格，按下〔Enter〕鍵即可。

第 4 章 \ 原始檔 \ 銷售統計圖 .xlsx

## 278 Q 如何新增座標軸標題？

**A** 為了讓圖表的內容表達得更清楚，我們還可以幫圖表的垂直、水平座標軸新增標題。

**Step 1 打開原始檔**

打開「銷售統計圖 .xlsx」，選取圖表，切換至〔圖表工具〕的〔版面配置〕活頁標籤。

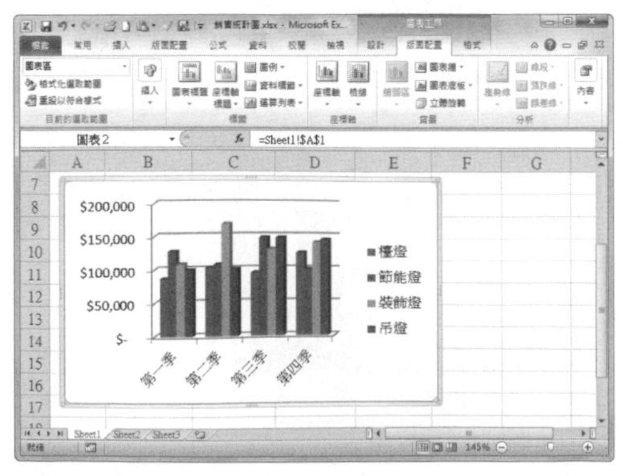

**Step 2 選項新增座標軸類型**

點選「標籤」選項群組的〔座標軸標題〕按鈕，在下拉選單選擇【主水平軸標題】→【座標軸下方的標題】選項。

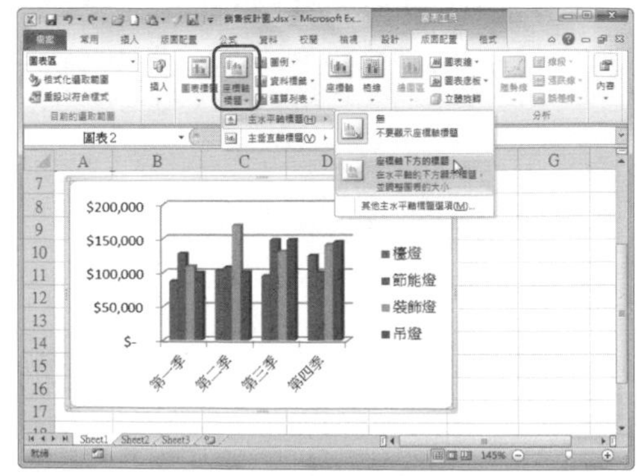

### Step 3 新增水平座標軸標題

這時水平座標軸下方會新增標題文字框，點選該文字方塊，輸入座標軸標題即可。

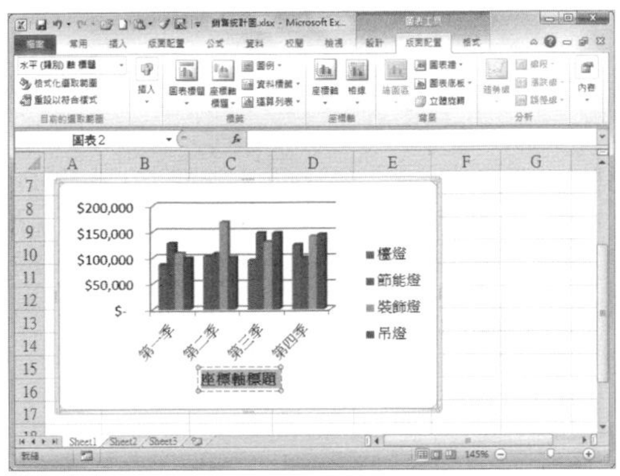


**提示**

**設定垂直座標軸標題**

選取圖表，切換至〔圖表工具〕的〔版面配置〕活頁標籤，點選「標籤」選項群組中的〔座標軸標題〕按鈕，在下拉選單選擇【主垂直軸標題】，再從子選單中選取標題呈現方式後，即可從插入的文字方塊中輸入垂直座標軸標題。

## 如何為圖表新增格線？

第 4 章 \ 原始檔 \ 銷售統計圖 .xlsx

對於一些比較複雜的圖表，在背景中新增格線將有利於資料的檢視和比較，一起來看看如何在圖表中新增輔助的格線。

### Step 1 切換至〔版面配置〕活頁標籤

打開「銷售統計圖 .xlsx」，選取圖表，切換至〔圖表工具〕的〔版面配置〕活頁標籤。

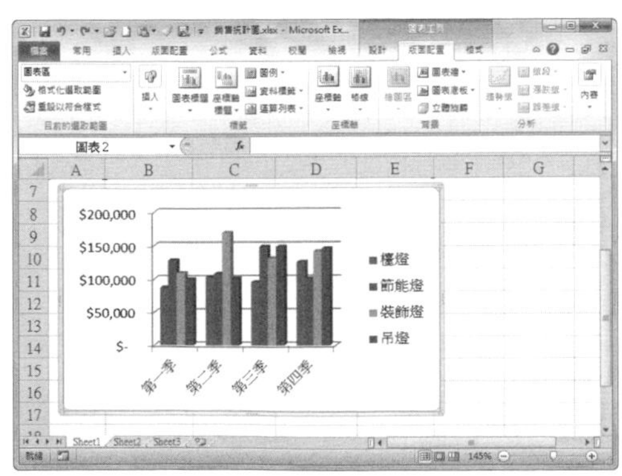


### Step 2 選擇新增格線類型

點選「座標軸」選項群組中〔格線〕按鈕，在下拉選單中選擇【主垂直格線】→【主要格線】選項。

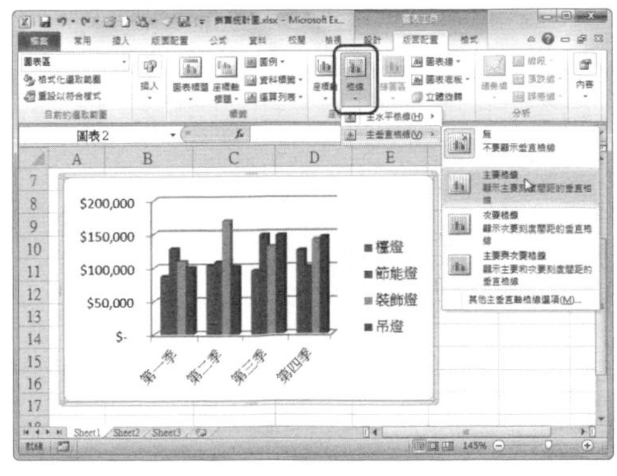

**Step 3** 檢視新增格線結果

返回工作表，可以看到圖表已經套用我們指定的格線。

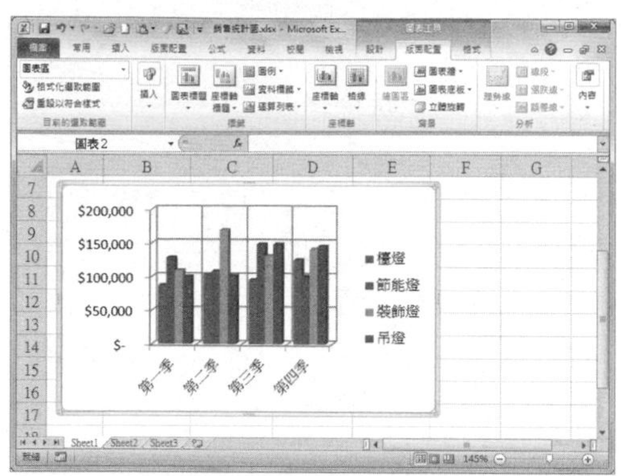

## 280 Q 如何變更圖表格線的類型？

第 4 章 \ 原始檔 \ 銷售統計圖 .xlsx

**A** 在圖表中新增格線後，還可以根據需要對格線的粗細和色彩等進行個性化設定，使圖表資料更美觀易讀，不會受到格線干擾。

**Step 1** 打開原始檔

打開「銷售統計圖 .xlsx」，選取圖表中的格線，切換至〔圖表工具〕的〔格式〕活頁標籤，點選〔格式化選取範圍〕按鈕。

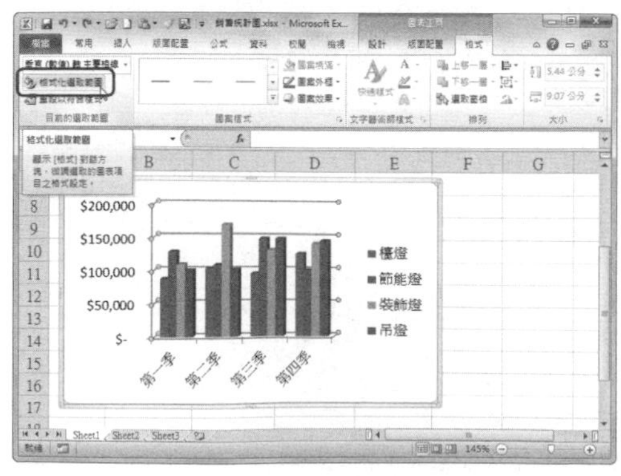

**Step 2** 設定格線格式

在彈出的「主要格線格式」對話框中，根據需要對格線進行個性化設定。

### Step 3 檢視設定格線結果

點選〔關閉〕按鈕返回工作中，可以看到圖表中格線已經套用設定的結果。

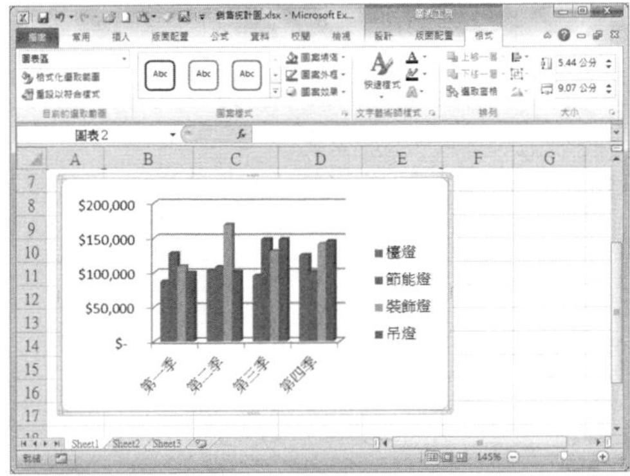

## 281 Q 如何為不相鄰的資料範圍建立圖表？

第 4 章 \ 原始檔 \ 燈具銷售統計 .xlsx

**A** 在 Excel 中，有時為了清楚地顯示不相鄰儲存格範圍資料的對比，可以單獨為不相鄰範圍建立圖表。

## 一、不相鄰的欄

### Step 1 選取不相鄰的欄

打開「燈具銷售統計 .xlsx」，選擇要建立圖表的儲存格範圍，先選取 A2：B6 儲存格範圍，按住〔Ctrl〕鍵的同時再選取 E2:E6 範圍。

燈具銷售統計

| 名稱 | 第一季 | 第二季 | 第三季 | 第四季 |
|---|---|---|---|---|
| 檯燈 | $ 87,000 | $ 103,000 | $ 95,000 | $ 125,000 |
| 節能燈 | $ 128,000 | $ 108,000 | $ 148,000 | $ 100,300 |
| 裝飾燈 | $ 109,000 | $ 169,000 | $ 130,800 | $ 140,900 |
| 吊燈 | $ 99,800 | $ 100,800 | $ 148,000 | $ 145,000 |

### Step 2 選擇圖表類型

切換至〔插入〕活頁標籤，點選「圖表」選項群組中的〔直條圖〕按鈕，選擇需要的圖表類型。

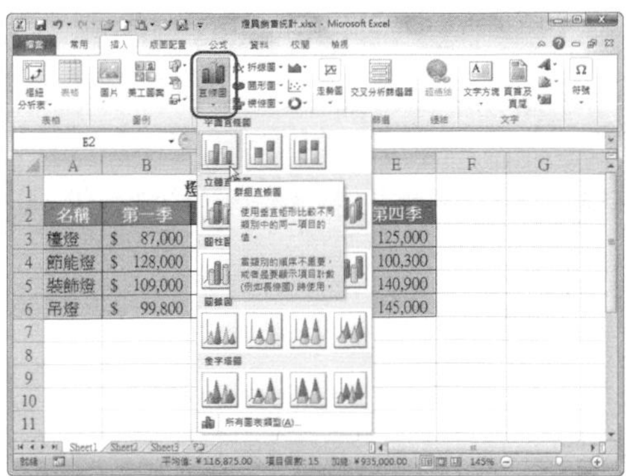

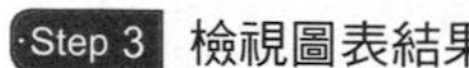

### Step 3 檢視圖表結果

返回工作表中，即可檢視為不相鄰的列建立的圖表的結果。

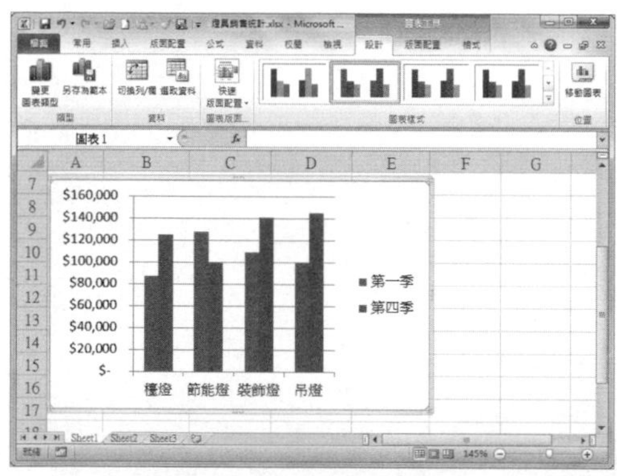


## 二、不相鄰的列

### Step 1 選取不相鄰的列

下面為不相鄰的列建立圖表，先選取 A2：E3 儲存格範圍，按住〔Ctrl〕鍵的同時再選取 A6:E6 範圍。

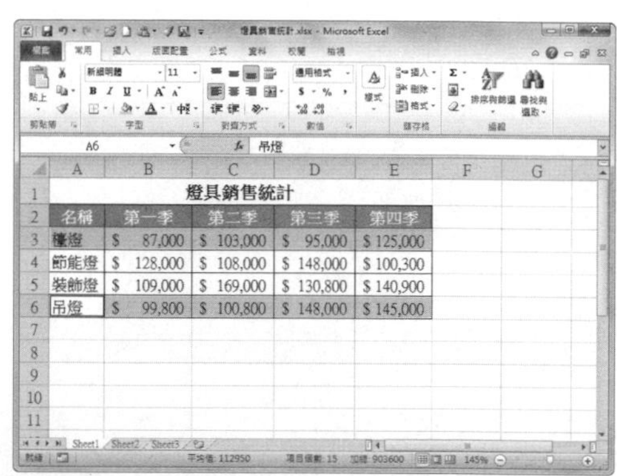


### Step 2 選擇圖表類型

切換至〔插入〕活頁標籤，點選「圖表」選項群組中的〔直條圖〕按鈕，選擇需要的圖表類型。

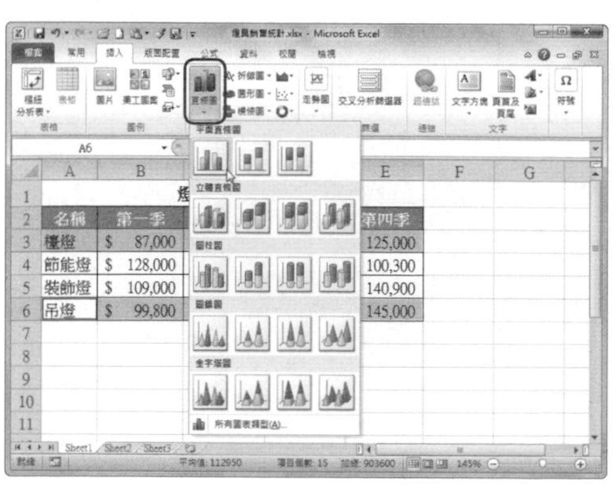

### Step 3 檢視圖表結果

返回工作表中，即可檢視為不相鄰的列建立的圖表。

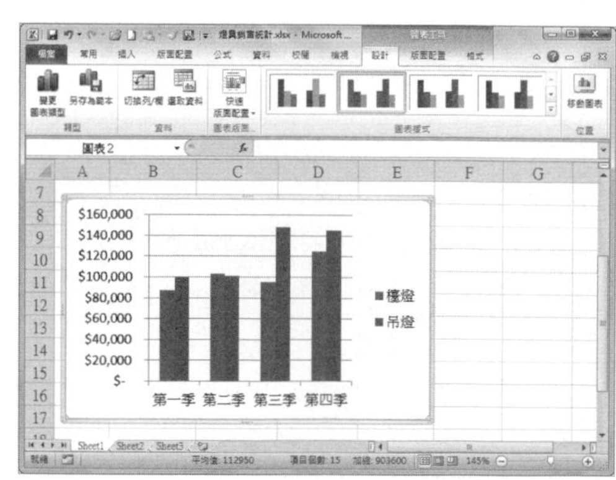

282

# Q 如何設定圖表的填滿效果？

第 4 章\原始檔\圖表美化 .xlsx

**A** 插入圖表後，我們可以對圖表進行各種美化設定。為圖表新增填滿效果，能更加吸引讀者的注意力，來看看怎麼設定圖表填滿效果吧！

## Step 1 選取圖表

打開「圖表美化 .xlsx」，選取需要填滿效果的圖表。

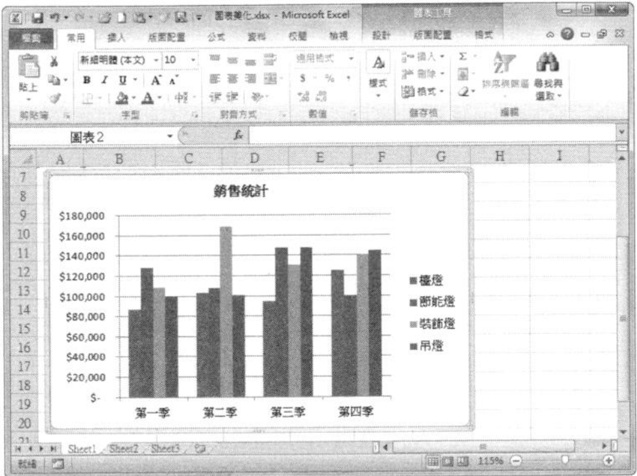

## Step 2 選擇填滿色彩

切換至〔圖表工具〕的〔格式〕活頁標籤，點選「圖案樣式」選項群組中的下拉選單。

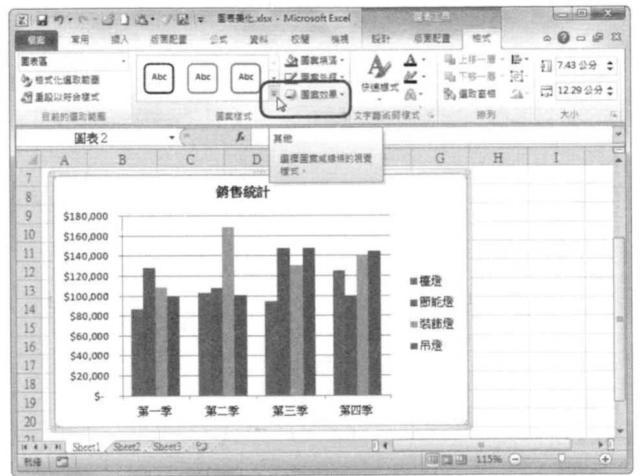

## Step 3 選擇填滿效果

在下拉選單中選擇合適的填滿效果，即可套用到圖表上。

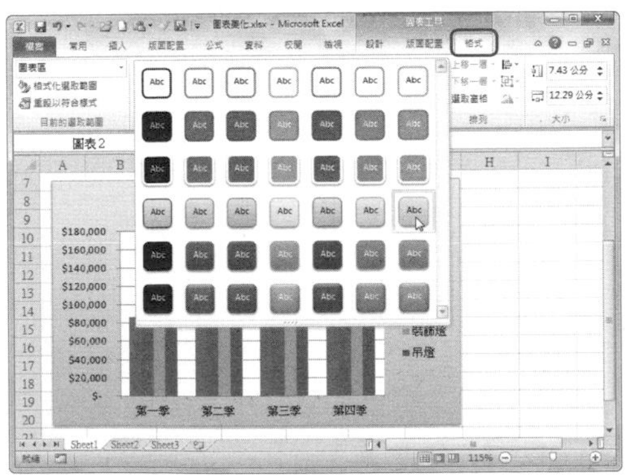

## Step 4 打開「圖案效果」下拉選單

接著點選「圖案樣式」選項群組中的〔圖案效果〕按鈕。

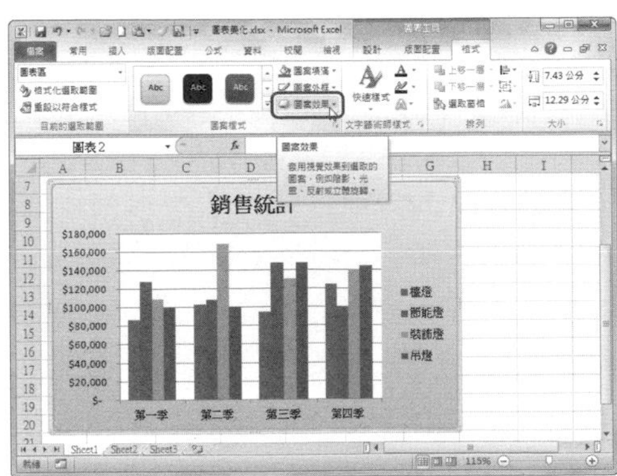

### Step 5 選擇效果樣式

在下拉選單中選擇要套用的效果，並從子選單中選擇需要的樣式。

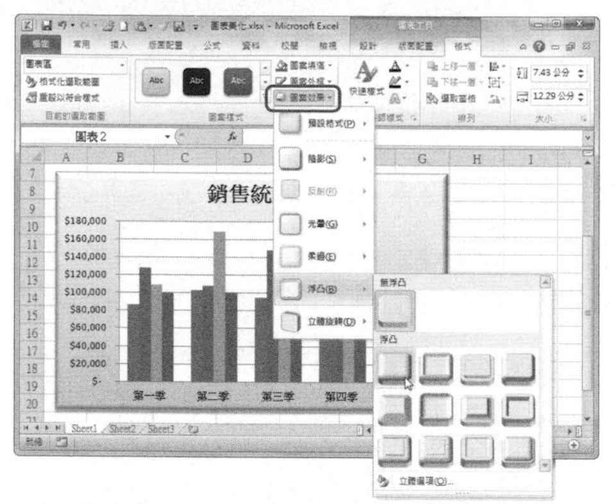

### Step 6 檢視設定結果

返回工作表中，即可看到所選圖表已經套用了設定的結果。

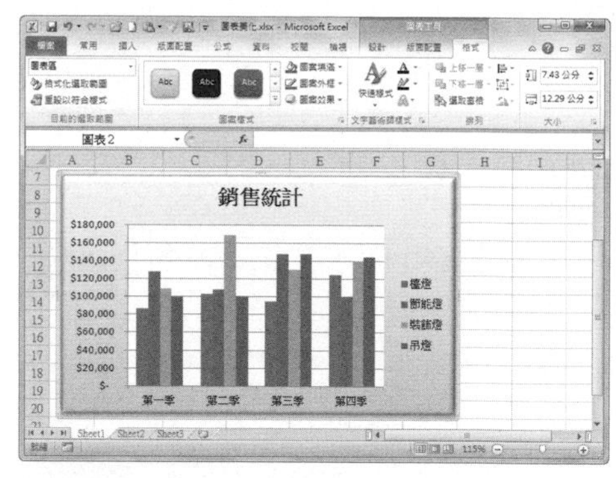

**提示**

**變更圖表中某一系列資料的樣式**

為了標示圖表中某一系列資料的結果，可以單獨為其變更樣式。選取需要變更樣式的系列資料，切換至〔圖表工具〕的〔格式〕活頁標籤，點選「圖案樣式」選項群組中的下拉選單，即可從下拉選單中選擇合適的填滿類型。

## 283 Q 如何為圖表新增立體效果？

第 4 章 \ 原始檔 \ 圖表美化 .xlsx

**A** 相較於普通的圖表而言，立體圖表可以能清楚地表現資料，讓表格看上去更有層次感，來看看怎麼操作吧！

### Step 1 變更圖表類型

打開「圖表美化 .xlsx」，選取需要設定結果的圖表，切換至〔圖表工具〕的〔設計〕活頁標籤，點選〔變更圖表類型〕按鈕。

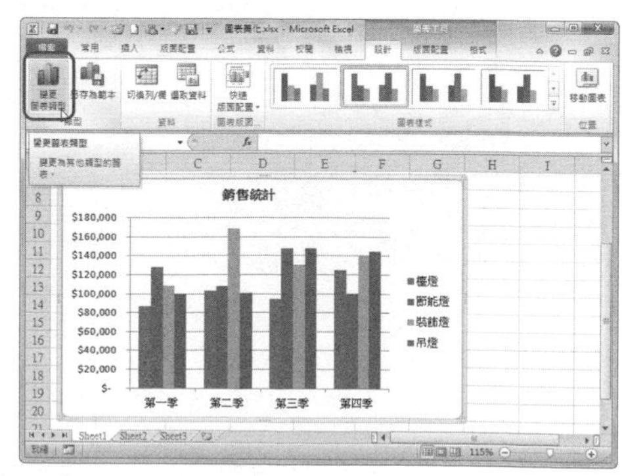

### Step 2 選擇立體類型的圖表

在彈出的「變更圖表類型」對話框中，切換至〔直條圖〕選項，點選選擇「立體直條圖」後，點選〔確定〕按鈕。

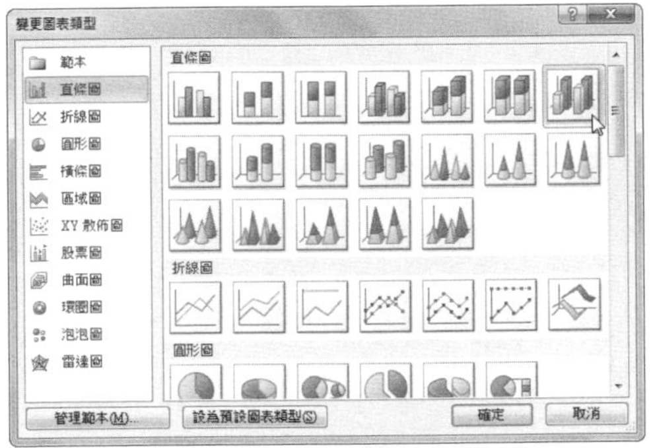


### Step 3 檢視立體效果

返回工作表中，即可看到圖表已經變成了立體效果。

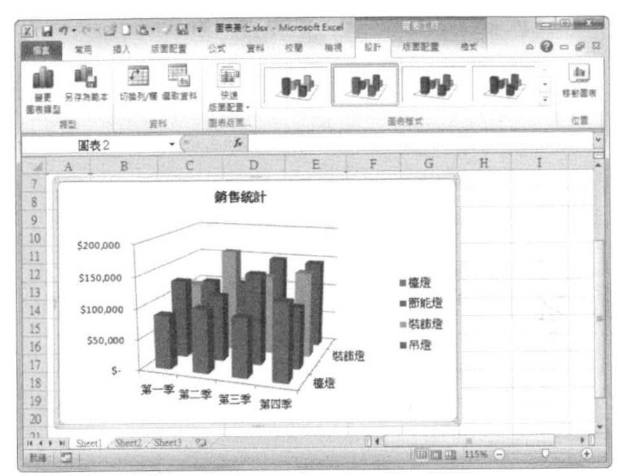


**提示**

**直接設定立體效果**

在無法變更圖表類型的情況下，可在「圖表區格式」、「設定繪圖區格式」或「設定資料類別格式」對話框中的「立體格式」與「立體旋轉」選項中，為圖表新增立體效果。

284

第 4 章 \ 原始檔 \ 圖表美化 .xlsx

## Q 如何快速加入資料標籤？

**A** 在 Excel 中插入圖表可以清楚地顯示資料的變化趨勢，可是往往在圖表中卻看不到數值，這時我們可以適時在圖表中加入數值資料，讓圖表更具完整性。

### Step 1 切換至〔版面配置〕活頁標籤

打開「圖表美化 .xlsx」，選取需要新增資料標籤的圖表，切換至〔圖表工具〕的〔版面配置〕活頁標籤。

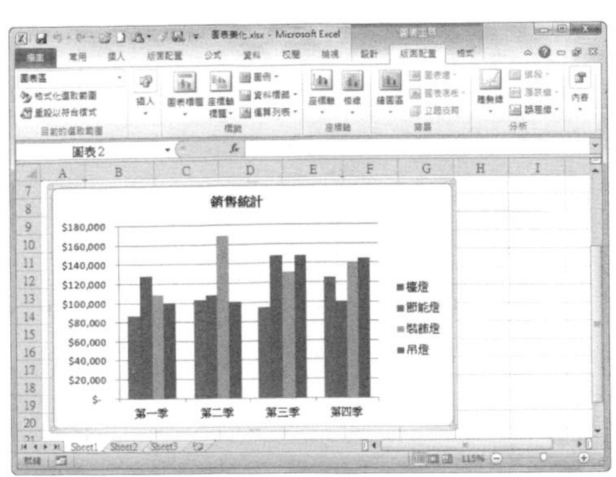

**Step 2** 選擇資料標籤的新增位置

點選「標籤」選項群組中的〔資料標籤〕按鈕，在下拉選單中選擇【終點外側】選項。

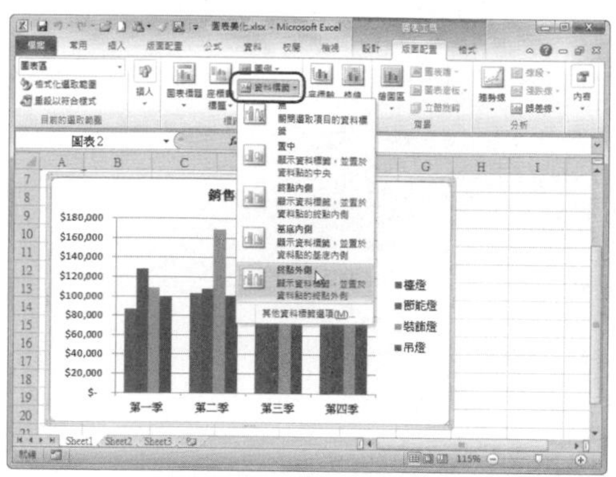

**Step 3** 檢視新增結果

返回工作表中，即可看到圖表中已經新增資料標籤。

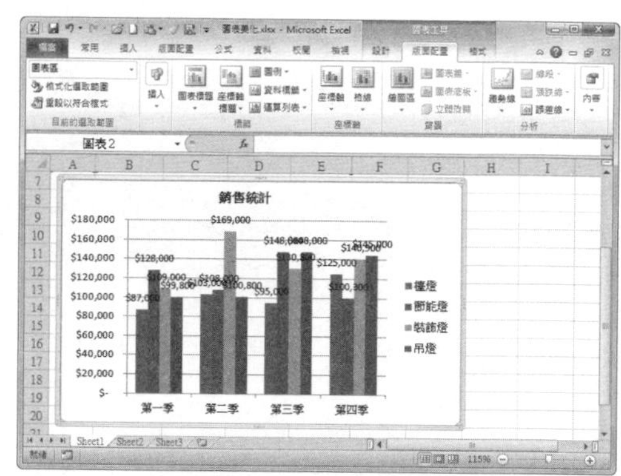

## 285 Q 如何在圖表中增補資料？

第 4 章 \ 原始檔 \ 增補資料 .xlsx

**A** 在插入圖表後，如果需要在來源資料中增補資料，我們可以透過貼上功能，在圖表中增補資料哦！看看有多神奇吧！

**Step 1** 在表格中選取新資料

打開「增補資料 .xlsx」後，選取新資料 A7:E7 儲存格，然後按下鍵盤上的〔Ctrl〕+〔C〕鍵。

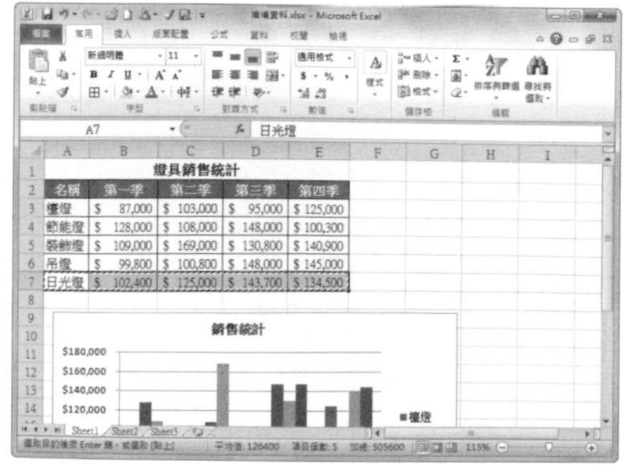

**Step 2** 在圖表中增補新資料

選取圖表後按滑鼠右鍵，在快速選單中選擇【貼上】。

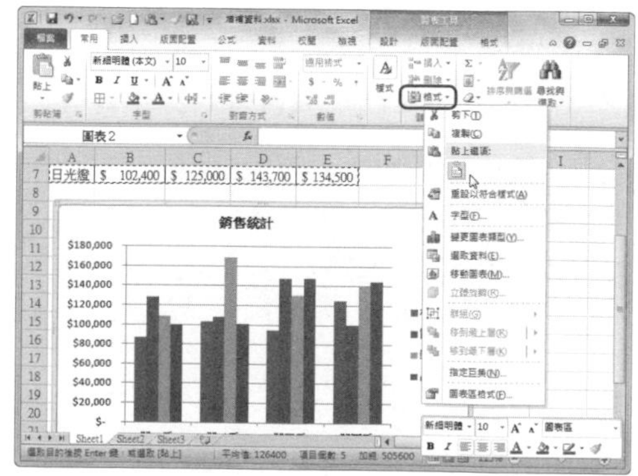

**Step 3** 檢視結果

這時可以看到表格中的圖表已經增補新的資料。

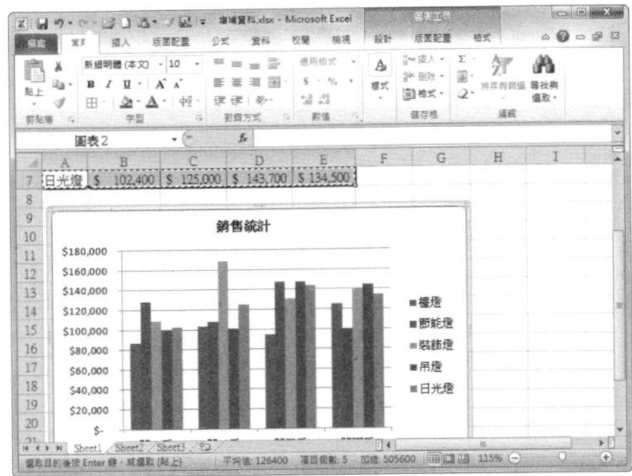

286

# Q 如何對圖表的大小進行調整？

第 4 章 \ 原始檔 \ 圖表美化 .xlsx

**A** 建立圖表後需要對位置和大小進行調整，使其更加適合表格。調整圖表大小是使用最頻繁的操作，來看看該如何調整。

**Step 1** 手動調整圖表大小

打開「圖表美化 .xlsx」並選取圖表，將游標移至圖表右下角，出現箭頭圖示時，按住滑鼠左鍵拖曳即可。

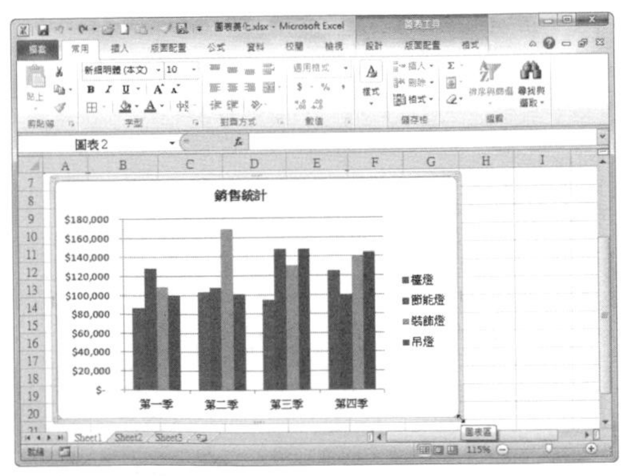

**Step 2** 精確調整圖表大小

選取圖表後，切換至〔圖表工具〕的〔格式〕活頁標籤下，在「大小」選項群組中設定圖表的寬度值和高度值。

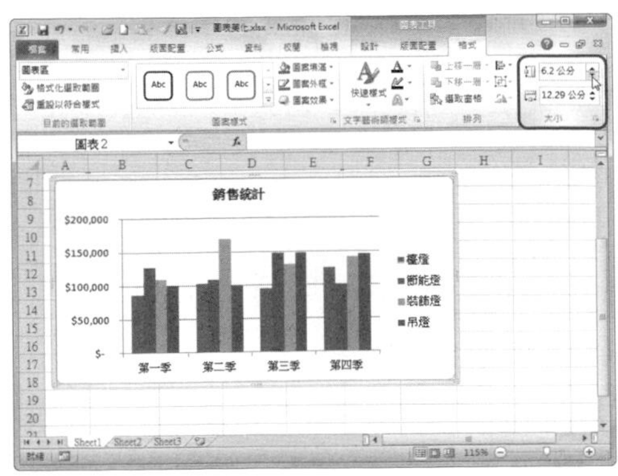

### Step 3 檢視調整結果

設定完成後，返回工作表中即可看到圖表的大小已經改變。

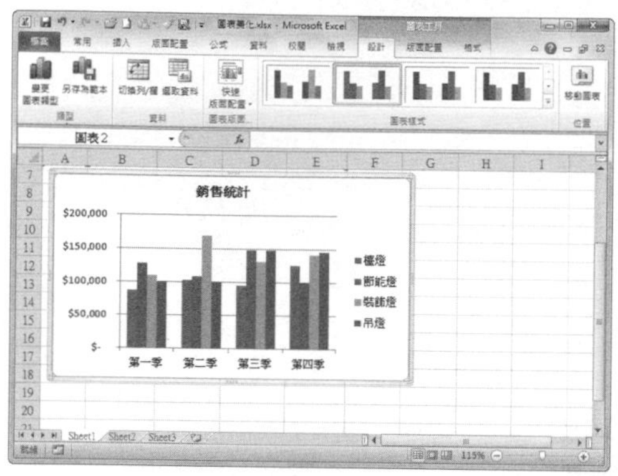

## 287 Q 如何鎖定圖表的長寬比例？

第 4 章 \ 原始檔 \ 圖表美化 .xlsx

**A** 在上個技巧中，在對圖表進行大小調整的時候，圖表並不是等比例縮放的。我們可以進行相關設定，讓圖表在縮放時保持居定的長寬比。

### Step 1 打開「圖表區格式」對話框

打開「圖表美化 .xlsx」，選取圖表後切換至〔圖表工具〕的〔格式〕活頁標籤，點選「大小」選項群組中的對話框。

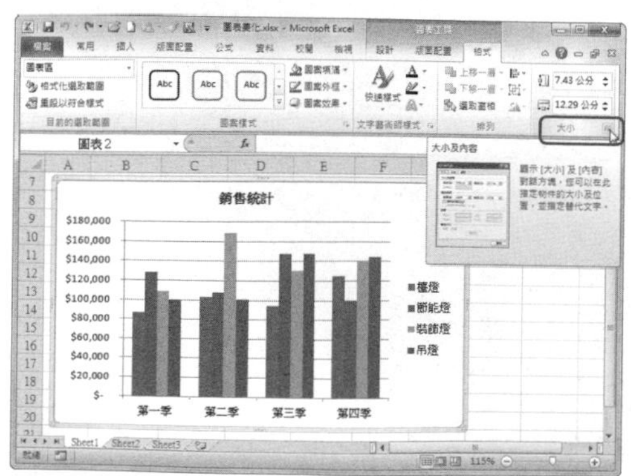

### Step 2 鎖定圖表長寬比例

在彈出的「圖表區格式」對話框中，切換至〔大小〕選項，勾選「鎖定長寬比」核取方塊，點選〔關閉〕按鈕。

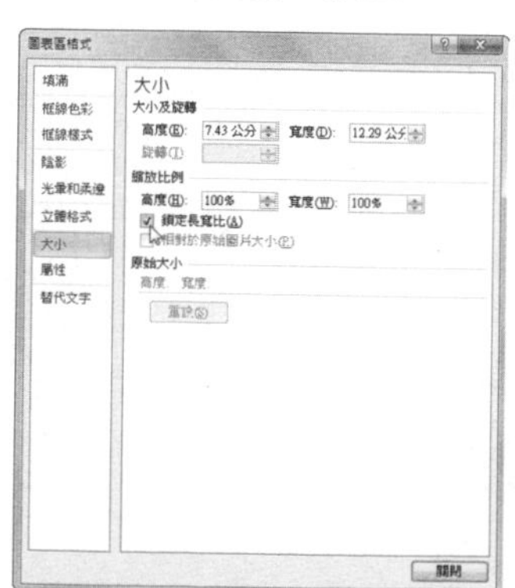

**Step 3** 檢視鎖定結果

這時再對圖表進行縮放時，圖表將等比例縮放，保持長寬比例不變。

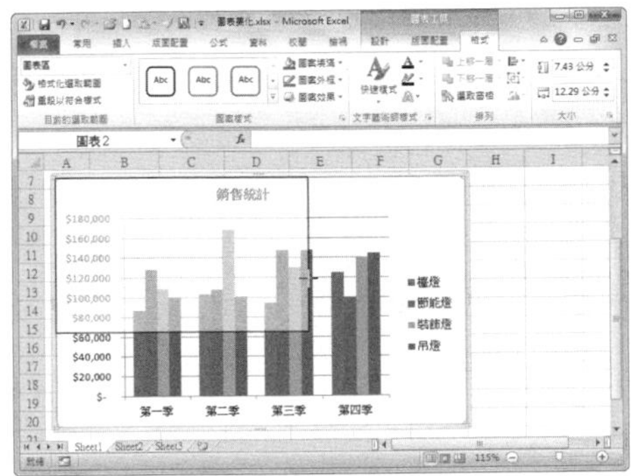

**提示**

**手動等比例縮放圖表**

手動調整圖表大小時，將游標移至圖表右下角，出現箭頭時按住〔Shift〕鍵不放，拖曳滑鼠即可等比例縮放圖表。

## 288 Q 如何讓圖表大小不受儲存格列高、欄寬影響？

第 4 章 \ 原始檔 \ 圖表美化 .xlsx

**A** 預設情況下，在 Excel 中建立圖表後，調整列高、欄寬時，圖表的高度與寬度會隨之改變，如果想讓圖表維持固定不變，需要進行一些設定。

**Step 1** 打開原始檔

打開「圖表美化 .xlsx」，調整圖表所處位置的列高與欄寬，可以發現圖表會自動跟隨列高、欄寬改變高度和寬度。

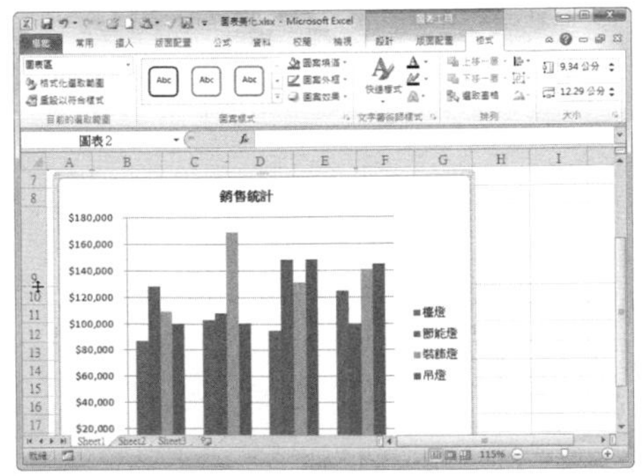

**Step 2** 切換至〔格式〕活頁標籤

按下快速鍵〔Ctrl〕+〔Z〕，取消列高、欄寬的變更，選取圖表，功能區中出現〔圖表工具〕活頁標籤，切換至〔圖表工具〕的〔格式〕活頁標籤。

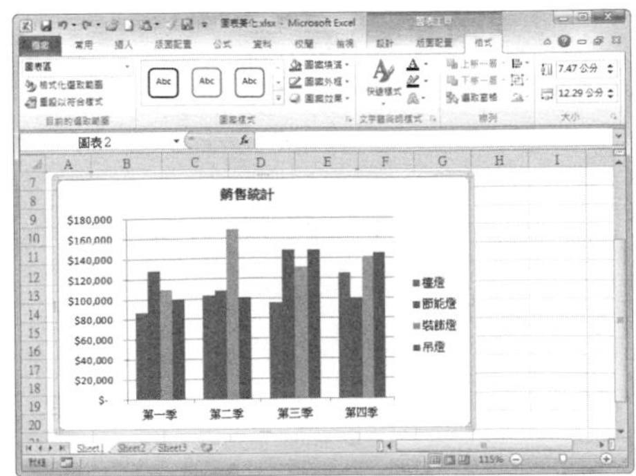

### Step 3 打開「圖表區格式」對話框

點選「大小」選項群組中的對話框。

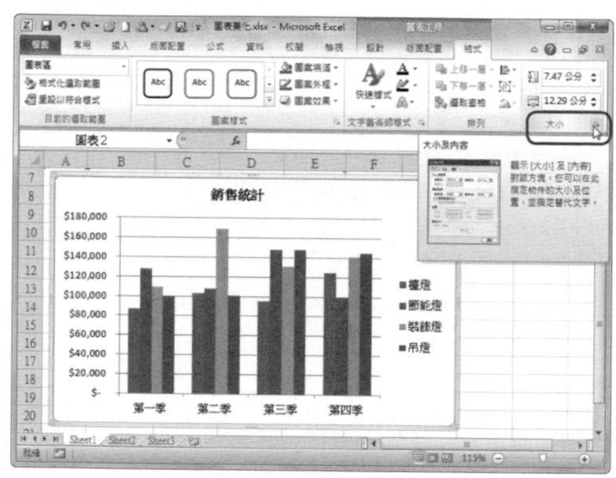

### Step 4 設定圖表固定大小

在彈出的「圖表區格式」對話框中切換至〔屬性〕選項，選取「物件位置」中的「大小固定，位置隨儲存格而變」。

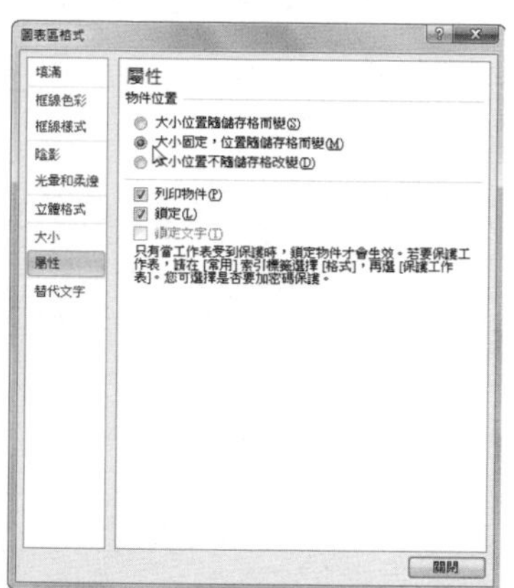

### Step 5 檢視結果

點選〔關閉〕按鈕返回工作表中，再次調整圖表所在位置處的列高與欄寬，此時可以看到，圖表大小不再受列高與欄寬變化的影響。

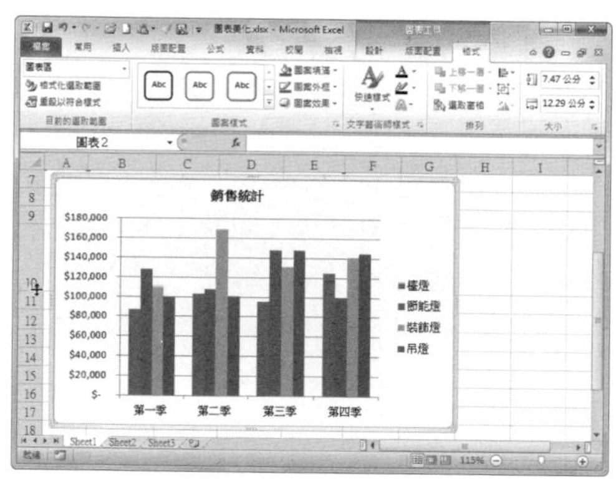

**提示**

**同時固定圖表的大小和位置**

若想讓圖表大小和位置均不受列高與欄寬的影響，則在步驟 4 中選取「大小位置不隨儲存格改變」。

第 4 章 \ 原始檔 \ 圖表美化 .xlsx

# 如何為圖表套用快速樣式？

在工作表中建立圖表後，可以直接套用 Excel 提供的圖表預設樣式，快速幫圖表改變外觀。

## Step 1 切換至「設計」活頁標籤

打開「圖表美化 .xlsx」，選取圖表後，切換至〔圖表工具〕的〔設計〕活頁標籤。

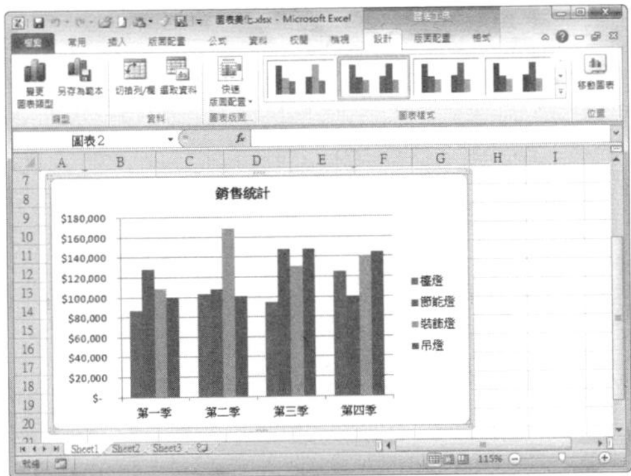


## Step 2 選擇圖表樣式

點選「圖表樣式」選項群組中的下拉選單，選擇需要的圖表樣式。

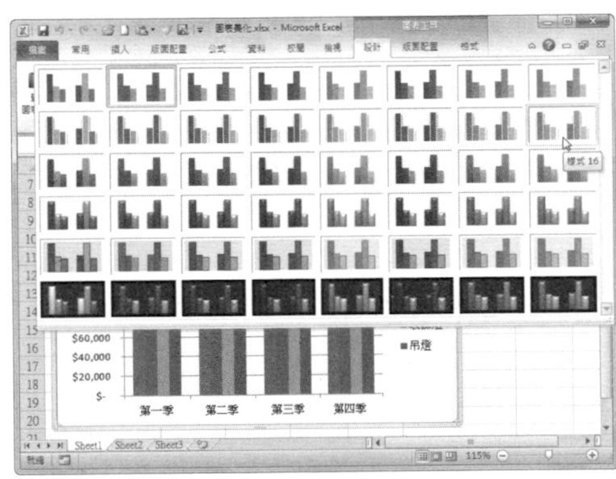


## Step 3 檢視套用樣式的結果

點選所需樣式後，返回工作表中，即可看到套用樣式後，圖表直條圖的色彩都產生了變化。

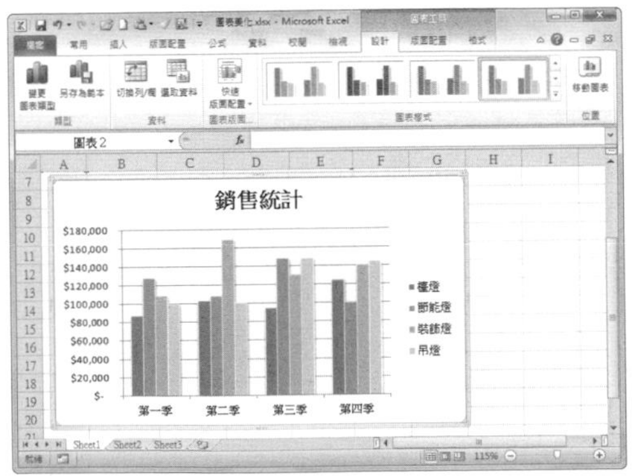

# Q 如何為圖表新增圖片背景？

第 4 章 \ 原始檔 \ 圖表美化 .xlsx

在 Excel 中，不僅可以為圖表背景新增填滿色彩，還可以為圖表新增漂亮的背景圖片，讓圖表更加美輪美奐。下面介紹為圖表新增圖片背景的操作方法。

## Step 1 切換至〔格式〕活頁標籤

打開「圖表美化 .xlsx」，選取圖表後，切換至〔圖表工具〕的〔格式〕活頁標籤。

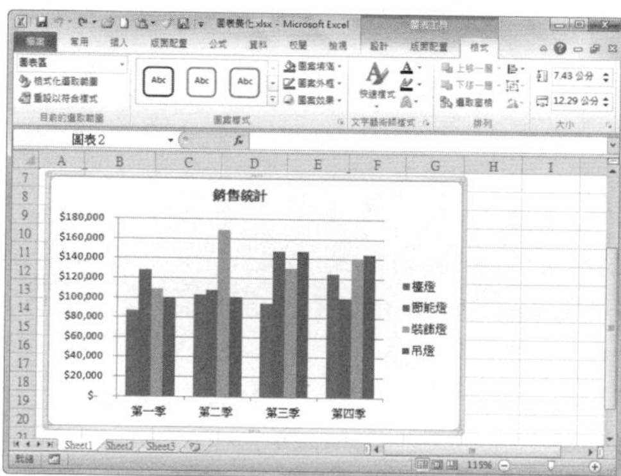


## Step 2 打開「插入圖片」對話框

點選「圖案樣式」選項群組中的〔圖案填滿〕按鈕，在下拉選單中選取【圖片】。

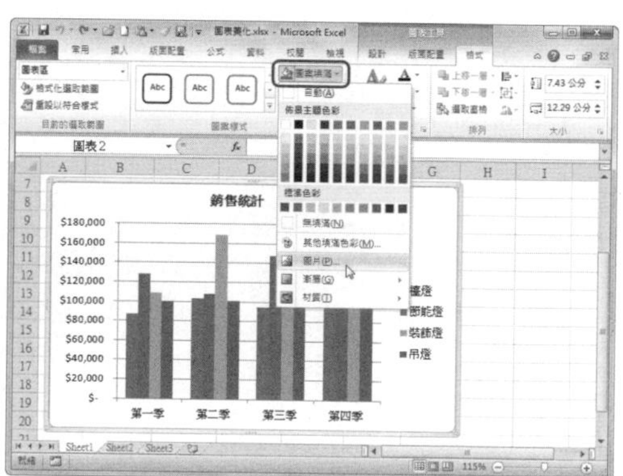


## Step 3 選擇圖片背景

在彈出的「插入圖片」對話框中，選擇需要的圖片後，按下〔插入〕按鈕。

## Step 4 打開「繪圖區格式」對話框

點選圖表中的繪圖區，按滑鼠右鍵，在彈出的快速選單中選擇【繪圖區格式】。

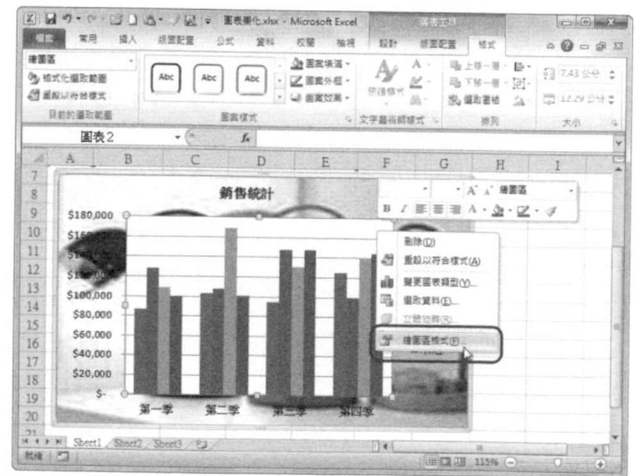

**Step 5　設定填滿效果**

在打開的「繪圖區格式」對話框中，切換至〔填滿〕，設定填滿效果為「無填滿」。

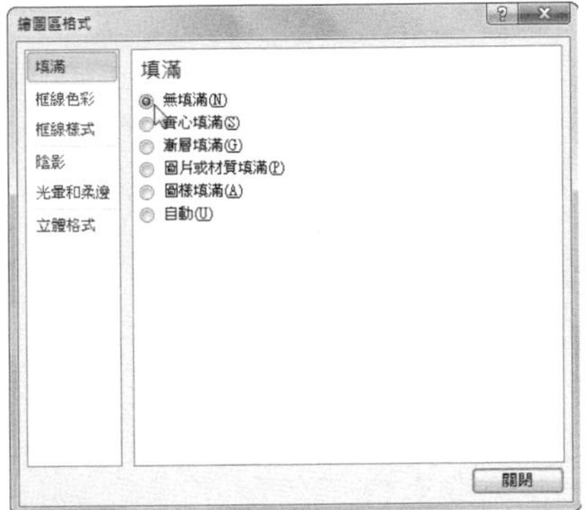


**Step 6　檢視背景結果**

點選〔關閉〕按鈕後返回工作表，即可看到圖表新增圖片背景後的結果。

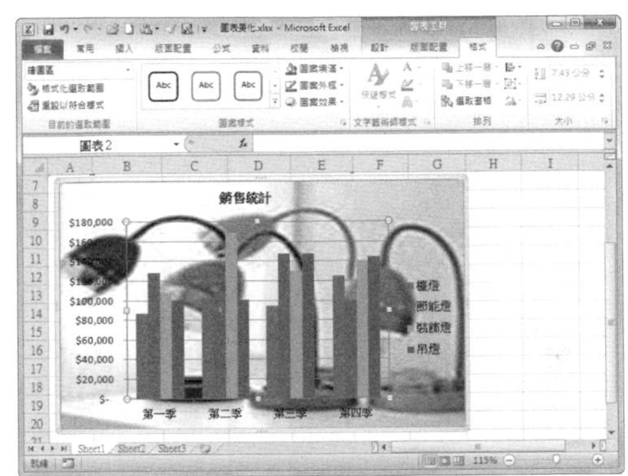


**提示**

**注意圖片的選用**

作為圖表背景的圖片，不宜色彩過亮或過於耀眼，畢竟主要還是以圖表中的資料為主，而非背景圖片。背景圖片千萬不要喧賓奪主，影響正常的閱讀。

## 291 Q 如何將圖表背景設定成半透明？

第 4 章 \ 原始檔 \ 圖表背景 .xlsx

**A** 在 Excel 中新增圖片作為背景，雖然可以使圖表更加美觀，但是也可能會干擾圖表所要表達的內容，這時我們可以設定圖片背景的透明度，讓背景變淺。

**Step 1　選擇「圖表區格式」**

打開「圖表背景 .xlsx」，選取圖表後按滑鼠右鍵，在彈出的快速選單中選擇【圖表區格式】。

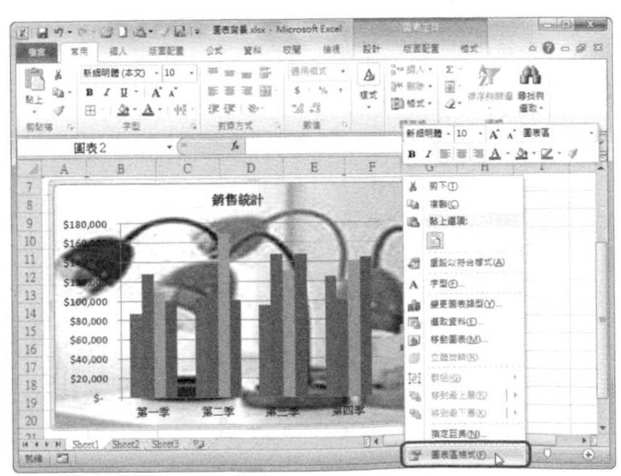

**Step 2** 設定填滿透明度

在打開的「圖表區格式」對話框中，切換至〔填滿〕選項，拖曳「透明」滑桿至合適的數值。

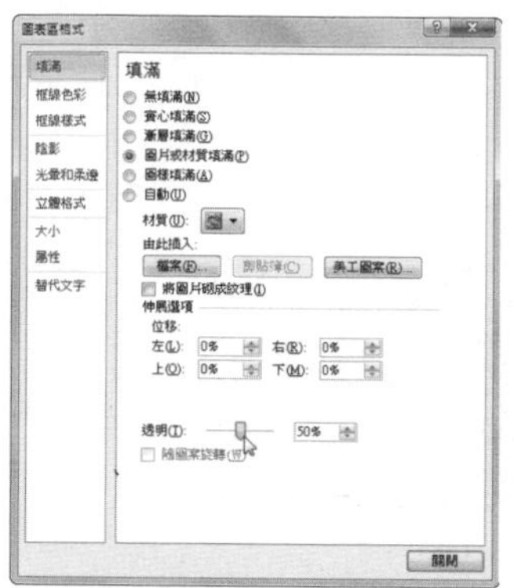

**Step 3** 檢視背景結果

點選〔關閉〕按鈕，返回工作表中，即可看到設定透明度的圖表背景結果。

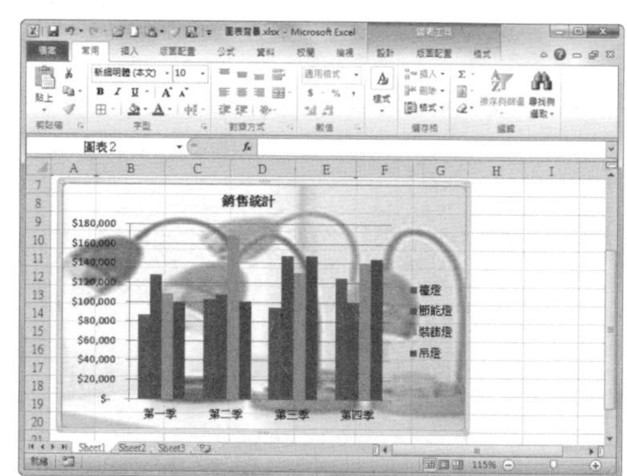

292

第 4 章 \ 原始檔 \ 圖表美化 .xlsx
第 4 章 \ 原始檔 \ 將圖表轉換為圖片 .xlsx

## Q 如何快速將圖表轉換為圖片？

**A** 建立圖表後，圖表中的資料會隨著來源資料的變化而自動更新，若不想讓圖表被變更，可以將圖表轉換為圖片，即可使內容固定。

**Step 1** 複製需要轉換的圖表

打開「圖表美化 .xlsx」，選取圖表，點選〔常用〕活頁標籤下「剪貼簿」選項群組中的〔複製〕下拉選單，選擇【複製成圖片】。

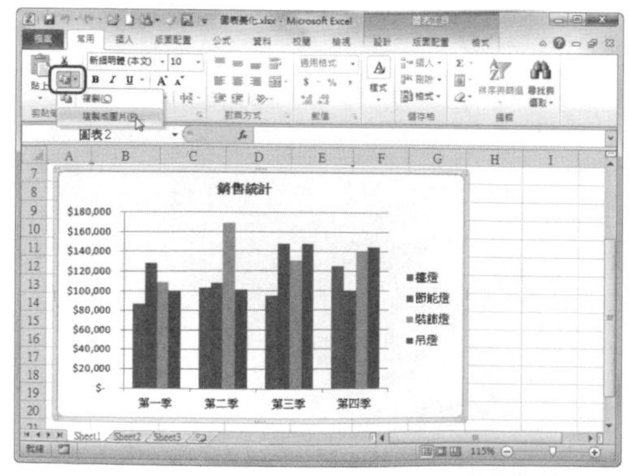

**Step 2** 設定圖片結果

在打開的「複製圖片」對話框中，設定「外觀」為「如螢幕顯示」，設定〔格式〕為「圖片」後，點選〔確定〕按鈕。

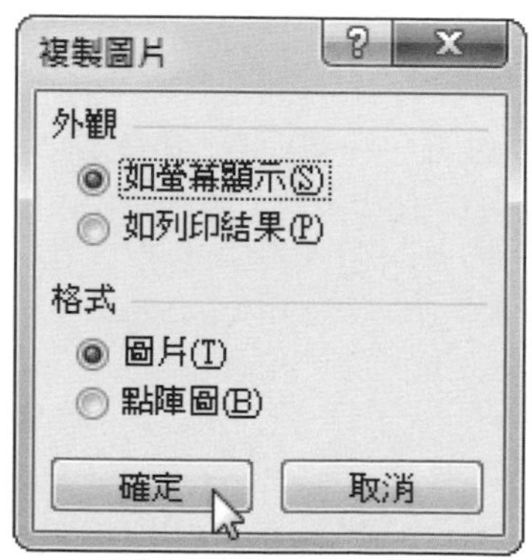

Step 3 貼上圖片

選擇表格中任一儲存格，點選「剪貼簿」選項群組中的〔貼上〕按鈕，從下拉選單中選擇【貼上】。

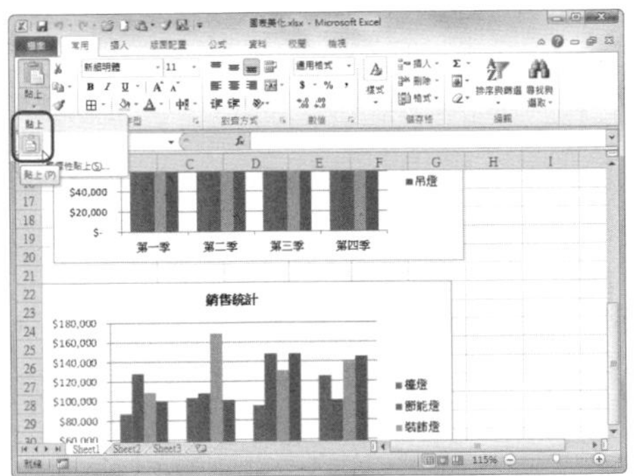

Step 4 檢視轉換結果

返回工作表中，即可看到轉換為圖片的圖表結果。

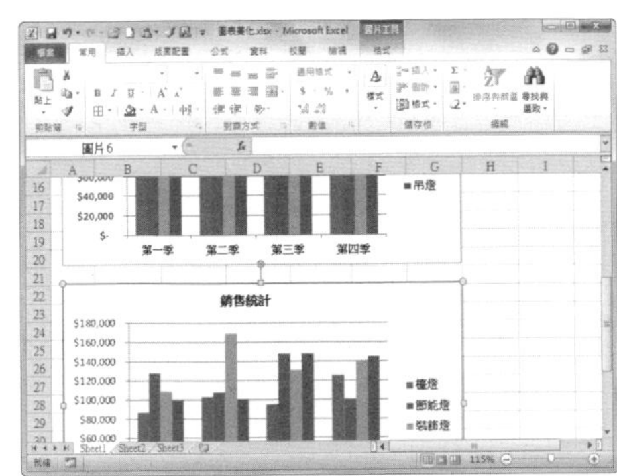

**提 示**

**從快速選單中轉換**

選取圖表後，按滑鼠右鍵並在彈出的快速選單中選擇【複製】，選取任一儲存格後按滑鼠右鍵，在快速選單的【貼上選項】中選擇【圖片】，亦可將圖表轉換為圖片。

## 293 Q 如何將圖表複製或移動到其他工作表中？

第 4 章 \ 原始檔 \ 圖表美化 .xlsx

**A** 建立圖表後，可以將圖表的位置進行改變，Excel 圖表不僅可以在目前表格中進行移動，還可以移動至其他工作表中，下面介紹複製和移動圖表的操作方法。

### 一、移動圖表

Step 1 移動圖表

打開「圖表美化 .xlsx」活頁簿，選取圖表，切換至〔圖表工具〕的〔設計〕活頁標籤，點選〔移動圖表〕按鈕。

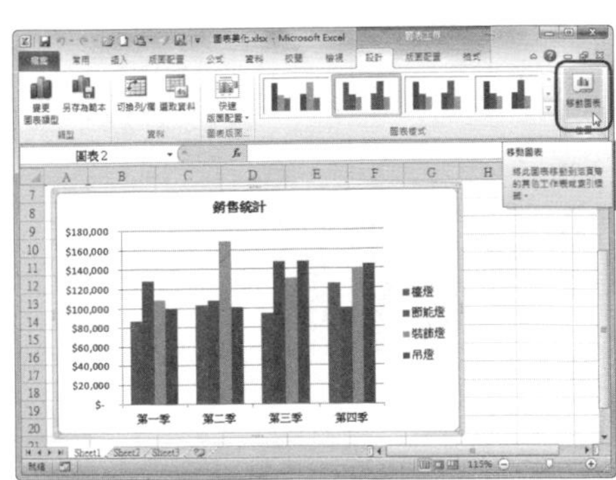

**Step 2** 設定移動位置

在打開的「移動圖表」對話框中，選取「工作表中的物件」後，在下拉選單中選擇移動後的圖表位置。

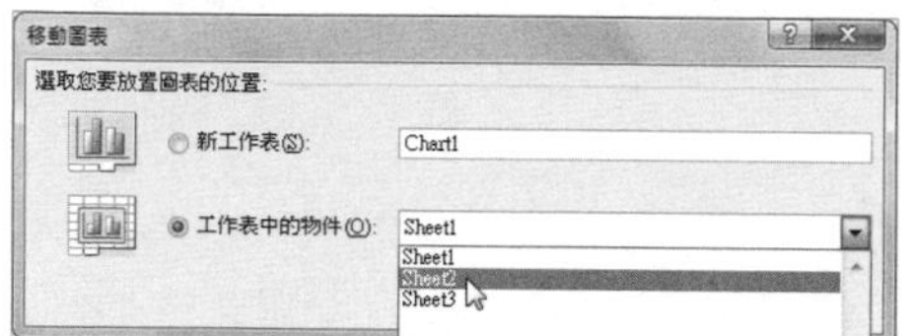


**Step 3** 檢視移動後結果

點選〔確定〕按鈕後，返回工作表，即可看到圖表已經移至 Sheet2 工作表中。

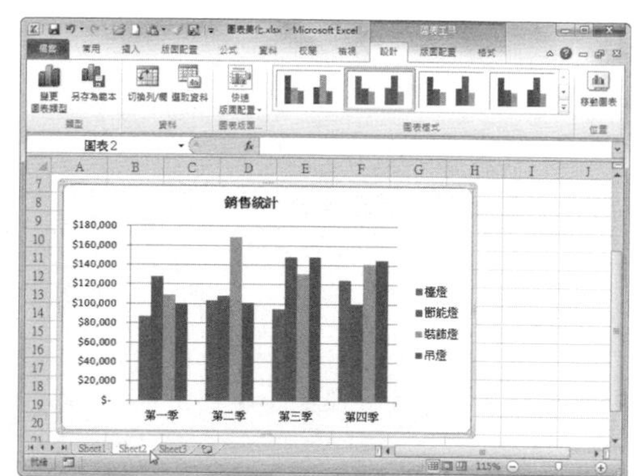


**提 示**

**移動到新建的工作表中**

如果想將圖表移動到新建的工作表中，則在步驟 2 中選擇「新工作表」，Excel 將自動新建工作表，並將圖表移至新工作表中。

## 二、複製圖表

**Step 1** 複製圖表

選取圖表後，切換至〔常用〕活頁標籤，點選「剪貼簿」選項群組中的〔複製〕按鈕。

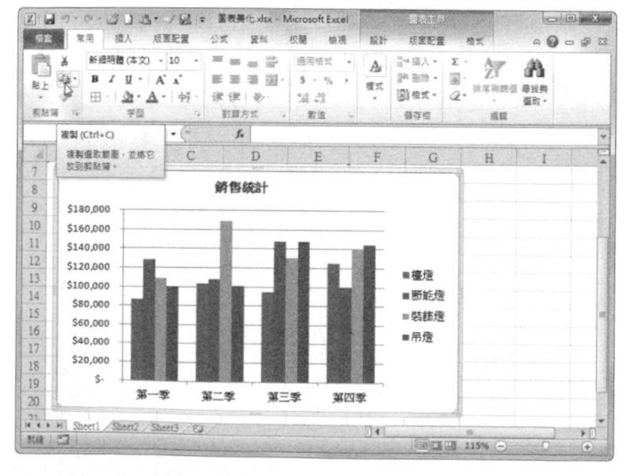


**Step 2** 選擇複製位置

切換至需要複製到的工作表，選擇任一儲存格後，點選「剪貼簿」選項群組中的〔貼上〕按鈕。

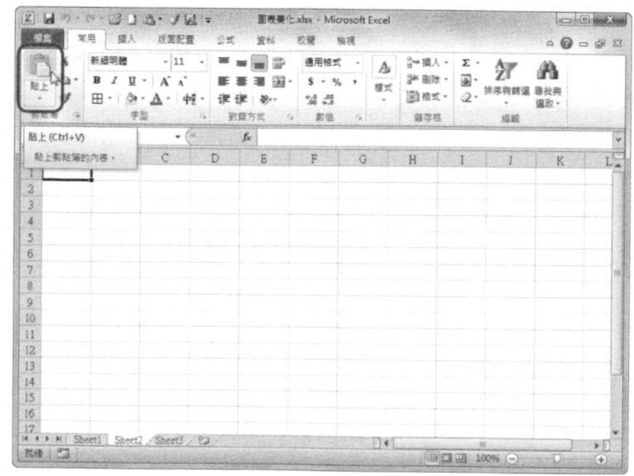

Step 3 檢視複製後結果

返回工作表，即可看到圖表已經複製到選取的位置。

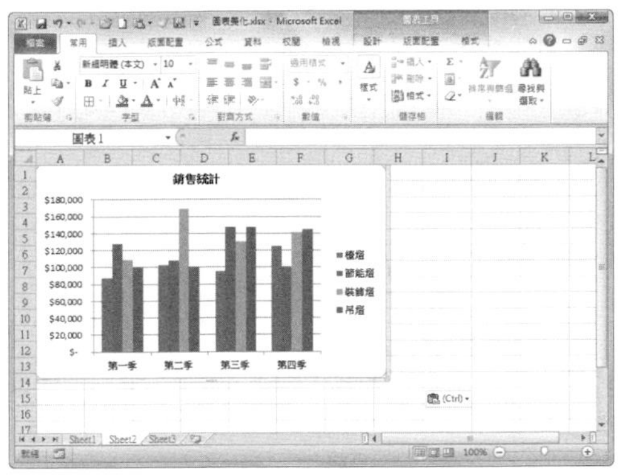

提 示

快速複製圖表

- 選取圖表後按滑鼠右鍵，在彈出的快速選單中選擇【複製】，再點選需要複製到的儲存格位置並按滑鼠右鍵，在彈出的快速選單中選擇【貼上】即可。
- 選取圖表後按下快速鍵〔Ctrl〕+〔C〕複製圖表，再點選需要複製到的儲存格位置，按下快速鍵〔Ctrl〕+〔V〕即可貼上圖表。

## 294 Q 如何快速隱藏座標軸？

第 4 章 \ 原始檔 \ 座標軸 .xlsx

A 在建立圖表時，預設情況下座標軸上顯示刻度線和標籤，但有時為了避免圖表顯得太過雜亂，可以將座標軸進行隱藏。來看看如何快速隱藏座標軸吧！

Step 1 選取圖表

打開「座標軸 .xlsx」活頁簿後，選取圖表。

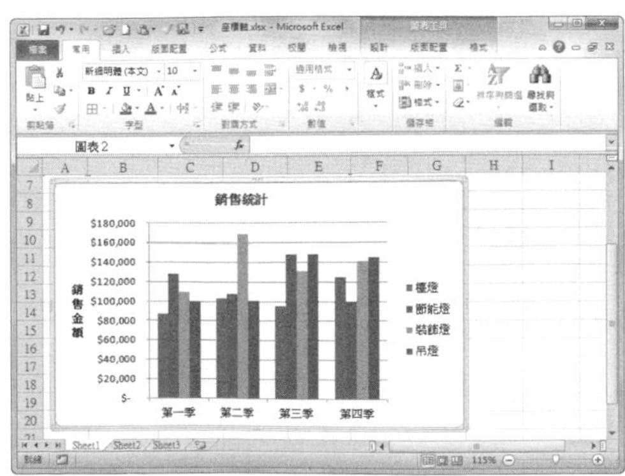

Step 2 點選「座標軸」按鈕

然後切換至〔圖表工具〕的〔版面配置〕活頁標籤，點選「座標軸」選項群組中〔座標軸〕按鈕。

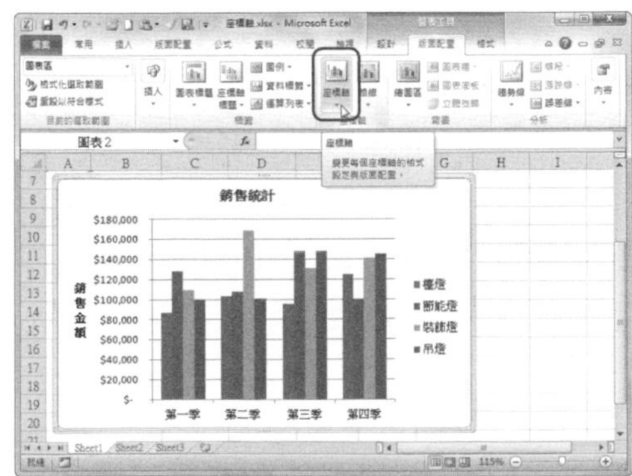

**Step 3 設定隱藏水平座標軸**

從下拉選單中點選【主水平軸】→【無】選項。

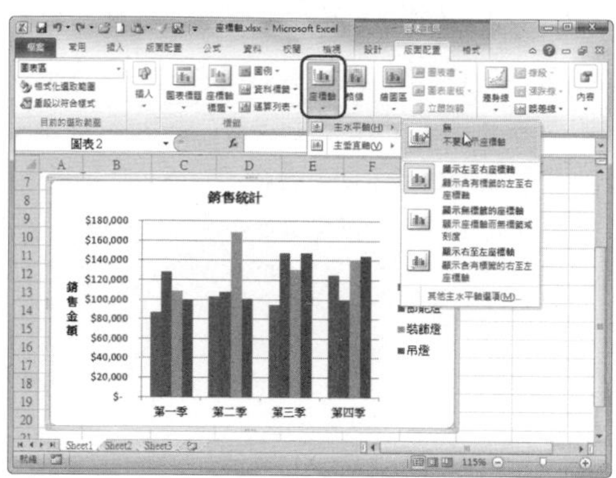


**Step 4 檢視結果**

返回工作表可以看到水平座標軸已經隱藏起來了。

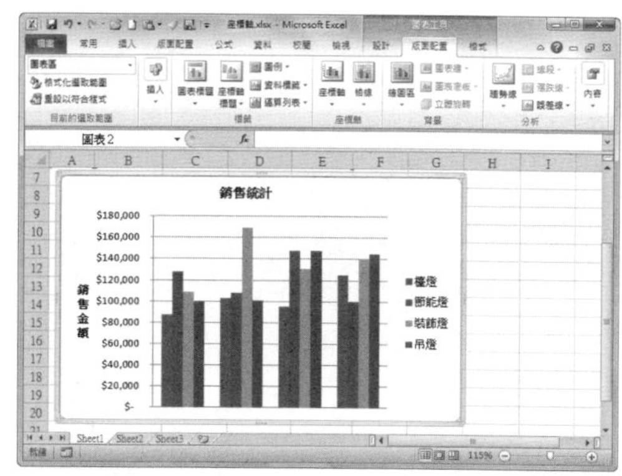


**Step 5 設定隱藏垂直座標軸**

再從〔座標軸〕下拉選單中選擇【主垂直軸】→【無】選項。

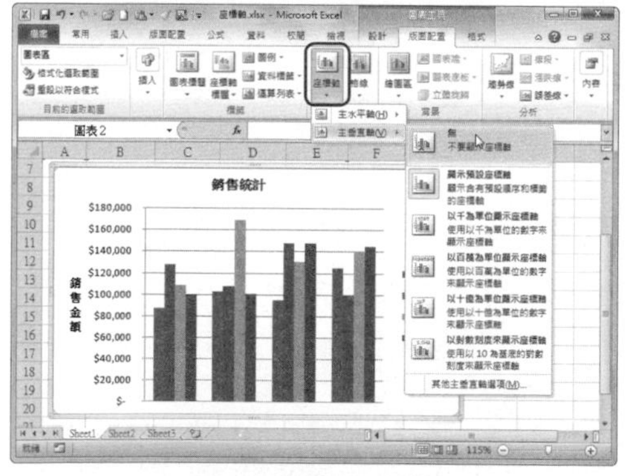


**Step 6 檢視結果**

返回工作表可以看到垂直座標軸也已經隱藏起來了。

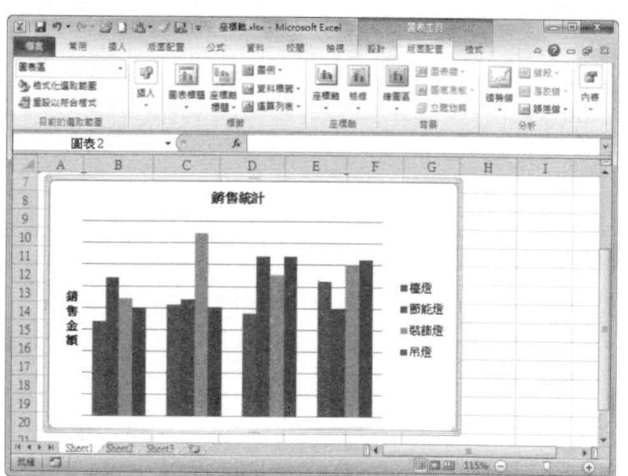


**提 示**

**取消隱藏座標軸**

選取圖表後，切換至〔圖表工具〕的〔版面配置〕活頁標籤，點選「座標軸」選項群組中的〔座標軸〕下拉選單，分別在【主水平軸】和【主垂直軸】子選單中選擇要顯示的座標軸位置即可。

295

# Q 如何隱藏圖表中的部分資料？

第 4 章 \ 原始檔 \ 圖表美化 .xlsx

在利用圖表分析資料時，可以執行類似「篩選」的操作，即讓部分資料隱藏，只顯示特定的資料，來看看如何隱藏圖表中的部分資料吧！

## Step 1 選取需要隱藏的資料

打開「圖表美化 .xlsx」，選取 A3：E3 儲存格範圍。

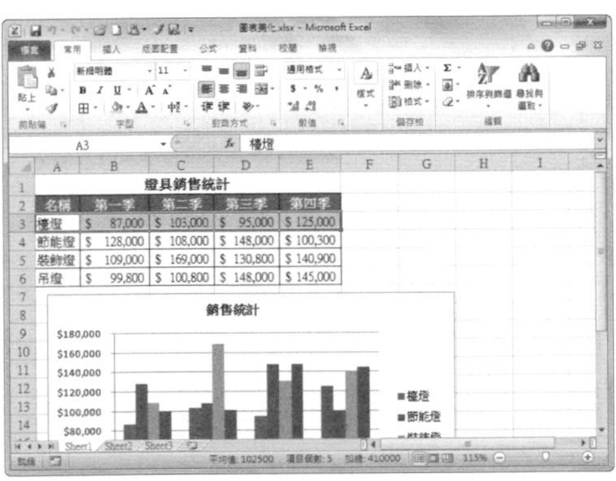


## Step 2 隱藏該列資料

在〔常用〕活頁標籤下，點選「儲存格」選項群組中〔格式〕按鈕，選擇【隱藏及取消隱藏】→【隱藏列】選項。

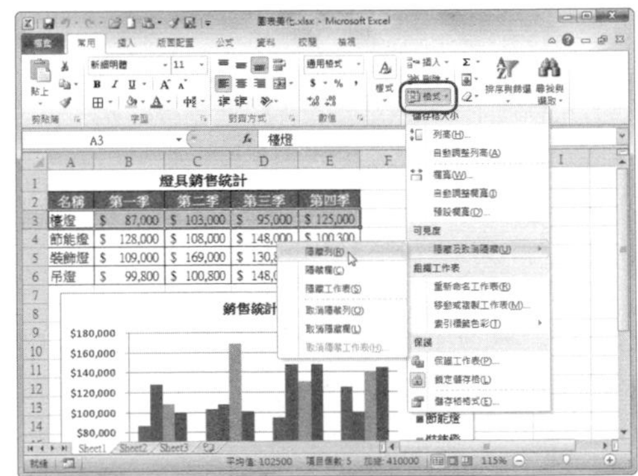

## Step 3 檢視隱藏結果

此時選取的該行資料已經隱藏，圖表中相關的圖例也已經隱藏，只顯示其他產品的銷售情況。

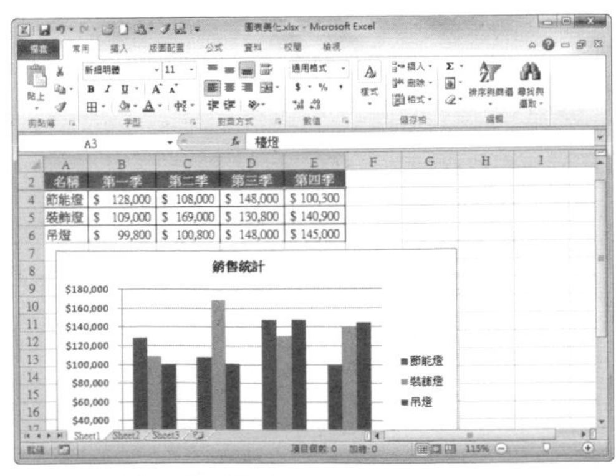


### 提示

**取消隱藏資料**

需要取消隱藏資料時，再次點選「儲存格」選項群組中的〔格式〕按鈕，選擇【隱藏及取消隱藏】→【取消隱藏列】選項即可。

第 4 章 \ 原始檔 \ 圖表美化 .xlsx
第 4 章 \ 完成檔 \ 將圖表設定成唯讀狀態 .xlsx

# 296 Q 如何將圖表設定成唯讀狀態？

**A** 建立圖表後，為了防止失誤操作造成圖表資料的破壞，我們可以設定圖表為唯讀狀態。設定完成後，圖表就不會被任意更動了。

## Step 1 切換至〔常用〕活頁標籤

打開「銷售報表 .xlsx」活頁簿，選取圖表後，切換至〔常用〕活頁標籤。

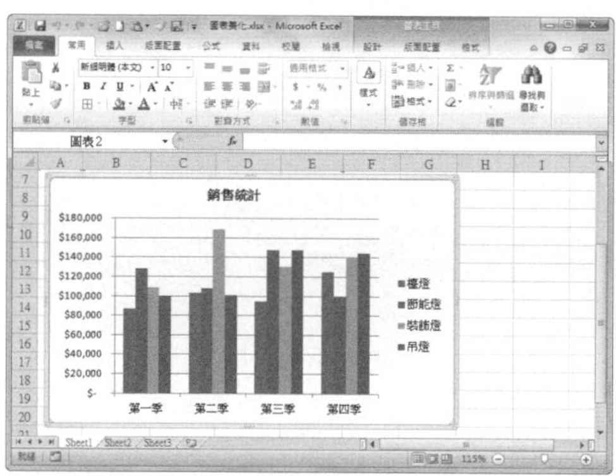


## Step 2 設定圖表保護

點選「儲存格」選項群組中〔格式〕按鈕，選擇「保護工作表」選項。

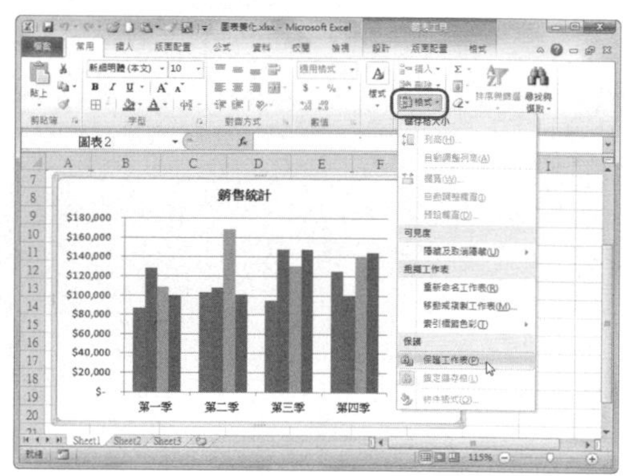


## Step 3 鎖定圖表

在打開的「保護工作表」對話框中，勾選「允許此工作表的所有使用者能」選單方塊中相關的核取方塊，點選〔確定〕按鈕即可。

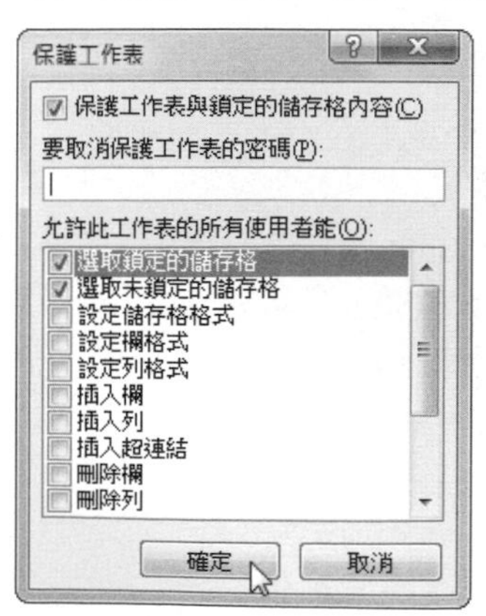


**提示**

**鎖定整個保護工作表圖表內容不被變更**

鎖定整個工作表，也可保護圖表內容不被變更。

打開工作表後，切換至〔常用〕活頁標籤，點選「儲存格」選項群組中的〔格式〕按鈕，在下拉選單中選取「設定儲存格格式」選項。在打開的「設定儲存格格式」對話框中，切換至「保護」活頁標籤，勾選「鎖定」核取方塊後，點選〔確定〕按鈕即可鎖定工作表。

# 297 Q 如何快速切換圖表類型？

第 4 章 \ 原始檔 \ 圖表美化 .xlsx

**A** Excel 2010 提供豐富的圖表類型，如果我們建立圖表後，覺得圖表類型不合適，還可以隨時進行變更哦！

## Step 1 打開原始檔

打開「設定圖表類型 .xlsx」活頁簿，選取圖表，切換至〔圖表工具〕的〔設計〕活頁標籤，點選「類型」選項群組中〔變更圖表類型〕按鈕。

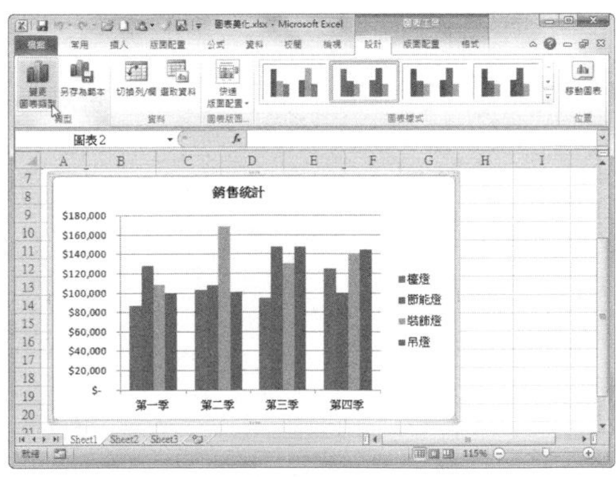


## Step 2 選擇圖表類型

在打開的「變更圖表類型」對話框，選擇需要變更的圖表類型後，點選〔確定〕按鈕。

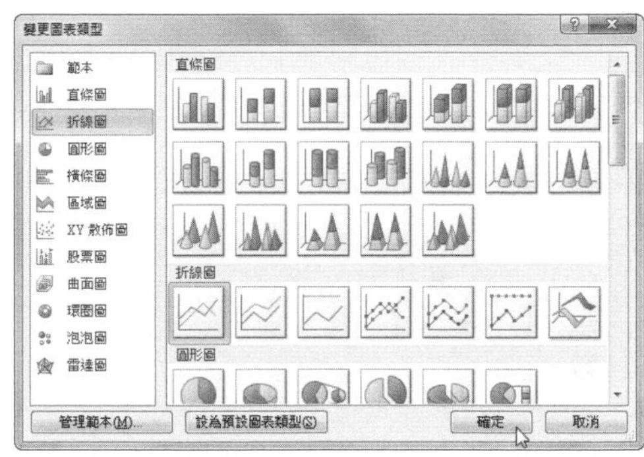


## Step 3 檢視變更後的結果

返回工作表中，即可看到原來的直條圖已經變更為所選的折線圖了。

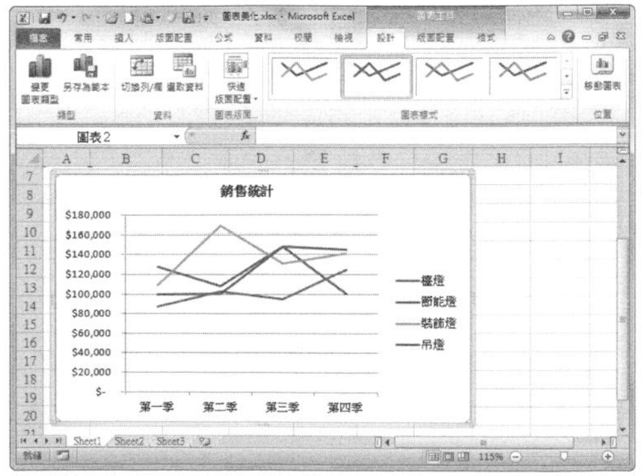

# 如何將自訂的圖表樣式儲存為範本？

第 4 章 \ 原始檔 \ 自訂圖表樣式 .xlsx

如果對目前設計好的圖表樣式非常滿意，可以將該樣式儲存為範本，日後建立新的圖表時，就可以直接將該樣式套用於新圖表上，來看看怎麼儲存吧！

**Step 1 選取圖表**

打開「自訂圖表樣式 .xlsx」活頁簿，選取圖表。

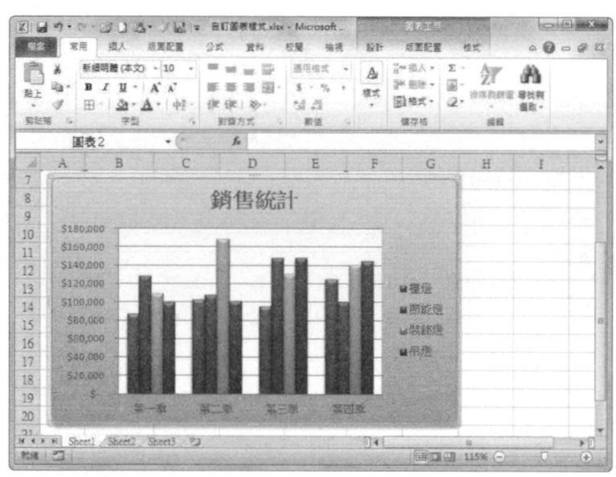


**Step 2 切換至「設計」活頁標籤**

切換至〔圖表工具〕的〔設計〕活頁標籤，點選「類型」選項群組的「另存為範本」按鈕。

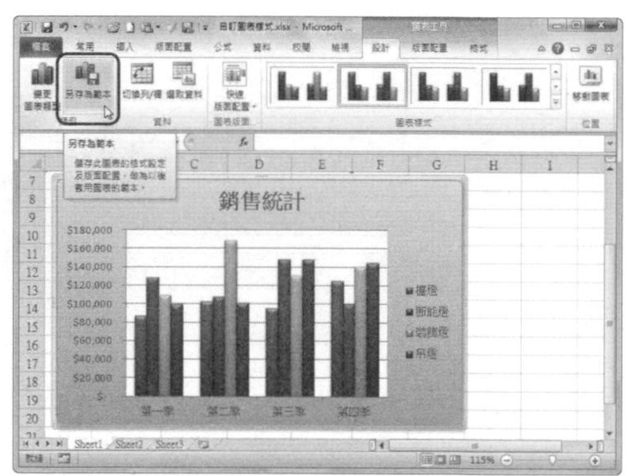


**Step 3 儲存範本**

在打開的「儲存圖表範本」對話框中，設定檔案名稱，將「存檔類型」設為【圖表範本檔案】，點選〔儲存〕按鈕。

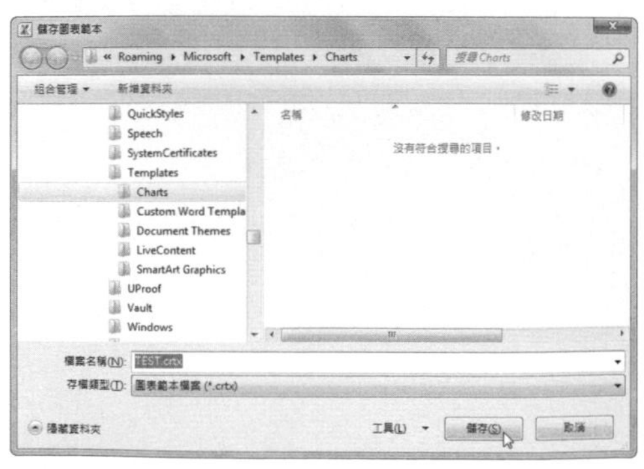


**Step 4 打開「變更圖表類型」的對話框**

返回工作表，切換至〔插入〕活頁標籤，點選「圖表」選項群組中的對話框。

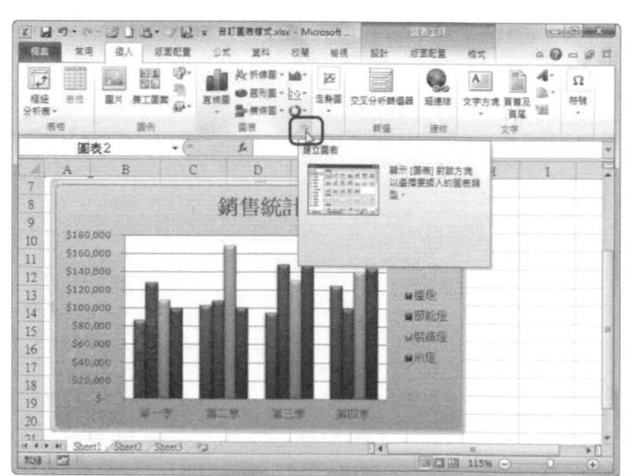

### Step 5 切換至「範本」選項

在打開的「變更圖表類型」對話框中，切換至「範本」選項。

### Step 6 檢視儲存的範本

在「範本」選項中，即可看到剛才儲存的範本，選取後點選〔確定〕按鈕，即可將其套用到新圖表中。

## 299 Q 如何為圖表新增相關的趨勢線？

第 4 章 \ 原始檔 \ 圖表美化 .xlsx

**A** 為了更清楚地表現資料的變化趨勢，我們可以為圖表新增趨勢線，為圖表新增趨勢線的操作方法如下。

### Step 1 切換至〔版面配置〕活頁標籤

打開「圖表美化 .xlsx」活頁簿後，選取圖表，切換至〔圖表工具〕的〔版面配置〕活頁標籤。

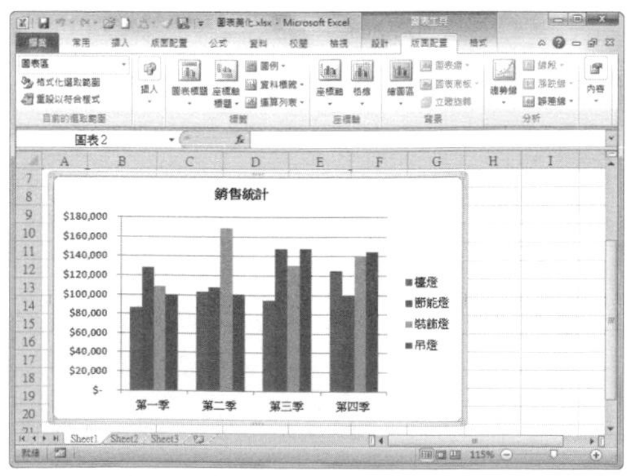


### Step 2 新增線性趨勢線

點選「分析」選項群組中〔趨勢線〕按鈕，在下拉選單中選擇【線性趨勢線】選項。

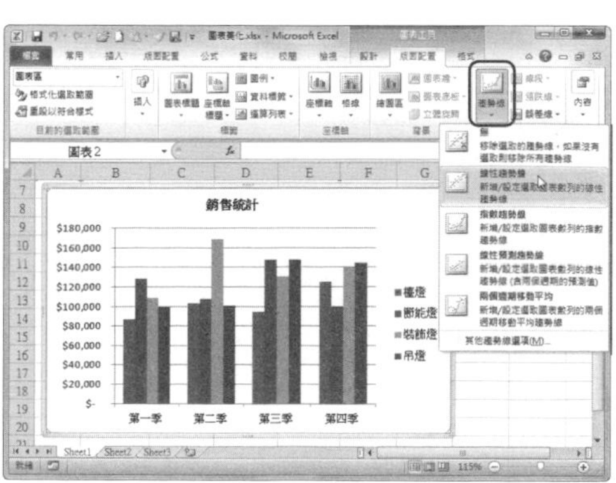

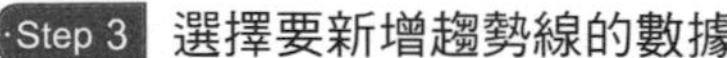

### Step 3 選擇要新增趨勢線的數據

此時會彈出「加上趨勢線」對話框，選擇需要新增趨勢線的數據，點選〔確定〕按鈕。

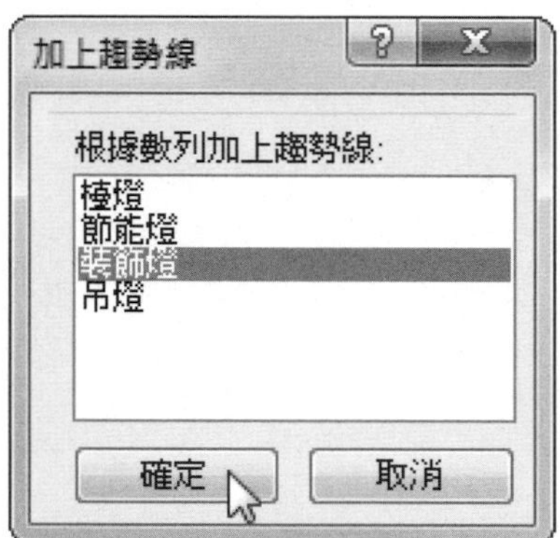


### Step 4 打開「設定趨勢線格式」對話框

選取已新增的趨勢線並按滑鼠右鍵，在彈出的快速選單中選擇「設定趨勢線格式」。

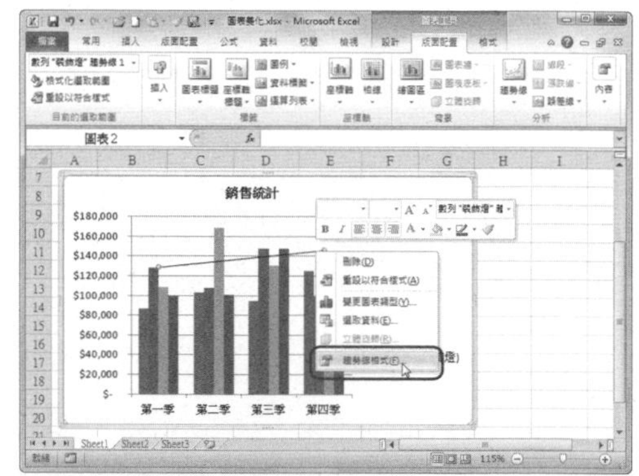


### Step 5 設定趨勢線格式

在打開的「趨勢線格式」對話框中，設定趨勢線的相關格式後，點選〔關閉〕按鈕。

### Step 6 檢視結果

返回工作表，即可看到圖表中新增趨勢線後的結果。

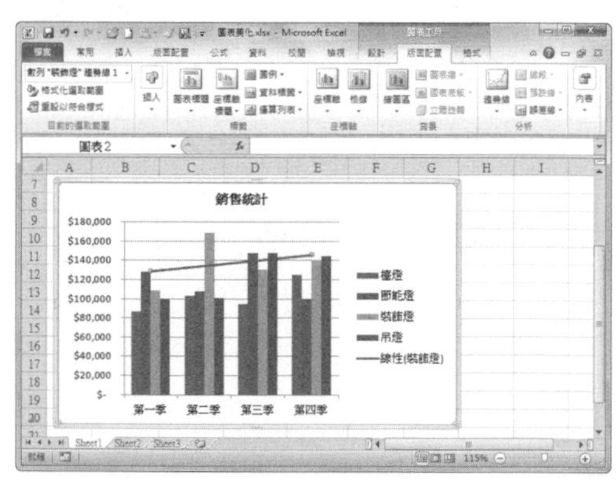


**提示**

**新增誤差線**

給圖表新增誤差線的方法與新增趨勢線的方法類似，切換至〔圖表工具〕的〔版面配置〕活頁標籤，點選「分析」選項群組中〔誤差線〕按鈕，即可從下拉選單中選擇相關的選項。

# 如何為垂直座標軸數值新增單位？

第 4 章 \ 原始檔 \ 圖表美化 .xlsx

使用數值比較大的資料製作圖表時，垂直座標軸的刻度可能容易看錯，這時我們可以透過設定改變座標軸的單位。

## Step 1 打開原始檔

打開「圖表美化 .xlsx」活頁簿。

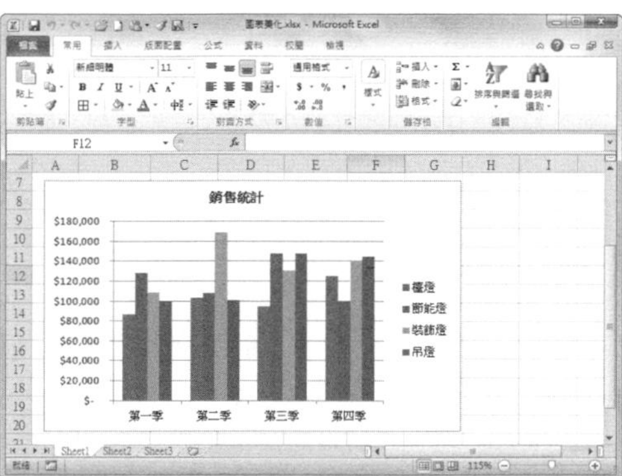

## Step 2 切換至〔版面配置〕活頁標籤

選取圖表的垂直軸後，切換至〔圖表工具〕的〔版面配置〕活頁標籤。

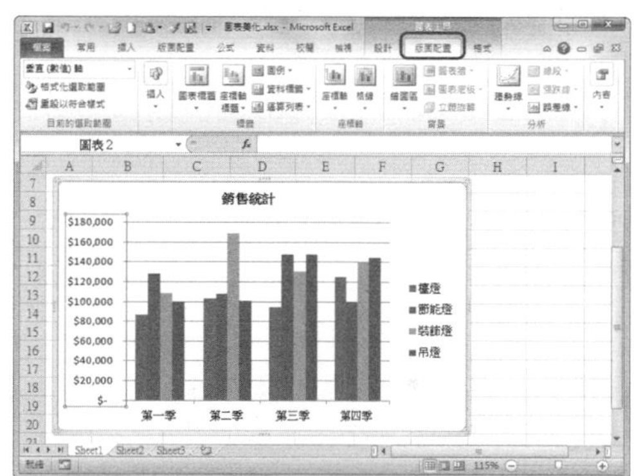

## Step 3 打開「座標軸格式」對話框

點選「目前的選取範圍」群組中的〔格式化選取範圍〕按鈕。

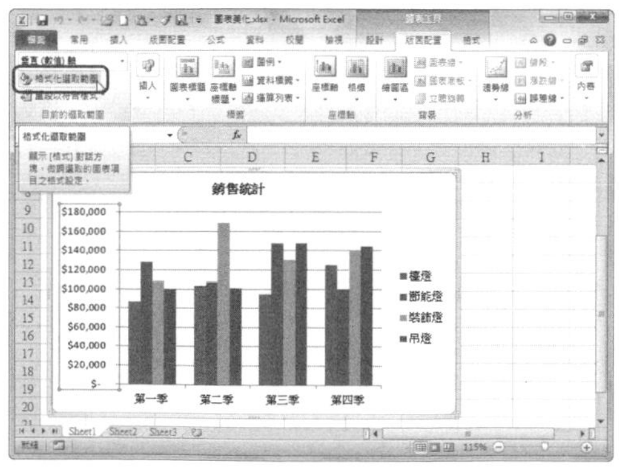

## Step 4 設定垂直座標軸顯示單位

在打開的「座標軸格式」對話框中，切換至〔座標軸選項〕，點選「顯示單位」下拉選單，選擇【千】選項。

### Step 5 檢視座標軸結果

點選〔關閉〕按鈕，返回工作表中，此時圖表垂直座標軸便以「千」為單位顯示。

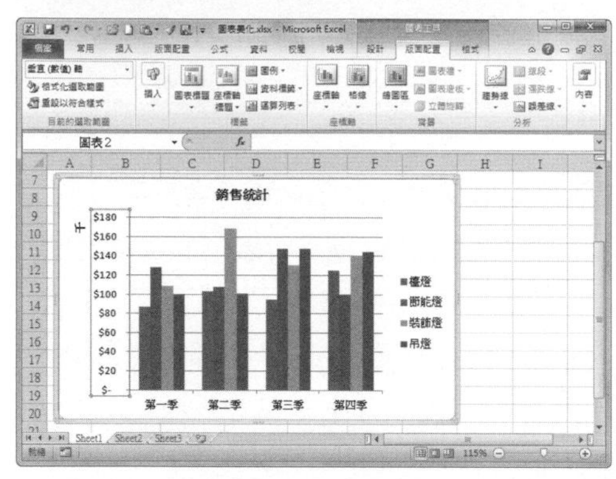


**提示**

**設定垂直座標軸的極值**

在「座標軸格式」對話框中，切換至〔座標軸選項〕，還可以設定座標軸刻度中的最大值和最小值。

## 301 Q 如何設定水平座標軸標籤的文字方向？

第 4 章 \ 原始檔 \ 水平座標軸標籤 .xlsx

**A** 當水平座標軸標籤數量過多時，標題文字會無法完整顯示，此時可以將標籤文字設定為直排，使文字能完整顯示，來看看怎麼操作吧！

### Step 1 切換至〔版面配置〕活頁標籤

打開「水平座標軸標籤 .xlsx」，選取圖表中的水平座標軸，切換至〔圖表工具〕的〔版面配置〕活頁標籤，點選〔格式化選取範圍〕按鈕。

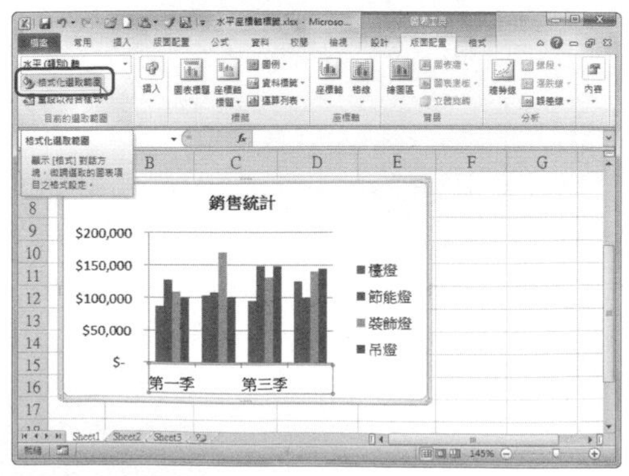


### Step 2 設定文字方向

在打開的「座標軸格式」對話框中，切換至〔對齊〕選項，點選「文字方向」下拉選單，選擇【垂直】選項。

Step 3 檢視座標軸結果

點選〔關閉〕按鈕返回工作表，此時可以看到水平座標軸的文字已經變為直排了。

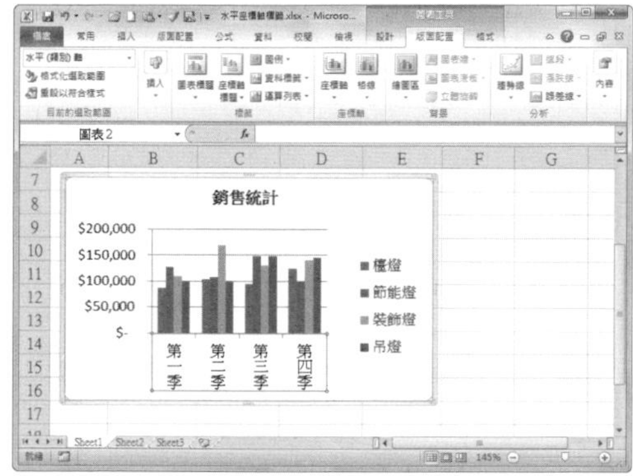

**提示**

**調整座標軸文字方向**

在「座標軸格式」對話框的〔對齊〕選項中，可以調整文字的版面配置，如對齊方式與文字方向等，除了選擇預設的文字方向（水平、垂直、旋轉 90 度和旋轉 270 度等），還可以自訂文字的角度。

## 302 Q 如何反轉垂直座標軸？

第 4 章 \ 原始檔 \ 圖表美化 .xlsx

直條圖的垂直座標軸一般都是從下而上的，我們可以設定數值次序反轉，將垂直座標軸改為由上向下。

Step 1 打開原始檔

打開「圖表美化 .xlsx」，選取圖表中的垂直座標軸，切換至〔圖表工具〕的〔版面配置〕活頁標籤，點選〔格式化選取範圍〕按鈕。

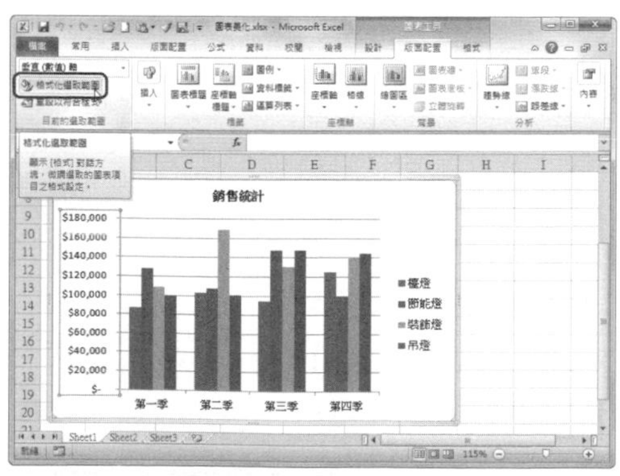

Step 2 設定數值次序反轉

在打開的「座標軸格式」對話框中，切換至〔座標軸選項〕，勾選「數值次序反轉」。

·Step 3 **檢視反轉結果**

點選〔關閉〕按鈕返回工作表中，此時可以看到水平座標軸位於圖表的上方，垂直座標軸變成由上而下了。

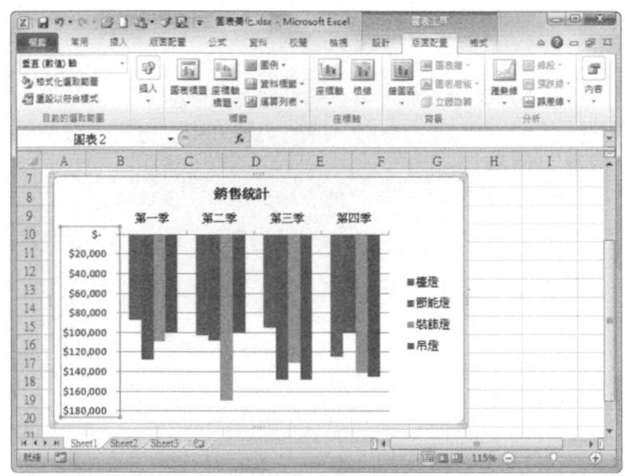

第 4 章 \ 原始檔 \ 圖表美化 .xlsx

## 303 Q 如何設定圖表區的框線效果？

**A** 建立圖表後，為了使圖表更加美觀，我們還可以為圖表設定框線效果，下面介紹操作方法。

·Step 1 **切換至〔版面配置〕活頁標籤**

打開「圖表美化 .xlsx」，選取圖表區，切換至〔圖表工具〕的〔版面配置〕活頁標籤。

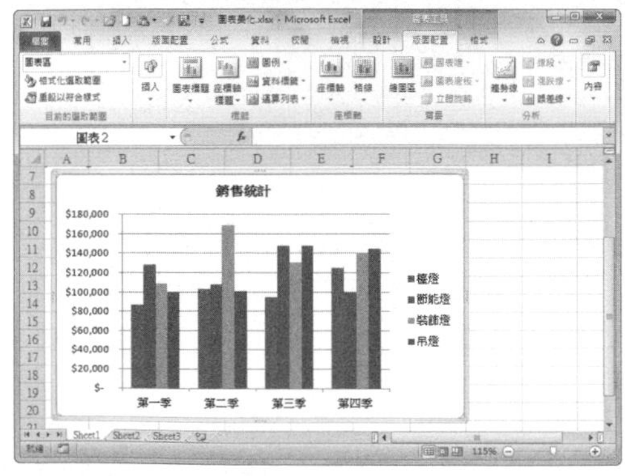

·Step 2 **打開「圖表區格式」對話框**

點選「目前所選內容」選項群組中〔格式化選取範圍〕按鈕。

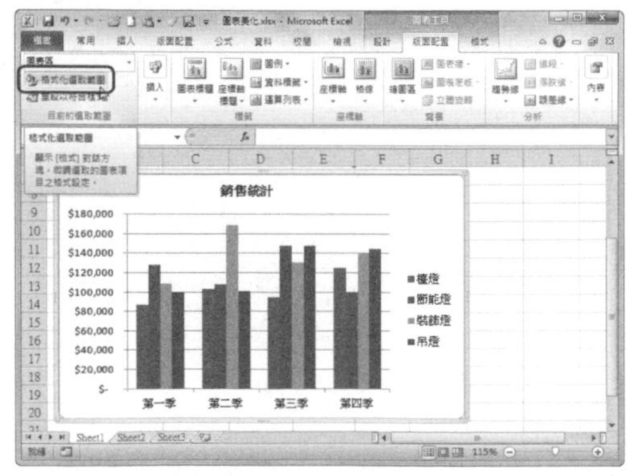

## Step 3 將框線設為圓角

在打開的「圖表區格式」對話框中，切換至〔框線樣式〕選項，勾選「圓角」核取方塊。

## Step 4 為框線套用填滿效果

切換至〔框線色彩〕選項，點選「實心線條」後，點選〔色彩〕下拉選單，選擇需要的色彩。

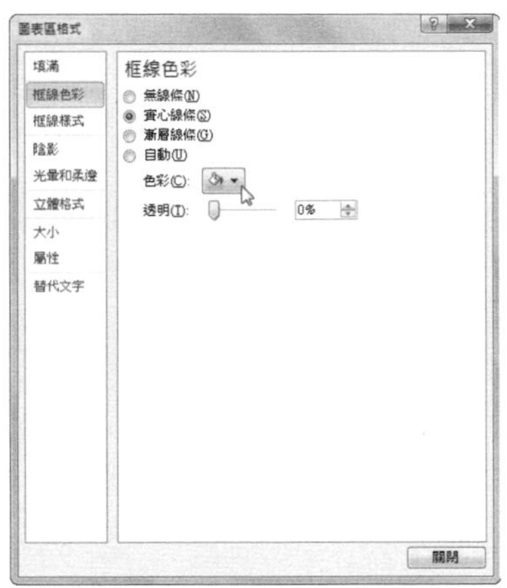

## Step 5 設定陰影效果

切換至〔陰影〕選項，點選〔預設〕下拉選單，選擇陰影效果後，再點選〔色彩〕下拉選單，選擇陰影色彩。

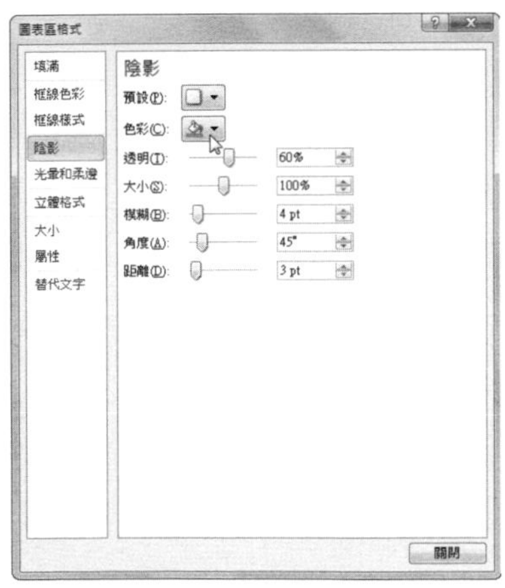

## Step 6 檢視最後結果

點選〔關閉〕按鈕，返回工作表，此時可以看到新增框線後的結果。

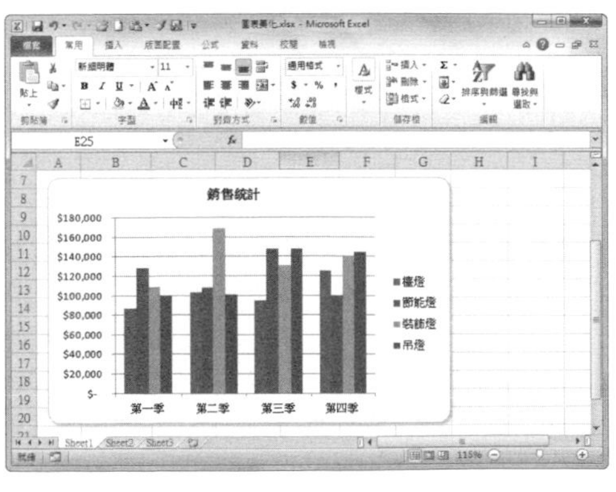

# 304 Q 如何建立走勢圖？

第 4 章 \ 原始檔 \ 走勢圖 .xlsx
第 4 章 \ 完成檔 \ 建立走勢圖 .xlsx

走勢圖是位於儲存格背景、視覺化展示資料範圍的微型圖表，通常用來展示系列資料的變化趨勢，看看如何建立走勢圖。

### Step 1 切換至「插入」活頁標籤

打開「走勢圖 .xlsx」後，切換至〔插入〕活頁標籤。

| 名稱 | 第一季 | 第二季 | 第三季 | 第四季 | 走勢圖 |
|---|---|---|---|---|---|
| 檯燈 | $ 87,000 | $ 103,000 | $ 95,000 | $ 125,000 | |
| 節能燈 | $ 128,000 | $ 108,000 | $ 148,000 | $ 100,300 | |
| 裝飾燈 | $ 109,000 | $ 169,000 | $ 130,800 | $ 140,900 | |
| 吊燈 | $ 99,800 | $ 100,800 | $ 148,000 | $ 145,000 | |

### Step 2 選擇走勢圖類型

選取需要插入走勢圖的儲存格，點選「走勢圖」選項群組中的〔折線圖〕按鈕。

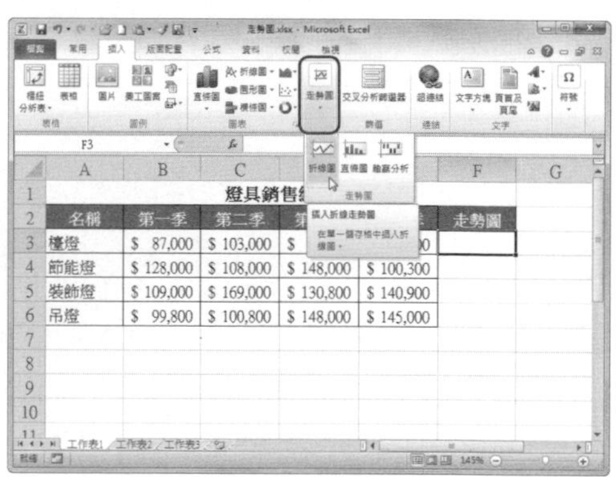


### Step 3 設定儲存格範圍

在打開的「建立走勢圖」對話框中，點選「資料範圍」摺疊按鈕，選擇建立走勢圖的儲存格範圍 B3:E3。

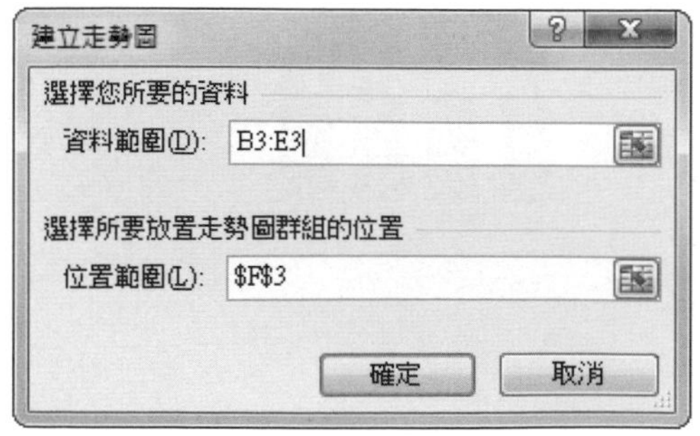


### Step 4 檢視建立的走勢圖

點選〔確定〕按鈕，返回工作表可以看到所選的儲存格已經建立 B3:E3 儲存格變化趨勢的走勢圖。

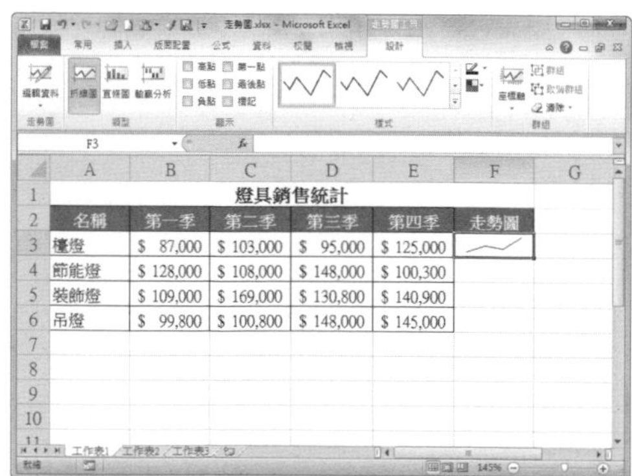

| 名稱 | 第一季 | 第二季 | 第三季 | 第四季 | 走勢圖 |
|---|---|---|---|---|---|
| 檯燈 | $ 87,000 | $ 103,000 | $ 95,000 | $ 125,000 | |
| 節能燈 | $ 128,000 | $ 108,000 | $ 148,000 | $ 100,300 | |
| 裝飾燈 | $ 109,000 | $ 169,000 | $ 130,800 | $ 140,900 | |
| 吊燈 | $ 99,800 | $ 100,800 | $ 148,000 | $ 145,000 | |

**Step 5** 複製走勢圖

選取 F3 儲存格，將游標移至右下角，向下填滿複製走勢圖至 F6 儲存格。

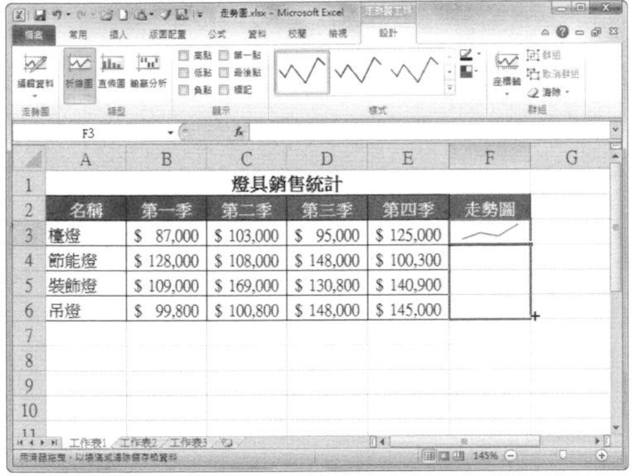

燈具銷售統計

| 名稱 | 第一季 | 第二季 | 第三季 | 第四季 | 走勢圖 |
|---|---|---|---|---|---|
| 檯燈 | $ 87,000 | $ 103,000 | $ 95,000 | $ 125,000 | |
| 節能燈 | $ 128,000 | $ 108,000 | $ 148,000 | $ 100,300 | |
| 裝飾燈 | $ 109,000 | $ 169,000 | $ 130,800 | $ 140,900 | |
| 吊燈 | $ 99,800 | $ 100,800 | $ 148,000 | $ 145,000 | |

**Step 6** 檢視結果

這時可以看到 F3:F6 儲存格範圍已經新增各產品各季銷售變化的走勢圖。

燈具銷售統計

| 名稱 | 第一季 | 第二季 | 第三季 | 第四季 | 走勢圖 |
|---|---|---|---|---|---|
| 檯燈 | $ 87,000 | $ 103,000 | $ 95,000 | $ 125,000 | |
| 節能燈 | $ 128,000 | $ 108,000 | $ 148,000 | $ 100,300 | |
| 裝飾燈 | $ 109,000 | $ 169,000 | $ 130,800 | $ 140,900 | |
| 吊燈 | $ 99,800 | $ 100,800 | $ 148,000 | $ 145,000 | |

## 305 Q 如何套用走勢圖預設樣式？

第 4 章 \ 原始檔 \ 建立走勢圖 .xlsx

建立走勢圖後，在設定走勢圖的格式時，我們可以使用 Excel 預設的各種樣式，直接套用在建立的走勢圖上。

**Step 1** 切換至「設計」活頁標籤

打開「建立走勢圖 .xlsx」後，選取建立的走勢圖，切換至〔走勢圖工具〕的〔設計〕活頁標籤。

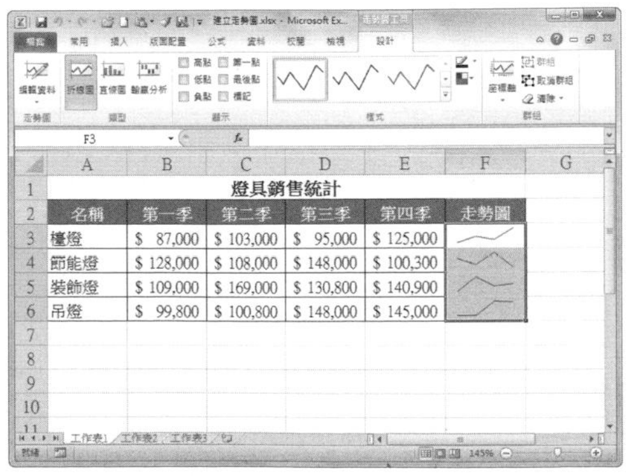

燈具銷售統計

| 名稱 | 第一季 | 第二季 | 第三季 | 第四季 | 走勢圖 |
|---|---|---|---|---|---|
| 檯燈 | $ 87,000 | $ 103,000 | $ 95,000 | $ 125,000 | |
| 節能燈 | $ 128,000 | $ 108,000 | $ 148,000 | $ 100,300 | |
| 裝飾燈 | $ 109,000 | $ 169,000 | $ 130,800 | $ 140,900 | |
| 吊燈 | $ 99,800 | $ 100,800 | $ 148,000 | $ 145,000 | |

**Step 2** 選擇樣式

然後點選「樣式」選項群組中的下拉選單，在選單方塊中選擇需要的樣式。

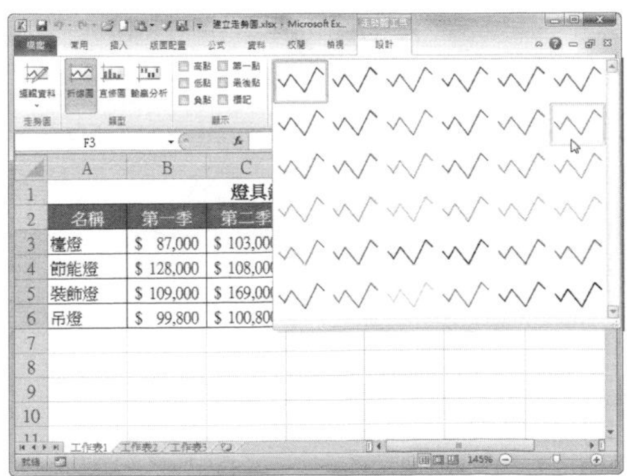

| 名稱 | 第一季 | 第二季 |
|---|---|---|
| 檯燈 | $ 87,000 | $ 103,00 |
| 節能燈 | $ 128,000 | $ 108,00 |
| 裝飾燈 | $ 109,000 | $ 169,00 |
| 吊燈 | $ 99,800 | $ 100,80 |

**Step 3** 檢視結果

返回工作表中，可以看到選取的走勢圖套用了預設樣式。

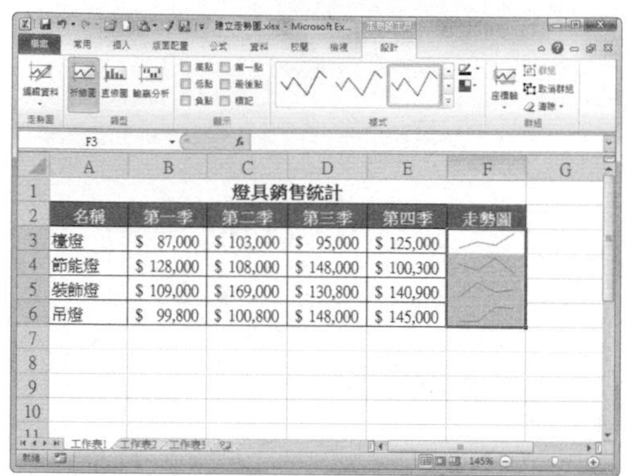

## 306 Q 如何變更走勢圖色彩？

第 4 章 \ 原始檔 \ 建立走勢圖 .xlsx

**A** 建立走勢圖後，不僅可以套用預設的走勢圖樣式，還可以根據需要變更走勢圖的色彩，來看看怎麼操作吧！

**Step 1** 切換至「設計」活頁標籤

打開「建立走勢圖 .xlsx」後，選取建立的走勢圖，切換至〔走勢圖工具〕的〔設計〕活頁標籤。

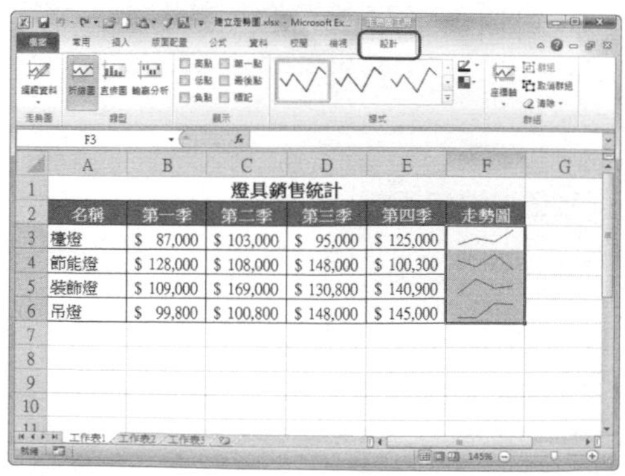

**Step 2** 選擇需要的色彩

點選「樣式」選項群組中的〔走勢圖色彩〕下拉選單，在下拉選單中選擇需要的色彩。

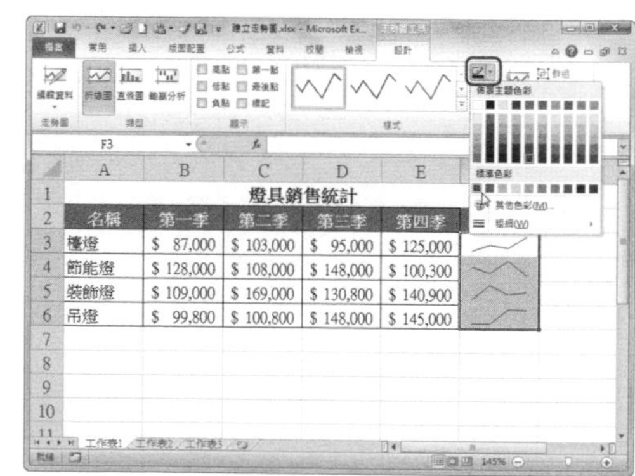

### Step 3 檢視結果

返回工作表中，可以看到選取的走勢圖已經變更為所選色彩。

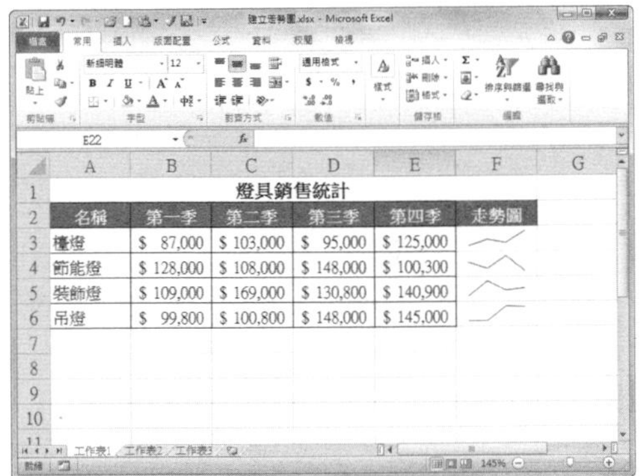

第 4 章 \ 原始檔 \ 建立走勢圖 .xlsx

## 307 Q 如何清除走勢圖？

A 建立走勢圖後，如果不再使用，可以將走勢圖清除，來看看怎麼操作吧！

### Step 1 切換至「設計」活頁標籤

打開「建立走勢圖 .xlsx」後，選取建立的走勢圖，切換至〔走勢圖工具〕的「設計」活頁標籤。

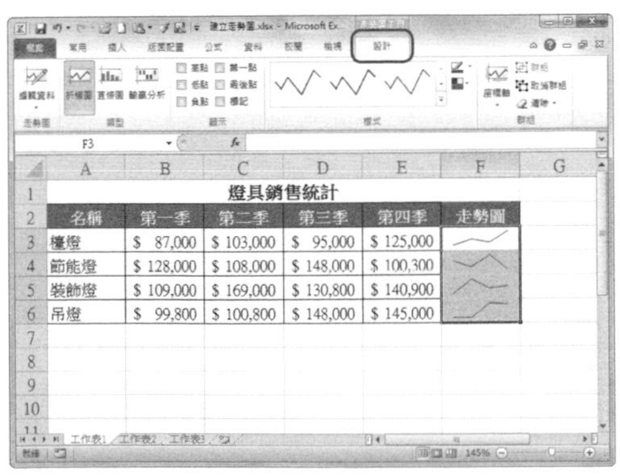


### Step 2 清除走勢圖

點選「群組」選項群組中的〔清除〕下拉選單，在下拉選單中選擇【清除選取的走勢圖】選項。

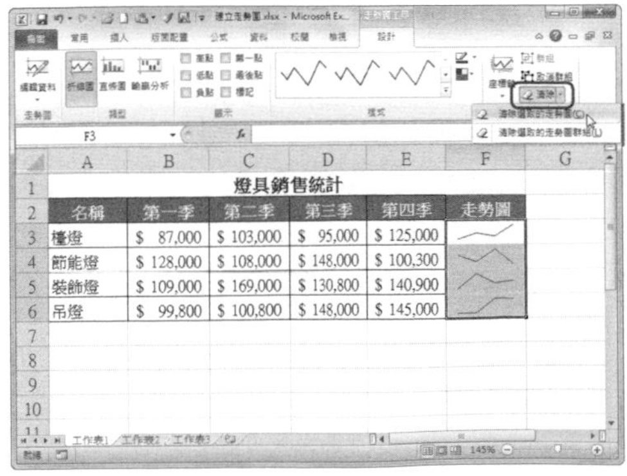

Step 3 檢視結果

返回工作表中，可以看到選取的走勢圖已經清除。

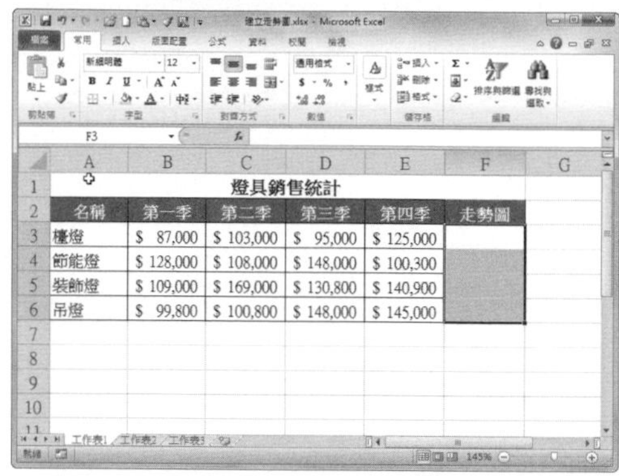

提示

在快速選單中清除走勢圖

選取建立的走勢圖後按滑鼠右鍵，從彈出的快速選單中選擇【走勢圖】→【清除選取的走勢圖】，亦可清除走勢圖。

308 Q 如何在走勢圖中顯示標記？

第 4 章 \ 原始檔 \ 建立走勢圖 .xlsx

A 建立走勢圖後，我們可以透過設定在走勢圖中顯示標記、高點和低點等，進而方便檢視資料的變化情形。

Step 1 切換至「設計」活頁標籤

打開「建立走勢圖 .xlsx」，選取走勢圖後，切換至〔走勢圖工具〕的「設計」活頁標籤。

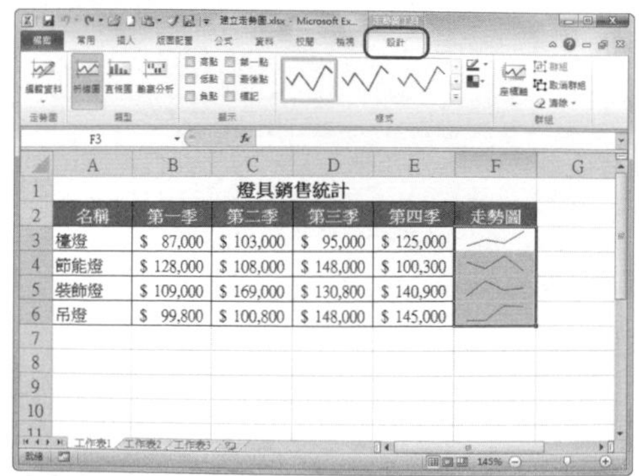

Step 2 顯示標記

勾選「顯示」選項群組中的「標記」，然後點選「樣式」選項群組中的下拉選單，選擇需要的樣式。

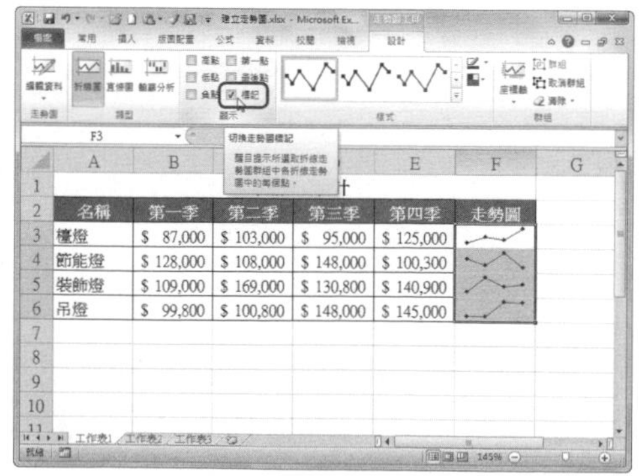

**Step 3** 檢視結果

返回工作表，可以看到走勢圖已經套用了標記，每個標記點即為資料的節點。

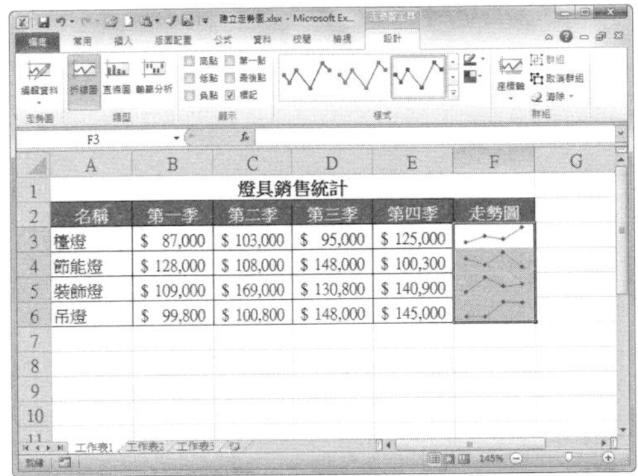

## 如何將隱藏的資料顯示在圖表中？

第 4 章 \ 原始檔 \ 隱藏報表 .xlsx

有時候我們需要隱藏表格中的部分資料，但又希望圖表中的資料不被隱藏。這時可以使用「顯示隱藏列和欄中的資料」功能，讓隱藏的資料顯示在圖表中。

**Step 1** 選取圖表

打開「隱藏報表 .xlsx」，然後選取圖表。切換至〔圖表工具〕的〔設計〕活頁標籤，點選「資料」選項群組中〔選取資料〕按鈕。

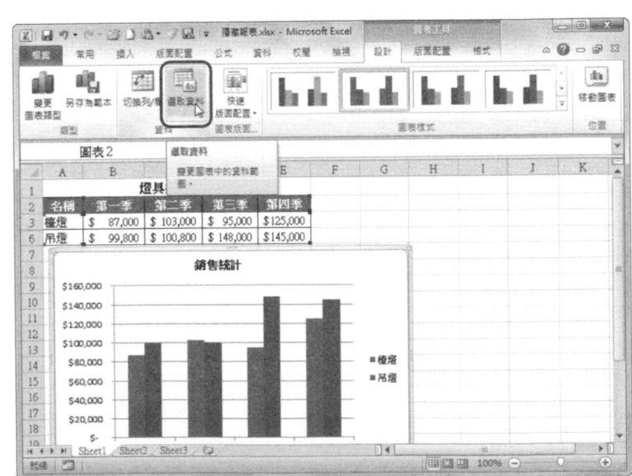

**Step 2** 點選「隱藏和空白儲存格」按鈕

在打開的「選取資料來源」對話框中點選〔隱藏和空白儲存格〕按鈕。

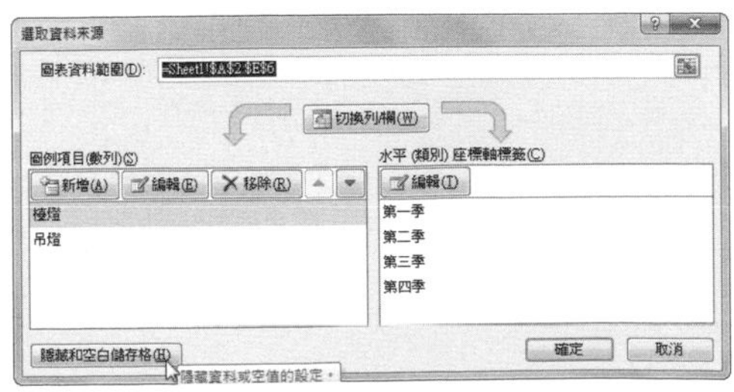

## Step 3 勾選「顯示隱藏列和欄中的資料」

在打開的「隱藏和空白儲存格設定」對話框中，勾選「顯示隱藏列和欄中的資料」核取方塊，然後點選〔確定〕按鈕。

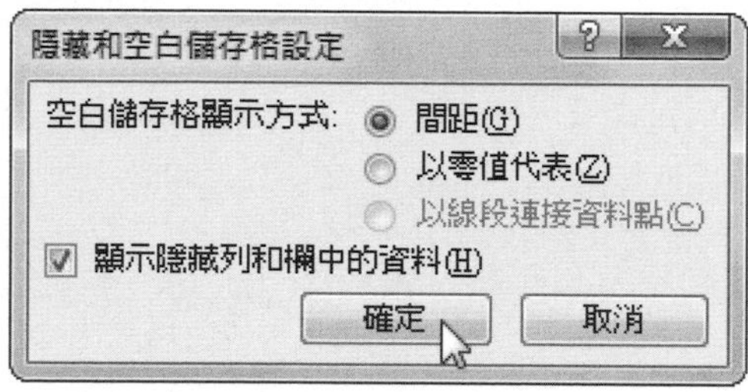


## Step 4 點選〔確定〕按鈕

回到「選取資料來源」對話框中後再次點選〔確定〕按鈕。返回工作表，可以看到圖表中顯示工作表中隱藏的資料。

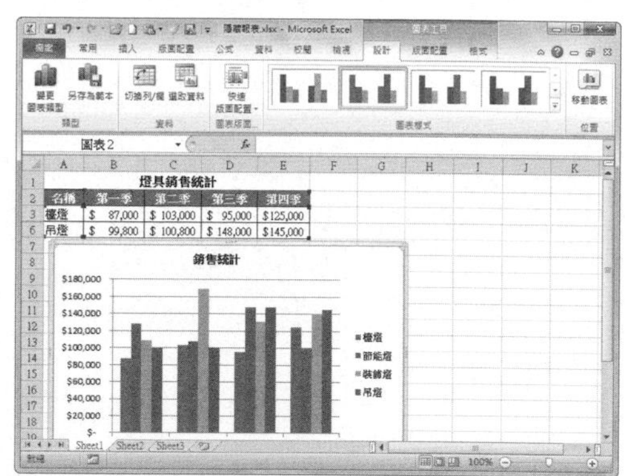

# 第5章 VBA與巨集套用秘技

如果要自訂 Microsoft Office 並建立進階文件，則需學習 Microsoft Office 程式語言：Microsoft Visual Basic for Applications（VBA）。VBA 功能強大且具有較高靈活性，可以用於所有主要的 Office 元件中。Office 2010 提供 Visual Basic 編輯器，使 VBA 操作更方便，Visual Basic 編輯器中包含多種工具，可協助編寫無誤的 VB 程式。使用 VBA 的一個實用方法就是建立巨集。

條碼的設計與製作

錄製新巨集

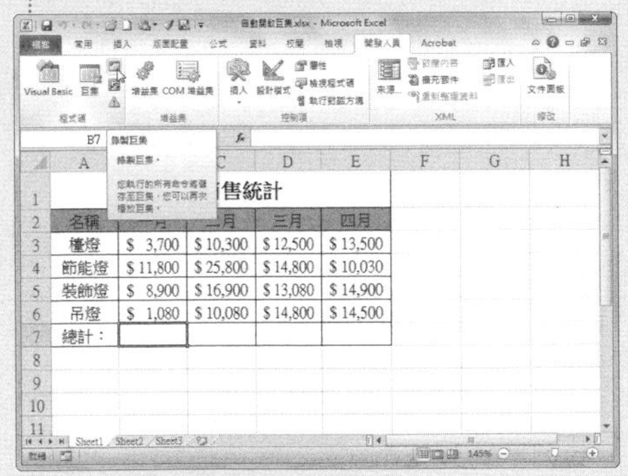


設定密碼保護巨集程式碼

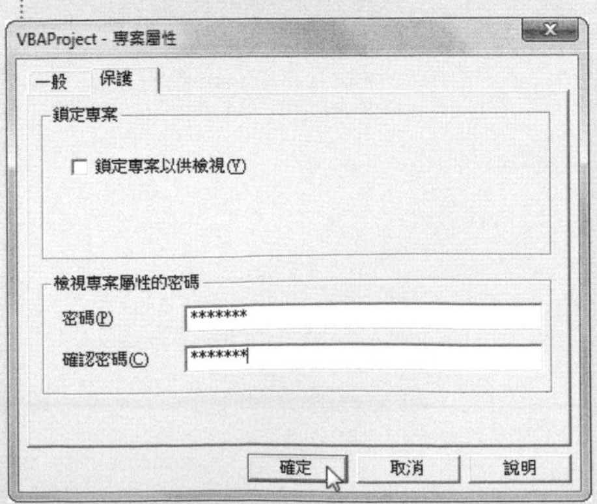

# 職人技 18 VBA 應用秘技

VBA 是透過用程式碼編寫的和使用過程來操作工作表或儲存格等物件，在 Excel 中完成自動化操作的相關設定。在 Excel 中套用 VBA 可以方便很多操作，本職人技將介紹一些 VBA 在 Excel 中的套用秘技。

## 310 Q 如何設定 VBA 工作的環境？

**A** 在編寫 VBA 程式之前，首先要熟悉 Excel VBA 的程式設計環境，在 Excel 2010 中，〔開發人員〕活頁標籤是功能區中的特殊活頁標籤，在此可以套用開發人員控制項輸入程式碼或建立巨集。要想進行 VBA 設計，首先需要設定 VBA 工作環境，透過功能區的〔開發人員〕活頁標籤進入對應的介面，其來看看怎麼操作吧！

**Step 1 打開「Excel 選項」對話框**

打開 Excel 文件，點選〔檔案〕活頁標籤下的「選項」。

**Step 2 新增「開發人員」活頁標籤**

在打開的「Excel 選項」對話框中，切換至〔自訂功能區〕選項，勾選「自訂功能區」下「主要定位點」選單方塊中的「開發人員」核取方塊。

### Step 3 設定選項以顯示增益集介面錯誤

切換至〔進階〕選項，勾選「一般」區塊中的「顯示增益集使用者介面錯誤」核取方塊，點選〔確定〕按鈕即完成。

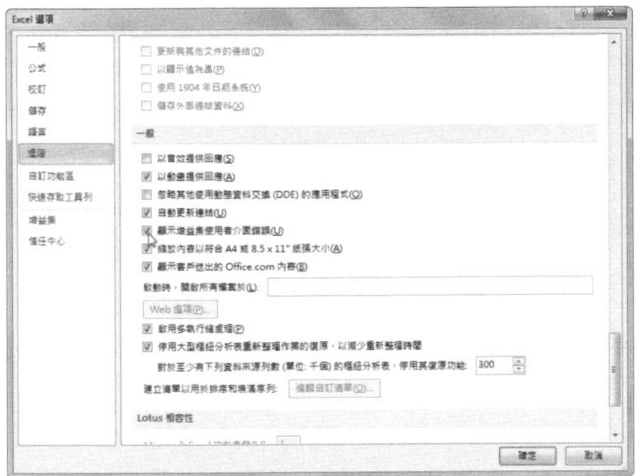

### Step 4 檢視設定效果

返回工作表中，此時可以看到功能表中多了一個〔開發人員〕活頁標籤。點選〔開發人員〕活頁標籤，可以看到活頁標籤下有 VBA 所需的「程式碼」、「增益集」和「控制項」等選項群組。

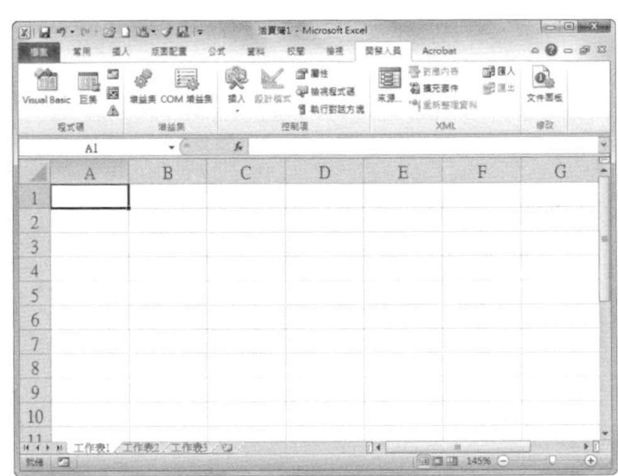

311

## Q 如何有選擇性地批次隱藏列？

第 5 章 \ 原始檔 \ 產品銷售統計表 .xlsx

**A** 在實際使用 Excel 時，隱藏列的操作並不能完成有選擇性的批次隱藏，透過使用 VBA 程式碼卻能夠透過指令輕鬆完成，來看看如何操作。

### Step 1 打開 Excel 文件

打開需要選擇性的批次隱藏行的 Excel 檔，以「產品銷售統計表 .xlsx」為例。

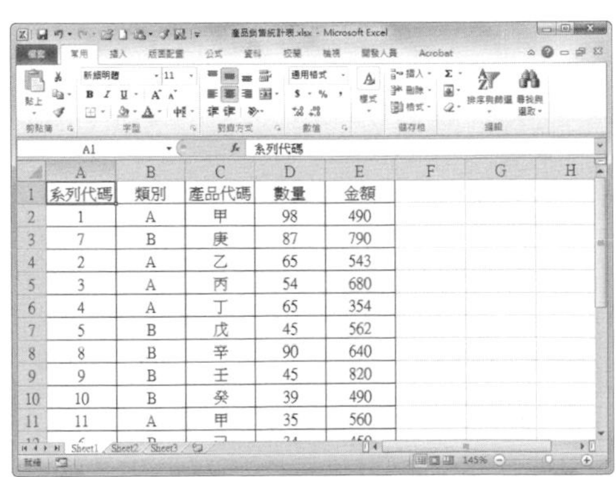

| 系列代碼 | 類別 | 產品代碼 | 數量 | 金額 |
|---|---|---|---|---|
| 1 | A | 甲 | 98 | 490 |
| 7 | B | 庚 | 87 | 790 |
| 2 | A | 乙 | 65 | 543 |
| 3 | A | 丙 | 54 | 680 |
| 4 | A | 丁 | 65 | 354 |
| 5 | B | 戊 | 45 | 562 |
| 8 | B | 辛 | 90 | 640 |
| 9 | B | 壬 | 45 | 820 |
| 10 | B | 癸 | 39 | 490 |
| 11 | A | 甲 | 35 | 560 |

**Step 2** 選擇「Visual Basic」

點選〔開發人員〕活頁標籤，選擇「程式碼」選項群組中的〔Visual Basic〕。

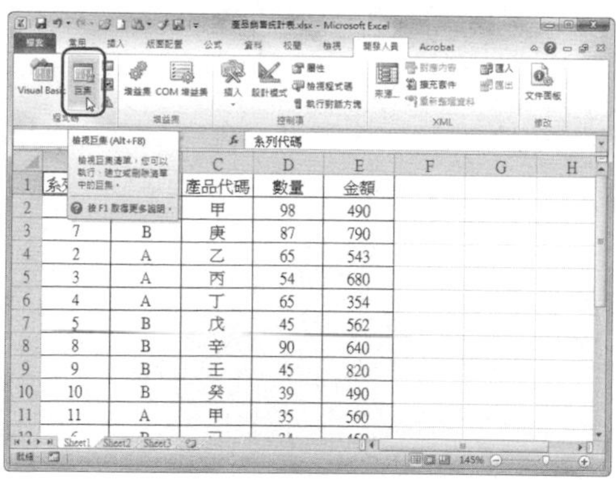

**Step 3** 輸入 VBA 程式碼

在打開的 VBA 編輯窗格中，選擇「插入」→【模組】，建立一個模組，輸入對應的程式碼後，儲存 VBA 程式碼編輯，返回 Excel 工作表。

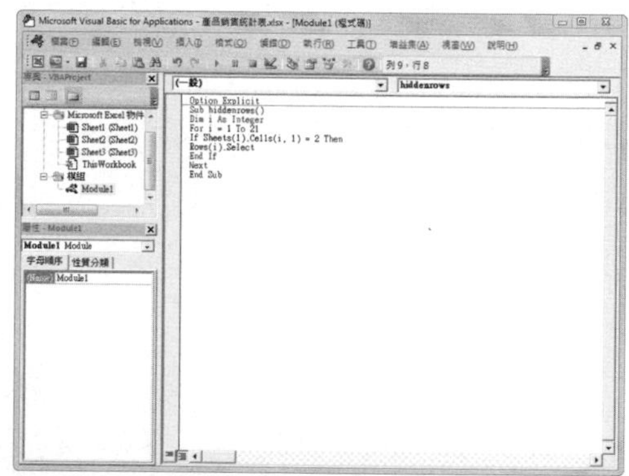

**Step 4** 點選「巨集」按鈕

點選「程式碼」選項群組的〔巨集〕按鈕。

**Step 5** 選擇並執行「巨集」

在打開的「巨集」對話框中，選擇「hiddenrows」，點選〔執行〕按鈕。

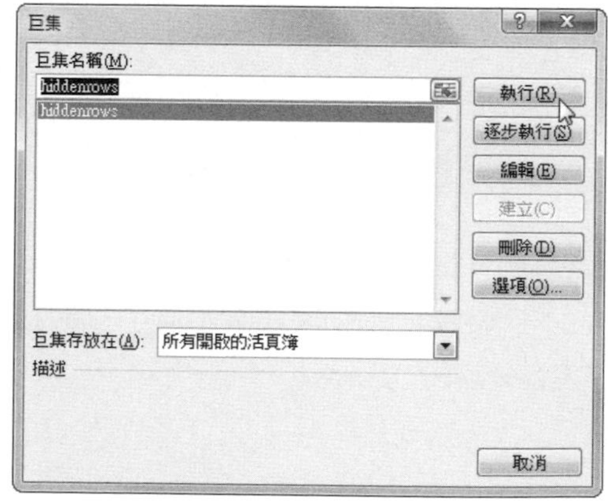

**Step 6** 檢視隱藏效果

返回 Excel 工作表中，可看到此時所有系列代碼為 2 的列已被隱藏。

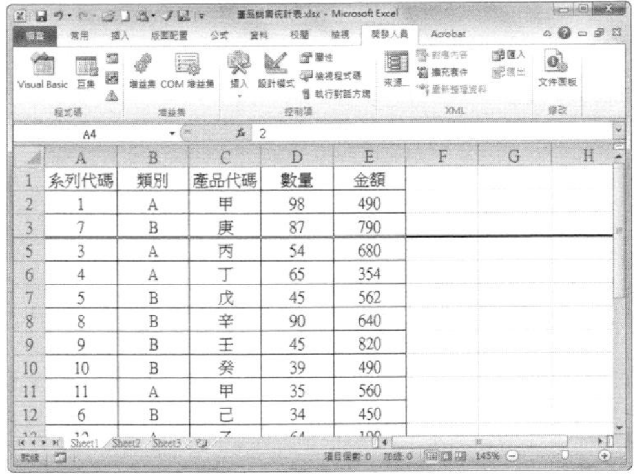


**提示**

**提示資訊框**

在儲存 VBA 窗格過程中，會彈出一個「下列功能無法儲存在無巨集的活頁簿」，只要點選〔是〕按鈕即可。

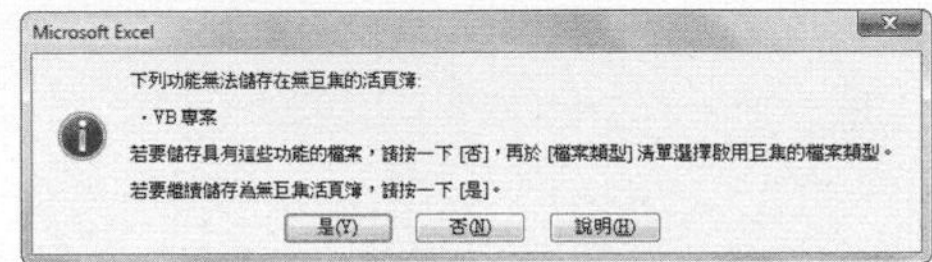

## 312 Q 如何利用自訂函數獲取工作表名稱？

**A** 在一個活頁簿中如果包含很多個工作表，如果逐一獲取其工作表名稱非常麻煩又容易出錯，這裡我們可以利用自訂的函數來做到簡單操作，來看看怎麼操作吧！

**Step 1** 打開 VBA 編輯窗格

打開含有多個工作表的 Excel 活頁簿，點選〔開發人員〕活頁標籤下「程式碼」選項群組的〔Visual Basic〕按鈕。

**Step 2** 輸入程式碼

在打開的 VBA 編輯視窗中，選擇〔插入〕→【模組】，建立模組並輸入程式碼，然後儲存，返回 Excel 活頁簿。

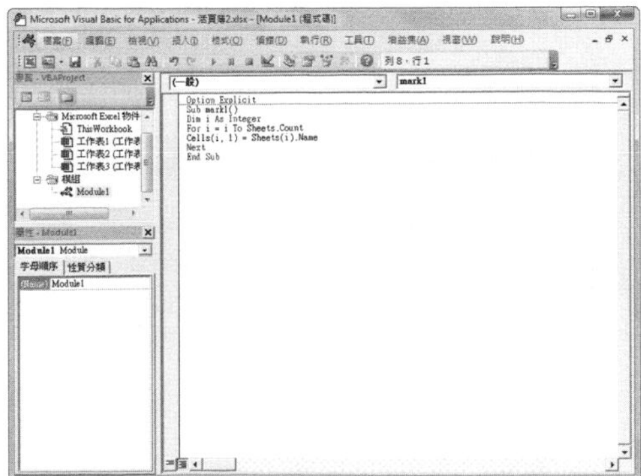

**Step 3** 打開「巨集」對話框

在 Excel 活頁簿中，點選〔開發人員〕活頁標籤下「程式碼」選項群組的〔巨集〕按鈕。

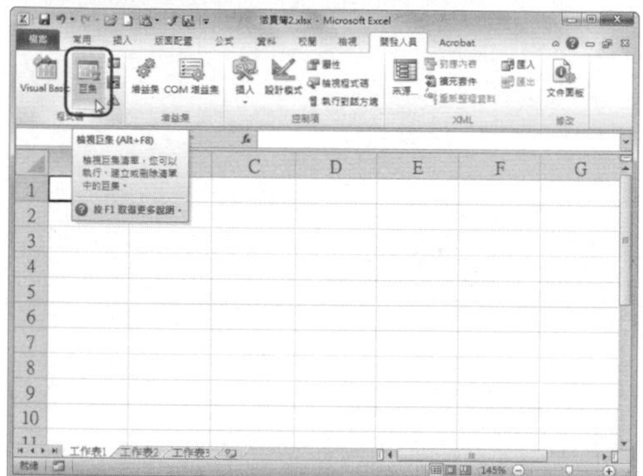

**Step 4** 執行巨集操作

在彈出的「巨集」對話框中，點選「Mark1」，點選〔執行〕按鈕。

**Step 5** 檢視效果

此時可看到所有工作表的名稱已列在表格中。

## 313 Q 如何利用 VBA 屬性視窗隱藏工作表？

**A** 前面介紹工作表的一般隱藏方法，這裡介紹一種具有更深層次的隱藏效果，利用 VBA 編輯視窗中的屬性來做到隱藏操作，來看看怎麼操作吧！

**Step 1** 打開 VBA 編輯視窗

打開需要隱藏的 Excel 工作表，點選〔開發人員〕活頁標籤下「程式碼」選項群組的〔Visual Basic〕按鈕。

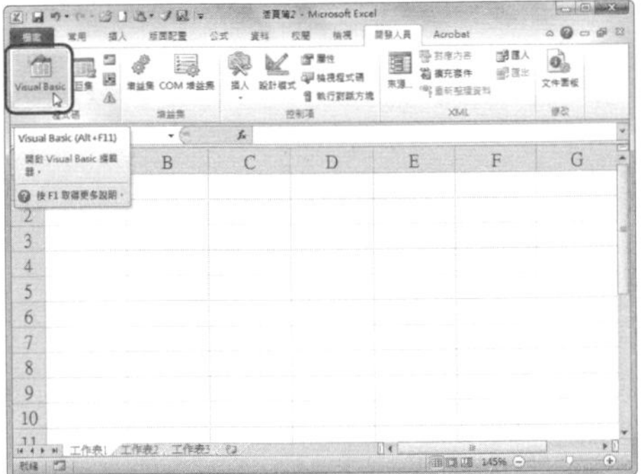

**Step 2** 打開屬性視窗

在打開的 VBA 編輯視窗中，點選工程資源管理器下的「工作表 1」工作表，按下〔F4〕鍵。

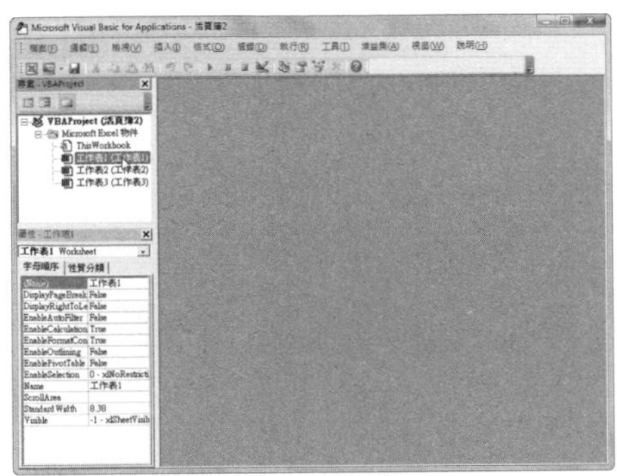

**Step 3** 設定屬性

打開「屬性」窗格，在「工作表 1」屬性窗格中，設定「Visible」的屬性值為「2-xlSheetVeryhidden」。

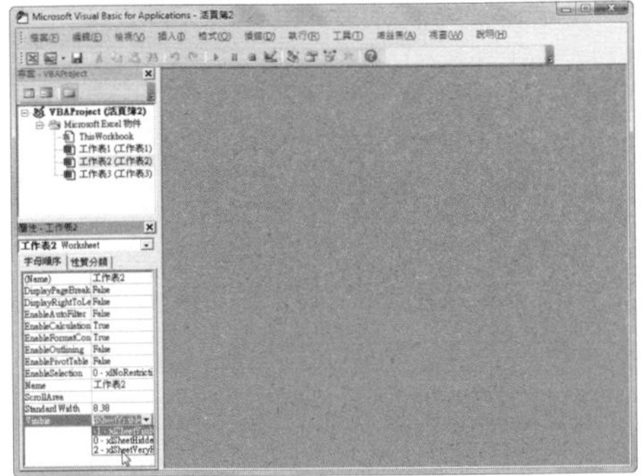

**Step 4** 檢視隱藏效果

儲存並返回活頁簿中，此時工作表「工作表 1」已隱藏無法顯示。

**提示**

屬性 Visible 的介紹

該屬性包含 3 個屬性值：

-1-xlSheetVisible 表示為可見狀態；

0-xlSheetHidden 表示為隱藏狀態；

2-xlSheetVeryhidden 表示為絕對隱藏狀態。

採用「絕對隱藏」方式時，只能透過更改屬性值方法來取消工作表的隱藏。

# 314 Q 如何進行條碼的設計與製作？

Excel 除了擁有強大的計算分析功能，透過 VBA 還可以用來設計和製作條碼。目前世界上最常用的碼制有 UPC 條碼、EAN 條碼和 CODEBAR 條碼等，商品上最常使用的是 EAN 商品條碼。下面介紹條碼設計與製作的方法。

**Step 1 打開「其他控制項」對話框**

打開需要建立條碼的活頁簿，點選〔開發人員〕活頁標籤下「控制項」選項群組的〔插入〕按鈕，在展開的選單中選擇「其他控制項」選項。

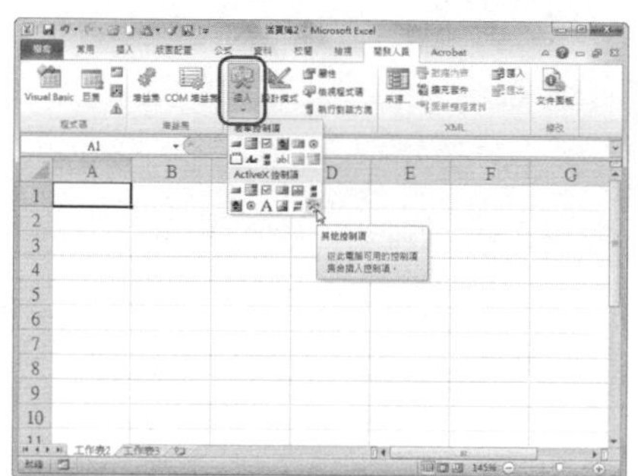

**Step 2 選擇「Microsoft 條碼控制項 14.0」選項**

在打開的「其他控制項」對話框中，選擇【Microsoft 條碼控制項 14.0】選項，點選〔確定〕按鈕。

**Step 3 打開「屬性」對話框**

返回編輯區，游標變為十字形，按住滑鼠左鍵拖曳建立條碼，在條碼上按滑鼠右鍵，在彈出的快速選單中選擇【內容】。

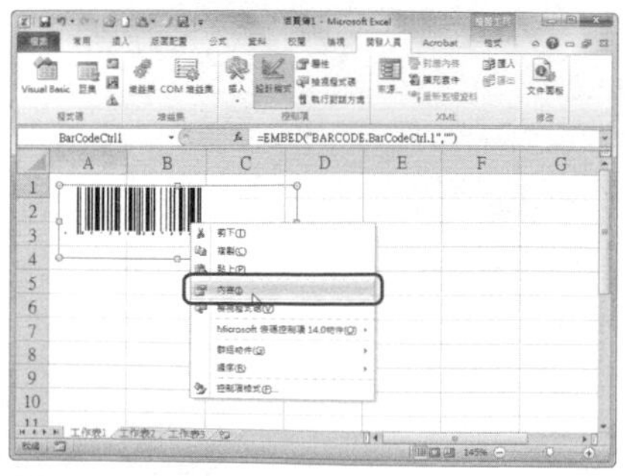

**Step 4 設定 LinkedCell 的屬性值**

在「屬性」對話框中，選擇「LinkedCell」選項，在其後面的文字框中輸入「A5」，其中 A5 儲存格中的值為「9789861994116」，然後關閉「屬性」對話框。

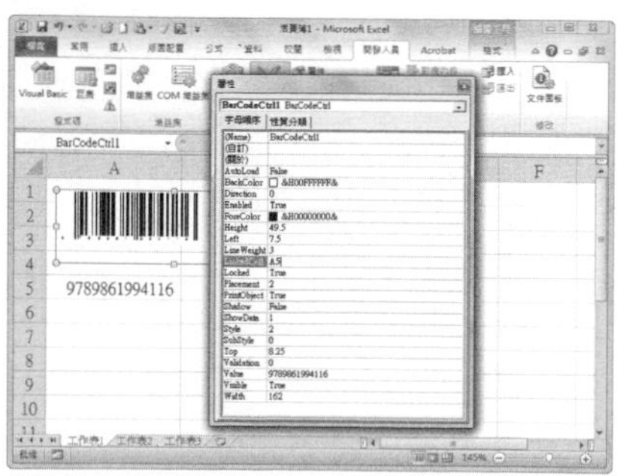

## Step 5　打開「Microsoft 條碼控制項 14.0 物件」對話框

再次在條碼上按滑鼠右鍵，在彈出的快速選單中選擇【Microsoft 條碼控制項 14.0 物件】→【內容】選項，打開對應對話框。

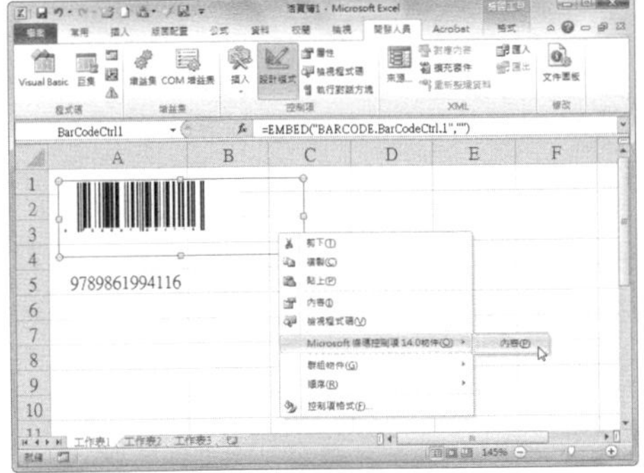


## Step 6　設定條碼樣式

在打開的對話框中，在樣式中選擇「2-EAN-13」條碼，然後對「子樣式、有效性驗證、線條寬度和以及方向」等進行相關設定。

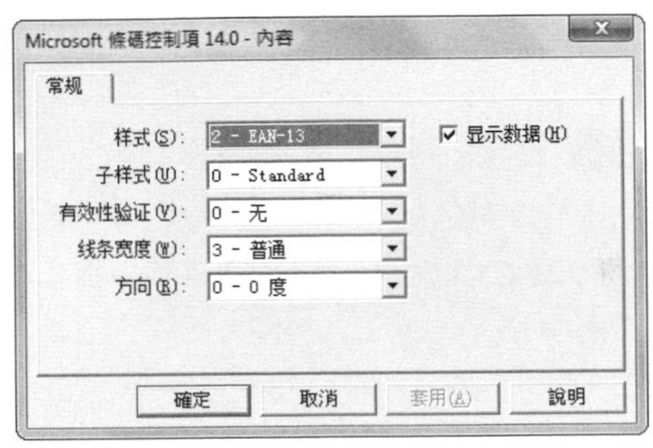


## Step 7　退出設計模式

點選〔確定〕按鈕退出，返回編輯模式，點選「開發人員」活頁標籤中的〔設計模式〕按鈕，退出設計模式。

## Step 8　檢視設計效果

此時在編輯區即可看到剛才設計的條碼。

**提 示**

為何找不到「Microsoft 條碼控制項 14.0」？

電腦中必須同時安裝 Microsoft Office Access，才會在「其他控制項」中找得到「Microsoft 條碼控制項 14.0」。

315

# Q 如何在 Excel 中播放音樂檔？

**A** 在 Excel 活頁簿中，除了可以編輯製作各種報表等相對枯燥的工作外，還可以進行一些娛樂活動，例如聽音樂、看動畫等。下面我們介紹如何透過系統提供的「Windows Media Player 控制項」，在 Excel 中插入音樂。

### Step 1 打開「其他控制項」對話框

點選〔開發人員〕活頁標籤下「控制項」選項群組的〔插入〕按鈕，從下拉選單中選擇【其他控制項】。

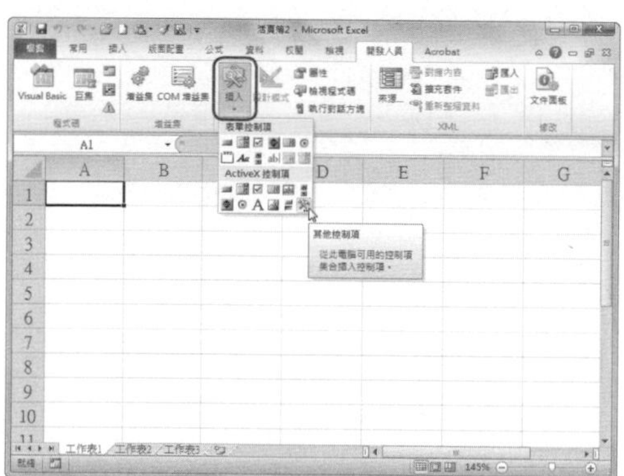

### Step 2 選擇「Windows Media Player」控制項

在彈出的「其他控制項」對話框中，選擇【Windows Media Player】，然後點選〔確定〕按鈕。

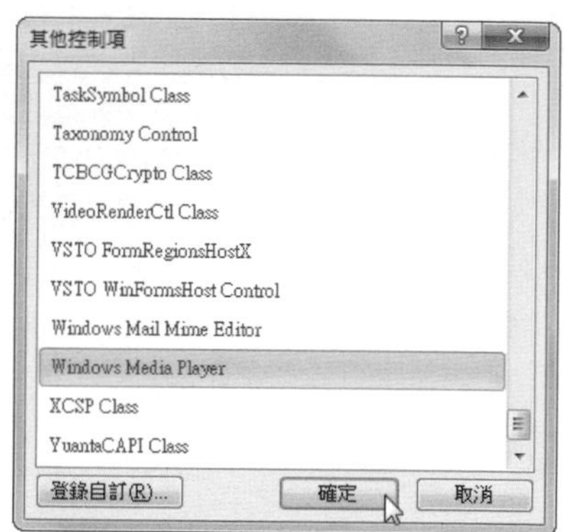


### Step 3 建立播放器

返回 Excel 編輯區，待游標變為十字形狀時，按住滑鼠左鍵拖曳建立播放器。

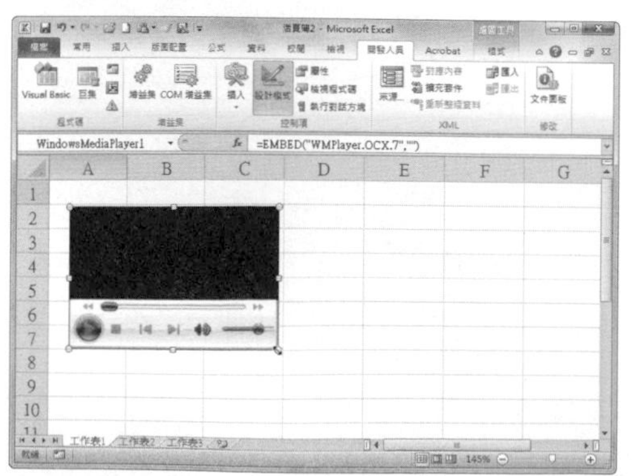

### Step 4 打開「內容」視窗

在建立的播放器位置按滑鼠右鍵，在彈出的功能表中選擇【內容】選項。

**Step 5** 設定 URL 的屬性值

在打開的「屬性」對話框中，點選「URL」選項，在文字方塊中輸入音樂檔的位置後，關閉「屬性」視窗。

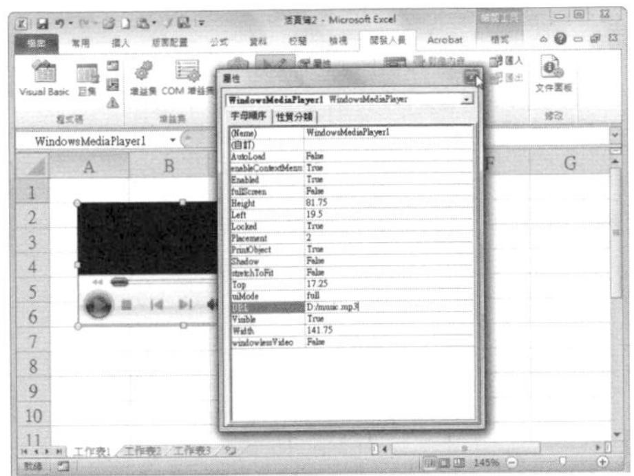

**Step 6** 選擇「設計模式」播放檔

點選〔開發人員〕活頁標籤下「控制項」選項群組的〔設計模式〕按鈕，即會自動播放該音樂檔。

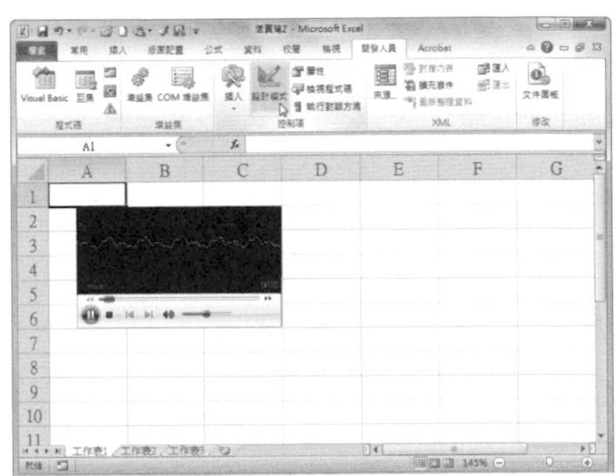

# 職人技 19　巨集應用秘技

在 Excel 中，可以透過建立巨集來一步完成所有任務。建立巨集後，我們可對巨集進行執行、修改及移除，若巨集出現了問題，還可以對巨集進行修正，本職人技將詳細介紹巨集的相關套用秘技。

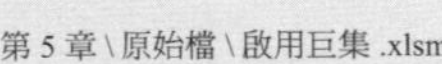


## 如何啟用活頁簿中的巨集？

**A** 我們在打開包含巨集的 Excel 檔時，在功能區下方會顯示安全性警告資訊，告知部分內容有可能存在安全隱患。如果我們瞭解並信任該檔案的作者，則可以更改安全選項的已啟用內容，並正常執行巨集。

**Step 1** 打開含有巨集的檔

打開「啟用巨集 .xlsm」，可以看到在功能區下方顯示出「安全性警告」資訊。

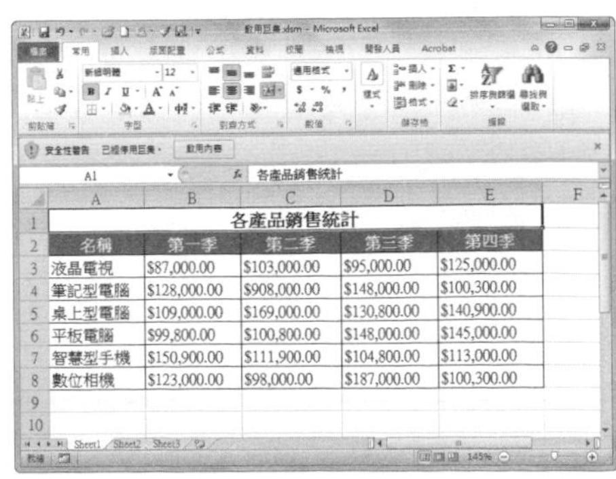

| 各產品銷售統計 | | | | |
|---|---|---|---|---|
| 名稱 | 第一季 | 第二季 | 第三季 | 第四季 |
| 液晶電視 | $87,000.00 | $103,000.00 | $95,000.00 | $125,000.00 |
| 筆記型電腦 | $128,000.00 | $908,000.00 | $148,000.00 | $100,300.00 |
| 桌上型電腦 | $109,000.00 | $169,000.00 | $130,800.00 | $140,900.00 |
| 平板電腦 | $99,800.00 | $100,800.00 | $148,000.00 | $145,000.00 |
| 智慧型手機 | $150,900.00 | $111,900.00 | $104,800.00 | $113,000.00 |
| 數位相機 | $123,000.00 | $98,000.00 | $187,000.00 | $100,300.00 |

**Step 2 啟用所有內容**

點選〔檔案〕活頁標籤，選擇〔資訊〕選項，在「資訊」選項面板中點選〔啟用內容〕按鈕，選擇【啟用所有內容】選項。

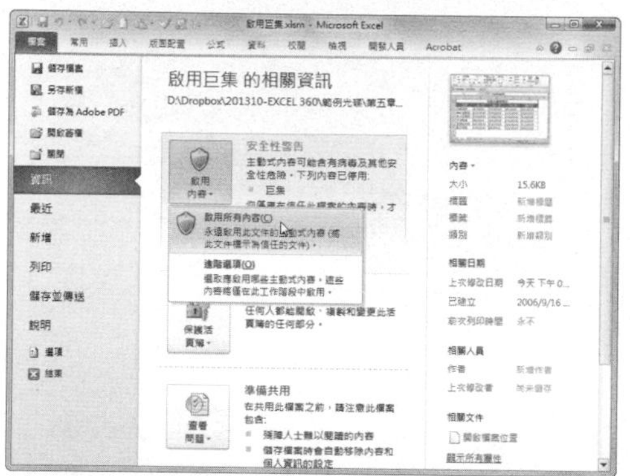


**Step 3 檢視效果**

返回文件中可以看到，文件內容已經可以正常啟用，下次再打開文件時不會再有安全性警告的提示。

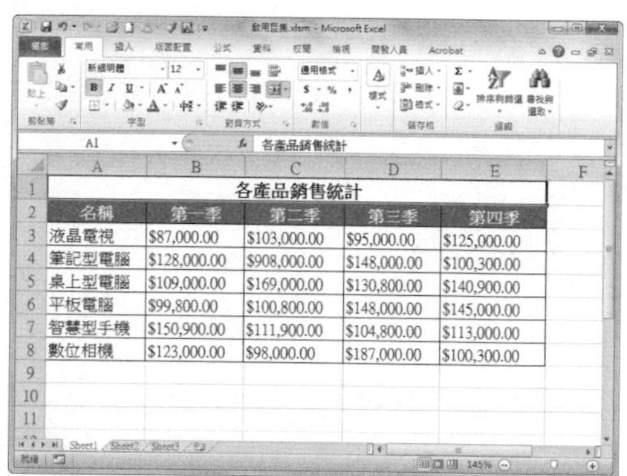

| 各產品銷售統計 | | | | |
|---|---|---|---|---|
| 名稱 | 第一季 | 第二季 | 第三季 | 第四季 |
| 液晶電視 | $87,000.00 | $103,000.00 | $95,000.00 | $125,000.00 |
| 筆記型電腦 | $128,000.00 | $908,000.00 | $148,000.00 | $100,300.00 |
| 桌上型電腦 | $109,000.00 | $169,000.00 | $130,800.00 | $140,900.00 |
| 平板電腦 | $99,800.00 | $100,800.00 | $148,000.00 | $145,000.00 |
| 智慧型手機 | $150,900.00 | $111,900.00 | $104,800.00 | $113,000.00 |
| 數位相機 | $123,000.00 | $98,000.00 | $187,000.00 | $100,300.00 |

**Step 4 直接啟用內容**

另外，也可以在打開文件後，直接點選功能區下方的〔啟用內容〕按鈕，即可啟用內容，下次打開同一個文件時就不會再出現「安全性警告」的提示。

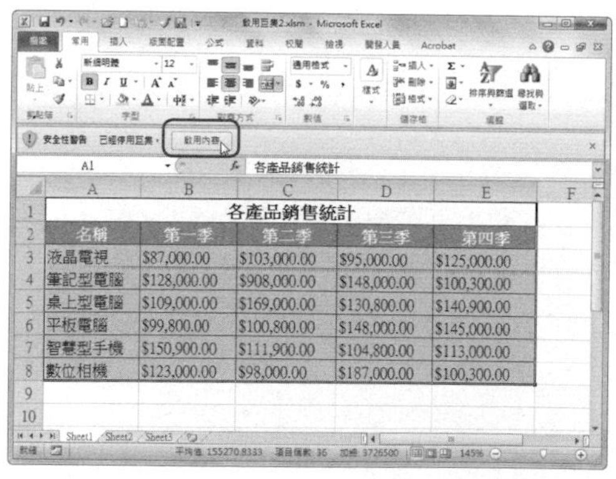

| 各產品銷售統計 | | | | |
|---|---|---|---|---|
| 名稱 | 第一季 | 第二季 | 第三季 | 第四季 |
| 液晶電視 | $87,000.00 | $103,000.00 | $95,000.00 | $125,000.00 |
| 筆記型電腦 | $128,000.00 | $908,000.00 | $148,000.00 | $100,300.00 |
| 桌上型電腦 | $109,000.00 | $169,000.00 | $130,800.00 | $140,900.00 |
| 平板電腦 | $99,800.00 | $100,800.00 | $148,000.00 | $145,000.00 |
| 智慧型手機 | $150,900.00 | $111,900.00 | $104,800.00 | $113,000.00 |
| 數位相機 | $123,000.00 | $98,000.00 | $187,000.00 | $100,300.00 |

**Step 5 僅啟用本次會話**

點選〔檔案〕活頁標籤，選擇〔資訊〕選項，在「資訊」選項面板中點選〔啟用內容〕按鈕，然後選擇【進階選項】。

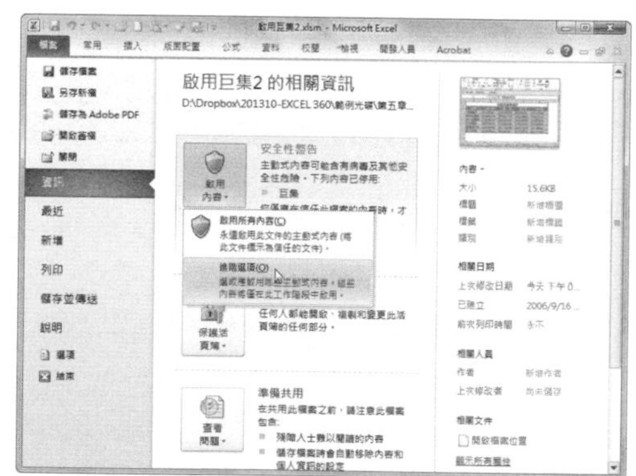

Step 6 設定啟用方式

在打開的「Microsoft Office 安全性選項」對話框中，選擇「在這個工作階段中啟用內容」，然後點選〔確定〕按鈕。

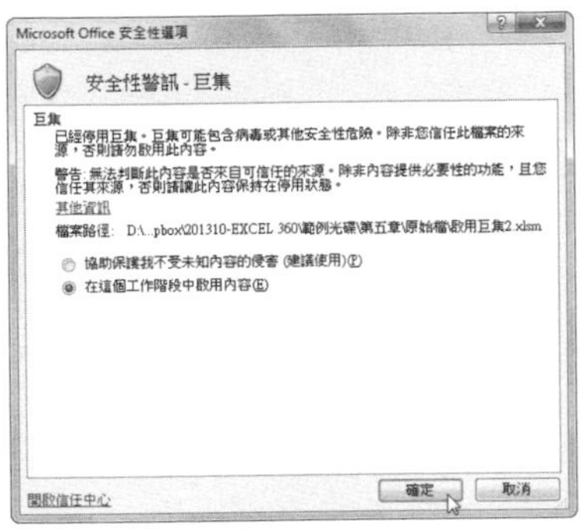

**提示**

**關於安全性警告**

點選〔檔案〕活頁標籤，選擇〔資訊〕選項，在「資訊」選項面板中點選「安全性警告」下面的「深入瞭解主動式內容」超連結，即可打開資訊視窗，了解相關說明。

317

第 5 章 \ 原始檔 \ 建立巨集 .xlsx、自動開啟巨集 .xlsx

## 如何建立巨集？

如果需要在 Excel 中重複相同的操作步驟或新增新功能時，可以建立巨集。即使用程式語言

Step 1 點選「巨集」按鈕

打開「建立巨集 .xlsx」，切換至〔開發人員〕活頁標籤，點選「程式碼」選項群組中的〔巨集〕按鈕。

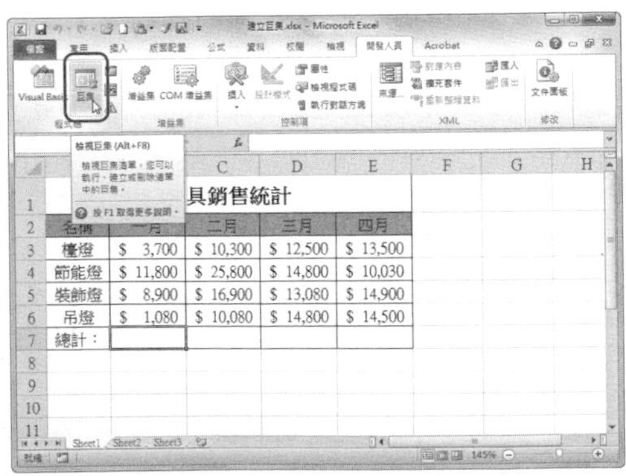

Step 2 設定巨集名稱

在打開的「巨集」對話框中，在「巨集名稱」文字方塊中設定需要的巨集名稱，在「巨集存放在」下拉選單中選擇巨集的儲存位置後，點選〔建立〕按鈕。

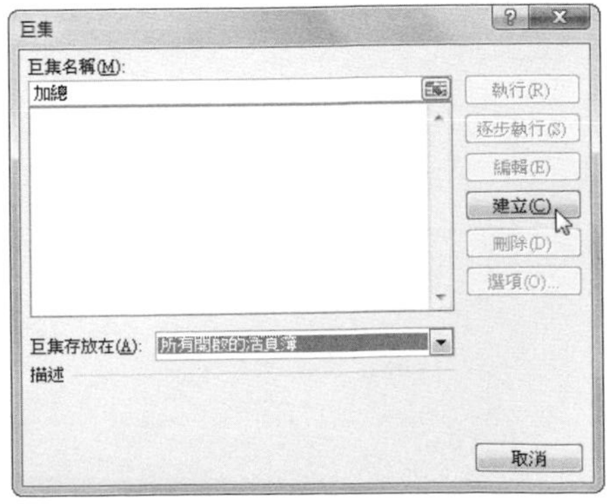

## Step 3 輸入巨集程式碼

在打開的 Microsoft Visual Basic 窗格中，輸入新的 Visual Basic 程式碼即可建立新巨集。完成操作後點選〔儲存〕按鈕，然後點選〔關閉〕按鈕即完成。

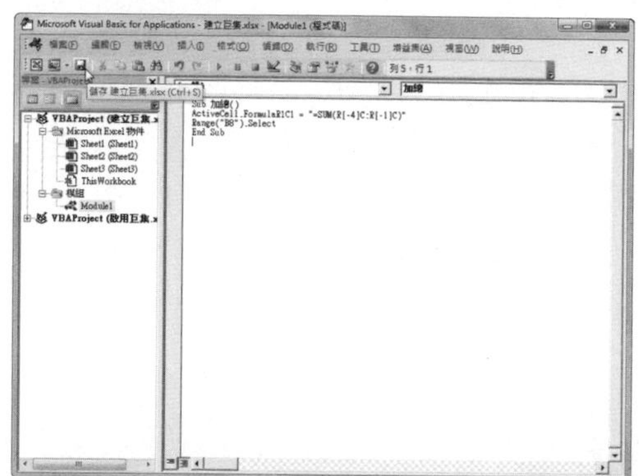

**提示**

**建立自動開啟巨集**

如有需要，我們可以建立自動開啟巨集，這樣在每次打開活頁簿時，該巨集將自動載入並執行其來看看怎麼操作吧！

## Step 1 點選「錄製巨集」按鈕

打開「自動開啟巨集 .xlsx」，切換至〔開發人員〕活頁標籤，點選「程式碼」選項群組中的〔錄製巨集〕按鈕。

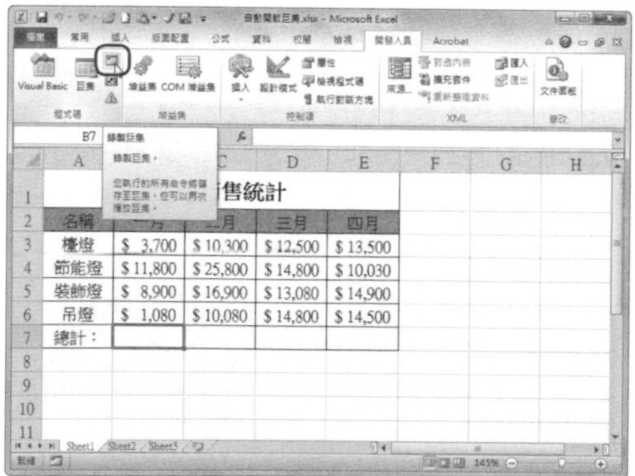

## Step 2 設定自動開啟巨集

在打開的「錄製巨集」對話框中，在「巨集名稱」文字框中輸入「自動開啟」後，視情況設定其他選項，點選〔確定〕按鈕。

**Step 3** 停止錄製

此時開啟進行巨集錄製，錄製結束後點選「程式碼」選項群組中的〔停止錄製〕按鈕，這樣儲存的巨集在打開活頁簿時會自動載入並執行。

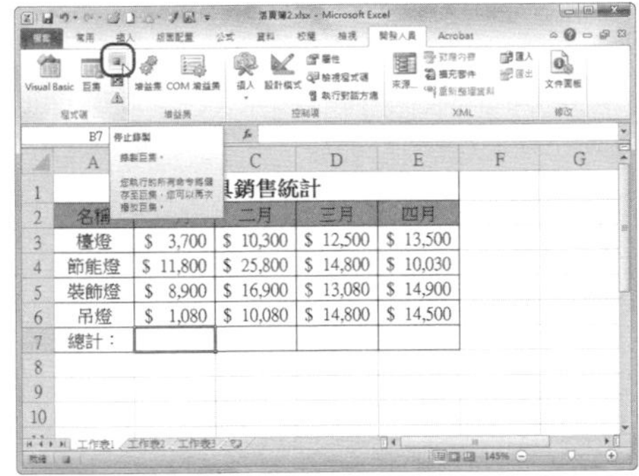

**提 示**

**儲存含有巨集的活頁簿時的注意事項**

在儲存含有巨集的活頁簿時，要注意「儲存類型」的設定。在「另存為」對話框中，Excel 預設的儲存類型為「Excel 活頁簿 (.xlsx)」，採用此儲存類型儲存時會彈出警告對話框，提示無法儲存巨集。我們需要將「儲存類型」設定為「Excel 啟用巨集的活頁簿 (.xlsm)」，然後點選〔儲存〕按鈕。

第 5 章 \ 原始檔 \ 設定表頭格式 .xlsx
第 5 章 \ 完成檔 \ 錄製巨集 .xlsm

## 318 如何將常用的操作錄製為巨集？

利用巨集可以點選一個按鈕或按下快速鍵即自動完成多個任務。打開巨集錄製器後，Excel 將記錄執行的每次點選與按鍵操作，之後即可以在需要重複該操作時執行巨集。

**Step 1** 打開原始檔

打開「設定表頭格式 .xlsx」，選擇 A2:E2 儲存格區域。

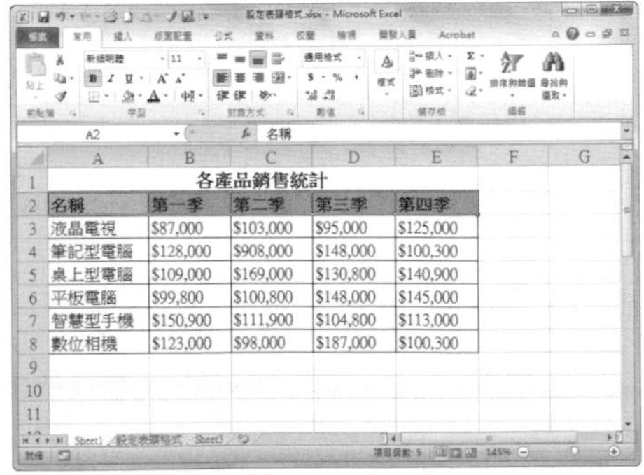

**Step 2** 設定表頭格式

切換至〔常用〕活頁標籤下，在「字型」選項群組中設定填滿色彩和字型色彩，在「對齊方式」選項群組中設定表頭的對齊方式為〔居中〕。

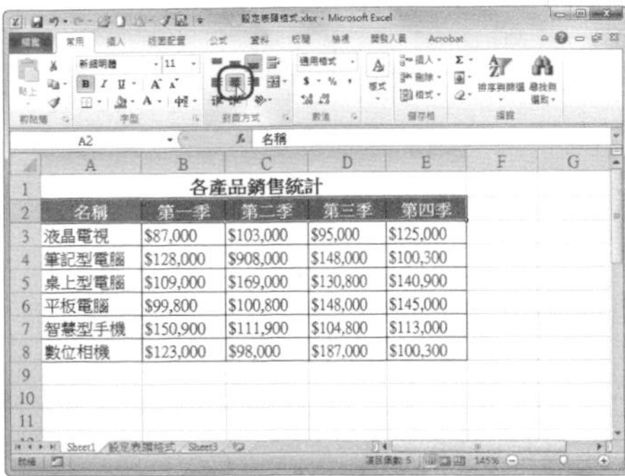

### Step 3 錄製巨集

如果工作表很多，我們可以透過錄製巨集來一鍵完成操作。切換至〔開發人員〕活頁標籤，點選「程式碼」選項群組中的〔錄製巨集〕按鈕。

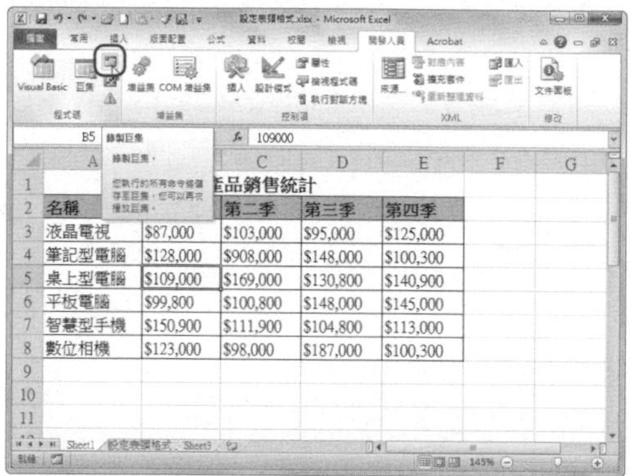

### Step 4 打開「錄製新巨集」對話框

在打開的「錄製巨集」對話框中設定「巨集名稱」及「快速鍵」後點選〔確定〕按鈕，即可錄製巨集。

### Step 5 錄製巨集

選取標題儲存格區域，切換至〔常用〕選項，對表頭的填滿色彩、字型色彩和對齊方式進行對應的操作。

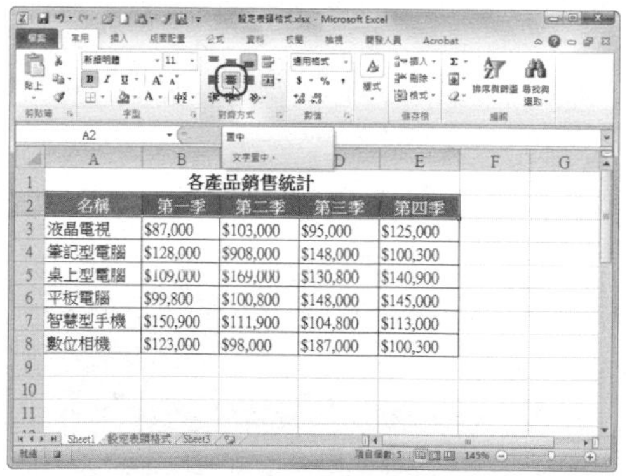

### Step 6 停止錄製巨集

操作完成後，切換至〔開發人員〕活頁標籤，點選「程式碼」選項群組中的〔停止錄製〕按鈕。

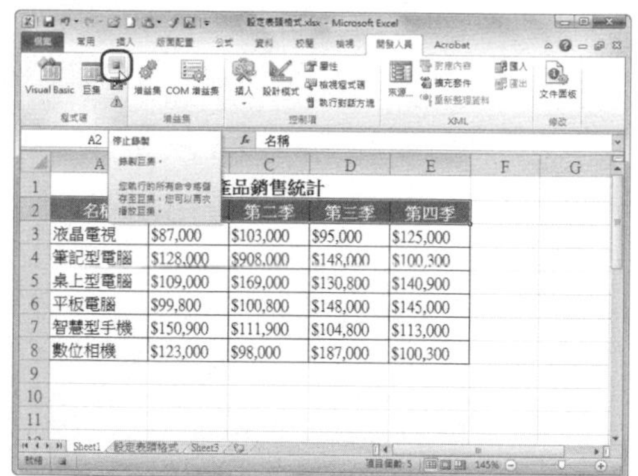

### Step 7 執行巨集操作

這時我們就可以將錄製的巨集套用到其他的表頭上了。切換至〔Sheet2〕工作表，選取表頭部分，按下「設定表頭格式」巨集的快速鍵〔Ctrl〕+〔a〕，即可將巨集格式套用到新的表頭上。

**提示**

**點選「執行」按鈕執行巨集**

建立巨集後，除了使用快速鍵執行巨集外，還可以在「巨集」對話框中，選取需要執行的巨集，點選〔執行〕按鈕，即可執行對應的巨集。

## 319 Q 如何將巨集新增到快速存取工具列中？

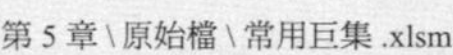
第 5 章 \ 原始檔 \ 常用巨集 .xlsm

A 將常用工具新增到快速存取工具列中可以大大方便我們的操作，在錄製或建立巨集之後，同樣可以將巨集指定到快速存取工具列中。

### Step 1 打開含有巨集的活頁簿

打開「常用巨集 .xlsm」活頁簿，此時如果編輯欄上方出現「安全性警告」，則點選警告欄中的〔啟用內容〕按鈕。

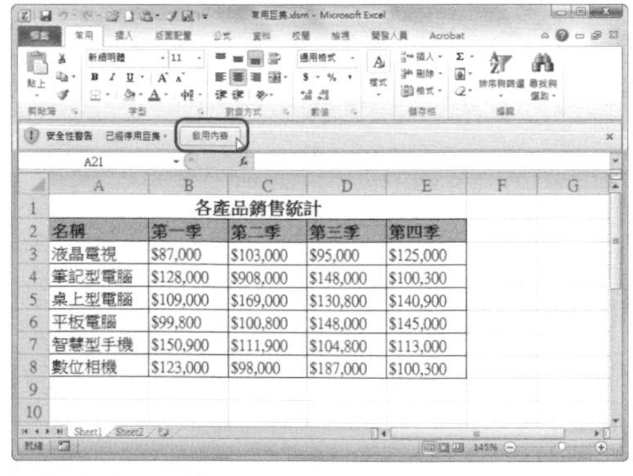


### Step 2 打開「Excel 選項」對話框

點選〔檔案〕活頁標籤，選擇「選項」，即可打開「Excel 選項」對話框。

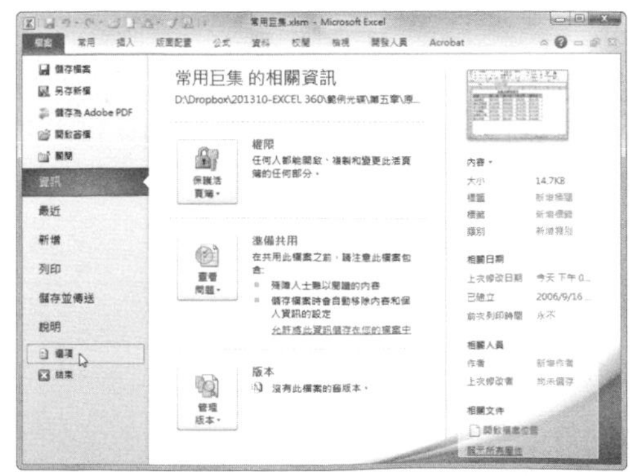

### Step 3 選擇要新增的巨集

切換至〔快速存取工具列〕選項面板，點選「由此選擇命令」下拉選單，選擇【巨集選項，在下方選單方塊中選擇需要新增的巨集名稱。

### Step 4 新增巨集至工具列中

點選〔新增〕按鈕，所選的巨集即移到右側選單方塊中，在「自訂快速存取工具列」下拉選單中可以設定工具欄的套用範圍。

### Step 5 匯出自訂工具列

如果想儲存自訂工具列的設定，套用到所需的活頁簿中，則點選下方「自訂」的〔匯入 / 匯出〕按鈕，選擇【匯出所有自訂】選項。

### Step 6 儲存自訂檔案位置

此時此時會彈出「儲存檔案」對話框，選擇儲存的位置，設定檔案名稱，保持預設的「存檔類型」，然後點選〔儲存〕按鈕。

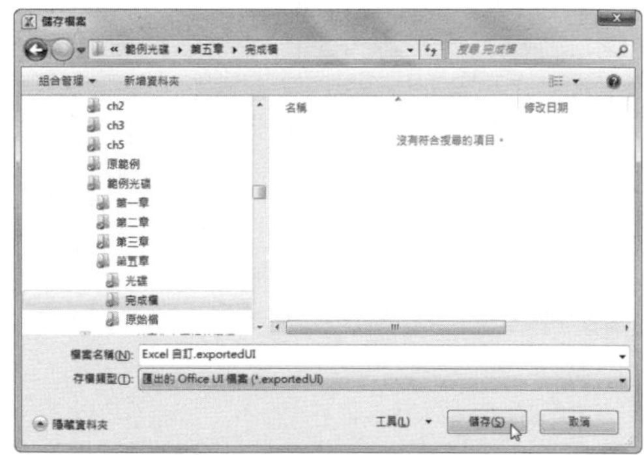

**Step 7** 檢視快速存取工具列

在「Excel 選項」對話框中點選〔確定〕按鈕，返回活頁簿中，所選的巨集已經新增到快速存取工具列中。

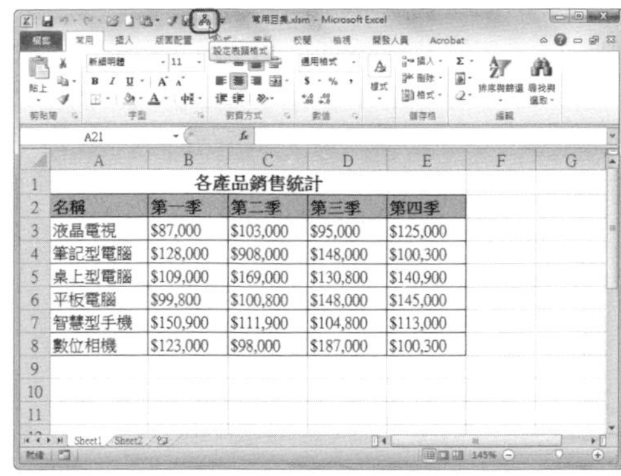


**提示**

**自訂快速存取工具列**

我們不僅可以將巨集新增到工具列中，還可以將功能區中的很多按鈕及一些不在功能區中的功能，新增到快速存取工具列中。

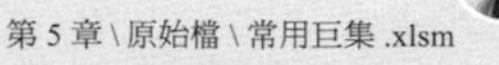


## 320 Q 如何在 Excel 中編輯巨集？

在建立巨集後，我們可以對建立的巨集進行編輯，本例將對「設定表頭格式」的巨集進行編輯，使其具有使表頭文字傾斜的功能。

**Step 1** 打開「巨集」對話框

打開「常用巨集 .xlsm」，切換至〔開發人員〕活頁標籤，點選「程式碼」選項群組中的〔巨集〕按鈕。

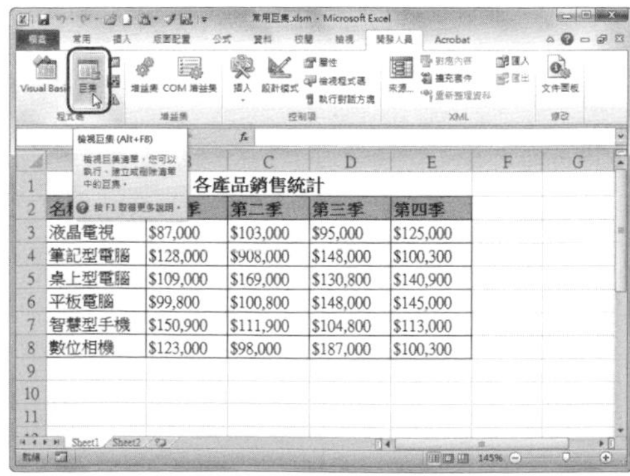


**Step 2** 點選「編輯」按鈕

在打開的「巨集」對話框中，選擇需要編輯的巨集後，點選〔編輯〕按鈕。

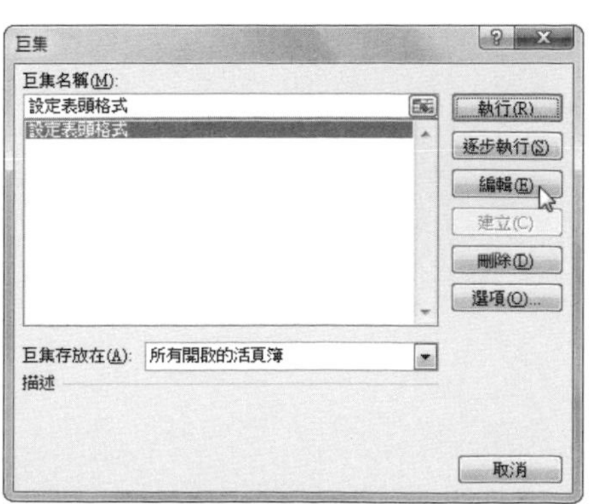

Step 3 修改程式碼

打開 VBA 編輯視窗，在模組視窗中新增設定文字傾斜效果的腳本程式碼「.Selection.Font.Italic=True」。

Step 4 返回工作表

編輯完成後，點選〔檔案〕功能表下的「關閉並返回到 Microsoft Excel」，返回工作表中，再次套用該巨集時，可以看到表頭文字有了傾斜效果。

提示

VBA 程式碼的語法

VBA 程式中輸入的內容或程式碼，即組成 VBA 程式，這些程式碼遵循的規則即稱為「語法」，語法決定執行的規則。

第 5 章 \ 原始檔 \ 常用巨集 .xlsm

## 321 Q 如何刪除巨集？

A 我們可以根據需要在 Excel 中建立各種功能的巨集，也可以將建立的巨集刪除，下面介紹刪除巨集的操作方法。

Step 1 選擇「格式化圖案」

打開「立體效果 .xlsx」，選取需要新增立體效果的圖案，按滑鼠右鍵並選擇【格式化圖案】。

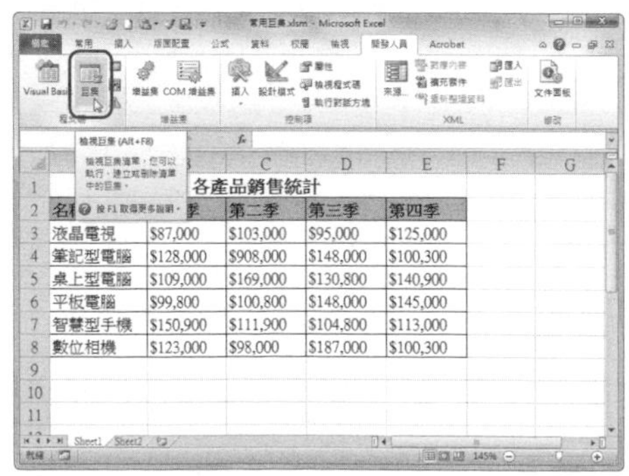

**Step 2** 設定圖案立體效果

在打開的「格式化圖案」對話框中，切換至〔立體格式〕選項，分別對「浮凸」、「深度」、「輪線線」和「表面」等項目進行設定。

**Step 3** 檢視立體效果

點選〔關閉〕按鈕，返回工作表中，即可看到所選圖案的立體效果。

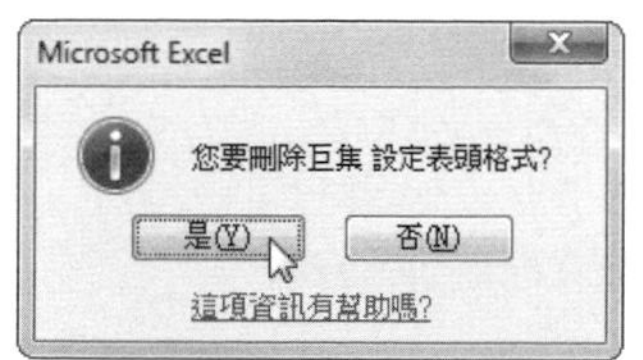


**提示**

**如何移除儲存在個人巨集活頁簿中的巨集，且此活頁簿已隱藏**

- 在「視圖」活頁標籤下的「視窗」選項群組中，點選「取消隱藏」按鈕；
- 在「取消隱藏活頁簿」下，點選 PERSONAL，然後點選〔確定〕按鈕。

## 322 Q 如何偵錯巨集？

第 5 章 \ 原始檔 \ 偵錯巨集 .xlsm

如果 Excel 中的巨集未能準確地完成需要的操作，我們可使用 VBA 來修復問題。在 VBA 中可以偵錯或修復現有的巨集。

**Step 1** 打開「巨集」對話框

打開「偵錯巨集 .xlsm」，切換至〔開發人員〕活頁標籤，點選「程式碼」選項群組的〔巨集〕按鈕。

| 名稱 | 第一季 | 第二季 | 第三季 | 第四季 |
|---|---|---|---|---|
| 液晶電視 | $87,000 | $103,000 | $95,000 | $125,000 |
| 筆記型電腦 | $128,000 | $908,000 | $148,000 | $100,300 |
| 桌上型電腦 | $109,000 | $169,000 | $130,800 | $140,900 |
| 平板電腦 | $99,800 | $100,800 | $148,000 | $145,000 |
| 智慧型手機 | $150,900 | $111,900 | $104,800 | $113,000 |
| 數位相機 | $123,000 | $98,000 | $187,000 | $100,300 |

**Step 2** 點選「逐步執行」按鈕

在打開的「巨集」對話框中，選取需要偵錯的巨集，點選〔逐步執行〕按鈕。

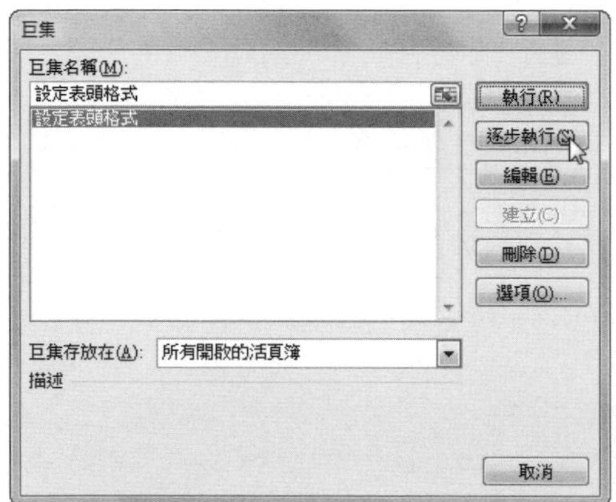


**Step 3** 選擇「逐程序」偵錯

此時會彈出「Microsoft Visual Basic for Applications-偵錯巨集」視窗，點選〔偵錯〕功能表，選擇【逐程序】，按步執行偵錯操作。

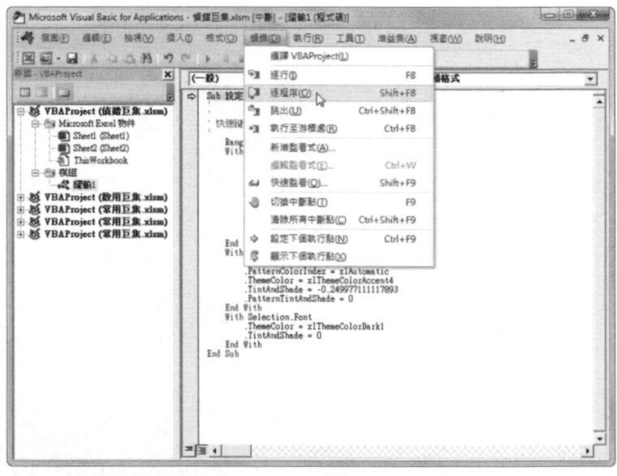

**Step 4** 儲存偵錯

完成操作後點選〔儲存〕按鈕，然後點選〔關閉〕按鈕即可。

**Step 5** 點選「確定」按鈕

在彈出的「Microsoft Visual Basic for Applications」提示對話框中點選〔確定〕按鈕，即可終止偵錯。

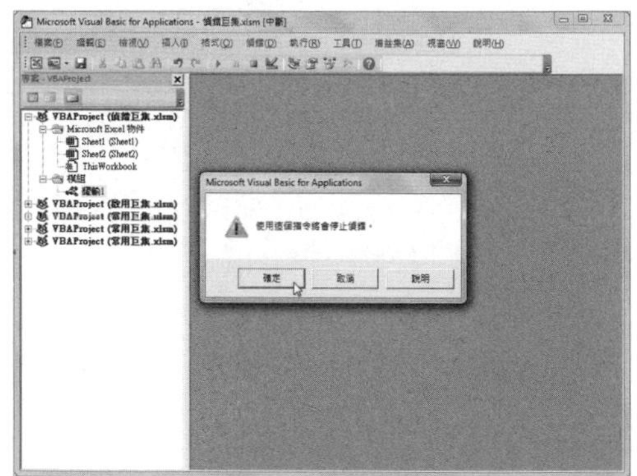

**提示**

**顯示偵錯工具列**

在 Visual Basic 編輯器中，點選〔檢視〕→【工具列】→【偵錯】，即可顯示偵錯工具列。

# 如何使用巨集程式碼對工作表實施保護？

第 5 章 \ 原始檔 \ 採購價格 .xlsx
第 5 章 \ 完成檔 \ 採購價格 .xlsm

在 Excel 中，我們除了可以使用密碼對工作表實施保護外，還可以使用巨集程式碼對工作表進行保護哦！

## Step 1 打開原始檔

打開「採購價格 .xlsx」，切換至〔開發人員〕活頁標籤，點選「程式碼」選項群組中的〔Visual Basic〕按鈕。

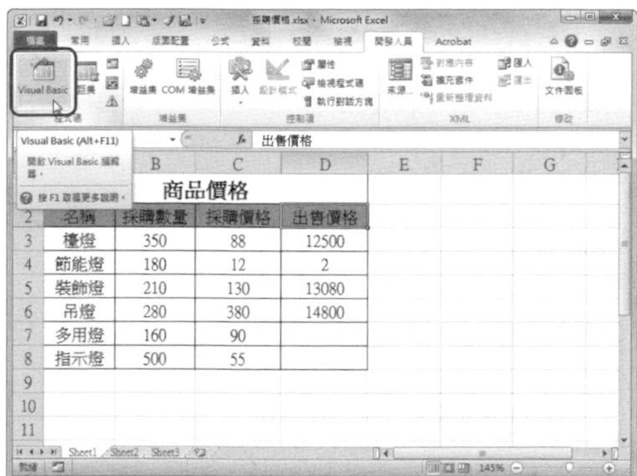


## Step 2 打開程式碼視窗

進入 VBA 編輯視窗後，在「ThisWorkbook」上按右鍵，在彈出的快速選單中選擇【檢視程式碼】。

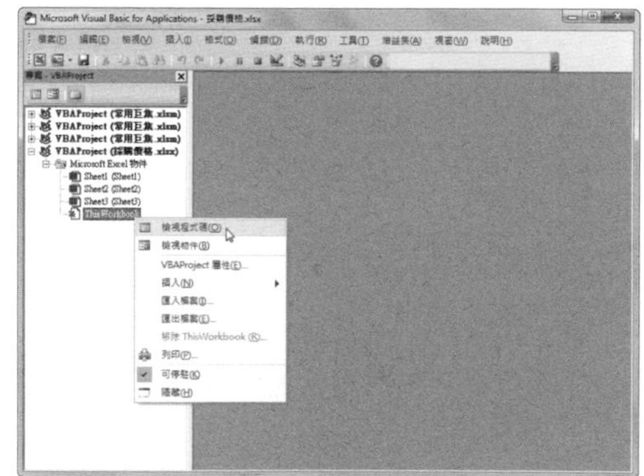

## Step 3 輸入程式碼

在打開的程式碼視窗中輸入保護工作表的程式碼，這裡工作名稱應該引用需要保護工作表的標籤名稱。

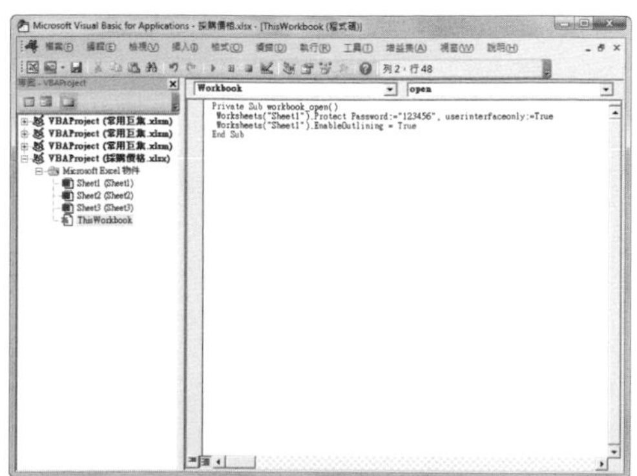


## Step 4 儲存並關閉程式碼

點選〔儲存〕按鈕後，再點選「關閉」按鈕退出 VBA 編輯視窗。在彈出的「Microsoft Excel」提示對話框中點選〔確定〕按鈕。

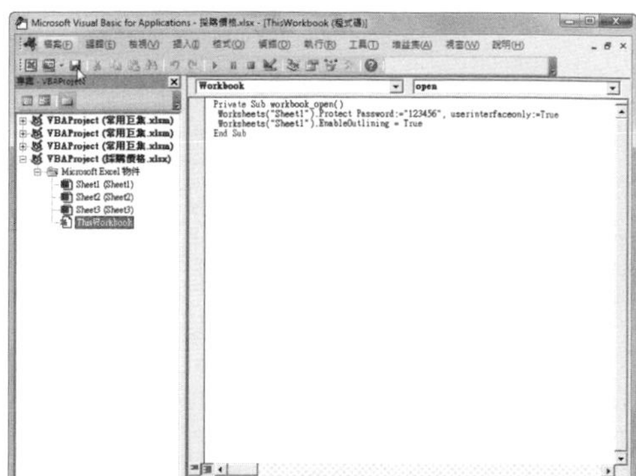

### Step 5 打開巨集的工作表

返回工作表後，點選〔檔案〕活頁標籤，選擇〔另存新檔〕，在打開的「另存新檔」對話框中設定檔案名稱和存檔類型後，點選〔儲存〕按鈕。

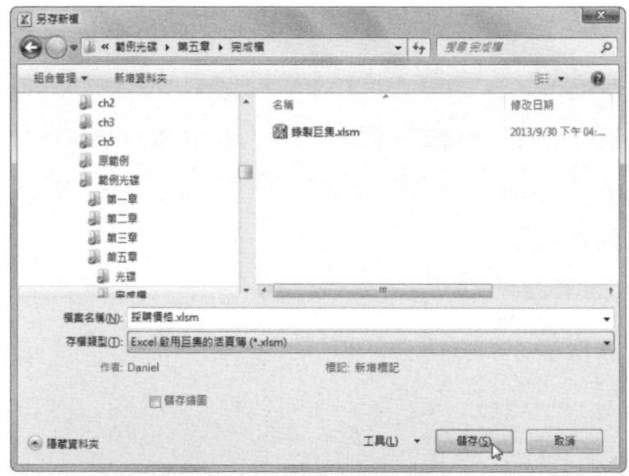

### Step 6 修改儲存了巨集的 Excel 工作表中的內容

再次打開儲存含有巨集程式碼的 Excel 工作表，對其進行修改，選取 C3 儲存格，移除儲存格內容。

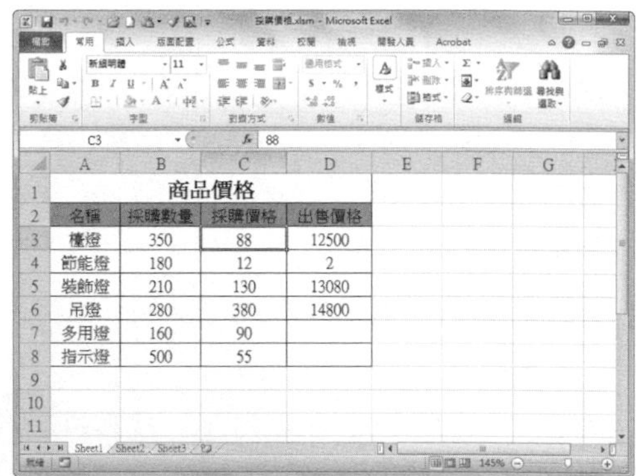


### Step 7 點選「確定」按鈕

這時，文件會彈出「Microsoft Excel」提示對話框，提示工作表已經受到保護，點選〔確定〕按鈕。

### Step 8 取消保護工作表

若要取消工作表保護，則切換至〔校閱〕活頁標籤，點選「變更」選項群組的〔取消保護工作表〕按鈕。

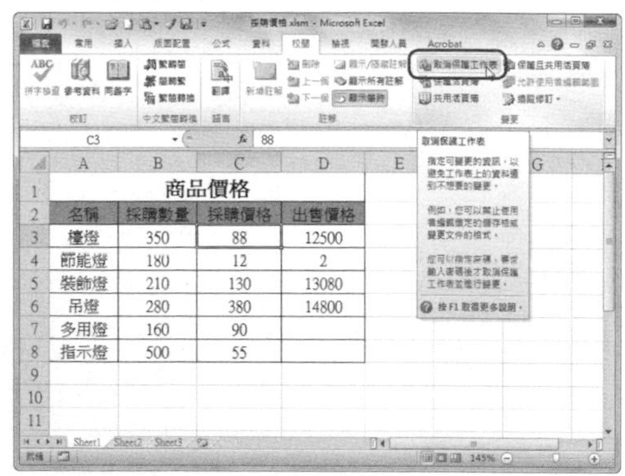


### Step 9 輸入取消密碼

在彈出的「取消工作表保護」對話框中輸入程式碼中設定的密碼，然後點選〔確定〕按鈕，即可取消工作表保護。

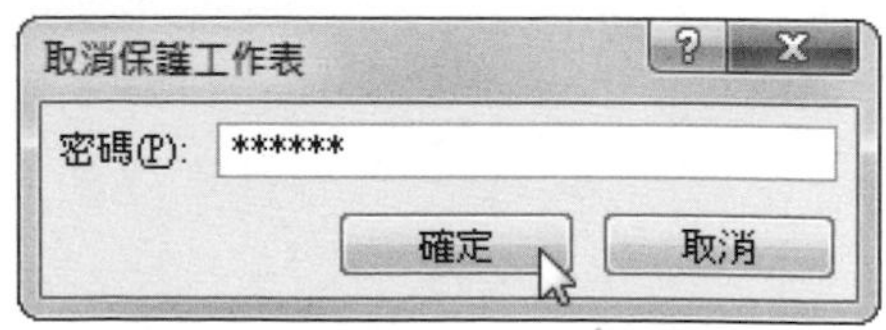

# 如何在 Excel 巨集中新增數位簽名？

我們還可以在含有巨集的文件中新增數位簽名，這樣不僅可以取消 Excel 中的巨集安全性警告，還不會降

**Step 1** 點選〔Visual Basic〕按鈕

打開需新增數位簽名的巨集檔案，切換至〔開發人員〕活頁標籤，點選「程式碼」選項群組中的〔Visual Basic〕按鈕。

**Step 2** 數位簽名

進入 VBA 編輯視窗後，點選〔工具〕活頁標籤，選擇【數位簽名】。

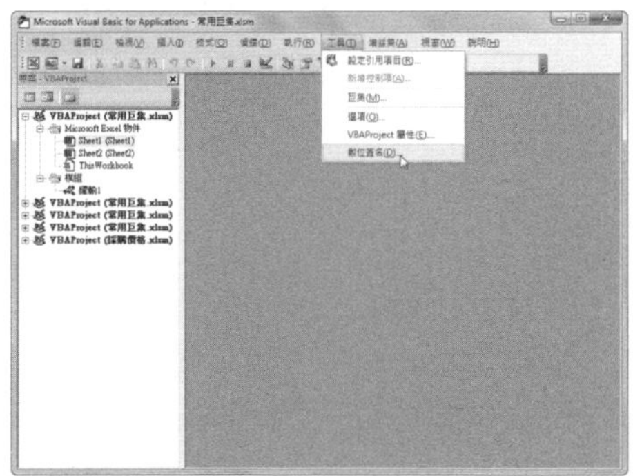

**Step 3** 打開「數位簽章」對話框

在打開的「數位簽章」對話框中點選〔選擇〕按鈕。

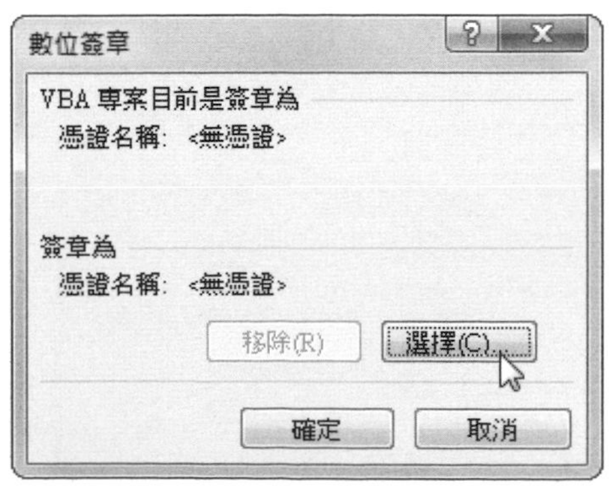


**Step 4** 檢視憑證

在打開的「Windows 安全性」對話框中，選擇列表中的憑證，然後點選〔確定〕按鈕。

**Step 5** 新增數位簽名

回到「數位簽章」對話框，點選〔確定〕按鈕。

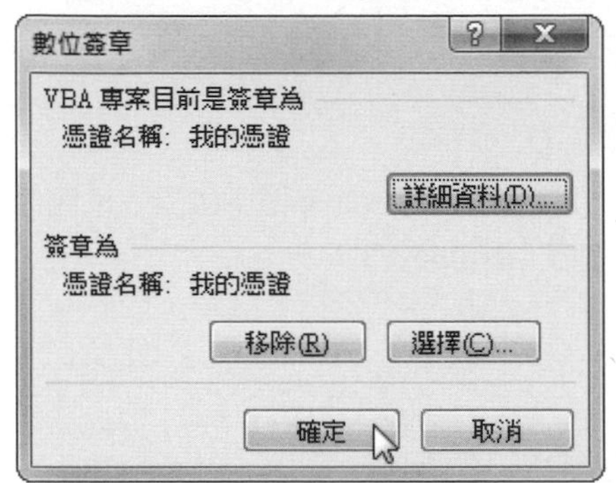


**Step 6** 退出 VBA 編輯視窗

返回 VBA 編輯視窗，點選〔儲存〕按鈕，儲存數位簽名後，點選〔關閉〕按鈕，即可返回工作表。

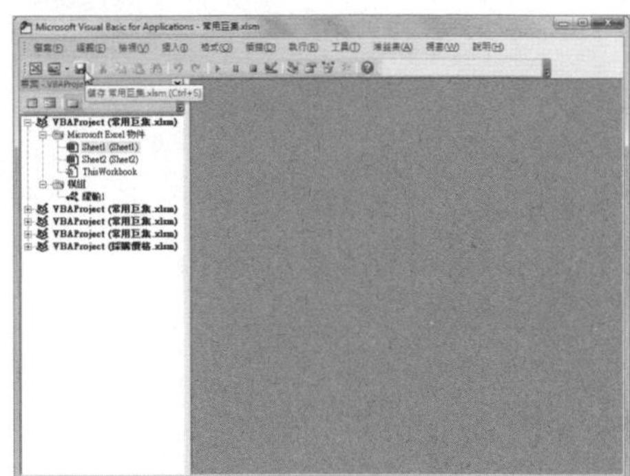

**提示**

**建立巨集文件的自訂憑證**

在系統中點選〔開始〕功能表，依序選擇【程式】→【Microsoft Office】→【Microsoft Office 2010 工具】→【VBAProject 數位憑證】，在打開的「建立數位憑證」對話框中輸入憑證名稱後，點選〔確定〕按鈕，即可建立一個數位憑證。

## 325 Q 如何匯入和匯出巨集程式碼？

**A** 如果在其他文件中編輯巨集，那麼可以將其匯出，再匯入到需要的 Excel 文件中，這樣就不需要再次錄製巨集了。下面介紹匯出和匯入巨集程式碼的具體操作步驟。

**Step 1** 打開原始檔

打開「常用巨集.xlsm」，切換至〔開發人員〕活頁標籤，點選「程式碼」選項群組中的〔Visual Basic〕按鈕。

**Step 2** 匯出文件

進入 VBA 編輯視窗後，在編輯巨集模組按滑鼠右鍵，並從彈出的快速選單中選擇【匯出檔案】。

**Step 3** 儲存巨集程式碼

在打開的「匯出檔案」對話框中，設定巨集的儲存位置和名稱，然後點選〔儲存〕按鈕。

**Step 4** 匯入文件

打開「匯入巨集 .xlsx」，進入 VBA 編輯視窗後，在編輯巨集視窗選擇目標文件並按滑鼠右鍵，在彈出的快速選單中選擇【匯入檔案】。

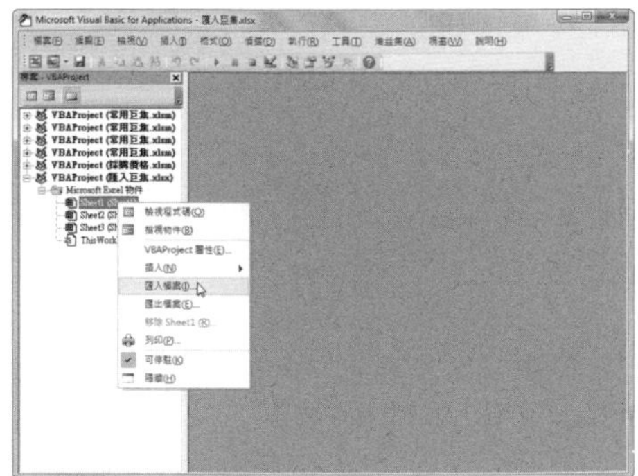

**Step 5** 選擇匯入的檔

在打開的「匯入檔案」對話框中，選擇需要匯入的檔後，點選〔開啟〕按鈕。

**Step 6** 檢視結果

此時在「匯入巨集 .xlsx」中已經插入了新模組，顯示匯入的巨集程式碼。點選「關閉」按鈕，即可返回工作表，對工作表進行儲存。

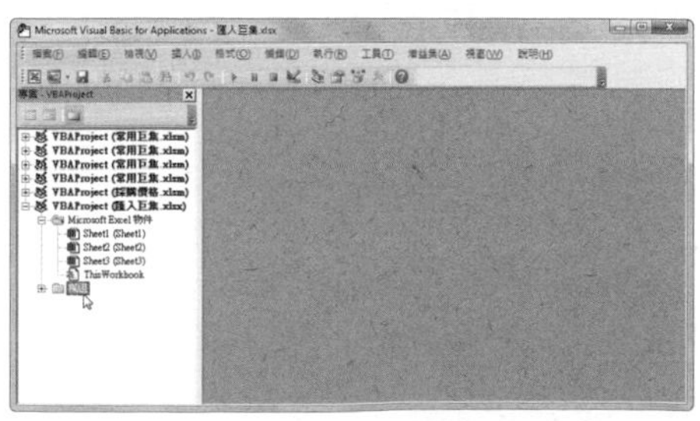

# 326 Q 如何避免其他對巨集程式碼進行編輯？

A 為了更好地保護建立的巨集，我們可以對巨集程式碼進行加密保護，以避免其他對巨集程式碼進行編輯。設定巨集密碼後，只有擁有密碼許可權的才能檢視可編輯巨集程式碼。

**Step 1 點選〔Visual Basic〕按鈕**

打開需要對巨集程式碼進行加密保護的巨集檔案，切換至〔開發人員〕活頁標籤，點選「程式碼」選項群組中的〔Visual Basic〕按鈕。

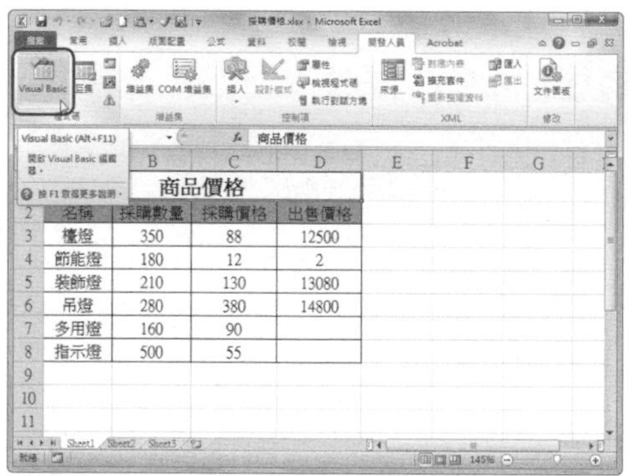

**Step 2 打開「VBA Project 工程屬性」對話框**

進入 VBA 編輯視窗後，點選〔工具〕功能表，選擇「VBAProject 屬性」，即可打開 VBA Project 屬性」對話框。

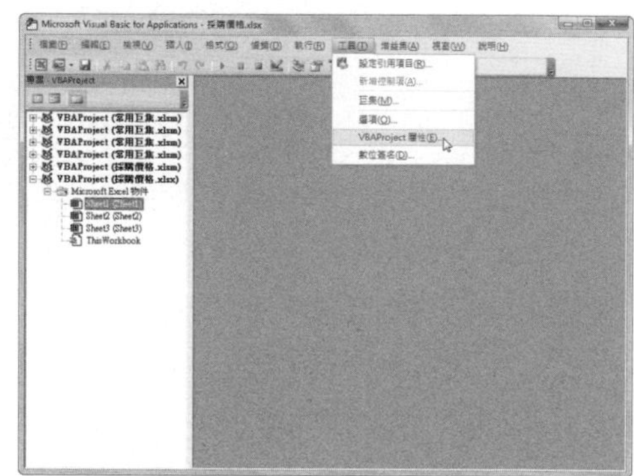

**Step 3 設定密碼**

在打開的「VBA Project 屬性」對話框中，切換至〔保護〕活頁標籤，在「密碼」和「確認密碼」方塊中輸入相同的密碼，點選〔確定〕按鈕，即可對巨集進行保護。

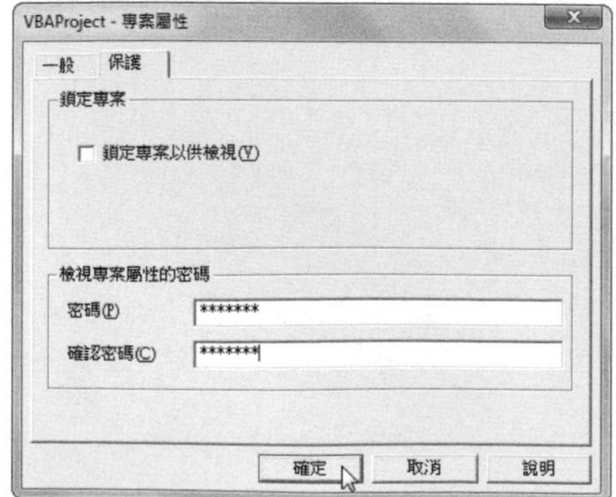

# 第6章 Excel 安全秘技

當我們套用 Excel 的擴充功能或連結網路時，容易感染病毒或受到其他有害攻擊，造成檔案和電腦造成傷害，這時我們可以對 Excel 的安全選項進行設定。在製作完成 Excel 工作表時，可以根據工作表的重要程度，選擇最合適的方法來保護工作表，本章將介紹保護 Excel 安全的操作秘技。

設定受保護檢視打開文件

設定外部資料安全選項

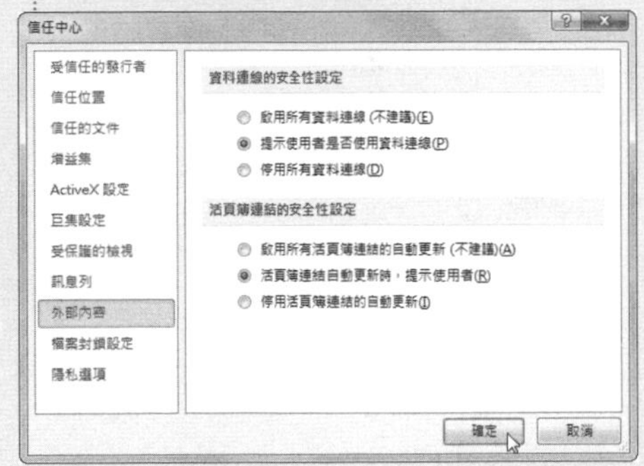


設定文件內容保護

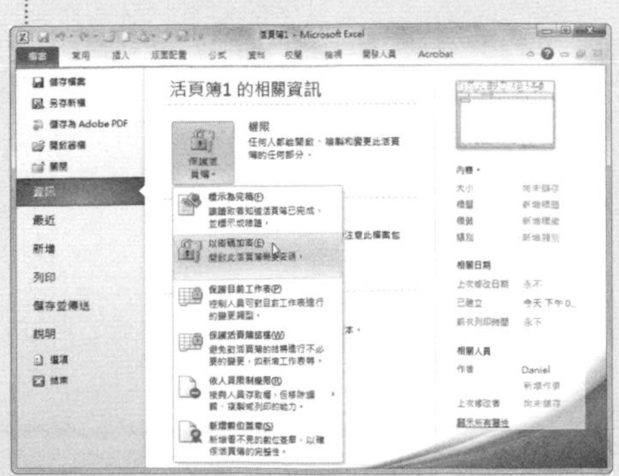

# 職人技 20 Excel 安全性設定秘技

Excel 為我們提供強大的擴充功能，我們在享受這些功能的同時，還需要保護工作表的安全，根據自身的使用需要設定 Excel 的安全性選項。

327

## 如何使用受保護檢視打開不安全文件？

從網路上或郵件附件中下載檔案後，可以使用受保護檢視打開，這樣可以有效地防止病毒傳播。下面介紹以受保護檢視打開不安全文件的操作的方法。

### Step 1 打開「Excel 選項」對話框

打開 Excel 2010 活頁簿，點選〔檔案〕活頁標籤，選擇「選項」，打開「Excel 選項」對話框。

### Step 2 打開「信任中心」對話框

在打開的「Excel 選項」對話框中，切換至〔信任中心〕選項，點選〔信任中心設定〕按鈕。

### Step 3 設定套用範圍

在打開的對話框中，切換至〔受保護的檢視〕選項，按需求勾選選項中的核取方塊後，點選〔確定〕按鈕即可。

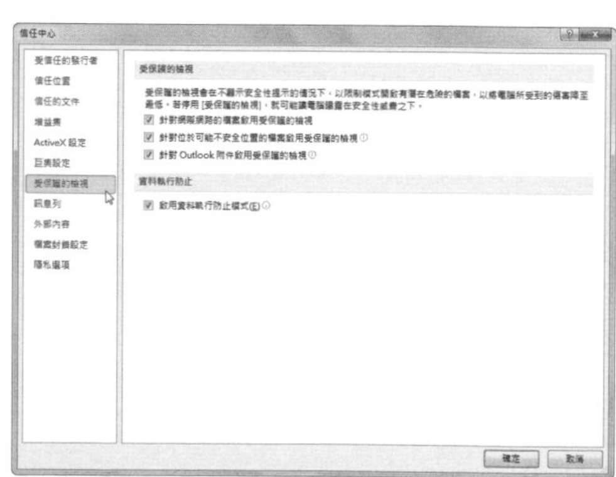

**提示**

**受保護檢視的套用範圍**

在「受保護的檢視」選項中，可以設定為來自網際網路的檔案、Outlook 附件以及位於不安全位置的檔案等來源啟用受保護檢視。設定完成後打開檔案，受保護檢視會顯示相關的安全性提示。

## 328 Q 如何禁止顯示安全性警告資訊？

當 Excel 在開啟的文件中檢測到潛在的危險內容時，會在功能區下方彈出安全性警告訊息。如果不希望顯示安全性警告訊息，可以將它停用。

### Step 1 打開「Excel 選項」對話框

打開 Excel 2010 活頁簿，點選〔檔案〕活頁標籤，選擇「選項」。

### Step 2 打開「信任中心」對話框

在打開的「Excel 選項」對話框中，切換至〔信任中心〕選項，點選〔信任中心設定〕按鈕。

### Step 3 設定訊息列選項

在開啟的「信任中心」對話框中，切換至「訊息列」選項，選取「永遠不要顯示已封鎖內容的相關資訊」，點選〔確定〕按鈕即完成。

「訊息列」選項

如果在信任中心的〔巨集設定〕選項中選取「停用所有巨集(不事先通知)」選項，則〔訊息列〕選項中的「ActiveX 控制項和巨集之類的主動式內容遭到封鎖時，在所有應用程式中顯示訊息列」選項無效。

329

## Q 如何設定外部資料安全選項？

A 在 Excel 中可以連接外部資料庫或其他文件中的資料，為了防止駭客將危險性程式碼隱藏在內容中，可以設定資料連結的安全選項，啟用或禁用外部內容，也可以設定顯示安全性警告，來看看怎麼操作吧！

### Step 1 打開「Excel 選項」對話框

打開 Excel 2010 活頁簿，點選〔檔案〕活頁標籤，選擇「選項」。

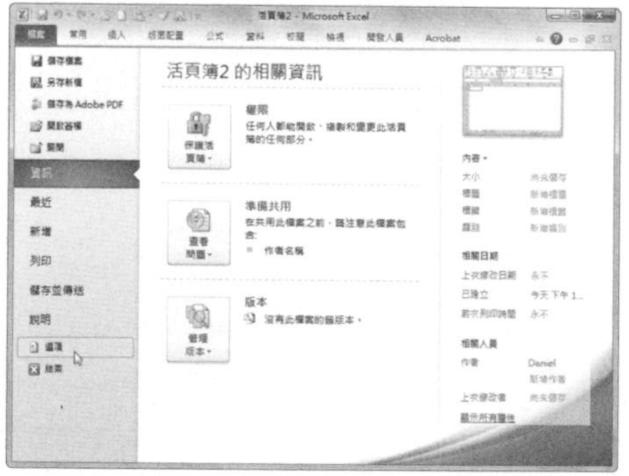

### Step 2 打開「信任中心」對話框

在打開的「Excel 選項」對話框中，切換至〔信任中心〕選項，點選〔信任中心設定〕按鈕。

### Step 3 設定訊息列選項

在打開的「信任中心」對話框中，切換至〔外部內容〕選項，即可設定外部內容的安全性選項，完成後按下〔確定〕即可。

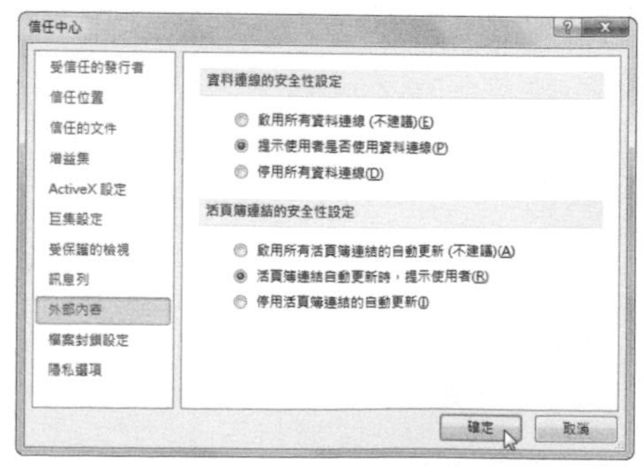

## 330 Q 如何設定將 Excel 文件儲存在信任區域？

對於經常需要開啟的 Excel 文件，若是每次開啟時都要確認安全性選項會讓人不堪其擾。此時可以將 Excel 文件儲存在受信任區域後，再次打開文件時，信任中心安全功能就不會檢查該檔案。

### Step 1 打開「Excel 選項」對話框

打開 Excel，點選〔檔案〕活頁標籤，選擇「選項」。

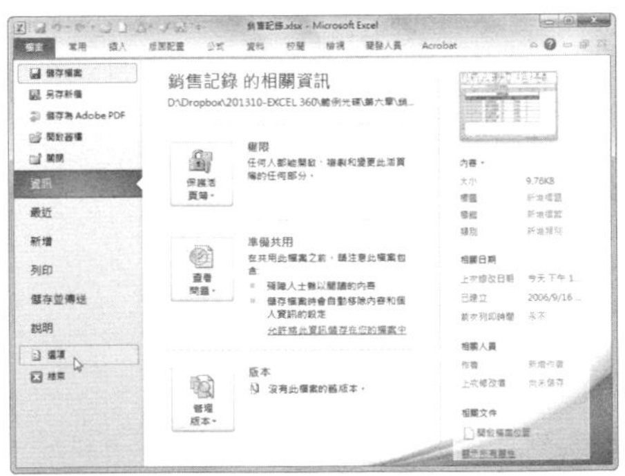

### Step 2 打開「信任中心」對話框

在打開的「Excel 選項」對話框中，切換至〔信任中心〕選項，點選〔信任中心設定〕按鈕。

### Step 3 選擇「受信任位置」選項

在打開的「信任中心」對話框中，切換至〔信任位置〕選項，選擇要修改的路徑後，點選〔修改〕按鈕。

### Step 4 設定路徑和修改說明

在打開的「Microsoft Office 信任位置」對話框中，在路徑文字方塊中輸入路徑，或是點選〔瀏覽〕按鈕設定路徑，然後在「說明」文字方塊中輸入文字說明，按下〔確定〕按鈕即完成。

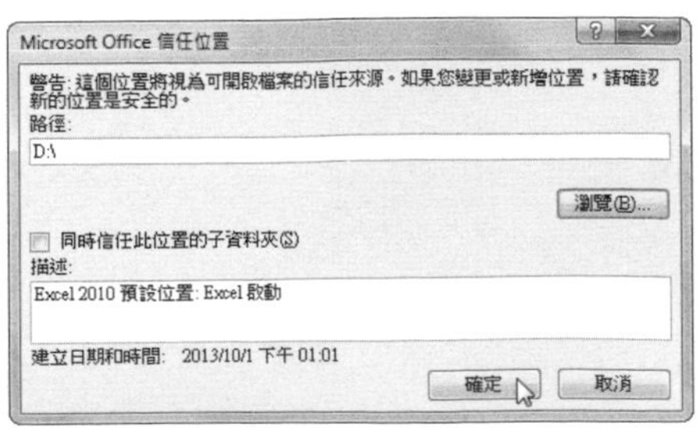

331

## Q 如何對活頁簿連結進行安全性設定？

**A** 在 Excel 2010 中，不但可以對活頁簿、工作表進行安全性設定，還可以對連結的外部文件實施安全性設定，下面介紹操作的方法。

### Step 1 打開「Excel 選項」對話框

打開 Excel 2010 活頁簿，點選〔檔案〕活頁標籤，然後選擇〔選項〕。

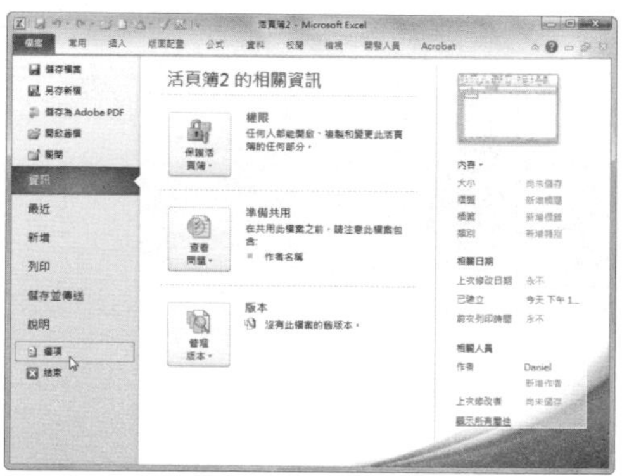

### Step 2 打開「信任中心」對話框

在打開的「Excel 選項」對話框中，切換至〔信任中心〕選項，點選〔信任中心設定〕按鈕。

### Step 3 設定連結內容的安全選項

在打開的「信任中心」對話框中，切換至〔外部內容〕選項，對「資料連線的安全性設定」和「活頁簿連結的安全性設定」進行設定後按下〔確定〕。

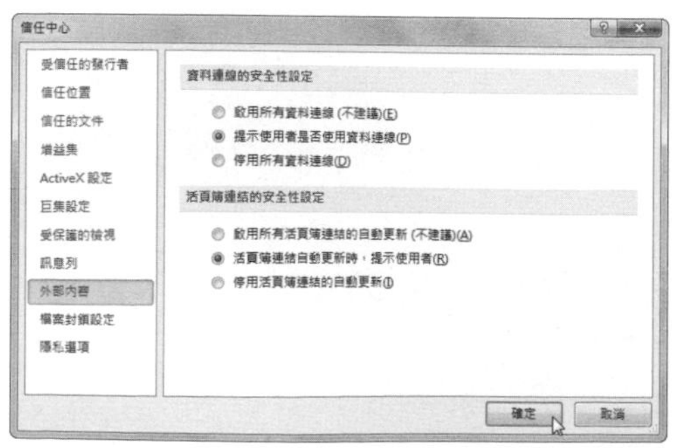


**提 示**

**檔案封鎖設定**

在「信任中心」對話框中，切換至〔檔案封鎖設定〕選項，然後在右側的選項區域內即可進行檔案封鎖相關的設定。

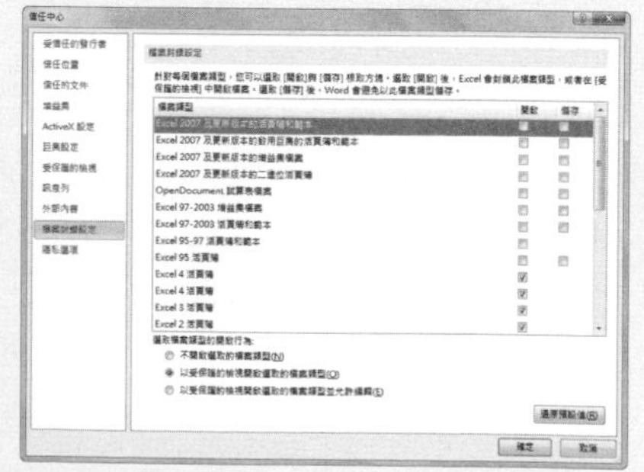

# 332 Q 如何設定巨集安全性？

A 巨集能協助我們在進行 Excel 作業處理時帶來很多便利，但也給病毒帶來可乘之機，在 Excel 中，我們可以針對巨集進行相關的安全性設定。

**Step 1** 打開「Excel 選項」對話框

打開 Excel 2010 活頁簿，點選〔檔案〕活頁標籤，選擇〔選項〕。

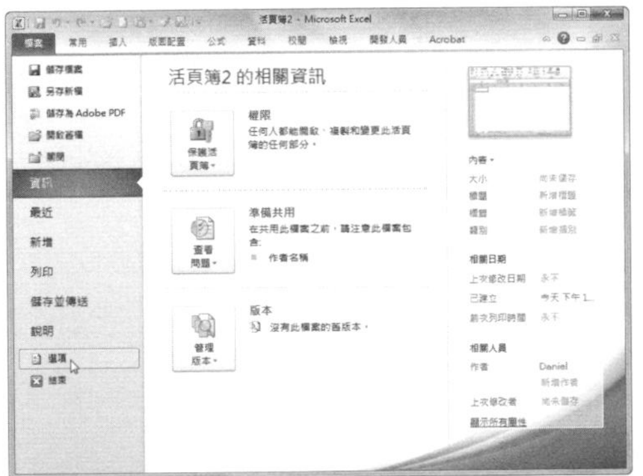

**Step 2** 打開「信任中心」對話框

在打開的「Excel 選項」對話框中，切換至〔信任中心〕選項，點選〔信任中心設定〕按鈕。

**Step 3** 設定巨集安全性

在打開的「信任中心」對話框中，切換至〔巨集設定〕選項，即可在右側的選項區域內進行相關設定。

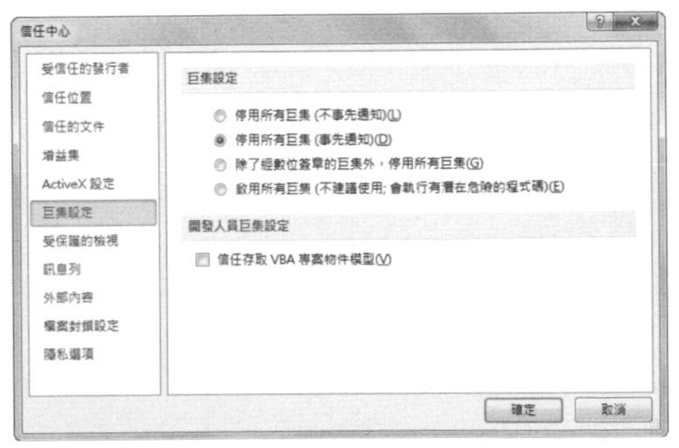


**提示**

**啟用巨集的活頁簿檔案**

儲存檔案時將包含巨集的 Excel 活頁簿設定為「啟用巨集的活頁簿 (.xlsm)」後，就可以在其中新增和儲存巨集程式碼。

# 333 Q 如何設定 ActiveX 安全選項？

ActiveX 控制項是一種軟體程式碼，駭客可能會利用它來傳播病毒，達到破壞電腦資料的目的。如果 ActiveX 控制項選項未設定為需要的級別，則可在信任中心進行設定，然後有效地保護電腦安全。

### Step 1 打開「Excel 選項」對話框

打開 Excel 2010 活頁簿，點選〔檔案〕活頁標籤，選擇〔選項〕。

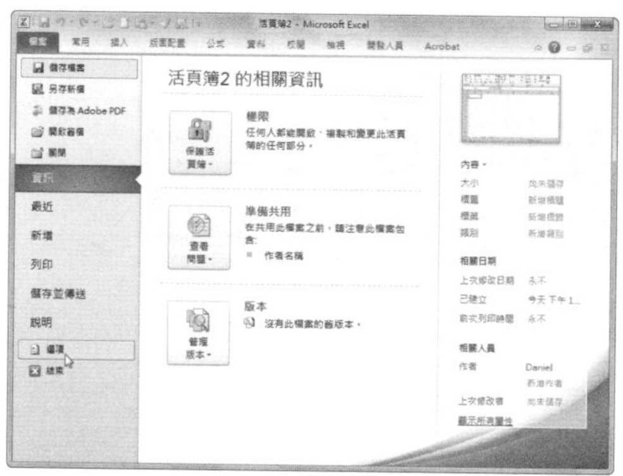


### Step 2 打開「信任中心」對話框

在打開的「Excel 選項」對話框中，切換至「信任中心」選項，點選〔信任中心設定〕按鈕。

### Step 3 選擇 ActiveX 設定

在打開的「信任中心」對話框中，切換至〔ActiveX 設定〕選項，即可在右側的選項區域內進行相關的設定。

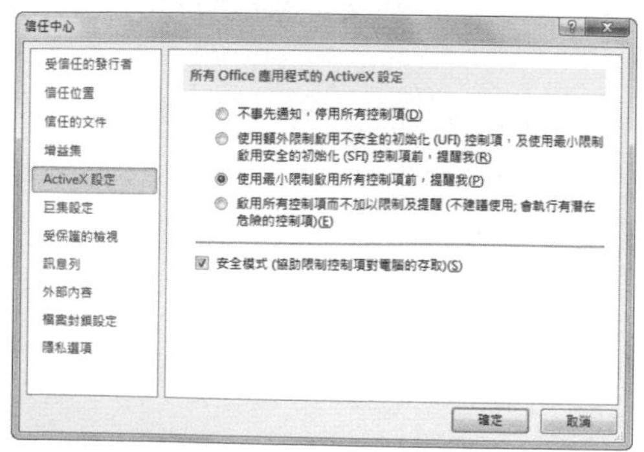


### 提示

**啟用 Excel 安全模式**

我們可以在信任中心中啟用安全模式。點選〔檔案〕活頁標籤，選擇〔選項〕，在打開的「Excel 選項」對話框中，切換至〔信任中心〕選項，點選〔信任中心設定〕按鈕，打開「信任中心」對話框。切換至〔ActiveX 設定〕選項，勾選「安全模式（協助限制控制項對電腦的存取）」核取方塊，點選〔確定〕按鈕即可。

# 如何設定線上搜尋家長監護？

如果孩子在使用 Excel 時，會透過「參考資料」窗格進行線上搜尋，那麼家長可以設定隱私選項，啟用「家長監護」的功能，即可剔除不良的搜尋結果。

## Step 1 打開「Excel 選項」對話框

打開 Excel 2010 活頁簿，點選〔檔案〕活頁標籤，選擇〔選項〕，打開「Excel 選項」對話框。

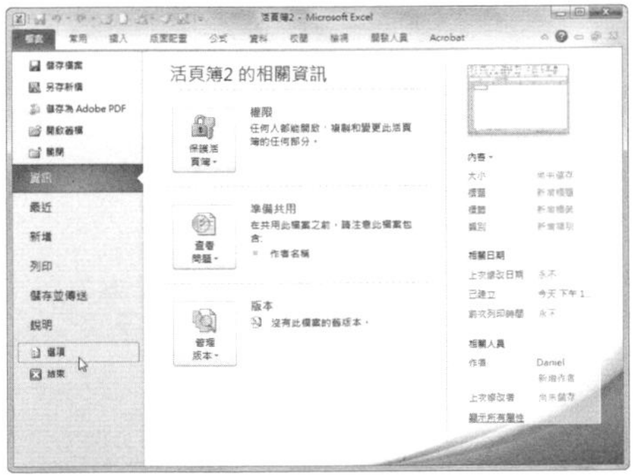


## Step 2 打開「信任中心」對話框

在打開的「Excel 選項」對話框中，切換至〔信任中心〕選項，點選〔信任中心設定〕按鈕。

## Step 3 設定隱私選項

在打開的「信任中心」對話框中，切換至〔隱私選項〕選項，點選〔參考資料選項〕按鈕。

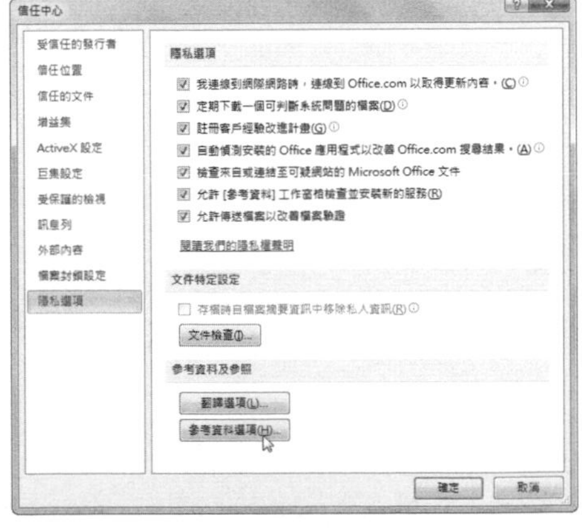


## Step 4 設定家長監護

在打開的「參考資料選項」對話框，點選〔家長監護〕按鈕，打開「家長監護」對話框。

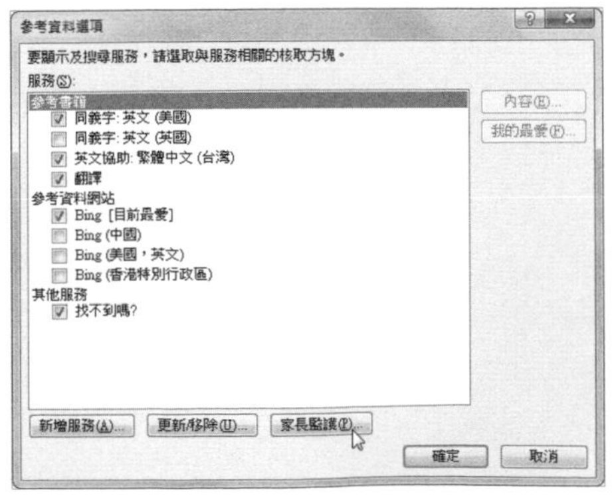

**Step 5 設定安全內容**

勾選「開啟內容篩選功能讓服務去封鎖不良的結果」核取方塊，再勾選「僅允許使用者搜尋僅可封鎖不良結果的服務」核取方塊。

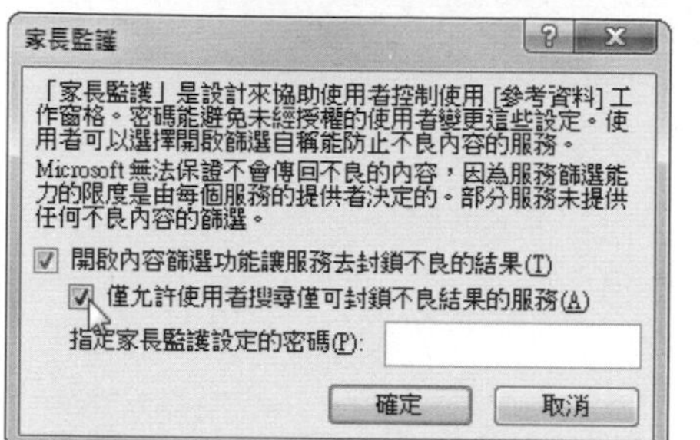


**Step 6 設定密碼**

在「指定家長監護設定的密碼」框中輸入密碼後，點選〔確定〕按鈕後即完成。

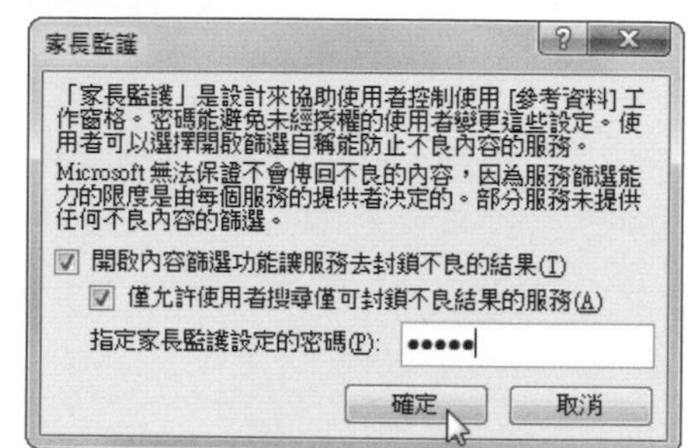


**提示**

若在點選〔家長監護〕時，跳出「此使用者帳戶沒有權限儲存您的變更」警告訊息，可以關閉 Excel 檔案後，找到 Excel 執行檔，在上面按滑鼠右鍵後，從快速選單中選取【以系統管理員身分執行】即可。

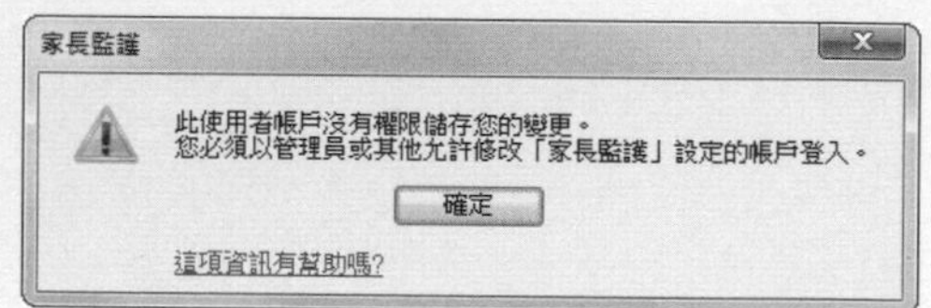


# 職人技 21 Excel 內容保護秘技

在日常工作中，不同的 Excel 表格具有不同的保密級別，有些工作表中的資料不能讓別人看到，有些工作表中的資料可以閱讀但不能修改。Excel 提供多種保護工作表的內容的方式，可以根據工作表的重要程度，選擇最合適的方法來保護工作表。

## 335 Q 如何為 Excel 新增安全密碼以禁止其他人打開？

A 如果活頁簿中涉及到保密內容時，我們可以為活頁簿新增密碼，使該活頁簿只有知道密碼的人才能順利開啟。

## Step 1 打開「資訊」選項

打開需要禁止別人打開的 Excel 活頁簿，點選〔檔案〕活頁標籤，選擇〔資訊〕，打開「資訊」選項。

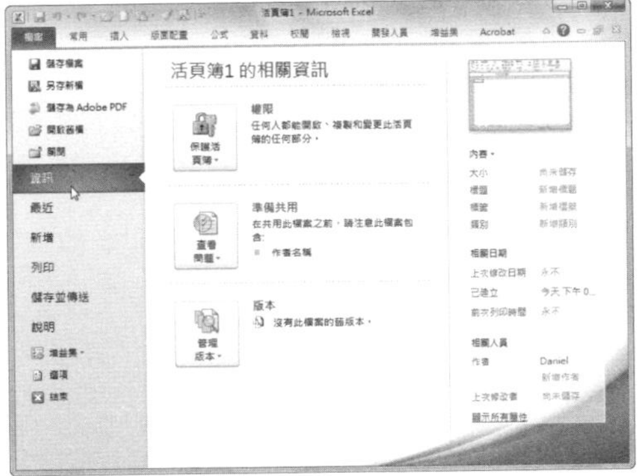


## Step 2 加密活頁簿

點選〔保護活頁簿〕按鈕，選擇【以密碼加密】選項。

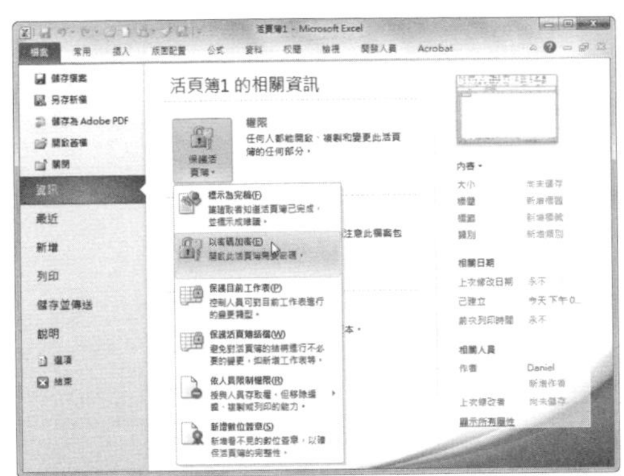


## Step 3 設定密碼

在打開的「加密文件」對話框的「密碼」方塊中輸入密碼後，點選〔確定〕按鈕。

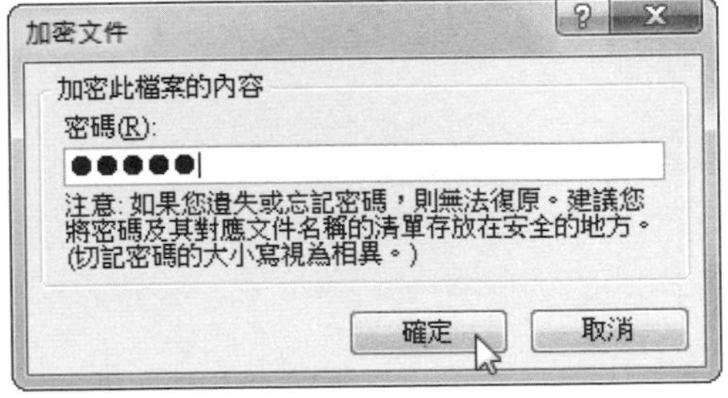


## Step 4 確認密碼

在彈出的「確認密碼」對話框中，再次輸入相同的密碼，然後點選〔確定〕按鈕。

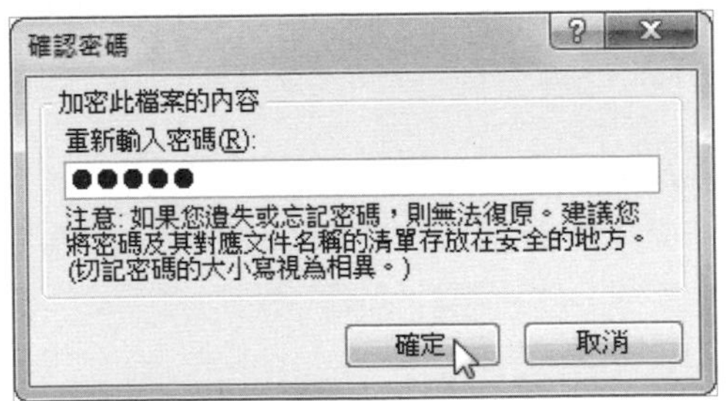


## Step 5 重新打開活頁簿

返回工作表，儲存檔案後關閉活頁簿，再次打開時會彈出「密碼」對話框，這時需輸入剛剛設定的密碼。

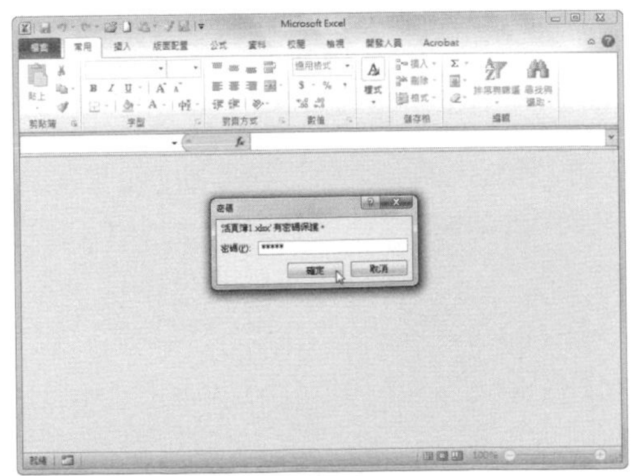

### Step 6 檢視效果

在「密碼」文字方塊中輸入密碼後，點選〔確定〕按鈕即可進入活頁簿。

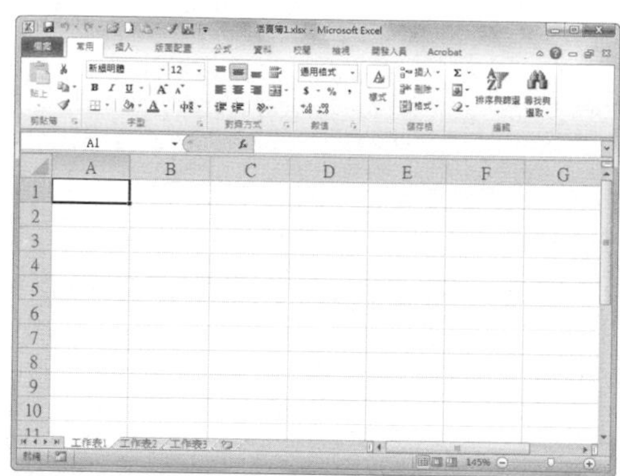

> **提示**
>
> **取消活頁簿的密碼保護**
>
> 如果要取消密碼保護，則點選〔檔案〕活頁標籤，切換至〔資訊〕選項，點選〔保護活頁簿〕按鈕，選擇【以密碼加密】選項。打開「加密文件」對話框後，將「密碼」文字方塊中的密碼清除，再點選〔確定〕按鈕即可。

## 336 Q 如何設定密碼避免工作表被修改？

A 在需要傳閱工作表中的內容時，如果不希望工作表中的內容被變更，可以設定密碼，使工作表只能瀏覽，無法修改內容。

### Step 1 打開「保護工作表」對話框

打開需要避免被修改的 Excel 活頁簿，切換至〔校閱〕活頁標籤，點選「變更」選項群組中的〔保護工作表〕按鈕。

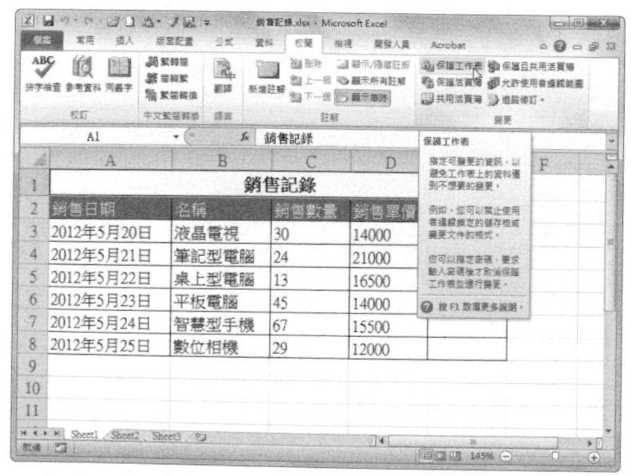


### Step 2 設定保護範圍與密碼

在彈出的「保護工作表」對話框中，在「要取消保護工作表時使用的密碼」文字方塊中輸入密碼，並勾選「允許此工作表的所有使用者能」列表框中所需的核取方塊。

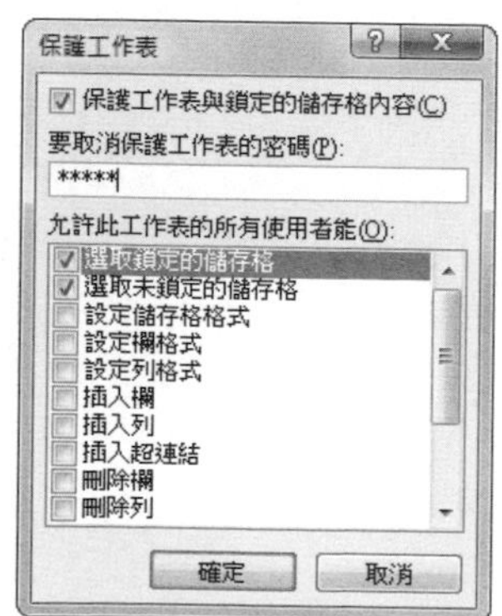

**Step 3** 確認密碼

點選〔確定〕按鈕，此時會彈出「確認密碼」對話框，再次輸入相同的密碼後，點選〔確定〕按鈕。

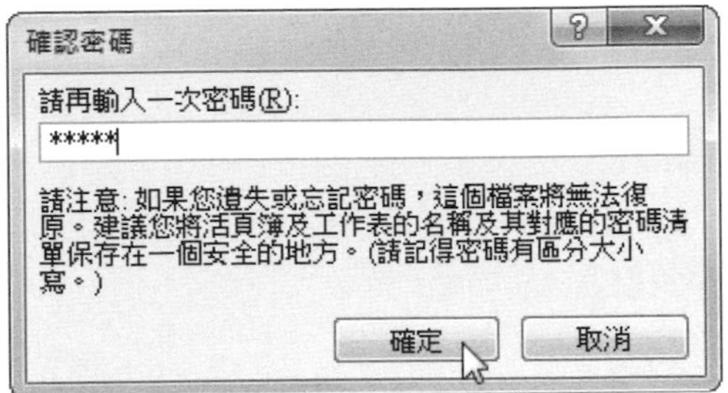


**Step 4** 檢視保護效果

之後在工作表中進行修改時，Excel 會彈出警告對話框，提示要修改的活頁簿已受到保護，點選〔確定〕按鈕。

**Step 5** 取消保護工作表

若想對工作表進行修改時，就要先取消對工作表的保護。切換至〔校閱〕活頁標籤，點選〔取消保護工作表〕按鈕。

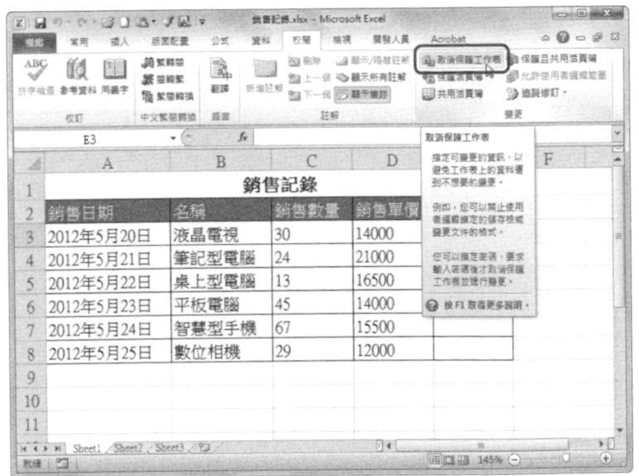


**Step 6** 輸入密碼

此時會彈出「取消保護工作表」對話框，在「密碼」文字方塊中輸入之前設定保護工作表的密碼，點選〔確定〕按鈕。

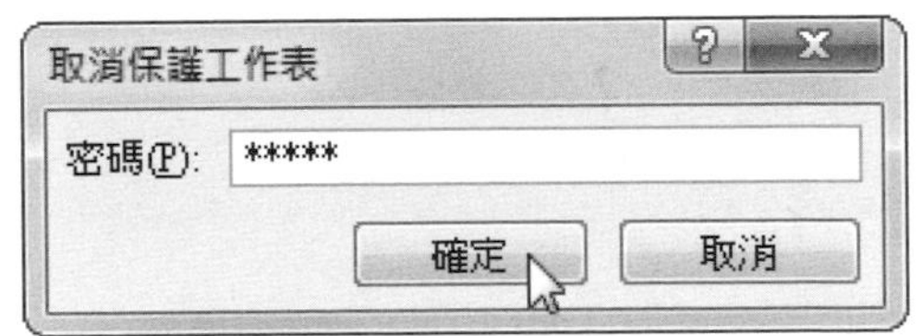


**Step 7** 檢視效果

此時再修改工作表中的內容，Excel 將不再彈出警告對話框。

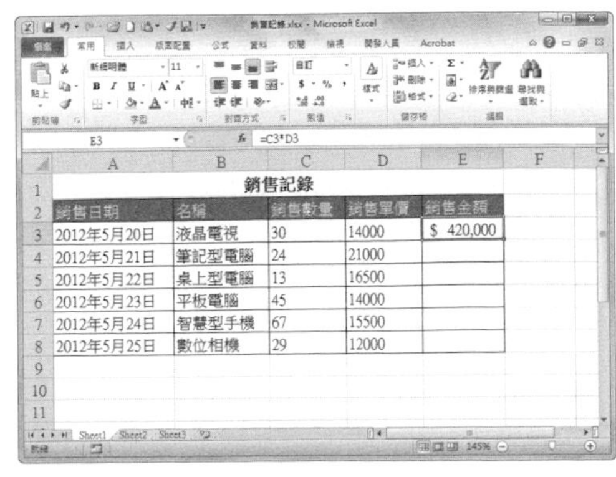

# 如何只允許其他使用者編輯指定區域？

第 5 章 \ 原始檔 \ 銷售記錄 .xlsx
第 5 章 \ 完成檔 \ 只能編輯指定區域 .xlsx

我們可以在設定保護工作表的同時，指定可編輯區域。這樣既可以保護工作表重要的區域不被修改，又可保持工作表的編輯彈性。

## Step 1 打開「允許使用者編輯範圍」對話框

打開活頁簿「銷售記錄 .xlsx」，切換至〔校閱〕活頁標籤，點選「變更」選項群組中〔允許使用者編輯範圍〕按鈕。

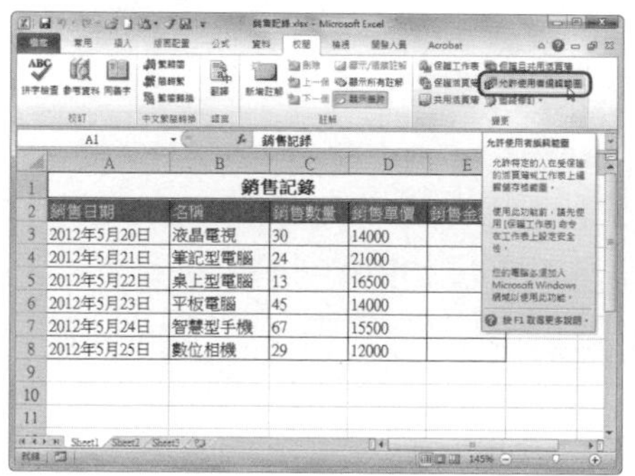

## Step 2 打開「新範圍」對話框

此時會彈出「允許使用者編輯範圍」對話框，點選〔新範圍〕按鈕。

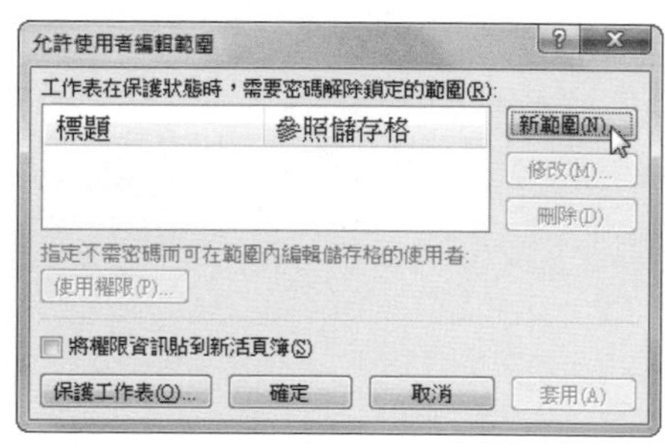

## Step 3 確認可編輯範圍

在彈出的「新範圍」對話框中，點選「參照儲存格」摺疊按鈕，在工作表中選擇可編輯區域，然後點選〔確定〕按鈕。

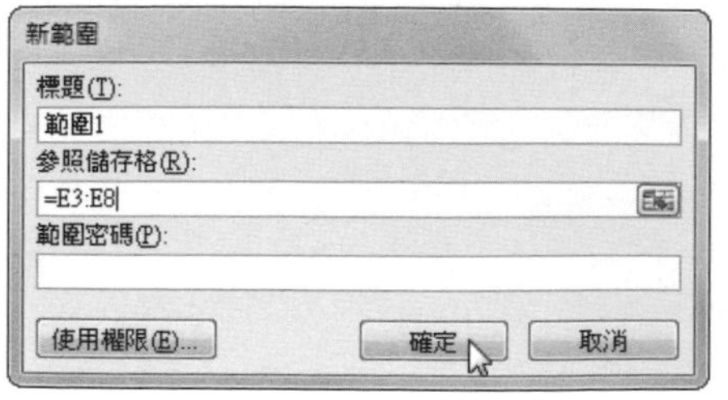

## Step 4 點選「保護工作表」按鈕

在「允許使用者編輯範圍」對話框中再次點選〔確定〕按鈕後返回工作表。點選〔校閱〕活頁標籤下「變更」選項群組的〔保護工作表〕按鈕。

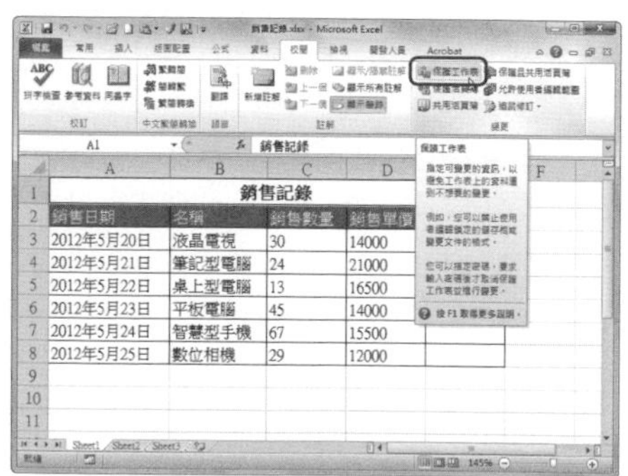

**Step 5** 設定保護密碼

此時會彈出「保護工作表」對話框，在「要取消保護工作表的密碼」方塊中輸入密碼，點選〔確定〕按鈕。

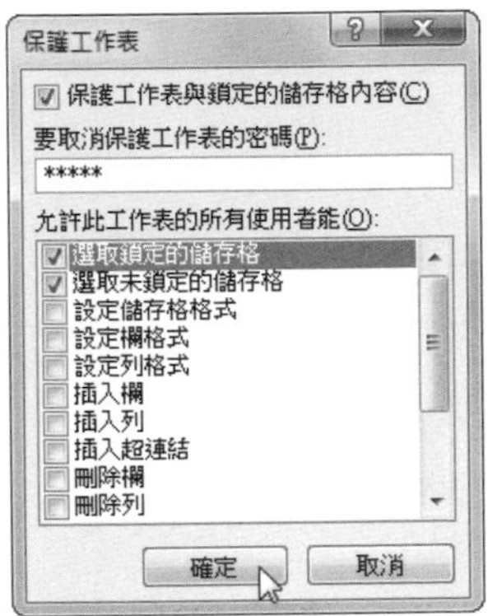


**Step 6** 確認密碼

彈出「確認密碼」對話框，輸入相同的密碼後點選〔確定〕按鈕。

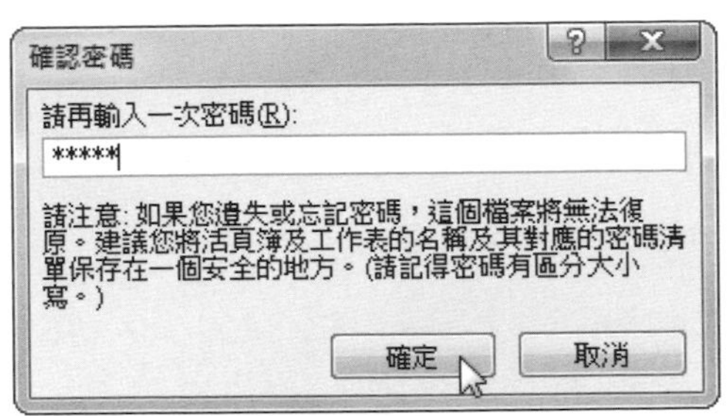


**Step 7** 檢視保護效果

返回工作表，在可編輯儲存格區域外進行修改時，Excel 會彈出提示不允許修改的對話框。

**Step 8** 變更可編輯區域中的內容

若需要對可編輯區域進行編輯，選取儲存格直接變更即可，Excel 不會彈出警告對話框。

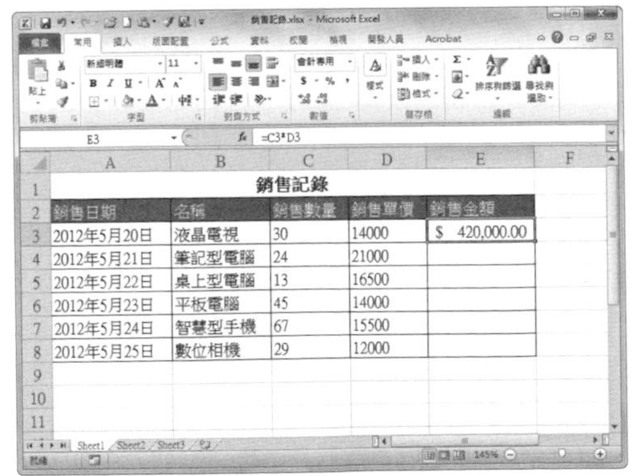

| 銷售日期 | 名稱 | 銷售數量 | 銷售單價 | 銷售金額 |
|---|---|---|---|---|
| 2012年5月20日 | 液晶電視 | 30 | 14000 | $ 420,000.00 |
| 2012年5月21日 | 筆記型電腦 | 24 | 21000 | |
| 2012年5月22日 | 桌上型電腦 | 13 | 16500 | |
| 2012年5月23日 | 平板電腦 | 45 | 14000 | |
| 2012年5月24日 | 智慧型手機 | 67 | 15500 | |
| 2012年5月25日 | 數位相機 | 29 | 12000 | |

**提示**

**密碼設定**

設定密碼時最好不要設定易被猜中的數字或字母，這樣的密碼不夠安全，容易被破解。

338

# 如何保護活頁簿的結構？

活頁簿中包含多個工作表，如果不希望別人在活頁簿中新增或移除工作表，則可以透過設定來保護活頁簿的結構，下面介紹兩種保護活頁簿結構的方法。

## 方法一：在「資訊」選單中設定

### Step 1 打開「資訊」選項

打開需要保護活頁簿結構的 Excel 文件，點選〔檔案〕活頁標籤，選擇〔資訊〕。

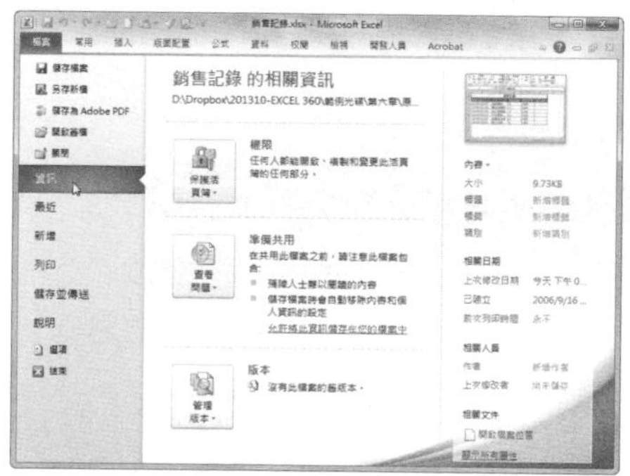


### Step 2 保護活頁簿結構

在打開的「資訊」選項中，點選〔保護活頁簿〕按鈕，選擇【保護活頁簿結構】選項。

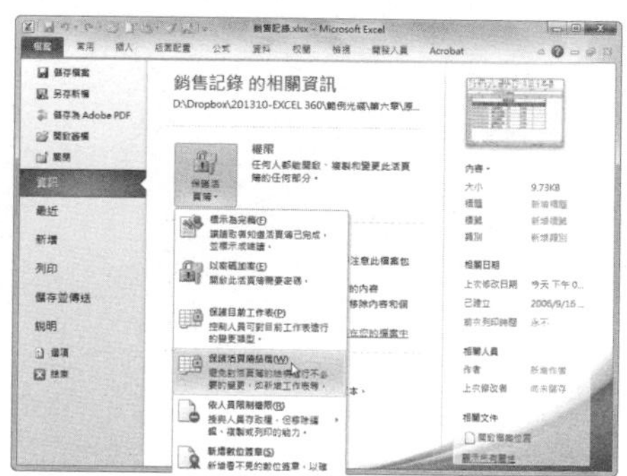


### Step 3 設定保護密碼

在打開的「保護結構及視窗」對話框，勾選「結構」選項，在「密碼」文字方塊輸入密碼後按下〔確定〕。

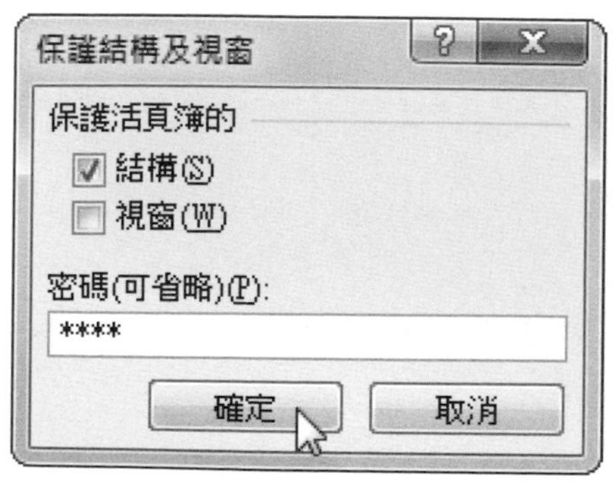


### Step 4 確認密碼

在彈出的「確認密碼」對話框中，再次輸入相同的密碼後，點選〔確認〕按鈕，返回活頁簿。

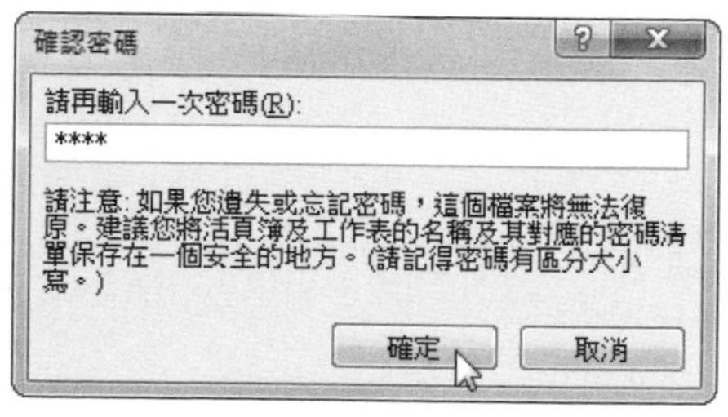

## Step 5 檢視保護效果

在工作表活頁標籤上按滑鼠右鍵，在彈出的快速選單中可以看到，很多與工作表操作相關的都無法點選了。

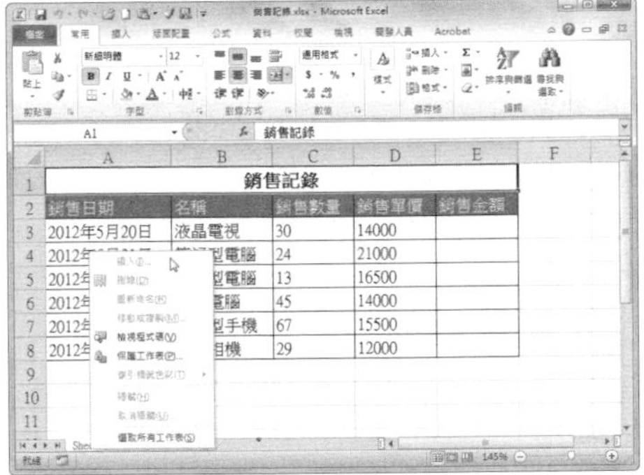


## Step 6 嘗試建立新工作表

包括點選工作表活頁標籤最右側的〔插入工作表〕按鈕，也沒有任何反應。

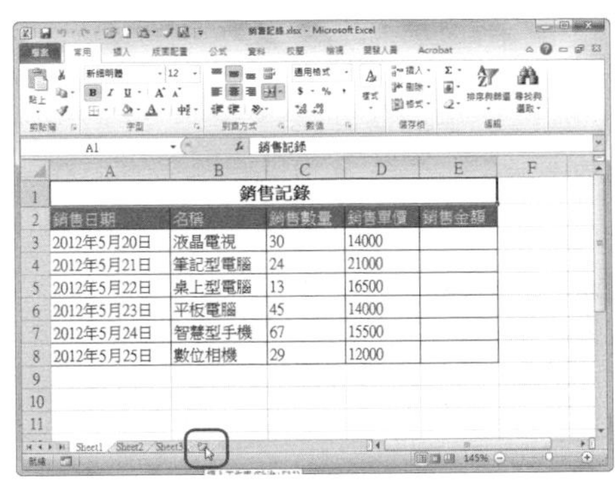

| 銷售記錄 | | | | |
|---|---|---|---|---|
| 銷售日期 | 名稱 | 銷售數量 | 銷售單價 | 銷售金額 |
| 2012年5月20日 | 液晶電視 | 30 | 14000 | |
| 2012年5月21日 | 筆記型電腦 | 24 | 21000 | |
| 2012年5月22日 | 桌上型電腦 | 13 | 16500 | |
| 2012年5月23日 | 平板電腦 | 45 | 14000 | |
| 2012年5月24日 | 智慧型手機 | 67 | 15500 | |
| 2012年5月25日 | 數位相機 | 29 | 12000 | |

## Step 7 重新進入「資訊」選項

點選〔檔案〕活頁標籤，選擇〔資訊〕，進入「資訊」選項。

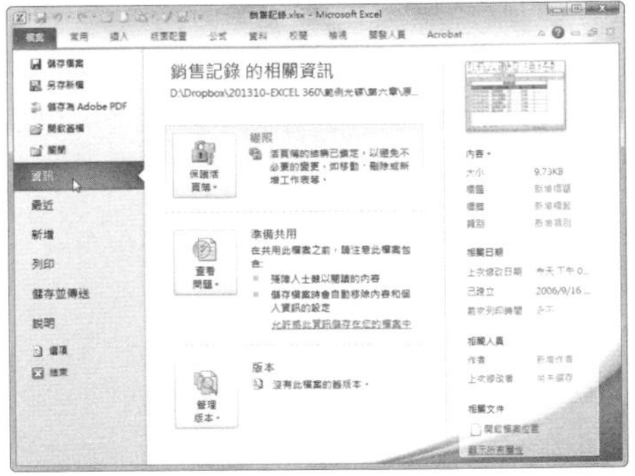


## Step 8 選擇「保護活頁簿結構」選項

點選〔保護活頁簿〕按鈕，選擇「保護活頁簿結構」選項。

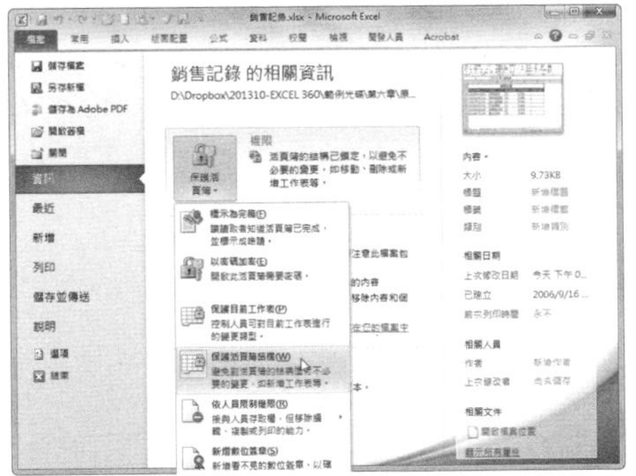


## Step 9 輸入密碼

在打開的「取消保護活頁簿」對話框中，在「密碼」文字方塊中輸入之前設定的密碼，即可取消工作表的保護。

## 方法二：在「保護結構及視窗」對話框中設定

**Step 1 打開「保護結構及視窗」對話框**

打開需要保護活頁簿結構的 Excel 文件，切換至〔校閱〕活頁標籤，在「變更」選項群組點選〔保護活頁簿〕按鈕。

**Step 2 設定活頁簿結構保護密碼**

在彈出的「保護結構及視窗」對話框中勾選「結構」，設定「密碼」後點選〔確定〕按鈕。

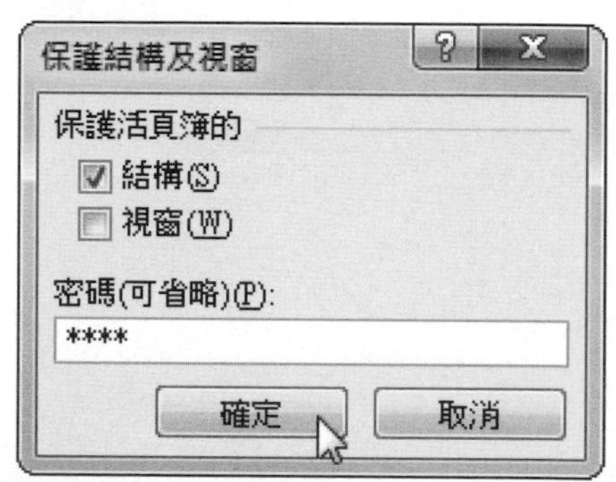


**Step 3 確認密碼**

此時會彈出「確認密碼」對話框，重新輸入剛才設定的密碼，點選〔確定〕按鈕，返回活頁簿中。

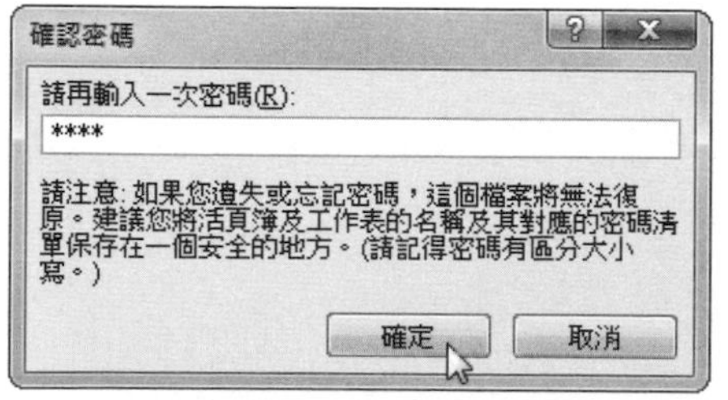


**Step 4 檢視保護效果**

在工作表活頁標籤上按滑鼠右鍵，在彈出的快速選單中可以看到，很多與工作表操作相關的都無法點選了。

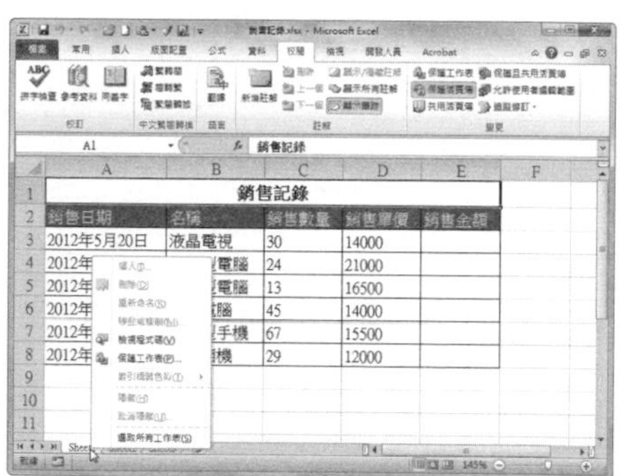

**Step 5** 嘗試新建工作表

點選工作表標籤右側的〔插入工作表〕按鈕，活頁簿中無任何反應，此時無法新建工作表。

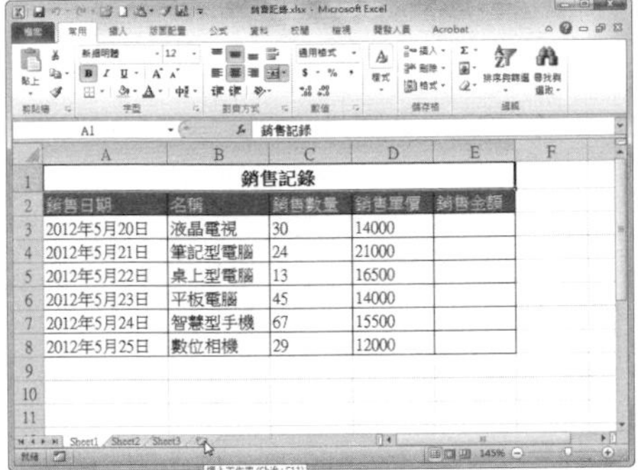

| 銷售記錄 | | | | |
|---|---|---|---|---|
| 銷售日期 | 名稱 | 銷售數量 | 銷售單價 | 銷售金額 |
| 2012年5月20日 | 液晶電視 | 30 | 14000 | |
| 2012年5月21日 | 筆記型電腦 | 24 | 21000 | |
| 2012年5月22日 | 桌上型電腦 | 13 | 16500 | |
| 2012年5月23日 | 平板電腦 | 45 | 14000 | |
| 2012年5月24日 | 智慧型手機 | 67 | 15500 | |
| 2012年5月25日 | 數位相機 | 29 | 12000 | |

**Step 6** 取消活頁簿的保護

若要修改活頁簿的結構，則必須先取消活頁簿的保護。在〔校閱〕活頁標籤下再次點選「變更」選項群組中〔保護活頁簿〕按鈕。

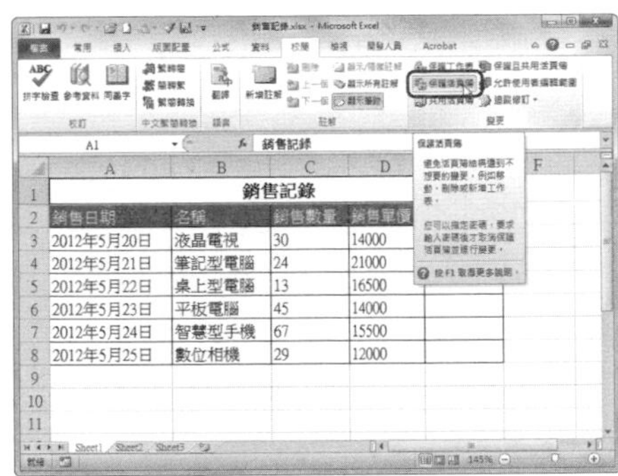

| 銷售記錄 | | | |
|---|---|---|---|
| 銷售日期 | 名稱 | 銷售數量 | 銷售單價 |
| 2012年5月20日 | 液晶電視 | 30 | 14000 |
| 2012年5月21日 | 筆記型電腦 | 24 | 21000 |
| 2012年5月22日 | 桌上型電腦 | 13 | 16500 |
| 2012年5月23日 | 平板電腦 | 45 | 14000 |
| 2012年5月24日 | 智慧型手機 | 67 | 15500 |
| 2012年5月25日 | 數位相機 | 29 | 12000 |

**Step 7** 輸入密碼

此時會彈出「取消保護活頁簿」對話框，在「密碼」文字方塊中輸入之前設定的密碼，點選〔確定〕按鈕。

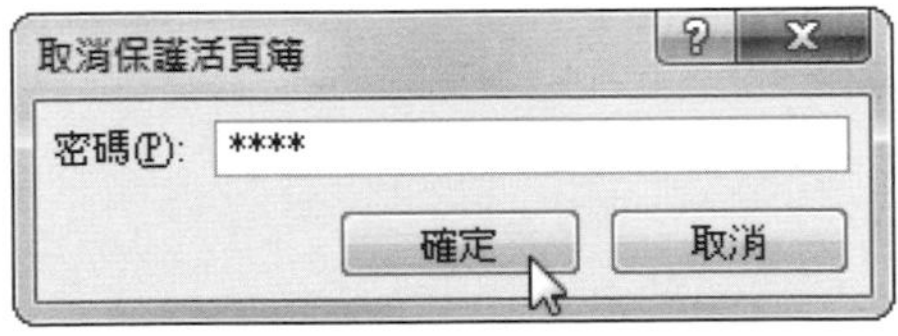


**Step 8** 嘗試新增工作表

點選工作表標籤右側的〔插入工作表〕按鈕，活頁簿中即會新增工作表。

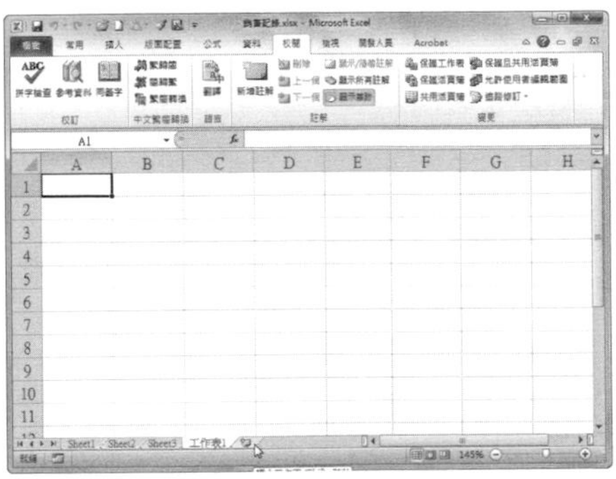

**Step 9** 嘗試移除工作表

在剛才新增的工作表上按滑鼠右鍵，並從快速選單中選擇【移除】，即可將其移除。

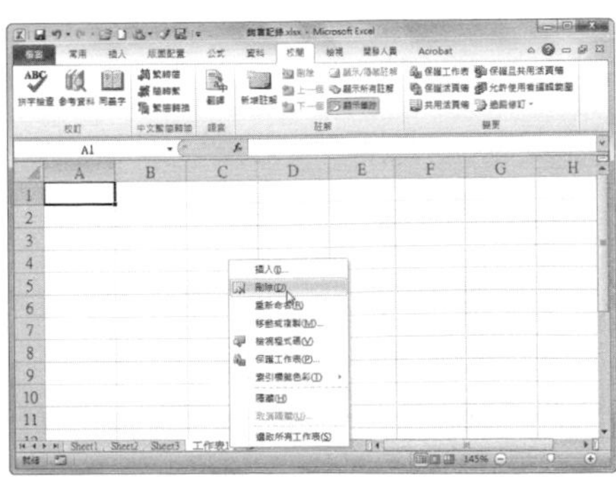

## Q 如何禁止變更工作表資料但允許變更儲存格格式？

設定禁止變更工作表資料但允許變更儲存格格式，這樣在與其他人分享工作表時，就可以依照個人的習慣與喜好自行變更儲存格格式，且不會影響到資料的部分。

### Step 1 點選「保護工作表」按鈕

打開活頁簿後，切換至〔校閱〕活頁標籤，在「變更」選項群組中點選〔保護工作表〕按鈕。

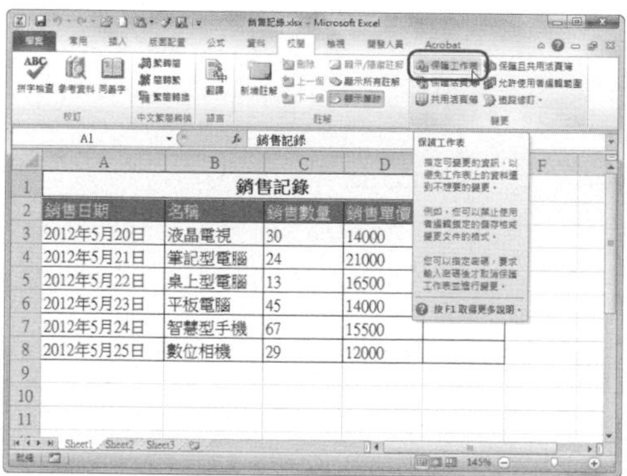


### Step 2 設定保護範圍與密碼

在打開的「保護工作表」對話框中，在「要取消保護工作表的密碼」文字方塊中輸入密碼，並在「允許此工作表的所有使用者能」選單方塊中勾選「設定儲存格格式」核取方塊。

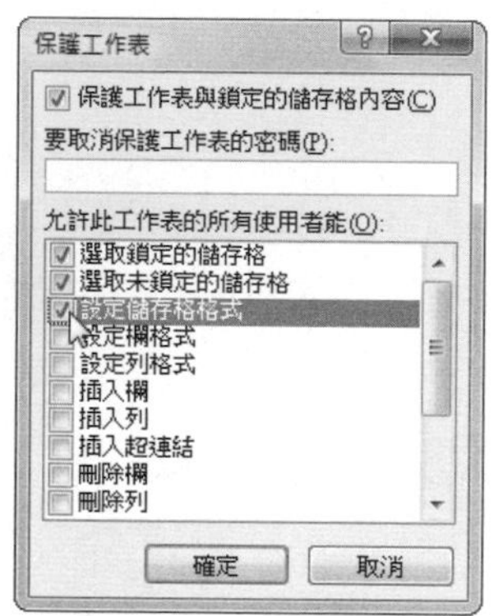


### Step 3 輸入確認密碼

點選〔確定〕按鈕後，此時會彈出「確認密碼」對話框，重新輸入剛才設定的密碼後，點選〔確定〕按鈕。

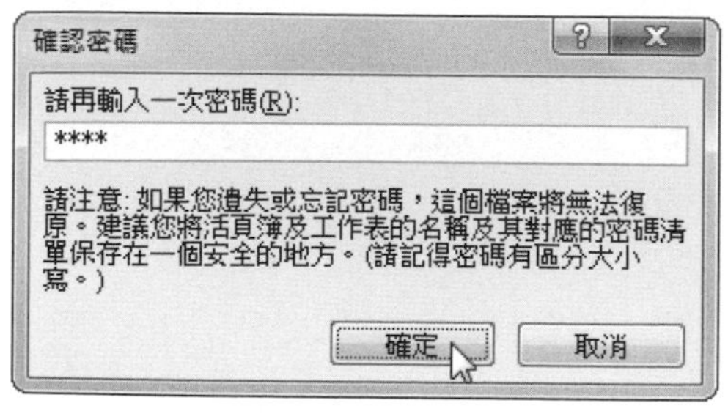


### Step 4 檢視保護效果

返回工作表中，選取任意儲存格進行修改時，Excel 將彈出警告對話框，提示修改的內容已受到保護，點選〔確定〕按鈕即可。

## Step 5 檢視效果

這時選取列標題，切換至〔常用〕活頁標籤，在「字型」選項群組中設定格式時，Excel 不會彈出禁止修改的對話框。

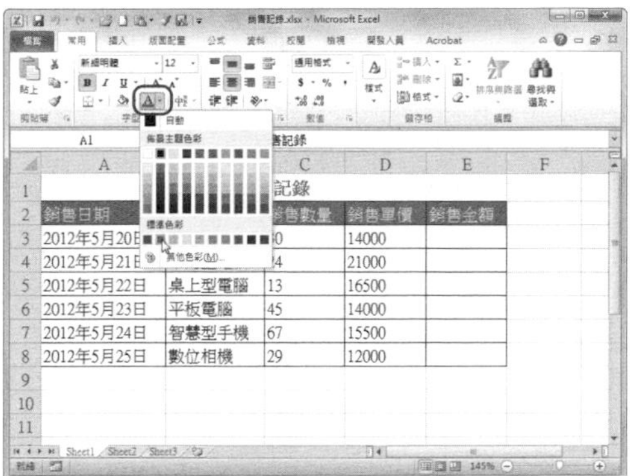


## Step 6 取消工作表的保護

切換至〔校閱〕活頁標籤，點選「變更」選項群組中的〔取消保護工作表〕按鈕。

## Step 7 輸入密碼

在打開的「取消保護工作表」對話框中，在「密碼」文字方塊中輸入之前設定的密碼，點選〔確定〕按鈕即可取消工作表的保護。

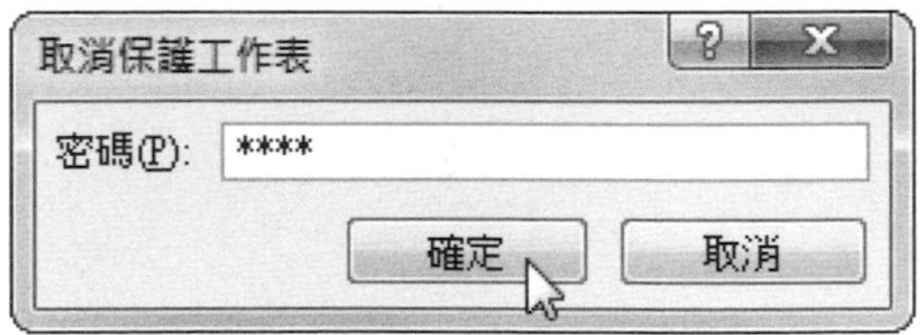


### 提示

**保護工作表時允許我們的操作**

在「保護工作表」對話框的「允許此工作表的所有使用者能」選單方塊中，可以根據需要進行設定，進而允許其他變更儲存格格式、插入欄列、插入超連結和移除行列等。

# MEMO

# 第7章 Excel 列印與輸出秘技

在日常工作中，我們經常需要將報表列印出來給主管或同事。在列印前，要根據實際需要設定工作表的列印選項，例如有時會希望將格線、註解甚至是列號都列印出來，有時則需要將公司 Logo 新增到頁首中，或需要將 Excel 中的內容輸出到 Word、PowerPoint 中，這些操作技巧在本章中都能找到答案。

列印註解

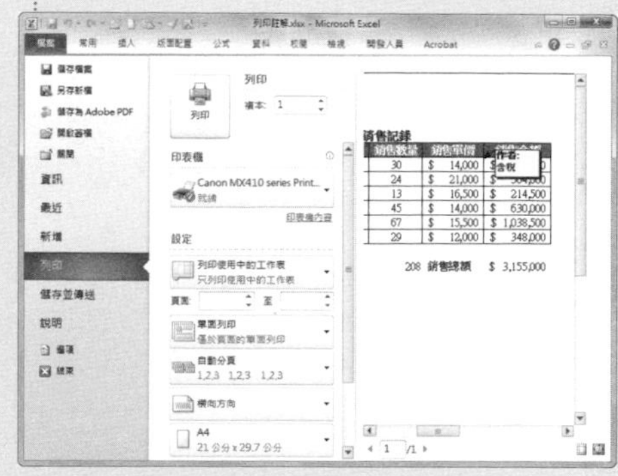


將 Excel 圖表輸出到 Word 中

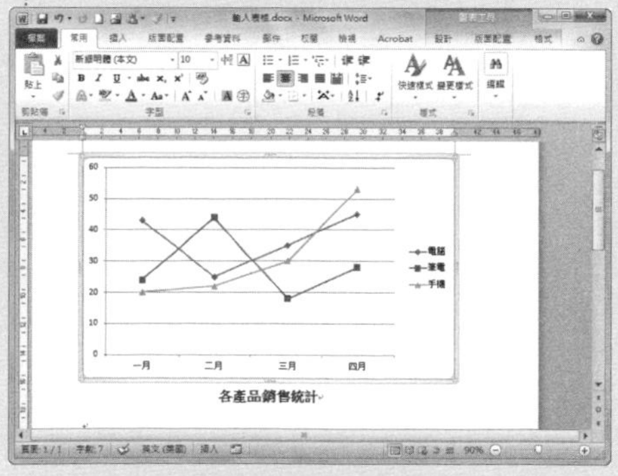


將 Excel 圖表輸出到 PPT 中

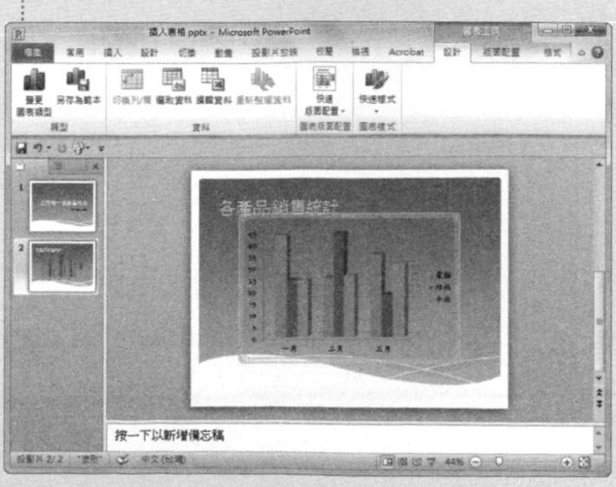

# 職人技 22 Excel 列印秘技

在 Excel 工作表製作完成後，經常需要將表格內容列印出來，讓更多的人傳閱。在列印時我們要對列印的內容進行相關的設定，本職人技將介紹 Excel 列印的相關技巧。

## 340 Q 如何一次列印多個活頁簿？

**A** 需要列印多個活頁簿的內容時，如果一個一個地打開再列印會很麻煩。這時我們可以透過相關設定，一次列印多個活頁簿，提高工作效率。下面介紹操作的方法。

### Step 1 選取多個活頁簿

在檔案總管中，按住〔Ctrl〕鍵不放，點選需要列印的多個活頁簿。

### Step 2 選擇「列印」

點選滑鼠右鍵，在彈出的快速選單中選擇【列印】。

### Step 3 檢視列印情況

接著即可在印表機的列印通知對話框中看到，這幾個活頁簿檔案都已經排入列印佇列中了。

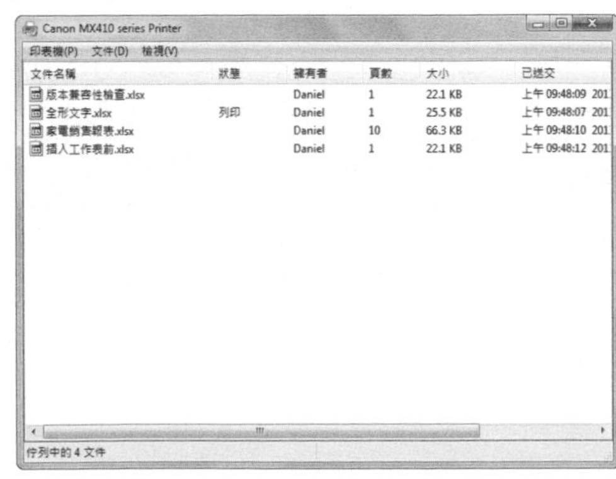

# Q 如何一次列印多個工作表？

第 7 章 \ 原始檔 \ 每月銷售記錄 .xlsx

A 如果要一次列印多個工作表，逐一切換再列印會很麻煩，這時我們可以設定同時列印多個工作表，包括列印活頁簿中所有工作表，以及列印活頁簿中部分工作表。

## 一：列印活頁簿中所有工作表

### Step 1 進入「列印」選項

打開「每月銷售記錄 .xlsx」，點選〔檔案〕活頁標籤，選擇「列印」選項。

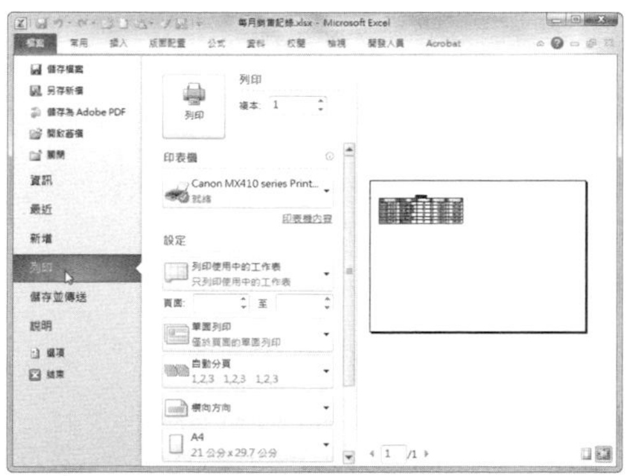

### Step 2 設定列印範圍

在右側的「列印」選項中，點選設定列印範圍下拉選單，選擇【列印整本活頁簿】選項。

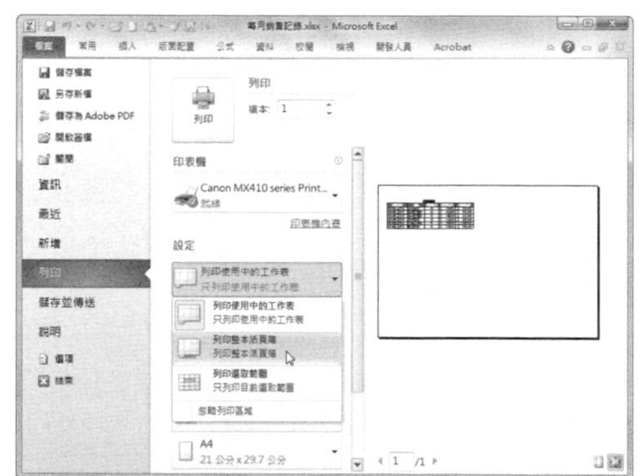

### Step 3 檢視預覽效果並列印

這時在預覽窗格下方可以看到，顯示需要列印的工作表頁數，點選〔列印〕按鈕即可開始列印。

**提示**

**隱藏的工作表不列印出來**

若活頁簿中有隱藏的工作表，使用此方法列印時，隱藏的工作表將不會列印出來，必須取消隱藏後才能列印出來。

## 二：列印活頁簿中部分工作表

### Step 1 選取需要列印的工作表

打開需列印部分工作表的活頁簿，按住〔Ctrl〕鍵的同時，點選多個要列印的工作表標籤。

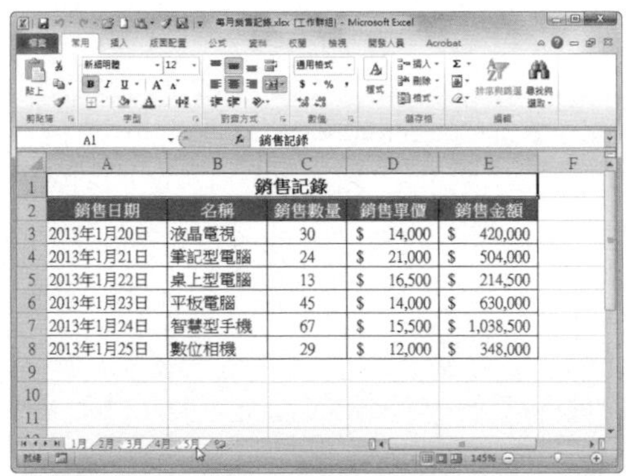

| 銷售記錄 | | | | |
|---|---|---|---|---|
| 銷售日期 | 名稱 | 銷售數量 | 銷售單價 | 銷售金額 |
| 2013年1月20日 | 液晶電視 | 30 | $ 14,000 | $ 420,000 |
| 2013年1月21日 | 筆記型電腦 | 24 | $ 21,000 | $ 504,000 |
| 2013年1月22日 | 桌上型電腦 | 13 | $ 16,500 | $ 214,500 |
| 2013年1月23日 | 平板電腦 | 45 | $ 14,000 | $ 630,000 |
| 2013年1月24日 | 智慧型手機 | 67 | $ 15,500 | $ 1,038,500 |
| 2013年1月25日 | 數位相機 | 29 | $ 12,000 | $ 348,000 |

### Step 2 進入「列印」選項

點選〔檔案〕活頁標籤，選擇〔列印〕，進入「列印」選項。

### Step 3 只列印選取的工作表

點選設定列印範圍下拉選單，選擇【列印選取範圍】選項後，點選〔列印〕按鈕即可只列印選取的工作表。

**提示**

**列印多個連續工作表**

在選擇第一個工作表標籤後，按住〔Shift〕鍵，再點選最後一個要列印的工作表標籤。然後進入「列印」選項，點選設定列印範圍下拉選單，選擇【列印選取範圍】選項並點選〔列印〕按鈕即可。

第 7 章 \ 原始檔 \ 每月銷售記錄 .xlsx

# 如何列印出工作表的格線？

**A** 預設情況下，列印工作表時格線是不會被列印出來的，如果需要將格線也列印出來，可以採用以下兩種方法。

## 方法一：勾選「格線」群組中的「列印」核取方塊

### Step 1 預覽預設列印效果

打開「每月銷售記錄 .xlsx」，點選〔檔案〕活頁標籤，選擇〔列印〕選項，在「列印」選項的預覽框中可以看到，此時並未列印格線。

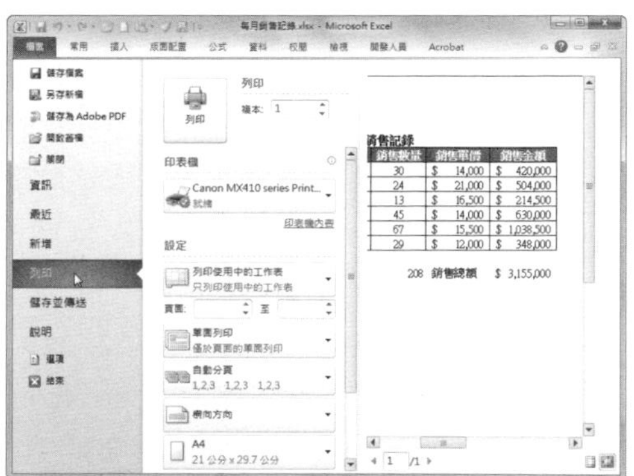

### Step 2 設定列印格線

返回工作表，切換至〔版面配置〕活頁標籤，在「工作表選項」選項群組中勾選「格線」中的「列印」核取方塊。

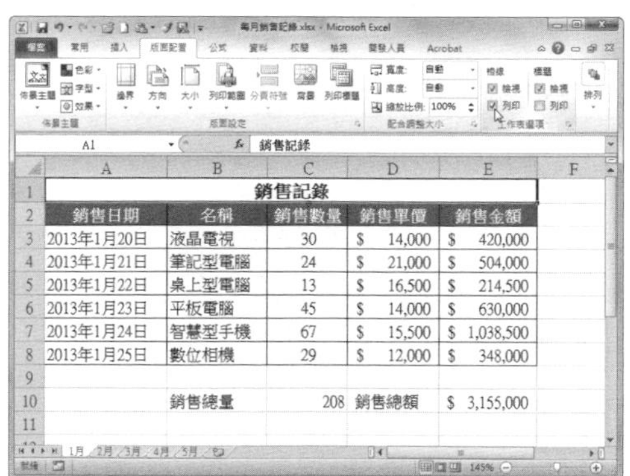


### Step 3 預覽列印效果

再點選〔檔案〕活頁標籤，選擇〔列印〕選項，在「列印」預覽框中可以看到，此時將會列印出格線效果。

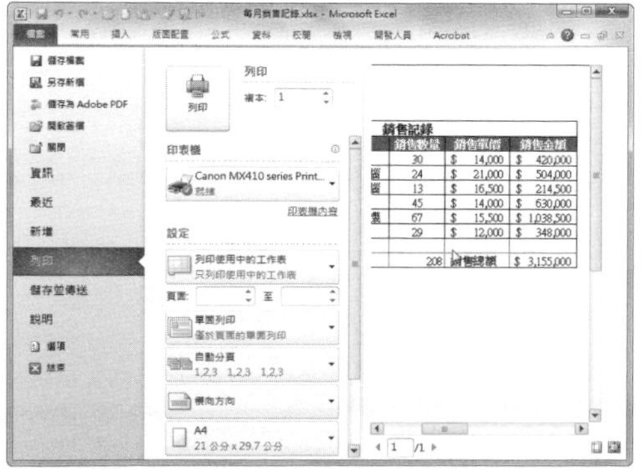

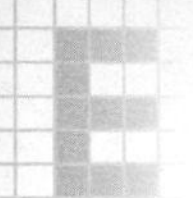



## 方法二：勾選「格線」核取方塊

**Step 1 預覽預設列印效果**

打開「每月銷售記錄 .xlsx」，點選〔檔案〕活頁標籤，選擇〔列印〕選項，在「列印」選項的預覽框中可以看到，此時不列印格線。

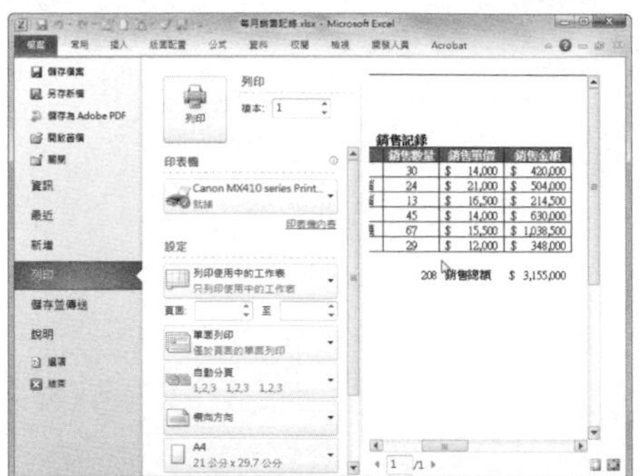

**Step 2 打開「版面設定」對話框**

返回工作表，切換至〔版面配置〕活頁標籤，點選「版面設定」選項群組的對話框。

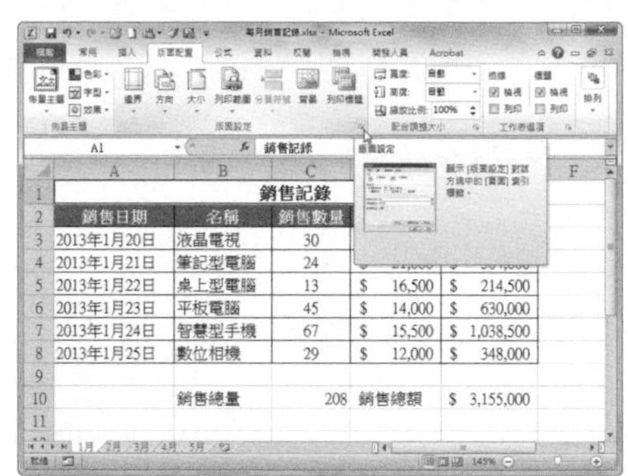

**Step 3 設定列印格線**

將「版面設定」對話框切換至〔工作表〕活頁標籤，在「列印」選項群組中勾選「列印格線」核取方塊，點選〔確定〕按鈕即可。

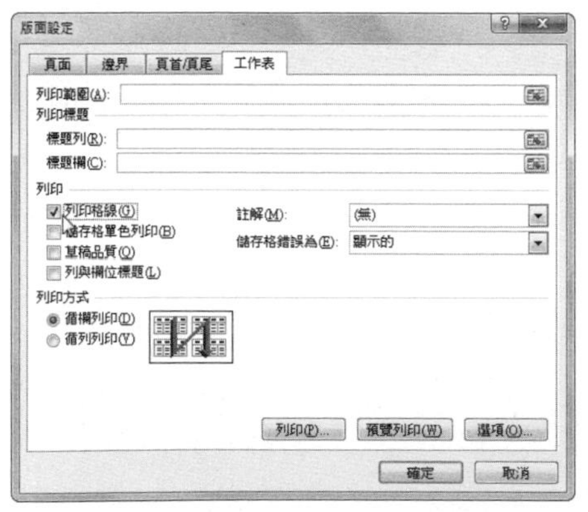

**Step 4 預覽列印效果**

按下〔列印〕按鈕，可以看到此時將列印出工作表的網格線效果。

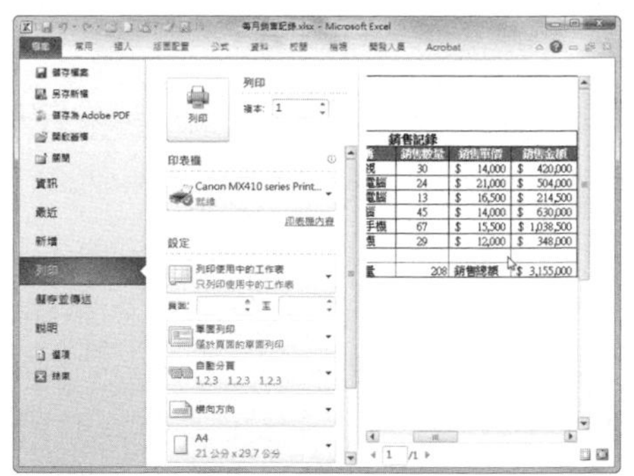

**提示**

「版面設定」對話框

該對話框中提供關於工作表頁面與列印設定的選項，包括列印方向、列印範圍、標題範圍、紙張方向和頁邊界等。

第 7 章 \ 原始檔 \ 列印註解 .xlsx

# 343 Q 如何將註解也列印出來？

**A** 一般在列印工作表時，註解是不被列印出來的。若需要列印註解，我們可以在「版面設定」對話框進行相關設定。

## Step 1 預覽預設列印效果

打開「列印註解 .xlsx」，點選〔檔案〕活頁標籤，選擇〔列印〕選項，在「列印」選項預覽框中可以看到，此時不會列印註解。

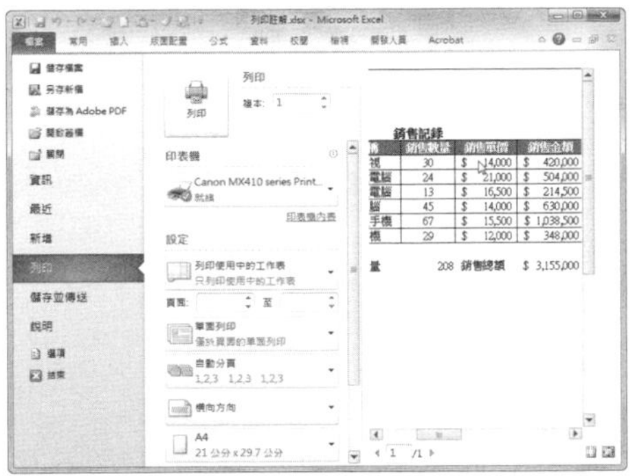

## Step 2 打開「版面設定」對話框

返回工作表，切換至〔版面配置〕活頁標籤，點選「版面設定」選項群組的對話框。

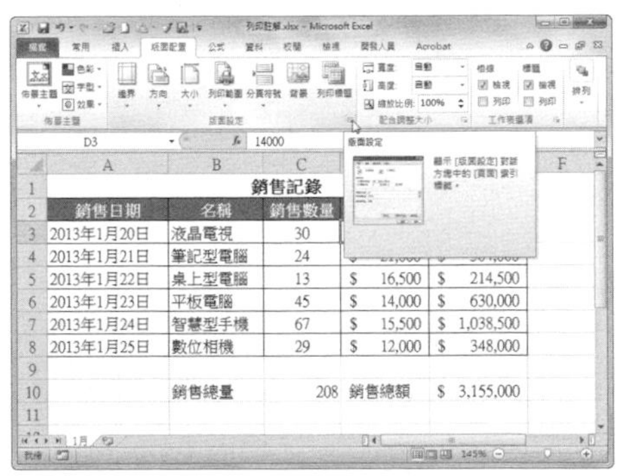

## Step 3 設定在工作表的末尾列印註解

切換至「版面設定」對話框的〔工作表〕活頁標籤，點選「註解」下拉選單，選取【顯示在工作表底端】選項。

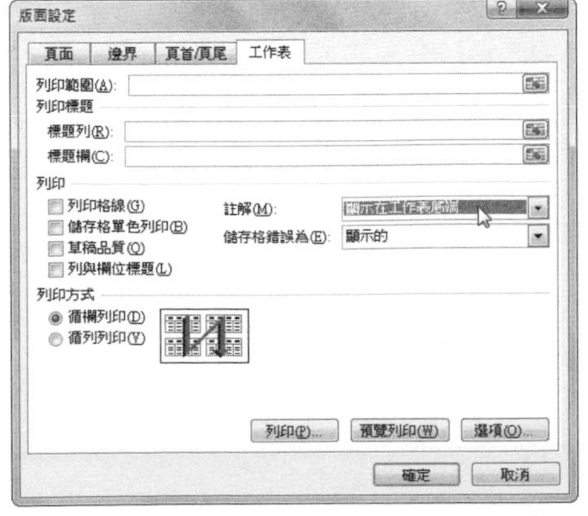


## Step 4 預覽列印效果

點選〔確定〕按鈕返回工作表。點選〔檔案〕活頁標籤，選擇〔列印〕選項，在「列印」選項預覽框點選〔下一頁〕按鈕，預覽註解的列印效果。

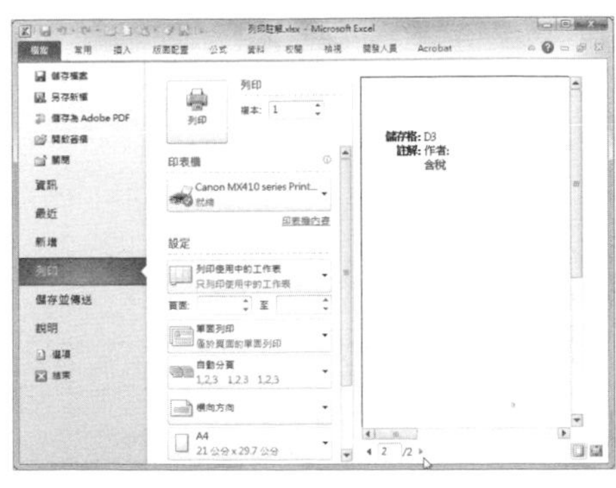

**Step 5** 設定按顯示效果列印註解

重新打開「版面設定」對話框，在〔工作表〕活頁標籤下，點選「註解」下拉選單，選擇【和工作表上的顯示狀態相同】選項。

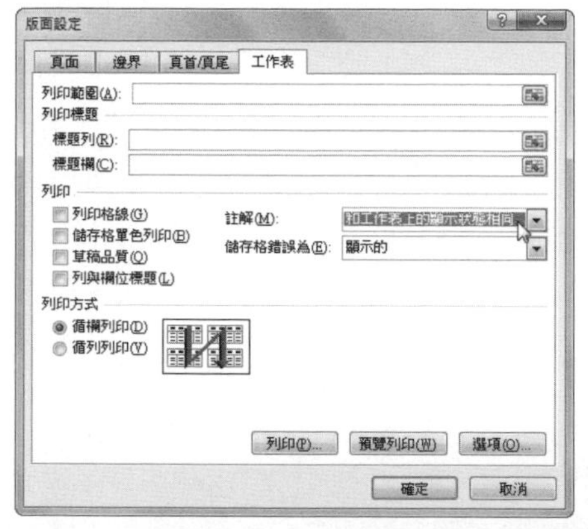

**Step 6** 預覽列印效果

點選〔確定〕按鈕返回工作表。點選〔檔案〕活頁標籤，選擇「列印」選項，在「列印」選項預覽框中可以看到註解的列印效果。

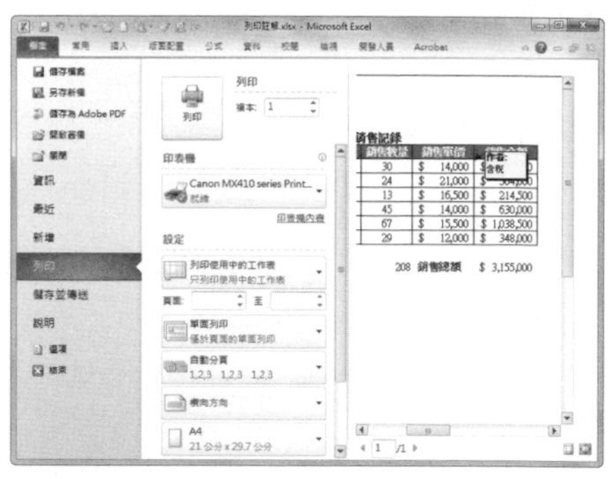

## 344 Q 如何將列與欄位標題也列印出來？

第 7 章 \ 原始檔 \ 每月銷售記錄 .xlsx

**A** 預設情況下，列印工作表時列與欄位標題是不會被列印出來的。如果需要列印列與欄位標題，則需要進行相關的設定。

**Step 1** 預覽預設列印效果

打開「每月銷售記錄 .xlsx」，進入〔檔案〕→〔列印〕選項進行預覽，可以看到此時不列印列與欄位標題。

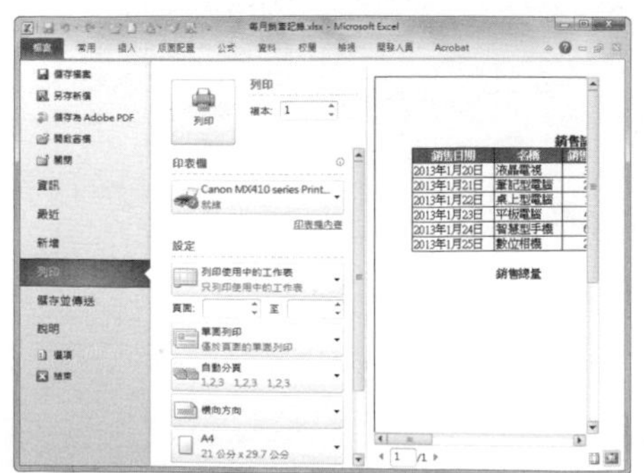

**Step 2** 打開「版面設定」對話框

返回工作表，切換至〔版面配置〕活頁標籤，點選「版面設定」選項群組的對話框。

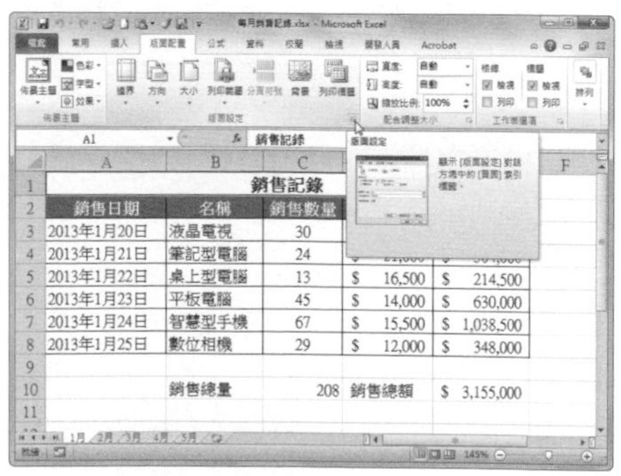

### Step 3 設定列印列與欄位標題

切換至「版面設定」對話框中的〔工作表〕活頁標籤，在「列印」選項群組中勾選「列與欄位標題」，然後點選〔確定〕按鈕。

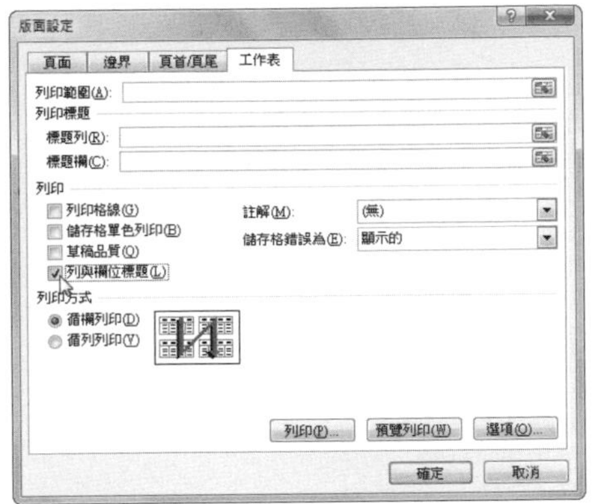

### Step 4 預覽列印效果

返回工作表後，點選進入〔檔案〕→〔列印〕選項，在預覽框中可以看到，此時將列印出列與欄位標題的效果。

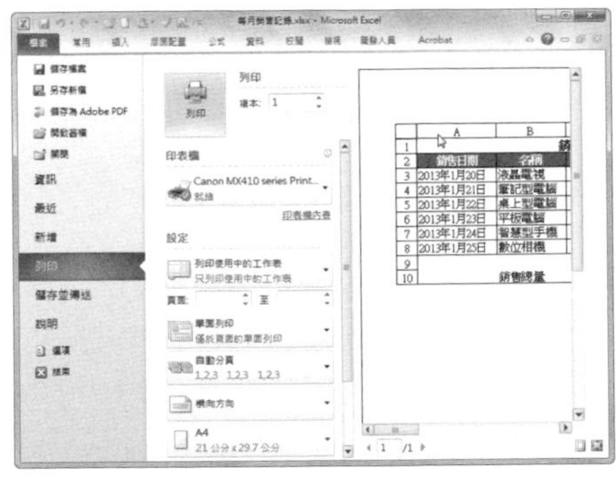

**提示**

**設定列印列與欄位標題的其他方法**

切換至〔版面配置〕活頁標籤，在「工作表選項」選項群組中勾選「標題」中的「列印」核取方塊，也可將列與欄位標題列印出來。

## 345 Q 如何新增列印日期？

**A** 在列印工作表時，為了區分不同的時間或日期，我們可以在頁首、頁尾中新增日期，並在列印時自動更新為列印的日期。新增列印日期的來看看怎麼操作吧！

### Step 1 打開「版面設定」對話框

打開需新增列印日期的工作表，切換至〔版面配置〕活頁標籤，點選「版面設定」選項群組的對話框。

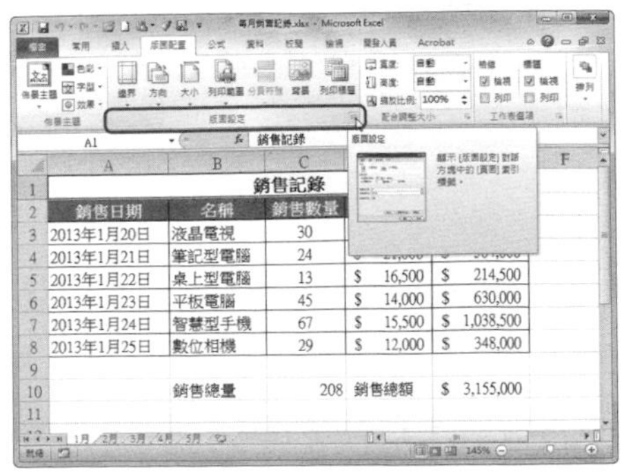

### Step 2 打開「頁首」對話框

在「版面設定」對話框中，切換至〔頁首 / 頁尾〕活頁標籤，點選〔自訂頁首〕按鈕。

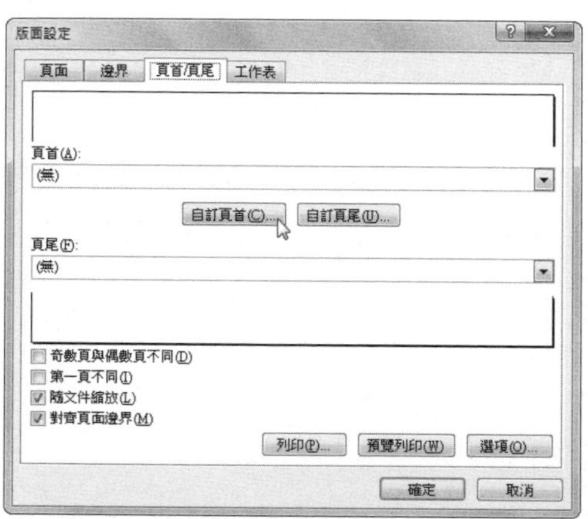


### Step 3 將目前日期插入頁首

在「頁首」對話框中選擇頁首位置，然後點選〔插入日期〕按鈕，將目前的日期插入到頁首中。

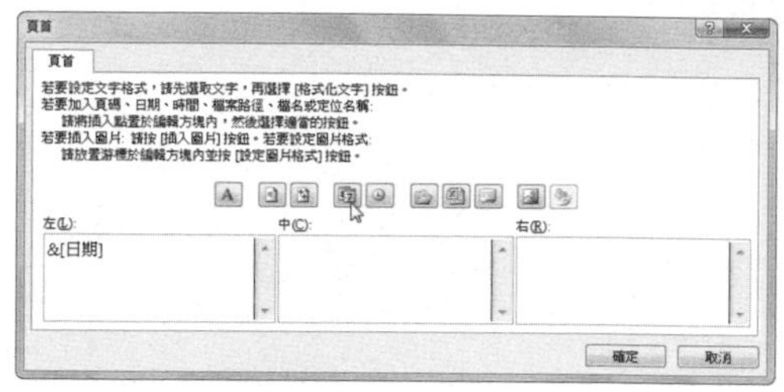

### Step 4 預覽列印效果

在「版面設定」對話框中點選〔預覽列印〕按鈕，在打開的「列印」選項中可以看到每頁的頁首都將列印目前的日期。

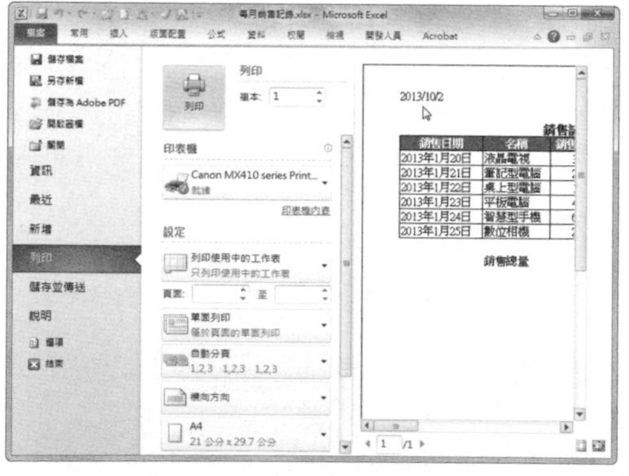

**提示**

**新增列印時間**

在步驟 3 的「頁首」對話框中不僅可以新增日期，還可以新增時間。這裡所設定的時間並不是精確的列印時間，在打開活頁簿時，頁首中的日期與時間會自動更新。

## 如何在報表每頁新增公司 Logo ？

第 7 章 \ 原始檔 \ 每月銷售記錄 .xlsx
第 7 章 \ 完成檔 \ 新增公司 Logo.xlsx

在列印報表時，如果將公司 Logo 也一併列印出來，會使報表看上去更專業，更能提升企業形象。

### Step 1 預覽預設列印效果

打開「每月銷售記錄 .xlsx」，點選進入〔檔案〕→〔列印〕選項進行預覽，可以看到在頁首處並沒有公司 Logo。

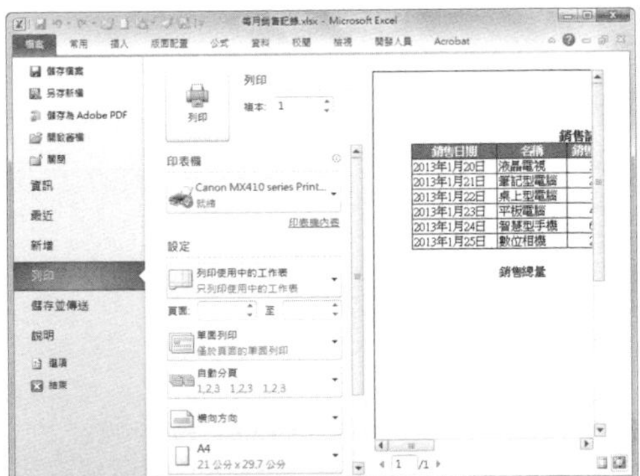


### Step 2 打開「版面設定」對話框

返回工作表中，切換至〔版面配置〕活頁標籤，點選「版面設定」選項群組的對話框。

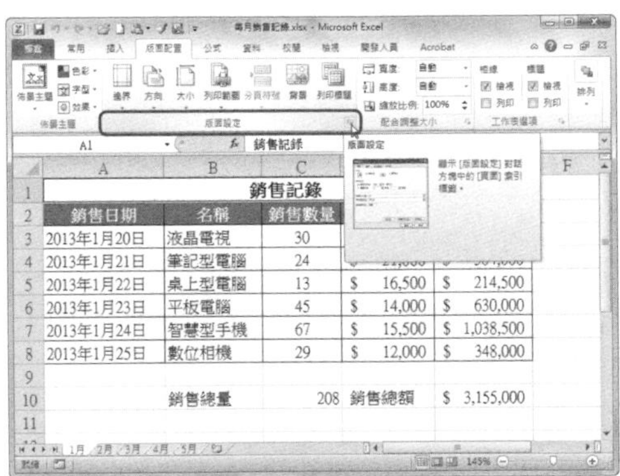


### Step 3 打開「頁首」對話框

在打開的「版面設定」對話框中切換至〔頁首 / 頁尾〕活頁標籤，點選「自訂頁首」按鈕。

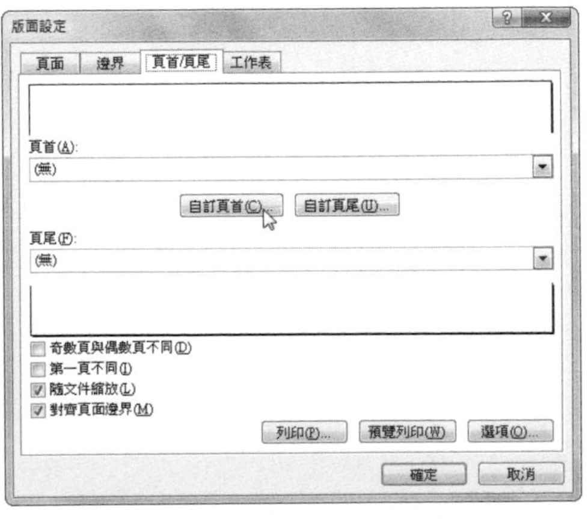


### Step 4 打開「插入圖片」對話框

在「頁首」對話框中選擇頁首位置，然後點選〔插入圖片〕按鈕。

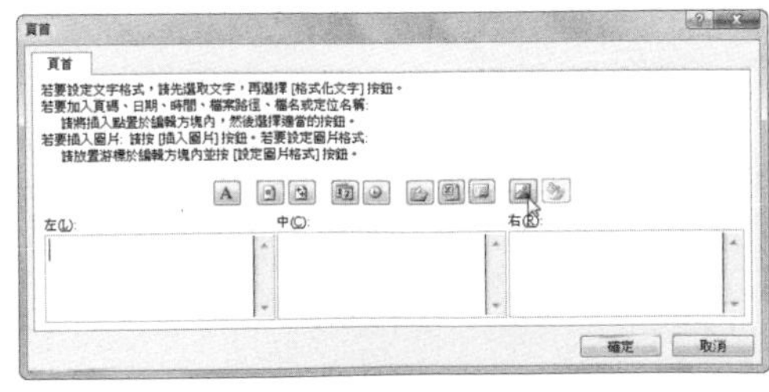

### Step 5 插入公司 Logo

在彈出的「插入圖片」對話框中選擇需要插入的圖片文件，然後點選〔插入〕按鈕。

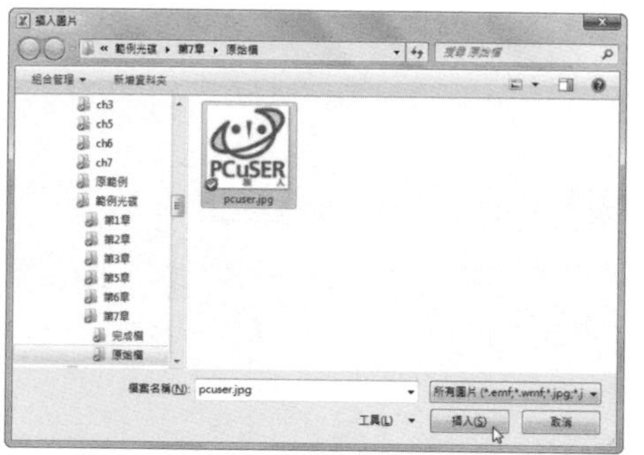

### Step 6 點選「設定圖片格式」按鈕

返回「頁首」對話框後，點選〔設定圖片格式〕按鈕。

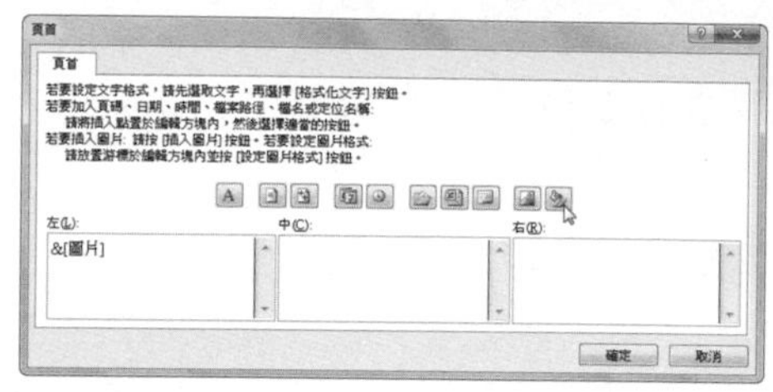

### Step 7 設定圖片格式

在打開的「設定圖片格式」對話框中，分別設定合適的圖片「高度」和「寬度」值。

### Step 8 點選「預覽列印」按鈕

點選〔確定〕按鈕，返回「版面設定」對話框中，點選〔預覽列印〕按鈕。

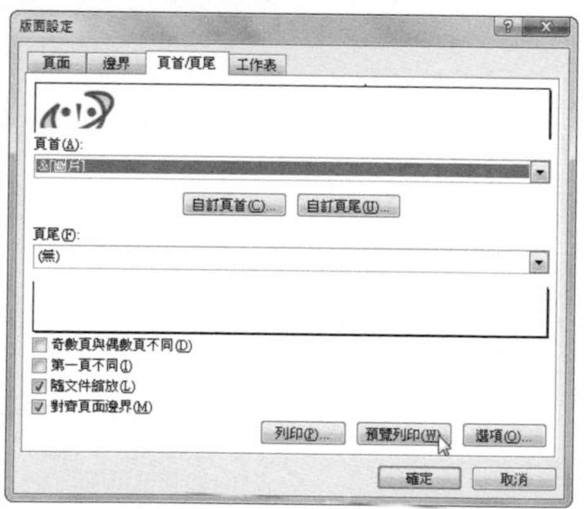

### Step 9 預覽列印效果

在打開的「列印」選項中可以看到，在報表每頁頁首都新增公司 Logo。

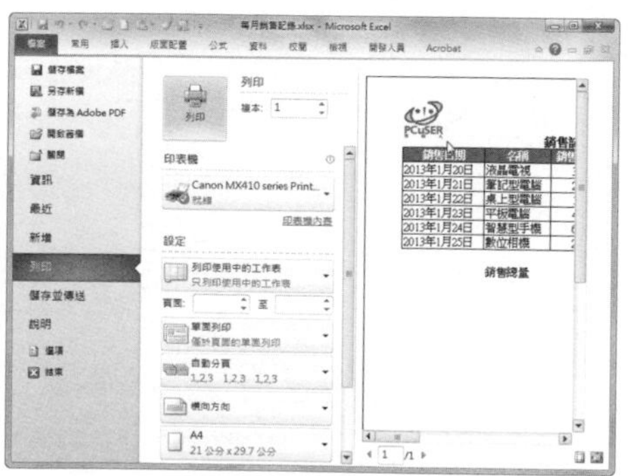

# 如何套用 Excel 軟體內置的頁首 / 頁尾樣式？

第 7 章 \ 原始檔 \ 薪資發放統計 .xlsx

Excel 中內置許多預設的頁首 / 頁尾樣式，如果覺得自行設定頁首 / 頁尾麻煩，可以直接套用這些預設樣式。

**Step 1** 打開「版面設定」對話框

打開「薪資發放統計 .xlsx」，切換至〔版面配置〕活頁標籤，點選「版面設定」選項群組的對話框。

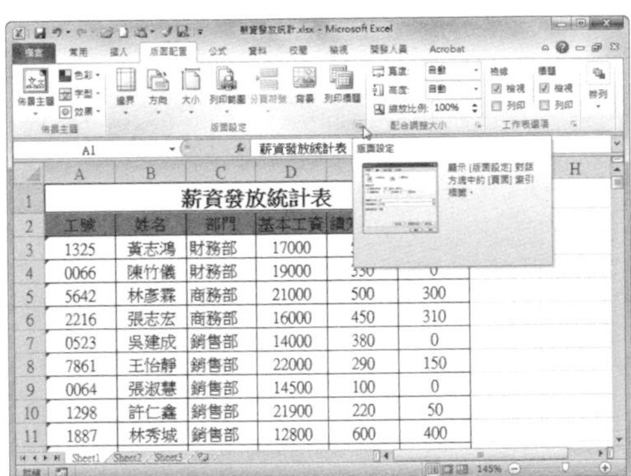

**Step 2** 打開「版面設定」對話框

在打開的「版面設定」對話框中，切換至〔頁首 / 頁尾〕活頁標籤，點選「頁尾」下拉選單，選擇需要的頁尾樣式。

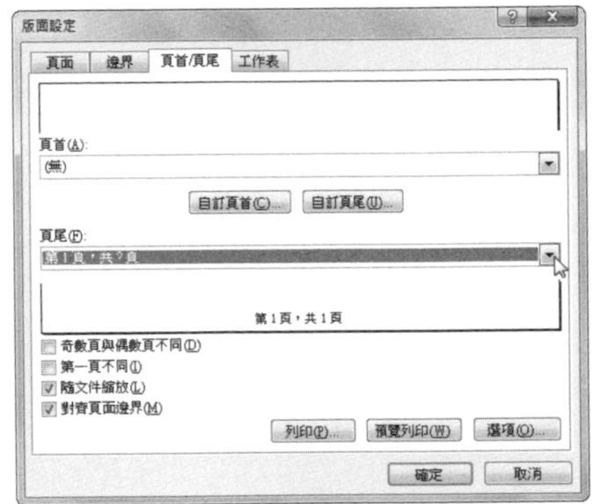

**Step 3** 預覽列印效果

點選〔預覽列印〕按鈕，在打開的「列印」選項中可以看到，在頁尾處已新增所選的頁尾樣式。

**提 示**

**如何移除頁首 / 頁尾**

在工作表中新增了頁首 / 頁尾後，如果想移除，只要打開「版面設定」對話框後，切換至〔頁首 / 頁尾〕活頁標籤，點選「頁首」或「頁尾」下拉選單，選擇【無】選項，再點選〔確定〕按鈕即可。

## 348 Q 如何將欄數較多的表格列印在一頁內？

第 7 章 \ 原始檔 \ 薪資發放統計 2.xlsx

**A** 在列印報表時，如果表格欄數較多，縱向列印會造成部分欄被分頁列印到下一頁。若想讓所有欄位都能列印在同一頁，需要進行一些設定。

### Step 1 預覽預設列印效果

打開「薪資發放統計 2.xlsx」，點選〔檔案〕活頁標籤，選擇〔列印〕選項，在「列印」選項預覽框中可以看到預設的直向列印方式下，表格將被列印在兩頁紙上。

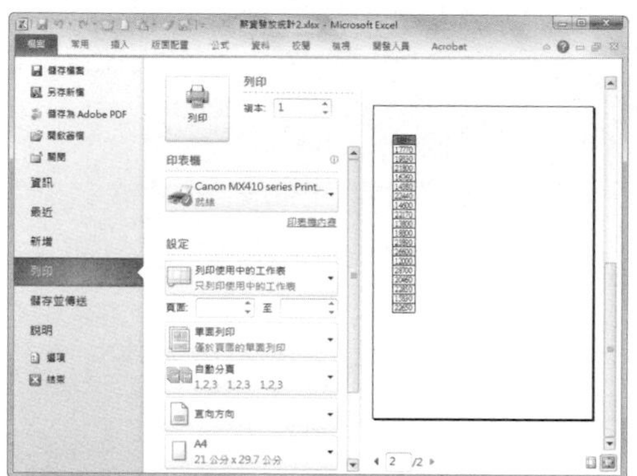

### Step 2 設定橫向列印

點選「設定」選項群組中的「列印方向」下拉選單，在下拉選單中選擇【橫向方向】。

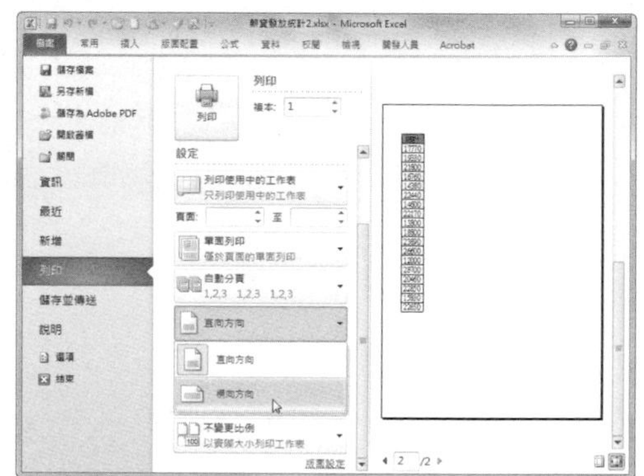

### Step 3 預覽列印效果

這時在「列印」選項預覽框中，可以看到表格已經橫向列印在一頁上了。

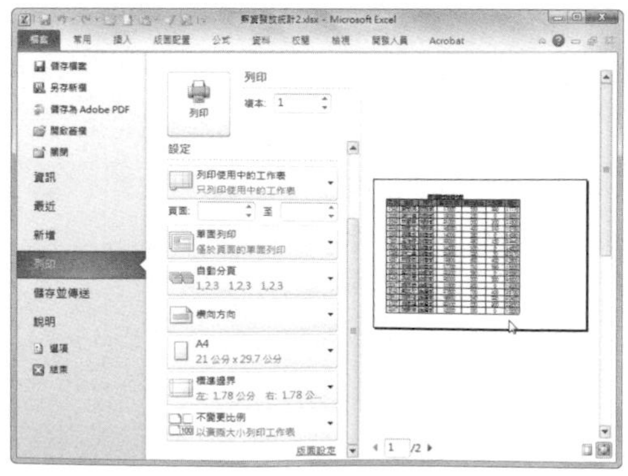

**提示**

**在「版面設定」對話框中設定列印方向**

切換到〔版面配置〕活頁標籤，點選「版面設定」選項群組中的對話框，打開「版面設定」對話框，切換至〔頁面〕活頁標籤，然後選擇「方向」中的「橫向」，點選〔確定〕按鈕，即可採用橫向列印欄位較多的表格。

# 如何進行縮印？

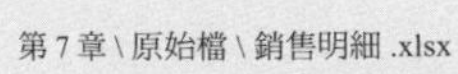

如果表格過大，而又希望列印在一頁紙上，可以採用以下兩種方法進行設定，下面介紹操作的方法。

## 方法一：選擇「將工作表放入單一頁面」選項進行列印

### Step 1 預覽預設列印效果

打開「銷售明細 .xlsx」，點選〔檔案〕活頁標籤，選擇〔列印〕，在「列印」選項預覽框中可以看到文件需要列印 4 頁。

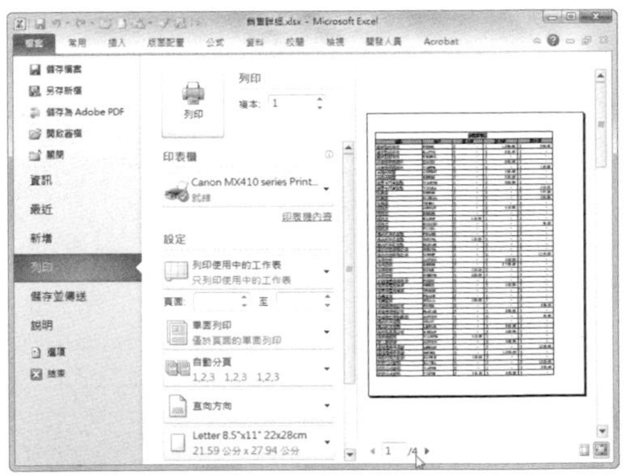

### Step 2 設定將工作表調整為一頁

點選「設定」區塊中的縮放下拉選單，選擇【將工作表放入單一頁面】選項，這樣所有的內容將在一頁內縮放顯示。

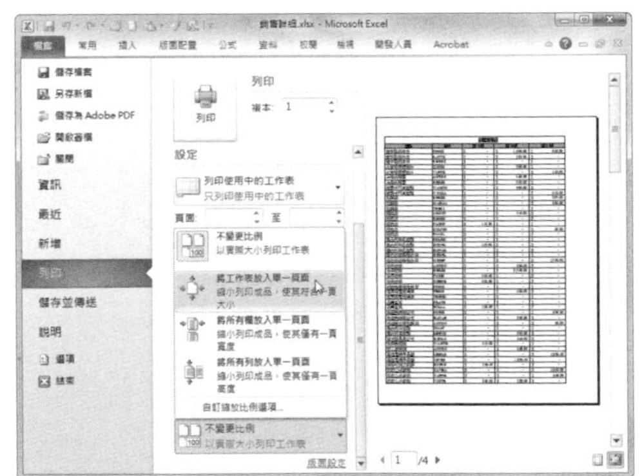

### Step 3 預覽列印效果

這時在「列印」選項預覽框中預覽，可以看到表格已經縮放在一頁裡列印了。

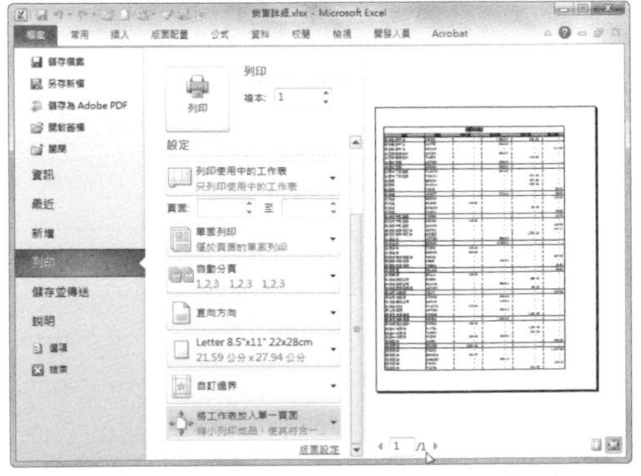

## 方法二：手動調整在一頁裡列印

**Step 1 點選「顯示邊界」按鈕**

在文件內容不是太多的情況下，可以手動調整頁邊界，使所有內容在一頁列印，點選〔顯示邊界〕按鈕。

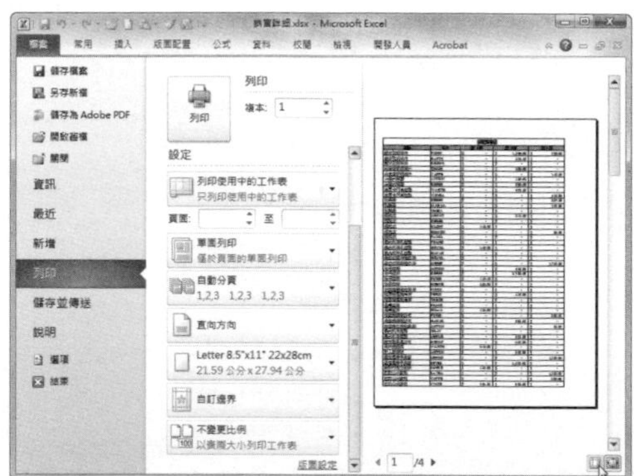

**Step 2 調整邊界**

這時預覽框中將出現表示頁邊界的虛線，將滑鼠游標指向虛線，待變為十字形時，即可用拖曳的方式調整邊界及欄寬。

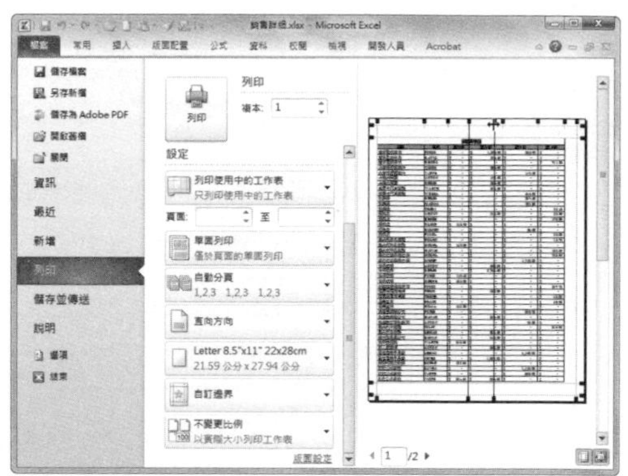

**Step 3 預覽列印效果**

調整完成後，可以看到表格已經縮放在一頁裡，這種方法不會縮小表格中的內容，但是頁邊界會變窄。

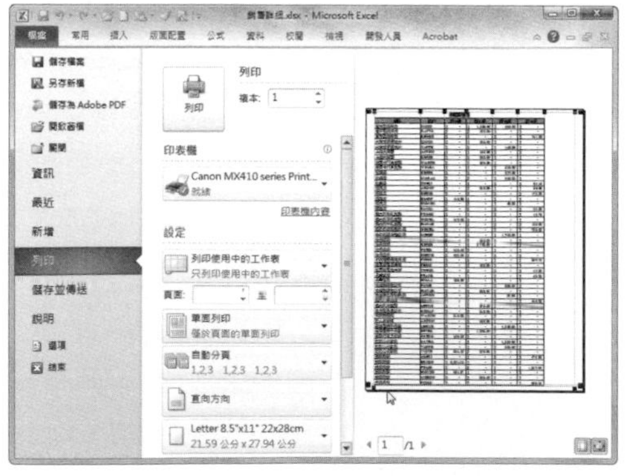

第 7 章 \ 原始檔 \ 每月銷售記錄 .xlsx

# 如何根據需要調整頁面邊界？

前面介紹了手動調整頁邊界，使表格列印在一頁上。我們還可以根據需要在「版面設定」對話框中對頁邊界進行相關的調整，來看看怎麼操作吧！

## Step 1 設定預設邊界

打開「每月銷售記錄 .xlsx」，切換至〔版面配置〕活頁標籤，點選〔邊界〕按鈕，選擇需要的邊界。

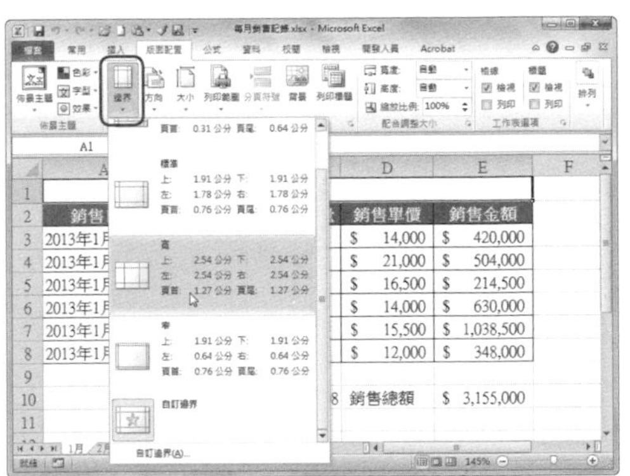

## Step 2 打開「版面設定」對話框

還可以選擇「自訂邊界」選項，在打開的「版面設定」對話框中自行設定邊界。

## Step 3 設定邊界

打開的「版面設定」對話框，切換至〔邊界〕活頁標籤，分別設定上下左右的頁邊界的值，點選〔確定〕按鈕即可。

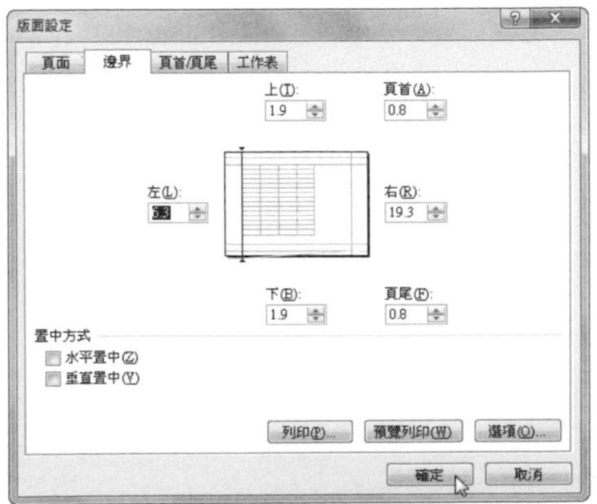

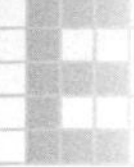

# 351 Q 如何在指定位置分頁列印？

第 7 章 \ 原始檔 \ 每月銷售記錄 .xlsx

**A** 在列印報表時，如果不設定分頁，Excel 將預設列印整個工作表，並根據頁面能容納的空間，自動插入分頁符號，我們也可以根據需要自訂分頁位置，來看看怎麼操作吧！

## Step 1 預覽預設列印效果

打開「每月銷售記錄 .xlsx」，點選〔檔案〕活頁標籤，選擇〔列印〕選項，在「列印」選項中可以看到所有內容都列印在一頁中。

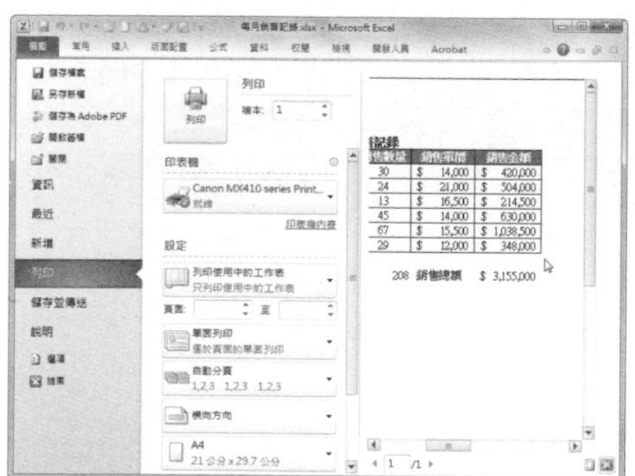

## Step 2 插入分頁符號

返回工作表中，點選需要插入分頁符號的 F9 儲存格，切換至〔版面配置〕活頁標籤，點選「分頁符號」按鈕，選擇【插入分頁】選項。

| | A | B | C | D | E |
|---|---|---|---|---|---|
| 1 | | 銷售記錄 | | | |
| 2 | 銷售日期 | 名稱 | 銷售數量 | 銷售單價 | 銷售金額 |
| 3 | 2013年1月20日 | 液晶電視 | 30 | $ 14,000 | $ 420,000 |
| 4 | 2013年1月21日 | 筆記型電腦 | 24 | $ 21,000 | $ 504,000 |
| 5 | 2013年1月22日 | 桌上型電腦 | 13 | $ 16,500 | $ 214,500 |
| 6 | 2013年1月23日 | 平板電腦 | 45 | $ 14,000 | $ 630,000 |
| 7 | 2013年1月24日 | 智慧型手機 | 67 | $ 15,500 | $ 1,038,500 |
| 8 | 2013年1月25日 | 數位相機 | 29 | $ 12,000 | $ 348,000 |
| 9 | | | | | |
| 10 | | 銷售總量 | 208 | 銷售總額 | $ 3,155,000 |

## Step 3 檢視分頁效果

這時再點選〔檔案〕活頁標籤，選擇〔列印〕選項，在「列印」選項中可以看到，在插入分頁符號的位置進行分頁列印。

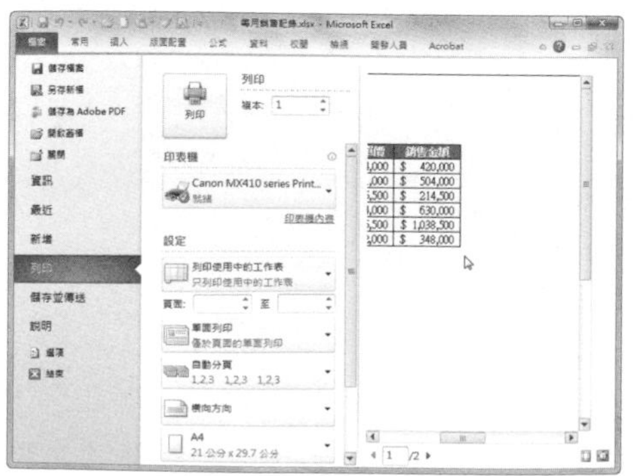

352

# Q 如何列印工作表中的指定範圍？

第 7 章 \ 原始檔 \ 一二月銷售記錄 .xlsx

**A** 在 Excel 中，可以根據需要只列印表格中的指定範圍，例如本例中只列印報表中一月份的銷售記

## Step 1 設定頁邊界

打開「一二月銷售記錄 .xlsx」，選擇需要列印的範圍，這裡選擇 1 月銷售記錄所在的儲存格範圍 A1:E8。

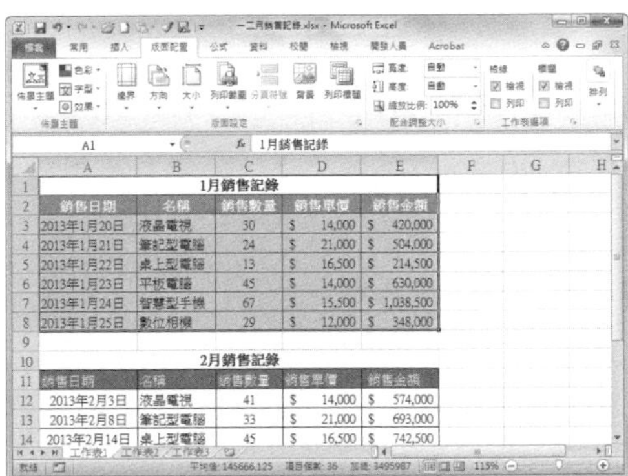

## Step 2 設定列印範圍

切換至〔版面配置〕活頁標籤，點選「版面設定」選項群組的〔列印範圍〕按鈕，在下拉選單中選擇【設定列印範圍】選項。

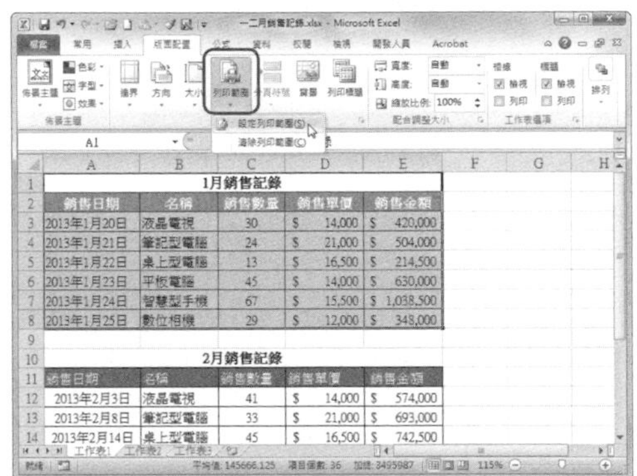

## Step 3 預覽列印效果

這時點選〔檔案〕活頁標籤，選擇〔列印〕選項，在「列印」選項中可以看到只顯示列印範圍的內容。

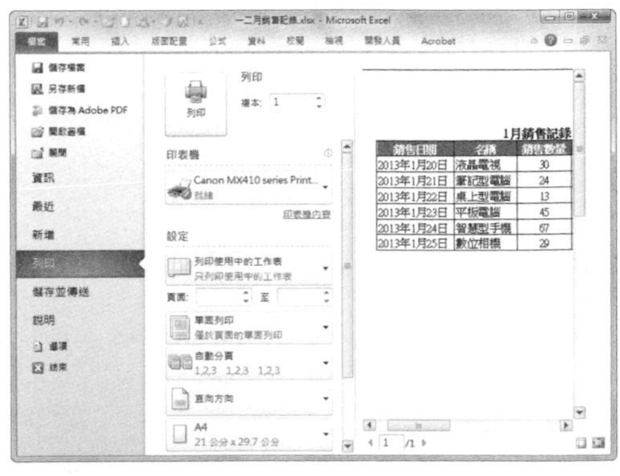

**提 示**

**取消設定的列印範圍**

若要取消設定的列印範圍，則切換至〔版面配置〕活頁標籤，再次點選「版面設定」選項群組的〔列印範圍〕按鈕，選擇【取消列印範圍】選項即可。

第 7 章 \ 原始檔 \ 銷售明細 .xlsx

## 如何在每頁都列印出標題列？

對於一些大型的工作表，在列印時要列印出多頁，預設狀態下只有第一頁會顯示標題列，如果我們需要設定每頁都有標題列，以便後面的頁面閱讀，就需要進行一些設定。

### Step 1 預覽預設列印效果

打開「銷售明細 .xlsx」，點選〔檔案〕活頁標籤，選擇〔列印〕選項，在「列印」選項預覽框中可以看到只有第一頁有列標題，其他頁則都沒有。

### Step 2 打開「版面設定」對話框

切換至〔版面配置〕活頁標籤，點選「版面設定」選項群組的對話框。

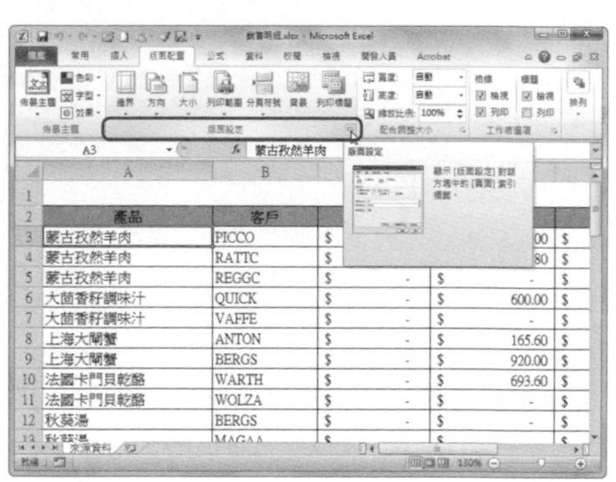

### Step 3 設定行

在打開的「版面設定」對話框中，切換至〔工作表〕活頁標籤，點選「標題列」文字方塊右側的摺疊按鈕。

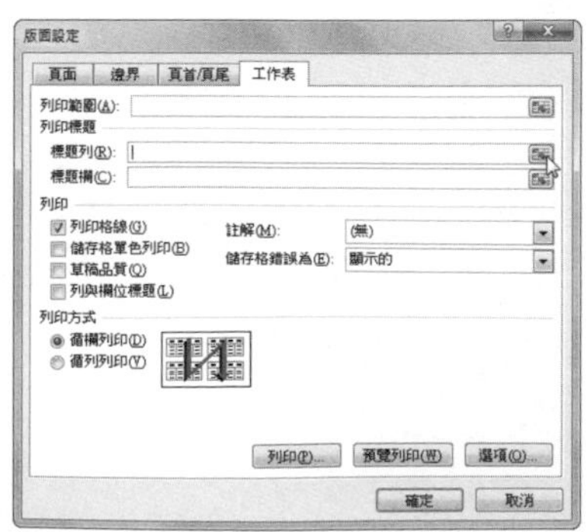

### Step 4 選擇標題行範圍

這時返回工作表中，設定要列印的標題行的範圍。

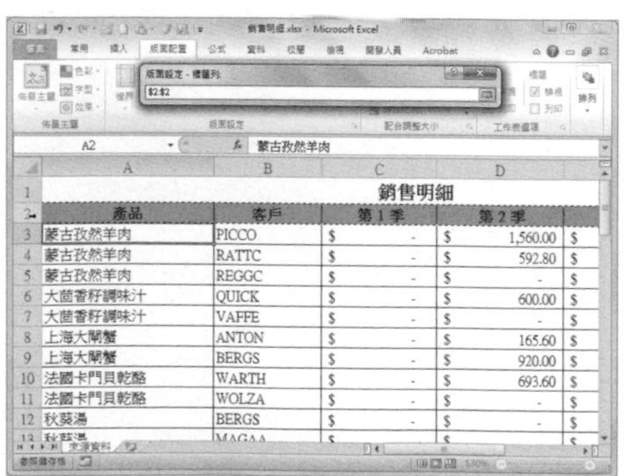

**Step 5** 點選〔確定〕按鈕

再次點選「標題列」右側的摺疊按鈕，返回「版面設定」對話框，點選〔確定〕按鈕。

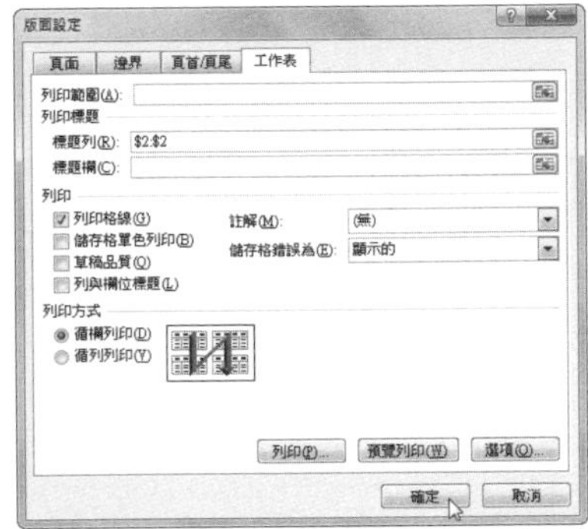

**Step 6** 檢視列印效果

點選〔檔案〕活頁標籤，選擇〔列印〕，即可在「列印」選項中看到每頁都顯示了要列印的標題列。

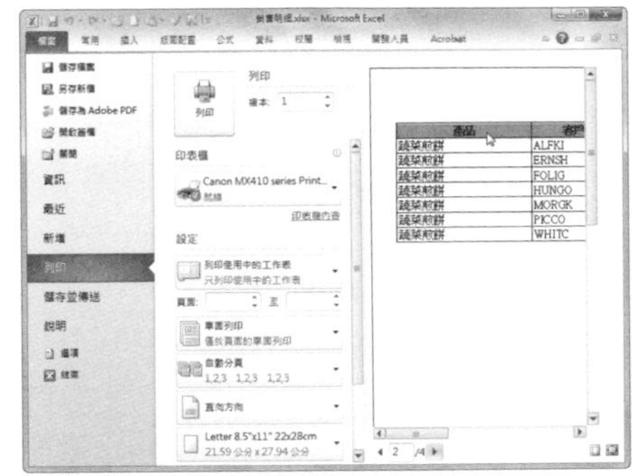

第 7 章 \ 原始檔 \ 一二月銷售記錄 .xlsx

## 354 Q 如何列印工作表中不連續的範圍？

**A** 前面介紹過只列印指定範圍的方法，若是在同一工作表中，想列印的範圍有好幾個不連續範圍時，我們仍可以進行設定後，將這些範圍裡的內容一次列印出來。

**Step 1** 選取不連續儲存格範圍

打開「一二月銷售記錄 .xlsx」，選擇需要列印的範圍，按住〔Ctrl〕鍵的同時選擇多個不連續儲存格範圍。

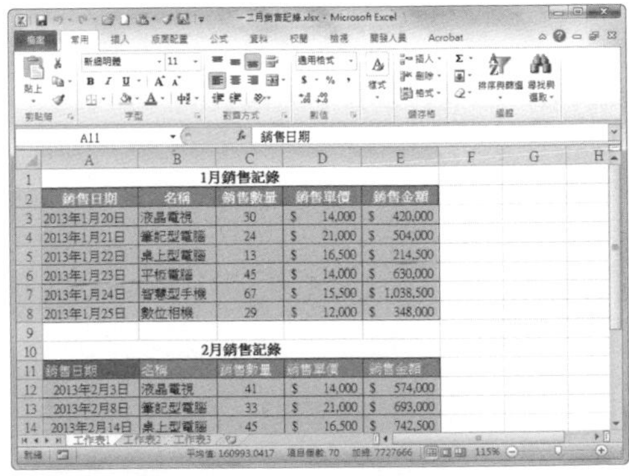

**Step 2** 設定列印選項

點選〔檔案〕活頁標籤，選擇〔列印〕，將列印範圍設定為【列印選取範圍】。

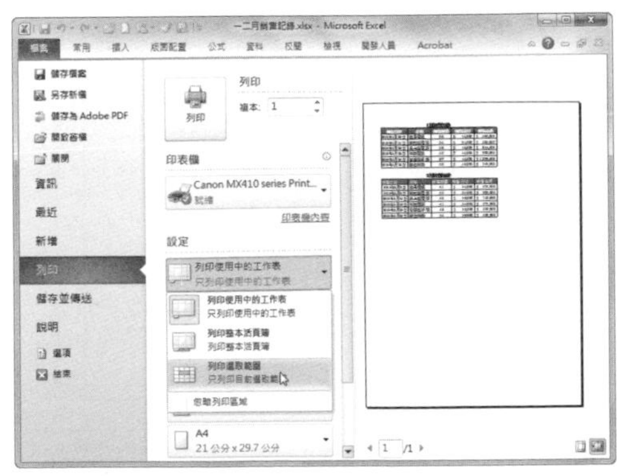

### Step 3 檢視列印效果

這時在「列印」預覽框中可以看到只列印我們剛才選取的範圍了。

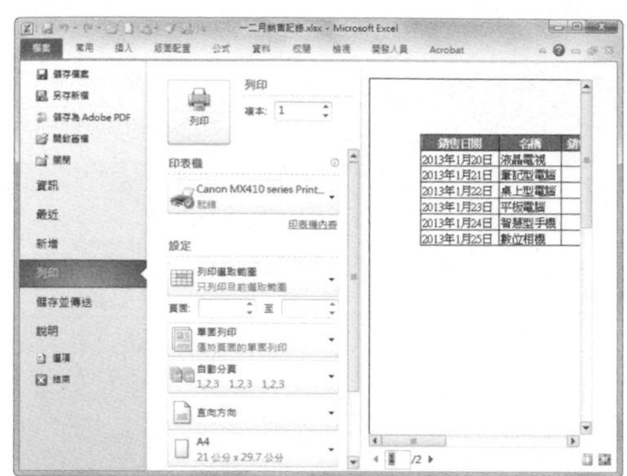


**提示**

**列印不連續範圍時，將分多頁列印**

需要注意的是，列印工作表中不連續的範圍時，這些範圍將會被分為多頁列印，如上例中選擇兩個範圍，在預覽框中顯示列印兩頁，每個範圍占一頁。

## 355 Q 如何讓特定圖表不列印出來？

第 7 章\原始檔\圖表 .xlsx

A 預設情況下，列印工作表時，工作表中的圖表也是列印物件。如果不想讓圖表被列印出來，可以將圖表移出列印範圍，或者採用下面的方法設定圖表不被列印，來看看怎麼操作吧！

### Step 1 預覽原文件列印效果

打開「圖表 .xlsx」，點選〔檔案〕活頁標籤，選擇〔列印〕，在「列印」預覽框中可以看到表格和圖表都會列印出來。

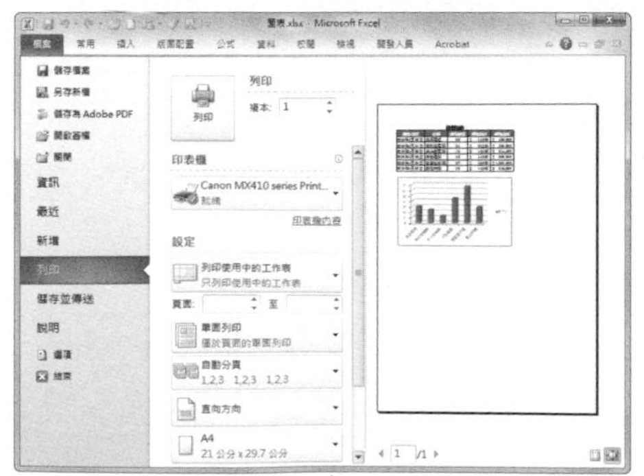


### Step 2 點選「大小」選項群組的對話框

選取圖表後，切換至〔圖表工具〕的〔格式〕活頁標籤，點選「大小」選項群組的對話框。

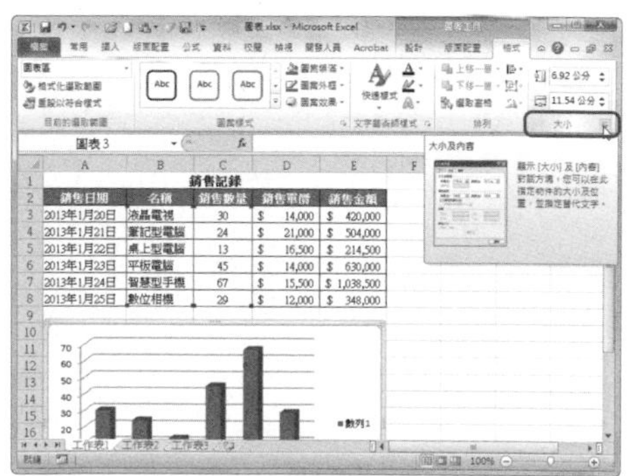


| 銷售日期 | 名稱 | 銷售數量 | 銷售單價 | 銷售金額 |
|---|---|---|---|---|
| 2013年1月20日 | 液晶電視 | 30 | $ 14,000 | $ 420,000 |
| 2013年1月21日 | 筆記型電腦 | 24 | $ 21,000 | $ 504,000 |
| 2013年1月22日 | 桌上型電腦 | 13 | $ 16,500 | $ 214,500 |
| 2013年1月23日 | 平板電腦 | 45 | $ 14,000 | $ 630,000 |
| 2013年1月24日 | 智慧型手機 | 67 | $ 15,500 | $ 1,038,500 |
| 2013年1月25日 | 數位相機 | 29 | $ 12,000 | $ 348,000 |

## Step 3 設定圖表屬性

在彈出的「圖表區格式」對話框中，切換至〔屬性〕選項，取消勾選「列印物件」核取方塊，然後按下〔關閉〕按鈕。

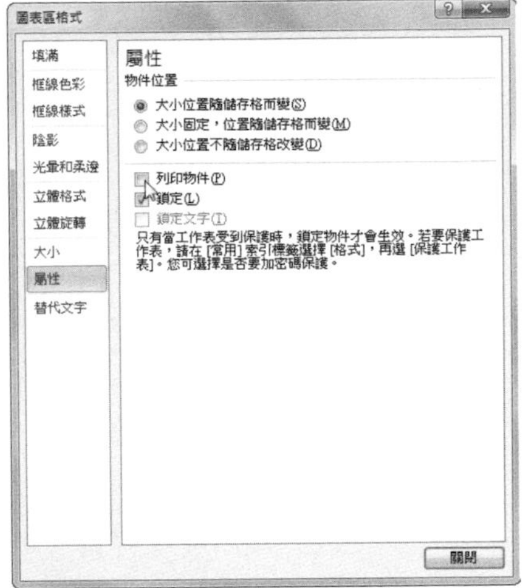


## Step 4 預覽列印效果

返回工作表中，點選〔檔案〕活頁標籤，選擇〔列印〕，在「列印」預覽框中可以看到圖表無法列印。

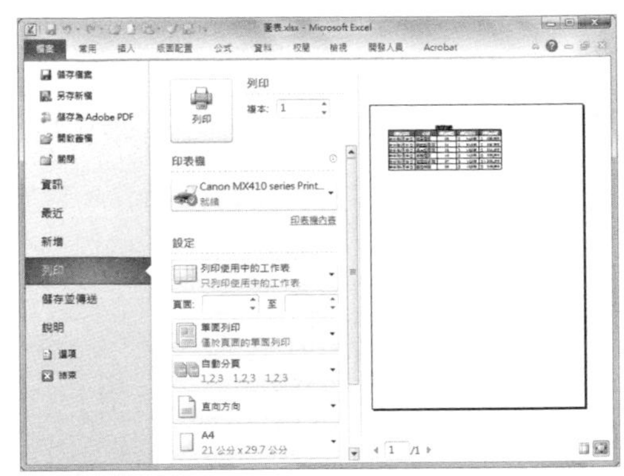


## Step 5 恢復圖表列印功能

重新打開「圖表區格式」對話框，切換至〔屬性〕選項，勾選「列印物件」核取方塊，點選〔關閉〕按鈕即可。

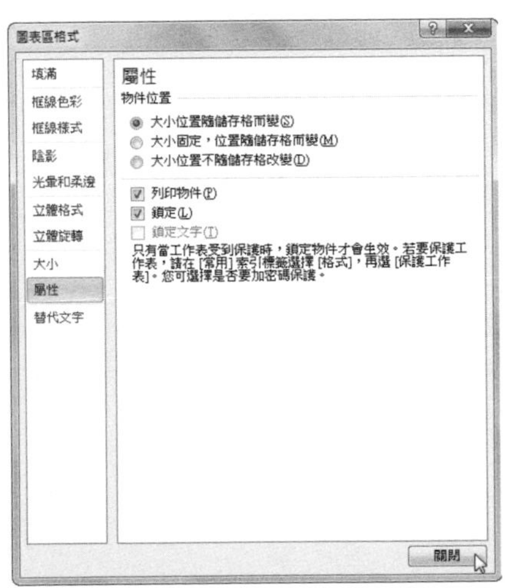


## Step 6 只列印圖表

如果只要列印圖表，那麼可以在選取圖表後點選〔檔案〕活頁標籤，選擇〔列印〕後，在「列印」選項中設定列印範圍為【列印選取的圖表】。

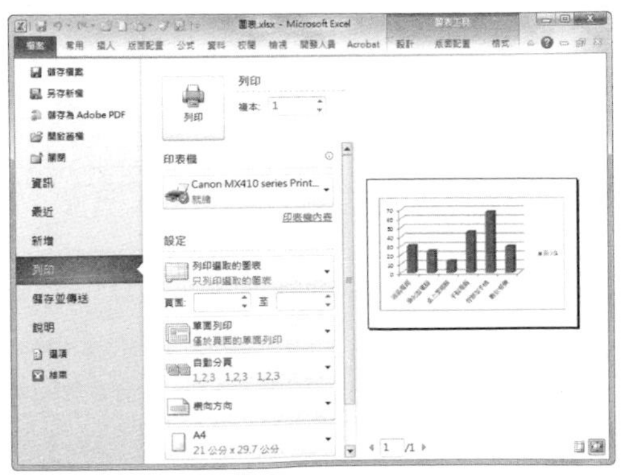

第 7 章\原始檔\銷售明細 .xlsx

## Q 如何在頁首頁尾中新增檔案儲存路徑？

**A** 在列印檔案前，在頁首頁尾中新增檔案路徑資訊，就可以清楚地知道該檔案的儲存路徑，方便後續尋找該檔案。

### Step 1 預覽原檔案列印效果

打開「銷售明細 .xlsx」，點選〔檔案〕活頁標籤，選擇〔列印〕，可以看到列印頁面中並未顯示檔案路徑。

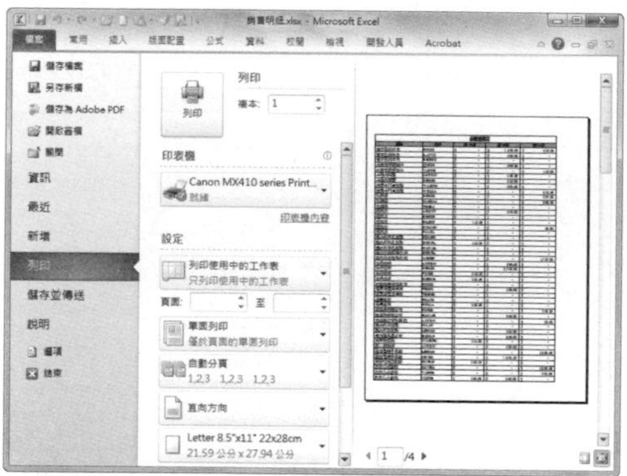


### Step 2 打開「版面設定」對話框

返回工作表，切換至〔版面配置〕活頁標籤，點選「版面設定」選項群組的對話框。

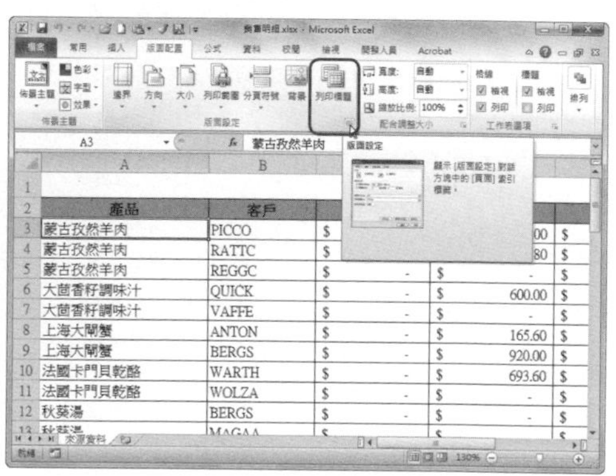


### Step 3 打開「頁首」對話框

在打開的「版面設定」對話框中，切換至〔頁首/頁尾〕活頁標籤，點選〔自訂頁首〕按鈕。

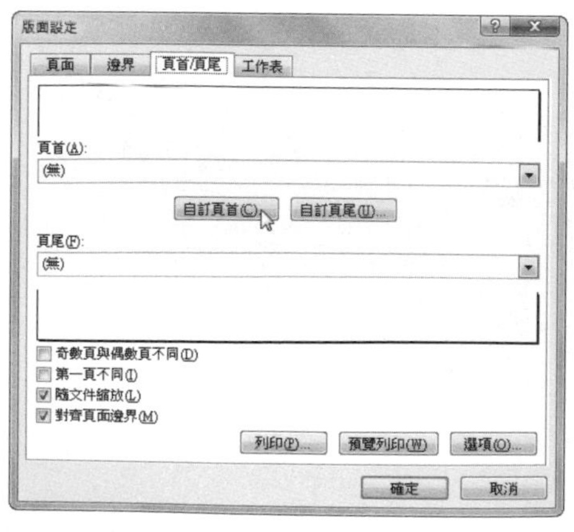


### Step 4 設定檔案路徑

在打開的「頁首」對話框中，點選「插入檔案路徑」按鈕。

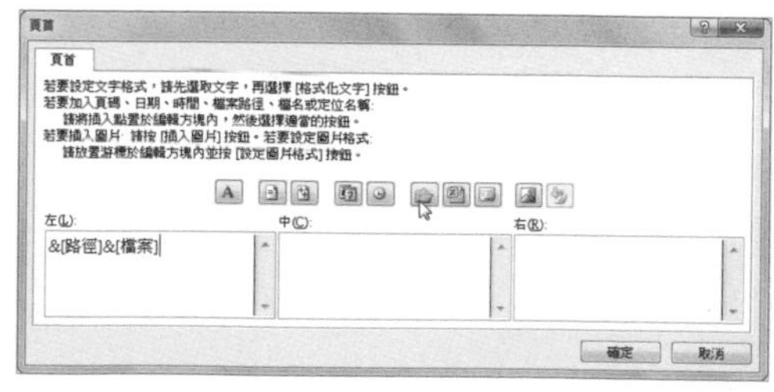

### Step 5 檢視檔案路徑

點選〔確定〕按鈕，在「版面設定」對話框中可以看到「頁首」文字方塊中新增檔案路徑，點選〔確定〕按鈕。

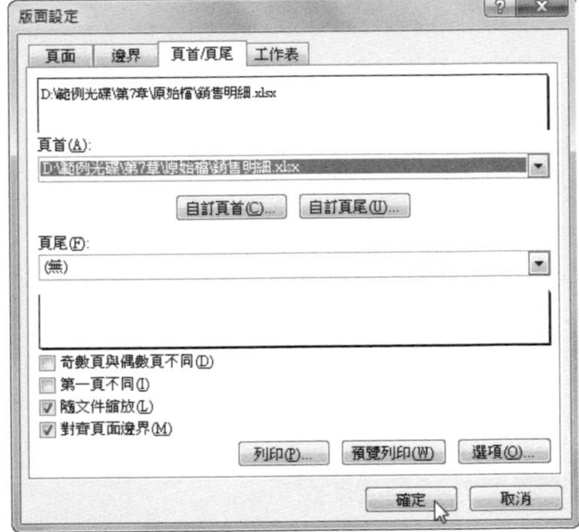

### Step 6 檢視列印效果

返回工作表中，點選〔檔案〕活頁標籤，選擇〔列印〕，在「列印」預覽框中可以看到已經新增了檔案路徑。

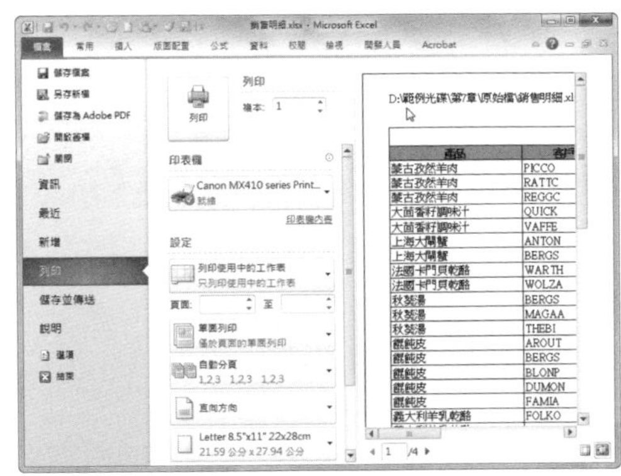

**提示**

#### 透過插入模式設定檔案儲存路徑

切換至〔插入〕活頁標籤，點選「文字」選項群組中的〔頁首及頁尾〕按鈕，會跳出〔頁首和頁尾工具〕活頁標籤，在〔設計〕中點選「頁首和頁尾項目」選項群組中的〔檔案路徑〕按鈕，即可看到在頁首位置已新增了檔案路徑。

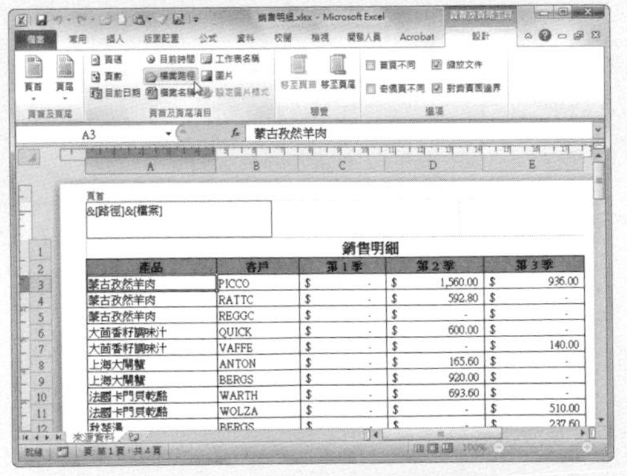

# 職人技 23 Excel 輸出秘技

Word、Excel 和 PowerPoint 是 Microsoft Office 程式的三大軟體，分別對文字、資料和投影片內容進行處理，Office 的強大之處在於這三個軟體可以結合使用，使操作更加方便，例如我們可以將 Excel 圖表直接插入 Word 中，也可以將 Excel 表格插入到 PowerPoint 中，本職人技將介紹 Excel 的輸出秘技。

## 357 Q 如何將 Excel 表格輸出至 Word 中？

第 7 章 \ 原始檔 \ 輸入表格 .docx、銷售統計 .xlsx
第 7 章 \ 完成檔 \ 插入表格 .docx、複製表格 .docx

A 在 Word 文件中，如果想將複雜的內容簡單地表達出來，可以將 Excel 表格輸入至文件中。下面介紹兩種在 Word 中插入表格的方法，來看看怎麼操作吧！

### 方法一：在 Word 中插入 Excel 試算表

**Step 1 插入 Excel 試算表**

打開「輸入表格 .docx」，切換至〔插入〕活頁標籤，點選「表格」選項群組中的〔表格〕按鈕，從下拉選單選擇【Excel 試算表】選項。

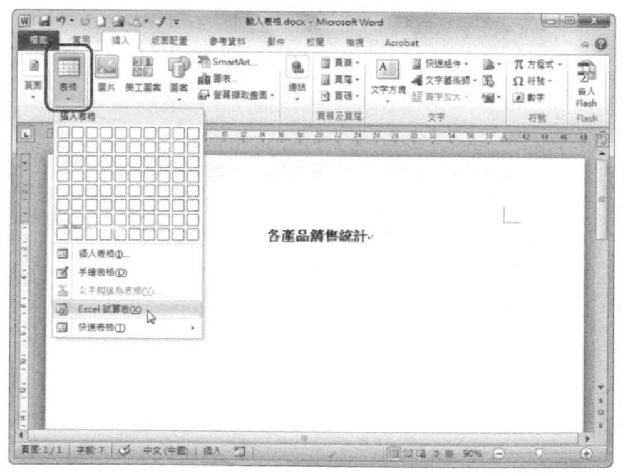

**Step 2 檢視編輯區**

這時可以看到 Word 功能區中已經出現 Excel 表格的功能區。同時編輯區中也自動插入 Excel 表格的編輯區。

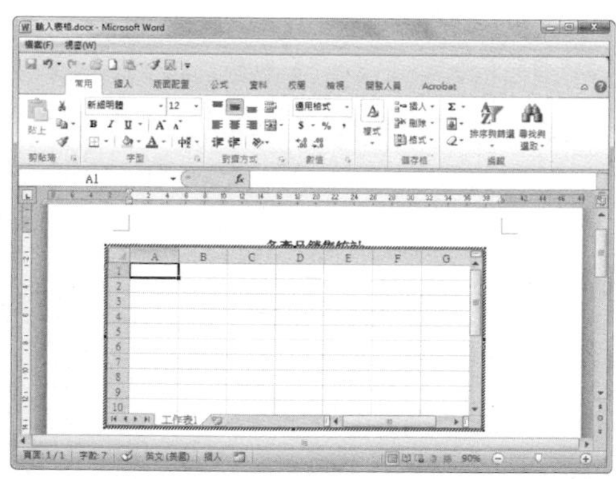

## Step 3 輸入資料

點選編輯區的儲存格，這時即可像在 Excel 中一樣輸入資料。

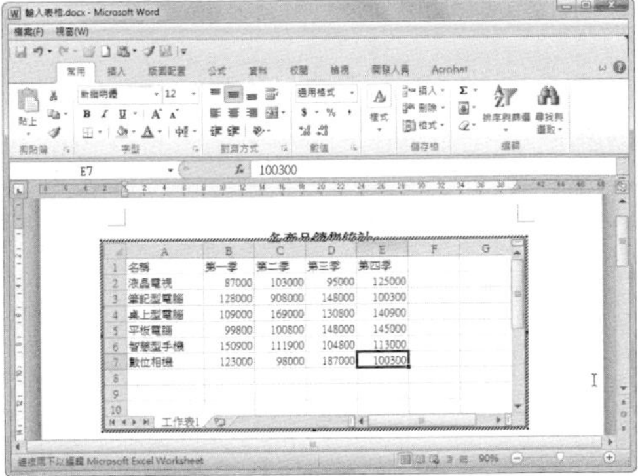

## Step 4 設定表格格式

資料輸入完成後，還可以選取表格內容，在功能區中對表格的格式進行相關設定。

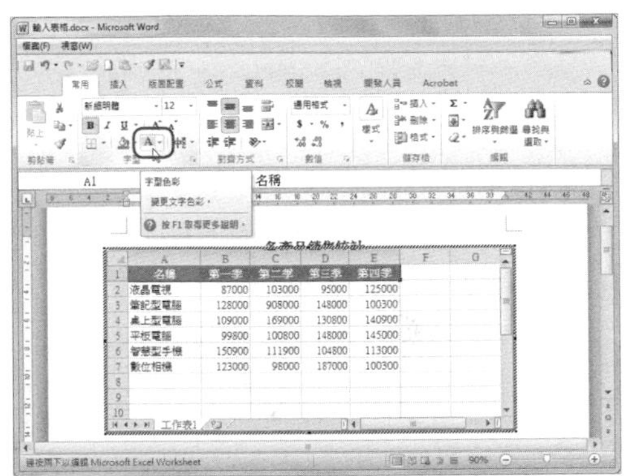

## Step 5 檢視插入效果

表格編輯完成後，點選 Word 功能區，即可退出 Excel 編輯狀態。Word 中已插入了表格。

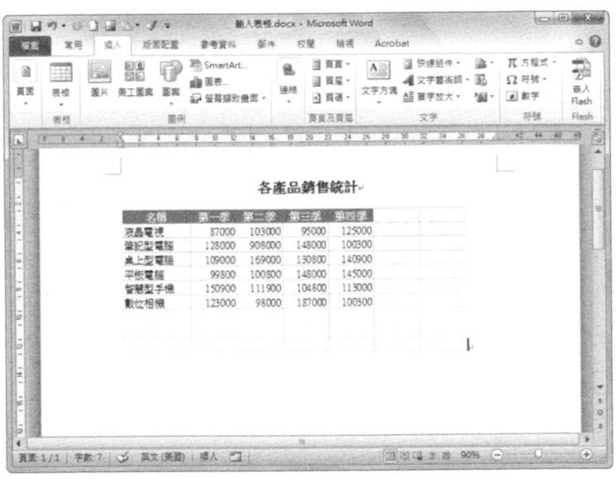

## Step 6 編輯工作表

表格完成後，如果想對表格內容進行修改，則選取表格後按兩下，即可返回步驟 3，對表格進行編輯。

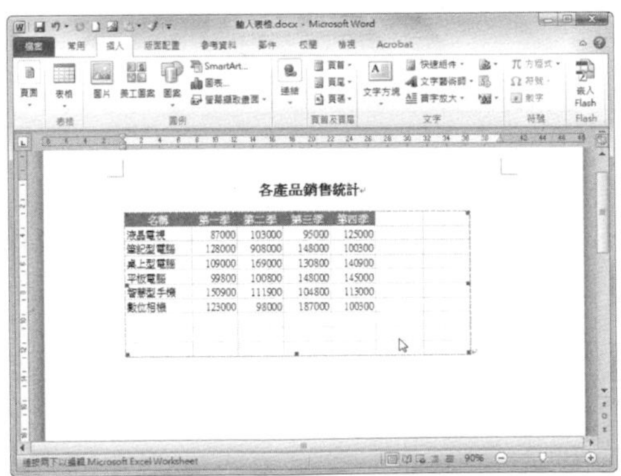

## 方法二：複製 Excel 表格至 Word 中

**Step 1** 複製 Excel 中的表格

打開「銷售統計 .xlsx」後，選取 A2:E8 儲存格範圍，按下快速鍵〔Ctrl〕+〔C〕，複製表格內容。

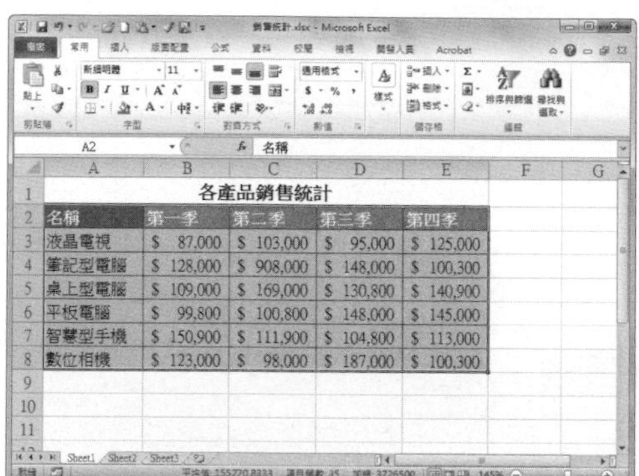


**Step 2** 設定表格格式

打開「輸入表格 .docx」後，點選要插入表格的位置後按滑鼠右鍵，在快速選單中選擇「貼上選項」群組的【保持來源格式設定】選項。

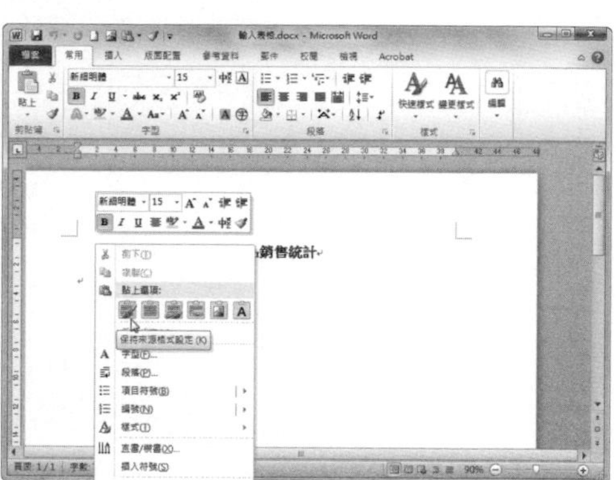


**Step 3** 檢視效果

此時可以看到 Word 中已經插入表格。

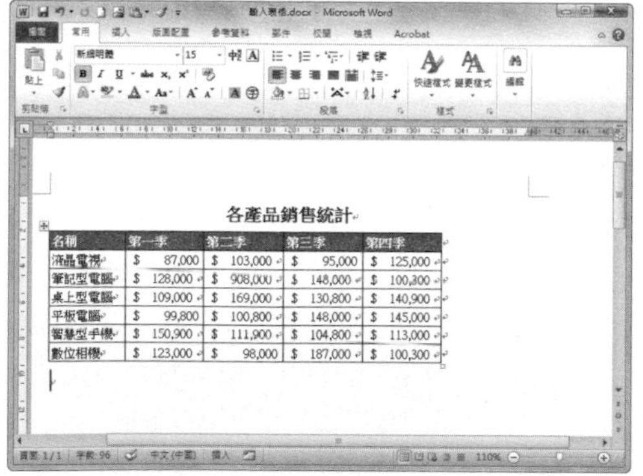

## 358 Q 如何將 Excel 圖表輸出至 Word 中？

第 7 章 \ 原始檔 \ 輸入表格 .docx
第 7 章 \ 完成檔 \ 插入 Excel 圖表 .docx、建立 Excel 圖表 .docx

**A** 使用圖表來將表格中的資料以圖的形式表現出來，可以使資料更清楚、更具體。在 Word 中，不僅可以插入圖表，還可以對插入的圖表進行編輯。下面介紹在 Word 中插入 Excel 圖表的操作的方法。

### 方法一：在 Word 中插入 Excel 圖表

**Step 1** 選擇「物件」選項

打開「輸入表格 .docx」，切換至〔插入〕活頁標籤，點選「文字」選項群組中的〔物件〕下拉選單，在下拉選單中選擇【物件】。

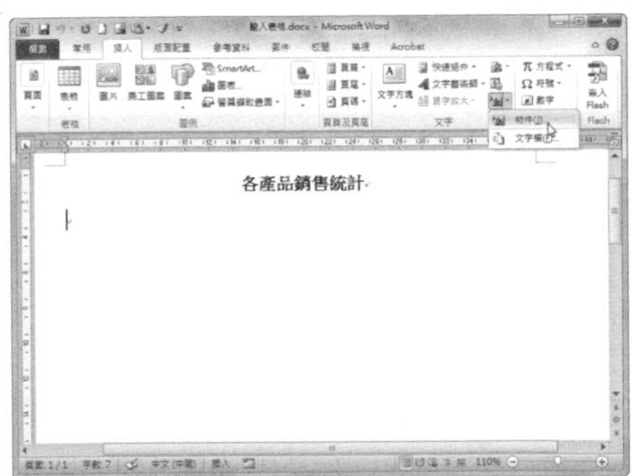


**Step 2** 選擇插入物件類型

在彈出的「物件」對話框中，切換至〔建立新物件〕活頁標籤，在「物件類型」選單中選擇【Microsoft Excel 圖表】選項。

**Step 3** 檢檢視表插入

點選〔確定〕按鈕，即可看到編輯區中插入圖表物件，點選〔工作表 1〕標籤，切換至 Excel 表格介面。

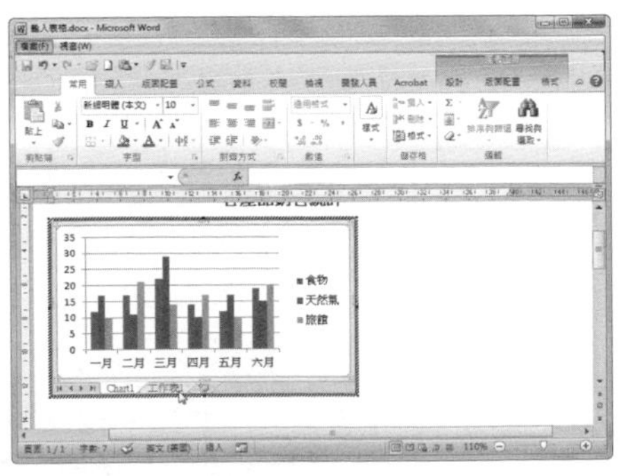


**Step 4** 輸入圖表資料

切換至表格介面後，輸入需要的資料，輸入完成後點選〔Chart1〕工作表標籤。

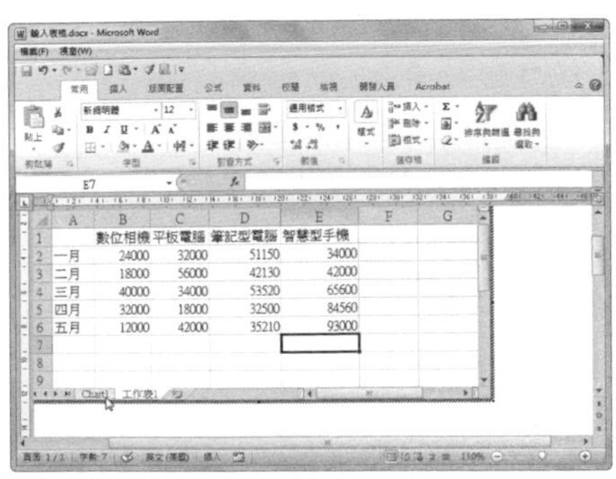

| | A | B | C | D | E |
|---|---|---|---|---|---|
| 1 | | 數位相機 | 平板電腦 | 筆記型電腦 | 智慧型手機 |
| 2 | 一月 | 24000 | 32000 | 51150 | 34000 |
| 3 | 二月 | 18000 | 56000 | 42130 | 42000 |
| 4 | 三月 | 40000 | 34000 | 53520 | 65600 |
| 5 | 四月 | 32000 | 18000 | 32500 | 84560 |
| 6 | 五月 | 12000 | 42000 | 35210 | 93000 |

## Step 5 檢視插入的圖表效果

操作完成後，點選文件中的空白位置，即可完成在文件中插入 Excel 圖表物件的操作。

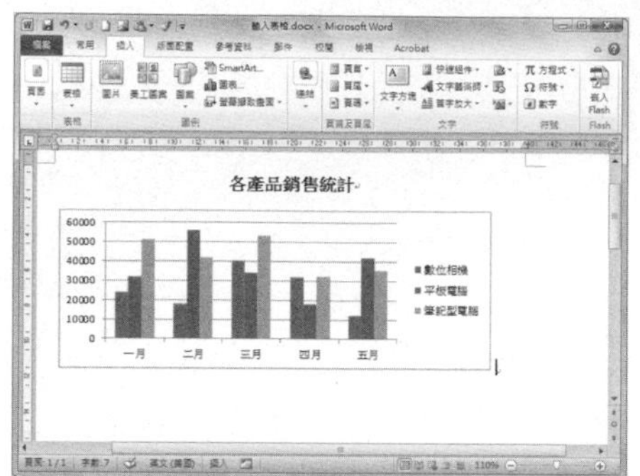


## Step 6 編輯 Excel 圖表物件

若要編輯圖表，則先選取圖表物件，再在圖表範圍內按兩下，即可進入圖表編輯狀態。

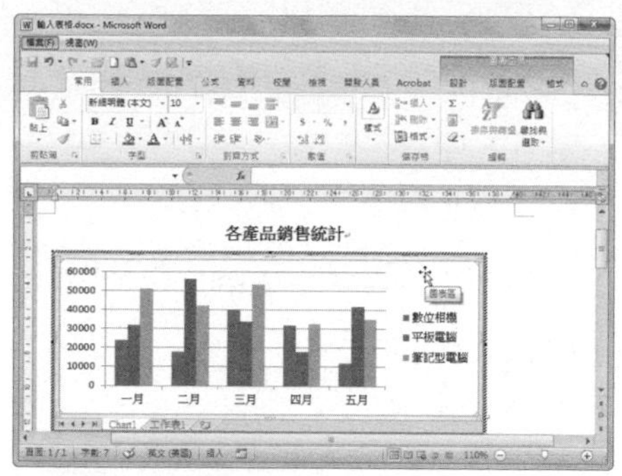


## Step 7 設定圖表樣式

切換至〔圖表工具〕的〔設計〕活頁標籤，點選「圖表樣式」選項群組中的〔其他〕按鈕。

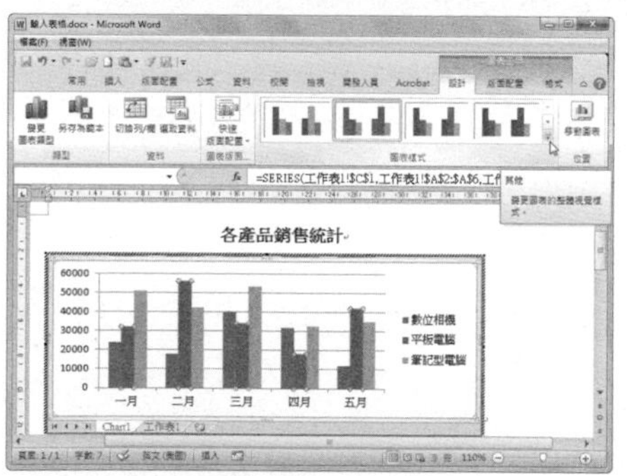


## Step 8 選擇圖表樣式

在展開的圖表樣式中挑選需要的圖表樣式，即可套用該樣式。

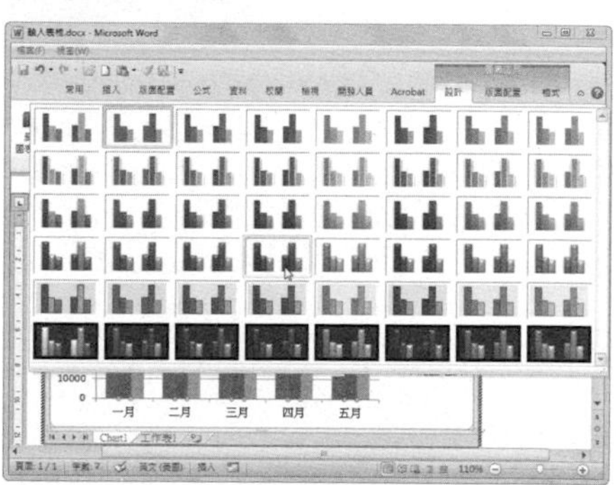

## Step 9 設定圖表版面配置

點選「圖表版面配置」選項群組中的〔其他〕按鈕，選擇圖表版面配置樣式。

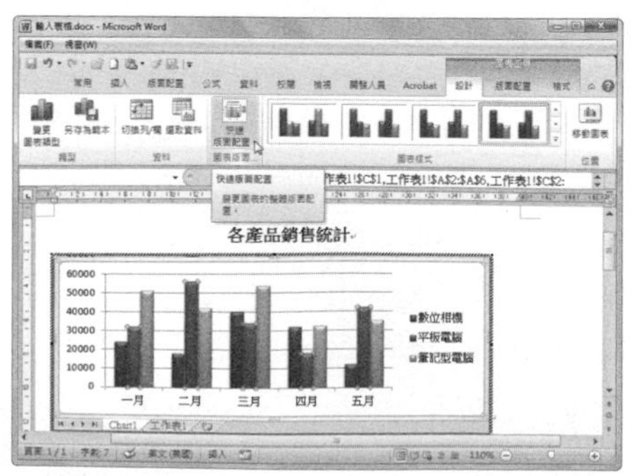


## Step10 選擇圖表版面配置

在展開的圖表版面配置庫中，點選需要套用的圖表版面配置，即可套用該圖表版面配置。

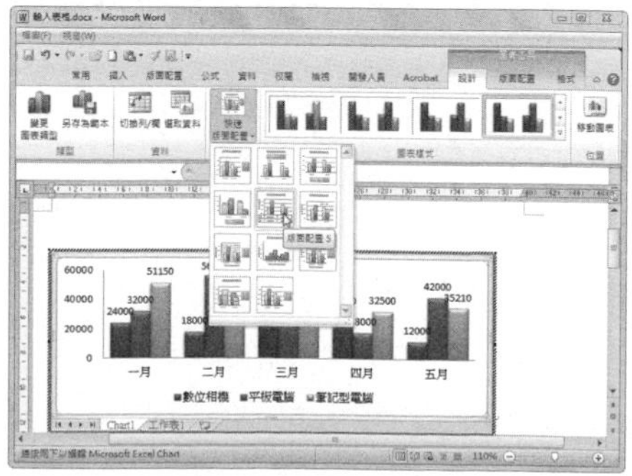

### Step11 輸入圖表名稱

可以看到圖表上方出現圖表標題的文字方塊，讓我們輸入圖表名稱。

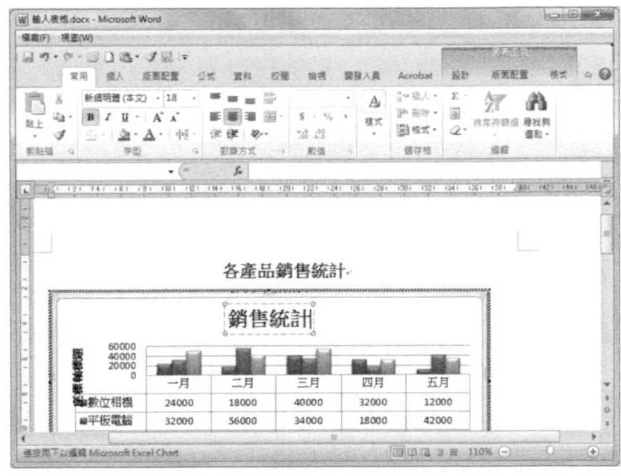


### Step12 顯示最後效果

操作完成後，點選文件中的空白位置，即可檢視最後效果。

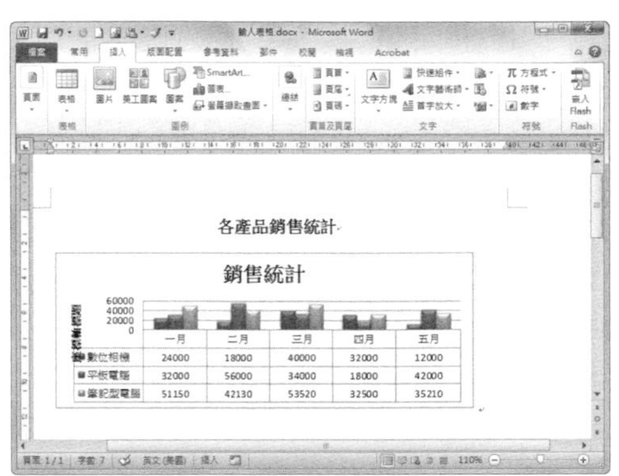


## 方法二：在 Word 中直接建立 Excel 圖表

### Step 1 點選「圖表」按鈕

打開「插入圖表 .docx」後，切換至〔插入〕活頁標籤，點選「圖例」選項群組中的〔圖表〕按鈕。

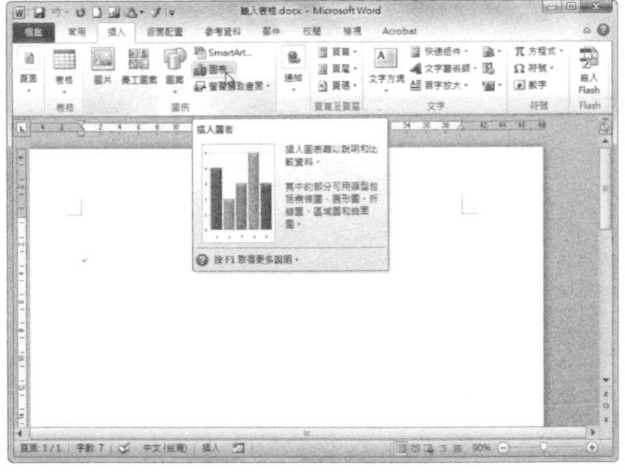


### Step 2 選擇插入圖表類型

在彈出的「插入圖表」對話框中，切換至「直條圖」選項，選擇需要的圖表類型後，點選〔確定〕按鈕。

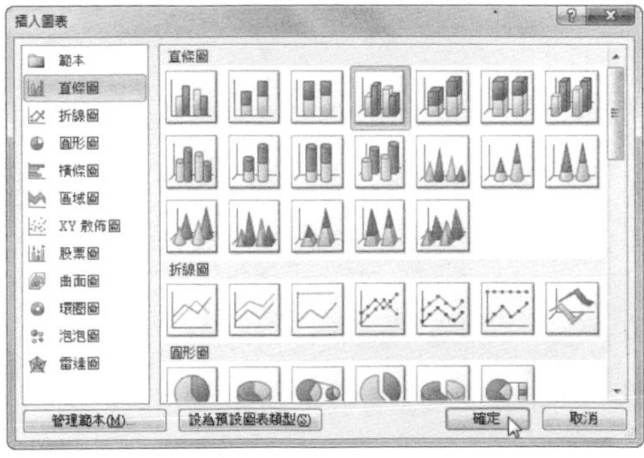

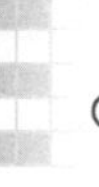



## Step 3 輸入圖表資料

這時彈出一個 Excel 視窗，在資料範圍中輸入需要的圖表資料。

## Step 4 變更圖表類型

完成後回到 Word 文件，切換至〔圖表工具〕的〔設計〕活頁標籤，點選「類型」選項群組中的〔變更圖表類型〕按鈕。

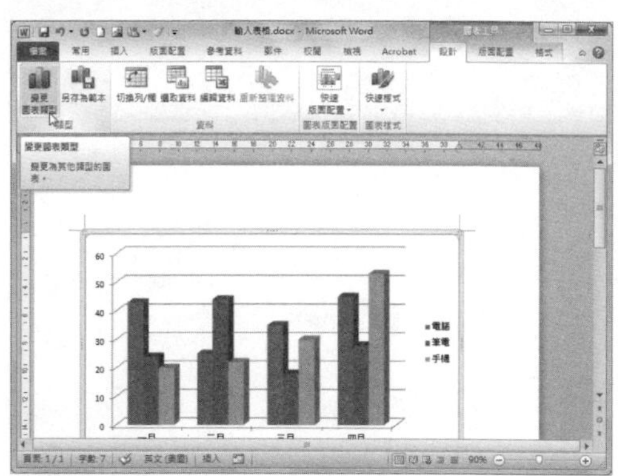


## Step 5 選擇要更換圖表類型

在彈出的「變更圖表類型」對話框中，選擇需要更換的圖表類型。這裡切換至「折線圖」選項，選擇「含有資料標記的折線圖」選項。

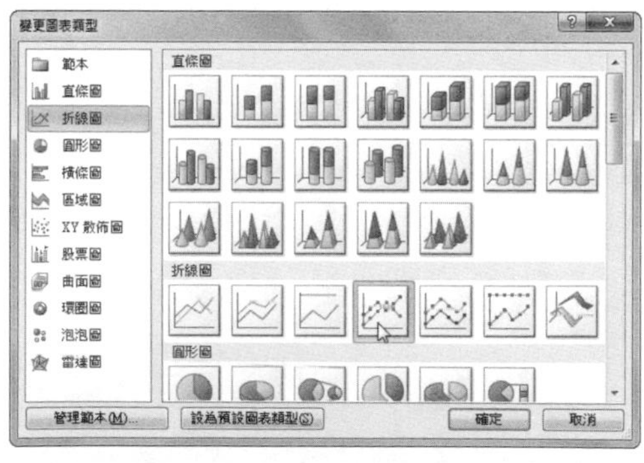


## Step 6 顯示變更的圖表類型

點選〔確定〕按鈕，完成變更圖表類型的操作，即可檢視變更圖表類型後的效果。

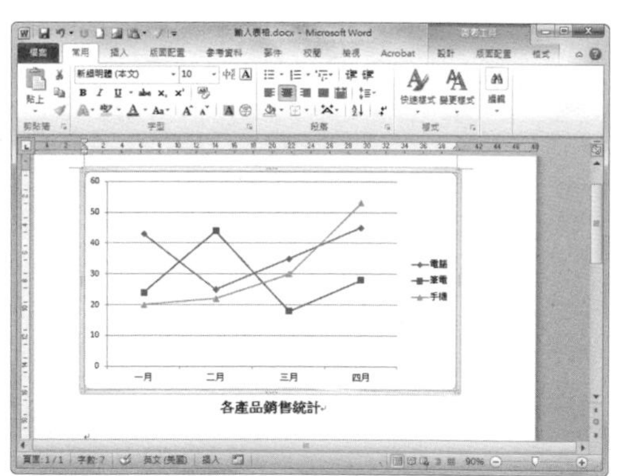


**提示**

### 變更圖表資料

建立圖表後，如果發現圖表中所參照的資料有誤，可在選取圖表後，切換至〔圖表工具〕的〔設計〕活頁標籤，點選〔資料〕選項群組中的〔編輯資料〕按鈕，即可對資料進行變更。

# 如何將 Excel 表格輸出至 PowerPoint 中？

第 7 章 \ 原始檔 \ 插入表格 .pptx、銷售統計 .xlsx
第 7 章 \ 完成檔 \ 插入表格 .pptx、複製表格 .pptx

在製作投影片文件時，經常需要使用表格來說明銷售資料，這時我們可以在 PowerPoint 中插入 Excel 表格。下面介紹在 PowerPoint 中插入並編輯 Excel 表格的方法。

## 方法一：在投影片中插入 Excel 表格

### Step 1 插入表格

打開「插入表格 .pptx」後，切換至〔插入〕活頁標籤，點選「表格」選項群組中的〔表格〕按鈕，選擇【Excel 試算表】。

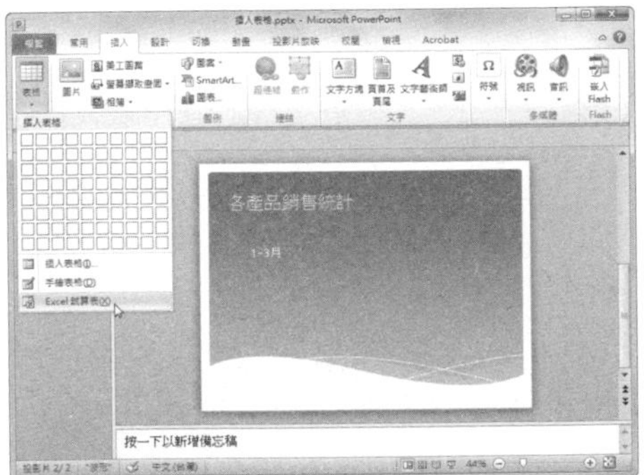


### Step 2 檢視功能區

這時可以看到 PowerPoint 功能區中已經出現 Excel 的工作表表格。

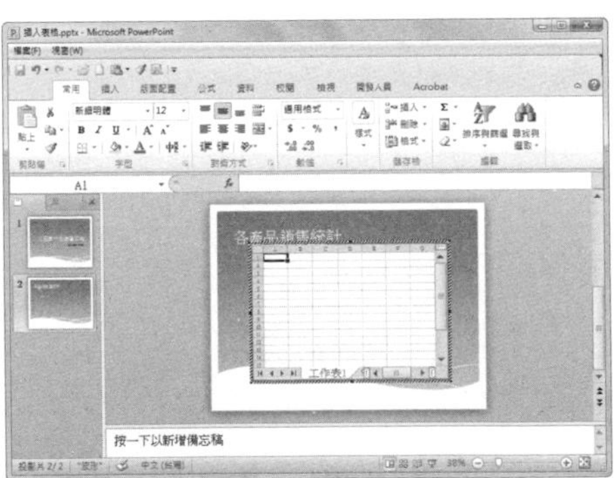


### Step 3 輸入資料

點選編輯區的儲存格，即可像在 Excel 中一樣輸入資料，輸入完成後設定表格的格式。

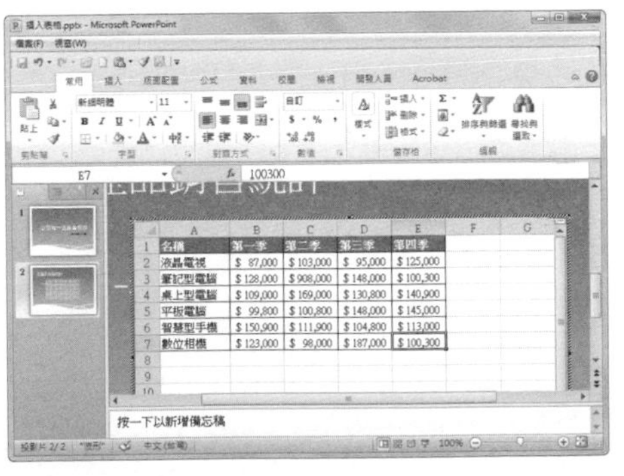


### Step 4 檢視效果

表格編輯完成後，點選 PowerPoint 功能區，即可退出 Excel 編輯狀態，此時表格已插入 PowerPoint 中。

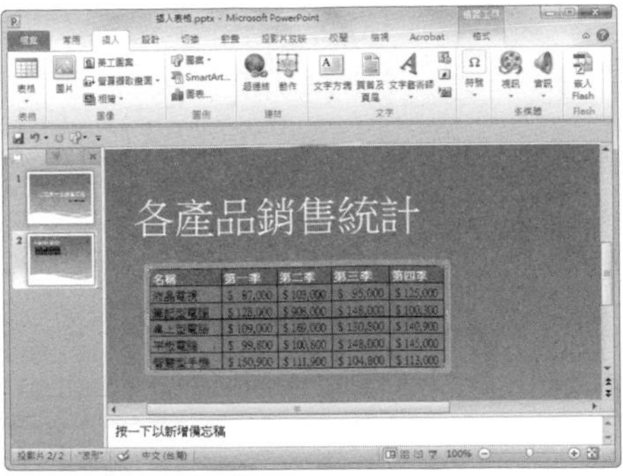

## Step 5 編輯插入的表格

完成表格插入後，若還想對表格進行編輯，可以在選取表格後，按兩下進入編輯狀態。

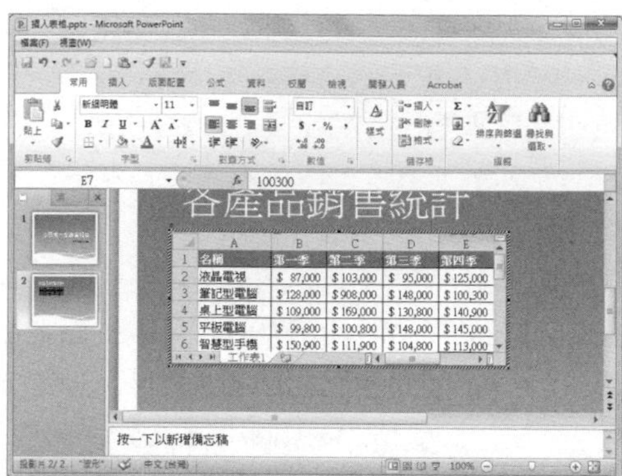


## Step 6 打開「設定儲存格格式」對話框

選取需要設定格式的儲存格範圍並按滑鼠右鍵，在彈出的快速選單中選擇【儲存格格式】。

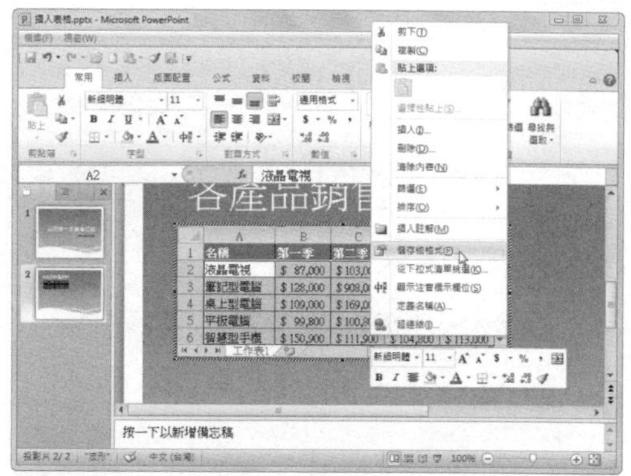


## Step 7 設定儲存格格式

接著在彈出的「儲存格格式」對話框中切換至〔數值〕活頁標籤，在「類別」選單中選擇【貨幣】，設定小數字數後，點選〔確定〕按鈕。

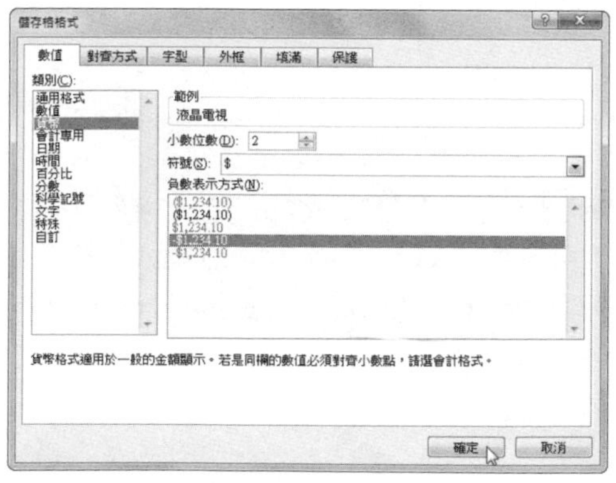


## Step 8 檢視最後結果

完成後即可檢視最後結果，其實在 PowerPoint 中也可以直接建立表格，但表格的功能有限，建立 Excel 表格則可以使用 Excel 的相關功能。

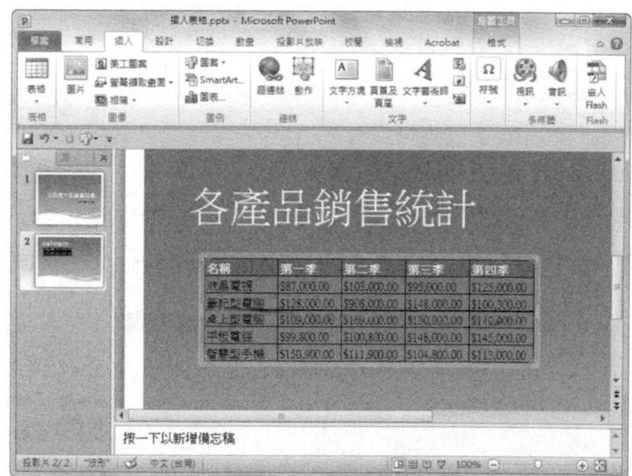


**提示**

**移除表格資料**

還可以對表格中的資料進行移除，選取需要移除的資料儲存格並按滑鼠右鍵，然後選擇【移除】即可。

## 方法二：複製 Excel 表格至投影片中

**Step 1** 複製 Excel 中的表格

打開「銷售統計 .xlsx」後，選取 A2:E8 儲存格範圍，按下快速鍵〔Ctrl〕+〔C〕，複製表格內容。

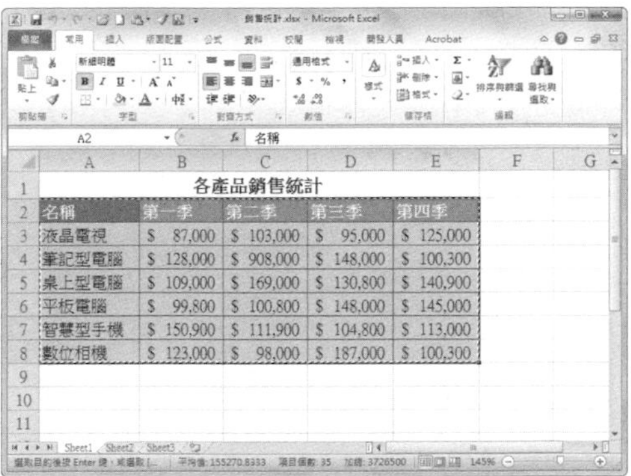


**Step 2** 設定表格格式

打開「插入表格 .pptx」後，將游標移至要插入表格的位置，按下快速鍵〔Ctrl〕+〔V〕，複製表格內容。

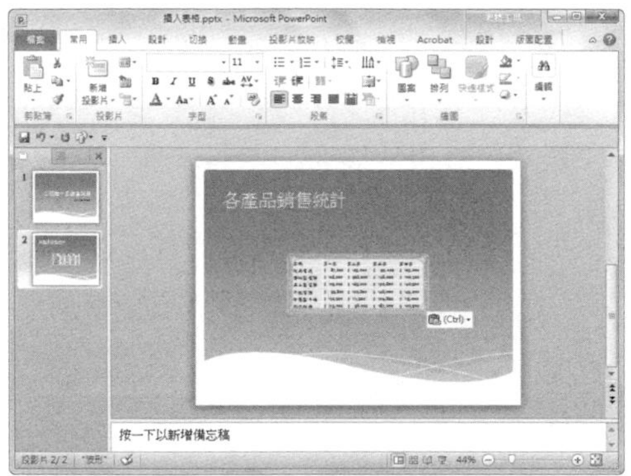


**Step 3** 設定插入表格的大小

將游標放在插入的表格的右下角，待游標變為雙向箭頭時向外拖曳，即可變更表格的大小。

**Step 4** 設定表格的格式

插入表格後，切換至〔常用〕活頁標籤，在「字型」選項群組中設定表格的字型和大小。

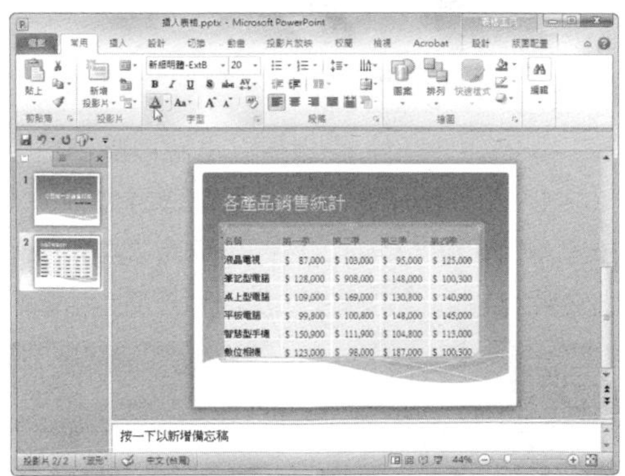


**提 示**

### 修改表格

在 PowerPoint 中插入表格後，仍然可以使用設定表格字型格式的方法，對表格中的字型、大小和色彩等進行設定，還可以對表格進行合併、插入和移除的操作，但是不能對表格中的資料進行計算操作。

# 如何將 Excel 圖表輸出至 PowerPoint 中？

第 7 章 \ 原始檔 \ 插入表格 .pptx
第 7 章 \ 完成檔 \ 插入圖表 .pptx

在投影片中插入圖表，可以很清楚地反映出資料間的關係。下面介紹在 PowerPoint 中插入並編輯

### Step 1 點選「圖表」按鈕

打開「插入表格 .pptx」後，切換至〔插入〕活頁標籤，點選「圖例」選項群組中的〔圖表〕按鈕。

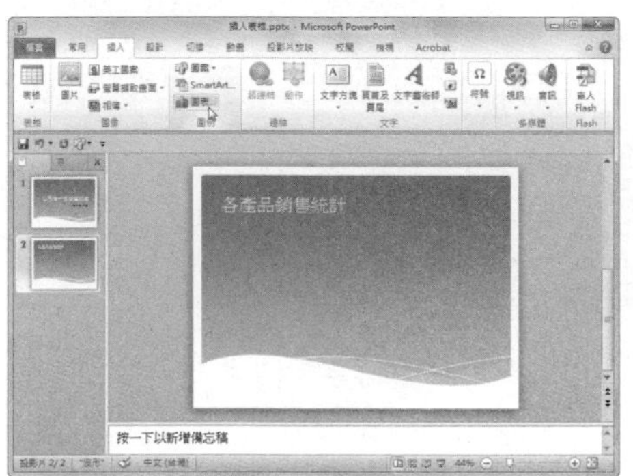

### Step 2 選擇插入圖表類型

在彈出的「插入圖表」對話框，切換至〔直條圖〕活頁標籤，選擇所需圖表類型，點選〔確定〕按鈕。

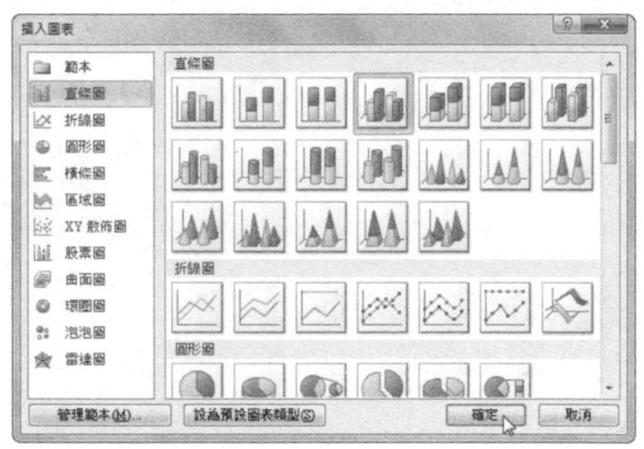

### Step 3 打開 Excel 視窗

這時會開啟一個 Excel 視窗，在 Excel 編輯區可以輸入需要的資料。

### Step 4 輸入圖表資料

在資料範圍輸入需要的圖表資料後，點選 Excel 視窗的〔關閉〕按鈕。

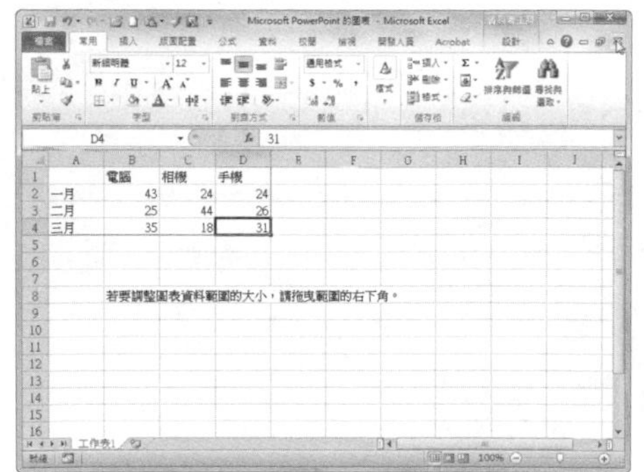

## Step 5 檢視結果

這時可以看到 PowerPoint 中已經插入 Excel 圖表。

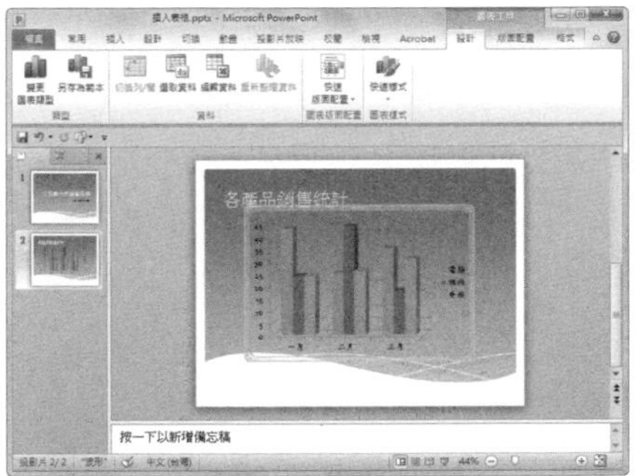

## Step 6 變更圖表類型

若要變更圖表類型，則選取圖表並按滑鼠右鍵，在彈出的快速選單中選擇【變更圖表類型】。

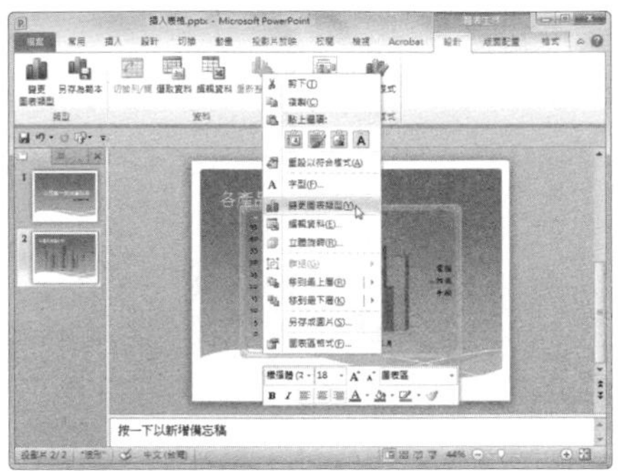

## Step 7 選擇圖表類型

在彈出的「變更圖表類型」對話框中，選擇需要更換的圖表類型，這裡切換至〔折線圖〕，選擇「折線圖」中的【含有資料標記的折線圖】選項。

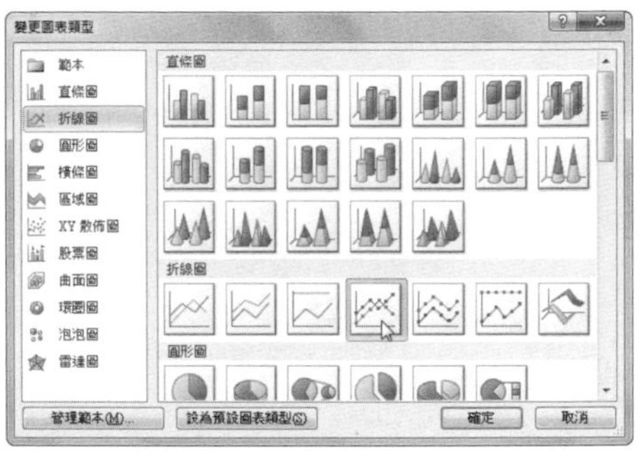


## Step 8 選擇圖表樣式

點選〔確定〕按鈕後，返回 PowerPoint 中，切換至〔圖表工具〕的〔設計〕活頁標籤，點選「圖表樣式」選單，選擇需要的圖表樣式。

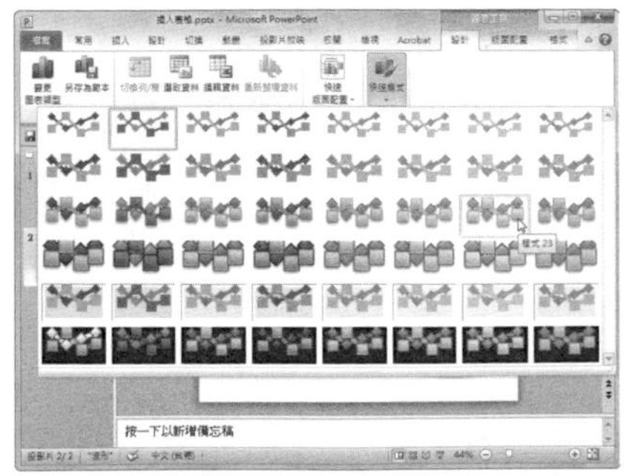

## Step 9 檢視最後結果

設定完成後，返回 PowerPoint 中，即可看到圖表設定的最後結果。

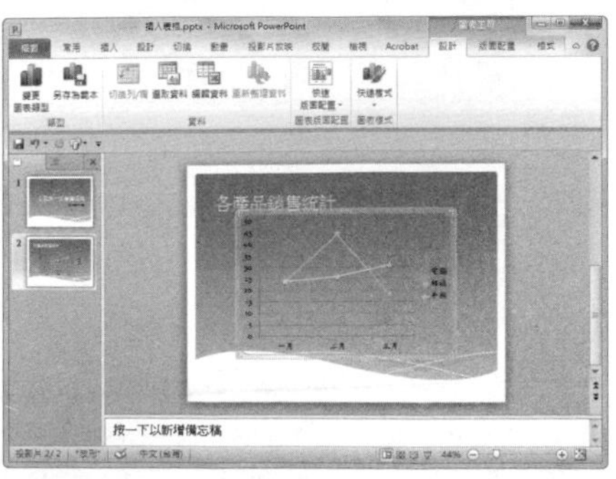

# MEMO

# 第8章 特別附錄：Excel 辦公室達人秘技

前面我們介紹了很多關於 Excel 各種報表的操作與應用，都學會的話相信在平時工作與學業上更有幫助，簡單就能做出非常實用的報表，而接下來我們特別收錄了二十多個在職場上超實用的密技，讓你可以在老闆交代一堆工作時，不慌不忙的用這些小技巧來完成工作。

讓圓餅圖的內容更豐富

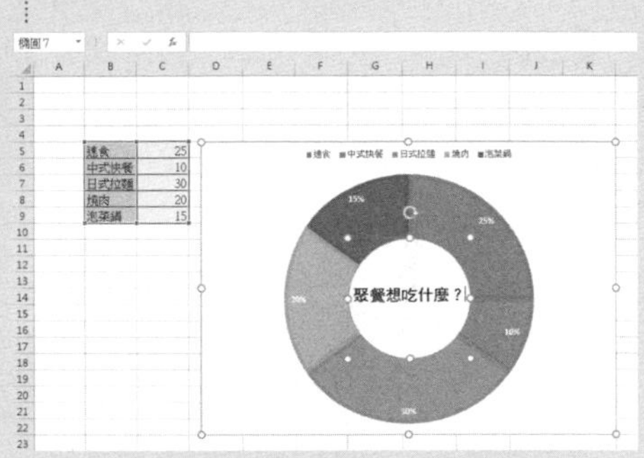


用 Excel 繪製甘特圖

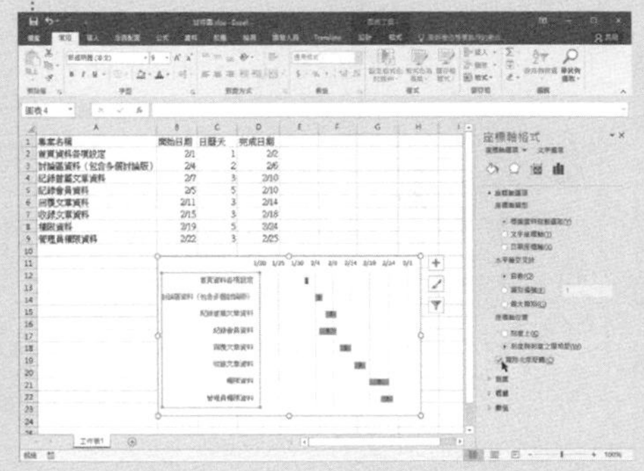

讓儲存格內有文字也能加總

B14 =SUMPRODUCT(--LEFT(B1:B13,LEN(B1:B13)-1))

| | A | B |
|---|---|---|
| 1 | | 100元 |
| 2 | | 45元 |
| 3 | | 53元 |
| 4 | | 5元 |
| 5 | | 58元 |
| 6 | | 76元 |
| 7 | | 1330元 |
| 8 | | 251元 |
| 9 | | 421元 |
| 10 | | 253元 |
| 11 | | 437元 |
| 12 | | 24元 |
| 13 | | 216元 |
| 14 | 總計 | 3269 |
| 15 | | |
| 16 | | |

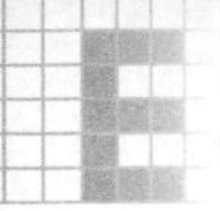



# 用快捷鍵完成圖表快又方便

雖然 Excel 用滑鼠點點點就能完成，不過如果搭配快速鍵的話，能更加速工作進度，接下我們要介紹幾個你可能不知道的快速鍵，趕快一起來學習吧。

**Step 1**

在已經輸入數字的儲存格上點擊反白後，點擊〔Ctrl〕+〔Shift〕+〔2〕～〔6〕，即可更改儲存格中的類別。

B5 | 1900/1/13

| | A | B | C | D |
|---|---|---|---|---|
| 1 | | | | |
| 2 | | | | |
| 3 | | | | |
| 4 | | | | |
| 5 | | 1900/1/13 | | |
| 6 | | | | |

**提示**

使用快速鍵可以更改的儲存格類型

〔Ctrl〕+〔Shift〕+〔2〕：自訂
〔Ctrl〕+〔Shift〕+〔3〕：日期
〔Ctrl〕+〔Shift〕+〔4〕：貨幣
〔Ctrl〕+〔Shift〕+〔5〕：百分比
〔Ctrl〕+〔Shift〕+〔6〕：科學記號

**Step 2**

平時我們在計算多個儲存格的總合時，需要輸入「=SUM( 儲存格：儲存格 )」的公式，不過其實用快捷鍵更快速！在要填入加總公式的儲存格上按一下〔Alt〕+〔=〕，就會馬上幫你算出總和喔！

L7

| | A | B | C |
|---|---|---|---|
| 1 | | | |
| 2 | | | |
| 3 | | 11 | |
| 4 | | 324 | |
| 5 | | 43 | |
| 6 | | 221 | |
| 7 | | 28 | |
| 8 | 總和 | 627 | |
| 9 | | | |

**Step 3**

按下〔Ctrl〕+〔上下左右方向鍵〕快速鍵，可以快速跳到四個角落的儲存格喔！按一下〔F4〕就可以重複上一個動作。

H7 | 160

| | A | B | C | D | E | F | G | H |
|---|---|---|---|---|---|---|---|---|
| 1 | 姓名 | 電話 | 地址 | 性別 | 年齡 | 星座 | 血型 | 身高 |
| 2 | 陳立學 | 0926-147-105 | 新北市板橋區 | 男 | 34 | 天秤 | A | 178 |
| 3 | 林盈禎 | 0922-531-223 | 高雄市鳳山區 | 女 | 22 | 巨蟹 | B | 157 |
| 4 | 高光群 | 0920-560-779 | 彰化縣鹿港鎮 | 男 | 43 | 金牛 | O | 165 |
| 5 | 徐克林 | 0930-552-576 | 台中市西屯區 | 男 | 42 | 巨蟹 | A | 173 |
| 6 | 陳懷恩 | 0930-607-443 | 苗栗縣苗栗市 | 男 | 55 | 魔羯 | O | 172 |
| 7 | 郭夢潔 | 0922-010-105 | 苗栗縣頭份市 | 女 | 34 | 雙子 | AB | 160 |
| 8 | | | | | | | | |
| 9 | | | | | | | | |
| 10 | | | | | | | | |
| 11 | | | | | | | | |
| 12 | | | | | | | | |
| 13 | | | | | | | | |
| 14 | | | | | | | | |

# 讓圓餅圖的內容更豐富

圓餅圖可以讓人很容易的看出某些項目在整體的佔比是多少，不過如果只有用不同的顏色來表現，就顯得有點單調了，下面這個技巧可以讓你在圓餅圖中央加上說明文字，讓圓餅圖看起來更豐富。

**Step 1**

首先將圓形圖拉大，這樣我們待會加入圓形圖案時才有空間可以打字。

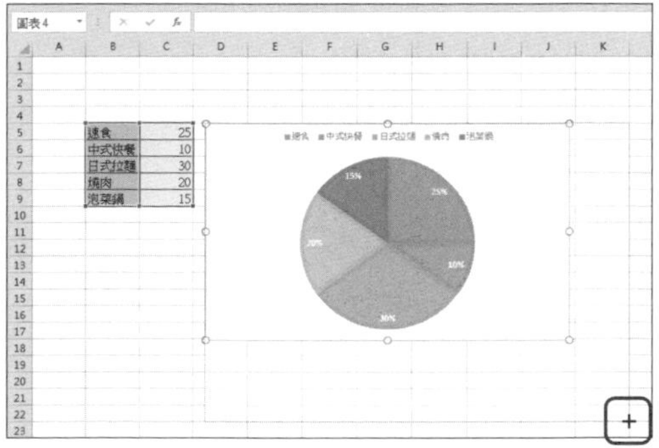

**Step 2**

按一下〔插入〕→〔圖案〕然後點擊「基本圖案」中的「橢圓」，在繪製時按住〔Shift〕即可畫出正圓，再將此圓形調整為適合的底色與移動到圓形圖的中央。

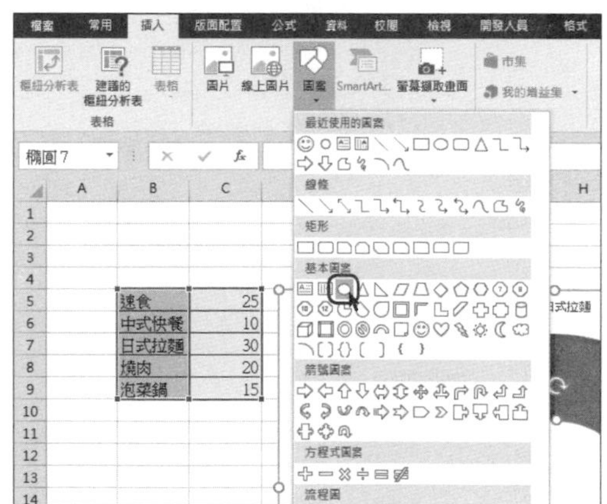

**Step 3**

接著，在圓形圖案上按一下滑鼠右鍵，再點擊【編輯文字】。

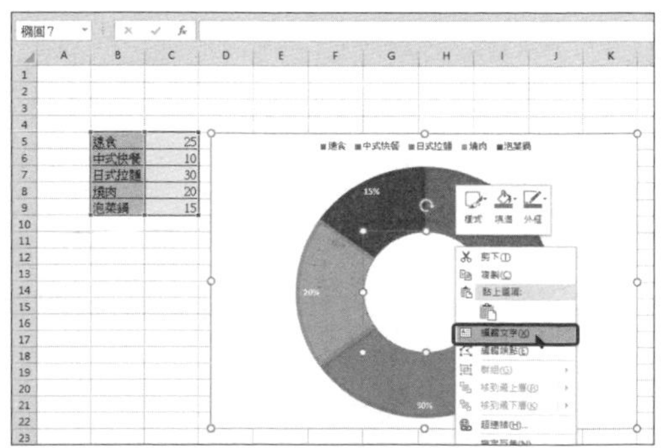

**Step 4**

輸入想要呈現在圓形圖案中的文字，然後更改字型、大小、對齊方式等，就可以讓圓形圖看起來更美觀囉！

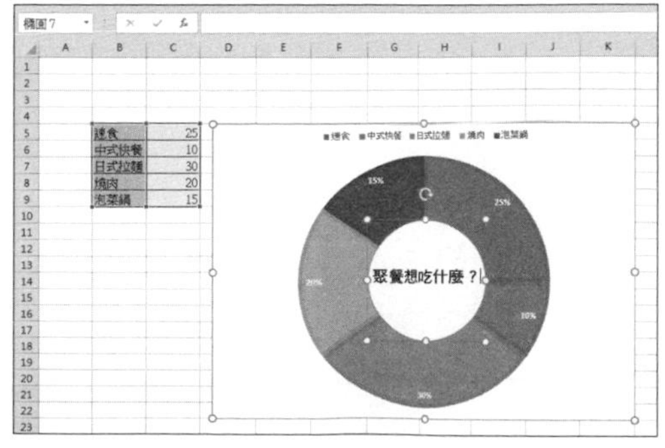

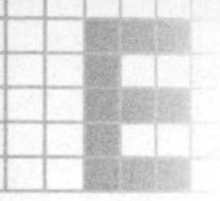



# 用 Excel 分割列印圖片

如果你要用家用印表機來列印大張海報的話，通常要印成好多小張再黏貼在一起，而這個工作我們通常都會利用 Word 來辦到，不過其實 Excel 也可以輕鬆分割列印圖片喔。

**Step 1**

開啟新的工作表視窗後，依照你所要列印的圖片方向來更改版面為直向或橫向。

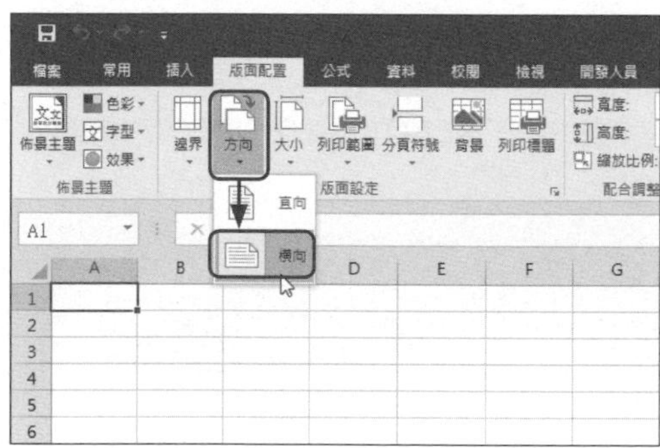

**Step 2**

因為我們要將圖片拉大，利用 Excel 工作表來分割列印，因此需要將比例縮小才方便預覽，請點擊〔檢視〕→〔顯示比例〕，然後將縮放比例設定為 20% 以下。

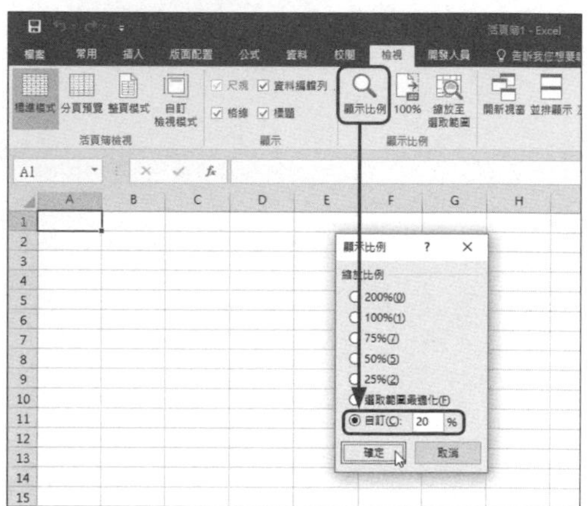

**Step 3**

調整顯示比例以後，可以看到視窗中多了好多格子，其實每個格子都是一張紙的大小，待會我們就是要將圖片「鋪」在這些紙張的範圍上。

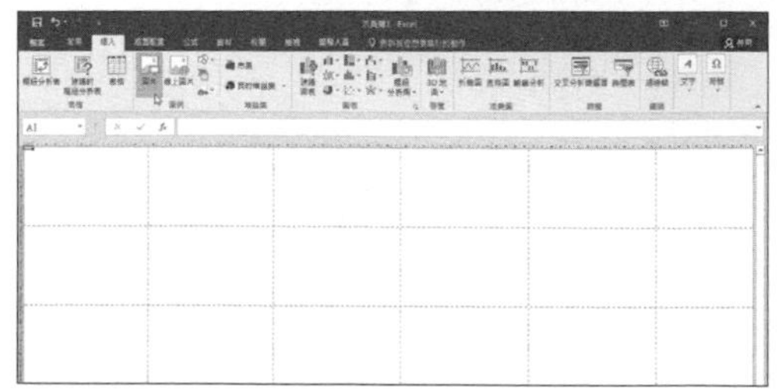

**Step 4**

在工具列上點擊〔插入〕→〔圖片〕來插入想要列印的圖片，想要拼貼列印的圖片解析度不能太低，不然列印時會變糊糊的喔！

Step 5

剛貼上的圖片可能會是小小一張的，這時候我們要拉動圖片四個角的圓點，來將圖片放大。

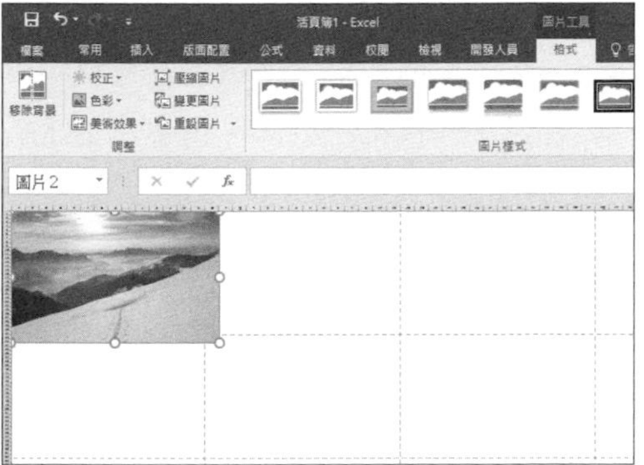


Step 6

將圖片拉大到你想列印的大小，也就是用多少張紙來列印這張圖。

Step 7

拉動到想要列印的大小以後，再切換到〔檢視〕→〔整頁模式〕。

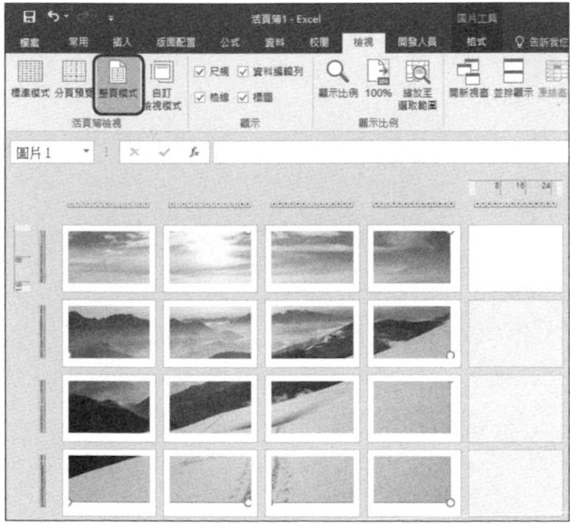


Step 8

將這些頁面列印出來，裁切黏貼就可以拼成一整張圖片囉！

# Excel 自動輸入讓你事半功倍

Excel 除了好用的函數外，本身也有很多智慧型功能都很神奇，像是「自動填入」的功能，當我們輸入 1、2、3 後，就可以自動幫我們在後面的儲存格中填入 4、5、6… 等順序數字。除了數字外，連月份、星期甚至天干、地支、十二生肖都能幫我們自動填入呢！另外，如果需要將直行的儲存格內容轉換成橫列排列時，也不需重新輸入哦！

Step 1

先在第一個儲存格中輸入序列的第一個內容，在此以月份為例，在 A1 中輸入「一月」。

| | A | B | C | D |
|---|---|---|---|---|
| 1 | 一月 | | | |
| 2 | | | | |
| 3 | | | | |
| 4 | | | | |
| 5 | | | | |
| 6 | | | | |
| 7 | | | | |
| 8 | | | | |
| 9 | | | | |

Step 2

在第二個儲存格中輸入序列的第二個內容，在 A2 中輸入「二月」，然後選取 A1 及 A2 儲存格後，將游標移到 A2 的右下角，讓游標變成「＋」字形。

| | A | B | C | D |
|---|---|---|---|---|
| 1 | 一月 | | | |
| 2 | 二月 | | | |
| 3 | | | | |
| 4 | | | | |
| 5 | | | | |
| 6 | | | | |
| 7 | | | | |

Step 3

接著按住滑鼠左鍵不放，然後拖曳到 A12，可以看到游標旁出現提示窗格上寫著「十二月」。

| | A | B | C | D |
|---|---|---|---|---|
| 1 | 一月 | | | |
| 2 | 二月 | | | |
| 3 | | | | |
| 4 | | | | |
| 5 | | | | |
| 6 | | | | |
| 7 | | | | |
| 8 | | | | |
| 9 | | | | |
| 10 | | | | |
| 11 | | 十二月 | | |
| 12 | | | | |
| 13 | | | | |

Step 4

放開滑鼠左鍵，即可在 A3 至 A12 儲存格中，自動填入一月至十二月的內容。

| | A | B | C | D |
|---|---|---|---|---|
| 1 | 一月 | | | |
| 2 | 二月 | | | |
| 3 | 三月 | | | |
| 4 | 四月 | | | |
| 5 | 五月 | | | |
| 6 | 六月 | | | |
| 7 | 七月 | | | |
| 8 | 八月 | | | |
| 9 | 九月 | | | |
| 10 | 十月 | | | |
| 11 | 十一月 | | | |
| 12 | 十二月 | | | |
| 13 | | | | |

**Step 5**

除了數列序可以自動填入外，其他有序列關係的內容也可以自動填入哦！例如在 A1 填入「甲」、A2 填入「乙」。

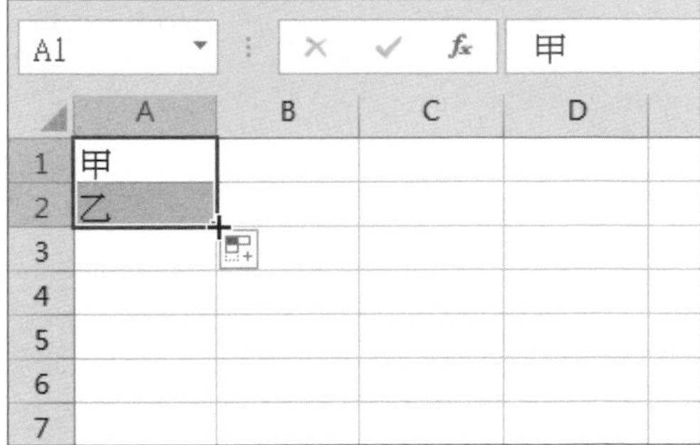

**Step 6**

選取 A1 及 A2 儲存格後，將游標移到 A2 的右下角，讓游標變成「＋」字形，然後拖曳至 A10，即會自動填入「天干」中的甲、乙、丙、丁…壬、癸。

**Step 7**

既然 Excel 會自動填入「天干」，當然也可以自動填入「地支」中的子、丑、寅、卯…戌、亥。

**Step 8**

若想將直行轉換成橫列，不需重新輸入。先選取要轉換的儲存格內容，然後按下〔Ctrl〕+〔C〕複製儲存格內容。

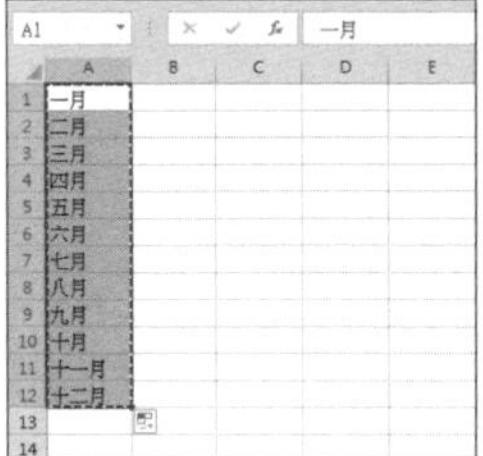

**Step 9**

複製完成後，將游標移到原本的儲存格外，預計轉換後的第一個儲存格上。

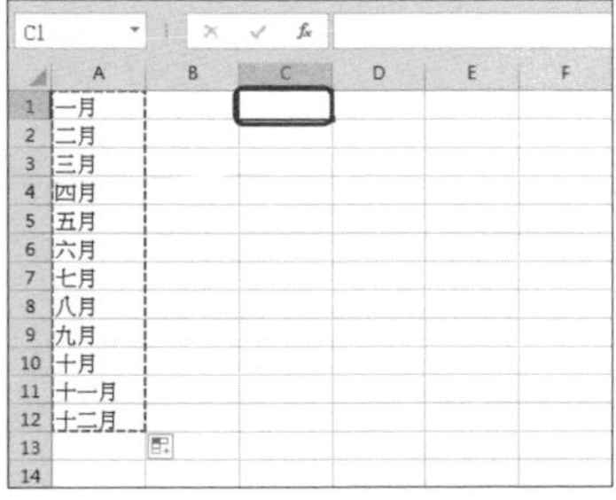

**Step 10**

接著點擊〔常用〕活頁標籤上的「貼上」下拉選單，並從選單中點選〔轉置〕。此時即可將原本直行的內容，轉貼成橫列了。

# 讓 Excel 也能用中文數字排序

Excel 中的排序功能，可以讓我們以同一行的內容，依照筆劃或英文字母的先後順序，進行由小到大的升冪排序，或是由大到小的降冪排序。甚至對於一、二、三、四、五……等中文數字，照樣也能依照我們想要的順序排列哦！

**Step 1**

我們可以點選〔常用〕活頁標籤中的〔排序與篩選〕，然後在下拉選單中選擇【自訂排序】。

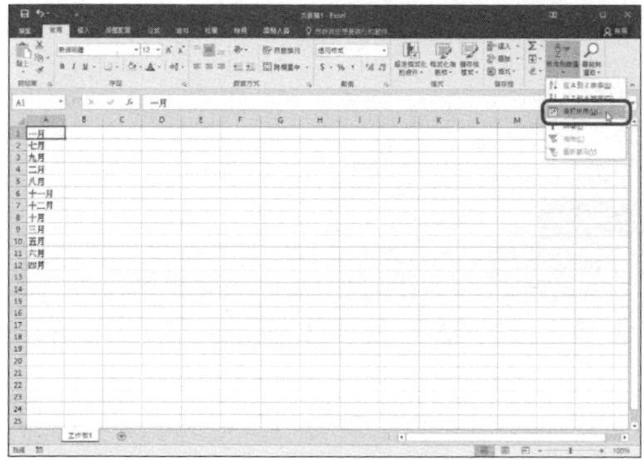

**Step 2**

接著在跳出的「排序」對話盒中，點選「順序」下拉選單中的【自訂清單】。

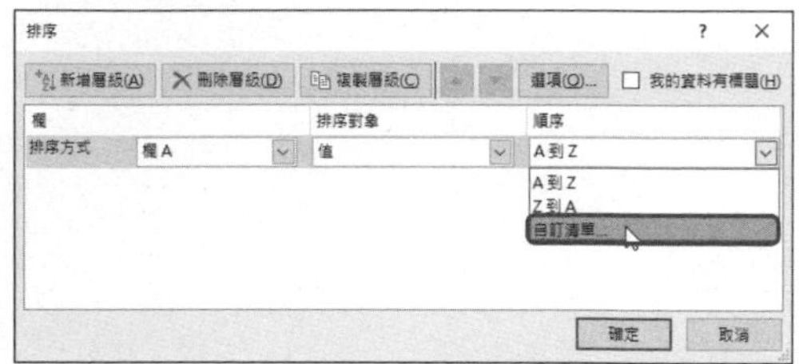


**Step 3**

此時會跳出「自訂清單」對話盒，從左側的清單中可以找到【一月，二月，三月，四月，五月…】的選項，點選後按下〔確定〕。

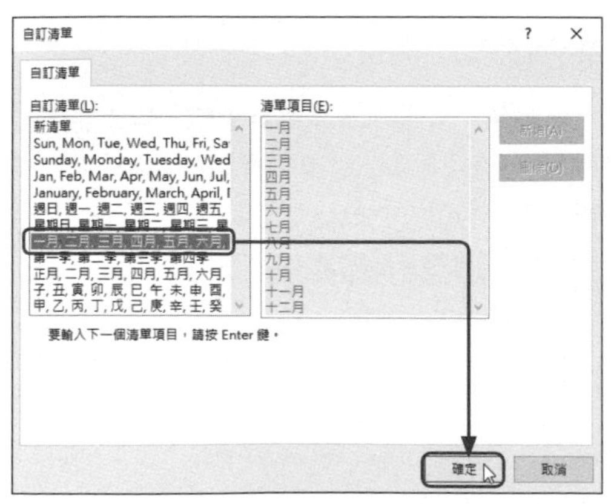


**Step 4**

回到 Excel 主視窗，可以看到儲存格的內容，終於依照我們想要的月份順序進行排序了。

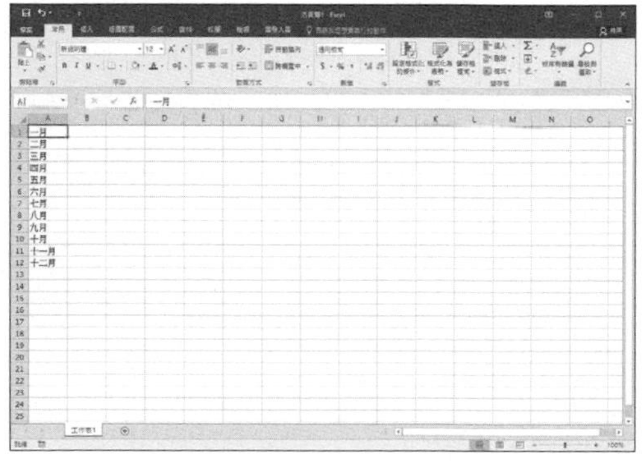

# 快速取出 Excel 文件中的圖片

如果我們在 Excel 文件之中有嵌入圖片，之後要取出使用時，該要如何做呢？我們只要利用「Office Image Extraction Wizard」將圖片解出即可。

**下載網址：https://tinyurl.com/j3t43qr**

Step 1

將下載回來的壓縮檔解壓縮以後，用滑鼠左鍵點擊兩下執行「Office Image Extraction Wizard.exe」。

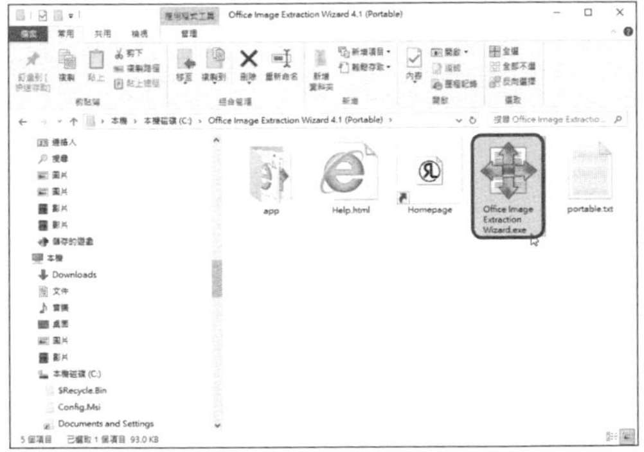

Step 2

開啟 Office Image Extraction Wizard 以後，點擊〔Next〕開始，接著再點擊〔Start〕，如果不想每次都看到「Ready to start」畫面的話，請勾選「Skip this page in the future.」即可。

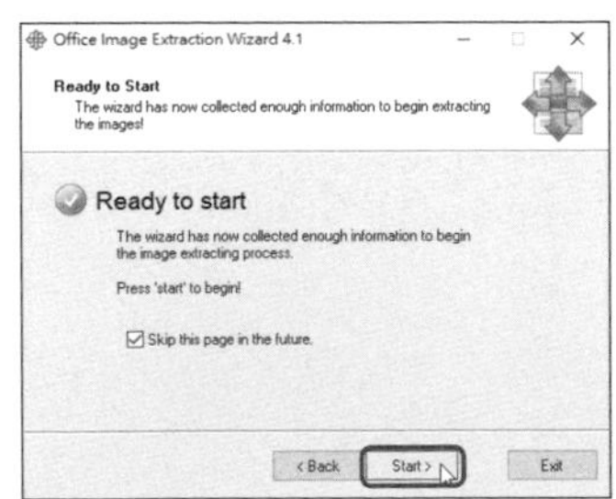


Step 3

接著在「Input & Output」中，指定要轉出圖片的 Excel 文件，與輸出的資料夾路徑，然後點擊一下〔Next〕就可以將圖片成功輸出囉。

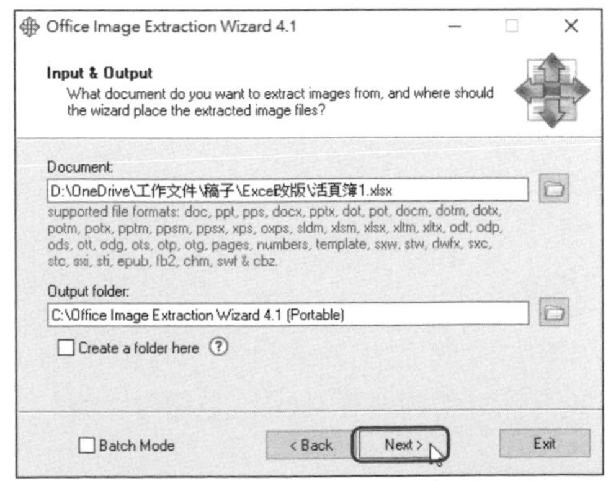


Step 4

轉檔完成以後，就可以在指定的資料夾中取得圖片囉！

**提示**

如果要批次大量轉出圖片的話，只要勾選「Batch Mode」，即可加入多個包含圖片的 xlsx 檔案，一次將圖片輸出。另外還可以勾選「Create a folder here」，就可將此 xlsx 檔中包含的圖片輸出到一個獨立的資料夾中。

# 把純文字檔案快速轉成工作表

有些 Excel 表格做起來很簡單，不需要太多公式，只需要將資料填到每個儲存格就好，但是重複的動作很容易會讓人感到厭煩，其實你可以利用匯入文字檔的方式讓 Excel 自動產生表格喔！

**·Step 1**

首先我們將需要輸入到 Excel 工作表中的資料都打在記事本上，然後將每個項目以分號「；」來隔開，當然你也可以用逗號或空格來當間隔符號。

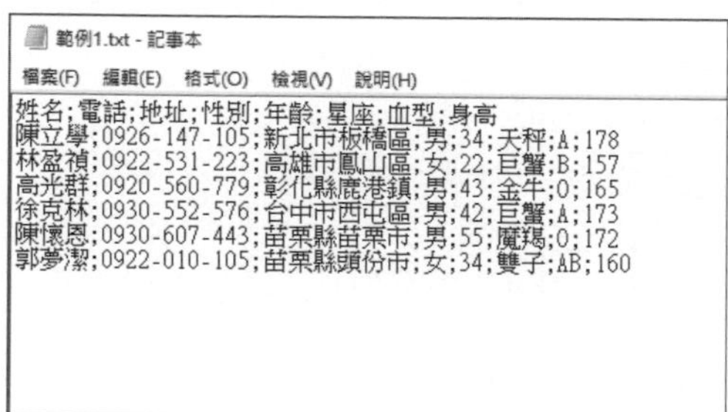
範例1.txt - 記事本
檔案(F) 編輯(E) 格式(O) 檢視(V) 說明(H)
姓名;電話;地址;性別;年齡;星座;血型;身高
陳立學;0926-147-105;新北市板橋區;男;34;天秤;A;178
林盈禎;0922-531-223;高雄市鳳山區;女;22;巨蟹;B;157
高光群;0920-560-779;彰化縣鹿港鎮;男;43;金牛;O;165
徐克林;0930-552-576;台中市西屯區;男;42;巨蟹;A;173
陳懷恩;0930-607-443;苗栗縣苗栗市;男;55;魔羯;O;172
郭夢潔;0922-010-105;苗栗縣頭份市;女;34;雙子;AB;160

**·Step 2**

開啟 Excel 並在視窗中點擊一下功能表上的〔檔案〕。

**·Step 3**

接下來在左方的選單中點擊【開啟舊檔】，再在中間區域點擊【瀏覽】。

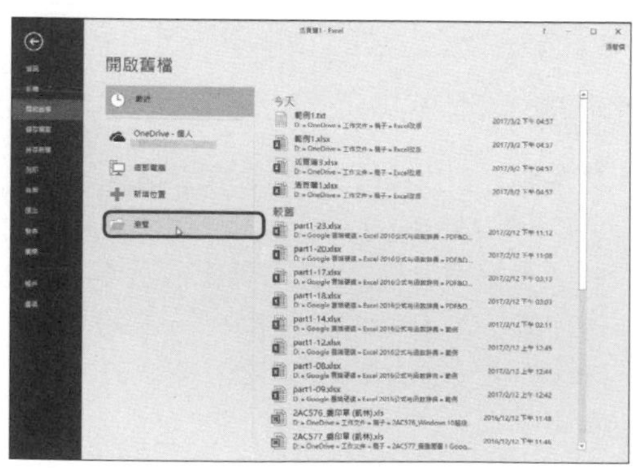


**·Step 4**

跳出「開啟舊檔」對話盒以後，點擊選取我們要匯入 Excel 的純文字檔，再點擊〔開啟〕。

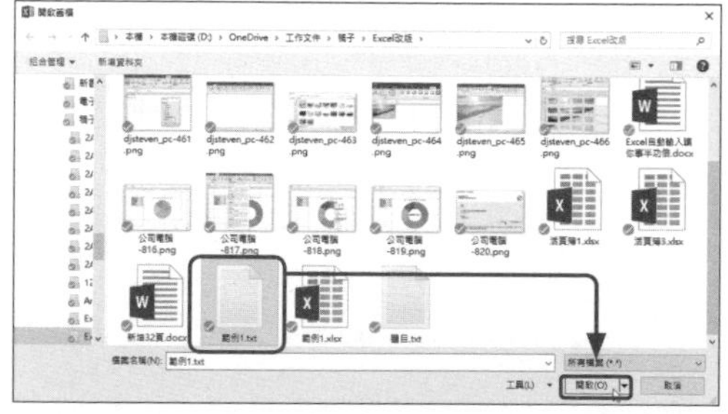

**提示**

如果找不到想匯入的 txt 檔的話，請先將檔案種類更改為【所有檔案】，就會出現囉！

**Step 5**

接著會跳出「匯入字串精靈」，一共會有 3 個步驟。因為我們製作完成的文字檔是以「;」分號來分隔每項資料，因此我們選擇「分隔符號」並點擊〔下一步〕繼續。如果是以空格來分隔資料的話，就可以點選「固定寬度」喔！

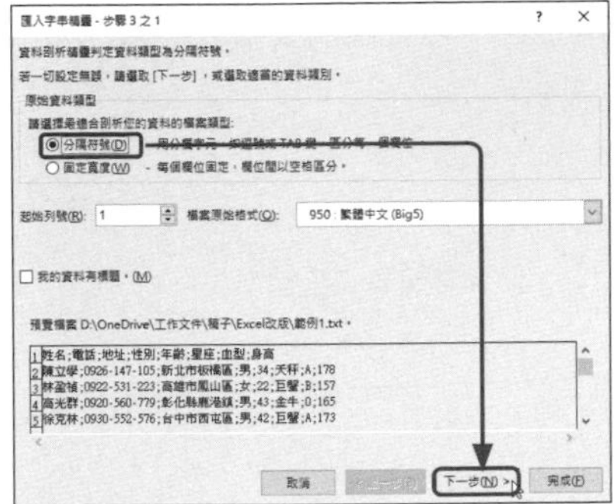


**Step 6**

在「匯入字串精靈」的步驟 3 之 2 中，我們要選擇在文件中所使用的分隔符號，因此我們點選「分號」並按一下〔下一步〕。

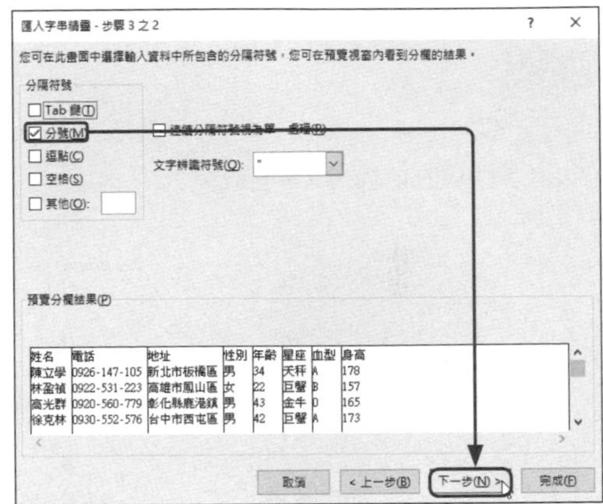


**Step 7**

最後我們要選擇欄位的儲存格格式，因為我們的資料並不只是單一的文字或日期，因此點選「一般」並按一下〔完成〕即可。

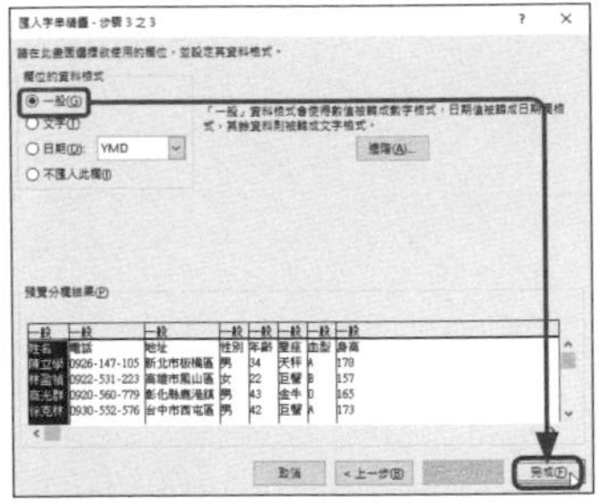


**提示**

如果在匯入資料以後發現格式跑掉或錯誤的話，可以更改為其他的欄位格式看看，而像範例中的手機號碼，在匯入 Excel 以後很可能最前面的 0 會不見，也可以手動更改「儲存格格式」為「文字」，或是加入破折號「-」即可。

**Step 8**

匯入完成以後，很輕鬆的就能製作表格囉！再也不用一格一格輸入資料，只要簡單匯入 txt 檔以後，再將欄位邊界拉到合適的寬度即可。

# 超密技！不用 Excel 也能製作長條圖

雖然用 Excel 就能製作長條圖了，不過內建的圖表實在有點不夠好看，想要簡單製作出有質感的長條圖嗎？用「Chartico」就能輕鬆辦到了！

Step 1

開啟「Chartico」網站以後，點擊〔New Chart〕即可開始製作新的長條圖。

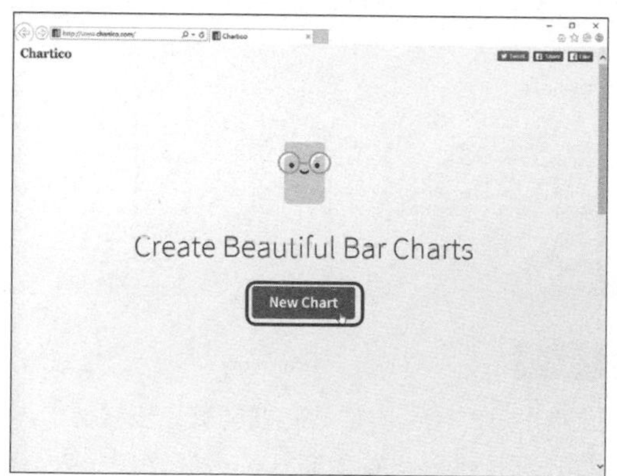


Step 2

開啟新頁面以後，首先我們要輸入標題與副標題。

Step 3

接下來我們要輸入長條圖的數值與項目名稱，如果預設的長條圖數量不夠用的話，點擊長條圖本身，即可在左右分別按下〔-〕與〔+〕來移除或新增，也可以在左方顏色列選取顏色來美化長條圖。

Step 4

在長條圖中除了可以輸入一般的數字以外，還可以輸入百分比喔！

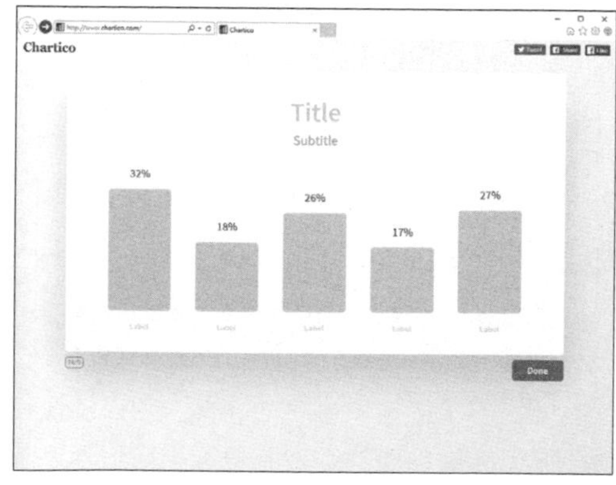

**Step 5**

簡單輸入項目與數值後，就可以做出長條圖囉！點擊左下的按鈕可以變更目前的比例，例如目前是 16:9。

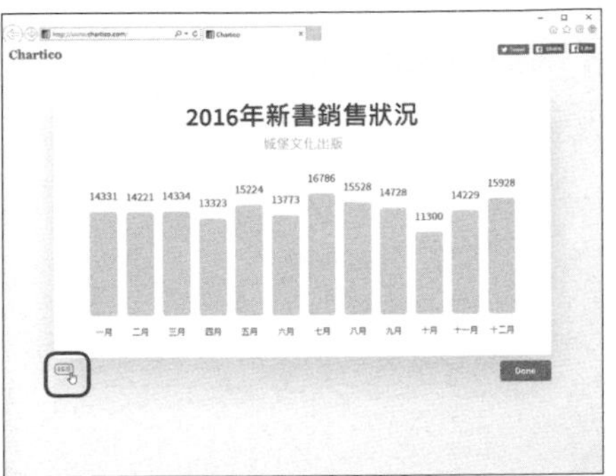


**Step 6**

一共有 16:9、4:3、1:1 等 3 種比例，可以按照不同的情況需求來變更喔！

**Step 7**

變更完畢以後，按一下右下角的〔Done〕即可製作出圖表了。

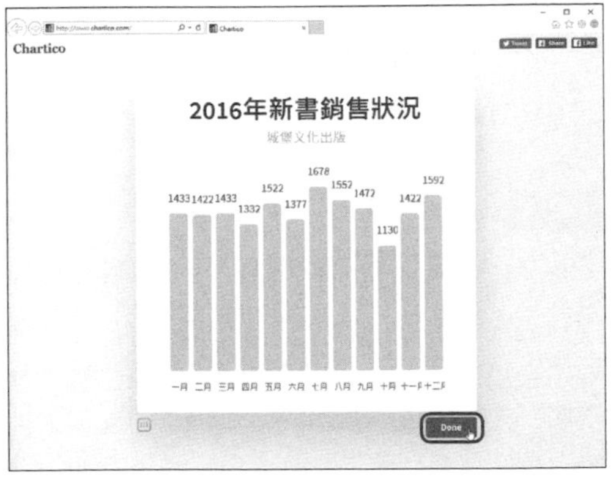


**Step 8**

長條圖製作完成以後，可以點擊左下方的按鈕來分享到 Facebook 或是 Twitter，如果是想存下來另做他用的話，可以直接在長條圖上點擊滑鼠右鍵來另存圖片。

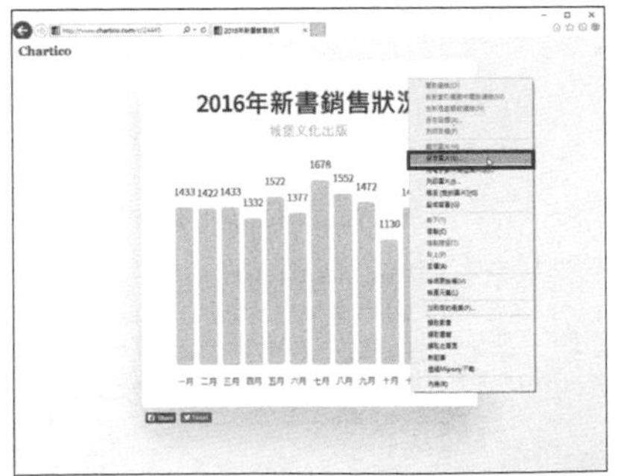


**Step9**

存下來的圖片可以嵌入到 Excel 或其他軟體中，比起 Excel 內建的長條圖來說相當有質感。

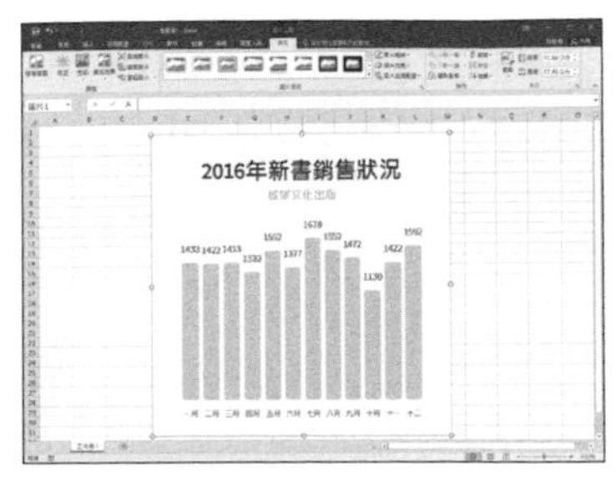

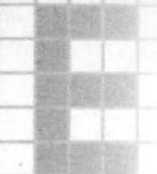

# 讓多人同時編輯一份 Excel 文件

有時候因為工作，需要多人編輯同一份 Excel 文件，此時我們可以利用 Excel 2016 的「共用」功能，開放大家協力編輯，就不用將檔案傳來傳去囉！

**Step 1**

開啟想要共用的 Excel 檔案以後，點擊一下右上方的〔共用〕，此時會在右方出現「共用」窗格，如果你尚未將檔案儲存到 OneDrive 上時，請點擊〔儲存至雲端〕來登入。

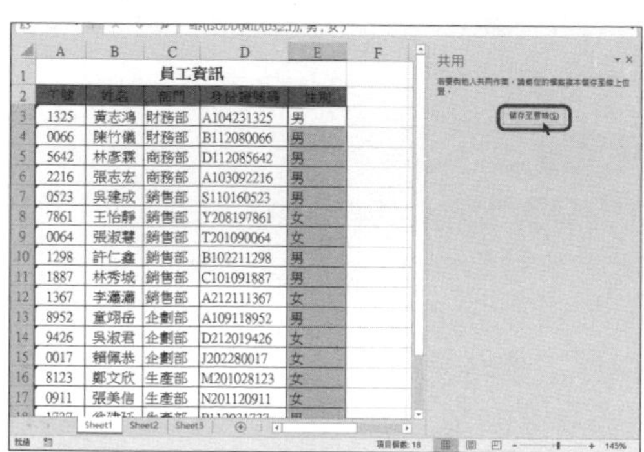

| | A | B | C | D | E |
|---|---|---|---|---|---|
| 1 | | | 員工資訊 | | |
| 2 | 工號 | 姓名 | 部門 | 身份證號碼 | 性別 |
| 3 | 1325 | 黃志鴻 | 財務部 | A104231325 | 男 |
| 4 | 0066 | 陳竹儀 | 財務部 | B112080066 | 男 |
| 5 | 5642 | 林彥霖 | 商務部 | D112085642 | 男 |
| 6 | 2216 | 張志宏 | 商務部 | A103092216 | 男 |
| 7 | 0523 | 吳建成 | 銷售部 | S110160523 | 男 |
| 8 | 7861 | 王怡靜 | 銷售部 | Y208197861 | 女 |
| 9 | 0064 | 張淑慧 | 銷售部 | T201090064 | 女 |
| 10 | 1298 | 許仁鑫 | 銷售部 | B102211298 | 男 |
| 11 | 1887 | 林秀城 | 銷售部 | C101091887 | 男 |
| 12 | 1367 | 李瀰瀰 | 銷售部 | A212111367 | 女 |
| 13 | 8952 | 童翊岳 | 企劃部 | A109118952 | 男 |
| 14 | 9426 | 吳淑君 | 企劃部 | D212019426 | 女 |
| 15 | 0017 | 賴佩恭 | 企劃部 | J202280017 | 女 |
| 16 | 8123 | 鄭文欣 | 生產部 | M201028123 | 女 |
| 17 | 0911 | 張美信 | 生產部 | N201120911 | 女 |



**Step 2**

登入成功以後，點擊 OneDrive 來存入檔案。

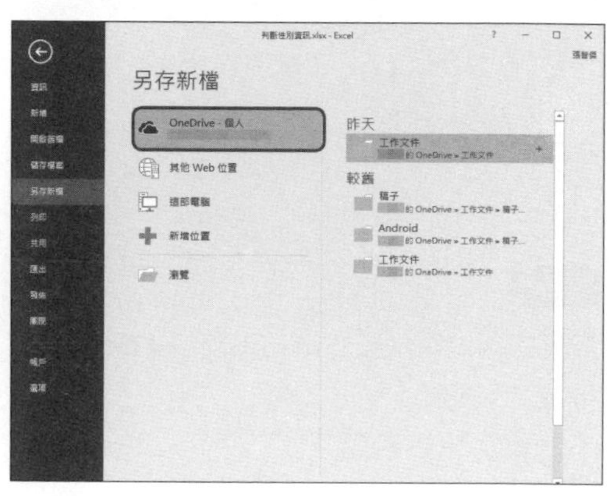



**Step 3**

跳出「另存新檔」對話盒以後，按一下〔儲存〕儲存到 OneDrive 資料夾中。

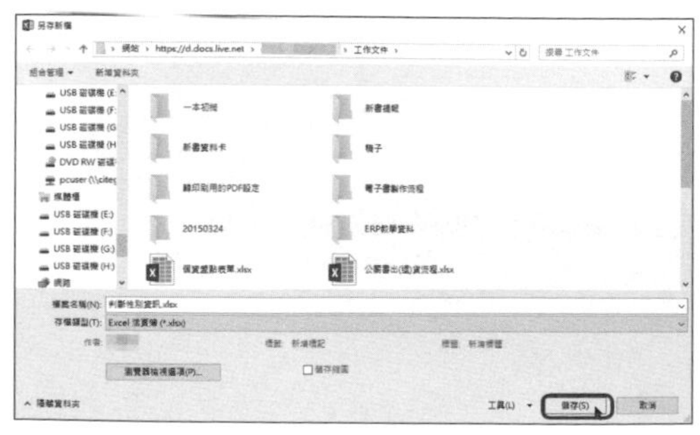



**Step 4**

回到 Excel 視窗中，就可以看到右方窗格可以用輸入 Email 的方式來新增與會人員，都新增完畢以後，按一下〔共用〕即可授權。再按一下最下方的「取得共用連結」→〔建立編輯連結〕就可以將檔案連結傳給對方編輯囉。

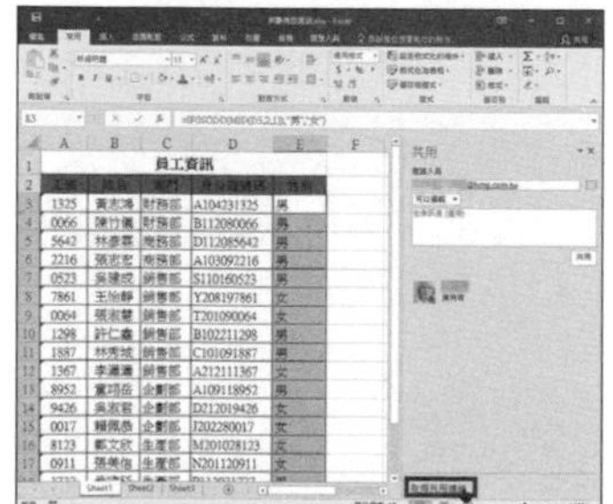

# 將儲存格內容變成圖片

有時受限於儲存格的關係，表格位置無法微調到自己喜歡的位置上，此時可以將儲存格內容變成圖片，不但就可以任意移動位置，還能套用圖片效果哦！

**Step 1**

先選取要複製的儲存格範圍，然後按〔Ctrl〕+〔C〕鍵進行複製，接著將游標移到要貼上的位置後，在〔常用〕活頁標籤中，點選〔貼上〕下拉選單中的【圖片】。

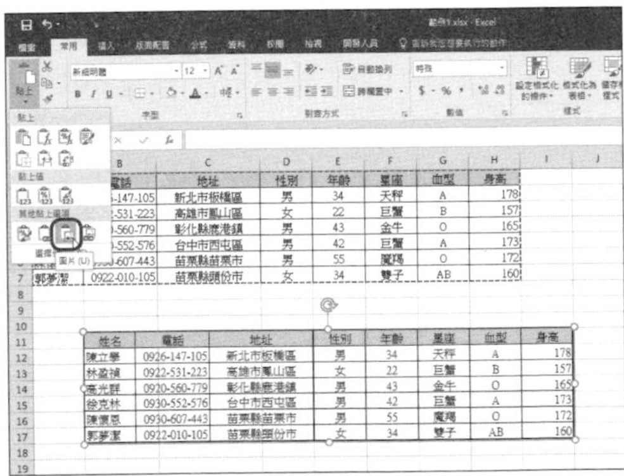

| 姓名 | 電話 | 地址 | 性別 | 年齡 | 星座 | 血型 | 身高 |
|---|---|---|---|---|---|---|---|
| 陳立學 | 0926-147-105 | 新北市板橋區 | 男 | 34 | 天秤 | A | 178 |
| 林盈禎 | 0922-531-223 | 高雄市鳳山區 | 女 | 22 | 巨蟹 | B | 157 |
| 高光群 | 0920-560-779 | 彰化縣鹿港鎮 | 男 | 43 | 金牛 | O | 165 |
| 徐克林 | 0930-552-576 | 台中市西屯區 | 男 | 42 | 巨蟹 | A | 173 |
| 陳懷恩 | 0930-607-443 | 苗栗縣苗栗市 | 男 | 55 | 魔羯 | O | 172 |
| 郭夢潔 | 0922-010-105 | 苗栗縣頭份市 | 女 | 34 | 雙子 | AB | 160 |

**Step 2**

貼上的複製內容，因為是圖片的關係，就能不受儲存格的限制，可以任意移動位置。

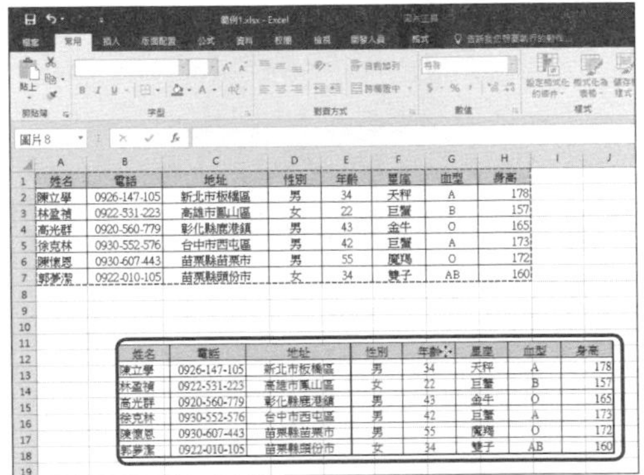

| 姓名 | 電話 | 地址 | 性別 | 年齡 | 星座 | 血型 | 身高 |
|---|---|---|---|---|---|---|---|
| 陳立學 | 0926-147-105 | 新北市板橋區 | 男 | 34 | 天秤 | A | 178 |
| 林盈禎 | 0922-531-223 | 高雄市鳳山區 | 女 | 22 | 巨蟹 | B | 157 |
| 高光群 | 0920-560-779 | 彰化縣鹿港鎮 | 男 | 43 | 金牛 | O | 165 |
| 徐克林 | 0930-552-576 | 台中市西屯區 | 男 | 42 | 巨蟹 | A | 173 |
| 陳懷恩 | 0930-607-443 | 苗栗縣苗栗市 | 男 | 55 | 魔羯 | O | 172 |
| 郭夢潔 | 0922-010-105 | 苗栗縣頭份市 | 女 | 34 | 雙子 | AB | 160 |

**Step 3**

點選「圖片工具」，還能將複製內容做各種圖片效果的套用，讓表格更活潑哦！

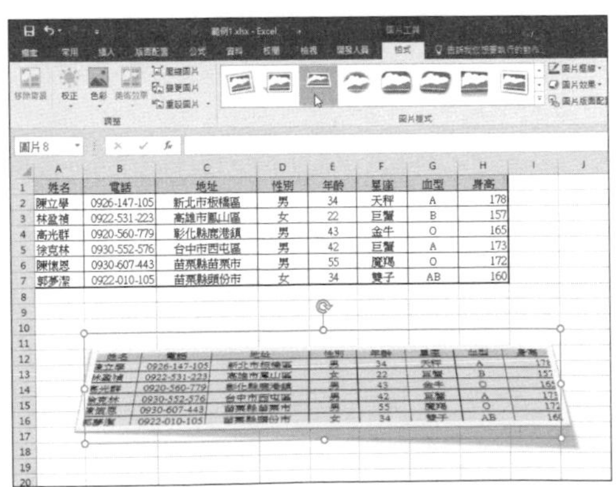

| 姓名 | 電話 | 地址 | 性別 | 年齡 | 星座 | 血型 | 身高 |
|---|---|---|---|---|---|---|---|
| 陳立學 | 0926-147-105 | 新北市板橋區 | 男 | 34 | 天秤 | A | 178 |
| 林盈禎 | 0922-531-223 | 高雄市鳳山區 | 女 | 22 | 巨蟹 | B | 157 |
| 高光群 | 0920-560-779 | 彰化縣鹿港鎮 | 男 | 43 | 金牛 | O | 165 |
| 徐克林 | 0930-552-576 | 台中市西屯區 | 男 | 42 | 巨蟹 | A | 173 |
| 陳懷恩 | 0930-607-443 | 苗栗縣苗栗市 | 男 | 55 | 魔羯 | O | 172 |
| 郭夢潔 | 0922-010-105 | 苗栗縣頭份市 | 女 | 34 | 雙子 | AB | 160 |

**提示**

如果在〔貼上〕下拉選單中點選【連結的圖片】，當原本儲存格內容變更時，圖片中的內容也會跟著改變哦！

# 新增移除樞紐分析表欄位的方法

你知道怎麼新增移除樞紐分析表的欄位嗎？以下我們要介紹怎麼單獨更改樞紐分析表的資料。

**Step 1**

如果在工作表中看不到「樞紐分析表欄位清單」，請先依序點選功能表的〔選項〕索引標籤，「顯示 / 隱藏」分類群組中的〔欄位清單〕按鈕將其顯示出來，接著再將欄位清單中想增加的項目拖曳到工作表的欄位，就可以增加樞紐分析表裡的欄位了。

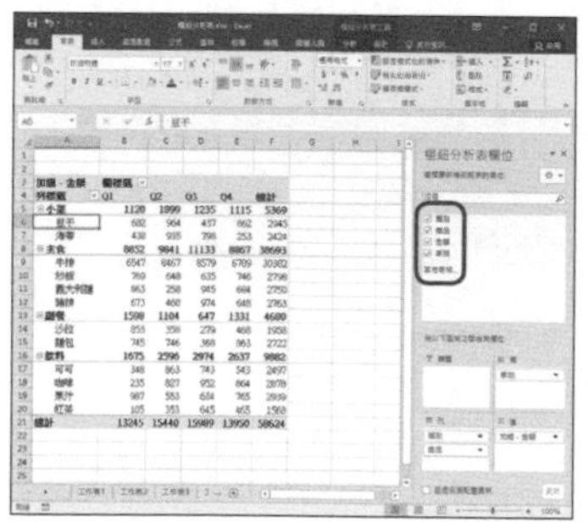

**Step 2**

想要移除欄位的話，在「樞紐分析表欄位清單」下方的窗格中，點選窗格內要移除項目右側的下拉選單，並從下拉選單中點選【移除欄位】即可。

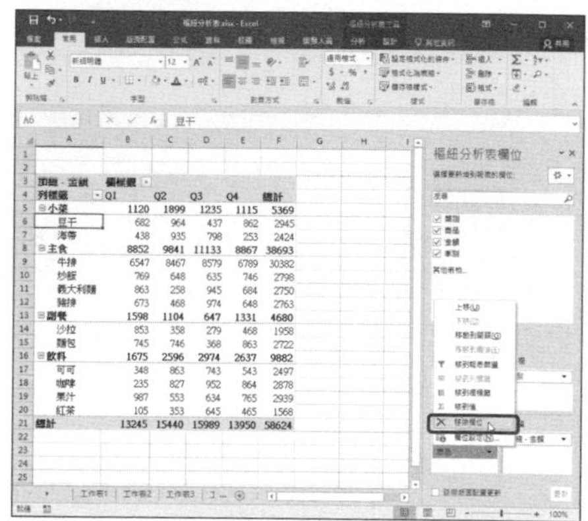

**Step 3**

直接在「樞紐分析表欄位清單」中，將該欄位前的勾選處取消掉，如此該欄位便從樞紐分析表上消失。

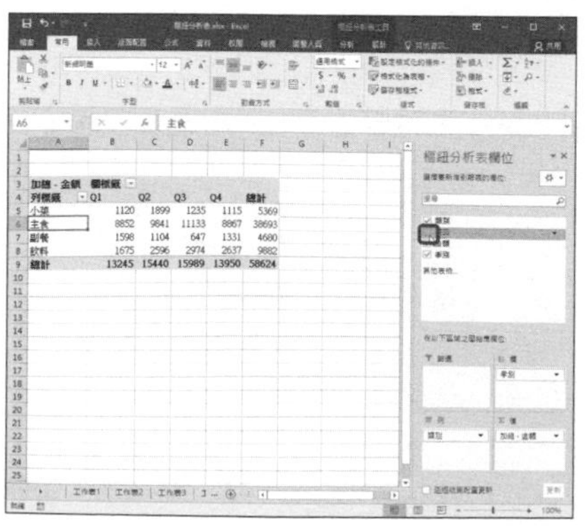

**Step 4**

在樞紐分析表中點選要移除的項目，接著按一下滑鼠右鍵，從快速選單中點選【移除XXX】，即可移除該欄位。

# 用 Excel 繪製甘特圖

甘特圖（Gantt chart）是專案管理與計畫及排程中，不可或缺的重要圖表。雖然 Excel 沒有內建的甘特圖樣式，但可以結合堆疊橫條圖的方式來達成需求，如果不想另外安裝軟體時，Excel 也是不錯的選擇喔！

**·Step 1**

首先，選取「A1 到 B9」的資料範圍。到【插入】→【橫條圖】中，選擇相似於甘特圖的【堆疊橫條圖】圖形。

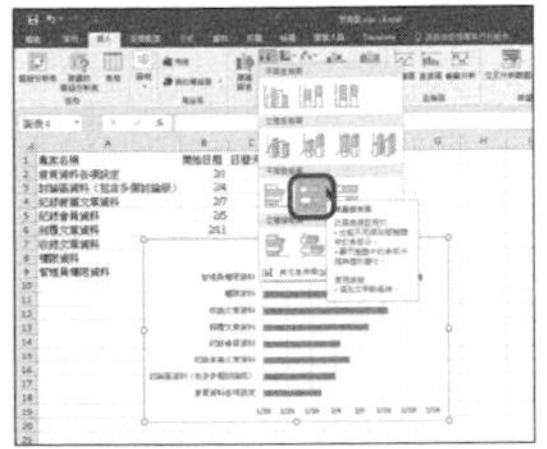

**提 示**

如果在產生橫條圖以後，發現圖中有不需要出現的標題時，可以手動刪除。

**·Step 2**

接著調整圖表的大小與位置，並以拖曳儲存格的方式，拖曳「B9」右下角的藍色控制點，拉到「C9」儲存格，以讓圖表範圍擴大到「A1:C9」，此時橫條圖就會出現橘色的部份。

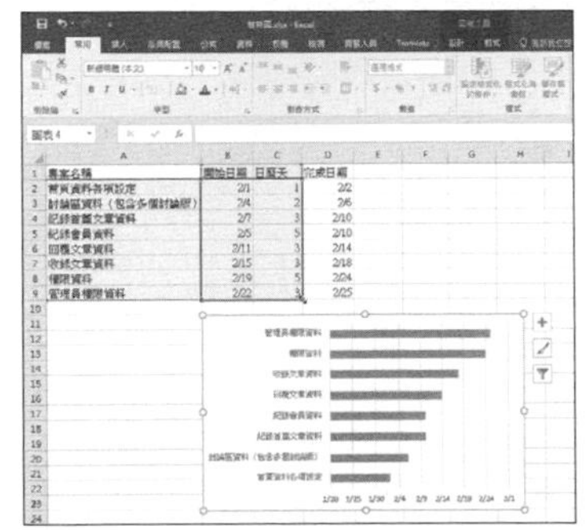

**·Step 3**

左鍵單擊圖表上以「開始天數」為主的任意藍色橫條圖，然後點擊一下滑鼠右鍵，在選單中點擊【資料數列格式】，就會在右方出現窗格，點擊 → 「無填滿」。單擊圖表區域中的橘色橫條圖，再用滑鼠右鍵選擇【新增資料標籤】，讓橫條圖出現日曆天的數字。

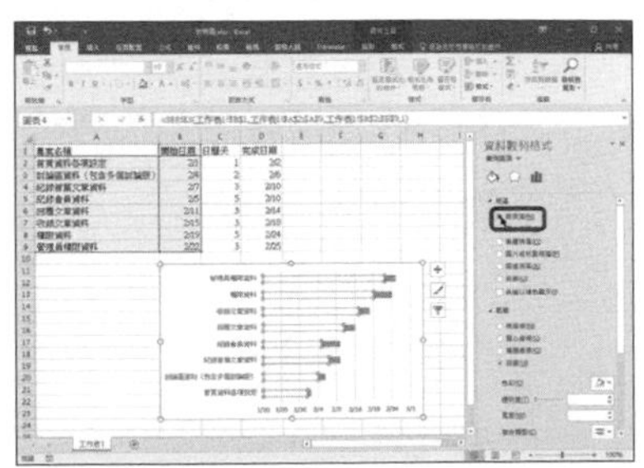

**·Step 4**

最後左鍵單擊垂直軸任意項目，再按一下右鍵，然後點擊選單中【座標軸格式】，在右方的窗格中勾選「類別次序翻轉」讓項目的呈現順序由上而下排序，就完成甘特圖的繪製囉！

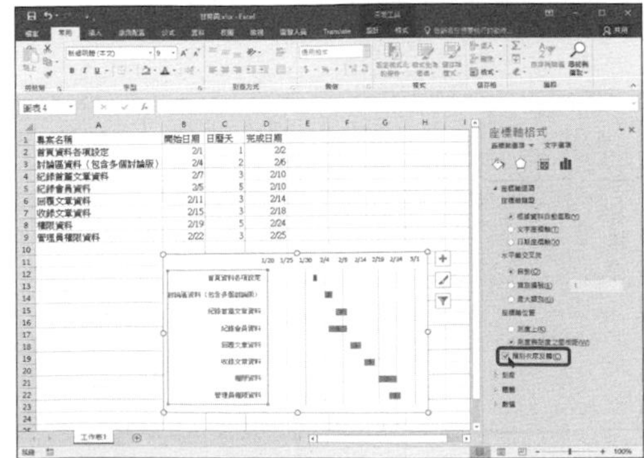

# 免費下載百種 Excel 工作表範本

想要用到某些表格，卻苦尋不到範本來參考嗎？「Vertex42 Template Gallery」讓你可以在 Excel 中安裝多達上百種工作表範本，雖然是英文的語系，不過它有很多很強大的範本可使用喔！

**Step 1**

連上 Vertex42 網站以後，點擊〔新增〕將「Vertex42 Template Gallery」增益集增加到 Excel 中。

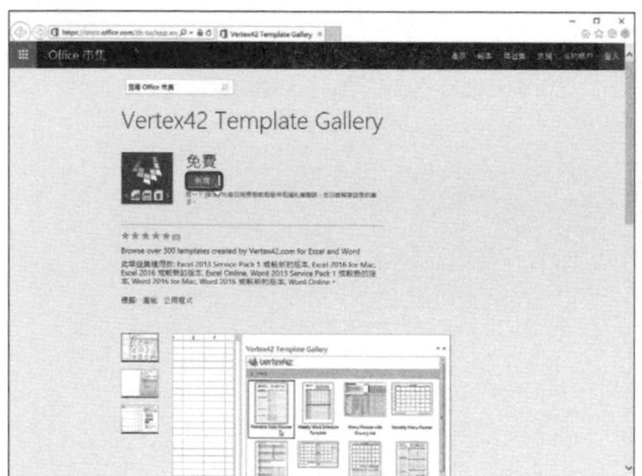


**Step 2**

首先我們要點擊「在 Excel 中開啟」連結，如有跳出詢問你是否要開啟此檔案的對話盒時，按一下〔是〕繼續。

**Step 3**

接下來 Excel 會開啟此 xlsx 檔案，如果在視窗上方出現黃色的狀態列時，點擊一下〔啟用編輯〕以確保 Excel 能正常使用此增益集。

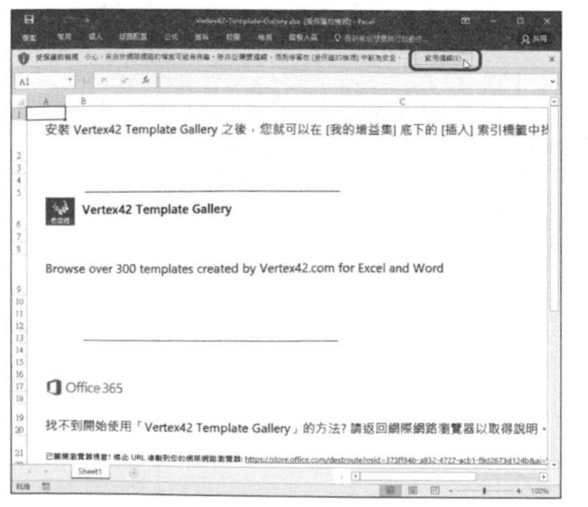


**Step 4**

由於維護 Excel 安全性的因素，因此視窗右方還會再出現「新的 OFFICE 增益集」對話盒，點擊〔信任此增益集〕才能使用 Vertex42 Template Gallery 的眾多範本。

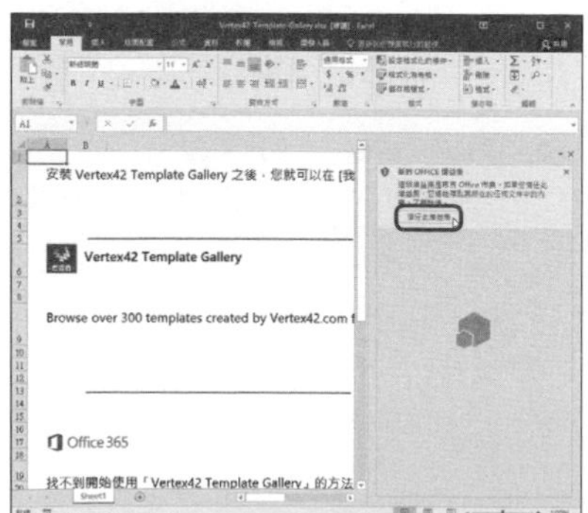

Step 5

安裝完成以後，往後要如何載入這些範本呢？其實只要在隨便一個 Excel 視窗中點擊〔插入〕→〔我的增益集〕，就會跳出「Office 增益集」對話盒，點擊「Vertex42 Template Gallery」項目，並按一下〔插入〕就可以叫出囉！

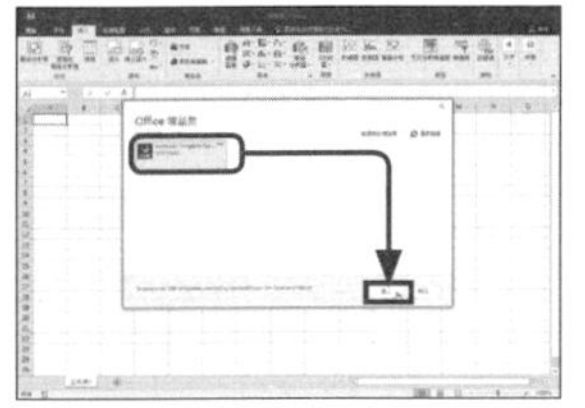

Step 6

你就可以在視窗右側看到 Vertex42 的窗格，點擊分類就能找到不同類型的 Excel 表格範本。

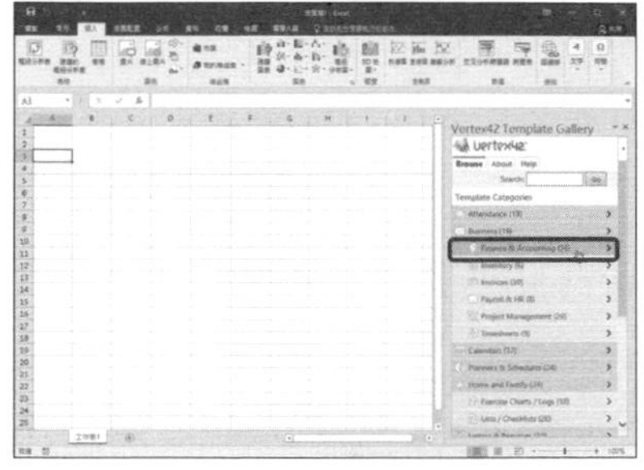

Step 7

找到想使用的範本了嗎？點擊圖示就能進入下載頁面。

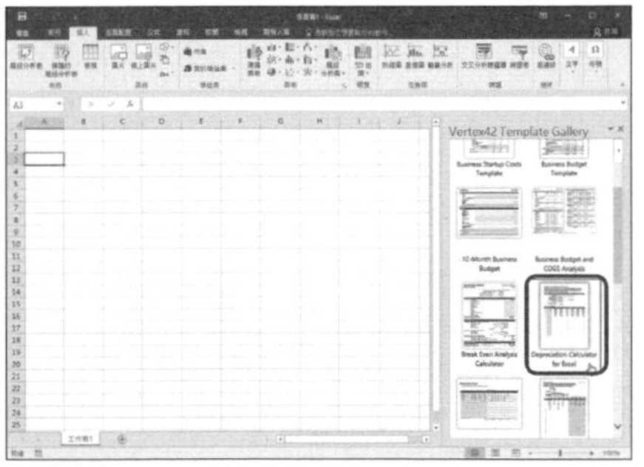

Step 8

由於 Vertex42 Template Gallery 其實是一個用來連上網站的功能，因此我們還要按下〔Download from Vertex42.com〕來將想使用的範例下載回來。

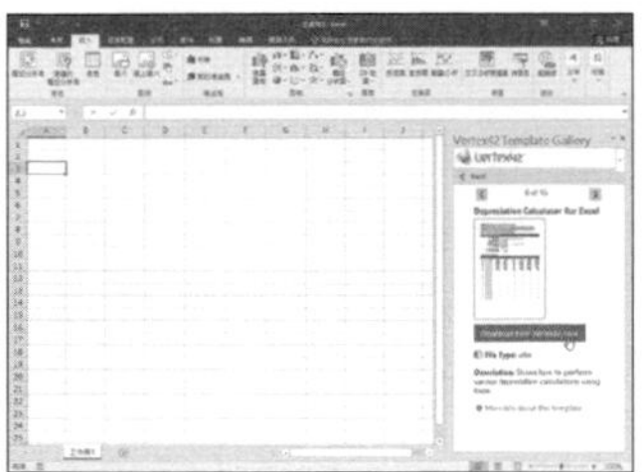

Step 9

開啟下載網頁以後，點擊大大的〔DOWNLOAD〕按鈕就可以將範本下載到本機電腦中囉。

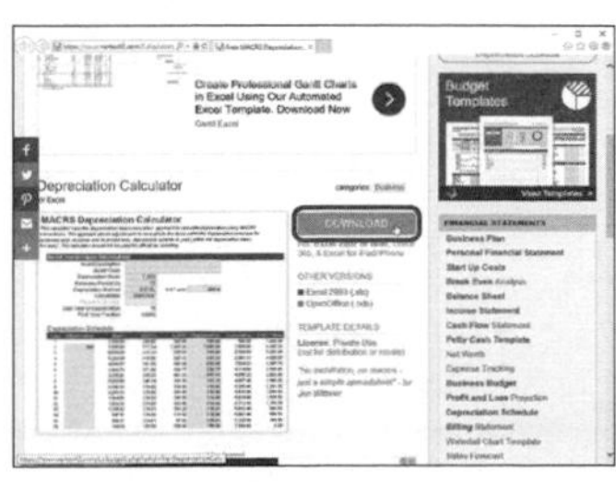

Step 10

Vertex42 網站上有很多專業的範本，雖然缺點是語系沒有中文，但對於一些需要專業用途的使用者來說，只要稍微改改內容即可使用真的是很方便呢！

# 讓黑白折線圖也能清楚看懂

雖然 Excel 製作出來的折線圖，不同線段可以搭配不同顏色，不過有時候印成黑白或是線段靠太近的時候還是無法一眼就看出哪個線段。我們可利用不同的粗細與線段端點讓折線很容易被識別不同。

**Step 1**

折線圖可以讓人很容易看出資料走勢，不過線段一多就顯得有點無法一眼看清。

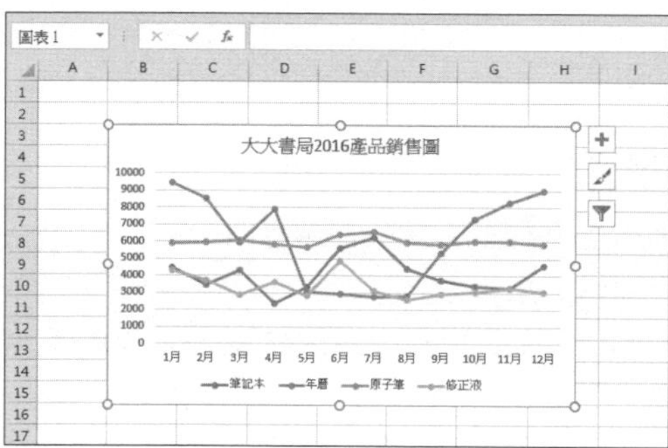


**Step 2**

我們可以更改線段的資料端點樣式，來讓折線圖看起來更清楚明瞭，首先點擊折線圖上任何一段折線，然後再點擊滑鼠右鍵，並選擇【資料數列格式】。

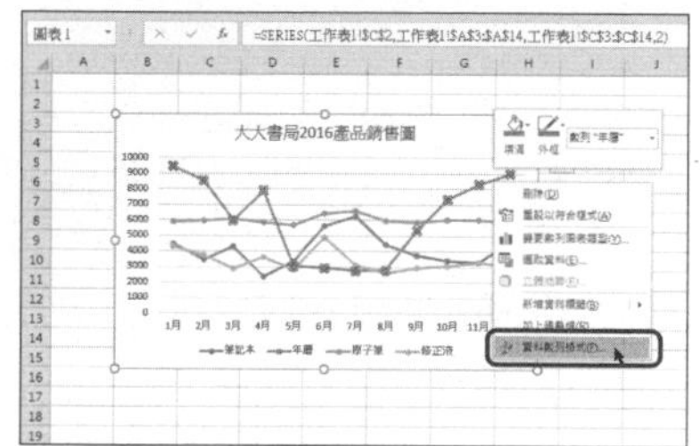


**Step 3**

在視窗右方就會出現「資料數列格式」窗格，點一下 →「標記」→「標記選項」，再在「類型」與「大小」中選擇不同的項目，讓每個線段有不一樣的端點，即可讓線段看起來都不一樣囉！

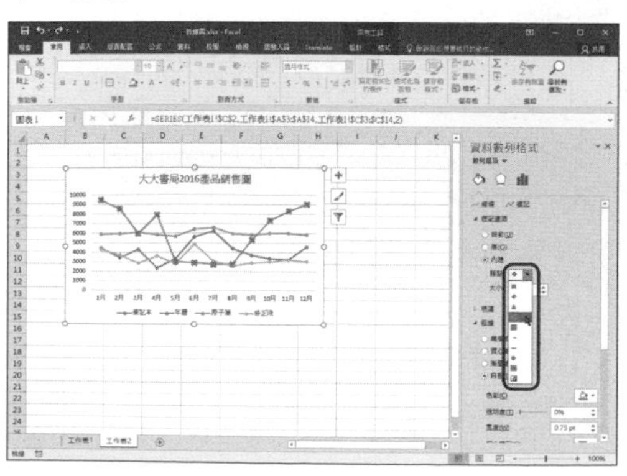


**Step 4**

將每條折線的資料端點都更改為不同形狀，此外並將線段粗細也調整為不同的話，可以讓折線圖一眼就能清楚被看懂，即使是列印成黑白紙本，也能很容易分辨不同折線的走勢喔！

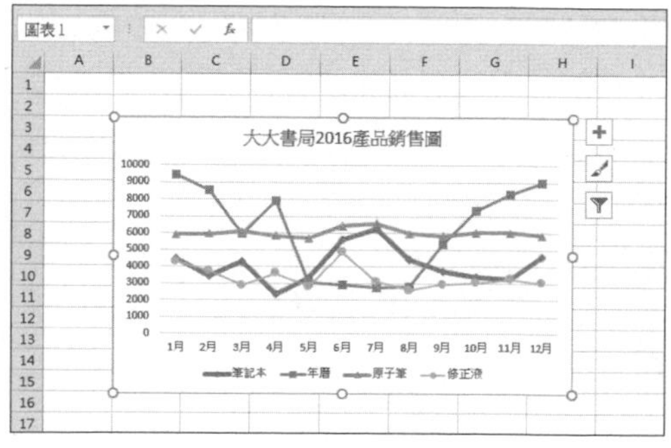

# 讓儲存格內有文字也能加總

有時候我們想將工作表中數據加總時，才發現因為儲存格內有不屬於數字的文字，所以無法將數字相加，以下介紹的方法可以讓你保有儲存格中的文字，又能順利計算出總值來。

**Step 1**

由於 Excel 只能判斷單純只有數字的儲存格，因此如果你在儲存格中有其他文字的話，就無法單純用 SUM 函數來加總。

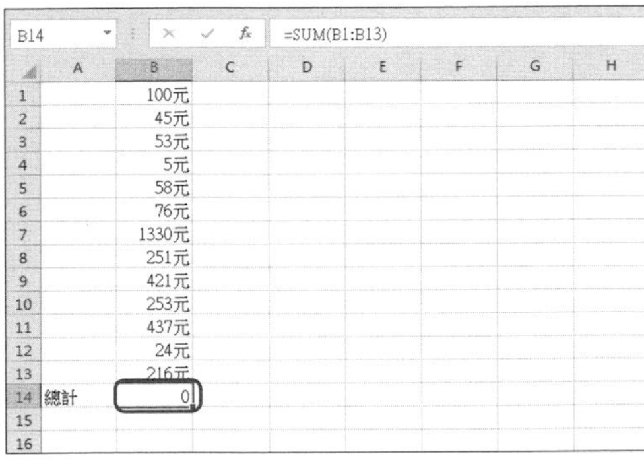


**Step 2**

如果是尚未輸入資料的工作表，可以在會使用到的儲存格上反白，然後點擊滑鼠右鍵選單的【儲存格格式】，輸入「0+ 單位」。例如單位想用公斤的話就打 0 公斤上去，之後在這些儲存格中輸入的數字就會自動幫你加上單位囉。

**Step 3**

但是如果資料都打好了不想再更改的話，可以直接套用以下公式來計算，本例中因為我們是計算 B1:B13 的數字總和，因此我們只要簡單更改公式中的兩個「B1:B13」就能利用在不同的情形來計算，另外最後的「-1」代表最後一個字不列入計算，如果你的情形是單位有 2 個字（例如公克）的話，就改成「-2」。

=SUMPRODUCT(--LEFT(B1:B13,LEN(B1:B13)-1))

B14 =SUMPRODUCT(--LEFT(B1:B13,LEN(B1:B13)-1))

| | A | B |
|---|---|---|
| 1 | | 100元 |
| 2 | | 45元 |
| 3 | | 53元 |
| 4 | | 5元 |
| 5 | | 58元 |
| 6 | | 76元 |
| 7 | | 1330元 |
| 8 | | 251元 |
| 9 | | 421元 |
| 10 | | 253元 |
| 11 | | 437元 |
| 12 | | 24元 |
| 13 | | 216元 |
| 14 | 總計 | 3269 |
| 15 | | |
| 16 | | |

# 在工作表內快速製作商用條碼

想將數字轉換成商用二維條碼時需要透過軟體來製作，然後再將完成圖片嵌入到 Excel 中，我們可利用「Free 3 of 9」條碼字型直接製作條碼，而且一樣可以被機器讀取喔。

**下載網址：http://www.squaregear.net/fonts/free3of9.shtml**

**Step 1**

首先我們連上 Free 3 of 9 字型的網頁，點擊「Download Free 3 of 9」，就可以將壓縮檔下載回來。

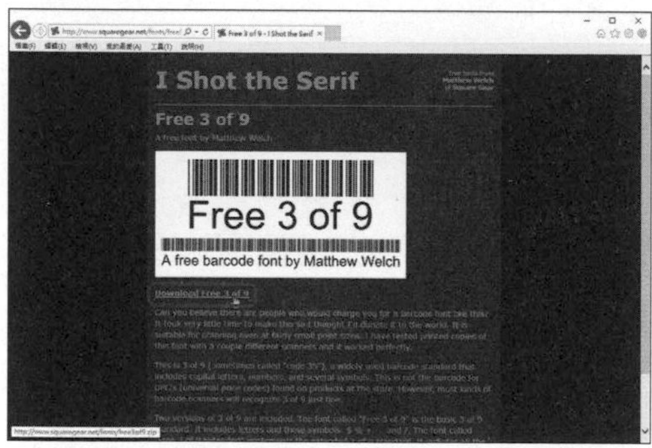


**Step 2**

將字型下載回來解壓縮以後，反白「fre3of9x.ttf」與「free3of9.ttf」起來，然後點擊一滑鼠右鍵，選擇【安裝】。

**Step 3**

往後我們只要輸入數字，然後套用字型即可產生條碼，要注意的是「Free 3 of 9」並不會將小寫字母也變成條碼，如有小寫英文字條碼的需求請選擇全部都是條碼的那個字型（Free 3 of 9 extended）。

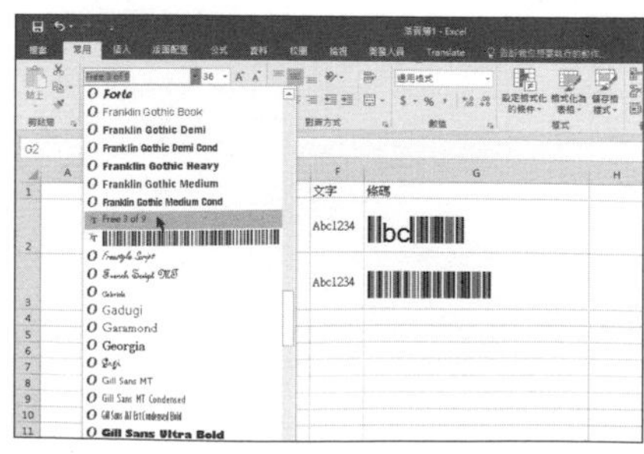

**Step 4**

用 Free 3 of 9 字型產生出來的條碼快又美觀，還省下了製作條碼圖的時間呢！

# 將 Excel 批次轉換成 PDF 文件

雖然新版 Excel 就有內建另存為 PDF 檔案的功能，但是一次只能轉存一個檔案，如果遇到有一堆文件要轉的時候，就會十分麻煩，我們可以利用「DocuFreezer」來大量轉換 Excel 文件為 PDF 格式喔！

**下載網址：http://www.docufreezer.com/download**

**Step 1**

安裝並開啟 DocuFreezer 以後，點擊左窗格中的【Add Files】或【Add Folder】，一個一個加入檔案或是載入資料夾。

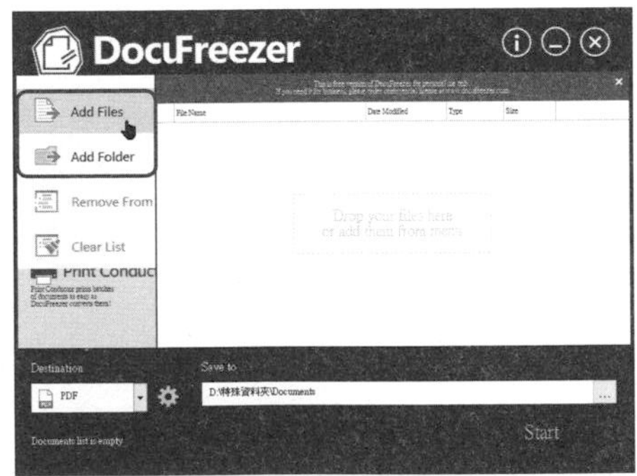


**Step 2**

匯入文件以後，確認一下轉檔格式與「Save to」存檔路徑後，按一下〔Start〕。

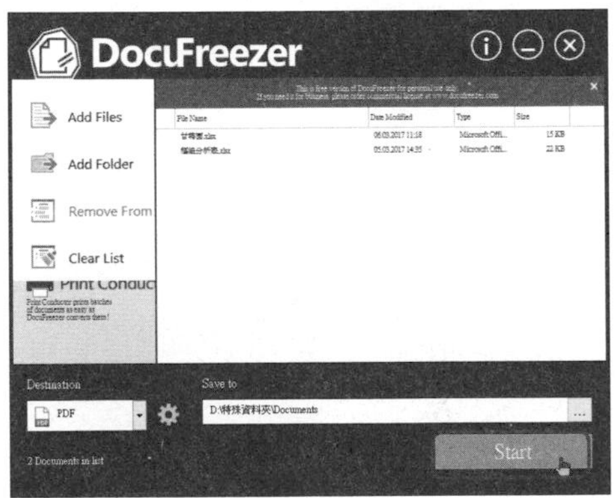


**Step 3**

轉檔成功以後，就會跳出對話盒，按一下〔OK〕即可關閉。

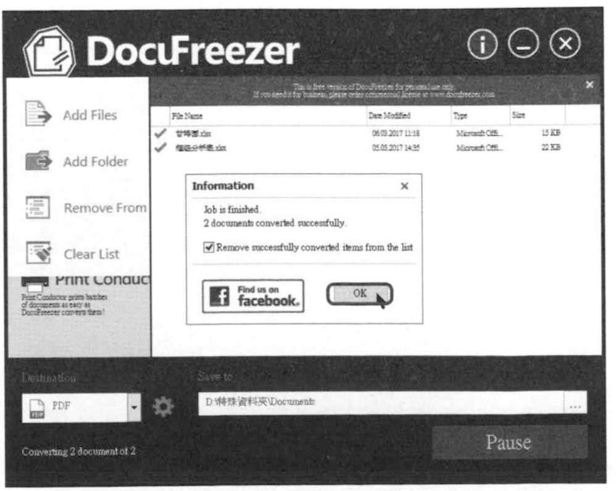


**Step 4**

轉換完成以後，就可以到目的資料夾中開啟 PDF 文件了，不過有一點很可惜的是，免費版雖然可以一直使用，但會在每一頁的右下角嵌入浮水印，如果有需要的話，可以購買商用版本解開這個限制。

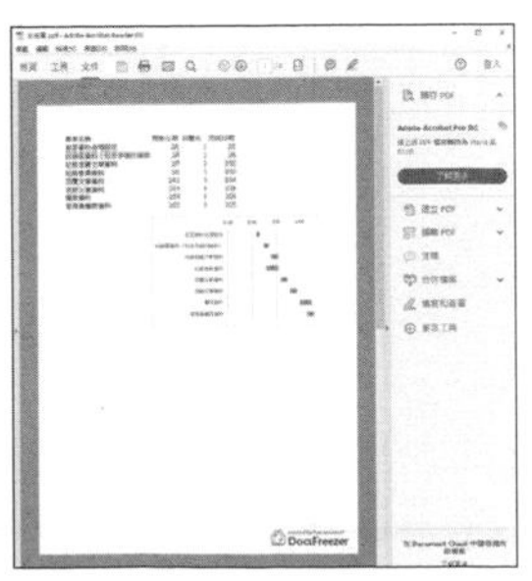

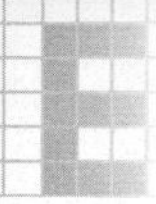



# 將 Google 日曆與 Excel 互相轉換

Google 現在幾乎已經成為人人愛用的服務，線上行事曆不僅方便又容易編輯，如果你有需要將 Google 日曆與 Excel 文件雙向轉換的話，請看以下的教學吧。

**網址：https://www.gcal2excel.com/**

·Step 1

進入 Export Google Calendar 網站以後，點擊中間的〔LOGIN TO EXPORT YOUR CALENDAR NOW〕。

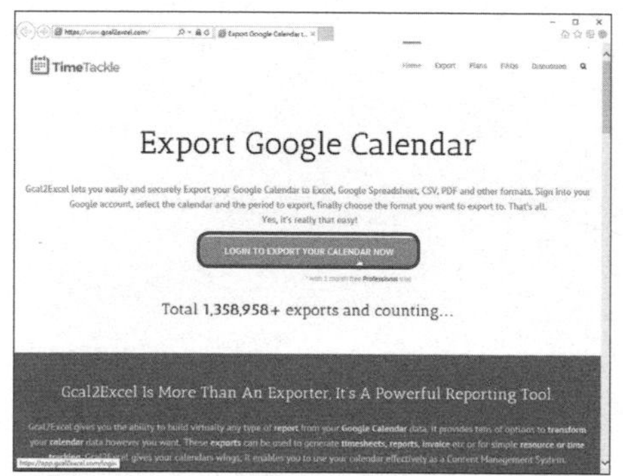


·Step 2

此時會詢問你是否要授予 Gcal2Excel 權限，點擊〔允許〕即可。

·Step 3

我們要勾選需匯出的行事曆（Calendars），及要匯出的日期區間（Range）因為我們有勾選多個行事曆，因此再多勾選「Merge all」將所有行事曆集中到一張工作表上。

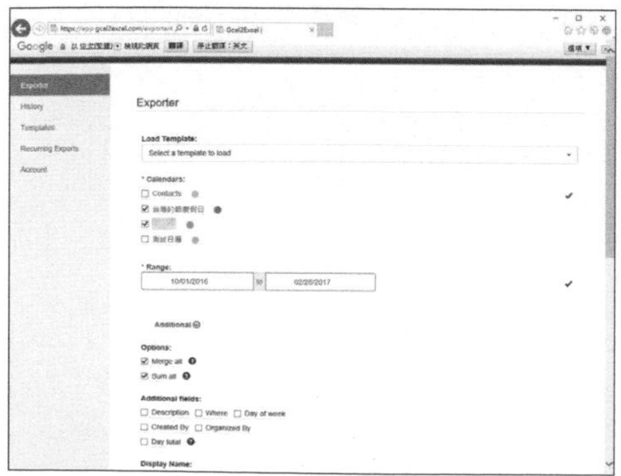


·Step 4

拉到最底下將「Timezone」時區設定為【Asia / Taipei】，按下〔Excel2007〕就可以將行事曆匯出囉！

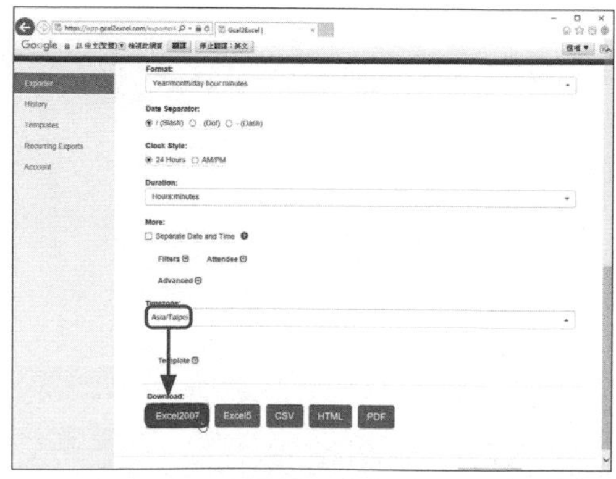

## Step 5

一共有儲存到電腦、儲存到 Google 雲端硬碟、儲存到 Dropbox 等方式可選擇，本例中選擇「Download to Computer」下載到電腦中。

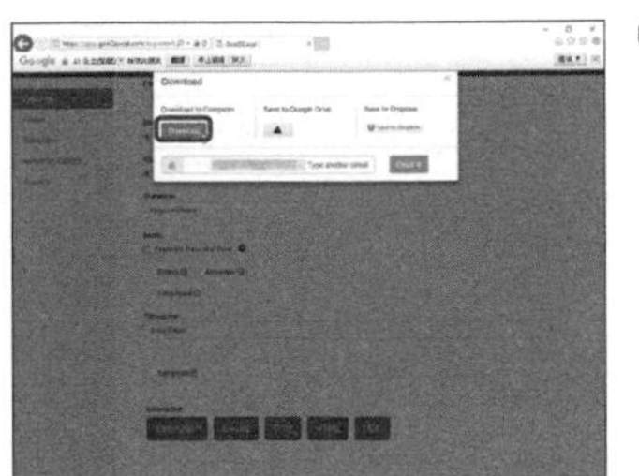

## Step 6

之後就可以用 Excel 開啟匯出的行事曆檔案囉。

| | A | B | C | D | E | F |
|---|---|---|---|---|---|---|
| 1 | Title | Start | End | Duration | Calendar | |
| 2 | 買咖啡 | 2016/10/05 12:30 | 2016/10/05 13:30 | 01:00 | | |
| 3 | 重陽節 | 2016/10/09 00:00 | 2016/10/10 00:00 | 24:00 | 台灣的節慶假日 | |
| 4 | 國慶日/雙十節 | 2016/10/10 00:00 | 2016/10/11 00:00 | 24:00 | 台灣的節慶假日 | |
| 5 | 買咖啡卡 | 2016/10/12 12:30 | 2016/10/12 13:30 | 01:00 | | |
| 6 | 台灣光復節 | 2016/10/25 00:00 | 2016/10/26 00:00 | 24:00 | 台灣的節慶假日 | |
| 7 | 玩 | 2016/11/04 11:00 | 2016/11/05 18:00 | 31:00 | | |
| 8 | 聚餐 | 2016/12/23 12:00 | 2016/12/23 12:30 | 00:30 | | |
| 9 | 行憲紀念日 | 2016/12/25 00:00 | 2016/12/26 00:00 | 24:00 | 台灣的節慶假日 | |
| 10 | 中華民國開國紀念日/元旦 | 2017/01/01 00:00 | 2017/01/02 00:00 | 24:00 | 台灣的節慶假日 | |
| 11 | 中華民國開國紀念日/元旦 補假 | 2017/01/02 00:00 | 2017/01/03 00:00 | 24:00 | 台灣的節慶假日 | |
| 12 | 農曆除夕 | 2017/01/27 00:00 | 2017/01/28 00:00 | 24:00 | 台灣的節慶假日 | |
| 13 | 春節 | 2017/01/28 00:00 | 2017/01/29 00:00 | 24:00 | 台灣的節慶假日 | |
| 14 | 春節 假日 | 2017/01/29 00:00 | 2017/01/30 00:00 | 24:00 | 台灣的節慶假日 | |
| 15 | 春節 假日 | 2017/01/30 00:00 | 2017/01/31 00:00 | 24:00 | 台灣的節慶假日 | |
| 16 | 春節 假日 | 2017/01/31 00:00 | 2017/02/01 00:00 | 24:00 | 台灣的節慶假日 | |
| 17 | 春節 假日 | 2017/02/01 00:00 | 2017/02/02 00:00 | 24:00 | 台灣的節慶假日 | |
| 18 | 提領日幣 | 2017/02/03 12:00 | 2017/02/03 13:00 | 01:00 | | |
| 19 | 農民節 | 2017/02/04 00:00 | 2017/02/05 00:00 | 24:00 | 台灣的節慶假日 | |
| 20 | 元宵節 | 2017/02/11 00:00 | 2017/02/12 00:00 | 24:00 | 台灣的節慶假日 | |
| 21 | 228和平紀念日 | 2017/02/28 00:00 | 2017/03/01 00:00 | 24:00 | 台灣的節慶假日 | |
| 22 | | | Total: | 394:30 | | |
| 23 | | | | | | |

## Step 7

在 Export Google Calendar 左側的選單上點擊【History】可以查詢並重新下載匯出行事曆。

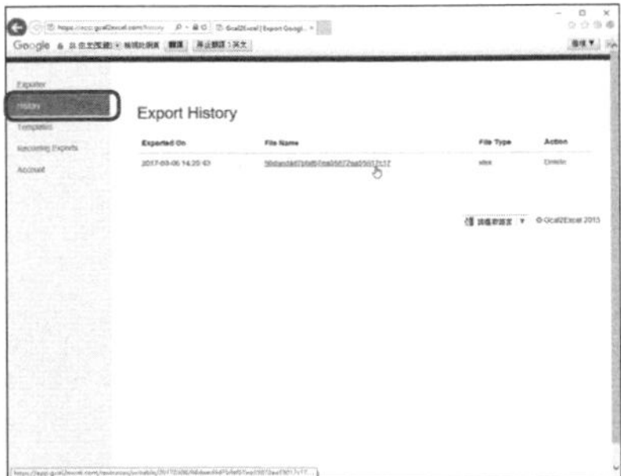


## Step 8

如果你想要反過來，將 Excel 表格匯入 Google 行事曆的話，請將資料依照圖中格式輸入到工作表上，其中「Subject」、「Start Date」、「End Date」、「Start Time」、「End Time」這 5 個項目為必填。

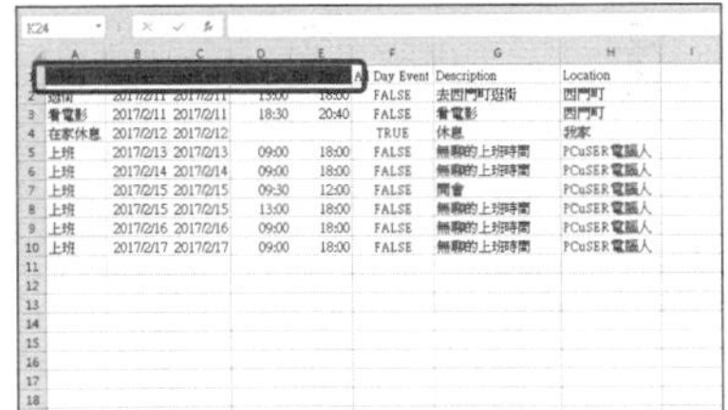

| | A | B | C | D | E | F | G | H | I |
|---|---|---|---|---|---|---|---|---|---|
| 1 | [illegible] | [illegible] | [illegible] | [illegible] | [illegible] | [illegible] Day Event | Description | Location | |
| 2 | [illegible] | [illegible] | [illegible] | [illegible] | [illegible] | FALSE | 去西門町逛街 | 西門町 | |
| 3 | 看電影 | 2017/2/11 | 2017/2/11 | 18:30 | 20:40 | FALSE | 看電影 | 西門町 | |
| 4 | 在家休息 | 2017/2/12 | 2017/2/12 | | | TRUE | 休息 | 我家 | |
| 5 | 上班 | 2017/2/13 | 2017/2/13 | 09:00 | 18:00 | FALSE | 無聊的上班時間 | PCuSER電腦人 | |
| 6 | 上班 | 2017/2/14 | 2017/2/14 | 09:00 | 18:00 | FALSE | 無聊的上班時間 | PCuSER電腦人 | |
| 7 | 上班 | 2017/2/15 | 2017/2/15 | 09:30 | 12:00 | FALSE | 開會 | PCuSER電腦人 | |
| 8 | 上班 | 2017/2/15 | 2017/2/15 | 13:00 | 18:00 | FALSE | 無聊的上班時間 | PCuSER電腦人 | |
| 9 | 上班 | 2017/2/16 | 2017/2/16 | 09:00 | 18:00 | FALSE | 無聊的上班時間 | PCuSER電腦人 | |
| 10 | 上班 | 2017/2/17 | 2017/2/17 | 09:00 | 18:00 | FALSE | 無聊的上班時間 | PCuSER電腦人 | |

## Step 9

把要貼上 Google 行事曆的資料輸入到 Excel 以後，要存成副檔名為 csv 的檔案。

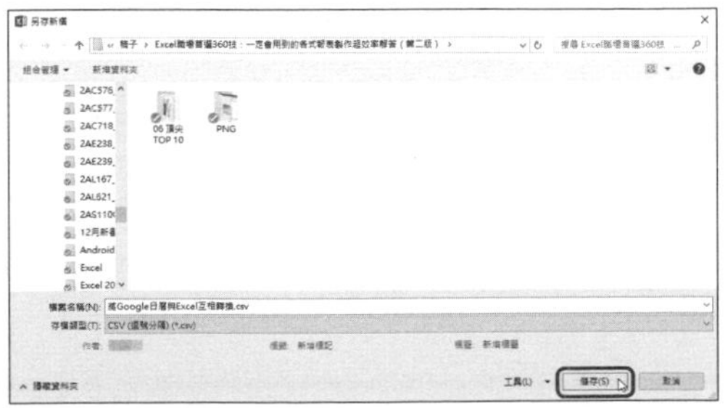

## Step 10

接下來請連上 Google 日曆，按一下右上方的 ⚙▾【設定】。

Step 11

進入日曆設定以後，點擊「日曆」後，再點擊「匯入日曆」。

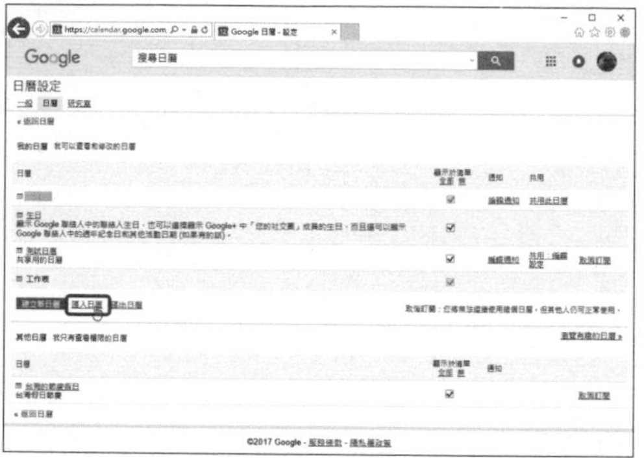

Step 12

這時會跳出「選擇要上傳的檔案」對話盒，選擇剛剛我們製作的 csv 檔案以後，點擊〔開啟〕來匯入。

Step 13

選擇要將此檔案匯入哪一個日曆以後，再點擊一下〔匯入〕。

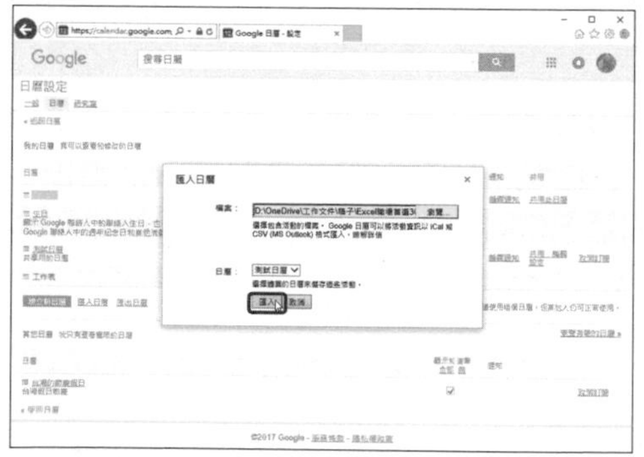

Step 14

匯入完成以後，點擊一下〔關閉〕。

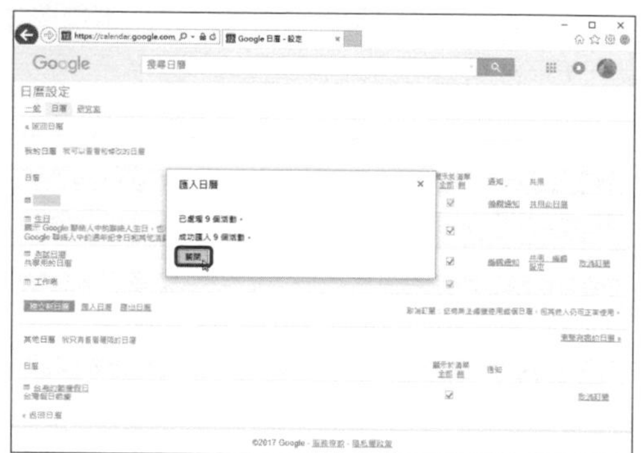

Step 15

回到 Google 行事曆後，可以看到已經自動將行事曆匯入囉！

# 在每張工作表的固定儲存格中輸入日期

有時候我們會需要在同個 xlsx 檔案中的每張工作表的固定儲存格中輸入日期，不過一個一個輸入，如果工作表數量一多，就會很枯燥，其實我們可以用點小技巧，一次輸入所有日期喔。

**Step 1**

此範例為 10 張工作表各需在「A2」儲存格加上 2017/2/1 ～ 2017/2/10 的日期，首先我們要開啟 10 張工作表，並將工作表名稱改為 1 ～ 10，之後會依據工作表名稱對應正確日期。

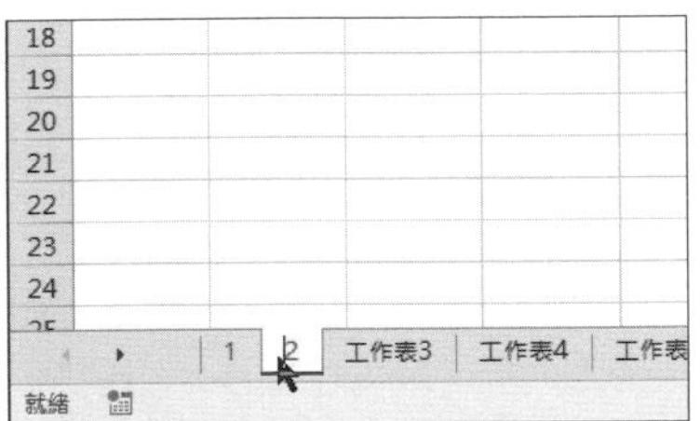


**Step 2**

工作表名稱都改好以後，在工作表活頁標籤上按一下滑鼠右鍵，跳出選單以後，點擊一下【選取所有工作表】，即可一次全選。

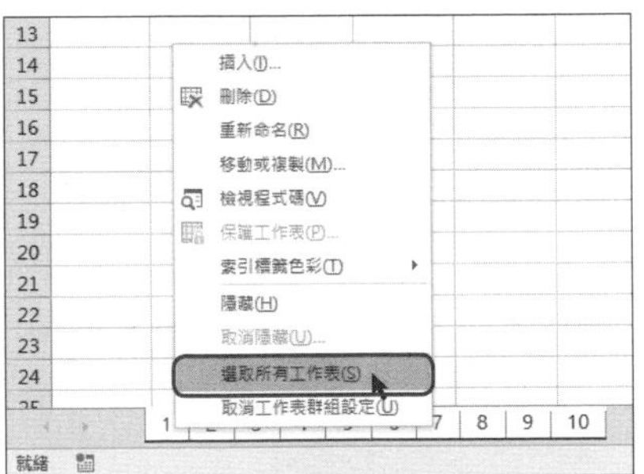


**Step 3**

接下來我們要點擊 A2 儲存格，並在資料編輯列中輸入以下公式，按下〔Enter〕使其生效：

```
=DATE(2017,2,MID(CELL("filename", A1),FIND("]", CELL("filename", A1)) + 1, 255))
```

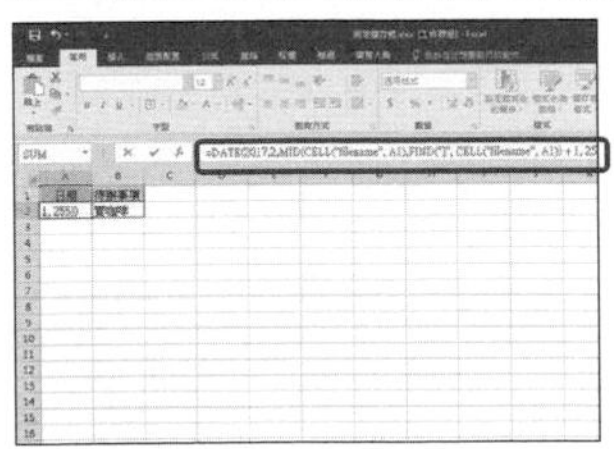

**提示**

公式中可變更的地方在「2017,2」，可自行替換以變更年月份。

**Step 4**

輸入公式以後，10 張工作表就會都被加上日期囉！例如第一張工作表為「2017/2/1」，第 6 張則為「2017/2/6」。

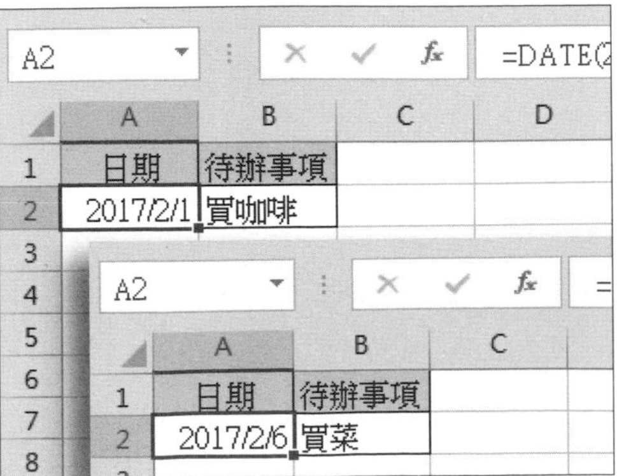

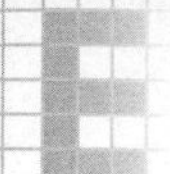



# 限制儲存格中只能輸入特定資料

有時候我們要讓某些儲存格只能輸入特定資料類型的數據，其實只要用內建的「資料驗證」功能就可以辦到，

**Step 1**

要限制儲存格中可輸入的資料類型時，我們需要用到的是 Excel 中的「資料驗證」功能，要使用此功能時需要先點擊想套用的儲存格，然後在點擊工具列上的〔資料〕→〔資料驗證〕。

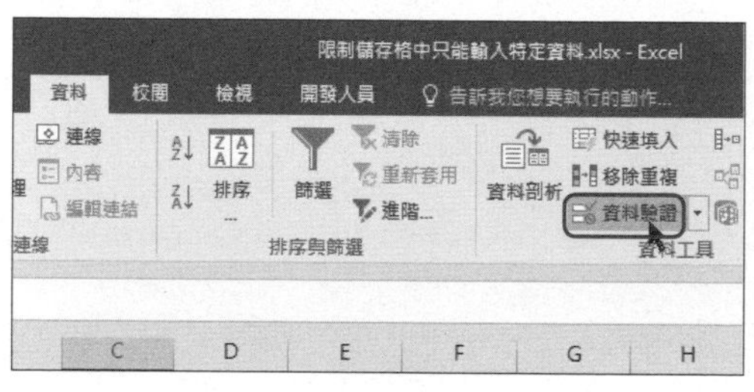

**Step 2** 只限輸入偶數

限制 B1 儲存格中只能輸入偶數，在資料輸入列中輸入以下公式：

=MOD(B1,2)=0

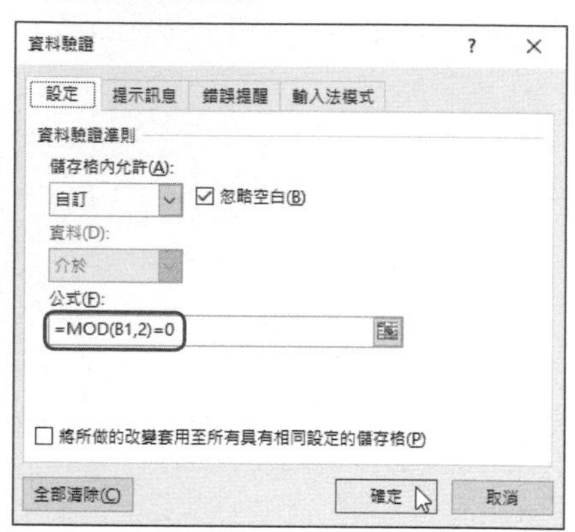

**Step 3** 限制不能輸入超過 10 字

限制使用者在 B2 儲存格中不能輸入超過 10 個字，在資料輸入列中輸入以下公式：

=LEN(B2)<=10

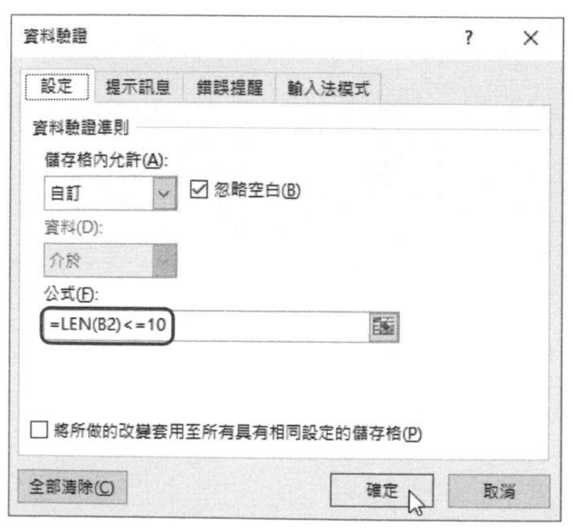

**Step 4** 只限輸入數字

限制 B3 儲存格中只能輸入數字，在資料輸入列中輸入以下公式：

=ISNUMBER(B3)

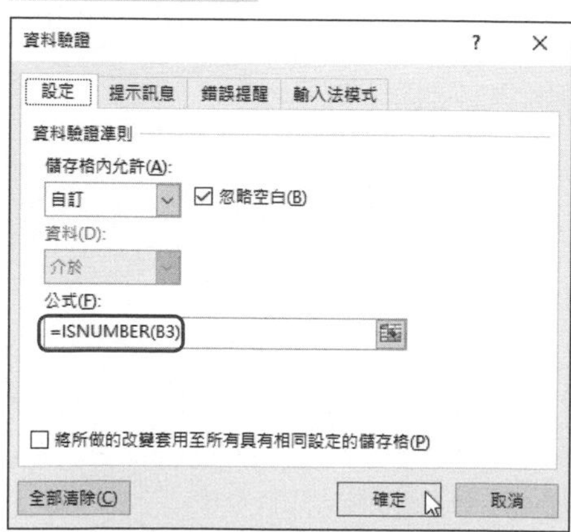

**Step 5** 限第一個字為英文

限制 B4 儲存格中的第一個字為英文字，在資料輸入列中輸入以下公式：

=AND(CODE(UPPER(LEFT(B4,1)))<=90,CODE(UPPER(LEFT(B4,1)))>=65)

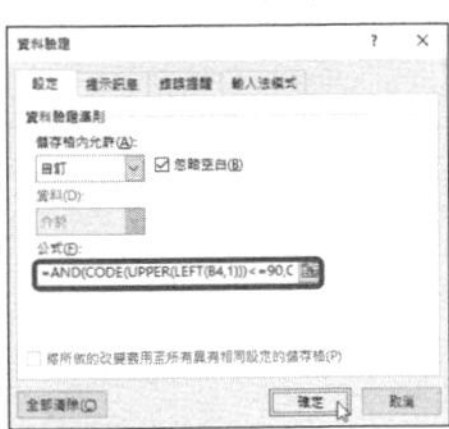

**Step 6** 只限輸入 2 位小數點的數字

如果在 B5 儲存格輸入的數字帶有小數點，無條件捨去後只取到後兩位數字，在資料輸入列中輸入以下公式：

=ROUNDDOWN(B5,2)=ROUNDDOWN(B5,3)

**Step 7** 只能輸入質數

限制在 B6 儲存格中只能輸入質數，在資料輸入列中輸入以下公式：

=SUMPRODUCT(--(MOD(B6,ROW(INDIRECT("2:"&(B6-1))))=0))=0

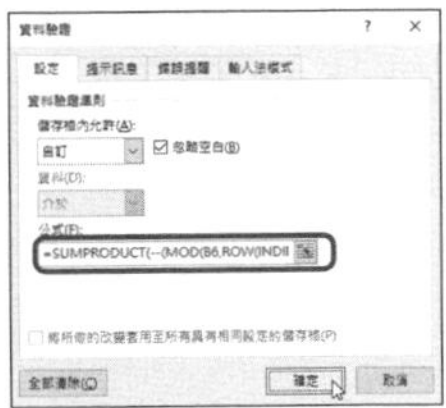

**Step 8** 只能輸入禮拜一～五的日期

限制 B7 儲存格中只能輸入禮拜一～五的日期，在資料輸入列中輸入以下公式：

=WEEKDAY(B7,2)<6

**Step 9** 不能輸入未來日期

限制 B8 儲存格中不能輸入尚未發生的日期，在資料輸入列中輸入以下公式：

=B8<=TODAY()

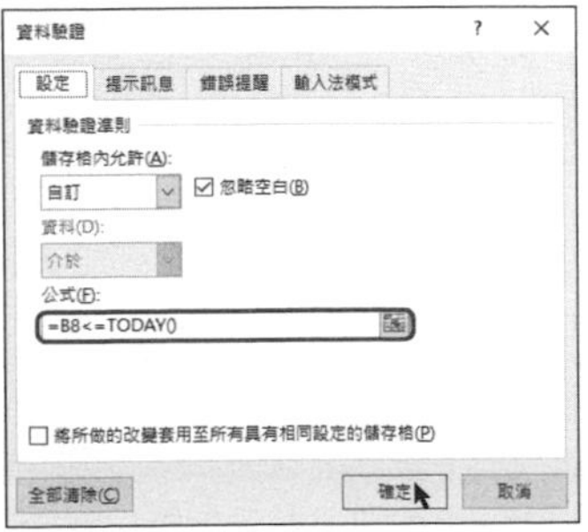


**Step 10** 只能輸入 2017 年 2 月的日期

限制 B9 資料格中只能輸入 2017 年 2 月整個月的日期，先點擊 B9 儲存格後，在資料輸入列中輸入以下公式：

=DATE(2017,2,1)

=DATE(2017,2,28)

# 一次取出多張工作表相同儲存格的值

我們在前面教各位讀者如何在多張工作表的同一個儲存格中輸入相同的值，接下來則是如何取出多張工作表中相同位置的數值，讓統計不同工作表的數值更容易。

**Step 1**

本例中共有三張工作表，名稱為「工作表 1」、「工作表 2」、「工作表 3」，我們要取出這 3 張工作表中相同「B2」儲存格的資料。

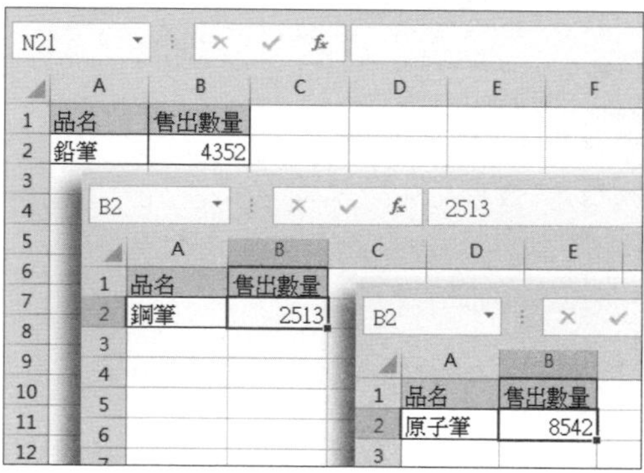

| | A | B |
|---|---|---|
| 1 | 品名 | 售出數量 |
| 2 | 鉛筆 | 4352 |

| | A | B |
|---|---|---|
| 1 | 品名 | 售出數量 |
| 2 | 鋼筆 | 2513 |

| | A | B |
|---|---|---|
| 1 | 品名 | 售出數量 |
| 2 | 原子筆 | 8542 |

**Step 2**

因此我們在工作表 1 做了一個小表格，要將 3 張工作表的 3 個數值匯入，請在 E2 儲存格輸入以下公式：

=INDIRECT(" 工作表 "&ROW(1:1)&"!B2")

E2 =INDIRECT("工作表"&ROW(1:1)&"!B2")

| | A | B | C | D | E |
|---|---|---|---|---|---|
| 1 | 品名 | 售出數量 | | 售出數量統計 | |
| 2 | 鉛筆 | 4352 | | 鉛筆 | 4352 |
| 3 | | | | 鋼筆 | |
| 4 | | | | 原子筆 | |

**提示**

如果你的工作表名稱並不是預設的「工作表」的話，請在公式內自行替換，以免發生無法匯入的情形。

**Step 3**

當 E2 儲存格中匯入正確數值以後，點擊該儲存格並拉動右下的綠色小點，拖曳到 E4 儲存格，就會自動套用公式囉！

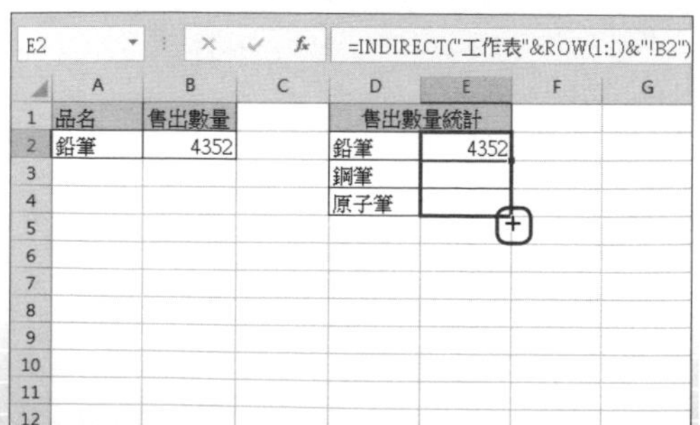

E2 =INDIRECT("工作表"&ROW(1:1)&"!B2")

| | A | B | C | D | E |
|---|---|---|---|---|---|
| 1 | 品名 | 售出數量 | | 售出數量統計 | |
| 2 | 鉛筆 | 4352 | | 鉛筆 | 4352 |
| 3 | | | | 鋼筆 | |
| 4 | | | | 原子筆 | |

**Step 4**

這個方法就是如何快速匯出不同工作表但是相同儲存格，再也不用剪剪貼貼囉！

E2 =INDIRECT("工作表"&ROW(1:1)&"!B2")

| | A | B | C | D | E |
|---|---|---|---|---|---|
| 1 | 品名 | 售出數量 | | 售出數量統計 | |
| 2 | 鉛筆 | 4352 | | 鉛筆 | 4352 |
| 3 | | | | 鋼筆 | 2513 |
| 4 | | | | 原子筆 | 8542 |

# MEMO

2AC725

# Excel 職場首選 360 技（第三版）：一定會用到的各式報表製作超效率解答


作　　者　杭琳、汪智、朱艷秋
特約編輯　許典春
葳豐設計　葳豐設計
封面設計　走路花工作室

行銷企畫　辛政遠
行銷專員　楊惠潔
總 編 輯　姚蜀芸
副 社 長　黃錫鉉

總 經 理　吳濱伶
發 行 人　何飛鵬
出　　版　創意市集
發　　行　城邦文化事業股份有限公司
歡迎光臨城邦讀書花園
網址：www.cite.com.tw

香港發行所　城邦（香港）出版集團有限公司
香港灣仔駱克道 193 號東超商業中心 1 樓
電話：(852) 25086231
傳真：(852) 25789337
E-mail：hkcite@biznetvigator.com

馬新發行所　城邦（馬新）出版集團
Cite (M) SdnBhd 41, JalanRadinAnum, Bandar Baru Sri Petaling, 57000 Kuala Lumpur,Malaysia.
電話：(603)90563833
傳真：(603) 90576622
E-mail：services@cite.my

印　　刷　凱林彩印股份有限公司
2024 年（民 113）4 月三版 4 刷
Printed in Taiwan.
定　　價　450 元


若書籍外觀有破損、缺頁、裝訂錯誤等不完整現象，想要換書、退書，或您有大量購書的需求服務，都請與客服中心聯繫。


客戶服務中心
地址：10483 台北市中山區民生東路二段 141 號 B1
服務電話：（02）2500-7718、（02）2500-7719
服務時間：週一至週五 9：30 ～ 18：00
24 小時傳真專線：（02）2500-1990 ～ 3
E-mail：service@readingclub.com.tw


※ 詢問書籍問題前，請註明您所購買的書名及書號，以及在哪一頁有問題，以便我們能加快處理速度為您服務。

※ 我們的回答範圍，恕僅限書籍本身問題及內容撰寫不清楚的地方，關於軟體、硬體本身的問題及衍生的操作狀況，請向原廠商洽詢處理。

廠商合作、作者投稿、讀者意見回饋，請至：
FB 粉絲團：http://www.facebook.com /InnoFair
E-mail 信箱：ifbook@hmg.com.tw


國家圖書館出版品預行編目資料

Excel 職場首選 360 技：一定會用到的各式報表製作超效率解答 / 杭琳，汪智，朱艷秋著 . -- 第三版 . -- 臺北市：電腦人文化出版：城邦文化事業股份有限公司發行，民 111.10
面；　公分

ISBN　978-957-2049-24-2( 平裝 )
1.CST: EXCEL( 電腦程式 )

312.49E9　　111015793